Einführungskurs Mathematik und Rechenmethoden

Peter van Dongen

Einführungskurs Mathematik und Rechenmethoden

Für Studierende der Physik und weiterer mathematisch-naturwissenschaftlicher Fächer

Peter van Dongen
Institut für Physik
Johannes Gutenberg-Universität
Mainz, Deutschland

ISBN 978-3-658-07519-4   ISBN 978-3-658-07520-0 (eBook)
DOI 10.1007/978-3-658-07520-0

Die Deutsche Nationalbibliothek verzeichnet diese Publikation in der Deutschen Nationalbibliografie; detaillierte bibliografische Daten sind im Internet über http://dnb.d-nb.de abrufbar.

Springer Spektrum

Planung: Ulrike Schmickler-Hirzebruch

Gedruckt auf säurefreiem und chlorfrei gebleichtem Papier.

Springer Fachmedien Wiesbaden GmbH ist Teil der Fachverlagsgruppe Springer Science+Business Media
(www.springer.com)

Vorwort

Dieses Buch wurde für Studierende der Physik und verwandter Naturwissenschaften im ersten Studienjahr geschrieben und behandelt die kanonischen Themen der einführenden Mathematikveranstaltungen. Das Ziel des Buches ist, diese Mathematik sowohl sorgfältig und vollständig als auch anwendungsbezogen darzustellen. Um die Anwendungsnähe und die naturwissenschaftliche Relevanz der behandelten Mathematik zu unterstreichen, habe ich durchgehend die Sprache der Theoretischen Physik gewählt. Meine Hoffnung ist, so durch Erhöhung ihrer Motivation die Studierenden näher als bisher und auch effektiver an die für die Naturwissenschaften so essentielle Mathematik heranführen zu können.

Die Idee, ein solches Mathematikbuch für Studienanfänger(innen) zu schreiben, ist im Laufe der Jahre gereift. Oft habe ich als Dozent im Rahmen von Vorlesungen über Theoretische Physik bemerkt, dass viele Studierende sich mit dem Abstraktionsniveau ihrer Mathematikvorlesungen schwer tun und die Relevanz mancher Formalismen für ihr Studium nicht sehen. Dies führt auch zu Problemen in Übungen, da grundsätzlich erlernte, aber nicht verinnerlichte mathematische Methoden in der Praxis nicht einsatzbereit sind. In Anfängervorlesungen über „Rechenmethoden" und im „Mathematischen Vorkurs" habe ich die Erfahrung gemacht, dass es sehr wichtig ist, die Studierenden zu motivieren, indem man zu jedem behandelten Thema die Anwendungsmöglichkeiten in der Physik (oder allgemeiner: in den Naturwissenschaften) aufzeigt. Sonst wird man zu Recht mit Fragen konfrontiert wie: „Warum soll ich das lernen?" und „Warum ist diese Mathematik für mich als Physiker(in) nützlich?". In diesem Buch habe ich mich daher bemüht, genau diese Fragen zu beantworten, in der Hoffnung mit der Motivation auch die Lernbereitschaft der Studierenden zu erhöhen. Dementsprechend versuche ich, zu jedem mathematischen Thema zu erklären, warum Physiker(innen) - oder allgemeiner: Naturwissenschaftler(innen) - diese Methoden benötigen. Außerdem werden in vielen Fallbeispielen typische elementare Anwendungen behandelt, sodass die Relevanz der behandelten Methoden stets deutlich sichtbar bleibt.

Um diese Anwendungsnähe gewährleisten zu können, präsentiere ich die mathematischen Konzepte nicht *linear*, sondern *allmählich vertiefend*. Da viele Themen aus der Schule zumindest ansatzweise bekannt sind (man denke an „Zahlen", „Ableitung", „Exponentialfunktion", „Produktregel", „Grenzwert", „Integral"), kann man diese zuerst in Erinnerung rufen und dann vorsichtig erste Anwendungen und Ausblicke aufzeigen, auch bevor diese Themen als Schwerpunkt in späteren Kapiteln vertieft und solide begründet werden. Im Gegensatz dazu würde ein *lineares* Procedere, wobei man bei „Null" anfängt und den Formalismus systematisch durch neue Axiome, Sätze, Beweise ausbaut, die Anwendung in weite Ferne rücken.

Jeder Autor, der sich zum Ziel setzt, „den" Bachelorstudierenden „den" Mathematikstoff des ersten Studienjahres nahe zu bringen, muss sich natürlich mit den beiden Problemen auseinandersetzen, dass es *die* typischen Studierenden und *den* typischen Stoff nicht gibt. Auf beiden Fronten gibt es ein äußerst breites Spektrum. Einerseits fällt auf, dass die Mathematikkenntnisse der Abiturienten extrem heterogen sind. Diese Heterogenität entsteht durch Unterschiede in den Lehrplänen der Bundesländer, Unterschiede zwischen den Schulen, den Lehrer(inne)n, den Wahlpflichtfächern und den Kursniveaus, aber natürlich auch durch unterschiedliche individuelle Aspekte, wie Talente, Interessen oder die Förderung durch die Eltern. Andererseits wird an den Universitäten eine Vielfalt an möglichen Unterrichtsformen auf dem Gebiet der Mathematik für Studierende der Naturwissenschaften angeboten: Vorkurse mit unterschiedlicher Dauer und Zielsetzung, Vorlesungen über Rechenmethoden verschiedenster Art, Vorlesungen über „Mathematik für Physiker" oder über Analysis und Vorlesungen für Studierende mit Physik als Nebenfach, wobei Niveau, Stil und Inhalte aller dieser Veranstaltungen stark durch die jeweilige Lehrkraft geprägt sind. Dieser Vielfalt sollte ein Lehrbuch für das erste Studienjahr möglichst gerecht werden.

Aus diesen Gründen ist dieses Buch *modular* aufgebaut. Es ist bewusst so konzipiert, dass es bei geeigneter Stoffauswahl neben mehreren Vorlesungen verwendet werden kann und außerdem unterschiedlichen Lesergruppen entsprechend ihrem persönlichen Bedarf zugänglich sein sollte. Das Buch kann grundsätzlich als Begleitliteratur zu einem Mathematischen Vorkurs, zu Vorlesungen über „Rechenmethoden" oder „Mathematische Methoden" und zu Vorlesungen für angehende Physiklehrer(innen) oder Studierende mit Physik als Nebenfach verwendet werden. Es könnte auch als Basis für Vorlesungen über „Mathematik für Physiker" dienen, falls die Lehrenden des Faches eine gewisse Affinität mit dem Fach Physik haben und auf die fachlichen Interessen ihrer Zuhörer eingehen möchten. Speziell für fortgeschrittene oder besonders interessierte Studierende (oder für zeitintensivere Vorlesungen) werden auch einige weiterführende Aspekte der Themen des ersten Studienjahrs behandelt, die in der Regel physikalisch und mathematisch überdurchschnittlich wichtig sind. Die entsprechenden Abschnitte sind durch einen Asterisk (∗) gekennzeichnet, um anzugeben, dass man sie beim ersten Durchgang überspringen *kann* (aber natürlich nicht *muss*: Die Lektüre wird sogar dringend empfohlen). Ich habe versucht, in nebenstehender Tabelle anzugeben, welche Teile des Buches zu welchen Zwecken geeignet sind. Angesichts der Vielfalt an Studiengängen, Veranstaltungsformen und Gestaltungswünschen der Lehrenden können die Angaben nur als Anregung dienen.

Es sollte für interessierte Studierende sogar möglich sein, sich den Inhalt dieses Buches im Ganzen oder in Auszügen im Selbststudium zu erarbeiten, da Herleitungen und Erläuterungen zu den Berechnungen sehr ausführlich sind und zu jedem Kapitel eine Sammlung von Übungsaufgaben mit Lösungen enthalten ist. Sollte die Leserin oder der Leser Bedarf an weiteren Mathematikbüchern haben, die für den Anfang eines naturwissenschaftlichen Studiums geeignet sind, so könnten neben den im Haupttext zitierten Büchern auch die Referenzen [1]-[11] empfohlen werden. Alle diese Bücher bieten allgemeine Einführungen an, zeigen im Detail aber einen sehr unterschiedlichen Charakter.

Zu großem Dank bin ich zweien meiner ehemaligen Studierenden, den Herren Julian Großmann und Alexander Roth, verpflichtet, die dieses Projekt mehr als ein Jahr lang begleitet und durch unzählige Kommentare, Anmerkungen und Vorschläge zur endgültigen Form beigetragen haben. Viele Abbildungen gehen auf ihre Anregungen zurück. Ohne sie hätte dieses Buch anders ausgesehen. Ebenfalls sehr dankbar bin ich meinen beiden Kollegen Prof. Dr. Martin Reuter und Prof. Dr. Rolf Schilling und meiner Frau, Dr. Irmgard Nolden, die das Manuskript komplett durchgearbeitet und durch viele Kommentare sehr bereichert haben. Für seine Anmerkungen zu Kapitel 1 danke ich meinem Kollegen Prof. Dr. Stefan Müller-Stach herzlich. Ganz offensichtlich liegt die Verantwortung für sämtliche weniger gelungenen Formulierungen bei mir, und ich wäre meinen Lesern ggf. dankbar für eine entsprechende Mitteilung. Da ich nun schon seit vielen Jahren die Früchte der Textsatzprogramme $\TeX$ und $\LaTeX$ sowie des Grafikerstellungsprogramms TikZ ernte, möchte ich hierfür den Entwicklern Donald Knuth, Leslie Lamport und Till Tantau danken. Ich danke auch ganz herzlich Frau Ulrike Schmickler-Hirzebruch und Frau Barbara Gerlach vom Lektorat Springer Spektrum für ihre Unterstützung bei diesem Projekt und meiner Sekretärin, Frau Elvira Helf, für ihre langjährige Unterstützung (bei diesem Buch insbesondere bei den Übungen und Musterlösungen).

Mainz, im März 2015

Peter van Dongen

Vorschläge zum Einsatz des Buches in verschiedenen Lehrveranstaltungen

	VK2	VK3	RM1	RM2	MfN	MfP	BEd
Kap 1	++	++	◯	–	++	++	++
Kap 2	außer 2.2.4	außer 2.2.4	außer 2.2.4	–	++	++	außer 2.2.4
Kap 3	außer 3.7	außer 3.7	außer 3.7	◯	3.7	3.7	außer 3.7
Kap 4	außer 4.4.7	außer 4.4.7	außer 4.4.7	–	++	++	außer 4.4.7
Kap 5	bis 5.3.3	bis 5.3.3	◯	++	++	++	++
Kap 6	––	außer 6.5	außer 6.5	◯	++	++	außer 6.5
Kap 7	––	bis 7.3.4	7.1 7.2	◯	bis 7.3.5	++	7.1 7.2
Kap 8	––	––	◯	++	++	++	++
Kap 9	––	––	9.1 9.2	außer 9.5	◯	++	außer 9.5

Legende:
++ = gut geeignet, ◯ = teilweise geeignet, – = weniger geeignet, –– = ungeeignet
VK2 = zweiwöchiger Vorkurs (V3U3 pro Tag)
VK3 = dreiwöchiger Vorkurs (V3Ü3 pro Tag)
RM1 = Vorlesung „Rechenmethoden 1" (1. Semester, V2Ü2)
RM2 = Vorlesung „Rechenmethoden 2" (2. Semester, V2Ü2)
MfN = Mathematik für Naturwissenschaftler (im 1. und 2. Semester, V4Ü2)
MfP = Mathematik für Physiker (im 1. und 2. Semester, V4Ü2)
BEd = Mathematikvorlesungen für B. Ed. Physik (im 1. und 2. Semester, V2Ü2)

Inhaltsverzeichnis

Kapitel 1

Zahlen

Zahlen sind in den Naturwissenschaften von grundsätzlicher Bedeutung, da ohne sie Messungen und Experimente unmöglich wären. Aber interessanter als die Zahlen *an sich* sind die Strukturen der verschiedenen *Zahlensysteme* (z.B. der natürlichen, rationalen, reellen und komplexen Zahlen) und die entsprechenden Rechenregeln. Aus diesem Grund werden wir uns in diesem einführenden Kapitel zunächst mit den Strukturen und den elementaren Eigenschaften der wichtigsten Zahlenmengen auseinandersetzen.

Zuerst befassen wir uns in Abschnitt [1.1] mit den sogenannten „natürlichen" Zahlen, deren *Struktur* und *Aufbau* vollständig durch recht einfache Axiome festgelegt wird. Diese Axiome ermöglichen auch eine wichtige Beweistechnik, die Methode der „vollständigen Induktion", die anhand etlicher Beispiele in Abschnitt [1.1] besprochen wird. Hat man einmal eine Definition der natürlichen Zahlen festgelegt, kann man auch weitere Zahlenmengen konstruieren, wie die *ganzen*, die *rationalen* und die *reellen* Zahlen. Diese werden in Abschnitt [1.2] besprochen, wobei auch auf reelle Folgen und reellwertige Funktionen eingegangen wird, die in sämtlichen nachfolgenden Kapiteln eine zentrale Rolle spielen.

Von großer Bedeutung in den Naturwissenschaften sind die „komplexen" Zahlen, die z.B. in der Quantenmechanik eine fundamentale und zentrale Rolle spielen, aber auch bei der Lösung mechanischer, optischer oder elektrodynamischer Probleme gelegentlich sehr hilfreich sind. Die Behandlung der Definition und der Eigenschaften dieser *komplexen* Zahlen in Abschnitt [1.3] wird ein Schwerpunkt dieses ersten Kapitels sein.

1.1   Natürliche Zahlen, vollständige Induktion

In diesem Abschnitt befassen wir uns mit den Axiomen (Grundsätzen) und der sich daraus ergebenden Struktur der *natürlichen Zahlen*. Die Zahlen 1, 2, 3, ... heißen wohl „natürlich", weil sie (z.B. im Gegensatz zu den negativen ganzen Zahlen) zum *Zählen von Objekten* verwendet werden können: Auf Englisch heißen sie alternativ auch *counting numbers*. Wir zeigen im Folgenden, wie die Struktur der natürlichen Zahlen mit der Beweistechnik der „vollständigen Induktion" zusammenhängt, und illustrieren diese Beweismethode anhand etlicher Beispiele.

1.1.1   Natürliche Zahlen

Es gibt unendlich viele natürliche Zahlen, die heutzutage in der Regel mit Hilfe der Symbole 1, 2, 3, ... dargestellt werden. Wir werden die natürlichen Zahlen (als Menge) im Folgenden mit dem Symbol $\mathbb{N} \equiv \{1, 2, 3, \ldots\}$ bezeichnen. Hierbei bedeutet das Symbol $\equiv$ „ist per definitionem gleich" und stehen innerhalb der Klammern $\{\cdots\}$ die Elemente der Menge. Es gibt in der Literatur keine Einigkeit darüber, ob auch die Zahl 0 (d.h. die „Null") zu den natürlichen Zahlen gezählt werden sollte. Gelegentlich ist es jedoch sehr hilfreich oder gar notwendig, auch die Null mit zu berücksichtigen; in diesem Fall verwenden wir die Notation $\mathbb{N}_0 \equiv \{0, 1, 2, 3, \ldots\}$. Die Struktur der Zahlenmengen $\mathbb{N}$ und $\mathbb{N}_0$ ist in der Abbildung 1.1 skizziert.

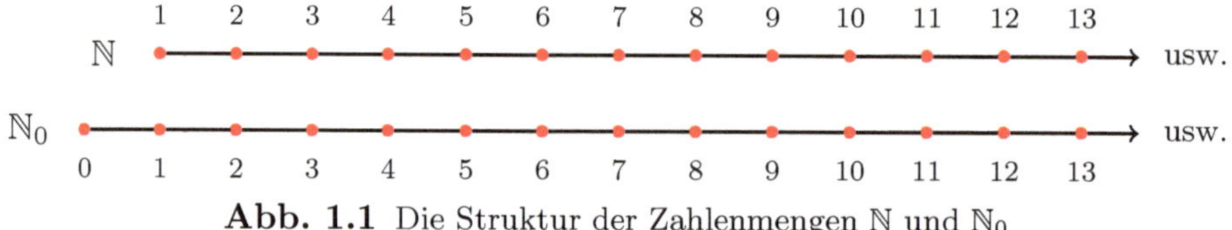

Abb. 1.1 Die Struktur der Zahlenmengen $\mathbb{N}$ und $\mathbb{N}_0$

Die Verwendung natürlicher Zahlen zum Zählen von Objekten geht nachweislich bis in das Altpaläolithikum zurück und wird sicherlich viel älter sein: Auch Tiere (Schimpansen, Papageien, ...) können bis zu gewissen Obergrenzen zählen. Es ist deshalb erstaunlich, dass die fundamentale Struktur, die hinter den natürlichen Zahlen verborgen ist, erst 1888 bzw. 1889 von Richard Dedekind (1831 - 1916) und Giuseppe Peano (1858 - 1932) geklärt wurde. Nach Peano werden die Grundsätze der natürlichen Zahlen meist *Peano-Axiome* genannt. Sie lauten:[1]

1. *Es gibt eine natürliche Zahl 1.* In Peanos logischer Notation liest sich dies als: $\exists\, 1 \in \mathbb{N}$. Wir werden im Folgenden sehen, dass mit der hier eingeführten Zahl 1 eine sehr spezielle natürliche Zahl, nämlich das Startelement gemeint ist. Hieraus folgt sofort die Notwendigkeit des ersten Axioms: Falls es *nicht* gelten würde, d.h. falls man *keine* natürliche Zahl identifizieren und als „1" bezeichnen könnte, wäre $\mathbb{N}$ gleich der leeren Menge: $\mathbb{N} = \emptyset$.

2. *Jede natürliche Zahl m hat genau einen Nachfolger N_m.* In logischer Sprache lautet dies: $(\forall m \in \mathbb{N})(\exists!\, N_m \in \mathbb{N})$. Ohne dieses Axiom hätte man nur endlich viele natürliche Zahlen, oder irgendeine Zahl hätte mehrere „Nachfolger", wie in den Abbildungen 1.2 bzw. 1.3 skizziert.

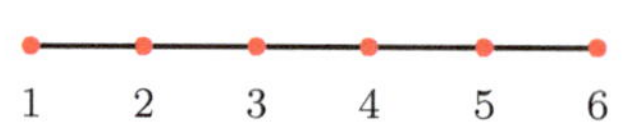

Abb. 1.2 nur endlich viele natürliche Zahlen ...

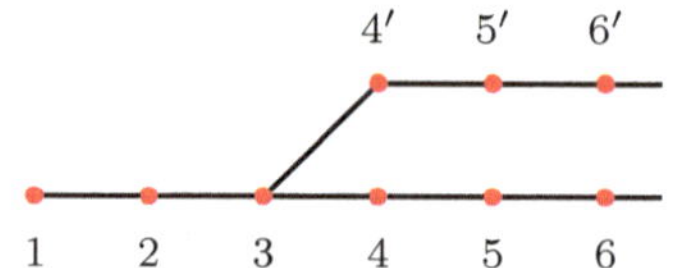

Abb. 1.3 ... oder irgendeine Zahl (hier: 3) hätte mehrere „Nachfolger"

---

[1] Bei der Formulierung der Peano-Axiome ist es bequem, einige neue Symbole einzuführen. Das Symbol $\exists$ soll z.B. „es gibt" bedeuten, das Symbol $\forall$ dagegen „für alle" und das Symbol $\exists!$ schließlich „es gibt genau 1". Diese Symbole werden als *Quantoren* bezeichnet. Die Symbole $\subseteq$ und $\subset$ bedeuten „ist Teilmenge von" (d.h. eventuell auch gleich) bzw. „ist *echte* Teilmenge von".

3. *Es gibt keine natürliche Zahl mit 1 als Nachfolger.* Kompakt formuliert: $(\forall m \in \mathbb{N})(N_m \neq 1)$. Dieses Axiom gewährleistet, dass 1 in der Tat das Startelement ist. Insbesondere sind keine Schleifen möglich, wobei die durch Nachfolge aus 1 erzeugte Zahl m selbst wieder 1 als Nachfolger hat. Falls dieses dritte Axiom also *nicht* gelten sollte, könnte $\mathbb{N}$ auch wie die endliche Schleife in Abbildung 1.4 aussehen (hier mit $1 = N_{10}$).

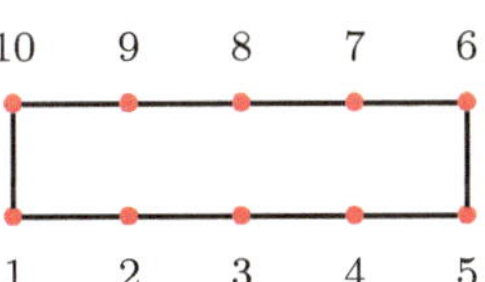

Abb. 1.4 Falls das 3. Axiom *nicht* gelten sollte ...

4. *Unterschiedliche natürliche Zahlen haben unterschiedliche Nachfolger.* Kompakt formuliert: $(\forall m, n \in \mathbb{N})(m \neq n \Rightarrow N_m \neq N_n)$. Gäbe es dieses Axiom nicht, wären Schleifen möglich, wobei ein durch Nachfolge aus N_m erzeugtes Element wiederum gleich N_m selbst ist. Ein Beispiel mit $N_2 = N_8 = 3$ ist in Abbildung 1.5 skizziert. Aufgrund dieses Axioms weisen die natürlichen Zahlen also eine *Ordnung* auf, d.h., wir können mit Hilfe der Notation $n > m$ eindeutig angeben, dass n zu den Nachfolgern von m gehört und in diesem Sinne „größer" ist.

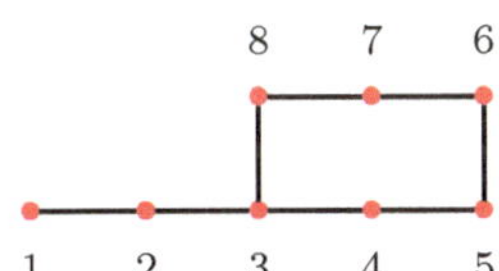

Abb. 1.5 Falls das 4. Axiom *nicht* gelten sollte ...

5. Eine Teilmenge U der natürlichen Zahlen $\mathbb{N}$ ist genau dann gleich $\mathbb{N}$, falls sie die 1 und zu jedem ihrer Elemente m auch den entsprechenden Nachfolger enthält. Dieses sogenannte „Induktionsaxiom" lautet in Kompaktnotation:

$$(U \subseteq \mathbb{N})(1 \in U)(m \in U \Rightarrow N_m \in U) \;\Leftrightarrow\; U = \mathbb{N}\,. \tag{1.1}$$

Falls es dieses Axiom *nicht* geben würde, könnte die Zahlenmenge $\mathbb{N}$ auch die in Abbildung 1.6 angegebene Struktur besitzen: Die Teilmenge U in der unteren Kette enthält in diesem Falle die 1 sowie zu jedem ihrer Elemente m auch den entsprechenden Nachfolger und ist dennoch ungleich der Gesamtmenge $\widetilde{\mathbb{N}} = U \cup U'$, die aber die ersten vier Axiome

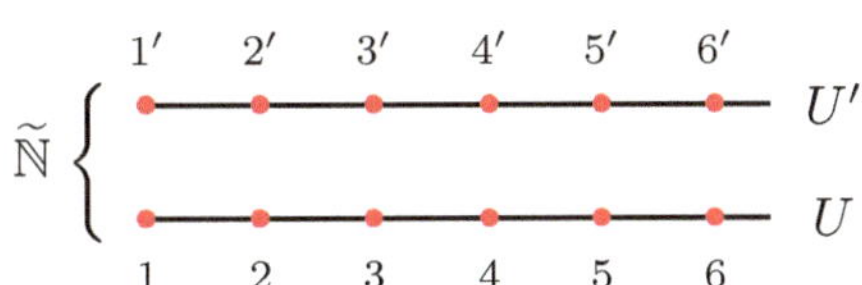

Abb. 1.6 Falls das 5. Axiom *nicht* gelten sollte ...

ebenfalls erfüllt: $U \subset \widetilde{\mathbb{N}}$. Die Zahlenmenge $\widetilde{\mathbb{N}}$ ist also lediglich aufgrund des fünften Axioms *nicht* akzeptabel als Menge der natürlichen Zahlen $\mathbb{N}$.

Aufgrund aller fünf Peano-Axiome zusammen kann $\mathbb{N}$ nur die in Abb. 1.1 skizzierte Struktur haben. Im Folgenden wird insbesondere das fünfte (letzte) Peano-Axiom von großer Bedeutung sein, da es die äußerst nützliche Beweismethode der „vollständigen Induktion" ermöglicht, die im nächsten Abschnitt [1.1.2] erläutert wird.

Im Zahlensystem der natürlichen Zahlen werden zusätzlich noch eine *Addition* und eine *Multiplikation* definiert. Sowohl für die Addition als auch für die Multiplikation ist die Mitberücksichtigung der *Null* wichtig (also die Verwendung der

Zahlenmenge $\mathbb{N}_0$ statt $\mathbb{N}$), da die Null das „neutrale" Element der Addition und das „absorbierende" Element der Multiplikation darstellt: $0 + n = n$ bzw. $0 \cdot n = 0$ für alle $n \in \mathbb{N}_0$. Wenn man $\mathbb{N}_0$ statt $\mathbb{N}$ betrachtet, übernimmt die Null in den Peano-Axiomen die Rolle der Eins. Die *Addition* wird dann durch die Eigenschaften

$$0 + n = n \qquad \text{und} \qquad N_m + n = N_{m+n}$$

definiert, sodass der von Peano definierte „Nachfolger" die nächstgrößere natürliche Zahl darstellt: $N_n = N_{0+n} = N_0 + n = 1 + n$. Hierbei wird der „Nachfolger" der Null in $\mathbb{N}_0$ durch die 1 dargestellt ($1 \equiv N_0$), und es gilt wie in $\mathbb{N}$: $2 \equiv N_1 = 1 + 1$, $3 \equiv N_2 = 2 + 1$ und so weiter. Die *Multiplikation* wird durch die Eigenschaften

$$0 \cdot n = 0 \qquad \text{und} \qquad N_m \cdot n = m \cdot n + n$$

definiert und kann daher auf eine mehrfache Addition zurückgeführt werden. Aus diesen elementaren Eigenschaften von Addition und Multiplikation folgen die üblichen Rechenregeln. Insbesondere ist 1 das neutrale Element der Multiplikation: $m \cdot 1 = m$. Einzelheiten über *Zahlen* und ihre Eigenschaften findet man in den Einführungen [12] und [13] in diese Thematik und in der weiterführende Literatur [14] und [15]. Diese Bücher sind allerdings naturgemäß primär mathematisch orientiert.

Notationen für natürliche Zahlen

Die für die natürlichen Zahlen verwendete *Notation* ist grundsätzlich beliebig. Von alten Uhren kennt man die *römische Zahlschrift*, die allerdings für konkrete Berechnungen, insbesondere für solche mit großen Zahlen, höchst unpraktisch ist. Heutzutage werden die natürlichen Zahlen in der Regel – wie auch wir dies bisher getan haben – mit Hilfe der indisch-arabischen Ziffern $\{0, 1, 2, 3, 4, 5, 6, 7, 8, 9\}$ geschrieben und zwar in einem *dezimalen* Stellenwertsystem (mit der Zahl 10 als Basis). Hierbei wird eine allgemeine Zahl als Summe von Vielfachen von Potenzen von 10 dargestellt. Die ersten paar Potenzen von 10 sind:

$$10^0 \equiv 1 \quad , \quad 10^1 \equiv 10 \quad , \quad 10^2 \equiv 10 \cdot 10 \quad , \quad 10^3 \equiv 10 \cdot 10 \cdot 10 \ ,$$

und man definiert allgemein: $10^{k+1} \equiv 10 \cdot 10^k$. Eine allgemeine natürliche Zahl n wird dann symbolisch als $n = g_m g_{m-1} g_{m-2} \cdots g_0$ (mit $0 \leq g_k \leq 9$ für alle $k = 0, 1, \cdots, m$) dargestellt:

$$n = g_m \cdot 10^m + g_{m-1} \cdot 10^{m-1} + \cdots + g_1 \cdot 10^1 + g_0 \cdot 10^0 \ . \tag{1.2}$$

Zum Beispiel steht 34 für die natürliche Zahl $3 \cdot 10 + 4 \cdot 1$ und 1514 für die Zahl $1 \cdot 1000 + 5 \cdot 100 + 1 \cdot 10 + 4 \cdot 1$. Hierbei ist „10" der Nachfolger von 9, d.h. $10 = N_9$, und es gilt $11 = N_{10}$, $100 = 10 \cdot 10 = N_{99}$, $101 = N_{100}$, und so weiter. In der Praxis wird das Multiplikationszeichen „$\cdot$" oft weggelassen.

Bereits in Gleichung (1.2) wird ersichtlich, dass *Summen* über viele Terme, wie man sie hier für sehr große natürliche Zahlen erhält, sehr unhandlich sind. Die rechte Seite von (1.2) kann eleganter und kompakter mit Hilfe eines Summenzeichens $\sum_{k=0}^m$ geschrieben werden:

$$n = \sum_{k=0}^m g_k \, 10^k \qquad \begin{pmatrix} k, m, g_k \in \mathbb{N}_0 \\ 0 \leq g_k \leq 9 \end{pmatrix} \tag{1.3}$$

und ist dann zu interpretieren als „Summe von Termen der Form $g_k(10)^k$, wobei der Summationsindex k von 0 bis m läuft und nur natürliche Werte annimmt". Die kompakte Darstellung (1.3) der (grundsätzlich beliebig großen) Zahl n zeigt die klaren Vorteile sowohl des Stellenwertsystems als auch des Summenzeichens. Wir werden das Summenzeichen $\sum$ zur Verkürzung längerer Formeln im Folgenden sehr häufig verwenden.

1.1.2 Vollständige Induktion

Wir haben oben festgestellt, dass der „Nachfolger" einer natürlichen Zahl m auch als $m+1$ bezeichnet werden kann. Wenn man die Identität $N_m = m+1$ verwendet, postuliert das fünfte Peano-Axiom (1.1) die folgende fundamentale Eigenschaft der natürlichen Zahlen:

$$(U \subseteq \mathbb{N})(1 \in U)(m \in U \Rightarrow (m+1) \in U) \;\Leftrightarrow\; U = \mathbb{N} \, . \tag{1.4}$$

Wir möchten diese Eigenschaft der natürlichen Zahlen nun für den Spezialfall einer Teilmenge U von $\mathbb{N}$ ausnutzen, die dadurch definiert ist, dass sie alle natürlichen Zahlen n enthält, für die eine Aussage P wahr ist:[2]

$$U \equiv \{n \mid n \in \mathbb{N}, \; P(n) \text{ wahr}\} \, . \tag{1.5}$$

Wenn wir nun irgendwie zeigen könnten, dass U sogar *alle* natürlichen Zahlen enthält ($U = \mathbb{N}$), hätten wir damit nachgewiesen, dass die Aussage P für alle $n \in \mathbb{N}$ gilt. Wie aber erbringt man diesen Beweis?

Das Induktionsaxiom in der Form (1.4) weist hierbei den Weg: Aus (1.5) folgt bereits, dass U per definitionem eine Teilmenge von $\mathbb{N}$ ist ($U \subseteq \mathbb{N}$). Laut (1.4) liegt daher genau dann eine Identität vor ($U = \mathbb{N}$), wenn U sowohl das Element 1 als auch zu jedem Element m den Nachfolger enthält:

$$\boxed{\; (\, P(1) \text{ wahr} \,;\; P(m) \text{ wahr} \Rightarrow P(m+1) \text{ wahr}\,) \;\Leftrightarrow\; P(n) \text{ wahr } \forall\, n \in \mathbb{N} \, . \;}$$

Dies bedeutet also, dass U genau dann alle natürlichen Zahlen enthält, falls man zweierlei nachweisen kann: *erstens*, dass die Aussage P für die Startzahl 1 wahr ist, und *zweitens*, dass die Aussage P, falls sie für m wahr ist, auch für den Nachfolger $m+1$ wahr ist. Es ist von wesentlicher Bedeutung, dass man beides überprüft: die Gültigkeit von P für den Startwert und die Gültigkeit für den Nachfolger. Der erste Teil des Induktionsbeweises wird als „Induktionsanfang", der zweite Teil als „Induktionsschritt" bezeichnet.

Beispiel: Als erste Anwendung der Beweismethode der „vollständigen Induktion" betrachten wir die folgende Behauptung:

$$P(n): \qquad 1 + 2 + \cdots + n = \tfrac{1}{2}n(n+1) \, , \tag{1.6}$$

---

[2] In der Notation $\{n \mid n \in \mathbb{N}, \; P(n) \text{ wahr}\}$ trennt der vertikale Strich $\mid$ das *links* stehende, für die *Elemente* der Menge verwendete Symbol (hier: n) von den *rechts* aufgelisteten, die Menge definierenden *Eigenschaften* der Elemente (hier: „$n \in \mathbb{N}$, $P(n)$ wahr").

die in Worten besagt, dass die Summe der ersten n natürlichen Zahlen gleich $\frac{1}{2}n(n+1)$ ist. A priori (bevor man den Beweis erbracht hat) weiß man nicht, ob diese Behauptung wahr ist oder nicht. Wir versuchen, ihr mit der Beweismethode der vollständigen Induktion ein solides Fundament zu verschaffen. Erstens stellen wir fest, dass die Behauptung $P(1)$ für $n=1$ wahr ist: $1 = \frac{1}{2} \cdot 1 \cdot (1+1)$ (*Induktionsanfang*). Zweitens gelingt auch der *Induktionsschritt*: Nehmen wir nämlich an, dass die Behauptung $P(m)$ für irgendeinen m-Wert mit $m \in \mathbb{N}$ wahr ist, sodass $1 + 2 + \cdots + m = \frac{1}{2}m(m+1)$ gilt, dann können wir *durch Verwenden von $P(m)$* auch zeigen, dass die Behauptung $P(m+1)$ für den Nachfolger von m wahr ist:

$$\underbrace{1 + 2 + \cdots + m}_{P(m):\ =\frac{1}{2}m(m+1)} + (m+1) = \frac{1}{2}m(m+1) + (m+1)$$
$$= (\tfrac{1}{2}m + 1)(m+1) = \tfrac{1}{2}(m+1)(m+2) \ .$$

Die rechte Seite hat nämlich wiederum die Form $\frac{1}{2}n(n+1)$, nun aber mit $n = m+1$. Somit ist nicht nur $P(1)$ wahr, sondern es folgt aus der Gültigkeit von $P(m)$ allgemein auch diejenige von $P(m+1)$. Wir können daher aufgrund des Induktionsprinzips schließen, dass die Aussage $P(n)$ wahr ist für alle natürlichen Zahlen n. Hiermit ist die Aussage P also für alle $n \in \mathbb{N}$ bewiesen. Anschaulich funktioniert ein Beweis mit Hilfe der vollständigen Induktion also nach dem *Dominoprinzip*: Der Induktionsschritt gewährleistet, dass immer weitere (insgesamt unendlich viele) „Dominosteine" umfallen.

Dieses erste Beispiel zeigt bereits, dass ein Induktionsbeweis eine sehr klare Struktur hat und aus drei Teilen aufgebaut ist, nämlich:

0. der Induktionsbehauptung, hier: $P(n): 1 + 2 + \cdots + n = \frac{1}{2}n(n+1)$,

1. dem Induktionsanfang, hier: $1 = \frac{1}{2} \cdot 1 \cdot (1+1)$ und

2. dem Induktionsschritt, hier: $1 + 2 + \cdots + (m+1) = \frac{1}{2}(m+1)(m+2)$,

wobei man (dies ist wichtig!) im Induktionsschritt die Gültigkeit von $P(m)$ verwenden soll. Aus dem Induktionsanfang und dem Induktionsschritt folgt dann die Gültigkeit der Induktionsbehauptung für alle $n \in \mathbb{N}$.

Beispiel: Analog zum ersten Beispiel kann man die folgende Aussage über die Summe der *Quadrate* der ersten n natürlichen Zahlen beweisen:

$$1^2 + 2^2 + \cdots + n^2 = \tfrac{1}{6}n(n+1)(2n+1) \ . \tag{1.7}$$

Der „0. Schritt" ist bereits getan: Die Induktionsbehauptung liegt fest. Auch der „1. Schritt", der Induktionsanfang, kann leicht ausgeführt werden, denn die Induktionsbehauptung stellt sich für $m=1$ als richtig heraus: $1 = \frac{1}{6} \cdot 1 \cdot (1+1) \cdot (2 \cdot 1 + 1) = \frac{1}{6} \cdot 1 \cdot 2 \cdot 3$. Somit ist nur der Nachweis der Gültigkeit des Induktionsschritts (des „2. Schrittes") noch zu erbringen, und durch Verwenden von $P(m)$ erhält man:

$$\underbrace{1^2 + 2^2 + \cdots + m^2}_{P(m):\ =\frac{1}{6}m(m+1)(2m+1)} + (m+1)^2 = \tfrac{1}{6}m(m+1)(2m+1) + (m+1)^2$$
$$= \tfrac{1}{6}(m+1)[m(2m+1) + 6(m+1)]$$
$$= \tfrac{1}{6}(m+1)(m+2)[2(m+1)+1] \ .$$

Auch die Summe der ersten $m+1$ Quadrate hat also die Form $\frac{1}{6}n(n+1)(2n+1)$, nun allerdings mit $n = m + 1$, sodass auch $P(m + 1)$ richtig ist. Aufgrund des Prinzips der vollständigen Induktion können wir hieraus schließen, dass die Behauptung $P(n)$ für alle $n \in \mathbb{N}$ richtig ist.

Beispiel: Für die Summe der *Kuben* der ersten n natürlichen Zahlen erhält man – wiederum völlig analog – die folgende Identität:

$$1^3 + 2^3 + \cdots + n^3 = \left[\tfrac{1}{2}n(n + 1)\right]^2 , \tag{1.8}$$

und auch für Summen höherer Potenzen der ersten n natürlichen Zahlen findet man relativ einfache Ausdrücke. Diese weiteren Identitäten sind alle mit Hilfe der Methode der vollständigen Induktion beweisbar.

Wichtig: Anfangsschritt *und* Induktionsschritt *beide* durchführen!

Wir möchten anhand zweier weiterer Beispiele illustrieren, dass es wesentlich ist, sowohl den Anfangsschritt als auch den Induktionsschritt durchzuführen. Das Auslassen auch nur eines dieser Schritte führt dazu, dass der Induktionsbeweis unvollständig und womöglich sogar ungültig ist.

Anfangsschritt auslassen: Als erstes Beispiel betrachten wir die Zahl $n^2 + n$; diese ist wegen $n^2 + n = n(n + 1)$ manifest *gerade*. Wir stellen uns aber stur und versuchen dennoch, die Behauptung „$n^2 + n$ ist *ungerade*" zu beweisen, die wir als $P(n)$ bezeichnen. Der *Induktionsschritt* gelingt sogar: Falls nämlich $P(m)$ wahr sein sollte, folgt hieraus, dass auch $P(m + 1)$ wahr ist, denn $(m + 1)^2 + (m + 1) = (m^2 + m) + 2(m + 1)$ ist dann ebenfalls ungerade! Dennoch wird es nicht gelingen, den Anfangsschritt durchzuführen; insbesondere ist $P(1)$ nicht wahr, da $1^2 + 1 = 2$ eben *nicht* ungerade ist.

Induktionsschritt auslassen: Als zweites Beispiel betrachten wir die Zahl $n^2 + 1$, die (abhängig vom n-Wert) gerade oder ungerade sein kann. Wir stellen uns wieder stur und versuchen dennoch, die Behauptung „$n^2 + 1$ ist gerade" zu beweisen, die wir als $P(n)$ bezeichnen. Nun gelingt der *Startschritt*, denn $1^2 + 1 = 2$ ist gerade und somit ist $P(1)$ wahr! Beim Induktionsschritt stößt man jedoch auf Probleme, denn es folgt, dass $P(m + 1)$ *nicht* wahr sein kann, falls $P(m)$ wahr ist: Die Zahl $(m + 1)^2 + 1 = (m^2 + 1) + (2m + 1)$ ist dann nämlich *ungerade*, im Widerspruch zur Behauptung.

1.1.3 Weitere Beispiele für die Beweismethode der vollständigen Induktion

Von den vielen weiteren Beispielen, die man für die Beweismethode der vollständigen Induktion anführen könnte, möchten wir nur zwei behandeln, die dann aber auch etwas ausführlicher zur Sprache kommen. Das erste Beispiel ist der berühmte „binomische Satz", der, obwohl er oft mit Mathematikern des 17. Jahrhunderts in Verbindung gebracht wird, mindestens 1000 Jahre alt ist. Wir diskutieren auch eine Variante des binomischen Satzes, die auf der Produktregel der Differentiation beruht. Als zweites Beispiel für die Beweismethode der vollständigen Induktion behandeln wir die „Fibonacci-Zahlen", die nach dem italienischen Mathematiker des 12. Jahrhunderts Leonardo da Pisa, dem „Sohn" (eigentlich: Enkel) von Bonaccio, benannt sind.

Der binomische Satz

Der binomische Satz ist eine Aussage über die Form der Terme, die auftreten, wenn man die n-te Potenz $(1+x)^n$ des 2-Terms $1+x$ ausmultipliziert.[3] Der binomische Satz lautet für alle $x \in \mathbb{R}$:

$$(1+x)^n = 1 + \binom{n}{1} x + \binom{n}{2} x^2 + \cdots + \binom{n}{k} x^k + \cdots + \binom{n}{n-1} x^{n-1} + x^n$$

und kann offensichtlich viel eleganter und kompakter mit Hilfe des Summenzeichens $\sum_{k=0}^n$ geschrieben werden:

$$\boxed{(1+x)^n = \sum_{k=0}^n \binom{n}{k} x^k \qquad (\forall\, x \in \mathbb{R}\,,\ n \in \mathbb{N}_0)\,.} \tag{1.9}$$

Der binomische Satz besagt also, dass der Vorfaktor von x^k beim Ausmultiplizieren der n-ten Potenz $(1+x)^n$ genau durch den „Binomialkoeffizienten" $\binom{n}{k}$ gegeben ist. Diese Binomialkoeffizienten sind wie folgt definiert:

$$\binom{n}{k} \equiv \begin{cases} \dfrac{n!}{(n-k)!\,k!} & \text{falls } 0 \le k \le n \\[2mm] 0 & \text{falls } k < 0 \text{ oder } n < k\,. \end{cases} \tag{1.10}$$

Die Binomialkoeffizienten stellen die Zahl der Möglichkeiten dar, aus einer Gruppe von n Objekten genau k auszuwählen, falls die Reihenfolge der k ausgewählten Objekte unerheblich ist. Das Symbol $n!$ hat die Bedeutung:[4]

$$n! \equiv \prod_{k=1}^n k = 1 \cdot 2 \cdot 3 \cdots (n-1) \cdot n \quad (n \ge 1) \quad , \quad 0! \equiv 1\,. \tag{1.11}$$

Hierbei ist die Definition $0! \equiv 1$ kombinatorisch sinnvoll, da man n Objekte aus einer Gruppe von insgesamt n Objekten nur in einer Weise auswählen kann („man wählt sie alle"), und der allgemeine Ausdruck $\binom{n}{n} = n!/(0!\,n!)$ nur für $0! = 1$ hiermit im Einklang ist. Es gilt die Symmetriebeziehung

$$\binom{n}{k} = \binom{n}{n-k}\,,$$

---

[3] Hierbei ist *Binomium* das lateinische Wort für „2-Term".

[4] Das hierbei verwendete Produktsymbol $\prod$ ist analog zum Summenzeichen $\sum$ definiert:

$$\prod_{k=m}^n a_k \equiv a_m a_{m+1} \cdots a_{n-1} a_n \qquad (n \ge m)\,.$$

die kombinatorisch bedeutet, dass die Zahl der Möglichkeiten, k Objekte aus insgesamt n auszuwählen, genauso groß ist wie die Zahl der Möglichkeiten, $n - k$ Objekte auszuwählen. Dies ist offensichtlich richtig, denn wenn man k Objekte auswählt, lässt man notwendigerweise die übrigen $n - k$ liegen. Insbesondere folgt für $k = 0$, dass $\binom{n}{0} = \binom{n}{n} = 1$ gilt und man offenbar auch 0 Objekte aus insgesamt n Objekten nur in einer Weise auswählen kann („man wählt keins").

Induktionsbeweis: Der binomische Satz (1.9) ist zunächst lediglich eine *Vermutung*. Wir bezeichnen diese Vermutung über die Terme, die beim Ausmultiplizieren von $(1 + x)^n$ auftreten, als $P(n)$. Die Vermutung $P(n)$ kann mit Hilfe der Methode der vollständigen Induktion *bewiesen* werden. Hierbei ist der Induktionsanfang recht einfach, da man die Gültigkeit von $P(n)$ für die niedrigsten n-Werte ($0 \leq n \leq 4$) problemlos nachweisen kann:

$$(1 + x)^0 = 1 \quad , \quad (1 + x)^1 = 1 + x \quad , \quad (1 + x)^2 = 1 + 2x + x^2$$
$$(1 + x)^3 = 1 + 3x + 3x^2 + x^3 \quad , \quad (1 + x)^4 = 1 + 4x + 6x^2 + 4x^3 + x^4 \, .$$

Beim Induktionsschritt stößt man jedoch auf eine Identität, die bewiesen werden muss, bevor der Induktionsschritt erbracht werden kann:

$$\boxed{\binom{m + 1}{k} = \binom{m}{k} + \binom{m}{k - 1}} \, . \tag{1.12}$$

Diese Identität ist als die „Pascal'sche Regel" bekannt, obwohl sie – wie bereits gesagt – sehr viel älter als Blaise Pascal (1623 - 1662) ist.

Die *Pascal'sche Regel* kann wie folgt bewiesen werden:

$$\binom{m}{k} + \binom{m}{k - 1} = \frac{m!}{k!(m - k)!} + \frac{m!}{(k - 1)!(m + 1 - k)!}$$
$$= \frac{(m + 1)!}{k!(m + 1 - k)!} \left(\frac{m + 1 - k}{m + 1} + \frac{k}{m + 1} \right) = \binom{m + 1}{k} \, .$$

Im ersten Schritt wird lediglich die Definition der beiden Binomialkoeffizienten eingesetzt. Im zweiten Schritt werden alle Faktoren ausgeklammert, die man für das Ergebnis $\binom{m+1}{k}$ benötigt; alle Faktoren, die übrig bleiben, werden in $(\cdots)$ gesammelt. Im dritten und letzten Schritt wird schließlich verwendet, dass die beiden Terme in $(\cdots)$ zusammen genau 1 ergeben.

Nach diesen Vorarbeiten können wir den Induktionsschritt erbringen. Nehmen wir also an, dass die Behauptung $P(m)$ wahr ist; folgt hieraus auch $P(m + 1)$? Um dies zu prüfen, betrachten wir die $(m + 1)$-ste Potenz des Binomiums:

$$(1 + x)^{m+1} = (1 + x)(1 + x)^m = (1 + x) \sum_{k=0}^{m} \binom{m}{k} x^k$$
$$= \sum_{k=0}^{m} \binom{m}{k} x^k + \sum_{k=0}^{m} \binom{m}{k} x^{k+1} = \sum_{k=0}^{m} \binom{m}{k} x^k + \sum_{k'=1}^{m+1} \binom{m}{k' - 1} x^{k'} \, .$$

Im zweiten Schritt wurde die Gültigkeit von $P(m)$ verwendet, im dritten die Klammer $(1+x)$ ausmultipliziert, und im letzten Schritt wurde $k' \equiv k+1$ definiert. Wir werden nun auf der rechten Seite drei an sich „kosmetische" Änderungen anbringen, die eine Kombination der beiden Terme jedoch sehr erleichtern: Erstens werden wir die Obergrenze m der Summation in der ersten Summe durch $m+1$ ersetzen; wegen $\binom{m}{m+1} = 0$ ist dies erlaubt. Zweitens werden wir die Untergrenze 1 der Summation in der zweiten Summe durch 0 ersetzen; dies ist wegen $\binom{m}{-1} = 0$ ebenfalls erlaubt. Drittens werden wir den Summationsindex k' in der zweiten Summe durch k ersetzen. Da der Name eines Summationsindex für das Ergebnis der Berechnung irrelevant ist, ist auch dies legitim. Kombination der beiden Summen auf der rechten Seite ergibt nun unter Verwendung der Pascal'schen Regel (1.12) insgesamt:

$$(1+x)^{m+1} = \sum_{k=0}^{m+1} \left[\binom{m}{k} + \binom{m}{k-1} \right] x^k = \sum_{k=0}^{m+1} \binom{m+1}{k} x^k \,,$$

sodass offensichtlich auch $P(m+1)$ wahr ist. Aufgrund des Prinzips der vollständigen Induktion folgt schließlich, dass die Vermutung $P(n)$ wahr ist für alle natürlichen Zahlen n (genauer: $\forall\, n \in \mathbb{N}_0$).

Anmerkung zum Induktionsanfang: Beim Beweis des binomischen Satzes stellten wir fest, dass die Behauptung $P(n)$ nicht nur $\forall\, n \in \mathbb{N}$, sondern sogar $\forall\, n \in \mathbb{N}_0$ gilt. Ist das im Rahmen der Beweismethode der vollständigen Induktion auch „erlaubt"? Allgemeiner: Ist die vollständige Induktion auch anwendbar auf Aussagen $A(n)$, die nicht ab $n = 1$, sondern erst ab z.B. $n = n_0 \in \mathbb{N}_0$ gültig sind? Die Antwort hierauf ist eindeutig positiv, da man in diesem Fall die Behauptung P für alle $n \in \mathbb{N}$ durch $P(n) \equiv A(n + n_0 - 1)$ definieren könnte.

Verallgemeinerung: Der binomische Satz kann auch allgemeiner formuliert werden, beispielsweise als:

$$(p+q)^n = \sum_{k=0}^{n} \binom{n}{k} p^{n-k} q^k \,. \tag{1.13}$$

Dass diese Verallgemeinerung gilt, sieht man sehr einfach ein:

$$(p+q)^n = p^n \left(1 + \frac{q}{p} \right)^n = p^n \sum_{k=0}^{n} \binom{n}{k} \left(\frac{q}{p} \right)^k = \sum_{k=0}^{n} \binom{n}{k} p^{n-k} q^k \,.$$

Dividiert man auf der linken und rechten Seite durch $(p+q)^n$, so erhält man die weitere Identität:

$$1 = \sum_{k=0}^{n} \binom{n}{k} p_1^{n-k} p_2^k \quad , \quad p_1 + p_2 = 1 \,, \tag{1.14}$$

wobei definiert wurde: $p_1 \equiv p/(p+q)$ und $p_2 \equiv q/(p+q) = 1 - p_1$.

Anwendung: Wir möchten kurz auf mögliche Anwendungen des binomischen Satzes innerhalb der Naturwissenschaften eingehen. Von den unzähligen möglichen Beispielen nennen wir nur eins: Man stelle sich vor, dass ein Gas mit insgesamt n Molekülen in einem Behälter mit Gesamtvolumen V eingesperrt ist. Dieses Gesamtvolumen wird mit Hilfe einer porösen (für Moleküle durchlässigen) Wand geteilt; die Teilvolumina seien V_1 und $V_2 = V - V_1$, wie in Abbildung 1.7 skizziert. Nehmen wir an, wir möchten wissen, was die Wahrscheinlichkeit P_k dafür ist, dass sich im Teilvolumen V_2 genau k Gasmoleküle befinden. Um diese Wahrscheinlichkeit zu berechnen, stellen wir zuerst fest, dass die Wahrscheinlichkeit dafür, dass sich ein spezielles Molekül in V_1 oder V_2 befindet, gleich $p_1 = V_1/V$ bzw. $p_2 = V_2/V$ ist. Folglich ist die Wahrscheinlichkeit dafür, dass sich k speziell ausgewählte Moleküle in V_2 und die restlichen $n-k$ in V_1 befinden, gleich $p_1^{n-k} p_2^k$. Da es aber genau $\binom{n}{k}$ Möglichkeiten gibt, k Moleküle aus insgesamt n Molekülen auszuwählen, und jede dieser $\binom{n}{k}$ Möglichkeiten eine Wahrscheinlichkeit von $p_1^{n-k} p_2^k$ hat, ist die gesuchte Wahrscheinlichkeit P_k offenbar durch die sogenannte *Binomialverteilung* gegeben:

$$ P_k = \binom{n}{k} p_1^{n-k} p_2^k \; . $$

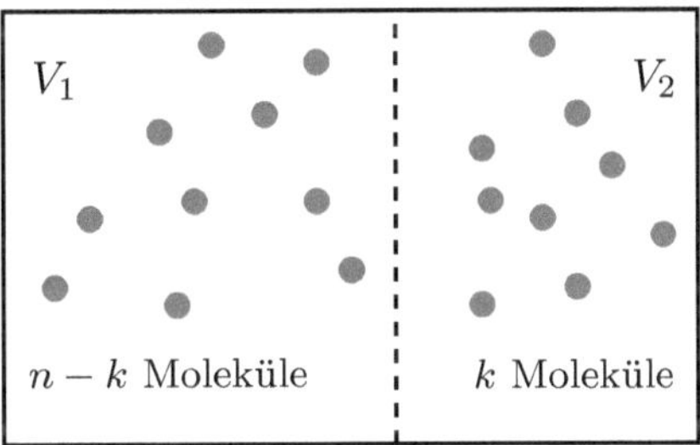

Abb. 1.7 Gasbehälter mit zwei Teilvolumina V_1 und V_2

Die Interpretation von (1.14) ist in diesem Beispiel also, dass die Gesamtwahrscheinlichkeit $\sum_{k=0}^{n} P_k$ dafür, dass das Teilvolumen V_2 *irgendeine* Molekülzahl k enthält (mit $0 \le k \le n$), genau gleich 1 ist. Auf die Anwendungen der Binomialverteilung und verwandter Wahrscheinlichkeitsverteilungen gehen wir in Kapitel [8] näher ein.

Der binomische Satz des Differenzierens

Wie sich ein Produkt zweier Funktionen f und g beim Differenzieren verhält, ist bekannt als die sogenannte „Produktregel": $(fg)' = f'g + fg'$, die ausführlicher in Kapitel [4] behandelt wird. Was passiert aber mit einem Produkt fg, wenn es *mehrmals* oder gar *beliebig oft* differenziert wird? Hierzu gibt es den binomischen Satz des Differenzierens:

$$ (fg)^{(n)} = \binom{n}{0} f^{(n)} g + \cdots + \binom{n}{k} f^{(n-k)} g^{(k)} + \cdots + \binom{n}{n} f g^{(n)} \; . $$

Dieser Satz kann wiederum viel bequemer mit Hilfe des Summenzeichens $\sum_{k=0}^{n}$ geschrieben werden:

$$ (fg)^{(n)} = \sum_{k=0}^{n} \binom{n}{k} f^{(n-k)} g^{(k)} \; , \tag{1.15} $$

wobei die Notation $h^{(n)}$ eine n-fache Ableitung der Funktion h bezeichnet: $h^{(n)} = [h^{(n-1)}]' = [h^{(n-2)}]'' = \cdots$. Für den Spezialfall $n = 0$ gilt $h^{(0)} \equiv h$.

Induktionsbeweis: Zunächst ist Gleichung (1.15) bestenfalls eine *Vermutung*, die wir als $P(n)$ bezeichnen und die zu beweisen ist. Diese Vermutung wird allerdings dadurch erhärtet, dass sie sich für die niedrigsten n-Werte als korrekt herausstellt:

$$(fg)^{(0)} = fg \quad , \quad (fg)^{(1)} = f'g + fg' \quad , \quad (fg)^{(2)} = f''g + 2f'g' + fg''$$
$$(fg)^{(3)} = f^{(3)}g + 3f^{(2)}g^{(1)} + 3f^{(1)}g^{(2)} + fg^{(3)}$$
$$(fg)^{(4)} = f^{(4)}g + 4f^{(3)}g^{(1)} + 6f^{(2)}g^{(2)} + 4f^{(1)}g^{(3)} + fg^{(4)} \ .$$

Insofern ist der Induktions*anfang* gemacht: Die Gültigkeit der Vermutung $P(n)$ wurde bereits für $n \leq 4$ nachgewiesen. Für den Induktions*schritt* benötigen wir wiederum die Pascal'sche Regel, die aber bereits unter (1.12) bewiesen wurde. Nehmen wir also an, dass die Gültigkeit der Vermutung $P(m)$ gezeigt wurde; folgt hieraus auch diejenige von $P(m+1)$? Dazu berechnen wir:

$$(fg)^{(m+1)} = [(fg)^{(m)}]' = \sum_{k=0}^{m} \binom{m}{k} [f^{(m-k)} g^{(k)}]'$$
$$= \sum_{k=0}^{m} \binom{m}{k} f^{(m+1-k)} g^{(k)} + \sum_{k=0}^{m} \binom{m}{k} f^{(m-k)} g^{(k+1)}$$
$$= \sum_{k=0}^{m} \binom{m}{k} f^{(m+1-k)} g^{(k)} + \sum_{k'=1}^{m+1} \binom{m}{k'-1} f^{(m+1-k')} g^{(k')}$$
$$= \sum_{k=0}^{m+1} \left[\binom{m}{k} + \binom{m}{k-1} \right] f^{(m+1-k)} g^{(k)}$$
$$= \sum_{k=0}^{m+1} \binom{m+1}{k} f^{(m+1-k)} g^{(k)} \ ,$$

wobei zwischen der dritten und der vierten Zeile die üblichen „kosmetischen" Veränderungen durchgeführt wurden und im letzten Schritt die Pascal'sche Regel angewandt wurde. Wir stellen fest, dass offenbar auch $P(m+1)$ gilt, und schließen aufgrund des Prinzips der vollständigen Induktion daraus, dass die Behauptung $P(n)$ wahr ist $\forall \, n \in \mathbb{N}_0$. Wir nennen nun ein paar Beispiele für Anwendungen des binomischen Satzes des Differenzierens:

Beispiel: Betrachten wir zuerst die n-fache Ableitung $(xe^{-x})^{(n)}$. Diese lässt sich mit $f(x) = x$ und $g(x) = e^{-x}$ wie folgt berechnen:

$$(xe^{-x})^{(n)} = x(-1)^n e^{-x} + n(-1)^{n-1} e^{-x} = (-1)^n (x - n) e^{-x} \ ,$$

wobei insbesondere verwendet wurde, dass $f^{(n-k)}$ nur für $k = n$ und $k = n - 1$ ungleich null ist. Man erhält also lediglich zwei Terme, die als Vorfaktoren der Ableitungen die Binomialkoeffizienten $\binom{n}{n} = 1$ bzw. $\binom{n}{n-1} = n$ enthalten; wir verwenden $[e^{-x}]^{(m)} = (-1)^m e^{-x}$. Kombination der beiden Terme ergibt dann die rechte Seite.

Beispiel: Zweitens betrachten wir die n-fache Ableitung $\left[x^2 \sin(x)\right]^{(n)}$ mit $f(x) = x^2$ und $g(x) = \sin(x)$. Auch hier können wir uns zunutze machen, dass $f^{(n-k)}$ lediglich für die drei k-Werte $k = n$, $k = n - 1$ und $k = n - 2$ ungleich null ist. Des Weiteren ist hilfreich, dass für alle $m \in \mathbb{N}_0$ gilt: $g^{(m+4)} = g^{(m)}$. Nimmt man der Einfachheit halber an, dass n in diesem Beispiel ein ganzzahliges Vielfaches von 4 ist: $n = 4\bar{n}$ mit $\bar{n} \in \mathbb{N}_0$, so erhält man:

$$\left[x^2 \sin(x)\right]^{(n)} = x^2 \sin(x) - 2nx \cos(x) - n(n - 1)\sin(x) \,.$$

Für die anderen Spezialfälle ($n = 4\bar{n} + 1$, $4\bar{n} + 2$, bzw. $4\bar{n} + 3$ mit $\bar{n} \in \mathbb{N}_0$) erhält man ähnliche Ausdrücke.

Fibonacci-Zahlen

Die Fibonacci-Zahlen F_n sind *natürliche* Zahlen ($F_n \in \mathbb{N}$), die von einem Index $n \in \mathbb{N}$ abhängig sind und eine Rekursionsbeziehung

$$\boxed{F_{n+2} = F_{n+1} + F_n} \tag{1.16}$$

erfüllen, die mit der Startbedingung $F_1 = F_2 = 1$ zu lösen ist. Die Rekursionsbeziehung (1.16) besagt, dass die höheren Fibonacci-Zahlen immer als Summe der zwei vorherigen Fibonacci-Zahlen berechnet werden können. Für die nächsten paar Fibonacci-Zahlen findet man somit:

$$F_3 = F_2 + F_1 = 1 + 1 = 2 \quad , \quad F_4 = F_3 + F_2 = 2 + 1 = 3$$
$$F_5 = F_4 + F_3 = 3 + 2 = 5 \quad , \quad F_6 = F_5 + F_4 = 5 + 3 = 8$$

und so weiter. Die Fibonacci-Zahlen können auch in geschlossener Form mit Hilfe der sogenannten *Binet-Formel*[5] geschrieben werden:

$$F_n = \frac{(x_+)^n - (x_-)^n}{x_+ - x_-} \,. \tag{1.17}$$

Hierbei sind die zwei Zahlen x_+ und x_- die Lösungen einer quadratischen Gleichung:

$$(x_\pm)^2 - x_\pm - 1 = 0 \quad , \quad x_\pm \equiv \tfrac{1}{2} \pm \tfrac{1}{2}\sqrt{5} \,,$$

wobei die positive Wurzel $x_+ \simeq 1{,}618034$ als „Goldener Schnitt" bezeichnet wird. Für die negative Wurzel gilt $x_- = -1/x_+ \simeq -0{,}618034$.

Induktionsbeweis: Die Gleichung (1.17) ist zunächst nur eine Vermutung, die wir als $P(n)$ bezeichnen. Wir verwenden die Methode der vollständigen Induktion, um sie zu beweisen. Der Anfangsschritt ist leicht gemacht, da man bereits für $n = 1$ wegen $(x_+ - x_-)/(x_+ - x_-) = 1 = F_1$ feststellt, dass die Vermutung $P(1)$ zutrifft. Auch für $n = 2$ stellt sich $P(2)$ wegen $(x_+^2 - x_-^2)/(x_+ - x_-) = x_+ + x_- = 1 = F_2$

---

[5]Diese nach dem französischen Mathematiker Jacques Philippe Marie Binet benannte Formel war aber auch Vorgängern wie de Moivre, Euler und Daniel Bernoulli bekannt.

als korrekt heraus. Wir wagen nun den Induktionsschritt und nehmen an, dass die Vermutung $P(n)$ sowohl für $n = m$ als auch für $n = m + 1$ zutrifft; folgt hieraus, dass auch $P(m+2)$ wahr ist? Hierzu berechnen wir F_{m+2} mit Hilfe von $P(m)$ und $P(m+1)$ aus der Rekursionsformel:

$$
\begin{aligned}
F_{m+2} = F_{m+1} + F_m &= \frac{(x_+)^{m+1} - (x_-)^{m+1}}{x_+ - x_-} + \frac{(x_+)^m - (x_-)^m}{x_+ - x_-} \\
&= \frac{(x_+)^m(x_+ + 1) - (x_-)^m(x_- + 1)}{x_+ - x_-} = \frac{(x_+)^{m+2} - (x_-)^{m+2}}{x_+ - x_-} \, .
\end{aligned}
$$

In der zweiten Zeile wurden im ersten Schritt die zwei Ausdrücke für F_{m+1} und F_m miteinander kombiniert; im zweiten Schritt wurde die Identität $x_\pm + 1 = (x_\pm)^2$ eingesetzt. Wir stellen zusammenfassend fest, dass auch F_{m+2} offenbar die Binet-Form hat, sodass auch $P(m+2)$ zutrifft. Aufgrund des Prinzips der vollständigen Induktion folgt hieraus schließlich, dass die Vermutung $P(n)$ wahr ist für alle natürlichen Zahlen ($\forall\, n \in \mathbb{N}$).

Asymptotisches Verhalten: Als direkte Konsequenz der Binet-Formel (1.17) erhält man, dass das Verhältnis zweier aufeinanderfolgender Fibonacci-Zahlen für $n \to \infty$ gegen den Goldenen Schnitt $x_+ \simeq 1,618$ konvergiert:

$$
\frac{F_{n+1}}{F_n} = \frac{(x_+)^{n+1} - (x_-)^{n+1}}{(x_+)^n - (x_-)^n} = x_+ \frac{1 - (x_-/x_+)^{n+1}}{1 - (x_-/x_+)^n} \to x_+ \quad (n \to \infty)\,, \quad (1.18)
$$

sodass die Fibonacci-Zahlen näherungsweise *exponentiell* als Funktion des Index n anwachsen. Bei der Herleitung wurde verwendet, dass $(x_-/x_+)^n$ mit $x_-/x_+ \simeq -0,382$ als Funktion von n schnell gegen null konvergiert.

Anmerkung zum Induktionsanfang: Man kann (ähnlich wie im Falle des binomischen Satzes) statt bei $n = 1$ auch bei $n = 0$ anfangen. Die Startbedingung der Rekursionsbeziehung lautet dann $F_0 = 0$ und $F_1 = 1$, und es folgt $F_2 = F_1 + F_0 = 1 + 0 = 1$. Auch die Binet-Formel ergibt für $n = 0$ das korrekte Ergebnis $F_0 = 0$.

Anmerkung zur Verallgemeinerung des Induktionsprinzips: Wir mussten im Induktionsschritt annehmen, dass sowohl $P(m)$ als auch $P(m+1)$ wahr sind, um die Gültigkeit von $P(m+2)$ nachweisen zu können. Dass dies im Einklang mit der allgemeinen Vorgehensweise bei der vollständigen Induktion ist, sieht man wie folgt: Nehmen wir allgemein an, dass man die Gültigkeit der Aussagen $A(m)$ und $A(m+1)$ voraussetzen muss, um diejenige von $A(m+2)$ nachweisen zu können. Man kann in diesem Fall die Vermutung $P(m)$ definieren als „$A(m)$ und $A(m+1)$ sind wahr". Ziel des Induktionsschritts ist dann, aus der vorausgesetzten Gültigkeit von $P(m)$ diejenige von $P(m+1)$ („sowohl $A(m+1)$ als auch $A(m+2)$ sind wahr") herzuleiten. Im Induktionsschritt erhält man den Teil „$A(m+1)$ ist wahr" in $P(m+1)$ also aufgrund der Voraussetzung „$P(m)$ ist wahr" geschenkt. Lediglich der Teil „$A(m+2)$ ist wahr" ist noch nachzuweisen.

Bedeutung der Fibonacci-Zahlen

Die Anwendungen, in denen die Fibonacci-Zahlen eine wichtige oder zentrale Rolle spielen, sind vielfältig. Wir möchten in diesem Abschnitt auf zwei Aspekte näher eingehen, nämlich auf die geometrische Bedeutung der Fibonacci-Zahlen und auf ihre Rolle bei der Beschreibung der Populationsdynamik verschiedener Spezies.

Geometrische Aspekte: Die geometrische Bedeutung der Fibonacci-Folge hängt einerseits mit der ihr zugrunde liegenden Rekursionsbeziehung $F_{n+2} = F_{n+1} + F_n$ in Gleichung (1.16) und andererseits mit dem Grenzwertverhalten $F_{n+1}/F_n \to x_+$ für $n \to \infty$ zusammen. In Abbildung 1.8 sind die Fibonacci-Zahlen geometrisch dargestellt. Startpunkt dieser Konstruktion ist das linke der beiden Quadrate mit der Seitenlänge 1, das die erste Fibonacci-Zahl $F_1 = 1$ darstellt. Das Quadrat rechts daneben, ebenfalls mit der Seitenlänge 1, stellt die zweite Fibonacci-Zahl $F_2 = 1$ dar. Da die Summe der bisherigen Seitenlängen 2 beträgt, kann ein Quadrat der Seitenlänge $F_3 = 2$ angebaut werden. Nun kann wegen $1 + 2 = 3$ ein Quadrat der Seitenlänge $F_4 = 3$ links angebaut werden, und so weiter. Bei jedem weiteren „Baustein" dreht sich die Ausrichtung der Seite, an die „angebaut" wird, um $\pi/2$ in positiver Richtung. In dieser Weise wächst die Konstruktion bis ins Unendliche spiralförmig nach außen weiter. Bei jedem neuen „Baustein" wird der Radius[6] der

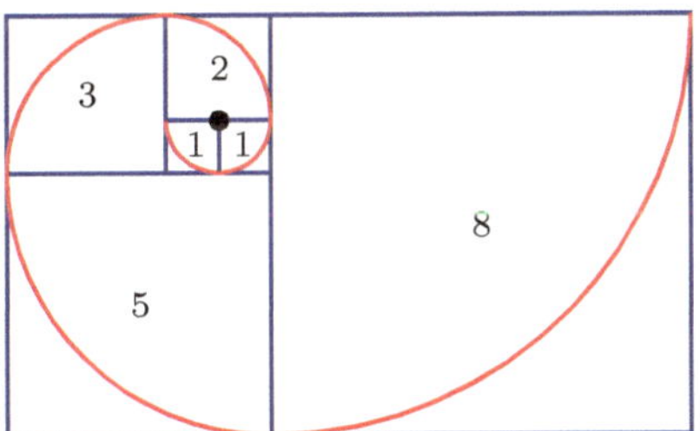

Abb. 1.8 Geometrische Darstellung der Fibonacci-Zahlen

(hier rot eingezeichneten) Spirale um einen Faktor F_{n+1}/F_n größer, also um etwa x_+ für $n \gg 1$. Somit nimmt der Radius der Spirale *exponentiell* zu als Funktion des Winkels: $r \propto e^{\lambda\varphi}$ mit $\lambda = \frac{2}{\pi}\ln(x_+)$, und daher wächst der Winkel, um den sich die Spirale gedreht hat, *logarithmisch* als Funktion des Radius an: $\varphi \simeq \lambda^{-1}\ln(r)$. Man spricht von einer „logarithmischen Spirale".

Die in Abb. 1.8 skizzierte geometrische Darstellung der Fibonacci-Zahlen hat zwei weitere Konsequenzen: Erstens stellen wir fest, dass ein aus n Fibonacci-Quadraten aufgebautes Rechteck eine kurze Seite der Länge F_n und eine lange Seite der Länge $F_n + F_{n-1} = F_{n+1}$ hat. Folglich konvergiert das Verhältnis F_{n+1}/F_n der langen und kurzen Seiten für $n \to \infty$ wiederum gegen den Goldenen Schnitt x_+. In früheren Jahrhunderten (wie auch heute noch) wurde dieses Verhältnis als ästhetisch angenehm empfunden, sodass der Goldene Schnitt in Kunst und Design eine wichtige Rolle spielt. Zweitens kann man an Abb. 1.8 sofort die mathematische Identität

$$\sum_{k=1}^{n} F_k^2 = F_n F_{n+1}$$

ablesen, die besagt, dass das Rechteck der Fläche $F_n F_{n+1}$ alternativ auch als Summe von n Fibonacci-Quadraten angesehen werden kann. Diese Identität kann mit

---

[6]Der *Radius* der Spirale könnte z.B. als Abstand eines Punktes der Spirale zum gemeinsamen Eckpunkt der ersten drei Quadrate „1", „1" und „2" (in Abb. 1.8 mit ● markiert) definiert werden.

vollständiger Induktion bewiesen werden, wie in der Übungsaufgabe 1.10 gezeigt wird.

Populationsdynamik: Außerdem haben die Fibonacci-Zahlen insbesondere in der Biologie große Bedeutung als *Verzweigungsprozess*. Solche Prozesse sind ein einfaches Modell zur Beschreibung der Populationsdynamik gewisser Spezies. Auch der Urheber dieser Zahlen, der italienische Mathematiker Leonardo da Pisa („Fibonacci"), der etwa von 1180 bis 1241 lebte,[7] wurde durch die Populationsdynamik (in seinem Fall von Kaninchenpaaren) motiviert. Fibonacci-Zahlen können aber auch als Modell für die Vermehrung von Bienen oder für das Wachstum von Bäumen und Pflanzen angesehen werden. Wir gehen im Folgenden kurz auf diese biologischen Anwendungen ein.

Man betrachte hierzu die Graphik in Abbildung 1.9, die mit ihrer Baumstruktur unschwer als einfaches Modell für das Wachstum von Bäumen angesehen werden kann. Die Idee ist, dass ein junger „grüner" Zweig, der im Zeitintervall $0 \leq t < 1$ aus der Wurzel hervorsprießt, zuerst ein weiteres Intervall ($1 \leq t < 2$) wachsen muss, bevor er bei $t = 2$ einen jungen Seitenzweig produzieren kann. Man beachte auch den Farbenwechsel zu „braun" = „alt" nach einem Zeitintervall. Der ursprüngliche Zweig wird danach zu jeder diskreten Zeit ($t = n$ mit $n > 2$) Nachwuchs produzieren, der neue Seitenast aber erst bei der übernächsten Gelegenheit (d.h. ab $n = 4$). Nach diesen Regeln wächst allmählich ein ganzer Baum heran. Im Zeitintervall $n - 1 < t < n$ sind dabei genau F_n Äste vorhanden.

Man kann die Graphik in Abb. 1.9 aber auch anders interpretieren, wobei die Zweige und Äste durch *Kaninchenpaare* ersetzt werden. Diese Paare erzeugen jeden Monat Nachwuchs in der Form eines neuen Paars, nur im Monat nach ihrer Erzeugung nicht, da sie dann zuerst „heranwachsen" müssen. Die Idee ist, dass der Lebensraum der Kaninchen abgeschlossen ist und zum Zeitpunkt $t = 0$ ein junges Kaninchenpaar in diesem Lebensraum „erzeugt" wird. Wie bei den Zweigen und Ästen ist die Gesamtpopulationsgröße auch bei Ka-

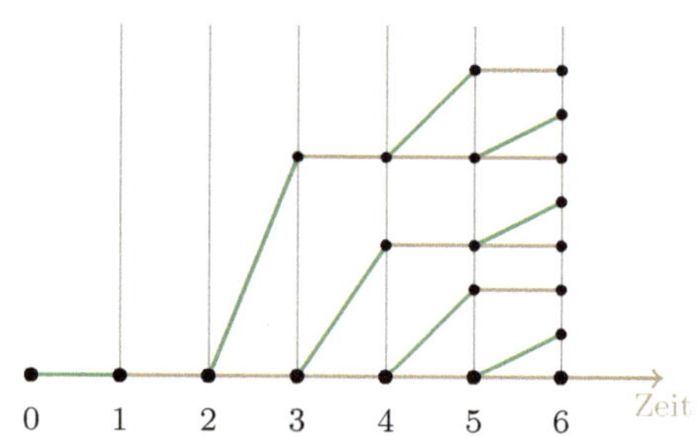

Abb. 1.9 Fibonacci-Zahlen als Verzweigungsprozess

ninchen im Zeitintervall $n - 1 < t < n$ durch F_n gegeben, sodass dieses Modell ein *exponentielles Wachstum* der Kaninchenpopulation vorhersagt. Da eine exponentiell wachsende Population nach hinreichend langer Zeit schneller als jede polynomiale Funktion der Zeit zunimmt, ist eine Katastrophe vorprogrammiert. In der Realität erwartet man, dass das exponentielle Wachstum von bisher nicht im Modell berücksichtigten Faktoren (Nahrungsmangel, Krankheiten, Jagd, ...) gebremst wird.

Die Baumgraphik in Abb. 1.9 trifft auch auf die Vermehrung von *Bienen* zu, lässt dann aber eine ganz andere Interpretation zu. Hierzu sollte man wissen, dass aus einer unbefruchteten Bieneneizelle ein Männchen und aus einer befruchteten

---

[7]Ref. [16] enthält eine interessante Beschreibung seines Lebens und Werks.

ein Weibchen schlüpft. Folglich hat ein Männchen („grün") nur ein Elternteil, ein Weibchen („braun") jedoch zwei. In diesem Fall zeigt die Baumgraphik also die Ahnengalerie einer männlichen Biene, wobei die Zeit, die nun die Generationen markiert, rückwärts verläuft.

Die Fibonacci-Folge ist außerdem relevant für das Wachstum von Blüten, insbesondere für den Aufbau der Blüten von *Sonnen*blumen. In diesem Fall bilden die Blütenstände zwei Sätze sich durchkreuzender Spiralen, die im Uhrzeiger- bzw. im Gegenuhrzeigersinn nach außen wachsen und deren Anzahlen durch die Fibonacci-Folge gegeben sind: Der eine Satz hat dann F_n Spiralen und der andere F_{n+1}, wobei der n-Wert von der Größe der Sonnenblume abhängt.[8] Dieses Muster sich durchkreuzender Spiralen soll für die Packung der Samen der Sonnenblumen besonders effizient sein [19].

Hiermit möchten wir die Behandlung der natürlichen Zahlen und der vollständigen Induktion abschließen.

1.2 Ganze, rationale und reelle Zahlen

Im Folgenden werden die elementaren Eigenschaften der ganzen, rationalen und reellen Zahlen kurz zusammengefasst. Der Grund für diese „Kürze" ist gerade *nicht*, dass es über diese Zahlenmengen wenig zu berichten gäbe, sondern eher, dass eine grundlegende Behandlung insbesondere der reellen Zahlen den Rahmen einer pragmatischen Diskussion mathematischer Methoden in den Naturwissenschaften sprengen würde. Daher beschränken wir uns auf Basisbegriffe und einige Beispiele.

1.2.1 Ganze Zahlen

Die Einführung der *ganzen* Zahlen als Erweiterung der natürlichen Zahlen ist alleine schon deshalb zwingend erforderlich, da bereits einfachste Gleichungen vom Typ $m + x = n$ mit $m, n \in \mathbb{N}$ nicht allgemein innerhalb der natürlichen Zahlen (also mit $x \in \mathbb{N}$) lösbar sind. Dies sieht man z.B. daran, dass sogar die einfache Lösung $x = 0$ im Spezialfall $m + x = m$ nicht in der Menge $\mathbb{N}$ der natürlichen Zahlen enthalten ist. Analog ist auch die allgemeine Lösung $x = n - m$ in Fällen mit $m > n$ nicht in den natürlichen Zahlen enthalten. Damit also die Gleichung $m + x = n$ für alle $m, n \in \mathbb{N}$ lösbar wird, führt man die ganzen Zahlen $\mathbb{Z}$ ein:

$$\mathbb{Z} = (-\mathbb{N}) \cup \{0\} \cup \mathbb{N} = \{\cdots, -3, -2, -1, 0, 1, 2, 3, \cdots\}.$$

Hiermit ist die Gleichung $m + x = n$ sogar für alle $m, n \in \mathbb{Z}$ lösbar.

Interessant ist übrigens, dass es nicht *mehr* ganze als natürliche Zahlen gibt. Das sieht man daran, dass die ganzen Zahlen mit Hilfe der natürlichen Zahlen abzählbar sind, z.B. wenn man sie in der Reihenfolge $0, 1, -1, 2, -2, \ldots$ anordnet. Die zwei Zahlenmengen können also in diesem Sinne aufeinander abgebildet werden. Der Begriff der *Unendlichkeit* ist daher mit Vorsicht zu genießen.

---

[8]Der Physiker H. Vogel zeigte in seinem Artikel [17], dass der Wachstumsprozess der Blütenstände gemäß einer *Fermat-Spirale* verläuft und dass die sich durchkreuzenden Spiralen in der Blüte ebenfalls approximativ Fermat-Spiralen sind. Bei einer Fermat-Spirale wächst der Radius r mit dem Winkel φ gemäß $r \propto \sqrt{\varphi}$ an. Für *Helianthus tuberosus* (einen Verwandten der Sonnenblume, auch *Topinambur* genannt) stimmt Vogels Theorie auch gut mit dem „Experiment", d.h. mit der Beobachtung realer Sonnenblumen in der Natur [18], überein.

1.2.2   Rationale Zahlen

Die ganzen Zahlen sind zwar bezüglich der *Addition*, der *Subtraktion* und der *Multiplikation* abgeschlossen (wenn man zwei ganze Zahlen addiert, subtrahiert oder multipliziert, erhält man wiederum eine ganze Zahl), aber nicht bezüglich der *Division*. Um auch Gleichungen wie $nx = m$ mit $m, n \in \mathbb{Z}$ (und $n \neq 0$) nach x auflösen zu können, benötigt man eine Erweiterung der ganzen Zahlen, die als die Menge $\mathbb{Q}$ der *rationalen Zahlen* bezeichnet wird und nun auch alle Brüche enthält:

$$\mathbb{Q} = \left\{ \frac{m}{n} \,\middle|\, m, n \in \mathbb{Z} \,;\, n \neq 0 \right\} .$$

Beispiele rationaler Zahlen sind $\frac{1}{7}$, $\frac{4}{9}$, 0, $-\frac{2}{5}$, 13 und -7.

Wiederum gibt es nicht *mehr* rationale als ganze oder natürliche Zahlen. Dies folgt daraus, dass auch die rationalen Zahlen mit Hilfe der natürlichen Zahlen abgezählt werden können, z.B. wenn man die möglichen Paare (m, n) nach dem Wert der Größe $|m| + |n|$ anordnet. Man erhält dann z.B. die Reihenfolge

$$(0,1), (0,-1), (1,1), (0,2), (-1,1), (-1,-1), (0,-2), (1,-1), (2,1), \ldots ,$$

sodass dem Paar $(m, n) = (0, 1)$ die natürliche Zahl 1 und dem Paar $(0, -1)$ die Zahl 2 zugeordnet werden kann, und so weiter. Im Laufe des Abzählverfahrens werden so allen (m, n)-Paaren eindeutig natürliche Zahlen zugeordnet. Folglich können die Zahlenmengen $\mathbb{Q}$ und $\mathbb{N}$ aufeinander abgebildet werden.

1.2.3   Reelle Zahlen und reellwertige Funktionen

Auch die rationalen Zahlen reichen für praktische Zwecke noch nicht aus, da man innerhalb dieses Zahlensystems wichtige algebraische Gleichungen wie $x^2 = 2$ nicht lösen kann. Anders formuliert: Die Zahl $\sqrt{2} \simeq 1{,}41421$ ist nicht rational. Auch andere Zahlen von großer Bedeutung für die Mathematik und die Naturwissenschaften, wie die Kreiszahl $\pi \simeq 3{,}14159$ und die Euler'sche Zahl $e \simeq 2{,}71828$ oder der „Goldener Schnitt" $x_+ \simeq 1{,}618034$, sind nicht rational; man bezeichnet solche Zahlen als *irrational*. Allgemeiner betrachtet ist unbefriedigend, dass die rationalen Zahlen $\mathbb{Q}$ in dem Sinne nicht abgeschlossen sind, dass an sich *konvergente* rationale Folgen der Form $(\frac{m_1}{n_1}, \frac{m_2}{n_2}, \frac{m_3}{n_3}, \frac{m_4}{n_4}, \ldots)$ nicht unbedingt gegen eine *rationale* Zahl konvergieren. Hierbei bedeutet „konvergent", dass die Differenz $\left| \frac{m_k}{n_k} - \frac{m_l}{n_l} \right|$ für hinreichend große k- und l-Werte beliebig klein werden soll.[9] Aus diesen Gründen wünscht man sich eine Erweiterung der rationalen Zahlen, die im obigen Sinne „abgeschlossen" ist, und findet diese in den *reellen Zahlen* $\mathbb{R}$.

Zur Illustration bringen wir ein Beispiel für eine Folge *rationaler* Zahlen der Form $(\frac{m_1}{n_1}, \frac{m_2}{n_2}, \frac{m_3}{n_3}, \frac{m_4}{n_4}, \ldots)$, die gegen eine *irrationale* Zahl konvergiert. Hierzu erinnern wir daran [s. Gleichung (1.18)], dass die (rationalen) Verhältnisse $r_k \equiv F_{k+1}/F_k$ der Fibonacci-Zahlen im Limes $k \to \infty$ gegen den (irrationalen) Goldenen Schnitt $x_+ = \frac{1}{2}(1 + \sqrt{5})$ konvergieren. Die Zahlen r_k sind manifest rational, da sie in der Form $r_k = \frac{m_k}{n_k}$ mit z.B. $m_k = F_{k+1} \in \mathbb{N}$ und $n_k = F_k \in \mathbb{N}$ geschrieben werden können. Tragen wir die Zahlen r_k als Funktion von k auf, so erhalten wir das in Abbildung 1.10 skizzierte Konvergenzverhalten. Wir stellen fest, dass der

---

[9]Eine Folge mit dieser Eigenschaft heißt in der mathematischen Literatur auch *Cauchy-Folge*. In Kapitel [2] kommen wir ausführlicher auf dieses Thema zurück.

Abstand von r_k zu x_+ als Funktion von k schnell kleiner und für $k \to \infty$ sogar exakt null wird.

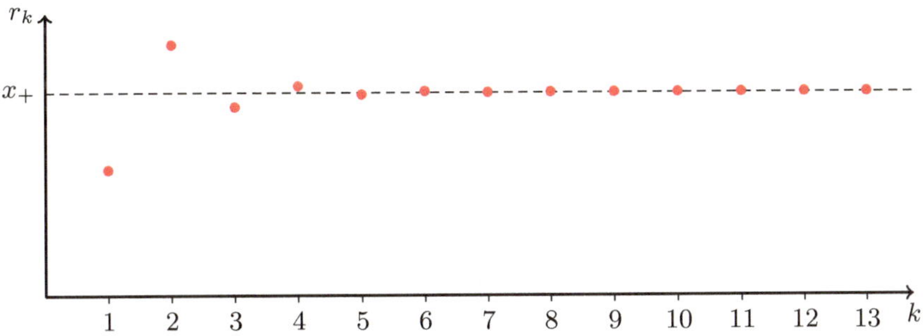

Abb. 1.10 Die schnelle Konvergenz der rationalen Zahlen r_k gegen die irrationale Zahl x_+

Beliebige reelle Zahlen können im Rahmen eines *Stellenwertsystems* dargestellt werden. Die üblichste Variante ist, dass man als Basis eines solchen Systems die Zahl 10 wählt und reelle Zahlen x im *Dezimalsystem* darstellt:

$$x = \pm \sum_{m=-\infty}^{n} g_m (10)^m \qquad \begin{pmatrix} m, n, g_m \in \mathbb{Z} \\ 0 \le g_m \le 9 \end{pmatrix} . \tag{1.19}$$

Die Zahl x wird dann kurz als $x = \pm g_n\, g_{n-1}\, g_{n-2} \cdots g_0\, ,\, g_{-1}\, g_{-2} \cdots$ notiert, wobei die Basis 10 also als bekannt vorausgesetzt wird. Selbstverständlich kann man auch ein Stellenwertsystem mit einer anderen Basis $b \in \mathbb{N}\backslash\{1\}$ wählen:

$$x = \pm \sum_{m=-\infty}^{\bar{n}} \bar{g}_m\, b^m \qquad \begin{pmatrix} m, \bar{n}, \bar{g}_m \in \mathbb{Z} \\ 0 \le \bar{g}_m \le b-1 \end{pmatrix} ,$$

aber die Darstellung $\pm \bar{g}_{\bar{n}}\, \bar{g}_{\bar{n}-1}\, \bar{g}_{\bar{n}-2} \cdots \bar{g}_0\, ,\, \bar{g}_{-1}\, \bar{g}_{-2} \cdots$ der reellen Zahl x wird dann eine komplett andere sein. Beispiele für b-Werte, die historisch eine Rolle gespielt haben (oder dies noch tun), sind 2, 12, 16, 20 oder 60.

Irrationale reelle Zahlen: Es wurde schon darauf hingewiesen, dass Zahlen wie $\sqrt{2}$, π, e oder x_+ nicht die rationale Form $\frac{m}{n}$ besitzen. Wir weisen dies nun exemplarisch für die Quadratwurzel $\sqrt{2}$ nach. Um einen Widerspruch zu provozieren, nehmen wir an, $\sqrt{2}$ sei rational, und schreiben $\sqrt{2} = \frac{m}{n}$. Ohne Beschränkung der Allgemeinheit können wir hierbei annehmen, dass $m, n \subset \mathbb{N}$ gilt und dass m und n teilerfremd sind (ansonsten kürzen wir den Bruch so weit). Durch Quadrieren folgt die Gleichung $2n^2 = m^2$, deren linke Seite einen Faktor 2 enthält. Folglich ist die Zahl m^2 auf der rechten Seite *gerade*, sodass auch m selbst gerade sein muss: $m = 2\bar{m}$ mit $\bar{m} \in \mathbb{N}$. Es folgt die Gleichung $n^2 = 2\bar{m}^2$, deren rechte Seite einen Faktor 2 enthält, also muss das Gleiche für die linke Seite und somit für die Zahl n gelten: $n = 2\bar{n}$ mit $\bar{n} \in \mathbb{N}$. Dies impliziert jedoch, dass sowohl m als auch n Faktoren 2 enthalten und somit *nicht* teilerfremd sind, im Widerspruch zur Annahme. Also kann der Ausgangspunkt ($\sqrt{2} = \frac{m}{n}$ mit $m, n \in \mathbb{N}$ teilerfremd) nicht richtig sein, und $\sqrt{2}$ ist somit irrational. Vollkommen analog zeigt man, dass $\sqrt{5}$ und daher auch $x_+ = \frac{1}{2}(1 + \sqrt{5})$ irrational sind.

Die Irrationalität von $\sqrt{2}$ ist ein weiteres Beispiel dafür, dass an sich konvergente rationale Folgen der Form $(\frac{m_k}{n_k})$ nicht unbedingt gegen einen rationalen Grenzwert konvergieren. Definiert man nämlich $(\sqrt{2})_k$ als die Approximation von $\sqrt{2}$ mit genau k Nachkommastellen im Dezimalsystem:

$$(\sqrt{2})_1 = 1{,}4 \;,\; (\sqrt{2})_2 = 1{,}41 \;,\; (\sqrt{2})_3 = 1{,}414 \;,\; (\sqrt{2})_4 = 1{,}4142 \;,\; \cdots \;,$$

dann ist $(\sqrt{2})_k$ für jeden endlichen k-Wert rational, aber dennoch ist der Limes $(\sqrt{2})_\infty = \sqrt{2}$, wie wir mittlerweile wissen, irrational.

Abgeschlossenheit der reellen Zahlen: Diese Feststellung, dass die konvergente Folge rationaler Zahlen $(\sqrt{2})_k$ gegen einen *reellen* (in diesem Fall irrationalen) Wert konvergiert, ist übrigens von fundamentaler Bedeutung: Für alle konvergenten rationalen Folgen (a_k) (mit $a_k \in \mathbb{Q}$ und $k \in \mathbb{N}$) gilt, dass der Grenzwert der Folge auf jeden Fall *reellwertig* ist, und dieser reellwertige Grenzwert kann dann in Spezialfällen auch rational, oder ganzzahlig, oder gar eine natürliche Zahl sein. Allgemeiner gilt, dass jede konvergente *reelle* Folge (a_k) (mit $a_k \in \mathbb{R}$ und $k \in \mathbb{N}$) gegen einen *reellen* Grenzwert konvergiert. In diesem Sinne bilden die reellen Zahlen $\mathbb{R}$ eine *abgeschlossene* Menge. Diese Eigenschaft von $\mathbb{R}$ ist sehr wichtig und ermöglicht erst die Untersuchung von *Grenzwerten* von Folgen und insbesondere die Untersuchung von *Ableitungen reellwertiger Funktionen*, die ja als Grenzwert definiert sind. Insofern bildet die Abgeschlossenheit der reellen Zahlen die Basis für etliche der nachfolgenden Kapitel, z.B. für Kapitel [2] über „Folgen", Kapitel [4] und [5] über „reellwertige Funktionen", Kapitel [6] und [9] über „Integration", Kapitel [7] über „Differentialgleichungen" und Kapitel [8] über „Wahrscheinlichkeitsrechnung".

Überabzählbarkeit: Die reellen Zahlen $\mathbb{R}$ können, anders als $\mathbb{Z}$ oder $\mathbb{Q}$, nicht mit Hilfe der natürlichen Zahlen abgezählt werden und werden dementsprechend als *überabzählbar* bezeichnet. Für den an sich recht elementaren Beweis (Georg Cantor, 1891) sei auf die mathematische Literatur (z.B. [12]) verwiesen.

Axiomatik: Die axiomatische Darstellung der reellen Zahlen in der Mathematik geht in der Regel nicht von einem Stellenwertsystem wie (1.19) aus. Dies hat viele Gründe, aber ein Aspekt ist die Mehrdeutigkeit des Stellenwertsystems: Beispielsweise könnte die Zahl 1 im Dezimalsystem als $1{,}000\ldots$, aber alternativ auch als $0{,}999\ldots$ dargestellt werden. Für eine grundlegende Diskussion der reellen Zahlen wird hier deshalb auf die Literatur [12] verwiesen.

1.2.4   Beispiel einer reellwertigen Funktion: die Exponentialfunktion

Als Beispiel für die zentrale Rolle von Begriffen wie *Ableitungen*, *Folgen* oder *Grenzwerten* in Berechnungen mit reellen Zahlen betrachten wir nun eine der wichtigsten reellwertigen Funktionen der Analysis, die Exponentialfunktion $f(x) = e^x$. Diese wird hier durch zwei Eigenschaften festgelegt:

> Die Exponentialfunktion $f(x) = e^x$ ist diejenige Funktion, die für
> alle reellen Werte des Arguments ($x \in \mathbb{R}$) gleich der eigenen
> Ableitung ist und für $x = 0$ den Wert 1 hat.

Als Formel geschrieben bedeutet dies Folgendes:

$$\frac{df}{dx}(x) = f(x) \quad , \quad f(0) = 1 \, . \tag{1.20}$$

Die Funktion $f(x) = e^x$ wird durch die beiden Eigenschaften (1.20) eindeutig
definiert. Aus (1.20) folgen einige weitere Eigenschaften der Exponentialfunktion,
die für konkrete Berechnungen sehr wichtig sind:

- Es folgt mit Hilfe der Kettenregel der Differentiation, dass die Funktion
  $f_\lambda(x) \equiv e^{\lambda x}$ eindeutig festgelegt ist durch die beiden Eigenschaften

$$\frac{d}{dx} f_\lambda = \lambda f_\lambda \quad , \quad f_\lambda(0) = 1 \, . \tag{1.21}$$

- Es gilt die Rechenregel $f_x(y) \equiv e^{xy} = (e^y)^x$, da sowohl e^{xy} als auch $(e^y)^x$
  (betrachtet als Funktionen von y bei einem festen x-Wert) die Eigenschaften
  $\frac{d}{dy} f_x = x f_x$ und $f_x(0) = 1$ besitzen.

- Vertauschung von x und y zeigt, dass analog die Rechenregel $e^{xy} = (e^x)^y$ und
  somit auch die Identität $(e^y)^x = (e^x)^y$ gelten muss.

- Es gilt die Rechenregel $f(x, y) = e^{x+y} = e^x e^y$, da sowohl e^{x+y} als auch $e^x e^y$
  die Eigenschaften $\frac{d}{dy} f = f$ und $f(x, 0) = e^x$ besitzen.

Aus diesen Eigenschaften wird klar, dass die Funktionswerte e^x in der Tat als
Potenzen mit der Grundzahl e („Euler-Zahl") und dem Exponenten x angesehen
werden können, wie es die Notation auch suggeriert.

Produktdarstellung der Exponentialfunktion

Die Definition und die wichtigsten Eigenschaften der Exponentialfunktion sind nun
bekannt. Es bleibt aber die Frage: Wie *berechnet* man den Funktionswert $f(x) = e^x$
für einen vorgegebenen Wert von $x \in \mathbb{R}$ eigentlich konkret? Was ist überhaupt
der Wert der Grundzahl e und wie berechnet man diese? Um diese Fragen zu
beantworten, sehen wir uns die Definition (1.20) etwas genauer an. Die Gleichung
(1.20) kann relativ einfach „numerisch" gelöst werden, denn sie bedeutet:

$$\lim_{h \to 0} \frac{f(x+h) - f(x)}{h} = f(x) \quad , \quad f(0) = 1 \, . \tag{1.22}$$

Die Lösungsidee ist nun, dass wir nicht direkt Gleichung (1.22) im Grenzfall („Limes") $h \to 0$ betrachten, sondern stattdessen zuerst die Gleichung

$$\frac{\bar{f}(x+h) - \bar{f}(x)}{h} = \bar{f}(x) \quad , \quad \bar{f}(0) = 1 \tag{1.23}$$

für sehr kleines h (jedoch ungleich null). Nachdem wir Gleichung (1.23) für $\bar{f}(x)$ gelöst haben, folgt $f(x)$ aus $\bar{f}(x)$ im Limes $h \to 0$. Es ist aber leicht, $\bar{f}(x)$ zu berechnen, denn (1.23) kann auch als $\bar{f}(x + h) = (1 + h)\bar{f}(x)$ geschrieben werden, sodass die folgende Gleichungskette entsteht:[10]

$$\bar{f}(x) = (1 + h)\bar{f}(x - h) = (1 + h)^2 \bar{f}(x - 2h) = \cdots = (1 + h)^n \bar{f}(x - nh) \, .$$

Wählt man an dieser Stelle $h = \frac{x}{n}$ und bedenkt man, dass dann wegen $h \to 0$ auch $n \to \infty$ gelten muss, so entsteht wegen $\bar{f}(0) = 1$ die Gleichung

$$\boxed{\; e^x = f(x) = \lim_{n \to \infty} \left(1 + \frac{x}{n}\right)^n \bar{f}(0) = \lim_{n \to \infty} \left(1 + \frac{x}{n}\right)^n . \;}$$
$$\text{(1.24)}$$

Die Exponentialfunktion kann also aufgrund ihrer Definition (1.20) auch als Vielfachprodukt von Faktoren $1 + \frac{x}{n}$ geschrieben werden! Man erhält also immer bessere numerische Approximationen für e^x, indem man Produkte der Form $\left(1 + \frac{x}{n}\right)^n$ für immer größere n-Werte ausrechnet.

Insbesondere folgt aus (1.24) als Spezialfall, dass die Grundzahl e der Exponentialfunktion auch als

$$e = e^1 = f(1) = \lim_{n \to \infty} \left(1 + \frac{1}{n}\right)^n \tag{1.25}$$

geschrieben werden kann. Die Grundzahl e kann ausgehend von (1.25) konkret berechnet werden: Definiert man $e_n \equiv \left(1 + \frac{1}{n}\right)^n$, so findet man als Approximationen der exakten Grundzahl $e_\infty = e = 2{,}71828 \ldots$ bei ansteigendem n-Wert: $e_1 = 1 + 1 = 2$, $e_2 = \left(1 + \frac{1}{2}\right)^2 = 2{,}25$, $e_{10} = \left(1 + \frac{1}{10}\right)^{10} \simeq 2{,}5937$, $e_{100} \simeq 2{,}7048$, $e_{1000} \simeq 2{,}7169$, und so weiter. Außerdem lernt man aus (1.24), dass bei einem *festen, endlichen* Wert von $x = nh$ für hinreichend kleine h-Werte (sodass $n = x/h$ u.U. durchaus groß sein kann) gilt:

$$(1 + h)^n = \left(1 + \frac{x}{n}\right)^n \simeq e^x = e^{nh} \quad , \quad 1 + h \simeq e^h \, . \tag{1.26}$$

Die zweite Formel folgt aus der ersten durch den Vergleich der beiden Grundzahlen $1 + h$ (auf der linken Seite) und e^h (auf der rechten Seite). Die beiden Formeln in (1.26) sind sehr nützliche Approximationsformeln, die wir im Folgenden öfter verwenden und deren Gültigkeitsbereich wir später (mit den Methoden von Kapitel [4]) besser verstehen werden.

Gleichung (1.21) mit dem zusätzlichen multiplikativen Faktor λ kann völlig analog gelöst werden. Man erhält als Verallgemeinerung von (1.24):

$$e^{\lambda x} = f_\lambda(x) = \lim_{n \to \infty} \left(1 + \frac{\lambda x}{n}\right)^n \bar{f}_\lambda(0) = \lim_{n \to \infty} \left(1 + \frac{\lambda x}{n}\right)^n . \tag{1.27}$$

---

[10]Diese Lösungsmethode für Gleichung (1.20) ist als das *Euler-Verfahren* bekannt. Dieses Verfahren, wie auch die hier angegebene Gleichungskette, ist in der Regel nur im Limes $h \to 0$ bzw. $n \to \infty$ exakt. Auf das Euler-Verfahren werden wir noch ausführlich in Kapitel [7] (und zwar in Abschnitt [7.4.1]) zurückkommen. Die Euler-Zahl, das Euler-Verfahren und die *Euler-Formel*, die wir in (1.41) kennenlernen werden, sind alle nach dem aus der Schweiz stammenden Leonhard Euler (1707 - 1783) benannt, einem der produktivsten Mathematiker des 18. Jahrhunderts, der viele Jahre in Sankt Petersburg und Berlin arbeitete.

Es lässt sich leicht überprüfen, dass $f_\lambda(x)$ in (1.27) in der Tat die Lösung von Gleichung (1.21) darstellt: Für $x = 0$ gilt wie erforderlich $f_\lambda(0) = 1$, und man erhält durch Differentiation:

$$\frac{d}{dx}\left(1 + \frac{\lambda x}{n}\right)^n = n\left(1 + \frac{\lambda x}{n}\right)^{n-1}\frac{\lambda}{n} = \lambda\left[\left(1 + \frac{\lambda x}{n}\right)^n\right]^{(n-1)/n} .$$

Im Limes $n \to \infty$ folgt auf der rechten Seite $[\cdots] \to f_\lambda(x)$ und $\frac{n-1}{n} \to 1$, sodass insgesamt wie erforderlich $\frac{d}{dx}f_\lambda = \lambda f_\lambda$ mit $f_\lambda(0) = 1$ gilt. Hiermit wurde insbesondere auch die Korrektheit von Gleichung (1.24) für den Spezialfall $\lambda = 1$ und somit natürlich auch die Gültigkeit von (1.25) nachgewiesen.

Beziehung zwischen Exponentialfunktion und Fibonacci-Zahlen

Wir haben im Abschnitt [1.1.3] gesehen, dass die Fibonacci-Zahlen durch die Rekursionsbeziehung $F_{n+2} = F_{n+1} + F_n$ mit $F_1 = F_2 = 1$ definiert sind und das Verhältnis zweier aufeinanderfolgender Fibonacci-Zahlen für $n \to \infty$ gegen den Goldenen Schnitt $x_+ \simeq 1,618$ geht: $F_{n+1}/F_n \to x_+$, sodass die Fibonacci-Zahlen näherungsweise *exponentiell* als Funktion des Index n anwachsen. Gibt es vielleicht eine Verbindung zur Exponentialfunktion?

Wir schreiben die Rekursionsbeziehung um als $F_{n+2} - F_{n+1} = F_n$ und fügen auf der rechten Seite einen Faktor $h \in \mathbb{R}^+$ hinzu:

$$F_{n+2} - F_{n+1} = hF_n \quad , \qquad F_1 = F_2 = 1 , \tag{1.28}$$

sodass Gleichung (1.28) die Fibonacci-Zahlen für $h = 1$ als Spezialfall enthält. Anders als im Fibonacci-Fall gilt nun i.A. $F_n \in \mathbb{R}$ für die Lösung von (1.28); beispielsweise hat F_n für $n = 3$ den Wert $F_3 = 1 + h$. Auch für die Lösung F_n der verallgemeinerten Gleichung (1.28) gibt es eine „Binet-Formel":

$$F_n = \frac{(x_+)^n - (x_-)^n}{x_+ - x_-} \quad , \qquad (x_\pm)^2 - x_\pm - h = 0 \quad (x_+ > x_-) . \tag{1.29}$$

Konkret gilt also $x_\pm = \frac{1}{2}[1 \pm (1 + 4h)^{1/2}]$. Besonders interessant wird die Rekursionsbeziehung (1.28) für kleine h-Werte ($h \to 0$). In diesem Fall gilt $x_+ \simeq 1 + h$ und $x_- \simeq -h$, sodass sich mit Hilfe der Gleichung (1.26) für die Zahlen F_n ergibt:

$$F_n \simeq (x_+)^n \simeq (1 + h)^n \simeq (e^h)^n \simeq e^{nh} \quad (h \to 0) .$$

Folglich hat F_n für genügend kleine h-Werte die Form $F_n = f(nh)$ mit $f(x) = e^x$. Dies hätte man aber auch direkt aus Gleichung (1.28) sehen können, denn diese vereinfacht sich mit dem Ansatz $F_n = f(nh)$ auf

$$f(x + 2h) - f(x + h) = hf(x) \quad \text{bzw.} \quad f'(x) = f(x) \quad \text{mit} \quad f(0) = 1 ,$$

und die eindeutige Lösung dieser beiden Gleichungen ist $f(x) = e^x$.

Wir stellen also fest, dass die Rekursionsbeziehung $F_{n+2} - F_{n+1} + F_n$ der Fibonacci-Zahlen grundsätzlich die gleiche Struktur hat wie die Definitionsgleichung (1.20) der Exponentialfunktion und daher als „diskretisierte" Variante dieser

Definitionsgleichung angesehen werden kann.[11] Dass die Lösungen sich in beiden Fällen *exponentiell* als Funktionen ihrer Argumente verhalten, ist daher nicht weiter verwunderlich.[12]

1.3 Komplexe Zahlen

Die sogenannten „komplexen" Zahlen sind sowohl in der Mathematik als auch in der Physik von großer Bedeutung. Mathematisch benötigt man sie, um einfache quadratische Gleichungen wie $x^2 = -1$ lösen zu können. Außerdem kann man nachweisen, dass man die Lösungen beliebiger algebraischer Gleichungen immer mit Hilfe komplexer Zahlen darstellen kann. In der Physik spielen komplexe Zahlen z.B. in der Quantenmechanik eine zentrale Rolle in der Form der komplexwertigen „Wellenfunktion", aber in der Praxis kann man in keinem einzigen Bereich der modernen Physik auf komplexe Zahlen verzichten.

1.3.1 Definitionen und Eigenschaften

Auf die Notwendigkeit einer Erweiterung der reellen Zahlen und der Einführung *komplexer* Zahlen stößt man bereits bei der Lösung der *quadratischen* Gleichung. Die lineare Gleichung ist noch unproblematisch, da solche Gleichungen:

$$0 = a_0 + a_1 z \qquad (a_0 \in \mathbb{R}, a_1 \in \mathbb{R}\backslash\{0\})$$

immer eindeutig innerhalb der reellen Zahlen lösbar sind: $z = -a_0/a_1 \in \mathbb{R}$. Die Lösung der allgemeinen quadratischen Gleichung:

$$0 = a_0 + a_1 z + a_2 z^2 \qquad (a_0 \in \mathbb{R}, a_1 \in \mathbb{R}, a_2 \in \mathbb{R}\backslash\{0\}) \qquad (1.30)$$

verläuft nicht ganz so glatt: Tatsächlich ist schon seit vielen Jahrhunderten[13] bekannt, dass eine Lösung im Rahmen der reellen Zahlen nicht notwendigerweise existiert. Ein einfaches Beispiel ist die quadratische Gleichung $0 = 1 + z^2$ oder alternativ: $z^2 = -1$, die im Rahmen der reellen Zahlen nicht lösbar ist, da das Quadrat einer reellen Zahl immer nicht-negativ ist.

Wenn die Lösung der Gleichung $z^2 = -1$ nicht innerhalb der reellen Zahlen existiert, ist es naheliegend, zu versuchen, die reellen Zahlen kontrolliert so zu erweitern, dass die Gleichung innerhalb des erweiterten Zahlensystems lösbar wird. Hierzu führen wir eine Größe i ein, die die Gleichung $z^2 = -1$ lösen soll:

$$\boxed{i^2 = -1 \ .}$$

---

[11]Dementsprechend heißt eine Gleichung wie (1.20) „Differentialgleichung" und eine Gleichung wie (1.28) „Differenzengleichung". Differenzengleichungen treten typischerweise auf, wenn die Struktur eines Problems es erfordert, Größen zu *diskreten* Zeitpunkten zu messen. Siehe Ref. [20] oder Abschnitt [7.4.1] für eine einfache Einführung in diese Thematik.

[12](Gebremstes) exponentielles Wachstum ist ein weitverbreitetes Phänomen in der Natur und in den Wirtschaftswissenschaften, auf das wir in Kapitel [7] näher eingehen.

[13]Die erste systematische Lösung linearer und quadratischer Gleichungen stammt vom persischen Mathematiker al-Chwarizmi (etwa AD 780 - 850), dem Namensgeber des „Algorithmus" und der „Algebra". Weitere Entwicklungen auf dem Gebiet der komplexen Zahlen stammen u.a. von Cardano, Descartes, Euler, Wessel, Cauchy und Gauß.

Neben der „reellen Einheit" 1, die die Gleichung $z^2 = 1$ löst, stellt i eine weitere, unabhängige Zahleneinheit dar, die als die „imaginäre Einheit" bezeichnet wird. Wenn man diese beiden Einheiten mit Hilfe *reeller* Koeffizienten u und v linear miteinander kombiniert, erhält man die allgemeine Form einer *komplexen* Zahl:

$$z = u + vi \qquad (\, u, v \in \mathbb{R} \,;\, z \in \mathbb{C} \,) \,, \tag{1.31}$$

wobei wie üblich der Buchstabe $\mathbb{C}$ als Symbol für das Zahlensystem der komplexen Zahlen benutzt wird. Die reellen Koeffizienten u und v werden *Real-* bzw. *Imaginär*teil der komplexen Zahl $z = u + vi$ genannt. Entsprechend verwendet man die Notation:

$$u = \mathrm{Re}(z) \,, \quad v = \mathrm{Im}(z) \,.$$

Wir nennen noch einige Notationen:

$$0 + 0i \equiv 0 \quad , \quad u + 0i \equiv u \quad , \quad 0 + vi \equiv vi \,,$$

mit deren Hilfe gelegentlich unnötige Schreibarbeit vermieden werden kann.

Rechenregeln für komplexe Zahlen

Die Form (1.31) der komplexen Zahlen ermöglicht noch keine konkreten Berechnungen mit solchen Zahlen. Hierzu müsste man zuerst die *Eigenschaften* der komplexen Zahlen definieren. Insbesondere muss zuerst *definiert* werden, wie komplexe Zahlen zu addieren, multiplizieren und dividieren sind.

Beginnen wir mit der *Addition*. Diese wird definiert durch:

$$z_1 + z_2 = (u_1 + v_1 i) + (u_2 + v_2 i) \equiv (u_1 + u_2) + (v_1 + v_2)i \tag{1.32}$$

und ist grafisch in Abbildung 1.11 dargestellt. Man sieht, dass die komplexen Zahlen in einer zweidimensionalen *komplexen Ebene* „leben", die als erste Koordinate den Real- und als zweite den Imaginärteil hat. In dieser komplexen Ebene werden komplexe Zahlen als Punkte dargestellt, und die Addition komplexer Zahlen entspricht genau der Addition der zweidimensionalen Vektoren, deren Endpunkte die komplexen Zahlen bilden. Beispielsweise ergibt die Addition der komplexen Zahlen $1 + 2i$ und $3 + 4i$ laut (1.32) die komplexe Zahl $4 + 6i$.

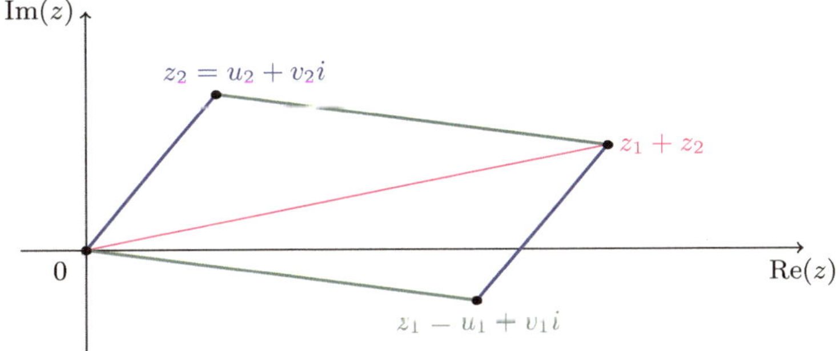

Abb. 1.11 Addition komplexer Zahlen in der komplexen Ebene

Zweitens betrachten wir die *Multiplikation*, die für komplexe Zahlen wie folgt definiert wird:

$$z_1 z_2 = (u_1 + v_1 i)(u_2 + v_2 i) \equiv (u_1 u_2 - v_1 v_2) + (u_1 v_2 + v_1 u_2)i \; . \tag{1.33}$$

Diese Definition ist intuitiv auch plausibel, da sich beim naiven Ausmultiplizieren des mittleren Gliedes u.a. ein Faktor i^2 ergibt, der gleich -1 ist:

$$(u_1 + v_1 i)(u_2 + v_2 i) = u_1 u_2 + u_1 v_2 i + v_1 u_2 i + v_1 v_2 i^2 \; .$$

Man erhält daher effektiv zwei reelle und zwei rein imaginäre Terme, die jeweils miteinander kombiniert werden können, wie es auf der rechten Seite von Gleichung (1.33) auch geschehen ist. Als Beispiel betrachten wir die Multiplikation der komplexen Zahlen $1 + 2i$ und $3 + 4i$. Das Produkt dieser beiden Zahlen ist laut (1.33) gleich $-5 + 10i$.

Drittens definieren wir die *Inversion* durch:

$$\frac{1}{z} = \frac{1}{u + vi} \equiv \frac{u}{u^2 + v^2} - \frac{vi}{u^2 + v^2} = \frac{u - vi}{u^2 + v^2} \; . \tag{1.34}$$

Auch diese Definition ist intuitiv plausibel, da das mittlere Glied im Zähler und Nenner „naiv" um einen Faktor $u - vi$ ergänzt werden kann:

$$\frac{1}{u + vi} = \frac{u - vi}{(u + vi)(u - vi)} = \frac{u - vi}{u^2 - v^2 i^2} = \frac{u - vi}{u^2 + v^2} \; .$$

Als Beispiel betrachten wir nun $(1 + 2i)^{-1}$ und erhalten laut (1.34) als Ergebnis $(1 - 2i)/(1^2 + 2^2) = \frac{1}{5}(1 - 2i)$.

Die Definition der Division basiert schließlich auf der Forderung, dass der Quotient $\frac{z_1}{z_2}$ gleich dem Produkt $z_1 \frac{1}{z_2}$ sein soll:

$$\frac{z_1}{z_2} = \frac{u_1 + v_1 i}{u_2 + v_2 i} \equiv z_1 \frac{1}{z_2} = \frac{(u_1 + v_1 i)(u_2 - v_2 i)}{(u_2)^2 + (v_2)^2} \; . \tag{1.35}$$

Das naheliegende Beispiel ist nun $(1 + 2i)/(3 + 4i)$, und laut (1.35) ist das Resultat dieser Berechnung gleich $\frac{1}{25}(11 + 2i)$.

1.3.2 Allgemeine Lösung der quadratischen Gleichung

Wir betrachten die allgemeine quadratische Gleichung (1.30) mit $a_0 \in \mathbb{R}$, $a_1 \in \mathbb{R}$ und $a_2 \in \mathbb{R}\backslash\{0\}$ und schreiben diese durch quadratische Ergänzung um wie folgt:

$$0 = a_0 + a_1 z + a_2 z^2 = a_2 \left(z + \frac{a_1}{2a_2} \right)^2 + a_0 - \frac{a_1^2}{4a_2}$$

$$= a_2 \left[\left(z + \frac{a_1}{2a_2} \right)^2 - \frac{D}{4(a_2)^2} \right] \quad , \quad D \equiv (a_1)^2 - 4a_0 a_2 \; . \tag{1.36}$$

Hierbei wurde die wichtige Hilfsgröße D definiert, die als „Diskriminante" bezeichnet wird und deren Vorzeichen in der Tat den Charakter der Lösung bestimmt.

Wir schließen aus der Form (1.36) der quadratischen Gleichung, dass die Lösung durch

$$\left(z + \frac{a_1}{2a_2}\right)^2 = \frac{D}{4(a_2)^2} \tag{1.37}$$

festgelegt wird. Wenn nun die Diskriminante *nicht-negativ* ist, können die beiden Lösungen von (1.37) sofort als

$$\boxed{z_\pm = \frac{1}{2a_2}\left(-a_1 \pm \sqrt{D}\right) \quad (\text{mit } D \geq 0)} \tag{1.38}$$

bestimmt werden. Wenn jedoch die Diskriminante *nicht-positiv* ist ($D \leq 0$), ist es aufgrund der Eigenschaft $i^2 = -1$ noch immer möglich, die rechte Seite von (1.37) als Quadrat zu schreiben:

$$\left(z + \frac{a_1}{2a_2}\right)^2 = \left(\frac{\pm i \sqrt{-D}}{2a_2}\right)^2 \quad (\text{mit } \sqrt{-D} \geq 0) \,,$$

sodass die beiden Lösungen dieser Gleichung nun als

$$\boxed{z_\pm = \frac{1}{2a_2}\left(-a_1 \pm i\sqrt{-D}\right) \quad (\text{mit } D \leq 0)} \tag{1.39}$$

geschrieben werden können. Die beiden Gleichungen (1.38) und (1.39) zusammen stellen die allgemeine Lösung der quadratischen Gleichung dar. Man sieht, dass die quadratische Gleichung immer Lösungen innerhalb des Zahlensystems der komplexen Zahlen hat. Beide Gleichungen (1.38) und (1.39) führen übrigens für den Spezialfall $D = 0$ auf *dasselbe* Ergebnis (nämlich auf eine zweifache Wurzel $z_\pm = -a_1/2a_2$).

Es gibt noch eine andere, allerdings weniger konstruktive Methode zur Lösung der allgemeinen quadratischen Gleichung (1.30). Diese basiert darauf, dass die rechte Seite von (1.30) wie folgt faktorisiert werden kann:

$$0 = a_0 + a_1 z + a_2 z^2 = \begin{cases} a_2\left(z + \frac{a_1 + \sqrt{D}}{2a_2}\right)\left(z + \frac{a_1 - \sqrt{D}}{2a_2}\right) & (D \geq 0) \\[2mm] a_2\left(z + \frac{a_1 + i\sqrt{-D}}{2a_2}\right)\left(z + \frac{a_1 - i\sqrt{-D}}{2a_2}\right) & (D \leq 0) \,, \end{cases}$$

wie man durch Ausmultiplizieren der rechten Seite leicht überprüft. Da die faktorisierte rechte Seite nur dann null sein kann, wenn einer der Faktoren null ist, folgen für $D \geq 0$ bzw. $D \leq 0$ sofort die beiden Gleichungen (1.38) und (1.39).

1.3.3 Die Polardarstellung

Komplexe Zahlen können – wie wir oben gesehen haben – mit Hilfe von *Real-* und *Imaginär*teilen beschrieben werden, die als Koeffizienten der reellen bzw. der imaginären Einheit auftreten: $z = u + vi$. Insofern haben sie einen *zwei*dimensionalen Charakter. Ihre Position in der komplexen Ebene kann aber auch mit anderen zweidimensionalen Variablen beschrieben werden, z.B. mit der Länge ρ der Verbindungslinie einer komplexen Zahl zum Ursprung 0 und dem Winkel φ dieser Verbindungslinie mit der positiven reellen Halbachse. Man erhält so eine Darstellung komplexer Zahlen, die stark an „Polarkoordinaten" für die Punkte einer Ebene erinnert und entsprechend als die *Polardarstellung* der komplexen Zahl $z = u + vi$ bekannt ist (s. Abbildung 1.12):

$$u = \rho \cos(\varphi) \quad , \quad v = \rho \sin(\varphi) \, . \tag{1.40}$$

Es folgt, dass die komplexe Zahl $z = u + vi$ auch als

$$\boxed{z = \rho\,[\cos(\varphi) + i\sin(\varphi)]}$$

geschrieben werden kann. Definiert man die Länge der Verbindungslinie von z zum Ursprung 0 als

$$|z| \equiv \sqrt{u^2 + v^2} \, ,$$

so gilt $\rho = |z| \geq 0$. Der Parameter ρ wird als „Betrag" von z bezeichnet. Außerdem schreibt man $\varphi = \arg(z)$, und entsprechend heißt der Winkel φ das „Argument" von z. Hierbei wählen wir φ so, dass $-\pi < \varphi \leq \pi$ gilt. Abb. 1.12 zeigt, dass die Menge $\{z \mid |z| = \rho\}$ einen *Kreis* mit Radius ρ in der komplexen Ebene beschreibt und die Menge $\{z \mid \arg(z) = \phi\}$ eine *Halbgerade* mit dem Endpunkt im Ursprung.

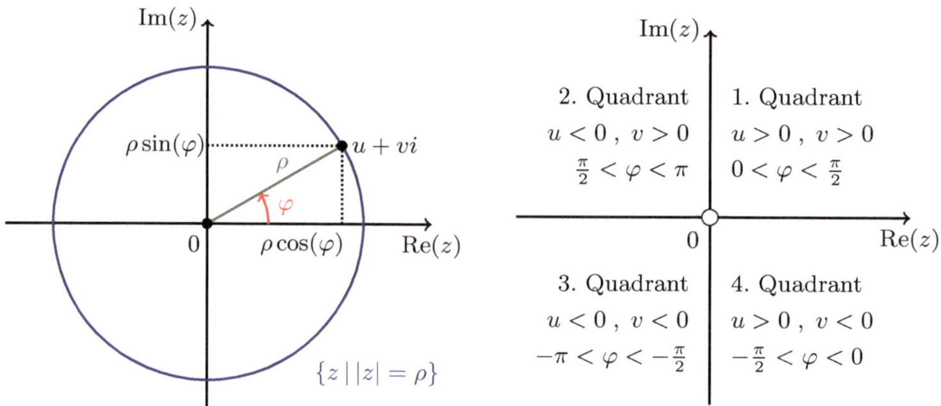

Abb. 1.12 Polarkoordinaten   **Abb. 1.13** Die vier Quadranten

In (1.40) wurden (u, v) als Funktion von (ρ, φ) definiert. Es ist umgekehrt recht einfach, (ρ, φ) zu bestimmen, wenn (u, v) vorgegeben ist:

$$\rho = \sqrt{u^2 + v^2} \quad , \quad \cos(\varphi) = u/\sqrt{u^2 + v^2} \quad , \quad \sin(\varphi) = v/\sqrt{u^2 + v^2} \, .$$

Hiermit ist auch die Umkehrung der Polardarstellung bekannt. Winkel φ im ersten Quadranten ($0 < \varphi < \frac{\pi}{2}$), zweiten Quadranten ($\frac{\pi}{2} < \varphi < \pi$), dritten Quadranten ($-\pi < \varphi < -\frac{\pi}{2}$) oder vierten Quadranten ($-\frac{\pi}{2} < \varphi < 0$) werden hierbei also – wie in Abbildung 1.13 dargestellt – durch die Vorzeichen

$$(\mathrm{sgn}(u), \mathrm{sgn}(v)) = (+, +)\,,\ (-, +)\,,\ (-, -)\,,\ (+, -)$$

der vorgegebenen Real- und Imaginärteile unterschieden. Auf der reellen Achse
($v = 0$) gilt $\varphi = 0$, falls $u > 0$, und $\varphi = \pi$, falls $u < 0$. Auf der imaginären Achse
($u = 0$) gilt $\varphi = \frac{\pi}{2}$ für $v > 0$ und $\varphi = -\frac{\pi}{2}$ für $v < 0$. Nur für $u = v = 0$ (d.h. für
$\rho = 0$) ist der Winkel φ nicht definiert.

Die Euler-Formel

Wir möchten noch auf eine sehr wichtige Beziehung hinweisen, die als die *Euler-Formel* bekannt ist und besagt, dass eine fundamentale Beziehung zwischen der
komplexen Zahl mit Realteil $\cos(\varphi)$ und Imaginärteil $\sin(\varphi)$ und der Exponential-funktion eines *imaginären* Arguments besteht:

$$\boxed{\cos(\varphi) + i\sin(\varphi) = e^{i\varphi} \; .} \tag{1.41}$$

Als Konsequenz dieser Beziehung, die wir im Folgenden näher begründen werden,
kann man die Polardarstellung einer komplexen Zahl z alternativ auch kompakt
als

$$z = \rho\left[\cos(\varphi) + i\sin(\varphi)\right] = \rho e^{i\varphi} \tag{1.42}$$

schreiben. Außerdem folgt aus (1.41), dass der Betrag der Exponentialfunktion mit
imaginärem Argument für alle $\varphi \in \mathbb{R}$ gleich 1 ist:

$$|e^{i\varphi}| = \sqrt{[\cos(\varphi)]^2 + [\sin(\varphi)]^2} = 1 \; , \tag{1.43}$$

sodass $e^{i\varphi}$ auf dem *Einheitskreis* $\{z \,|\, z = u + iv \,,\; u^2 + v^2 = 1\}$ in der komplexen
Ebene angesiedelt ist. Eine weitere wichtige Konsequenz der Euler-Formel ist die
2π-Periodizität der Exponentialfunktion mit imaginärem Argument:

$$e^{i(\varphi + 2k\pi)} = e^{i\varphi} \qquad (\forall k \in \mathbb{Z}) \, , \tag{1.44}$$

die direkt aus der 2π-Periodizität der trigonometrischen Funktionen folgt:

$$e^{i(\varphi + 2k\pi)} = \cos[(\varphi + 2k\pi)] + i\sin[(\varphi + 2k\pi)] = \cos(\varphi) + i\sin(\varphi) = e^{i\varphi} \; .$$

Man kann die Euler-Formel auf verschiedene Weise herleiten. Im Folgenden zeigen
wir eine Methode, die auf der Produktformel für die Exponentialfunktion beruht.

1.3.4 Die Exponentialfunktion mit imaginärem Argument

In Abschnitt [1.2.4] haben wir bereits die Exponentialfunktion mit *reellem* Argument und etliche ihrer Eigenschaften kennengelernt. Die Exponentialfunktion e^x
wurde definiert als diejenige Funktion, die gleich ihrer eigenen Ableitung ist und
für $x = 0$ den Wert 1 hat, und hieraus folgten die Eigenschaften $e^{xy} = (e^y)^x = (e^x)^y$
und $e^{x+y} = e^x e^y$. Außerdem konnte für die Exponentialfunktion eine Produktdar-stellung der Form $e^x = \lim_{n \to \infty} \left(1 + \frac{x}{n}\right)^n$ hergeleitet werden. Etwas allgemeiner
haben wir für *reelle* Parameterwerte λ festgestellt, dass die Funktion $f_\lambda(x) \equiv e^{\lambda x}$
die eindeutige Lösung der Gleichung (1.21) ist:

$$\frac{d}{dx}f_\lambda = \lambda f_\lambda \quad , \quad f_\lambda(0) = 1$$

und dass sie die Produktdarstellung (1.27) hat:

$$e^{\lambda x} = \lim_{n \to \infty} \left(1 + \frac{\lambda x}{n}\right)^n .$$

Im Folgenden verallgemeinern wir diese Resultate weiter für imaginäre Parameterwerte, $\lambda \in i\mathbb{R}$, wobei $i\mathbb{R}$ ein bequemes Kürzel für $\{z \mid z = iv, v \in \mathbb{R}\}$ ist.

Definition und Produktdarstellung

Die Exponentialfunktion $f(\varphi) = e^{i\varphi}$ mit imaginärem Argument[14] wird analog zur Funktion $e^{\lambda x}$ definiert, allerdings mit einem imaginären Parameter $\lambda = i$:

$$\lim_{h \to 0} \frac{f(\varphi + h) - f(\varphi)}{h} = \frac{df}{d\varphi}(\varphi) = if(\varphi) \quad , \quad f(0) = 1 . \tag{1.45}$$

An dieser Stelle wird wichtig, dass bei der „numerischen" Lösung der Gleichung (1.21) für $f_\lambda(x) \equiv e^{\lambda x}$ nicht explizit angenommen wurde, dass $\lambda \in \mathbb{R}$ gilt. Die Herleitung ist daher ohne Weiteres auch für $\lambda = i$ gültig. Insbesondere kann Gleichung (1.45) nun durch

$$\frac{\bar{f}(\varphi + h) - \bar{f}(\varphi)}{h} = i\bar{f}(\varphi) \quad , \quad \bar{f}(0) = 1$$

angenähert werden, und es gilt $\bar{f}(\varphi) \to f(\varphi)$ für $h \to 0$. Die Gleichung für $\bar{f}$ kann leicht gelöst werden: $\bar{f}(\varphi + h) = (1 + ih)\bar{f}(\varphi)$. Wir erhalten durch wiederholte Anwendung die Gleichungskette:

$$\bar{f}(\varphi) = (1 + ih)\bar{f}(\varphi - h) = (1 + ih)^2 \bar{f}(\varphi - 2h) = \cdots = (1 + ih)^n \bar{f}(\varphi - nh) .$$

Wählt man wieder $h = \frac{\varphi}{n}$ (mit $h \to 0$ bzw. $n \to \infty$), so folgt wegen $\bar{f}(0) = 1$ ein expliziter Ausdruck für die Exponentialfunktion eines imaginären Arguments in der Form eines Vielfachprodukts:

$$e^{i\varphi} = f(\varphi) = \lim_{n \to \infty} \left(1 + \frac{i\varphi}{n}\right)^n \bar{f}(0) = \lim_{n \to \infty} \left(1 + \frac{i\varphi}{n}\right)^n . \tag{1.46}$$

Hiermit ist also bekannt, wie e^{ix} bzw. $e^{i\varphi}$ grundsätzlich mit Hilfe elementarer komplexer Multiplikationen zu berechnen wäre. Auch für die Exponentialfunktion eines imaginären Arguments gilt $f(\varphi_1, \varphi_2) \equiv e^{i(\varphi_1 + \varphi_2)} = e^{i\varphi_1} e^{i\varphi_2}$, da sowohl $e^{i(\varphi_1 + \varphi_2)}$ als auch $e^{i\varphi_1} e^{i\varphi_2}$ für alle (festgehaltenen) $\varphi_1 \in \mathbb{R}$ die Gleichung $df/d\varphi_2 = if$ mit $f(\varphi_1, 0) = e^{i\varphi_1}$ erfüllen. Insbesondere folgt also für $\varphi_1 \equiv \varphi = -\varphi_2$:

$$1 = e^{i\varphi} e^{-i\varphi} \quad , \quad (e^{i\varphi})^{-1} = e^{-i\varphi} , \tag{1.47}$$

sodass die Inversion von $e^{i\varphi}$ einfach $e^{-i\varphi}$ ergibt, vollkommen analog zur Eigenschaft $(e^x)^{-1} = e^{-x}$ der Exponentialfunktion eines reellen Arguments. Für $\varphi \in \mathbb{R}$ und $n \in \mathbb{Z}$ gilt außerdem[15] die Potenzregel $(e^{i\varphi})^n = e^{in\varphi}$.

---

[14]Das Wort „Argument" bezeichnet hierbei den Wert der Variablen der Exponentialfunktion (in diesem Fall also $i\varphi$) und hat somit eine gänzlich andere Bedeutung als in Abschnitt [1.3.3], wo es die (reellwertige) Phase einer komplexen Zahl z bezeichnete.

[15]Diese Potenzregel kann nicht ohne Weiteres für reelle oder komplexe Potenzen verallgemeinert werden, denn man sieht bereits aus Gleichung (1.44), dass dies i.A. wegen $k\beta \notin \mathbb{Z}$ und daher

Herleitung der Euler-Formel

Im Hinblick auf unseren Startpunkt, die Euler-Formel (1.41), bleibt noch zu klären, warum die Identität $\cos(\varphi) + i\sin(\varphi) = e^{i\varphi}$ gelten soll, wie in dieser Formel behauptet wird. Diese Identität folgt direkt aus folgender Überlegung: Wir wissen bereits aus (1.45), dass die *rechte* Seite $e^{i\varphi}$ der Euler-Formel *per definitionem* die Gleichung (1.21) mit $\lambda = i$ erfüllt: $\frac{d}{d\varphi}f_\lambda = \lambda f_\lambda$ mit $f_\lambda(0) = 1$. Genau das Gleiche gilt aber für die *linke* Seite der Euler-Formel, denn es folgt mit der Definition $f(\varphi) \equiv \cos(\varphi) + i\sin(\varphi)$:

$$f'(\varphi) = -\sin(\varphi) + i\cos(\varphi) = i[\cos(\varphi) + i\sin(\varphi)] = if(\varphi) \ . \tag{1.48}$$

Wegen $f(0) = 1$ ist die eindeutige Lösung dieser Gleichung durch $f(\varphi) = e^{i\varphi}$ gegeben, und damit ist Eulers Formel nachgewiesen. Interessant ist noch, dass die Euler-Formel in Kombination mit der Produktdarstellung von $e^{i\varphi}$ unmittelbar auch Produktdarstellungen für die Kosinus- und Sinusfunktionen impliziert:

$$\cos(\varphi) = \mathrm{Re}\left(e^{i\varphi}\right) = \lim_{n\to\infty} \mathrm{Re}\left(1 + \frac{i\varphi}{n}\right)^n \tag{1.49}$$

$$\sin(\varphi) = \mathrm{Im}\left(e^{i\varphi}\right) = \lim_{n\to\infty} \mathrm{Im}\left(1 + \frac{i\varphi}{n}\right)^n \ , \tag{1.50}$$

die auch die Basis für numerische Verfahren zur Berechung des Kosinus bzw. des Sinus sind. Auf diese Produktdarstellungen werden wir in Kapitel [4] noch zurückkommen.

1.3.5   Multiplikation und Division in der Polardarstellung

Nachdem wir nun in (1.40) die Polardarstellung eingeführt haben und beliebige komplexe Zahlen mit Hilfe der Euler-Formel (1.42) mit der Exponentialfunktion in Verbindung bringen konnten, können wir die Früchte unserer Arbeit ernten: Sowohl die Multiplikation als auch die Division komplexer Zahlen sind mit der Euler-Formel in der Polardarstellung sehr einfach darstellbar:

$$z_1 z_2 = (\rho_1 e^{i\varphi_1})(\rho_2 e^{i\varphi_2}) = (\rho_1 \rho_2)e^{i(\varphi_1 + \varphi_2)} \tag{1.51}$$

$$\frac{z_1}{z_2} = \frac{\rho_1 e^{i\varphi_1}}{\rho_2 e^{i\varphi_2}} = \frac{\rho_1}{\rho_2}e^{i(\varphi_1 - \varphi_2)} \ . \tag{1.52}$$

Auch grafisch sind die Multiplikation und die Division in der Polardarstellung bequem darstellbar, wie wir in den Abbildungen 1.14 und 1.15 zeigen. Bei der Multiplikation werden die Beträge der beiden komplexen Zahlen z_1 und z_2 miteinander multipliziert und ihre Argumente addiert; bei der Division werden die Beträge dividiert und die Argumente subtrahiert. Die beiden Abbildungen zeigen, was dies konkret für die Lage des Produkts $z_1 z_2$ bzw. des Quotienten z_1/z_2 in der komplexen Ebene bedeutet.

$e^{i2k\beta\pi} \neq 1$ zu einem Widerspruch führen würde:

$$e^{i\varphi\beta} \stackrel{?}{=} (e^{i\varphi})^\beta = (e^{i(\varphi+2k\pi)})^\beta \stackrel{?}{=} e^{i(\varphi\beta+2k\beta\pi)} = e^{i\varphi\beta}e^{i2k\beta\pi} \qquad (\beta \in \mathbb{R} \text{ oder } \beta \in \mathbb{C}) \ .$$

Wir fassen nun die Rechenregeln für die Beträge und Argumente bei der Multiplikation und Division zusammen. Bei der Multiplikation gilt:

$$|z_1 z_2| = |z_1||z_2| \quad , \quad \arg(z_1 z_2) = \arg(z_1) + \arg(z_2) \quad (\mathrm{mod}\ 2\pi)$$

und bei der Division:

$$\left|\frac{z_1}{z_2}\right| = \frac{|z_1|}{|z_2|} \quad , \quad \arg\left(\frac{z_1}{z_2}\right) = \arg(z_1) - \arg(z_2) \quad (\mathrm{mod}\ 2\pi)\,.$$

Hierbei bedeutet die Notation „mod 2π" in einer Gleichung der Form $\arg(z_1) = \arg(z_2)$, dass die Argumente auf der linken und rechten Seite bis auf ein ganzzahliges Vielfaches von 2π gleich sind („modulo 2π"), d.h. es gilt $\arg(z_1) - \arg(z_2) = 2n\pi$ für irgendein $n \in \mathbb{Z}$.

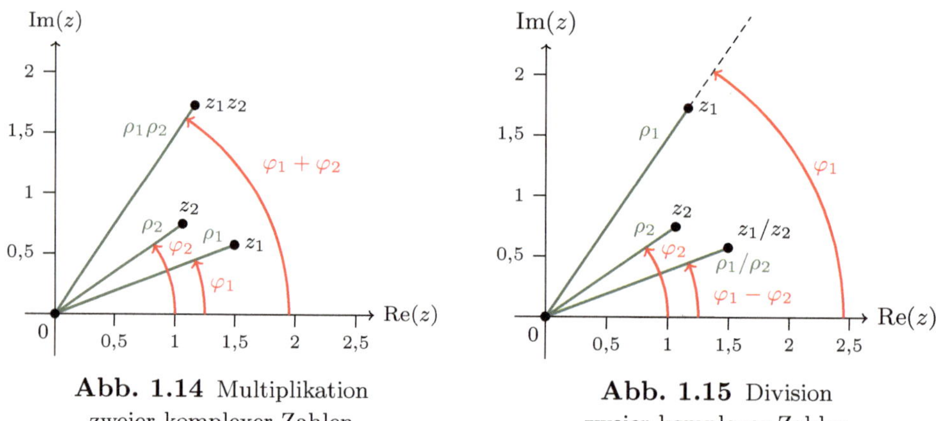

Abb. 1.14 Multiplikation zweier komplexer Zahlen

Abb. 1.15 Division zweier komplexer Zahlen

Als einfache Anwendung der Multiplikations- und Divisionsregeln in der Polardarstellung betrachten wir Gleichung (1.51) für $\rho_1 = \rho_2 = 1$, die also die Form $e^{i\varphi_1} e^{i\varphi_2} = e^{i(\varphi_1 + \varphi_2)}$ hat. Es folgt aufgrund der Euler-Formel:

$$[\cos(\varphi_1) + i\sin(\varphi_1)][\cos(\varphi_2) + i\sin(\varphi_2)] = \cos(\varphi_1 + \varphi_2) + i\sin(\varphi_1 + \varphi_2)\,.$$

Multipliziert man die linke Seite nun aus und vergleicht die Real- und Imaginärteile auf der linken und rechten Seite miteinander, so erhält man die beiden Gleichungen

$$\cos(\varphi_1 + \varphi_2) = \cos(\varphi_1)\cos(\varphi_2) - \sin(\varphi_1)\sin(\varphi_2) \tag{1.53}$$

$$\sin(\varphi_1 + \varphi_2) = \sin(\varphi_1)\cos(\varphi_2) + \cos(\varphi_1)\sin(\varphi_2)\,, \tag{1.54}$$

die als die *Additionsformeln* für den Sinus und den Kosinus bekannt sind.

1.3.6   Die Formel von de Moivre

Aus der Euler-Formel (1.41) folgt eine nützliche Beziehung für trigonometrische Funktionen des vielfachen Winkels, die auf Abraham de Moivre (1707 und 1722) und Euler (1749) zurückgeht:

$$[\cos(\varphi) + i\sin(\varphi)]^n = (e^{i\varphi})^n = e^{in\varphi} = \cos(n\varphi) + i\sin(n\varphi)\,. \tag{1.55}$$

Bei der Herleitung wird also einmal die Euler-Formel für die Grundzahl $e^{i\varphi}$ in $(e^{i\varphi})^n$ und ein weiteres Mal für $e^{in\varphi}$ verwendet. Zur Illustration der Nützlichkeit dieser Beziehung geben wir zwei Beispiele, das erste für $n = 2$:

$$\cos(2\varphi) + i\sin(2\varphi) = \left[\cos(\varphi) + i\sin(\varphi)\right]^2$$
$$= \left[\cos^2(\varphi) - \sin^2(\varphi)\right] + i\left[2\cos(\varphi)\sin(\varphi)\right].$$

Der Vergleich der Real- bzw. Imaginärteile auf der linken und rechten Seite ergibt die bekannten Verdopplungsformeln für trigonometrische Funktionen:

$$\cos(2\varphi) = \cos^2(\varphi) - \sin^2(\varphi) = 1 - 2\sin^2(\varphi) = 2\cos^2(\varphi) - 1 \tag{1.56}$$
$$\sin(2\varphi) = 2\cos(\varphi)\sin(\varphi), \tag{1.57}$$

die übrigens auch für $\varphi_1 = \varphi_2$ als Spezialfall aus (1.53) und (1.54) folgen. Als zweites Beispiel betrachten wir die Formel von de Moivre für $n = 3$:

$$\cos(3\varphi) + i\sin(3\varphi) = \left[\cos(\varphi) + i\sin(\varphi)\right]^3$$
$$= \left[\cos^3(\varphi) - 3\cos(\varphi)\sin^2(\varphi)\right] + i\left[3\cos^2(\varphi)\sin(\varphi) - \sin^3(\varphi)\right].$$

Der Vergleich der Real- bzw. Imaginärteile auf der linken und rechten Seite ergibt nun die Formeln für den dreifachen Winkel:

$$\cos(3\varphi) = \cos^3(\varphi) - 3\cos(\varphi)\sin^2(\varphi)$$
$$\sin(3\varphi) = 3\cos^2(\varphi)\sin(\varphi) - \sin^3(\varphi).$$

Ganz offensichtlich könnte man analog weitermachen und Formeln für den vier- und fünffachen Winkel (und so weiter) berechnen, falls man diese benötigen sollte.

Das Vorgehen bei der Formel von de Moivre ist in Abbildung 1.16 auch noch einmal grafisch dargestellt: Alle komplexen Zahlen $e^{in\varphi}$ haben den Betrag 1 und liegen somit auf dem Einheitskreis $\{|z| = 1\}$ in der komplexen Ebene. Hierbei hat die Zahl $e^{i\varphi}$ aufgrund der Euler-Formel den Realteil $\cos(\varphi)$ und den Imaginärteil $\sin(\varphi)$. Die Formel von de Moivre besagt nun, dass die Potenzen $[\cos(\varphi)+i\sin(\varphi)]^n$ mit einem natürlichen Exponenten ($n \in \mathbb{N}$) als Realteil $\cos(n\varphi)$ und als Imaginärteil $\sin(n\varphi)$ haben. Für $n = 5$ sind diese Real- und Imaginärteile in Abb. 1.16 explizit angegeben.

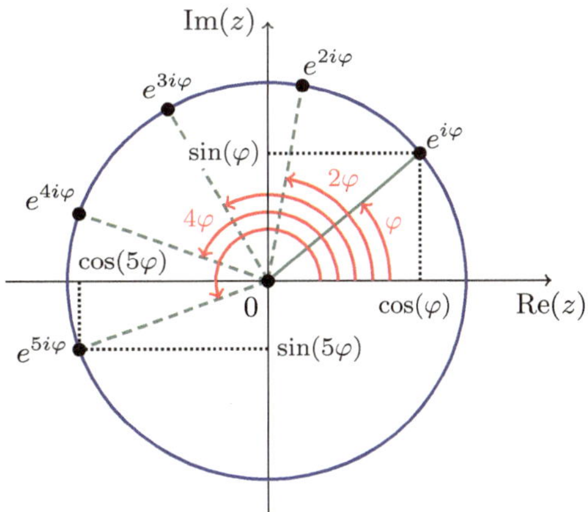

Abb. 1.16 Zur Formel von de Moivre

1.3.7 De Moivres Formel – weitere Anwendungen

Wir wenden die Formel (1.55) von de Moivre nun speziell für den Wert $\varphi = \pi/n$ mit $n \in \mathbb{N}$ an, wobei $\pi \simeq 3{,}141592$ wie üblich den ersten positiven Nullpunkt des Sinus darstellt: $\sin(\pi) = 0$. Es folgt:

$$\left[\cos(\tfrac{\pi}{n}) + i\sin(\tfrac{\pi}{n})\right]^n = e^{in\frac{\pi}{n}} = e^{i\pi} = \cos(\pi) + i\sin(\pi) = -1$$

und daher für den Imaginärteil auf der linken bzw. rechten Seite:

$$\mathrm{Im}\left\{\left[\cos(\tfrac{\pi}{n}) + i\sin(\tfrac{\pi}{n})\right]^{n}\right\} = 0 \ . \tag{1.58}$$

Wir betrachten nun die Konsequenzen der Formel (1.58), wobei immer zu bedenken ist, dass $\sin(\pi) = 0$ gilt und der Sinus für $0 < \varphi < \pi$ strikt *positiv* ist: $\sin(\varphi) > 0$.

$n = 2$: Für $n = 2$ folgt aus (1.58) die Bedingung $2\cos(\tfrac{\pi}{2})\sin(\tfrac{\pi}{2}) = 0$. Wegen $\sin(\tfrac{\pi}{2}) > 0$ muss $\cos(\tfrac{\pi}{2}) = 0$ gelten, und dies hat wiederum zur Konsequenz: $\sin(\tfrac{\pi}{2}) = \{1 - [\cos(\tfrac{\pi}{2})]^2\}^{1/2} = 1$.

$n = 3$: Für $n = 3$ führt (1.58) auf die Bedingung $4\cos^2(\tfrac{\pi}{3}) - 1 = 0$, die $\cos(\tfrac{\pi}{3}) = \tfrac{1}{2}$ als Lösung hat. Der entsprechende Sinuswert folgt als $\sin(\tfrac{\pi}{3}) = \tfrac{1}{2}\sqrt{3}$.

$n = 4$: Für $n = 4$ impliziert Gleichung (1.58) die Bedingung $2\cos^2(\tfrac{\pi}{4}) - 1 = 0$ mit der Lösung $\cos(\tfrac{\pi}{4}) = \tfrac{1}{2}\sqrt{2}$. Der entsprechende Sinuswert ist $\sin(\tfrac{\pi}{4}) = \tfrac{1}{2}\sqrt{2}$.

$n = 5$: Der Fall $n = 5$ ist schon etwas komplizierter, da aus (1.58) nun eine *quartische* Gleichung für $\cos(\tfrac{\pi}{5})$ folgt: $[2\cos(\tfrac{\pi}{5})]^4 - 3[2\cos(\tfrac{\pi}{5})]^2 + 1 = 0$. Diese quartische Gleichung hat glücklicherweise eine einfache Gestalt, denn sie kann auch als *quadratische* Gleichung für $[2\cos(\tfrac{\pi}{5})]^2$ interpretiert werden. Die Lösung lautet: $[2\cos(\tfrac{\pi}{5})]^2 = [\tfrac{1}{2}(1+\sqrt{5})]^2$ und somit: $\cos(\tfrac{\pi}{5}) = \tfrac{1}{4}(1+\sqrt{5}) = \tfrac{1}{2}x_{+}$. Interessanterweise ist der Kosinus von $\tfrac{\pi}{5}$ also genau gleich dem *halben* „Goldenen Schnitt" x_{+}, den wir im Rahmen der Untersuchung von Fibonacci-Zahlen kennengelernt haben.

$n = 6$: Im Falle $n = 6$ kann man natürlich wieder von Gleichung (1.58) starten. Es ist jedoch geschickter, auszunutzen, dass wir den Wert von $\cos(\tfrac{\pi}{3})$ bereits berechnet haben, und aus diesem bereits bekannten Ergebnis $\cos(\tfrac{\pi}{6})$ zu berechnen. Hierzu kann man die Verdopplungsformel für den Kosinus verwenden: $\cos(\tfrac{\pi}{m}) = 2\cos^2(\tfrac{\pi}{2m}) - 1$ mit $m \in \mathbb{N}$, denn diese Formel impliziert $\cos(\tfrac{\pi}{2m}) = \{\tfrac{1}{2}[1 + \cos(\tfrac{\pi}{m})]\}^{1/2}$. Wendet man dieses Resultat an für $m = 3$, so erhält man

$$\cos(\tfrac{\pi}{6}) = \sqrt{\tfrac{1}{2}[1 + \cos(\tfrac{\pi}{3})]} = \sqrt{\tfrac{1}{2}(1 + \tfrac{1}{2})} = \tfrac{1}{2}\sqrt{3} \ ,$$

und der entsprechende Sinuswert ist dann $\sin(\tfrac{\pi}{6}) = \sqrt{1 - \tfrac{3}{4}} = \tfrac{1}{2}$.

Die für $n = 6$ angewandte Methode hätte natürlich auch für $n = 4$ angewandt werden können. Allgemein lernen wir, dass $\cos(\tfrac{\pi}{2m})$ immer explizit berechnet werden kann, wenn $\cos(\tfrac{\pi}{m})$ bekannt ist.

Aber längst nicht jeder Kosinuswert ist elementar berechenbar. Beispielsweise kann man zeigen, dass bereits $\cos(\tfrac{\pi}{7})$ nicht als Wurzelfunktion von reellen rationalen Zahlen (oder als Summe oder Produkt solcher Funktionen) darstellbar ist. Berechnet man $\cos(\tfrac{\pi}{7})$ aus Gleichung (1.58), so findet man für die Größe $4[\cos(\tfrac{\pi}{7})]^2 \equiv x$ die folgende *kubische* Gleichung:

$$f(x) = x^3 - 5x^2 + 6x - 1 = 0 \ ,$$

die *drei* unterschiedliche reelle Wurzeln hat: Aus den Funktionswerten

$$f(0) = -1 \quad , \quad f(1) = 1 \quad , \quad f(2) = -1 \quad , \quad f(3) = -1 \quad , \quad f(4) = 7$$

folgt bereits, dass die kleinste der drei Wurzeln im Intervall $(0,1)$ liegt, die mittlere im Intervall $(1,2)$ und die größte im Intervall $(3,4)$. Wegen $4[\cos(\frac{\pi}{7})]^2 > 4[\cos(\frac{\pi}{6})]^2 = 3$ muss die größte Wurzel die gesuchte sein. Aus der im Prinzip bekannten, expliziten Lösung der kubischen Gleichung mit Hilfe der sogenannten „Cardano-Formeln" ist in der Tat ersichtlich, dass $\cos(\frac{\pi}{7})$ lediglich als Summe von Wurzelfunktionen *komplexer* (also nicht: reeller rationaler) Zahlen darstellbar ist.

1.3.8 Komplexe Konjugation

Wir möchten uns nun mit der „komplexen Konjugation" befassen, die für praktische Zwecke sehr nützlich ist. Die „komplexe Konjugation" besteht darin, der komplexen Zahl $z = u + vi$ eine weitere Zahl z^* zuzuordnen:[16]

$$\boxed{z^* \equiv u - vi\ ,}$$

die bei nochmaliger Konjugation wiederum auf die ursprüngliche Zahl z abgebildet wird:

$$(z^*)^* = (u - vi)^* = u + vi = z\ .$$

Transformationen, die bei zweimaliger Anwendung die Ausgangssituation wiederherstellen, heißen auch „Dualitätstransformationen". Die komplexen Zahlen z und z^* sind in diesem Sinne „dual" zueinander.

In Abbildung 1.17 wird gezeigt, dass die komplexe Konjugation geometrisch eine Spiegelung an der reellen Achse in der komplexen Ebene darstellt, und in der Tat hat eine zweimalige Spiegelung an einer Achse die gleiche Wirkung wie die Identität.

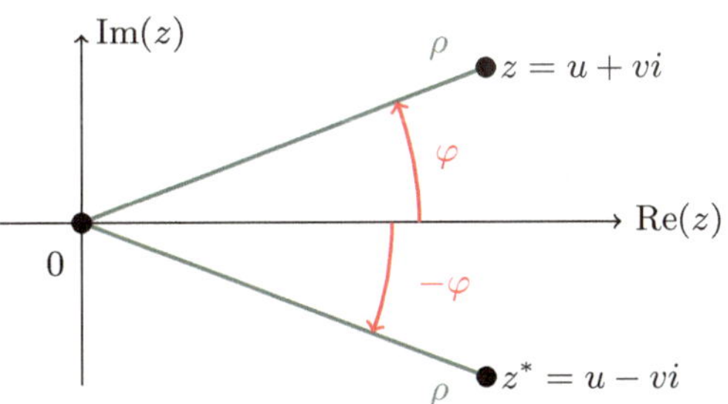

Abb. 1.17 Komplexe Konjugation

Rechenregeln: Die komplexe Konjugation erfüllt einige einfache Rechenregeln. Wichtig sind zunächst einmal die Beziehungen zwischen dem Real- und dem Imaginärteil von z und der Summe $z + z^*$ bzw. der Differenz $z - z^*$:

$$z + z^* = (u + vi) + (u - vi) = 2u = 2\operatorname{Re}(z)$$
$$z - z^* = (u + vi) - (u - vi) = 2vi = 2i\operatorname{Im}(z)\ ,$$

die umgekehrt bedeuten, dass der Real- und der Imaginärteil gleich den Projektionen von z auf die reelle bzw. imaginäre Achse sind:

$$\boxed{\operatorname{Re}(z) = \tfrac{1}{2}(z + z^*)\quad,\quad \operatorname{Im}(z) = \tfrac{1}{2i}(z - z^*)\ .}\tag{1.59}$$

---

[16]In der Literatur wird zur Bezeichnung der komplexen Konjugation auch die alternative Notation $\bar{z}$ häufig verwendet.

Außerdem gibt es einfache Rechenregeln für die komplexe Konjugation von Summen, Produkten und Quotienten komplexer Zahlen:

$$(z_1 + z_2)^* = z_1^* + z_2^* \quad , \quad (z_1 z_2)^* = z_1^* z_2^* \quad , \quad \left(\frac{z_1}{z_2}\right)^* = \frac{z_1^*}{z_2^*} \,.$$

Diese Rechenregeln können mit Hilfe der Definitionen von Addition, Multiplikation und Division komplexer Zahlen leicht explizit überprüft werden.

Beispiele: Wir präsentieren einige Beispiele für Anwendungen der komplexen Konjugation beim Rechnen mit komplexen Zahlen:

- Das Betragsquadrat kann bequem mit Hilfe der komplexen Konjugation formuliert werden: $|z|^2 = zz^* = |z^*|^2$. Bei der Berechnung des Betrags $|z| = (zz^*)^{1/2} = |z^*|$ einer komplexen Zahl gehen die Zahl z und die komplex konjugierte Zahl z^* also symmetrisch ein.

- Da die Inverse das Betragsquadrat enthält, ist die komplexe Konjugation auch beim Invertieren nützlich: $z^{-1} = z^*/|z|^2$ für $z \neq 0$.

- Die komplexe Konjugation, angewandt auf die Exponentialfunktion $e^{i\varphi}$ eines imaginären Arguments, ergibt:

$$(e^{i\varphi})^* = \lim_{n \to \infty} \left[\left(1 + \frac{i\varphi}{n}\right)^n\right]^* = \lim_{n \to \infty} \left[\left(1 + \frac{i\varphi}{n}\right)^*\right]^n$$

$$= \lim_{n \to \infty} \left(1 - \frac{i\varphi}{n}\right)^n = e^{-i\varphi} \,, \tag{1.60}$$

sodass die Identität (1.47) die Form

$$1 = e^{i\varphi} e^{-i\varphi} = e^{i\varphi}(e^{i\varphi})^* = |e^{i\varphi}|^2$$

annimmt und somit Gleichung (1.43) reproduziert. Wir lernen außerdem, dass in der Polardarstellung $z^* = (\rho e^{i\varphi})^* = \rho e^{-i\varphi}$ und daher $\arg(z^*) = -\arg(z)$ gilt.

- Durch Kombination der Gleichungen (1.60), (1.49), (1.50) und (1.59) folgt nun eine weitere Beziehung zwischen den Kosinus- und Sinusfunktionen und der Exponentialfunktion mit imaginärem Argument:

$$\cos(\varphi) = \mathrm{Re}\left(e^{i\varphi}\right) = \tfrac{1}{2}\left[e^{i\varphi} + (e^{i\varphi})^*\right] = \tfrac{1}{2}\left(e^{i\varphi} + e^{-i\varphi}\right) \tag{1.61}$$

$$\sin(\varphi) = \mathrm{Im}\left(e^{i\varphi}\right) = \tfrac{1}{2i}\left[e^{i\varphi} - (e^{i\varphi})^*\right] = \tfrac{1}{2i}\left(e^{i\varphi} - e^{-i\varphi}\right) \,. \tag{1.62}$$

Auf diese Darstellungen des Kosinus und des Sinus werden wir im Folgenden (speziell in Abschnitt [4.3.3] in Kapitel [4]) noch ausführlich zurückkommen.

- Wir erinnern noch einmal an die Struktur der Lösungen der allgemeinen quadratischen Gleichung, deren Form vom Vorzeichen der „Diskriminante" $D = (a_1)^2 - 4a_0 a_2$ abhängt:

$$z_\pm = \begin{cases} \frac{1}{2a_2}\left(-a_1 \pm \sqrt{D}\right) & (D \geq 0) \\[2mm] \frac{1}{2a_2}\left(-a_1 \pm i\sqrt{-D}\right) & (D \leq 0) \,. \end{cases}$$

Es folgt für $D \geq 0$, dass beide Wurzeln der quadratischen Gleichung reell sind: $z_{\pm} \in \mathbb{R}$, und für $D \leq 0$, dass die beiden Wurzeln komplex zueinander konjugiert sind: $z_+ = z_-^*$. Es ist übrigens nicht verwunderlich, dass die komplexe Konjugation auch hierbei eine Rolle spielt, da die quadratische Gleichung $0 = a_0 + a_1 z + a_2 z^2$ durch Konjugation in sich selbst übergeht: $0 = a_0 + a_1 z^* + a_2 (z^*)^2$, nun allerdings für die Variable z^*. Folglich muss auch z^* eine Wurzel der quadratischen Gleichung sein, falls z eine Wurzel ist, und dies impliziert entweder $z_{\pm} \in \mathbb{R}$ oder $z_+ = z_-^*$.

Die Dreiecksungleichung   Als weiteres Beispiel für eine Anwendung der komplexen Konjugation nennen wir noch die *Dreiecksungleichung* für komplexe Zahlen, die besagt, dass bei der Addition zweier komplexer Zahlen $z_1, z_2 \in \mathbb{C}$ immer

$$\boxed{|z_1 + z_2| \leq |z_1| + |z_2|} \tag{1.63}$$

gilt. Die geometrische Bedeutung der Dreiecksungleichung ist in Abbildung 1.18 dargestellt: Da die Addition komplexer Zahlen völlig analog zur Addition von Vektoren in der Ebene erfolgt, gelten für die Längen dieser Zahlen ähnliche Einschränkungen, die hier – wie für solche Vektoren – die Form von *Ungleichungen* haben: Die Länge einer Summe ist niemals größer als

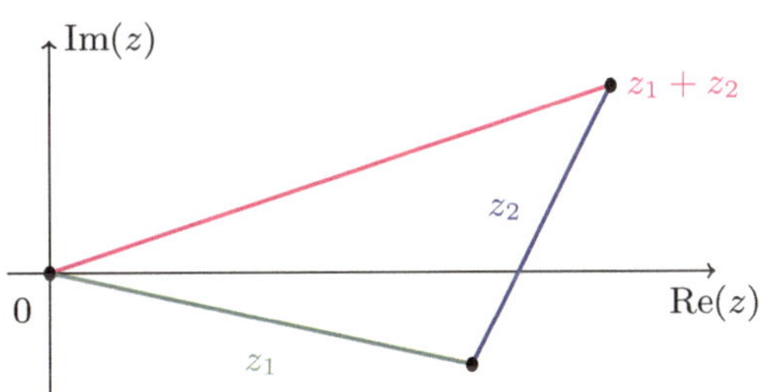

Abb. 1.18 Zur Dreiecksungleichung

die Summe der einzelnen Längen, und falls diese beiden Größen exakt gleich sind, müssen z_1 und z_2 proportional zueinander sein. Der *Beweis* der Dreiecksungleichung wird dadurch erbracht, dass man die linke Seite $|z_1 + z_2|$ der Dreiecksungleichung quadriert und mit Hilfe der komplexen Konjugation zeigt, dass diese nicht größer als das Quadrat der rechten Seite ist:

$$\begin{aligned}
|z_1 + z_2|^2 &= (z_1 + z_2)(z_1 + z_2)^* = |z_1|^2 + (z_1 z_2^* + z_2 z_1^*) + |z_2|^2 \\
&= |z_1|^2 + 2\mathrm{Re}(z_1 z_2^*) + |z_2|^2 \leq |z_1|^2 + 2|z_1 z_2^*| + |z_2|^2 \\
&= |z_1|^2 + 2|z_1||z_2| + |z_2|^2 = \left(|z_1| + |z_2|\right)^2 .
\end{aligned}$$

Im vierten Schritt (bei der Abschätzung mit Hilfe des $\leq$-Zeichens) wurde die Ungleichung $|\mathrm{Re}(z)| = |u| \leq \sqrt{u^2 + v^2} = |z|$ verwendet, die für alle $z \in \mathbb{C}$ gilt. Die Dreiecksungleichung folgt nun, indem man auf der linken und rechten Seite die Wurzel zieht.

Als direkte Konsequenz der Dreiecksungleichung (1.63) nennen wir noch die Gleichung

$$||w_1| - |w_2|| \leq |w_1 - w_2| , \tag{1.64}$$

die für beliebige komplexe Zahlen w_1 und w_2 gilt und oft „umgekehrte Dreiecksgleichung" genannt wird. Um diesen Hilfssatz herleiten zu können, wählen wir in

(1.63) zuerst $z_1 = w_1 - w_2$ und $z_2 = w_2$ und erhalten die Gleichung

$$|w_1| - |w_2| \leq |w_1 - w_2| \, ,$$

die für alle w_1 und w_2 gilt. Alternativ könnten wir in (1.63) wählen: $z_1 = w_2 - w_1$ und $z_2 = w_1$, und das Ergebnis wäre

$$|w_2| - |w_1| \leq |w_2 - w_1| \, .$$

Kombination der beiden letzten Gleichungen ergibt nun sofort (1.64).

1.3.9   Die Exponentialfunktion mit komplexem Argument

In diesem Kapitel haben wir zuerst, in Abschnitt [1.2.4], gelernt, dass die Exponentialfunktion e^x mit einem *reellen* Argument die Gleichung (1.20) erfüllt und Eigenschaften wie $e^{x+y} = e^x e^y$ sowie eine Produktdarstellung der Form $e^x = \lim_{n \to \infty} \left(1 + \frac{x}{n}\right)^n$ besitzt. Danach lernten wir in Abschnitt [1.3.4], dass die Exponentialfunktion $e^{i\varphi}$ mit einem *imaginären* Argument die Gleichung (1.45) erfüllt und Eigenschaften wie $e^{i(\varphi_1 + \varphi_2)} = e^{i\varphi_1} e^{i\varphi_2}$ sowie eine Produktdarstellung der Form $e^{i\varphi} = \lim_{n \to \infty} \left(1 + \frac{i\varphi}{n}\right)^n$ besitzt. Am Ende dieses Abschnitts über komplexe Zahlen möchten wir uns mit der Frage befassen, ob auch eine Exponentialfunktion mit *komplexem* Argument, wie $F(x, \varphi) = e^{x+i\varphi}$, sinnvoll definiert werden kann bzw. welche Eigenschaften aus einer solchen Definition folgen würden.

Definition und Produktdarstellung

Hierzu kann man $F(x, \varphi) = e^{x+i\varphi}$ entweder als Funktion von x oder als Funktion von φ auffassen, wobei die jeweils andere Variable konstant gehalten wird. Man erwartet z.B., dass $F(x, \varphi)$ – betrachtet als Funktion von x bei festgehaltenem φ – die Eigenschaften

$$\frac{dF}{dx}(x, \varphi) = F(x, \varphi) \quad , \quad F(0, \varphi) = e^{i\varphi} \tag{1.65}$$

oder alternativ – betrachtet als Funktion von φ bei festgehaltenem x – die Eigenschaften

$$\frac{dF}{d\varphi}(x, \varphi) = iF(x, \varphi) \quad , \quad F(x, 0) = e^x \tag{1.66}$$

besitzt. Folglich kann man die Exponentialfunktion $e^{x+i\varphi}$ mit komplexem Argument so *definieren*, dass sie die Gleichung (1.65) oder alternativ und äquivalent die Gleichung (1.66) erfüllt. Diese beiden Gleichungen legen sowohl die x- als auch die φ-Abhängigkeit von $e^{x+i\varphi}$ (und somit die komplette Funktion) eindeutig fest. Interessanterweise kann man die Lösung von (1.65) [oder alternativ (1.66)] auf zwei unterschiedliche Weisen darstellen: Einerseits überprüft man durch Einsetzen, dass die Lösung die Form $F(x, \varphi) = e^x e^{i\varphi}$ hat, und andererseits kann man – ebenfalls durch Einsetzen – überprüfen, dass sie in der Form

$$F(x, \varphi) = \lim_{n \to \infty} \left(1 + \frac{x + i\varphi}{n}\right)^n$$

darstellbar ist. Durch Kombination der beiden Ergebnisse lernen wir, dass

$$e^{x+i\varphi} = e^x e^{i\varphi} = \lim_{n\to\infty} \left(1 + \frac{x+i\varphi}{n}\right)^n \tag{1.67}$$

gelten muss, d.h. dass die Exponentialfunktion $e^{x+i\varphi}$ mit einem komplexen Argument faktorisierbar ist:

$$e^{x+i\varphi} = e^x e^{i\varphi} = e^x[\cos(\varphi) + i\sin(\varphi)]$$

und dass sie außerdem eine Produktdarstellung besitzt:

$$\boxed{e^z = \lim_{n\to\infty} \left(1 + \frac{z}{n}\right)^n \qquad (z = x + i\varphi \in \mathbb{C}) \,.}$$

Diese Gleichung ist wichtig, da sie zeigt, dass die bisherigen Ergebnisse für die Exponentialfunktion mit einem rein reellen oder einem rein imaginären Argument sofort auch für beliebige komplexe Argumente verallgemeinert werden können. Aus Gleichung (1.67) folgen weitere Eigenschaften, wie

$$(e^z)^* = e^{z^*} \qquad (z \equiv x + i\varphi \in \mathbb{C})$$
$$e^{z_1+z_2} = e^{z_1} e^{z_2} \qquad (z_1, z_2 \in \mathbb{C})$$
$$(e^z)^{-1} = e^{-z} \,.$$

Für beliebige $n \in \mathbb{Z}$ gilt die Potenzregel $(e^z)^n = e^{nz}$.

1.4 Übungsaufgaben

Aufgabe 1.1 Rationale Zahlen

(a) Wie viele rationale Zahlen gibt es zwischen 1 und 2?

(b) Gegeben seien zwei verschiedene rationale Zahlen. Ist es für eine beliebige Wahl dieser Zahlen möglich, eine irrationale Zahl zu finden, die dazwischen liegt?

Aufgabe 1.2 Der Teiler 6

(a) Zeigen Sie, dass $n^3 - n$ für alle $n \in \mathbb{N}_0$ durch 6 teilbar ist (wobei auch das Ergebnis Element von $\mathbb{N}_0$ sein soll).

(b) Zeigen Sie das Gleiche für $7^n - 1$.

Aufgabe 1.3 Irrationale Zahlen
Zeigen Sie durch einen Widerspruchsbeweis, dass $\sqrt{3} \notin \mathbb{Q}$. Zeigen Sie analog für eine beliebige Primzahl p, dass $\sqrt{p} \notin \mathbb{Q}$ gilt. Warum bricht dieser Beweis für Zahlen zusammen, die keine Primzahlen sind, z.B. für $p = 4$?

Aufgabe 1.4 Ungleichungen
Bestimmen Sie die Lösungen der folgenden Ungleichungen bezüglich $x \in \mathbb{R}$:

(a) $2x + 1 < 0$ **(b)** $x^2 - 3x - 2 < 10 - 2x$.

Aufgabe 1.5 Bruchrechnung

Brüche werden wie $\frac{1}{2} + \frac{2}{5} = \frac{9}{10}$, oder allgemeiner: wie

$$\frac{a}{b} + \frac{c}{d} = \frac{ad + bc}{bd}$$

addiert, und es ist bekanntlich keine gute Idee, die Summe $\frac{1}{2} + \frac{2}{5}$ z.B. durch $\frac{1+2}{2+5} = \frac{3}{7}$ zu ersetzen. Man kann sich nun allgemeiner fragen, ob die Gleichung

$$\frac{a}{b} + \frac{c}{d} = \frac{a+c}{b+d} \qquad (a, b, c, d \in \mathbb{R}^+)$$

für positive reelle (a, b, c, d) *jemals* erfüllt ist. Was ist Ihre Meinung?

Aufgabe 1.6 Geometrische Reihe

Zeigen Sie mit Hilfe der vollständigen Induktion nach $n \in \mathbb{N}_0$, dass

$$\sum_{k=0}^{n} \frac{1}{2^k} = 2 - 2^{-n}$$

gilt. Was folgt damit für $\sum_{k=0}^{\infty} 2^{-k}$? Was bedeutet dieses Ergebnis anschaulich?

Aufgabe 1.7 Vollständige Induktion

Zeigen Sie mit Hilfe von vollständiger Induktion:

$$\textbf{(i)} \quad \sum_{k=1}^{n} (3k - 2) = \tfrac{1}{2}n(3n - 1) \qquad\qquad \textbf{(ii)} \quad \sum_{k=1}^{n} 2^{k-1} = 2^n - 1$$

$$\textbf{(iii)} \quad \sum_{k=1}^{n} k^3 = \tfrac{1}{4}n^4 + \tfrac{1}{2}n^3 + \tfrac{1}{4}n^2 \qquad \textbf{(iv)} \quad \sum_{k=0}^{n-1} x^k = \tfrac{1-x^n}{1-x}$$

$$\textbf{(v)} \quad \sum_{k=1}^{n} \frac{1}{k(k+1)} = \frac{n}{n+1} \qquad \left(\text{Was folgt hieraus für } \sum_{k=1}^{\infty} \tfrac{1}{k(k+1)} \ ? \right)$$

(vi)   die Ungleichungen

$$(n + 1) \leq 2^n \leq (n + 1)! \qquad\qquad (n \in \mathbb{N}_0)$$
$$n^2 \leq 2^n \leq n! \qquad\qquad\qquad\quad (4 \leq n \in \mathbb{N})$$
$$(1 + a)^n \geq 1 + na \quad \text{mit} \quad a \geq -1 \quad \text{und} \quad n \in \mathbb{N}.$$

Zeigen Sie, dass aus der letzten Zeile u.a. folgt:

$$\textbf{(a)} \quad \left(1 - \frac{1}{n^2}\right)^n \geq \frac{n - 1}{n} \qquad \textbf{(b)} \quad \left(\frac{n^2}{n^2 - 1}\right)^{n+1} \geq \frac{n}{n - 1}\,.$$

Aufgabe 1.8 Wahr oder nicht wahr?

(a) Betrachten Sie die Aussage $P(n) : n^2 - n + 1$ ist gerade. Beweisen Sie den Induktionsschritt: $P(m)$ wahr $\Rightarrow P(m + 1)$ wahr. Aber ist $P(n)$ nun auch wirklich wahr für alle $n \in \mathbb{N}$?

(b) Der Mathematiker George Pólya hat für die Behauptung $P(n)$: „n Pferde haben immer alle dieselbe Farbe" den folgenden Beweis vorgeschlagen: $P(1)$ ist sicher wahr, denn 1 Pferd hat nur 1 Farbe. Nehmen wir an, $P(m)$ ist wahr. In einer Gruppe von $m+1$ Pferden kann man die Tiere nummerieren von $1, 2, \ldots, m+1$. Alle Pferde in den Gruppen $(1, 2, \ldots, m)$ und $(2, 3, \ldots, m+1)$ müssen aufgrund von $P(m)$ dieselbe Farbe haben, also ist auch $P(m+1)$ wahr, da diese Gruppen sich überschneiden. Folglich ist $P(n)$ wahr für alle $n \in \mathbb{N}$.

Auch Pólya war natürlich klar, dass hier etwas faul ist. Was?

Aufgabe 1.9 Die Binominalverteilung

Warum folgt aus der Formel $(1+x)^n = \sum_{k=0}^{n} \binom{n}{k} x^k$ sofort auch:

$$\sum_{k=0}^{n} (-1)^k \binom{n}{k} = 0 \quad , \quad 2^{-n} \sum_{k=0}^{n} \binom{n}{k} = 1 \quad , \quad 2^n \sum_{k=0}^{n} \binom{n}{k} \left(-\tfrac{1}{2}\right)^k = 1 \ ?$$

Aufgabe 1.10 Fibonacci-Zahlen

(a) Zeigen Sie, dass das Verhältnis zweier aufeinanderfolgender Fibonacci-Zahlen F_{n+1}/F_n für $n \to \infty$ gegen den „Goldenen Schnitt" $x_+ = \tfrac{1}{2} + \tfrac{1}{2}\sqrt{5}$ konvergiert. Zeigen Sie auch, dass die Verhältnisse F_{n+1}/F_n abwechselnd kleiner und größer als der Goldene Schnitt x_+ sind, d.h., dass $(-1)^n(F_{n+1}/F_n - x_+) > 0$ gilt. Verstehen Sie jetzt auch besser, aus welchem Grund die rationalen Zahlen F_{n+1}/F_n in Abb. 1.10 so schnell gegen die irrationale Zahl x_+ konvergieren?

(b) Zeigen Sie direkt aus der Definition $F_n + F_{n+1} = F_{n+2}$ mit $F_1 = F_2 = 1$:

$$\sum_{k=0}^{n-1} F_{2k+1} = F_{2n} \ .$$

(c) Zeigen Sie mit vollständiger Induktion:

$$\sum_{k=1}^{n} F_k = F_{n+2} - 1 \quad , \quad \sum_{k=1}^{n} F_k^2 = F_n F_{n+1} \quad , \quad (F_{n+1})^2 = F_n F_{n+2} + (-1)^n.$$

Die mittlere der letzten drei Gleichungen hat eine einfache geometrische Interpretation. Welche?

Aufgabe 1.11 Die Produktregel der Differentiation

Berechnen Sie mit Hilfe der Produktregel:

$$\textbf{(a)} \quad (x^2 e^{-x})^{(n)} \qquad \textbf{(b)} \quad \lfloor x \ln(x) \rfloor^{(n)} \qquad \textbf{(c)} \quad \lfloor x \sin(x) \rfloor^{(4n)} \ .$$

Aufgabe 1.12 Anwendung der Produktregel

Eine in der Quantenmechanik sehr wichtige Differentialgleichung lautet:

$$(x^2 - 1)g''(x) + 2xg'(x) - n(n+1)g(x) = 0 \ . \tag{1.68}$$

Wir möchten spezielle Lösungen von (1.68) konstruieren und definieren zunächst $f(x) \equiv (x^2 - 1)^n$.

(a) Zeigen Sie: $(x^2 - 1)f'(x) - 2nxf(x) = 0$.

(b) Zeigen Sie nun durch $(n+1)$-malige Differentiation der in (a) hergeleiteten Beziehung, dass das Polynom n-ter Ordnung $g(x) \equiv f^{(n)}(x)$ die Gleichung (1.68) erfüllt.

Aufgabe 1.13 Komplexe Exponentialfunktion

Berechnen Sie mit Hilfe der Identität $e^{i\varphi} = \cos(\varphi) + i\sin(\varphi)$ die komplexe Zahl $e^{i\varphi}$ für $\varphi = \frac{\pi}{6}, \frac{\pi}{4}, \frac{\pi}{3}, \frac{\pi}{2}, \frac{3\pi}{4}, \frac{3\pi}{2}$ und für $\varphi = -\frac{\pi}{4}, -\frac{3\pi}{4}, -\pi, -\frac{3\pi}{2}$. Für welche Werte von $\varphi \in \mathbb{R}$ gilt die Identität $e^{i\varphi} = i$?

Aufgabe 1.14 Komplexe Zahlen

Berechnen Sie den Real- und Imaginärteil der folgenden komplexen Zahlen:

$$\textbf{(a)} \quad \frac{1}{i} \qquad \textbf{(b)} \quad (2+5i)(4-3i) \qquad \textbf{(c)} \quad \frac{1+i}{1-i} \qquad \textbf{(d)} \quad |3-4i||4+3i|$$

$$\textbf{(e)} \quad \left| \frac{1}{1+3i} - \frac{1}{1-3i} \right| \qquad \textbf{(f)} \quad \frac{i+i^2+i^3+i^4+i^5}{1+i} \qquad \textbf{(g)} \quad i^i \qquad \textbf{(h)} \quad \frac{2}{1-e^{i\varphi}}.$$

Achtung: Eine dieser Zahlen ist nicht eindeutig definiert. Welche?

Aufgabe 1.15 Komplexe Konjugation

Beweisen Sie für die komplexe Konjugation $(...)^*$ die folgenden Rechenregeln (mit $z, z_1, z_2 \in \mathbb{C}$ sowie $a, b \in \mathbb{R}$ und $f : \mathbb{R} \to \mathbb{C}$):

$$\textbf{(a)} \quad zz^* = |z|^2 = |z^*|^2 \qquad \textbf{(b)} \quad (z_1 z_2)^* = z_1^* z_2^*$$

$$\textbf{(c)} \quad (z_1 + z_2)^* = z_1^* + z_2^* \qquad \textbf{(d)} \quad (z_1/z_2)^* = z_1^*/z_2^*$$

$$\textbf{(e)} \quad \operatorname{Re} z = \tfrac{1}{2}(z + z^*) \qquad \textbf{(f)} \quad \operatorname{Im} z = \tfrac{1}{2i}(z - z^*).$$

Aufgabe 1.16 Polardarstellung

Schreiben Sie die folgenden komplexen Zahlen in der sogenannten Polardarstellung $z = \rho e^{i\varphi}$ mit $\rho \in [0, \infty)$, $\varphi \in (-\pi, \pi]$:

$$\textbf{(a)} \quad i \quad \textbf{(b)} \quad -1 \quad \textbf{(c)} \quad 1+i \quad \textbf{(d)} \quad -3+4i \quad \textbf{(e)} \quad \frac{(\sqrt{3}-1) + (\sqrt{3}+1)\,i}{2(1+i)}.$$

Aufgabe 1.17 Quadratische Gleichungen

Lösen Sie die Gleichungen:

$$\textbf{(a)} \quad 4z^2 + 5z + 1 = 0 \qquad \textbf{(b)} \quad 4z^2 + 13z + 9 = 0.$$

Aufgabe 1.18 Euler-Formel

Zeigen Sie mit Hilfe der Euler-Formel $e^{i\varphi} = \cos\varphi + i\sin\varphi$:

$$\textbf{(a)} \quad \sin\varphi = \tfrac{1}{2i}\left(e^{i\varphi} - e^{-i\varphi}\right)$$

$$\textbf{(b)} \quad \sin(\varphi_1 + \varphi_2) = \sin\varphi_1 \cos\varphi_2 + \cos\varphi_1 \sin\varphi_2$$

(c) $\quad \cos(\varphi_1 + \varphi_2) = \cos \varphi_1 \cos \varphi_2 - \sin \varphi_1 \sin \varphi_2$

(d) $\quad \sin^3 \varphi = \frac{1}{4} \left[3 \sin(\varphi) - \sin(3\varphi) \right]$

(e) $\quad \sin(\varphi_1) + \sin(\varphi_2) = 2 \sin \left(\frac{\varphi_1 + \varphi_2}{2} \right) \cos \left(\frac{\varphi_1 - \varphi_2}{2} \right)$

(f) $\quad \cos(\varphi_1) + \cos(\varphi_2) = 2 \cos \left(\frac{\varphi_1 + \varphi_2}{2} \right) \cos \left(\frac{\varphi_2 - \varphi_1}{2} \right)$

und berechnen Sie:

(g) $\quad (1 + \sqrt{3}i)^{315}$ $\qquad$ **(h)** $\quad \left(\frac{1 + \sqrt{3}i}{1 - \sqrt{3}i} \right)^{315}$.

Aufgabe 1.19 Kurven in der komplexen Ebene

Welche Kurven in der komplexen Zahlenebene bilden die Zahlen $z \in \mathbb{C}$, die durch folgende Bedingungen eingeschränkt sind:

(a) $\quad |z| = \dfrac{1}{2}$ $\qquad$ **(b)** $\quad \left| \dfrac{z - 1}{z + 1} \right| = 1$ $\quad$ mit $\quad$ Re $z \neq -1$ $\qquad$ **(c)** $\quad$ Im $z = \dfrac{2}{3}$

(d) $\quad pzz^* - wz^* - w^*z + q = 0$ $\quad (p, q \in \mathbb{R}, p \neq 0, w \in \mathbb{C}, |w|^2 > pq)$?

Aufgabe 1.20 Komplexe Lösungen einfacher Gleichungen

Geben Sie alle Lösungen $z \in \mathbb{C}$ der folgenden Gleichungen an:

(a) $\quad z^5 - 1 = 0$ $\qquad$ **(b)** $\quad zz^* = 1$ $\qquad$ **(c)** $\quad z^2 + z^{*2} = 2$ $\qquad$ **(d)** $\quad z^3 - 2z - 4 = 0$.

Aufgabe 1.21 Rationale Wurzeln

Betrachten Sie eine „algebraische" Gleichung für $z \in \mathbb{C}$ mit *ganzzahligen* Koeffizienten:

$$a_0 + a_1 z + a_2 z^2 + \cdots + a_s z^s = 0 \quad [a_k \in \mathbb{Z} \, (0 \leq k \leq s), a_0 \neq 0, a_s \neq 0] .$$

(a) Zeigen Sie, dass eine solche Gleichung nur dann eine *rationale* Wurzel $z = \frac{m}{n} \in \mathbb{Q}$ haben kann, falls $\frac{a_0}{m} \in \mathbb{Z}$ und $\frac{a_s}{n} \in \mathbb{Z}$ gilt.

(b) Welche *rationalen* Wurzeln haben daher die Gleichungen:

$$\text{(i)} \quad z^3 - 2z^2 + 5z - 4 = 0 \qquad \text{(ii)} \quad 2z^3 - z^2 + z + 1 = 0 \, ?$$

Und wie lauten die übrigen Lösungen $z \in \mathbb{C}$?

Kapitel 2

Folgen, Reihen und Rekursionen

In den Naturwissenschaften stehen *Messergebnisse* im Mittelpunkt, die immer als reelle (oder in Spezialfällen auch als rationale oder natürliche) Zahlen darstellbar sind, und natürlich auch die *mathematischen Modelle* zur Beschreibung solcher Messergebnisse. Diese Messergebnisse hängen in der Regel von Parametern ab, häufig zum Beispiel von der physikalischen Größe „Zeit": In diesem Fall erhält man eine *Zeitreihe*. Misst man also eine Messgröße für verschiedene Werte eines solchen Parameters, wie z.B. der Zeit, so erhält man einen Satz Zahlenwerte, der nach den Werten des ausgewählten Parameters *geordnet* ist. Dieser geordnete Satz Zahlenwerte wird als *Zahlenfolge* oder auch einfach als *Folge* bezeichnet. Solche „Folgen" werden in Abschnitt [2.1] behandelt. Naheliegende Beispiele von Messgrößen, die man als Funktion des Parameters „Zeit" messen könnte, sind die Temperatur (in Physik oder Chemie), Wirtschaftsdaten (in der Ökonomie), Mondpositionen (in der Astronomie) oder Populationsgrößen (in der Biologie).

Oft ist man an einer Größe interessiert, die man nur indirekt (über ihre *Zuwächse* zwischen zwei Messungen) bestimmen kann. Als einfaches Beispiel aus der Finanzwelt könnte man an ein Vermögen denken, das als *Summe* der jährlichen Vermögenszuwächse („Gewinne") berechnet werden kann. Eine Zahlenfolge, deren Glieder als *Summen* einzelner Beiträge definiert sind, wird als *Reihe* bezeichnet. Solche „Reihen" werden anhand einiger Beispiele in Abschnitt [2.2] diskutiert. Als wichtige Spezialfälle werden *unendliche Reihen* (Summen unendlich vieler Terme) besprochen sowie Summen, die wir später im Rahmen der Wahrscheinlichkeitsrechnung (in Kapitel [8]) als *Erwartungswerte* interpretieren werden.

Ein weiterer Spezialfall einer Folge tritt auf, wenn das „nächste" Glied einer Folge durch die „früheren" vollständig festgelegt ist und somit aus diesen berechnet werden kann. In diesem Fall erfolgt die Berechnung der Glieder *rekursiv*, die Berechnungsmethode wird dementsprechend *Rekursion* genannt, und die Formel, die das „nächste" Glied mit den „früheren" verknüpft, heißt *Rekursionsbeziehung*. Auch solche rekursiv definierten Folgen treten in der Ökonomie („Zinseszinsen") und der Populationsdynamik („Fibonacci-Folge", „exponentielles Wachstum"), aber auch in der Physik und der Chemie häufig auf. Sie werden in Abschnitt [2.3] besprochen.

2.1 Folgen

In den nachfolgenden Abschnitten besprechen wir zuerst (s. Abschnitt [2.1.1]) die Definition und somit die *mathematische Form* einer Folge und führen die wichtigsten Begriffe ein, die zur Charakterisierung solcher Folgen verwendet werden. Dann befassen wir uns mit dem qualitativen Verhalten von Gliedern der Folge mit hohen Indizes („Langzeitverhalten"). Hierbei werden wir uns insbesondere mit dem *Grenzwert- bzw. Konvergenzverhalten* von Folgen befassen (s. Abschnitt [2.1.2]). Als spezielles Beispiel für den Grenzwert einer Folge werden abschließend (in Abschnitt [2.1.3]) die für die gesamte moderne Mathematik so wichtige *Euler'sche Zahl* und ihre wirtschaftliche Relevanz behandelt.

2.1.1 Definition einer „Folge" und Nomenklatur

Eine *Folge* (oder auch „*Zahlenfolge*") ist definiert als ein Satz Zahlen (a_n). Die Zahlen a_n selbst werden als „*Glieder*" oder „*Folgenglieder*" bezeichnet und sind von einem Index $n \in \mathbb{N}$ abhängig. Dieser Index könnte einen physikalischen Parameter darstellen, der eine Messung charakterisiert, wie z.B. den n-ten betrachteten Wert einer Zeit, eines Druckes, einer Temperatur oder einer Länge. Der physikalische Parameter „Zeit" könnte z.B. die Werte $t_n = t_0 + n t_1$ mit festem (t_0, t_1) und $n \in \mathbb{N}_0$ annehmen, und die Messwerte zu diesen Zeiten wären dann $M(t_n) \equiv a_n$.

Wenn der Satz (a_n) nur endlich viele Zahlen enthält ($1 \leq n \leq N$ mit $N \in \mathbb{N}$), spricht man von einer *endlichen* Folge:

$$(a_n) = (a_1, a_2, a_3, \cdots, a_N) \qquad (1 \leq n \leq N)\,,$$

bei unendlich vielen Zahlen von einer *unendlichen* Folge:

$$(a_n) = (a_1, a_2, a_3, \cdots) \qquad (n \in \mathbb{N}) \qquad \text{(unendliche Folge)}\,.$$

Während man sich im Experiment naturgemäß mit endlichen Reihen befasst, erhält man aus theoretischen Modellen typischerweise *unendlich* viele Vorhersagen (für beliebige Zeiten, Drucke, Temperaturen, Längen, ...). Da wir in diesem mathematischen Einführungskurs die verschiedenen Methoden oft am besten anhand einfacher theoretischer Modelle illustrieren können, sind für uns *unendliche* Folgen $(a_1, a_2, a_3, \cdots)$ am interessantesten.

Zur Beschreibung von Zahlenfolgen wurde eine Nomenklatur entwickelt, die in der Praxis sehr nützlich ist und die wir daher kurz vorstellen möchten:
- Eine Folge (a_n) heißt *monoton steigend*, wenn der Nachfolger eines Gliedes der Folge niemals kleiner als dieses Glied selbst ist, und *monoton fallend*, wenn der Nachfolger niemals größer ist:

$$a_{n+1} \geq a_n \quad \text{(steigend)} \qquad \text{bzw.} \qquad a_{n+1} \leq a_n \quad \text{(fallend)}\,.$$

Falls die Folge entweder monoton steigend oder monoton fallend ist, wird sie allgemein als *monoton* bezeichnet.

- Analog spricht man von einer *streng monoton steigenden* Folge, wenn der Nachfolger immer strikt größer, und von einer *streng monoton fallenden* Folge, falls der Nachfolger immer strikt kleiner ist:

$$a_{n+1} > a_n \quad \text{(steigend)} \qquad \text{bzw.} \qquad a_{n+1} < a_n \quad \text{(fallend)} \, .$$

Folgen, die entweder streng monoton steigend oder streng monoton fallend sind, werden allgemein als *streng monoton* bezeichnet.

- Damit eine Folge *beschränkt* ist, müssen endliche reelle Zahlen $a_{\sup} < \infty$ und $a_{\inf} > -\infty$ existieren mit den Eigenschaften:

$$a_n \leq a_{\sup} < \infty \qquad \text{bzw.} \qquad a_n \geq a_{\inf} > -\infty \qquad (\forall n \in \mathbb{N}) \, . \qquad (2.1)$$

Die Indizes „sup" und „inf" sind Kürzel für die lateinischen Komparative *superior* („höher") und *inferior* („niedriger"). Die Zahlen $a_{\sup}$ und $a_{\inf}$ stellen eine *obere* bzw. *untere* Schranke der Folge dar. Sie werden speziell als „Supremum" bzw. „Infimum" von (a_n) bezeichnet, wenn $a_{\sup}$ die kleinste und $a_{\inf}$ die größte reelle Zahl mit der Eigenschaft (2.1) ist. Somit ist das Supremum die *kleinste obere* und das Infimum die *größte untere Schranke* der Folge.

- Bei einer *alternierenden* Folge haben die aufeinander folgenden Glieder, die alle ungleich null sein müssen, ein unterschiedliches Vorzeichen:

$$a_n \neq 0 \qquad \text{mit} \qquad a_{n+1}/a_n < 0 \qquad \forall n \in \mathbb{N} \, .$$

- Für eine *Null*folge werden die Folgenglieder betragsmäßig immer kleiner, und sie streben für große Werte des Index n gegen null:

$$a_n \to 0 \qquad (n \to \infty) \, .$$

- Schließlich gibt es noch die *konstante* Folge, für die alle Glieder gleich sind:

$$a_{n+1} = a_n \qquad \forall n \in \mathbb{N} \qquad (a_1 \in \mathbb{R}) \, .$$

Nach den obigen Definitionen hat eine konstante Folge die Eigenschaften „monoton steigend", „monoton fallend" und „beschränkt", aber sie ist *nicht* streng monoton steigend oder fallend. Nur für $a_1 = 0$ wäre die konstante Folge eine Nullfolge, und sie ist niemals „alternierend".

Hierbei mag die „konstante" Folge als Zeitentwicklung auf den ersten Blick vielleicht nicht besonders dynamisch erscheinen, aber wir werden unten noch sehen, dass dieser Begriff bei der Diskussion des Grenzwertverhaltens von Folgen zur Beschreibung einer *Asymptote* durchaus Sinn ergibt.

Beispiele

Zur Illustration dieser Definitionen betrachten wir nun einige (ausnahmslos *unendliche*) Folgen, die durch einfache Formeln festgelegt werden:

1. Als erste Folge wählen wir diejenige der natürlichen Zahlen: $a_n = n$, sodass jedes Glied dieser Folge gleich seinem Index n ist:

$$(n) = (1, 2, 3, 4, \cdots)\,.$$

   Die derart definierte Folge ist streng monoton steigend und unbeschränkt.

2. Alternativ kann man Folgen (a_n) betrachten, deren Glieder algebraisch (als Potenz) mit positivem Exponenten vom Index n abhängig sind, wie z.B. gemäß der Vorschrift $a_n = n^3$:

$$\left(n^3\right) = (1, 8, 27, 64, \cdots)\,.$$

   Diese Folge ist ebenfalls streng monoton steigend und unbeschränkt.

3. Eine Folge mit algebraischer n-Abhängigkeit und wechselndem Vorzeichen der Glieder wäre:

$$\left((-1)^{n-1} n^2\right) = (1, -4, 9, -16, \cdots)\,.$$

   Diese Folge ist alternierend und unbeschränkt.

4. Ebenfalls eine algebraische n-Abhängigkeit, nun aber mit negativem Exponenten, hat die Folge:

$$\left(n^{-1}\right) = \left(1, \frac{1}{2}, \frac{1}{3}, \frac{1}{4}, \cdots\right),$$

   die (wegen des negativen Exponenten) streng monoton fallend ist, außerdem beschränkt und sogar eine Nullfolge (s. Abbildung 2.1).

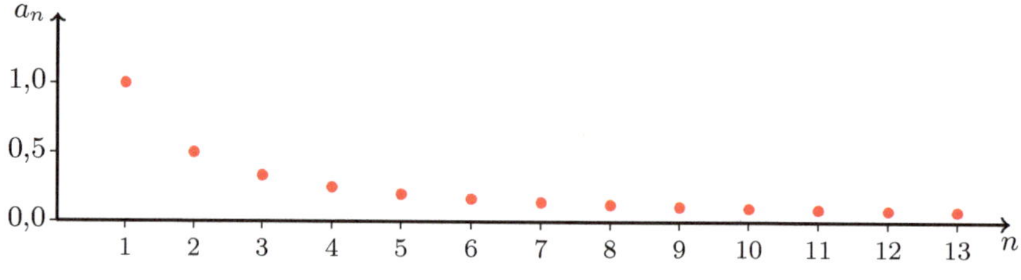

Abb. 2.1 Die Zahlenfolge $\left(n^{-1}\right) = \left(1, \frac{1}{2}, \frac{1}{3}, \frac{1}{4}, \cdots\right)$

5. Eine algebraische n-Abhängigkeit mit negativem Exponenten, kombiniert mit einem wechselnden Vorzeichen, ergibt Folgen wie:

$$\left((-1)^{n-1} n^{-2}\right) = \left(1, -\frac{1}{4}, \frac{1}{9}, -\frac{1}{16}, \cdots\right)\,.$$

   Diese Folge ist alternierend, beschränkt und außerdem eine (wie aus Abbildung 2.2 ersichtlich: schnell konvergierende) Nullfolge.

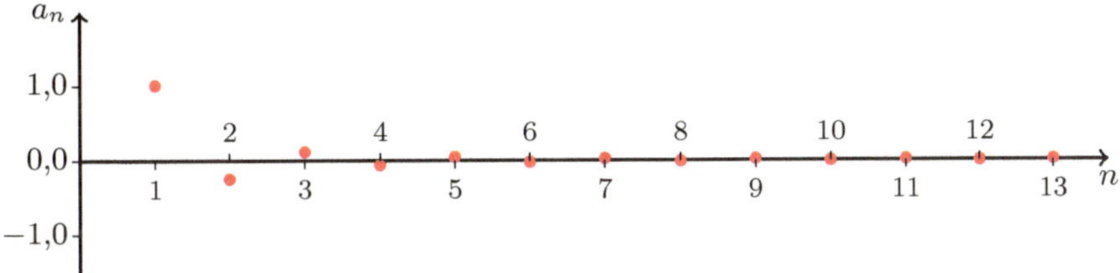

Abb. 2.2 Die Zahlenfolge $((-1)^{n-1}n^{-2}) = \left(1, -\frac{1}{4}, \frac{1}{9}, -\frac{1}{16}, \cdots\right)$

6. Durch Kombination einer einfachen rationalen Funktion von n mit einem wechselnden Vorzeichen entsteht eine Folge der Form:

$$\left((-1)^{n-1}\frac{n}{n+1}\right) = \left(\frac{1}{2}, -\frac{2}{3}, \frac{3}{4}, -\frac{4}{5}, \frac{5}{6}, -\frac{6}{7}, \cdots\right) .$$

Diese Folge ist alternierend und beschränkt. Interessant an dieser Folge ist, dass sie nicht gegen einen wohldefinierten Wert strebt, sondern – wie man in Abbildung 2.3 sieht – zwischen den asymptotischen Werten $+1$ und -1 hin- und herschwankt.

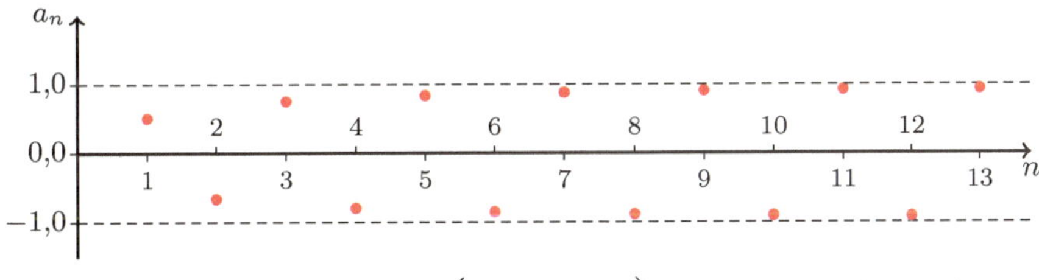

Abb. 2.3 Die Zahlenfolge $\left((-1)^{n-1}\frac{n}{n+1}\right) = \left(\frac{1}{2}, -\frac{2}{3}, \frac{3}{4}, -\frac{4}{5}, \frac{5}{6}, \cdots\right)$

7. Fundamental anderes Verhalten beobachtet man an der Folge:

$$\left(\frac{n}{n+1}\right) = \left(\frac{1}{2}, \frac{2}{3}, \frac{3}{4}, \frac{4}{5}, \frac{5}{6}, \frac{6}{7}, \cdots\right) ,$$

die zwar durch die gleiche rationale Funktion definiert ist, der aber das wechselnde Vorzeichen fehlt. Die angegebene Folge ist streng monoton steigend und beschränkt. Ihre Glieder streben von unten gegen den asymptotischen Wert $+1$ für $n \to \infty$ (s. Abbildung 2.4).

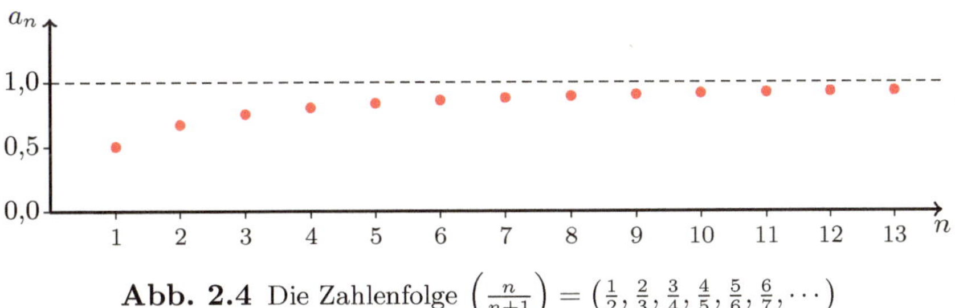

Abb. 2.4 Die Zahlenfolge $\left(\frac{n}{n+1}\right) = \left(\frac{1}{2}, \frac{2}{3}, \frac{3}{4}, \frac{4}{5}, \frac{5}{6}, \frac{6}{7}, \cdots\right)$

8. Eine weitere elementare Folge erhält man durch Aneinanderreihung der Primzahlen:

$$(P_n) = (2, 3, 5, 7, 11, 13, \cdots) \, .$$

Die hieraus resultierende Folge ist streng monoton steigend und unbeschränkt.

9. Alternativ könnte man z.B. die Fibonacci-Zahlen zu einer Folge aneinanderreihen. Das Ergebnis wäre:

$$(F_n) = (1, 1, 2, 3, 5, 8, 13, 21, \cdots) \, ,$$

und diese Folge ist monoton steigend und unbeschränkt. Aus den Fibonacci-Zahlen kann man weitere Folgen herleiten, wie z.B. die Folge (r_n) mit $r_n \equiv F_{n+1}/F_n$, die in Abb. 1.10 gezeigt wurde:

$$(r_n) = (1, 2, \tfrac{3}{2}, \tfrac{5}{3}, \tfrac{8}{5}, \tfrac{13}{8}, \tfrac{21}{13}, \tfrac{34}{21}, \cdots) \, .$$

Diese Folge ist beschränkt, und wir wissen bereits aus Kapitel [1], dass sie gegen den Goldenen Schnitt $x_+ = \tfrac{1}{2}(1 + \sqrt{5})$ konvergiert. Interessanter wird die Folge (r_n), wenn man von jedem Folgenglied den Goldenen Schnitt abzieht:

$$(r_n - x_+) = (-0{,}618 \, , \ 0{,}382 \, , \ -0{,}118 \, , \ 0{,}049 \, , \ -0{,}018 \, , \ 0{,}007 \, , \ \cdots) \, .$$

Diese Reihe ist beschränkt, alternierend und eine Nullfolge, wobei der Betrag der Folgenglieder als Funktion von n exponentiell abfällt. Der alternierende Charakter und der exponentielle Abfall dieser Reihe wurden bereits in Übungsaufgabe 1.10 in Kapitel [1] nachgewiesen.

Auf einige dieser Beispiele werden wir im nächsten Abschnitt (über „Grenzwertregeln") noch einmal zurückkommen.

2.1.2   Grenzwertregeln und Beispiele

Auch wenn man am *Grenzwertverhalten* von Folgen interessiert ist, d.h., wenn man wissen möchte, wie sich die Folgen für große Werte des Index n verhalten, sind die Beispiele aus Abschnitt [2.1.1] sehr illustrativ. Wir betrachten insbesondere die folgenden vier der insgesamt neun diskutierten Beispiele:

5. $\left((-1)^{n-1}n^{-2}\right) = (1, -\tfrac{1}{4}, \tfrac{1}{9}, -\tfrac{1}{16}, \cdots)$ $\left(\begin{array}{l}\text{alternierend, be-}\\ \text{schränkt, Nullfolge}\end{array}\right)$

6. $\left((-1)^{n-1}\tfrac{n}{n+1}\right) = (\tfrac{1}{2}, -\tfrac{2}{3}, \tfrac{3}{4}, -\tfrac{4}{5}, \tfrac{5}{6}, -\tfrac{6}{7}, \cdots)$ $\left(\begin{array}{l}\text{alternierend,}\\ \text{beschränkt}\end{array}\right)$

7. $\left(\tfrac{n}{n+1}\right) = (\tfrac{1}{2}, \tfrac{2}{3}, \tfrac{3}{4}, \tfrac{4}{5}, \tfrac{5}{6}, \tfrac{6}{7}, \cdots)$ $\left(\begin{array}{l}\text{streng monoton}\\ \text{steigend, beschränkt}\end{array}\right)$

8. $(P_n) = (2, 3, 5, 7, 11, 13, \cdots)$ $\left(\begin{array}{l}\text{streng monoton}\\ \text{steigend, unbeschränkt}\end{array}\right) \, ,$

und fragen uns, wo diese vier Folgen für genügend große n-Werte denn „hingehen".

Die Beispiele 5 und 7 sind verhältnismäßig einfach: Die entsprechenden Folgen nähern sich den Werten 0 bzw. 1 an, wie man in den Abbildungen 2.2 bzw. 2.4 sieht. Man sagt alternativ, dass sie gegen die Werte 0 bzw. 1 *konvergieren*[1]. Im Gegensatz dazu werden die Werte der Glieder in Beispiel 8 immer größer und nähern sich keinem endlichen Wert an. In diesem Fall sagt man, dass die Folge „divergiert"[2] und zwar gegen den Wert $+\infty$. Wiederum anders ist das Verhalten in Beispiel 6: Wir haben bereits oben festgestellt (s. Abbildung 2.3), dass die Folgenglieder hier zwischen etwa $+1$ und -1 hin- und herschwanken und die Folge sich somit keinem eindeutigen Wert annähert. Auch in diesem Fall sagt man, dass die Folge „divergiert"[3] oder dass sie „nicht konvergiert". Für die spezielle Folge 6 kann man diese „Nichtkonvergenz" noch präzisieren: Wie man auch in Abbildung 2.3 sieht, konvergiert die durch die *ungeraden* Glieder gebildete Teilfolge (a_{2n-1}) gegen den Grenzwert $+1$ und die durch die *geraden* Glieder gebildete Teilfolge (a_{2n}) gegen den Grenzwert -1. Solche *Grenzwerte von Teilfolgen* werden als *Häufungspunkte* der Folge (a_n) bezeichnet. Der *Satz von Bolzano-Weierstraß* in der Mathematik besagt hierzu, dass jede beschränkte reelle Folge eine konvergente Teilfolge enthält.

Nomenklatur

Für das Grenzwertverhalten von allgemeinen Folgen (a_n) gibt es somit die folgende Nomenklatur:

- Die Folge (a_n) konvergiert gegen $a \in \mathbb{R}$ $\Leftrightarrow$ $(a_n - a)$ ist Nullfolge.

- Die Zahl a heißt dann „Grenzwert" der Folge (a_n).

- Falls (a_n) gegen $a \in \mathbb{R}$ konvergiert, verwendet man hierfür die Notationen:
$$\lim_{n \to \infty} a_n = a \quad \text{oder} \quad a_n \to a \quad (n \to \infty).$$

- Falls $\{n_1, n_2, n_3, \cdots\}$ eine (unendliche) Teilmenge der natürlichen Zahlen $\mathbb{N}$ darstellt mit der Eigenschaft $n_1 < n_2 < n_3 < \cdots$ und die Teilfolge (a_{n_i}) von (a_n) für $i \to \infty$ gegen den Grenzwert $\alpha \in \mathbb{R}$ konvergiert:
$$\lim_{i \to \infty} a_{n_i} = \alpha \quad \text{oder} \quad a_{n_i} \to \alpha \quad (i \to \infty),$$

  heißt α *Häufungspunkt* der Folge (a_n). Eine Folge kann auch mehrere oder sogar unendlich viele Häufungspunkte besitzen.

Konvergenzkriterien

Wie formuliert man nun mathematisch präzise, dass a der Grenzwert der Folge (a_n) und somit $a_n - a$ eine Nullfolge ist? Hierzu muss man genaue Kriterien dafür angeben, dass die Folgenglieder $a_n - a$ „betragsmäßig immer kleiner werden und für

---

[1]Das Wort „konvergieren" stammt von lateinisch *con-* („zusammen") und *vergere*, was etwa „(sich) neigen" oder „tendieren" bedeutet.

[2]Folgen, die mit ansteigendem n jeden endlichen Wert über- oder unterschreiten, heißen auch *bestimmt* divergent (gegen $+\infty$ bzw. $-\infty$).

[3]Falls die Folge – wie hier – weder konvergiert noch bestimmt divergiert, spricht man auch von einer *unbestimmten* Divergenz.

große Werte des Index n gegen null streben". Man muss nachweisen, dass $|a_n - a|$ beliebig klein werden kann, also kleiner als jede Zahl $\epsilon > 0$, falls man den Index n nur hinreichend groß wählt (z.B. mindestens gleich $N \in \mathbb{N}$). Hierbei wird der Wert von $N \in \mathbb{N}$ in der Regel von der Wahl von ϵ abhängen und immer größer werden, wenn ϵ kleiner gewählt wird. Mit Hilfe der Quantoren $\forall$ („für alle") und $\exists$ („es gibt") schreibt man das kompakte mathematische Kriterium für eine Nullfolge nun:

$$\boxed{\forall \epsilon > 0 \ \exists N \in \mathbb{N} \ : \ \forall n \geq N \ : \ |a_n - a| < \epsilon \,.} \qquad (2.2)$$

Als Bemerkung sei noch hinzugefügt, dass bei der Formulierung des Kriteriums (2.2) der Einfachheit halber angenommen wird, dass man den Grenzwert a der Folge (a_n) explizit kennt oder zumindest erraten kann. Dies ist in der Praxis nicht immer der Fall. Beispielsweise ist bei der Folge (a_n) mit den Folgengliedern

$$a_n \equiv \prod_{k=1}^{n} \frac{4k^2}{4k^2 - 1}$$

nicht sofort offensichtlich, dass sie im Limes $n \to \infty$ gegen den Wert $\frac{\pi}{2}$ konvergiert.[4] Aus diesem Grund gibt es ein verallgemeinertes Kriterium für die Konvergenz einer Folge, das die Kenntnis des Grenzwerts a nicht voraussetzt. Nach diesem *Cauchy-Kriterium* heißt eine Folge (a_k) *konvergent* oder auch *in sich konvergent*, wenn die Differenz $|a_m - a_n|$ für hinreichend große m- und n-Werte beliebig klein wird. Etwas präziser formuliert, erfordert das Cauchy-Kriterium, dass für alle $\epsilon > 0$ eine Zahl $N(\epsilon) \in \mathbb{N}$ existiert mit der Eigenschaft, dass für alle $m, n \geq N(\epsilon)$ gilt: $|a_m - a_n| < \epsilon$. Wichtig ist, dass das Cauchy-Kriterium und das Kriterium (2.2) für die Konvergenz reellwertiger Folgen (a_n) mit einem Grenzwert $a \in \mathbb{R}$ äquivalent sind. Wir illustrieren die Wirkung des Kriteriums (2.2) anhand dreier Beispiele.

Beispiele für Konvergenzbeweise

Wir nehmen an, dass wir den Grenzwert a der Folge (a_n) kennen. Da jede Folge (a_n) dann laut (2.2) auf eine Nullfolge $(a_n - a)$ zurückgeführt werden kann, reicht es, zur Illustration der Konvergenzbeweise drei *Null*folgen zu betrachten:

1. Als erstes Beispiel betrachten wir die Folge (n^{-1}), die eine *Nullfolge* darstellt. Folglich gilt $a = 0$ in Gleichung (2.2), und es ist daher zu zeigen, dass man für alle $\epsilon > 0$ eine natürliche Zahl $N(\epsilon)$ bestimmen kann, sodass für alle $n \geq N(\epsilon)$ gilt: $|n^{-1}| < \epsilon$. Da aus $n \geq N(\epsilon)$ folgt: $0 < n^{-1} \leq N(\epsilon)^{-1}$, ist die Bedingung $|n^{-1}| < \epsilon$ sicherlich erfüllt, wenn man $N(\epsilon)^{-1} < \epsilon$ bzw. $N(\epsilon) > \epsilon^{-1}$ wählt. Konkret könnte man die natürliche Zahl $N(\epsilon)$ z.B. durch die Bedingung $\epsilon^{-1} < N(\epsilon) \leq 1 + \epsilon^{-1}$ festlegen. Hiermit ist gezeigt, dass man in der Tat für alle $\epsilon > 0$ eine Zahl $N(\epsilon)$ mit der erwünschten Eigenschaft bestimmen kann. Folglich ist die Konvergenz von (n^{-1}) gegen null bewiesen.

2. Um nachzuweisen, dass die Folge (n^{-2}) eine *Null*folge ist, geht man völlig analog vor: Für alle $\epsilon > 0$ muss man eine natürliche Zahl $N(\epsilon)$ bestimmen

---

[4]Wir werden diese Folge später, in Gleichung (7.78), als „Produkt von Wallis" kennenlernen.

mit der Eigenschaft, dass für alle $n \geq N(\epsilon)$ gilt: $|n^{-2}| < \epsilon$. Da aus $n \geq N(\epsilon)$ folgt: $0 < n^{-2} \leq N(\epsilon)^{-2}$, ist die Bedingung $|n^{-2}| < \epsilon$ sicherlich erfüllt, wenn man $N(\epsilon)^{-2} < \epsilon$ bzw. $N(\epsilon) > \epsilon^{-1/2}$ wählt. Da für alle $\epsilon > 0$ offensichtlich ein $N(\epsilon) \in \mathbb{N}$ mit der erwünschten Eigenschaft existiert, ist die Konvergenz der Folge (n^{-2}) gegen null bewiesen.

3. Auch für die Nullfolge (e^{-n}) verläuft der Beweis analog: Nun soll gelten: $|e^{-n}| < \epsilon$. Da aus $n \geq N(\epsilon)$ folgt: $0 < e^{-n} \leq e^{-N(\epsilon)}$, ist die Bedingung $|e^{-n}| < \epsilon$ sicherlich erfüllt, wenn man $e^{-N(\epsilon)} < \epsilon$ bzw. $N(\epsilon) > \ln(\epsilon^{-1})$ wählt. In der Tat gilt $N(\epsilon) \to \infty$ für $\epsilon \downarrow 0$.[5]

Grenzwertregeln

Kombiniert man zwei Folgen miteinander, zum Beispiel in der Form einer Summe, eines Produktes oder eines Quotienten, so kann man das Grenzwertverhalten dieser Kombination – unter gewissen Annahmen – aus den Grenzwerten der einzelnen Folgen bestimmen. Zur Formulierung solcher *Grenzwertregeln* nehmen wir zunächst an, dass die einzelnen Folgen (a_n) und (b_n) gegen endliche Grenzwerte a bzw. b konvergieren:

$$\lim_{n \to \infty} a_n = a \quad \text{und} \quad \lim_{n \to \infty} b_n = b \qquad (-\infty < a, b < \infty) \, .$$

In diesem Fall gelten die folgenden, intuitiv plausiblen Grenzwertregeln:

$$\begin{array}{ll}
[1.] & \lim_{n \to \infty} (a_n + b_n) = a + b \qquad \text{bzw.} \qquad \lim_{n \to \infty} (a_n - b_n) = a - b \\[2ex]
[2.] & \lim_{n \to \infty} (a_n b_n) = ab \\[2ex]
[3.] & \lim_{n \to \infty} (a_n/b_n) = a/b \qquad [\text{falls} \quad b_n \neq 0 \; \forall n \in \mathbb{N} \quad \text{und} \quad b \neq 0] \, .
\end{array}$$

Allerdings ist erhebliche Vorsicht geboten für den Fall, dass $|a| = \infty$ und/oder $|b| = \infty$ (oder in einem Quotienten $a = b = 0$) gilt, sodass die Voraussetzungen für die Gültigkeit der Grenzwertregeln verletzt sind. Die Summe $a \pm b$, das Produkt ab und der Quotient a/b hätten dann formal die folgenden Strukturen:

$$a \pm b \, \text{„=“} \, \infty - \infty \quad , \quad ab \, \text{„=“} \, 0 \cdot \infty \quad , \quad \frac{a}{b} \, \text{„=“} \, \pm \frac{\infty}{\infty} \quad , \quad \frac{a}{b} \, \text{„=“} \, \frac{0}{0} \, .$$

Da die rechten Seiten dieser vier Gleichungen alle undefiniert sind,[6] stellen wir fest, dass die Grenzwertregeln ihre Bedeutung verlieren. In solchen Fällen muss man sich die Details der Summe bzw. des Produkts oder Quotienten genauer ansehen und im Einzelfall entscheiden. Wir zeigen anhand von vier Beispielen, die alle *Quotienten* darstellen, wie man dann vorgeht.

---

[5]Wir verwenden im Folgenden die Notationen $y \downarrow a$ und $y \uparrow a$ für die Limites, wobei y von oben bzw. unten gegen a geht. Die Notationen „$\downarrow$“ und „$\uparrow$“ werden nicht nur im Rahmen von *Folgen*, sondern auch für Grenzwerte von *Funktionen* verwendet (s. Kapitel [4]).

[6]Deshalb wird auch das Pseudogleichungssymbol „=“ verwendet.

Wenn Grenzwertregeln nicht zum Ziel führen ...

Wir untersuchen drei Beispiele mit $\frac{a}{b} = \frac{0}{0}$ und ein Beispiel mit $\frac{a}{b} = \frac{\infty}{\infty}$ und zeigen, wie man in solchen Fällen korrekt vorgeht:

1. Wir betrachten zuerst als Beispiel die Bestimmung des Quotienten

$$\lim_{n \to \infty} \frac{a_n}{b_n} \quad \text{mit} \quad a_n = \frac{1}{n} + \frac{2}{n^2} \quad \text{und} \quad b_n = \frac{3}{n} + \frac{4}{n^2} \,,$$

in dem sowohl der Zähler als auch der Nenner *Nullfolgen* sind, die beide in ähnlicher Weise (proportional zu n^{-1}) gegen null streben:

$$a_n = \left(\frac{1}{n} + \frac{2}{n^2} \right) \simeq \frac{1}{n} \quad , \quad b_n = \left(\frac{3}{n} + \frac{4}{n^2} \right) \simeq \frac{3}{n} \quad (n \to \infty) \,.$$

Der Grenzwert des entsprechenden Quotienten a_n/b_n, dargestellt im *mittleren* Glied der Gleichungskette (2.3), lässt sich leicht als $\frac{1}{3}$ bestimmen, indem man Zähler und Nenner (wie im *vierten* Glied vorgeführt) beide mit n multipliziert und das Ergebnis (s. *rechte* Seite) für große n auswertet:

$$\frac{0}{0} \,"=" \frac{\lim\limits_{n \to \infty} \left(\frac{1}{n} + \frac{2}{n^2} \right)}{\lim\limits_{n \to \infty} \left(\frac{3}{n} + \frac{4}{n^2} \right)} \neq \lim_{n \to \infty} \frac{\frac{1}{n} + \frac{2}{n^2}}{\frac{3}{n} + \frac{4}{n^2}} = \lim_{n \to \infty} \frac{1 + \frac{2}{n}}{3 + \frac{4}{n}} = \frac{1}{3} \,. \tag{2.3}$$

Allerdings ist das korrekte Ergebnis $\frac{1}{3}$ auf der rechten Seite sicher nicht im Einklang mit der undefinierten Vorhersage 0/0 der Grenzwertregel, die im *zweiten* Glied dargestellt ist. Die Voraussetzung $b \neq 0$ für die Gültigkeit der Grenzwertregel war jedoch auch nicht erfüllt.

2. Auch im zweiten Beispiel ist ein Quotient aus Nullfolgen im Zähler und Nenner zu bestimmen:

$$\lim_{n \to \infty} \frac{a_n}{b_n} \quad \text{mit} \quad a_n = \frac{1}{n} + \frac{2}{n^2} \quad \text{und} \quad b_n = \frac{3}{n^2} + \frac{4}{n^3} \,,$$

wobei allerdings der Zähler deutlich langsamer als der Nenner gegen null strebt:

$$a_n = \left(\frac{1}{n} + \frac{2}{n^2} \right) \simeq \frac{1}{n} \quad , \quad b_n = \left(\frac{3}{n^2} + \frac{4}{n^3} \right) \simeq \frac{3}{n^2} \quad (n \to \infty) \,.$$

In diesem Fall findet man bei der Berechnung des Quotienten im *mittleren* Glied den Wert $+\infty$, z.B. indem man (wie im *vierten* Glied vorgeführt) Zähler und Nenner mit n^2 multipliziert:

$$\frac{0}{0} \,"=" \frac{\lim\limits_{n \to \infty} \left(\frac{1}{n} + \frac{2}{n^2} \right)}{\lim\limits_{n \to \infty} \left(\frac{3}{n^2} + \frac{4}{n^3} \right)} \neq \lim_{n \to \infty} \frac{\frac{1}{n} + \frac{2}{n^2}}{\frac{3}{n^2} + \frac{4}{n^3}} = \lim_{n \to \infty} \frac{n \left(1 + \frac{2}{n} \right)}{3 + \frac{4}{n}} = \frac{\infty}{3} = \infty \,.$$

Das wohldefinierte und korrekte Ergebnis $+\infty$ der konkreten Berechnung auf der rechten Seite ist wiederum ungleich der (undefinierten) Vorhersage 0/0 der Grenzwertregel, die im *zweiten* Glied dargestellt ist.

3. Im dritten Beispiel geschieht das Umgekehrte: Auch hier betrachten wir den Grenzfall eines Quotienten aus Nullfolgen im Zähler und Nenner, aber in diesem Fall strebt der Nenner deutlich langsamer als der Zähler gegen null, da nun $a_n \simeq n^{-2}$ und $b_n \simeq 3/n$ gilt:

$$\frac{0}{0}\text{ ''=`` }\frac{\lim\limits_{n\to\infty}\left(\frac{1}{n^2}+\frac{2}{n^3}\right)}{\lim\limits_{n\to\infty}\left(\frac{3}{n}+\frac{4}{n^2}\right)} \neq \lim_{n\to\infty}\frac{\frac{1}{n^2}+\frac{2}{n^3}}{\frac{3}{n}+\frac{4}{n^2}} = \lim_{n\to\infty}\frac{1+\frac{2}{n}}{n\left(3+\frac{4}{n}\right)} = \frac{1}{\infty}=0\,.$$

Das korrekte Ergebnis 0 der konkreten Berechnung auf der rechten Seite präzisiert die (undefinierte) Vorhersage $0/0$ der Grenzwertregel.

4. Schließlich betrachten wir einen Quotienten mit $a=\infty$ und $b=\infty$, der dennoch – wie die folgende Gleichungskette zeigt – leicht konkret ausgerechnet werden kann und den Grenzwert $\frac{1}{3}$ hat:

$$\frac{\infty}{\infty}\text{ ''=`` }\frac{\lim\limits_{n\to\infty}\sqrt{n^2+2}}{\lim\limits_{n\to\infty}(3n+4)} \neq \lim_{n\to\infty}\frac{\sqrt{n^2+2}}{3n+4} = \lim_{n\to\infty}\frac{n\sqrt{1+2/n^2}}{n\left(3+4/n\right)} = \frac{1}{3}\,.$$

Das korrekte Ergebnis $\frac{1}{3}$ auf der rechten Seite zeigt, dass der Quotient sicherlich ungleich dem (ohnehin undefinierten) Wert ∞/∞ ist, der von der Grenzwertregel vorhergesagt wird.

Diese vier Beispiele zeigen, dass man in komplexeren Kombinationen von Folgen durch die *asymptotische Auswertung* (für große n) der jeweiligen Zähler und Nenner wertvolle Information enthält, die die nur für einfache Fälle gedachten Grenzwertregeln ergänzt. Bei konkreten Berechnungen können – wie wir gesehen haben – Vereinfachungen durch Kürzung geeigneter Potenzen des Index n hilfreich sein.

2.1.3   Die Euler'sche Zahl als Grenzwert einer Folge

Als Beispiel für eine Folge mit einem (nicht nur in Physik und Mathematik) sehr wichtigen Grenzwert besprechen wir den Zusammenhang zwischen der nach Leonhard Euler benannten *Euler'schen Zahl e* und Jakob Bernoullis Zinseszinsrechnung. Aus Gleichung (1.24) in Abschnitt [1.2.4] wissen wir bereits, dass die reellwertige Exponentialfunktion e^x für alle $x \in \mathbb{R}$ als unendliches Produkt geschrieben werden kann: $e^x = \lim_{n\to\infty}\left(1+\frac{x}{n}\right)^n$. Hieraus folgte als Spezialfall Gleichung (1.25), die besagt, dass die Euler'sche Zahl e als Grenzwert einer *Folge*, nämlich der Folge (e_n) mit $e_n \equiv \left(1+\frac{1}{n}\right)^n$ im Limes $n \to \infty$ angesehen werden kann:

$$(e_n) = (e_1, e_2, e_3, \ldots) \quad , \quad e_n = \left(1+\tfrac{1}{n}\right)^n \quad , \quad \lim_{n\to\infty} e_n = e = 2{,}71828\cdots$$

Im Folgenden möchten wir zeigen, dass diese Folge $\left(\left(1+\frac{1}{n}\right)^n\right)$ auch praktische Anwendungen z.B. bei der *Zinseszinsrechnung* hat.

Die Interpretation der Folge (e_n) im Sinne der Zinseszinsrechnung stammt vom Schweizer Mathematiker und Physiker Jakob Bernoulli (1655 - 1705). Um diese Interpretation deutlich zu machen, nehmen wir an, dass am Anfang eines Jahres (am 1. Januar) ein Startkapital K_0 bei der Bank eingezahlt wird und eine *momentane* Verzinsung zu einem Zinssatz $Z=100\%$ pro Jahr gilt. Der Eigentümer des Startkapitals möchte nun wissen, wie groß sein Guthaben am 1. Januar des darauffolgenden Jahres ist.

Hierbei bedeutet *momentane* Verzinsung, dass „sehr oft" pro Jahr Zinsen ausgeschüttet werden. Im Allgemeinen wird das Endkapital nach einem Jahr ja davon abhängen, wie viele Verzinsungen pro Jahr gewährt werden. Nehmen wir an, das Jahr wird in n gleich lange Zinsperioden unterteilt. Nach jeder Zinsperiode eines n-tel Jahres werden dem Konto die entsprechenden Zinsen gutgeschrieben. Die *Zinseszinsformel* besagt dann allgemein, dass das Kapital nach einem Jahr bei n Verzinsungen zu einem (auf Jahresbasis definierten) Zinssatz von Z Prozent durch

$$K_n = K_0(1 + z/n)^n \qquad (z \equiv Z/100\% \text{ , also hier: } z = 1)$$

gegeben ist. *Momentane* Verzinsung entspricht formal dem Limes $n \to \infty$. Aus der Zinseszinsformel kann man die Konsequenzen der Verzinsung zum Zinssatz Z ablesen: Zum Beispiel erhält man bei *jährlichem Zuschlag*, also wenn nur einmal zum Jahresende Zinsen gezahlt werden, das $(1 + Z/100\%)$-Fache des Startkapitals zurück. In unserem Beispiel (mit $Z = 100\%$) würde also zum Jahresende das Startkapital verdoppelt werden. Wir betrachten nun allgemeiner das Kapital nach einem Jahr für den Fall von n Verzinsungen während eines n-tel Jahres mit $z = 1$:

- Bei *jährlichem* Zuschlag gilt in der Zinzeszinsformel $n = 1$, sodass das Kapital nach einem Jahr – wie wir gerade gesehen haben – durch $K_1 = K_0(1 + 1)^1 = 2K_0$ gegeben ist.

- Bei *halbjährlichem* Zuschlag ($n = 2$) folgt aus der Zinseszinsformel für das Kapital nach einem Jahr: $K_2 = K_0(1 + \frac{1}{2})^2 = 2{,}25K_0$.

- Bei *täglichem* Zuschlag ($n = 365$) folgt für das Kapital nach einem Jahr: $K_{365} = K_0(1 + \frac{1}{365})^{365} \simeq 2{,}715\,K_0$.

- Bei *momentaner* Verzinsung ($n \to \infty$) ist das Ergebnis:

$$K_\infty = K_0 \lim_{n \to \infty} e_n = e\,K_0 \,.$$

Hiermit ist die Interpretation der Folge (e_n) und ihres Grenzwerts e im Sinne von Jakob Bernoulli geklärt: Ein Startkapital wird bei momentaner Verzinsung zum Zinssatz 100% nach einem Jahr genau mit der Euler'schen Zahl e multipliziert. Die obigen numerischen Beispiele illustrieren übrigens sehr schön den Zinseszinseffekt: Das Kapital nach einem Jahr steigt monoton mit der Häufigkeit der Zinsesausschüttungen an (s. Übungsaufgabe 2.7).

2.2   Reihen

In den folgenden Abschnitten definieren wir zuerst den Begriff „Reihe" für spezielle Folgen, deren Glieder die Form endlicher Summen haben. Wir behandeln einige Beispiele und widmen uns dann der wichtigen Frage, unter welchen Bedingungen eine Reihe *konvergiert*. Hierzu werden zuerst einige relativ einfache Kriterien besprochen, die dann in Abschnitt [2.2.4] verfeinert werden, um sie besser für die Anwendung in der Praxis geeignet zu machen.

2.2.1 Definition einer „Reihe" und ein erstes Beispiel

Wie bereits in der Einführung zu diesem Kapitel erklärt, gibt es Größen, die man nur indirekt (über ihre Zuwächse zwischen zwei Messungen) bestimmen kann. Dies bedeutet, dass die Größen selbst als *Summen* (nämlich über die bisherigen Zuwächse) bekannt sind. Solche Zahlenfolgen, die als Summe einzelner Beiträge definiert sind, werden als *Reihen* bezeichnet. Wenn nur endlich viele „Messungen" durchgeführt werden und die Summen daher nur endlich viele Terme enthalten, spricht man von *endlichen Reihen*, im Falle unendlich vieler Terme in der Summe von *unendlichen Reihen*.

Es gibt einen engen Zusammenhang zwischen den in Abschnitt [2.2] besprochenen *Folgen* und den jetzt interessierenden *Reihen*: Betrachten wir nämlich die Folge der gemessenen Zuwächse $(a_n) = (a_1, a_2, a_3, \ldots)$ und addieren wir die Folgenglieder, so erhalten wir eine neue Folge:

$$a_1 \; , \; a_1 + a_2 \; , \; a_1 + a_2 + a_3 \; , \; \cdots \; , \; a_1 + a_2 + \cdots + a_n \; , \; \cdots \; .$$

Definieren wir die Glieder dieser neuen Folge nun als

$$S_n \equiv a_1 + a_2 + \cdots + a_n = \sum_{k=1}^{n} a_k \; ,$$

so stellen wir fest, dass (S_n) den Charakter einer Folge von Summen hat und somit eine *Reihe* darstellt:

$$\boxed{(S_n) - (S_1, S_2, S_3, \ldots) = (a_1 \; , \; a_1 + a_2 \; , \; a_1 + a_2 + a_3 \; , \; \cdots) \; .}$$

Wenn umgekehrt eine Reihe (S_n) gegeben ist, sind sofort auch die entsprechenden Zuwächse (a_n) bekannt: $a_n = S_n - S_{n-1}$, wobei man für den Spezialfall $n = 1$ vollständigkeitshalber $S_0 \equiv 0$ definieren sollte.

Beispiel einer (berühmten) Reihe

Eine Anekdote über den „kleinen Gauß" ergibt ein amüsantes erstes Beispiel einer *Reihe*.[7] Gauß soll kurz nach seinem siebten Geburtstag erstmals in eine Schule (nahe Braunschweig) gegangen sein, die zu dieser Zeit von einem Lehrer namens Büttner betrieben wurde. Herr Büttner soll kein didaktisches Genie gewesen sein. Um die Schüler längere Zeit ruhig zu halten, soll er ihnen unsinnige Rechenaufgaben gegeben haben wie z.B. die Berechung der Summe

$$S \equiv 81297 + 81495 + 81693 + \cdots + 100899 \; .$$

Die Schüler sollten das Ergebnis auf ihre Schiefertäfelchen notieren und diese dann abgeben. Auch der junge Gauß wurde nach etwa zwei Jahren in der Schule („in

---

[7]Hierbei ist mit dem „kleinen Gauß" der (spätere) Mathematiker, Physiker und Astronom *Johann Friederich Carl Gauß* (1777 - 1855) gemeint. Die Anekdote variiert geringfügig, abhängig von der Quelle. Die hier gegebene Darstellung basiert auf der Kurzbiographie von Gauß in Eric Temple Bells schönem Buch „Men of Mathematics" (Ref. [21]).

seinem zehnten Jahr") mit einem solchen Problem konfrontiert und soll sein Täfel-
chen mit der Antwort 9109800 fast schon hingelegt haben, bevor Herr Büttner zu
Ende gesprochen hatte. Selbstverständlich war seine Antwort richtig (und offenbar
die einzige richtige in der Klasse). Nur: Wie hatte der kleine Gauß das gemacht?

Der erste wichtige Schritt ist, festzustellen, dass die Differenz zweier aufeinanderfolgender Terme in der Summe S stets genau 198 ist:

$$S = 100 \cdot 81099 + 198(1 + 2 + 3 + \cdots + 100) \,,$$

sodass S auch darstellbar ist als $8109900 + 198 S_{100}$, wobei

$$S_{100} \equiv 1 + 2 + 3 + \cdots + 100$$

definiert wurde. Damit ist das Problem schon deutlich einfacher geworden. Wie
aber berechnet man S_{100}? Hierzu schreibt man die Summe der ersten hundert
natürlichen Zahlen am besten zweimal untereinander auf (einmal in ansteigender
Reihenfolge und einmal absteigend) und addiert diese:

$$
\begin{aligned}
S_{100} &= 1 + 2 + 3 + \cdots + 98 + 99 + 100 \\
S_{100} &= 100 + 99 + 98 + \cdots + 3 + 2 + 1 \\
\hline
2S_{100} &= 101 + 101 + 101 + \cdots + 101 + 101 + 101 = 100 \cdot 101 \,.
\end{aligned}
$$

Man sieht sofort, dass das Ergebnis einerseits $2S_{100}$ und andererseits $100 \cdot 101$ ist,
sodass offenbar $S_{100} = \frac{1}{2} \cdot 100 \cdot 101 = 5050$ gilt. Damit ist klar, dass die verlangte
Antwort für S gleich $8109900 + 198 \cdot 5050$ und somit auch gleich 9109800 ist.

Das schönste an der Anekdote ist jedoch das Nachspiel: Der anfängliche „Böse-
wicht", Herr Büttner, taute aufgrund dieser Leistung des jungen Gauß zumindest
ihm gegenüber völlig auf, kümmerte sich danach sehr um ihn und besorgte ihm aus
eigenen Mitteln eins der besseren Mathematikbücher der damaligen Zeit. Selbst
konnte er ihm allerdings nicht mehr allzu viel beibringen.

2.2.2   Weitere Beispiele von Reihen

Wir besprechen allgemeine *arithmetische* Reihen, *geometrische* Reihen und Verallgemeinerungen in der Form einer Reihe des *binomischen Satzes*.

Arithmetische Reihen

Im vorigen Abschnitt haben wir gesehen, dass die Summe S_{100} der ersten hundert
natürlichen Zahlen recht einfach berechnet werden kann: $S_{100} = 1+2+3+\cdots+100 =$
$\frac{1}{2} \cdot 100 \cdot 101 = 5050$. Wie würde man solche Summen berechnen, wenn es sich nicht
um die ersten hundert, sondern um die ersten n natürlichen Zahlen handelte? Um
diese Frage zu beantworten, definieren wir allgemeiner:

$$S_n \equiv 1 + 2 + 3 + \cdots + n = \sum_{k=1}^{n} k$$

und argumentieren ähnlich wie für $n = 100$: Wir schreiben die Summe S_n der
ersten n natürlichen Zahlen zweimal untereinander auf (einmal in ansteigender

Reihenfolge und einmal abklingend) und addieren diese:

$$\sum_{k=1}^{n} k \equiv S_n = \quad 1 \;+\; \quad 2 \;+\cdots+\; (n-1) \;+\; \quad n$$
$$\underline{S_n = \quad n \;+\; (n-1) \;+\cdots+\; \quad 2 \;+\; \quad 1}$$
$$2S_n = (n+1) + (n+1) + \cdots + (n+1) + (n+1) = n(n+1) \, .$$

Wir stellen fest, dass das Ergebnis einerseits gleich $2S_n$ und andererseits gleich $n(n+1)$ ist, sodass offenbar $S_n = \frac{1}{2}n(n+1)$ gilt. Hiermit ist das Problem der Berechnung der Summe der ersten n natürlichen Zahlen gelöst. Aber dieses Resultat war uns aus Kapitel [1], wo wir es mit vollständiger Induktion bewiesen haben, natürlich schon bekannt.[8]

Geometrische Reihen

Als zweites Beispiel betrachten wir die *geometrische* Reihe, die aus Summen von Potenzen einer Grundzahl a besteht:

$$S_n(a) \equiv 1 + a + a^2 + \cdots + a^{n-1} + a^n = \sum_{k=0}^{n} a^k \, .$$

Grundsätzlich kann man in diesem Fall ein ähnliches Argument verwenden wie oben für die arithmetische Reihe: Wir schreiben die Summe S_n zweimal auf, einmal multipliziert mit 1 und einmal mit $-a$, und addieren die Ergebnisse:

$$\sum_{k=0}^{n} a^k \equiv \quad S_n = 1 + a + a^2 + \cdots + a^{n-1} + a^n$$
$$\underline{-aS_n = \quad -a - a^2 - \cdots - a^{n-1} - a^n - a^{n+1}}$$
$$(1-a)S_n = 1 + 0 + 0 + \cdots \qquad \cdots + 0 \;-\; a^{n+1} = 1 - a^{n+1} \, .$$

Wir stellen nun fest, dass die Summe der beiden Zeilen einerseits gleich $(1-a)S_n$ und andererseits gleich $1 - a^{n+1}$ ist, und schließen hieraus, dass offenbar $S_n = (1-a^{n+1})/(1-a)$ gilt:

$$\boxed{ S_n(a) = \sum_{k=0}^{n} a^k = \frac{(1-a^{n+1})}{(1-a)} \, . } \tag{2.4}$$

Dies ist zunächst einmal eine *endliche* Summe, abhängig vom Index n. Was würde geschehen, wenn man in dieser Summe den Limes $n \to \infty$ durchführte? Was wäre

---

[8]Mit diesem Ergebnis für S_n kann man auch die in der allgemeineren *arithmetischen Reihe* auftretenden Summen berechnen:

$$\sum_{k=1}^{n} (ak + b) = aS_n + nb = \tfrac{1}{2}an(n+1) + nb = n\left[\tfrac{1}{2}a(n+1) + b\right] \qquad (a, b \in \mathbb{R}) \, .$$

Beispielsweise hat das Problem, das der Lehrer Büttner dem „kleinen Gauß" gegeben hatte, genau diese Struktur (mit $n = 100$, $a = 198$ und $b = 81099$).

der Grenzwert vieler Terme in der Summe? Existiert dieser überhaupt? Um diese Fragen zu klären, betrachten wir

$$S_\infty(a) \equiv \lim_{n \to \infty} S_n(a) = \sum_{k=0}^{\infty} a^k = 1 + a + a^2 + a^3 + \cdots .$$

Da S_n bekannt ist, kann der Limes durchgeführt und somit S_∞ berechnet werden. Das Ergebnis lautet

$$S_\infty(a) = \lim_{n \to \infty} S_n(a) = \lim_{n \to \infty} \frac{1 - a^{n+1}}{1 - a} = \frac{1}{1 - a} , \tag{2.5}$$

aber *nur* für den Fall $|a| < 1$, denn nur dann gilt für $n \to \infty$ auch $a^{n+1} \to 0$. Für $|a| < 1$ konvergiert S_n also für $n \to \infty$. Falls jedoch umgekehrt $|a| > 1$ gilt, divergiert S_n für $n \to \infty$, da in diesem Fall $|a|^{n+1}$ betragsmäßig immer weiter anwächst: $|a|^{n+1} \to \infty$.

Da die Reihe für $|a| < 1$ konvergiert und für $|a| > 1$ divergiert, wird der Wert 1 als *Konvergenzradius* dieser geometrischen Reihe bezeichnet. Für den Spezialfall $a = -1$ gilt, dass $S_n(a)$ zwei unterschiedliche Häufungspunkte aufweist und somit *nicht konvergiert* („unbestimmt divergiert"):

$$S_{2n-1}(-1) = \sum_{k=0}^{2n-1} (-1)^k = 0 \quad , \quad S_{2n}(-1) = \sum_{k=0}^{2n} (-1)^k = 1 ,$$

während $S_n(a)$ für den Spezialfall $a = +1$ *bestimmt divergiert*:

$$S_n(+1) = \sum_{k=0}^{n} (+1)^k = (n + 1) \to \infty \qquad (n \to \infty) .$$

Um das Verhalten der unendlichen geometrischen Reihe in Abhängigkeit von der Grundzahl a qualitativ einschätzen zu können, betrachten wir als numerische Beispiele die Reihen für $a = \frac{1}{2}$, $a = \frac{9}{10}$ und $a = -\frac{1}{2}$:

$$\sum_{k=0}^{\infty} \left(\tfrac{1}{2}\right)^k = \frac{1}{1 - \frac{1}{2}} = 2 \quad , \quad \sum_{k=0}^{\infty} \left(\tfrac{9}{10}\right)^k = \frac{1}{1 - \frac{9}{10}} = 10 \quad , \quad \sum_{k=0}^{\infty} \left(-\tfrac{1}{2}\right)^k = \frac{1}{1 + \frac{1}{2}} = \frac{2}{3} .$$

Für positive a-Werte stellen wir fest, dass die Reihe schnell größer wird, wenn a sich an 1 annähert, während die Reihe für $-1 < a \leq 0$ moderate Werte annimmt und langsam vom Wert $\frac{1}{2}$ (für $a \downarrow -1$) auf den Wert 1 (für $a = 0$) ansteigt. Dass die Darstellung $\sum_{k=0}^{\infty} a^k = \frac{1}{1-a}$ für $|a| > 1$ keinen Sinn ergibt, sieht man z.B. auch durch direktes Einsetzen von $a = 2$, denn die „Gleichung" $1 + 2 + 4 + \cdots = (1 - 2)^{-1} = -1$ ist manifest inkorrekt.

Verallgemeinerter binomischer Satz

Wir möchten nun zeigen, dass es eine sehr enge Beziehung gibt zwischen der geometrischen Reihe, die wir gerade kennengelernt haben, dem binomischen Satz, der aus Abschnitt [1.1.3] bekannt ist, und allgemeinen Funktionen der Gestalt $(1 + x)^\alpha$ mit einem beliebigen *reellen* Exponenten $\alpha \in \mathbb{R}$. Um erste Gemeinsamkeiten sichtbar zu machen, bringen wir Gleichung (2.5) mit der Variablentransformation $a = -x$ (und $|x| < 1$) auf die Form

$$S_\infty(-x) = \sum_{k=0}^{\infty}(-x)^k = \sum_{k=0}^{\infty}(-1)^k x^k = \frac{1}{1+x} = (1+x)^{-1} \,. \tag{2.6}$$

Auch die bereits aus Abschnitt [1.1.3] bekannte *binomische Formel* stellt eine Potenzreihe dar, nun für die Funktion $(1+x)^n$, und ergibt einen Ausdruck für den Vorfaktor von x^k in dieser Reihe:

$$(1+x)^n = \sum_{k=0}^{n}\binom{n}{k}x^k = 1 + \frac{n}{1!}x + \frac{n(n-1)}{2!}x^2 + \cdots + x^n \,. \tag{2.7}$$

Hierbei bezeichnen die Faktoren $\binom{n}{k}$ die üblichen Binomialkoeffizienten:

$$\binom{n}{k} = \frac{n!}{k!(n-k)!} = \frac{n(n-1)\cdots(n-k+1)}{k!} \quad \begin{cases} \in \mathbb{N} & (1 \le k \le n) \\ = 0 & (k < 0, k > n) \end{cases} \,,$$

wobei wie immer $0! \equiv 1$ definiert wird, damit $\binom{n}{0} = 1$ gilt. Somit ist $\binom{n}{k}$ für alle $k \in \mathbb{Z}$ symmetrisch unter Vertauschung von k und $n-k$: Es gilt $\binom{n}{k} = \binom{n}{n-k}$. Auf den ersten Blick sind die Formeln (2.6) und (2.7) sehr unterschiedlich, da Gleichung (2.6) die *unendliche* Reihe $S_\infty(-x) = 1 - x + x^2 - x^3 + \cdots$ und Gleichung (2.7) eine *endliche* Reihe (mit $n+1$ Termen) darstellt. Dann aber fällt auf, dass sowohl die geometrische Reihe als auch die binomische Formel Spezialfälle der allgemeinen Funktion $(1+x)^\alpha$ sind, wobei $\alpha = -1$ für die geometrische Reihe und $\alpha = n \in \mathbb{N}_0$ für die binomische Formel gilt. Kann man aus dieser gemeinsamen Struktur etwas lernen?

Betrachten wir zuerst die Vorfaktoren von x^k in den beiden Reihen, die in Gleichung (2.6) durch $(-1)^k$ und in Gleichung (2.7) durch $\binom{n}{k}$ gegeben sind. Was würde passieren, wenn man in den Ausdruck für den Vorfaktor der binomischen Reihe,

$$\binom{n}{k} = \frac{n(n-1)\cdots(n-k+1)}{k!} \,, \tag{2.8}$$

den wir bisher nur für $n \in \mathbb{N}$ angewandt haben, den für die geometrische Reihe relevanten Exponenten $n = -1$ einsetzt? Wir versuchen es und *definieren*:

$$\binom{-1}{k} \equiv \frac{(-1)[(-1)-1]\cdots[(-1)-k+1)]}{k!} \quad (k \in \mathbb{N}) \quad , \quad \binom{-1}{0} \equiv 1 \,.$$

Wegen $(-1)[(-1)-1]\cdots[(-1)-k+1)] = (-1)^k k!$ folgt

$$\binom{-1}{k} = (-1)^k \tag{2.9}$$

für alle $k \in \mathbb{N}_0$, sodass diese Definition von $\binom{-1}{k}$ genau das *richtige* Ergebnis für den Vorfaktor von x^k in der geometrischen Reihe vorhersagt. Wir lernen hieraus, dass die geometrische Reihe (2.6) alternativ als

$$S_\infty(-x) = 1 - x + x^2 - x^3 + \cdots = (1+x)^{-1} = \sum_{k=0}^{\infty}\binom{-1}{k}x^k$$

dargestellt werden kann und somit formal die gleiche Gestalt wie die binomische Reihe hat! Jetzt wird auch klar, warum die geometrische Reihe im Gegensatz zur binomischen Formel durch eine *unendliche* Reihe dargestellt wird: Im binomischen Satz bricht die Reihe bei $k = n$ ab, da alle Vorfaktoren (2.8) ab $k = n + 1$ null sind, während die geometrische Reihe keineswegs abbricht, da $\binom{-1}{k} \neq 0$ gilt für alle $k \in \mathbb{N}_0$.

Durch diesen Erfolg wagemutig geworden, möchten wir noch einen Schritt weiter gehen und allgemeine Funktionen der Gestalt $(1 + x)^\alpha$ mit $\alpha \in \mathbb{R}$ betrachten. Man würde nun analog erwarten, dass auch solche Funktionen nach Potenzen von x entwickelt werden können und dass die Vorfaktoren von x^k dabei durch Verallgemeinerung von (2.8) erhalten werden:

$$\binom{\alpha}{k} \equiv \frac{\alpha(\alpha - 1) \cdots (\alpha - k + 1)}{k!} \quad , \quad \binom{\alpha}{0} \equiv 1 \ . \tag{2.10}$$

Analog würden wir also erwarten, dass eine Verallgemeinerung der binomischen Formel für beliebige *reelle* Exponenten α möglich ist und dass das Ergebnis die Form

$$(1 + x)^\alpha \equiv \sum_{k=0}^{\infty} \binom{\alpha}{k} x^k \ , \tag{2.11}$$

$$= 1 + \frac{\alpha}{1}x + \frac{\alpha(\alpha - 1)}{2!}x^2 + \frac{\alpha(\alpha - 1)(\alpha - 2)}{3!}x^3 + \cdots$$

hat. An dieser Stelle möchten wir bereits vorwegnehmen (bei der Behandlung von „Taylor-Reihen" in Kapitel [4] kommen wir hierauf zurück), dass diese Erwartungen absolut richtig sind: In der Tat kann man verallgemeinerte Binomialkoeffizienten $\binom{\alpha}{k}$ einführen, wie in (2.10), und die Funktion $(1 + x)^\alpha$ nach Potenzen von x entwickeln, wie in (2.11). Diese Potenzreihe ist in der Regel eine *unendliche* Reihe, denn sie bricht nur für $\alpha \in \mathbb{N}_0$ ab. Insofern ist die binomische Formel, die man für $\alpha \in \mathbb{N}_0$ erhält, ein singulärer Spezialfall einer allgemeinen Potenzreihe. Mit Methoden, die wir erst später kennenlernen werden (z.B. mit der Stirling-Formel, s. Kapitel [6]), kann man noch zeigen, dass die unendliche Reihe für $(1 + x)^\alpha$, ähnlich wie die *geometrische* Reihe, für alle $|x| < 1$ konvergiert und für alle $|x| > 1$ divergiert, sodass der Konvergenzradius dieser Reihe ebenfalls gleich eins ist.

2.2.3 Konvergenzkriterien

Wir haben bisher allgemein Reihen (S_n) mit $S_n = \sum_{k=1}^{n} a_k$ betrachtet und anhand einiger Beispiele festgestellt, dass diese für $n \to \infty$ konvergieren *können*, aber nicht *müssen*. Beispielsweise fanden wir für die geometrische Reihe allgemein (für alle $a \in \mathbb{R}$) das Ergebnis:

$$S_n = \sum_{k=0}^{n} a^k = \frac{(1 - a^{n+1})}{(1 - a)} \ ,$$

und wir stellten fest, dass die rechte Seite nur dann für $n \to \infty$ konvergiert und die unendliche Summe S_∞ nur dann existiert, falls $|a| < 1$ gilt, denn dann folgt:

$$S_\infty = \lim_{n \to \infty} S_n = \lim_{n \to \infty} \frac{1 - a^{n+1}}{1 - a} = \frac{1}{1 - a} \ .$$

Für $|a| > 1$ divergiert S_n für $n \to \infty$. Man kann sich nun allgemeiner fragen, unter welchen Bedingungen eine unendliche Reihe konvergiert. Mit dieser Frage befassen wir uns in diesem Abschnitt. Hierbei unterscheidet man unendliche Reihen, die – wie die geometrische Reihe – *konvergent* sind: $S_n \to S_\infty$ für $n \to \infty$, und solche, die *absolut* (d.h. betragsmäßig) *konvergent* sind, was bedeutet, dass sogar

$$\sum_{k=1}^{\infty} |a_k| < \infty$$

gilt. Reihen, die zwar konvergent, aber nicht absolut konvergent sind, heißen auch *bedingt konvergent*.

Das Wurzelkriterium

Ein einfaches Kriterium zur Untersuchung der Konvergenz ist das *Wurzelkriterium*, das besagt, dass man die Konvergenz oder Divergenz einer Reihe auch aus dem Grenzwertverhalten der k-ten Wurzel des k-ten Folgengliedes $|a_k|$ (betragsmäßig ausgewertet) bestimmen kann. Falls nämlich die k-te Wurzel des k-ten Folgengliedes $|a_k|^{1/k}$ gegen den Wert $q \in \mathbb{R}$ konvergiert:

$$\lim_{k \to \infty} |a_k|^{1/k} \equiv q \, ,$$

konvergiert die entsprechende Reihe $S_n = \sum_{k=1}^{n} a_k$ absolut, falls $0 \leq q < 1$ gilt, während sie divergiert, falls $q > 1$ gilt. Aus der Konvergenz der Folge $(|a_k|^{1/k})$ für $k \to \infty$ gegen den Wert q folgt nämlich, dass für hinreichend kleines $\epsilon > 0$ und hinreichend große k-Werte [z.B. für alle $k \geq N(\epsilon)$] gilt:

$$\left| |a_k|^{1/k} - q \right| < \epsilon \qquad \text{bzw.} \qquad q - \epsilon < |a_k|^{1/k} < q + \epsilon \, .$$

Hierbei wählt man das „hinreichend kleine" ϵ am besten[9] deutlich kleiner als q und $|1 - q|$. Es folgt dann $(q - \epsilon)^k < |a_k| < (q + \epsilon)^k$ und somit

$$\sum_{k=N(\epsilon)}^{n} (q - \epsilon)^k < \sum_{k=N(\epsilon)}^{n} |a_k| < \sum_{k=N(\epsilon)}^{n} (q + \epsilon)^k \, .$$

Wir stellen fest, dass die Summe der Beträge $|a_k|$ von unten und von oben durch eine geometrische Reihe „abgeschätzt" werden kann,[10] deren Konvergenzverhalten wir bereits kennen. Für $q < 1$ können wir folgern, dass die Summe der Beträge $|a_k|$ für $n \to \infty$ kleiner als das Ergebnis $[1 - (q + \epsilon)]^{-1}$ einer geometrischen Reihe mit $a = q + \epsilon$ und somit *endlich* ist. Die Reihe (S_n) ist daher absolut konvergent. Für $q > 1$ wachsen die Beträge $|a_k|$ für $k \to \infty$ exponentiell an, mindestens wie $(q - \epsilon)^k$, sodass die Reihe $S_n = \sum_{k=1}^{n} a_k$ divergieren wird.

---

[9]Außer für den Spezialfall $q = 0$; in diesem Falle wähle man $0 < \epsilon \ll 1$. Man findet analog, dass die Reihe (S_n) absolut konvergiert. Für $q = 1$ ergibt sich aus dem Wurzelkriterium keine Vorhersage für die Konvergenz oder Divergenz der Reihe.

[10]In der Mathematik ist eine „Abschätzung" nichts Ungenaues und Unpräzises, sondern ganz im Gegenteil eine rigoros hergeleitete *Ungleichung*.

Das Quotientenkriterium

Ein weiteres, oft angewandtes Kriterium für Konvergenzuntersuchungen ist das *Quotientenkriterium*, nach dem eine Reihe mit der Eigenschaft

$$\lim_{k \to \infty} \left| \frac{a_{k+1}}{a_k} \right| \equiv q \qquad \left(\begin{array}{l} \text{mit } a_k \neq 0 \text{ für hin-} \\ \text{reichend große } k\text{-Werte} \end{array} \right) \qquad (2.12)$$

absolut konvergiert für $0 \leq q < 1$ und divergiert für $q > 1$. Die Argumente sind analog zu denjenigen für das Wurzelkriterium: Die Folge $(|a_{k+1}/a_k|)$ konvergiert für $k \to \infty$ gegen den Wert q, sodass für hinreichend kleines $\epsilon > 0$ (wiederum mit $\epsilon \ll \min\{q, |1-q|\}$) und hinreichend große k-Werte [für alle $k \geq N(\epsilon)$] gilt:

$$\left| \left| \frac{a_{k+1}}{a_k} \right| - q \right| < \epsilon \qquad \text{bzw.} \qquad q - \epsilon < \left| \frac{a_{k+1}}{a_k} \right| < q + \epsilon \,.$$

Folglich kann man $|a_{k+1}|$ mit Hilfe von $|a_k|$ abschätzen:

$$|a_k|(q - \epsilon) < |a_{k+1}| < |a_k|(q + \epsilon)$$

und analog $|a_k|$ mit Hilfe von $|a_{k-1}|$:

$$|a_{k-1}|(q - \epsilon)^2 < |a_k|(q - \epsilon) < |a_{k+1}| < |a_k|(q + \epsilon) < |a_{k-1}|(q + \epsilon)^2$$

und so weiter. Durch Iteration erhält man somit die Ungleichungen:

$$\left| a_{N(\epsilon)} \right| (q - \epsilon)^k < \left| a_{N(\epsilon)+k} \right| < \left| a_{N(\epsilon)} \right| (q + \epsilon)^k$$

und durch Summation über den Index k:

$$\left| a_{N(\epsilon)} \right| \sum_{k=0}^{n}(q - \epsilon)^k < \sum_{k=0}^{n} \left| a_{N(\epsilon)+k} \right| < \left| a_{N(\epsilon)} \right| \sum_{k=0}^{n}(q + \epsilon)^k \,,$$

sodass die Summe der Beträge $\left| a_{N(\epsilon)+k} \right|$ auch in diesem Fall von unten und von oben durch geometrische Reihen abgeschätzt werden kann. Für $q < 1$ folgt wiederum, dass die Summe der Beträge von oben durch eine *konvergente* geometrische Reihe approximiert wird und (S_n) somit für $n \to \infty$ absolut konvergiert. Für $q > 1$ folgt, dass (S_n) von unten durch eine *divergierende* geometrische Reihe abgeschätzt werden kann und somit selbst auch divergiert.

Das Leibniz-Kriterium

Das spezielle *Leibniz-Kriterium* macht eine Aussage über die Konvergenz einer Summe $S_\infty = \sum_{k=1}^{\infty} a_k$, der eine *alternierende* Folge $(-1)^{k-1}a_k > 0$ zugrunde liegt. Es besagt, dass diese Summe *konvergent* ist, falls die $|a_k|$ monoton als Funktion von k abfallen und gegen null streben für $k \to \infty$. Die Gültigkeit dieses Kriteriums folgt sofort daraus, dass $S_\infty - S_n$ das Vorzeichen von a_{n+1} hat:

$$(-1)^n(S_\infty - S_n) = (-1)^n \sum_{k=n+1}^{\infty} a_k$$

$$= (|a_{n+1}| - |a_{n+2}|) + (|a_{n+3}| - |a_{n+4}|) + \cdots \geq 0$$

und andererseits betragsmäßig kleiner als $|a_{n+1}|$ ist:

$$0 \leq (-1)^n (S_\infty - S_n)$$
$$= |a_{n+1}| - (|a_{n+2}| - |a_{n+3}|) - (|a_{n+4}| - |a_{n+5}|) + \cdots \leq |a_{n+1}| ,$$

sodass die Ungleichung $|S_\infty - S_n| \leq |a_{n+1}|$ gilt. Da $|a_{n+1}|$ gegen null strebt für $n \to \infty$, muss in diesem Grenzfall gelten: $|S_\infty - S_n| \to 0$.

Das Integralkriterium

Wir nennen noch einen weiteren, sehr nützlichen und hilfreichen Test für die Konvergenz oder Divergenz einer unendlichen Reihe, nämlich das *Integralkriterium*. Hierbei geht man davon aus, dass die Folge (a_k), die die Reihe $S_n = \sum_{k=1}^n a_k$ bestimmt, durch eine stetige Funktion $a(k)$ charakterisiert werden kann: $a_k = a(k)$ für alle $k \in \mathbb{N}$, wobei $a(k)$ für genügend große k-Werte *positiv* und *monoton abfallend* sein soll:

$$\forall k \geq k_1 \in \mathbb{N} : \qquad a(k) > 0 \qquad \text{und} \qquad a(k) \geq a(k') \text{ für } k < k' .$$

Da für positive, monoton abfallende $a(k)$ für alle $k > k_1$ – wie man aus Abbildung 2.5 sieht – gilt:

$$a_{k+1} \leq \int_k^{k+1} dk'\, a(k') \leq a_k ,$$

folgt durch Summation über k für alle natürlichen Zahlen $k_2 > k_1$:

$$\sum_{k=k_1+1}^{k_2} a_k \leq \int_{k_1}^{k_2} dk'\, a(k') \leq \sum_{k=k_1}^{k_2-1} a_k .$$

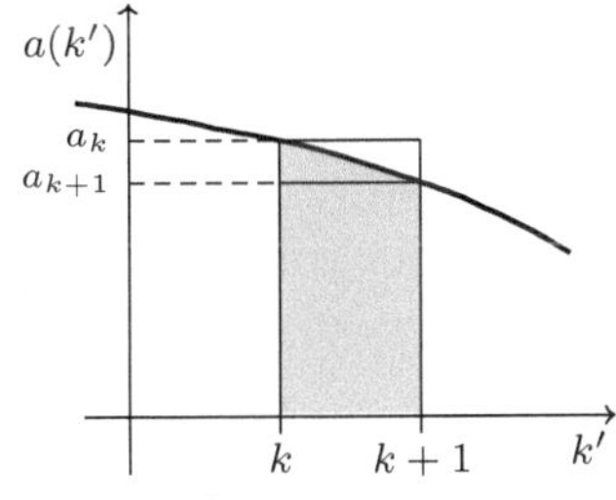

Abb. 2.5 Abschätzung von Summen durch Integrale

Hieraus sieht man für $k_2 \to \infty$ sofort, dass die Konvergenz oder Divergenz der Reihe (S_n) mit $S_n = \sum_{k=1}^n a_k$ gleichbedeutend mit der Konvergenz oder Divergenz des Integrals $\int dk\, a(k)$ ist. Divergiert nämlich das Integral, so muss wegen

$$\infty = \int_{k_1}^{\infty} dk'\, a(k') \leq \sum_{k=k_1}^{\infty} a_k$$

auch die Summe divergieren, und konvergiert das Integral, dann muss wegen

$$0 \leq \sum_{k=k_1+1}^{\infty} a_k \leq \int_{k_1}^{\infty} dk'\, a(k') < \infty$$

und der Positivität von a_k für alle $k \geq k_1$ auch die Summe konvergieren.

In der Übungsaufgabe 2.12 wird gezeigt, dass die Äquivalenz der Konvergenz bzw. Divergenz von Summen und Integralen bei der Untersuchung der Konvergenzeigenschaften von Reihen sehr nützlich ist.

2.2.4 Weiterführende Konvergenzkriterien *

Wir behandeln in diesem weiterführenden Abschnitt einige speziellere Konvergenzkriterien, die relevant sind für Reihen nahe der Grenze zwischen Konvergenz und Divergenz, d.h. für Reihen, für die der Parameter q aus dem Wurzel- oder dem Quotientenkriterium den Wert eins hat. Aus praktischer Sicht sind gerade solche Konvergenzkriterien natürlich sehr wertvoll, allerdings erfordert ihre Herleitung gewisse Methoden, die erst in nachfolgenden Kapiteln (speziell in Kapitel [4] und Kapitel [6]) gründlicher behandelt werden. Es kann daher von Vorteil sein, wenn der interessierte Leser nach der Lektüre von Kapitel [4] bzw. [6] zu diesem Abschnitt zurückkehrt.

Im *ersten* hier behandelten Beispiel („Quotientenkriterien für $q = 1$") werden allgemeine Reihen (S_n) mit $S_n = \sum_{k=1}^{n} a_k$ betrachtet. Die entsprechenden Konvergenzkriterien sind allgemein gültig, aber nicht sehr scharf. Im zweiten Beispiel („Grenze zwischen Konvergenz und Divergenz") wird zusätzlich angenommen, dass die Folgenglieder die Form $a_k = a(k)$ besitzen, wobei die Funktion $a(k)$ glatt (d.h. stetig) von k abhängt. Dies schränkt die mögliche Form der Folge (a_k) zwar ein, erlaubt dafür aber eine scharfe Bestimmung der „Grenze" mit Hilfe des Integralkriteriums.

Quotientenkriterien für q=1 *

Für $q = 1$ können das Wurzel- und das Quotientenkriterium in ihrer bisherigen Formulierung keine Vorhersage über die Konvergenz oder Divergenz einer Reihe der Form (S_n) mit $S_n = \sum_{k=1}^{n} a_k$ machen. Daher möchten wir hier ein Quotientenkriterium speziell für $q = 1$ formulieren. Wir verwenden hierzu einige Eigenschaften der Exponentialfunktion und des Logarithmus, die in Kapitel [4] und in Übungsaufgabe 2.13 ausführlicher besprochen werden, und zwar:

(A) die inversen Beziehungen $x = e^{\ln(x)}$ und $y = \ln(e^y)$,

(B) die Beziehung $\ln(1 + x) = x - \frac{1}{2}x^2 + \cdots$ für $x \to 0$,

(C) die in Übungsaufgabe 2.13 nachgewiesene Beziehung:

$$\sum_{k=1}^{n} \frac{1}{k} - \ln(n) \to \text{Konstante} \quad \text{für} \quad (n \to \infty) \, .$$

Wir suchen nun also ein Quotientenkriterium für den Fall, dass der in Gleichung (2.12) definierte Parameter q den Wert eins hat. Aus der Eigenschaft $q = 1$ folgt zunächst:

$$\left(\left| \frac{a_k}{a_{k+1}} \right| - 1 \right) \to 0 \quad \text{für} \quad k \to \infty \, .$$

Falls man zusätzlich weiß, dass die linke Seite dieser Gleichung wie r/k (mit $r \in \mathbb{R}$) gegen null strebt für $k \to \infty$, d.h., wenn in diesem Limes außerdem die genauere Aussage:

$$\lim_{k \to \infty} k \left(\left| \frac{a_k}{a_{k+1}} \right| - 1 \right) = r \qquad (k \to \infty) \tag{2.13}$$

zutrifft, dann gilt:

$$(S_n) \text{ ist } \begin{cases} \text{absolut konvergent für } r > 1 \\ \text{divergent für } r < 0 \, . \end{cases} \qquad (2.14)$$

Gleichung (2.13) bedeutet, dass sich a_k für $k \to \infty$ etwa wie n^{-r} verhält. Im Parameterbereich $0 \leq r \leq 1$ benötigt man neben (2.13) zusätzliche Information.

Parameterbereiche $r < 0$ und $r > 1$: Man zeigt die Gültigkeit von (2.14) wie folgt: Aus Gleichung (2.13) folgt durch Umschreiben

$$\frac{|a_k|}{|a_{k+1}|} = 1 + \frac{r_k}{k} \quad ; \quad \lim_{k \to \infty} r_k = r \, .$$

Diese *Rekursions*beziehung (s. Abschnitt [2.3]) kann durch Iteration gelöst und mit Hilfe der obigen Beziehung (**A**) umgeschrieben werden:

$$|a_{n+1}| = |a_1| \prod_{k=1}^{n} \left(1 + \frac{r_k}{k} \right)^{-1} = |a_1| \exp\left[-\sum_{k=1}^{n} \ln\left(1 + \frac{r_k}{k} \right) \right] \, .$$

Betrachten wir nun zuerst den Fall $r < 0$. Wegen (**B**) verhält sich $-\ln\left(1 + r_k/k \right)$ wie $-r_k/k$ und daher auch wie $|r|/k$ für $k \to \infty$. Für alle $r < 0$ existiert daher ein $K \in \mathbb{N}$, sodass für alle $k \geq K$ gilt:

$$-\ln\left(1 + r_k/k \right) \geq |r|/2k \, .$$

Folglich gilt wegen der Beziehung (**C**) für $r < 0$:

$$|a_{n+1}| \geq |a_1| \exp\left[\sum_{k=K}^{n} \frac{|r|}{2k} - \sum_{k=1}^{K} \ln\left(1 + \frac{r_k}{k} \right) \right]$$

$$\propto \exp\left[\tfrac{1}{2}|r| \ln(n) \right] = n^{|r|/2} \to \infty \quad (n \to \infty) \, ,$$

sodass die Reihe (S_n) in der Tat divergiert für $r < 0$. Betrachten wir nun $r > 1$. In diesem Fall verhält sich $\ln\left(1 + r_k/k \right)$ analog wie r_k/k und daher wie r/k für $k \to \infty$. Folglich existiert ein $K \in \mathbb{N}$, sodass für alle $k \geq K$ gilt:

$$\ln\left(1 + r_k/k \right) \geq \tfrac{1}{2}(1 + r)/k \, .$$

Wegen der Beziehung (**C**) gilt daher für $r > 1$:

$$|a_{n+1}| \leq |a_1| \exp\left[-\tfrac{1}{2}(1 + r) \sum_{k=K}^{n} \frac{1}{k} - \sum_{k=1}^{K} \ln\left(1 + \frac{r_k}{k} \right) \right]$$

$$\propto \exp\left[-\tfrac{1}{2}(1 + r) \ln(n) \right] = n^{-\frac{1}{2}(1+r)} \quad (n \to \infty) \, ,$$

und wir folgern, dass die Reihe (S_n) in der Tat absolut konvergiert für $r > 1$.

Parameterbereich $0 \le r \le 1$: Für Parameterwerte $0 \le r \le 1$ benötigt man mehr Information, um Aussagen über Konvergenz oder Divergenz der Reihe machen zu können. Wir nennen zwei Beispiele:

1. Falls man zusätzlich weiß, dass die Reihe (S_n) mit $S_n = \sum_{k=1}^{n} a_k$ alternierend ist [d.h., dass $(-1)^{k-1} a_k > 0$ gilt], kann man für Reihen der Form (2.13) mit $r > 0$ das Leibniz-Kriterium anwenden, um die Konvergenz nachzuweisen.

2. Falls man zusätzlich weiß, dass alle a_k positiv sind und die Eigenschaft:

$$\lim_{k \to \infty} k^\alpha \left[k \left(\frac{a_k}{a_{k+1}} - 1 \right) - r \right] = s \qquad (k \to \infty \,,\, \alpha > 0 \,,\, 0 < |s| < \infty)$$

besitzen, ist die Reihe (S_n) divergent für $r \le 1$. Dies sieht man daran, dass in diesem Fall

$$\frac{a_k}{a_{k+1}} = 1 + \frac{r}{k} + \frac{s_k}{k^{1+\alpha}} \quad ; \quad \lim_{k \to \infty} s_k = s$$

gilt, mit der Konsequenz [wir verwenden die Beziehung (**A**)]:

$$a_{n+1} = a_1 \prod_{k=1}^{n} \left(1 + \frac{r}{k} + \frac{s_k}{k^{1+\alpha}} \right)^{-1} = a_1 \exp \left[-\sum_{k=1}^{n} \ln \left(1 + \frac{r}{k} + \frac{s_k}{k^{1+\alpha}} \right) \right] .$$

Wir schreiben die rechte Seite nun wie folgt um:

$$a_{n+1} = a_1 \exp \left\{ -\sum_{k=1}^{n} \frac{r}{k} - \sum_{k=1}^{n} \left[\ln \left(1 + \frac{r}{k} + \frac{s_k}{k^{1+\alpha}} \right) - \frac{r}{k} \right] \right\} .$$

Wegen der Beziehung (**B**) verhält sich $[\cdots]$ wie $s_k/k^{1+\alpha} + r^2/k^2$ für $k \to \infty$, sodass die zweite Summe im Exponenten gegen eine endliche Konstante konvergiert:

$$a_{n+1} = a_1 \exp \left(-\sum_{k=1}^{n} \frac{r}{k} + \text{Konstante} \right) .$$

Wenn man (**C**) verwendet, erhält man schließlich:

$$a_{n+1} = a_1 e^{-r \ln(n) + \text{Konstante}} \propto n^{-r} \qquad (n \to \infty) .$$

Das Ergebnis $a_{n+1} \propto n^{-r}$ für $n \to \infty$ bedeutet, dass die Reihe (S_n) in der Tat – wie oben angekündigt – divergiert für $r \le 1$.

Die Grenze zwischen Konvergenz und Divergenz einer Reihe ∗

Wenn nun – wie in Übungsaufgabe 2.12 zum Integralkriterium gezeigt – die Summe $\sum_{k=1}^{\infty} k^{-1}$ divergiert und die Summe $\sum_{k=1}^{\infty} k^{-(1+\alpha)}$ für alle $\alpha > 0$ konvergiert, wo liegt dann die Grenze zwischen Konvergenz und Divergenz einer Reihe? Um der Antwort auf diese Frage näher zu kommen, nehmen wir an, dass die Folge (a_k) in der Reihe S_n glatt vom Index k abhängt $[a_k = a(k)]$. Das Integralkriterium besagt dann, dass die Konvergenz oder Divergenz der Summe $S_n = \sum_{k=1}^{n} a_k$ gleichbedeutend mit der Konvergenz oder Divergenz des Integrals $\int dk\, a(k)$ ist. Um das Integralkriterium jedoch anwenden zu können, benötigen wir im Folgenden gelegentlich Ideen und Argumente, die erst in Kapitel [6] („Integration") ausführlicher besprochen werden. Beispielsweise besagt der „Fundamentalsatz der Analysis", dass die Wirkung der Integration und diejenige der Differentiation invers zueinander sind, sodass insbesondere gilt:

$$\lim_{k_1 \to \infty} \int_{k_0}^{k_1} dk\, \frac{df}{dk}(k) = \lim_{k_1 \to \infty} f(k)\Big|_{k_0}^{k_1}. \tag{2.15}$$

Setzt man hier nun $f(k) = \ln(k)$ oder $f(k) = k^{-\alpha}/(-\alpha)$ ein, so erhält man sofort den Nachweis der Divergenz von $\int dk\, k^{-1}$ und der Konvergenz von $\int dk\, k^{-(1+\alpha)}$ mit $\alpha > 0$. Diese Aussagen möchten wir im Folgenden verschärfen.

Divergente Summen: Um die Grenze zwischen Konvergenz und Divergenz auszuloten, konzentrieren wir uns zuerst auf *steigende* Funktionen, die schwächer ansteigen als $f(k) = \ln(k)$, und dann auf *fallende* Funktionen, die schwächer abfallen als $f(k) = k^{-\alpha}/(-\alpha)$. Eine Funktion, die schwächer ansteigt als $f(k) = \ln(k)$, ist z.B. $f(k) = \ln[\ln(k)]$. Durch Einsetzen in (2.15) erhält man:

$$\lim_{k_1 \to \infty} \int_{k_0}^{k_1} dk\, \frac{1}{k \ln(k)} = \lim_{k_1 \to \infty} \ln[\ln(k)]\Big|_{k_0}^{k_1} = \infty\,, \tag{2.16}$$

wobei man natürlich $k_0 > 1$ wählen muss, damit $f(k_0)$ wohldefiniert ist. Wir stellen fest, dass der zusätzliche Faktor $\ln(k)$ im Nenner des Integrals (bzw. der Summe) nicht für Konvergenz ausreicht. Versuchen wir daher eine noch schwächer ansteigende Funktion wie $f(k) = \ln\{\ln[\ln(k)]\}$; durch Einsetzen in (2.15) mit $k_0 > e$ erhält man nun:

$$\lim_{k_1 \to \infty} \int_{k_0}^{k_1} dk\, \frac{1}{k \ln(k) \ln[\ln(k)]} = \lim_{k_1 \to \infty} \ln\{\ln[\ln(k)]\}\Big|_{k_0}^{k_1} = \infty\,.$$

Offenbar reicht auch der weitere Faktor $\ln[\ln(k)]$ im Nenner des Integrals nicht für Konvergenz aus. Wir versuchen, dies zu verallgemeinern, und definieren

$$\ln_{n+1}(k) \equiv \ln[\ln_n(k)] \qquad \text{mit} \qquad \ln_1(k) \equiv \ln(k)$$

sowie[11]

$$e \uparrow\uparrow (n+1) \equiv \exp(e \uparrow\uparrow n) \qquad \text{mit} \qquad e \uparrow\uparrow 1 \equiv e\,, \tag{2.17}$$

damit wir z.B. e^{e^e} kompakt als $e \uparrow\uparrow 3$ schreiben können. Betrachten wir nun die Funktion $f(k) = \ln_{n+1}(k)$, die noch schwächer ansteigt als $f(k) = \ln_n(k)$, so finden wir aus (2.15) mit $k_0 > e \uparrow\uparrow (n-1)$, dass auch das Integral

$$\lim_{k_1 \to \infty} \int_{k_0}^{k_1} dk\, \frac{1}{k \ln(k) \cdots \ln_{n-1}(k) \ln_n(k)} = \lim_{k_1 \to \infty} \ln_{n+1}(k)\Big|_{k_0}^{k_1} = \infty \tag{2.18}$$

für alle $n \in \mathbb{N}$ divergiert. Das Gleiche gilt dann natürlich für die entsprechenden Summen.

---

[11]Diese Notation stammt von Donald Knuth (geboren 1938), dem Autor von *The Art of Computer Programming* und Schöpfer von TeX (und vielem mehr).

Konvergente Summen: Wir versuchen nun, uns der Grenze zwischen Konvergenz und Divergenz von der anderen Seite zu nähern, und betrachten die Funktion $f(k) = [\ln(k)]^{-\beta}/(-\beta)$ mit $\beta > 0$, die schwächer abfällt als $k^{-\alpha}/(-\alpha)$. Es folgt:

$$\int_{k_0}^{\infty} dk \, \frac{1}{k[\ln(k)]^{1+\beta}} = \left.\frac{[\ln(k)]^{-\beta}}{(-\beta)}\right|_{k_0}^{\infty} < \infty \,,$$

und wir stellen fest, dass zusätzliche logarithmische Faktoren im Nenner des Integranden (bzw. Summanden) die Konvergenz im Vergleich zu (2.16) beschleunigen. Analog findet man für die noch schwächer abfallende Funktion $f(k) = \{\ln[\ln(k)]\}^{-\beta}/(-\beta)$ mit $\beta > 0$:

$$\int_{k_0}^{\infty} dk \, \frac{1}{k\ln(k)\{\ln[\ln(k)]\}^{1+\beta}} = \left.\frac{\{\ln[\ln(k)]\}^{-\beta}}{(-\beta)}\right|_{k_0}^{\infty} < \infty \,,$$

sodass offenbar auch dieses Integral noch konvergiert. Um dieses Ergebnis noch weiter zu verschärfen, betrachten wir die Verallgemeinerung

$$f(k) = \frac{[\ln_n(k)]^{-\beta} - 1}{-\beta} \qquad \text{mit} \ \ \beta > 0$$

und erhalten nun als Resultat, dass das Integral

$$\int_{k_0}^{\infty} dk \, \frac{1}{k\ln(k)\cdots\ln_{n-1}(k)[\ln_n(k)]^{1+\beta}} = \left.\frac{[\ln_n(k)]^{-\beta} - 1}{-\beta}\right|_{k_0}^{\infty} < \infty \qquad (2.19)$$

für alle $n \in \mathbb{N}$ konvergiert. Das Gleiche gilt für die entsprechenden Summen.

Zusammenfassend können wir aufgrund von (2.18) und (2.19) also festhalten, dass die Grenze zwischen Konvergenz und Divergenz für Integrale vom Typ

$$\int_{k_0}^{\infty} dk \, \frac{1}{k\ln(k)\cdots\ln_{n-1}(k)[\ln_n(k)]^{1+\beta}} = \left.\frac{[\ln_n(k)]^{-\beta} - 1}{-\beta}\right|_{k_0}^{\infty} \begin{cases} = \infty & (\beta = 0) \\ < \infty & (\beta > 0) \end{cases}$$

genau bei $\beta = 0$ liegt. Hierzu kann man noch anmerken, dass (2.18) gewissermaßen ein Sonderfall von (2.19) ist, denn, wenn man mit Hilfe von

$$\frac{[\ln_n(k)]^{-\beta} - 1}{-\beta} = \frac{e^{(-\beta)\ln_{n+1}(k)} - 1}{-\beta} \to \ln_{n+1}(k) \qquad (\beta \downarrow 0)$$

in (2.19) den Limes $\beta \downarrow 0$ durchführt, erhält man genau (2.18). Hierbei wurde verwendet, dass $\lambda^x = e^{x\ln(\lambda)}$ gilt und dass die Ableitung von $e^{x\ln(\lambda)}$ in $x = 0$ somit $\ln(\lambda)$ beträgt.

2.3   Rekursionen

Wir verlassen das Thema „Reihen" und widmen uns der *Rekursion*, d.h. Folgen, die *rekursiv* definiert sind. Eine Folge wird rekursiv definiert, wenn das „nächste" Folgenglied durch die „früheren" vollständig festgelegt ist und somit aus diesen berechnet werden kann. Die Berechnungsmethode „neuer" Folgenglieder aus „alten" heißt dann *Rekursion*, und die Formel, die das „nächste" Glied mit den „früheren" verknüpft, wird als *Rekursionsbeziehung* bezeichnet. Auch solche rekursiv definierten Folgen treten in Ökonomie und Populationsdynamik, Physik und Chemie sehr häufig auf.

2.3.1   Mathematische Form einer Rekursionsbeziehung

Häufig wird eine Folge $(a_n) = (a_1, a_2, a_3, \cdots)$ *rekursiv* definiert, d.h., dass ein allgemeines Folgenglied a_n vollständig durch den Satz $\{a_{n-1}, a_{n-2}, \ldots, a_2, a_1\}$ der „früheren" Folgenglieder festgelegt ist. Ein einfaches Beispiel, das uns mittlerweile bereits sehr vertraut ist, ist die Fibonacci-Folge, die durch die Rekursionsbeziehung

$$F_{n+2} = F_{n+1} + F_n \qquad (F_1 = F_2 = 1)$$

bestimmt ist. In diesem Beispiel wird ein Folgenglied also als *Funktion* (nämlich als *Summe*) zweier vorangegangener Glieder berechnet. Etwas allgemeiner könnte das „nächste" Folgenglied a_n durch die Rekursionsbeziehung als *Funktion* der „früheren" Glieder $\{a_1, a_2, \cdots, a_{n-1}\}$ festgelegt werden:

$$\boxed{a_n = f(n; \{a_1, a_2, \cdots, a_{n-1}\}) \quad (n > m, \ \{a_1, \cdots, a_m\} \text{ vorgegeben}) ,} \qquad (2.20)$$

wobei als „Startwert" bei der Lösung der Rekursionsbeziehung z.B. die Glieder $\{a_1, \cdots, a_m\}$ vorgegeben werden. Aus $\{a_1, \cdots, a_m\}$ könnte man dann a_{m+1} berechnen, aus $\{a_1, \cdots, a_{m+1}\}$ das weitere Glied a_{m+2} und so weiter, bis alle Glieder der Folge (a_n) *rekursiv* bestimmt sind.

Bereits das Fibonacci-Beispiel zeigt, dass die Form einer Rekursionsbeziehung oft viel einfacher ist als im allgemeinen Schema (2.20) dargestellt und dass das neue Folgenglied a_n durchaus von nur *zwei* vorigen Folgenglieder abhängen kann, wie in

$$a_n = f(n; a_{n-1}, a_{n-2}) \quad (n \geq 3) \qquad [a_2, \ a_1 \text{ vorgegeben}] ,$$

wobei als Startwert nur *zwei* Glieder vorgegeben werden ($m = 2$). Möglicherweise ist die Rekursionsbeziehung sogar noch einfacher: Die Funktion f in (2.20) hängt nur vom *einem einzigen*, z.B. vom vorigen Folgenglied ab, wobei als Startwert nur *ein einzelnes* Glied vorgegeben wird ($m = 1$):

$$a_n = f(n; a_{n-1}) \qquad (a_1 \text{ vorgegeben}) .$$

Beispielsweise hat die Formel $S_n = S_{n-1} + a_n$ einer Reihe S_n, deren Zuwächse a_n bekannt sind, genau diese Form. Manchmal ist die Beziehung sogar noch einfacher: Die Form der Rekursionsrelation zwischen a_n und a_{n-1} (oder a_n und $\{a_{n-1}, a_{n-2}\}$) hängt überhaupt nicht von n ab:

$$a_n = f(a_{n-1}) \quad \text{bzw.} \quad a_n = f(a_{n-1}, a_{n-2}) \qquad \begin{bmatrix} a_1 \text{ bzw. } (a_1, a_2) \\ \text{vorgegeben} \end{bmatrix} .$$

Beispiele sind die Verdopplungsformel $a_n = 2a_{n-1}$, die exponentielles Wachstum beschreibt, oder – wiederum – die Fibonacci-Relation $a_n = a_{n-1} + a_{n-2}$.

2.3.2   Beispiele von Rekursionsbeziehungen

Wie betrachten weitere Beispiele für Rekursionsrelationen, wobei in jedem Fall der Startwert a_1 vorgegeben sein soll:

1. Im ersten Beispiel gibt es eine feste, lineare Beziehung zwischen einem Folgenglied und seinem Vorgänger: $a_n = f(a_{n-1})$ mit $f(x) = x + 1$, sodass a_n rekursiv auf a_1 zurückgeführt werden kann:

$$a_n = a_{n-1} + 1 = a_{n-2} + 2 = a_{n-3} + 3 = \cdots = a_1 + (n-1) \quad \text{(linear)} ,$$

und das Ergebnis $a_n = a_1 + (n-1)$ der Berechnung ist eine einfache *lineare* Funktion von n, da a_1 konstant (unabhängig von n) ist.

2. Wir betrachten wiederum eine feste, lineare Beziehung, $a_n = f(a_{n-1})$ mit $f(x) = \lambda x$, nun allerdings mit multiplikativem Faktor λ ungleich eins:

$$a_n = \lambda a_{n-1} = \lambda^2 a_{n-2} = \lambda^3 a_{n-3} = \cdots = \lambda^{n-1} a_1 \quad \text{(exponentiell)} .$$

Eine solche Beziehung beschreibt also *exponentielles Wachstum* (für $|\lambda| > 1$) bzw. *exponentiellen Zerfall* (für $|\lambda| < 1$).

3. Betrachten wir nun eine lineare, jedoch n-abhängige Beziehung zwischen einem Folgenglied und seinem Vorgänger: $a_n = f(n; a_{n-1})$ mit $f(n; x) = nx$. Auch in diesem Fall kann man a_n leicht rekursiv auf a_1 zurückführen:

$$a_n = n a_{n-1} = n(n-1) a_{n-2} = \cdots$$
$$= n(n-1) \cdots 3 \cdot 2 a_1 = n! \, a_1 \quad \text{(faktoriell)} .$$

Das Ergebnis zeigt nun, dass a_n wesentlich schneller als exponentiell, nämlich *faktoriell*, mit n ansteigt.

4. Schließlich betrachten wir eine feste, jedoch nicht-lineare Beziehung zwischen a_n und a_{n-1} der Form $a_n = f(a_{n-1})$ mit $f(x) = x^2$. Das Ergebnis zeigt, dass a_n noch wesentlich schneller als faktoriell ansteigt (für $|a_1| > 1$) oder abklingt (für $|a_1| < 1$):

$$a_n = (a_{n-1})^2 = (a_{n-2})^4 = (a_{n-3})^8 = \cdots = (a_1)^{2^{n-1}} \quad \text{(„superschnell")} .$$

Zum Beispiel für $a_1 = 2$ erhält man:

$$(a_n) = (2, 2^2, 2^4, 2^8, 2^{16}, 2^{32}, 2^{64}, 2^{128}, 2^{256}, \ldots) ,$$

wobei 2^{256} bereits größer als 10^{77} ist.

Rekursive Berechnung von Reihen

Wir wiesen bereits darauf hin, dass eine Reihe $(S_n) = (S_1, S_2, S_3, \cdots)$ *immer* rekursiv definiert ist, zumindest wenn die Zuwächse a_n vorgegeben sind:

$$S_n = \sum_{k=1}^{n} a_k = \sum_{k=1}^{n-1} a_k + a_n = S_{n-1} + a_n \quad \text{(Rekursion)} .$$

Da S_n die Summe über a_k mit $1 \leq k \leq n$ (also ein „diskretes Integral" von a_k) darstellt, kann man oft durch geschicktes Raten die Berechnung vereinfachen. Zum Beispiel für die lineare, n-abhängige Rekursionsbeziehung

$$S_n = S_{n-1} + n \quad \text{mit} \quad S_1 = 1 ,$$

also für $a_k = k$, wissen wir bereits, dass $S_n = \frac{1}{2}n(n+1)$ gilt. Nehmen wir an, wir wüssten dies nicht, dann könnte man immer noch vermuten, dass das „diskrete Integral" S_n sich etwa wie $\frac{1}{2}n^2$ verhalten könnte. Eine kluge Definition wäre daher $S_n' \equiv S_n - \frac{1}{2}n^2$. Für S_n' erhält man dann die einfachere Rekursionsbeziehung

$$S_n' - S_{n-1}' = \left[S_n - \tfrac{1}{2}n^2\right] - \left[S_{n-1} - \tfrac{1}{2}(n-1)^2\right]$$
$$= (S_n - S_{n-1}) - \tfrac{1}{2}(2n-1) = n - \tfrac{1}{2}(2n-1) = \tfrac{1}{2}$$

mit $S_1' = \frac{1}{2}$. Die Lösung lautet $S_n' = \frac{1}{2}n$ und daher $S_n \equiv S_n' + \frac{1}{2}n^2 = \frac{1}{2}n(n+1)$.

Man kann dies verallgemeinern: Möchte man z.B. die Summe der m-ten Potenzen der natürlichen Zahlen berechnen:

$$S_n = \sum_{k=1}^{n} k^m \quad , \quad S_n = S_{n-1} + n^m \quad \text{mit} \quad S_1 = 1 \,,$$

also für $a_k = k^m$, dann könnte man vermuten, dass das „diskrete Integral" S_n sich etwa wie $\frac{1}{m+1}n^{m+1}$ verhält. Folglich wäre eine kluge Definition: $S_n' \equiv S_n - \frac{1}{m+1}n^{m+1}$. Für S_n' erhält man die einfachere Rekursionsbeziehung

$$S_n' - S_{n-1}' = \frac{1}{m+1} \sum_{k=0}^{m-1} \binom{m+1}{k} n^k (-1)^{m+1-k}$$
$$= \tfrac{1}{2}mn^{m-1} - \tfrac{1}{6}m(m-1)n^{m-2} + \cdots + (-1)^{m+1}\tfrac{1}{m+1} \,,$$

die ein Polynom *niedrigerer* Ordnung in n [nämlich $(m-1)$-ter Ordnung] auf der rechten Seite hat. Da der führende Term $\frac{1}{2}mn^{m-1}$ auf der rechten Seite, betrachtet als Funktion von n, die Stammfunktion $\frac{1}{2}n^m$ hat, könnte man die Ordnung des Polynoms auf der rechten Seite der Rekursionsbeziehung mit der weiteren „klugen" Definition: $S_n'' \equiv S_n' - \frac{1}{2}n^m$ ein zweites Mal um eins absenken, und so weiter. In dieser Weise kann man die Berechnung solcher Reihen schrittweise systematisch vereinfachen, bis konkrete Ergebnisse wie in (1.7) für $m = 2$ oder (1.8) für $m = 3$ vorliegen.

Allgemeiner hätte man das Problem der Berechnung von S_n für vorgegebene Zuwächse a_k gelöst, wenn man eine diskrete Stammfunktion A_k von a_k findet (also mit der Eigenschaft $A_k - A_{k-1} = a_k$), da dann $S_k - S_{k-1} = a_k = A_k - A_{k-1}$ gilt und die Definition $S_k' \equiv S_k - A_k$ die Rekursionsbeziehung stark vereinfacht:

$$S_n' - S_{n-1}' = [S_n - A_n] - [S_{n-1} - A_{n-1}] = a_n - a_n = 0 \,.$$

Es folgt dann sofort $S_n' = S_{n-1}' = \ldots = S_1' = S_1 - A_1$ und somit $S_n = A_n + S_1 - A_1$.

Wiederholtes Wurzelziehen

Als weiteres Beispiel einer festen, jedoch nichtlinearen Rekursionsbeziehung betrachten wir nun das *wiederholte Wurzelziehen*:

$$a_{n+1}(\xi) = \sqrt{\alpha + a_n(\xi)} \quad \forall n \in \mathbb{N} \quad , \quad a_0(\xi) \equiv \xi \geq -\alpha \quad (\alpha > 0 \text{ fest}) \,,$$

wobei also die Zahl $a_0(\xi)$ auf die neue Zahl $a_1(\xi)$, diese auf $a_2(\xi)$:

$$a_1(\xi) = \sqrt{\alpha + \xi} \quad , \quad a_2(\xi) = \sqrt{\alpha + \sqrt{\alpha + \xi}}$$

und allgemein $a_n(\xi)$ auf $a_{n+1}(\xi)$ abgebildet wird:

$$a_3(\xi) = \sqrt{\alpha + \sqrt{\alpha + \sqrt{\alpha + \xi}}} \ , \quad \cdots\cdots$$

$$a_n(\xi) = \sqrt{\alpha + \sqrt{\alpha + \sqrt{\alpha + \sqrt{\alpha + \sqrt{\alpha + \cdots\cdots + \sqrt{\alpha + \xi}}}}}}\ .$$

Damit alle Wurzeln reell sind, muss $\xi \geq -\alpha$ gelten. Durch wiederholtes Wurzelziehen entsteht also eine Folge $(a_n) = (a_1, a_2, a_3, \cdots)$. Der interessante neue Aspekt an dieser Folge ist, dass man die Startzahl ξ variieren kann. Genauer genommen bildet man also eine *Funktion* $a_n(\xi)$ auf eine *Funktion* $a_{n+1}(\xi)$ ab, wobei der Wertebereich dieser Funktionen n-abhängig und z.B. für $a_n(\xi)$ durch $[a_{n-1}(0), \infty)$ gegeben ist. Nun möchte man natürlich wissen, was mit $a_n(\xi)$ nach häufigem Wurzelziehen (also für $n \to \infty$) geschieht, d.h., was die Konvergenzeigenschaften der Rekursionsrelation sind. Für spezielle α-Werte kann das Verhalten von $a_n(\xi)$ leicht grafisch bestimmt werden. Zum Beispiel zeigt Abbildung 2.6 für $\alpha = 1$, dass $a_n(\xi)$ für alle $\xi > -1$ schnell gegen einen festen Wert konvergiert. Wenn man einmal gesehen hat, dass Konvergenz auftritt, kann dieser Grenzwert der Folge leicht mit dem Ansatz

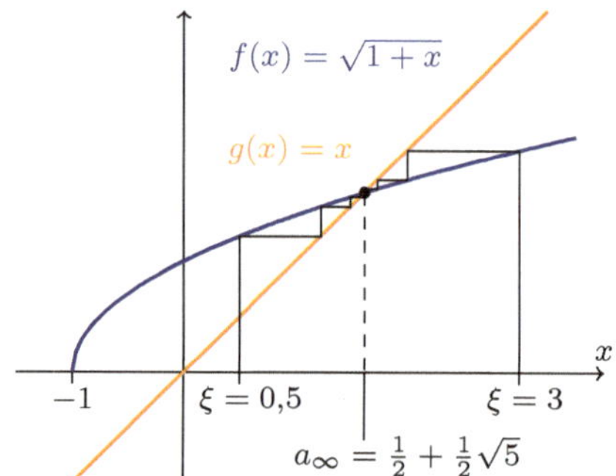

Abb. 2.6 Konvergenzverhalten von $a_n(\xi)$ für $\alpha = 1{,}0$

$$a_n(\xi) \to a_\infty < \infty \quad (n \to \infty)$$

für festes $\xi \in [-\alpha, \infty)$ und $n \to \infty$ ausgerechnet werden. Da a_∞ die Rekursionsbeziehung

$$a_\infty = \sqrt{1 + a_\infty}$$

erfüllen muss, folgt sofort die Lösung $a_\infty = \frac{1}{2} + \frac{1}{2}\sqrt{5}$, was interessanterweise genau dem Goldenen Schnitt entspricht. Es ist sehr bemerkenswert, dass dieser Grenzwert überhaupt nicht von ξ abhängt, d.h., für alle ξ gleich ist! Für andere α-Werte (immer mit $\alpha > 0$) findet man ähnliches Verhalten für $n \to \infty$, sodass man auch in diesem Fall den Ansatz $a_n(\xi) \to a_\infty < \infty$ für $n \to \infty$ machen kann. Da a_∞ in diesem allgemeinen Fall die Rekursionsbeziehung

$$a_\infty = \sqrt{\alpha + a_\infty}$$

erfüllen muss, folgt nun die Lösung $a_\infty = \frac{1}{2} + \sqrt{\frac{1}{4} + \alpha}$.

2.3.3 Fibonacci-Zahlen und die binomische Formel

Als weiteres Beispiel einer Rekursionsrelation kann man die aus der Populationsdynamik (s. Kapitel [1]) bekannte „Fibonacci-Folge" (F_n) nennen, die durch die Fibonacci-Zahlen $F_n = 1, 1, 2, 3, 5, 8, 13, \cdots$ definiert wird. In diesem Fall erfüllen die Folgenglieder, also die Fibonacci-Zahlen, die Rekursionsbeziehung $F_{n+2} = F_{n+1} + F_n$ mit der Anfangsbedingung $F_1 = F_2 = 1$. Die analytische Form der Lösung ist bereits aus Kapitel [1] bekannt:

$$F_n = \frac{(x_+)^n - (x_-)^n}{x_+ - x_-} \quad \text{mit} \quad x_\pm \equiv \tfrac{1}{2} \pm \tfrac{1}{2}\sqrt{5} \quad , \quad (x_\pm)^2 - x_\pm - 1 = 0$$

und zeigt, dass die Folgenglieder für $n \to \infty$ exponentiell anwachsen. Das Verhältnis zweier aufeinanderfolgender Fibonacci-Zahlen strebt daher für $n \to \infty$ gegen eine Konstante:

$$F_{n+1}/F_n \; \to \; x_+ = \tfrac{1}{2} + \tfrac{1}{2}\sqrt{5} = 1{,}618034\ldots \qquad (\text{„Goldener Schnitt"}) \; .$$

Wir werden gleich sehen, dass es eine auf den ersten Blick vielleicht überraschende Beziehung zwischen der Fibonacci-Folge und der *binomischen Formel* gibt.

Wir erinnern zunächst an die Form der binomischen Formel:

$$(1 + x)^n = \sum_{k=0}^{n} \binom{n}{k} x^k \; ,$$

die durch die Binomialkoeffizienten $\binom{n}{k}$ charakterisiert wird. Diese erfüllen – und damit sind wir wieder beim Thema – die Rekursionsrelation:

$$\binom{n+1}{k} = \binom{n}{k} + \binom{n}{k-1} \; .$$

Diese Rekursionsbeziehung für die Binomialkoeffizienten enthält einen neuen interessanten Aspekt, nämlich dass sie Größen zu unterschiedlichen n- *und* k-Indizes miteinander verknüpft, d.h., dass hier eine Rekursionsbeziehung für Glieder $a_{k,n} \equiv \binom{n}{k}$ einer „zweidimensionalen" Folge (also mit *zwei* unabhängigen Indizes) vorliegt:

$$a_{k,n+1} = a_{k,n} + a_{k-1,n}$$

$$a_{k,0} = \begin{cases} 1 & (k = 0) \\ 0 & (k > 0) \, . \end{cases}$$

Tab. 2.1 Eine Beziehung zwischen Fibonacci-Zahlen und Binomialkoeffizienten

6	1	6	15	20	15	6	1
5	1	5	10	10	5	1	0
4	1	4	6	4	1	0	0
3	1	3	3	1	0	0	0
2	1	2	1	0	0	0	0
1	1	1	0	0	0	0	0
0	1	0	0	0	0	0	0
$\binom{n}{k}$	0	1	2	3	4	5	6

Auch die Glieder einer solchen „zweidimensionalen" Folge sind sukzessive berechenbar, wovon man sich durch Ausprobieren leicht überzeugt, und die Lösung ist durch die Binomialkoeffizienten gegeben. Die entsprechende Liste der Koeffizienten $a_{k,n}$

heißt „Pascal'sches Dreieck" und ist in Tabelle 2.1 dargestellt. Das Interessante ist nun, dass sich die Zahlen entlang einer der Diagonalen von links oben nach rechts unten genau zu den Fibonacci-Zahlen $F_n = 1, 1, 2, 3, 5, 8, 13, \cdots$ addieren. Beispielsweise ergibt die Summe der *grün markierten* Zahlen, die die Binomialkoeffizienten $a_{k,n}$ mit $(k, n) = (0, 4), (1, 3), (2, 2), (3, 1), (4, 0)$ darstellen, genau die Fibonacci-Zahl $F_5 = 5$. Analog ergibt die Summe der *rot markierten* Zahlen, die den Binomialkoeffizienten $a_{k,n}$ mit $(k, n) = (0, 6), (1, 5), (2, 4), (3, 3), (4, 2), (5, 1)$ und $(6, 0)$ entsprechen, genau die Fibonacci-Zahl $F_7 = 13$. Diese (zunächst einmal empirischen) Feststellungen suggerieren, dass die Binomialkoeffizienten und Fibonacci-Zahlen offenbar durch die Identität

$$\sum_{k=0}^{n} \binom{n-k}{k} = F_{n+1} \qquad \forall n \in \mathbb{N}_0$$

miteinander verknüpft sind. Es ist nicht schwer, diese Identität auch tatsächlich zu beweisen (s. Übungsaufgabe 2.9).

Tab. 2.2 Numerische Werte der Lösung $a_{m,n}$
der Ackermann-Péter-Rekursionsrelation

4	5	6	11	125	$2^{2^{2^{2^{16}}}} - 3$	$\vdots$	$\vdots$
3	4	5	9	61	$2^{2^{2^{16}}} - 3$	$\vdots$	$\vdots$
2	3	4	7	29	$2^{2^{16}} - 3$	$a_{4, a_{4, 2^{16} - 3}}$	$\vdots$
1	2	3	5	13	$2^{16} - 3$	$a_{4, 2^{16} - 3}$	$\vdots$
0	1	2	3	5	13	$2^{16} - 3$	$a_{4, 2^{16} - 3}$
(m,n)	0	1	2	3	4	5	6

2.3.4   Die Ackermann-Péter-Rekursion

Abschließend untersuchen wir eine Rekursionsrelation aus dem Bereich der theoretischen Informatik, deren Lösung als Funktion ihrer Indizes extrem schnell anwächst und somit eine Herausforderung für jeden Computer und jeden Programmierer darstellt.[12] Die Ackermann-Péter-Rekursion wird durch die folgenden Formeln definiert:

$$a_{0,n} = n + 1 \qquad\qquad \forall n \geq 0$$
$$a_{m+1,0} = a_{m,1} \qquad\qquad \forall m \geq 0$$
$$a_{m+1,n+1} = a_{m, a_{m+1,n}} \qquad\qquad \forall m, n > 0 \, .$$

---

[12] Die Ackermann-Péter-Rekursionsrelation ist benannt nach ihrem Erfinder, dem deutschen Mathematiker Wilhelm Friedrich Ackermann (1896 - 1962), und der ungarischen Mathematikerin Rózsa Péter (1905 - 1977), der wir die jetzige (vereinfachte) Form der Rekursion verdanken.

Die Lösung $a_{m,n}$ der Rekursionsrelation hat nur Werte in der Menge der natürlichen Zahlen, $a_{m,n} \in \mathbb{N}$. Bemerkenswert an der Ackermann-Péter-Rekursion ist, dass die Lösung – wie aus der rechten Seite der Gleichung $a_{m+1,n+1} = a_{m,a_{m+1,n}}$ ersichtlich ist – auch als Index auftritt. Bereits aus Tabelle 2.2 der $a_{m,n}$-Werte für $\max\{m,n\} \leq 4$ ist klar, dass diese Werte extrem schnell anwachsen und z.B. für $m = 4$ und $n \geq 2$ mit Worten wie „astronomisch" nicht mehr adäquat beschrieben werden können. Wie aber berechnet man die gezeigten numerischen Werte der Lösung $a_{m,n}$ konkret?

Lösung der Ackermann-Péter-Rekursion

Wir zeigen im Folgenden, dass man die komplette n-Abhängigkeit der Lösung $a_{m,n}$ bei festem m rekursiv als Funktion von m bestimmen kann. Die komplette n-abhängige Lösung für $m = 0$ ist ja bereits bekannt: $a_{0,n} = n + 1$. Außerdem ist aufgrund der Gleichung $a_{m+1,0} = a_{m,1}$ mit $m = 0$ auch der Startwert $a_{1,0} = a_{0,1} = 2$ der Lösung für $m = 1$ vorgegeben. Aus dieser Information folgt rekursiv die komplette n-Abhängigkeit der Lösung für $m = 1$:

$$a_{1,n} = a_{0,a_{1,n-1}} = a_{1,n-1} + 1 = \cdots = a_{1,0} + n = n + 2 \ .$$

Aufgrund der Gleichung $a_{m+1,0} = a_{m,1}$ mit $m = 1$ ist auch der Startwert $a_{2,0} = a_{1,1} = 3$ der Lösung für $m = 1$ vorgegeben. Mit dieser Information können wir rekursiv die komplette n-abhängige Lösung für $m = 2$ bestimmen:

$$a_{2,n} = a_{1,a_{2,n-1}} = a_{2,n-1} + 2 = \cdots = a_{2,0} + 2n = 2n + 3 \ .$$

Aus $a_{m+1,0} = a_{m,1}$ mit $m = 2$ folgt nun der Startwert $a_{3,0} = a_{2,1} = 5$ der Lösung für $m = 2$. Diese Information reicht aus, um die komplette n-abhängige Lösung für $m = 3$ rekursiv zu bestimmen, wobei es allerdings vorteilhaft ist, eine Hilfsgröße $\bar{a}_{3,n} \equiv a_{3,n} + 3$ mit dem Startwert $\bar{a}_{3,0} = 5 + 3 = 8$ zu definieren:

$$\bar{a}_{3,n} = a_{2,a_{3,n-1}} + 3 = 2(a_{3,n-1} + 3) = 2\bar{a}_{3,n-1} = \cdots = 2^n \bar{a}_{3,0} = 2^{3+n} \ .$$

Es folgt also, dass $a_{3,n} = \bar{a}_{3,n} - 3 = 2^{3+n} - 3$ gilt. Daher liegt aufgrund von $a_{m+1,0} = a_{m,1}$ mit $m = 3$ auch der Startwert $a_{4,0} = a_{3,1} = 2^4 - 3 = 13$ fest. Definieren wir nun die Hilfsgröße $\bar{a}_{4,n} \equiv a_{4,n} + 3$ mit dem Startwert $\bar{a}_{4,0} = 13 + 3 = 16$, dann kann die komplette n-abhängige Lösung $\bar{a}_{4,n}$ für $m = 4$ rekursiv aus

$$\bar{a}_{4,n} = a_{3,a_{4,n-1}} + 3 = \bar{a}_{3,a_{4,n-1}} = 2^{3+a_{4,n-1}} = 2^{\bar{a}_{4,n-1}} \quad , \quad \bar{a}_{4,0} = 2^4$$

berechnet werden. Hier sieht man bereits, wie schwierig es ab $m = 4$ ist, die Folgenglieder explizit aufzuschreiben.[13] Für die gesuchten ursprünglichen Größen $a_{4,n}$ erhält man schließlich die in Tabelle 2.2 eingetragenen Werte $a_{4,n} = \bar{a}_{4,n} - 3$. Die Berechnung der Lösung $a_{m,n}$ für $m > 4$ verläuft prinzipiell analog, ist in der Praxis jedoch kaum noch praktikabel. In der Tabelle wurde der $a_{5,0}$-Wert noch explizit aufgeschrieben, für $a_{5,1}$ und $a_{5,2}$ oder sogar $a_{6,0}$ ist dies schon nicht mehr möglich.

---

[13]Verwendet man die Notation aus Gleichung (2.17) für die Grundzahl 2, sodass $2 \uparrow\uparrow (n + 1) \equiv 2^{2\uparrow\uparrow n}$ mit $2 \uparrow\uparrow 1 \equiv 2$ gilt, so erhält man die kompakte Form $\bar{a}_{4,0} = 2^{2^2} = 2 \uparrow\uparrow 3$ bzw. $\bar{a}_{4,n} = 2^{\bar{a}_{4,n-1}} = 2 \uparrow\uparrow (n + 3)$ und somit $a_{4,n} = -3 + [2 \uparrow\uparrow (n + 3)]$.

2.4 Übungsaufgaben

Aufgabe 2.1 Streng monotone Folgen
Geben Sie Beispiele streng monoton steigender Folgen (a_n) an, für die die Folge $(|a_n|)$ der *Beträge* der Folgenglieder (i) ebenfalls streng monoton steigend, (ii) streng monoton fallend, (iii) nicht monoton bzw. (iv) monoton, jedoch nicht streng monoton ist.

Aufgabe 2.2 Grenzwerte von Folgen
Bestimmen Sie die folgenden Grenzwerte, falls sie existieren:

$$\text{(a)}\quad \lim_{n\to\infty} \frac{(5+n)^2}{25-n^2} \qquad\qquad \text{(b)}\quad \lim_{n\to\infty} \frac{n^2+n-1}{3n-1}$$

$$\text{(c)}\quad \lim_{n\to\infty} \frac{3n^2-5n}{5n^2+2n-6} \qquad \text{(d)}\quad \lim_{n\to\infty} \left[\frac{n(n+2)}{n+1} - \frac{n^3}{n^2+1}\right]$$

$$\text{(e)}\quad \lim_{n\to\infty} \left(\sqrt{n+1}-\sqrt{n}\right) \qquad \text{(f)}\quad \lim_{n\to\infty} \frac{n}{n^3+n^2+1}$$

$$\text{(g)}\quad \lim_{n\to\infty} \sqrt{n}(\sqrt{n+1}-\sqrt{n}) \quad \text{(h)}\quad \lim_{n\to\infty} \frac{\sin^3(n)+\cos(n)}{\sqrt{n}} \ .$$

Aufgabe 2.3 Eigenschaften von Folgen
Überlegen Sie, ob die folgenden Folgen beschränkt sind oder ob sie vielleicht nur nach oben bzw. unten beschränkt sind, ob sie monoton steigend oder fallend sind, ob sie alternierend oder evtl. Nullfolgen sind:

$$\left(\frac{n-1}{n}\right) \ , \quad \left(\frac{n^2+12}{n}\right) \ , \quad (\ln(n)) \ , \quad \left((-1)^n \frac{n+1}{n^2}\right)$$

$$((-3)^{-n}) \ , \quad \left(10^{1/n}\right) \ , \quad \left(\frac{2^n}{n^2}\right) \ , \quad \left((-1)^n \frac{2n+1}{n!}\right) \ .$$

Aufgabe 2.4 Ergänzung von Folgen
Ergänzen Sie in den nachfolgenden Folgen das nächste Folgenglied nach einem möglichst einfachen Konstruktionsschema:

$$\begin{aligned}
&\text{(a)}\quad (1,1,1,1,1,...) &\qquad &\text{(b)}\quad (-2,1,4,7,10,...) \\
&\text{(c)}\quad (1,3,6,10,15,21,...) &\qquad &\text{(d)}\quad (1,-4,9,-16,25,...) \\
&\text{(e)}\quad (\tfrac{1}{2}, \tfrac{1}{3}, \tfrac{1}{5}, \tfrac{1}{7}, \tfrac{1}{11}, ...) &\qquad &\text{(f)}\quad (3,1,4,5,9,14,...) \\
&\text{(g)}\quad (3,1,4,1,5,1,...) &\qquad &\text{(h)}\quad (3,1,4,1,5,9,...) \\
&\text{(i)}\quad (1, \tfrac{1}{2}\sqrt{3}, \tfrac{1}{2}, 0, -\tfrac{1}{2}, -\tfrac{1}{2}\sqrt{3}, ...) &\qquad &\text{(j)}\quad (\tfrac{1}{2}, \tfrac{2}{3}, \tfrac{3}{5}, \tfrac{5}{8}, \tfrac{8}{13}, \tfrac{13}{21}, ...) \ .
\end{aligned}$$

Bestimmen Sie außerdem, welche dieser Folgen konvergieren und ggf. wohin.

Aufgabe 2.5 Kettenbrüche
Falls Sie wissen möchten, wohin der Kettenbruch

$$a \equiv 1 + \cfrac{1}{1 + \cfrac{1}{1 + \cfrac{1}{1+...}}}$$

konvergiert, ist es hilfreich, zuerst die (rekursiv definierte) Folge $a_{n+1} = 1 + \frac{1}{a_n}$ mit $a_1 > 0$ einzuführen und a als Grenzfall von a_n für $n \to \infty$ zu interpretieren.

Berechnen Sie a. Zeigen Sie geometrisch, dass die Folge (a_n) in der Tat gegen einen endlichen Wert a konvergiert, unabhängig von $a_1 > 0$. Woher kennen Sie diesen Wert a noch?

Aufgabe 2.6 Rekursionsformeln

Betrachten Sie die folgenden Rekursionsbeziehungen:

$$\text{(i)} \quad a_{n+1} = \tfrac{1}{2}a_n + 2 \qquad (\text{mit } a_1 = 2 \text{ oder alternativ } a_1 = 6)$$
$$\text{(ii)} \quad a_{n+2} = a_{n+1} + a_n \qquad (\text{mit } a_1 = 1, a_2 = 2)$$
$$\text{(iii)} \quad a_{n+2} = a_{n+1}\, a_n \qquad (\text{mit } a_1 = e, a_2 = e^2)\,.$$

(a) Bestimmen Sie die Lösungen a_n von (i), (ii) und (iii) für $1 \le n \le 5$.

(b) Bestimmen Sie diese Lösungen für alle $n \in \mathbb{N}$. Wohin konvergiert (i)?

(c) Betrachten Sie die rekursiv definierte Folge $a_{n+1} = \tfrac{1}{2}(a_n + \tfrac{c}{a_n})$ für $n \in \mathbb{N}_0$ und $a_0 > 0$ sowie $c > 0$. Nehmen Sie zuerst an, dass (a_n) für $n \to \infty$ konvergiert, und bestimmen Sie den Grenzwert. Zeigen Sie dann geometrisch, dass die Folge (a_n) in der Tat gegen diesen endlichen Wert a konvergiert.

Aufgabe 2.7 Die Zahl e

Betrachten Sie die zwei Folgen (a_n) und (b_n) mit

$$a_n = \left(1 + \tfrac{1}{n}\right)^n \quad , \quad b_n = \left(1 + \tfrac{1}{n}\right)^{n+1}\,.$$

(a) Zeigen Sie: $b_n > a_n$ für alle $n \in \mathbb{N}$.

(b) Zeigen Sie mit Hilfe der in Aufgabe 1.7 nachgewiesenen Ungleichung $(1 - \tfrac{1}{n^2})^n \ge \tfrac{n-1}{n}$, dass $\tfrac{a_n}{a_{n-1}} \ge 1$ gilt, sodass a_n monoton *steigend* ist.

(c) Zeigen Sie mit Hilfe der in Aufgabe 1.7 bewiesenen Ungleichung $\left(\tfrac{n^2}{n^2-1}\right)^{n+1} \ge \tfrac{n}{n-1}$, dass $\tfrac{b_{n-1}}{b_n} \ge 1$ gilt, sodass (b_n) monoton *fallend* ist.

(d) Zeigen Sie: $b_n - a_n = \tfrac{a_n}{n} \le \tfrac{b_n}{n} \le \tfrac{b_1}{n} = \tfrac{4}{n}$ für alle $n \in \mathbb{N}$.

(e) Warum folgt hieraus, dass der gemeinsame Grenzwert e von (a_n) und (b_n) endlich ist?

Aufgabe 2.8 Komplexe geometrische Reihen

(a) Überprüfen Sie, dass auch für $z \in \mathbb{C} \setminus \{1\}$ gilt:

$$\sum_{k=0}^{n} z^k = \frac{z^{n+1} - 1}{z - 1} \quad (n \in \mathbb{N}_0)\,.$$

(b) Zeigen Sie mit Hilfe der Euler-Formel:

$$\sum_{k=0}^{n} \cos(k\varphi) = \frac{\sin\left[\tfrac{1}{2}(n+1)\varphi\right]}{\sin\left(\tfrac{1}{2}\varphi\right)} \cos\left(\tfrac{1}{2}n\varphi\right) \quad (n \in \mathbb{N}_0)\,.$$

Warum ist die rechte Seite alternativ auch gleich

$$\frac{1}{2} + \frac{\sin\left[\left(n + \tfrac{1}{2}\right)\varphi\right]}{2\sin\left(\tfrac{1}{2}\varphi\right)}\;?$$

Aufgabe 2.9 Eine faszinierende Reihe

Zeigen Sie für alle $n \in \mathbb{N}_0$ mit Hilfe der Pascal'schen Regel die folgende (zunächst etwas überraschende) Beziehung zwischen den Binomialkoeffizienten $\binom{n}{k}$ und den Fibonacci-Zahlen F_n:

$$\sum_{m=0}^{\infty} \binom{n-m}{m} = F_{n+1} \qquad \left[\text{mit} \quad \binom{n}{k} \equiv 0 \quad \text{für} \quad k > n\right].$$

Aufgabe 2.10 Eine arithmetische Reihe

Berechnen Sie die Summe

$$S \equiv 8127 + 8145 + 8163 + \cdots + 9909 = \sum_{k=1}^{100}(18k + 8109),$$

die die gleiche Struktur wie das Problem für den „kleinen Gauß" hat, aber numerisch etwas vereinfacht wurde.

Aufgabe 2.11 Geometrische Reihe

Eine geometrische Reihe hat die Form (f_n) mit

$$f_n(a) \equiv \sum_{k=0}^{n} a^k \qquad (n \in \mathbb{N}_0).$$

(a) Bestimmen Sie $f_n(a)$ explizit als Funktion von a sowie $f_\infty(a)$ für $|a| < 1$.

(b) Schreiben Sie $f'_\infty(a)$ und $f''_\infty(a)$ zuerst als unendliche Summen und berechnen Sie anschließend $S(a) \equiv \sum_{k=0}^{\infty} k^2 a^k$ für den Fall $|a| < 1$.

(c) Berechnen Sie:

$$\text{(i)} \quad \sum_{k=0}^{\infty}\left(\frac{1}{3}\right)^k \qquad \text{(ii)} \quad \sum_{k=0}^{\infty} k\left(\frac{1}{3}\right)^k \qquad \text{(iii)} \quad \sum_{k=0}^{\infty} k^2\left(\frac{1}{3}\right)^k.$$

Aufgabe 2.12 Das Integralkriterium zur Konvergenz einer Reihe

Bestimmen Sie mit Hilfe des Integralkriteriums, ob die folgenden Summen konvergent oder divergent sind:

$$(i) \quad \sum_{k=1}^{\infty} k^{-1} \quad , \quad (ii) \quad \sum_{k=1}^{\infty} e^{-k} \quad , \quad (iii) \quad \sum_{k=1}^{\infty} k^{-(1+\alpha)} \quad (\alpha > 0).$$

Aufgabe 2.13 Konvergenz von Reihen

Bei der Untersuchung einer Reihe ist es von großer Bedeutung, zu verstehen, *ob* die Reihe konvergiert und (falls dies so ist) *wohin*. Wir definieren drei Reihen:

$$S_{1n} \equiv \sum_{k=1}^{n} \frac{1}{k^2} \quad , \quad S_{2n} \equiv \sum_{k=1}^{n} \frac{1}{k} \quad , \quad S_{3n} \equiv \sum_{k=1}^{n} \frac{(-1)^{k-1}}{k}.$$

(a) Zeigen Sie mit Hilfe elementarer geometrischer Überlegungen:

$$\int_1^{n+1} dx\,\frac{1}{x^2} \leq S_{1n} \leq 1 + \int_1^n dx\,\frac{1}{x^2}$$

und folgern Sie hieraus: $1 \leq S_{1\infty} \leq 2$. Wir wissen nun also, *dass* S_{1n} konvergiert und auch näherungsweise *wohin*.

(b) Zeigen Sie völlig analog, indem Sie $\frac{1}{x^2}$ in (a) durch $\frac{1}{x}$ ersetzen:

$$\ln(n+1) \leq S_{2n} \leq 1 + \ln(n)\,,$$

und folgern Sie hieraus:

$$0 \leq \lim_{n \to \infty} [S_{2n} - \ln(n)] \leq 1.$$

Euler hat übrigens gezeigt, dass $S_{2n} - \ln(n)$ für $n \to \infty$ gegen die „Euler-Konstante" $\gamma = 0{,}5772\ldots$ konvergiert.

(c) Zeigen Sie (wiederum völlig analog), indem Sie gerade und ungerade Terme in S_{3n} miteinander kombinieren, dass gilt:

$$\int_1^{n+1} dx\,\frac{1}{2x(2x-1)} \leq S_{3,2n} = \sum_{k=1}^n \frac{1}{2k(2k-1)} \leq \tfrac{1}{2} + \int_1^n dx\,\frac{1}{2x(2x-1)}\,,$$

und folgern Sie hieraus, dass S_{3n} konvergiert. Für Fortgeschrittene: Zeigen Sie $\frac{1}{2}\ln(2) \leq S_{3\infty} \leq \frac{1}{2}[1 + \ln(2)]$.

Aufgabe 2.14 Der Wurm auf dem Gummiband

Ein (punktförmiger) Wurm befindet sich an einem Ende eines 1 m langen, unendlich dehnbaren Gummibands und versucht, an das andere Ende zu gelangen. Es wird ihm aber nicht leicht gemacht: Stets, wenn er einen Schritt (von jeweils 1 cm Länge) auf das andere Ende zu gemacht hat, wird das ganze Gummiband gleichmäßig um 1 m ausgedehnt. Nach dem ersten Schritt und der ersten Dehnung hat der Wurm also 2 cm von insgesamt 2 m zurückgelegt. Bestimmen Sie, ob (und ggf. nach etwa wie vielen Schritten) der Wurm jemals das andere Ende erreicht. **Hinweise:** Sie dürfen annehmen, dass der Wurm beliebig langlebig ist. Zeigen Sie zuerst, dass der *relative* Anteil p_n des zurückgelegten Wegs nach dem n-ten Schritt des Wurms die Gleichung $p_n = p_{n-1} + \frac{1}{100n}$ mit $p_0 \equiv 0$ erfüllt. Lösen Sie diese Rekursionsbeziehung und zeigen Sie $\ln(n+1) < 100\,p_n < 1 + \ln(n)$. Verwenden Sie bei Bedarf Aufgabe 2.13.

Aufgabe 2.15 Eine Folge mit zwei Indizes

Eine Folge kann auch *zwei* Indizes haben, wie z.B. $(a_{m,n})$ mit $m, n \in \mathbb{N}_0$, wobei die Folgenglieder die Rekursionsbeziehung

$$a_{m+1,n+1} = a_{m+1,n} + a_{m,n+1} - a_{m,n}$$

erfüllen und die Zahlen $\{a_{m,0} \mid m \in \mathbb{N}_0\}$ und $\{a_{0,n} \mid n \in \mathbb{N}_0\}$ vorgegeben sind. Überprüfen Sie, dass die Lösung dieser Rekursionsbeziehung durch $a_{m,n} - a_{m,0} + a_{0,n} - a_{0,0}$ gegeben ist.

Kapitel 3

Vektoren, Matrizen und Determinanten

In diesem Kapitel befassen wir uns mit den Themen *Vektoren*, *Matrizen* und *Determinanten*, die eng miteinander verknüpft sind. Die Motivation für die Untersuchung von *Vektoren* ist einerseits, dass diese zur Beschreibung der physikalischen Phänomene im *Ortsraum* – z.B. in der Newton'schen Mechanik – unerlässlich sind, und andererseits, dass Vektoren auch an mehreren Stellen in *linearen Gleichungssystemen* auftreten. In beiden Anwendungen sind auch *Matrizen* und *Determinanten* von zentraler Bedeutung: Im Ortsraum treten sie automatisch in Vektor- und Spatprodukten auf, und die linearen Gleichungssysteme werden geradezu durch Matrizen *definiert*.

In der kurzen Einführung [3.1] über Vektoren und Vektorräume leiten wir in die Thematik ein. Anschließend wird in Abschnitt [3.2] das *Skalarprodukt* behandelt, das zwei Vektoren auf eine *Zahl* abbildet. Wir zeigen dann in Abschnitt [3.3], dass zwei dreidimensionale Vektoren mit Hilfe eines *Kreuzproduktes* auch zu einem dreidimensionalen *Vektor* kombiniert werden können. Skalar- und Kreuzprodukt lassen sich zu einem *Spatprodukt* kombinieren, das *drei* dreidimensionale Vektoren auf eine reelle Zahl abbildet; dies ist das Thema von [3.4]. Relativ ausführlich beschäftigen wir uns dann mit dem Thema *lineare Gleichungssysteme*, in Abschnitt [3.5] für zwei Variable und in Abschnitt [3.6] für drei Variable. In diesen beiden Abschnitten [3.5] und [3.6] werden neben den Themen Matrizen und Determinanten auch die Matrixmultiplikation, die Bildung der inversen Matrix, die Eigenschaften von Drehungen sowie einige speziellere Themen angesprochen. Abschließend zeigen wir in Abschnitt [3.7], dass die für zwei- und dreidimensionale Gleichungssysteme entwickelten Methoden und Techniken sehr elegant für n-dimensionale Systeme verallgemeinert werden können. Dieser Abschnitt zeigt die Gemeinsamkeiten von Gleichungssystemen in verschiedenen Dimensionen und hebt die allgemeinen Strukturen und Ergebnisse hervor.

3.1 Vektoren und Vektorräume – eine Einführung

Die Physik spielt sich im dreidimensionalen Ortsraum ab, der aus Raumpunkten besteht. Diese Raumpunkte kann man (und möchte man) kartieren. Die Dreidimensionalität des Ortsraums bedeutet, dass zum Kartieren *drei* unabhängige Koordinaten benötigt werden. Diese Koordinaten kann man auf verschiedene Weise wählen. Häufig legt man hierzu zunächst drei orthogonale Raumrichtungen (die „Basisvektoren" $\hat{\mathbf{e}}_1$, $\hat{\mathbf{e}}_2$, $\hat{\mathbf{e}}_3$) fest und kartiert die Raumpunkte dann mit Hilfe ihrer kartesischen Koordinaten (x_1, x_2, x_3), gemessen in Richtung dieser Basisvektoren. Zusammen bilden die drei kartesischen Koordinaten eines Raumpunktes dann einen *Koordinatenvektor*:

$$\mathbf{x} = \begin{pmatrix} x_1 \\ x_2 \\ x_3 \end{pmatrix} \in \mathbb{R}^3 \ . \tag{3.1}$$

Die Koordinatenvektoren aller Raumpunkte des Ortsraums zusammen bilden einen dreidimensionalen reellen *Vektorraum*. Die allgemeinen Anforderungen an einen *Vektorraum* werden in Abschnitt [3.1.1] aufgelistet. Beispiele sind die Forderung nach der Möglichkeit der *Addition* von Vektoren:

$$(\forall\, \mathbf{x}, \mathbf{x}' \in \mathbb{R}^3)(\exists!\, \mathbf{x} + \mathbf{x}' \in \mathbb{R}^3)$$

und der *Multiplikation* mit einer reellen Zahl ($\alpha \in \mathbb{R}$):

$$(\forall\, \mathbf{x} \in \mathbb{R}^3, \ \forall \alpha \in \mathbb{R})(\exists!\, \alpha\mathbf{x} \in \mathbb{R}^3) \ .$$

Aus physikalischer Sicht sind solche Forderungen fast selbstverständlich: Natürlich muss auch $\mathbf{x} + \mathbf{x}'$ ein eindeutig bestimmtes Element des Vektorraums sein, wenn dies für $\mathbf{x}$ und $\mathbf{x}'$ gilt. Denn wenn man im Universum mit einer Rakete von A nach B und von B nach C fliegen kann, müsste man auch „eindeutig" von A nach C fliegen können. Natürlich muss auch $\alpha\mathbf{x}$ Element des Vektorraums sein, wenn dies für $\mathbf{x}$ gilt, denn wenn man von A nach B fliegen kann, müsste man grundsätzlich auch α-mal so weit fliegen können. Ein schönes Beispiel, in dem die Addition von Vektoren und die Multiplikation mit reellen Zahlen kombiniert werden, ist die Berechnung des *Massenschwerpunktes* eines Systems von N Punktmassen: Befinden sich die Massen $\{m_i \,|\, 1 \leq i \leq N\}$ an den Orten $\{\mathbf{x}_i\}$, dann ist der Massenschwerpunkt dieses Systems durch

$$\mathbf{x}_{\mathrm{M}} \equiv \frac{1}{M} \sum_{i=1}^{N} m_i \mathbf{x}_i \quad , \qquad M \equiv \sum_{i=1}^{N} m_i$$

gegeben, wobei M die Gesamtmasse darstellt. Selbstverständlich muss für ein beliebiges System von Punktmassen der Massenschwerpunkt eindeutig definiert sein.

Von fundamentaler Bedeutung für die Physik ist die Möglichkeit einer *Messung*, im Ortsraum insbesondere diejenige einer *Längenmessung*. Um Längenmessungen im Ortsraum durchführen zu können, benötigt man zunächst ein *Skalarprodukt*. Ein Skalarprodukt ist eine Abbildung $\langle \mathbf{x}, \mathbf{x}' \rangle$ zweier Vektoren $\mathbf{x}$ und $\mathbf{x}'$ auf eine (in unserem Fall *reelle*) *Zahl*. Für dreidimensionale, aus kartesischen Koordinaten aufgebaute Vektoren wird das Skalarprodukt alternativ auch als $\mathbf{x} \cdot \mathbf{x}'$ geschrieben und ist wie folgt definiert:

$$\boxed{\langle \mathbf{x}, \mathbf{x}' \rangle \equiv x_1 x_1' + x_2 x_2' + x_3 x_3' = \mathbf{x} \cdot \mathbf{x}' \ .} \tag{3.2}$$

Der Zusammenhang zwischen Skalarprodukt und Längenmessung folgt daraus, dass man mit Hilfe des Skalarprodukts eine Abstandsfunktion $|\mathbf{x} - \mathbf{x}'|$ zwischen Raumpunkten $\mathbf{x}$ und $\mathbf{x}'$ definieren kann, die als die *euklidische Metrik* bezeichnet wird:

$$|\mathbf{x} - \mathbf{x}'| \equiv \sqrt{\langle \mathbf{x} - \mathbf{x}', \mathbf{x} - \mathbf{x}' \rangle} = \sqrt{(x_1 - x_1')^2 + (x_2 - x_2')^2 + (x_3 - x_3')^2} \; .$$

Diese Metrik entspricht genau der üblichen Abstandsmessung im Ortsraum, für die der pythagoreische Lehrsatz gilt. Wir stellen somit fest, dass der Ortsraum der Physik ein dreidimensionaler reeller Vektorraum mit reellem Skalarprodukt, oder kurz: ein dreidimensionaler *euklidischer Vektorraum* ist.[1]

3.1.1   Die Eigenschaften eines Vektorraums

Objekte, die addiert und mit reellen Zahlen multipliziert werden können, müssen etliche Bedingungen erfüllen, bevor sie als *Vektoren* und die von ihnen gebildete Menge V als *Vektorraum* bezeichnet werden dürfen. Wir listen diese Bedingungen hier auf, damit man sich vergewissern kann, dass diese Anforderungen von den dreidimensionalen, aus kartesischen Koordinaten aufgebauten Vektoren aus der Einführung in der Tat erfüllt werden. Die Axiome des *reellen Vektorraums* (oder alternativ: des *linearen Raums*) besagen, dass für alle $\mathbf{a}, \mathbf{b}, \mathbf{c} \in V$ und für alle $\alpha, \beta \in \mathbb{R}$ gelten soll:

[1] $\exists! \, \mathbf{a} + \mathbf{b} \in V$	[5] $\exists! \, \alpha\mathbf{a} \in V$
[2] $\mathbf{a} + (\mathbf{b} + \mathbf{c}) = (\mathbf{a} + \mathbf{b}) + \mathbf{c}$	[6] $1\mathbf{a} = \mathbf{a}$
[3] $\mathbf{a} + \mathbf{b} = \mathbf{b} + \mathbf{a}$	[7] $(\beta\alpha)\mathbf{a} = \beta(\alpha\mathbf{a})$
[4] $(\exists \mathbf{x} \in V) \, (\mathbf{a} + \mathbf{x} = \mathbf{b})$	[8] $\alpha(\mathbf{a} + \mathbf{b}) = \alpha\mathbf{a} + \alpha\mathbf{b}$
	[9] $(\alpha + \beta)\mathbf{a} = \alpha\mathbf{a} + \beta\mathbf{a} \; .$

Mit diesen Axiomen geht eine bestimmte Nomenklatur einher. Wie bereits in der Einführung erklärt, stellen die Forderungen [1] und [5] die *Abgeschlossenheit des Vektorraums* dar: Auch die Summe zweier Vektoren oder das α-Fache eines Vektors sollen Element des Vektorraums sein. Die Regeln [2] und [3] stellen die *Assoziativität* bzw. *Kommutativität* der Addition dar.[2] Die Regeln [6]-[9] legen die Multiplikation mit reellen Zahlen fest, insbesondere ihre Assoziativität [7] und Distributivität [8, 9]. Regel [4] gewährleistet die Existenz eines *Nullvektors*, eines *inversen Vektors* und eines *Differenzvektors*. Wir haben exemplarisch die Assoziativität der Addition, also Regel [2], in Abbildung 3.1 grafisch dargestellt: Ob man nun den Vektor

---

[1]Bezüglich des *Vektorbegriffs* gibt es übrigens erhebliche Unterschiede im Sprachgebrauch zwischen der Mathematik und der Physik. In der Physik (insbesondere in der Mechanik, Quantenmechanik und Elektrodynamik) setzt die Verwendung dieses Begriffes normalerweise ein gewisses Verhalten unter Koordinatentransformationen (z.B. Galilei- oder Lorentz-Transformationen) voraus. Wenn in diesem Kapitel von *Vektoren* und *Vektorräumen* die Rede ist, wird dies eher in mathematischem Sinne sein.

[2]Solche Anforderungen sind nicht trivial: Später in diesem Kapitel werden wir z.B. sehen, dass das Vektorprodukt *nicht* assoziativ und die Matrixmultiplikation *nicht* kommutativ ist. Es sind also durchaus auch andere Regeln und Gesetze denkbar.

$\mathbf{b} + \mathbf{c}$ zu $\mathbf{a}$ oder den Vektor $\mathbf{c}$ zu $\mathbf{a} + \mathbf{b}$ addiert, das Ergebnis ist im Vektorraum das gleiche, und die Summe könnte daher einfach als $\mathbf{a} + \mathbf{b} + \mathbf{c}$ geschrieben werden.

Diese Eigenschaften des Vektorraums mögen für dreidimensionale Vektoren, aufgebaut aus kartesischen Koordinaten, wie in (3.1), plausibel oder gar trivial erscheinen, für andere „Objekte" sind sie

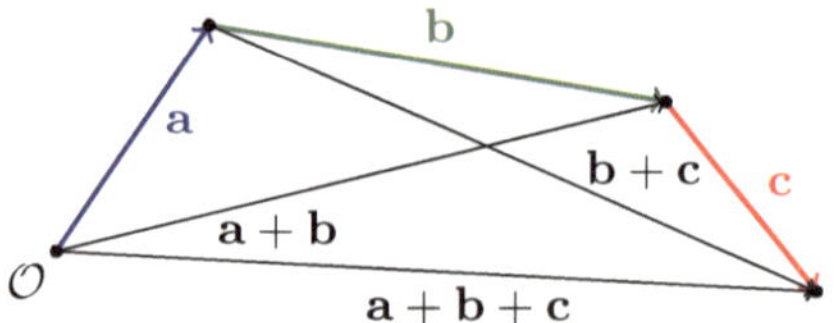

Abb. 3.1 Assoziativität der Addition

weniger naheliegend. Beispielsweise sind auch *Matrizen* Elemente eines Vektorraums, denn die Summe zweier Matrizen oder das α-Fache einer Matrix ist wiederum eine Matrix, und auch die anderen Axiome des linearen Raums sind für Matrizen erfüllt. Damit die Analogie zu den kartesischen Koordinaten klarer wird, kann man z.B. die folgende 3×3-Matrix A auch als Vektor $\mathbf{a} \in \mathbb{R}^9$, aufgebaut aus neun Matrixelementen schreiben:

$$A = \begin{pmatrix} a_{11} & a_{12} & a_{13} \\ a_{21} & a_{22} & a_{23} \\ a_{31} & a_{32} & a_{33} \end{pmatrix} \;\to\; \mathbf{a} = (a_{11}, a_{12}, a_{13}, a_{21}, a_{22}, a_{23}, a_{31}, a_{32}, a_{33}) \,.$$

Mit den neundimensionalen Vektoren $\mathbf{a}$ rechnet man grundsätzlich genauso wie mit den dreidimensionalen Ortsvektoren $\mathbf{x}$.

Auch *Polynome* können als Elemente eines Vektorraums angesehen werden, denn die Summe zweier Polynome oder das α-Fache eines Polynoms ist wiederum ein Polynom. Damit auch hier die Analogie klarer wird, schreiben wir ein allgemeines Polynom $P(z)$ als Vektor $\mathbf{p} \in \mathbb{R}^n$, aufgebaut aus den Koeffizienten $\{a_i\}$ dieses Polynoms:[3]

$$P(z) = a_0 + a_1 z + a_2 z^2 + \ldots + a_n z^n \;\to\; \mathbf{p} = (a_0, a_1, a_2, \ldots, a_n) \,.$$

In Berechnungen verhält sich das $\mathbf{p}$ für Polynome wieder genauso wie das $\mathbf{a}$ für Matrizen oder der Ortsvektor $\mathbf{x}$. Wir halten fest, dass sich hinter dem Begriff *Vektor* wesentlich mehr verbirgt als nur ein „Pfeil" im Ortsraum.

3.2　Das Skalarprodukt

Vektorräume sind in der Physik besonders dann interessant, wenn im Vektorraum auch *gemessen* werden kann. Wie wir bereits in der Einführung für den Spezialfall des Ortsraums der Mechanik feststellen konnten, benötigt man hierfür ein *Skalarprodukt*, d.h. ein Produkt zweier Vektoren, das selbst kein Vektor, sondern eine *Zahl* ist.[4] Aus dem Skalarprodukt folgt dann die *Metrik*, mit der *Abstände* zwischen Punkten (d.h. *Längen* von Relativvektoren) und *Winkel* zwischen Vektoren gemessen werden können.

---

[3]Da Funktionen oft gut durch Polynome angenähert werden können, ahnt man an dieser Stelle schon, dass auch allgemeine *Funktionen* möglicherweise als Vektoren in einem geeigneten Vektorraum aufgefasst werden können. Die Hilbert-Räume der Quantenmechanik werden diese Vermutung später bestätigen.

[4]Wir werden uns in diesem Abschnitt auf *reellwertige* Skalarprodukte konzentrieren, möchten aber zumindest erwähnen, dass auch *komplex*wertige Skalarprodukte in der Physik sehr wichtig sind, z.B. in der Quantenmechanik.

Es ist aber wichtig, zu verstehen, dass der Begriff eines Skalarprodukts eben *nicht* nur für Vektoren in einem *Koordinatenraum* definiert werden kann: Der Begriff des Skalarprodukts ist allgemeiner gültig und kann z.B. auch zu „Messungen" in Vektorräumen verwendet werden, die *Matrizen* oder *Polynome* als ihre Elemente haben. Aus diesem Grund wird das Skalarprodukt im Folgenden zunächst abstrakt eingeführt und erst danach geometrisch (mit Hilfe von „Pfeilen" in einer Ebene) interpretiert.

3.2.1   Axiome und Eigenschaften des Skalarprodukts

Ein *reelles* Skalarprodukt $\langle \mathbf{a}, \mathbf{b} \rangle$ in einem Vektorraum V ist eine Abbildung zweier Vektoren $\mathbf{a} \in V$ und $\mathbf{b} \in V$ auf eine *reelle* Zahl.[5] Diese Abbildung muss genau vier Eigenschaften (bzw. *Axiome*) erfüllen, damit sie ein Skalarprodukt ist. Es muss nämlich für alle $\mathbf{a}, \mathbf{b}, \mathbf{c} \in V$ und für alle $\alpha \in \mathbb{R}$ gelten:

$$[1] \quad \langle \mathbf{a} + \mathbf{b}, \mathbf{c} \rangle = \langle \mathbf{a}, \mathbf{c} \rangle + \langle \mathbf{b}, \mathbf{c} \rangle \qquad [3] \quad \langle \mathbf{a}, \alpha \mathbf{b} \rangle = \alpha \langle \mathbf{a}, \mathbf{b} \rangle$$

$$[2] \quad \langle \mathbf{a}, \mathbf{b} \rangle = \langle \mathbf{b}, \mathbf{a} \rangle \qquad\qquad [4] \quad \langle \mathbf{a}, \mathbf{a} \rangle > 0 \quad \forall \mathbf{a} \neq \mathbf{0} \, .$$

Hierbei besagt Gleichung [2], dass das Skalarprodukt *kommutativ* ist. Die Gleichungen [1] und [3] bringen die *Distributivität* bzgl. der Addition und die *Assoziativität* bzgl. der Multiplikation mit reellen Zahlen zum Ausdruck; zusammen mit der Kommutativität bedeuten sie, dass das Skalarprodukt linear in beiden Argumenten und somit *bilinear* ist. Gleichung [4] besagt, dass das Skalarprodukt dann und nur dann null ist, wenn $\mathbf{a} = \mathbf{0}$ gilt.

Als Beispiel betrachten wir Koordinatenvektoren $\mathbf{x} = (x_1, x_2, x_3) \in \mathbb{R}^3$ und $\mathbf{y} = (y_1, y_2, y_3) \in \mathbb{R}^3$ mit dem „Produkt":

$$\langle \mathbf{x}, \mathbf{y} \rangle = \sum_{i,j=1}^{3} a_{ij} x_i y_j \, .$$

Unter welchen Bedingungen ist das „Produkt" $\langle \mathbf{x}, \mathbf{y} \rangle$ ein *Skalar*produkt? Da sich $\langle \mathbf{x}, \mathbf{y} \rangle$ für den Spezialfall

$$a_{ij} = \begin{cases} 1 & \text{für } i = j \\ 0 & \text{(sonst)} \end{cases}$$

auf (3.2) vereinfacht, wissen wir, dass $\langle \mathbf{x}, \mathbf{y} \rangle$ ein Skalarprodukt sein *kann*. Da andererseits für $a_{ij} = 0$ die Anforderung [4] für alle i und j verletzt ist, wissen wir auch, dass $\langle \mathbf{x}, \mathbf{y} \rangle$ kein Skalarprodukt sein *muss*. Man überprüft leicht, dass die Anforderungen [1] und [3] vom „Produkt" $\langle \mathbf{x}, \mathbf{y} \rangle$ für alle $\{a_{ij}\}$ erfüllt werden. Das Axiom [2] erfordert aber, dass a_{ij} *symmetrisch* ist: $a_{ij} = a_{ji}$. Das Axiom [4] schließlich verlangt, dass für alle $\mathbf{x} \neq \mathbf{0}$ gilt: $\langle \mathbf{x}, \mathbf{x} \rangle = \sum_{ij} a_{ij} x_i x_j > 0$; wenn diese Bedingung

---

[5]Es gibt unterschiedliche Schreibweisen für allgemeine Skalarprodukte, wie z.B. $(\mathbf{a}, \mathbf{b})$, $(\mathbf{a}|\mathbf{b})$ oder (speziell in der Quantenmechanik) $\langle \mathbf{a}|\mathbf{b} \rangle$. Wir verwenden hier Vektoren, getrennt durch ein Komma, in *spitzen* Klammern, wie z.B. in $\langle \mathbf{a}, \mathbf{b} \rangle$, um Verwechslung mit geordneten Paaren $(a, b) \in A \times B$ mit $a \in A$ und $b \in B$ zu vermeiden, die z.B. bei kartesischen Produkten $A \times B$ zweier Mengen A und B auftreten.

erfüllt ist, bezeichnet man den Satz Zahlen (später werden wir sagen: die *Matrix*) $\{a_{ij}\}$ als *positiv definit*. Wir stellen also fest, dass $\langle \mathbf{x}, \mathbf{y} \rangle$ dann und nur dann ein Skalarprodukt ist, wenn $\{a_{ij}\}$ symmetrisch und positiv definit ist.

Aus dem Skalarprodukt folgt automatisch eine *Metrik*, d.h., es ist möglich, *Abstände* zwischen Punkten bzw. *Längen* $|\mathbf{x}-\mathbf{y}|$ von Relativvektoren zu definieren:

$$|\mathbf{x} - \mathbf{y}| \equiv \sqrt{\langle \mathbf{x} - \mathbf{y}, \mathbf{x} - \mathbf{y} \rangle} \, .$$

Der für die Messung dieser Abstände verwendete „Maßstab" $|\mathbf{a}| = \sqrt{\langle \mathbf{a}, \mathbf{a} \rangle}$ wird als *Norm* des Vektors $\mathbf{a}$ bezeichnet. Auch diese Norm bzw. die Länge des Vektors bzw. Relativvektors $\mathbf{a}$ muss bestimmte Eigenschaften erfüllen:

$$\begin{array}{ll}
[1] \ \ |\mathbf{a}| \geq 0 & [3] \ \ |\mathbf{a}| = 0 \ \Leftrightarrow \ \mathbf{a} = \mathbf{0} \\[2mm]
[2] \ \ |\alpha \mathbf{a}| = |\alpha| \, |\mathbf{a}| & [4] \ \ |\mathbf{a} + \mathbf{b}| \leq |\mathbf{a}| + |\mathbf{b}| \, .
\end{array}$$

Diese Eigenschaften stellen hier allerdings keine neuen Annahmen dar, sondern können aus den Axiomen des Skalarprodukts hergeleitet werden. Hierbei ist eigentlich nur die Gleichung $|\mathbf{a} + \mathbf{b}| \leq |\mathbf{a}| + |\mathbf{b}|$, die als die *Dreiecksungleichung* bezeichnet wird, nicht ganz offensichtlich. Diese Ungleichung wird daher im Folgenden explizit hergeleitet.

Für die Herleitung der Dreiecksungleichung und der *Schwarz'schen Ungleichung* ist es zweckmäßig, den Vektor $\mathbf{b}$, der im Skalarprodukt $\langle \mathbf{a}, \mathbf{b} \rangle$ auftritt, für fest vorgegebenes $\mathbf{a} \neq \mathbf{0}$ in zwei Anteile zu zerlegen:

$$\mathbf{b} = \mathbf{b}_{\parallel} + \mathbf{b}_{\perp} \quad ; \quad \mathbf{b}_{\parallel} \equiv \frac{\langle \mathbf{b}, \mathbf{a} \rangle}{\langle \mathbf{a}, \mathbf{a} \rangle} \mathbf{a} \quad , \quad \mathbf{b}_{\perp} \equiv \mathbf{b} - \mathbf{b}_{\parallel} = \mathbf{b} - \frac{\langle \mathbf{b}, \mathbf{a} \rangle}{\langle \mathbf{a}, \mathbf{a} \rangle} \mathbf{a} \, .$$

Hierbei wird $\mathbf{b}_{\parallel}$ als der zu $\mathbf{a}$ parallele und $\mathbf{b}_{\perp}$ als der zu $\mathbf{a}$ senkrechte Anteil des Vektors $\mathbf{b}$ bezeichnet. Dass diese Nomenklatur Sinn ergibt, sieht man daran, dass das Skalarprodukt der Vektoren $\mathbf{a}$ und $\mathbf{b}_{\perp}$ gleich null ist:

$$\begin{aligned}
\langle \mathbf{a}, \mathbf{b}_{\perp} \rangle &= \left\langle \mathbf{a}, \mathbf{b} - \frac{\langle \mathbf{b}, \mathbf{a} \rangle}{\langle \mathbf{a}, \mathbf{a} \rangle} \mathbf{a} \right\rangle \\
&= \langle \mathbf{a}, \mathbf{b} \rangle - \langle \mathbf{b}, \mathbf{a} \rangle = 0 \, .
\end{aligned}$$

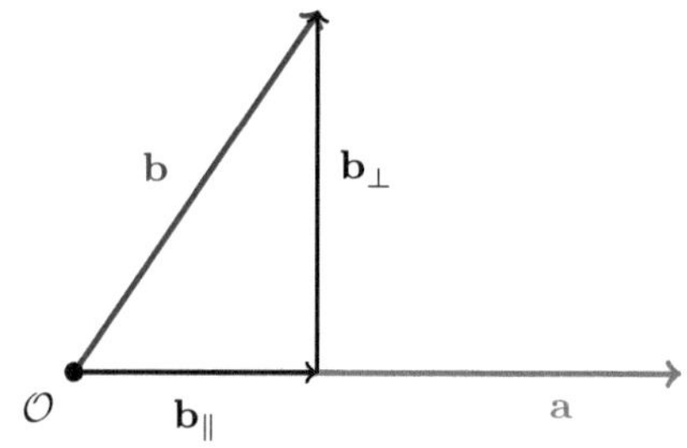

Abb. 3.2 Definition von $\mathbf{b}_{\parallel}$ und $\mathbf{b}_{\perp}$

Auch in allgemeineren Vektorräumen mit Skalarprodukt wird die Orthogonalität zweier Vektoren $\mathbf{c}$ und $\mathbf{d}$ dadurch *definiert*, dass $\langle \mathbf{c}, \mathbf{d} \rangle = 0$ gilt.[6] Die geometrische Interpretation dieser Begriffe „parallel" und „senkrecht" ist recht naheliegend und wird in Abbildung 3.2 dargestellt: Geometrisch stellt $\mathbf{b}_{\parallel}$ die Projektion von $\mathbf{b}$ auf $\mathbf{a}$ dar und steht $\mathbf{b}_{\perp}$ wegen $\langle \mathbf{a}, \mathbf{b}_{\perp} \rangle = 0$ senkrecht auf $\mathbf{a}$.

---

[6]Folglich können auch Größen wie Matrizen oder Polynome als *orthogonal* zueinander bezeichnet werden. Orthogonale Polynome sind sogar sehr wichtig in der Quantenmechanik und bilden ein Thema für sich in der Mathematik.

Wir leiten nun zuerst die *Schwarz'sche Ungleichung* her. Diese lautet:

$$|\langle \mathbf{a}, \mathbf{b} \rangle| \leq |\mathbf{a}|\,|\mathbf{b}| \ . \tag{3.3}$$

Da beide Seiten nicht-negativ sind, reicht es, zu zeigen, dass $|\langle \mathbf{a}, \mathbf{b} \rangle|^2 \leq |\mathbf{a}|^2 |\mathbf{b}|^2$ gilt. Für $\mathbf{a} = \mathbf{0}$ ist diese Ungleichung automatisch erfüllt. Für $\mathbf{a} \neq \mathbf{0}$ kann man die Zerlegung des Vektors $\mathbf{b}$ in Anteile $\mathbf{b}_\parallel$ und $\mathbf{b}_\perp$ verwenden. Die Ungleichung folgt dann aus der Forderung, dass das Längenquadrat des Vektors $\mathbf{b}_\perp$ nicht-negativ ist:

$$0 \leq |\mathbf{b}_\perp|^2 = \left| \mathbf{b} - \frac{\langle \mathbf{b}, \mathbf{a} \rangle}{\langle \mathbf{a}, \mathbf{a} \rangle} \mathbf{a} \right|^2 = |\mathbf{b}|^2 - 2\frac{\langle \mathbf{a}, \mathbf{b} \rangle^2}{|\mathbf{a}|^2} + \frac{\langle \mathbf{a}, \mathbf{b} \rangle^2}{|\mathbf{a}|^2} = |\mathbf{b}|^2 - \frac{|\langle \mathbf{a}, \mathbf{b} \rangle|^2}{|\mathbf{a}|^2} \ .$$

Multipliziert man die rechte Seite dieser Gleichungskette nämlich mit $|\mathbf{a}|^2$, erhält man die gesuchte Schwarz'sche Ungleichung (3.3). Die *Dreiecksungleichung*:

$$|\mathbf{a} + \mathbf{b}| \leq |\mathbf{a}| + |\mathbf{b}| \tag{3.4}$$

kann nun mit Hilfe der Schwarz'schen Ungleichung bewiesen werden:

$$\begin{aligned}
(|\mathbf{a}| + |\mathbf{b}|)^2 - |\mathbf{a} + \mathbf{b}|^2 &= (|\mathbf{a}| + |\mathbf{b}|)^2 - \langle \mathbf{a} + \mathbf{b}, \mathbf{a} + \mathbf{b} \rangle \\
&= (|\mathbf{a}|^2 + 2|\mathbf{a}|\,|\mathbf{b}| + |\mathbf{b}|^2) - [|\mathbf{a}|^2 + 2\langle \mathbf{a}, \mathbf{b} \rangle + |\mathbf{b}|^2] \\
&= 2[|\mathbf{a}|\,|\mathbf{b}| - \langle \mathbf{a}, \mathbf{b} \rangle] \geq 2[|\mathbf{a}|\,|\mathbf{b}| - |\langle \mathbf{a}, \mathbf{b} \rangle|] \geq 0 \ .
\end{aligned}$$

Es folgt $(|\mathbf{a}| + |\mathbf{b}|)^2 \geq |\mathbf{a} + \mathbf{b}|^2$, und dies ist gleichbedeutend mit der Dreiecksungleichung (3.4), da die beiden Seiten von (3.4) nicht-negativ sind.

3.2.2 Geometrische Interpretation

Wir befassen uns nun mit der *geometrischen Interpretation* der im letzten Abschnitt eingeführten Konzepte und insbesondere mit derjenigen des Skalarprodukts $\langle \mathbf{a}, \mathbf{b} \rangle$.

Mit Hilfe des Skalarproduktes wurden die zu $\mathbf{a}$ parallelen und senkrechten Anteile $\mathbf{b}_\parallel$ bzw. $\mathbf{b}_\perp$ des Vektors $\mathbf{b}$ definiert. Die geometrische Interpretation dieser Begriffe „parallel" und „senkrecht" wurde bereits in Abbildung 3.2 erläutert. Definieren wir den Einheitsvektor $\hat{\mathbf{a}} \equiv \mathbf{a}/|\mathbf{a}|$ in $\mathbf{a}$-Richtung, so kann $\mathbf{b}_\parallel$ als:

$$\mathbf{b}_\parallel = \frac{\langle \mathbf{b}, \mathbf{a} \rangle}{\langle \mathbf{a}, \mathbf{a} \rangle} \mathbf{a} = b_\parallel \frac{\mathbf{a}}{|\mathbf{a}|} = b_\parallel \hat{\mathbf{a}}$$

geschrieben werden, wobei die parallele Komponente $b_\parallel$ von $\mathbf{b}$ eingeführt wurde:

$$b_\parallel \equiv \frac{\langle \mathbf{b}, \mathbf{a} \rangle}{|\mathbf{a}|} = \langle \mathbf{b}, \hat{\mathbf{a}} \rangle \ .$$

Folglich ist $|b_\|\|$ gleich der Länge von $\mathbf{b}_\|$, denn es gilt $|\mathbf{b}_\||^2 = b_\|^2$. Da wir nun über eine parallele Komponente von $\mathbf{b}$ verfügen, können wir – wie grafisch in Abbildung 3.3 dargestellt – auch den *Winkel* $\varphi \equiv \angle(\mathbf{a}, \mathbf{b})$ zwischen den Vektoren $\mathbf{a}$ und $\mathbf{b}$ definieren:

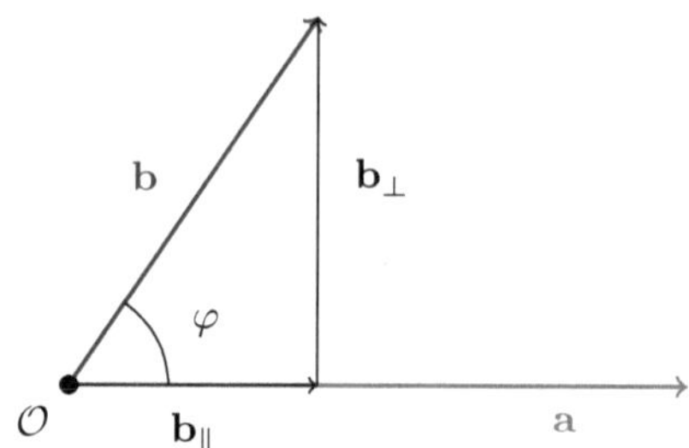

$$\langle \mathbf{a}, \mathbf{b} \rangle = |\mathbf{a}|\, b_\| = |\mathbf{a}|\, |\mathbf{b}| \frac{b_\|}{|\mathbf{b}|}$$

$$= |\mathbf{a}|\, |\mathbf{b}| \cos(\varphi)\,.$$

Abb. 3.3 Definition des Winkels φ

Geometrisch stellt das Skalarprodukt $\langle \hat{\mathbf{a}}, \hat{\mathbf{b}} \rangle$ der Einheitsvektoren $\hat{\mathbf{a}}$ und $\hat{\mathbf{b}}$ somit den *Kosinus des Winkels* zwischen diesen Vektoren dar. Die direkte Konsequenz daraus ist die Rechenregel:

$$|\mathbf{a} + \mathbf{b}|^2 = \langle \mathbf{a} + \mathbf{b}, \mathbf{a} + \mathbf{b} \rangle = \langle \mathbf{a}, \mathbf{a} \rangle + \langle \mathbf{b}, \mathbf{b} \rangle + 2\langle \mathbf{a}, \mathbf{b} \rangle$$

$$= |\mathbf{a}|^2 + |\mathbf{b}|^2 + 2|\mathbf{a}|\, |\mathbf{b}| \cos(\varphi)\,, \tag{3.5}$$

die als *Kosinussatz* bekannt ist. Dieser Kosinussatz gilt also auch, wenn die Vektoren im Vektorraum Matrizen oder Polynome sind, und auch für solche Objekte kann man *Winkel* definieren.

Die geometrische Interpretation der Schwarz'schen Ungleichung ist nun, dass für alle möglichen Winkel φ zwischen Vektoren der Kosinus den Wert eins nicht übersteigt:

$$1 \geq \frac{|\langle \mathbf{a}, \mathbf{b} \rangle|}{|\mathbf{a}|\, |\mathbf{b}|} = |\langle \hat{\mathbf{a}}, \hat{\mathbf{b}} \rangle| = |\cos(\varphi)|\,.$$

Die geometrische Interpretation der Dreiecksungleichung:

$$|\mathbf{a} + \mathbf{b}| \leq |\mathbf{a}| + |\mathbf{b}|$$

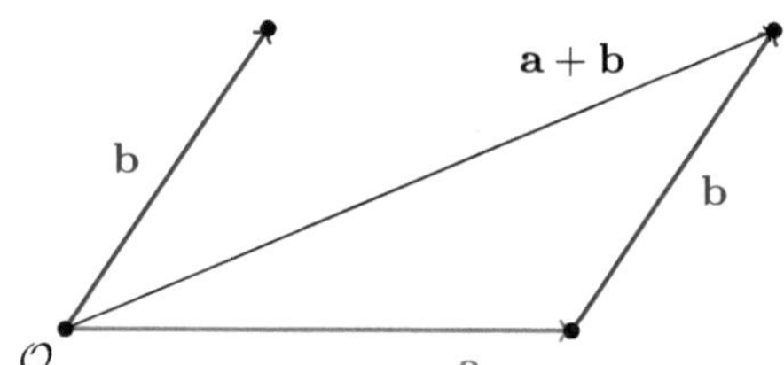

Abb. 3.4 Illustration der Dreiecksungleichung

ist in Abbildung 3.4 dargestellt und besagt, dass die Länge einer Summe zweier Vektoren niemals größer als die Summe der einzelnen Längen sein kann.

Das Skalarprodukt hat vielfältige Anwendungen in der Physik, insbesondere auch in der Quantenmechanik. Hier nennen wir nur ein Beispiel aus der Mechanik: Wenn eine Kraft $\mathbf{F}$ auf ein Teilchen wirkt und dieses dabei mit der Geschwindigkeit $\mathbf{v}$ einen gewissen Weg zurücklegt, erbringt die Kraft eine *Leistung*, d.h., es wird pro Zeiteinheit Energie auf das Teilchen übertragen. Diese Leistung kann – etwas vereinfacht – wie folgt berechnet werden:

$$\text{Leistung} = \frac{\text{Arbeit}}{\text{Zeit}} = \frac{\text{Kraft} \times \text{Weg}}{\text{Zeit}} = |\mathbf{F}_\||\, |\mathbf{v}| = |\langle \mathbf{F}, \mathbf{v} \rangle|$$

und hat somit grundsätzlich die Form eines Skalarproduktes.

3.2.3 Der Ortsraum der Physik ... etwas allgemeiner

Unsere Beschreibung des Ortsraums der Physik in der Einführung zu Abschnitt [3.1] war in mancher Hinsicht allzu stark vereinfacht. Statt des Ortsraums, so wie man ihn im Universum vorfindet, beschrieben wir einen Koordinatenraum $\mathbb{R}^3$ und definierten mit Hilfe dieser Koordinaten zuerst ein Skalarprodukt und dann – mit Hilfe des Skalarprodukts – eine Metrik. Es ist aber klar, dass diese *Koordinaten* und die zugrunde liegenden *Basisvektoren* für den realen Ortsraum keine fundamentale Bedeutung haben und tatsächlich nur willkürlich gewählt wurden. Kann man den Ortsraum der Physik nicht allgemeiner beschreiben, ohne sich auf eine spezielle Basis festzulegen? Da *Vektoren* in [3.1.1] und *Skalarprodukte* in [3.2] allgemeiner, also nicht nur für den Koordinatenraum, definiert wurden, können wir diese Frage nun untersuchen – und sie positiv beantworten.

Wir stellen den Ortsraum der Physik in Abbildung 3.5 durch den quadratischen Kasten dar. Dieser Kasten (also unser „Ortsraum") soll nun den Charakter eines dreidimensionalen euklidischen Vektorraums E^3 haben. Hieraus folgen gewisse Eigenschaften: In einem euklidischen Vektorraum kann man einen *Referenzpunkt* (d.h. einen *Ursprung* $\mathcal{O}$) wählen. Bezeichnet man die verschiedenen Punkte des Vektorraums als $\mathcal{X}$ oder $\mathcal{Y}$, dann kann man entsprechende Ortsvektoren einführen, die diese Punkte mit dem Ursprung verbinden: $\mathcal{OX} \equiv \boldsymbol{\xi}$ bzw. $\mathcal{OY} \equiv \boldsymbol{\eta}$. Man kann

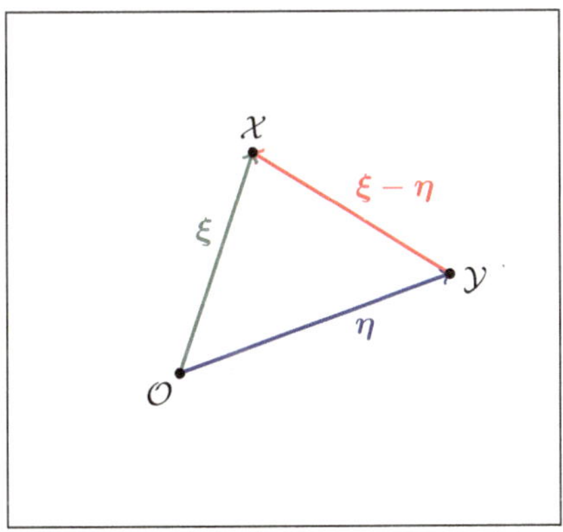

Abb. 3.5 „Ortsraum der Mechanik"

auch *Relativvektoren* definieren; z.B. ist der Relativvektor, der von $\mathcal{Y}$ nach $\mathcal{X}$ zeigt, durch $\boldsymbol{\xi} - \boldsymbol{\eta}$ gegeben. Außerdem ist der euklidische Vektorraum E^3 mit einem reellen Skalarprodukt $\langle \boldsymbol{\xi}, \boldsymbol{\eta} \rangle$ ausgestattet. Aus diesem Skalarprodukt kann man eine euklidische Metrik $|\boldsymbol{\xi} - \boldsymbol{\eta}| = \langle \boldsymbol{\xi} - \boldsymbol{\eta}, \boldsymbol{\xi} - \boldsymbol{\eta} \rangle^{1/2} \geq 0$ herleiten, die den Abstand von $\mathcal{Y}$ nach $\mathcal{X}$ quantifiziert. Mit Hilfe dieser Metrik kann man nun *messen* und somit – auch ohne Koordinaten – anfangen zu experimentieren.

Nicht jedes denkbare Skalarprodukt des euklidischen Vektorraums E^3 wäre übrigens physikalisch akzeptabel: Das Skalarprodukt des physikalischen Ortsraums muss die Eigenschaften haben, dass für geometrisch orthogonale Richtungen $\boldsymbol{\xi}$ und $\boldsymbol{\eta}$ die Identität $\langle \boldsymbol{\xi}, \boldsymbol{\eta} \rangle = 0$ gilt und dass der *Meter* des SI-Systems auch nach dem Skalarprodukt genau die Länge eins hat.[7]

Auch die Wahl eines *Ursprungs*, die Teil der Eigenschaften des euklidischen Vektorraums ist, ist natürlich willkürlich: Im Ortsraum der klassischen Mechanik gibt es gerade *keinen* ausgewählten Punkt, der als Ursprung in Betracht käme. Tatsächlich kann man im Modell auch auf den Ursprung verzichten; man spricht dann manchmal vom *euklidischen Punktraum* bzw. vom *affinen Raum*.

Wenn man nun aus praktischen Überlegungen *Koordinaten* einführen möchte,

---

[7]Der *Meter* ist heutzutage definiert als die Länge der Strecke, die Licht im Vakuum innerhalb von 1/299.792.458 s zurücklegt.

ist dies im euklidischen Vektorraum recht einfach möglich. In Abbildung 3.6 ist skizziert, wie diese definiert werden können. Man wählt hierzu eine „Orthonormalbasis", d.h. drei orthogonale (und somit linear unabhängige) Basisvektoren $\hat{\mathbf{e}}_1$, $\hat{\mathbf{e}}_2$, $\hat{\mathbf{e}}_3$, alle mit der Länge eins, sodass insgesamt $\langle \hat{\mathbf{e}}_l, \hat{\mathbf{e}}_m \rangle = \delta_{lm}$ gilt. Hierbei wurde das *Kronecker-Delta* δ_{lm} wie folgt definiert:

$$\delta_{lm} = \begin{cases} 1 & (l = m) \\ 0 & (l \neq m) . \end{cases} \tag{3.6}$$

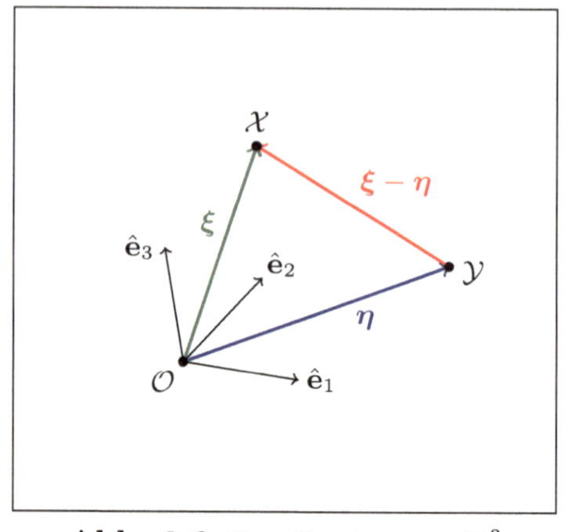

Abb. 3.6 Koordinatenraum $\mathbb{R}^3$

Dann definiert man die Koordinaten $(x_1, x_2, x_3) \equiv \mathbf{x}$ und $(y_1, y_2, y_3) \equiv \mathbf{y}$ der Vektoren $\boldsymbol{\xi}$ und $\boldsymbol{\eta}$ durch

$$\boldsymbol{\xi} \equiv x_1 \hat{\mathbf{e}}_1 + x_2 \hat{\mathbf{e}}_2 + x_3 \hat{\mathbf{e}}_3 \quad , \quad \boldsymbol{\eta} \equiv y_1 \hat{\mathbf{e}}_1 + y_2 \hat{\mathbf{e}}_2 + y_3 \hat{\mathbf{e}}_3 .$$

Hierdurch wird ein dreidimensionaler Koordinatenraum $\mathbb{R}^3$ definiert, der aus Vektoren der Form (3.1) aufgebaut ist. Interessant ist noch, dass die Skalarprodukte $\langle \boldsymbol{\xi}, \boldsymbol{\eta} \rangle$ und $\mathbf{x} \cdot \mathbf{y}$ im ursprünglichen euklidischen Vektorraum bzw. im Koordinatenraum $\mathbb{R}^3$ numerisch *identisch* sind: $\langle \boldsymbol{\xi}, \boldsymbol{\eta} \rangle = x_1 y_1 + x_2 y_2 + x_3 y_3 \equiv \mathbf{x} \cdot \mathbf{y}$.

3.3 Das Vektor- oder Kreuzprodukt

Im vorigen Abschnitt haben wir festgestellt, dass man zwei Vektoren so miteinander multiplizieren kann, dass das entsprechende Produkt die Form einer *reellen Zahl* hat; dementsprechend hieß diese Art der Multiplikation „Skalarprodukt". Es ist aber auch möglich (und in der Physik außerdem *notwendig*) ein weiteres Produkt zweier Vektoren zu definieren, das die Form eines *reellen dreidimensionalen Vektors* hat; dieses Produkt wird als „Vektorprodukt" oder „Kreuzprodukt" bezeichnet. Das Kreuzprodukt wird u.a. in der Mechanik und Elektrodynamik häufig verwendet.

3.3.1 Definition und physikalische Anwendungen

Anders als das Skalarprodukt, das sehr allgemein (z.B. in beliebig-dimensionalen euklidischen Vektorräumen) definiert werden kann, ist das Vektorprodukt ein strikt *dreidimensionales* Spezifikum ($d = 3$). Da aber der Ortsraum der Mechanik ein *drei*dimensionaler euklidischer Vektorraum ist, kann das Vektorprodukt bei der Beschreibung der Physik dennoch eine erhebliche Wirkung entfalten.

In Abbildung 3.7 wird das Vektorprodukt zunächst einmal grafisch erklärt; hieraus wird sich automatisch auch die analytische Form dieses Produktes ergeben. Wie man sieht, werden im Vektorprodukt $\mathbf{a} \times \mathbf{b}$ zwei Vektoren $\mathbf{a}$ bzw. $\mathbf{b}$ miteinander kombiniert. Falls diese zwei Vektoren parallel sind ($\mathbf{a} \parallel \mathbf{b}$), ist das Vektorprodukt der beiden per definitionem null: $\mathbf{a} \times \mathbf{b} = \mathbf{0}$. Falls sie *nicht* parallel sind, definieren $\mathbf{a}$ und $\mathbf{b}$ einen Einheitsvektor $\hat{\mathbf{u}}$ (mit $|\hat{\mathbf{u}}| = 1$), der senkrecht auf $\mathbf{a}$ und senkrecht auf $\mathbf{b}$ stehen soll ($\hat{\mathbf{u}} \perp \mathbf{a}$ und $\hat{\mathbf{u}} \perp \mathbf{b}$). Die Ausrichtung von $\hat{\mathbf{u}}$ soll so sein, dass die drei Vektoren $(\mathbf{a}, \mathbf{b}, \hat{\mathbf{u}})$ ein *Rechtssystem* bilden. Hierbei bedeutet „Rechtssystem" bildlich, dass sich ein normaler Korkenzieher (mit *Rechts*gewinde) in Richtung $\hat{\mathbf{u}}$ in einen entlang $\hat{\mathbf{u}}$ ausgerichteten Korken hineinbohren würde, wenn er über den kürzesten Weg von $\mathbf{a}$ nach $\mathbf{b}$ gedreht wird („Korkenzieherregel").[8] In Abbildung 3.8 wurde ein Korkenzieher mit Rechtsgewinde skizziert. Wie man sieht, bewegt sich die Spirale des Korkenziehers nach *unten* (in einen Korken hinein), wenn der Griff (von oben betrachtet) *im Uhrzeigersinn* gedreht wird.

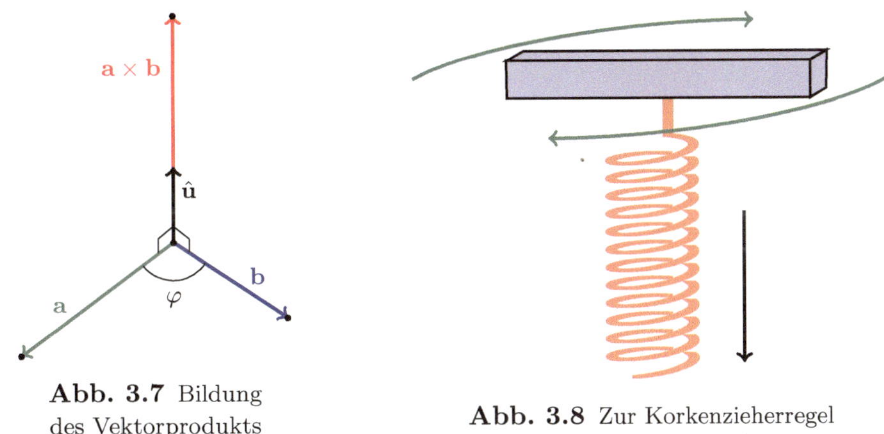

Abb. 3.7 Bildung des Vektorprodukts

Abb. 3.8 Zur Korkenzieherregel

Bezeichnen wir den kleinsten Winkel zwischen $\mathbf{a}$ und $\mathbf{b}$ als φ, dann ist das Vektorprodukt $\mathbf{a} \times \mathbf{b}$ der beiden Vektoren $\mathbf{a}$ und $\mathbf{b}$ definiert als:

$$\mathbf{a} \times \mathbf{b} \equiv |\mathbf{a}|\,|\mathbf{b}|\sin(\varphi)\hat{\mathbf{u}} \qquad (0 \leq \varphi \leq \pi)\,. \tag{3.7}$$

Der Spezialfall paralleler Vektoren ($\mathbf{a} \parallel \mathbf{b}$ mit entweder $\varphi = 0$ oder $\varphi = \pi$) kann alternativ auch als Grenzfall $\varphi \to 0$ bzw. $\varphi \to \pi$ und somit $\sin(\varphi) \to 0$ aufgefasst werden und ist insofern vollständig mit der Definition (3.7) im Einklang. Für alle $\lambda \in \mathbb{R}$ und $\mathbf{a} \in \mathbb{R}^3$ gilt also $\mathbf{a} \times (\lambda\mathbf{a}) = \mathbf{0}$.

Physikalischer Hintergrund: Die Motivation für die Betrachtung derartiger Kreuzprodukte ist, dass diese in der Physik wichtige Anwendungen haben. Wir nennen drei Beispiele aus dem Bereich der Mechanik: Erstens gibt es neben dem Impuls $\mathbf{p} = m\mathbf{v}$ eines Teilchens mit Masse m und Geschwindigkeit $\mathbf{v}$ am Ort $\mathbf{x}$ zur Beschreibung von Drehbewegungen auch den *Drehimpuls*, der durch das Kreuzprodukt $\mathbf{L} = \mathbf{x} \times \mathbf{p}$ beschrieben wird. Zweitens wird die zeitliche Änderung des Drehimpulses durch das *Drehmoment* beschrieben, das ebenfalls die Form eines Kreuzproduktes hat: $\mathbf{N} = \mathbf{x} \times \mathbf{F}$; hierbei stellt $\mathbf{F}$ die Kraft dar, die auf das Teilchen wirkt. Falls das Teilchen geladen ist und sich in einem elektrischen Feld $\mathbf{E}$

---

[8]Die Korkenzieherregel heißt alternativ auch „Rechte-Hand-Regel" und besagt dann, dass man das Vektorentripel $(\mathbf{a}, \mathbf{b}, \hat{\mathbf{u}})$ approximativ mit den Fingern der rechten Hand reproduzieren kann: Falls der Daumen in $\mathbf{a}$-Richtung und der Zeigefinger in $\mathbf{b}$-Richtung zeigt, soll der Mittelfinger die $\mathbf{u}$-Richtung angeben. Der Autor findet diese Merkregel nicht besonders hilfreich, da er so mit der rechten Hand auch problemlos die $(-\mathbf{u})$-Richtung reproduzieren kann.

und einem Magnetfeld $\mathbf{B}$ befindet, hat auch diese Kraft (dann „Lorentz-Kraft" genannt) die Form eines Vektorprodukts: $\mathbf{F}_{\mathrm{Lor}} = q(\mathbf{E} + \mathbf{v} \times \mathbf{B})$. Speziell auch in der Elektrodynamik könnte man sehr viele weitere Beispiele für Vektorprodukte finden.[9]

Geometrische Bedeutung: Das Vektorprodukt, oder genauer: sein *Betrag* $|\mathbf{a} \times \mathbf{b}|$, hat auch eine klare geometrische Bedeutung als die *Fläche* des durch die Vektoren $\mathbf{a}$ und $\mathbf{b}$ aufgespannten *Parallelogramms*. Dies sieht man in Abbildung 3.9: Da die Flächen der beiden eingefärbten Dreiecke gleich sind, ist die Fläche des Parallelogramms gleich der Fläche des Rechtecks mit Seitenlängen $|\mathbf{a}|$ und $|\mathbf{b}_{\perp}|$ und somit gleich $|\mathbf{a}|\,|\mathbf{b}_{\perp}|$. Wegen $|\mathbf{b}_{\perp}| = |\mathbf{b}|\sin(\varphi)$ ist die Fläche des Parallelogramms also gleich $|\mathbf{a}|\,|\mathbf{b}|\sin(\varphi)$ und daher gleich dem Betrag $|\mathbf{a} \times \mathbf{b}|$ des Vektorprodukts. Abbildung 3.10 zeigt, dass es weder für die Fläche des Parallelogramms, noch für den Betrag des Vektorprodukts, noch für das Vektorprodukt selbst einen Unterschied macht, ob der Vektor $\mathbf{b}$ durch $\mathbf{b} + \lambda\mathbf{a}$ ersetzt wird. Die Fläche des Parallelogramms bleibt nämlich invariant, da $|\mathbf{b}_{\perp}|$ sich nicht ändert. Auch das Vektorprodukt selbst ändert sich nicht, da der Vektor $\mathbf{b} + \lambda\mathbf{a}$ in der $\mathbf{a} - \mathbf{b}$-Ebene liegt und sich somit $\hat{\mathbf{u}}$ nicht ändert. Für alle $\lambda \in \mathbb{R}$ gilt also

$$\mathbf{a} \times (\mathbf{b} + \lambda\mathbf{a}) = \mathbf{a} \times \mathbf{b} = \mathbf{a} \times \mathbf{b}_{\perp} \,, \tag{3.8}$$

wobei der letzte Schritt wegen $\mathbf{b}_{\perp} = \mathbf{b} + \lambda\mathbf{a}$ mit $\lambda = -\langle \mathbf{b}, \mathbf{a}\rangle/|\mathbf{a}|^2$ gilt. Zu einem Vektorprodukt $\mathbf{a} \times \mathbf{b}$ trägt also effektiv nur der zu $\mathbf{a}$ senkrechte Anteil des Vektors $\mathbf{b}$ bei.

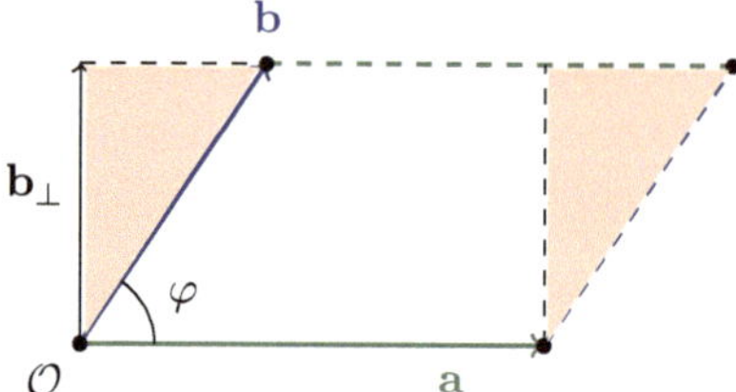

Abb. 3.9 Interpretation des *Betrags* eines Vektorprodukts

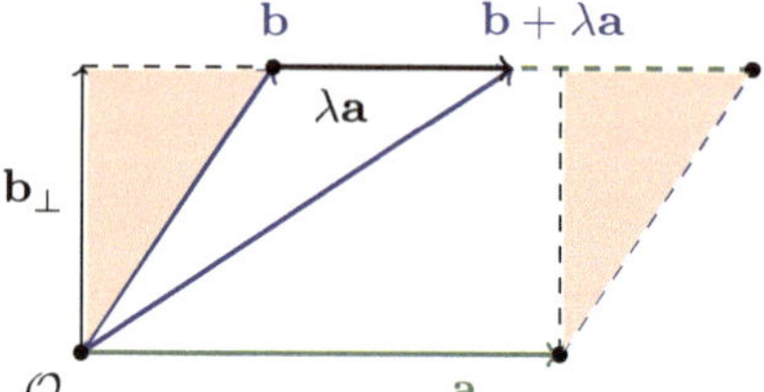

Abb. 3.10 Invarianz des Vektorprodukts unter $\mathbf{b} \to \mathbf{b} + \lambda\mathbf{a}$

3.3.2   Eigenschaften des Vektorprodukts

Wir betrachten nun die *Eigenschaften* des in (3.7) definierten Vektorprodukts $\mathbf{a} \times \mathbf{b} \equiv |\mathbf{a}|\,|\mathbf{b}|\sin(\varphi)\hat{\mathbf{u}}$, wobei für den Winkel φ gilt: $0 \leq \varphi \leq \pi$.

Als erste Eigenschaft möchten wir die *Antikommutativität* des Vektorprodukts erwähnen:

$$\mathbf{a} \times \mathbf{b} = -\mathbf{b} \times \mathbf{a} \,.$$

---

[9]Da die genannten typischen Anwendungen, die Mechanik und die Elektrodynamik, beide in eine *vierdimensionale* Theorie (die spezielle Relativitätstheorie) eingebettet sind, wird der *sehr* vorausschauende Leser an dieser Stelle ahnen, dass es sich später als geschickter herausstellen wird, vierdimensionale Verallgemeinerungen der genannten Kreuzprodukte zu formulieren.

Diese Eigenschaft folgt geometrisch daraus, dass bei einer Vertauschung der Reihenfolge von $\mathbf{a}$ und $\mathbf{b}$ im Vektorprodukt bei der Anwendung der „Korkenzieherregel" in umgekehrter Richtung gedreht werden muss und sich somit das Vorzeichen von $\hat{\mathbf{u}}$ ändert. Für den Spezialfall $\mathbf{b} = \mathbf{a}$ ergibt sich die bereits bekannte Identität $\mathbf{a} \times \mathbf{a} = \mathbf{0}$.

Eine zweite Eigenschaft des Vektorprodukts ist die *Distributivität*, die bedeutet, dass für alle Vektoren $\mathbf{a}$, $\mathbf{b}$ und $\mathbf{c}$ gilt:

$$\mathbf{a} \times (\mathbf{b} + \mathbf{c}) = \mathbf{a} \times \mathbf{b} + \mathbf{a} \times \mathbf{c} \,.$$

Die Distributivität des Vektorprodukts beruht auf der Gleichungskette

$$\mathbf{a} \times (\mathbf{b} + \mathbf{c}) = \mathbf{a} \times (\mathbf{b}_\perp + \mathbf{c}_\perp) \overset{!}{=} \mathbf{a} \times \mathbf{b}_\perp + \mathbf{a} \times \mathbf{c}_\perp = \mathbf{a} \times \mathbf{b} + \mathbf{a} \times \mathbf{c}$$

und wird anhand von Abbildung 3.11 illustriert, da der zweite Schritt in der Kette geometrisch vielleicht nicht ganz so offensichtlich ist. Der erste und der dritte Schritt sind offensichtlich, da wir aufgrund von Gleichung (3.8) wissen, dass immer nur der zu $\mathbf{a}$ senkrechte Anteil eines Vektors zum Vektorprodukt beiträgt. Der zweite Schritt in der Gleichungskette ist in Abbildung 3.9 illustriert. Im linken Teil der Abbildung wird gezeigt, dass die Vektoren $\mathbf{b}_\perp$ und $\mathbf{c}_\perp$ ein Parallelogramm aufspannen und dass ihre Summe $\mathbf{b}_\perp + \mathbf{c}_\perp$ durch die Diagonale dieses Parallelogramms dargestellt wird. Im rechten Teil der Abbildung werden das durch die zwei Vektoren $\mathbf{a} \times \mathbf{b}_\perp$ und $\mathbf{a} \times \mathbf{c}_\perp$ aufgespannte Parallelogramm und der Vektor $\mathbf{a} \times (\mathbf{b}_\perp + \mathbf{c}_\perp)$ gezeigt. Der wichtige Punkt ist nun, dass die drei mit $\mathbf{a}$ multiplizierten Vektoren sich aus den drei ursprünglichen durch eine Drehung um $\pi/2$ um die $\hat{\mathbf{a}}$-Achse und eine Multiplikation mit $|\mathbf{a}|$ ergeben. Daher sind die beiden Parallelogramme in Abb. 3.11 *geometrisch ähnlich.*

Wenn aber die Parallelogramme geometrisch ähnlich sind, muss der Vektor $\mathbf{a} \times (\mathbf{b}_\perp + \mathbf{c}_\perp)$, der die Diagonale des zweiten Parallelogramms bildet, gleich der Summe $\mathbf{a} \times \mathbf{b}_\perp + \mathbf{a} \times \mathbf{c}_\perp$ sein. Hiermit ist auch der zweite Schritt der Gleichungskette und somit die Distributivität des Vektorprodukts gezeigt.

Eine dritte Eigenschaft des Vektorprodukts ist seine *Bilinearität*:

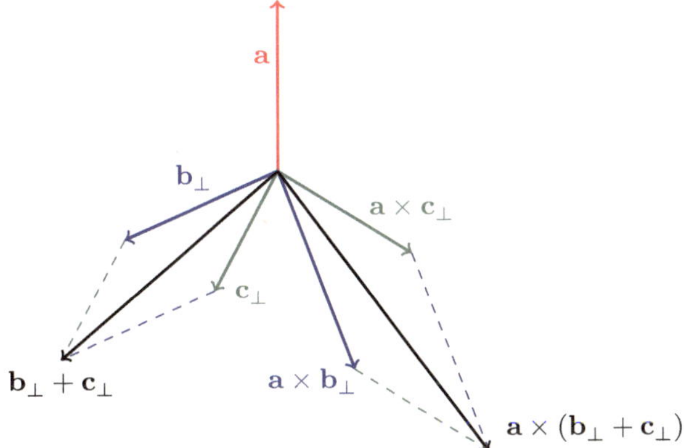

Abb. 3.11 Distributivität des Vektorprodukts

$$(\lambda \mathbf{a}) \times \mathbf{b} = \lambda(\mathbf{a} \times \mathbf{b}) \quad , \quad \mathbf{a} \times (\lambda \mathbf{b}) = \lambda(\mathbf{a} \times \mathbf{b}) \,,$$

die direkt daraus folgt, dass der *Betrag* des Vektorprodukts bei Multiplikation von $\mathbf{a}$ mit λ mit einem Faktor $|\lambda|$ multipliziert wird und dass $\hat{\mathbf{u}}$ im Falle $\lambda < 0$ das Vorzeichen wechselt.

Als vierte Eigenschaft halten wir fest, dass das Vektorprodukt für Vektoren $\mathbf{a} \neq \mathbf{0}$ und $\mathbf{b} \neq \mathbf{0}$ dann und nur dann gleich null ist, wenn diese (anti)parallel ausgerichtet sind:

$$\mathbf{a} \neq \mathbf{0} \ , \ \mathbf{b} \neq \mathbf{0} : \quad \mathbf{a} \times \mathbf{b} = \mathbf{0} \quad \Leftrightarrow \quad \sin(\varphi) = 0 \quad \Leftrightarrow \quad \mathbf{a} \parallel \mathbf{b} \, .$$

Dieser Eigenschaft sind wir schon vorher begegnet.

3.3.3   Das Vektorprodukt und der Sinussatz

Mit Hilfe der Eigenschaften des Vektorprodukts ist u.a. auch eine einfache Herleitung des *Sinussatzes* möglich. Aufgrund von (3.8) wissen wir, dass nur der senkrechte Anteil des Vektors $\mathbf{b}$ zum Vektorprodukt $\mathbf{a} \times \mathbf{b}$ beiträgt:

$$\mathbf{a} \times (\mathbf{b} + \lambda \mathbf{a}) = \mathbf{a} \times \mathbf{b} \qquad (\forall \lambda \in \mathbb{R}) \, .$$

Aufgrund der Identität $\mathbf{a} + \mathbf{b} = \mathbf{c}$ gilt daher für die Vektoren, die das in Abbildung 3.12 skizzierte Dreieck aufspannen:

$$\mathbf{a} \times \mathbf{c} = \mathbf{a} \times (\mathbf{c} - \mathbf{a}) = \mathbf{a} \times \mathbf{b} = (\mathbf{c} - \mathbf{b}) \times \mathbf{b} = \mathbf{c} \times \mathbf{b} \, .$$

Da das linke, das mittlere und das rechte Glied dieser Gleichungskette offenbar alle gleich sind, müssen auch ihre *Beträge* gleich sein:

$$|\mathbf{a} \times \mathbf{c}| = |\mathbf{a} \times \mathbf{b}| = |\mathbf{c} \times \mathbf{b}| \, .$$

Da der Betrag $|\mathbf{a} \times \mathbf{b}|$ des Vektorprodukts der Vektoren $\mathbf{a}$ und $\mathbf{b}$, die einen Winkel γ einschließen, durch $|\mathbf{a}|\,|\mathbf{b}|\sin(\gamma)$ gegeben ist (und analog für die anderen beiden Vektorprodukte), folgt:

$$|\mathbf{a}|\,|\mathbf{c}|\sin(\beta) = |\mathbf{a}|\,|\mathbf{b}|\sin(\gamma) = |\mathbf{c}|\,|\mathbf{b}|\sin(\alpha) \, .$$

Dividiert man nun alle drei Glieder dieser Gleichungskette durch $|\mathbf{a}|\,|\mathbf{b}|\,|\mathbf{c}|$, so entstehen zwei Identitäten:

$$\frac{\sin(\beta)}{|\mathbf{b}|} = \frac{\sin(\gamma)}{|\mathbf{c}|} = \frac{\sin(\alpha)}{|\mathbf{a}|} \, , \qquad\qquad\qquad (3.9)$$

die zusammen als der *Sinussatz* der ebenen Trigonometrie bekannt sind. Die Anwendungsmöglichkeiten des Sinussatzes in der Physik sind sehr beschränkt: Es gibt Anwendungen in der klassischen beobachtenden Astronomie, aber sogar in diesem Fachgebiet wird nicht der Sinussatz der *ebenen*, sondern derjenige der *sphärischen* Trigonometrie angewandt. Hier dient der „Satz" eher zur Illustration des Vektorproduktes.

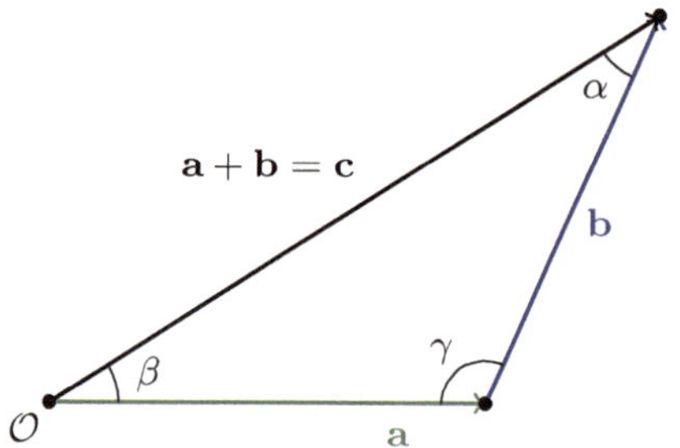

Abb. 3.12 Zum „Sinussatz"

3.3.4 Vektorprodukte von Basisvektoren

Wenn man die Vektorprodukte aller möglicher Paare von Basisvektoren $(\hat{\mathbf{e}}_1, \hat{\mathbf{e}}_2, \hat{\mathbf{e}}_3)$ gemäß der Definition (3.7) mit $\varphi = \pi/2$ und der „Korkenzieherregel" ausrechnet, erhält man die folgenden Ergebnisse:

$$\hat{\mathbf{e}}_1 \times \hat{\mathbf{e}}_2 = \hat{\mathbf{e}}_3 \quad , \quad \hat{\mathbf{e}}_2 \times \hat{\mathbf{e}}_1 = -\hat{\mathbf{e}}_3$$
$$\hat{\mathbf{e}}_2 \times \hat{\mathbf{e}}_3 = \hat{\mathbf{e}}_1 \quad , \quad \hat{\mathbf{e}}_3 \times \hat{\mathbf{e}}_2 = -\hat{\mathbf{e}}_1$$
$$\hat{\mathbf{e}}_3 \times \hat{\mathbf{e}}_1 = \hat{\mathbf{e}}_2 \quad , \quad \hat{\mathbf{e}}_1 \times \hat{\mathbf{e}}_3 = -\hat{\mathbf{e}}_2 \; .$$

Außerdem gilt natürlich aufgrund der allgemeinen Regel $\mathbf{a} \times \mathbf{a} = \mathbf{0}$ auch $\hat{\mathbf{e}}_i \times \hat{\mathbf{e}}_i = \mathbf{0}$ für alle $i = 1, 2, 3$. Folglich hat jedes denkbare Vektorprodukt zweier Basisvektoren die Form

$$\hat{\mathbf{e}}_i \times \hat{\mathbf{e}}_j = \sum_{k=1}^{3} \varepsilon_{ijk} \hat{\mathbf{e}}_k \qquad (i, j \in \{1, 2, 3\}) \, , \tag{3.10}$$

wobei die Konstanten ε_{ijk} auf der rechten Seite nur für $i \neq j$, $k \neq i$ und $k \neq j$ ungleich null (und dann entweder gleich $+1$ oder gleich -1) sind. Man kann die möglichen Werte der Konstanten ε_{ijk} daher wie folgt zusammenfassen:

$$\varepsilon_{ijk} = \begin{cases} +1 & \text{für } (ijk) = (123), (231), (312) \\ -1 & \text{für } (ijk) = (213), (132), (321) \\ 0 & \text{(sonst)} \, . \end{cases} \tag{3.11}$$

Diese Liste zeigt, dass die möglichen Werte der Konstanten ε_{ijk} *invariant* unter *zyklischen* Vertauschungen der Form $(ijk) \to (jki) \to (kij) \to (ijk)$ sind. Außerdem ändert ε_{ijk} das Vorzeichen, wenn eine *nicht-zyklische* Vertauschung der Form $(ijk) \to (jik)$ vorgenommen wird. Die Konstanten ε_{ijk} sind neben dem bereits im Abschnitt [3.2.3] eingeführten Kronecker-Delta:

$$\delta_{ij} = \begin{cases} 1 & (i = j) \\ 0 & \text{(sonst)} \end{cases} \tag{3.12}$$

für praktische Rechnungen in fast jedem Teilgebiet der Physik außerordentlich nützlich, weshalb man ihre Eigenschaften kennen sollte. Die mit drei Indizes behaftete Größe ε wird als „ε-Tensor" oder „Levi-Civita-Tensor" bezeichnet, und die Konstanten ε_{ijk} sind dann die „Tensorkomponenten". Der ε-Tensor hat drei Indizes i, j und k, die alle die drei möglichen Werte 1, 2 und 3 annehmen können, sodass es insgesamt $3^3 = 27$ Tensorkomponenten ε_{ijk} gibt.

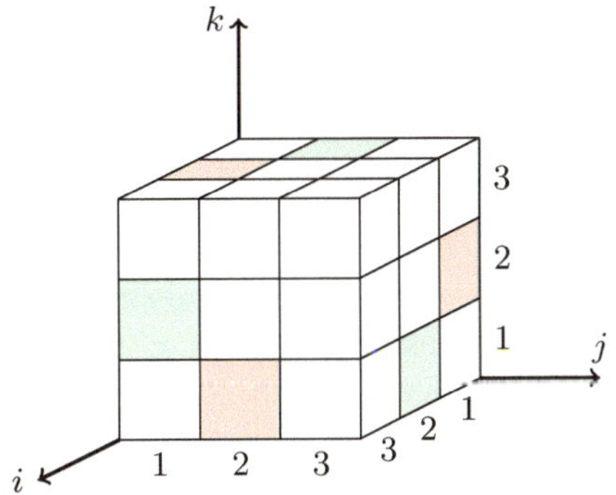

Abb. 3.13 Der ε-Tensor als „Zauberwürfel"

Man kann den ε-Tensor daher wie in Abbildung 3.13 als $(3 \times 3 \times 3)$-„Zauberwürfel" grafisch darstellen, wobei die Tensorkomponente ε_{ijk} durch einen $(1 \times 1 \times 1)$-Würfel mit dem Mittelpunkt (i, j, k) repräsentiert wird. Von den 27 Tensorkomponenten sind drei gleich $+1$ (in Abb. 3.13 *grün* markiert), drei gleich -1 (in Abb. 3.13 *rot* markiert) und die anderen 21 gleich 0 (in Abb. 3.13 *weiß*). Die Zentren der farbigen Elemente, die also die Werte $+1$ oder -1 haben, liegen alle in einer Ebene (mit der Gleichung $i + j + k = 6$) und bilden dort ein gleichseitiges Sechseck. Die Tensorkomponenten dieses Sechsecks haben abwechselnd die Werte $+1$ (grün) und -1 (rot).

„Kronecker-Delta" und „Levi-Civita-Tensor"

Wir untersuchen die Eigenschaften des Kronecker-Deltas δ_{ij} und des Levi-Civita-Tensors ε_{ijk} nun etwas genauer. Insbesondere berechnen wir für das Kronecker-Delta die drei Summen

$$\sigma \equiv \sum_{i=1}^{3} \delta_{ii} \quad , \quad \sigma_i \equiv \sum_{j=1}^{3} \delta_{ij} a_j \quad , \quad \Sigma_k \equiv \sum_{i,j=1}^{3} \delta_{ij}\, \varepsilon_{ijk} \qquad \text{mit} \quad \begin{pmatrix} a_1 \\ a_2 \\ a_3 \end{pmatrix} \in \mathbb{R}^3$$

und für den Levi-Civita-Tensor die drei weiteren Summen

$$S_{ijlm} \equiv \sum_{k} \varepsilon_{ijk}\varepsilon_{klm} \quad , \quad S_{il} \equiv \sum_{jk} \varepsilon_{ijk}\varepsilon_{jkl} \quad , \quad S \equiv \sum_{ijk} \varepsilon_{ijk}\varepsilon_{ijk} \quad , \qquad (3.13)$$

wobei also über *einen einzelnen* Index oder über *zwei* bzw. *drei* Indizes summiert werden soll.

Da das Kronecker-Delta δ_{ij} laut Gleichung (3.12) für alle $i, j \in \{1, 2, 3\}$ definiert ist durch $\delta_{ij} = 1$ (falls $i = j$) bzw. $\delta_{ij} = 0$ (falls $i \neq j$), folgen die Summen σ und σ_i sofort als:

$$\sigma = \delta_{11} + \delta_{22} + \delta_{33} = 1 + 1 + 1 = 3$$
$$\sigma_i = \delta_{i1} a_1 + \delta_{i2} a_2 + \delta_{i3} a_3 = 1 \cdot a_i + 0 + 0 = a_i \ .$$

Auch die Berechnung der Summe Σ_k ist recht einfach:

$$\Sigma_k = \sum_{i,j=1}^{3} \delta_{ij}\, \varepsilon_{ijk} = \delta_{11}\, \varepsilon_{11k} + \delta_{22}\, \varepsilon_{22k} + \delta_{33}\, \varepsilon_{33k} = 0 + 0 + 0 = 0 \ .$$

Das letzte Ergebnis ist eine Konsequenz daraus, dass das Kronecker-Delta *symmetrisch*, der Levi-Civita-Tensor dagegen *antisymmetrisch* ist unter Vertauschung der Summationsindizes i und j: $\varepsilon_{11k} = \varepsilon_{22k} = \varepsilon_{33k} = 0$.

Betrachten wir nun die drei Summen (3.13) für den Levi-Civita-Tensor. In der ersten Summe, S_{ijlm}, kann man den Faktor ε_{klm} durch ε_{lmk} ersetzen, da der Wert von ε_{klm} sich bei einer zyklischen Permutation $(klm) \rightarrow (lmk)$ nicht ändert:

$$S_{ijlm} \equiv \sum_{k} \varepsilon_{ijk}\varepsilon_{lmk} \ .$$

Die Summe S_{ijlm} ist nur dann ungleich null, wenn die Paare (ij) und (lm) identisch sind, d.h., wenn $\{i, j\} = \{l, m\}$ gilt (mit $i \neq j$). In diesem Fall ist die Summe entweder gleich $+1$ oder gleich -1, abhängig davon, ob $i = l$ oder $i = m$ ist:

$$S_{ijlm} = \sum_k \varepsilon_{ijk}\varepsilon_{lmk} = \delta_{il}\delta_{jm}\sum_k (\varepsilon_{ijk})^2 + \delta_{im}\delta_{jl}\sum_k \varepsilon_{ijk}\varepsilon_{jik}$$

$$= (\delta_{il}\delta_{jm} - \delta_{im}\delta_{jl})\sum_k (\varepsilon_{ijk})^2 = \delta_{il}\delta_{jm} - \delta_{im}\delta_{jl} \ . \tag{3.14}$$

In der zweiten Summe, S_{il}, kann man zuerst wieder zyklisch permutieren: $\varepsilon_{jkl} = \varepsilon_{ljk}$. Die Summe S_{il} ist nur dann ungleich null, wenn $i = l$ gilt. Es folgt:

$$S_{il} = \sum_{jk} \varepsilon_{ijk}\varepsilon_{ljk} = \sum_{jk} \delta_{il}(\varepsilon_{ijk})^2 = 2\delta_{il} \ . \tag{3.15}$$

Alternativ kann man S_{il} auch aus S_{ijlm} herleiten:

$$S_{il} = \sum_j \sum_k \varepsilon_{ijk}\varepsilon_{ljk} = \sum_j S_{ijlj} = \sum_j (\delta_{il} - \delta_{ij}\delta_{jl}) = 3\delta_{il} - \delta_{il} = 2\delta_{il} \ .$$

Die dritte Summe, S, folgt sofort aus S_{il} als:

$$S = \sum_i \sum_{jk} \varepsilon_{ijk}\varepsilon_{ijk} = \sum_i S_{ii} = \sum_i 2 = 3 \cdot 2 = 6 \ , \tag{3.16}$$

aber alternativ kann man auch direkt schreiben:

$$S = \sum_{ijk} (\varepsilon_{ijk})^2 = 6 \cdot 1 = 6 \ ,$$

da nur 6 der insgesamt 27 Elemente von ε_{ijk} ungleich null (und dann gleich ± 1) sind. Wir werden diese Identitäten im Folgenden öfter verwenden.

Schaut man sich übrigens Formeln wie (3.10) oder (3.13) etwas genauer an, so fällt auf, dass man unnötige Schreibarbeit verrichtet hat, denn die Notation in diesen Formeln ist redundant. Es wird nämlich dann und nur dann über einen Index summiert, wenn dieser *zweimal* vorkommt. Deshalb kann man sich in solchen Formeln das Summenzeichen auch sparen und die Konvention einführen, dass über doppelt auftretende Indizes zu summieren ist. Diese Schreibweise ist als die Einstein'sche *Summen-* (auch Summations)*konvention* oder auch einfach als *Einstein-Konvention* bekannt. Mit der Summenkonvention würde Gleichung (3.10) lauten: $\hat{\mathbf{e}}_i \times \hat{\mathbf{e}}_j = \varepsilon_{ijk}\hat{\mathbf{e}}_k$ und Gleichung (3.13):

$$S_{ijlm} \equiv \varepsilon_{ijk}\varepsilon_{klm} \ , \quad S_{il} \equiv \varepsilon_{ijk}\varepsilon_{jkl} \ , \quad S \equiv \varepsilon_{ijk}\varepsilon_{ijk} \ .$$

Wir werden die Einstein'sche Summenkonvention künftig öfter verwenden.

3.3.5 Komponentendarstellung des Vektorprodukts

Der ε-Tensor ist hervorragend dazu geeignet, kompakte Ausdrücke für Vektorprodukte und Mehrfachvektorprodukte zu formulieren. Beispielsweise erhält man folgendes Ergebnis für die i-te Komponente eines Vektorprodukts $\mathbf{a} \times \mathbf{b}$, indem man dieses mit dem i-ten Basisvektor $\hat{\mathbf{e}}_i$ multipliziert:

$$(\mathbf{a} \times \mathbf{b})_i = (\mathbf{a} \times \mathbf{b}) \cdot \hat{\mathbf{e}}_i = \left[\left(\sum_j a_j\hat{\mathbf{e}}_j\right) \times \left(\sum_k b_k\hat{\mathbf{e}}_k\right)\right] \cdot \hat{\mathbf{e}}_i = \sum_{jk} \varepsilon_{ijk}\, a_j b_k \ .$$

Wir verwendeten (in Summenkonvention): $\hat{\mathbf{e}}_j \times \hat{\mathbf{e}}_k = \varepsilon_{jki}\hat{\mathbf{e}}_i = \varepsilon_{ijk}\hat{\mathbf{e}}_i$. Kompakt formuliert gilt also:

$$\boxed{(\mathbf{a} \times \mathbf{b})_i = \sum_{jk} \varepsilon_{ijk}\, a_j b_k = \varepsilon_{ijk}\, a_j b_k \,,} \tag{3.17}$$

wobei die rechte Seite wieder in der Summenkonvention geschrieben wurde. Werden die einzelnen Komponenten des Vektorprodukts nun wieder zu einem Vektor rekombiniert, erhält man:

$$\mathbf{a} \times \mathbf{b} = \sum_{i} (\mathbf{a} \times \mathbf{b})_i\, \hat{\mathbf{e}}_i = \sum_{ijk} \varepsilon_{ijk}\, a_j b_k\, \hat{\mathbf{e}}_i = \varepsilon_{ijk}\, a_j b_k\, \hat{\mathbf{e}}_i \,. \tag{3.18}$$

Im letzten Schritt wurde die Summenkonvention verwendet. Mit Hilfe der expliziten Form der Konstanten ε_{ijk} und Basisvektoren $\hat{\mathbf{e}}_i$ entsteht nun die folgende *Komponentendarstellung* des Vektorprodukts:

$$\mathbf{a} \times \mathbf{b} = \begin{pmatrix} a_1 \\ a_2 \\ a_3 \end{pmatrix} \times \begin{pmatrix} b_1 \\ b_2 \\ b_3 \end{pmatrix} = \begin{pmatrix} a_2 b_3 - a_3 b_2 \\ a_3 b_1 - a_1 b_3 \\ a_1 b_2 - a_2 b_1 \end{pmatrix} \,. \tag{3.19}$$

Die rechte Seite zeigt wiederum, dass diese Komponenten durch *zyklische Permutation* $(1 \to 2 \to 3 \to 1)$ auseinander folgen.

3.3.6   Mehrfachvektorprodukte

Es ist der Mühe wert, auch Mehrfachvektorprodukte der Form $\mathbf{a} \times (\mathbf{b} \times \mathbf{c})$ zu untersuchen. Einmal treten diese in praktischen Berechnungen häufig auf. Darüber hinaus kann man mit ihrer Hilfe z.B. auch die Frage beantworten, ob die Vektormultiplikation assoziativ ist. Wir nennen das wichtigste Ergebnis vorweg:

$$\mathbf{a} \times (\mathbf{b} \times \mathbf{c}) = (\mathbf{a} \cdot \mathbf{c})\,\mathbf{b} - (\mathbf{a} \cdot \mathbf{b})\,\mathbf{c} \,. \tag{3.20}$$

Wenn man Gleichung (3.17) zweimal verwendet, verläuft die Berechnung wie folgt:

$$[\mathbf{a} \times (\mathbf{b} \times \mathbf{c})]_i = \sum_{jk} \varepsilon_{ijk}\, a_j (\mathbf{b} \times \mathbf{c})_k = \sum_{jklm} \varepsilon_{ijk}\, a_j \varepsilon_{klm} b_l c_m$$

$$= \sum_{jlm} \left(\sum_k \varepsilon_{ijk}\varepsilon_{klm} \right) a_j b_l c_m = \sum_{jlm} S_{ijlm} a_j b_l c_m \,,$$

wobei S_{ijlm} die in (3.13) definierte Summe ist. Mit Hilfe des Ergebnisses für S_{ijlm} in (3.14) folgt:

$$[\mathbf{a} \times (\mathbf{b} \times \mathbf{c})]_i = \sum_{jlm} \left(\delta_{il}\delta_{jm} - \delta_{im}\delta_{jl} \right) a_j b_l c_m$$

$$= \left(\sum_j a_j c_j \right) b_i - \left(\sum_j a_j c_j \right) c_i = (\mathbf{a} \cdot \mathbf{c})\,b_i - (\mathbf{a} \cdot \mathbf{b})\,c_i \,,$$

sodass insgesamt (für die drei Komponenten zusammen) in der Tat (3.20) gilt. Mit Hilfe von (3.20) kann man nun auch die Frage nach der Assoziativität der Vektormultiplikation beantworten, denn es folgt aus der Antisymmetrie des Vektorproduktes:

$$(\mathbf{a} \times \mathbf{b}) \times \mathbf{c} = -\mathbf{c} \times (\mathbf{a} \times \mathbf{b}) = \mathbf{c} \times (\mathbf{b} \times \mathbf{a}) = (\mathbf{a} \cdot \mathbf{c})\,\mathbf{b} - (\mathbf{c} \cdot \mathbf{b})\,\mathbf{a} \neq \mathbf{a} \times (\mathbf{b} \times \mathbf{c})\,.$$

Im vorletzten Schritt wurde (3.20) angewandt nach Vertauschen von $\mathbf{a}$ und $\mathbf{c}$. Das Ergebnis zeigt, dass in der Regel (Ausnahmen sind $\mathbf{a} \parallel \mathbf{c}$ und $\mathbf{a} \perp \mathbf{b} \perp \mathbf{c}$) gilt: $(\mathbf{a} \times \mathbf{b}) \times \mathbf{c} \neq \mathbf{a} \times (\mathbf{b} \times \mathbf{c})$. Folglich ist das Vektorprodukt i.A. *nicht assoziativ*.

Aus (3.20) folgt ein weiteres interessantes Ergebnis, nämlich die sogenannte *Jacobi-Identität*:

$$\mathbf{a} \times (\mathbf{b} \times \mathbf{c}) + \mathbf{b} \times (\mathbf{c} \times \mathbf{a}) + \mathbf{c} \times (\mathbf{a} \times \mathbf{b}) = \mathbf{0}\,, \tag{3.21}$$

die in der Physik im Zusammenhang mit antisymmetrischen Produkten (wie hier dem Vektorprodukt) öfter auftritt. Die drei Terme auf der linken Seite der Jacobi-Identität lassen sich durch *zyklische Vertauschung* ineinander überführen. Man kann diese Identität herleiten, indem man (3.20) in (3.21) einsetzt:

$$\mathbf{a} \times (\mathbf{b} \times \mathbf{c}) + \mathbf{b} \times (\mathbf{c} \times \mathbf{a}) + \mathbf{c} \times (\mathbf{a} \times \mathbf{b}) = (\mathbf{a} \cdot \mathbf{c})\,\mathbf{b} - (\mathbf{a} \cdot \mathbf{b})\,\mathbf{c}$$
$$+ (\mathbf{b} \cdot \mathbf{a})\,\mathbf{c} - (\mathbf{b} \cdot \mathbf{c})\,\mathbf{a} + (\mathbf{c} \cdot \mathbf{b})\,\mathbf{a} - (\mathbf{c} \cdot \mathbf{a})\,\mathbf{b} = \mathbf{0}\,.$$

Im letzten Schritt wurde lediglich die Symmetrie des Skalarprodukts verwendet: $\mathbf{a} \cdot \mathbf{c} = \mathbf{c} \cdot \mathbf{a}$ und so weiter.

Ein weiteres Mehrfachvektorprodukt, das wir später (in Kapitel [9]) noch benötigen werden, ist das Skalarprodukt $(\mathbf{a} \times \mathbf{b}) \cdot (\mathbf{c} \times \mathbf{d})$ zweier Vektorprodukte. Dieses kann wie folgt berechnet werden:

$$(\mathbf{a} \times \mathbf{b}) \cdot (\mathbf{c} \times \mathbf{d}) = \sum_{ijklm} \varepsilon_{ijk}\, a_j b_k \varepsilon_{ilm} c_l d_m \tag{3.22}$$

$$= \sum_{jklm} \left(\sum_i \varepsilon_{ijk} \varepsilon_{ilm} \right) a_j b_k c_l d_m = \sum_{jklm} S_{jklm} a_j b_k c_l d_m$$

$$= \sum_{jklm} (\delta_{jl}\delta_{km} - \delta_{jm}\delta_{kl}) a_j b_k c_l d_m = (\mathbf{a} \cdot \mathbf{c})(\mathbf{b} \cdot \mathbf{d}) - (\mathbf{a} \cdot \mathbf{d})(\mathbf{b} \cdot \mathbf{c})\,,$$

wobei S_{jklm} in Gleichung (3.13) definiert und in (3.14) berechnet wurde. Für den Spezialfall $\mathbf{a} = \mathbf{c}$ und $\mathbf{b} = \mathbf{d}$ erhält man:

$$|\mathbf{a} \times \mathbf{b}|^2 = |\mathbf{a}|^2 |\mathbf{b}|^2 \left\{ 1 - [\cos(\varphi)]^2 \right\} = |\mathbf{a}|^2 |\mathbf{b}|^2 [\sin(\varphi)]^2\,.$$

Hier stellt φ wie üblich den (kleinsten) Winkel ($0 \leq \varphi \leq \pi$) zwischen den Vektoren $\mathbf{a}$ und $\mathbf{b}$ dar. Diese Beziehung ist uns aus (3.7) natürlich bereits bekannt. Wir vergleichen abschließend noch einmal die beiden Formeln

$$\boxed{\begin{aligned} \langle \mathbf{a}, \mathbf{b} \rangle &= |\mathbf{a}|\,|\mathbf{b}| \cos(\varphi) & , & \qquad |\mathbf{a} \times \mathbf{b}| &= |\mathbf{a}|\,|\mathbf{b}| \sin(\varphi) \\ \langle \hat{\mathbf{a}}, \hat{\mathbf{b}} \rangle &= \cos(\varphi) & , & \qquad |\hat{\mathbf{a}} \times \hat{\mathbf{b}}| &= \sin(\varphi) \end{aligned}}$$

für das Skalar- und das Vektorprodukt zweier Vektoren $\mathbf{a}$ und $\mathbf{b}$ bzw. der entsprechenden Einheitsvektoren $\hat{\mathbf{a}} = \mathbf{a}/|\mathbf{a}|$ und $\hat{\mathbf{b}} = \mathbf{b}/|\mathbf{b}|$.

3.3.7 2×2-Matrizen und Determinanten

Zur Beschreibung des Vektorprodukts wird im nächsten Abschnitt [3.3.8] das Konzept einer 2×2-Matrix bzw. der Determinante einer solchen Matrix benötigt. Deshalb werden hier einige elementare Eigenschaften zusammengefasst. In [3.5] und insbesondere im Unterabschnitt [3.5.1] gehen wir ausführlicher auf 2×2-Matrizen und Determinanten ein. Wir werden feststellen, dass Matrizen und Determinanten einerseits eine kompakte Darstellung des *Vektorprodukts* und danach auch des *Spatprodukts* ermöglichen und andererseits auch die Lösung von *Gleichungssystemen* sehr erleichtern.

Für die Zwecke des nächsten Abschnitts reicht es aus, eine 2×2-Matrix M als Kombination von vier Zahlen zu betrachten. Die entsprechende Determinante $\det(M)$ ist dann eine geeignete Linearkombination von Produkten der Matrixelemente:

$$M = \begin{pmatrix} a_1 & b_1 \\ a_2 & b_2 \end{pmatrix} \quad , \quad \det(M) = \det\begin{pmatrix} a_1 & b_1 \\ a_2 & b_2 \end{pmatrix} \equiv a_1 b_2 - a_2 b_1 \; .$$

Wir diskutieren nun einige Eigenschaften der so definierten 2×2-Determinante. Erstens ist diese *antisymmetrisch unter Vertauschung von Spalten*:

$$\det\begin{pmatrix} a_1 & b_1 \\ a_2 & b_2 \end{pmatrix} = a_1 b_2 - a_2 b_1 = -(b_1 a_2 - b_2 a_1) = -\det\begin{pmatrix} b_1 & a_1 \\ b_2 & a_2 \end{pmatrix} \; .$$

Zweitens ist eine 2×2-Determinante *antisymmetrisch unter Vertauschung von Zeilen*:

$$\det\begin{pmatrix} a_1 & b_1 \\ a_2 & b_2 \end{pmatrix} = a_1 b_2 - a_2 b_1 = -(a_2 b_1 - a_1 b_2) = -\det\begin{pmatrix} a_2 & b_2 \\ a_1 & b_1 \end{pmatrix} \; .$$

Drittens ist eine solche Determinante *linear*, oder genauer: *bilinear*:

$$\det\begin{pmatrix} \lambda a_1 + \mu \bar{a}_1 & b_1 \\ \lambda a_2 + \mu \bar{a}_2 & b_2 \end{pmatrix} = \cdots\cdots = \lambda \det\begin{pmatrix} a_1 & b_1 \\ a_2 & b_2 \end{pmatrix} + \mu \det\begin{pmatrix} \bar{a}_1 & b_1 \\ \bar{a}_2 & b_2 \end{pmatrix} \; .$$

Und viertens ist die Determinante *null für linear abhängige Vektoren*:

$$\det\begin{pmatrix} a_1 & \lambda a_1 \\ a_2 & \lambda a_2 \end{pmatrix} = a_1(\lambda a_2) - a_2(\lambda a_1) = 0 \; .$$

Die vierte Eigenschaft folgt alternativ auch direkt durch Kombination der ersten und der dritten. Wir sind nun gerüstet für die Anwendung dieser Konzepte auf das Vektorprodukt.

3.3.8   Das Vektorprodukt und 2×2-Determinanten

Wir kehren zurück zur Komponentendarstellung (3.19) des Vektorprodukts, die alternativ auch geschrieben werden kann als:

$$\mathbf{a} \times \mathbf{b} = (a_2 b_3 - a_3 b_2)\hat{\mathbf{e}}_1 - (a_1 b_3 - a_3 b_1)\hat{\mathbf{e}}_2 + (a_1 b_2 - a_2 b_1)\hat{\mathbf{e}}_3$$

$$= \det\begin{pmatrix} a_2 & b_2 \\ a_3 & b_3 \end{pmatrix} \hat{\mathbf{e}}_1 - \det\begin{pmatrix} a_1 & b_1 \\ a_3 & b_3 \end{pmatrix} \hat{\mathbf{e}}_2 + \det\begin{pmatrix} a_1 & b_1 \\ a_2 & b_2 \end{pmatrix} \hat{\mathbf{e}}_3 \; . \tag{3.23}$$

Offenbar können die Komponenten des Vektorprodukts auch als Determinanten von 2×2-Matrizen geschrieben werden! Da das Vektorprodukt eine geometrische Interpretation hat, kann man sich nun die gleiche Frage bzgl. der 2×2-Determinanten stellen. Um die geometrische Bedeutung einer 2×2-Determinante zu klären, betrachten wir speziell die Determinante im letzten Term in (3.23) und wählen zwei *drei*dimensionale Vektoren **a** und **b**, die aber beide in der $\hat{\mathbf{e}}_1$-$\hat{\mathbf{e}}_2$-Ebene liegen:

$$\mathbf{a} = \begin{pmatrix} a_1 \\ a_2 \\ 0 \end{pmatrix} \quad , \quad \mathbf{b} = \begin{pmatrix} b_1 \\ b_2 \\ 0 \end{pmatrix} \quad , \quad \mathbf{a} \times \mathbf{b} = \det\begin{pmatrix} a_1 & b_1 \\ a_2 & b_2 \end{pmatrix} \hat{\mathbf{e}}_3 \ .$$

Damit ist die geometrische Bedeutung dieser 2×2-Determinante bereits geklärt:

$$\left| \det\begin{pmatrix} a_1 & b_1 \\ a_2 & b_2 \end{pmatrix} \right| = |\mathbf{a} \times \mathbf{b}| = \begin{pmatrix} \text{Fläche des Parallelogramms,} \\ \text{aufgespannt durch } \mathbf{a} \text{ und } \mathbf{b} \end{pmatrix} \ ,$$

denn wenn der Betrag des Vektorprodukts geometrisch die Fläche des von **a** und **b** aufgespannten Parallelogramms darstellt, muss das Gleiche für die 2×2-Determinante gelten. Diese aufgespannte Fläche ist in Abbildung 3.14 zusammen mit den Vektoren **a** und **b** gezeichnet. Wir werden später sehen, dass es eine entsprechende geometrische Interpretation auch für 3×3- und sogar für allgemeine $n \times n$-Determinanten gibt.

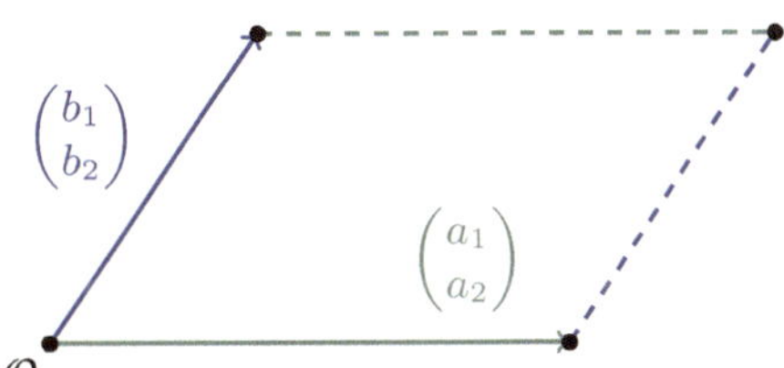

Abb. 3.14 Zur Interpretation der 2×2-Determinante

3.4 Das Spatprodukt

Wir betrachten nun ein drittes Produkt, das sich aus dreidimensionalen Vektoren bilden lässt, nämlich das sogenannte *Spatprodukt*.[10] Das Spatprodukt hat die Struktur eines Skalarprodukts eines ersten Vektors mit dem Vektorprodukt zweier anderer Vektoren und bildet somit *drei* dreidimensionale Vektoren auf eine einzelne *reelle* Zahl ab. Dieses Produkt hat seine typischen Anwendungen in der Festkörperphysik und der Elektrodynamik.

3.4.1 Definition und Eigenschaften des Spatprodukts

Wie oben bereits erläutert, ist das Spatprodukt, das wir hier als $s(\mathbf{a}, \mathbf{b}, \mathbf{c})$ bezeichnen, ein Tripelprodukt, das durch Kombination eines Skalar- und eines Vektorpro-

---

[10]Der Name „Spat" hat seinen Ursprung in der Mineralogie. Beispielsweise steht *Feldspat* für eine Gruppe Silikatminerale mit monokliner oder trikliner Kristallstruktur. Hierbei bedeutet „monoklin" bzw. „triklin", dass die Einheitszelle die Form eines Parallelepipeds hat, das entweder *nur einen Winkel* zwischen zwei Basisvektoren oder alternativ *alle drei Winkel* ungleich $\pi/2$ hat. Die englische Bezeichnung *triple product*, oder genauer: *scalar triple product*, ist deskriptiver. Neben dem *scalar triple product* gibt es auch ein *vector triple product*, womit im Wesentlichen die linke Seite von (3.20) gemeint ist.

dukts entsteht:

$$s(\mathbf{a}, \mathbf{b}, \mathbf{c}) \equiv \mathbf{a} \cdot (\mathbf{b} \times \mathbf{c}) \ . \qquad (3.24)$$

Substituieren wir für $\mathbf{b} \times \mathbf{c}$ auf der rechten Seite die Komponentendarstellung (3.18), so erhalten wir für das Spatprodukt:

$$s = (a_1 \hat{\mathbf{e}}_1 + a_2 \hat{\mathbf{e}}_2 + a_3 \hat{\mathbf{e}}_3) \cdot \sum_{ijk} \varepsilon_{ijk}\, b_j c_k\, \hat{\mathbf{e}}_i = \sum_{ijk} \varepsilon_{ijk}\, a_i b_j c_k \ . \qquad (3.25)$$

Andererseits können wir auf der rechten Seite für $\mathbf{b} \times \mathbf{c}$ auch die Komponentendarstellung (3.23) mit den 2×2-Determinanten einsetzen und erhalten für s dann den Ausdruck:

$$s \equiv (a_1 \hat{\mathbf{e}}_1 + a_2 \hat{\mathbf{e}}_2 + a_3 \hat{\mathbf{e}}_3) \cdot \left[\det\begin{pmatrix} b_2 & c_2 \\ b_3 & c_3 \end{pmatrix} \hat{\mathbf{e}}_1 - \det\begin{pmatrix} b_1 & c_1 \\ b_3 & c_3 \end{pmatrix} \hat{\mathbf{e}}_2 + \det\begin{pmatrix} b_1 & c_1 \\ b_2 & c_2 \end{pmatrix} \hat{\mathbf{e}}_3 \right] ,$$

der mit Hilfe der Identität $\hat{\mathbf{e}}_i \cdot \hat{\mathbf{e}}_j = \delta_{ij}$ weiter auf

$$\begin{aligned} s = \mathbf{a} \cdot (\mathbf{b} \times \mathbf{c}) &= a_1 \det\begin{pmatrix} b_2 & c_2 \\ b_3 & c_3 \end{pmatrix} - a_2 \det\begin{pmatrix} b_1 & c_1 \\ b_3 & c_3 \end{pmatrix} + a_3 \det\begin{pmatrix} b_1 & c_1 \\ b_2 & c_2 \end{pmatrix} \\ &\equiv \det\begin{pmatrix} a_1 & b_1 & c_1 \\ a_2 & b_2 & c_2 \\ a_3 & b_3 & c_3 \end{pmatrix} \end{aligned} \qquad (3.26)$$

vereinfacht werden kann. Im letzten Schritt wurden die 9 Zahlen $\{a_i, b_j, c_k\}$ zuerst zu einer 3×3-Matrix kombiniert, deren Determinante daraufhin durch Gleichung (3.26) *definiert* wurde. Wir fassen die bisherigen Ergebnisse für das Spatprodukt zusammen:

$$s = \mathbf{a} \cdot (\mathbf{b} \times \mathbf{c}) = \sum_{ijk} \varepsilon_{ijk}\, a_i b_j c_k = \det\begin{pmatrix} a_1 & b_1 & c_1 \\ a_2 & b_2 & c_2 \\ a_3 & b_3 & c_3 \end{pmatrix} \ . \qquad (3.27)$$

Für die konkrete Berechnung einer 3×3-Determinante ist die Relation (3.26) zu 2×2-Determinanten oft am besten geeignet. Für formale Überlegungen ist allerdings die Beziehung (3.25) zum ε-Tensor oft viel günstiger. Beispielsweise sieht man aus (3.25) mit Hilfe von $\varepsilon_{jik} = -\varepsilon_{ijk}$ sofort, dass das Spatprodukt eine *antisymmetrische* Funktion seiner Argumente ist:

$$s(\mathbf{a}, \mathbf{b}, \mathbf{c}) = -\sum_{ijk} \varepsilon_{jik}\, b_j a_i c_k = -\sum_{ijk} \varepsilon_{ijk}\, b_i a_j c_k = -s(\mathbf{b}, \mathbf{a}, \mathbf{c}) \ . \qquad (3.28)$$

Im zweiten Schritt wurden die Indizes gemäß $i \leftrightarrow j$ umbenannt. Die Antisymmetrie unter Vertauschung von $(\mathbf{a}, \mathbf{c})$ oder $(\mathbf{b}, \mathbf{c})$ zeigt man analog.

Wir zeigen anhand eines einfachen Zahlenbeispiels, wie eine 3×3-Determinante *konkret* berechnet werden kann:

$$\det \begin{pmatrix} 1 & 2 & 3 \\ 4 & 5 & 6 \\ 7 & 8 & 9 \end{pmatrix} = 1 \cdot \det \begin{pmatrix} 5 & 6 \\ 8 & 9 \end{pmatrix} - 4 \cdot \det \begin{pmatrix} 2 & 3 \\ 8 & 9 \end{pmatrix} + 7 \cdot \det \begin{pmatrix} 2 & 3 \\ 5 & 6 \end{pmatrix}$$

$$= (5 \cdot 9 - 8 \cdot 6) - 4(2 \cdot 9 - 8 \cdot 3) + 7(2 \cdot 6 - 5 \cdot 3)$$

$$= -3 - 4 \cdot (-6) + 7 \cdot (-3) = -3 + 24 - 21 = 0 \, . \tag{3.29}$$

Wichtig ist, bei der Reduktion von 3×3- auf 2×2-Determinanten zu berücksichtigen, dass der zweite Term (mit dem Vorfaktor a_2) ein negatives Vorzeichen erhält.

Die Eigenschaften der in (3.26) definierten 3×3-Determinante sind weitgehend analog zu den vorher besprochenen Eigenschaften der 2×2-Determinante, deshalb zählen wir diese hier nur kurz auf: Erstens ist eine solche 3×3-Determinante *antisymmetrisch unter Vertauschung zweier Spalten*; dies wurde bereits in (3.28) gezeigt. Zweitens ist die 3×3-Determinante *antisymmetrisch unter Vertauschung zweier Zeilen*. Drittens ist sie linear in allen drei Vektoren $\mathbf{a}$, $\mathbf{b}$ und $\mathbf{c}$ und somit insgesamt *trilinear*. Viertens ist sie gleich *null für linear abhängige Vektoren*, wobei einer der Vektoren $(\mathbf{a}, \mathbf{b}, \mathbf{c})$ als Linearkombination der beiden anderen geschrieben werden kann. Die vierte Eigenschaft folgt aus der ersten und der dritten Eigenschaft. Ein Beispiel einer Determinante, die wegen ihrer linear abhängigen Vektoren gleich null ist, findet sich in (3.29); dort gilt nämlich $\mathbf{b} = \frac{1}{2}(\mathbf{a} + \mathbf{c})$.

Aus den Eigenschaften der 3×3-Determinante folgen einige Eigenschaften des Spatprodukts. Beispielsweise ist dieses *invariant unter zyklischer Vertauschung*:

$$\mathbf{a} \cdot (\mathbf{b} \times \mathbf{c}) = \mathbf{b} \cdot (\mathbf{c} \times \mathbf{a}) = \mathbf{c} \cdot (\mathbf{a} \times \mathbf{b}) \, . \tag{3.30}$$

Diese Eigenschaft folgt sofort aus der erstgenannten Eigenschaft der 3×3-Determinante, da eine zyklische Vertauschung genau *zwei* Vertauschungen von Spalten erfordert und somit das Vorzeichen nicht ändert. Das Vorzeichen wechselt bei nichtzyklischen Vertauschungen; dies folgt ebenfalls aus der erstgenannten Eigenschaft der 3×3-Determinante oder alternativ aus der Antisymmetrie des Vektorprodukts:

$$s(\mathbf{a}, \mathbf{b}, \mathbf{c}) = \mathbf{a} \cdot (\mathbf{b} \times \mathbf{c}) = -\mathbf{a} \cdot (\mathbf{c} \times \mathbf{b}) = -s(\mathbf{a}, \mathbf{c}, \mathbf{b}) \, .$$

Die dritte Eigenschaft der Determinante, die Trilinearität, gilt offenkundig auch für das Spatprodukt, da dieses aus einem *linearen* Skalarprodukt und einem *bilinearen* Vektorprodukt aufgebaut ist. Die vierte Eigenschaft der 3×3-Determinante, dass sie null ist für linear abhängige Vektoren, impliziert für das Spatprodukt die folgende Äquivalenz:

$$\mathbf{a} \cdot (\mathbf{b} \times \mathbf{c}) = 0 \iff \mathbf{a}, \mathbf{b}, \mathbf{c} \text{ koplanar} \, .$$

Die drei Vektoren $(\mathbf{a}, \mathbf{b}, \mathbf{c})$ sind „koplanar", falls sie in einer Ebene liegen.

Das Vektorprodukt als 3×3-Determinante

Wir möchten nun kurz zwei Formeln, die wir kennengelernt haben, miteinander vergleichen und aus dem Vergleich eine einfache, kompakte Darstellung des *Vek-*

torprodukts herleiten. Einerseits wissen wir aus Gleichung (3.26), dass die 3×3-Determinante nach der ersten Spalte entwickelt werden kann:

$$\det \begin{pmatrix} a_1 & b_1 & c_1 \\ a_2 & b_2 & c_2 \\ a_3 & b_3 & c_3 \end{pmatrix} = a_1 \det \begin{pmatrix} b_2 & c_2 \\ b_3 & c_3 \end{pmatrix} - a_2 \det \begin{pmatrix} b_1 & c_1 \\ b_3 & c_3 \end{pmatrix} + a_3 \det \begin{pmatrix} b_1 & c_1 \\ b_2 & c_2 \end{pmatrix} .$$

Andererseits wissen wir aus Gleichung (3.23), dass die Komponenten des Vektorprodukts auch als Determinanten von 2×2-Matrizen geschrieben werden können:

$$\mathbf{b} \times \mathbf{c} = \hat{\mathbf{e}}_1 \det \begin{pmatrix} b_2 & c_2 \\ b_3 & c_3 \end{pmatrix} - \hat{\mathbf{e}}_2 \det \begin{pmatrix} b_1 & c_1 \\ b_3 & c_3 \end{pmatrix} + \hat{\mathbf{e}}_3 \det \begin{pmatrix} b_1 & c_1 \\ b_2 & c_2 \end{pmatrix} .$$

Die Kombination der beiden Formeln zeigt nun, dass man dass Vektorprodukt – zumindest formal – auch als 3×3-Determinante schreiben kann:

$$\boxed{\mathbf{b} \times \mathbf{c} = \det \begin{pmatrix} \hat{\mathbf{e}}_1 & b_1 & c_1 \\ \hat{\mathbf{e}}_2 & b_2 & c_2 \\ \hat{\mathbf{e}}_3 & b_3 & c_3 \end{pmatrix} ,}$$

wobei die Determinante auf der rechten Seite lediglich als kompakte Notation gedacht und durch die Entwicklung nach der ersten Spalte definiert ist. Der Vorteil dieser Notation ist primär, dass man sie sich sehr leicht merken kann.

3.4.2   Geometrische Bedeutung des Spatprodukts

Die geometrische Interpretation des Spatprodukts ist in Abbildung 3.15 illustriert. Diese Skizze zeigt, dass das Spatprodukt $\mathbf{a} \cdot (\mathbf{b} \times \mathbf{c})$ das *orientierte* Volumen des durch die Vektoren $(\mathbf{a}, \mathbf{b}, \mathbf{c})$ aufgespannten Parallelepipeds darstellt:

$$s = \mathbf{a} \cdot (\mathbf{b} \times \mathbf{c}) = \mathrm{Vol}(\mathbf{a}, \mathbf{b}, \mathbf{c})$$

$$\equiv \begin{pmatrix} \text{orientiertes Volumen des} \\ \text{Parallelepipeds } \mathbf{a}, \mathbf{b}, \mathbf{c} \end{pmatrix} .$$

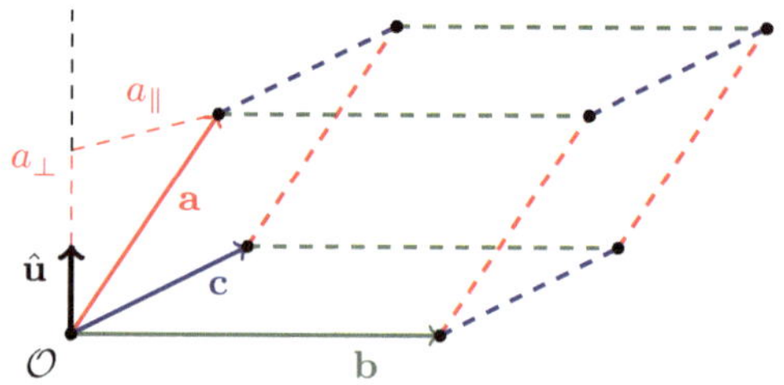

Abb. 3.15 Zur Interpretation des Spatprodukts

Hierbei ist mit dem *orientierten Volumen* gemeint, dass s gleich dem Volumen ist, falls $\mathbf{a}$ eine positive Komponente, und gleich dem *negativen* Volumen, falls $\mathbf{a}$ eine negative Komponente in $\hat{\mathbf{u}}$-Richtung hat. Hiermit sind die *Vorzeichen* von s und $\mathrm{Vol}(\mathbf{a}, \mathbf{b}, \mathbf{c})$ bereits gleich. Dass auch ihre *Beträge* gleich sind, folgt mit der Definition $|\mathbf{a} \cdot \hat{\mathbf{u}}| = a_{\perp}$ aus der Gleichungskette:

$$|\mathrm{Vol}(\mathbf{a}, \mathbf{b}, \mathbf{c})| = a_{\perp}|\mathbf{b} \times \mathbf{c}| = |\mathbf{a} \cdot \hat{\mathbf{u}}|\,|\mathbf{b} \times \mathbf{c}| = |\mathbf{a} \cdot (\mathbf{b} \times \mathbf{c})| = |s| .$$

Im zweiten Schritt wurde die Definition von $a_{\perp}$ verwendet. Der dritte Schritt basiert darauf, dass nur die Komponente von $\mathbf{a}$, parallel zu $\mathbf{b} \times \mathbf{c}$, zum Skalarprodukt beiträgt. Der letzte Schritt basiert auf der Definition (3.24) des Spatprodukts. Nur der erste Schritt ist also noch zu klären. Wir stellen zuerst fest, dass die Vektoren **b** und **c** in der **b**-**c**-Ebene ein Parallelogramm mit der Fläche $|\mathbf{b} \times \mathbf{c}|$ aufspannen. Des Weiteren hat jeder Schnitt durch das Parallelepiped, parallel zur **b**-**c**-Ebene, genau die gleiche Parallelogrammform und somit ebenfalls die Fläche $|\mathbf{b} \times \mathbf{c}|$. Folglich lässt sich bei gleichbleibendem Gesamtvolumen das Parallelepiped mit N Schnitten, alle parallel zur **b**-**c**-Ebene, in $N + 1$ identische Scheiben unterteilen, die in $\hat{\mathbf{u}}$-Richtung übereinander aufgestapelt werden können. Diese Vorgehensweise ist in den Abbildungen 3.16 und 3.17 grafisch dargestellt. Im Limes $N \to \infty$ erhält man so ein Parallelepiped (noch immer mit dem ursprünglichen Volumen), das durch die Vektoren $a_\perp \hat{\mathbf{u}}$, **b** und **c** aufgespannt ist. Dieses hat aber das Volumen $a_\perp |\mathbf{b} \times \mathbf{c}|$, und damit ist auch der erste Schritt gezeigt. Man kann dieses Argument auch sehr kurz wie folgt zusammenfassen:

$$|\text{Vol}(\mathbf{a}, \mathbf{b}, \mathbf{c})| = \int_0^{a_\perp} dx \, |\mathbf{b} \times \mathbf{c}| = a_\perp |\mathbf{b} \times \mathbf{c}| \, ,$$

wobei allerdings auf die erst in Kapitel [6] zu behandelnde *Integration* vorgegriffen wird.

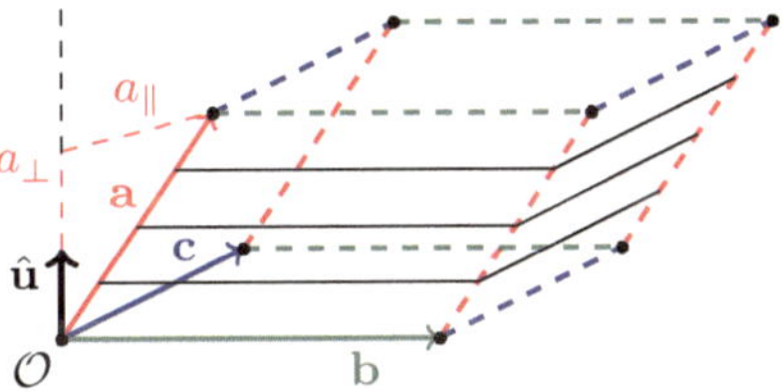

Abb. 3.16 Das Parallelepiped
aus Abb. 3.15 mit
$N = 3$ Schnitten

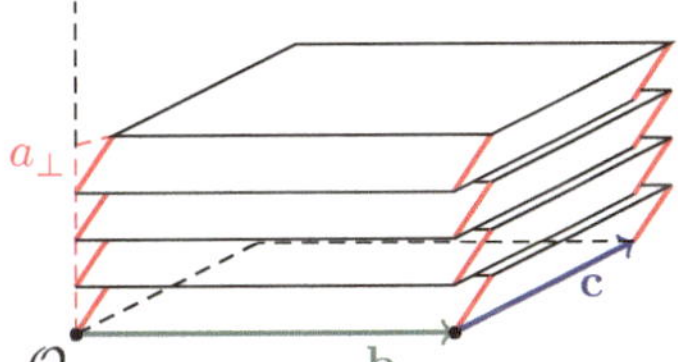

Abb. 3.17 Die vier über-
einander aufgestapelten
Scheiben aus Abb. 3.16

3.5 Lineare Gleichungssysteme – eine Einführung

Lineare Gleichungssysteme treten generell sehr häufig auf, nicht nur in den Naturwissenschaften. Manchmal stellen sie eine (nahezu) exakte Beschreibung der Realität dar, wie z.B. in der nicht-relativistischen Quantenmechanik, die grundsätzlich durch eine *lineare* Gleichung (die sogenannte *Schrödinger-Gleichung*) beschrieben wird. In Systemen, die grundsätzlich durch *nicht-lineare* Gleichungen beschrieben werden (man denke an die Ökonomie, Meteorologie, Populationsdynamik, Regeltechnik, ...) können lineare Gleichungssysteme jedoch nur approximativ gültig sein.

Die letzte Kategorie der approximativ gültigen linearen Gleichungssysteme basiert in der Regel auf einer *linearen Näherung*: Man betrachtet z.B. ein System, das sich zunächst in einer Ruhelage befindet. Dieses System kann aus gekoppelten Federn aufgebaut sein, man kann aber auch an ein Unternehmen oder eine Volkswirtschaft denken. Der „Lenker" des Systems (also der Experimentator, Manager, Politiker, ...) hat zur Steuerung des Systems m Stellschrauben zur Verfügung. Wir bezeichnen die Auslenkungen der Stellschrauben aus ihren jeweiligen Gleichgewichtslagen als $x_1, x_2, \ldots, x_m$. Um die Effekte seiner Handlungen zu bestimmen, beobachtet der „Lenker" des Systems n Messgrößen, deren Änderungen im Vergleich zur Ruhelage wir als b_1, b_2,..., b_n bezeichnen. Der Kernpunkt der linearen Näherung ist nun, dass für hinreichend *kleine* Änderungen der Einstellungen $\{x_i\}$ auch die Effekte $\{b_j\}$ *klein* sein werden, und dass beide Zahlengruppen näherungsweise *linear* voneinander abhängen; z.B. hätte man für $m = n = 3$:

$$a_{11}x_1 + a_{12}x_2 + a_{13}x_3 = b_1$$
$$a_{21}x_1 + a_{22}x_2 + a_{23}x_3 = b_2$$
$$a_{31}x_1 + a_{32}x_2 + a_{33}x_3 = b_3 \ .$$

Nehmen wir nun an, der „Lenker" kennt sein System bzw. dessen $\{a_{ij}\}$-Werte und möchte wissen, wie er die Stellschrauben $\{x_i\}$ zu drehen hat, damit er einen erwünschten Effekt $\{b_j\}$ erreicht. Wie soll er vorgehen? Hierzu müsste er das Gleichungssystem für vorgegebene $\{b_j\}$-Werte nach den $\{x_i\}$-Variablen auflösen. Funktioniert das überhaupt immer?

Diese Fragestellungen und die entsprechenden Lösungsverfahren sind allgemein Thema der linearen Algebra. Wir befassen uns hier nur mit den einfachsten Fällen, wobei stets $1 \leq m = n \leq 3$ ist. Lineare Gleichungssysteme mit bis zu zwei Unbekannten werden in diesem Abschnitt [3.5] behandelt, Systeme mit $m = n = 3$ folgen dann in Abschnitt [3.6]. Das allgemeine Verfahren für lineare Gleichungssysteme mit n Variablen wird kompakt in Abschnitt [3.7] vorgestellt.

3.5.1　Lineare Gleichungssysteme für 1 oder 2 Variable

Wir starten unsere Untersuchung linearer Gleichungssysteme mit den einfachsten Möglichkeiten, nämlich mit Systemen für entweder eine einzelne oder für zwei Variable. Hierbei ist die lineare Gleichung für *eine einzelne* Variable an sich natürlich extrem einfach:

$$a_{11}x_1 = b_1 \qquad (a_{11}, b_1 \in \mathbb{R}) \ . \tag{3.31}$$

Die Lösung lautet $x_1 = b_1/a_{11}$. Dennoch ist der eindimensionale Fall auch instruktiv, da man an der Lösung sieht, dass diese nur für $a_{11} \neq 0$ definiert ist. Für $a_{11} = 0$ ist die lineare Gleichung nur dann konsistent, wenn auch $b_1 = 0$ gilt. Ähnliche Bedingungen und Einschränkungen gelten – wie wir sehen werden – auch in allen höheren Dimensionen.

Betrachten wir nun *zwei* lineare Gleichungen für *zwei* reelle Variable x_1 und x_2, die auf der rechten Seite die reellen Inhomogenitäten b_1 und b_2 haben; auch die Koeffizienten a_{ij} mit $i, j \in \{1, 2\}$ sollen reell sein:

$$a_{11}x_1 + a_{12}x_2 = b_1 \tag{3.32}$$
$$a_{21}x_1 + a_{22}x_2 = b_2 \ . \tag{3.33}$$

Diese zwei gekoppelten Gleichungen sind sehr einfach lösbar: Multipliziert man (3.32) mit a_{21} und (3.33) mit a_{11} und zieht dann die resultierenden Gleichungen voneinander ab, so erhält man eine *ein*dimensionale lineare inhomogene Gleichung für x_2, die man wie in (3.31) lösen kann. Analog erhält man eine Gleichung vom Typ (3.31) für x_1, wenn man (3.32) mit a_{22} und (3.33) mit a_{12} multipliziert und die Resultate voneinander abzieht. Die Kombination der beiden Ergebnisse für x_1

und x_2 ergibt:

$$\begin{pmatrix} x_1 \\ x_2 \end{pmatrix} = (a_{11}a_{22} - a_{12}a_{21})^{-1} \begin{pmatrix} a_{22}b_1 - a_{12}b_2 \\ -a_{21}b_1 + a_{11}b_2 \end{pmatrix} , \tag{3.34}$$

allerdings ist diese Form der Lösung des zweidimensionalen linearen Gleichungs-systems recht ungeschickt. Man erhält eine deutlich handlichere Notation, wenn man die 2×2-*Matrix* A der Koeffizienten a_{ij} sowie die *Determinante* $\det(A)$ von A einführt:

$$\begin{pmatrix} a_{11} & a_{12} \\ a_{21} & a_{22} \end{pmatrix} \equiv A \quad , \quad a_{11}a_{22} - a_{12}a_{21} \equiv \det(A) . \tag{3.35}$$

Mit diesen Definitionen lassen sich das lineare Gleichungssystem (3.32) und (3.33) und die Lösung (3.34) kompakt wie folgt schreiben:

$$A \begin{pmatrix} x_1 \\ x_2 \end{pmatrix} = \begin{pmatrix} b_1 \\ b_2 \end{pmatrix} \quad , \quad \begin{pmatrix} x_1 \\ x_2 \end{pmatrix} = A^{-1} \begin{pmatrix} b_1 \\ b_2 \end{pmatrix} , \tag{3.36}$$

oder alternativ noch kompakter wie $A\mathbf{x} = \mathbf{b}$ bzw. $\mathbf{x} = A^{-1}\mathbf{b}$, wobei die 2×2-Matrix A^{-1} durch

$$A^{-1} = \frac{1}{\det(A)} \begin{pmatrix} a_{22} & -a_{12} \\ -a_{21} & a_{11} \end{pmatrix} \tag{3.37}$$

definiert ist. Die Notation A^{-1} rührt daher, dass diese Matrix die Wirkung der Matrix A gewissermaßen rückgängig macht: Während A den Vektor $\mathbf{x}$ auf $\mathbf{b}$ abbildet, bildet A^{-1} den Vektor $\mathbf{b}$ auf $\mathbf{x}$ ab. Wir werden die Zusammenhänge zwischen den Matrizen A und A^{-1} in Abschnitt [3.5.4] präziser formulieren. Sehr wichtig ist auf jeden Fall, dass die Matrix A^{-1} nur dann existiert und die lineare Beziehung $A\mathbf{x} = \mathbf{b}$ zwischen $\mathbf{x}$ und $\mathbf{b}$ somit nur dann umgekehrt werden kann, wenn $\det(A) \neq 0$ gilt. Dies ist die Verallgemeinerung der Bedingung $a_{11} \neq 0$ im eindimensionalen Fall.

Die Wirkung einer 2×2-Matrix auf einen zweidimensionalen Vektor wird klar, wenn man Gleichung (3.36) mit den Gleichungen (3.32), (3.33) und (3.34) vergleicht:

$$(A\mathbf{x})_i = \sum_{j=1}^{2} a_{ij}x_j = a_{ij}x_j \qquad (i = 1, 2) , \tag{3.38}$$

wobei im letzten Schritt die Summationskonvention verwendet wurde. Als Spezialfall von (3.38) betrachten wir die Wirkung der Matrix A auf die Basisvektoren $\begin{pmatrix} 1 \\ 0 \end{pmatrix} = \hat{\mathbf{e}}_1$ und $\begin{pmatrix} 0 \\ 1 \end{pmatrix} = \hat{\mathbf{e}}_2$ und stellen fest, dass das Ergebnis durch die *Spalten* der Matrix A gegeben ist:

$$A\hat{\mathbf{e}}_1 = A \begin{pmatrix} 1 \\ 0 \end{pmatrix} = \begin{pmatrix} a_{11} \\ a_{21} \end{pmatrix} \equiv \mathbf{a}_1 \, , \, A\hat{\mathbf{e}}_2 = A \begin{pmatrix} 0 \\ 1 \end{pmatrix} = \begin{pmatrix} a_{12} \\ a_{22} \end{pmatrix} \equiv \mathbf{a}_2 \, . \tag{3.39}$$

Da die Wirkung der Matrix A auf einen Vektor $\mathbf{x} = x_1\hat{\mathbf{e}}_1 + x_2\hat{\mathbf{e}}_2$ *linear* in den Variablen x_1 und x_2 ist, kann man allgemein schreiben:

$$A\mathbf{x} = A \begin{pmatrix} x_1 \\ x_2 \end{pmatrix} = x_1 \begin{pmatrix} a_{11} \\ a_{21} \end{pmatrix} + x_2 \begin{pmatrix} a_{12} \\ a_{22} \end{pmatrix} = x_1\mathbf{a}_1 + x_2\mathbf{a}_2 \, . \tag{3.40}$$

Wegen der wichtigen Rolle der Spaltenvektoren in (3.39) und (3.40) ist es hilfreich, für die Matrix A die kompakte Notation $A = (\mathbf{a}_1 \ \mathbf{a}_2)$ einzuführen. Die Linearität von A kann dann mit Hilfe der Spaltenvektoren als $(\mathbf{a}_1 \ \mathbf{a}_2)\,\mathbf{x} = x_1\mathbf{a}_1 + x_2\mathbf{a}_2$ formuliert werden. Insbesondere im dreidimensionalen Fall werden wir die analoge Notation recht häufig verwenden.

Als Spezialfall der Wirkung (3.40) einer allgemeinen Matrix A auf einen Vektor zeigen wir noch die Wirkung von

$$\begin{pmatrix} 1 & 0 \\ 0 & 1 \end{pmatrix} = (\hat{\mathbf{e}}_1 \ \hat{\mathbf{e}}_2) \equiv \mathbb{1}_2 \tag{3.41}$$

auf den beliebigen Vektor $\mathbf{x} \in \mathbb{R}^2$:

$$\mathbb{1}_2\,\mathbf{x} = (\hat{\mathbf{e}}_1 \ \hat{\mathbf{e}}_2) \begin{pmatrix} x_1 \\ x_2 \end{pmatrix} = x_1\hat{\mathbf{e}}_1 + x_2\hat{\mathbf{e}}_2 = \mathbf{x} \, .$$

Allgemein gilt also, dass die Matrix $\mathbb{1}_2$ einen Vektor $\mathbf{x}$ *invariant* lässt. Aus diesem Grund wird $\mathbb{1}_2$ als (zweidimensionale) *Einheitsmatrix* oder als die 2×2-*Identität* bezeichnet.

Die Lösung (3.34) des 2×2-Gleichungssystems (3.32) und (3.33) kann nun mit Hilfe der kompakten Notationen $\mathbf{x}$, $\mathbf{b}$, $\mathbf{a}_1$ und $\mathbf{a}_2$ bequem als

$$\boxed{\ \mathbf{x} = \frac{1}{\det(A)} \begin{pmatrix} \det(\mathbf{b} \ \mathbf{a}_2) \\ \det(\mathbf{a}_1 \ \mathbf{b}) \end{pmatrix}\ } \tag{3.42}$$

geschrieben werden, wobei z.B. $\det(\mathbf{b} \ \mathbf{a}_2)$ die Determinante der 2×2-Matrix $(\mathbf{b} \ \mathbf{a}_2)$ mit den Spaltenvektoren $\mathbf{b}$ und $\mathbf{a}_2$ bezeichnet. Die leicht zu merkende Formel (3.42) wird nach dem Genfer Mathematiker Gabriel Cramer (1704 - 1752) auch *Cramer'sche Regel* genannt. In verallgemeinerter Form gilt diese *Regel* auch für 3×3- und für höherdimensionale Gleichungssysteme.

Interessant an der Lösung (3.42) ist, dass das 2×2-Gleichungssystem offenbar nur dann für allgemeine Vektoren $\mathbf{b}$ lösbar ist, wenn die Determinante von A ungleich null ist: $\det(A) \neq 0$. Die geometrische Interpretation der Bedingung $\det(A) \neq 0$ ist, dass die allgemeine Lösbarkeit des Gleichungssystems die lineare Unabhängigkeit der Spaltenvektoren $\mathbf{a}_1$ und $\mathbf{a}_2$ in der Matrix A voraussetzt, d.h., sie sind *nicht parallel*: $\mathbf{a}_1 \nparallel \mathbf{a}_2$. Falls nun in (3.32) und (3.33) doch $\det(A) = 0$ gilt, sodass $\mathbf{a}_1$ und $\mathbf{a}_2$ parallel zueinander sind, bedeutet dies, dass der Vektor $\mathbf{b} \equiv (b_1, b_2)$ ebenfalls parallel zu $\mathbf{a}_1$ und $\mathbf{a}_2$ ausgerichtet ist: $\mathbf{b} = A\mathbf{x} = x_1\mathbf{a}_1 + x_2\mathbf{a}_2$. Im Fall $\det(A) = 0$ gibt es also zwei Möglichkeiten, die eine konsistente Lösung erlauben:

1. Sowohl $\mathbf{a}_1$ als auch $\mathbf{a}_2$ sind Nullvektoren: $\mathbf{a}_1 = \mathbf{a}_2 = \mathbf{0}$. In diesem Fall muss $\mathbf{b} = \mathbf{0}$ gelten, und jeder $\mathbf{x}$-Vektor stellt eine Lösung dar. In diesem Fall werden also beide Einheitsvektoren auf den Nullvektor abgebildet: $A\hat{\mathbf{e}}_1 = \mathbf{a}_1 = \mathbf{0}$ und $A\hat{\mathbf{e}}_2 = \mathbf{a}_2 = \mathbf{0}$.

2. Mindestens einer der beiden Vektoren $\mathbf{a}_1$ und $\mathbf{a}_2$ ist kein Nullvektor. Falls z.B. $\mathbf{a}_1 \neq \mathbf{0}$ ist, muss für irgendwelche $\lambda, \mu \in \mathbb{R}$ gelten: $\mathbf{a}_2 = \lambda\mathbf{a}_1$ und $\mathbf{b} = \mu\mathbf{a}_1$, und es folgt die Gleichung $\mu = x_1 + \lambda x_2$. Folglich wird die allgemeine Lösung für

(x_1, x_2) nun durch eine Gerade in der $\hat{\mathbf{e}}_1$–$\hat{\mathbf{e}}_2$-Ebene beschrieben. Man beachte, dass in diesem Fall der Vektor $\lambda\hat{\mathbf{e}}_1 - \hat{\mathbf{e}}_2$ auf den Nullvektor abgebildet wird: $A(\lambda\hat{\mathbf{e}}_1 - \hat{\mathbf{e}}_2) = \lambda\mathbf{a}_1 - \mathbf{a}_2 = \mathbf{0}$.

Umgekehrt bedeutet dies, dass es für $\det(A) = 0$ keine konsistente Lösung gibt, falls der Vektor $\mathbf{b}$ nicht parallel zu $\mathbf{a}_1$ und $\mathbf{a}_2$ ausgerichtet ist.

3.5.2 Matrixmultiplikation

In diesem Abschnitt behandeln und motivieren wir die Definition der *Matrixmultiplikation*, die sich in relativ natürlicher Weise aus der Schachtelung mehrerer zweidimensionaler Gleichungssysteme ergibt. Nehmen wir also an, dass wir – wie im vorigen Abschnitt – zwei lineare Gleichungen für die zwei Variablen x_1 und x_2 haben:

$$\begin{pmatrix} a_{11}x_1 + a_{12}x_2 \\ a_{21}x_1 + a_{22}x_2 \end{pmatrix} = A\begin{pmatrix} x_1 \\ x_2 \end{pmatrix} = \begin{pmatrix} b_1 \\ b_2 \end{pmatrix} \quad , \quad A \equiv \begin{pmatrix} a_{11} & a_{12} \\ a_{21} & a_{22} \end{pmatrix} ,$$

und außerdem, dass die Variablen $\mathbf{x} = \left(\begin{smallmatrix} x_1 \\ x_2 \end{smallmatrix}\right)$ linear von zwei weiteren reellen Variablen $\mathbf{y} = \left(\begin{smallmatrix} y_1 \\ y_2 \end{smallmatrix}\right)$ abhängig sind:

$$\begin{pmatrix} x_1 \\ x_2 \end{pmatrix} = \begin{pmatrix} b_{11}y_1 + b_{12}y_2 \\ b_{21}y_1 + b_{22}y_2 \end{pmatrix} = \begin{pmatrix} b_{11} & b_{12} \\ b_{21} & b_{22} \end{pmatrix}\begin{pmatrix} y_1 \\ y_2 \end{pmatrix} \equiv B\begin{pmatrix} y_1 \\ y_2 \end{pmatrix} \quad , \quad B \equiv \begin{pmatrix} b_{11} & b_{12} \\ b_{21} & b_{22} \end{pmatrix} ,$$

dann wird das Matrixprodukt AB durch die Konsistenzbedingung „A nach B angewandt soll AB ergeben" definiert:

$$\boxed{(AB)\begin{pmatrix} y_1 \\ y_2 \end{pmatrix} \equiv A\begin{pmatrix} x_1 \\ x_2 \end{pmatrix} = A\left[B\begin{pmatrix} y_1 \\ y_2 \end{pmatrix}\right] \qquad \forall \begin{pmatrix} y_1 \\ y_2 \end{pmatrix} \in \mathbb{R}^2 .} \qquad (3.43)$$

Wichtig ist, dass diese Gleichung für alle $\mathbf{y} = \left(\begin{smallmatrix} y_1 \\ y_2 \end{smallmatrix}\right) \in \mathbb{R}^2$ gelten soll. Setzt man nun die einzelnen Matrizen B und A sukzessive in (3.43) ein, so erhält man einen expliziten Ausdruck für das Matrixprodukt AB:

$$\begin{aligned} (AB)\begin{pmatrix} y_1 \\ y_2 \end{pmatrix} &= A\left[B\begin{pmatrix} y_1 \\ y_2 \end{pmatrix}\right] = A\begin{pmatrix} b_{11}y_1 + b_{12}y_2 \\ b_{21}y_1 + b_{22}y_2 \end{pmatrix} \\ &= \begin{pmatrix} a_{11}(b_{11}y_1 + b_{12}y_2) + a_{12}(b_{21}y_1 + b_{22}y_2) \\ a_{21}(b_{11}y_1 + b_{12}y_2) + a_{22}(b_{21}y_1 + b_{22}y_2) \end{pmatrix} \\ &= \begin{pmatrix} a_{11}b_{11} + a_{12}b_{21} & a_{11}b_{12} + a_{12}b_{22} \\ a_{21}b_{11} + a_{22}b_{21} & a_{21}b_{12} + a_{22}b_{22} \end{pmatrix}\begin{pmatrix} y_1 \\ y_2 \end{pmatrix} . \end{aligned}$$

Der Vergleich der linken und rechten Seite dieser Gleichungskette ergibt als Resultat für das Matrixprodukt AB:

$$AB = \begin{pmatrix} a_{11}b_{11} + a_{12}b_{21} & a_{11}b_{12} + a_{12}b_{22} \\ a_{21}b_{11} + a_{22}b_{21} & a_{21}b_{12} + a_{22}b_{22} \end{pmatrix}$$

und daher für seine Komponenten:

$$\boxed{(AB)_{ij} = a_{i1}b_{1j} + a_{i2}b_{2j} = \sum_{k=1,2} a_{ik}b_{kj} \qquad (i,j \in \{1,2\}) .} \qquad (3.44)$$

Die letzte Gleichung zeigt, dass die Bildung des Matrixprodukts grundsätzlich nach einem sehr einfachen Rezept erfolgt.

Man kann die Struktur der Matrixmultiplikation auch durch „Einfärben" der Zeilen- bzw. Spaltenvektoren der Matrizen A und B zeigen. Hierzu färben wir die *Zeilen* von A rot bzw. blau und die *Spalten* von B grün bzw. braun:

$$\begin{pmatrix} a_{11} & a_{12} \\ a_{21} & a_{22} \end{pmatrix} \begin{pmatrix} b_{11} & b_{12} \\ b_{21} & b_{22} \end{pmatrix} = \begin{pmatrix} a_{11}b_{11} + a_{12}b_{21} & a_{11}b_{12} + a_{12}b_{22} \\ a_{21}b_{11} + a_{22}b_{21} & a_{21}b_{12} + a_{22}b_{22} \end{pmatrix} . \tag{3.45}$$

Wir sehen, dass die Matrixmultiplikation durch Bildung von *Skalarprodukten* erfolgt: Die (12)-Komponente des Matrixprodukts hat die Form eines Skalarprodukts der *ersten Zeile* von A und der *zweiten Spalte* von B, und allgemeiner ist die (ij)-Komponente des Matrixprodukts durch das Skalarprodukt der i-ten Zeile von A und der j-ten Spalte von B gegeben.

Beispiele

Als erstes konkretes Beispiel für die Wirkung der Matrixmultiplikation betrachten wir:

$$\begin{pmatrix} 1 & 2 \\ 3 & 4 \end{pmatrix} \begin{pmatrix} 5 & 6 \\ 7 & 8 \end{pmatrix} = \begin{pmatrix} 1\cdot 5 + 2\cdot 7 & 1\cdot 6 + 2\cdot 8 \\ 3\cdot 5 + 4\cdot 7 & 3\cdot 6 + 4\cdot 8 \end{pmatrix} = \begin{pmatrix} 19 & 22 \\ 43 & 50 \end{pmatrix} .$$

Als zweites Beispiel vergleichen wir *zwei* Matrixprodukte miteinander, die sich dadurch unterscheiden, dass die Reihenfolge der zu multiplizierenden Matrizen vertauscht ist. Da die Produkte *nicht* gleich sind, müssen wir schließen, dass die Matrixmultiplikation i.A. *nicht kommutativ* ist:

$$\begin{pmatrix} 0 & 1 \\ 1 & 0 \end{pmatrix} \begin{pmatrix} 1 & 0 \\ 0 & -1 \end{pmatrix} = \begin{pmatrix} 0 & -1 \\ 1 & 0 \end{pmatrix} \neq \begin{pmatrix} 0 & 1 \\ -1 & 0 \end{pmatrix} = \begin{pmatrix} 1 & 0 \\ 0 & -1 \end{pmatrix} \begin{pmatrix} 0 & 1 \\ 1 & 0 \end{pmatrix} .$$

Im Allgemeinen gilt also bei der Matrixmultiplikation $AB \neq BA$! Diese Nichtkommutativität der Matrixmultiplikation gilt übrigens nicht nur für 2×2-Matrizen, sondern für beliebige $n \times n$-Matrizen mit $n \geq 2$.

Als drittes Beispiel betrachten wir eine allgemeine Matrix A, die mit der in (3.41) definierten sogenannten *Einheits*matrix $B = \mathbb{1}_2$ multipliziert wird:

$$A \equiv \begin{pmatrix} a_{11} & a_{12} \\ a_{21} & a_{22} \end{pmatrix} \quad , \quad B \equiv \mathbb{1}_2 = \begin{pmatrix} 1 & 0 \\ 0 & 1 \end{pmatrix} .$$

Für das Matrixprodukt AB erhalten wir:

$$A\mathbb{1}_2 = \begin{pmatrix} a_{11}\cdot 1 + a_{12}\cdot 0 & a_{11}\cdot 0 + a_{12}\cdot 1 \\ a_{21}\cdot 1 + a_{22}\cdot 0 & a_{21}\cdot 0 + a_{22}\cdot 1 \end{pmatrix} = \begin{pmatrix} a_{11} & a_{12} \\ a_{21} & a_{22} \end{pmatrix} = A ,$$

und analog gilt auch $\mathbb{1}_2 A = A$. Wir stellen also fest, dass die Einheitsmatrix $\mathbb{1}_2$ auch Matrizen invariant lässt: $A\mathbb{1}_2 = \mathbb{1}_2 A = A$. Dies unterstützt noch einmal die Wahl der Bezeichnung „Einheitsmatrix". An diesem Beispiel sieht man übrigens, dass die Matrixmultiplikation *in Spezialfällen* durchaus kommutativ sein *kann*.

Als weiteres, etwas allgemeineres Beispiel für die Wirkung der Matrixmultiplikation untersuchen wir im nächsten Abschnitt [3.5.4] die Konsequenzen der Multiplikationsregeln (3.44) für die Matrix A^{-1} in Gleichung (3.37). Danach diskutieren wir *Drehungen* und auch *komplexe Zahlen* als 2×2-Matrizen. Zuerst präsentieren wir jedoch eine (nicht nur für Matrixprodukte) sehr nützlliche Notation: die sogenannte *Transposition*.

3.5.3   Zeilen- und Spaltenvektoren: die Transposition

Gleichung (3.45) zeigt bereits, dass die Komponenten eines Matrixprodukts durch *Skalar*produkte von jeweils einem *Zeilen-* und einem *Spalten*vektor erzeugt werden. Hier zeigen wir, wie man diese Einsicht alternativ auch als kompakte Formel darstellen kann.

Transposition von Vektoren: Spaltenvektoren *„stehen"* und Zeilenvektoren *„liegen"*, sodass man die einen durch eine *Spiegelung* an der *Haupt*diagonalen (von links oben nach rechts unten) aus den anderen erhalten kann. Bezeichnet man diese Spiegelung an der Diagonalen mit Hilfe des Buchstabens „T", so lautet die allgemeine Definition dieser sogenannten *Transposition* für zweidimensionale Vektoren:

$$\begin{pmatrix} a & b \end{pmatrix}^{\mathrm{T}} = \begin{pmatrix} a \\ b \end{pmatrix} \quad , \quad \begin{pmatrix} a \\ b \end{pmatrix}^{\mathrm{T}} = \begin{pmatrix} a & b \end{pmatrix} \, . \tag{3.46}$$

Aus einem Zeilenvektor wird so durch Transposition in der Tat ein Spaltenvektor und umgekehrt. Zweimalige Spiegelung eines Vektors an der Diagonalen ergibt wieder den ursprünglichen Vektor:

$$\left[\begin{pmatrix} a & b \end{pmatrix}^{\mathrm{T}} \right]^{\mathrm{T}} = \begin{pmatrix} a & b \end{pmatrix} \quad , \quad \left[\begin{pmatrix} a \\ b \end{pmatrix}^{\mathrm{T}} \right]^{\mathrm{T}} = \begin{pmatrix} a \\ b \end{pmatrix} \, .$$

Hieraus folgt, dass die Transposition ein weiteres Beispiel einer *Dualitätstransformation* ist, die bei zweimaliger Anwendung gleich der Identität ist. Wir wenden diese Notation nun auf die Matrixmultiplikation (3.45) an. Definieren wir neben den *Spalten*vektoren:

$$\mathbf{a}_1 = \begin{pmatrix} a_{11} \\ a_{21} \end{pmatrix} \quad , \quad \mathbf{a}_2 = \begin{pmatrix} a_{12} \\ a_{22} \end{pmatrix} \quad , \quad \mathbf{b}_1 = \begin{pmatrix} b_{11} \\ b_{21} \end{pmatrix} \quad , \quad \mathbf{b}_2 = \begin{pmatrix} b_{12} \\ b_{22} \end{pmatrix}$$

auch noch die Vektoren

$$\boldsymbol{\alpha}_1 = \begin{pmatrix} a_{11} \\ a_{12} \end{pmatrix} \quad , \quad \boldsymbol{\alpha}_2 = \begin{pmatrix} a_{21} \\ a_{22} \end{pmatrix} \quad , \quad \boldsymbol{\beta}_1 = \begin{pmatrix} b_{11} \\ b_{12} \end{pmatrix} \quad , \quad \boldsymbol{\beta}_2 = \begin{pmatrix} b_{21} \\ b_{22} \end{pmatrix} ,$$

dann können die *Zeilen*vektoren der Matrizen A und B kompakt als

$$\boldsymbol{\alpha}_1^{\mathrm{T}} \equiv \begin{pmatrix} a_{11} & a_{12} \end{pmatrix} \quad , \quad \boldsymbol{\beta}_1^{\mathrm{T}} \equiv \begin{pmatrix} b_{11} & b_{12} \end{pmatrix}$$
$$\boldsymbol{\alpha}_2^{\mathrm{T}} \equiv \begin{pmatrix} a_{21} & a_{22} \end{pmatrix} \quad , \quad \boldsymbol{\beta}_2^{\mathrm{T}} \equiv \begin{pmatrix} b_{21} & b_{22} \end{pmatrix}$$

und die Matrizen A und B selbst als

$$\begin{pmatrix} \mathbf{a}_1 & \mathbf{a}_2 \end{pmatrix} = \begin{pmatrix} a_{11} & a_{12} \\ a_{21} & a_{22} \end{pmatrix} = \begin{pmatrix} \boldsymbol{\alpha}_1^{\mathrm{T}} \\ \boldsymbol{\alpha}_2^{\mathrm{T}} \end{pmatrix} \quad , \quad \begin{pmatrix} \mathbf{b}_1 & \mathbf{b}_2 \end{pmatrix} = \begin{pmatrix} b_{11} & b_{12} \\ b_{21} & b_{22} \end{pmatrix} = \begin{pmatrix} \boldsymbol{\beta}_1^{\mathrm{T}} \\ \boldsymbol{\beta}_2^{\mathrm{T}} \end{pmatrix}$$

dargestellt werden. Die Matrixmultiplikation AB kann dann als

$$AB = \begin{pmatrix} \boldsymbol{\alpha}_1^{\mathrm{T}} \\ \boldsymbol{\alpha}_2^{\mathrm{T}} \end{pmatrix} (\mathbf{b}_1 \ \mathbf{b}_2) = \begin{pmatrix} \boldsymbol{\alpha}_1 \cdot \mathbf{b}_1 & \boldsymbol{\alpha}_1 \cdot \mathbf{b}_2 \\ \boldsymbol{\alpha}_2 \cdot \mathbf{b}_1 & \boldsymbol{\alpha}_2 \cdot \mathbf{b}_2 \end{pmatrix}$$

und die Multiplikation BA als

$$BA = \begin{pmatrix} \boldsymbol{\beta}_1^{\mathrm{T}} \\ \boldsymbol{\beta}_2^{\mathrm{T}} \end{pmatrix} (\mathbf{a}_1 \ \mathbf{a}_2) = \begin{pmatrix} \boldsymbol{\beta}_1 \cdot \mathbf{a}_1 & \boldsymbol{\beta}_1 \cdot \mathbf{a}_2 \\ \boldsymbol{\beta}_2 \cdot \mathbf{a}_1 & \boldsymbol{\beta}_2 \cdot \mathbf{a}_2 \end{pmatrix}$$

geschrieben werden. Beide Matrixprodukte haben nun manifest *Skalarprodukte* als ihre Matrixelemente. Auch die Wirkung einer Matrix A auf einen allgemeinen *Vektor* $\mathbf{x} \in \mathbb{R}^2$ kann mit Hilfe der Transposition wie folgt kompakt geschrieben:

$$A\mathbf{x} = \begin{pmatrix} a_{11} & a_{12} \\ a_{21} & a_{22} \end{pmatrix} \begin{pmatrix} x_1 \\ x_2 \end{pmatrix} = \begin{pmatrix} \boldsymbol{\alpha}_1^{\mathrm{T}} \\ \boldsymbol{\alpha}_2^{\mathrm{T}} \end{pmatrix} \mathbf{x} = \begin{pmatrix} \boldsymbol{\alpha}_1 \cdot \mathbf{x} \\ \boldsymbol{\alpha}_2 \cdot \mathbf{x} \end{pmatrix}$$

und somit auf die Berechnung von *Skalarprodukten* zurückgeführt werden.

Transposition von Matrizen: Auch *Matrizen* können durch Spiegelung an der Diagonalen *transponiert* werden. Man kennzeichnet die Transposition wieder mit Hilfe des Buchstabens „T" und definiert für 2×2-Matrizen:

$$A^{\mathrm{T}} = \begin{pmatrix} a_{11} & a_{12} \\ a_{21} & a_{22} \end{pmatrix}^{\mathrm{T}} \equiv \begin{pmatrix} a_{11} & a_{21} \\ a_{12} & a_{22} \end{pmatrix} = \begin{pmatrix} \mathbf{a}_1^{\mathrm{T}} \\ \mathbf{a}_2^{\mathrm{T}} \end{pmatrix} = (\boldsymbol{\alpha}_1 \ \boldsymbol{\alpha}_2) \ . \tag{3.47}$$

Auch hier handelt es sich wieder um eine Dualitätstransformation, da die *zweifache* Transposition eine Matrix invariant lässt: $\left(A^{\mathrm{T}}\right)^{\mathrm{T}} = A$. Die Determinante einer 2×2-Matrix ändert sich unter einer Transposition nicht:

$$\det(A^{\mathrm{T}}) = a_{11}a_{22} - a_{12}a_{21} = a_{11}a_{22} - a_{21}a_{12} = \det(A) \ .$$

Wendet man die Transposition auf ein Matrix*produkt* an, erhält man die Gleichungskette

$$(AB)^{\mathrm{T}} = \begin{pmatrix} \boldsymbol{\alpha}_1 \cdot \mathbf{b}_1 & \boldsymbol{\alpha}_1 \cdot \mathbf{b}_2 \\ \boldsymbol{\alpha}_2 \cdot \mathbf{b}_1 & \boldsymbol{\alpha}_2 \cdot \mathbf{b}_2 \end{pmatrix}^{\mathrm{T}} = \begin{pmatrix} \boldsymbol{\alpha}_1 \cdot \mathbf{b}_1 & \boldsymbol{\alpha}_2 \cdot \mathbf{b}_1 \\ \boldsymbol{\alpha}_1 \cdot \mathbf{b}_2 & \boldsymbol{\alpha}_2 \cdot \mathbf{b}_2 \end{pmatrix}$$

$$= \begin{pmatrix} \mathbf{b}_1 \cdot \boldsymbol{\alpha}_1 & \mathbf{b}_1 \cdot \boldsymbol{\alpha}_2 \\ \mathbf{b}_2 \cdot \boldsymbol{\alpha}_1 & \mathbf{b}_2 \cdot \boldsymbol{\alpha}_2 \end{pmatrix} = \begin{pmatrix} \mathbf{b}_1^{\mathrm{T}} \\ \mathbf{b}_2^{\mathrm{T}} \end{pmatrix} (\boldsymbol{\alpha}_1 \ \boldsymbol{\alpha}_2) = B^{\mathrm{T}} A^{\mathrm{T}} \ ,$$

sodass die Transposition die *Reihenfolge* der Matrixmultiplikation *umkehrt*:

$$(AB)^{\mathrm{T}} = B^{\mathrm{T}} A^{\mathrm{T}} \ .$$

Bei der Herleitung wurden die Symmetrie des Skalarprodukts sowie die Definition (3.47) der Matrixtransposition verwendet.

3.5.4 Die inverse Matrix

Die Multiplikation zweier 2×2-Matrizen wurde allgemein in (3.43) definiert; das konkrete Ergebnis dieser Definition findet sich in (3.44). Wir untersuchen nun die Konsequenzen dieser Regeln für die mit einer vorgegebenen Matrix A assoziierte Matrix A^{-1}, die in den Gleichungen (3.36) und (3.37) eingeführt wurde. Insbesondere werden wir im Folgenden zeigen, dass die Matrix A^{-1} die Eigenschaften

$$A^{-1}A = AA^{-1} = \begin{pmatrix} 1 & 0 \\ 0 & 1 \end{pmatrix} \equiv \mathbb{1}_2 \tag{3.48}$$

besitzt. Die Beziehung $A^{-1}A = AA^{-1} = \mathbb{1}_2$ ist sehr wichtig, denn sie bedeutet in Worten, dass das Produkt der Matrizen A und A^{-1} gleich der 2×2-Einheitsmatrix $\mathbb{1}_2$ ist. Dementsprechend werden wir A^{-1} im Folgenden als die *Inverse* der Matrix A bezeichnen. Aus Gleichung (3.37) ist ersichtlich, dass die inverse Matrix A^{-1} nur dann existiert, wenn $\det(A) \neq 0$ gilt.

Wir beginnen mit dem Produkt $A^{-1}A$ und berechnen dies nach dem in (3.44) angegebenen Schema, wobei zu bedenken ist, dass die Determinante von A, wie aus (3.35) ersichtlich, gemäß $a_{11}a_{22} - a_{12}a_{21} = \det(A)$ definiert ist. Es folgt:

$$\begin{aligned} A^{-1}A &= \frac{1}{\det(A)} \begin{pmatrix} a_{22} & -a_{12} \\ -a_{21} & a_{11} \end{pmatrix} \begin{pmatrix} a_{11} & a_{12} \\ a_{21} & a_{22} \end{pmatrix} \\ &= \frac{1}{\det(A)} \begin{pmatrix} \det(A) & 0 \\ 0 & \det(A) \end{pmatrix} = \begin{pmatrix} 1 & 0 \\ 0 & 1 \end{pmatrix} = \mathbb{1}_2 \,. \end{aligned}$$

Vollkommen analog erhält man für das Produkt AA^{-1}:

$$\begin{aligned} AA^{-1} &= \frac{1}{\det(A)} \begin{pmatrix} a_{11} & a_{12} \\ a_{21} & a_{22} \end{pmatrix} \begin{pmatrix} a_{22} & -a_{12} \\ -a_{21} & a_{11} \end{pmatrix} \\ &= \frac{1}{\det(A)} \begin{pmatrix} \det(A) & 0 \\ 0 & \det(A) \end{pmatrix} = \begin{pmatrix} 1 & 0 \\ 0 & 1 \end{pmatrix} = \mathbb{1}_2 \,. \end{aligned}$$

Die Kombination der beiden Ergebnisse zeigt, dass in der Tat die Identität (3.48) gilt. Wenn die Matrix A also den Vektor $\mathbf{x}$ auf den Vektor $\mathbf{b}$ abbildet, dann ist die wesentliche Eigenschaft der Inversen A^{-1}, dass sie umgekehrt $\mathbf{b}$ auf $\mathbf{x}$ abbildet:

$$A^{-1}\begin{pmatrix} b_1 \\ b_2 \end{pmatrix} = A^{-1}\left[A\begin{pmatrix} x_1 \\ x_2 \end{pmatrix}\right] = (A^{-1}A)\begin{pmatrix} x_1 \\ x_2 \end{pmatrix} = \begin{pmatrix} 1 & 0 \\ 0 & 1 \end{pmatrix}\begin{pmatrix} x_1 \\ x_2 \end{pmatrix} = \begin{pmatrix} x_1 \\ x_2 \end{pmatrix}$$

und insofern in der Tat die Wirkung von A rückgängig macht, zumindest falls $\det(A) \neq 0$ gilt.

Transponiert man die Beziehung (3.48) mit Hilfe der Eigenschaft $(AB)^{\mathrm{T}} = B^{\mathrm{T}}A^{\mathrm{T}}$ der Matrixmultiplikation, erhält man $A^{\mathrm{T}}(A^{-1})^{\mathrm{T}} = (A^{-1})^{\mathrm{T}}A^{\mathrm{T}} = \mathbb{1}_2$, sodass die inverse Matrix $(A^{\mathrm{T}})^{-1}$ von A^{T} durch $(A^{-1})^{\mathrm{T}}$ gegeben ist:

$$(A^{\mathrm{T}})^{-1} = (A^{-1})^{\mathrm{T}} \,.$$

Wegen $\det(A^{\mathrm{T}}) = \det(A)$ ist A^{T} invertierbar, falls dies für A gilt.

Beispiel: Ein einfaches Beispiel für die Berechnung einer inversen Matrix A^{-1} ist

$$A = \begin{pmatrix} 1 & 2 \\ 3 & 4 \end{pmatrix} \quad , \quad A^{-1} = \frac{1}{\det(A)} \begin{pmatrix} 4 & -2 \\ -3 & 1 \end{pmatrix} = \begin{pmatrix} -2 & 1 \\ \frac{3}{2} & -\frac{1}{2} \end{pmatrix} ,$$

wobei verwendet wurde, dass in diesem Falle $\det(A) = 1 \cdot 4 - 2 \cdot 3 = -2$ gilt. Analog erhält man für die inverse Matrix $(A^{\mathrm{T}})^{-1}$ der *transponierten* Matrix A^{T}:

$$A^{\mathrm{T}} = \begin{pmatrix} 1 & 3 \\ 2 & 4 \end{pmatrix} \quad , \quad (A^{\mathrm{T}})^{-1} = \frac{1}{\det(A^{\mathrm{T}})} \begin{pmatrix} 4 & -3 \\ -2 & 1 \end{pmatrix} = \begin{pmatrix} -2 & \frac{3}{2} \\ 1 & -\frac{1}{2} \end{pmatrix} ,$$

wobei $\det(A^{\mathrm{T}}) = \det(A) = -2$ verwendet wurde. Wir stellen fest, dass in diesem Beispiel in der Tat $(A^{\mathrm{T}})^{-1} = (A^{-1})^{\mathrm{T}}$ gilt.

3.5.5 Spezialfall der 2×2-Matrix: Drehungen

Als weiteres Beispiel einer 2×2-Matrix betrachten wir die Drehungen $A(\varphi)$ um einen Winkel φ in der $\hat{\mathbf{e}}_1$-$\hat{\mathbf{e}}_2$-Ebene. Solche Drehungen sind in Abbildung 3.18 grafisch dargestellt. Da bei einer Drehung um φ der Einheitsvektor $\hat{\mathbf{e}}_1$ auf $\begin{pmatrix} \cos(\varphi) \\ \sin(\varphi) \end{pmatrix}$ und analog $\hat{\mathbf{e}}_2$ auf $\begin{pmatrix} -\sin(\varphi) \\ \cos(\varphi) \end{pmatrix}$ abgebildet wird, sind somit die beiden Spaltenvektoren $\mathbf{a}_1$ und $\mathbf{a}_2$ der Drehmatrix $A(\varphi)$ schon bekannt, die ja laut (3.39) die Bilder $A\hat{\mathbf{e}}_1$ und $A\hat{\mathbf{e}}_2$ der Einheitsvektoren darstellen. Das Resultat ist:

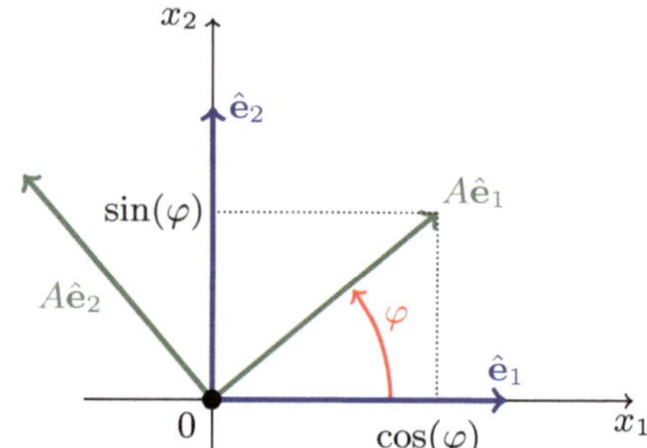

Abb. 3.18 Zweidimensionale Drehungen

$$A = \begin{pmatrix} \cos(\varphi) & -\sin(\varphi) \\ \sin(\varphi) & \cos(\varphi) \end{pmatrix} . \tag{3.49}$$

Intuitiv erwartet man, dass die Determinante von A gleich eins ist, da diese geometrisch gleich der Fläche des von $A\hat{\mathbf{e}}_1$ und $A\hat{\mathbf{e}}_2$ aufgespannten Parallelogramms sein soll, und tatsächlich erhält man:

$$\det(A) = a_{11}a_{22} - a_{12}a_{21} = \cos^2(\varphi) + \sin^2(\varphi) = 1 .$$

Die *Inverse* der Drehmatrix A ist nun laut (3.37) gegeben durch

$$A^{-1} = \frac{1}{\det(A)} \begin{pmatrix} \cos(\varphi) & \sin(\varphi) \\ -\sin(\varphi) & \cos(\varphi) \end{pmatrix} = \begin{pmatrix} \cos(\varphi) & \sin(\varphi) \\ -\sin(\varphi) & \cos(\varphi) \end{pmatrix} , \tag{3.50}$$

und dies heißt kurzgefasst: $A^{-1}(\varphi) = A(-\varphi)$. Die Bedeutung dieses Ergebnisses ist schlichtweg, dass die Inverse einer Drehung um einen Winkel φ durch eine *Rück*drehung um $-\varphi$ gegeben ist.

Es ist instruktiv, *mehrere* Drehungen hintereinander anzuwenden. Geometrisch ist klar, dass eine *erste* Drehung um ψ, gefolgt von einer *zweiten* um φ, insgesamt eine Drehung um $\varphi + \psi$ ergibt. Folglich muss für das Produkt der Drehungen um ψ und φ gelten: $A(\varphi + \psi) = A(\varphi)A(\psi)$, d.h. nach Gleichung (3.49):

$$\begin{pmatrix} \cos(\varphi + \psi) & -\sin(\varphi + \psi) \\ \sin(\varphi + \psi) & \cos(\varphi + \psi) \end{pmatrix} = \begin{pmatrix} \cos(\varphi) & -\sin(\varphi) \\ \sin(\varphi) & \cos(\varphi) \end{pmatrix} \begin{pmatrix} \cos(\psi) & -\sin(\psi) \\ \sin(\psi) & \cos(\psi) \end{pmatrix} .$$

Führt man die Matrixmultiplikation auf der rechten Seite nun explizit durch, so erhält man zwei Gleichungen:

$$\cos(\varphi + \psi) = \cos(\varphi)\cos(\psi) - \sin(\varphi)\sin(\psi)$$
$$\sin(\varphi + \psi) = \sin(\varphi)\cos(\psi) + \cos(\varphi)\sin(\psi) ,$$

die wir bereits als die *Additionsformeln* für die Sinus- und Kosinusfunktionen aus Kapitel [1] kennen [s. (1.53) und (1.54)]. Im Spezialfall $\varphi = \psi$ reduzieren sie sich auf die ebenfalls bereits bekannten *Verdopplungsformeln* (1.57) und (1.56) für den Sinus und den Kosinus.

Außerdem ist interessant, dass die inverse Drehmatrix $A^{-1}(\varphi)$ in (3.50) aus der Matrix $A(\varphi)$ in (3.49) durch Spiegelung an der Diagonalen („Transposition") erhalten werden kann. Für 2×2-Drehungen gilt nämlich:

$$A^{-1}(\varphi) = \begin{pmatrix} \cos(\varphi) & \sin(\varphi) \\ -\sin(\varphi) & \cos(\varphi) \end{pmatrix} = \begin{pmatrix} \cos(\varphi) & -\sin(\varphi) \\ \sin(\varphi) & \cos(\varphi) \end{pmatrix}^{\mathrm{T}} = [A(\varphi)]^{\mathrm{T}} .$$

Die Eigenschaft $AA^{\mathrm{T}} = A^{\mathrm{T}}A = \mathbb{1}_2$, die wir hier bislang nur für *zwei*dimensionale Drehungen nachgewiesen haben, ist fundamental wichtig und kann sogar als *Definition* allgemeiner Drehungen verwendet werden.

3.5.6 Komplexe Zahlen als 2×2-Matrizen

Wir möchten hier zeigen, dass es eine sehr enge Beziehung zwischen den 2×2-Drehungen und den *komplexen Zahlen* gibt. Wir erinnern daran, dass eine komplexe Zahl die Form $z = u + vi$ hat und durch einen Realteil u und einen Imaginärteil v (mit $u, v \in \mathbb{R}$) charakterisiert wird. Bezüglich der Addition, der Multiplikation und der Bildung einer Inversen haben diese komplexen Zahlen die folgenden Eigenschaften:

$$z_1 + z_2 = (u_1 + u_2) + (v_1 + v_2)i \quad , \quad z^{-1} = \frac{1}{u^2 + v^2}(u - vi) \quad (z \neq 0)$$
$$z_1 z_2 = (u_1 u_2 - v_1 v_2) + (u_1 v_2 + v_1 u_2)i .$$

Mit jeder komplexen Zahl $z = u + vi$ assoziieren wir nun wie folgt eine 2×2-Matrix $\mathcal{Z}(z)$:

$$\mathcal{Z}(z) \equiv \begin{pmatrix} u & -v \\ v & u \end{pmatrix} = u\mathbb{1}_2 + v\begin{pmatrix} 0 & -1 \\ 1 & 0 \end{pmatrix} \quad , \quad \begin{pmatrix} 0 & -1 \\ 1 & 0 \end{pmatrix}^2 = -\mathbb{1}_2 ,$$

wobei die 2×2 Einheitsmatrix $\mathbb{1}_2$ in (3.48) definiert wurde. Wir zeigen im Folgenden, dass die Matrizen $\mathcal{Z}(z)$ sich bei der Addition, der Multiplikation und der Bildung einer Inversen genauso wie komplexe Zahlen z verhalten.

Zuerst wählen wir zwei beliebige komplexe Zahlen $z_1 = u_1 + v_1 i$ und $z_2 = u_2 + v_2 i$ und bilden die *Summe* der entsprechenden 2×2-Matrizen:

$$\mathcal{Z}(z_1) + \mathcal{Z}(z_2) = \begin{pmatrix} u_1 & -v_1 \\ v_1 & u_1 \end{pmatrix} + \begin{pmatrix} u_2 & -v_2 \\ v_2 & u_2 \end{pmatrix}$$

$$= \begin{pmatrix} u_1 + u_2 & -(v_1 + v_2) \\ v_1 + v_2 & u_1 + u_2 \end{pmatrix} = \mathcal{Z}(z_1 + z_2) \, .$$

Wir stellen fest, dass diese Summe genau der Matrix $\mathcal{Z}(z_1 + z_2)$ entspricht, sodass die der Summe zweier komplexer Zahlen zugeordnete Matrix offenbar gleich der Summe der jeweiligen Matrizen ist! Analog erhält man für das *Produkt* der zu z_1 und z_2 gehörigen Matrizen:

$$\mathcal{Z}(z_1)\mathcal{Z}(z_2) = \left[u_1 \mathbb{1}_2 + v_1 \begin{pmatrix} 0 & -1 \\ 1 & 0 \end{pmatrix} \right] \left[u_2 \mathbb{1}_2 + v_2 \begin{pmatrix} 0 & -1 \\ 1 & 0 \end{pmatrix} \right]$$

$$= (u_1 u_2 - v_1 v_2)\mathbb{1}_2 + (u_1 v_2 + v_1 u_2) \begin{pmatrix} 0 & -1 \\ 1 & 0 \end{pmatrix} = \mathcal{Z}(z_1 z_2) \, ,$$

und wir stellen fest, dass dieses Produkt gleich der dem Produkt $z_1 z_2$ zugeordneten Matrix $\mathcal{Z}(z_1 z_2)$ ist! Da die Multiplikation komplexer Zahlen kommutativ ist: $z_1 z_2 = z_2 z_1$, muss übrigens auch die Matrixmultiplikation der zugeordneten Matrizen $\{ \mathcal{Z}(z) \,|\, z \in \mathbb{C} \}$ kommutativ sein:

$$\mathcal{Z}(z_1)\mathcal{Z}(z_2) = \mathcal{Z}(z_1 z_2) = \mathcal{Z}(z_2 z_1) = \mathcal{Z}(z_2)\mathcal{Z}(z_1) \, .$$

Außerdem erhält man für die *inverse* Matrix $\mathcal{Z}(z)^{-1}$ den Ausdruck:

$$\mathcal{Z}(z)^{-1} = \left[u\mathbb{1}_2 + v \begin{pmatrix} 0 & -1 \\ 1 & 0 \end{pmatrix} \right]^{-1} = \begin{pmatrix} u & -v \\ v & u \end{pmatrix}^{-1}$$

$$= \frac{1}{u^2 + v^2} \left[u\mathbb{1}_2 - v \begin{pmatrix} 0 & -1 \\ 1 & 0 \end{pmatrix} \right] = \mathcal{Z}(z^{-1}) \, ,$$

sodass die Inverse der z zugeordneten Matrix offenbar gleich der Matrix ist, die der inversen komplexen Zahl z^{-1} zugeordnet ist! Wir stellen fest, dass sich die Matrizen $\mathcal{Z}(z)$ bei der Addition, der Multiplikation und der Inversenbildung in der Tat genauso wie die komplexen Zahlen verhalten. Interessanterweise sind die komplexen Zahlen $z = u + vi$ also eins zu eins auf reelle 2×2-Matrizen der Form $\left(\begin{smallmatrix} u & -v \\ v & u \end{smallmatrix} \right)$ *abbildbar* und somit mit Hilfe solcher Matrizen *darstellbar*! Interessant ist noch, dass die komplex konjugierte Zahl $z^* = u - vi$ hierbei auf die 2×2-Matrix

$$\mathcal{Z}(z^*) = \begin{pmatrix} u & v \\ -v & u \end{pmatrix} = \begin{pmatrix} u & -v \\ v & u \end{pmatrix}^{\mathrm{T}} = [\mathcal{Z}(z)]^{\mathrm{T}}$$

abgebildet wird, sodass für alle $z \in \mathbb{C}$ gilt: $\mathcal{Z}(z^*) = [\mathcal{Z}(z)]^{\mathrm{T}}$. Die *komplexe Konjugation* wird hierbei also durch die *Transposition* ersetzt.

Es ist übrigens nicht verwunderlich, dass die komplexen Zahlen auf 2×2-Matrizen der Form $\left(\begin{smallmatrix} u & -v \\ v & u \end{smallmatrix} \right)$ abbildbar sind, da solche Matrizen in der Polardarstellung [mit $u = \rho \cos(\varphi)$ und $v = \rho \sin(\varphi)$] die Form

$$\mathcal{Z}(z) \equiv \rho \begin{pmatrix} \cos(\varphi) & -\sin(\varphi) \\ \sin(\varphi) & \cos(\varphi) \end{pmatrix} = \rho A(\varphi)$$

besitzen und somit – genau wie komplexe Zahlen bei der Multiplikation – als Kombination einer *Dehnung* um einen Faktor ρ mit einer 2×2-*Drehung* $A(\varphi)$ um einen Winkel φ in positivem Sinn darstellbar sind.

De Moivres Formel in der 2×2-Sprache

In Kapitel [1] haben wir bei der Behandlung der komplexen Zahlen die Formel von de Moivre kennengelernt, die auf Eulers Formel $[\cos(\varphi) + i\sin(\varphi)] = e^{i\varphi}$ beruhte. De Moivres Formel lautet:

$$[\cos(\varphi) + i\sin(\varphi)]^n = e^{in\varphi} = \cos(n\varphi) + i\sin(n\varphi) \ .$$

Diese Formel ist sehr nützlich, da man mit ihrer Hilfe leicht die Verdopplungsformeln (1.56) und (1.57) für den Kosinus und den Sinus und auch Verallgemeinerungen für den n-fachen Winkel ($n = 3, 4, 5, \ldots$) herleiten kann. Da wir gerade gelernt haben, dass komplexe Zahlen alternativ auch mit 2×2-Matrizen dargestellt werden können, möchten wir hier die „Übersetzung" von de Moivres Formel in die 2×2-Sprache präsentieren:

$$\begin{pmatrix} \cos(\varphi) & -\sin(\varphi) \\ \sin(\varphi) & \cos(\varphi) \end{pmatrix}^n = \left[\cos(\varphi)\mathbb{1}_2 + \sin(\varphi) \begin{pmatrix} 0 & -1 \\ 1 & 0 \end{pmatrix} \right]^n$$

$$= \cos(n\varphi)\mathbb{1}_2 + \sin(n\varphi) \begin{pmatrix} 0 & -1 \\ 1 & 0 \end{pmatrix} = \begin{pmatrix} \cos(n\varphi) & -\sin(n\varphi) \\ \sin(n\varphi) & \cos(n\varphi) \end{pmatrix} \ .$$

Die Interpretation von de Moivres Formel für 2×2-Matrizen ist also, dass eine n-malige Drehung um φ in der $\hat{\mathbf{e}}_1$-$\hat{\mathbf{e}}_2$-Ebene gleichbedeutend mit einer einmaligen Drehung um $n\varphi$ ist.

3.6   Lineare Gleichungssysteme in 3 Variablen

Wir betrachten nun *dreidimensionale* lineare Gleichungssysteme, die also *drei* lineare Gleichungen für *drei* Variable $\mathbf{x} = (x_1, x_2, x_3)$ enthalten. Gesucht ist die Lösung des Gleichungssystems, d.h. der $\mathbf{x}$-Wert oder die $\mathbf{x}$-Werte, die die drei Gleichungen erfüllen. Die Notation ist weitgehend analog zu derjenigen für *zwei*dimensionale lineare Gleichungssysteme in Abschnitt [3.5.1]:

$$\left. \begin{array}{c} a_{11}x_1 + a_{12}x_2 + a_{13}x_3 = b_1 \\ a_{21}x_1 + a_{22}x_2 + a_{23}x_3 = b_2 \\ a_{31}x_1 + a_{32}x_2 + a_{33}x_3 = b_3 \end{array} \right\} \quad \Leftrightarrow \quad \begin{pmatrix} a_{11} & a_{12} & a_{13} \\ a_{21} & a_{22} & a_{23} \\ a_{31} & a_{32} & a_{33} \end{pmatrix} \begin{pmatrix} x_1 \\ x_2 \\ x_3 \end{pmatrix} = \begin{pmatrix} b_1 \\ b_2 \\ b_3 \end{pmatrix} \ .$$

Für dieses Gleichungssystem führen wir mit $\mathbf{b} \equiv (b_1, b_2, b_3)$ wieder die kompakte Notation $A\mathbf{x} = \mathbf{b}$ ein, wobei die *Wirkung* der 3×3-Matrix A auf den dreidimensionalen Vektor $\mathbf{x}$ analog zu (3.38) durch

$$\boxed{\ (A\mathbf{x})_i = \sum_{j=1}^{3} a_{ij}x_j = a_{ij}x_j \qquad (i \in \{1,2,3\}) \ } \qquad (3.51)$$

definiert wird. Auf der rechten Seite wird wieder die Summenkonvention verwendet. Auch die Matrix*multiplikation* zweier 3×3-Matrizen A und B wird analog zum zweidimensionalen Pendant (3.44) definiert:

$$\boxed{(AB)_{ij} = \sum_{k=1}^{3} a_{ik}b_{kj} = a_{ik}b_{kj} \qquad (i,j \in \{1,2,3\}) ,} \qquad (3.52)$$

und auch für 3×3-Matrizen ist die Multiplikation in der Regel *nicht kommutativ*. Führt man, analog zum zweidimensionalen Fall, die Notation $\mathbf{a}_i$ für den i-ten Spaltenvektor von A ein ($i = 1,2,3$), so kann man die Matrix A auch als $(\mathbf{a}_1 \, \mathbf{a}_2 \, \mathbf{a}_3)$ schreiben. Das Gleichungssystem erhält damit die Form:

$$\mathbf{b} = A\mathbf{x} = (\mathbf{a}_1 \, \mathbf{a}_2 \, \mathbf{a}_3)\mathbf{x} = \mathbf{a}_1 x_1 + \mathbf{a}_2 x_2 + \mathbf{a}_3 x_3 . \qquad (3.53)$$

Da der Vektor $\mathbf{b}$ wiederum linear von den Spaltenvektoren $\{\mathbf{a}_i\}$ abhängig ist, zeigt diese Gleichung bereits, dass auch im *drei*dimensionalen Fall die allgemeine Lösbarkeit des Gleichungssystems nur für $\det(A) \neq 0$ gewährleistet sein wird. Für $\det(A) = 0$ wird man nur unter gewissen Voraussetzungen an $\mathbf{b}$ eine konsistente Lösung $\mathbf{x}$ finden.

3.6.1   Die Transposition dreidimensionaler Vektoren und Matrizen

Wir kennen bereits die *Spalten*vektoren $\mathbf{a}_j$ (mit $j = 1,2,3$) der Matrix A und wissen, dass A kompakt als

$$\mathbf{a}_j \equiv \begin{pmatrix} a_{1j} \\ a_{2j} \\ a_{3j} \end{pmatrix} \quad , \quad A = \begin{pmatrix} a_{11} & a_{12} & a_{13} \\ a_{21} & a_{22} & a_{23} \\ a_{31} & a_{32} & a_{33} \end{pmatrix} = (\mathbf{a}_1 \, \mathbf{a}_2 \, \mathbf{a}_3)$$

geschrieben werden kann. Analog kann man die drei Matrixelemente in einer *Zeile* miteinander kombinieren und erhält dann einen *Zeilen*vektor $\boldsymbol{\alpha}_i$ (mit $i = 1,2,3$ für die erste, zweite oder dritte Zeile):

$$\boldsymbol{\alpha}_i \equiv \begin{pmatrix} a_{i1} \\ a_{i2} \\ a_{i3} \end{pmatrix} \quad , \quad \boldsymbol{\alpha}_i^{\mathrm{T}} = (a_{i1} \, a_{i2} \, a_{i3}) \quad , \quad A = \begin{pmatrix} a_{11} & a_{12} & a_{13} \\ a_{21} & a_{22} & a_{23} \\ a_{31} & a_{32} & a_{33} \end{pmatrix} = \begin{pmatrix} \boldsymbol{\alpha}_1^{\mathrm{T}} \\ \boldsymbol{\alpha}_2^{\mathrm{T}} \\ \boldsymbol{\alpha}_3^{\mathrm{T}} \end{pmatrix} .$$

Diese Vorgehensweise ist vollkommen analog zum zweidimensionalen Fall (3.46), und wie dort bezeichnet die Notation „T" die *Transposition* (d.h. die Spiegelung an der Hauptdiagonalen). Auch andere Resultate können sofort vom zweidimensionalen Fall übernommen werden: Wirkt die Matrix A auf einen allgemeinen Vektor $\mathbf{x} \in \mathbb{R}^3$, so gilt:

$$A\mathbf{x} = \begin{pmatrix} \boldsymbol{\alpha}_1^{\mathrm{T}} \\ \boldsymbol{\alpha}_2^{\mathrm{T}} \\ \boldsymbol{\alpha}_3^{\mathrm{T}} \end{pmatrix} \mathbf{x} = \begin{pmatrix} \boldsymbol{\alpha}_1 \cdot \mathbf{x} \\ \boldsymbol{\alpha}_2 \cdot \mathbf{x} \\ \boldsymbol{\alpha}_3 \cdot \mathbf{x} \end{pmatrix} . \qquad (3.54)$$

Ist B eine zweite 3×3-Matrix mit den Spaltenvektoren $\mathbf{b}_j$ (und $j = 1, 2, 3$), so ist die Matrix B auch kompakt als $B = (\mathbf{b}_1\ \mathbf{b}_2\ \mathbf{b}_3)$ darstellbar. Die Matrixmultiplikation AB kann dann als

$$AB = \begin{pmatrix} \boldsymbol{\alpha}_1^{\mathrm{T}} \\ \boldsymbol{\alpha}_2^{\mathrm{T}} \\ \boldsymbol{\alpha}_3^{\mathrm{T}} \end{pmatrix} (\mathbf{b}_1\ \mathbf{b}_2\ \mathbf{b}_3) = \begin{pmatrix} \boldsymbol{\alpha}_1 \cdot \mathbf{b}_1 & \boldsymbol{\alpha}_1 \cdot \mathbf{b}_2 & \boldsymbol{\alpha}_1 \cdot \mathbf{b}_3 \\ \boldsymbol{\alpha}_2 \cdot \mathbf{b}_1 & \boldsymbol{\alpha}_2 \cdot \mathbf{b}_2 & \boldsymbol{\alpha}_2 \cdot \mathbf{b}_3 \\ \boldsymbol{\alpha}_3 \cdot \mathbf{b}_1 & \boldsymbol{\alpha}_3 \cdot \mathbf{b}_2 & \boldsymbol{\alpha}_3 \cdot \mathbf{b}_3 \end{pmatrix} \tag{3.55}$$

geschrieben werden, sodass die Matrixelemente des Matrixprodukts wiederum als *Skalarprodukte* darstellbar sind.

Transposition von Matrizen: Die Transposition kann, analog zum zweidimensionalen Fall (3.47), auch für 3×3-*Matrizen* definiert werden:

$$A^{\mathrm{T}} = \begin{pmatrix} a_{11} & a_{12} & a_{13} \\ a_{21} & a_{22} & a_{23} \\ a_{31} & a_{32} & a_{33} \end{pmatrix}^{\mathrm{T}} \equiv \begin{pmatrix} a_{11} & a_{21} & a_{31} \\ a_{12} & a_{22} & a_{32} \\ a_{13} & a_{23} & a_{33} \end{pmatrix} = \begin{pmatrix} \mathbf{a}_1^{\mathrm{T}} \\ \mathbf{a}_2^{\mathrm{T}} \\ \mathbf{a}_3^{\mathrm{T}} \end{pmatrix} . \tag{3.56}$$

Sie hat immer die Form einer Spiegelung an der *Hauptdiagonalen* der Matrix, die von links oben nach rechts unten verläuft. Diese Spiegelung überführt die Spalten der Matrix in Zeilen (und umgekehrt) und ist für eine Matrix $A = (a_{ij})$ mit den Matrixelementen $\{a_{ij}\}$ durch $A^{\mathrm{T}} \equiv (a_{ji})$ definiert. Bei der Transposition werden also die beiden Indizes i und j vertauscht. Ein einfaches, konkretes Beispiel ist:

$$B = \begin{pmatrix} 1 & 2 & 3 \\ 4 & 5 & 6 \\ 7 & 8 & 9 \end{pmatrix} \quad , \quad B^{\mathrm{T}} = \begin{pmatrix} 1 & 4 & 7 \\ 2 & 5 & 8 \\ 3 & 6 & 9 \end{pmatrix} . \tag{3.57}$$

Die Transposition (3.56) stellt für allgemeine 3×3-Matrizen wiederum eine *Dualität*stransformation dar: $\left(A^{\mathrm{T}}\right)^{\mathrm{T}} = A$. Auch im dreidimensionalen Fall ändert die Determinante sich nicht unter einer Transposition: $\det(A^{\mathrm{T}}) = \det(A)$. Außerdem gilt wiederum $(AB)^{\mathrm{T}} = B^{\mathrm{T}} A^{\mathrm{T}}$.

3.6.2 Lösung des dreidimensionalen Gleichungssystems

Das dreidimensionale Gleichungssystem kann nun wie folgt gelöst werden: Wir rufen zuerst in Erinnerung, dass die Determinante der Spaltenvektoren $\{\mathbf{a}_i \,|\, i = 1, 2, 3\}$ gleich deren *Spat*produkt ist:

$$(\mathbf{a}_1 \times \mathbf{a}_2) \cdot \mathbf{a}_3 = \det(\mathbf{a}_1\ \mathbf{a}_2\ \mathbf{a}_3) = \det(A) . \tag{3.58}$$

Wir berechnen hiermit einige Spatprodukte der Form $(\mathbf{b}\times \mathbf{a}_j)\cdot \mathbf{a}_k$, da diese – wie wir sehen werden – konkrete Information über den Wert der Variablen x_i mit $i \notin \{j, k\}$ liefern. Das Spatprodukt mit $(j, k) = (2, 3)$ ergibt:

$$\begin{aligned} (\mathbf{b} \times \mathbf{a}_2) \cdot \mathbf{a}_3 &= [(\mathbf{a}_1 x_1 + \mathbf{a}_2 x_2 + \mathbf{a}_3 x_3) \times \mathbf{a}_2] \cdot \mathbf{a}_3 \\ &= x_1(\mathbf{a}_1 \times \mathbf{a}_2) \cdot \mathbf{a}_3 + x_3(\mathbf{a}_3 \times \mathbf{a}_2) \cdot \mathbf{a}_3 \\ &= x_1(\mathbf{a}_1 \times \mathbf{a}_2) \cdot \mathbf{a}_3 = x_1 \det(A) . \end{aligned}$$

In der ersten Zeile wurde die Beziehung (3.53) zwischen $\mathbf{b}$ und den Spaltenvektoren $\{\mathbf{a}_i \mid i = 1, 2, 3\}$ eingesetzt. Dann wurde im zweiten und im dritten Schritt die Antisymmetrie des Spatprodukts bzw. der Determinante verwendet: $\mathbf{a}_2 \times \mathbf{a}_2 \cdot \mathbf{a}_3 = \det(\mathbf{a}_2\, \mathbf{a}_2\, \mathbf{a}_3) = 0$ und analog $\mathbf{a}_3 \times \mathbf{a}_2 \cdot \mathbf{a}_3 = 0$. Schließlich wurde im vierten Schritt die Identität (3.58) benutzt. Analog folgt für das Spatprodukt mit $(j, k) = (3, 1)$:

$$
\begin{aligned}
(\mathbf{b} \times \mathbf{a}_3) \cdot \mathbf{a}_1 &= [(\mathbf{a}_1 x_1 + \mathbf{a}_2 x_2 + \mathbf{a}_3 x_3) \times \mathbf{a}_3] \cdot \mathbf{a}_1 \\
&= x_1 (\mathbf{a}_1 \times \mathbf{a}_3) \cdot \mathbf{a}_1 + x_2 (\mathbf{a}_2 \times \mathbf{a}_3) \cdot \mathbf{a}_1 \\
&= x_2 (\mathbf{a}_2 \times \mathbf{a}_3) \cdot \mathbf{a}_1 = x_2 \det(A)
\end{aligned}
$$

und für das Spatprodukt mit $(j, k) = (1, 2)$:

$$
\begin{aligned}
(\mathbf{b} \times \mathbf{a}_1) \cdot \mathbf{a}_2 &= [(\mathbf{a}_1 x_1 + \mathbf{a}_2 x_2 + \mathbf{a}_3 x_3) \times \mathbf{a}_1] \cdot \mathbf{a}_2 \\
&= x_2 (\mathbf{a}_2 \times \mathbf{a}_1) \cdot \mathbf{a}_2 + x_3 (\mathbf{a}_3 \times \mathbf{a}_1) \cdot \mathbf{a}_2 \\
&= x_3 (\mathbf{a}_3 \times \mathbf{a}_1) \cdot \mathbf{a}_2 = x_3 \det(A) \; .
\end{aligned}
$$

Zusammenfassend finden wir daher für die Lösung $\mathbf{x}$ des dreidimensionalen linearen Gleichungssystems:

$$
\mathbf{x} = \begin{pmatrix} x_1 \\ x_2 \\ x_3 \end{pmatrix} = \frac{1}{\det(A)} \begin{pmatrix} (\mathbf{b} \times \mathbf{a}_2) \cdot \mathbf{a}_3 \\ (\mathbf{b} \times \mathbf{a}_3) \cdot \mathbf{a}_1 \\ (\mathbf{b} \times \mathbf{a}_1) \cdot \mathbf{a}_2 \end{pmatrix} = \frac{1}{\det(A)} \begin{pmatrix} \det(\mathbf{b}\, \mathbf{a}_2\, \mathbf{a}_3) \\ \det(\mathbf{a}_1\, \mathbf{b}\, \mathbf{a}_3) \\ \det(\mathbf{a}_1\, \mathbf{a}_2\, \mathbf{b}) \end{pmatrix} \; . \tag{3.59}
$$

Dies ist wiederum ein Beispiel der nach dem Genfer Mathematiker Gabriel Cramer benannten *Cramer'schen Regel*, nun für 3×3-Gleichungssysteme. Wie bereits im Vorfeld klar war, ist das Gleichungssystem nur dann lösbar, wenn $\det(A) \neq 0$ gilt. Die geometrische Interpretation ist, analog zum zweidimensionalen Fall, dass $\mathbf{a}_1, \mathbf{a}_2, \mathbf{a}_3$ linear unabhängig sein müssen.

3.6.3   Die Inverse einer 3×3-Matrix

Die allgemeine Lösung $\mathbf{x}$ des dreidimensionalen linearen Gleichungssystems in (3.59) kann durch eine zyklische Permutation der Vektoren im Spatprodukt $(\mathbf{b} \times \mathbf{a}_j) \cdot \mathbf{a}_k$ auf die Form

$$
\mathbf{x} = \begin{pmatrix} x_1 \\ x_2 \\ x_3 \end{pmatrix} = \frac{1}{\det(A)} \begin{pmatrix} (\mathbf{a}_2 \times \mathbf{a}_3) \cdot \mathbf{b} \\ (\mathbf{a}_3 \times \mathbf{a}_1) \cdot \mathbf{b} \\ (\mathbf{a}_1 \times \mathbf{a}_2) \cdot \mathbf{b} \end{pmatrix} = \frac{1}{\det(A)} \begin{pmatrix} (\mathbf{a}_2 \times \mathbf{a}_3)^{\mathrm{T}} \\ (\mathbf{a}_3 \times \mathbf{a}_1)^{\mathrm{T}} \\ (\mathbf{a}_1 \times \mathbf{a}_2)^{\mathrm{T}} \end{pmatrix} \mathbf{b} \tag{3.60}
$$

gebracht werden, wobei im letzten Schritt die Identität (3.54) verwendet wurde. Die Lösung $\mathbf{x}$ in (3.60) hat somit wiederum die Form $\mathbf{x} = A^{-1}\mathbf{b}$, wobei die *inverse* Matrix A^{-1} von A nun explizit durch

$$
A^{-1} = \frac{1}{\det(A)} \begin{pmatrix} (\mathbf{a}_2 \times \mathbf{a}_3)^{\mathrm{T}} \\ (\mathbf{a}_3 \times \mathbf{a}_1)^{\mathrm{T}} \\ (\mathbf{a}_1 \times \mathbf{a}_2)^{\mathrm{T}} \end{pmatrix} \tag{3.61}
$$

gegeben ist. Durch den Vergleich mit der Definition (3.56) einer 3×3-Transposition kann die inverse Matrix A^{-1} in (3.61) noch kompakt als *transponierte Matrix* geschrieben werden:

$$A^{-1} = \frac{1}{\det(A)} (\mathbf{a}_2 \times \mathbf{a}_3 \quad \mathbf{a}_3 \times \mathbf{a}_1 \quad \mathbf{a}_1 \times \mathbf{a}_2)^{\mathrm{T}} . \qquad (3.62)$$

Damit A^{-1} wohldefiniert ist, muss wie immer $\det(A) \neq 0$ gelten.

Die Darstellung der inversen Matrix A^{-1} in den Gleichungen (3.61) und (3.62) mit Hilfe von *Kreuzprodukten* ist für praktische Zwecke sehr bequem: Sie ist kompakt, leicht auszurechen, und man kann sie sich leicht merken. Andererseits sind Kreuzprodukte *nur* für dreidimensionale Vektoren definiert, sodass bereits jetzt klar ist, dass sich diese Darstellung nicht auf höherdimensionale Gleichungssysteme übertragen lässt. Wie man solche höherdimensionalen Systeme löst und welche Form die inverse Matrix im allgemeinen Fall hat, wird später (im weiterführenden Abschnitt [3.7]) gezeigt.

Analog zum zweidimensionalen Fall in Gleichung (3.48) erwartet man, dass auch für inverse 3×3-Matrizen

$$A^{-1}A = AA^{-1} = \begin{pmatrix} 1 & 0 & 0 \\ 0 & 1 & 0 \\ 0 & 0 & 1 \end{pmatrix} \equiv \mathbb{1}_3 \qquad (3.63)$$

gilt; hier ist nun $\mathbb{1}_3$ die 3×3-Einheitsmatrix. In der Tat folgt sofort:

$$A^{-1}A = \frac{1}{\det(A)} \begin{pmatrix} (\mathbf{a}_2 \times \mathbf{a}_3)^{\mathrm{T}} \\ (\mathbf{a}_3 \times \mathbf{a}_1)^{\mathrm{T}} \\ (\mathbf{a}_1 \times \mathbf{a}_2)^{\mathrm{T}} \end{pmatrix} (\mathbf{a}_1 \ \mathbf{a}_2 \ \mathbf{a}_3)$$

$$= \frac{1}{\det(A)} \begin{pmatrix} (\mathbf{a}_2 \times \mathbf{a}_3) \cdot \mathbf{a}_1 & (\mathbf{a}_2 \times \mathbf{a}_3) \cdot \mathbf{a}_2 & (\mathbf{a}_2 \times \mathbf{a}_3) \cdot \mathbf{a}_3 \\ (\mathbf{a}_3 \times \mathbf{a}_1) \cdot \mathbf{a}_1 & (\mathbf{a}_3 \times \mathbf{a}_1) \cdot \mathbf{a}_2 & (\mathbf{a}_3 \times \mathbf{a}_1) \cdot \mathbf{a}_3 \\ (\mathbf{a}_1 \times \mathbf{a}_2) \cdot \mathbf{a}_1 & (\mathbf{a}_1 \times \mathbf{a}_2) \cdot \mathbf{a}_2 & (\mathbf{a}_1 \times \mathbf{a}_2) \cdot \mathbf{a}_3 \end{pmatrix} = \mathbb{1}_3 \, ,$$

wobei in der zweiten Zeile zuerst die Darstellung (3.55) der Elemente eines Matrixproduktes als Skalarprodukte verwendet wurde und dann die Beziehung (3.58) zwischen Spatprodukten und Determinanten sowie deren Antisymmetrie: $(\mathbf{a}_2 \times \mathbf{a}_3) \cdot \mathbf{a}_1 = \det(A)$, $(\mathbf{a}_2 \times \mathbf{a}_3) \cdot \mathbf{a}_2 = 0$, und so weiter. Die weitere Identität $AA^{-1} = \mathbb{1}_3$ wird in Übungsaufgabe 3.9 nachgewiesen.

Beispiel: Betrachten wir ein konkretes Beispiel für die Berechnung der Inversen: Hierzu ist die Matrix B in (3.57) allerdings ungeeignet, da wir bereits aus (3.29) wissen, dass für diese Matrix $\det(B) = 0$ gilt. Wir wählen stattdessen:

$$A = \begin{pmatrix} 1 & 0 & -1 \\ 0 & 1 & 0 \\ 1 & 0 & 1 \end{pmatrix} \quad , \quad \mathbf{a}_1 = \begin{pmatrix} 1 \\ 0 \\ 1 \end{pmatrix} \quad , \quad \mathbf{a}_2 = \begin{pmatrix} 0 \\ 1 \\ 0 \end{pmatrix} \quad , \quad \mathbf{a}_3 = \begin{pmatrix} -1 \\ 0 \\ 1 \end{pmatrix} .$$

In diesem Fall erhält man für die Determinante: $\det(A) = 2$. Außerdem sind die für die Berechnung von (3.62) erforderlichen Kreuzprodukte:

$$\mathbf{a}_2 \times \mathbf{a}_3 = \begin{pmatrix} 1 \\ 0 \\ 1 \end{pmatrix} \quad , \quad \mathbf{a}_3 \times \mathbf{a}_1 = \begin{pmatrix} 0 \\ 2 \\ 0 \end{pmatrix} \quad , \quad \mathbf{a}_1 \times \mathbf{a}_2 = \begin{pmatrix} -1 \\ 0 \\ 1 \end{pmatrix} .$$

Die Inverse A^{-1} ist dann laut (3.62) gegeben durch

$$A^{-1} = \frac{1}{2} \begin{pmatrix} 1 & 0 & -1 \\ 0 & 2 & 0 \\ 1 & 0 & 1 \end{pmatrix}^{\mathrm{T}} = \frac{1}{2} \begin{pmatrix} 1 & 0 & 1 \\ 0 & 2 & 0 \\ -1 & 0 & 1 \end{pmatrix} .$$

Man überprüft leicht, dass in der Tat $AA^{-1} = A^{-1}A = \mathbb{1}_3$ gilt.

3.6.4 Dreidimensionale Drehungen

Wir betrachten nun als Beispiel für die Klasse der 3×3-Matrizen die *Drehungen* um einen Winkel, den wir als α (mit $-\pi < \alpha \leq \pi$) bezeichnen, um eine feste Achse, deren Richtung durch den Einheitsvektor $\hat{\boldsymbol{\alpha}}$ bestimmt wird. Der Drehwinkel α und die Drehrichtung $\hat{\boldsymbol{\alpha}}$ lassen sich dann zu einem *Drehvektor* $\boldsymbol{\alpha} = \alpha\hat{\boldsymbol{\alpha}}$ kombinieren. Die feste Drehrichtung $\hat{\boldsymbol{\alpha}}$ wird üblicherweise durch zwei Winkel φ und ϑ festgelegt:

$$\hat{\boldsymbol{\alpha}} = \begin{pmatrix} \cos(\varphi)\sin(\vartheta) \\ \sin(\varphi)\sin(\vartheta) \\ \cos(\vartheta) \end{pmatrix} \quad , \quad 0 \leq \vartheta \leq \pi \quad , \quad 0 \leq \varphi < 2\pi .$$

Insgesamt wird der Drehvektor $\boldsymbol{\alpha} = \alpha\hat{\boldsymbol{\alpha}}$ somit durch *drei* Winkel $(\alpha, \vartheta, \varphi)$ eindeutig charakterisiert. Allerdings werden diese Winkel durch den Drehvektor nicht eindeutig festgelegt, denn es gibt die Korrespondenz

$$(\alpha, \vartheta, \varphi) \quad \leftrightarrow \quad (-\alpha, \pi - \vartheta, \varphi \pm \pi) .$$

Beide Gruppen von Variablen stellen den gleichen Drehvektor dar. Diese Korrespondenz ist allerdings auch naheliegend: Eine Drehung um $-\alpha$ um die Drehrichtung $\hat{\boldsymbol{\alpha}}$ wäre gleichbedeutend mit einer Drehung um α um die entgegengesetzt ausgerichtete Drehachse $-\hat{\boldsymbol{\alpha}}$. Hiermit haben wir die möglichen Drehungen zunächst einmal vollständig parametrisiert.

Um einen *expliziten* Ausdruck für eine Drehung um den Winkel α und die Drehrichtung $\hat{\boldsymbol{\alpha}}$ zu erhalten, betrachten wir Abbildung 3.19. Wir bezeichnen die gesuchte Drehung, die durch den Drehvektor $\boldsymbol{\alpha} = \alpha\hat{\boldsymbol{\alpha}}$ festgelegt wird, als $R(\boldsymbol{\alpha})$. Bei der Drehung $R(\boldsymbol{\alpha})$

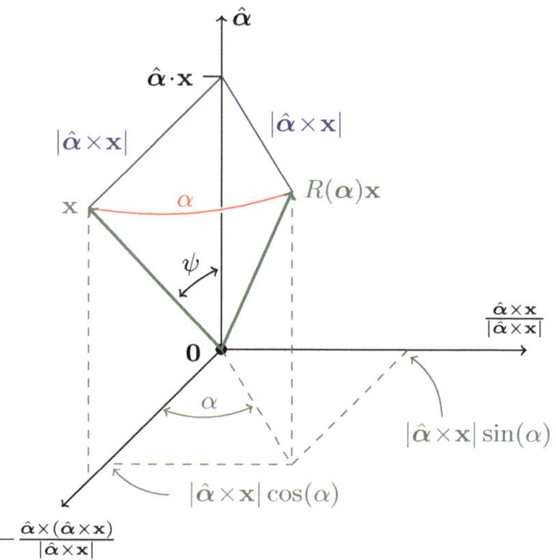

Abb. 3.19 Dreidimensionale Drehungen

soll der (beliebige) Vektor $\mathbf{x}$ um die $\hat{\boldsymbol{\alpha}}$-Achse gedreht werden. Falls $\mathbf{x}$ und $\hat{\boldsymbol{\alpha}}$ hierbei parallel ausgerichtet sind, $\hat{\boldsymbol{\alpha}}\times\mathbf{x} = \mathbf{0}$, bleibt $\mathbf{x}$ invariant unter der Drehung: $R\mathbf{x} = \mathbf{x}$. Falls $\mathbf{x}$ und $\hat{\boldsymbol{\alpha}}$ hierbei nicht parallel ausgerichtet sind, $\hat{\boldsymbol{\alpha}}\times\mathbf{x} \neq \mathbf{0}$, kann man neben $\hat{\boldsymbol{\alpha}}$

zwei weitere Einheitsvektoren definieren, nämlich erstens den auf eins normierten Vektor $\hat{\boldsymbol{\alpha}}_2$, der senkrecht auf $\mathbf{x}$ und $\hat{\boldsymbol{\alpha}}$ steht, und zweitens das Kreuzprodukt $\hat{\boldsymbol{\alpha}}_3$ von $\hat{\boldsymbol{\alpha}}$ und $\hat{\boldsymbol{\alpha}}_2$:

$$\hat{\boldsymbol{\alpha}}_2 \equiv \frac{\hat{\boldsymbol{\alpha}} \times \mathbf{x}}{|\hat{\boldsymbol{\alpha}} \times \mathbf{x}|} \quad , \quad \hat{\boldsymbol{\alpha}}_3 \equiv -\frac{\hat{\boldsymbol{\alpha}} \times (\hat{\boldsymbol{\alpha}} \times \mathbf{x})}{|\hat{\boldsymbol{\alpha}} \times \mathbf{x}|} \;.$$

Da die Projektion von $\mathbf{x}$ auf die $\hat{\boldsymbol{\alpha}}_3$-Richtung die Länge $|\mathbf{x}|\sin(\psi) = |\hat{\boldsymbol{\alpha}} \times \mathbf{x}|$ hat, folgt die Identität:

$$\mathbf{x} = \hat{\boldsymbol{\alpha}}(\hat{\boldsymbol{\alpha}} \cdot \mathbf{x}) + |\hat{\boldsymbol{\alpha}} \times \mathbf{x}|\,\hat{\boldsymbol{\alpha}}_3 = \hat{\boldsymbol{\alpha}}(\hat{\boldsymbol{\alpha}} \cdot \mathbf{x}) - \hat{\boldsymbol{\alpha}} \times (\hat{\boldsymbol{\alpha}} \times \mathbf{x}) \;.$$

Eine Drehung von $\mathbf{x}$ um den Winkel α um die $\hat{\boldsymbol{\alpha}}$-Richtung ergibt:

$$\begin{aligned}
R(\boldsymbol{\alpha})\mathbf{x} &= \hat{\boldsymbol{\alpha}}(\hat{\boldsymbol{\alpha}} \cdot \mathbf{x}) + |\hat{\boldsymbol{\alpha}} \times \mathbf{x}|\,[\cos(\alpha)\hat{\boldsymbol{\alpha}}_3 + \sin(\alpha)\hat{\boldsymbol{\alpha}}_2] \\
&= \hat{\boldsymbol{\alpha}}(\hat{\boldsymbol{\alpha}} \cdot \mathbf{x}) - \hat{\boldsymbol{\alpha}} \times (\hat{\boldsymbol{\alpha}} \times \mathbf{x})\cos(\alpha) + (\hat{\boldsymbol{\alpha}} \times \mathbf{x})\sin(\alpha) \;.
\end{aligned}$$

Vergleicht man nun auf der linken und rechten Seite die Vorfaktoren von x_j in der i-ten Komponente des Vektors $R(\boldsymbol{\alpha})\mathbf{x}$, so erhält man die folgende *Matrixdarstellung* der Drehung $R(\boldsymbol{\alpha})$:

$$R_{ij}(\boldsymbol{\alpha}) = \delta_{ij}\cos(\alpha) + \hat{\alpha}_i\hat{\alpha}_j[1 - \cos(\alpha)] - \varepsilon_{ijk}\hat{\alpha}_k\sin(\alpha) \;, \tag{3.64}$$

wobei $R_{ij}(\boldsymbol{\alpha})$ also das α-abhängige Matrixelement der Drehung $R(\boldsymbol{\alpha})$ mit der Zeilennummer i und der Spaltennummer j darstellt. Als einfaches Beispiel betrachten wir eine Rotation um den Winkel α um die $\hat{\mathbf{e}}_3$-Achse, wofür das allgemeine Ergebnis (3.64) die Form

$$R(\alpha\hat{\mathbf{e}}_3) = \begin{pmatrix} \cos(\alpha) & -\sin(\alpha) & 0 \\ \sin(\alpha) & \cos(\alpha) & 0 \\ 0 & 0 & 1 \end{pmatrix} \tag{3.65}$$

annimmt. Dieser Ausdruck für die Drehung um die $\hat{\mathbf{e}}_3$-Achse ist manifest korrekt, da Vektoren in $\hat{\mathbf{e}}_3$-Richtung invariant sind und die Form der restlichen Drehung in der $\hat{\mathbf{e}}_1$-$\hat{\mathbf{e}}_2$-Ebene bereits aus (3.49) bekannt ist.

Allgemeine Eigenschaften von Drehungen

Eine Drehung ist allgemein definiert als lineare Abbildung, die das *Skalarprodukt* des euklidischen Vektorraums und somit sämtliche *Winkel* zwischen Vektoren und auch ihre *Längen* invariant lässt. Wenn sich aber Winkel und Längen nicht ändern, bedeutet dies für ein Kreuzprodukt $\mathbf{a} \times \mathbf{b} = \mathbf{c}$, dass die Dreiergruppe $(\mathbf{a}, \mathbf{b}, \mathbf{c})$ unter einer Drehung unverzerrt bleibt, sodass für alle $\mathbf{a}$ und $\mathbf{b}$:

$$R(\mathbf{a} \times \mathbf{b}) = R(\mathbf{c}) = R(\mathbf{a}) \times R(\mathbf{b})$$

gelten muss: Das gedrehte Kreuzprodukt ist gleich dem Kreuzprodukt der gedrehten Vektoren. Da sich Winkel und Längen nicht ändern, ist die Determinante einer Drehung gleich eins:

$$\det(R) = \mathrm{Vol}(R\hat{\mathbf{e}}_1, R\hat{\mathbf{e}}_2, R\hat{\mathbf{e}}_3) = \mathrm{Vol}(\hat{\mathbf{e}}_1, \hat{\mathbf{e}}_2, \hat{\mathbf{e}}_3) = 1 \;.$$

Mit dieser Information können wir aber direkt die *Inverse* einer beliebigen dreidimensionalen Drehung R berechnen, denn es folgt aus (3.62), dass diese durch

$$R^{-1} = \frac{1}{\det(R)} \left((R\hat{e}_2) \times (R\hat{e}_3) \quad (R\hat{e}_3) \times (R\hat{e}_1) \quad (R\hat{e}_1) \times (R\hat{e}_2) \right)^{\mathrm{T}}$$

$$= \left(R(\hat{e}_2 \times \hat{e}_3) \quad R(\hat{e}_3 \times \hat{e}_1) \quad R(\hat{e}_1 \times \hat{e}_2) \right)^{\mathrm{T}}$$

$$= \left(R\hat{e}_1 \quad R\hat{e}_2 \quad R\hat{e}_3 \right)^{\mathrm{T}} = R^{\mathrm{T}}$$

gegeben ist. Wir lernen also zusammenfassend, dass erstens die Determinante einer Drehung gleich eins und zweitens die Inverse R^{-1} gleich der Transponierten R^{T} ist, sodass für Drehungen generell die Identitäten

$$\boxed{R^{\mathrm{T}}R = RR^{\mathrm{T}} = \mathbb{1}_3 \quad , \quad \det(R) = 1}$$

gelten. Diese Identitäten werden auch zur *Definition* von Drehungen verwendet.

Gruppeneigenschaften von Drehungen

Die Drehungen $\{R(\boldsymbol{\alpha})\}$ als Gesamtheit weisen gewisse Eigenschaften auf, die man in der Mathematik als *Gruppen*eigenschaften bezeichnet. Eine *Gruppe* in der Mathematik hat per definitionem vier Eigenschaften, nämlich:

(i) Das Produkt zweier Elemente der Gruppe soll wiederum Element der Gruppe sein. In der Tat erfüllen Drehungen diese Eigenschaft, da das Produkt $R_1 R_2$ zweier Drehungen wiederum eine Drehung darstellt:

$$(R_1 R_2)^{\mathrm{T}} R_1 R_2 = R_2^{\mathrm{T}} R_1^{\mathrm{T}} R_1 R_2 = R_2^{\mathrm{T}} R_2 = \mathbb{1}_3 \quad , \quad \det(R_1 R_2) = 1 \ .$$

(ii) Das Produkt der Gruppenelemente soll assoziativ sein, d.h., bei der Multiplikation muss $R_1(R_2 R_3) = (R_1 R_2)R_3$ gelten. Auch diese Eigenschaft ist erfüllt, da das Multiplizieren von Matrizen generell (daher insbesondere auch von Drehungen) assoziativ ist.

(iii) Die Gruppe soll bzgl. der Multiplikation auch die *Identität* enthalten. Diese Eigenschaft ist für Drehungen erfüllt, da die Einheitsmatrix $\mathbb{1}_3$ eine Drehung darstellt.

(iv) Die Gruppe soll bzgl. der Multiplikation eine *Inverse* enthalten. Auch diese Bedingung ist für Drehungen erfüllt, da die Inverse $R(\boldsymbol{\alpha})^{-1} = R^{\mathrm{T}}(\boldsymbol{\alpha}) = R(-\boldsymbol{\alpha})$ einer Drehung ebenfalls eine Drehung darstellt.

Wie wir wissen, ist die Matrixmultiplikation generell nicht kommutativ. Auch das Multiplizieren von dreidimensionalen Drehungen ist in der Regel nicht kommutativ. Während zwei *zweidimensionale* Drehungen noch miteinander vertauschbar sind, da sie aufgrund von (3.65) als Drehungen um eine feste Achse (um die $\hat{e}_3$-Achse) angesehen werden können, gilt dies für 3×3-Drehungen im Allgemeinen nicht:

$$R(\boldsymbol{\alpha}_1)R(\boldsymbol{\alpha}_2) \neq R(\boldsymbol{\alpha}_2)R(\boldsymbol{\alpha}_1) \ .$$

Da die Multiplikation in der Drehgruppe also im Allgemeinen *nicht kommutativ* ist, wird die Drehgruppe als *nicht-abelsch* bezeichnet. Ein explizites Beispiel nicht-kommutierender Drehmatrizen ist:

$$\hat{e}_3 = R\left(\tfrac{\pi}{2}\hat{e}_1\right) R\left(\tfrac{\pi}{2}\hat{e}_3\right) \hat{e}_1 \neq R\left(\tfrac{\pi}{2}\hat{e}_3\right) R\left(\tfrac{\pi}{2}\hat{e}_1\right) \hat{e}_1 = \hat{e}_2 \, .$$

Es macht also einen Unterschied, ob zuerst die Drehung $R\left(\tfrac{\pi}{2}\hat{e}_1\right)$ und danach die Drehung $R\left(\tfrac{\pi}{2}\hat{e}_3\right)$ auf den Vektor $\hat{e}_1$ wirken soll, oder umgekehrt.

3.6.5 Jenseits der komplexen Zahlen

Im Abschnitt [3.5.6] konnten wir zeigen, dass komplexe Zahlen alternativ auch als *reelle* 2×2-Matrizen darstellbar sind. In diesem Abschnitt möchten wir darauf hinweisen, dass es erstens Verallgemeinerungen der komplexen Zahlen gibt (d.h. allgemeinere, allerdings i.A. *nicht-kommutative* Zahlensysteme) und dass diese zweitens ebenfalls auf *reelle* Matrizen abbildbar sind.

Als konkretes Beispiel einer solchen Verallgemeinerung der komplexen Zahlen betrachten wir die „Quaternionen", die 1843 vom irischen Physiker William Rowan Hamilton definiert wurden. Ein „Quaternion" ist eine Linearkombination von *vier* unabhängigen Einheitszahlen, die als $1, i, j$ und k bezeichnet werden und die reellen Vorfaktoren $u, v, w, x \in \mathbb{R}$ haben sollen:

$$z = u1 + vi + wj + xk \quad , \quad i^2 = j^2 = k^2 = -1 = ijk \, . \tag{3.66}$$

Diese Quaternionen sind sogar physikalisch relevant, da die „Pauli-Matrizen" der Quantenmechanik eine Realisierung solcher Quaternionen in der Natur darstellen. Die komplexen Zahlen sind für $w = x = 0$ als Spezialfall in den Quaternionen enthalten. Neu und wesentlich an den Quaternionen im Vergleich zu den komplexen Zahlen ist, dass die drei zusätzlichen Einheitszahlen i, j und k *nicht* miteinander kommutieren. Stattdessen gilt:

$$ij = -ji = k \quad , \quad jk = -kj = i \quad , \quad ki = -ik = j \, . \tag{3.67}$$

Betrachten wir nun *zwei* Quaternionen:

$$z_m = u_m 1 + v_m i + w_m j + x_m k \quad (m = 1,2)$$

und multiplizieren diese miteinander nach den in (3.66) und (3.67) vorgegebenen Rechenregeln, erhalten wir für das Produkt der beiden Quaternionen:

$$\begin{aligned}
z_1 z_2 &= (u_1 u_2 - v_1 v_2 - w_1 w_2 - x_1 x_2)1 + (u_1 v_2 + v_1 u_2 + w_1 x_2 - x_1 w_2)i \\
&\quad + (u_1 w_2 + w_1 u_2 - v_1 x_2 + x_1 v_2)j + (u_1 x_2 + x_1 u_2 + v_1 w_2 - w_1 v_2)k \, .
\end{aligned}$$

Es lässt sich mit moderatem Aufwand überprüfen (s. Übungsaufgabe 3.12), dass die derart definierten Quaternionen eins zu eins auf reelle 4×4-Matrizen der Form

$$\mathcal{Z}(z) \equiv \begin{pmatrix} u & v & w & x \\ -v & u & -x & w \\ -w & x & u & -v \\ -x & -w & v & u \end{pmatrix} \quad (u, v, w, x \in \mathbb{R}) \, ,$$

abbildbar sind, d.h., dass diese Matrizen bzgl. der Addition und der Multiplikation die gleichen Regeln erfüllen wie die Quaternionen selbst:

$$\mathcal{Z}(z_1) + \mathcal{Z}(z_2) = \mathcal{Z}(z_1 + z_2) \quad , \quad \mathcal{Z}(z_1)\mathcal{Z}(z_2) = \mathcal{Z}(z_1 z_2) .$$

Hierbei wird die Addition von 4×4-Matrizen komponentenweise durchgeführt: $(A + B)_{ij} = a_{ij} + b_{ij}$, und die Multiplikation ist analog zu den Vorschriften (3.44) und (3.52) für 2×2- und 3×3-Matrizen definiert: $(AB)_{ij} = \sum_k a_{ik} b_{kj}$.

3.7 Lineare Gleichungssysteme in n Variablen $*$

Die Quaternionen in Abschnitt [3.6.5] sind ein erstes Beispiel für ein physikalisch relevantes Problem, in dem $n \times n$-Matrizen mit $n > 3$ eine Rolle spielen. Solche höherdimensionalen Matrizen treten in vielen Bereichen der Physik auf. Ein typisches Matrixproblem aus der klassischen Mechanik wäre die Bewegungsgleichung mehrerer gekoppelter harmonischer Oszillatoren (die Bewegungsgleichung *„kleiner Schwingungen"*). Auch die zentrale Gleichung der Quantenmechanik, die *Schrödinger-Gleichung*, kann häufig in einer geeigneten Basis als Matrixproblem formuliert werden. Solche Anwendungen haben jedoch gemeinsam, dass sie (teilweise weit) über das Niveau der Physik- und Mathematikvorlesungen des ersten Studienjahres hinausgehen. Aus diesen Gründen werden wir in diesem Abschnitt allgemeine $n \times n$-Matrizen (mit $n \in \mathbb{N}$) nicht primär im Hinblick auf die physikalische Anwendung, sondern eher als *Verallgemeinerung* der vorigen Abschnitte vorstellen. Das Ziel ist lediglich, den allgemeinen Rahmen klarzumachen. Wir fassen uns hierbei kurz und beschränken uns auf das Wesentliche. Der Abschnitt hat Ausblickcharakter.

Als Ausgangspunkt unserer Überlegungen nehmen wir wiederum die *linearen Gleichungssysteme*, da diese auf sehr natürliche Weise eine Definition der Matrixmultiplikation erlauben. Im allgemeinen Fall betrachten wir n lineare Gleichungen für n Variable $\mathbf{x} = (x_1, x_2, \cdots, x_n)$:

$$\left.\begin{array}{l} a_{11}x_1 + a_{12}x_2 + \cdots + a_{1n}x_n = b_1 \\ a_{21}x_1 + a_{22}x_2 + \cdots + a_{2n}x_n = b_2 \\ \vdots \quad \vdots \quad \vdots \quad \vdots \\ a_{n1}x_1 + a_{n2}x_2 + \cdots + a_{nn}x_n = b_n \end{array}\right\} \Leftrightarrow \begin{pmatrix} a_{11} & \cdots & a_{1n} \\ \vdots & \ddots & \vdots \\ a_{n1} & \cdots & a_{nn} \end{pmatrix} \begin{pmatrix} x_1 \\ \vdots \\ x_n \end{pmatrix} = \begin{pmatrix} b_1 \\ \vdots \\ b_n \end{pmatrix} .$$

Gesucht ist die Lösung $\mathbf{x}$ des Gleichungssystems. Die Notation ist weitgehend analog zu derjenigen in den Abschnitten [3.5.1] und [3.6]. Für die Matrix (a_{ij}) führen wir die Notation $A \in \mathbb{R}^{n \times n}$ und für den Spaltenvektor auf der rechten Seite die Notation $\mathbf{b}$ ein, damit das Gleichungssystem kompakt als $A\mathbf{x} = \mathbf{b}$ geschrieben werden kann. Die Wirkung der $n \times n$-Matrix A auf den n-dimensionalen Spaltenvektor $\mathbf{x}$ wird analog zu (3.38) und (3.51) durch

$$(A\mathbf{x})_i = \sum_{j=1}^{n} a_{ij} x_j = a_{ij} x_j \qquad (i = 1, 2, \cdots, n) \tag{3.68}$$

definiert. Im zweiten Schritt in Gleichung (3.68) wird die Summenkonvention verwendet. Die *Matrixmultiplikation* zweier $n \times n$-Matrizen $A \in \mathbb{R}^{n \times n}$ und $B \in \mathbb{R}^{n \times n}$

wird analog zu (3.44) und (3.52) definiert: Hierzu nimmt man an, dass der Vektor $\mathbf{x}$ linear von einem n-dimensionalen Vektor $\mathbf{y}$ abhängig ist, $\mathbf{x} = B\mathbf{y}$, und fordert dann für alle $\mathbf{y} \in \mathbb{R}^n$ die Identität $(AB)\mathbf{y} \equiv A(B\mathbf{y})$. Das Ergebnis ist:

$$(AB)_{ik} = \sum_{j=1}^{n} a_{ij}b_{jk} = a_{ij}b_{jk} \qquad (i,k = 1, 2, \cdots, n) \ . \tag{3.69}$$

Selbstverständlich ist die Matrixmultiplikation für allgemeine $n \times n$-Matrizen in der Regel *nicht kommutativ*, da dies bereits für die Spezialfälle $n = 2$ und $n = 3$ nicht der Fall war. Die Matrixmultiplikation ist auch für solche allgemeinen $n \times n$-Matrizen jedoch durchaus *assoziativ*: Definieren wir neben den Matrizen A und B noch eine dritte Matrix $C = (c_{kl}) \in \mathbb{R}^{n \times n}$, dann kann man diese drei Matrizen (bei gleichbleibender Matrixreihenfolge) auf zwei unterschiedliche Weisen miteinander multiplizieren, nämlich als $D \equiv A(BC)$ oder als $D' \equiv (AB)C$. Die Eigenschaft der Assoziativität beinhaltet, dass die beiden Berechnungsarten zum gleichen Ergebnis führen müssen: $D = D'$. Bezeichnet man die Matrixelemente von D und D' nämlich als d_{il} bzw. d'_{il}:

$$D = (d_{il}) \in \mathbb{R}^{n \times n} \quad , \quad D' = (d'_{il}) \in \mathbb{R}^{n \times n} \ ,$$

so folgt die Identität dieser Matrixelemente aus:

$$d_{il} = \sum_{j=1}^{n} a_{ij} \left(\sum_{k=1}^{n} b_{jk}c_{kl} \right) = \sum_{k=1}^{n} \left(\sum_{j=1}^{n} a_{ij}b_{jk} \right) c_{kl} = d'_{il} \ ,$$

und daher sind auch die Matrizen selbst gleich: $A(BC) = (AB)C$.

Führen wir wieder die Notation $\mathbf{a}_i$ für den i-ten Spaltenvektor von A ein ($i = 1, 2, \cdots, n$), so kann man die Matrix A auch als $(\mathbf{a}_1 \ \mathbf{a}_2 \ \cdots \ \mathbf{a}_n)$ schreiben:

$$\mathbf{a}_j \equiv \begin{pmatrix} a_{1j} \\ a_{2j} \\ \vdots \\ a_{nj} \end{pmatrix} \quad , \quad A = \begin{pmatrix} a_{11} & a_{12} & \cdots & a_{1n} \\ a_{21} & a_{22} & \cdots & a_{2n} \\ \vdots & \vdots & \ddots & \vdots \\ a_{n1} & a_{n2} & \cdots & a_{nn} \end{pmatrix} = (\mathbf{a}_1 \ \mathbf{a}_2 \ \cdots \ \mathbf{a}_n) \ . \tag{3.70}$$

Das Gleichungssystem erhält damit die Form:

$$\mathbf{b} = A\mathbf{x} = (\mathbf{a}_1 \ \mathbf{a}_2 \ \cdots \ \mathbf{a}_n)\mathbf{x} = \mathbf{a}_1 x_1 + \mathbf{a}_2 x_2 + \cdots + \mathbf{a}_n x_n \ . \tag{3.71}$$

Diese Form $\mathbf{b} = \mathbf{a}_1 x_1 + \cdots + \mathbf{a}_n x_n$ des Gleichungssystems zeigt, dass der (a priori *beliebige*) Vektor $\mathbf{b} \in \mathbb{R}^n$ als Linearkombination der Spaltenvektoren $\{\mathbf{a}_i \mid 1 \leq i \leq n\}$ darstellbar sein soll. Dies wird im Allgemeinen jedoch nur dann möglich sein, wenn die Vektoren $\{\mathbf{a}_i\}$ unabhängig voneinander sind und den kompletten Raum $\mathbb{R}^n$ aufspannen. Man ahnt bereits, dass die Lösbarkeit des Gleichungssystems auch in diesem allgemeinen Fall eine Bedingung der Form $\det(A) \neq 0$ erfordert. Wir kommen am Ende dieses Abschnitts [in [3.7.3], insbesondere in den Gleichungen (3.98) und (3.100)] hierauf zurück.

3.7.1 Die Transposition n-dimensionaler Vektoren und Matrizen *

Die Matrix A kann nicht nur – wie in Gleichung (3.70) – mit Hilfe der *Spalten*vektoren $\mathbf{a}_j$, sondern auch mit Hilfe der *Zeilen*vektoren $\boldsymbol{\alpha}_i$ ($1 \leq i \leq n$) kompakt dargestellt werden. Hierzu benötigt man wiederum die durch die Notation „T" gekennzeichnete *Transposition*, d.h. die Spiegelung an der Hauptdiagonalen (von links oben nach rechts unten):

$$\boldsymbol{\alpha}_i \equiv \begin{pmatrix} a_{i1} \\ \vdots \\ a_{in} \end{pmatrix} \;,\quad \boldsymbol{\alpha}_i^{\mathrm{T}} \equiv (a_{i1} \cdots a_{in}) \;,\quad A = \begin{pmatrix} a_{11} & \cdots & a_{1n} \\ \vdots & \ddots & \vdots \\ a_{n1} & \cdots & a_{nn} \end{pmatrix} = \begin{pmatrix} \boldsymbol{\alpha}_1^{\mathrm{T}} \\ \vdots \\ \boldsymbol{\alpha}_n^{\mathrm{T}} \end{pmatrix} .$$

Definieren wir das euklidische Skalarprodukt zweier n-dimensionaler Vektoren analog zum zwei- und dreidimensionalen Fall als

$$\mathbf{a} \cdot \mathbf{b} \equiv \sum_{i=1}^{n} a_i b_i \;,$$

so kann die Wirkung der Matrix A auf einen allgemeinen Vektor $\mathbf{x} \in \mathbb{R}^n$ mit Hilfe solcher Skalarprodukte dargestellt werden:

$$A\mathbf{x} = \begin{pmatrix} \boldsymbol{\alpha}_1^{\mathrm{T}} \\ \vdots \\ \boldsymbol{\alpha}_n^{\mathrm{T}} \end{pmatrix} \mathbf{x} = \begin{pmatrix} \boldsymbol{\alpha}_1 \cdot \mathbf{x} \\ \vdots \\ \boldsymbol{\alpha}_n \cdot \mathbf{x} \end{pmatrix} . \tag{3.72}$$

Ist B eine zweite $n \times n$-Matrix mit den Spaltenvektoren $\mathbf{b}_j$ ($1 \leq j \leq n$), die somit kompakt als $B = (\mathbf{b}_1 \cdots \mathbf{b}_n)$ geschrieben werden kann, dann kann auch die Matrixmultiplikation AB mit Hilfe von Skalarprodukten als

$$AB = \begin{pmatrix} a_{11} & \cdots & a_{1n} \\ \vdots & \ddots & \vdots \\ a_{n1} & \cdots & a_{nn} \end{pmatrix} \begin{pmatrix} b_{11} & \cdots & b_{1n} \\ \vdots & \ddots & \vdots \\ b_{n1} & \cdots & b_{nn} \end{pmatrix}$$

$$= \begin{pmatrix} \boldsymbol{\alpha}_1^{\mathrm{T}} \\ \vdots \\ \boldsymbol{\alpha}_n^{\mathrm{T}} \end{pmatrix} (\mathbf{b}_1 \cdots \mathbf{b}_3) = \begin{pmatrix} \boldsymbol{\alpha}_1 \cdot \mathbf{b}_1 & \cdots & \boldsymbol{\alpha}_1 \cdot \mathbf{b}_n \\ \vdots & \ddots & \vdots \\ \boldsymbol{\alpha}_n \cdot \mathbf{b}_1 & \cdots & \boldsymbol{\alpha}_n \cdot \mathbf{b}_n \end{pmatrix} \tag{3.73}$$

geschrieben werden. Die Transposition (Spiegelung an der Hauptdiagonalen) kann auch für $n \times n$-*Matrizen* definiert werden und hat dann die Form:

$$A^{\mathrm{T}} = \begin{pmatrix} a_{11} & \cdots & a_{1n} \\ \vdots & \ddots & \vdots \\ a_{n1} & \cdots & a_{nn} \end{pmatrix}^{\mathrm{T}} \equiv \begin{pmatrix} a_{11} & \cdots & a_{n1} \\ \vdots & \ddots & \vdots \\ a_{1n} & \cdots & a_{nn} \end{pmatrix} = \begin{pmatrix} \mathbf{a}_1^{\mathrm{T}} \\ \vdots \\ \mathbf{a}_n^{\mathrm{T}} \end{pmatrix} . \tag{3.74}$$

Für eine Matrix $A = (a_{ij})$ mit den Matrixelementen $\{a_{ij}\}$ ist die Transposition also – wie im zwei- und dreidimensionalen Fall – durch $A^{\mathrm{T}} \equiv (a_{ji})$ definiert. Bei der Transposition werden die beiden Indizes i und j vertauscht. Die Transposition ist sowohl für allgemeine $n \times n$-Matrizen als auch für n-dimensionale Vektoren eine Dualitätstransformation:

$$\left(A^{\mathrm{T}}\right)^{\mathrm{T}} = A \quad , \quad \left(\mathbf{a}_j^{\mathrm{T}}\right)^{\mathrm{T}} = \mathbf{a}_j \quad , \quad \left(\boldsymbol{\alpha}_i^{\mathrm{T}}\right)^{\mathrm{T}} = \boldsymbol{\alpha}_i \ .$$

Außerdem gilt wiederum $(AB)^{\mathrm{T}} = B^{\mathrm{T}} A^{\mathrm{T}}$.

3.7.2 Determinanten $*$

Bevor wir die inverse Matrix A^{-1} von A bestimmen und somit das Gleichungssystem $A\mathbf{x} = \mathbf{b}$ lösen können, müssen wir uns zuerst mit der *Determinante* einer allgemeinen $n \times n$-Matrix sowie den *Eigenschaften* dieser Determinante befassen. Da die allgemeine Definition der Determinante jedoch auf dem Begriff einer *Permutation* basiert, müssen wir uns zuallererst mit diesem Thema auseinandersetzen.

Permutationen

Definiert man die Menge der ersten n natürlichen Zahlen als

$$\{1, 2, \cdots, n\} \equiv \mathcal{M} \ ,$$

dann werden die bijektiven[11] Abbildungen $P : \mathcal{M} \to \mathcal{M}$ als *Permutationen* bezeichnet. Das Bild der Zahl 1 unter P wird als $P1$ bezeichnet, das Bild von 2 als $P2$ und allgemein das Bild von i mit $1 \leq i \leq n$ als Pi. Wir verwenden außerdem die Notation

$$P(1, 2, \cdots, n) = (P1, P2, \cdots, Pn) \ , \tag{3.75}$$

die zeigt, wie sämtlichen Zahlen aus $\mathcal{M}$ ihre Bilder unter P zugeordnet werden. Beispielsweise erhält man für $n = 3$ bzw. $\mathcal{M} = \{1, 2, 3\}$ insgesamt $6 = 3!$ Permutationsmöglichkeiten:

$$P(1, 2, 3) \in \{(1, 2, 3), (1, 3, 2), (2, 1, 3), (2, 3, 1), (3, 1, 2), (3, 2, 1)\} \ .$$

Für allgemeines n bilden die Permutationen eine „symmetrische" Gruppe S_n mit $n! = n(n-1)(n-2)\cdots 1$ Elementen, denn man kann $P1$ auf n mögliche Weisen wählen, danach $P2$ noch auf $n-1$ mögliche Weisen, danach $P3$ nur noch auf $n-2$ Weisen, und so weiter, bis schließlich Pn gleich dem einzigen übrig gebliebenen Element von $\mathcal{M}$ sein muss. Ganz wichtig ist der Begriff des *Signums* („Vorzeichens") einer Permutation, das mit Hilfe des weiteren Begriffs *Fehlstand* definiert werden kann. Ein „Fehlstand" ist ein Zahlenpaar (i, j) mit $i < j$ und $Pi > Pj$. Falls nun eine Permutation der Form (3.75) genau $N(P)$ Fehlstände aufweist, wird das Signum durch

$$\boxed{\operatorname{sgn}(P) \equiv (-1)^{N(P)} = \prod_{1 \leq i < j \leq n} \frac{Pj - Pi}{j - i}} \tag{3.76}$$

---

[11]Eine bijektive Abbildung bildet die Zahlen in der Definitionsmenge (hier: $\mathcal{M}$) und in der Wertemenge (hier: ebenfalls $\mathcal{M}$) eineindeutig aufeinander ab.

definiert. Die Produktformel im letzten Schritt folgt daraus, dass jeder Fehlstand zu einem negativen Vorzeichen im entsprechenden Faktor $(Pj - Pi)/(j - i)$ führt und die rechte Seite von (3.76) insgesamt betragsmäßig gleich eins ist: Es folgt nämlich direkt aus der Bijektivität von P, dass alle Faktoren des Nenners auch (betragsmäßig) im Zähler vorkommen. Eine Permutation mit positivem Signum, $\mathrm{sgn}(P) = +1$, wird *gerade* genannt, eine Permutation mit negativem Signum, $\mathrm{sgn}(P) = -1$, als *ungerade* bezeichnet. Als Notation führt man noch die Funktion ε der ersten n natürlichen Zahlen ein:

$$\varepsilon_{P1,P2,\cdots,Pn} = \begin{cases} \mathrm{sgn}(P) & \text{falls } P \in S_n \\ 0 & \text{falls } P \notin S_n \, , \end{cases} \tag{3.77}$$

die wir für den Spezialfall $n = 3$ bereits als „ε-Tensor" oder „Levi-Civita-Tensor" aus Gleichung (3.11) kennen.

Spezialfälle: Als ersten (sehr einfachen) Spezialfall einer Permutation nennen wir die *Einheitspermutation* oder *Identität* $P_{\mathbf{1}}$, die die ersten n natürlichen Zahlen $(1, 2, \cdots, n)$ auf sich selbst abbildet:

$$P_{\mathbf{1}}(1, 2, \cdots, n) = (1, 2, \cdots, n) \, . \tag{3.78}$$

Da alle Faktoren auf der rechten Seite von (3.76) eins sind, ist auch das Signum von $P_{\mathbf{1}}$ gleich eins: $\mathrm{sgn}(P_{\mathbf{1}}) = +1$.

Als weiteren Spezialfall einer Permutation betrachten wir die *Transposition* P_{kl} mit $k < l$, die lediglich die Zahlen k und l miteinander vertauscht und alle anderen Zahlen unverändert lässt, sodass

$$P_{kl}(1, \cdots, k, \cdots, l, \cdots, n) = (1, \cdots, k-1, l, k+1, \cdots, l-1, k, l+1, \cdots, n)$$

gilt. Hierbei treten insgesamt $2(l-k)-1$ Fehlstände auf, nämlich $2(l-k-1)$ für alle Paare (k, j) und (j, l) mit $k < j < l$ sowie ein weiterer Fehlstand für das Paar (k, l). Da $2(l - k) - 1$ eine *ungerade* Zahl ist, ist das Signum einer Transposition immer negativ: $\mathrm{sgn}(P_{kl}) = -1$. Wendet man eine Transposition zweimal hintereinander an, erhält man die Identität: $P_{kl}P_{kl} = \mathbb{1}$, sodass jede Transposition gleich ihrer eigenen Inversen ist: $P_{kl}^{-1} = P_{kl}$.

Produkte von Permutationen: Wendet man zuerst eine Permutation P_1 und danach eine weitere Permutation P_2 an: $P = P_2 P_1$, ist das Signum des Produkts der Permutationen gleich dem Produkt der einzelnen Signa:

$$\mathrm{sgn}(P) = \mathrm{sgn}(P_2 P_1) = \prod_{1 \leq i < j \leq n} \frac{P_2 P_1 j - P_2 P_1 i}{j - i}$$

$$= \prod_{1 \leq i < j \leq n} \left(\frac{P_2 P_1 j - P_2 P_1 i}{P_1 j - P_1 i} \frac{P_1 j - P_1 i}{j - i} \right)$$

$$= \prod_{1 \leq i' < j' \leq n} \frac{P_2 j' - P_2 i'}{j' - i'} \prod_{1 \leq i < j \leq n} \frac{P_1 j - P_1 i}{j - i} = \mathrm{sgn}(P_2)\mathrm{sgn}(P_1) \, . \tag{3.79}$$

In der ersten Zeile haben wir die Beziehung (3.76) angewandt, in der zweiten Faktoren $P_1j - P_1i$ im Zähler und Nenner ergänzt und in der dritten die Quotienten getrennt sowie im ersten Produkt die Substitution $P_1i \equiv i'$ vorgenommen und schließlich im letzten Schritt wiederum (3.76) angewandt. Als Spezialfall folgt, dass das Produkt einer Permutation P mit der ihr zugeordneten *inversen* Permutation P^{-1} ein positives Signum hat:

$$\mathrm{sgn}(P^{-1})\mathrm{sgn}(P) = \mathrm{sgn}(P^{-1}P) = \mathrm{sgn}(\mathbb{1}) = +1 \,,$$

sodass für alle $P \in S_n$ gilt: $\mathrm{sgn}(P^{-1}) = \mathrm{sgn}(P)$.

Definition der Determinante, einige Notationen

Die *Determinante* einer allgemeinen $n \times n$-Matrix $A \in \mathbb{R}^{n \times n}$ kann nun auf zwei äquivalente Weisen definiert werden, nämlich einmal als Summe über alle möglichen *Permutationen* von $\mathcal{M}$:

$$\boxed{\det(A) \equiv \sum_{P \in S_n} \mathrm{sgn}(P) a_{P1,1} a_{P2,2} \cdots a_{Pn,n}} \qquad (3.80)$$

oder alternativ als Summe über die möglichen *Bilder* $\{i_k\} = (P1, P2, \cdots, Pn)$ unter diesen Permutationen:

$$\boxed{\det(A) \equiv \sum_{i_1=1}^{n} \sum_{i_2=1}^{n} \cdots \sum_{i_n=1}^{n} \varepsilon_{i_1, i_2, \cdots, i_n} a_{i_1,1} a_{i_2,2} \cdots a_{i_n,n} \,.} \qquad (3.81)$$

Wegen der Definition (3.77) des allgemeinen ε-Tensors sind diese beiden Ausdrücke manifest äquivalent. Man überprüft sofort, dass die allgemeine Definition der Determinante von A in der Form (3.80) bzw. (3.81) im Einklang ist mit den bisherigen Definitionen für $n = 1$:

$$\det(A) \equiv a_{11} \,,$$

für $n = 2$:

$$\det(A) \equiv a_{11}a_{22} - a_{21}a_{12}$$

und für $n = 3$:

$$\det(A) \equiv a_{11}a_{22}a_{33} - a_{11}a_{32}a_{23} + a_{21}a_{32}a_{13} - a_{21}a_{12}a_{33} + a_{31}a_{12}a_{23} - a_{31}a_{22}a_{13}$$

und insofern ihre natürliche Verallgemeinerung darstellt.

Notationen: Bevor wir die grundlegenden Eigenschaften der Determinante diskutieren können, benötigen wir ein paar *Notationen*. Beispielsweise ist aus Gleichung (3.70) klar, dass die Matrix $A \in \mathbb{R}^{n \times n}$ mit Hilfe von *Spalten*vektoren $\mathbf{a}_j$ dargestellt werden kann, und aus den Gleichungen (3.72) und (3.73), dass dies alternativ auch mit den *Zeilen*vektoren $\boldsymbol{\alpha}_i^{\mathrm{T}}$ möglich ist. Allerdings ist aus den Gleichungen (3.72) und (3.73) auch klar, dass gerade die Darstellung mit Hilfe von Zeilenvektoren sehr „papierintensiv" ist und nach Optimierung verlangt. Wir führen deshalb den Zeilenumbruch „/" ein und schreiben die Matrix A kompakt als

$$A = (\mathbf{a}_1 \, \mathbf{a}_2 \, \cdots \, \mathbf{a}_n) = (\boldsymbol{\alpha}_1^{\mathrm{T}}/\boldsymbol{\alpha}_2^{\mathrm{T}}/\cdots/\boldsymbol{\alpha}_n^{\mathrm{T}})$$

und analog die Determinante von A als

$$\det(A) = \det(\mathbf{a}_1 \, \mathbf{a}_2 \, \cdots \, \mathbf{a}_n) = \det(\boldsymbol{\alpha}_1^{\mathrm{T}}/\boldsymbol{\alpha}_2^{\mathrm{T}}/\cdots/\boldsymbol{\alpha}_n^{\mathrm{T}}) \, .$$

Ersetzen wir bei der Berechnung der Determinante den k-ten Spaltenvektor $\mathbf{a}_k$ der Matrix A durch den n-dimensionalen Spaltenvektor $\mathbf{b}$, so bezeichnen wir diese Funktion von $\mathbf{b}$ als $\det_{A,k}$:

$$\det(\mathbf{a}_1 \, \cdots \, \mathbf{a}_{k-1} \, \mathbf{b} \, \mathbf{a}_{k+1} \, \cdots \, \mathbf{a}_n) \equiv \det_{A,k}(\mathbf{b}) \, ,$$

ersetzen wir alternativ den k-ten Zeilenvektor $\boldsymbol{\alpha}_k^{\mathrm{T}}$ durch den n-dimensionalen Zeilenvektor $\boldsymbol{\beta}^{\mathrm{T}}$, so bezeichnen wir diese Funktion von $\boldsymbol{\beta}^{\mathrm{T}}$ als $\overline{\det}_{A,k}$:

$$\det(\boldsymbol{\alpha}_1^{\mathrm{T}}/\cdots/\boldsymbol{\alpha}_{k-1}^{\mathrm{T}}/\boldsymbol{\beta}^{\mathrm{T}}/\boldsymbol{\alpha}_{k+1}^{\mathrm{T}}/\cdots/\boldsymbol{\alpha}_n^{\mathrm{T}}) \equiv \overline{\det}_{A,k}(\boldsymbol{\beta}^{\mathrm{T}}) \, .$$

Ersetzen wir bei der Berechnung der Determinante sowohl den k-ten als auch den l-ten Spaltenvektor $\mathbf{a}_k$ und $\mathbf{a}_l$ durch die n-dimensionalen Spaltenvektoren $\mathbf{b}$ und $\mathbf{c}$, so bezeichnen wir diese Funktion von $\mathbf{b}$ und $\mathbf{c}$ als $\det_{A,kl}$:

$$\det(\mathbf{a}_1 \, \cdots \, \mathbf{a}_{k-1} \, \mathbf{b}, \mathbf{a}_{k+1} \, \cdots \, \mathbf{a}_{l-1} \, \mathbf{c} \, \mathbf{a}_{l+1} \, \cdots \, \mathbf{a}_n) \equiv \det_{A,kl}(\mathbf{b}, \mathbf{c}) \, ,$$

ersetzen wir alternativ die k-ten und l-ten Zeilenvektoren $\boldsymbol{\alpha}_k^{\mathrm{T}}$ und $\boldsymbol{\alpha}_l^{\mathrm{T}}$ durch die n-dimensionalen Zeilenvektoren $\boldsymbol{\beta}^{\mathrm{T}}$ und $\boldsymbol{\gamma}^{\mathrm{T}}$, so bezeichnen wir diese Funktion von $\boldsymbol{\beta}^{\mathrm{T}}$ und $\boldsymbol{\gamma}^{\mathrm{T}}$ als $\overline{\det}_{A,kl}$:

$$\det(\boldsymbol{\alpha}_1^{\mathrm{T}}/\cdots/\boldsymbol{\alpha}_{k-1}^{\mathrm{T}}/\boldsymbol{\beta}^{\mathrm{T}}/\boldsymbol{\alpha}_{k+1}^{\mathrm{T}}/\cdots/\boldsymbol{\alpha}_{l-1}^{\mathrm{T}}/\boldsymbol{\gamma}^{\mathrm{T}}/\boldsymbol{\alpha}_{l+1}^{\mathrm{T}}/\cdots/\boldsymbol{\alpha}_n^{\mathrm{T}}) \equiv \overline{\det}_{A,kl}(\boldsymbol{\beta}^{\mathrm{T}}, \boldsymbol{\gamma}^{\mathrm{T}}) \, .$$

Diese Notationen werden uns die Formulierung von Eigenschaften der allgemeinen $n \times n$-Determinante sehr erleichtern.

Eigenschaften der Determinante

Zuerst untersuchen wir die Effekte der *Transposition* einer Matrix auf die Determinante. Die transponierte Matrix von $A = (a_{ij})$ ist durch $A^{\mathrm{T}} = (a_{ji})$ gegeben, sodass das für die Berechnung der Determinante $\det(A^{\mathrm{T}})$ nach (3.80) benötigte Matrixelement $(A^{\mathrm{T}})_{Pi,i}$ gleich $a_{i,Pi}$ ist. Es folgt, dass die Transposition einer Matrix die Determinante *invariant* lässt:

$$\begin{aligned}
\det(A^{\mathrm{T}}) &= \sum_{P \in S_n} \mathrm{sgn}(P) a_{1,P1} a_{2,P2} \cdots a_{n,Pn} \\
&= \sum_{P \in S_n} \mathrm{sgn}(P) a_{P^{-1}1,1} a_{P^{-1}2,2} \cdots a_{P^{-1}n,n} \\
&= \sum_{P' \in S_n} \mathrm{sgn}(P') a_{P'1,1} a_{P'2,2} \cdots a_{P'n,n} = \det(A) \, .
\end{aligned} \tag{3.82}$$

Im zweiten Schritt wurde für alle $i \in \{1, 2, \cdots, n\}$ substituiert: $i = P^{-1}i'$. Im dritten Schritt wurde $\mathrm{sgn}(P) = \mathrm{sgn}(P^{-1})$ verwendet und $P^{-1} \equiv P'$ substituiert. Der letzte Schritt folgt direkt aus Gleichung (3.80). Als Nebenprodukt dieser Berechnung erhalten wir mit

$$\det(A) = \det(A^{\mathrm{T}}) = \sum_{P \in S_n} \mathrm{sgn}(P) a_{1,P1} a_{2,P2} \cdots a_{n,Pn} \tag{3.83}$$

$$= \sum_{\{i_k\}} \varepsilon_{i_1, i_2, \cdots, i_n} a_{1,i_1} a_{2,i_2} \cdots a_{n,i_n} \tag{3.84}$$

zwei Alternativformen der Determinante von A [neben (3.80) und (3.81)].

Eine weitere Eigenschaft der Determinante ist ihre *Linearität* in allen Spalten und Zeilen. Die Linearität in den Spalten folgt daraus, dass jeder Term in der Definition (3.80) der Determinante linear in den Koeffizienten $a_{Pi,i}$ aller *Spalten*vektoren $\mathbf{a}_i$ ist. Ersetzt man also $\mathbf{a}_k$ durch $\lambda \mathbf{b} + \mu \mathbf{c}$, so gilt:

$$\det_{A,k}(\lambda \mathbf{b} + \mu \mathbf{c}) = \lambda \det_{A,k}(\mathbf{b}) + \mu \det_{A,k}(\mathbf{c}) \ . \tag{3.85}$$

Analog folgt die Linearität in den Zeilen daraus, dass jeder Term in der Alternativform (3.83) linear in den Koeffizienten $a_{i,Pi}$ aller *Zeilen*vektoren $\boldsymbol{\alpha}_i^{\mathrm{T}}$ ist. Ersetzt man also insbesondere $\boldsymbol{\alpha}_k^{\mathrm{T}}$ durch $\lambda \boldsymbol{\beta}^{\mathrm{T}} + \mu \boldsymbol{\gamma}^{\mathrm{T}}$, so gilt:

$$\overline{\det}_{A,k}(\lambda \boldsymbol{\beta}^{\mathrm{T}} + \mu \boldsymbol{\gamma}^{\mathrm{T}}) = \lambda \overline{\det}_{A,k}(\boldsymbol{\beta}^{\mathrm{T}}) + \mu \overline{\det}_{A,k}(\boldsymbol{\gamma}^{\mathrm{T}}) \ , \tag{3.86}$$

womit auch die Linearität von $\overline{\det}_{A,k}$ nachgewiesen ist.

Eine fundamentale Eigenschaft der Determinante ist, dass sie unter einer Permutation der Spaltenvektoren *betragsmäßig invariant* ist und lediglich einen zusätzlichen Faktor $\mathrm{sgn}(P)$ erhält. Betrachtet man nämlich eine Permutation P der Spaltenvektoren und wendet die Definition (3.80) der Determinante an (mit $P \to P'$), so folgt

$$\begin{aligned}
\det(\mathbf{a}_{P1}\, \mathbf{a}_{P2}\, \cdots\, \mathbf{a}_{Pn}) &= \sum_{P' \in S_n} \mathrm{sgn}(P') a_{P'1,P1} a_{P'2,P2} \cdots a_{P'n,Pn} \\
&= \sum_{P' \in S_n} \mathrm{sgn}(P') a_{P'P^{-1}1,1} a_{P'P^{-1}2,2} \cdots a_{P'P^{-1}n,n} \\
&= \sum_{P'' \in S_n} \mathrm{sgn}(P''P) a_{P''1,1} a_{P''2,2} \cdots a_{P''n,n} \\
&= \mathrm{sgn}(P) \det(\mathbf{a}_1\, \mathbf{a}_2\, \cdots\, \mathbf{a}_n) \ .
\end{aligned} \tag{3.87}$$

Im zweiten Schritt wurde für alle $i \in \{1, 2, \cdots, n\}$ substituiert. $i = P^{-1}i'$ und somit $Pi = i'$. Im dritten Schritt wurde das Produkt der Permutationen P' und P^{-1} als P'' bezeichnet: $P'P^{-1} \equiv P''$. Im letzten Schritt wurde Gleichung (3.79) verwendet: $\mathrm{sgn}(P''P) = \mathrm{sgn}(P)\mathrm{sgn}(P'')$ sowie die Definition (3.80) der Determinante angewandt. Analog weist man mit Hilfe der Alternativform (3.83) der Determinante auch die Identität

$$\det(\boldsymbol{\alpha}_{P1}^{\mathrm{T}}/\boldsymbol{\alpha}_{P2}^{\mathrm{T}}/\cdots/\boldsymbol{\alpha}_{Pn}^{\mathrm{T}}) = \mathrm{sgn}(P) \det(\boldsymbol{\alpha}_1^{\mathrm{T}}/\boldsymbol{\alpha}_2^{\mathrm{T}}/\cdots/\boldsymbol{\alpha}_n^{\mathrm{T}}) \tag{3.88}$$

für Permutationen P der Zeilenvektoren $\{\boldsymbol{\alpha}_i^{\mathrm{T}}\}$ nach.

Aus den beiden Gleichungen (3.87) und (3.88) folgt sofort die weitere wichtige Eigenschaft, dass die Determinante *antisymmetrisch* unter Vertauschung zweier Spalten oder zweier Zeilen ist. Eine solche Vertauschung kann nämlich ebenfalls als Permutation, und zwar konkret als eine *Transposition* P_{kl}, aufgefasst werden. Für eine Vertauschung der Spaltenvektoren $\mathbf{a}_k$ und $\mathbf{a}_l$ in $\det(A) = \det(\mathbf{a}_1\ \mathbf{a}_2\ \cdots\ \mathbf{a}_n)$ folgt aus Gleichung (3.87):

$$\begin{aligned}
\det_{A,kl}(\mathbf{a}_l, \mathbf{a}_k) &= \det(\mathbf{a}_1\ \cdots\ \mathbf{a}_{k-1}\ \mathbf{a}_l\ \mathbf{a}_{k+1}\ \cdots\ \mathbf{a}_{l-1}\ \mathbf{a}_k\ \mathbf{a}_{l+1}\ \cdots\ \mathbf{a}_n) \\
&= \det(\mathbf{a}_{P_{kl}1}\ \mathbf{a}_{P_{kl}2}\ \cdots\ \mathbf{a}_{P_{kl}n}) \\
&= \mathrm{sgn}(P_{kl})\det(\mathbf{a}_1\ \mathbf{a}_2\ \cdots\ \mathbf{a}_n) = -\det(A)\ .
\end{aligned}$$

Hiermit ist die Antisymmetrie unter Vertauschung zweier *Spalten* gezeigt. Analog zeigt man ausgehend von (3.88) die Antisymmetrie der Determinante unter Vertauschung zweier *Zeilen*:

$$\overline{\det}_{A,kl}(\boldsymbol{\alpha}_l^{\mathrm{T}}, \boldsymbol{\alpha}_k^{\mathrm{T}}) = -\overline{\det}_{A,kl}(\boldsymbol{\alpha}_k^{\mathrm{T}}, \boldsymbol{\alpha}_l^{\mathrm{T}}) = -\det(A)\ .$$

Ersetzt man nun in diesen Argumenten $(\mathbf{a}_k, \mathbf{a}_l)$ durch die beliebigen Spaltenvektoren $(\mathbf{b}, \mathbf{c})$ und analog $(\boldsymbol{\alpha}_k^{\mathrm{T}}, \boldsymbol{\alpha}_l^{\mathrm{T}})$ durch die beliebigen Zeilenvektoren $(\boldsymbol{\beta}^{\mathrm{T}}, \boldsymbol{\gamma}^{\mathrm{T}})$, so erhält man allgemein:

$$\det_{A,kl}(\mathbf{b}, \mathbf{c}) = -\det_{A,kl}(\mathbf{c}, \mathbf{b})\quad ,\quad \overline{\det}_{A,kl}(\boldsymbol{\beta}^{\mathrm{T}}, \boldsymbol{\gamma}^{\mathrm{T}}) = -\overline{\det}_{A,kl}(\boldsymbol{\gamma}^{\mathrm{T}}, \boldsymbol{\beta}^{\mathrm{T}})\ .$$

Hieraus folgt insbesondere, dass diese Determinanten null sind für $\mathbf{c} = \mathbf{b}$ bzw. $\boldsymbol{\gamma} = \boldsymbol{\beta}$, d.h., wenn zwei Spalten- oder Zeilenvektoren gleich sind:

$$\begin{aligned}
\det_{A,kl}(\mathbf{b}, \mathbf{b}) &= -\det_{A,kl}(\mathbf{b}, \mathbf{b}) = 0 \\
\overline{\det}_{A,kl}(\boldsymbol{\beta}^{\mathrm{T}}, \boldsymbol{\beta}^{\mathrm{T}}) &= -\overline{\det}_{A,kl}(\boldsymbol{\beta}^{\mathrm{T}}, \boldsymbol{\beta}^{\mathrm{T}}) = 0\ .
\end{aligned}$$

Etwas allgemeiner impliziert die Linearität der Determinante zusammen mit der Antisymmetrie unter Vertauschung zweier Spalten oder Zeilen, dass die Determinante null ist [$\det(A) = 0$], falls die Sätze der Spalten- oder Zeilenvektoren $\{\mathbf{a}_j\}$ bzw. $\{\boldsymbol{\alpha}_j\}$ linear abhängig sind:

$$\det_{A,k}\left(\sum_{i\neq k}\lambda_i\,\mathbf{a}_i\right) = \sum_{i\neq k}\lambda_i\,\det_{A,k}(\mathbf{a}_i) = 0 \tag{3.89}$$

$$\overline{\det}_{A,k}\left(\sum_{i\neq k}\lambda_i\,\boldsymbol{\alpha}_i^{\mathrm{T}}\right) = \sum_{i\neq k}\lambda_i\,\overline{\det}_{A,k}\left(\boldsymbol{\alpha}_i^{\mathrm{T}}\right) = 0\ . \tag{3.90}$$

In der Herleitung wurde konkret angenommen, dass der Spaltenvektor $\mathbf{a}_k$ bzw. der Zeilenvektor $\boldsymbol{\alpha}_k^{\mathrm{T}}$ linear von den anderen $n-1$ Spalten bzw. Zeilenvektoren abhängig ist. Außerdem wurde verwendet, dass $\det_{A,k}(\mathbf{a}_i)$ gleich $\det_{A,ik}(\mathbf{a}_i, \mathbf{a}_i) = 0$ und $\overline{\det}_{A,k}(\boldsymbol{\alpha}_i^{\mathrm{T}})$ gleich $\overline{\det}_{A,ik}(\boldsymbol{\alpha}_i^{\mathrm{T}}, \boldsymbol{\alpha}_i^{\mathrm{T}}) = 0$ ist.

Determinanten von Matrixprodukten

Das Produkt zweier $n \times n$-Matrizen ist aus Gleichung (3.73) bekannt: Multipliziert man zwei Matrizen $A, B \in \mathbb{R}^{n\times n}$ miteinander, dann ist das Produkt $AB = (c_{ij}) \in \mathbb{R}^{n\times n}$ wiederum eine $n \times n$-Matrix mit den Matrixelementen $c_{ij} = \boldsymbol{\alpha}_i \cdot \mathbf{b}_j$. Hierbei sind $\{\boldsymbol{\alpha}_i\}$ und $\{\mathbf{b}_j\}$ die Zeilen- bzw. Spaltenvektoren der Matrizen A und B. Die j-te Spalte $\mathbf{B}_j$ des Produktes AB kann mit Hilfe einer Entwicklung des Spaltenvektors $\mathbf{b}_j = \sum_i b_{ij}\hat{\mathbf{e}}_i$ nach den Basisvektoren $\hat{\mathbf{e}}_i$ wie folgt geschrieben werden:

$$\mathbf{B}_j \equiv \begin{pmatrix} \boldsymbol{\alpha}_1 \cdot \mathbf{b}_j \\ \vdots \\ \boldsymbol{\alpha}_n \cdot \mathbf{b}_j \end{pmatrix} = \sum_i b_{ij} \begin{pmatrix} \boldsymbol{\alpha}_1 \cdot \hat{\mathbf{e}}_i \\ \vdots \\ \boldsymbol{\alpha}_n \cdot \hat{\mathbf{e}}_i \end{pmatrix} = \sum_i b_{ij} \begin{pmatrix} a_{1i} \\ \vdots \\ a_{ni} \end{pmatrix} = \sum_i b_{ij} \mathbf{a}_i \ .$$

Die Linearität der Determinante als Funktion der Spalten hat als direkte Konsequenz, dass aus dieser Entwicklung von $\mathbf{B}_j$ nach den Spaltenvektoren $\{\mathbf{a}_i\}$ der Matrix A folgt:

$$\det(AB) = \det(\mathbf{B}_1\,\mathbf{B}_2\,\cdots\,\mathbf{B}_n) = \sum_{\{i_k\}} b_{i_1,1} b_{i_2,2} \cdots b_{i_n,n} \det(\mathbf{a}_{i_1}\,\mathbf{a}_{i_2}\,\cdots\,\mathbf{a}_{i_n})$$

$$= \sum_{P \in S_n} \mathrm{sgn}(P) b_{P1,1} b_{P2,2} \cdots b_{Pn,n} \det(\mathbf{a}_1\,\mathbf{a}_2\,\cdots\,\mathbf{a}_n) = \det(A)\det(B) \ .$$

Im dritten Schritt wurde für alle $m \in \{1, 2, \cdots, n\}$ substituiert: $i_m = Pm$; außerdem wurde die Identität (3.87) verwendet. Wir erhalten somit das wichtige Ergebnis, dass die Determinante eines Produkts zweier Matrizen gleich dem Produkt der Einzeldeterminanten ist:

$$\boxed{\det(AB) = \det(A)\det(B) \ .}$$

Allgemeiner gilt für ein beliebiges Matrixprodukt:

$$\det(A_1 A_2 \cdots A_r) = \det(A_1)\det(A_2)\cdots\det(A_r) = \prod_{s=1}^{r} \det(A_s) \ .$$

Die letzte Formel weist man leicht mit vollständiger Induktion nach r nach.

Determinanten spezieller Matrizen

Wir zeigen nun, dass die Determinante für einige spezielle Matrizen recht einfach berechnet werden kann. Als erstes Beispiel betrachten wir die $n \times n$-Einheitsmatrix $A = \mathbb{1}_n = (\hat{\mathbf{e}}_1\,\hat{\mathbf{e}}_2\,\cdots\,\hat{\mathbf{e}}_n)$ mit den Matrixelementen $a_{ij} = (\hat{\mathbf{e}}_j)_i = \delta_{ij}$. Aus der Darstellung (3.81) der Determinante folgt sofort, dass $\det(\mathbb{1}_n)$ gleich eins ist:

$$\det(\mathbb{1}_n) = \sum_{\{i_k\}} \varepsilon_{i_1,i_2,\cdots,i_n} \delta_{i_1,1} \delta_{i_2,2} \cdots \delta_{i_n,n} = \varepsilon_{1,2,\cdots,n} = \mathrm{sgn}(P_{\mathbf{1}}) = 1 \ ,$$

wobei die Eigenschaft $\mathrm{sgn}(P_{\mathbf{1}}) = +1$ der in Gleichung (3.78) definierten Einheitspermutation $P_{\mathbf{1}}$ verwendet wurde. Als zweites Beispiel betrachten wir eine Matrix A, deren Spaltenvektoren eine Permutation der Basisvektoren $\{\hat{\mathbf{e}}_i\}$ sind: $A = (\hat{\mathbf{e}}_{P1}\,\cdots\,\hat{\mathbf{e}}_{Pn})$, sodass die entsprechenden Matrixelemente von A durch $a_{ij} = (\hat{\mathbf{e}}_{Pj})_i = \delta_{i,Pj}$ gegeben sind. Es folgt sofort aus (3.87):

$$\det(\hat{\mathbf{e}}_{P1}\,\cdots\,\hat{\mathbf{e}}_{Pn}) = \mathrm{sgn}(P)\det(\hat{\mathbf{e}}_1\,\cdots\,\hat{\mathbf{e}}_n) = \mathrm{sgn}(P)\det(\mathbb{1}_n) = \mathrm{sgn}(P) \ .$$

Als drittes Beispiel betrachten wir allgemeine Matrizen A, deren n-ter *Zeilen*vektor durch den Basisvektor $\hat{\mathbf{e}}_n^{\mathrm{T}}$ gegeben ist: $\boldsymbol{\alpha}_n^{\mathrm{T}} = \hat{\mathbf{e}}_n^{\mathrm{T}}$:

$$\det\begin{pmatrix} & & & * \\ & \bar{A} & & \vdots \\ & & & * \\ 0 & \cdots & 0 & 1 \end{pmatrix} = \sum_{\{i_k\}} \varepsilon_{i_1,\cdots,i_{n-1},n}\,\bar{a}_{1,i_1}\bar{a}_{2,i_2}\cdots\bar{a}_{n-1,i_{n-1}} = \det(\bar{A})\ . \quad (3.91)$$

Hierbei sind die durch einen Asterisk ($*$) markierten Matrixelemente sowie die $(n-1)\times(n-1)$-Matrix $\bar{A}$ beliebig. Im ersten Schritt wurde die Alternativform (3.84) der Determinante verwendet. Im zweiten Schritt wurde zuerst die Identität $\varepsilon_{i_1,\cdots,i_{n-1},n} = \varepsilon_{i_1,\cdots,i_{n-1}}$ und dann noch einmal (3.84) für die Determinante benutzt. Wegen der Eigenschaft $\det(A^{\mathrm{T}}) = \det(A)$ in Gleichung (3.82) gilt mit $\bar{B} \equiv \bar{A}^{\mathrm{T}}$ alternativ auch:

$$\det\begin{pmatrix} & & & 0 \\ & \bar{B} & & \vdots \\ & & & 0 \\ * & \cdots & * & 1 \end{pmatrix} = \det(\bar{B})\ , \qquad\qquad (3.92)$$

wobei nun die Matrixelemente ($*$) und die Matrix $\bar{B}$ beliebig sind.

Geometrische Interpretation der Determinante

Gleichung (3.91) ist auch nützlich bei der *geometrischen Interpretation* der Determinante als *orientiertes Volumen* eines Parallelepipeds. Um diese Beziehungen klarzumachen, gehen wir wie folgt vor: Zuerst *definieren* wir das „orientierte Volumen" eines n-dimensionalen Parallelepipeds als Determinante. Anschließend zeigen wir eine rekursive Eigenschaft dieser Definition mit Hilfe von Gleichung (3.91). Schließlich zeigen wir, dass das so definierte „orientierte Volumen" genau dem herkömmlichen Konzept des Volumeninhalts eines geometrischen Objekts entspricht.

Wir betrachten n unabhängige n-dimensionale Spaltenvektoren $\mathbf{a}_j = \sum_{i=1}^n a_{ij}\hat{\mathbf{e}}_i$ (mit $j = 1,2,\cdots,n$), die zusammen ein n-dimensionales Parallelepiped aufspannen. Das „orientierte Volumen" dieses Parallelepipeds wird nun *definiert* als die Determinante der aus diesen n Vektoren zusammengesetzten Matrix $A \equiv (\mathbf{a}_1\ \mathbf{a}_2\ \cdots\ \mathbf{a}_n)$:

$$\boxed{\begin{aligned} \mathrm{Vol}(\mathbf{a}_1,\mathbf{a}_2,\cdots,\mathbf{a}_n) &\equiv \det(A) = \det(\mathbf{a}_1\ \mathbf{a}_2\ \cdots\ \mathbf{a}_n) \\ &= \sum_{\{i_k\}} \varepsilon_{i_1,i_2,\cdots,i_n}\,a_{i_1,1}a_{i_2,2}\cdots a_{i_n,n}\ . \end{aligned}} \qquad (3.93)$$

Die Definition (3.93) bedeutet beispielsweise, dass das „orientierte Volumen" der Basisvektoren durch $\mathrm{Vol}(\hat{\mathbf{e}}_1,\hat{\mathbf{e}}_2,\cdots,\hat{\mathbf{e}}_n) = 1$, oder allgemeiner – bei einer Permutation der Basisvektoren – durch $\mathrm{Vol}(\hat{\mathbf{e}}_{P1},\hat{\mathbf{e}}_{P2},\cdots,\hat{\mathbf{e}}_{Pn}) = \mathrm{sgn}(P)$ gegeben ist. Die Funktion „Vol" ist also *linear* in allen ihren Argumenten und *vollständig antisymmetrisch* unter Vertauschung zweier Argumente.

Wir betrachten nun konkret ein Parallelepiped, dessen *Grundfläche* durch die $n-1$ Vektoren

$$\mathbf{a}_j = \begin{pmatrix} \bar{\mathbf{a}}_j \\ 0 \end{pmatrix} \quad , \quad \bar{\mathbf{a}}_j \in \mathbb{R}^{n-1} \qquad (j = 1, 2, \cdots, n-1)$$

aufgespannt wird. Der Vektor $\mathbf{a}_n$ soll unabhängig von $\{\mathbf{a}_j \mid j \leq n-1\}$ sein, sodass $a_{nn} \neq 0$ gelten muss. Mit der Definition $\bar{A} \equiv (\bar{\mathbf{a}}_1 \ \bar{\mathbf{a}}_2 \ \cdots \ \bar{\mathbf{a}}_{n-1})$ folgt nun aus Gleichung (3.91):

$$\mathrm{Vol}(\mathbf{a}_1, \mathbf{a}_2, \cdots, \mathbf{a}_n) = \det(A) = \det \begin{pmatrix} & & & a_{1n} \\ & \bar{A} & & \vdots \\ & & & a_{n-1,n} \\ 0 & \cdots & 0 & a_{nn} \end{pmatrix} = a_{nn}\det(\bar{A})$$

$$= (\mathbf{a}_n \cdot \hat{\mathbf{e}}_n)\,\mathrm{Vol}(\bar{\mathbf{a}}_1 \ \bar{\mathbf{a}}_2 \ \cdots \ \bar{\mathbf{a}}_{n-1})\,, \tag{3.94}$$

sodass das „orientierte Volumen" des gesamten Parallelepipeds gleich dem „orientierten Volumen" der Grundfläche ist, multipliziert mit der Komponente $\mathbf{a}_n \cdot \hat{\mathbf{e}}_n$ des Vektors $\mathbf{a}_n$ in der Richtung senkrecht zur Grundfläche.

Dies ist aber vollkommen kompatibel mit dem *geometrischen Konzept* eines Volumeninhalts. Hierzu sehe man sich die Abbildungen 3.16 und 3.17 noch einmal an, die für ein dreidimensionales Parallelepiped gezeichnet wurden, aber auch die höherdimensionale $(n > 3)$ Situation adäquat darstellen: Die beiden Abbildungen zeigen per Analogie, dass man den Volumeninhalt eines n-dimensionalen Parallelepipeds auch mit Hilfe einer Integration des Volumeninhalts der $(n-1)$-dimensionalen Grundfläche über das Intervall $[0, a_\perp]$ mit $a_\perp = |\mathbf{a}_n \cdot \hat{\mathbf{e}}_n|$ berechnen kann:

$$|\mathrm{Vol}(\mathbf{a}_1, \mathbf{a}_2, \cdots, \mathbf{a}_n)| = \int_0^{a_\perp} dx \, |\mathrm{Vol}(\bar{\mathbf{a}}_1 \ \bar{\mathbf{a}}_2 \ \cdots \ \bar{\mathbf{a}}_{n-1})|$$

$$= a_\perp |\mathrm{Vol}(\bar{\mathbf{a}}_1 \ \bar{\mathbf{a}}_2 \ \cdots \ \bar{\mathbf{a}}_{n-1})|\,. \tag{3.95}$$

Der Vergleich der beiden Resultate (3.95) und (3.94) zeigt, dass der Volumeninhalt eines n-dimensionalen Parallelepipeds und der Betrag des „orientierten Volumens" dieses Körpers *identische Größen* sind. (Man kann dies bei Bedarf mit vollständiger Induktion nach der Dimension n des Parallelepipeds beweisen.) Das Fazit ist also, dass das durch die Determinante definierte *orientierte Volumen* gleich dem physikalischen Volumeninhalt ist, multipliziert mit einem Vorzeichen $\pm$, das die positive oder negative Orientierung des Körpers ausdrückt.

Rekursive Berechnung einer Determinante

Die Linearität (3.86) der Determinante bedeutet insbesondere, dass die Determinante einer allgemeinen $n \times n$-Matrix A nach der i-ten Zeile entwickelt werden kann. Durch Einsetzen der Entwicklung $\boldsymbol{\alpha}_i^{\mathrm{T}} = \sum_{l=1}^n a_{il}\hat{\mathbf{e}}_l^{\mathrm{T}}$ in $\det(A)$ ergibt sich:

$$\det(A) = \det(\boldsymbol{\alpha}_1^{\mathrm{T}}/\boldsymbol{\alpha}_2^{\mathrm{T}}/\cdots/\boldsymbol{\alpha}_n^{\mathrm{T}}) = \sum_{l=1}^n a_{il}\mathcal{A}_{il}\,,$$

wobei die Matrixelemente $\mathcal{A}_{il}$ durch

$$\mathcal{A}_{il} \equiv \det(\boldsymbol{\alpha}_1^{\mathrm{T}}/\cdots/\boldsymbol{\alpha}_{i-1}^{\mathrm{T}}/\hat{\mathbf{e}}_l^{\mathrm{T}}/\boldsymbol{\alpha}_{i+1}^{\mathrm{T}}/\cdots/\boldsymbol{\alpha}_n^{\mathrm{T}}) = \overline{\det}_{A,i}(\hat{\mathbf{e}}_l^{\mathrm{T}}) \tag{3.96}$$

definiert sind. Die $n \times n$-Matrix $(\mathcal{A}_{il}) \equiv \mathcal{A}$ wird als „*Adjunkte*" von A bezeichnet. Fasst man nun die Matrixelemente von $\mathcal{A}$, die *nicht* im Einheitsvektor $\hat{\mathbf{e}}_l^{\mathrm{T}}$ enthalten sind, zu $(n-1)$-dimensionalen Spaltenvektoren $\bar{\mathbf{a}}_j$ zusammen:

$$(a_{1j}, \cdots, a_{i-1,j}, a_{i+1,j}, \cdots, a_{nj}) \equiv \bar{\mathbf{a}}_j^{\mathrm{T}} \qquad (\text{mit } j \neq i) \,,$$

dann kann das Matrixelement $\mathcal{A}_{il}$ der Adjunkten auch kompakt als

$$\begin{aligned}
\mathcal{A}_{il} &= (-1)^{n-i}\det\left[\begin{pmatrix}\bar{\mathbf{a}}_1\\0\end{pmatrix}, \cdots, \begin{pmatrix}\bar{\mathbf{a}}_{l-1}\\0\end{pmatrix}, \begin{pmatrix}\bar{\mathbf{a}}_l\\1\end{pmatrix}, \begin{pmatrix}\bar{\mathbf{a}}_{l+1}\\0\end{pmatrix}, \cdots, \begin{pmatrix}\bar{\mathbf{a}}_n\\0\end{pmatrix}\right]\\
&= (-1)^{2n-i-l}\det\left[\begin{pmatrix}\bar{\mathbf{a}}_1\\0\end{pmatrix}, \cdots, \begin{pmatrix}\bar{\mathbf{a}}_{l-1}\\0\end{pmatrix}, \begin{pmatrix}\bar{\mathbf{a}}_{l+1}\\0\end{pmatrix}, \cdots, \begin{pmatrix}\bar{\mathbf{a}}_n\\0\end{pmatrix}, \begin{pmatrix}\bar{\mathbf{a}}_l\\1\end{pmatrix}\right]\\
&= (-1)^{i+l}\det(\bar{A}^{(il)}) \quad , \quad \bar{A}^{(il)} \equiv (\bar{\mathbf{a}}_1, \cdots, \bar{\mathbf{a}}_{l-1}, \bar{\mathbf{a}}_{l+1}, \cdots, \bar{\mathbf{a}}_n)
\end{aligned}$$

geschrieben werden. Im ersten Schritt wurde die Antisymmetrie der Determinante unter Vertauschung von *Zeilen* dazu verwendet, die Zeile $\hat{\mathbf{e}}_l^{\mathrm{T}}$ unter Beibehaltung der Reihenfolge der anderen Zeilen von der i-ten an die n-te Stelle zu manövrieren. Wegen der Antisymmetrie erhält man dadurch einen zusätzlichen Faktor $(-1)^{n-i}$. Im zweiten Schritt wurde die Antisymmetrie der Determinante unter Vertauschung von *Spalten* dazu verwendet, die l-te Spalte unter Beibehaltung der Reihenfolge der anderen Spalten an die n-te Stelle zu manövrieren. Wegen der Antisymmetrie erhält man dadurch einen zusätzlichen Faktor $(-1)^{n-l}$. Determinanten von diesem Typ sind uns jedoch bereits aus dem Beispiel (3.91) bekannt, sodass wir (im dritten Schritt) das Ergebnis von Gleichung (3.91) übernehmen können.

Zusammenfassend stellen wir fest, dass $n \times n$-Determinanten systematisch vereinfacht werden können, indem man sie zuerst auf $(n-1) \times (n-1)$-Determinanten zurückführt, dann die $(n-1) \times (n-1)$- auf $(n-2) \times (n-2)$-Determinanten und so weiter. Hierzu kann man entweder eine Entwicklung nach Zeilen verwenden, wie wir es hier vorgeführt haben, oder eine Entwicklung nach Spalten, die zu einem analogen Ergebnis führt:

$$\boxed{\det(A) = \sum_{l=1}^{n} a_{il}\mathcal{A}_{il} = \sum_{i=1}^{n} a_{il}\mathcal{A}_{il} \quad , \quad \mathcal{A}_{il} = (-1)^{i+l}\det(\bar{A}^{(il)}) \,.} \tag{3.97}$$

Hierbei ist die explizite Form der Matrix $\bar{A}^{(il)}$ gegeben durch

$$\bar{A}^{(il)} = \begin{pmatrix}
a_{11} & \cdots & a_{1,l-1} & a_{1,l+1} & \cdots & a_{1n}\\
\vdots & \ddots & \vdots & \vdots & \ddots & \vdots\\
a_{i-1,1} & \cdots & a_{i-1,l-1} & a_{i-1,l+1} & \cdots & a_{i-1,n}\\
a_{i+1,1} & \cdots & a_{i+1,l-1} & a_{i+1,l+1} & \cdots & a_{i+1,n}\\
\vdots & \ddots & \vdots & \vdots & \ddots & \vdots\\
a_{n,1} & \cdots & a_{n,l-1} & a_{n,l+1} & \cdots & a_{n,n}
\end{pmatrix} \,.$$

Als Beispiele zeigen wir die entsprechenden Ergebnisse der Entwicklung einer $n \times n$-Determinante nach ihrer jeweils *zweiten Zeile*, zuerst für $n = 2$:

$$\det \begin{pmatrix} a_{11} & a_{12} \\ a_{21} & a_{22} \end{pmatrix} = -a_{21}\det(a_{12}) + a_{22}\det(a_{11}) = -a_{21}a_{12} + a_{22}a_{11}$$

und dann für $n = 3$:

$$\det \begin{pmatrix} a_{11} & a_{12} & a_{13} \\ a_{21} & a_{22} & a_{23} \\ a_{31} & a_{32} & a_{33} \end{pmatrix} = -a_{21} \det \begin{pmatrix} a_{12} & a_{13} \\ a_{32} & a_{33} \end{pmatrix} + a_{22} \det \begin{pmatrix} a_{11} & a_{13} \\ a_{31} & a_{33} \end{pmatrix}$$
$$- a_{23} \det \begin{pmatrix} a_{11} & a_{12} \\ a_{31} & a_{32} \end{pmatrix} .$$

Diese Ergebnisse sind selbstverständlich im Einklang mit den früheren Ergebnissen (3.35) und (3.26) für 2×2- und 3×3-Determinanten.

3.7.3   Die inverse Matrix und lineare Gleichungssysteme ∗

Das Ergebnis (3.97), das eine *rekursive* Berechnung einer allgemeinen $n \times n$-Determinante erlaubt, ist nicht nur in der Praxis als Algorithmus zur Berechnung der Determinante sehr nützlich, sondern führt uns auch direkt zu einem relativ einfachen Ausdruck für die *inverse* Matrix A^{-1}. In diesem Abschnitt klären wir zuerst diesen Zusammenhang und zeigen anschließend, wie man mit Hilfe der inversen Matrix beliebige n-dimensionale Gleichungssysteme lösen kann, zumindest falls $\det(A) \neq 0$ gilt. Wie für zwei- und dreidimensionale Gleichungssysteme kann auch die n-dimensionale Lösung mit Hilfe einer entsprechenden *Cramer'schen Regel* formuliert werden. Wir zeigen die Äquivalenz der Bedingung $\det(A) = 0$ und der linearen Abhängigkeit der Spalten- und Zeilenvektoren von A.

Die inverse Matrix

Aus Gleichung (3.97) wissen wir bereits, wie eine allgemeine $n \times n$-Determinante nach ihren Zeilen oder alternativ ihren Spalten entwickelt und dadurch systematisch vereinfacht werden kann. Wir erinnern daran, dass wir bei der Entwicklung nach *Zeilen* auf die Darstellung (3.96) der Matrixelemente $\mathcal{A}_{il}$ in der Form einer Determinante $\overline{\det}_{A,i}(\hat{\mathbf{e}}_l^{\mathrm{T}})$ gestoßen sind. Aus der Darstellung (3.96) und der Linearität der Determinante in ihren Zeilen folgt nun:

$$\sum_{l=1}^{n} a_{il}\mathcal{A}_{jl} = \sum_{l=1}^{n} a_{il}\,\overline{\det}_{A,j}(\hat{\mathbf{e}}_l^{\mathrm{T}}) = \overline{\det}_{A,j}(\boldsymbol{\alpha}_i^{\mathrm{T}}) .$$

Als Verallgemeinerung von (3.97) erhält man daher bei einer Entwicklung der Determinante nach Zeilen:

$$\sum_{l=1}^{n} a_{il}\mathcal{A}_{jl} = \delta_{ij}\det(A) + (1 - \delta_{ij})\overline{\det}_{A,j}(\boldsymbol{\alpha}_i^{\mathrm{T}}) = \delta_{ij}\det(A) ,$$

wobei im letzten Schritt Gleichung (3.90) verwendet wurde: $\overline{\det}_{A,j}(\boldsymbol{\alpha}_i^{\mathrm{T}}) = 0$ für $j \neq i$. Analog erhält man mit Hilfe von (3.89) bei der Entwicklung der Determinante nach Spalten die Identität:

$$\sum_{i=1}^{n} a_{il}\mathcal{A}_{im} = \delta_{lm}\det(A) + (1 - \delta_{lm})\det{}_{A,m}(\mathbf{a}_l) = \delta_{lm}\det(A) \ .$$

Die beiden letzten Gleichungen sind sehr wichtig, da sie auch als

$$A\,\mathcal{A}^{\mathrm{T}} = \mathcal{A}^{\mathrm{T}}A = \det(A)\mathbb{1}_n$$

zusammengefasst werden können. Dieses Ergebnis bedeutet nichts weniger, als dass wir bei der Entwicklung der Determinante nach Zeilen und Spalten über die *inverse Matrix* von A gestolpert sind:

$$\boxed{A^{-1} = [\det(A)]^{-1}\mathcal{A}^{\mathrm{T}} \qquad [\det(A) \neq 0] \ .} \tag{3.98}$$

Allerdings existiert diese inverse Matrix (wie auch für die Spezialfälle $n = 1, 2, 3$) nur dann, wenn die Determinante von A ungleich null ist: $\det(A) \neq 0$. Als Beispiel zeigen wir den in Gleichung (3.98) für $n = 2$ enthaltenen Spezialfall:

$$\begin{pmatrix} a_{11} & a_{12} \\ a_{21} & a_{22} \end{pmatrix}^{-1} = (a_{11}a_{22} - a_{12}a_{21})^{-1} \begin{pmatrix} a_{22} & -a_{12} \\ -a_{21} & a_{11} \end{pmatrix} \ ,$$

der selbstverständlich mit dem in (3.37) berechneten Ausdruck der inversen 2×2-Matrix übereinstimmt. Der Ausdruck (3.98) für die inverse Matrix einer allgemeinen $n \times n$-Matrix ist deshalb so wichtig, weil wir damit – wie wir im nächsten Abschnitt konkret sehen werden – beliebige n-dimensionale Gleichungssysteme [mit $\det(A) \neq 0$] lösen können.

Lineare Gleichungssysteme

Betrachten wir nun n-dimensionale lineare Gleichungssysteme der Form $A\mathbf{x} = \mathbf{b}$, wie in Gleichung (3.71) kompakt dargestellt. Mit Hilfe der gerade hergeleiteten *inversen* Matrix A^{-1} in (3.98) können wir solche allgemeinen linearen Gleichungssysteme lösen. Lässt man nämlich auf beide Seiten der Gleichung $A\mathbf{x} = \mathbf{b}$ die Matrix A^{-1} wirken, erhält man:

$$A^{-1}\mathbf{b} = A^{-1}(A\mathbf{x}) = (A^{-1}A)\mathbf{x} = \mathbb{1}_n\mathbf{x} = \mathbf{x} \ ,$$

sodass die Lösung des Gleichungssystems im Falle $\det(A) \neq 0$ lautet:

$$\mathbf{x} = A^{-1}\mathbf{b} \ , \quad A^{-1} = [\det(A)]^{-1}\mathcal{A}^{\mathrm{T}} \qquad [\det(A) \neq 0] \ . \tag{3.99}$$

Es ist interessant, dieses kompakte, allgemeine Ergebnis noch einmal explizit komponentenweise darzustellen, da man dann den Kontakt zu früheren zwei- und dreidimensionalen Ergebnissen herstellen kann:

$$\boxed{x_i = [\det(A)]^{-1}\sum_{k=1}^{n} b_k\mathcal{A}_{ki} = \frac{\det_{A,i}(\mathbf{b})}{\det(A)} \qquad [\det(A) \neq 0] \ .} \tag{3.100}$$

Ein Vergleich dieses Ergebnisses mit den Gleichungen (3.42) und (3.59) zeigt, dass (3.100) die allgemeine Form der (nach dem Mathematiker Gabriel Cramer benannten) *Cramer'schen Regel* darstellt.[12]

Homogene lineare Gleichungssysteme

Es gibt noch ein wichtiges, spezielles Ergebnis für *homogene* lineare Gleichungssysteme, d.h. für $\mathbf{b} = \mathbf{0}$. In diesem Falle gilt die folgende Äquivalenz:

$$\det(A) \neq 0 \quad \Leftrightarrow \quad \exists! \text{ Lösung } \mathbf{x} = \mathbf{0} \text{ von } A\mathbf{x} = \mathbf{0} \ . \tag{3.101}$$

Der Beweis der einen Richtung dieser Äquivalenz (von links nach rechts) ist recht einfach, denn für $\mathbf{b} = \mathbf{0}$ folgt aus $\det(A) \neq 0$ sofort die Existenz einer inversen Matrix A^{-1} und daher $\mathbf{x} = A^{-1}\mathbf{b} = \mathbf{0}$. Der Beweis der anderen Richtung der Äquivalenz (von rechts nach links) ist nicht ganz so einfach, da man aus „$\exists!$ Lösung $\mathbf{x} = \mathbf{0}$ von $A\mathbf{x} = \mathbf{0}$" nicht ohne Weiteres schließen kann, dass $\det(A) \neq 0$ gilt. Man kann die Aussage

$$\exists! \text{ Lösung } \mathbf{x} = \mathbf{0} \text{ von } A\mathbf{x} = \mathbf{0} \quad \Rightarrow \quad \det(A) \neq 0 \tag{3.102}$$

jedoch mit vollständiger Induktion nach der Dimension n des Gleichungssystems beweisen. Die Aussage ist nämlich wahr für $n = 1$: Wenn über das System $a_{11}x_1 = 0$ bekannt ist, dass es genau eine Lösung und zwar $x_1 = 0$ erlaubt, muss $\det(a_{11}) = a_{11} \neq 0$ gelten. Analoges gilt für $n = 2$: Wenn bekannt ist, dass das System

$$a_{11}x_1 + a_{12}x_2 = 0 \quad , \quad a_{21}x_1 + a_{22}x_2 = 0$$

genau eine Lösung und zwar $\mathbf{x} = \left(\begin{smallmatrix} x_1 \\ x_2 \end{smallmatrix}\right) = \left(\begin{smallmatrix} 0 \\ 0 \end{smallmatrix}\right)$ erlaubt, kann der Spaltenvektor $\mathbf{a}_2$ der 2×2-Matrix A nicht gleich $\mathbf{0}$ sein, da sonst jeder Vektor $\mathbf{x} = \lambda\hat{\mathbf{e}}_2$ eine Lösung des Gleichungssystems wäre. Folglich kann man es immer so einrichten, dass $a_{22} \neq 0$ gilt (evtl. durch Umdefinieren der Zeilennummern, was den Betrag der Determinante von A invariant lässt). Deshalb muss (aufgrund der *rechten* Gleichung des Systems) $x_2 = -\frac{a_{21}}{a_{22}}x_1$ und daher (aufgrund der *linken* Gleichung) auch

$$0 = \left(a_{11} - \frac{a_{12}a_{21}}{a_{22}} \right) x_1 = \frac{\det(A)}{a_{22}} x_1$$

gelten. Diese Gleichung hat nur dann genau eine Lösung $x_1 = 0$, wenn $\det(A) \neq 0$ gilt, also ist (3.102) auch richtig für $n = 2$. Hiermit ist der Startschritt des Induktionsbeweises für $n = 1, 2$ gemacht. Im Induktionsschritt ist nun zu zeigen, dass die Aussage (3.102) wahr ist für alle Matrizen $A \in \mathbb{R}^{(n+1) \times (n+1)}$, falls sie wahr ist für alle $A \in \mathbb{R}^{n \times n}$. Der Induktionsschritt erfordert im Wesentlichen die gleichen Ideen wie der Startschritt für $n = 2$ und kann daher als Übungsaufgabe dienen (s. Aufgabe 3.13).

---

[12]Die Gleichungen (3.97) und (3.100) stellen zwar sehr elegante, kompakte, explizite *analytische* Ausdrücke für die Determinante von A bzw. die Lösung des Gleichungssystems $A\mathbf{x} = \mathbf{b}$ dar, aber für die *numerische Berechnung* dieser Größen in hochdimensionalen Problemen (mit $n \gg 1$) sind sie nicht optimal geeignet. Für numerische Zwecke verwendet man als Algorithmus z.B. das *gaußsche Eliminationsverfahren*, in dem die Matrix A mit Hilfe einfacher Transformationen schrittweise in eine obere Dreiecksmatrix A' (mit $a'_{ij} = 0$ für $i > j$) umgewandelt wird.

Was können wir genau aus der Äquivalenz (3.101) lernen? Wir lernen zuerst einmal unmittelbar aus (3.101), dass die Lösung des Gleichungssystems $A\mathbf{x} = \mathbf{0}$ dann und nur dann eindeutig durch $\mathbf{x} = \mathbf{0}$ gegeben ist, falls $\det(A) \neq 0$ gilt. Allerdings wissen wir auch aus Gleichung (3.82), dass $\det(A) = \det(A^{\mathrm{T}})$ gilt, sodass auch die erweiterte Äquivalenzkette

$$\exists! \text{ Lösung } \mathbf{x} = \mathbf{0} \text{ von } A\mathbf{x} = \mathbf{0} \quad \Leftrightarrow \quad \det(A) \neq 0$$

$$\Leftrightarrow \quad \det(A^{\mathrm{T}}) \neq 0 \quad \Leftrightarrow \quad \exists! \text{ Lösung } \mathbf{x} = \mathbf{0} \text{ von } A^{\mathrm{T}}\mathbf{x} = \mathbf{0}$$

gilt. Durch Verneinung dieser Aussagen erhält man äquivalent auch die folgende Kette:

$$\exists \text{ Lösung } \mathbf{x} \neq \mathbf{0} \text{ von } A\mathbf{x} = \mathbf{0} \quad \Leftrightarrow \quad \det(A) = 0$$

$$\Leftrightarrow \quad \det(A^{\mathrm{T}}) = 0 \quad \Leftrightarrow \quad \exists \text{ Lösung } \mathbf{x} \neq \mathbf{0} \text{ von } A^{\mathrm{T}}\mathbf{x} = \mathbf{0} \, .$$

Dies bedeutet aber, dass die Aussage $\det(A) = 0$ [oder äquivalent: $\det(A^{\mathrm{T}}) = 0$] gleichbedeutend ist mit der Aussage, dass es eine Lösung $\mathbf{x} \neq \mathbf{0}$ der folgenden Gleichungen gibt:

$$\sum_{i=1}^{n} x_i \, \mathbf{a}_i = \mathbf{0} \qquad \text{bzw.} \qquad \sum_{i=1}^{n} x_i \, \boldsymbol{\alpha}_i = \mathbf{0} \, ,$$

d.h., dass die beiden Sätze der Spaltenvektoren $\{\mathbf{a}_i\}$ und der Zeilenvektoren $\{\boldsymbol{\alpha}_i\}$ der Matrix A dann notwendigerweise *linear abhängig* sind. Unser Fazit ist daher, dass für alle Matrizen $A \in \mathbb{R}^{n \times n}$ mit $n \in \mathbb{N}$ die folgenden drei Aussagen äquivalent sind:

1. Die Determinante von A ist null: $\det(A) = \det(A^{\mathrm{T}}) = 0$.
2. Die Spaltenvektoren $\{\mathbf{a}_i \,|\, 1 \leq i \leq n\}$ von A sind linear abhängig.
3. Die Zeilenvektoren $\{\boldsymbol{\alpha}_i \,|\, 1 \leq i \leq n\}$ von A sind linear abhängig.

Dieses Ergebnis ist sehr hilfreich: Falls man also wissen möchte, ob n vorgegebene n-dimensionale Spalten- oder Zeilenvektoren linear abhängig oder unabhängig sind, muss man lediglich überprüfen, ob die Determinante der aus diesen Vektoren aufgebauten Matrix A gleich oder ungleich null ist. Dieses Ergebnis entspricht auch genau unserem vorherigen Befund, dass die Determinante gleich dem orientierten Volumen des von n Spaltenvektoren aufgespannten Parallelepipeds ist: Für linear abhängige Vektoren wäre dieses Volumen (und somit die Determinante) ja gleich null. Für niedrigdimensionale Matrizen ($n = 2, 3$) sind uns diese Zusammenhänge bereits aus den Abschnitten [3.3.7] und [3.4.1] bekannt. Hier haben wir gelernt, dass sie sich problemlos auf höherdimensionale Matrizen übertragen lassen.

3.8   Übungsaufgaben

Aufgabe 3.1 Rechnen mit Vektoren

(a) Berechnen Sie:

$$\text{(i)} \quad \begin{pmatrix} 1 \\ 0 \\ 4 \end{pmatrix} + \begin{pmatrix} 5 \\ 6 \\ 7 \end{pmatrix} \qquad \text{(ii)} \quad \begin{pmatrix} 3 \\ 7 \\ 6 \end{pmatrix} + \begin{pmatrix} 1 \\ 1 \\ 0 \end{pmatrix} \qquad \text{(iii)} \quad \begin{pmatrix} 1 \\ 2 \\ 3 \end{pmatrix} - \alpha \begin{pmatrix} 1 \\ \beta \\ 0 \end{pmatrix} + \beta \begin{pmatrix} 2 \\ \alpha \\ 1 \end{pmatrix} \, .$$

(b) Berechnen Sie:

$$\text{(i)} \quad \left[\begin{pmatrix}1\\1\\0\end{pmatrix} + \begin{pmatrix}1\\1\\1\end{pmatrix} - \begin{pmatrix}0\\0\\1\end{pmatrix}\right] \times \begin{pmatrix}\alpha\\\alpha\\0\end{pmatrix} \qquad \text{(ii)} \quad \begin{pmatrix}2\\0\\3\end{pmatrix} \cdot \left[\begin{pmatrix}2\\4\\5\end{pmatrix} \times \begin{pmatrix}1\\0\\3\end{pmatrix}\right].$$

(c) Berechnen Sie den Winkel zwischen folgenden Vektoren:

$$\text{(i)} \quad \begin{pmatrix}6\\8\\1\end{pmatrix} \quad \text{und} \quad \begin{pmatrix}4\\-3\\0\end{pmatrix} \qquad \text{(ii)} \quad \begin{pmatrix}\sqrt{3}\\1\\0\end{pmatrix} \quad \text{und} \quad \begin{pmatrix}0\\\sqrt[3]{327}\\0\end{pmatrix}.$$

Aufgabe 3.2 Der Kubus

Betrachten Sie einen Kubus der Seitenlänge $2/\sqrt{3}$, der parallel zu den Koordinatenachsen ausgerichtet ist und der den Mittelpunkt $\mathbf{0}$ und die acht Eckpunkte $\mathbf{v}_{\sigma_1\sigma_2\sigma_3} = \left(\sigma_1\frac{1}{\sqrt{3}}, \sigma_2\frac{1}{\sqrt{3}}, \sigma_3\frac{1}{\sqrt{3}}\right)$ hat, wobei σ_1, σ_2 und σ_3 die Werte $+$ oder $-$ haben.

(a) Zeigen Sie: $|\mathbf{v}_{\sigma_1\sigma_2\sigma_3}| = 1$ für alle $(\sigma_1, \sigma_2, \sigma_3)$.

(b) Berechnen Sie die Winkel zwischen $\mathbf{v}_{+++}$ und den Vektoren $\mathbf{v}_{++-}$, $\mathbf{v}_{+--}$ und $\mathbf{v}_{---}$.

(c) Berechnen Sie die Winkel zwischen $\mathbf{v}_{+++}$ und den Koordinatenachsen.

(d) Berechnen Sie das Vektorprodukt von $\mathbf{v}_{+++}$ mit den Vektoren $\mathbf{v}_{+-+}$, $\mathbf{v}_{+-+}$ bzw. $\mathbf{v}_{-++}$.

Aufgabe 3.3 Geometrie mit Symmetrie

Bestimmen Sie den Schnittpunkt der Tangentialebenen an der Kugel $x_1^2 + x_2^2 + x_3^2 = 2$ in den Punkten $(1, 0, -1)$, $(1, -\frac{1}{2}\sqrt{3}, \frac{1}{2})$ und $(1, \frac{1}{2}\sqrt{3}, \frac{1}{2})$.
Hinweis: Untersuchen Sie zuerst, wie diese drei Punkte in der Ebene $x_1 = 1$ relativ zueinander angeordnet sind.

Aufgabe 3.4 Vektorraum und Skalarprodukt

Betrachten Sie allgemein einen reellen Vektorraum V mit dem reellen Skalarprodukt $\langle \mathbf{x}, \mathbf{y} \rangle$ und der Länge $|\mathbf{x}| \equiv \sqrt{\langle \mathbf{x}, \mathbf{x} \rangle}$ sowie zwei Elemente $\mathbf{a}$ und $\mathbf{b}$ von V, die nicht linear voneinander abhängig sind.

(a) Bestimmen Sie den Wert λ_0 der Variablen $\lambda \in \mathbb{R}$, der die Größe $|\mathbf{b} - \lambda\mathbf{a}|^2$ minimiert.

(b) Leiten Sie aus der Bedingung $|\mathbf{b} - \lambda_0\mathbf{a}|^2 \geq 0$ die Schwarz'sche Ungleichung $|\langle \mathbf{a}, \mathbf{b} \rangle| \leq |\mathbf{a}||\mathbf{b}|$ ab.

(c) Erläutern Sie die Beziehung der Vektoren $\mathbf{b} - \lambda_0\mathbf{a}$ und $\lambda_0\mathbf{a}$ zu den in Abschnitt [3.2.1] definierten Größen $\mathbf{b}_\parallel$ und $\mathbf{b}_\perp$.

Aufgabe 3.5 Orthogonalitätseigenschaft

Seien $\mathbf{a}$ und $\mathbf{b}$ zwei Vektoren mit $|\mathbf{a} + \mathbf{b}| = |\mathbf{a} - \mathbf{b}|$. Zeigen Sie allgemein, dass dann $\mathbf{a} \perp \mathbf{b}$ gilt, und begründen Sie dies mit einer Skizze.

Aufgabe 3.6 Drehungen um Koordinatenachsen

Für $\phi \in [0, 2\pi)$ sei die Matrix

$$D_3(\phi) = \begin{pmatrix} \cos\phi & -\sin\phi & 0 \\ \sin\phi & \cos\phi & 0 \\ 0 & 0 & 1 \end{pmatrix}$$

gegeben.

(a) Berechnen Sie die Matrixprodukte $D_3(\phi)D_3(\phi)^{\mathrm{T}}$ und $D_3(\phi)D_3(\theta)$ mit $\theta \in [0, 2\pi)$.

(b) Bestimmen Sie die Wirkung der Matrix auf einen Vektor $\mathbf{a} \in \mathbb{R}^3$, also $D_3(\theta)\mathbf{a}$. Wie kann man das Ergebnis geometrisch interpretieren?

(c) Warum gilt anschaulich $D_3^{-1}(\phi) = D_3(-\phi)$? Rechnen Sie dies nach.

(d) Raten Sie, welche Wirkung die Matrix

$$D_2(\phi) = \begin{pmatrix} \cos\phi & 0 & -\sin\phi \\ 0 & 1 & 0 \\ \sin\phi & 0 & \cos\phi \end{pmatrix}$$

auf einen Vektor $\mathbf{a}$ hat.

(e) Gilt $D_3(\phi)D_2(\phi) = D_2(\phi)D_3(\phi)$ für alle $\phi \in [0, 2\pi)$, d.h., kommutieren die Matrizen D_3 und D_2? Interpretieren Sie diesen Sachverhalt geometrisch.

Aufgabe 3.7 Determinanten

Berechnen Sie die folgenden Determinanten:

$$\text{(a) } \det\begin{pmatrix} a & b & c \\ b & c & a \\ c & a & b \end{pmatrix} \qquad \text{(b) } \det\begin{pmatrix} 0 & 0 & 1 \\ 1 & 0 & 0 \\ 0 & 1 & 0 \end{pmatrix}$$

$$\text{(c) } \det\begin{pmatrix} a & b & c \\ 0 & d & e \\ 0 & 0 & g \end{pmatrix} \qquad \text{(d) } \det\begin{pmatrix} 0 & 0 & 1 \\ 0 & 1 & 1 \\ 0 & 0 & 1 \end{pmatrix}.$$

Aufgabe 3.8 Determinante und Inverse

Bestimmen Sie die Determinanten der folgenden Matrizen und die Inversen, falls diese existieren.

$$\text{(a) } \begin{pmatrix} 0 & 1 & 0 \\ 1 & 0 & 0 \\ 0 & 0 & 1 \end{pmatrix} \qquad \text{(b) } \begin{pmatrix} 1 & 3 & 3 \\ 4 & 8 & 1 \\ 2 & 3 & 2 \end{pmatrix} \qquad \text{(c) } \begin{pmatrix} 2 & 1 & -3 \\ 4 & -4 & 1 \\ 6 & -3 & -2 \end{pmatrix}.$$

Aufgabe 3.9 Die inverse (3×3)-Matrix

Zeigen Sie durch explizite Berechnung, ausgehend von der Formel (3.61) für die *inverse* Matrix A^{-1} einer Matrix $A = (\mathbf{a}_1\, \mathbf{a}_2\, \mathbf{a}_3)$, dass $AA^{-1} = \mathbb{1}_3$ gilt. *Hinweis:* Es ist geschickter, die äquivalente Beziehung $(A^{-1})^{\mathrm{T}}A^{\mathrm{T}} = \mathbb{1}_3$ mit Hilfe der Einstein'schen Summationskonvention nachzuweisen.

Aufgabe 3.10 Unterbestimmte Gleichungssysteme

In den Abschnitten [3.5], [3.6] und [3.7] wurden 2×2-, 3×3- bzw. allgemeine $n \times n$-Gleichungssysteme behandelt. Aber auch *unter*bestimmte $n \times m$-Gleichungssysteme (mit $n < m$) sind sehr wichtig. Wir zeigen ein paar Beispiele und eine praktische Anwendung.

(a) Betrachten Sie eine einzelne Gleichung der Form

$$\boldsymbol{\alpha}_1 \cdot \mathbf{x} = a_{11}x_1 + a_{12}x_2 = b_1$$

für *zwei* Variable ($n = 1$, $m = 2$, $\boldsymbol{\alpha}_1 \in \mathbb{R}^2$, $\mathbf{x} \in \mathbb{R}^2$) bzw.

$$\boldsymbol{\alpha}_1 \cdot \mathbf{x} = a_{11}x_1 + a_{12}x_2 + a_{13}x_3 = b_1$$

für *drei* Variable ($n = 1$, $m = 3$, $\boldsymbol{\alpha}_1 \in \mathbb{R}^3$, $\mathbf{x} \in \mathbb{R}^3$). Wie interpretieren Sie die Lösungsmengen $\{\mathbf{x}\}$ geometrisch? Was ist der (kleinste) Abstand dieser Lösungsmengen zum Ursprung?

(b) Betrachten Sie *zwei* Gleichungen ($n = 2$) für *drei* Variable ($m = 3$):

$$\boldsymbol{\alpha}_1 \cdot \mathbf{x} = a_{11}x_1 + a_{12}x_2 + a_{13}x_3 = b_1$$
$$\boldsymbol{\alpha}_2 \cdot \mathbf{x} = a_{21}x_1 + a_{22}x_2 + a_{23}x_3 = b_2$$

mit $\boldsymbol{\alpha}_{1,2} \in \mathbb{R}^3$, $\mathbf{x} \in \mathbb{R}^3$ und $\boldsymbol{\alpha}_1 \times \boldsymbol{\alpha}_2 \neq \mathbf{0}$. Wie interpretieren Sie die Lösungsmenge $\{\mathbf{x}\}$ geometrisch? Was ist der (kleinste) Abstand dieser Lösungsmenge zum Ursprung?

(c) Etliche Abbildungen in diesem Buch (wie z.B. auch Abb. 3.20 und Abb. 3.21) stellen *drei*dimensionale geometrische Objekte *zwei*dimensional dar. Die hierfür verwendete „schiefe Parallelprojektion" wird beschrieben durch die (2×3)-Matrix $\mathcal{P}$ mit der Wirkung[13]

$$\mathcal{P}\mathbf{x} = \begin{pmatrix} -\frac{1}{2}\cos\left(\frac{\pi}{6}\right) & 1 & 0 \\ -\frac{1}{2}\sin\left(\frac{\pi}{6}\right) & 0 & 1 \end{pmatrix} \begin{pmatrix} x_1 \\ x_2 \\ x_3 \end{pmatrix} = \begin{pmatrix} -\frac{1}{4}\sqrt{3}\,x_1 + x_2 \\ -\frac{1}{4}x_1 + x_3 \end{pmatrix}.$$

Für welche $\mathbf{x}$-Vektoren gilt $\mathcal{P}\mathbf{x} = \mathbf{0}$? Welche Konsequenzen hat dies für die zweidimensionale Darstellung dreidimensionaler Objekten?

Aufgabe 3.11 Geometrie des Oktaeders

Betrachten Sie das in Abbildung 3.20 abgebildete Oktaeder, dessen Mittelpunkt O die Koordinaten $(0, 0, 0)$ hat und dessen sechs Eckpunkte $E_{i\pm}$ ($i = 1, 2, 3$) durch die Einheitsvektoren $\pm\hat{\mathbf{e}}_i$ mit dem Mittelpunkt O verbunden sind.

---

[13] Der englische Begriff für diese Projektion ist *cabinet projection*. Hierbei steht die ursprüngliche $\hat{\mathbf{e}}_1$-Richtung orthogonal auf der $\hat{\mathbf{e}}_2$-$\hat{\mathbf{e}}_3$-Projektionsebene und werden Strecken in $\hat{\mathbf{e}}_1$-Richtung um 50% verkürzt und unter einem Winkel von $\frac{\pi}{6}$ mit der negativen $\hat{\mathbf{e}}_2$-Richtung dargestellt.

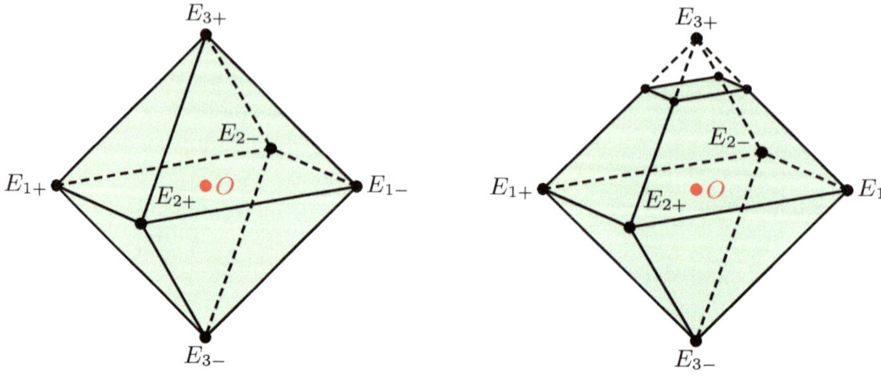

Abb. 3.20 Das Oktaeder mit den 6 Eckpunkten $\{E_{i\pm}\}$ **Abb. 3.21** Oktaeder mit abgeschnittener Pyramide

(a) Bestimmen Sie den Abstand zweier paralleler Seitenflächen des Oktaeders.

(b) Die sechs Eckpunkte $\{E_{i\pm}\}$ des Oktaeders bilden die Mittelpunkte der sechs Seitenflächen eines Würfels. Bestimmen Sie die Koordinaten der Eckpunkte dieses Würfels.

(c) Das Oktaeder wird so um die Gerade $\{\mathbf{x} = \frac{1}{2}\lambda(1,1,0) \,|\, \lambda \in \mathbb{R}\}$ gedreht, dass der Eckpunkt E_{1+} den Punkt $\frac{1}{2}(1,1,\sqrt{2})$ als Bild hat. Bestimmen Sie den Drehwinkel sowie das Bild des Eckpunkts E_{2+}.

(d) Betrachten Sie eine Ebene der Form $\{\mathbf{x} \,|\, x_3 = 1 - a\}$ mit festem Parameter $a \in (0,1]$. Diese Ebene schneidet eine Pyramide, die den Eckpunkt E_{3+} enthält, vom abgebildeten Oktaeder ab (s. Abbildung 3.21). Bestimmen Sie das Volumen der abgeschnittenen Pyramide.

(e) Analog schneiden die *sechs* Ebenen $\{\mathbf{x} \,|\, x_i = \pm(1 - a)\}$ mit $a \in (0, \frac{1}{2}]$ und $i = 1, 2, 3$ insgesamt *sechs* Pyramiden vom Oktaeder ab. Wieviele Seitenflächen hat der Restkörper für die speziellen Werte $a = \frac{1}{3}$ und $a = \frac{1}{2}$, und welche Form haben sie?

Aufgabe 3.12 Quaternionen

Das Konzept einer „komplexen Zahl" (s. hierzu auch Abschnitt [3.5.6]) kann weiter verallgemeinert werden, z. B. mit Hilfe der 1843 erstmals von William Rowan Hamilton konstruierten *Quaternionen*. Ein Quaternion $z = u1 + vi + wj + xk$ ist als reelle Linearkombination ($u, v, w, x \in \mathbb{R}$) der reellen Einheit 1 und dreier „imaginärer" Einheiten i, j und k mit den Rechenregeln $i^2 = j^2 = k^2 = -1 = ijk$ definiert. Für alle z gilt $1z = z1 = z$. Quaternionen spielen (in der Form von „Pauli-Matrizen") eine sehr wichtige Rolle in der Quantenmechanik.

(a) Zeigen Sie durch Anwendung der Rechenregeln, dass i, j und k *nicht* miteinander kommutieren und dass stattdessen $ij = -ji = k$, $jk = -kj = i$ und $ki = -ik = j$ gilt.

(b) Zeigen Sie für das Produkt zweier Quaternionen $z_m = u_m 1 + v_m i + w_m j + x_m k$ mit $m = 1, 2$:

$$z_1 z_2 = (u_1 u_2 - v_1 v_2 - w_1 w_2 - x_1 x_2)1 + (u_1 v_2 + v_1 u_2 + w_1 x_2 - x_1 w_2)i$$
$$+ (u_1 w_2 + w_1 u_2 - v_1 x_2 + x_1 v_2)j + (u_1 x_2 + x_1 u_2 + v_1 w_2 - w_1 v_2)k.$$

Bestimmen Sie $z_1 z_2$ für $z_2 = u_1 1 - v_1 i - w_1 j - x_1 k \equiv z_1^*$.

(c) Zeigen Sie, dass Quaternionen und reelle (4×4)-Matrizen der Form

$$\mathcal{Z}(z) = \begin{pmatrix} u & v & w & x \\ -v & u & -x & w \\ -w & x & u & -v \\ -x & -w & v & u \end{pmatrix} \qquad (u, v, w, x \in \mathbb{R})$$

bezüglich der Addition und Multiplikation die gleichen Rechenregeln erfüllen und insofern eins zu eins aufeinander abbildbar sind. Für Fortgeschrittene: Bestimmen Sie $\det(\mathcal{Z})$ mit Hilfe von Gleichung (3.97).

Komplexe Zahlen haben eine sehr wichtige Eigenschaft, nämlich dass ein beliebiges Polynom n-ter Ordnung mit komplexen Koeffizienten immer n komplexe Nullstellen hat, die allerdings *nicht* für Quaternionen verallgemeinert werden kann.

(d) Zeigen Sie, dass die *lineare* Gleichung $iz - zi + 1 = 0$ (mit quaternionischen Koeffizienten) nicht innerhalb des Zahlensystems der Quaternionen $z = u1 + vi + wj + xk$ lösbar ist und dass die *quadratische* Gleichung $z^2 + 1 = 0$ unendlich viele Lösungen hat.

Aufgabe 3.13 Lösung homogener linearer Gleichungssysteme ∗
In Gleichung (3.102) wird postuliert, dass $\det(A) \neq 0$ gelten muss, falls über das Gleichungssystem $A\mathbf{x} = \mathbf{0}$ bekannt ist, dass es genau eine Lösung $\mathbf{x} = \mathbf{0}$ hat. Der Startschritt des entsprechenden Induktionsbeweises wurde bereits im Text überprüft. Beweisen Sie den Induktionsschritt und somit auch die Gültigkeit der Äquivalenz (3.101).

Aufgabe 3.14 Determinante einer Produktmatrix
Betrachten Sie eine 3×3-Matrix mit den Matrixelementen $A_{ij} \equiv \mathbf{a}_i \cdot \mathbf{b}_j$, wobei $\mathbf{a}_i$ und $\mathbf{b}_j$ dreidimensionale Vektoren sind. Zeigen Sie die Identität:

$$\det(A) = \det(\mathbf{a}_1 \, \mathbf{a}_2 \, \mathbf{a}_3) \det(\mathbf{b}_1 \, \mathbf{b}_2 \, \mathbf{b}_3) \ .$$

Kapitel 4

Funktionen einer reellen Variablen

Beziehungen zwischen physikalischen Größen haben in der Regel die Form von *Funktionen*. Ein typisches Beispiel aus der Praxis wäre: „Wenn ich *diese* Spannung einstelle, messe ich *jenen* Strom"; in diesem Fall ist der Strom eine *Funktion* der Spannung. Oder: „*Diese* Ortskoordinaten und Geschwindigkeiten der Teilchen im System entsprechen *jenem* Wert der Energie"; die Energie ist dann eine Funktion der Ortskoordinaten und Geschwindigkeiten. Die in physikalischen Problemen auftretenden Funktionen hängen häufig von *reellen* Variablen ab, es können aber durchaus auch *komplexe* Variable auftreten. Die Funktionen selbst können reell- oder komplexwertig sein. Häufig hängen physikalisch interessante Funktionen auch von *mehreren* Variablen ab; wir werden diese Verallgemeinerung in Kapitel [5] ansprechen.

In diesem Kapitel behandeln wir die wichtigsten Eigenschaften von reellwertigen Funktionen einer *einzelnen reellen* Variablen. Wir beginnen (in Abschnitt [4.1]) mit einer einführenden Diskussion reellwertiger Funktionen und ihrer Umkehrfunktionen. Anschließend (in Abschnitt [4.2]) diskutieren wir *Ableitungen* sowie die typischen Differentiationsregeln und den Kurvenverlauf. In Abschnitt [4.3] betrachten wir speziell die Exponentialfunktion und den Logarithmus sowie ihre Beziehungen zu trigonometrischen und „hyperbolischen" Funktionen. Wichtig für qualitative Überlegungen („Wie verhält sich diese physikalische Größe näherungsweise in jenem Grenzwert?") ist der Abschnitt [4.4] über *asymptotisches Verhalten*. In diesem Kontext besprechen wir auch die Taylor-Entwicklung und die „Regel von l'Hôpital".

4.1 Reellwertige Funktionen – eine Einführung

Eine Funktion, d.h. hier zunächst: eine *reellwertige* Funktion einer einzelnen *reellen* Variablen, ist – allgemein formuliert – eine Abbildung von den reellen Zahlen auf die reellen Zahlen. Im einfachsten Fall, wobei sowohl die Variable x als auch der Funktionswert $f(x)$ *alle* reellen Werte annehmen können, hat man eine Funktionsvorschrift $f : \mathbb{R} \to \mathbb{R}$. Insbesondere wenn nicht alle reellen x- oder $f(x)$-Werte realisiert werden können, lautet die Funktionsvorschrift allgemeiner $f : D \to W$

mit einem *Definitions*bereich $D \subseteq \mathbb{R}$ und[1] einem *Werte*bereich $W \subseteq \mathbb{R}$. Wenn aus dem Kontext nicht explizit etwas Gegenteiliges hervorgeht, werden wir im Folgenden annehmen, dass die betrachteten Funktionen „glatt" sind, womit gemeint ist: stetig und – falls relevant – auch hinreichend oft stetig differenzierbar.[2] Wir besprechen zuerst (in Abschnitt [4.1.1]) einige allgemeine Konzepte für Funktionen und Umkehrfunktionen und dann (in Abschnitt [4.1.2]) einige Standardfunktionen, die sehr häufig bei praktischen Problemen und Berechnungen auftreten.

4.1.1   Funktionen und Umkehrfunktionen

Ein Beispiel für eine „allgemeine" Funktion $f : D \to W$ mit $D \subseteq \mathbb{R}$ und $W \subseteq \mathbb{R}$ ist in Abbildung 4.1 dargestellt:[3] Diese Funktion illustriert, dass zwar jedem reellen x-Wert immer genau ein einzelner Funktionswert $f(x) = y$ zugeordnet ist, dass aber umgekehrt durchaus mehrere x-Werte denselben Funktionswert y haben können. Dies ist ein Problem, falls man auch an der *Umkehrfunktion* von $f(x)$ interessiert ist: $g(y) = f^{-1}(y)$, denn diese kann nur dann bestimmt werden, wenn die x- und y-Werte einander eineindeutig zugeordnet sind. Wenn diese Bedingung der Eineindeutigkeit nämlich *nicht* erfüllt wäre, d.h., wenn einem y-Wert *mehrere* x-Werte zugeordnet würden, wäre $g = f^{-1}$ keine Funktion. Falls jedem y genau ein x-Wert zugeordnet wird, wird die Funktion $f(x)$ als *bijektiv* bezeichnet. In diesem Fall ist auch die Umkehrfunktion $g : W \to D$ bijektiv. Wegen der erforderlichen eineindeutigen Zuordnung wird für die Bestimmung der Umkehrfunktion der Definitionsbereich $D \subseteq \mathbb{R}$ von f falls nötig so eingeschränkt, dass die Funktion $f : D \to W$ bijektiv ist. Im Beispiel in Abb. 4.1 wird f daher auf das Intervall $D = [x_{\min}, x_{\max}]$ beschränkt, und es gilt $W = [y_{\min}, y_{\max}]$.

Die Umkehrfunktion $g : W \to D$ von f wird – wie bereits oben geschehen – oft auch als $g = f^{-1}$ geschrieben. Mit den Notationen $f(x) \equiv y$ und $g(y) = x$ ist die Umkehrfunktion definiert durch:

$$\boxed{(g \circ f)(x) \equiv g(f(x)) = x \in D \quad , \quad (f \circ g)(y) \equiv f(g(y)) = y \in W \, .}$$

Die Umkehrfunktion $f^{-1}(y)$ der „allgemeinen" Funktion in Abb. 4.1 ist in Abbildung 4.2 dargestellt, wobei also ein eingeschränkter Definitionsbereich $D = [x_{\min}, x_{\max}]$ und ein Wertebereich $W = [y_{\min}, y_{\max}]$ vorausgesetzt wurden.[4] Da bei der Bestimmung der Umkehrfunktion g aus der Funktion f die Punkte $\{(x, y)\}$ durch Punkte $\{(y, x)\}$ ersetzt wurden, erhält man die Grafik von $f^{-1}(y)$ aus der

---

[1]Der Definitionsbereich wird alternativ auch als Definitions*menge* und der Wertebereich als Werte*menge* bzw. *Bildmenge* bezeichnet. Der Definitionsbereich ist die Teilmenge der reellen Zahlen, für die die Funktion f tatsächlich definiert ist; der Wertebereich ist die Teilmenge $\{f(x) \,|\, x \in D\}$ der reellen Zahlen, die tatsächlich als Bild unter f auftreten. Falls nicht alle reellen Zahlen als Bild unter f auftreten, sodass $W \subset \mathbb{R}$ gilt, bezeichnet man $\mathbb{R}$ als „Zielmenge". Die Zielmenge kann also größer als die Wertemenge sein.

[2]Die Begriffe „stetig" und „stetig differenzierbar" werden am Ende von Abschnitt [4.1] bzw. am Anfang von Abschnitt [4.2] genauer definiert.

[3]Tatsächlich handelt es sich hierbei um eine verschobene und reskalierte Kosinusfunktion, die also für alle $x \in \mathbb{R}$ definiert ist und zwischen $y_{\min}$ und $y_{\max}$ variiert.

[4]Für andere Beispielfunktionen können die Intervalle D und W, die hier abgeschlossen sind, natürlich auch halboffen oder offen sein.

Grafik von $f(x)$ generell durch eine *Spiegelung* an der Diagonalen $x = y$. Aus diesem Grund ist auch die Diagonale $x = y$ in Abb. 4.1 und Abb. 4.2 eingetragen. Wir werden diese allgemeinen Ideen im nächsten Abschnitt anhand einiger Standardfunktionen illustrieren.

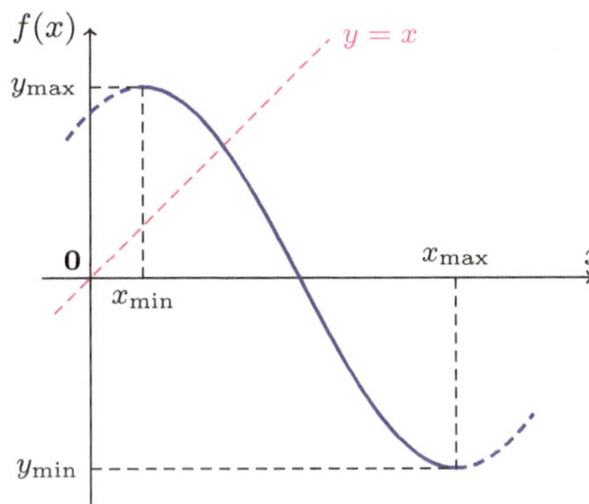
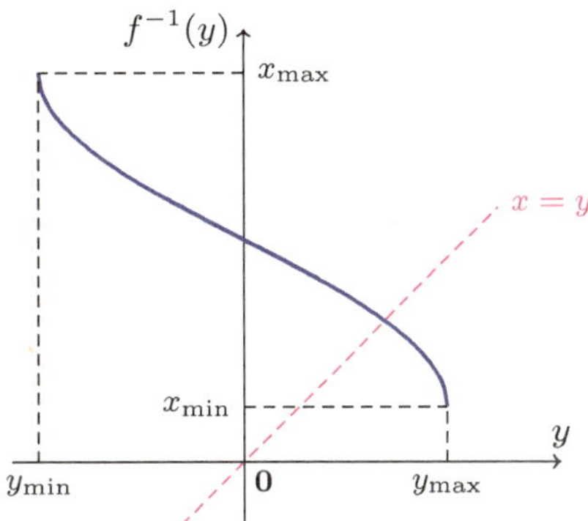

Abb. 4.1 Eine „allgemeine"
Funktion $f(x)$

Abb. 4.2 Die Umkehr-
funktion $f^{-1}(y)$

4.1.2   Elementare Beispiele

Wir betrachten im Folgenden einige Beispiele für elementare Funktionen, ihre Umkehrfunktionen und ihre Ableitungen. Die wichtigsten elementaren Funktionstypen sind die *Potenzfunktionen* (mit natürlichen,[5] rationalen oder reellen Exponenten), die *Exponentialfunktion*, der *Logarithmus* sowie die verschiedenen Arten von *trigonometrischen Funktionen*.

Potenzfunktionen

Mit Hilfe der Grundrechenarten kann man bereits einfache Funktionen wie Potenzen der Variablen x mit ganzzahligen Exponenten einführen. So kann man die Funktion $f(x) = x^m$ mit $m \in \mathbb{N}$ und $x \in \mathbb{R}$ durch eine Rekursion $x^m = x^{m-1}x$ mit dem Startpunkt $x^0 \equiv 1$ definieren. Hiermit ist auch die Definition der Potenzfunktion für den Spezialfall $m = 0$ bereits geklärt: $x^0 = 1$ für alle $x \in \mathbb{R}$. Für negative ganzzahlige m-Werte ($-m \in \mathbb{N}$) definiert man die Funktion $f(x) = x^m$ mit $x \in \mathbb{R}\backslash\{0\}$ analog durch die Rekursion $x^{m-1} = x^m/x$ mit dem Startpunkt $x^0 = 1$.[6] Produkte oder Potenzen von Potenzfunktionen der Form x^m erfüllen die Rechenregeln:

$$x^m x^n = x^{m+n} \quad , \quad (x^m)^n = x^{mn} = (x^n)^m \ .$$

---

[5] Linearkombinationen von Potenzfunktionen mit natürlichen Exponenten der Form $P_n(x) = \sum_{i=0}^n a_i x^i$ mit $a_n \neq 0$ werden als *Polynome* (von Grad n) oder „ganz-rationale Funktionen" bezeichnet. Der Quotient $P_n(x)/Q_m(x)$ zweier Polynome definiert eine „rationale" Funktion. Eine rationale Funktion heißt „gebrochen-rational", falls $n < m$ gilt.

[6] Die Notation $\mathbb{R}\backslash\{0\}$ bedeutet, dass das Element 0 aus $\mathbb{R}$ ausgeschlossen werden soll. Allgemeiner wird mit Hilfe der Notation $A\backslash B$ die Menge B aus A ausgeschlossen. Die Notationen $x \in \mathbb{R}\backslash\{0\}$ oder $x \in A\backslash B$ sind somit gleichbedeutend mit $x \in \mathbb{R}^+ \cup \mathbb{R}^-$ bzw. $(x \in A) \wedge (x \notin B)$, aber etwas effizienter.

Die Umkehrfunktion von $f(x) = x^m$ ist $g(y) = y^{1/m}$, wobei $y^{1/m}$ als die reelle Zahl mit der Eigenschaft $(y^{1/m})^m = y$ definiert ist. Damit keine Mehrdeutigkeits- oder Definitionsprobleme auftreten, muss man hierbei allerdings für geradzahlige m-Werte die Definitions- und Wertebereiche von f durch $D = W = \mathbb{R}\backslash\mathbb{R}^-$ einschränken, falls $m > 0$ gilt, und durch $D = W = \mathbb{R}^+$ für $m < 0$. Für $m = 0$ ist die Umkehrfunktion nicht sinnvoll definierbar, da $W = \{1\}$ in diesem Fall nur eine einzelne Zahl umfasst.

Als Beispiel für die Klasse von Funktionen der Form $f(x) = x^m$ mit ganzzahligen Exponenten haben wir in Abbildung 4.3 die kubische Funktion $f(x) = \frac{1}{12}x^3$ skizziert. Die Umkehrfunktion $g(y) = f^{-1}(y) = \sqrt[3]{12y}$ ist in Abbildung 4.4 dargestellt. Beide Funktionen sind im Bereich $D = W = \mathbb{R}\backslash\mathbb{R}^-$ bijektiv und streng monoton steigend. Geometrisch folgt die Umkehrfunktion wie üblich aus der Funktion $f(x)$ durch Spiegelung an der Diagonalen.

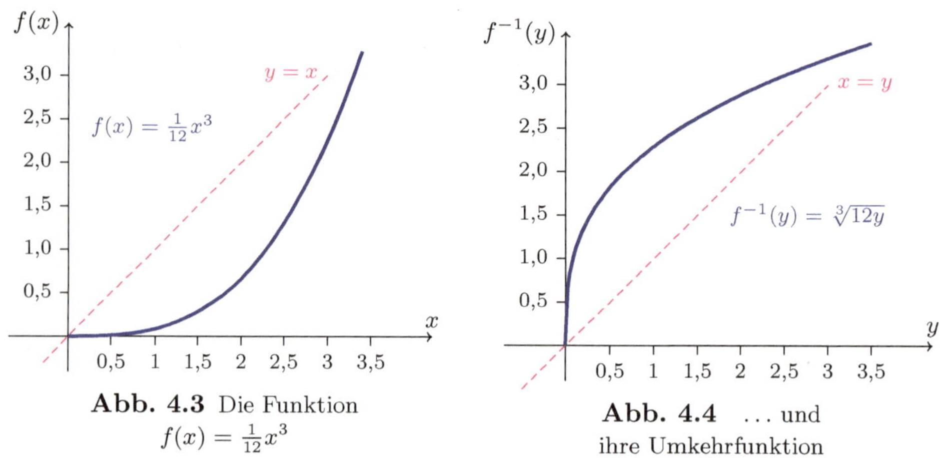

Abb. 4.3 Die Funktion $f(x) = \frac{1}{12}x^3$ **Abb. 4.4** … und ihre Umkehrfunktion

Die Umkehrfunktion $g(y) = y^{1/m}$ von $f(x) = x^m$ ist ein erstes Beispiel für eine Potenzfunktion mit *rationalem*, nicht-ganzzahligem Exponenten. Oben haben wir bereits die *konstante* Funktion $x^0 = 1$ kennengelernt. Für beliebige rationale Exponenten $\frac{m}{n} \neq 0$ können wir nun definieren: $x^{m/n} \equiv (x^{1/n})^m$. Jeder rationale Exponent $\frac{m}{n} \neq 0$ kann hierbei realisiert werden, wenn man $m \in \mathbb{Z}\backslash\{0\}$ und $n \in \mathbb{N}$ wählt, wobei m und n teilerfremd sein sollen. Wir unterscheiden zwei Fälle:

- Falls n *gerade* ist (und m somit *ungerade*), ist die Funktion $f(x) = x^{m/n}$ für alle positiven x-Werte ($x \in \mathbb{R}^+$) definiert. Zusätzlich gilt $f(0) = 0$ für $m > 0$; für $m < 0$ ist $f(0)$ nicht definiert. Beispiele sind $16^{3/4} = (16^{1/4})^3 = 2^3 = 8$ und $16^{-3/4} = (16^{1/4})^{-3} = 2^{-3} = \frac{1}{8}$.

- Falls n *ungerade* ist, kann die Funktion $f(x) = x^{m/n}$ für alle *reellen* Argumente $x \neq 0$ (also für $x \in \mathbb{R}\backslash\{0\}$) definiert werden. Zusätzlich gilt wiederum $f(0) = 0$ für $m > 0$. Beispiele sind $8^{2/3} = (8^{1/3})^2 = 2^2 = 4$ und $8^{-2/3} = (8^{1/3})^{-2} = 2^{-2} = \frac{1}{4}$ sowie $(-8)^{1/3} = -2$, $(-8)^{2/3} = [(-8)^{1/3}]^2 = (-2)^2 = 4$ und $(-8)^{5/3} = [(-8)^{1/3}]^5 = (-2)^5 = -32$.

Es gilt allgemein: $(x^{1/n})^m = (x^m)^{1/n}$, wie man durch Anwendung der Funktion $g(y) = y^n$ auf beide Seiten leicht zeigen kann. Ähnlich wie für ganzzahlige Exponenten gelten auch für $\alpha, \beta \in \mathbb{Q}$ die Rechenregeln:

$$x^{\alpha}x^{\beta} = x^{\alpha+\beta} \quad , \quad (x^{\alpha})^{\beta} = x^{\alpha\beta} = (x^{\beta})^{\alpha} \quad , \quad \alpha = \frac{m_1}{n_1} \in \mathbb{Q} \quad , \quad \beta = \frac{m_2}{n_2} \in \mathbb{Q} \, .$$

Für alle $x > 1$ gilt, dass x^{α} monoton mit dem Exponenten $\alpha \in \mathbb{Q}$ *steigt*. Sei nämlich $\alpha = \frac{m_1}{n_1}$ und $\Delta\alpha = \frac{m_2}{n_2} > 0$ (mit $m_2, n_2 \in \mathbb{N}$ teilerfremd), dann ist für $x > 1$ auch $x^{\Delta\alpha} = x^{m_2/n_2} = (x^{1/n_2})^{m_2} > 1$, und folglich ist $x^{\alpha+\Delta\alpha} = x^{\alpha}x^{\Delta\alpha} > x^{\alpha}$. Hieraus folgt, dass x^{α} mit steigendem α für $0 < x < 1$ monoton *fällt*, denn es gilt $x^{\alpha} = (x^{-1})^{-\alpha} = 1/(x^{-1})^{\alpha}$ mit $x^{-1} > 1$.

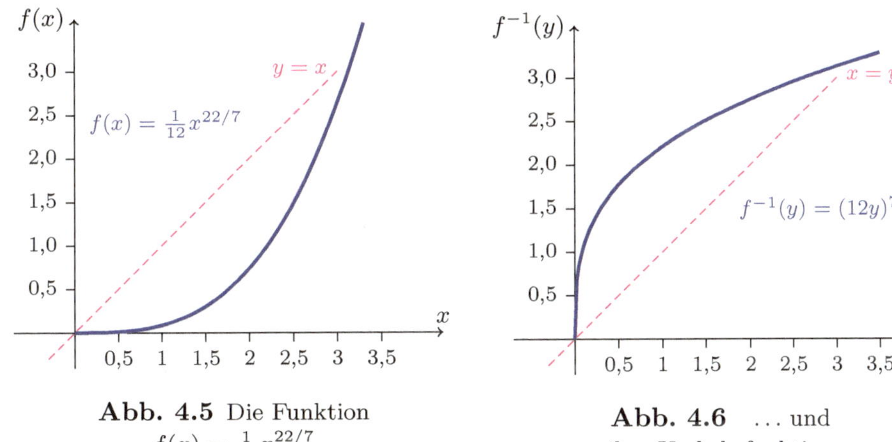

Abb. 4.5 Die Funktion $f(x) = \frac{1}{12}x^{22/7}$

Abb. 4.6 … und ihre Umkehrfunktion

Als Beispiel für die Klasse der Funktionen x^{α} mit rationalem Exponenten $\alpha \in \mathbb{Q}$ wurde in Abbildung 4.5 die Funktion $f(x) = \frac{1}{12}x^{22/7}$ und in Abbildung 4.6 ihre Umkehrfunktion $g(y) = f^{-1}(y) = (12y)^{7/22}$ skizziert. Da die rationalen Exponenten $22/7$ und $7/22$ beide positiv sind, sind die Funktionen $f(x)$ und $g(y)$ streng monoton steigend für $x \geq 0$ bzw. $y \geq 0$.

Nachdem nun Potenzfunktionen x^{α} mit *rationalen* Exponenten $\alpha \in \mathbb{Q}$ definiert wurden, können wir auch *Folgen* der Form (x^{α_n}) mit rationalen Exponenten α_n betrachten, wobei (α_n) für $n \to \infty$ gegen den reellen und möglicherweise *irrationalen* Exponenten α konvergieren soll ($\alpha_n \to \alpha$). Konvergenzprobleme gibt es hierbei nicht: Wenn die Folge (α_n) konvergiert, konvergiert bei festem $x > 0$ auch (x^{α_n}). Wir lernen also, dass wir für $x > 0$ allgemeine Potenzfunktionen x^{α} mit *reellen* Exponenten $\alpha \in \mathbb{R}$ als Grenzfall von Folgen mit rationalen Exponenten $\alpha_n \in \mathbb{Q}$ definieren können. Betrachtet man nun *zwei* Folgen von rationalen Exponenten (α_n) und (β_n) mit $\alpha_n \to \alpha$ und $\beta_n \to \beta$ und $\alpha, \beta \subset \mathbb{R}$, so erhält man aus den Rechenregeln für rationale Exponenten diejenigen für *reelle* Exponenten:

$$\boxed{x^{\alpha}x^{\beta} = x^{\alpha+\beta} \quad , \quad (x^{\alpha})^{\beta} = x^{\alpha\beta} = (x^{\beta})^{\alpha} \qquad (\alpha, \beta \in \mathbb{R}) \, ,} \qquad (4.1)$$

die genau dieselbe Struktur haben.

Als Beispiel wurde in Abbildung 4.7 die Funktion $f(x) = \frac{1}{12}x^{\pi}$ mit irrationalem Exponenten $\alpha = \pi$ aufgetragen und in Abbildung 4.8 die Umkehrfunktion

$g(y) = f^{-1}(y) = \sqrt[\pi]{12y}$, die ebenfalls einen irrationalen Exponenten ($\alpha = 1/\pi$) hat. Beide Funktionen sind für $x \geq 0$ bzw. $y \geq 0$ wieder streng monoton steigend. Generell fällt auf, dass die Unterschiede zwischen den Funktionen $\frac{1}{12}x^3$, $\frac{1}{12}x^{22/7}$ und $\frac{1}{12}x^\pi$ nur gering sind,[7] was die Behauptung über die Konvergenz der Funktionenfolge (x^{α_n}) mit $\alpha_n \to \alpha$ für $n \to \infty$ noch einmal grafisch unterstreicht.

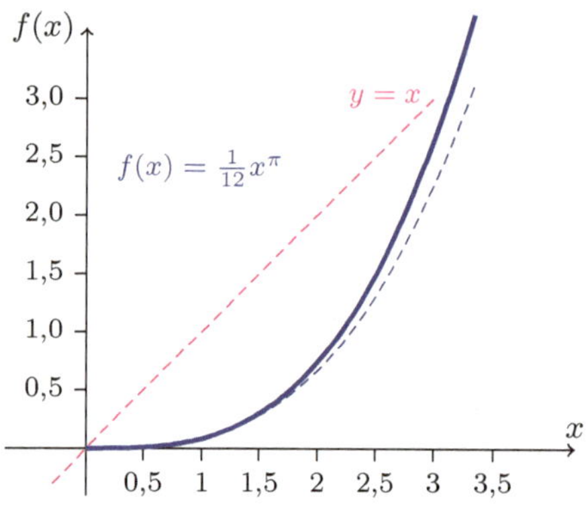

Abb. 4.7 Die Funktion $f(x) = \frac{1}{12}x^\pi$
(gestrichelt: $f(x) = \frac{1}{12}x^3$)

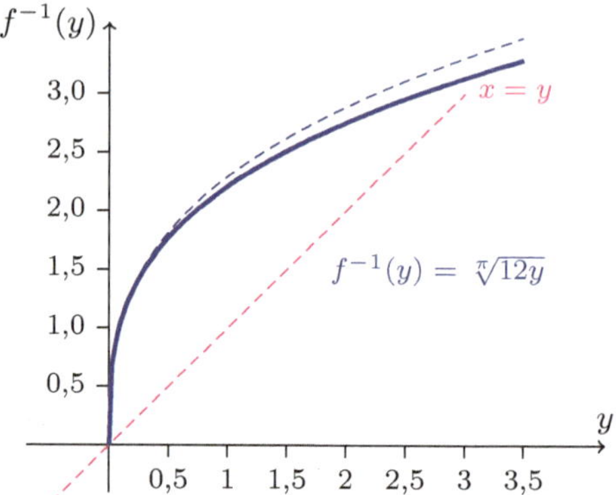

Abb. 4.8 ... und
ihre Umkehrfunktion
(gestrichelt: $f^{-1}(y) = \sqrt[3]{12y}$)

Exponentialfunktionen und Logarithmen

Da wir nun über Potenzfunktionen x^α mit *reellen* Exponenten $\alpha \in \mathbb{R}$ verfügen, können wir in einem nächsten Schritt statt der Grundzahl den *Exponenten* variieren. Dies führt auf Exponentialfunktionen der Form $f_a(x) = a^x$ mit $x \in \mathbb{R}$ und $a \in \mathbb{R}^+$. Aufgrund der Gleichung (4.1) erfüllen diese die Rechenregeln:

$$a^x a^y = a^{x+y} \quad , \quad (a^x)^y = a^{xy} = (a^y)^x \qquad (x, y \in \mathbb{R}, \, a > 0) \, . \tag{4.2}$$

Ein sehr wichtiges Mitglied dieser Funktionenklasse $\{f_a \mid a > 0\}$ haben wir bereits in Kapitel [1], und zwar in Gleichung (1.22) von Abschnitt [1.2.4], kennengelernt: Die spezielle Exponentialfunktion $f_e(x) = e^x$ mit der Grundzahl $e = 2{,}71828 \cdots$ erfüllt alle Anforderungen in (4.2) und außerdem die Bedingung $f_e'(x) = f_e(x)$ [und somit $f_e'(0) = f_e(0) = 1$], die den Wert der Grundzahl e festlegt. Aus Abschnitt [1.2.4] ist auch bekannt, dass die Funktion e^x und die Grundzahl e als Produkte berechnet werden können:

$$e^x = \lim_{n \to \infty} \left(1 + \frac{x}{n}\right)^n \quad , \quad e = e^1 = \lim_{n \to \infty} \left(1 + \frac{1}{n}\right)^n \, .$$

Die Funktion $f_e(x) = e^x$ ist für alle $x \in \mathbb{R}$ streng monoton steigend und positiv: $f_e(x) > 0$, wobei $f_e(x)$ für große positive x-Werte divergiert ($e^x \to \infty$ für $x \to \infty$)

---

[7]Zur Illustration der geringen Unterschiede wurde in Abb. 4.7 auch die Funktion $f(x) = \frac{1}{12}x^3$ und in Abb. 4.8 auch die Funktion $f^{-1}(y) = \sqrt[3]{12y}$ mit eingezeichnet (beide gestrichelt). Die Funktionen $f(x) = \frac{1}{12}x^{22/7}$ und $f^{-1}(y) = (12y)^{7/22}$ unterscheiden sich innerhalb der Strichdicke nicht von $f(x) = \frac{1}{12}x^\pi$ und $f^{-1}(y) = \sqrt[\pi]{12y}$.

und für große negative x-Werte von oben gegen null geht:[8]

$$e^x \downarrow 0 \quad \text{für} \quad x \to -\infty \,.$$

Hieraus folgt, dass die Gleichung $y = f_e(x) = e^x$ für alle $y > 0$ genau eine Lösung $x = f_e^{-1}(y)$ hat. Die Umkehrfunktion $f_e^{-1}(y)$ von $f_e(x) = e^x$ wird als der „Logarithmus" oder genauer: als der „natürliche Logarithmus" von y bezeichnet; die entsprechende Notation[9] ist: $f_e^{-1}(y) = \ln(y)$. Diese Umkehrfunktion hat die Eigenschaften

$$\boxed{\ln(e^x) = x \in \mathbb{R} \quad \text{und} \quad e^{\ln(y)} = y \in \mathbb{R}^+ \,.} \tag{4.3}$$

Die Funktionen e^x und ihre Umkehrfunktion $\ln(y)$ sind in den Abbildungen 4.9 und 4.10 skizziert. In Abb. 4.9 wird außerdem gezeigt, wie man aus der Exponentialfunktion durch Spiegelung an der Diagonalen die Kurve der Umkehrfunktion (also des natürlichen Logarithmus) erhält, die separat als Funktion von y in Abb. 4.10 dargestellt ist.

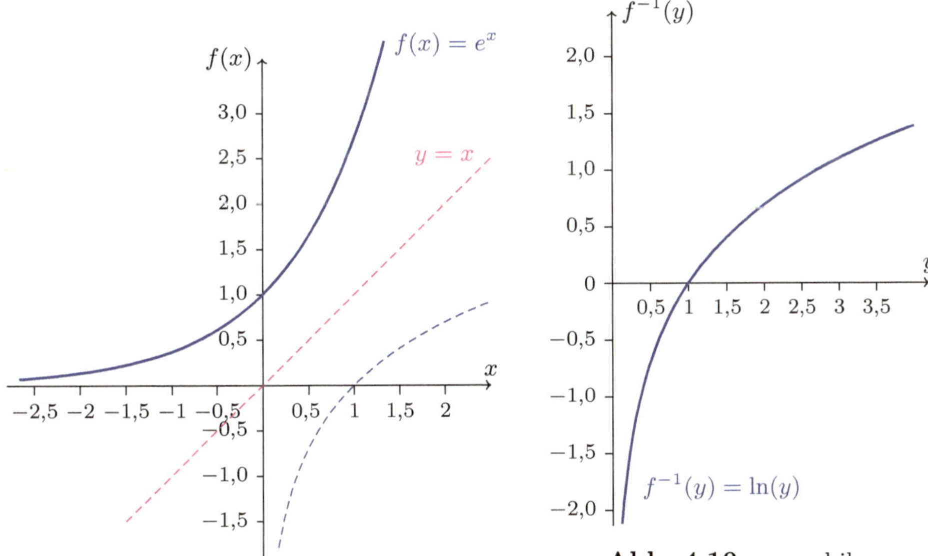

Abb. 4.9 Die Funktion $f(x) = e^x$ ...

Abb. 4.10 ... und ihre Umkehrfunktion $f^{-1}(y) = \ln(y)$

Zwei Bemerkungen seien noch hinzugefügt, die erste über die allgemeinere Exponentialfunktion a^x in (4.2): Diese Funktion kann aufgrund der Eigenschaften (4.3) des Logarithmus auch als $a^x = [e^{\ln(a)}]^x = e^{x \ln(a)}$ geschrieben werden. Die Wahl einer anderen Grundzahl als e entspricht also lediglich einer Reskalierung

---

[8]Wir verwenden im Folgenden die Notationen $y \downarrow a$ und $y \uparrow a$ für die Limites, wobei y von oben bzw. unten gegen a geht (im Beispiel $e^x \downarrow 0$ ist also $y = e^x$ und $a = 0$). Alternative Notationen für $y \downarrow a$ sind z.B.: $y \to a^+$, $y \to a+$, $y \to a \mid 0$ oder $y \searrow a$. Analog kann man für $y \uparrow a$ auch schreiben: $y \to a^-$, $y \to a-$, $y \to a - 0$ oder $y \nearrow a$.

[9]Die Bezeichnung „ln" stammt von „logarithmus naturalis" und geht auf den deutschen Mathematiker Nikolaus Mercator (1620 - 1687) zurück.

(Stauchung oder Dehnung) der x-Achse um einen Faktor $\ln(a)$. Aus der Identität $a^x = e^{x\ln(a)}$ folgt insbesondere auch eine Darstellung der Funktionswerte a^x in der Form eines Produktes, aus dem diese Funktionswerte mit moderatem Aufwand konkret berechnet werden können:

$$a^x = \lim_{n\to\infty} \left(1 + \frac{x\ln(a)}{n}\right)^n .$$

Eine zweite Bemerkung zielt auf die Potenzfunktionen x^α in Gleichung (4.1): Wir können nun untersuchen, wie sich Potenzen der Form x^{α_n} mit *rationalen* Exponenten α_n, die für $n \to \infty$ gegen einen reellen (und möglicherweise *irrationalen*) Exponenten α konvergieren ($\alpha_n \to \alpha \in \mathbb{R}$), dem Grenzwert x^α nähern. Hierzu definieren wir zuerst die Abweichung $\delta\alpha_n \equiv \alpha_n - \alpha$ der rationalen Exponenten α_n vom reellen Grenzwert α, sodass $\delta\alpha_n \to 0$ für $n \to \infty$ gilt. Schreibt man $x^{\alpha_n} = x^{\alpha+\delta\alpha_n} = x^\alpha x^{\delta\alpha_n}$, ist der Abstand der Funktionswerte $x^{\alpha_n} - x^\alpha$ durch

$$x^{\alpha_n} - x^\alpha = x^\alpha(x^{\delta\alpha_n} - 1) = x^\alpha(e^{\delta\alpha_n \ln(x)} - 1)$$

gegeben. Im letzten Schritt wurde die Eigenschaft $a^y = e^{y\ln(a)}$ (hier mit $a = x$ und $y = \delta\alpha_n$) verwendet. Für kleine Werte von $\delta\alpha_n$ gilt die Identität $e^h - 1 \simeq h$ aus Gleichung (1.26), die wir hier mit $h = \delta\alpha_n \ln(x)$ anwenden können:

$$x^{\alpha_n} - x^\alpha = x^\alpha(e^{\delta\alpha_n \ln(x)} - 1) \simeq x^\alpha \delta\alpha_n \ln(x) \to 0 \quad (n \to \infty) .$$

Wir lernen also, dass die Annäherung der Potenzfunktionen x^{α_n} mit *rationalen* Exponenten an den Grenzwert x^α glatt (nämlich *linear*) als Funktion von $\delta\alpha_n$ erfolgt. Als Nebenprodukt erhält man aus der letzten Gleichung auch die Ableitung der Funktion x^α bei festem x bzgl. der Variablen α:

$$\frac{d}{d\alpha}x^\alpha = \lim_{\delta\alpha_n\to 0} \frac{x^{\alpha+\delta\alpha_n} - x^\alpha}{\delta\alpha_n} = \lim_{\delta\alpha_n\to 0} \frac{x^\alpha(x^{\delta\alpha_n} - 1)}{\delta\alpha_n} = x^\alpha \ln(x) .$$

Auf das Thema Ableitungen von Funktionen kommen wir in Abschnitt [4.2] ausführlich zurück.

Trigonometrische Funktionen

Eng verwandt mit der Exponentialfunktion sind die *trigonometrischen* Funktionen, insbesondere der *Kosinus* und der *Sinus*. Wir definieren diese Funktionen zunächst einmal *geometrisch*. Diese geometrische Definition wird in Abbildung 4.11 illustriert. Ausgangspunkt ist der Einheitskreis in der x_1-x_2-Ebene: $|\mathbf{x}| = \sqrt{x_1^2 + x_2^2} = 1$. Der Einheitsvektor, dessen Spitze eine Bogenlänge φ vom Punkt $(1,0)$ entfernt ist, wird als $\hat{\mathbf{e}}(\varphi) = (e_1, e_2)$ bezeichnet. Hierbei soll die Bogenlänge ausgehend vom Punkt $(1,0)$ in *positiver* Richtung, d.h. im *Gegenuhrzeigersinn*, entlang des Einheitskreises gemessen werden. Die *trigonometrischen* Funktionen werden dann durch die Koordinaten von $\hat{\mathbf{e}}(\varphi)$ definiert: $e_1(\varphi) \equiv \cos(\varphi)$ und $e_2(\varphi) \equiv \sin(\varphi)$. Die *Bogenlänge* kann man geometrisch „messen", indem man ein Maßband um den Einheitskreis wickelt und den zurückgelegten Abstand bei $\hat{\mathbf{e}}(\varphi)$ abliest.[10] Aus dieser

---

[10]Die Bogenlänge kann auch allgemeiner und rein analytisch (als eindimensionales Integral) definiert werden; siehe hierzu Kapitel [9].

geometrischen Definition folgt sofort die Identität

$$|\hat{\mathbf{e}}(\varphi)|^2 = [\cos(\varphi)]^2 + [\sin(\varphi)]^2 = 1 \ .$$

Die Variable φ kann hierbei auf *drei* unterschiedliche Weisen interpretiert werden, nämlich als *Bogenlänge* (in Abb. 4.11 grün markiert), als *Winkelvariable* (in Abb. 4.11 orangefarben angegeben) und als die vom Einheitsvektor $\hat{\mathbf{e}}(\varphi)$ überstrichene *Fläche*: $\mathcal{F}(\varphi) = \frac{1}{2}\varphi$ (in Abb. 4.11 hellblau).

In Abschnitt [4.2] zeigen wir, dass aus dieser geometrischen Definition für die *Ableitungen* der trigonometrischen Funktionen „cos" und „sin" folgt: $\cos' = -\sin$ und $\sin' = \cos$. Unter Vorwegnahme dieses Ergebnisses für die Ableitungen konnten wir bereits in Gleichung (1.48) in Kapitel

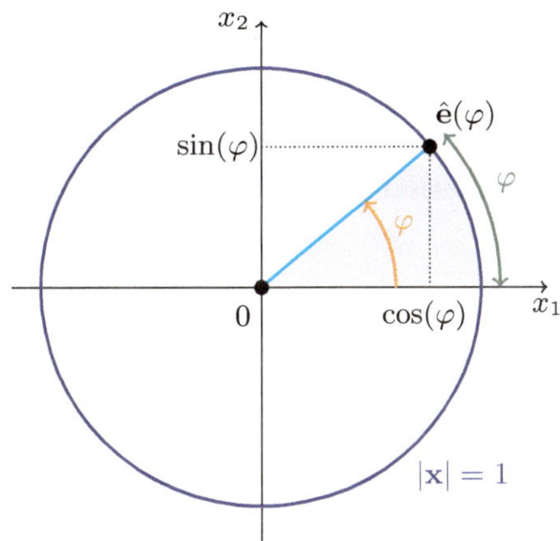

Abb. 4.11 Geometrische Definition der Kosinus- und Sinusfunktionen

[1] die Euler-Formel $\cos(\varphi) + i\sin(\varphi) = e^{i\varphi}$ nachweisen. Aus der Produktdarstellung (1.46) der Exponentialfunktion mit imaginärem Argument folgten die weiteren Produktdarstellungen (1.49) und (1.50) für den Kosinus und den Sinus:

$$\cos(\varphi) = \lim_{n\to\infty} \mathrm{Re}\left(1 + \frac{i\varphi}{n}\right)^n \quad , \quad \sin(\varphi) = \lim_{n\to\infty} \mathrm{Im}\left(1 + \frac{i\varphi}{n}\right)^n \ .$$

Hiermit sind diese trigonometrischen Funktionen nicht nur geometrisch wohldefiniert, sondern auch analytisch mit beliebiger Genauigkeit berechenbar.

Zur Illustration der trigonometrischen Funktionen „cos" und „sin" wurden in den Abbildungen 4.12 und 4.14 die Sinus- und Kosinusfunktionen aufgetragen und in den Abbildungen 4.13 und 4.15 die entsprechenden Umkehrfunktionen, die als $\arcsin(y)$ bzw. $\arccos(y)$ bezeichnet werden. Es gelten also die Identitäten:

$$\sin(\arcsin(y)) = y \ (-1 \le y \le 1) \ , \ \arcsin(\sin(x)) = x \ (-\tfrac{\pi}{2} \le x \le \tfrac{\pi}{2})$$
$$\cos(\arccos(y)) = y \ (-1 \le y \le 1) \ , \ \arccos(\cos(x)) = x \ (0 \le x \le \pi) \ .$$

Bei der Definition der Umkehrfunktionen wird der Sinus üblicherweise auf das Intervall $\{x \,|\, -\tfrac{\pi}{2} \le x \le \tfrac{\pi}{2}\}$ und der Kosinus auf $\{x \,|\, 0 \le x \le \pi\}$ beschränkt. Die geometrische Konstruktion der Sinus- und Kosinusfunktionen zeigt jedoch, dass sie grundsätzlich für alle $x \in \mathbb{R}$ definiert und auf der reellen Achse π-antiperiodisch und 2π-periodisch sind:

$$\cos(\varphi + \pi) = -\cos(\varphi) \quad , \quad \sin(\varphi + \pi) = -\sin(\varphi) \quad , \quad e^{\pi i} = -1$$
$$\cos(\varphi + 2\pi) = \cos(\varphi) \quad , \quad \sin(\varphi + 2\pi) = \sin(\varphi) \quad , \quad e^{2\pi i} = 1 \ .$$

Wegen $\sin(0) = 0$ tritt die kleinste positive Nullstelle des Sinus also für $x = \pi$ auf. Dies wurde bereits bei der Auswertung von Gleichung (1.58) verwendet. Außerdem ergibt der Vergleich von Sinus- und Kosinuswerten bei einer Spiegelung an der $\hat{e}_1$-Achse, an der $\hat{e}_2$-Achse oder an der Diagonalen $x_1 = x_2$ die folgenden Identitäten:

$$\cos(-\varphi) = \cos(\varphi) \qquad\qquad \sin(-\varphi) = -\sin(\varphi)$$
$$\cos(\pi - \varphi) = -\cos(\varphi) \qquad\qquad \sin(\pi - \varphi) = \sin(\varphi)$$
$$\cos(\tfrac{\pi}{2} - \varphi) = \sin(\varphi) \qquad\qquad \sin(\tfrac{\pi}{2} - \varphi) = \cos(\varphi) \,, \qquad (4.4)$$

die in praktischen Rechnungen oft nützlich sind.

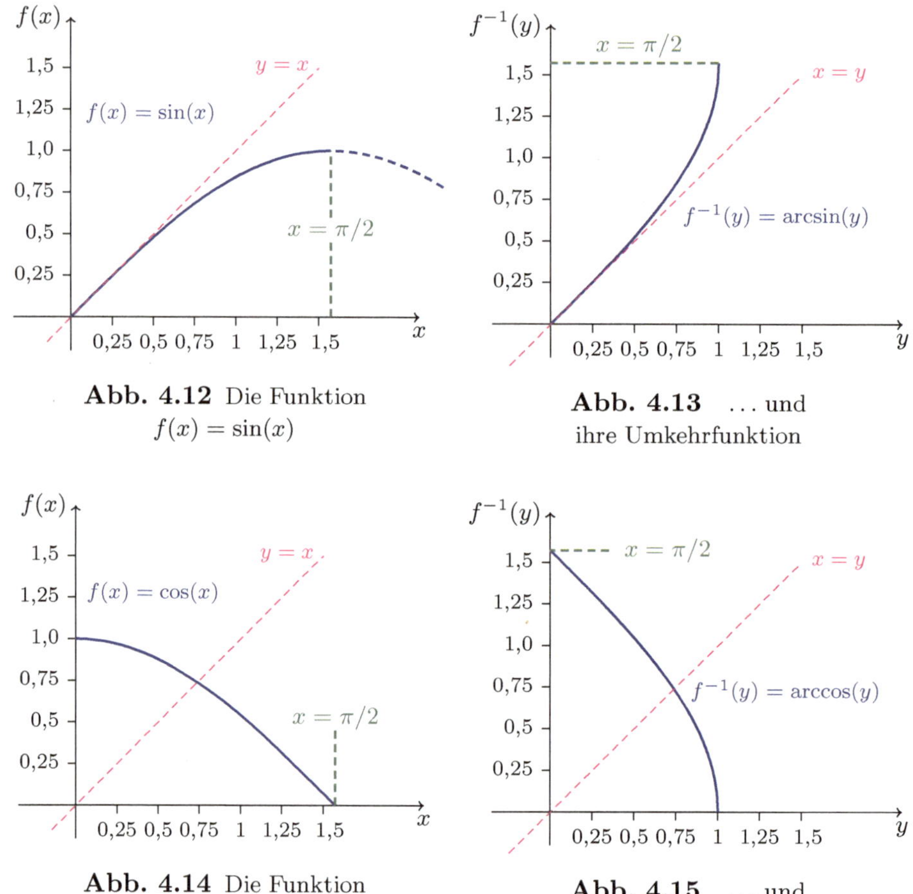

Abb. 4.12 Die Funktion $f(x) = \sin(x)$

Abb. 4.13 … und ihre Umkehrfunktion

Abb. 4.14 Die Funktion $f(x) = \cos(x)$

Abb. 4.15 … und ihre Umkehrfunktion

Aus der Sinus- und Kosinusfunktion folgen weitere trigonometrische Funktionen, wie die Tangens- und die Kotangensfunktion. Hierbei ist die Tangensfunktion durch $\tan(x) \equiv \sin(x)/\cos(x)$ definiert und hat also *Nullstellen* an den Nullstellen des Sinus, d.h. bei $x = n\pi$ mit $n \in \mathbb{Z}$. Der Tangens *divergiert* an den Nullstellen des Kosinus, d.h. bei $x = (n + \tfrac{1}{2})\pi$ mit $n \in \mathbb{Z}$. Zur Illustration haben wir in Abbildung 4.16 die Tangensfunktion $f(x) = \tan(x)$ dargestellt; man sieht die schnelle Divergenz des Tangens bei $x = \tfrac{1}{2}\pi$. Da der Sinus und der Kosinus π-antiperiodisch sind, ist der Tangens π-periodisch. Auch die anderen Rechenregeln für den Sinus und den Kosinus erzeugen analoge Regeln für den Tangens. Insgesamt erhält man:

$$\tan(\varphi + \pi) = \tan(\varphi) \qquad \tan(-\varphi) = -\tan(\varphi)$$
$$\tan(\pi - \varphi) = -\tan(\varphi) \qquad \tan(\tfrac{\pi}{2} - \varphi) = 1/\tan(\varphi) \,.$$

Bei der Definition der Umkehrfunktion wird der Tangens üblicherweise auf das Intervall $\{x \mid -\tfrac{\pi}{2} \le x \le \tfrac{\pi}{2}\}$ beschränkt. Die Umkehrfunktion des Tangens wird als $\arctan(y)$ bezeichnet. Es gelten die Identitäten:

$$\tan(\arctan(y)) = y \in \mathbb{R} \quad , \quad \arctan(\tan(x)) = x \in (-\tfrac{\pi}{2}, \tfrac{\pi}{2}) \,.$$

Die Umkehrfunktion $f^{-1}(y) = \arctan(y)$ von $f(x) = \tan(x)$ ist in Abbildung 4.17 dargestellt. Anders als die bisherigen Umkehrfunktionen geht diese gegen eine Asymptote $x = \pm\tfrac{1}{2}\pi$ für $y \to \pm\infty$.

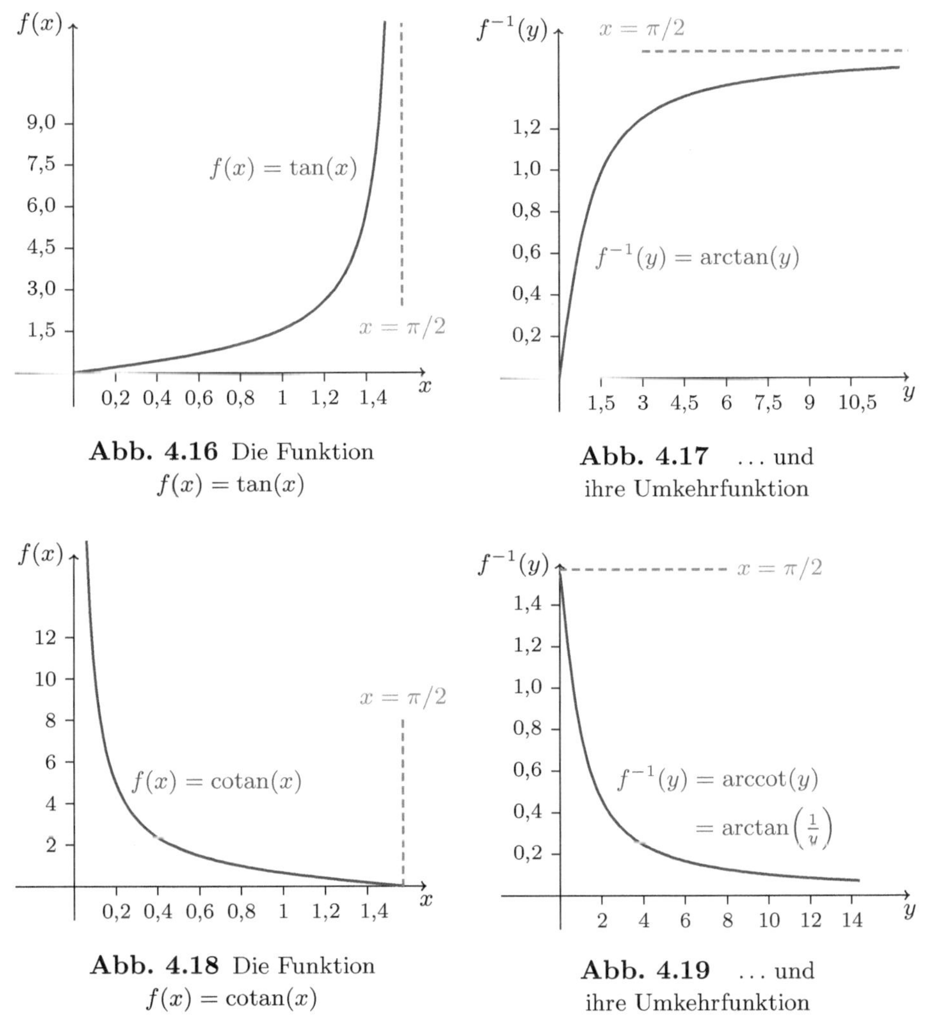

Abb. 4.16 Die Funktion
$f(x) = \tan(x)$

Abb. 4.17 … und
ihre Umkehrfunktion

Abb. 4.18 Die Funktion
$f(x) = \cot(x)$

Abb. 4.19 … und
ihre Umkehrfunktion

Die Kotangensfunktion ist durch $\cot(x) \equiv [\tan(x)]^{-1} = \cos(x)/\sin(x)$ definiert und hat also *Nullstellen* an den Nullstellen des Kosinus, d.h. bei $x = (n + \tfrac{1}{2})\pi$

mit $n \in \mathbb{Z}$. Der Kotangens *divergiert* an den Nullstellen des Sinus, d.h. bei $x = n\pi$ mit $n \in \mathbb{Z}$. Zur Illustration wurde in Abbildung 4.18 die Funktion $f(x) = \cot an(x)$ dargestellt; man sieht die schnelle Divergenz des Kotangens bei $x = 0$; es gibt eine weitere Singularität mit $f(x) \to -\infty$ für $x \uparrow \pi$. Ähnlich wie der Tangens ist auch der Kotangens π-periodisch; durch Spiegelungen an der $\hat{e}_1$-Achse, der $\hat{e}_2$-Achse oder der Diagonalen $x_1 = x_2$ erhält man weitere Identitäten:

$$\cot an(\varphi + \pi) = \cot an(\varphi) \qquad \cot an(-\varphi) = -\cot an(\varphi)$$
$$\cot an(\pi - \varphi) = -\cot an(\varphi) \qquad \cot an(\tfrac{\pi}{2} - \varphi) = 1/\cot an(\varphi) = \tan(\varphi) \, .$$

Bei der Definition der Umkehrfunktion wird der Kotangens üblicherweise auf das Intervall $\{x \,|\, 0 < x < \pi\}$ beschränkt. Die Umkehrfunktion des Kotangens wird als $\operatorname{arccot}(y)$ bezeichnet. Es gelten die Identitäten:

$$\cot an(\operatorname{arccot}(y)) = y \in \mathbb{R} \quad , \quad \operatorname{arccot}(\cot an(x)) = x \in (0, \pi) \, .$$

Die Umkehrfunktion $f^{-1}(y) = \operatorname{arccot}(y)$ von $f(x) = \cot an(x)$ ist in Abbildung 4.19 dargestellt. Sie geht gegen eine Asymptote $x = 0$ für $y \to \infty$ und gegen eine Asymptote $x = \pi$ für $y \to -\infty$. Wegen der Beziehung $\operatorname{arccot}(y) = \arctan(\frac{1}{y})$ kann die Umkehrfunktion von $f(x) = \cot an(x)$ alternativ auch als $f^{-1}(y) = \arctan(\frac{1}{y})$ geschrieben werden.

Die wichtigsten Informationen über die Definitions- und Wertebereiche sowie die Umkehrfunktionen der häufigsten elementaren Funktionen wurden in Tabelle 4.1 zusammengefasst.

Tab. 4.1 Funktionen $f(x) \equiv y$ und Umkehrfunktionen $f^{-1}(y) = x$ sowie ihre Definitions- und Wertebereiche D und W

$f(x) \equiv y$	D	W	$f^{-1}(y) = x$
$x^{2n+1} \quad (n \in \mathbb{N}_0)$	$(-\infty, \infty)$	$(-\infty, \infty)$	$y^{1/(2n+1)}$
$x^{2n} \quad (n \in \mathbb{N})$	$[0, \infty)$	$[0, \infty)$	$y^{1/(2n)}$
$x^{\alpha} \quad (\alpha \in \mathbb{R}^+)$	$[0, \infty)$	$[0, \infty)$	$y^{1/\alpha}$
e^x	$(-\infty, \infty)$	$(0, \infty)$	$\ln(y)$
$\sin(x)$	$\left[-\frac{\pi}{2}, \frac{\pi}{2}\right]$	$[-1, 1]$	$\arcsin(y)$
$\cos(x)$	$[0, \pi]$	$[-1, 1]$	$\arccos(y)$
$\tan(x)$	$\left(-\frac{\pi}{2}, \frac{\pi}{2}\right)$	$(-\infty, \infty)$	$\arctan(y)$
$\cot an(x)$	$(0, \pi)$	$(-\infty, \infty)$	$\operatorname{arccot}(y)$

Es gibt weitere nützliche Rechenregeln, die man aus den oben hergeleiteten extrahieren kann. Beispielsweise folgt aus Gleichung (4.4) mit $x \equiv \sin(\varphi)$:

$$\arcsin(x) + \arccos(x) = \varphi + \arccos\left[\cos(\tfrac{\pi}{2} - \varphi)\right] = \varphi + (\tfrac{\pi}{2} - \varphi) = \tfrac{\pi}{2} \, .$$

Außerdem folgt aus der Gleichung $\cotan(\frac{\pi}{2} - \varphi) = \tan(\varphi)$ mit $x \equiv \tan(\varphi)$:

$$\arctan(x) + \arccot(x) = \varphi + \arccot\left[\cotan(\tfrac{\pi}{2} - \varphi)\right] = \varphi + (\tfrac{\pi}{2} - \varphi) = \tfrac{\pi}{2} \,,$$

sodass wir insgesamt festhalten können:

$$\arcsin(x) + \arccos(x) = \tfrac{\pi}{2} \quad , \quad \arctan(x) + \arccot(x) = \tfrac{\pi}{2} \,. \tag{4.5}$$

Die Tatsache, dass die Summe zweier Funktionen für beliebige x-Werte konstant ist, lässt einen Rückschluss auf ihre Ableitungen zu, obwohl deren genaue Form noch nicht bekannt ist: Aus Gleichung (4.5) folgt also, dass die Ableitungen der Arcsin- und Arccos-Funktionen sich lediglich im Vorzeichen unterscheiden können. Dasselbe gilt für die Ableitungen der Arctangens- und Arccotangens-Funktionen.

Es gibt grundsätzlich weitere trigonometrische Funktionen, wie den Sekans $f(x) = \sec(x)$ und den Kosekans $f(x) = \csc(x)$, die durch $\sec(x) \equiv [\cos(x)]^{-1}$ bzw. $\csc(x) \equiv [\sin(x)]^{-1}$ definiert sind. Diese werden jedoch (zumindest in der Physik) heutzutage kaum noch verwendet, da für alle praktischen Zwecke die äquivalenten Funktionen $\cos(x)$ und $\sin(x)$ ausreichen.

Wir weisen noch einmal darauf hin, dass die in Tabelle 4.1 aufgelisteten Definitionsbereiche der trigonometrischen Funktionen *eingeschränkt* wurden, um die entsprechenden Umkehrfunktionen definieren und die Definitions- und Wertebereiche bijektiv aufeinander abbilden zu können. Lockert man diese Einschränkung und lässt beliebige reelle Argumente der trigonometrischen Funktionen zu, geht auch die Bijektivität verloren, sodass z.B. die Verkettung $(\arcsin \circ \sin)$ nicht mehr gleich der Identität ist. Stattdessen erhält man für alle $n \in \mathbb{Z}$:

$$\arcsin(\sin(x)) = \begin{cases} x - 2n\pi & (-\tfrac{\pi}{2} \le x - 2n\pi \le \tfrac{\pi}{2}) \\ (2n+1)\pi - x & (-\tfrac{\pi}{2} \le (2n+1)\pi - x \le \tfrac{\pi}{2}) \end{cases}$$

$$\arccos(\cos(x)) = \begin{cases} x - 2n\pi & (0 \le x - 2n\pi \le \pi) \\ 2n\pi - x & (0 \le 2n\pi - x \le \pi) \end{cases}$$

$$\arctan(\tan(x)) = x - n\pi \qquad (-\tfrac{\pi}{2} < x - n\pi < \tfrac{\pi}{2})$$

$$\arccot(\cotan(x)) = x - n\pi \qquad (0 < x - n\pi < \pi) \,.$$

Dies bedeutet, dass die Funktionsgraphen dieser Verkettungen ein *Sägezahnprofil* haben, das für den Sinus und Kosinus *stetig* ist und für den Tangens und Kotangens *Sprünge* bei $x = n\pi + \tfrac{\pi}{2}$ bzw. $x = n\pi$ aufweist $(n \in \mathbb{Z})$.

4.1.3 Stetigkeit oder Unstetigkeit von Funktionen

Wir haben schon mehrmals Worte wie „glatt" und „stetig" verwendet und möchten nun insbesondere den letzten Begriff präziser definieren. Die Stetigkeit einer Funktion $f : D \to W$ in einem Punkt $a \in D$ bedeutet, dass die Funktion im Punkt a keine Sprünge aufweist: Kleine Änderungen des Arguments x der Funktion führen hinreichend nahe bei a zu kleinen Änderungen des Funktionswertes $f(x)$. Die formale Definition der Stetigkeit von $f : D \to W$ im Punkt $a \in D$ besagt, dass es für alle $\varepsilon > 0$ Abstände $\delta > 0$ geben soll, sodass für alle Argumente x mit kleinerem Abstand zu a (d.h.: $|x - a| < \delta$) die Differenz der Funktionswerte $f(x)$ und $f(a)$

kleiner als ε ist:

$$\boxed{\begin{aligned} f : D \to W \text{ ist } \textit{stetig} \text{ in } a \in D \qquad &\Leftrightarrow \\ (\forall \varepsilon > 0)\,(\exists \delta > 0)\,(\forall x,\ |x - a| < \delta) :\ &|f(x) - f(a)| < \varepsilon\,. \end{aligned}} \qquad (4.6)$$

Falls die Funktion f stetig ist für alle a-Werte in einem Intervall $\mathcal{I} \subset D$ oder gar für alle $a \in D$, wird f als „stetig auf $\mathcal{I}$" bzw. „stetig auf D" oder einfach „stetig" bezeichnet.[11] In der Regel wird ein für vorgegebenes ε und a berechneter Parameter $\delta > 0$ nicht nur explizit von ε, sondern auch von a abhängen. Funktionen f mit der Eigenschaft, dass $\delta(\varepsilon)$ auch *unabhängig* von $a \in \mathcal{I}$ oder $a \in D$ gewählt werden kann, heißen *gleichmäßig stetig* auf $\mathcal{I}$ bzw. D. Es folgt als Spezialfall aus dem allgemeineren „Satz von Heine", dass jede auf einem endlichen, abgeschlossenen Intervall $[u, v]$ stetige Funktion auch *gleichmäßig* stetig ist.

Wir betrachten ein einfaches Beispiel für die Wirkung der Definition (4.6): Wir möchten zeigen, dass die Funktion $f : \mathbb{R} \to [0, 1]$ mit den Funktionswerten $f(x) = \sin^2(x)$ im Punkt $x = 0$ stetig ist. Wir möchten also zeigen, dass es für alle $\varepsilon > 0$ ein $\delta > 0$ gibt mit der Eigenschaft $|f(x) - f(0)| = |f(x)| < \varepsilon$, falls $|x - 0| = |x| < \delta$ gilt. Für $|x| < \delta$ gilt aber wegen der Ungleichung $|\sin(x)| \le |x|$ (gültig für alle $x \in \mathbb{R}$):

$$|f(x) - f(0)| = |\sin^2(x)| = \sin^2(x) \le x^2 < \delta^2\,,$$

sodass die Ungleichung $|f(x) - f(0)| < \varepsilon$ sicherlich erfüllt ist, wenn man nur $\delta^2 \le \varepsilon$ bzw. $0 < \delta \le \sqrt{\varepsilon}$ wählt. Wir schließen hieraus, dass $f(x) = \sin^2(x)$ nun erwiesenermaßen im Punkt $x = 0$ stetig ist.

Von den elementaren Funktionen, die wir im vorigen Abschnitt [4.1.2] kennengelernt haben, sind alle Potenzfunktionen $f(x) = x^n$ mit Exponenten $n \in \mathbb{N}_0$, die Exponentialfunktion, die Sinus- und Kosinusfunktionen, der Arcustangens und der Arcuskotangens stetig auf der ganzen reellen Achse (d.h. für alle Punkte $a \in \mathbb{R}$). Der Tangens und der Kotangens sind stetig auf ihren jeweiligen Definitionsbereichen, d.h. auf den offenen Intervallen $\left(-\frac{\pi}{2}, \frac{\pi}{2}\right)$ bzw. $(0, \pi)$. Der Logarithmus ist stetig auf dem offenen Intervall $(0, \infty)$. Die Arcsin- und Arccos-Funktionen sind stetig auf dem abgeschlossenen Intervall $D = [-1, 1]$. Divergenzen, wie sie z.B. der Tangens für $x = \left(\frac{1}{2} + n\right)\pi$ mit $n \in \mathbb{Z}$ aufweist, sind *keine* Unstetigkeiten, da die Punkte, in denen die Divergenzen auftreten, nicht zum Definitionsbereich D gehören.

Als typisches Beispiel für (teilweise) unstetige Funktionen betrachten wir in den Abbildungen 4.20, 4.21 und 4.22 drei Funktionen aus der Klasse der *Stufenfunktionen*, die durch den allgemeinen Ausdruck

$$\Theta_c(x) \equiv \begin{cases} 0 & (x < 0) \\ c & (x = 0) \qquad \text{mit} \qquad c \in [0, 1] \\ 1 & (x > 0) \end{cases}$$

---

[11] Eine alternative und äquivalente Definition der Stetigkeit (das „Folgenkriterium") besagt, dass die Funktion f im Punkt a stetig ist, falls für alle gegen a konvergierenden Folgen (x_n) mit $x_n \in D$ auch die Folgen $(f(x_n))$ der Funktionswerte gegen $f(a)$ konvergieren:

$$\boxed{\lim_{n \to \infty} x_n = a \quad \Rightarrow \quad \lim_{n \to \infty} f(x_n) = f(a)\,.}$$

definiert sind. Am häufigsten wird die Funktion $\Theta_1(x)$ mit $\Theta_1(0) = 1$ verwendet, die dann als $\Theta(x)$ geschrieben und als *die* Stufenfunktion bezeichnet wird.[12] Die drei gezeichneten Stufenfunktionen sind offensichtlich stetig in allen Punkten $a \neq 0$. Die Funktion $\Theta_{1/2}(x)$ ist *unstetig* in $a = 0$, da es im Sinne der Definition (4.6) der *Stetigkeit* nicht möglich ist, für $\varepsilon < \frac{1}{2}$ Argumente $x \neq 0$ mit der Eigenschaft $|f(x) - f(0)| < \varepsilon$ zu finden. Nach der Definition (4.6) sind auch die beiden anderen Funktionen $\Theta_0(x)$ und $\Theta_1(x)$ unstetig, aber diese Art von Unstetigkeit ist milder: Schränkt man den Definitionsbereich auf $D_0 \equiv (-\infty, 0]$ ein, ist die Funktion $\Theta_0(x)$ stetig auf D_0. Aus diesem Grund wird Θ_0 in $a = 0$ als *halbstetig* oder genauer: als *linksseitig stetig* oder *linksstetig* bezeichnet. Analog ist auch die Funktion Θ_1 in $a = 0$ halbstetig, da sie stetig ist auf $D_1 \equiv [0, \infty)$, und dementsprechend wird sie als *rechtsseitig stetig* oder *rechtsstetig* bezeichnet. Die Stufenfunktion wird in der Physik übrigens sehr häufig verwendet, u.a. wegen ihrer engen Beziehung zur „Deltafunktion" (s. Kapitel [8]).

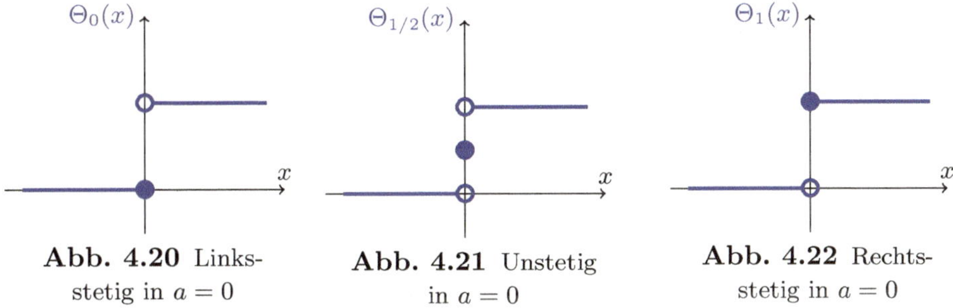

Abb. 4.20 Links- stetig in $a = 0$

Abb. 4.21 Unstetig in $a = 0$

Abb. 4.22 Rechts- stetig in $a = 0$

Bei der mathematischen Untersuchung der Eigenschaften einer Funktion macht es natürlich einen großen Unterschied, ob sie stetig ist oder nicht. Eine sehr wichtige (und anschaulich auch recht plausible) Konsequenz der Stetigkeit einer Funktion ist der sogenannte „Zwischenwertsatz" der reellen Analysis, der lautet:

$$\boxed{\begin{array}{c} \textbf{Zwischenwertsatz:} \text{ Eine } \textit{stetige} \text{ reellwertige Funktion } f(x) \\ \text{nimmt auf dem abgeschlossenen Intervall } [u, v] \subseteq D \subseteq \mathbb{R} \\ \text{jeden reellen Wert } \phi \text{ zwischen } f(u) \text{ und } f(v) \text{ an.} \end{array}} \qquad (4.7)$$

Der Beweis erfolgt durch Konstruktion einer Folge (x_n), die gegen eine Nullstelle von $f(x) - \phi$ konvergiert. Die *Stetigkeit* von f ist selbstverständlich wesentlich in diesem Beweis: Für die halb- oder unstetigen Stufenfunktionen aus den Abbildungen 4.20, 4.21 und 4.22 würden Funktionswerte $\phi \in (0, 1) \backslash \{c\}$ zwischen $\Theta_c(-1) = 0$ und $\Theta_c(+1) = 1$ nicht existieren. Eine weitere wichtige Konsequenz der Stetigkeit einer Funktion auf einem endlichen, abgeschlossenen Intervall $[u, v] \subseteq D$ ist, dass sie auf auf diesem Intervall dann auch *beschränkt* ist.

4.2 Ableitungen von Funktionen

Ableitungen sind für die Beschreibung physikalischer Phänomene von wesentlicher Bedeutung, da sie die *Änderung* eines Zustands oder einer Größe quantifizieren. Die

---

[12]Eine andere Schreibweise für *die* Stufenfunktion ist $H(x)$ nach dem englischen Physiker Oliver Heaviside (1850 - 1925).

Ableitung des Ortsvektors bzgl. der Zeit ist die Geschwindigkeit, und die Zeitableitung der Geschwindigkeit ist die Beschleunigung. Es ist diese *zweite Zeitableitung* **a** des Ortsvektors, die im Kraftgesetz $m\mathbf{a} = \mathbf{F}$ mit der Kraft **F** in Verbindung gebracht wird und die Basis der Newton'schen Mechanik definiert. Aber Ableitungen *müssen* nicht unbedingt bzgl. der Zeitvariablen erfolgen. Auch Ortsableitungen oder Ableitungen nach Modellparametern treten in der Physik sehr häufig auf.

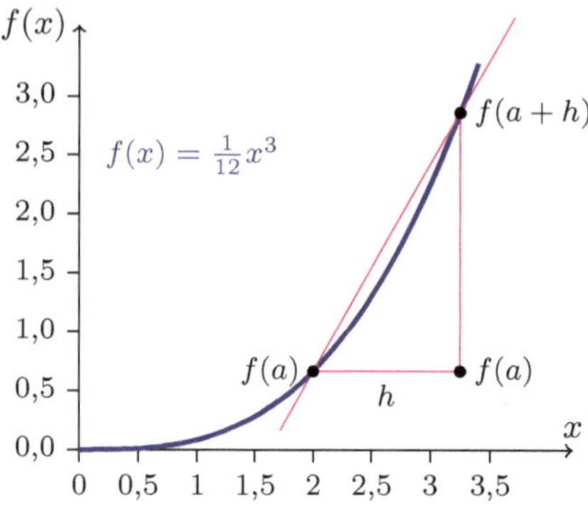

Abb. 4.23 Der Differenzenquotient $\frac{\Delta f}{\Delta x}(a)$ …

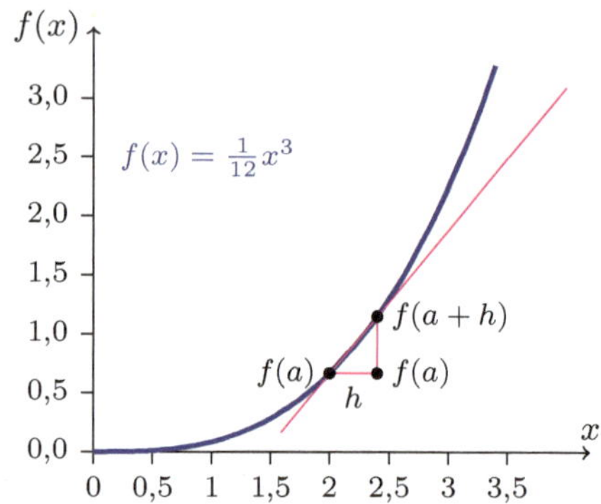

Abb. 4.24 … ergibt im Limes $h \to 0$ …

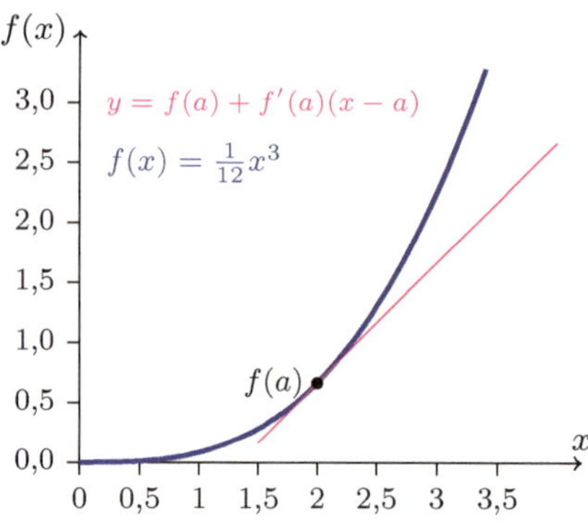

Abb. 4.25 … den Differentialquotienten $\frac{df}{dx}(a)$ …

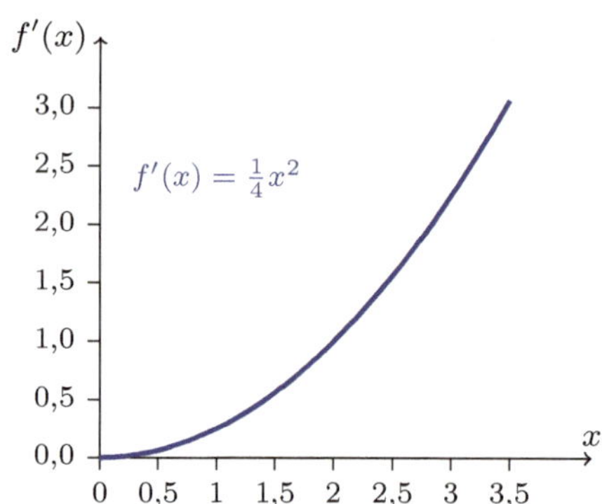

Abb. 4.26 … und somit die Ableitung $f'(x) = \frac{1}{4}x^2$

Für die Definition der *Ableitung* einer Funktion f benötigt man zuerst den sogenannten *Differenzenquotienten*, der die mittlere Änderung der Funktion f über ein Intervall der Länge h beschreibt:

$$\frac{\Delta f}{\Delta x}(a) \equiv \frac{f(a+h) - f(a)}{h} \ .$$

Der Differenzenquotient wird dadurch ermittelt, dass man die Differenz $\Delta f = f(a+h) - f(a)$ der Funktionswerte in den Punkten $x = a+h$ und $x = a$ durch die Differenz $\Delta x = h$ der beiden x-Werte, also durch die Intervalllänge dividiert. Als Beispiel ist in Abbildung 4.23 für die Funktion $f(x) = \frac{1}{12}x^3$ der Differenzenquotient im Punkt $a = 2$ für einen recht großen Δx-Wert ($h = 1{,}25$) angegeben. Wie in

Abbildung 4.24 für einen deutlich kleineren Δx-Wert ($h = 0{,}4$) gezeigt wird, ändert sich der Differenzenquotient und somit die mittlere Steigung von f u.U. beträchlich bei Variation von h.

Die *Ableitung* einer Funktion f im Punkt $x = a$ ist nun als Grenzwert einer Folge von Differenzenquotienten mit $h \to 0$ definiert. Diese Ableitung wird als $f'(a)$ oder alternativ auch als $\frac{df}{dx}(a)$ geschrieben, wobei die zweite Notation durch die „Herkunft" der Ableitung als Grenzwert von Differenzenquotienten motiviert wird:

$$f'(a) \equiv \frac{df}{dx}(a) \equiv \lim_{h \to 0} \frac{\Delta f}{\Delta x}(a) = \lim_{h \to 0} \frac{f(a+h) - f(a)}{h} \ . \tag{4.8}$$

Hierbei wird der Grenzwert $\frac{df}{dx}(a)$ für $h \to 0$ auch als *Differentialquotient* bezeichnet. Der Differentialquotient stellt die *lokale Steigung* der Funktion f im Punkt $x = a$ dar. In Abbildung 4.25 ist das Ergebnis dieses Grenzwertprozesses für die Funktion $f(x) = \frac{1}{12}x^3$ dargestellt, wobei man also ausgehend von den Abbildungen 4.23 und 4.24 Differenzenquotienten für immer kleinere h-Werte berechnet. Der Grenzwert kann in diesem Fall auch leicht ausgerechnet werden:

$$f'(a) = \lim_{h \to 0} \frac{\frac{1}{12}[(a+h)^3 - (a)^3]}{h} = \lim_{h \to 0} \frac{\frac{1}{12}(3a^2h + 3ah^2 + h^3)}{h} = \tfrac{1}{4}a^2 \ .$$

Dieses Ergebnis gilt nicht nur für $a = 2$, sondern allgemein. Die Funktion $f'(x) = \frac{1}{4}x^2$ ist entsprechend in Abbildung 4.26 aufgetragen.

Die lineare Näherung

Die Ableitung einer Funktion ist u.a. deshalb so wichtig, weil sie Aufschluss gibt über das approximative Verhalten dieser Funktion in der Nähe des Punktes $x = a$, in dem die Ableitung ausgerechnet wird. Aus der Definition der Ableitung folgt nämlich für hinreichend kleine h-Werte:

$$f(a+h) = f(a) + hf'(a) + \cdots \quad (h \to 0) \ , \tag{4.9}$$

sodass sich die Funktion f in der Nähe von $x = a$ linear verhält mit der Steigung $f'(a)$. Die Ableitung erlaubt es uns also, die Funktion f in der Umgebung von $x = a$ *linear anzunähern*, was für viele praktische und formale Zwecke sehr nützlich ist. Selbstverständlich kann die lineare Näherung die Funktion f im Allgemeinen nur in der Nähe des Punktes a gut reproduzieren. In der Regel gibt es Korrekturen zur linearen Näherung, die für moderate Werte von $|x - a|$ relevant werden können und als *Restterm* $R(h) \equiv f(a+h) - f(a) - hf'(a)$ bezeichnet werden:

$$f(a+h) = f(a) + hf'(a) + R(h) \quad , \qquad \lim_{h \to 0} \frac{R(h)}{h} = 0 \ . \tag{4.10}$$

Wichtig ist hierbei vor allem, dass der Restterm $R(h)$ in der Nähe von $x = a$ sehr klein ist, auf jeden Fall vernachlässigbar klein im Vergleich zum linearen Beitrag: $R(h)/h \to 0$ für $h \to 0$. Die explizite Form des Restterms $R(h)$ wird im Rahmen der *Taylor-Entwicklung* in Abschnitt [4.4] diskutiert.

Existiert die Ableitung immer?

Bisher wurde angenommen, dass die Ableitung $f'(a)$ im Punkt $x = a$ existiert (und somit die Möglichkeit einer linearen Näherung). Das muss aber nicht unbedingt der Fall sein, wie das Beispiel $f(x) = 1/x$ mit $a = 0$ demonstriert: In diesem Fall ist sogar der Funktionswert $f(a)$ undefiniert, sodass man den Grenzwert nicht bestimmen kann. Aber sogar wenn $f(a)$ existiert, muss noch keine Linearisierung möglich sein, wie das Beispiel $f(x) = x^{1/3}$ mit $a = 0$ zeigt: In diesem Fall ist die Funktion f für alle $x \in \mathbb{R}$ wohldefiniert, und es gilt insbesondere $f(a) = f(0) = 0$, aber die Berechnung von $f'(a)$ ergibt keinen endlichen Wert:

$$f'(0) = \lim_{h \to 0} \frac{f(h) - f(0)}{h} = \lim_{h \to 0} \frac{h^{1/3} - 0}{h} = \lim_{h \to 0} |h|^{-2/3} = \infty \,.$$

Genau das gleiche Problem hätte man auch für die Funktion $f(x) = \sqrt{x}$ mit $a = 0$, nur würde in diesem Fall erschwerend hinzukommen, dass die Wurzelfunktion für $x < 0$ nicht definiert ist. Analog wäre die Funktion $f(x) = \sqrt{-x}$ mit $a = 0$ für $x > 0$ nicht definiert. In solchen Fällen muss man die Definition der Ableitung geringfügig abändern und eine *rechtsseitige* bzw. *linksseitige* Ableitung $f'_\pm$ einführen:

$$\boxed{\quad f'_+(a) \equiv \lim_{h \downarrow 0} \frac{f(a + h) - f(a)}{h} \quad , \quad f'_-(a) \equiv \lim_{h \uparrow 0} \frac{f(a + h) - f(a)}{h} \quad , \quad}$$

wobei die Notationen $h \downarrow 0$ und $h \uparrow 0$ bedeuten, dass der Grenzwert von oben bzw. unten angestrebt wird. Zum Beispiel ergibt sich dann für die Wurzelfunktion $f(x) = \sqrt{x}$ mit $a = 0$:

$$f'_+(0) = \lim_{h \downarrow 0} \frac{f(h) - f(0)}{h} = \lim_{h \downarrow 0} \frac{\sqrt{h} - 0}{h} = \lim_{h \downarrow 0} \frac{1}{\sqrt{h}} = \infty \,.$$

Analog erhält man $f'_-(0) = -\infty$ für $f(x) = \sqrt{-x}$ mit $x \leq 0$ und $a = 0$.

Die Existenz der in (4.8) definierten Ableitung setzt voraus, dass die rechts- und linksseitigen Ableitungen in $x = a$ existieren und numerisch gleich sind. Ein Beispiel, in dem die rechts- und linksseitigen Ableitungen $f'_\pm$ existieren und beide endlich, jedoch *nicht gleich* sind, ist $f(x) = |x|$ mit $a = 0$, denn in diesem Fall ist $f'_+(0) = 1$ und $f'_-(0) = -1$. Angesichts dieser (und anderer) Probleme, die bei der Differentiation auftreten können, ist klar, dass die *Differenzierbarkeit* einer Funktion nicht selbstverständlich ist. Es gibt daher die folgende Nomenklatur: *Falls* eine Funktion f gemäß der Definition (4.8) in $x = a$ eine Ableitung hat, heißt sie „differenzierbar in $x = a$", und *falls* sie in ihrem ganzen Definitionsbereich D differenzierbar ist, heißt sie einfach „differenzierbar". Analog handhabt man die Begriffe „rechtsseitig differenzierbar" und „linksseitig differenzierbar".

Stetige Differenzierbarkeit

Oft ist man neben der *Differenzierbarkeit* einer Funktion auch an der möglichen *Stetigkeit* (oder eventuell Unstetigkeit) *der Ableitung* interessiert. In der Einleitung [4.1] wurde bereits erwähnt, dass eine differenzierbare Funktion mit stetiger Ableitung als „stetig differenzierbar" bezeichnet wird. Die Funktion $f(x) = \sin(x)$ hat als Ableitung die stetige Funktion $f'(x) = \cos(x)$, und folglich ist $f(x) = \sin(x)$ stetig differenzierbar. Da alle Ableitungen von f stetig sind: $f''(x) = -\sin(x)$, $f'''(x) = -\cos(x)$, $f''''(x) = \sin(x)$ und so weiter, ist diese Funktion sogar unendlich oft stetig differenzierbar.

Ein bekanntes Beispiel (s. z.B. Ref. [22]) einer für alle $x \in \mathbb{R}$ differenzierbaren Funktion, die in $x = 0$ gerade *nicht stetig differenzierbar* ist, lautet

$$f(x) = x^2 \sin(1/x) \quad (x \neq 0) \quad , \quad f(0) = 0 \; .$$

Die Ableitung dieser Funktion ist nämlich:

$$f'(x) = 2x \sin(1/x) - \cos(1/x) \quad (x \neq 0) \quad , \quad f'(0) = 0 \; .$$

Wegen der immer schnelleren Oszillationen des $\cos(1/x)$-Terms für $x \downarrow 0$ oder $x \uparrow 0$ existieren die rechtsseitigen und linksseitigen Ableitungen in $x = 0$ nicht. Folglich ist f in $x = 0$ (trotz der Differenzierbarkeit in diesem Punkt) *nicht stetig differenzierbar*.

Ableitung der reziproken Funktion

Kennt man einmal die Ableitung einer Funktion, ist es auch einfach, Ableitungen verwandter Funktionen auszurechnen. Als Beispiel nennen wir die Ableitung der reziproken Funktion $\bar{f} \equiv 1/f$, die also die Funktionswerte $\bar{f}(x) = 1/f(x)$ hat.[13] Die Ableitung von $\bar{f} = 1/f$ wird wie folgt berechnet:

$$\begin{aligned}
\bar{f}'(a) = \left(\frac{1}{f}\right)'(a) &= \lim_{h \to 0} \frac{1}{h}\left[\frac{1}{f(a+h)} - \frac{1}{f(a)}\right] \\
&= \lim_{h \to 0} \frac{\frac{1}{h}[f(a) - f(a+h)]}{f(a+h)f(a)} = -\frac{f'(a)}{f(a)^2} \; .
\end{aligned} \quad (4.11)$$

Ein einfaches Beispiel erhält man für $f(x) = \frac{1}{12}x^3$. In diesem Fall folgt $\bar{f}(x) = 1/(\frac{1}{12}x^3) = 12/x^3$, und die Rechenregel (4.11) ergibt:

$$\bar{f}'(x) = -(\tfrac{1}{4}x^2)/(\tfrac{1}{12}x^3)^2 = -36/x^4 \; .$$

Man erhält dasselbe Ergebnis, wenn man $\bar{f}(x) = 12/x^3$ mit herkömmlichen Methoden (d.h. mit der Rechenregel $\frac{d}{dx}x^m = mx^{m-1}$ für $m \in \mathbb{Z}$) differenziert.

Ableitungen der häufigsten elementaren Funktionen

Die wichtigsten Informationen über die Ableitungen der am häufigsten vorkommenden elementaren Funktionen und ihrer Umkehrfunktionen sind in Tabelle 4.2 zusammengefasst. Wie man einige dieser Ableitungen konkret berechnet, insbesondere diejenigen der trigonometrischen Funktionen und ihrer Umkehrfunktionen sowie die Ableitung des Logarithmus, wird im Folgenden im Rahmen von Beispielrechnungen explizit gezeigt.

---

[13]Die Funktion $\bar{f} \equiv 1/f$ hat mit der *Umkehr*funktion $g(y) = f^{-1}(x)$, die durch $g(f(x)) = x$ definiert ist, i.a. nicht das Geringste zu tun. Man beachte den Unterschied.

Tab. 4.2 Funktionen und Umkehrfunktionen und ihre Ableitungen

$f(x) \equiv y$	$f'(x)$	$f^{-1}(y) = x$	$\frac{d}{dy} f^{-1}(y)$
x	1	y	1
$x^n \ (n \in \mathbb{N}_0)$	nx^{n-1}	$\sqrt[n]{y} = y^{1/n} \ \begin{pmatrix} n \neq 0 \\ y \geq 0 \end{pmatrix}$	$\frac{1}{n} y^{-(n-1)/n}$
$x^\alpha \ \begin{pmatrix} \alpha \in \mathbb{R} \\ x > 0 \end{pmatrix}$	$\alpha x^{\alpha-1}$	$y^{1/\alpha} \ (\alpha \neq 0)$	$\frac{1}{\alpha} y^{(1-\alpha)/\alpha}$
$e^{\lambda x}$	$\lambda e^{\lambda x}$	$\lambda^{-1} \ln(y)$	$1/(\lambda y)$
$\ln(x)$	$1/x$	e^y	e^y
$\sin(x)$	$\cos(x)$	$\arcsin(y)$	$1/\sqrt{1 - y^2}$
$\cos(x)$	$-\sin(x)$	$\arccos(y)$	$-1/\sqrt{1 - y^2}$
$\tan(x)$	$1/[\cos(x)]^2$	$\arctan(y)$	$1/(1 + y^2)$
$\cotan(x)$	$-1/[\sin(x)]^2$	$\mathrm{arccot}(y)$	$-1/(1 + y^2)$

4.2.1 Eigenschaften von Ableitungen

In diesem Unterabschnitt nehmen wir an, dass alle auftretenden Funktionen im Sinne von Gleichung (4.8) differenzierbar sind. Insbesondere möchten wir klären, wie sich *Kombinationen* von Funktionen f und g bei der Differentiation verhalten, wobei wir annehmen, dass f und g beide differenzierbar und ihre Ableitungen bekannt oder zumindest konkret berechenbar sind.

Linearität der Ableitung

Die Funktionen f und g können auf mehrere, ganz unterschiedliche Weisen kombiniert werden. Beispielsweise kann man f und g addieren. Die Ableitung ihrer Summe ist gleich der Summe ihrer Ableitungen:

$$(f + g)' = f' + g' \, .$$

Alternativ kann man f mit einer reellen Zahl α multiplizieren. Die Ableitung des Vielfachen αf folgt dann aus:

$$(\alpha f)' = \alpha f' \quad (\alpha \in \mathbb{R}) \, .$$

Die Kombination dieser beiden Rechenregeln zeigt, dass die Ableitung *linear* ist: $(\alpha f + \beta g)' = \alpha f' + \beta g'$ (für alle $\alpha, \beta \in \mathbb{R}$).

Die Produktregel

Die Funktionen f und g können auch miteinander multipliziert werden. Die Ableitung des Produktes ist dann durch die Produktregel

$$(fg)' = f'g + fg' \tag{4.12}$$

gegeben, die man wie folgt herleiten kann:

$$(fg)'(a) = \lim_{h \to 0} \frac{f(a+h)g(a+h) - f(a)g(a)}{h}$$

$$= \lim_{h \to 0} \frac{[f(a+h) - f(a)]g(a+h) + f(a)[g(a+h) - g(a)]}{h}$$

$$= \lim_{h \to 0} \left[\frac{f(a+h) - f(a)}{h} g(a+h) + f(a) \frac{g(a+h) - g(a)}{h} \right]$$

$$= f'(a)g(a) + f(a)g'(a) = (f'g + fg')(a) \ .$$

In der ersten Zeile wurde die Definition der Ableitung, Gleichung (4.8), auf die Funktion fg angewandt. In der zweiten Zeile wurde ein Term addiert und gleichzeitig subtrahiert, sodass sich effektiv im Zähler nichts ändert. Die dritte Zeile enthält nur eine Umgruppierung, und die vierte verwendet wieder die Definition (4.8) der Ableitung, nun angewandt auf die Funktionen f und g.

Als Beispiel für eine Anwendung der Produktregel betrachte man Funktionen $f(x) = x^2 + 3x$ und $g(x) = \sin(x)$ mit dem Produkt $(fg)(x) = (x^2 + 3x)\sin(x)$ und den Ableitungen $f'(x) = 2x + 3$ und $g'(x) = \cos(x)$. Die Produktregel (4.12) ergibt dann:

$$(fg)'(x) = (f'g + fg')(x) = (2x + 3)\sin(x) + (x^2 + 3x)\cos(x) \ ,$$

womit auch die Ableitung des Produktes fg bekannt ist.

Man kann auch den *Quotienten* der Funktionen f und g bilden. Die Ableitung dieses Quotienten folgt dann direkt aus der Produktregel als:

$$\left(\frac{f}{g} \right)' = \left(f\frac{1}{g} \right)' = f'\frac{1}{g} + f\left(\frac{1}{g} \right)' = \frac{f'}{g} - \frac{fg'}{g^2} \ . \tag{4.13}$$

Wir wussten ja bereits aus Gleichung (4.11), dass $(1/g)' = -g'/g^2$ gilt.

Die Kettenregel

Die Funktionen f und g können alternativ auch miteinander „verkettet" werden. In dem Fall benötigt man die Ableitung der Verkettung $(g \circ f)(x) \equiv g(f(x))$. Hierzu gibt es die sogenannte „Kettenregel":

$$\boxed{(g \circ f)'(x) = g'(f(x))f'(x) \ ,} \tag{4.14}$$

die man wie folgt herleiten kann:

$$(g \circ f)'(x) = \lim_{h \to 0} \frac{1}{h} [(g \circ f)(x+h) - (g \circ f)(x)] = \lim_{h \to 0} \frac{1}{h} [g(f(x+h)) - g(f(x))]$$

$$= \lim_{h \to 0} h^{-1} [g(f(x) + hf'(x)) - g(f(x))]$$

$$= \lim_{h \to 0} h^{-1} \{[g(f(x)) + hg'(f(x))f'(x)] - g(f(x))\} = g'(f(x))f'(x) \ .$$

Die erste Zeile enthält nur die Definition (4.8) einer Ableitung und die Definition einer Verkettung. In der zweiten Zeile wurde die lineare Näherung für f angewandt

(da h klein ist) und in der dritten die lineare Näherung für g [da $hf'(x)$ klein ist].
Im letzten Schritt heben sich dann zwei Terme gegenseitig auf, und man erhält das
Endergebnis (4.14).

Als Beispiel für eine Anwendung der Kettenregel betrachten wir die Funktionen

$$f(x) = x^2 + 3x \quad , \quad g(y) = \sin(y)$$

mit der Verkettung $(g \circ f)(x) = \sin(x^2 + 3x)$. Die Ableitungen von f und g sind bereits bekannt: $f'(x) = 2x + 3$ und $g'(y) = \cos(y)$, und die Ableitung der Verkettung
$(g \circ f)$ folgt aus (4.14) als:

$$(g \circ f)'(x) = (2x + 3)\cos(x^2 + 3x) \, .$$

Ein wichtiger Spezialfall der Kettenregel (4.14) tritt auf für Verkettungen vom Typ
$(g \circ f)(x) = x$, d.h., wenn g die *Umkehr*funktion von f darstellt. In diesem Fall
folgt aus der allgemeinen Form der Kettenregel:

$$(g \circ f)'(x) = g'\left(f(x)\right) f'(x) = 1 \quad \text{bzw.} \quad \boxed{g'\left(f(x)\right) = \frac{1}{f'(x)} \, .} \qquad (4.15)$$

Mit der Notation $f(x) \equiv y$ bzw. $x = g(y)$ erhält man eine alternative Formulierung
der zweiten Gleichung in (4.15):

$$\boxed{g'(y) = \frac{1}{f'(g(y))} \, ,} \qquad (4.16)$$

die bei der praktischen Berechnung der Ableitung einer Umkehrfunktion sehr hilfreich ist. Wir wenden diese allgemeinen Regeln in den folgenden Abschnitten auf
konkrete Beispiele an.

4.2.2   Ableitungen von elementaren Funktionen

Wir berechnen in diesem Unterabschnitt Ableitungen von elementaren Funktionen, wie Potenzfunktionen x^α, Logarithmus, trigonometrischen Funktionen und
ihren Umkehrfunktionen. Zur Berechnung dieser Ableitungen werden an etlichen
Stellen die Rechenregeln für Ableitungen aus Abschnitt [4.2.1] verwendet.

Potenzfunktionen

Zuerst betrachten wir Potenzfunktionen der Form x^α, für die generell – wie wir im
Folgenden zeigen werden – die Beziehung

$$\boxed{\frac{d}{dx}x^\alpha = \alpha x^{\alpha-1}} \qquad (4.17)$$

gilt. Allerdings hängt der Definitionsbereich für die x-Variable hierbei vom Exponenten α ab.

Für $\alpha = 0$ definierten wir: $x^0 = 1$ für alle $x \in \mathbb{R}$, und es ist daher klar, dass $\frac{d}{dx}x^0 = 0$ gilt, sodass in diesem Spezialfall (4.17) erfüllt ist. Es wird daher im Folgenden ausreichen, (4.17) für $\alpha > 0$ nachzuweisen, denn dann folgt die Gültigkeit für $\alpha < 0$ aus Gleichung (4.11):

$$\frac{d}{dx}x^\alpha = \frac{d}{dx}\frac{1}{x^{|\alpha|}} = -\frac{|\alpha|\, x^{|\alpha|-1}}{(x^{|\alpha|})^2} = -|\alpha|\, x^{-|\alpha|-1} = \alpha x^{\alpha-1} \quad (\alpha < 0) \,.$$

Wir betrachten im Folgenden zuerst ganzzahlige, danach rationale und schließlich reelle Werte des Exponenten α.

Für *ganzzahlige* Exponenten $\alpha > 0$ (d.h. für $\alpha = m \in \mathbb{N}$) folgt die Gültigkeit von (4.17) für alle $x \in \mathbb{R}$ aus dem binomischen Satz:

$$\frac{d}{dx}x^m = \lim_{h\to 0}\frac{(x+h)^m - x^m}{h} = \lim_{h\to 0}\frac{1}{h}\sum_{k=1}^{m}\binom{m}{k}x^{m-k}h^k$$

$$= \lim_{h\to 0}\sum_{k=1}^{m}\binom{m}{k}x^{m-k}h^{k-1} = \binom{m}{1}x^{m-1} = mx^{m-1} \qquad \forall x \in \mathbb{R}\,.$$

In der ersten Zeile wurde der binomische Satz für $(x+h)^m$ eingesetzt, wobei sich die Beiträge x^m [aus dem $(k=0)$-Term] und $-x^m$ gegenseitig aufheben. In der zweiten Zeile streben alle Terme, die Faktoren h^{k-1} mit $k > 1$ enthalten, im Limes $h \to 0$ gegen null. Nur der $(k=1)$-Term, der einen Faktor $h^0 = 1$ enthält, ergibt in diesem Limes einen Beitrag ungleich null.

Sei $\alpha > 0$ nun *rational*: $\alpha = \frac{m}{n}$ mit $m, n \in \mathbb{N}$ teilerfremd. In diesem Fall erfüllt $f(x) = x^{m/n}$ die Gleichung $[f(x)]^n = x^m$. Anwendung der Kettenregel (4.14) mit $g(y) = y^n$ und $y = f(x)$ ergibt

$$n[f(x)]^{n-1}f'(x) = \frac{d}{dx}[f(x)]^n = \frac{d}{dx}x^m = mx^{m-1} = \frac{m}{x}[f(x)]^n \,.$$

Durch Vergleich der linken und rechten Seite erhält man:

$$f(x) = x^{m/n} = x^\alpha \quad , \quad f'(x) = \frac{m}{nx}f(x) = \frac{\alpha}{x}f(x) = \alpha x^{\alpha-1} \,. \tag{4.18}$$

Dieses Ergebnis ist gültig für alle $x \in \mathbb{R}$, falls n ungerade ist; für $\alpha < 1$ muss man außerdem $x \neq 0$ fordern. Falls n gerade ist, gilt das Ergebnis für alle positiven x-Werte ($x > 0$).

Schließlich können wir *reelle* α-Werte und entsprechende konvergente rationale Folgen (α_n) mit $\alpha_n \to \alpha \in \mathbb{R}^+$ betrachten. Indem man in (4.18) den entsprechenden Limes durchführt, kann man zeigen, dass das Ergebnis $f'(x) = \frac{\alpha}{x}f(x)$ in (4.18) auch für irrationale α-Werte zutrifft.

Der Logarithmus

Wir bestimmen nun die Ableitung des Logarithmus und verwenden hierzu die Kettenregel (4.16) für Umkehrfunktionen, und zwar mit der Funktion $f(x) = e^x = y$ und ihrer Umkehrfunktion $g(y) = \ln(y)$. Nach (4.16) gilt offenbar:

$$\boxed{\ln'(y) = \frac{1}{e^{\ln(y)}} = \frac{1}{y} \,.}$$

Hierbei wurde neben (4.16) lediglich die Eigenschaft $\frac{d}{dx}e^x = e^x$ verwendet; die Exponentialfunktion erfüllt diese Gleichung *per definitionem*. Hiermit ist die Ableitung des Logarithmus bekannt.

Falls man übrigens die Exponentialfunktion und den Logarithmus bereits definiert hat, kann man die Ableitungen (4.17) von Potenzfunktionen der Form x^α mit $x > 0$ sehr schnell berechnen: Man verwendet hierzu die allgemeine Kettenregel (4.14) für die Funktionen $f(x) = \alpha \ln(x) = y$ mit $\alpha \in \mathbb{R}$ sowie $g(y) = e^y$, sodass die Verkettung von f und g eine allgemeine Potenzfunktion darstellt: $(g \circ f)(x) = x^\alpha$. Es folgt die Regel:

$$\frac{d}{dx}x^\alpha = (g \circ f)'(x) = g'(f(x))f'(x) = e^y(\alpha/x) = \alpha x^\alpha/x = \alpha x^{\alpha-1} \quad (\alpha \in \mathbb{R}) \, ,$$

die in dieser allgemeinen Form allerdings nur für positive x-Werte gilt.

Trigonometrische Funktionen

Wir haben schon häufig Ausdrücke für die Ableitungen der Kosinus- und Sinusfunktionen verwendet, ohne hierfür bisher eine Herleitung gegeben zu haben. Insbesondere gingen die Ableitungen $\cos'(\varphi) = -\sin(\varphi)$ und $\sin'(\varphi) = \cos(\varphi)$ auch bei der Herleitung der Euler-Formel ein. Wir präsentieren hier ein einfaches geometrisches Argument für diese Identitäten.

Zuallererst kombinieren wir den Kosinus und den Sinus zu einem Einheitsvektor $\hat{\mathbf{e}}(\varphi)$, wie in Abbildung 4.27 dargestellt:

$$\hat{\mathbf{e}}(\varphi) = \begin{pmatrix} \cos(\varphi) \\ \sin(\varphi) \end{pmatrix} \quad , \quad |\hat{\mathbf{e}}(\varphi)| = 1 \, .$$

Da die Länge eines Einheitsvektors per definitionem konstant (und gleich eins) ist, folgt:

$$0 = \frac{d}{d\varphi} \tfrac{1}{2}|\hat{\mathbf{e}}(\varphi)|^2 = \hat{\mathbf{e}}(\varphi) \cdot \hat{\mathbf{e}}'(\varphi) \, ,$$

sodass $\hat{\mathbf{e}}(\varphi)$ und seine Ableitung $\hat{\mathbf{e}}'(\varphi)$ orthogonal zueinander sind:

$$\begin{pmatrix} \cos'(\varphi) \\ \sin'(\varphi) \end{pmatrix} = \hat{\mathbf{e}}'(\varphi) \perp \hat{\mathbf{e}}(\varphi) = \begin{pmatrix} \cos(\varphi) \\ \sin(\varphi) \end{pmatrix} \, .$$

Daher muss $\hat{\mathbf{e}}'(\varphi)$ die Form

$$\hat{\mathbf{e}}'(\varphi) = \lambda \begin{pmatrix} -\sin(\varphi) \\ \cos(\varphi) \end{pmatrix} \quad (\lambda > 0)$$

haben, und zwar mit $\lambda > 0$, damit eine *Zunahme* der Bogenlänge einer Drehung von $\hat{\mathbf{e}}(\varphi)$ im *positiven* Sinne entspricht. Außerdem ist der *Winkel* $\Delta\varphi$ auch gleich der *Bogenlänge* zwischen $\hat{\mathbf{e}}(\varphi)$ und $\hat{\mathbf{e}}(\varphi + \Delta\varphi)$:

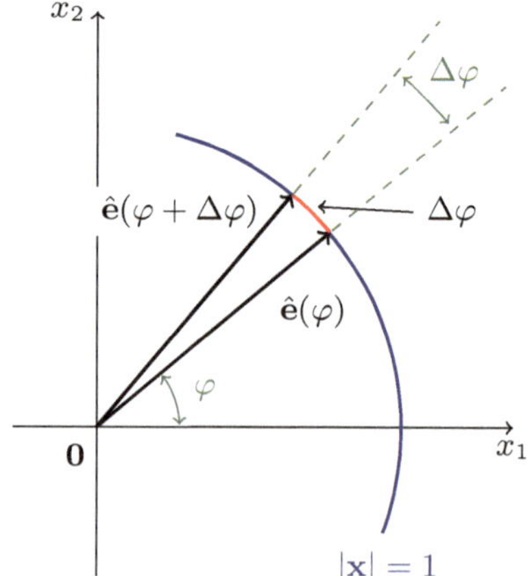

Abb. 4.27 Der Einheitsvektor $\hat{\mathbf{e}}(\varphi)$

$$1 = \lim_{\Delta\varphi \to 0} \frac{|\hat{\mathbf{e}}(\varphi + \Delta\varphi) - \hat{\mathbf{e}}(\varphi)|}{|\Delta\varphi|} = \lim_{\Delta\varphi \to 0} \frac{|\hat{\mathbf{e}}'(\varphi)\Delta\varphi|}{|\Delta\varphi|} = |\hat{\mathbf{e}}'(\varphi)| = \lambda \, ,$$

sodass $\lambda = 1$ sein muss. Das Endergebnis ist somit:

$$\cos'(\varphi) = -\sin(\varphi) \quad \text{und} \quad \sin'(\varphi) = \cos(\varphi) \,.$$

Für die *höheren* Ableitungen des Kosinus bzw. Sinus folgt hieraus:

$$\cos^{(2)} = -\cos \qquad \cos^{(3)} = \sin \qquad \cos^{(4)} = \cos$$
$$\sin^{(2)} = -\sin \qquad \sin^{(3)} = -\cos \qquad \sin^{(4)} = \sin \,,$$

oder etwas allgemeiner (mit $m \in \mathbb{N}_0$):

$$\cos^{(2m)} = (-1)^m \cos \quad , \quad \cos^{(2m+1)} = (-1)^{m+1} \sin \tag{4.19}$$
$$\sin^{(2m)} = (-1)^m \sin \quad , \quad \sin^{(2m+1)} = (-1)^m \cos \,. \tag{4.20}$$

Diese Ausdrücke werden sich später in diesem Kapitel bei der Formulierung von Taylor-Reihen für den Kosinus und den Sinus noch als sehr nützlich erweisen.

Aus den Ableitungen des Sinus und des Kosinus folgt noch die Ableitung des Tangens bzw. Kotangens mit Hilfe der Quotientenregel des Differenzierens:

$$\tan' = \left(\frac{\sin}{\cos}\right)' = \frac{\sin'}{\cos} - \frac{\sin \cdot \cos'}{\cos^2} = \frac{\cos^2 + \sin^2}{\cos^2} = \frac{1}{\cos^2}$$
$$\cotan' = \left(\frac{\cos}{\sin}\right)' = \frac{\cos'}{\sin} - \frac{\cos \cdot \sin'}{\sin^2} = -\frac{\sin^2 + \cos^2}{\sin^2} = -\frac{1}{\sin^2} \,.$$

Daher gilt explizit: $\tan'(\varphi) = [\cos(\varphi)]^{-2}$ und $\cotan'(\varphi) = -[\sin(\varphi)]^{-2}$.

Trigonometrische Umkehrfunktionen

Da die Ableitungen von trigonometrischen Funktionen nun bekannt sind, können wir mit Hilfe der speziellen Kettenregeln (4.15) bzw. (4.16) auch Ableitungen der trigonometrischen Umkehrfunktionen berechnen. Als Beispiele behandeln wir die Umkehrfunktionen des Sinus, Kosinus, Tangens und Kotangens. Skizzen dieser Funktionen und ihrer Umkehrfunktionen findet man in Abschnitt [4.1.2].

arcsin: Zuerst wählen wir in Gleichung (4.16) die Funktionen $f(x) = \sin(x)$ und $g(y) = \arcsin(y)$, die in den Abbildungen 4.12 und 4.13 dargestellt sind und die Verkettung $(g \circ f)(x) = x$ sowie die Definitions- und Wertebereiche $D = [-\frac{\pi}{2}, \frac{\pi}{2}]$ und $W = [-1, 1]$ besitzen. Es folgt:

$$g'(y) = \frac{1}{f'(g(y))} = \frac{1}{\cos(g(y))} = \frac{1}{\sqrt{1 - [f(g(y))]^2}} = \frac{1}{\sqrt{1 - y^2}} \,,$$

und wir schließen hieraus, dass $\arcsin'(y) = 1/\sqrt{1 - y^2}$ gilt.

arccos: Alternativ können wir in Gleichung (4.16) $f(x) = \cos(x)$ und $g(y) = \arccos(y)$ wählen; diese Funktionen sind in den Abbildungen 4.14 und 4.15 dargestellt. Wir erhalten in diesem Fall

$$g'(y) = \frac{1}{f'(g(y))} = -\frac{1}{\sin(g(y))} = -\frac{1}{\sqrt{1 - [f(g(y))]^2}} = -\frac{1}{\sqrt{1 - y^2}} \,,$$

mit dem Ergebnis: $\arccos'(y) = -1/\sqrt{1-y^2}$. Wie bereits in (4.5) angekündigt, sind die Ableitungen des Arcsinus und des Arccosinus betragsmäßig gleich, haben aber ein unterschiedliches Vorzeichen.

arctan: Analog folgt für die Wahl $f(x) = \tan(x)$ und $g(y) = \arctan(y)$ [siehe hierzu Abb. 4.16 und Abb. 4.17]:

$$g'(y) = \frac{1}{f'(g(y))} = [\cos(g(y))]^2 = \frac{1}{1 + [f(g(y))]^2} = \frac{1}{1 + y^2} \,,$$

und es gilt $\arctan'(y) = 1/(1 + y^2)$.

arccot: Wiederum analog erhalten wir für die in den Abbildungen 4.18 und 4.19 dargestellten Funktionen $f(x) = \cot an(x)$ und $g(y) = \text{arccot}(y)$:

$$g'(y) = \frac{1}{f'(g(y))} = -[\sin(g(y))]^2 = -\frac{1}{1 + [f(g(y))]^2} = -\frac{1}{1 + y^2} \,,$$

und wir folgern, dass $\text{arccot}'(y) = -1/(1 + y^2)$ gilt. Auch dieses Ergebnis hätte man vorhersagen können, da bereits aufgrund von (4.5) klar ist, dass die Ableitungen des Arctangens und des Arccotangens sich nur im Vorzeichen unterscheiden.

Tab. 4.3 Beispiele für Ableitungen

$f(x)$	$f'(x)$	$f(x)$	$f'(x)$
$x^\alpha \ \ (\alpha \in \mathbb{R})$	$\alpha x^{\alpha-1}$	$e^{\lambda x}$	$\lambda e^{\lambda x}$
$\sum_{m=0}^{n} a_m x^m$	$\sum_{m=1}^{n} m a_m x^{m-1}$	e^{x^2}	$2x e^{x^2}$
$\ln\left[x + \sqrt{x^2 + 1}\,\right]$	$(x^2 + 1)^{-\frac{1}{2}}$	x^x	$[1 + \ln(x)]\, x^x$
$x\ln(x) - x$	$\ln(x)$	$\ln[\tan(x)]$	$2/\sin(2x)$
$\arcsin(x^2)$	$2x/(1 - x^4)^{\frac{1}{2}}$	$\arctan(e^x)$	$e^x/(1 + e^{2x})$
$a^{\sin(x)}$	$a^{\sin(x)} \ln(a) \cos(x)$	$\ln[\ln(x)]$	$[x\ln(x)]^{-1}$

Konkrete Berechnung einiger Ableitungen

Am Ende dieses Abschnitts über „Ableitungen von elementaren Funktionen" möchten wir noch ein paar Beispiele für die konkrete Berechnung solcher Ableitungen bringen; diese Beispiele sind in Tabelle 4.3 zusammengefasst. Ein paar Hinweise dazu: Die Ableitung von e^{x^2} berechnet man, indem man die Kettenregel mit $g(y) = e^y$ und $f(x) = x^2$ verwendet. Für die Berechnung der Ableitung von $\ln(x + \sqrt{x^2 + 1})$ benötigt man ebenfalls die Kettenregel, nun mit $g(y) = \ln(y)$ und $\ln'(y) = 1/y$. Ähnlich geht man bei $\ln[\tan(x)]$ vor. Die Ableitung von $x^x = e^{x \ln(x)}$ folgt wieder durch Anwendung der Kettenregel, nun mit $g(y) = e^y$ und $f(x) = x \ln(x)$. Für $x \ln(x) - x$ benötigt man lediglich die Produktregel. Die Ableitungen von $\arcsin(x^2)$

und $\arctan(e^x)$ erfordern wiederum die Kettenregel, nun mit $g(y) = \arcsin(y)$ bzw. $g(y) = \arctan(y)$. Die Ableitung von $a^{\sin(x)}$ erhält man durch die Umformung $a^{\sin(x)} = e^{\ln(a)\sin(x)}$ und die Anwendung der Kettenregel mit $g(y) = e^y$ und $f(x) = \ln(a)\sin(x)$. Die Ableitung von $\ln[\ln(x)]$ folgt mit Hilfe der Kettenregel.

4.2.3   Kurvendiskussion

Nachdem wir nun die konkrete Berechnung von Ableitungen (und auch von höheren Ableitungen) behandelt haben, möchten wir kurz auf die geometrische Interpretation *spezieller Werte* dieser Ableitungen, insbesondere von *Nullstellen*, eingehen. Wie immer nehmen wir auch hier an, dass die betrachteten Funktionen f hinreichend oft differenzierbar in x sind.

Betrachten wir beispielsweise eine Funktion f mit der Eigenschaft, dass ihre *erste* Ableitung für den Variablenwert x gleich null ist: $f'(x) = 0$; der Funktionswert $f(x)$

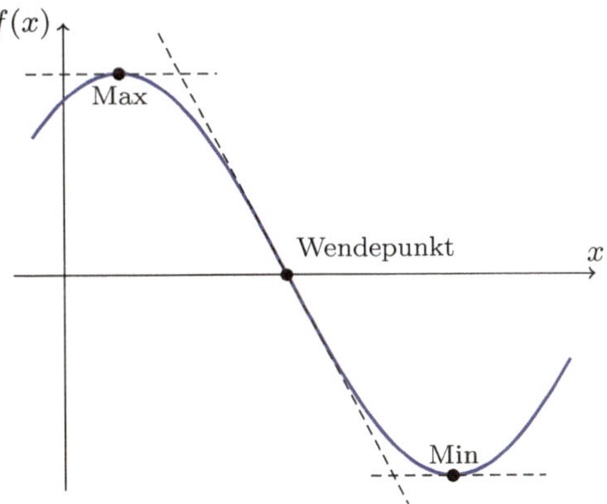

Abb. 4.28 Maximum, Minimum und Wendepunkt

selbst kann durchaus ungleich null sein. Was kann man hieraus schließen? Am einfachsten ist die Situation, wenn die *zweite* Ableitung dieser Funktion ungleich null ist: $f''(x) \neq 0$; in diesem Fall gilt:[14]

$$
\begin{aligned}
f'(x) = 0 \quad \wedge \quad f''(x) > 0 \quad &\Leftrightarrow \quad f \text{ hat ein } \textit{Minimum} \text{ in } x \\
f'(x) = 0 \quad \wedge \quad f''(x) < 0 \quad &\Leftrightarrow \quad f \text{ hat ein } \textit{Maximum} \text{ in } x \,.
\end{aligned}
$$

Diese Situation ist in Abbildung 4.28 skizziert.

Es ist aber auch denkbar, dass die *zweite* Ableitung von f ebenfalls gleich null ist: $f''(x) = 0$. In diesem Fall benötigen wir eine Verallgemeinerung der bisherigen Kriterien für Maxima und Minima. Nehmen wir an, dass alle Ableitungen $f^{(m)}(x)$ mit $1 \leq m \leq 2n - 1$ gleich null sind, dass aber $f^{(2n)}(x)$ ungleich null ist: $f^{(2n)}(x) \neq 0$. In diesem Fall gilt:

$$
\begin{aligned}
f^{(m)}(x) = 0 \ (\forall m < 2n) \quad \wedge \quad f^{(2n)}(x) > 0 \quad &\Leftrightarrow \quad f \text{ hat ein } \textit{Minimum} \text{ in } x \\
f^{(m)}(x) = 0 \ (\forall m < 2n) \quad \wedge \quad f^{(2n)}(x) < 0 \quad &\Leftrightarrow \quad f \text{ hat ein } \textit{Maximum} \text{ in } x \,.
\end{aligned}
$$

Ein einfaches Beispiel für ein solches „höheres Minimum" wird durch die Funktion $f(x) = x^4$ in $x = 0$ gegeben, denn für diese Funktion gilt $f'(x) = f''(0) = f'''(0) = 0$ und erst $f''''(0) = 24 > 0$. Ein Beispiel mit einem „höheren Maximum" ist $f(x) = -x^4$ in $x = 0$, denn wegen der Vorzeichenänderung gilt nun $f''''(0) = -24 < 0$.

---

[14]In dieser Gleichung ist das Symbol „$\wedge$" gleichbedeutend mit *und*; das analoge Symbol „$\vee$" bedeutet *oder*. Kombiniert mit Aussagen A und B bedeuten $A \wedge B$ und $A \vee B$ also „A und B gelten beide" bzw. „Mindestens eine der beiden Aussagen A oder B gilt".

Grafisch ist auch diese Situation eines höheren Maximums oder Minimums ähnlich wie die in Abb. 4.28 skizzierte, nur verlaufen Funktionen in der Nähe von Maxima und Minima mit $n > 1$ flacher als nahe solchen mit $n = 1$. In Abb. 4.28 ist auch ein *Wendepunkt* eingetragen:

> Ein Wendepunkt ist ein Maximum oder Minimum der *ersten* Ableitung f'.

Für einen Wendepunkt müssen $f(x)$ und $f'(x)$ also nicht null sein, jedoch gilt auf jeden Fall $f''(x) = 0$. Im einfachsten Fall ist die *dritte* Ableitung von f – wie in Abb. 4.28 skizziert – wieder ungleich null: $f'''(x) \neq 0$, aber auch hierbei sind Verallgemeinerungen mit $f^{(m)}(x) = 0$ für $2 \leq m \leq 2n$ und $f^{(2n+1)}(x) \neq 0$ denkbar. Beispielsweise tritt bei der Funktion $f(x) = \cos(x)$ für $x = \frac{\pi}{2}$ ein Wendepunkt auf. Als Spezialfall des Wendepunktes sei noch der *Sattelpunkt* erwähnt:

> Ein Sattelpunkt ist ein Wendepunkt mit $f'(x) = 0$.

Beispielsweise hat die in Abb. 4.29 dargestellte Funktion $f(x) = \frac{1}{12}x^3$ einen Sattelpunkt für $x = 0$. Wie man in Abb. 4.29 auch grafisch sieht, gilt für diese Funktion in der Tat $f'(0) = 0$. Außerdem gilt $f''(0) = 0$ und $f'''(0) = \frac{1}{2} > 0$, sodass für diese Funktion in $x = 0$ ein *Minimum der Ableitung* und somit ein *Wendepunkt* mit der zusätzlichen Eigenschaft $f'(0) = 0$ vorliegt. Hiermit erfüllt f im Punkt $x = 0$ also alle Anforderungen an einen *Sattelpunkt*.

In diesem Abschnitt wurden nur die in der Praxis am häufigsten auftretenden Beispiele für Minima und Maxima diskutiert. Man stößt aber auch regelmäßig auf Varianten, die sich dem obigen Schema entziehen. So ist es durchaus möglich, dass ein Minimum oder Maximum einer Funktion vorliegt, obwohl sämtliche Ableitungen $f^{(n)}(x)$ im Minimum oder Maximum gleich null sind. Ein Beispiel ist die Funktion

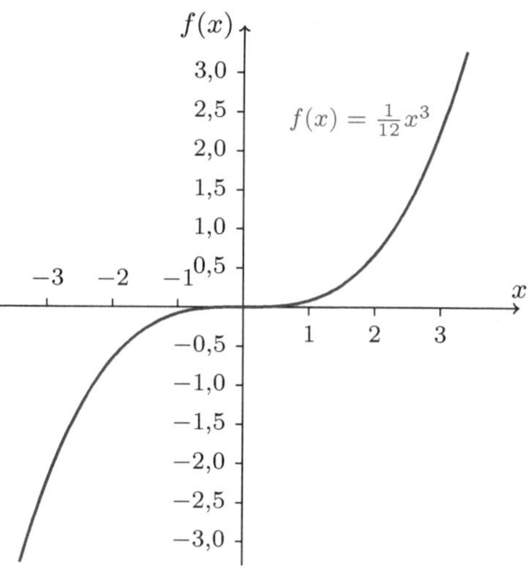

Abb. 4.29 Beispiel eines Sattelpunkts: Die Funktion $f(x) = \frac{1}{12}x^3$ in $x = 0$

$$f(x) = e^{-1/x^2} \quad (x \neq 0) \quad , \quad f(0) = 0 \,, \tag{4.21}$$

die in Abbildung 4.30 skizziert ist und für kleine x-Werte sichtlich sehr flach verläuft. Sämtliche Ableitungen dieser Funktion sind null für $x = 0$. Für Funktionen wie f in (4.21) sind die oben behandelten Kriterien für die Existenz eines Minimums nicht anwendbar. Stattdessen kann man das Minimum dadurch identifizieren, dass $f(x) > f(0)$ gilt für alle $x \neq 0$, oder alternativ dadurch, dass $f'(x) < 0$ gilt für

$x < 0$ und $f'(x) > 0$ für $x > 0$. Dieses Beispiel ist auch deshalb interessant, weil es zeigt, dass Begriffe wie „Maximum" und „Minimum" gelegentlich zu sehr einschränken: Die Funktion $f(x) = e^{-1/x^2}$ erfüllt die Ungleichung $f(x) < 1$ für alle $x \in \mathbb{R}$ und nimmt dabei *jeden Funktionswert* im Intervall $[0, 1)$ an. Die Gleichung $f(x) = 1$ ist somit für kein einziges $x \in \mathbb{R}$ erfüllt, und folglich hat f *kein Maximum*. Stattdessen sagt man, dass f den Wert 1 als *Supremum* hat, wobei „Supremum" dann als die kleinste obere Schranke der Menge $\{f(x) \mid x \in \mathbb{R}\}$ definiert wird. Analog gilt $\bar{f}(x) \equiv -e^{-1/x^2} > -1$, sodass $\bar{f}$ auf den reellen Zahlen *kein Minimum* hat. Stattdessen hat $\bar{f}$ ein *Infimum*, wobei „Infimum" als die größte untere Schranke von $\{\bar{f}(x) \mid x \in \mathbb{R}\}$ definiert wird.

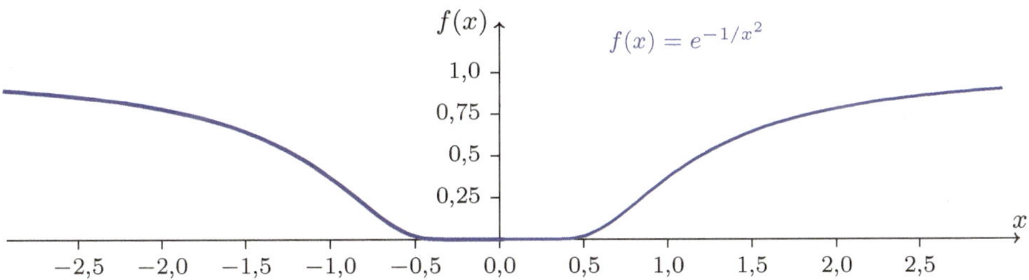

Abb. 4.30 Beispiel für ein Minimum in $x = 0$ mit $f^{(n)}(0) = 0$ $(\forall n \in \mathbb{N}_0)$.

Es ist auch denkbar, dass eine Funktion $f(x)$ im Minimum bzw. Maximum *nicht differenzierbar* ist, sodass in diesem extremalen Punkt keine Ableitungen existieren. Beispiele sind die Funktionen $f(x) = |x|$ und $f(x) = |x|^{1/2}$, die ihr globales Minimum in $x = 0$ besitzen, aber dort nicht differenzierbar sind. Auch in diesem Fall kann man das Minimum in $x = 0$ dadurch identifizieren, dass $f(x) > f(0)$ gilt für alle $x \neq 0$, oder alternativ dadurch, dass $f'(x) < 0$ gilt für $x < 0$ und $f'(x) > 0$ für $x > 0$.

4.3 Exponentialfunktionen und Logarithmen

Die Exponentialfunktion ist auch deshalb interessant, weil man sie auf verschiedene (aber dann letztlich doch wieder äquivalente) Weise definieren kann. Dies gilt für viele Themen in der Mathematik: Welche dieser äquivalenten Definitionen man als Ausgangspunkt wählt, ist unerheblich, solange man nur vom Ausgangspunkt aus logisch und schlüssig argumentiert. Konkret kann man die Exponentialfunktion $f(x) = e^x$ auf mindestens vier verschiedene Weisen definieren:

1. als Lösung der Gleichung $f'(x) = f(x)$ mit $f(0) = 1$,

2. als unendliches Produkt: $f(x) = \lim_{n \to \infty} \left(1 + \frac{x}{n}\right)^n$,

3. als Inverse des Logarithmus: $\exp = \ln^{-1}$ und

4. als Potenzreihe.

Die letztgenannte Möglichkeit wird in Abschnitt [4.4.4] besprochen. Die Varianten 1 und 2 kamen bereits in Kapitel [1] (in Abschnitt [1.2.4]) zur Sprache. In diesem Abschnitt möchten wir den dritten Weg gehen und die Exponentialfunktion

$f(x) = e^x$ als Inverse des Logarithmus definieren. Das bedeutet, dass man zuerst (unabhängig von der Exponentialfunktion) den Logarithmus definieren muss. Dies und die Untersuchung der sich daraus ergebenden Konsequenzen sind das Ziel von Unterabschnitt [4.3.1].

4.3.1   Vom Logarithmus zur Exponentialfunktion

Wir definieren im Folgenden zuerst den Logarithmus und dann, als seine Inverse, die Exponentialfunktion und ihre Ableitungen. Anschließend betrachten wir Verallgemeinerungen des Logarithmus und der Exponentialfunktion mit unterschiedlicher Grundzahl. Es werden auch einige Eigenschaften dieser Funktionen diskutiert.

Der natürliche Logarithmus

Der *natürliche Logarithmus* $\ln(y)$, den wir im Folgenden oft einfach als „den" Logarithmus bezeichnen, kann definiert werden als bestimmtes Integral der Funktion $f(x) = 1/x$ mit den Unter- und Obergrenzen 1 bzw. $y > 0$:

$$\ln(y) \equiv \int_1^y dx\, \frac{1}{x} \quad , \quad \ln'(y) = \frac{1}{y} \, . \tag{4.22}$$

Die Integration wird ausführlich in Kapitel [6] behandelt. An dieser Stelle muss man nur wissen, dass Integration und Differentiation insofern inverse Operationen sind, als die Ableitung des „Integrals" $\ln(y)$ wieder gleich $1/y$ ist, also gleich der integrierten Funktion $1/x$, ausgewertet an der Obergrenze y. Es ist auch hilfreich, wenn man weiß, dass ein Integral als Fläche unter der integrierten Kurve interpretiert werden kann, d.h., dass der in (4.22) definierte Logarithmus geometrisch die Fläche unterhalb der Kurve $f(x) = 1/x$ (und oberhalb der x-Achse) zwischen $x = 1$ und $x = y$ darstellt. Hieraus folgt z.B. schon, dass der Logarithmus streng monoton wächst, sodass man problemlos auch eine *Umkehrfunktion* des Logarithmus definieren kann. Dies wird im nächsten Abschnitt geschehen. Der Zusammenhang zwischen dem natürlichen Logarithmus $\ln(y)$ und der Funktion $f(x) = 1/x$ ist grafisch in Abbildung 4.31 dargestellt: Der Flächeninhalt der getönten Fläche unter der Kurve der Funktion $f(x) = 1/x$ ist genau gleich $\ln(y)$.

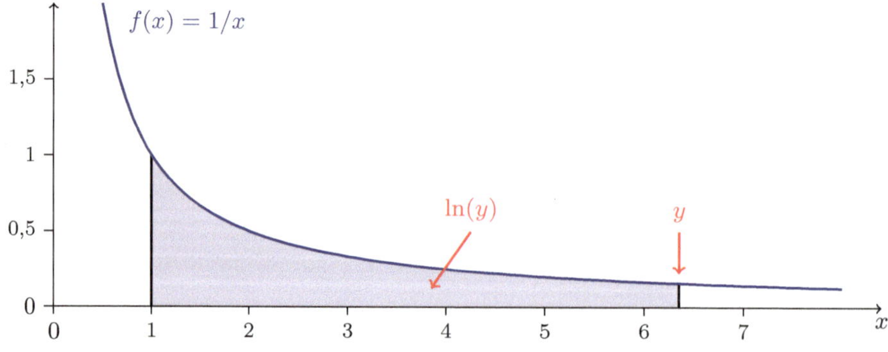

Abb. 4.31 Definition des Logarithmus $\ln(y)$ als Integral

Der gemäß (4.22) definierte Logarithmus hat die Eigenschaften:

[1] $\ln(ab) = \ln(a) + \ln(b)$

[2] $\ln(a^\beta) = \beta \ln(a)$.

Wir zeigen zuerst die Eigenschaft [1] und danach [2]. Die Eigenschaft [1] zeigt man, indem man bei der Berechnung von $\ln(ab)$ das entsprechende Integral in (4.22) – wie grafisch in Abbildung 4.32 dargestellt – aufteilt in zwei Beiträge:

$$\ln(ab) = \int_1^{ab} dx\,\frac{1}{x} = \int_1^a dx\,\frac{1}{x} + \int_a^{ab} dx\,\frac{1}{x} = \int_1^a dx\,\frac{1}{x} + \int_1^b dy\,\frac{1}{y} = \ln(a) + \ln(b) .$$

Im dritten Schritt wurde im zweiten Integral die Substitution $x \equiv ay$ verwendet.

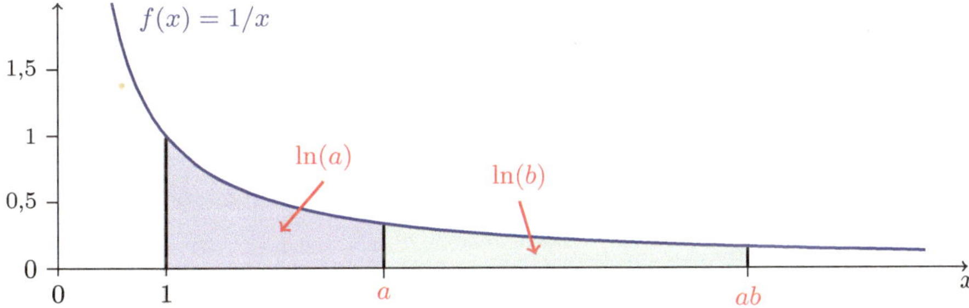

Abb. 4.32 Zur Illustration der Eigenschaft $\ln(ab) = \ln(a) + \ln(b)$

Die Berechnung zeigt also, dass die Flächeninhalte der blau und grün getönten Flächen in Abb. 4.32 genau gleich $\ln(a)$ bzw. $\ln(b)$ sind. Die Herleitung der Eigenschaft [2] basiert ebenfalls auf der Definition (4.22), wobei nun im zweiten Schritt die Substitutionen $x(y) \equiv y^\beta$ und $dx = dy\,\frac{dx}{dy}$ vorgenommen werden:

$$\ln(a^\beta) = \int_1^{a^\beta} dx\,\frac{1}{x} = \int_1^a dy\,\left(\frac{\beta}{y}y^\beta\right)\frac{1}{y^\beta} = \beta\int_1^a dy\,\frac{1}{y} = \beta \ln(a) .$$

Hierbei wurde Gleichung (4.18) verwendet, die besagt, dass die Ableitung einer Potenzfunktion der Form $x(y) = y^\beta$ mit einem reellen (und möglicherweise irrationalen) Exponenten β durch $\frac{dx}{dy} = \frac{\beta}{y}x(y) = \frac{\beta}{y}y^\beta$ gegeben ist.

Die Exponentialfunktion

Aus dem streng monotonen Wachstum des natürlichen Logarithmus folgt, dass man sinnvoll seine *Umkehrfunktion* bilden kann. Wir definieren daher die *Exponentialfunktion* „exp" als Inverse des Logarithmus: $\exp \equiv \ln^{-1}$. Die Exponentialfunktion hat somit *per definitionem* die folgende Eigenschaft:

$$z \equiv \ln(\exp(z)) = \int_1^{\exp(z)} dx\,\frac{1}{x} .$$

Aus dieser Definition folgen weitere Eigenschaften der Exponentialfunktion:

$$[3] \quad \exp(a + b) = \exp(a)\exp(b)$$

$$[4] \quad \exp(ab) = [\exp(a)]^b = [\exp(b)]^a \ .$$

Wir zeigen zuerst die Eigenschaft [3] und danach [4]. Um die Identität [3] herzuleiten, betrachten wir die Größe $\exp(a+b)$ und definieren $a \equiv \ln(\alpha)$ und $b \equiv \ln(\beta)$. Der Vorteil dieser Substitutionen ist, dass wir dann die Eigenschaft [1] des Logarithmus anwenden können:

$$\exp(a + b) = \exp\left[\ln(\alpha) + \ln(\beta)\right] = \exp\left[\ln(\alpha\beta)\right] = \alpha\beta = \exp(a)\exp(b) \ .$$

Im vorletzten Schritt wurde noch einmal die Definition $\exp \equiv \ln^{-1}$ benutzt. Hiermit ist [3] gezeigt. Wir leiten nun – ausgehend von der Größe $\exp(\alpha\beta)$ – die Eigenschaft [4] mit Hilfe der Substitution $\alpha \equiv \ln(a)$ her. Der Vorteil ist, dass wir dann die Eigenschaft [2] des Logarithmus verwenden können:

$$\exp(\alpha\beta) = \exp\left[\beta \ln(a)\right] = \exp\left[\ln(a^\beta)\right] = a^\beta = [\exp(\alpha)]^\beta = [\exp(\beta)]^\alpha \ .$$

Im dritten Schritt wurde noch einmal $\exp \equiv \ln^{-1}$ und im vorletzten Schritt die Substitution $\alpha \equiv \ln(a)$ benutzt. Der letzte Schritt basiert auf der Vertauschung der Rollen von α und β in dieser Berechnung.

Man kann nun die Euler-Zahl e durch $\ln(e) \equiv 1$ definieren, sodass wegen $\exp \equiv \ln^{-1}$ umgekehrt auch $e = \exp(1)$ gilt. Wegen

$$\exp(a) = \exp(1 \cdot a) = [\exp(1)]^a = e^a \quad \forall a \in \mathbb{R}$$

folgt unmittelbar aus den Eigenschaften [3] und [4] der Exponentialfunktion, dass äquivalent und alternativ auch die Rechenregeln

$$[3'] \quad e^{a+b} = e^a\, e^b$$

$$[4'] \quad e^{ab} = \left(e^a\right)^b = \left(e^b\right)^a$$

gelten. Diese Gleichungen zeigen, dass die hier definierte Exponentialfunktion im Wesentlichen eine Potenzfunktion mit variablem Exponenten ist.

Ableitungen von Exponentialfunktionen und Logarithmen

Die Ableitung des Logarithmus folgt direkt aus der Definition (4.22) als $\ln'(y) = 1/y$. Da die Exponentialfunktion nun per definitionem die Umkehrfunktion des Logarithmus ist, kann man ihre Ableitung aus dem entsprechenden allgemeinen Resultat (4.16) für Ableitungen von Umkehrfunktionen bestimmen:

$$\exp'(z) = \frac{1}{\ln'(\exp(z))} = \exp(z) \quad , \quad \exp' = \exp \ .$$

Das Ergebnis ist, dass die Exponentialfunktion gleich ihrer eigenen Ableitung ist.[15] Wir stellen somit fest, dass die Exponentialfunktion „exp" mit den Funktionswerten

---

[15]Die Schreibweise $\exp' = \exp$ wurde hier bewusst gewählt und ist der alternativen Notation $(e^z)' = e^z$ grundsätzlich vorzuziehen: Die Ableitung bildet *Funktionen* auf *Funktionen* ab, in der Gleichung $\ln'(y) = 1/y$ z.B. die Funktion „ln" auf die Funktion f mit den Funktionswerten $f(y) = 1/y$. Streng genommen ist die Notation $(e^z)'$, wobei keine *Funktion*, sondern ein *Funktionswert* und somit eine *reelle Zahl* abgeleitet wird, nicht sinnvoll. Dennoch kommt diese Notation in der Physikliteratur sehr häufig vor.

$\exp(z) = e^z$ die Lösung der Gleichung $f' = f$ mit $f(0) = 1$ ist.

Alte Identitäten in neuem Licht

Da die Ableitung des natürlichen Logarithmus durch $\ln'(y) = 1/y$ gegeben ist, folgt die Ableitung der Funktion $f(x) = \ln(1 + x)$ nach der Kettenregel als $f'(x) = 1/(1 + x)$. Folglich gilt:

$$1 = f'(0) = \lim_{h \to 0} \frac{f(h) - f(0)}{h} = \lim_{h \to 0} \frac{\ln(1 + h) - 0}{h} = \lim_{h \to 0} \ln \left[(1 + h)^{1/h} \right] .$$

Wendet man nun auf der linken bzw. rechten Seite die Exponentialfunktion an, so erhält man die Identität:

$$\exp(1) = e = \lim_{h \to 0} (1 + h)^{1/h} . \tag{4.23}$$

Ersetzt man auf der rechten Seite von (4.23) die Variable h durch x/n, wobei x festgehalten wird und $n \to \infty$ gehen soll, damit $h = x/n \to 0$ gilt, so folgt:

$$e = \lim_{n \to 0} \left(1 + \frac{x}{n} \right)^{n/x} \quad , \quad e^x = \lim_{n \to 0} \left(1 + \frac{x}{n} \right)^n \quad , \quad e = \lim_{n \to \infty} \left(1 + \frac{1}{n} \right)^n ,$$

wobei die zweite Identität aus der ersten durch Anwendung der Funktion $g(y) = y^x$ folgt und die dritte dem Spezialfall der zweiten für $x = 1$ entspricht. Wendet man in der zweiten Identität links und rechts den Logarithmus an, so ergibt sich:

$$x = \lim_{n \to \infty} n \ln \left(1 + \frac{x}{n} \right) . \tag{4.24}$$

Diese Identitäten sind grundsätzlich bereits aus Kapitel [1] (und zwar aus Abschnitt [1.2.4]) bekannt, aber die hier präsentierte Herleitung ist neu.

Verallgemeinerte Exponentialfunktionen und Logarithmen

Die Standardexponentialfunktion „exp" und der Standardlogarithmus „ln" sind mit Hilfe der Basis $e \simeq 2{,}718281828$ definiert. Dies hat gewisse Vorteile, da folglich $\exp'(0) = 1$ und $\ln'(1) = 1$ gelten, ist aber grundsätzlich willkürlich. Man kann auch andere Basiszahlen wählen und erhält dann Verallgemeinerungen der Beziehung $\exp = \ln^{-1}$, die nun aber durch die allgemeine Basis a charakterisiert sind: $^a\exp = (^a\log)^{-1}$. Hierzu definiert man zuerst:[16]

$$\boxed{\; ^a\exp(x) \equiv a^x = \left[e^{\ln(a)} \right]^x = e^{x \ln(a)} \qquad (a > 0 \, , \, a \neq 1) \;}$$

und erhält mit Hilfe der Kettenregel für die Ableitung der Funktion a^x:

$$^a\exp'(x) = \ln(a)\, e^{x \ln(a)} = \ln(a)\, a^x = \ln(a)\, {^a\exp(x)} .$$

---

[16]Wir schließen den Wert $a = 1$ aus, da die „verallgemeinerte Exponentialfunktion" mit $a = 1$ wegen $^1\exp(x) = 1$ für alle $x \in \mathbb{R}$ untypisch und nicht besonders interessant ist.

Hieraus folgt als erste Konsequenz, dass $f(x) = {}^a\exp(x) = a^x$ die Lösung der Gleichung $f' = \ln(a)f$ mit $f(0) = 1$ ist. Des Weiteren folgt die Inverse von ${}^a\exp(x)$, d.h. der *Logarithmus zur Basis a*, aus

$$\frac{\ln[{}^a\exp(x)]}{\ln(a)} = \frac{x\ln(a)}{\ln(a)} = x \qquad (a \neq 1)$$

als

$$\boxed{{}^a\log \equiv ({}^a\exp)^{-1} = \frac{1}{\ln(a)}\ln \; .}$$

Die Ableitung der Funktion ${}^a\log$ ist daher durch

$${}^a\log'(y) = \tfrac{1}{\ln(a)}\ln'(y) = \tfrac{1}{\ln(a)}y^{-1}$$

gegeben. Die Ableitungen der Funktionen ${}^a\exp$ und ${}^a\log$ sind also *positiv* für alle $a > 1$ und *negativ* für $0 < a < 1$. Folglich sind ${}^a\exp$ und ${}^a\log$ streng monoton *steigend* für $a > 1$ und *fallend* für $0 < a < 1$.

4.3.2 Hyperbelfunktionen und ihre Umkehrfunktionen

Die Funktionen e^x und e^{-x} sind zwar für viele praktische Zwecke sehr wichtig, aber ihnen fehlt eine Symmetrie unter der Vertauschung $x \leftrightarrow (-x)$. Manchmal ist es geschickter, symmetrische oder antisymmetrische Kombinationen von e^x und e^{-x} zu bilden, insbesondere dann, wenn das physikalische Problem, das man untersuchen möchte, eine klare Symmetrie bzw. Antisymmetrie aufweist. Die (anti)symmetrisierten Kombinationen von e^x und e^{-x} werden als „Hyperbelfunktionen" bezeichnet und sind wie folgt definiert:

$$\boxed{\begin{aligned}
\cosh(x) &\equiv \tfrac{1}{2}(e^x + e^{-x}) & , & \qquad \cosh' = \sinh \\[4pt]
\sinh(x) &\equiv \tfrac{1}{2}(e^x - e^{-x}) & , & \qquad \sinh' = \cosh \\[4pt]
\tanh(x) &\equiv \frac{\sinh(x)}{\cosh(x)} = \frac{e^x - e^{-x}}{e^x + e^{-x}} & , & \qquad \tanh' = \frac{1}{(\cosh)^2} \\[4pt]
\coth(x) &\equiv \frac{\cosh(x)}{\sinh(x)} = \frac{e^x + e^{-x}}{e^x - e^{-x}} & , & \qquad \coth' = -\frac{1}{(\sinh)^2} \; .
\end{aligned}} \tag{4.25}$$

Die vier in (4.25) definierten Funktionen „cosh", „sinh", „tanh" und „coth" werden als *Kosinus-, Sinus-, Tangens-* bzw. *Kotangens-Hyperbolicus* bezeichnet. Auch die Ableitungen dieser vier Funktionen sind in (4.25) angegeben. Diese folgen in elementarer Weise aus

$$\cosh'(x) = \tfrac{d}{dx}\tfrac{1}{2}(e^x + e^{-x}) = \tfrac{1}{2}(e^x - e^{-x}) = \sinh(x)$$

und analog für die Funktionen „sinh", „tanh" und „coth". Diese *Hyperbelfunktionen* haben in der Tat eine klare Symmetrie: Die Funktion „cosh" ist wegen $\cosh(-x) = \cosh(x)$ *symmetrisch* unter der Vertauschung $x \leftrightarrow (-x)$ und „sinh",

„tanh" und „coth" sind wegen $\sinh(-x) = -\sinh(x)$ *antisymmetrisch*. Der Tangens-Hyperbolicus und der Kotangens-Hyperbolicus gehen für $x \to \pm\infty$ gegen eine Asymptote und zwar beide gegen $+1$ für $x \to +\infty$ und gegen -1 für $x \to -\infty$. Die Hyperbelfunktionen „cosh", „sinh", „tanh" und „coth" sind in Abbildung 4.33 grafisch dargestellt.

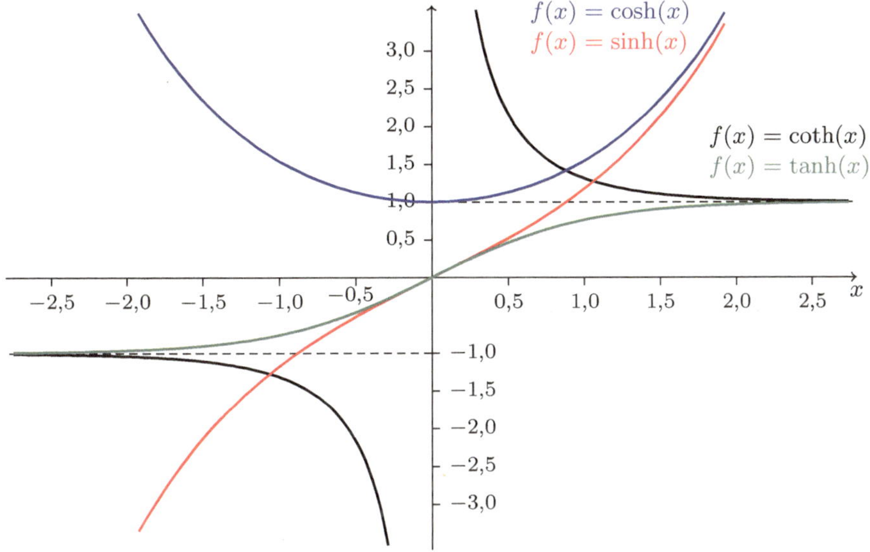

Abb. 4.33 Die Hyperbelfunktionen „cosh", „sinh", „tanh" und „coth"

Die Hyperbelfunktionen erfüllen einige wichtige Rechenregeln, die an die Regeln für trigonometrische Funktionen erinnern, aber an verschiedenen Stellen ein anderes Vorzeichen besitzen:

$$[\cosh(x)]^2 - [\sinh(x)]^2 = 1 \tag{4.26}$$

$$\cosh(2x) = 2[\cosh(x)]^2 - 1$$

$$= 2[\sinh(x)]^2 + 1 = [\cosh(x)]^2 + [\sinh(x)]^2 \tag{4.27}$$

$$\sinh(2x) = 2\sinh(x)\cosh(x) \; . \tag{4.28}$$

Man kann jede dieser Identitäten direkt durch Substitution der Definitionen (4.25) der Hyperbelfunktionen überprüfen. Für den Tangens-Hyperbolicus erhält man durch Kombination der Gleichungen (4.27) und (4.28) die Verdopplungsformel:

$$\tanh(2x) = \frac{\sinh(2x)}{\cosh(2x)} = \frac{2\sinh(x)\cosh(x)}{[\cosh(x)]^2 + [\sinh(x)]^2} - \frac{2\tanh(x)}{1 + [\tanh(x)]^2} \; . \tag{4.29}$$

Im letzten Schritt wurde in Zähler und Nenner durch $[\cosh(x)]^2$ geteilt. Aus (4.29) folgt direkt die weitere Verdopplungsformel:

$$\coth(2x) = \frac{1}{\tanh(2x)} = \frac{1 + [\tanh(x)]^2}{2\tanh(x)} = \frac{[\tanh(x)]^{-2} + 1}{2[\tanh(x)]^{-1}} = \frac{[\coth(x)]^2 + 1}{2[\coth(x)]} \; ,$$

die eine ähnliche Struktur wie Gleichung (4.29) aufweist.

Um nur ein Beispiel für eine mögliche Anwendung der Hyperbelfunktionen zu nennen: Wenn man eine *Kette mit konstanter Massendichte* an beiden Enden festhält, wird die Höhe der einzelnen Kettenglieder als Funktion ihres horizontalen Abstands x zu den Enden der Kette die Form eines *Kosinus-Hyperbolicus* (also der blauen Kurve in Abb. 4.33) haben. Diese Form wird dementsprechend als *Kettenlinie* oder *Katenoide* bezeichnet. Dass in diesem Problem eine Symmetrie unter Vertauschung von $x \leftrightarrow (-x)$ vorliegt, ist am klarsten erkennbar, wenn beide Enden der Kette auf der gleichen Höhe festgehalten werden; die Symmetrie gilt aber auch allgemeiner.

Areafunktionen

Da die Bestimmung der Umkehrfunktion einer Spiegelung an der Diagonalen in der Funktionsgrafik entspricht, können die Hyperbelfunktionen selbstverständlich auch invertiert werden. Beim *symmetrischen* Kosinus-Hyperbolicus muss man dabei die Einschränkungen $D = [0, \infty)$ und $W = [1, \infty)$ machen. Für den *antisymmetrischen* Sinus-Hyperbolicus gilt $D = \mathbb{R}$ und $W = \mathbb{R}$ und für den Tangens-Hyperbolicus analog $D = \mathbb{R}$ und $W = (-1, 1)$. Wegen der Singularität in $x = 0$ gilt für den Kotangens-Hyperbolicus: $D = \mathbb{R}\backslash\{0\}$ und $W = \mathbb{R}\backslash[-1, 1]$. Die *inversen Hyperbelfunktionen* oder auch *Areafunktionen* haben die folgende Form:

$$\text{arcosh} \equiv \cosh^{-1} \quad , \quad \text{arcosh}(y) = \ln\left(y + \sqrt{y^2 - 1}\right) \tag{4.30}$$

$$\text{arsinh} \equiv \sinh^{-1} \quad , \quad \text{arsinh}(y) = \ln\left(y + \sqrt{y^2 + 1}\right) \tag{4.31}$$

$$\text{artanh} \equiv \tanh^{-1} \quad , \quad \text{artanh}(y) = \frac{1}{2} \ln\left(\frac{1 + y}{1 - y}\right) \tag{4.32}$$

$$\text{arcoth} \equiv \coth^{-1} \quad , \quad \text{arcoth}(y) = \frac{1}{2} \ln\left(\frac{y + 1}{y - 1}\right) . \tag{4.33}$$

Die vier Umkehrfunktionen „arcosh", „arsinh", „artanh" und „arcoth" werden als *Area-Kosinus-, Area-Sinus-, Area-Tangens-* bzw. *Area-Kotangens-Hyperbolicus* bezeichnet. Ihre Berechnung ist wiederum elementar. Als Beispiel zeigen wir die Berechnung der „arcosh"-Funktion: Setzt man $\cosh(x) = y$ an, ist das Ziel also die Bestimmung der Umkehrfunktion $x(y) = \text{arcosh}(y)$. Hierbei ist zu beachten, dass für $y \to \infty$ aus der Gleichung

$$\cosh(x) = \tfrac{1}{2}(e^x + e^{-x}) = y \tag{4.34}$$

folgt: $e^x \simeq 2y$ bzw. $x(y) \simeq \ln(2y)$. Multipliziert man die Gleichung $\frac{1}{2}(e^x + e^{-x}) = y$ in (4.34) mit $2e^x$, so erhält man die *quadratische Gleichung* $(e^x)^2 - 2ye^x + 1 = 0$ für e^x, die als einzige Lösung mit dem Verhalten $e^x \simeq 2y$ für $y \to \infty$ die rechte Seite von (4.30) hat. Die Umkehrfunktionen in (4.31) und (4.32) bestimmt man analog. Beim Area-Kotangens-Hyperbolicus in Gleichung (4.33) sollte man bedenken, dass aus $\coth(x) = [\tanh(x)]^{-1}$ direkt $\text{arcoth}(y) = \text{artanh}(y^{-1})$ folgt. Die hyperbolischen Umkehrfunktionen sind in Abbildung 4.34 grafisch dargestellt.

Die Gleichungen (4.31), (4.32) und (4.33) implizieren die Antisymmetrien

$$\text{arsinh}(-y) = -\text{arsinh}(y) \quad , \quad \text{artanh}(-y) = -\text{artanh}(y)$$

sowie $\operatorname{arcoth}(-y) = -\operatorname{arcoth}(y)$, die man aufgrund der grafischen Konstruktion der Umkehrfunktionen (durch Spiegelung an der Diagonalen) natürlich auch erwartet. Bei der Überprüfung dieser Antisymmetrien ist die Eigenschaft $\ln(z^{-1}) = -\ln(z)$ des Logarithmus nützlich. Wir nennen noch die Ableitungen der Areafunktionen:

$$
\begin{aligned}
\operatorname{arcosh}'(y) &= \frac{d}{dy} \ln\left(y + \sqrt{y^2 - 1}\right) = \frac{1}{\sqrt{y^2 - 1}} \\
\operatorname{arsinh}'(y) &= \frac{d}{dy} \ln\left(y + \sqrt{y^2 + 1}\right) = \frac{1}{\sqrt{y^2 + 1}} \\
\operatorname{artanh}'(y) &= \frac{d}{dy} \frac{1}{2} \ln\left(\frac{1 + y}{1 - y}\right) = \frac{1}{1 - y^2} \\
\operatorname{arcoth}'(y) &= \frac{d}{dy} \frac{1}{2} \ln\left(\frac{y + 1}{y - 1}\right) = -\frac{1}{y^2 - 1} \, ,
\end{aligned}
\tag{4.35}
$$

die man durch direktes Differenzieren von (4.30), (4.31), (4.32) und (4.33) bestimmt. Die Ableitung des Area-Kotangens-Hyperbolicus folgt alternativ mit der Kettenregel aus $\operatorname{arcoth}(y) = \operatorname{artanh}(y^{-1})$ als $\operatorname{arcoth}'(y) = -y^{-2}\operatorname{artanh}'(y^{-1})$.

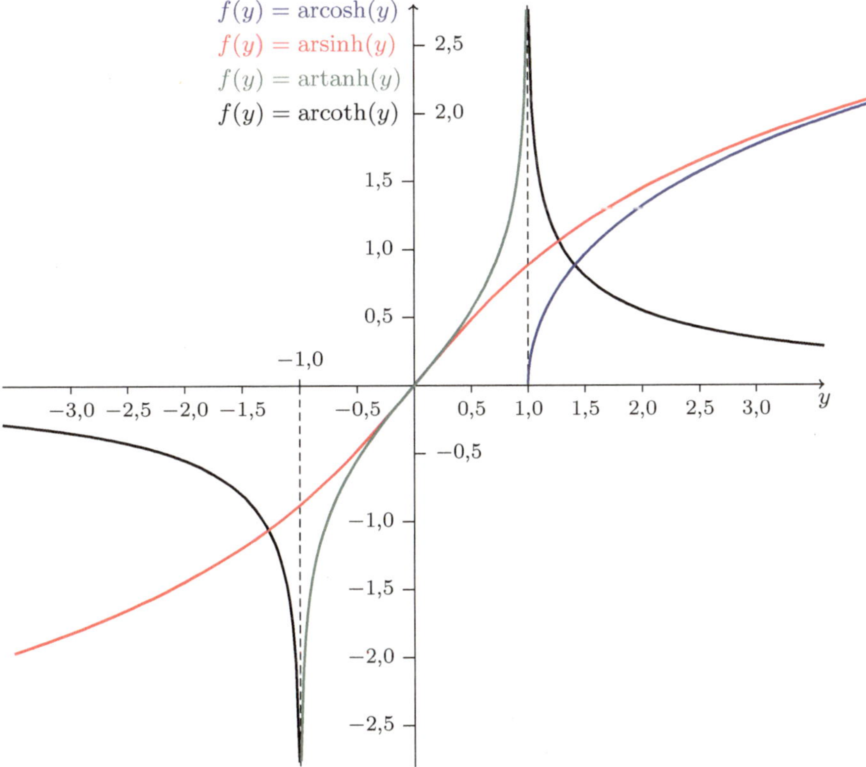

Abb. 4.34 Die Areafunktionen „arcosh", „arsinh", „artanh" und „arcoth"

Die wichtigsten Informationen über die Definitions- und Wertebereiche sowie die Umkehrfunktionen der Hyperbelfunktionen wurden in Tabelle 4.4 zusammengefasst. Wir weisen noch einmal darauf hin, dass der Definitionsbereich des Kosinus-Hyperbolicus zu $[0, \infty)$ eingeschränkt wurde, um die Umkehrfunktion $\operatorname{arcosh}(y)$

definieren und die Definitions- und Wertebereiche bijektiv aufeinander abbilden zu können. Lockert man diese Einschränkung und lässt beliebige reelle Argumente des Kosinus-Hyperbolicus zu, geht auch die Bijektivität verloren. Dies hat zur Folge, dass die Verkettung arcosh ∘ cosh nur für $x \geq 0$ wie die Identität wirkt:

$$(\text{arcosh} \circ \cosh)(x) = |x| \qquad \forall x \in \mathbb{R} \,.$$

Dagegen gilt $(\text{arsinh} \circ \sinh)(x) = (\text{artanh} \circ \tanh)(x) = x$ für alle $x \in \mathbb{R}$.

Informationen über die Ableitungen der Hyperbelfunktionen und ihrer Umkehrfunktionen wurden in Tabelle 4.5 zusammengefasst.

Tab. 4.4 Hyperbelfunktionen $f(x) \equiv y$ und ihre Umkehrfunktionen $f^{-1}(y) = x$ sowie ihre Definitions- und Wertebereiche D und W

$f(x) \equiv y$	D	W	$f^{-1}(y) = x$
$\cosh(x)$	$[0, \infty)$	$[1, \infty)$	$\text{arcosh}(y)$
$\sinh(x)$	$\mathbb{R}$	$\mathbb{R}$	$\text{arsinh}(y)$
$\tanh(x)$	$\mathbb{R}$	$(-1, 1)$	$\text{artanh}(y)$
$\coth(x)$	$\mathbb{R}\backslash\{0\}$	$\mathbb{R}\backslash[-1, 1]$	$\text{arcoth}(y)$

Tab. 4.5 (Inverse) Hyperbelfunktionen und ihre Ableitungen

$f(x) \equiv y$	$f'(x)$	$f^{-1}(y) = x$	$\left(\frac{d}{dy} f^{-1}\right)(y)$
$\cosh(x)$	$\sinh(x)$	$\text{arcosh}(y)$	$1/\sqrt{y^2 - 1}$
$\sinh(x)$	$\cosh(x)$	$\text{arsinh}(y)$	$1/\sqrt{1 + y^2}$
$\tanh(x)$	$1/[\cosh(x)]^2$	$\text{artanh}(y)$	$1/(1 - y^2)$
$\coth(x)$	$-1/[\sinh(x)]^2$	$\text{arcoth}(y)$	$-1/(y^2 - 1)$

Warum „hyperbolicus"? Warum „area"?

Die Nomenklatur der Hyperbel- und Area-Funktionen erklärt sich dadurch, dass die Hyperbelfunktionen gut zur Parametrisierung einer *Hyperbel* geeignet sind und dass die Areafunktionen geometrisch als eine beim Durchlaufen der Hyperbel überstrichene *Fläche* interpretiert werden können.[17] Um diese Zusammenhänge zu verstehen, betrachten wir eine „gleichseitige" Hyperbel, die durch die Gleichung:

$$(x_1)^2 - (x_2)^2 = a^2 \tag{4.36}$$

mit $a > 0$ beschrieben wird. Die entsprechende Lösung dieser Gleichung wird in Abbildung 4.35 dargestellt. Wie man sieht, hat die Hyperbel zwei Äste und ist symmetrisch bzgl. der x_1-Achse und des Ursprungs angeordnet. Der Parameter a

---

[17]„Area" kommt in diesem Fall aus dem Lateinischen und bedeutet allgemein *Fläche*.

in (4.36), der die Ausdehnung der
Hyperbel bestimmt, wird auch
reelle Halbachse genannt. Wir
konzentrieren uns im Folgenden
auf den *rechten* Ast der Hyperbel (für den linken kann man analog argumentieren). Als Parame-
terdarstellung des rechten Astes
können wir nun wählen:

$$x_1 = a \cosh(t)$$
$$x_2 = a \sinh(t) \, , \qquad (4.37)$$

denn aufgrund der Identität
(4.26) für Hyperbelfunktionen
gilt dann in der Tat:

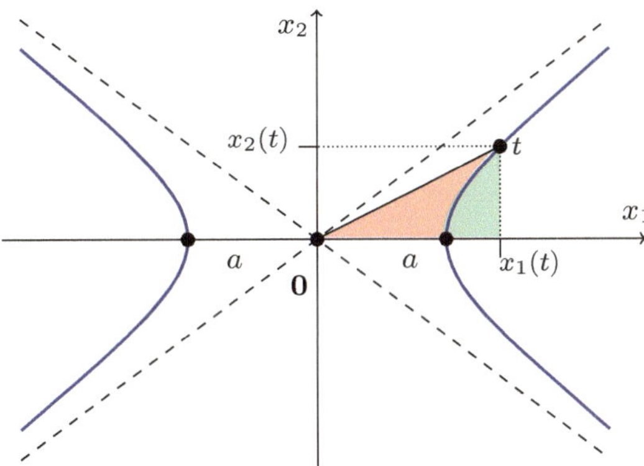

Abb. 4.35 Eine gleichseitige Hyperbel

$$(x_1)^2 - (x_2)^2 = [a \cosh(t)]^2 - [a \sinh(t)]^2 = a^2\{[\cosh(t)]^2 - [\sinh(t)]^2\} = a^2 \, .$$

Wenn der Parameter t von $t = -\infty$ bis $t = \infty$ variiert wird, durchläuft der mit
Hilfe von t parametrisierte Punkt (x_1, x_2) den ganzen rechten Hyperbelast im Uhrzeigersinn. Durch Inversion von (4.37) lässt sich der Parameter t auch leicht aus
den Koordinaten (x_1, x_2) berechnen:

$$t = \text{arcosh}(x_1/a) = \text{arsinh}(x_2/a) \, .$$

Hiermit ist geklärt, warum die Hyperbelfunktionen „hyperbolicus" heißen.[18]

Um das Wort „area" zu verstehen, muss man sich mit der geometrischen Interpretation von t befassen. Anders als bei den trigonometrischen Funktionen (s.
die Diskussion neben Abb. 4.11), kann der Parameter t nun nicht als Winkel oder
alternativ Bogenlänge interpretiert werden. Aber im Fall der trigonometrischen
Funktionen konnte man t auch als *überstrichene Fläche* interpretieren. Diese Interpretation trifft auf hyperbolische Funktionen interessanterweise auch zu: In Abbildung 4.35 ist die vom Vektor $\mathbf{x}(t') = (x_1(t'), x_2(t'))$ bei ansteigendem t' mit
$0 \le t' \le t$ überstrichene Fläche *rot* gekennzeichnet. Wie wir im Folgenden zeigen
werden, ist diese Fläche genau gleich $\frac{1}{2}a^2 t$ und somit proportional zum Parameter
t, sodass umgekehrt t geometrisch die von $\mathbf{x}(t')$ überstrichene Fläche darstellt.

Zur Bestimmung der in Abb. 4.35 *rot* gekennzeichneten Fläche berechnen wir
zuerst die *Summe* der roten und der grünen Fläche und ziehen dann die grüne
Fläche wieder ab. Die rote und grüne Fläche zusammen bilden nämlich ein *Dreieck*,
dessen Flächeninhalt sich leicht als $\frac{1}{2}x_1(t)x_2(t) = \frac{1}{2}a^2 \sinh(t) \cosh(t) = \frac{1}{4}a^2 \sinh(2t)$

---

[18] Die Hyperbel selbst leitet ihren Namen vom Griechischen ὑπερβολή („zu weiter Wurf" oder
„Übertreibung") ab. Analog stammt „Ellipse" von ἔλλειψις („zu kurzer Wurf") ab und „Parabel"
von παραβολή, dem „Nebeneinanderwerfen". Das geometrische Bild hinter dieser Nomenklatur,
die von Apollonios von Perge (etwa 262 - etwa 190 v. Chr.) eingeführt wurde, ist heute nur
noch bedingt nachzuvollziehen. Gemeint ist etwa (s. Ref. [16]), dass die exakte Gleichung $x_2 = \pm(\ell x_1 + A x_1^2)^{1/2}$ eines entlang der x_1-Achse ausgerichteten Kegelschnittes zwar für $A = 0$ genau
eine Parabel beschreibt („Volltreffer"), aber ein *Defizit* aufweist ($A < 0$) für die Ellipse und einen
Überschuss ($A > 0$) für die Hyperbel.

bestimmen lässt. Die grüne Fläche folgt mit Hilfe einer Integration als:[19]

$$\int_a^{x_1(t)} d[x_1(t')]\, x_2(t') = \int_a^{x_1(t)} d[a\cosh(t')]\, a\sinh(t')$$

$$= a^2 \int_0^t dt' \, \frac{d[\cosh(t')]}{dt'}\, \sinh(t') = a^2 \int_0^t dt' \, [\sinh(t')]^2$$

$$= a^2 \int_0^t dt' \, \tfrac{1}{2}[\cosh(2t') - 1] = \tfrac{1}{2}a^2 \left[\tfrac{1}{2}\sinh(2t) - t\right] \,.$$

Folglich ist die rote Fläche $\mathcal{F}$ alleine gleich

$$\mathcal{F} = \tfrac{1}{4}a^2 \sinh(2t) - \tfrac{1}{4}a^2[\sinh(2t) - 2t] = \tfrac{1}{2}a^2 t \,,$$

womit klar ist, dass t in der Tat (bis auf Vorfaktoren) als die vom Vektor $\mathbf{x}(t')$ überstrichene Fläche interpretiert werden kann und die Bezeichnung der inversen Hyperbelfunktionen als „Areafunktionen" also nachvollziehbar ist.

Die Berechnung der roten, überstrichenen Fläche ist nicht nur etymologisch interessant, sondern auch physikalisch, z.B. beim *Kepler-Problem*: In der Mechanik lernt man, dass im Zweikörperproblem die vom Relativvektor zweier Teilchen pro Zeiteinheit überstrichene Fläche aufgrund der Gesamtdrehimpulserhaltung konstant ist und in diesem Sinne eine *konstante Flächengeschwindigkeit* vorliegt.[20] Wenn nun die Kraft zwischen den beiden Körpern die *Gravitationskraft* ist, d.h., wenn das Zweikörperproblem die Form eines *Kepler-Problems* hat, durchläuft der Relativvektor der beiden Körper (bei positiver Gesamtenergie im Schwerpunktsystem) eine *Hyperbel*. Zwar wird die Fläche im Kepler-Problem nicht vom Ursprung, sondern vom sogenannten *Brennpunkt* der Hyperbel aus überstrichen, aber der einzige „schwierige" Teil der Berechnung – diejenige der *grünen* Fläche – ist in beiden Fällen gleich. Insofern ist die obige Berechnung der roten bzw. grünen Fläche durchaus auch astronomisch relevant.

Tab. 4.6 Vergleich von trigonometrischen und hyperbolischen Funktionen

Funktionen:	Trigonometrisch	Hyperbolisch
Referenzkurve:	$(x_1)^2 + (x_2)^2 = a^2$ (Kreisgleichung)	$(x_1)^2 - (x_2)^2 = a^2$ (Hyperbelgleichung)
Parameterdarstellung:	$x_1 = a\cos(t)\,,\ x_2 = a\sin(t)$	$x_1 = a\cosh(t)\,,\ x_2 = a\sinh(t)$ (des rechten Astes)
Umkehrfunktion:	$t = \arccos\left(\frac{x_1}{a}\right) = \arcsin\left(\frac{x_2}{a}\right)$	$t = \operatorname{arcosh}\left(\frac{x_1}{a}\right) = \operatorname{arsinh}\left(\frac{x_2}{a}\right)$
Identität:	$\cos^2(t) + \sin^2(t) = 1$	$\cosh^2(t) - \sinh^2(t) = 1$
Interpretation von t:	Winkel, $\frac{1}{a} \times$ Bogenlänge, $\frac{2}{a^2} \times$ überstrichene Fläche	$\frac{2}{a^2} \times$ überstrichene Fläche

---

[19]Es ist u.U. empfehlenswert, sich diese Berechnung nach der Lektüre von Kapitel [6] noch einmal anzusehen: In der ersten Zeile wird die Parametrisierung (4.37) eingesetzt, in der zweiten eine Variablentransformation $x_1(t') \to t'$ vorgenommen und in der dritten die Verdopplungsformel (4.27) für hyperbolische Funktionen angewandt. Im letzten Schritt wurden die bestimmten Integrale der elementaren Funktionen $\cosh(2t')$ und 1 berechnet.

[20]Dies ist eine Verallgemeinerung des zweiten Kepler'schen Gesetzes.

Aufgrund der für Hyperbelfunktionen verwendeten Nomenklatur und ihrer Definition und Eigenschaften kann man voraussehen, dass es sehr enge Beziehungen zwischen den hyperbolischen und den trigonometrischen Funktionen geben muss. Diese Erwartung wird im Folgenden bestätigt. Wir werden sogar feststellen, dass die hyperbolischen und trigonometrischen Funktionen – von höherer Warte aus betrachtet – zwei Erscheinungsformen derselben Funktionen sind. Insofern ist es interessant, die in diesem Abschnitt gezeigten Eigenschaften der Hyperbelfunktionen mit analogen Eigenschaften des Kosinus und des Sinus zu vergleichen. Dies geschieht in Tabelle 4.6.

4.3.3 Trigonometrische Funktionen und ihre Inversen

Betrachten wir nun die Exponentialfunktion $e^{i\varphi}$ mit *imaginärem* Argument ($i^2 = -1$). Am Anfang dieses Abschnitts [4.3] wurde bereits darauf hingewiesen, dass die „normale" Exponentialfunktion e^x in unterschiedlicher (aber letztlich äquivalenter) Weise definiert werden kann. Für die Exponentialfunktion mit imaginärem Argument gilt Ähnliches. Wir haben die Funktion $f(\varphi) = e^{i\varphi}$ in Kapitel [1] zunächst in Gleichung (1.45) als *die* Funktion eingeführt, die die Gleichung $\frac{df}{d\varphi}(\varphi) = if(\varphi)$ mit dem vorgegebenen Wert $f(0) = 1$ für $\varphi = 0$ erfüllt. Dies hat zu den Beziehungen (1.61) und (1.62) zwischen dem Kosinus bzw. dem Sinus und der Funktion $e^{i\varphi}$ geführt:

$$\cos(\varphi) = \tfrac{1}{2}\left(e^{i\varphi} + e^{-i\varphi}\right) \quad , \quad \sin(\varphi) = \tfrac{1}{2i}\left(e^{i\varphi} - e^{-i\varphi}\right) . \qquad (4.38)$$

Alternativ kann man die Exponentialfunktion $e^{i\varphi}$ auch als unendliches Produkt definieren: $f(\varphi) = e^{i\varphi} \equiv \lim\limits_{n\to\infty} \left(1 + \frac{i\varphi}{n}\right)^n$. Für $\varphi = 0$ gilt dann $f(0) = 1$, und man erhält durch Differentiation die Gleichung:

$$\frac{d}{d\varphi}\left(1 + \frac{i\varphi}{n}\right)^n = n\left(1 + \frac{i\varphi}{n}\right)^{n-1}\frac{i}{n} = i\left[\left(1 + \frac{i\varphi}{n}\right)^n\right]^{(n-1)/n} ,$$

die sich im Limes $n \to \infty$ auf $\frac{df}{d\varphi}(\varphi) = if(\varphi)$ vereinfacht. Außerdem folgt die Identität $|e^{i\varphi}| = 1$. Dies zeigt man z.B. wie folgt:

$$|e^{i\varphi}|^2 = e^{i\varphi}(e^{i\varphi})^* = \lim_{n\to\infty}\left(1 + \frac{i\varphi}{n}\right)^n\left(1 - \frac{i\varphi}{n}\right)^n = \lim_{n\to\infty}\left[\left(1 + \frac{i\varphi}{n}\right)\left(1 - \frac{i\varphi}{n}\right)\right]^n$$

$$= \lim_{n\to\infty}\left(1 + \frac{\varphi^2}{n^2}\right)^n = \lim_{n\to\infty}\exp\left[\frac{1}{n}n^2\ln\left(1 + \frac{\varphi^2}{n^2}\right)\right] = \lim_{n\to\infty}\exp\left(\frac{\varphi^2}{n}\right) = 1 .$$

Verwendet wurden die Beziehung $(1 + x)^n = e^{n\ln(1+x)}$ für die reelle Exponentialfunktion und die Identität

$$\lim_{n\to\infty} n^2 \ln\left(1 + \frac{\varphi^2}{n^2}\right) = \varphi^2 ,$$

die direkt aus (4.24) folgt, wenn man $n \to n^2$ und $x \to \varphi^2$ ersetzt.

Bei diesem alternativen Zugang, wenn man die Exponentialfunktion durch das unendliche Produkt *definiert*, kann man die trigonometrischen Funktionen „cos" und „sin" (und analog auch „tan") sehr elegant durch Gleichung (4.38) *definieren*. Es gilt dann:

$$\cos(\varphi) \equiv \tfrac{1}{2}(e^{i\varphi} + e^{-i\varphi}) = \mathrm{Re}(e^{i\varphi}) = \cosh(i\varphi) \quad , \quad \cos' = -\sin$$

$$\sin(\varphi) \equiv \tfrac{1}{2i}(e^{i\varphi} - e^{-i\varphi}) = \mathrm{Im}(e^{i\varphi}) = \tfrac{1}{i}\sinh(i\varphi) \quad , \quad \sin' = \cos$$

$$\tan(\varphi) \equiv \frac{\sin(\varphi)}{\cos(\varphi)} = \frac{e^{i\varphi} - e^{-i\varphi}}{i(e^{i\varphi} + e^{-i\varphi})} = \tfrac{1}{i}\tanh(i\varphi) \quad , \quad \tan' = \frac{1}{(\cos)^2} \ .$$

Unabhängig davon, welchen Zugang man wählt, der Vergleich von Gleichung (4.25) und (4.38) zeigt in jedem Fall, dass die *trigonometrischen Funktionen* durch die *hyperbolischen Funktionen* mit *imaginärem* Argument gegeben sind. Die Korrespondenzen $\cos(\varphi) = \cosh(i\varphi)$, $\sin(\varphi) = \tfrac{1}{i}\sinh(i\varphi)$ und $\tan(\varphi) = \tfrac{1}{i}\tanh(i\varphi)$ wurden auch in den obigen Gleichungen noch einmal festgehalten.

Die Berechnung der *inversen* trigonometrischen Funktionen kann nun weitgehend analog zur Berechnung der Areafunktionen in (4.30), (4.31) und (4.32) erfolgen:

$$\mathrm{arccos} \equiv \cos^{-1} \quad , \quad \mathrm{arccos}(y) = \tfrac{1}{i}\ln\left(y + i\sqrt{1 - y^2}\right) = \tfrac{1}{i}\mathrm{arcosh}(y)$$

$$\mathrm{arcsin} \equiv \sin^{-1} \quad , \quad \mathrm{arcsin}(y) = \tfrac{1}{i}\ln\left(yi + \sqrt{1 - y^2}\right) = \tfrac{1}{i}\mathrm{arsinh}(yi)$$

$$\mathrm{arctan} \equiv \tan^{-1} \quad , \quad \mathrm{arctan}(y) = \tfrac{1}{2i}\ln\left(\frac{1 + yi}{1 - yi}\right) = \tfrac{1}{i}\mathrm{artanh}(yi) \ .$$

Wir betrachten als Beispiel die erste Zeile, d.h. die Berechnung des „arccos": Als Startpunkt soll der Ansatz $y = \cos(\varphi)$ dienen; das Ziel ist dann die Berechnung von $\mathrm{arccos}(y) = \varphi$. Da jedoch auch $y = \cosh(i\varphi)$ und somit $\varphi = \tfrac{1}{i}\mathrm{arcosh}(y)$ gilt, folgt die Behauptung $\mathrm{arccos}(y) = \tfrac{1}{i}\mathrm{arcosh}(y)$ sofort. Verwendet man die Formel (4.30) für die „arcosh"-Funktion, erhält man dann auch den expliziten Ausdruck des „arccos" in der Form eines Logarithmus. Für die zweite und die dritte Zeile, d.h. für die Berechnung des „arcsin" bzw. „arctan", verläuft die Argumentation analog. Ein Wort noch über den *Logarithmus* als Funktion eines *komplexen Arguments* z: Dieser wird üblicherweise definiert als

$$\ln(z) \equiv \ln(|z|) + i\,\mathrm{arg}(z) \quad , \quad z = |z|\,e^{i\,\mathrm{arg}(z)} \qquad (-\pi < \mathrm{arg}(z) \leq \pi) \ .$$

Die Identität $e^{\ln(z)} = z$ gilt also *immer*:

$$e^{\ln(z)} = e^{\ln(|z|) + i\,\mathrm{arg}(z)} = |z|\,e^{i\,\mathrm{arg}(z)} = z \ ,$$

aber das Umgekehrte, $\ln(e^z) = z$, gilt *nicht immer*: Man sollte darauf achten, dass der Imaginärteil $\mathrm{arg}(z)$ des Logarithmus per definitionem [siehe die Diskussion unter (1.40)] immer im Intervall $(-\pi, \pi]$ liegt. Folglich wirkt der Logarithmus zwar für $v \equiv \mathrm{Im}(z) \in (-\pi, \pi]$ als die Umkehrfunktion der Exponentialfunktion:

$$\ln\left[e^{u+iv}\right] = u + iv \quad \text{falls} \quad v \in (-\pi, \pi] \ ,$$

jedoch gilt für $v \notin (-\pi, \pi]$ sogar allgemein $\ln(e^z) \neq z$:

$$\ln\left[e^{u+iv}\right] \neq u + iv \quad \text{falls} \quad v \notin (-\pi, \pi] \ .$$

Beispielsweise gilt die Ungleichung $\ln e^{3\pi i/2} \neq 3\pi i/2$. Stattdessen gilt die Identität $\ln e^{3\pi i/2} = \ln e^{-\pi i/2} = -\pi i/2$.

4.4 Asymptotisches Verhalten

In den Naturwissenschaften generell, aber ganz besonders in der Physik ist es sehr wichtig, dass man zu *qualitativem* Denken fähig ist und *Abschätzungen* von Effekten oder von zu erwartendem Verhalten machen kann. Nur so entwickelt man eine Intuition für das Verhalten eines Systems unter neuen Bedingungen. Die Fähigkeit zu qualitativem Denken ist aber nicht nur bei der Planung neuer Experimente nützlich, sondern auch bei der Konstruktion und Untersuchung neuer Modelle in der Theoretischen Physik.

Solch qualitatives Denken setzt voraus, dass man ein System in einfachen Grenzfällen versteht, d.h., dass man sein *asymptotisches* Verhalten in diesen Fällen kennt. Wenn man z.B. das Elektronengas in einem „Weißen Zwerg"-Stern verstehen will, ist es hilfreich zu wissen, wie ein solches Gas sich im nicht-relativistischen und im ultrarelativistischen Grenzfall verhält, damit man gedanklich zwischen beiden Extremfällen interpolieren kann. Wenn man die Zeitentwicklung eines Systems verstehen will, ist es sinnvoll, sich zuerst über das Kurzzeit- und das Langzeitverhalten Gedanken zu machen. Wenn zwei Systeme miteinander gekoppelt sind und man die Effekte dieser Kopplung verstehen will, sollte man zuerst die Grenzfälle mit schwacher und mit starker Kopplung untersuchen.

Aus diesen Gründen betrachten wir in diesem Abschnitt zuerst das *asymptotische* und *qualitative* Verhalten von Funktionen in wohldefinierten Grenzfällen. Entsprechende nützliche Notationen und typische Anwendungen hierzu werden behandelt. Als Erweiterung leiten wir für glatte (d.h. hinreichend oft stetig differenzierbare) Funktionen den *Taylor'schen Satz* her und untersuchen die mögliche Existenz einer *Taylor-Reihe*. Solche Reihen haben in der Regel einen eingeschränkten Gültigkeitsbereich, der durch den *Konvergenzradius* festgelegt wird. Beispiele für Taylor-Reihen und ihre Konvergenzradien werden behandelt. Außerdem besprechen wir die Anwendung asymptotischer Überlegungen bei Grenzwertberechnungen von Quotienten; in diesem Kontext ist auch die „Regel von l'Hôpital" relevant.

Wir haben bisher bewusst – da wir noch nicht über geeignete Notationen verfügten – einige Symbole verwendet, die nur diffus, intuitiv oder möglicherweise gar nicht klar definiert wurden. Ein paar Beispiele sind:

- Das Symbol „$\simeq$" wurde im Sinne von „ist *ungefähr* gleich" verwendet, wobei „ungefähr" meist nicht klar definiert wurde. Wir haben dieses Symbol bisher für *numerische* Unbestimmtheiten verwendet, wie in $\pi \simeq 3{,}14159$, aber auch für *Funktionen*, wie in $e^h \simeq 1 + h$, wobei „$\simeq$" etwa die lineare Näherung dieser Funktion andeutet und sämtliche Korrekturen darüber hinaus unbekannt sind. In einem anderen Kontext wurde aus $\cosh(x) = \frac{1}{2}(e^x + e^{-x}) = y$ hergeleitet: $e^x \simeq 2y$ bzw. $x(y) \simeq \ln(2y)$. Hier deutete „$\simeq$" etwa das führende Verhalten dieser Funktionen im Limes $x, y \to \infty$ an. Wir werden das Symbol „$\simeq$" unten durch das präzise definierte Symbol „$\sim$" ersetzen.

- Das Symbol „$\propto$" wurde bereits mehrmals verwendet, z.B. in Kapitel [1] für den exponentiell mit dem Winkel φ anwachsenden Radius $r \propto e^{\lambda \varphi}$ der logarithmischen Fibonacci-Spirale (s. Abb. 1.8) und – im gleichen Kontext – für das Anwachsen der Fermat-Spirale gemäß $r \propto \sqrt{\varphi}$. Es deutet eine *Proportionalität* an, wobei man primär an der Abhängigkeit von der Variablen und nicht am Vorfaktor interessiert ist. Das Symbol „$\propto$" ist zumindest wohldefiniert und – wie wir sehen werden – eng mit der präziseren Notation „$\sim$" verwandt. Es kann oft mit geringem Mehraufwand durch „$\sim$" ersetzt werden.

- Das Symbol „$\cdots$" wurde bisher für verschiedene Unbestimmtheiten benutzt, wie für die höheren Nachkommastellen in $e = 2{,}71828\cdots$ oder für die (zunächst einmal unbekannten) Korrekturterme zur linearen Näherung in Gleichung (4.9):

$$f(a + h) = f(a) + hf'(a) + \cdots \quad (h \to 0) \,,$$

die wir alternativ in (4.10) als „Restterm" $R(h)$ bezeichneten:

$$f(a + h) = f(a) + hf'(a) + R(h) \quad (h \to 0) \,. \tag{4.39}$$

Wir werden im Folgenden diese Notationen präzisieren und uns insbesondere mit der genauen Struktur der Korrekturterme auseinandersetzen, d.h., sie entweder abschätzen oder genau berechnen. Hierzu werden wir die *Landau-Symbole* „$\mathcal{O}$" und „o" einführen. Diese Notationen gehen auf die beiden deutschen Mathematiker Paul Bachmann (1837 - 1920) und Edmund Landau (1877 - 1938) zurück.

4.4.1   Notationen

Drei der wichtigsten Symbole zur Beschreibung des asymptotischen Verhaltens von Funktionen sind „$\sim$", „$\mathcal{O}$" und „o". Wir erläutern in diesem Abschnitt zuerst die Bedeutung dieser drei Notationen und diskutieren dann einige Beispiele. Wichtig ist auch das Symbol „$\approx$", aber diese Notation können wir erst (nach entsprechenden Vorarbeiten) in Kapitel [6] erklären.

Das Symbol „$\sim$"

Das Symbol „$\sim$" wird beim Vergleich zweier Funktionen in einem gewissen Limes verwendet, also z.B. in der Form „$f(x) \sim g(x)$ für $x \to a$". Diese Notation bedeutet, dass die beiden Funktionen f und g in diesem Grenzfall das gleiche asymptotische Verhalten zeigen. Präziser formuliert gilt:

$$\boxed{\; f(x) \sim g(x) \quad (x \to a) \qquad \Leftrightarrow \qquad \lim_{x \to a} \frac{f(x)}{g(x)} = 1 \;} \tag{4.40}$$

Hierbei sind sowohl endliche a-Werte ($a \in \mathbb{R}$) als auch $a = \pm\infty$ möglich. Die Definition (4.40) zeigt also, dass das Verhältnis zweier Funktionen f und g, die durch die Notation „$\sim$" miteinander verbunden sind, im Limes $x \to a$ rigoros gegen eins gehen muss. Man sagt, dass f und g in diesem Limes *asymptotisch äquivalent* sind.

Das vorher erwähnte Symbol „$\propto$" stellt eine weniger präzise Variante des Symbols „$\sim$" mit Unterdrückung des Vorfaktors dar:

$$f(x) \propto g(x) \quad (x \to a) \quad \Leftrightarrow \quad (\exists A \in \mathbb{R}\backslash\{0\})\,[\,f(x) \sim Ag(x) \quad (x \to a)\,]\,.$$

In den meisten Fällen kann man „$\propto$" mit geringem Mehraufwand durch „$\sim$" ersetzen, indem man den Vorfaktor A explizit mit berücksichtigt.

Wir behandeln ein paar Beispiele:

1. Für hinreichend große $|x|$-Werte (präziser: für $x \to \pm\infty$) steigen die zwei Funktionen $x^2 + 3x + 2$ und $x^2 + 7$ beide proportional zu x^2 an:

$$\lim_{x \to \infty} \frac{x^2 + 3x + 2}{x^2 + 7} = 1 \quad , \quad \lim_{x \to -\infty} \frac{x^2 + 3x + 2}{x^2 + 7} = 1\,.$$

Folglich gilt: $x^2 + 3x + 2 \sim x^2 + 7$ für $x \to \infty$ und für $x \to -\infty$.

2. Da die Ableitung des Logarithmus in $x = 1$ durch $\ln'(1) = 1$ gegeben ist, folgt mit $\ln(1) = 0$:

$$\lim_{x \to 0} \frac{\ln(1 + x) - \ln(1)}{x} = 1 \quad \text{und daher:} \quad \ln(1 + x) \sim x \quad (x \to 0)\,.$$

3. Da die Ableitung der Exponentialfunktion in $x = 0$ durch $\exp'(0) = 1$ gegeben ist, folgt mit $e^0 = 1$:

$$\lim_{x \to 0} \frac{e^x - e^0}{x} = 1 \quad \text{und daher:} \quad e^x - 1 \sim x \quad (x \to 0)\,.$$

4. Die Ableitung des Sinus in $x = 0$ ist durch $\sin'(0) = \cos(0) = 1$ gegeben; folglich gilt mit $\sin(0) = 0$:

$$\lim_{x \to 0} \frac{\sin(x) - \sin(0)}{x} = 1 \quad \text{und daher:} \quad \sin(x) \sim x \quad (x \to 0)\,.$$

5. Die Funktion $f(y) \equiv 1 - \cos\left(\sqrt{y}\right)$ mit $f(0) = 0$ hat die Ableitung $f'(y) = \sin\left(\sqrt{y}\right)/(2\sqrt{y})$, wobei insbesondere $f'_+(0) = \frac{1}{2}$ gilt. Dies bedeutet jedoch:

$$\lim_{y \downarrow 0} \frac{1 - \cos\left(\sqrt{y}\right)}{y} = \frac{1}{2} \quad \text{und daher:} \quad 1 - \cos\left(\sqrt{y}\right) \sim \tfrac{1}{2}y \quad (y \downarrow 0)\,.$$

Die Substitution $y = x^2$ ergibt nun: $1 - \cos(x) \sim \frac{1}{2}x^2$ für $x \to 0$.

6. Für die Funktion $f(y) \equiv \sqrt{1 + y}$ gilt $f(0) = 1$ und $f'(0) = \frac{1}{2}$, also

$$\lim_{y \downarrow 0} \frac{\sqrt{1 + y} - 1}{y} = \frac{1}{2} \quad \text{und daher:} \quad \sqrt{1 + y} - 1 \sim \tfrac{1}{2}y \quad (y \downarrow 0)\,.$$

Die Substitution $y = x^{-1}$ ergibt nun: $\sqrt{1 + x} - \sqrt{x} \sim 1/(2\sqrt{x})$ für $x \to \infty$.

Als Bemerkung sei noch hinzugefügt, dass man Beispiel 5 auch auf Beispiel 4 zurückführen kann, denn eine Integration der Beziehung $\sin(x) \sim x$ ergibt:

$$1 - \cos(x) = \int_0^x dx' \, \sin(x') \sim \int_0^x dx' \, x' = \tfrac{1}{2}x^2 \qquad (x \to 0) \, .$$

Wenn nämlich für hinreichend kleine x-Werte die zu integrierenden *Funktionen* effektiv gleich sind, gilt dies sicherlich auch für die Flächen unter diesen Funktionen, d.h. die *Integrale* (vorausgesetzt dass diese *endlich* sind).

Das Symbol „ $\mathcal{O}$ "

Das zweite Symbol, das wir besprechen möchten, das Symbol „ $\mathcal{O}$ ", wird wiederum dazu verwendet, zwei Funktionen f und g miteinander zu vergleichen. Es bedeutet, dass der Betrag $|f(x)|$ höchstens gleich einem Vielfachen des Betrags $|g(x)|$ ist und somit mit Hilfe von $|g(x)|$ abgeschätzt werden kann:

$$\boxed{\begin{aligned} f(x) &= \mathcal{O}(g(x)) \quad (x \to a) \quad \Leftrightarrow \\ &(\exists M > 0) \quad |f(x)| \le M\,|g(x)| \quad (x \to a) \, . \end{aligned}} \qquad (4.41)$$

Man sagt, dass die Funktion f *asymptotisch von der Ordnung von* g ist. Diese Definition gilt sowohl für endliche a-Werte ($a \in \mathbb{R}$) als auch für $a = \pm\infty$. Wir werden auch Schreibweisen wie $f_1(x) = f_2(x) + \mathcal{O}(g(x))$ für $x \to a$ verwenden. Dies ist gleichbedeutend mit $f_1(x) - f_2(x) = \mathcal{O}(g(x))$.

Der Vergleich zweier Funktionen in einem wohldefinierten Limes ist meist am interessantesten. Es ist jedoch gelegentlich auch nützlich (oder notwendig), zwei Funktionen in einem ganzen Intervall miteinander zu vergleichen, z.B. für $x > 0$ oder $-1 < x < 1$ oder $x \in \mathbb{R}^-$. Bezeichnen wir das Intervall als I, dann bedeutet das „ $\mathcal{O}$ "-Symbol in diesem Kontext:

$$\begin{aligned} f(x) &= \mathcal{O}(g(x)) \quad (x \in I) \quad \Leftrightarrow \\ &(\exists M > 0) \quad |f(x)| \le M\,|g(x)| \quad (x \in I) \, . \end{aligned} \qquad (4.42)$$

Gelegentlich werden wir das „ $\mathcal{O}$ "-Symbol auch in diesem Sinne verwenden.

Wir zeigen ein paar Beispiele:

1. Da für $x \to \infty$ die Funktionswerte $\sin\left(\tfrac{1}{x}\right) \sim \tfrac{1}{x}$ klein werden, gilt:

$$x \sin\left(\tfrac{1}{x}\right) = \mathcal{O}(1) \qquad (x \to \infty) \, ,$$

und in diesem Fall ist ein Faktor $M = 1$ in (4.41) ausreichend.

2. Da immer $|\sin(y)| \le 1$ gilt, trifft die Abschätzung

$$x \sin\left(\tfrac{1}{x}\right) = \mathcal{O}(x) \qquad (x \downarrow 0)$$

sicherlich zu: Auch in diesem Fall ist ein Faktor $M = 1$ in (4.41) ausreichend. Dieses Beispiel ist aber besonders interessant, da es zeigt, dass man Beziehungen der Form (4.41) i.A. auf keinen Fall differenzieren darf. In diesem Fall divergiert die Ableitung von $f(x) = x \sin\left(\frac{1}{x}\right)$ sogar für $x \downarrow 0$, sodass in diesem Limes $f'(x) \neq \mathcal{O}(g'(x)) = \mathcal{O}(1)$ gilt. Allerdings kann man die Beziehung (4.41) durchaus *integrieren*: In unserem Beispiel ist

$$\left| \int_0^x dx' \; x' \sin\left(\tfrac{1}{x'}\right) \right| \leq \int_0^x dx' \; x' = \mathcal{O}(x^2) \qquad (x \downarrow 0) \, ,$$

und aus (4.41) folgt allgemein:

$$\int_a^x dx' \; f(x') = \mathcal{O}\left(\int_a^x dx' \; |g(x')|\right)$$

für $x \to a$, vorausgesetzt, diese Integrale konvergieren.

3. Man kann das vorige Beispiel auch im Sinne von Gleichung (4.42) wie folgt verallgemeinern:

$$x \sin\left(\tfrac{1}{x}\right) = \mathcal{O}(x) \qquad (x \in \mathbb{R}^+) \, .$$

Auch diese Beziehung darf man auf keinen Fall differenzieren, aber man kann sie durchaus integrieren:

$$\left| \int_0^x dx' \; x' \sin\left(\tfrac{1}{x'}\right) \right| \leq \int_0^x dx' \; x' = \mathcal{O}(x^2) \qquad (x \in \mathbb{R}^+) \, .$$

Aus (4.42) folgt nun allgemein $\int_I dx' \; f(x') = \mathcal{O}(\int_I dx' \; |g(x')|)$, vorausgesetzt, diese Integrale konvergieren.

4. Betrachten wir eine weitere Verwendung des „$\mathcal{O}$"-Symbols im Sinne von Gleichung (4.42): Da e^x für $x \to \infty$ sehr schnell anwächst, wäre es sicher nicht korrekt, zu behaupten, dass $e^x - 1 = \mathcal{O}(x)$ gilt für alle $x \in \mathbb{R}$, denn für alle festen $M > 0$ würde für hinreichend große x-Werte $e^x - 1 > Mx$ gelten (z.B. für $x \geq \max\{2, M\}$). Andererseits kann man durchaus Aussagen der Form

$$e^x - 1 = \mathcal{O}(x) \qquad (-10 < x < 10)$$

machen, denn für $M \geq (e^{10} - 1)/10$ ist diese Aussage zutreffend.

Das Symbol „o"

Die Notation $f(x) = o(g(x))$ für $x \to a$ bedeutet, dass die Funktionswerte von $f(x)$ im Vergleich zu denjenigen von $g(x)$ im angegebenen Limes betragsmäßig *klein* sind, womit – präziser formuliert – gemeint ist:

$$f(x) = o(g(x)) \quad (x \to a) \qquad \Leftrightarrow \qquad \lim_{x \to a} \frac{f(x)}{g(x)} = 0 \, . \tag{4.43}$$

Die Funktion f heißt in diesem Fall *asymptotisch vernachlässigbar* im Vergleich zu g. Wie bei den anderen Notationen in diesem Abschnitt sind auch beim Symbol „o" die Spezialfälle $a = \pm\infty$ möglich. Wie Formel (4.43) zeigt, bedeuten die Worte „betragsmäßig klein", dass das Verhältnis der beiden Funktionen im relevanten Grenzfall rigoros gegen null gehen soll. Gelegentlich werden wir auch Schreibweisen wie $f_1(x) = f_2(x) + o(g(x))$ für $x \to a$ verwenden. Hiermit ist dann $f_1(x) - f_2(x) = o(g(x))$ gemeint.

Wie beim „$\mathcal{O}$"-Symbol in (4.41) und (4.42) gilt auch für das „o"-Symbol, dass man Beziehungen der Form (4.43) im Allgemeinen nicht *differenzieren*, aber durchaus *integrieren* darf. Beispielsweise gilt für $f(x) = x^2 \sin\left(\frac{1}{x}\right)$ und $g(x) = x$ die Beziehung $f(x) = o(g(x))$ für $x \downarrow 0$, und durch *Integration* kann man hieraus die (korrekte) Beziehung

$$\left| \int_0^x dx'\, f(x') \right| = o\left(\int_0^x dx'\, |g(x')| \right) = o(x^2) \quad (x \downarrow 0)$$

herleiten. Andererseits folgt beim *Differenzieren* aus dem allgemeinen Ausdruck $f'(x) = 2x \sin\left(\frac{1}{x}\right) - \cos\left(\frac{1}{x}\right)$ insbesondere auch: $f'\left(\frac{1}{(2n+1)\pi}\right) = 1$ für alle $n \in \mathbb{N}_0$, und daher gilt $f'(x) \neq o(g'(x)) = o(1)$ für $x \downarrow 0$.

Wir geben im Folgenden drei Beispiele für die Anwendung des „o"-Symbols, wobei das typische asymptotische Verhalten von Potenzfunktionen mit demjenigen von Exponentialfunktionen oder Logarithmen verglichen wird. Diese Beispiele sind (jeweils mit $a > 0$):

$$[1] \quad x^a = o(e^x) \qquad (x \to \infty)$$
$$[2] \quad \ln(x) = o(x^a) \qquad (x \to \infty)$$
$$[3] \quad \ln(x) = o(x^{-a}) \qquad (x \downarrow 0) \,.$$

Hierbei bringt Beispiel [1] zum Ausdruck, dass Potenzfunktionen x^a für $x \to \infty$ wesentlich schwächer als die Exponentialfunktion ansteigen, Beispiel [2], dass Potenzfunktionen x^a für $x \to \infty$ schneller als der Logarithmus ansteigen, und Beispiel [3], dass der Logarithmus für $x \downarrow 0$ wesentlich langsamer divergiert als jede Potenzfunktion x^{-a} mit $a > 0$. Mit Hilfe von (4.43) kann man die drei Behauptungen [1], [2] und [3] auch als drei Identitäten für das Grenzwertverhalten von Verhältnissen formulieren:

$$[1] \ \lim_{x \to \infty} \frac{x^a}{e^x} = 0 \qquad [2] \ \lim_{x \to \infty} \frac{\ln(x)}{x^a} = 0 \qquad [3] \ \lim_{x \downarrow 0} x^a \ln(x) = 0 \,. \qquad (4.44)$$

Wir zeigen im Folgenden die Gültigkeit dieser drei Behauptungen.

Um die Behauptung [1] in (4.44) zu zeigen, gehen wir aus von der Ungleichung

$$f(x) \equiv e^x - x - 1 > f(0) = 0 \quad \forall x > 0 \,, \qquad (4.45)$$

die sicher gilt wegen $f'(x) = e^x - 1 > 0$ für alle $x > 0$. Aus (4.45) folgt $e^x > x + 1 > x$ und somit $e^{2ax} > x^{2a}$ wegen $a > 0$. Mit der Definition $x \equiv y/2a$ folgt hieraus $e^y > (y/2a)^{2a}$, und zwar $\forall y > 0$. Nach einer Umformung ergibt sich $y^a e^{-y} < (2a)^{2a}/y^a$ und somit

$$0 \leq \lim_{y \to \infty} \frac{y^a}{e^y} \leq \lim_{y \to \infty} \frac{(2a)^{2a}}{y^a} = 0 \qquad \text{bzw.} \qquad \lim_{y \to \infty} \frac{y^a}{e^y} = 0 \,.$$

Hiermit ist [1] bereits gezeigt. Die Behauptung [2] in (4.44) erhält man aus der Behauptung [1], indem man $x \equiv \ln(y)$ und $a \equiv \frac{1}{b}$ substituiert; es folgt:

$$\lim_{y \to \infty} \frac{[\ln(y)]^{1/b}}{y} = 0 \qquad \text{bzw.} \qquad \lim_{y \to \infty} \frac{\ln(y)}{y^b} = 0 \qquad \forall b > 0 \,.$$

Die Behauptung [3] in (4.44) erhält man schließlich aus der Behauptung [2], indem man $x \equiv y^{-1}$ substituiert:

$$0 = \lim_{y \downarrow 0} \frac{\ln(y^{-1})}{y^{-a}} = - \lim_{y \downarrow 0} y^a \ln(y) \ .$$

Hiermit sind nun alle drei Behauptungen nachgewiesen. Wir haben den mathematischen Beweis der drei Identitäten ausnahmsweise etwas ausführlicher vorgeführt, weil exponentielle, algebraische und logarithmische Funktionen in der Physik fast allgegenwärtig sind und es unabdingbar ist, dass man für ihr asymptotisches Verhalten eine gute Intuition entwickelt.

Jenseits des „o"-Symbols: Auf dem Weg zur Taylor-Reihe

Das „o"-Symbol ist auch wichtig für die Interpretation der linearen Näherung in Gleichung (4.39). Die in dieser Formel nicht näher spezifizierten Restterme $R(h)$ müssen für $h \to 0$ auf jeden Fall klein im Vergleich zu h selbst sein, da sie sonst zur Ableitung $f'(a)$ beigetragen hätten. Dies bedeutet aber, dass in Gleichung (4.39) für diese Restterme $R(h) = o(h)$ gelten muss. Hiermit können wir (4.39) für eine in $x = a$ stetig differenzierbare Funktion f wie folgt präziser formulieren:

$$f(a + h) = f(a) + f'(a)h + o(h) \quad (h \to 0) \ . \tag{4.46}$$

Wenn man über die lineare Näherung hinausgehen möchte, was für praktische Zwecke oft notwendig ist, muss man sich also der Frage widmen, was jenseits des „o"-Symbols liegt: Wie sieht der $o(h)$-Term konkret aus? Ist er proportional zu h^2? Wenn ja, was kommt nach dem h^2-Term?

Erste Einblicke in die Welt jenseits des „o"-Symbols ermöglicht bereits der verallgemeinerte Binomialsatz (2.11) für $(1+h)^\alpha$. Die zweite Zeile in (2.11) zeigt, dass die Korrekturen zur linearen Näherung – in diesem Fall – in der Tat quadratisch und kubisch sind:

$$(1 + h)^\alpha = 1 + \frac{\alpha}{1}h + \frac{\alpha(\alpha - 1)}{2!}h^2 + \frac{\alpha(\alpha - 1)(\alpha - 2)}{3!}h^3 + o(h^3) \quad (h \to 0) \ ,$$

und die erste Zeile in (2.11), dass sogar eine unendliche Reihe vorliegt:

$$(1 + h)^\alpha = \sum_{k=0}^{\infty} \binom{\alpha}{k} h^k \ .$$

Der Spezialfall $\alpha = -1$ dieses verallgemeinerten Binomialsatzes entspricht der *geometrischen Reihe*. Für $\alpha = -1$ haben wir in Gleichung (2.9) die Binomialkoeffizienten berechnet: $\binom{-1}{k} = (-1)^k$ und somit die Identität $\sum_{k=0}^{\infty} \binom{-1}{k} (-x)^k = \sum_{k=0}^{\infty} x^k = (1 - x)^{-1}$ gezeigt. Für die Funktion $f(x) = (1 - x)^{-1}$ erhält man daher in einer Umgebung von $x = a$ die folgende Entwicklung nach Potenzen von h:

$$f(a + h) = \frac{1}{(1 - a)\left[1 - \frac{h}{(1-a)}\right]} = \sum_{k=0}^{\infty} \frac{h^k}{(1 - a)^{k+1}} = f(a) + \sum_{k=1}^{\infty} \frac{h^k}{(1 - a)^{k+1}} \ .$$

Wir wissen bereits, dass diese geometrische Reihe für $\left|\frac{h}{1-a}\right| < 1$ konvergiert.

Diese Beispiele werfen viele Fragen auf: Welche Form haben die Korrekturen zur linearen Näherung? Gibt es generell für Funktionswerte $f(a+h)$ eine systematische Entwicklung nach Potenzen von h? Falls es Einschränkungen gibt, welcher Art? Konvergieren die Entwicklungen nach Potenzen von h überhaupt? Wenn ja, für welche h-Werte? Es sind solche Fragen, die wir im nächsten Abschnitt ansprechen und (teilweise) beantworten werden. Auch später (in den Kapiteln [6], [7] und [9]) kommen wir noch mehrmals auf diese Problematik zurück. Ein zentraler Begriff bei der Beantwortung dieser Fragenliste ist die sogenannte „Taylor-Reihe".

4.4.2   Die Taylor-Formel

Aus Gleichung (4.46) wissen wir, wie die lineare Näherung einer Funktion f in $x = a$ *im Allgemeinen* zu interpretieren ist. Nehmen wir nun an, wir verfügen über mehr Information und wissen, dass f (mindestens) *zweimal* stetig differenzierbar ist. In diesem Fall ist die Ableitung f' von f (mindestens) einmal stetig differenzierbar, sodass auch für diese Ableitung f' die lineare Näherung gilt:

$$f'(a + \bar{h}) = f'(a) + f''(a)\bar{h} + o(\bar{h}) \quad (\bar{h} \to 0) \, .$$

Einmalige *Integration* dieser Gleichung bzgl. der Variablen $\bar{h}$ zwischen den Grenzen 0 und h ergibt:

$$f(a + h) - f(a) = \int_0^h d\bar{h} \, f'(a + \bar{h}) = \int_0^h d\bar{h} \, [f'(a) + f''(a)\bar{h} + o(\bar{h})]$$

$$= f'(a)h + \frac{f''(a)}{2}h^2 + o(h^2) \quad (h \to 0) \, . \tag{4.47}$$

Diese Gleichung enthält schon wesentlich mehr Information als die lineare Näherung (4.46), insbesondere auch über die Krümmung der Funktion in $x = a$. Nehmen wir nun an, wir wissen, dass f (mindestens) *dreimal* stetig differenzierbar ist, sodass die Ableitung f' (mindestens) *zweimal* stetig differenzierbar ist und (4.47) erfüllt:

$$f'(a + \bar{h}) = f'(a) + f''(a)\bar{h} + \frac{f'''(a)}{2}\bar{h}^2 + o(\bar{h}^2) \quad (\bar{h} \to 0) \, .$$

Wir können diese Gleichung dann bzgl. der Variablen $\bar{h}$ von 0 bis h integrieren und erhalten:

$$f(a + h) = f(a) + f'(a)h + \frac{f''(a)}{2!}h^2 + \frac{f'''(a)}{3!}h^3 + o(h^3) \quad (h \to 0) \, .$$

Es wird allmählich klar, dass wir diese Näherungen immer um eine Ordnung verbessern (d.h. den Grad des Polynoms auf der rechten Seite um eins erhöhen) können, wenn wir die zusätzliche Information erhalten, dass die Funktion f einmal öfter stetig differenzierbar ist.[21] Für eine (mindestens) n-mal stetig differenzierbare Funktion f folgt in dieser Weise:

$$f(a + h) = f(a) + f'(a)\frac{h}{1!} + f''(a)\frac{h^2}{2!} + \cdots + f^{(n)}(a)\frac{h^n}{n!} + o(h^n) \quad (h \to 0) \, ,$$

---

[21] Wir zeigen in den Abschnitten [4.4.3] und [4.4.4] anhand einiger Beispiele, dass das „Taylor-Polynom" $f(a) + f'(a)h + \cdots + + f^{(n)}(a)h^n/n!$ auf der rechten Seite die Funktion $f(a + h)$ umso besser beschreibt, je höher die Ordnung der Näherung (d.h. der Grad n des Taylor-Polynoms) ist.

sodass der Funktionswert $f(a + h)$ bei festem a und für hinreichend kleine h-Werte nun durch ein sogenanntes *Taylor-Polynom* n-ten Grades in der Variablen h angenähert wird. Diese Gleichung enthält bereits sehr viel mehr Information über das Verhalten der Funktion f als die lineare Näherung, mit der wir anfingen. Die Gleichung ist auch plausibel, da sowohl ihre linke als auch ihre rechte Seite Funktionen von h mit den *gleichen* k-ten Ableitungen (für alle $k = 1, 2, \cdots, n$) in $x = a$ darstellen.

Dennoch könnte man sich fragen, ob der Restterm $o(h^n)$ für kleine, jedoch endliche h-Werte nicht numerisch groß werden kann. Um diese Bedenken zu überprüfen und ggf. auszuräumen, gibt es den *Satz von Taylor*, der eine Abschätzung für den Restterm ergibt für den Fall, dass die Funktion f mindestens $(n + 1)$-mal stetig differenzierbar ist. Der Satz von Taylor gewährleistet die Existenz eines Variablenwertes $\xi \equiv a + \lambda h$ zwischen a und $a + h$ (und somit die Existenz eines $\lambda \in [0, 1]$), wofür gilt:

$$f(a + h) = f(a) + f'(a)\frac{h}{1!} + \cdots + f^{(n)}(a)\frac{h^n}{n!} + f^{(n+1)}(\xi)\frac{h^{n+1}}{(n + 1)!} \, . \qquad (4.48)$$

Die *Taylor-Formel* (4.48) besagt also zweierlei, nämlich:

1. dass der Funktionswert $f(a + h)$ durch das Taylor-Polynom n-ter Ordnung $f(a) + f'(a)h + \cdots + f^{(n)}(a)h^n/n!$ angenähert werden kann und

2. dass der Fehler, den man dabei macht, die Form $f^{(n+1)}(\xi)h^{n+1}/(n + 1)!$ hat, wobei $0 \le (\xi - a)/h \le 1$ gilt. Hiermit kann man diesen Korrekturterm meist sehr genau abschätzen.

Wir skizzieren den Beweis des Satzes von Taylor (mit Ergänzungen von Lagrange) am Ende dieses Kapitels, in Unterabschnitt [4.4.7].

In der physikalischen Literatur wird der Vorfaktor $f^{(n+1)}(\xi)/(n + 1)!$ des Restterms selten explizit mit berücksichtigt und Gleichung (4.48) oft auf

$$\begin{aligned}
f(a + h) &= f(a) + f'(a)\frac{h}{1!} + f''(a)\frac{h^2}{2!} + \cdots + f^{(n)}(a)\frac{h^n}{n!} + \mathcal{O}(h^{n+1}) \\
&= \sum_{m=0}^{n} f^{(m)}(a)\frac{h^m}{m!} + \mathcal{O}(h^{n+1}) \qquad (h \to 0)
\end{aligned} \qquad (4.49)$$

vereinfacht. Zwei Gründe für diese Vereinfachung sind, dass der Vorfaktor meist sowieso nicht explizit bekannt ist und dass man häufig aufgrund von weiterer Information weiß oder vermutet, dass der Restterm für die betrachteten h- und n-Werte hinreichend klein und somit vernachlässigbar ist.

Nehmen wir schließlich an, wir wissen, dass die Funktion f sogar unendlich oft stetig differenzierbar ist. Aufgrund von (4.49) könnte man nun vermuten, dass man den Limes $n \to \infty$ durchführen und die Funktion f zumindest in einem gewissen h-Bereich $(0 \le |h| < h_\mathrm{c})$ durch ihre *Taylor-Reihe* beschreiben kann:

$$f(a + h) = \sum_{m=0}^{\infty} f^{(m)}(a)\frac{h^m}{m!} \qquad (0 \le |h| < h_\mathrm{c}) \, . \qquad (4.50)$$

Falls diese Vermutung zutrifft (und für viele wichtige Funktionen ist dies der Fall), wird der maximal zulässige $|h|$-Wert h_c als *Konvergenzradius* der Taylor-Reihe bezeichnet. Manche Funktionen sind sogar sehr „gutmütig" in dem Sinne, dass die Taylor-Reihe für *alle* reellen h-Werte konvergiert ($h_c = \infty$). Dennoch sollte man bei der Beschreibung von Funktionen durch ihre Taylor-Reihen sorgfältig vorgehen: Es gibt Funktionen, die nicht gleich ihren Taylor-Reihen sind [s. z.B. Gleichung (4.59) und die Schlussbemerkung auf S. 217], und andere Funktionen, für die der Restterm für jedes $h \neq 0$ im Limes $n \to \infty$ divergiert, sodass man den Limes $n \to \infty$ nicht sinnvoll durchführen kann (s. Abschnitt [6.5]). Aber auch über solche Komplikationen und die in solchen Fällen erforderlichen Methoden ist sehr viel bekannt.

4.4.3   Die Taylor-Formel – elementare Beispiele

Wir möchten in diesem Abschnitt vier Beispiele für die Anwendung der Taylor-Formel zeigen. Zuerst betrachten wir allgemeine *Polynome* n-ten Grades, da die Gültigkeit der Taylor-Formel (4.48) bzw. (4.49) für solche Funktionen manifest gewährleistet und der Restterm $\mathcal{O}(h^{n+1})$ in diesem Fall sogar exakt *null* ist. Danach behandeln wir die Funktion $f(x) = (1 - x)^{-1}$, da die (geometrische) Taylor-Reihe dieser Funktion uns bereits bekannt ist. Als drittes und viertes Beispiel betrachten wir die Exponentialfunktion „exp" und die Sinusfunktion „sin" und zeigen, dass die Taylor-Reihen dieser Funktionen auch für endliche h-Werte recht schnell konvergieren.

Allgemeine Polynome n-ten Grades

Ein Polynom n-ten Grades hat die allgemeine Form:

$$f(x) = \sum_{m=0}^{n} p_m x^m \quad \text{und daher} \quad f(a + h) = \sum_{m=0}^{n} p_m (a + h)^m \ .$$

Für den einfachsten Fall $a = 0$ sieht man sofort, dass $f(x)$ die Form eines Taylor-Polynoms hat, da die k-te Ableitung von f in $a = 0$ gleich $f^{(k)}(0) = p_k k!$ ist und daher umgekehrt $p_k = f^{(k)}(0)/k!$ gilt:

$$a = 0: \quad f(h) = \sum_{m=0}^{n} p_m h^m = \sum_{m=0}^{n} \frac{f^{(m)}(0)}{m!} h^m \quad , \text{ da } \quad p_m = \frac{f^{(m)}(0)}{m!} \ .$$

Wie man sieht, ist der Restterm $\mathcal{O}(h^{n+1})$ in diesem Fall exakt null.

Für allgemeine a-Werte kann man die binomische Formel für $(a+h)^m$ verwenden und die Summationsreihenfolge in der Doppelsumme vertauschen:

$$f(a + h) = \sum_{m=0}^{n} p_m \sum_{l=0}^{m} \binom{m}{l} a^{m-l} h^l = \sum_{l=0}^{n} \left[\sum_{m=l}^{n} \binom{m}{l} p_m a^{m-l} \right] h^l \ ,$$

sodass man $f(a + h)$ kompakt als

$$f(a + h) = \sum_{l=0}^{n} \bar{p}_l(a) h^l \quad , \qquad \bar{p}_l(a) \equiv \sum_{m=l}^{n} \binom{m}{l} p_m a^{m-l}$$

schreiben kann. Es folgt nun für die k-te Ableitung von f in $a \in \mathbb{R}$:

$$f^{(k)}(a) = \left[\frac{d^k}{dh^k} \sum_{l=1}^{n} \bar{p}_l(a) h^l \right]_{h=0} = \bar{p}_k(a) k! \quad , \quad \bar{p}_k(a) = \frac{f^{(k)}(a)}{k!} \ ,$$

sodass $f(a + h)$ wiederum die Form eines Taylor-Polynoms erhält:

$$f(a + h) = \sum_{l=0}^{n} \bar{p}_l(a) h^l = \sum_{l=0}^{n} \frac{f^{(l)}(a)}{l!} h^l \ ,$$

wobei der Restterm $\mathcal{O}(h^{n+1})$ null ist. Für beliebige Polynome n-ten Grades ist die Gültigkeit der Taylor-Formel also relativ einfach einzusehen.

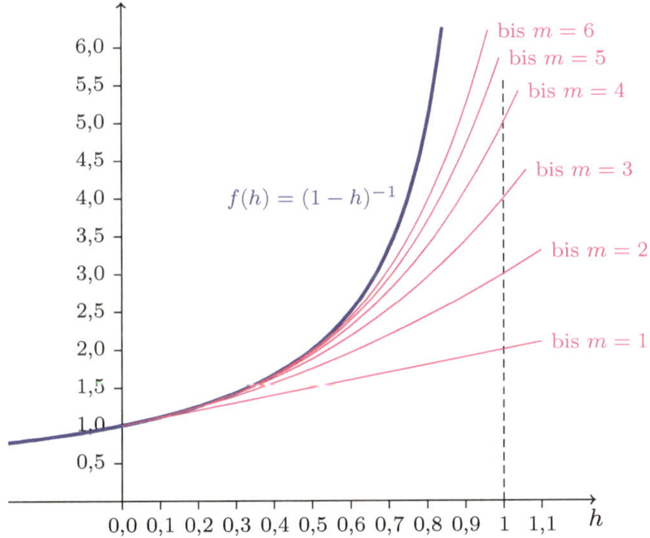

Abb. 4.36 Vergleich der Funktionen $(1 - h)^{-1}$ und $\sum_{m=0}^{n} h^m$

Die geometrische Reihe

Wir betrachten nun die Funktion $f(x) = (1 - x)^{-1}$ und entwickeln $f(a + h)$ mit Hilfe der Taylor-Formel (4.48) um den Punkt $a = 0$. Die m-te Ableitung von f ist durch $f^{(m)}(x) = m!(1 - x)^{-(m+1)}$ gegeben, sodass insbesondere für $a = 0$ gilt: $f^{(m)}(0) = m!$. Aus Gleichung (4.48) ergibt sich:

$$f(h) = (1 - h)^{-1} = \sum_{m=0}^{n} f^{(m)}(0) \frac{h^m}{m!} + f^{(n+1)}(\xi) \frac{h^{n+1}}{(n+1)!}$$

$$= \sum_{m=0}^{n} h^m + \frac{h^{n+1}}{[1 - \xi(h)]^{n+2}} \quad \left(\begin{array}{c} \exists \lambda \in [0,1] \\ \xi(h) = \lambda h \end{array} \right) . \tag{4.51}$$

Diese Formel besagt also, dass man – zumindest für hinreichend kleine h-Werte – durch Aufsummieren vieler Terme der Struktur h^m immer bessere Näherungen für die Funktion $f(h) = (1 - h)^{-1}$ erhält.

Um diese Aussage zu überprüfen, vergleichen wir in Abbildung 4.36 die Funktion $(1 - h)^{-1}$ mit dem Taylor-Polynom $\sum_{m=0}^{n} h^m$ für n-Werte zwischen 1 und 6. Die Funktion $(1 - h)^{-1}$ steigt streng monoton an auf dem Intervall $(-\infty, 1)$ und divergiert für $h = 1$, wie man auch in Abb. 4.36 sieht. Die Gerade „bis $m = 1$" entspricht der linearen Näherung und reproduziert die Funktion $(1 - h)^{-1}$ bestenfalls bis etwa $h \simeq 0{,}2$. Deutlich besser ist bereits die Kurve „bis $m = 2$", die auch den quadratischen Term des Taylor-Polynoms und somit eine gewisse Krümmung von $(1 - h)^{-1}$ mit berücksichtigt. Fügt man nun weitere Terme h^3, h^4, h^5, h^6 hinzu, wird die Beschreibung der Funktion $(1 - h)^{-1}$ durch das Taylor-Polynom $\sum_{m=0}^{n} h^m$ immer besser. Die Abbildung zeigt, dass bereits das Taylor-Polynom mit $n = 6$ die Funktion $(1 - h)^{-1}$ bis $h \simeq 0{,}6$ recht ordentlich beschreibt, während man wegen der Divergenz von $(1 - h)^{-1}$ bei $h = 1$ für h-Werte nahe eins sehr viele Terme benötigt.

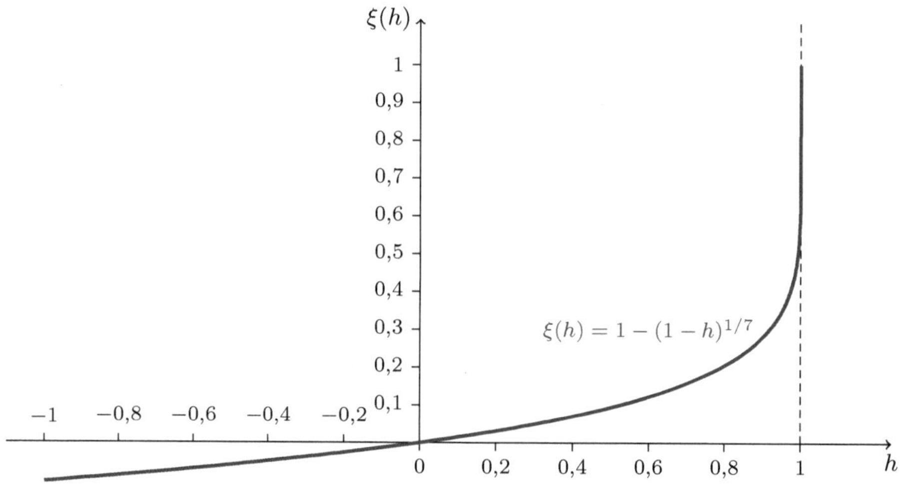

Abb. 4.37 Die Größe $\xi(h)$ in der Taylor-Formel (4.51) (mit $n = 5$) für die Funktion $f(h) = (1 - h)^{-1}$

Natürlich kennen wir aus Gleichung (2.5) in Kapitel [2] auch die genaue Form der Taylor-Reihe der Funktion $f(h) = (1 - h)^{-1}$ bis zur unendlichen Ordnung, denn diese Funktion ist für $|h| < 1$ gleich dem Grenzwert der *geometrischen Reihe*:

$$f(h) = (1 - h)^{-1} = \sum_{m=0}^{\infty} h^m = \sum_{m=0}^{n} h^m + \sum_{m=n+1}^{\infty} h^m$$

$$= \sum_{m=0}^{n} h^m + h^{n+1} \sum_{m=0}^{\infty} h^m = \sum_{m=0}^{n} h^m + \frac{h^{n+1}}{1 - h} . \tag{4.52}$$

Aus dem Vergleich der rechten Seiten von (4.52) und (4.51) folgt nun sofort ein expliziter Ausdruck für die bislang unbekannte Größe $\xi(h)$, über die wir bisher lediglich wissen, dass ihr Wert zwischen 0 und h liegen soll:

$$[1 - \xi(h)]^{n+2} = 1 - h \quad , \quad \xi(h) = 1 - (1 - h)^{1/(n+2)} .$$

Die Beziehung zwischen $\xi(h)$ und h ist für $|h| < 1$ und $n = 5$ in Abbildung 4.37 grafisch dargestellt. Man sieht, dass $\xi(h)$ für die geometrische Reihe streng monoton mit h anwächst und dass $\xi(h)$ und h das gleiche Vorzeichen haben, wobei stets $\xi(h)/h < 1$ gilt. Die Lösung $\xi(h)$ hängt auch von der Ordnung n in Gleichung (4.51) ab: Bei festem $|h| < 1$ gilt für große n-Werte: $\xi(h) \sim \frac{1}{n+2} \ln[(1-h)^{-1}]$, sodass $\xi(h)$ für $n \to \infty$ gegen null geht.

4.4.4 Die Taylor-Formel – Exponential- und Sinusfunktion

Wir möchten nun zwei weitere Beispiele diskutieren, die zeigen, dass Taylor-Reihen auch für endliches $h \neq 0$ durchaus schnell konvergieren können. Diese Beispiele betreffen die Exponential- und die Sinusfunktion. In beiden Fällen entwickeln wir in (4.50) um $a = 0$ und wählen $h = x$. In beiden Fällen ist der Konvergenzradius in (4.50) unendlich groß ($h_\mathrm{c} = x_c = \infty$).

Die Exponentialfunktion

Um die Taylor-Reihe für $f(x) = e^x$ zu bestimmen, verwenden wir, dass $f^{(m)}(0) = e^0 = 1$ gilt für alle $m \in \mathbb{N}_0$. Es folgt daher aus (4.50):

$$e^x = \sum_{m=0}^{\infty} \frac{x^m}{m!} \equiv T_\mathrm{exp}(x) \, . \tag{4.53}$$

Es ist zu beachten, dass die Taylor-Reihe $T_\mathrm{exp}(x)$ für die Exponenialfunktion in $x = 0$ den Wert $T_\mathrm{exp}(0) = 1$ hat und dass für alle $x \in \mathbb{R}$ gilt: $T'_\mathrm{exp}(x) = T_\mathrm{exp}(x)$, sodass $T_\mathrm{exp}(x)$ die beiden definierenden Eigenschaften $\exp(0) = 1$ und $\exp' = \exp$ der Exponentialfunktion besitzt.

In Abbildung 4.38 vergleichen wir die Funktion e^x (blau gezeichnet) mit den verschiedenen Ordnungen der Taylor-Reihe $T_\mathrm{exp}(x)$ bis höchstens $m = 9$. Wir stellen fest, dass die Exponentialfunktion von der linearen Näherung bis etwa $x = 0{,}5$, von der quadratischen bis etwa $x = 1$ und vom Polynom neunten Grades bis $x = 3{,}5$ gut beschrieben wird. Dies zeigt grafisch, zumindest für das untersuchte Intervall $0 \leq x \leq 3{,}5$, dass die Taylor-Reihe $T_\mathrm{exp}(x)$ der Exponentialfunktion diese Funktion bei festem x für hinreichend hohe m-Werte gut beschreibt.

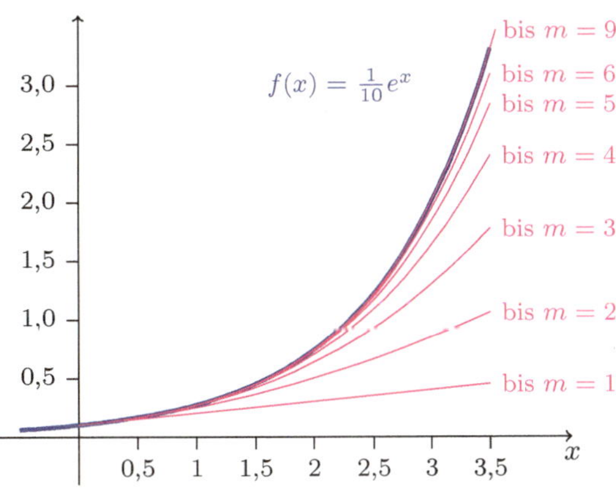

Abb. 4.38 Taylor-Reihe von e^x

Die Sinusfunktion

Um die Taylor-Reihe der Sinusfunktion $f(x) = \sin(x)$ (mit $a = 0$ und $h = x$) aus (4.50) zu bestimmen, verwenden wir Gleichung (4.20), die zeigt, dass generell

$$f^{(2m)} = \sin^{(2m)} = (-1)^m \sin \quad \text{und} \quad f^{(2m+1)} = \sin^{(2m+1)} = (-1)^m \cos$$

gilt und daher insbesondere für $a = 0$ folgt:

$$f^{(2m)}(0) = \sin^{(2m)}(0) = 0 \quad \text{und} \quad f^{(2m+1)}(0) = \sin^{(2m+1)}(0) = (-1)^m \ .$$

Gleichung (4.50) impliziert daher:

$$\sin(x) = \sum_{m=0}^{\infty} \frac{f^{(2m+1)}(0)x^{2m+1}}{(2m+1)!} = \sum_{m=0}^{\infty} \frac{(-1)^m x^{2m+1}}{(2m+1)!} \equiv T_{\sin}(x) \ . \qquad (4.54)$$

In Abbildung 4.39 vergleichen wir die Funktion $\sin(x)$ (blau gezeichnet) mit den verschiedenen Ordnungen der Taylor-Reihe $T_{\sin}(x)$ der Sinusfunktion. Hierbei stellen die „Beiträge bis höchstens $m = n$" ein Polynom vom Grad $2n + 1$ dar. Wir stellen fest, dass der Sinus von der linearen Näherung bis etwa $x = 0{,}5$ und von der kubischen ($m = 1$) bis etwa $x = 2$ gut beschrieben wird. Um eine halbe Periode des Sinus (bis etwa $x = 3{,}5$) beschreiben zu können, benötigt man anscheinend das Taylor-Polynom neunten Grades ($m = 4$), und nur Taylor-Polynome siebzehnten Grades oder höher ($m \geq 8$) können die volle Periode des Sinus gut wiedergeben. Auch in diesem Fall beschreibt die Taylor-Reihe $T_{\sin}(x)$ der Sinusfunktion diese Funktion bei festem x für hinreichend hohe m-Werte also sehr gut, zumindest auf dem hier betrachteten Intervall $0 \leq x \leq 2\pi$.

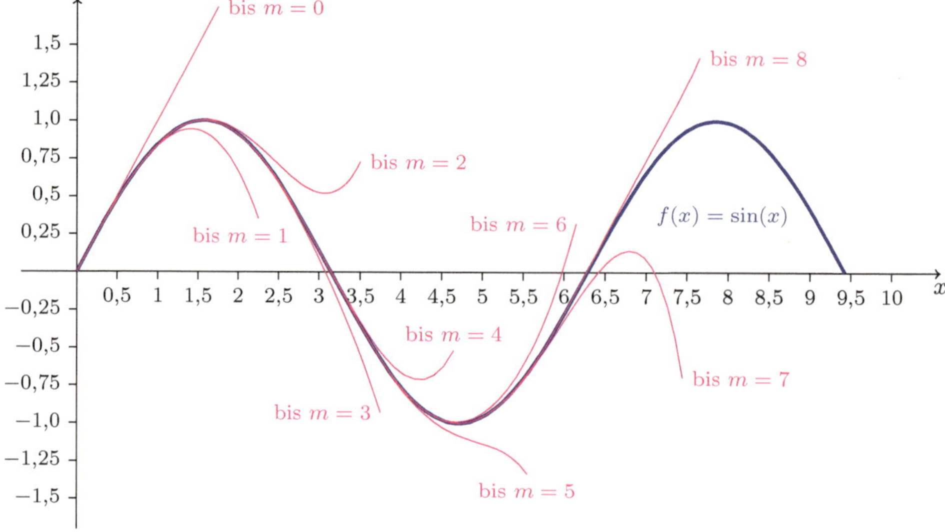

Abb. 4.39 Die Konvergenz der Taylor-Reihe der Funktion $\sin(x)$

Beziehung zwischen Exponential- und Sinusfunktion

Die beiden im vorigen Abschnitt behandelten Beispiele „exp" und „sin" sind natürlich nicht voneinander unabhängig: Die Sinus- und Kosinusfunktionen sind durch die Euler-Formel $e^{i\varphi} = \cos(\varphi) + i\sin(\varphi)$ miteinander verknüpft. Daher müsste es auch eine Beziehung zwischen ihren Taylor-Reihen geben. Wir überprüfen dies, indem wir zunächst $e^{i\varphi}$ auswerten:

$$e^{i\varphi} = T_{\exp}(i\varphi) = \sum_{m=0}^{\infty} \frac{(i\varphi)^m}{m!} = \sum_{m=0}^{\infty} \frac{(i\varphi)^{2m}}{(2m)!} + \sum_{m=0}^{\infty} \frac{(i\varphi)^{2m+1}}{(2m+1)!}$$

$$= \sum_{m=0}^{\infty} \frac{(-1)^m \varphi^{2m}}{(2m)!} + i \sum_{m=0}^{\infty} \frac{(-1)^m \varphi^{2m+1}}{(2m+1)!} = T_{\cos}(\varphi) + i\,T_{\sin}(\varphi)\ .$$

Im ersten Schritt wurde die Exponentialfunktion $e^{i\varphi}$ mit *imaginärem* Argument durch die Taylor-Reihe $T_{\exp}(x)$ in (4.53) mit $x \to i\varphi$ ersetzt. Hierzu merken wir nur an, dass dies erstens dem allgemeinen Schema (4.50) der Bildung einer Taylor-Reihe entspricht und dass zweitens sowohl $f(\varphi) = e^{i\varphi}$ als auch $T_{\exp}(i\varphi)$ die Eigenschaften $f'(\varphi) = if(\varphi)$ und $f(0) = 1$ besitzen. Im letzten Schritt in der ersten Zeile haben wir die *geraden* von den *ungeraden* und damit auch die reellen von den imaginären Beiträgen getrennt. In der zweiten Zeile wurde lediglich $i^2 = -1$ verwendet und festgestellt, dass $\mathrm{Re}(e^{i\varphi})$ dem Kosinus und $\mathrm{Im}(e^{i\varphi})$ dem Sinus entsprechen muss; und in der Tat sind die in dieser Weise und in (4.54) für den Sinus berechneten Taylor-Reihen $T_{\sin}(\varphi)$ bzw. $T_{\sin}(x)$ identisch. Wir lernen außerdem, dass

$$\boxed{\cos(x) = \sum_{m=0}^{\infty} \frac{(-1)^m x^{2m}}{(2m)!} \equiv T_{\cos}(x)} \qquad (4.55)$$

die Taylor-Reihe für die um $a = 0$ entwickelte Kosinusfunktion darstellt. Dies stimmt auch mit den allgemeinen Ergebnissen $\cos^{(2m)} = (-1)^m \cos$ und $\cos^{(2m+1)} = (-1)^{m+1} \sin$ aus (4.19) überein, denn hieraus folgen die Funktionswerte $\cos^{(2m)}(0) = (-1)^m$ und $\cos^{(2m+1)}(0) = 0$, sodass (4.50) Gleichung (4.55) impliziert.

Das Multiplizieren von Exponentialfunktionen

Wir wissen, dass die Exponentialfunktion die Eigenschaft $e^x e^y = e^{x+y}$ hat. Sieht man das auch an der Taylor-Reihe? Wir müssen also zeigen, dass die rechte Seite von

$$e^x e^y = T_{\exp}(x)T_{\exp}(y) = \left(\sum_{m=0}^{\infty} \frac{x^m}{m!}\right)\left(\sum_{n=0}^{\infty} \frac{y^n}{n!}\right) = \sum_{m,n=0}^{\infty} \frac{x^m y^n}{m!n!} \qquad (4.56)$$

gleich

$$T_{\exp}(x+y) = \sum_{k=0}^{\infty} \frac{(x+y)^k}{k!}$$

ist. Nun erfolgt die (m,n)-Summe in (4.56) über alle nicht-negativen ganzzahligen m- und n-Werte. Wie man die (m,n)-Summe ausrechnet ist unerheblich, solange man alle nicht-negativen (m, n)-Werte genau einmal berücksichtigt. Insbesondere kann man zuerst für festes $k \in \mathbb{N}_0$ über alle (m, n)-Werte mit $m + n = k$ summieren und danach diese partiellen Summen über alle k-Werte ($k = 0, 1, 2, 3, \cdots$). Es folgt dann:

$$\sum_{m,n=0}^{\infty} \frac{x^m y^n}{m! n!} = \sum_{k=0}^{\infty} \sum_{\{m+n=k\}} \frac{x^m y^n}{m! n!} = \sum_{k=0}^{\infty} \frac{1}{k!} \sum_{\{m+n=k\}} \frac{k!}{m! n!} x^m y^n$$

$$= \sum_{k=0}^{\infty} \frac{1}{k!} \sum_{m=0}^{k} \binom{k}{m} x^m y^{k-m} = \sum_{k=0}^{\infty} \frac{(x+y)^k}{k!} = e^{x+y} \, .$$

In der Tat hat die Taylor-Reihe ebenfalls die Eigenschaft $e^x e^y = e^{x+y}$:

$$T_{\exp}(x) T_{\exp}(y) = T_{\exp}(x + y) \qquad \forall x, y \in \mathbb{R} \, .$$

Insbesondere folgt für $y = -x$ also: $T_{\exp}(-x) = [T_{\exp}(x)]^{-1}$.

Das unendliche Produkt und die Taylor-Reihe *

In der Form von Gleichung (4.53) haben wir eine *vierte* mögliche Definition der Exponentialfunktion kennengelernt (neben denjenigen als Lösung der Gleichung $f'(x) = f(x)$ mit $f(0) = 1$, als unendliches Produkt oder als Inverse des Logarithmus). Wir haben bereits festgestellt, dass die Taylor-Reihe $T_{\exp}(x)$ der Exponentialfunktion die Gleichung $f'(x) = f(x)$ mit $f(0) = 1$ erfüllt. Hier möchten wir eine Verknüpfung mit dem unendlichen Produkt $e^x = \lim_{n \to \infty} \left(1 + \frac{x}{n}\right)^n$ herstellen. In diesem Unterabschnitt nehmen wir das unendliche Produkt als *Definition* der Exponentialfunktion und zeigen dann, dass die Taylor-Reihe gleich dem unendlichen Produkt ist, sodass beide Definitionen *äquivalent* sind. Wir führen hierzu die Notationen

$$T_{\exp}^{(k)}(x) \equiv \sum_{m=0}^{k} \frac{x^m}{m!} \quad , \quad S_n^{(k)} \equiv \sum_{m=0}^{k} \left(1 - \tfrac{1}{n}\right) \left(1 - \tfrac{2}{n}\right) \cdots \left(1 - \tfrac{m-1}{n}\right) \frac{x^m}{m!}$$

ein. Es folgt dann aus dem binomischen Satz:

$$\left(1 + \frac{x}{n}\right)^n = \sum_{m=0}^{n} \binom{n}{m} \left(\frac{x}{n}\right)^m = \sum_{m=0}^{n} \frac{n(n-1) \cdots [n - (m-1)] \, x^m}{n^m m!}$$

$$= \sum_{m=0}^{n} \left(1 - \tfrac{1}{n}\right) \left(1 - \tfrac{2}{n}\right) \cdots \left(1 - \tfrac{m-1}{n}\right) \frac{x^m}{m!} = S_n^{(n)}$$

und daher insbesondere: $\lim_{n \to \infty} S_n^{(n)} = e^x$.

Nehmen wir zunächst an, dass $x \geq 0$ gilt, und wählen wir ein festes $k \in \mathbb{N}$ mit $1 \leq k \leq n$; für alle festgehaltenen k gilt dann:

$$S_n^{(k)} \leq \left(1 + \frac{x}{n}\right)^n = S_n^{(n)} \leq \sum_{m=0}^{n} \frac{x^m}{m!} = T_{\exp}^{(n)}(x) \, . \tag{4.57}$$

Wir haben hierbei erstens verwendet, dass $S_n^{(k)}$ für $x \geq 0$ und $1 \leq k \leq n$ monoton als Funktion von k steigt, sodass sicherlich $S_n^{(k)} \leq S_n^{(n)}$ gilt, und zweitens, dass wegen $\left(1 - \frac{1}{n}\right)\left(1 - \frac{2}{n}\right)\cdots\left(1 - \frac{m-1}{n}\right) \leq 1$ die Ungleichung $S_n^{(n)} \leq \sum_{m=0}^{n} x^m/m! = T_{\exp}^{(n)}(x)$ gilt. In Gleichung (4.57) nehmen wir nun bei festem k den Limes $n \to \infty$; das Ergebnis ist:

$$T_{\exp}^{(k)}(x) = S_\infty^{(k)} \leq \lim_{n\to\infty}\left(1 + \frac{x}{n}\right)^n = e^x \leq \sum_{m=0}^{\infty} \frac{x^m}{m!} = T_{\exp}(x) \,.$$

Da diese Ungleichungen für *alle* festen k-Werte ($k \in \mathbb{N}$) gelten, kann man den Limes $k \to \infty$ durchführen; das Ergebnis ist:

$$T_{\exp}(x) \leq e^x \leq T_{\exp}(x) \,.$$

Die Exponentialfunktion kann aber nur dann sowohl kleiner als auch größer als $T_{\exp}(x)$ sein, wenn beide Größen denselben Wert haben. Dies zeigt zunächst, dass e^x, definiert als unendliches Produkt, für alle $x \geq 0$ gleich der Taylor-Reihe $T_{\exp}(x)$ ist. Wegen $T_{\exp}(-x) = [T_{\exp}(x)]^{-1} = (e^x)^{-1} = e^{-x}$ gilt das Gleiche dann aber auch für $x \leq 0$ und somit für alle $x \in \mathbb{R}$.

4.4.5 Weitere Beispiele für Taylor-Formeln

Wir besprechen ein paar weitere Anwendungen der Taylor-Formel (4.50), wobei ausnahmslos um $a = 0$ entwickelt wird und der Einfachheit halber die Entwicklungsvariable h durch x ersetzt wird. Alle Entwicklungen gelten daher zunächst einmal für $x \to 0$.

Zuallererst rufen wir aus Abschnitt [4.4.3] in Erinnerung, dass die Funktion $f(x) = (1 - x)^{-1}$ und völlig analog auch $f(x) = (1 + x)^{-1}$ durch geometrische Reihen beschrieben werden:

$$\frac{1}{1-x} = \sum_{m=0}^{n} x^m + \mathcal{O}(x^{n+1}) \quad , \quad \frac{1}{1+x} = \sum_{m=0}^{n} (-1)^m x^m + \mathcal{O}(x^{n+1}) \quad (x \to 0)$$

und dass diese Reihen für alle $|x| < 1$ im Limes $n \to \infty$ konvergieren:

$$\frac{1}{1-x} = \sum_{m=0}^{\infty} x^m \quad , \quad \frac{1}{1+x} = \sum_{m=0}^{\infty} (-1)^m x^m \qquad (|x| < 1) \,. \tag{4.58}$$

In diesen Fällen existiert also die Taylor-Reihe, allerdings mit einem endlichen Konvergenzradius ($x_{\rm c} = 1$).

Integriert man nun z.B. $(1 + x)^{-1}$ in (4.58) bzgl. x, so erhält man wiederum eine Taylor-Reihe und zwar diejenige der Funktion $\ln(1 + x)$:

$$\ln(1 + x) = \int_0^x dx' \,\frac{1}{1 + x'} = \int_0^x dx' \sum_{m=0}^{\infty} (-1)^m (x')^m = \sum_{m=1}^{\infty} (-1)^{m-1}\frac{x^m}{m} \,.$$

Diese Taylor-Reihe hat den gleichen Konvergenzradius $x_{\rm c} = 1$. Ersetzt man alternativ in Gleichung (4.58) $x \to y^2$ und integriert bzgl. y, so folgt für die Funktion $(1 - x)^{-1}$:

$$\operatorname{artanh}(x) = \int_0^x dy \,\frac{1}{1 - y^2} = \int_0^x dy \sum_{m=0}^{\infty} y^{2m} = \sum_{m=0}^{\infty} \frac{x^{2m+1}}{2m + 1}$$

und für die Funktion $(1 + x)^{-1}$:

$$\arctan(x) = \int_0^x dy \, \frac{1}{1 + y^2} = \int_0^x dy \, \sum_{m=0}^{\infty} (-1)^m y^{2m} = \sum_{m=0}^{\infty} \frac{(-1)^m x^{2m+1}}{2m + 1} \, .$$

Diese Taylor-Reihen haben ebenfalls den Konvergenzradius $x_c = 1$. Auch für die Funktion $(1 + x)^\alpha$ können die Konstanten $f^{(m)}(a)$ für $a = 0$ in (4.50) leicht ausgerechnet werden. Es folgt die Taylor-Reihe:

$$\boxed{(1 + x)^\alpha = \sum_{m=0}^{\infty} \binom{\alpha}{m} x^m} \quad \text{mit} \quad \binom{\alpha}{m} = \frac{\alpha(\alpha - 1)(\alpha - 2) \ldots (\alpha - m + 1)}{m!} \, ,$$

ebenfalls mit dem Konvergenzradius $x_c = 1$. Als wichtigen Spezialfall (für $\alpha = \frac{1}{2}$) nennen wir noch:

$$(1 + x)^{1/2} = 1 + \tfrac{1}{2}x - \tfrac{1}{8}x^2 + \cdots + \binom{\frac{1}{2}}{m} x^m + \mathcal{O}(x^{m+1}) \, .$$

Die Konstanten $\binom{1/2}{m}$ nehmen die folgende, etwas einfachere Form an:

$$\binom{\frac{1}{2}}{m} = \frac{(-1)^{m-1}(2m - 3)!!}{2^m m!} \, .$$

Hierbei ist $n!!$ definiert als:

$$n!! \equiv \begin{cases} n(n - 2)(n - 4) \cdots 2 & \text{(falls n gerade ist)} \\ n(n - 2)(n - 4) \cdots 1 & \text{(falls n ungerade ist)} \end{cases}$$

und wird als „n-Doppelfakultät" ausgesprochen.

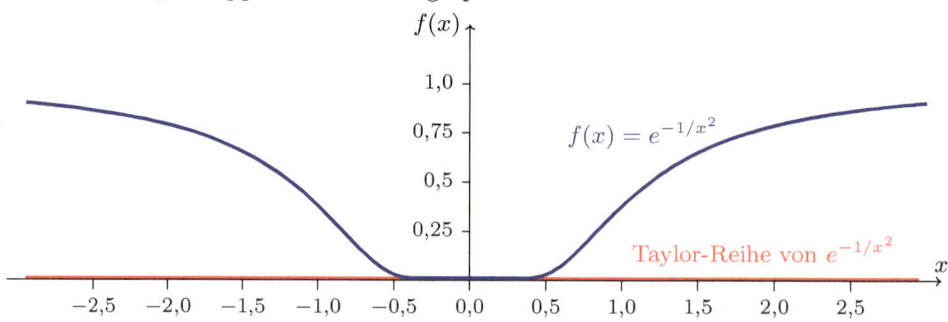

Abb. 4.40 Diskrepanz zwischen der Funktion $f(x) = e^{-1/x^2}$ und der zugehörigen Taylor-Reihe

Wir möchten zum Abschluss dieses Unterabschnitts ein Beispiel für eine Funktion zeigen, die *nicht* gleich der eigenen Taylor-Reihe ist, und untersuchen, in welcher Hinsicht diese Funktion von den bisher behandelten Beispielen abweicht. Wir betrachten die Funktion

$$\begin{aligned} f(x) &\equiv e^{-1/x^2} \quad (x \in \mathbb{R}\backslash\{0\}) \\ f(0) &\equiv 0 \, , \end{aligned} \tag{4.59}$$

die bereits in Abb. 4.30 dargestellt wurde. Diese Funktion ist stetig für alle $x \in \mathbb{R}$. Man überprüft leicht anhand der allgemeinen Definition (4.8) einer Ableitung, dass $f(x)$ in $x = 0$ sogar beliebig oft nach x differenzierbar ist und dass alle diese Ableitungen gleich null sind: $f^{(m)}(0) = 0$ für alle $m \in \mathbb{N}_0$. Folglich hat die Funktion $f(x)$ eine perfekt konvergierende Taylor-Reihe $T_f(x)$ mit Konvergenzradius $x_c = \infty$, nämlich

$$T_f(x) \equiv \sum_{m=0}^{\infty} f^{(m)}(0) \frac{x^m}{m!} = \sum_{m=0}^{\infty} 0 \cdot \frac{x^m}{m!} = 0 \qquad (0 \le |x| < x_c = \infty) \, .$$

Diese Taylor-Reihe ist allerdings nur in einem einzelnen Punkt $(x = 0)$ gleich der Funktion $f(x)$. Die eklatante Diskrepanz zwischen der Funktion e^{-1/x^2} und ihrer Taylor-Reihe ist in Abbildung 4.40 grafisch dargestellt.

Welche Eigenschaft der Funktion $f(x) = e^{-1/x^2}$ ist für dieses abweichende Verhalten verantwortlich? Um diese Frage zu beantworten, ist es hilfreich, die Funktion f für *komplexe* Argumente $(z \in \mathbb{C})$ zu verallgemeinern und sich das Verhalten von $f(z) = e^{-1/z^2}$ in der komplexen Ebene nahe $z = 0$ anzusehen. Hierbei ist das Verhalten von $f(z)$ auf der *imaginären Achse* (für $z = iy$) besonders illustrativ. Für die bisher betrachteten Funktionen, die gleich ihren jeweiligen Taylor-Reihen sind, wissen wir, dass das Verhalten auf der imaginären Achse nahe $z = 0$ glatt ist. Beispielsweise gilt für $y \to 0$:

$$\cos(iy) = \cosh(y) = 1 + \tfrac{1}{2}y^2 + \cdots \quad , \quad e^{iy} = 1 + iy - \tfrac{1}{2}y^2 + \cdots$$
$$\sin(iy) = i\sinh(y) = iy + \cdots \quad , \quad \tan(iy) = i\tanh(y) = iy + \cdots \, .$$

Ganz anders verhält sich die Funktion $f(z) = e^{-1/z^2}$ nahe $z = 0$, denn sie ist hochgradig *unstetig*:

$$\lim_{x \to 0} f(x) = \lim_{x \to 0} e^{-1/x^2} = f(0) = 0 \quad , \quad \lim_{y \to 0} f(iy) = \lim_{y \to 0} e^{+1/y^2} = \infty \, .$$

Generell lernt man aus diesem Beispiel, dass Reihenentwicklungen zur Beschreibung von Funktionen f nur dann gut verstanden werden können, wenn man diese Funktionen $f(z)$ auch für *komplexe* Argumente untersucht.

4.4.6 Grenzwerte von Quotienten

Viele Grenzwerte treten in der Form von *Quotienten* zweier Funktionen f_1 und f_2 auf. In diesem Abschnitt möchten wir uns solche Grenzwerte etwas genauer ansehen. Die allgemeine Form des Problems ist somit:

$$\lim_{x \to a} \frac{f_1(x)}{f_2(x)} = (\cdots) \qquad (a \in \mathbb{R}) \, , \tag{4.60}$$

wobei die rechte Seite $(\cdots)$ konkret zu bestimmen ist. Einige Aussagen lassen sich leicht treffen: Wenn $f_1(a)$ und $f_2(a)$ beide endlich sind, ist auch ihr Quotient in $x = a$ endlich. Wenn $f_1(a) = 0$ gilt und $f_2(a)$ endlich und ungleich null ist, ist der Quotient in $x = a$ gleich null. Wenn $f_2(a) = 0$ gilt und $f_1(a)$ endlich ist, divergiert der Quotient in $x = a$, falls er überhaupt definiert ist. Möglicherweise muss man zwischen dem linksseitigen Grenzwert $x \uparrow a$ und dem rechtsseitigen Grenzwert $x \downarrow a$ unterscheiden.

Wie soll man aber vorgehen, wenn $f_1(a)$ und $f_2(a)$ beide gleich *null* sind? Über dieses Problem hat man sich bereits im 17. Jahrhundert Gedanken gemacht. Die Lösung ist verknüpft mit den Namen des Schweizer Mathematikers Johann Bernoulli (1667 - 1748), des Franzosen Guillaume François Antoine, Marquis de l'Hôpital (1661 - 1704) und des britischen Mathematikers Brook Taylor (1685 - 1731). Insbesondere die „Reihen" des Letztgenannten und verallgemeinerte asymptotische Überlegungen sind bei praktischen Problemen sehr nützlich.

Betrachten wir also das allgemeine Problem (4.60) mit $f_1(a) = 0$ und $f_2(a) = 0$, wobei jedoch $f_1'(a) \neq 0$ und $f_2'(a) \neq 0$ gelten soll. Nehmen wir des Weiteren an, dass die Funktionen f_1 und f_2 einige Male differenzierbar sind, sodass man nach dem Taylor'schen Satz schreiben kann:

$$\boxed{\lim_{x \to a} \frac{f_1(x)}{f_2(x)} = \lim_{x \to a} \frac{f_1'(a)(x-a) + \frac{1}{2}f_1''(\xi)(x-a)^2}{f_2'(a)(x-a) + \frac{1}{2}f_2''(\xi)(x-a)^2} = \frac{f_1'(a)}{f_2'(a)} \, .} \qquad (4.61)$$

Hierbei liegt der Variablenwert ξ wie üblich zwischen a und x. Im mittleren Glied entsprechen die jeweils ersten Terme in Zähler und Nenner der linearen Näherung. Man dividiert in Zähler und Nenner durch $x - a$ und nimmt danach den Limes $x \to a$. Die quadratischen Beiträge im mittleren Glied sind in diesem Grenzfall vernachlässigbar. Das Ergebnis des Grenzwertprozesses ist auf der rechten Seite angegeben. In diesem Fall gestaltet sich die Auswertung von (4.60) also als recht einfach.

Nehmen wir nun an, es tritt die zusätzliche Komplikation auf, dass alle Ableitungen von f_1 und f_2 bis zur $(n-1)$-ten Ordnung gleich null sind: $f_i^{(k)}(a) = 0$ für $0 \leq k \leq n-1$ mit $f_i^{(n)}(a) \neq 0$ $(i = 1, 2)$. In diesem Fall sind also alle Beiträge in der Taylor-Entwicklung bis zur $(n-1)$-ten Ordnung gleich null, aber ab der n-ten Ordnung können wir analog zu (4.61) vorgehen, wiederum mit einem Variablenwert ξ zwischen a und x:

$$\lim_{x \to a} \frac{f_1(x)}{f_2(x)} = \lim_{x \to a} \frac{f_1^{(n)}(a)\frac{(x-a)^n}{n!} + f_1^{(n+1)}(\xi)\frac{(x-a)^{n+1}}{(n+1)!}}{f_2^{(n)}(a)\frac{(x-a)^n}{n!} + f_2^{(n+1)}(\xi)\frac{(x-a)^{n+1}}{(n+1)!}} = \frac{f_1^{(n)}(a)}{f_2^{(n)}(a)} \, . \qquad (4.62)$$

Wir dividieren in Zähler und Nenner des mittleren Gliedes durch $(x - a)^n / n!$ und nehmen den Limes $x \to a$. Die Beiträge von Ordnung $(x - a)^{n+1}$ im mittleren Glied sind in diesem Grenzfall vernachlässigbar. Das Ergebnis der Berechnung ist auf der rechten Seite von (4.62) angegeben.

In diesen Beispielen haben wir angenommen, dass $a \in \mathbb{R}$ gilt. Häufig stößt man auch auf Probleme mit $a = \pm\infty$, aber diese sind den oben besprochenen sehr ähnlich: Entweder man führt Grenzwertberechnungen mit $a = \pm\infty$ durch eine Substitution $x = y^{-1}$ auf (4.61) und (4.62) mit $a = 0$ zurück:

$$\lim_{x \to \infty} \frac{f_1(x)}{f_2(x)} = \lim_{y \downarrow 0} \frac{f_1(y^{-1})}{f_2(y^{-1})} \quad , \quad \lim_{x \to -\infty} \frac{f_1(x)}{f_2(x)} = \lim_{y \uparrow 0} \frac{f_1(y^{-1})}{f_2(y^{-1})} \, ,$$

oder man setzt das asymptotische Verhalten $f_1(x) = a_{11}x^{-1} + a_{12}x^{-2} + \cdots$ (und analog für f_2) direkt in (4.60) ein:

$$\lim_{x \to \pm\infty} \frac{f_1(x)}{f_2(x)} = \lim_{x \to \pm\infty} \frac{a_{11}x^{-1} + a_{12}x^{-2} + \cdots}{a_{21}x^{-1} + a_{22}x^{-2} + \cdots} = \frac{a_{11}}{a_{21}} \, .$$

Wir nehmen in diesem Beispiel der Einfachheit halber an, dass $a_{11} \neq 0 \neq a_{21}$ gilt, sonst brauchte man Verallgemeinerungen analog zu (4.62).

Betrachten wir nun ein paar Beispiele, wobei die Funktionen f_1 und f_2 keine Taylor-Reihen in $x = a$ besitzen. Auch dies kommt häufig vor; man denke nur an $f(x) = x^{1/2}$ oder $f(x) = x^{5/7}$ in einer kleinen Umgebung von $a = 0$. Für solche Zwecke lassen sich die oben verwendeten Methoden jedoch leicht verallgemeinern, z.B. indem man annimmt, dass die beiden Funktionen sich für $x \to a$ wie $f_i(x) \sim A_i \, |x - a|^{\alpha_i}$ mit $i = 1, 2$ verhalten, wobei $A_i \neq 0$ ein reeller Vorfaktor und $\alpha_i \in \mathbb{R}$ der Exponent des algebraischen Verhaltens von f_i nahe $x = a$ ist. Das gesuchte Grenzwertverhalten folgt nun als:

$$\lim_{x \to a} \frac{f_1(x)}{f_2(x)} = \lim_{x \to a} \frac{A_1}{A_2} |x - a|^{\alpha_1 - \alpha_2} = \begin{cases} 0 & (\alpha_1 > \alpha_2) \\ A_1/A_2 & (\alpha_1 = \alpha_2) \\ \pm\infty & (\alpha_1 < \alpha_2) \end{cases} . \tag{4.63}$$

Dies trifft übrigens auch zu, wenn die Exponenten *negativ* sind ($\alpha_{1,2} < 0$), d.h., wenn die Funktionen f_1 und f_2 selbst in $x = a$ divergieren. Falls bei der Grenzwertberechnung $a = \infty$ gilt (Berechnungen mit $a = -\infty$ verlaufen analog), kann man häufig für das asymptotische Verhalten von $f_{1,2}$ den folgenden Ansatz machen: $f_i(x) \sim A_i \, x^{\alpha_i}$ für $x \to \infty$ mit $\alpha_i \in \mathbb{R}$ und $i = 1, 2$. Die Grenzwertberechnung ergibt nun:

$$\lim_{x \to \infty} \frac{f_1(x)}{f_2(x)} = \lim_{x \to \infty} \frac{A_1 x^{\alpha_1}}{A_2 x^{\alpha_2}} = \lim_{x \to \infty} \frac{A_1}{A_2} x^{\alpha_1 - \alpha_2} = \begin{cases} 0 & (\alpha_1 < \alpha_2) \\ A_1/A_2 & (\alpha_1 = \alpha_2) \\ \pm\infty & (\alpha_1 > \alpha_2) \end{cases} . \tag{4.64}$$

Auch in diesem Fall dürfen die Exponenten positiv oder negativ (oder auch gleich null) sein.

Analog zur Rechenregel (4.61) gibt es in der Mathematik die sogenannte „Regel von l'Hôpital", die in Wirklichkeit nicht vom gleichnamigen Marquis, sondern von dessen Lehrer, Johann Bernoulli, stammt und besagt, dass

$$\boxed{\lim_{x \to a} \frac{f_1(x)}{f_2(x)} = \lim_{x \to a} \frac{f_1'(x)}{f_2'(x)}} \tag{4.65}$$

gilt, *falls* der Grenzwert auf der rechten Seite existiert. Die Hoffnung ist hierbei, dass sich die rechte Seite einfacher berechnen lässt als die linke, z.B. wenn auf der linken Seite $f_1(a) = f_2(a) = 0$ gilt und auf der rechten zumindest $0 \neq |f_2'(a)| < \infty$. Ein einfaches Beispiel wäre:

$$\lim_{x \to 0} \frac{\sin(x)}{x} = \lim_{x \to 0} \frac{\cos(x)}{1} = 1 \, .$$

Ein weiteres Beispiel, wobei man die Regel von l'Hôpital *zweimal* hintereinander anwenden muss, um in Zähler und Nenner ein im Grenzfall *endliches* Ergebnis zu erhalten, ist

$$\lim_{x\to 0}\frac{\cosh(x)-1}{x^2}=\lim_{x\to 0}\frac{\sinh(x)}{2x}=\lim_{x\to 0}\frac{\cosh(x)}{2}=\frac{1}{2}\;.$$

Die „Regel" bietet jedoch i.A. im Vergleich zu den oben diskutierten Verfahren, die auf dem asymptotischen Verhalten der Funktionen f_1 und f_2 beruhen, kaum Vorteile und hat manchmal sogar Nachteile. Wir illustrieren dies anhand zweier Beispiele.

Die „Regel von l'Hôpital" kann nämlich zur Grenzwertbildung völlig unbrauchbar sein, wie das Beispiel der Funktionen

$$f_1(x)=\exp\left(-\frac{1}{x^2}\right)\quad\text{und}\quad f_2(x)=\exp\left(-\frac{1}{[\sin(x)]^2}\right)$$

mit $a=0$ und $f_1(0)=f_2(0)\equiv 0$ zeigt: In diesem Fall würde die „Regel" auch nach unendlich häufiger Anwendung nicht zum Ergebnis führen, da für alle $n\in\mathbb{N}_0$ gilt: $f_1^{(n)}(0)=f_2^{(n)}(0)=0$. Dennoch kann man den gewünschten Grenzwert leicht berechnen:

$$\begin{aligned}\lim_{x\to 0}\frac{f_1(x)}{f_2(x)}&=\lim_{x\to 0}\exp\left(\frac{1}{[\sin(x)]^2}-\frac{1}{x^2}\right)=\lim_{x\to 0}\exp\left(\frac{x^2-[\sin(x)]^2}{x^2[\sin(x)]^2}\right)\\&=\lim_{x\to 0}\exp\left[\frac{1-(1-\frac{1}{6}x^2+\cdots)^2}{x^2(1-\frac{1}{6}x^2+\cdots)^2}\right]=e^{1/3}\;,\end{aligned}$$

wenn man die Taylor-Reihe des Sinus in den Exponenten einsetzt.

Außerdem ist – wie bereits gesagt – die Voraussetzung für die Anwendbarkeit der Regel von l'Hôpital, dass die rechte Seite von (4.65) *konvergiert*. Dies muss nicht unbedingt der Fall sein, auch wenn die linke Seite manifest gegen einen endlichen Wert konvergiert. Dies sieht man z.B. für $f_1(x)=x+x^2\sin(x^{-1})$ und $f_2(x)=x+x^2\cos(x^{-1})$ mit $a=0$; in diesem Fall konvergiert der Quotient $f_1(x)/f_2(x)$ bestens für $x\to 0$:

$$\lim_{x\to 0}\frac{f_1(x)}{f_2(x)}=\lim_{x\to 0}\frac{x+x^2\sin(x^{-1})}{x+x^2\cos(x^{-1})}=\lim_{x\to 0}\frac{1+x\sin(x^{-1})}{1+x\cos(x^{-1})}=1\;,$$

obwohl

$$\frac{f_1'(x)}{f_2'(x)}=\frac{1-\cos(x^{-1})+2x\sin(x^{-1})}{1+\sin(x^{-1})+2x\cos(x^{-1})}=\frac{1-\sqrt{1+4x^2}\cos[x^{-1}+\phi_0(x)]}{1+\sqrt{1+4x^2}\sin[x^{-1}+\phi_0(x)]}$$

nicht konvergiert und sogar beliebig nahe an $a=0$ Divergenzen aufweist. Hierbei ist der Winkel ϕ_0 durch $\phi_0(x)\equiv\arctan(2x)$ definiert und ist daher klein: $\phi_0(x)\to 0$ für $x\to 0$.

4.4.7　Herleitung des Satzes von Taylor

Am Ende dieses Abschnitts [4.4] möchten wir noch einmal auf den *Satz von Taylor*, Gleichung (4.48), zurückkommen, um seinen Beweis zu skizzieren. Der Beweis erfordert einige an sich elementare Integrationsregeln, die allerdings „offiziell" erst in Kapitel [6] behandelt werden. Aus diesem Grund könnte es sich lohnen, diese Beweisskizze nach der Lektüre von Kapitel [6] noch einmal zu studieren.

Wir nehmen an, dass eine Funktion f in einer Umgebung $(a - \varepsilon, a + \varepsilon)$ von $x = a$ (mit $\varepsilon > |h| > 0$) mindestens $(n + 1)$-mal stetig differenzierbar ist: Es ist wesentlich für den Beweis, dass die $(n+1)$-te Ableitung $f^{(n+1)}$ existiert und stetig ist. Gesucht ist nun ein exakter Ausdruck für die $\mathcal{O}(h^{n+1})$-Korrektur zum h^n-Term in (4.48):

$$f(a + h) = f(a) + f'(a)\frac{h}{1!} + \cdots + f^{(n)}(a)\frac{h^n}{n!} + \mathcal{O}(h^{n+1}) \ .$$

Hierzu zeigen wir zuerst die Identität

$$f(a + h) = \sum_{m=0}^{n} f^{(m)}(a)\frac{h^m}{m!} + I_{n+1}(a + h) \ , \tag{4.66}$$

wobei $I_{n+1}(x)$ das folgende Integral der $(n+1)$-ten Ableitung $f^{(n+1)}$ der Funktion f darstellt:

$$I_{n+1}(x) \equiv \int_a^x dx' \ f^{(n+1)}(x')\frac{(x - x')^n}{n!} \ . \tag{4.67}$$

Gleichung (4.66) mit dem Korrekturterm $I_{n+1}(a + h)$ in (4.67) ist bereits der Taylor'sche Satz, wie er von Taylor selbst formuliert wurde. Wir werden diese Form des Satzes zuerst beweisen und danach zeigen, dass der Korrekturterm $I_{n+1}(a+h)$ auch auf die Form $f^{(n+1)}(\xi)h^{n+1}/(n + 1)!$ gebracht werden kann, die uns aus Gleichung (4.48) vertraut ist. Diese Umformulierung stammt vom französischen Mathematiker Joseph-Louis de Lagrange (1736 - 1813).

Der Beweis von (4.66) basiert darauf, dass das Integral $I_{m+1}(x)$ für alle m-Werte mit $1 \le m \le n$ in recht einfacher Weise rekursiv mit dem Integral $I_m(x)$ zusammenhängt – dies zeigt man mit Hilfe einer partiellen Integration:

$$\begin{aligned}
I_{m+1}(x) &= \int_a^x dx' \ f^{(m+1)}(x')\frac{(x - x')^m}{m!} \\
&= f^{(m)}(x')\frac{(x - x')^m}{m!}\Big|_a^x + \int_a^x dx' \ f^{(m)}(x')\frac{(x - x')^{m-1}}{(m - 1)!} \\
&= -f^{(m)}(a)\frac{(x - a)^m}{m!} + I_m(x) \ . \tag{4.68}
\end{aligned}$$

Für den Spezialfall $m = 0$ gilt die Gleichung:

$$I_1(x) = \int_a^x dx' \ f'(x') = f(x) - f(a) \ ,$$

die wiederum die Form (4.68) hat, nun mit $I_0(x) \equiv f(x)$. Insbesondere gilt also für $x = a + h$:

$$I_m(a + h) = f^{(m)}(a)\frac{h^m}{m!} + I_{m+1}(a + h) \tag{4.69}$$

$$f(a + h) = f(a) + I_1(a + h) \ . \tag{4.70}$$

Durch wiederholtes Einsetzen von Gleichung (4.69) in (4.70) (zuerst für $m = 1$, dann für $m = 2$, und so weiter bis $m = n$) erhält man:

$$f(a + h) = f(a) + I_1(a + h) = f(a) + f'(a)\frac{h}{1!} + I_2(a + h)$$

$$= f(a) + f'(a)\frac{h}{1!} + f''(a)\frac{h^2}{2!} + I_3(a + h) = \cdots$$

$$= f(a) + f'(a)\frac{h}{1!} + f''(a)\frac{h^2}{2!} + \cdots + f^{(n)}(a)\frac{h^n}{n!} + I_{n+1}(a + h) \,.$$

Hiermit ist gezeigt, dass der Korrekturterm im Taylor'schen Satz in der Tat durch (4.67) gegeben ist.

Der Beitrag von Lagrange zum Satz von Taylor ist die weitere Umformung und Vereinfachung des Korrekturterms $I_{n+1}(a + h)$ auf der rechten Seite von Gleichung (4.66). Schreibt man in der Definition (4.67) von $I_{n+1}(x)$ nämlich $x = a + h$ und $x' = a + \ell h$, so kann man (4.67) alternativ als

$$I_{n+1}(a + h) = \frac{h^{n+1}}{(n+1)!} \int_0^1 d\ell \; p(\ell) f^{(n+1)}(a + \ell h)$$

schreiben. Hierbei wurde $p(\ell) \equiv (n+1)(1 - \ell)^n$ definiert. Die Funktion p ist nichtnegativ und im Intervall $[0, 1]$ auf eins normiert:

$$\int_0^1 d\ell \; p(\ell) = 1 \qquad , \qquad \int_0^1 d\ell \; p(\ell) g(\ell) \equiv \langle g(\ell) \rangle_p \,.$$

Folglich kann die Funktion p als Wahrscheinlichkeitsdichte und $\langle g(\ell) \rangle_p$ als Mittelwert einer (stetigen, ansonsten aber beliebigen) Funktion g interpretiert werden. Insbesondere ist auch das Integral $\int_0^1 d\ell \; p(\ell) f^{(n+1)}(a + \ell h) \equiv \langle f^{(n+1)}(a + \ell h) \rangle_p$ daher als Mittelwert interpretierbar:

$$I_{n+1}(a + h) = \frac{h^{n+1}}{(n+1)!} \langle f^{(n+1)}(a + \ell h) \rangle_p \,.$$

Betrachten wir allgemein – wie in Abbildung 4.41 skizziert – den Mittelwert $\langle g \rangle_p$ einer auf dem Intervall $0 \leq \ell \leq 1$ *stetigen* Funktion $g(\ell)$. Die Funktion g wird auf dem Intervall ihr Minimum $g_{\min}$ und ihr Maximum $g_{\max}$ annehmen, z.B. für $\ell = \ell_{\min}$ bzw. $\ell = \ell_{\max}$. Auf jeden Fall gilt:

$$\langle g \rangle_p = \int_0^1 d\ell \; p(\ell) g(\ell)$$

$$\leq g_{\max} \int_0^1 d\ell \; p(\ell) = g_{\max}$$

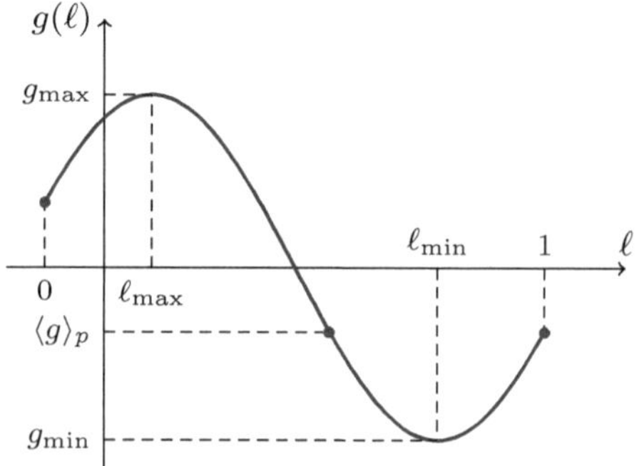

Abb. 4.41 Mittelwertsatz für $g(\ell)$

und analog $\langle g \rangle_p \geq g_{\min}$, sodass insgesamt $g_{\min} \leq \langle g \rangle_p \leq g_{\max}$ gilt. Wenn die Variable $\ell(\mu) = (1 - \mu)\ell_{\min} + \mu\ell_{\max}$ bei ansteigendem $\mu \in [0, 1]$ zwischen $\ell_{\min}$ und $\ell_{\max}$

variiert wird, wird g stetig von $g_{\min}$ bis $g_{\max}$ ansteigen und dabei für irgendein λ zwischen $\ell_{\min}$ und $\ell_{\max}$ (sodass sicherlich $\lambda \in [0, 1]$ gilt) den Wert $g(\lambda) = \langle g \rangle_p$ annehmen. Die Aussage, dass ein solches λ existiert, basiert letztlich auf dem sogenannten „Zwischenwertsatz" der reellen Analysis, der bereits in (4.7) erwähnt wurde und als Voraussetzung die Stetigkeit der Funktion (hier: g) hat. Wir erhalten somit die folgende Aussage, die als *Mittelwertsatz* bekannt ist:

$$\boxed{(\exists \lambda \in [0, 1]) \; [\, \langle g \rangle_p = g(\lambda) \,] \;.} \tag{4.71}$$

Angewandt auf $g(\ell) = f^{(n+1)}(a + \ell h)$ bedeutet dies:

$$(\exists \lambda \in [0, 1]) \; \left[\langle f^{(n+1)}(a + \ell h) \rangle_p = f^{(n+1)}(\xi) \right] \quad , \quad \xi(h) \equiv a + \lambda h \;.$$

Der Mittelwertsatz impliziert also die Existenz eines ξ-Wertes zwischen a und $a + h$ mit der Eigenschaft:

$$I_{n+1}(a + h) = \frac{h^{n+1} f^{(n+1)}(\xi)}{(n+1)!} \;.$$

Die Kombination der letzten Gleichung mit (4.66) ergibt schließlich Gleichung (4.48), d.h. den Satz von Taylor in der Formulierung von Lagrange:

$$f(a + h) = \sum_{m=0}^{n} f^{(m)}(a) \frac{h^m}{m!} + \frac{h^{n+1} f^{(n+1)}(\xi)}{(n+1)!} \;.$$

Aufgrund dieser Herleitung ist allerdings klar, dass der Wert der Variablen $\xi(h)$ nicht explizit bekannt ist, abgesehen davon, dass er zwischen a und $a + h$ liegt. Aus diesem Grund ist die Abschätzung des Restterms zwar formal wichtig, jedoch von beschränktem *praktischen* Nutzen, und daher wird der Restterm in Anwendungen oft einfach als $\mathcal{O}(h^{n+1})$ angesetzt.

Schlussbemerkung und Beispiel

Wir haben in diesem Abschnitt über Taylor-Reihen Funktionen mit sehr unterschiedlichem Verhalten kennengelernt: Die Funktion $f(x) = (1 - x)^{-1}$ zum Beispiel stimmt für alle $x \in (-1, 1)$ mit ihrer Taylor-Reihe überein. Da es sich hierbei um den Grenzwert der geometrischen Reihe handelt, konnten wir in Abschnitt [4.4.3] den Wert von $\xi(h)$ sogar explizit berechnen. Das Ergebnis wurde in Abb. 4.37 skizziert. Im Gegensatz dazu stimmt die Funktion $f(x) = e^{-1/x^2}$ aus Gleichung (4.59) nur im Punkt $x = 0$ mit ihrer eigenen Taylor-Reihe überein. Daher ist es vielleicht gut, abschließend noch einmal explizit darauf hinzuweisen, dass der Satz von Taylor, natürlich auch in der Formulierung von Lagrange, für *alle* $(n+1)$-mal stetig differenzierbaren Funktionen gilt, d.h. auch für exotische Beispiele wie die Funktion $f(x) = e^{-1/x^2}$. Wir betrachten diese Funktion daher etwas genauer: Da alle Ableitungen von $f = e^{-1/x^2}$ in $a = 0$ gleich null sind, $f^{(m)}(0) = 0$ für alle $m \subset \mathbb{N}_0$, vereinfacht sich der Satz von Taylor mit $\xi = \lambda h$ auf:

$$(\exists \lambda \in [0, 1]) \; \left[f(h) = \frac{h^{n+1}}{(n+1)!} f^{(n+1)}(\lambda h) \right] \;.$$

Man beweist nun leicht mit vollständiger Induktion, dass sich die Ableitungen von f für genügend kleine x wie

$$f^{(m)}(x) \sim (2/x^3)^m e^{-1/x^2} \qquad (x \to 0)$$

verhalten. Dies bedeutet, dass $\lambda(h)$ für genügend kleine h die Gleichung

$$f(h) \sim \frac{(2/h^2\lambda^3)^{n+1}}{(n+1)!} f(\lambda h) \qquad (h \to 0)$$

erfüllen muss. Wendet man nun auf beiden Seiten den Logarithmus an:

$$-\frac{1}{h^2} \sim \ln\left(\frac{2^{n+1}}{(n+1)!}\right) + 2(n+1)\ln\left(|h|^{-1}\lambda^{-\frac{3}{2}}\right) - \frac{1}{\lambda^2 h^2}$$

und löst man die hieraus folgende Gleichung

$$\lambda(h) \sim \left[1 + h^2\ln\left(\frac{2^{n+1}}{(n+1)!}\right) + 2(n+1)h^2\ln\left(|h|^{-1}\lambda^{-\frac{3}{2}}\right)\right]^{-\frac{1}{2}} \tag{4.72}$$

rekursiv nach λ auf,[22] erhält man die folgende Lösung für $h \to 0$:

$$\lambda(h) = \left[1 - (n+1)h^2\ln(|h|^{-1}) - \tfrac{1}{2}\ln\left(\frac{2^{n+1}}{(n+1)!}\right)\cdot h^2 + \cdots\right] \uparrow 1 . \tag{4.73}$$

Es existiert also durchaus auch für die Funktion $f(x) = e^{-1/x^2}$ für alle $n \in \mathbb{N}$ ein $\xi = \lambda h$ mit $\lambda \in [0,1]$, das den Satz von Taylor erfüllt. Wir stellen außerdem fest, dass das Verhältnis $\xi/h = \lambda$ für diese Funktion für genügend kleine h von unten gegen eins geht: $\xi/h \uparrow 1$ für $h \to 0$.

4.5   Übungsaufgaben

Aufgabe 4.1 Ableitungen
Berechnen Sie die Ableitungen der folgenden Funktionen für alle $x \in \mathbb{R}$, wofür diese Ableitungen definiert sind:

   (a) $\frac{1}{x-2}$ (b) $\frac{2x-3}{3x+4}$ (c) $\sqrt{2x+1}$

   (d) $\left[x+\sqrt{2x+1}\right]^{1/3}$ (e) $|x|$ (f) $|x|^{1/3}$

   (g) $\sqrt{\frac{x-1}{x+1}}$ (h) $\ln\left[\cosh(x)\right]$ (i) $\exp[\sin(x)]$.

Aufgabe 4.2 Maxima und Minima
Bestimmen Sie (sofern vorhanden) die Maxima und Minima der folgenden Funktionen. Überprüfen Sie auch, ob vielleicht Wendepunkte oder Sattelpunkte vorliegen:

   (a) $-(x+1)^2$ (b) $x^3 - x$ (c) $x^{17}(1-x^2)$

   (d) $\sin(x)$ (e) $(x-2)^{2/3}$ $(x \geq 2)$ (f) $2 + |x|^{1/3}$.

---

[22] Als Startpunkt setzt man $\lambda = 1$ auf der rechten Seite von (4.72) ein. Die linke Seite von (4.72) führt dann sofort zum Ergebnis (4.73). Setzt man dieses Ergebnis („rekursiv") noch einmal auf der rechten Seite von (4.72) ein, erhält man eine vernachlässigbar kleine Korrektur von $\mathcal{O}\left[h^4\ln\left(|h|^{-1}\right)\right]$, die zeigt, dass (4.73) wie angegeben bis $\mathcal{O}\left(h^2\right)$ korrekt ist.

Aufgabe 4.3 Wie verläuft diese Funktion?
Bestimmen Sie die Nullstellen, Minima, Maxima und Wendepunkte der Funktion

$$f(x) = 6 - 17x + 17x^2 - 7x^3 + x^4$$

und skizzieren Sie sie. Hat sie auch einen Sattelpunkt?

Aufgabe 4.4 Notationen
Bestimmen Sie folgende Ausdrücke für $f(x) = x^2 + 2x$ mit $0 < x < \infty$:

$$\text{(a)} \quad f(x^{-1}) \qquad \text{(b)} \quad (f(x))^{-1} \qquad \text{(c)} \quad f^{-1}(x) \, .$$

Aufgabe 4.5 Grenzwerte
Bestimmen Sie die folgenden Grenzwerte:

$$\text{(a)} \quad \lim_{x \to 1} \frac{2x^4 - 6x^3 + x^2 + 3}{x - 1} \qquad \text{(b)} \quad \lim_{x \to 0} x \sin\left(\frac{1}{x}\right) \qquad \text{(c)} \quad \lim_{x \to \infty} x \sin\left(\frac{1}{x}\right) \, .$$

Hinweis: Beachten Sie bei (b) den Wertebereich der Sinusfunktion.

Aufgabe 4.6 Die Umkehrfunktion
Finden Sie die Umkehrfunktion zu $f : \mathbb{R} \to \mathbb{R}, \quad f(x) = \ln(x + \sqrt{x^2 + 1})$ und skizzieren Sie sowohl $f(x)$ als auch $f^{-1}(x)$. Wie kann man grafisch eine Umkehrfunktion bestimmen?

Aufgabe 4.7 Ableitungen des Logarithmus
Sei $f(x) = \ln(1 - \frac{x}{2})$. Zeigen Sie, dass die n-te Ableitung gegeben ist durch

$$f^{(n)}(x) = -\frac{(n-1)!}{(2-x)^n} \quad \text{für} \quad n \in \mathbb{N} \, .$$

Aufgabe 4.8 Hyperbolische Funktionen
Die hyperbolischen Funktionen sind durch

$$\cosh(x) \equiv \tfrac{1}{2}(e^x + e^{-x}) \quad , \quad \sinh(x) \equiv \tfrac{1}{2}(e^x - e^{-x}) \quad , \quad \tanh(x) \equiv \frac{\sinh(x)}{\cosh(x)}$$

definiert. Zeigen Sie:

$$\text{(i)} \quad \cosh^2(x) - \sinh^2(x) = 1$$

$$\text{(ii)} \quad \sinh(x_1 + x_2) = \sinh(x_1)\cosh(x_2) + \cosh(x_1)\sinh(x_2)$$

$$\text{(iii)} \quad \cosh(x_1 + x_2) = \cosh(x_1)\cosh(x_2) + \sinh(x_1)\sinh(x_2)$$

$$\text{(iv)} \quad \tanh(x_1 + x_2) = \left[\tanh(x_1) + \tanh(x_2)\right] / \left[1 + \tanh(x_1)\tanh(x_2)\right]$$

und leiten Sie hieraus ab:

$$\text{(v)} \quad \sinh(2x) = 2\sinh(x)\cosh(x) = 2\tanh(x) / \left[1 - \tanh^2(x)\right]$$

$$\text{(vi)} \quad \cosh(2x) = 2\cosh^2(x) - 1 = 1 + 2\sinh^2(x) = \cosh^2(x) + \sinh^2(x)$$

$$\text{(vii)} \quad \tanh(2x) = 2\tanh(x) / \left[1 + \tanh^2(x)\right] \, .$$

Aufgabe 4.9 Additionsformeln für trigonometrische Funktionen

Leiten Sie aus der Identität

$$e^{(x_1+x_2)i} = e^{x_1 i} e^{x_2 i} = [\cos(x_1) + \sin(x_1)i]\,[\cos(x_2) + \sin(x_2)i]$$

Additionsformeln für $\sin(x_1 + x_2)$, $\cos(x_1 + x_2)$ und $\tan(x_1 + x_2)$ ab, ähnlich den Formeln in den Teilen (ii) – (iv) von Aufgabe (4.8) für hyperbolische Funktionen. Welche Ergebnisse, ähnlich den Formeln in Aufgabe (4.8) (v) – (vii), folgen hieraus für $\sin(2x)$, $\cos(2x)$ und $\tan(2x)$?

Aufgabe 4.10 Grenzwerte

Bestimmen Sie die folgenden Grenzwerte:

$$(1)\quad \lim_{x\downarrow 0} \frac{\sin(x^2)}{x} \qquad (2)\quad \lim_{x\to\pi} \frac{\sin(x)}{\pi-x} \qquad (3)\quad \lim_{x\to 0} \frac{\arcsin(5x)}{\tan(3x)}$$

$$(4)\quad \lim_{x\to\infty} x(e^{1/x}-1) \qquad (5)\quad \lim_{x\to 0} \frac{a^x-1}{x}\ (a>0) \qquad (6)\quad \lim_{x\downarrow 0} \frac{x^x-1}{x\ln(x)}$$

$$(7)\quad \lim_{x\downarrow 0} e^{1/x} \qquad (8)\quad \lim_{x\downarrow 0} x^{\sin(x)} \qquad (9)\quad \lim_{x\to 0} \frac{a^x-b^x}{x}\ (a>b>0)$$

$$(10)\quad \lim_{x\uparrow 0} e^{1/x} \qquad (11)\quad \lim_{x\downarrow 0} \frac{(x+1)\ln(x)}{\sin(x)} \qquad (12)\quad \lim_{x\to\infty} \frac{\ln[\ln(x)]}{x^{1/3}}\ .$$

Aufgabe 4.11 Taylor-Reihen

Leiten Sie aus der geometrischen Reihe $\displaystyle\sum_{k=0}^{\infty}(-x)^k = \frac{1}{1+x}$ für $|x|<1$

$$(1)\quad \text{durch Integration ab:}\quad \ln(1+x) = \sum_{k=1}^{\infty}(-1)^{k-1}\,x^k/k \quad (|x|<1)$$

$$(2)\quad \text{mit } x\equiv y^2<1 \text{ durch } y\text{-Integration ab:}\quad \arctan(y) = \sum_{k=0}^{\infty}(-1)^k\frac{y^{2k+1}}{2k+1}$$

und schließen Sie aus (1) bzw. (2):

$$(3)\quad \int_0^x dt\,\frac{1}{t}\ln\left(\frac{1}{1-t}\right) = \sum_{k=1}^{\infty}\frac{x^k}{k^2}$$

$$(4)\quad \int_0^x dt\,\frac{1}{t}\arctan(t) = \sum_{k=0}^{\infty}(-1)^k\frac{x^{2k+1}}{(2k+1)^2}\ .$$

Aufgabe 4.12 Asymptotisches Verhalten

Zeigen Sie, dass für $x\downarrow 0$ gilt:

$$(1)\quad \sqrt{1+x^3} + e^{-\frac{1}{2}x^3} - 2 = \mathcal{O}(x^9) \qquad (2)\quad [1-\cos^3(x)]\ln\left[\cosh\left(\tfrac{1}{x^2}\right)\right] \sim \tfrac{3}{2}$$

$$(3)\quad \int_0^\infty dy\,\frac{e^{-y/x}}{1+y^2} = \mathcal{O}(x) \qquad\qquad (4)\quad e^{1/x}\left[1-\tanh\left(\tfrac{1}{x}\right)\right] = o(x^a)\ (a>0)\ .$$

Aufgabe 4.13 Taylor-Entwicklungen

Geben Sie für die Taylor-Entwicklung um den Punkt $x=0$ die ersten drei Terme an, die ungleich null sind. Geben Sie – wenn möglich – eine Formel für den n-ten Term an:

(a) $\sqrt{1+x}$ (b) $\sin(x)$ (c) $\cos(x)$ (d) $\ln(1+x)$ (e) $\exp(x)$

(f) $\dfrac{1}{1+x}$ (g) $\exp(ix)$ (h) $\cos(x) + i\sin(x)$.

Aufgabe 4.14 Ableitungen von zusammengesetzten Funktionen

Leiten Sie die folgenden Funktionen nach x ab:

(a) $\exp(x^2)$ (b) x^x (c) $\arctan(e^x)$ (d) $\arcsin(\ln x)$.

Aufgabe 4.15 Reihenentwicklung der Exponentialfunktion

Die Funktion $f(x) = \exp(x)$ kann man auch als unendliche Reihe schreiben:

$$f(x) = \sum_{n=0}^{\infty} \frac{x^n}{n!} \ .$$

(a) Zeigen Sie durch gliedweises Ableiten: $f'(x) = f(x)$. Zeigen Sie auch: $f(0) = 1$.

Die Exponentialfunktion kann übrigens für imaginäre oder komplexe Argumente durch die gleiche unendliche Reihe definiert werden:

$$\exp(i\varphi) = \sum_{n=0}^{\infty} \frac{(i\varphi)^n}{n!} \quad , \quad \exp(z) = \sum_{n=0}^{\infty} \frac{z^n}{n!} \quad (z = u + vi) \ .$$

(b) Zeigen Sie durch gliedweises Ableiten, dass $\frac{d}{d\varphi} \exp(i\varphi) = i\exp(i\varphi)$ gilt. Warum folgt hieraus die Euler-Formel $\cos(\varphi) + i\sin(\varphi) = e^{i\varphi}$?

(c) Zeigen Sie mit Hilfe des binomischen Satzes für $(x+y)^n$, dass

$$\sum_{n=0}^{\infty} \frac{(x+y)^n}{n!} = \left(\sum_{k=0}^{\infty} \frac{x^k}{k!} \right) \left(\sum_{l=0}^{\infty} \frac{y^l}{l!} \right)$$

und somit $e^{x+y} = e^x e^y$ gilt. Könnten Sie analog für imaginäre Argumente $e^{i(\varphi+\psi)} = e^{i\varphi} e^{i\psi}$ beweisen? Oder gar $e^{z+w} = e^z e^w$ für komplexe Argumente z und w?

Kapitel 5

Funktionen mehrerer Veränderlicher

In den Naturwissenschaften hängen viele Messgrößen nicht von einer einzelnen, sondern von mindestens vier Variablen ab, nämlich vom Ort, an dem sie gemessen werden, und vom Zeitpunkt der Messung. Konkret hängen solche Messgrößen also (zumindest) von drei Ortsvariablen $(x_1, x_2, x_3) = \mathbf{x}$ und einer Zeitvariablen t, also insgesamt von vier Variablen $(\mathbf{x}, t)$ ab. Beispiele solcher Messgrößen sind Kraftfelder, Stromdichten, Konzentrationen, Populationsdichten und so weiter. Folglich würde man Ladungs- oder Massendichten mit Hilfe einer Funktion $\rho(\mathbf{x}, t)$ von *vier* Variablen beschreiben. Analog hängt auch die Konzentration $c(\mathbf{x}, t)$ einer chemischen Substanz in einer Reaktion (man denke z.B. an Ozon in der Atmosphäre) oder die Temperatur $T(\mathbf{x}, t)$ der Außenluft von *vier* Variablen ab. Bereits diese einfachen Überlegungen zeigen, dass Funktionen mehrerer Veränderlicher zur Beschreibung der Natur unerlässlich sind.

Nicht nur *Funktionen* mehrerer Veränderlicher sind wichtig, sondern auch ihre *Ableitungen* bezüglich der Orts- und Zeitvariablen. So ist die Stromdichte einer chemischen Substanz proportional zu den Ortsableitungen ihrer Konzentration $c(\mathbf{x}, t)$. Elektromagnetische Wellen werden sowohl von den *Orts*ableitungen der Ladungsdichte $\rho(\mathbf{x}, t)$ als auch von der *Zeit*ableitung der Stromdichte angetrieben. Die Wärmestromdichte ist proportional zu den Ortsableitungen der Temperatur $T(\mathbf{x}, t)$. Aus diesen Gründen betrachten wir zunächst (in Abschnitt [5.1]) neben den *Funktionen* mehrerer Variabler auch ihre *Ableitungen*. Danach zeigen wir in Abschnitt [5.2] ein Anwendungsbeispiel, das einen *zwei*dimensionalen Definitionsbereich hat, nämlich die sogenannte „Methode der kleinsten Quadrate".

Die Realität ist aber oft noch etwas komplizierter. Eine elektrische Kraft, die auf ein geladenes Teilchen der Ladung q einwirkt, hat eine *Richtung* und somit *drei* Komponenten: $(F_1, F_2, F_3) = \mathbf{F}$. Diese Kraft ist proportional zum elektrischen Feld $\mathbf{E}$, das daher ebenfalls eine *Richtung* und *drei* Komponenten hat: $\mathbf{F} = q\mathbf{E}$ mit $\mathbf{E} = (E_1, E_2, E_3)$. Falls auch ein Magnetfeld $\mathbf{B}$ auftritt, gilt das verallgemeinerte Kraftgesetz $\mathbf{F} = q(\mathbf{E} + \mathbf{v} \times \mathbf{B})$, wobei $\mathbf{v}$ die Geschwindigkeit des Teilchens darstellt. Auch das Magnetfeld hat eine *Richtung* und somit *drei* Komponenten: $\mathbf{B} = (B_1, B_2, B_3)$. Der wichtige Punkt ist nun, dass sämtliche Komponenten der elektrischen und magnetischen Felder im Allgemeinen orts- und zeitabhängig und daher *Funktionen mehrerer Veränderlicher* sind: $\mathbf{E} = \mathbf{E}(\mathbf{x}, t)$ und $\mathbf{B} = \mathbf{B}(\mathbf{x}, t)$. Im zweiten Teil dieses Kapitels (im Abschnitt [5.3]) zeigen wir deshalb, wie man solche *dreidimensionalen* Funktionen mehrerer Veränderlicher und ihre Ableitungen behandelt. Dies ist das Thema der sogenannten *Vektoranalysis*.

In diesem Kapitel betrachten wir *reellwertige* Funktionen mehrerer *reeller* Variabler. In Kapitel [4] wurden solche Funktionen einer einzelnen Variablen dadurch charakterisiert, dass ihr *Definitionsbereich* und ihr *Wertebereich* beide Teilmengen von $\mathbb{R}$ sind. Der Sprachgebrauch für Funktionen mehrerer Variabler ist vollkommen analog, nur können sowohl der Definitions- als auch der Wertebereich nun auch höherdimensional sein:

$$f: \ D \to W \quad \text{mit} \quad \begin{cases} D \subseteq \mathbb{R}^m & \text{(Definitionsbereich)} \\ W \subseteq \mathbb{R}^n & \text{(Wertebereich)} . \end{cases} \tag{5.1}$$

Die in der Einführung diskutierten Beispiele $\rho(\mathbf{x}, t)$, $c(\mathbf{x}, t)$ und $T(\mathbf{x}, t)$ würden also dem Fall $m = 4$ und $n = 1$ entsprechen, die weiteren Beispiele $\mathbf{E}(\mathbf{x}, t)$ und $\mathbf{B}(\mathbf{x}, t)$ dem Fall $m = 4$ und $n = 3$.

Wie oben angekündigt, beschränken wir uns in den Abschnitten [5.1] und [5.2] auf Funktionen mit einem *ein*dimensionalen Wertebereich (d.h. mit $n = 1$), die die Struktur:

$$f: \ D \to W \quad \text{mit} \quad \begin{cases} D \subseteq \mathbb{R}^m & \text{(Definitionsbereich)} \\ W \subseteq \mathbb{R} & \text{(Wertebereich)} . \end{cases} \tag{5.2}$$

aufweisen. Zwei einfache Beispiele für Funktionen mit einem *zwei*- bzw. *drei*dimensionalen Definitionsbereich und $n = 1$ sind:

$$f(x_1, x_2) = (x_1)^2 e^{x_1 x_2} \quad , \quad f(x_1, x_2, x_3) = e^{-(x_1^2 + x_2^2 + x_3^2)} . \tag{5.3}$$

Wir werden diesen Funktionen später noch in Rechenbeispielen begegnen.

5.1 Funktionen mehrerer Variabler – eine Einführung

In diesem Abschnitt betrachten wir Funktionen mehrerer Veränderlicher, ihre *ersten* Ableitungen bezüglich dieser Variablen und dann auch *höhere* (also zweite, dritte, ...) Ableitungen. Wir zeigen, dass die bekannten Eigenschaften von Ableitungen bzgl. einer einzelnen Variablen (insbesondere die Produkt- und die Kettenregel) sich problemlos auf Ableitungen von Funktionen mehrerer Variabler verallgemeinern lassen.

5.1.1 Partielle Ableitungen

Betrachten wir also eine Funktion f der allgemeinen Form (5.2) mit einem m-dimensionalen Definitionsbereich. Die Variablen in diesem Definitionsbereich bezeichnen wir als $(x_1, x_2, \ldots, x_m) \equiv \mathbf{x}$. Bezüglich jeder dieser Variablen x_i (mit $i = 1, 2, \ldots, m$) kann die Funktion f abgeleitet werden, wobei dann alle anderen

Variablen x_j mit $j \neq i$ festgehalten werden. Gerade weil die anderen Variablen $\{x_j \,|\, j \neq i\}$ festgehalten werden, als ob sie konstante Parameter wären, wird die Ableitung von f nach x_i genauso berechnet wie in Kapitel [4] bei Funktionen einer einzelnen Variablen. Da nur bezüglich einer Variablen abgeleitet wird und nicht gleichzeitig auch bezüglich der anderen, spricht man von einer „partiellen Ableitung". Beispielsweise ist die partielle Ableitung von f bezüglich x_1 wie folgt definiert:

$$\boxed{\lim_{h \to 0} \frac{f(x_1 + h, x_2, \ldots x_m) - f(\mathbf{x})}{h} \equiv \frac{\partial f}{\partial x_1}(\mathbf{x}) \, ,} \tag{5.4}$$

die partielle Ableitung von f bezüglich x_2 wäre

$$\lim_{h \to 0} \frac{f(x_1, x_2 + h, x_3, \ldots, x_m) - f(\mathbf{x})}{h} \equiv \frac{\partial f}{\partial x_2}(\mathbf{x}) \, ,$$

und bezüglich der restlichen Variablen $x_3, \ldots, x_m$ wird die partielle Ableitung analog berechnet. Es sollte aber sofort darauf hingewiesen werden, dass es für die partiellen Ableitungen *mehrere* (allerdings recht naheliegende) Notationen gibt. Beispielsweise könnte man alternativ schreiben:

$$\frac{\partial f}{\partial x_1}(\mathbf{x}) = (\partial_{x_1} f)(\mathbf{x}) = (\partial_1 f)(\mathbf{x}) = f_{x_1}(\mathbf{x}) = \ldots$$

$$\frac{\partial f}{\partial x_2}(\mathbf{x}) = (\partial_{x_2} f)(\mathbf{x}) = (\partial_2 f)(\mathbf{x}) = f_{x_2}(\mathbf{x}) = \ldots \, ,$$

wobei die $\ldots$ andeuten, dass es in der Literatur zweifellos noch weitere Konventionen gibt. In der Praxis führt dies nicht zu Problemen, da die Bedeutung normalerweise aus dem Kontext klar ist.

Als Beispiel betrachten wir die Funktion $f(x_1, x_2) = (x_1)^2 e^{x_1 x_2}$ in (5.3) mit einem *zwei*dimensionalen Definitionsbereich. In diesem Fall erhält man für die partiellen Ableitungen bezüglich x_1 und x_2:

$$(\partial_{x_1} f)(\mathbf{x}) = (2x_1 + x_1^2 x_2)e^{x_1 x_2} \qquad , \qquad (\partial_{x_2} f)(\mathbf{x}) = x_1^3 e^{x_1 x_2} \, , \tag{5.5}$$

wobei also zu bedenken ist, dass bei der x_1-Ableitung die Variable x_2 festgehalten werden muss (und umgekehrt).

5.1.2 Höhere partielle Ableitungen

Die Definition von *höheren* partiellen Ableitungen ist vollkommen analog. Aus dem Beispiel (5.5) ist klar, dass die partielle Ableitung einer Funktion mit zweidimensionalem Definitionsbereich ($m = 2$) und eindimensionalem Wertebereich ($n = 1$) wiederum einen zweidimensionalen Definitionsbereich und einen eindimensionalen Wertebereich hat, sodass man diese nach dem gleichen Schema noch einmal oder – wenn man möchte – auch mehrmals partiell ableiten kann. Allgemeiner ist die partielle Ableitung einer Funktion vom Typ (5.2) wiederum vom Typ (5.2).

Nach den Definitionen von Abschnitt [5.1.1] könnte man die erste partielle Ableitung $(\partial_{x_1} f)(\mathbf{x})$ beispielsweise noch einmal nach x_1 ableiten; man erhält so die *zweite* partielle Ableitung bezüglich x_1:

$$\lim_{h \to 0} \frac{(\partial_{x_1} f)(x_1 + h, x_2, x_3, \dots, x_m) - (\partial_{x_1} f)(\mathbf{x})}{h} = \frac{\partial^2 f}{(\partial x_1)^2}(\mathbf{x}) \ .$$

Alternativ könnte man $(\partial_{x_1} f)(\mathbf{x})$ bezüglich der zweiten Variablen x_2 ableiten und erhält so die gemischte zweite Ableitung

$$\lim_{h \to 0} \frac{(\partial_{x_1} f)(x_1, x_2 + h, x_3, \dots, x_m) - (\partial_{x_1} f)(\mathbf{x})}{h} = \frac{\partial^2 f}{\partial x_2 \partial x_1}(\mathbf{x}) \ .$$

Auch für solche zweiten partiellen Ableitungen gibt es mehrere Notationen, wie z.B.

$$\frac{\partial^2 f}{(\partial x_1)^2}(\mathbf{x}) = \frac{\partial^2 f}{\partial x_1^2}(\mathbf{x}) = (\partial_{x_1}^2 f)(\mathbf{x}) \quad , \quad \frac{\partial^2 f}{\partial x_2 \partial x_1}(\mathbf{x}) = (\partial_{x_2} \partial_{x_1} f)(\mathbf{x}) \ .$$

Andere gemischte zweite Ableitungen, wie z.B. $(\partial_{x_3} \partial_{x_1} f)(\mathbf{x})$, oder höhere (dritte, vierte, …) Ableitungen werden vollkommen analog definiert.

Als Beispiel betrachten wir wiederum die Funktion $f(x_1, x_2) = (x_1)^2 e^{x_1 x_2}$ in (5.3), deren *erste* partielle Ableitungen bezüglich x_1 und x_2 bereits in (5.5) berechnet wurden. Für die *zweiten* partiellen Ableitungen dieser Funktion findet man nach dem allgemeinen Schema:

$$(\partial_{x_1}^2 f)(\mathbf{x}) = (2 + 4x_1 x_2 + x_1^2 x_2^2) e^{x_1 x_2} \quad , \quad (\partial_{x_2}^2 f)(\mathbf{x}) = x_1^4 e^{x_1 x_2}$$
$$(\partial_{x_1} \partial_{x_2} f)(\mathbf{x}) = (3x_1^2 + x_1^3 x_2) e^{x_1 x_2} = (\partial_{x_2} \partial_{x_1} f)(\mathbf{x}) \ .$$

Besonders interessant hieran ist, dass die weiteren Ableitungen von $(\partial_{x_1} f)(\mathbf{x})$ nach x_2 und $(\partial_{x_2} f)(\mathbf{x})$ nach x_1 offenbar *identisch* sind. Dies ist kein Zufall, denn wenn man ein anderes Beispiel untersucht, wie $f(x_1, x_2) = \sin(x_1^2 + x_2)$, erhält man das gleiche Ergebnis:

$$(\partial_{x_1} \partial_{x_2} f)(\mathbf{x}) = -2x_1 \sin(x_1^2 + x_2) = (\partial_{x_2} \partial_{x_1} f)(\mathbf{x}) \ .$$

Die Reihenfolge der Differentiation ist bei der Ableitung nach x_1 und x_2 offenbar unerheblich, und man kann die Notation daher weiter vereinfachen:

$$(\partial_{x_2} \partial_{x_1} f)(\mathbf{x}) = (\partial_2 \partial_1 f)(\mathbf{x}) = (\partial_{x_1 x_2}^2 f)(\mathbf{x})$$
$$= (\partial_{12}^2 f)(\mathbf{x}) = f_{x_1 x_2}(\mathbf{x}) = f_{12}(\mathbf{x}) = \dots \ .$$

Die Feststellung, dass offenbar $\partial_2 \partial_1 f = \partial_1 \partial_2 f$ gilt, kann viel allgemeiner formuliert werden. Betrachtet man eine allgemeine Funktion $f(x_1, \dots, x_m)$ mit m-dimensionalem Definitionsbereich, so gilt immer dann $\partial_j \partial_i f = \partial_i \partial_j f$ für $1 \leq i, j \leq m$, wenn die zweiten Ableitungen $(\partial_j \partial_i f)(\mathbf{x})$ und $(\partial_i \partial_j f)(\mathbf{x})$ im Punkt $\mathbf{x}$ existieren und auch stetig sind.[1]

---

[1]Die Vertauschbarkeit der partiellen Ableitungen ist als *Satz von Clairaut* oder *Satz von Schwarz* bekannt, nach Alexis-Claude Clairaut (1713 - 1765), der sie zuerst formuliert, und Hermann Amandus Schwarz (1843 - 1921), der den ersten Beweis erbracht hat. Wir könnten den Satz von Schwarz jetzt schon beweisen, da man hierfür lediglich den Taylor'schen Satz (4.48) in niedrigster Ordnung benötigt, aber es ist vorteilhafter, erst in Abschnitt [9.1.2] darauf zurückzukommen.

5.1.3 Produkt- und Kettenregel

Wir kehren zurück zu den *ersten* partiellen Ableitungen in Abschnitt [5.1.1] und befassen uns mit der Frage, welche *Eigenschaften* diese partiellen Ableitungen haben. Insbesondere möchten wir wissen, ob bekannte Rechenregeln wie die Produkt- und die Kettenregel auch für partielle Ableitungen gelten.

Bei der Produktregel ist die Antwort eindeutig positiv: An der Herleitung dieser Rechenregel (z.B. für die partielle Ableitung bezüglich x_1) ändert sich überhaupt nichts, da die übrigen Variablen (in diesem Beispiel also $x_2, \ldots, x_m$) bei der x_1-Ableitung konstant gehalten werden. Es gilt also

$$\partial_{x_1}(fg) = (\partial_{x_1}f)g + f(\partial_{x_1}g) \, , \tag{5.6}$$

und analog für die partiellen Ableitungen nach anderen Variablen.

Als einfaches Beispiel für die Wirkung der Produktregel betrachten wir zwei Funktionen mit zweidimensionalem Definitionsbereich:

$$f(x_1, x_2) = x_1 \cos(x_2) \quad , \quad g(x_1, x_2) = x_1 \sin(x_2) \, .$$

Die Produktregel besagt in diesem Fall, dass z.B. die partielle Ableitung des Produktes fg nach x_2 durch

$$\partial_{x_2}(fg) = (\partial_{x_2}f)g + f(\partial_{x_2}g) = -[x_1 \sin(x_2)]^2 + [x_1 \cos(x_2)]^2 = x_1^2 \cos(2x_2)$$

gegeben ist.

Auch die Kettenregel kann leicht für partielle Ableitungen verallgemeinert werden, man muss sich in diesem Fall allerdings etwas mehr Gedanken über die Struktur des Problems und die Notationen machen. Wir betrachten nun zwei Funktionen f und g, wobei $f : \mathbb{R}^m \to \mathbb{R}$ einen m-dimensionalen und $g : \mathbb{R} \to \mathbb{R}$ einen *ein*dimensionalen Definitionsbereich hat. Für die Verkettung $(g \circ f)(\mathbf{x}) \equiv g(f(\mathbf{x}))$ von f und g gilt dann die Kettenregel in folgender Form:

$$[\partial_{x_1}(g \circ f)](\mathbf{x}) = g'(f(\mathbf{x}))(\partial_{x_1}f)(\mathbf{x}) \, . \tag{5.7}$$

Die Herleitung dieser verallgemeinerten Kettenregel erfolgt analog zur Herleitung für Funktionen einer einzelnen Variablen. Der Einfachheit halber konzentrieren wir uns auf die partielle Ableitung nach x_1, sodass die $m-1$ Variablen $(x_2, \ldots x_m) \equiv \mathbf{x}_{>1}$ konstant gehalten werden. Diese zusätzlichen $\mathbf{x}_{>1}$-Variablen führen zu einer gewissen zusätzlichen Buchhaltung, ohne die Struktur der Herleitung im Vergleich zur Kettenregel für eine einzelne Variable grundsätzlich zu ändern. Mit der Notation $\mathbf{x} = (x_1, \mathbf{x}_{>1})$ folgt nun nämlich für die gesuchte Größe $\partial_{x_1}(g \circ f)$:

$$\begin{aligned}
[\partial_{x_1}(g \circ f)](\mathbf{x}) &= \lim_{h \to 0} \tfrac{1}{h} \left[(g \circ f)(x_1 + h, \mathbf{x}_{>1}) - (g \circ f)(\mathbf{x}) \right] \\
&= \lim_{h \to 0} \tfrac{1}{h} \left[g\left(f(x_1 + h, \mathbf{x}_{>1}) \right) - g(f(\mathbf{x})) \right] \\
&= \lim_{h \to 0} \tfrac{1}{h} \left[g\left(f(\mathbf{x}) + h(\partial_{x_1}f)(\mathbf{x}) \right) - g(f(\mathbf{x})) \right] \\
&= \lim_{h \to 0} \tfrac{1}{h} \left\{ [g(f(\mathbf{x})) + h g'(f(\mathbf{x})) (\partial_{x_1}f)(\mathbf{x})] - g(f(\mathbf{x})) \right\} \\
&= g'(f(\mathbf{x})) (\partial_{x_1}f)(\mathbf{x}) \, .
\end{aligned}$$

Im ersten Schritt wird lediglich die Definition der partiellen x_1-Ableitung eingesetzt und im zweiten diejenige der Verkettung: $(g \circ f)(\mathbf{x}) = g(f(\mathbf{x}))$. Im dritten Schritt wird verwendet, dass aufgrund von (5.4) für $h \to 0$ gilt: $f(x_1 + h, \mathbf{x}_{>1}) \simeq f(\mathbf{x}) + h(\partial_{x_1} f)(\mathbf{x})$. Im vierten Schritt verwenden wir, dass für $h \to 0$ auch $h(\partial_{x_1} f)(\mathbf{x})$ klein ist, sodass man $g\left(f(\mathbf{x}) + h\left(\partial_{x_1} f\right)(\mathbf{x})\right)$ bis zur linearen Ordnung in h entwickeln kann. Im letzten Schritt heben sich lediglich zwei Terme gegenseitig auf.

Als Beispiel für die Wirkung der Kettenregel bei Funktionen $f : \mathbb{R}^m \to \mathbb{R}$ und $g : \mathbb{R} \to \mathbb{R}$, die gemäß $(g \circ f)(\mathbf{x}) \equiv g(f(\mathbf{x}))$ miteinander verkettet sind, betrachten wir:

$$g(f) = e^{-f^2} \quad , \quad f(\mathbf{x}) = |\mathbf{x}| = \sqrt{x_1^2 + \cdots + x_m^2} \, , \tag{5.8}$$

sodass $g(f(\mathbf{x})) = e^{-\mathbf{x}^2}$ die gleiche Struktur hat wie das zweite Beispiel (mit $m = 3$) in (5.3). Aus der allgemeinen Form (5.7) der Kettenregel folgt in diesem Spezialfall:

$$\left[\partial_{x_1}(g \circ f)\right](\mathbf{x}) = g'(f)(\partial_{x_1} f) = \left(-2f e^{-f^2}\right) \frac{2x_1}{2\sqrt{x_1^2 + \cdots + x_m^2}}$$
$$= \left(-2f e^{-f^2}\right) \frac{x_1}{f} = -2x_1 e^{-f^2} = -2x_1(g \circ f) \, ,$$

sodass die partielle x_1-Ableitung in diesem Fall lediglich zu einem zusätzlichen Vorfaktor $-2x_1$ führt. Analog erhält man für die anderen Variablen:

$$\left[\partial_{x_2}(g \circ f)\right](\mathbf{x}) = \cdots = -2x_2(g \circ f)$$
$$\vdots \quad \text{(usw.)}$$
$$\left[\partial_{x_m}(g \circ f)\right](\mathbf{x}) = \cdots = -2x_m(g \circ f) \, ,$$

sodass man diese Ergebnisse auch kompakt als

$$\frac{\partial}{\partial \mathbf{x}}(g \circ f) = -2\mathbf{x}(g \circ f) \qquad \text{mit} \qquad \frac{\partial}{\partial \mathbf{x}} \equiv \begin{pmatrix} \partial_{x_1} \\ \vdots \\ \partial_{x_m} \end{pmatrix} \tag{5.9}$$

schreiben kann. Auf den dreidimensionalen Spezialfall, d.h. auf die Definition einer Ableitung $\frac{\partial}{\partial \mathbf{x}}$ nach den Komponenten des *Ortsvektors* $\mathbf{x}$, kommen wir in Abschnitt [5.3.1] noch ausführlich zurück.

5.2 Anwendungsbeispiel: Die Methode der kleinsten Quadrate

Als Anwendungsbeispiel betrachten wir ein Problem, das von *zwei* Parametern α und β abhängt und dadurch gelöst werden kann, dass eine gewisse Größe bezüglich dieser Parameter *minimiert* wird. Mathematisch bedeutet diese Minimierung, dass die ersten partiellen Ableitungen dieser Größe nach α und β gleich *null* und die zweiten Ableitungen *positiv* sein müssen. Das Beispiel eignet sich also hervorragend dazu, die Wirkung von partiellen Ableitungen in der Praxis vorzuführen.

Das Problem, das hier untersucht werden soll, ist die Auswertung einer typischen Messung. Dabei soll ein Gerät (z.B. ein elektrischer Widerstand) auf gewisse

Werte eingestellt werden, die wir als x_i mit $i = 1, \ldots, N$ bezeichnen. Danach zeigt ein anderer Teil der experimentellen Anordnung (z.B. ein Volt- oder Ampère-Meter) entsprechende Messwerte y_i an (im Beispiel also Spannungs- oder Stromwerte):

$$\left.\begin{array}{r} \text{Einstellungswerte:} \;\; x_i \\ \text{Messwerte:} \;\; y_i \end{array}\right\} \quad (i = 1, \ldots, N)\,.$$

Bei N unterschiedlichen Einstellungen besteht das Gesamtmessergebnis dann aus der Kombination $\{(x_i, y_i) | 1 \le i \le N\}$ der Einstellungs- und Messwerte.

Die Messwerte an sich sind jedoch gar nicht so interessant: Man möchte als Naturwissenschaftler(in) die logischen Zusammenhänge der verschiedenen Phänomene verstehen und ist daher an den *Gesetzen* hinter diesen Phänomenen interessiert. Beispielsweise könnte man aufgrund früherer Erfahrungen erwarten, dass es zwischen den Einstellungs- und Messwerten einen *linearen* Zusammenhang gibt, d.h. in unserem Beispiel, dass die Spannungswerte für fest vorgegebene Stromstärken *linear* vom eingestellten Widerstand abhängig sind. Die Messwerte (s. Abbildung 5.1) bestätigen diese Vermutung grundsätzlich auch, obwohl die Daten in der Praxis aufgrund von Messfehlern immer etwas streuen. Wie aber soll man nun das erwartete lineare Gesetz durch die Daten bestimmen? In Abb. 5.1 sind einige „plausible" Geraden rot eingetragen, aber die eine ist so gut wie die andere, und für die präzise Quantifizierung des Messergebnisses und den Vergleich mit anderen Messungen (evtl. aus der Literatur) sind sie alle ungeeignet. Wir brauchen daher ein präzises und auch für andere Wissenschaftler(innen) nachvollziehbares Kriterium für die *beste* Gerade durch die Messdaten.

Gesucht ist also eine Gerade $G(x; \alpha, \beta) = \alpha + \beta x$ durch die Messpunkte, die das physikalische Gesetz hinter den Phänomenen beschreiben soll. Die *Linearität* dieses Gesetzes ist eine erste Annahme, die aber durch Erfahrung und durch die Struktur der Daten unterstützt werden kann. Zweitens nehmen wir hier

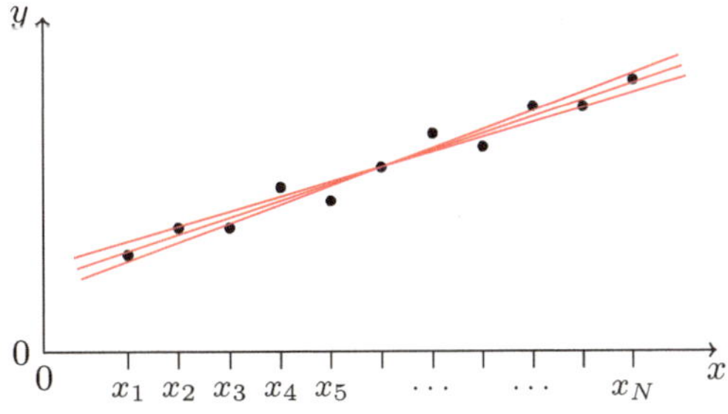

Abb. 5.1 Welche Gerade passt am besten zu den Daten?

der Einfachheit halber an, dass die Messfehler beim Ablesen der *Messwerte* und nicht beim Einstellen auftreten, d.h., dass y_i Messfehler enthält, x_i jedoch nicht. Dies bedeutet in unserem Beispiel, dass man hochpräzise Widerstände verwendet, sodass die beim Einstellen auftretenden Schwankungen vernachlässigbar sind. Unter diesen Voraussetzungen entspricht die *beste* Gerade also denjenigen α- und β-Werten, wofür die Abweichungen $\{\,|y_i - G(x_i; \alpha, \beta)|\,\}$ der Messwerte vom exakten Gesetz in irgendeinem Sinne *minimal* sind. Wie aber soll man hierbei *minimal* definieren?

Ein in der Literatur übliches Kriterium für die „beste" Gerade ist, dass die *Summe der Quadrate* der Messfehler $|y_i - G(x_i; \alpha, \beta)|$ im Vergleich zum hypothetischen exakten Gesetz $y = G(x; \alpha, \beta)$ minimal sein soll. Dies bedeutet, dass die Parameter

α und β solche Werte annehmen sollen, dass die Summe

$$f(\alpha, \beta) \equiv \sum_{i=1}^{N} |y_i - G(x_i; \alpha, \beta)|^2 \tag{5.10}$$

für diese Parameterwerte minimal ist. Bezeichnet man die (α, β)-Werte, für die das Minimum auftritt, als $(\alpha_{\mathrm{m}}, \beta_{\mathrm{m}})$, dann erwartet man, dass die Funktion $f(\alpha, \beta)$ sich für kleine Abweichungen vom Minimum kaum ändert und dass sie für größere Abweichungen *ansteigt* im Vergleich zum Minimalwert $f(\alpha_{\mathrm{m}}, \beta_{\mathrm{m}})$ und nicht abklingt (sonst hätte man ein *Maximum*). Daraus ergeben sich die folgenden mathematischen Bedingungen für das Minimum:

$$0 = \frac{\partial f}{\partial \alpha}(\alpha_{\mathrm{m}}, \beta_{\mathrm{m}}) \quad , \quad 0 = \frac{\partial f}{\partial \beta}(\alpha_{\mathrm{m}}, \beta_{\mathrm{m}}) \tag{5.11}$$

sowie die Forderung, dass die Funktion $f(\alpha, \beta)$ im Minimum zwei unabhängige *positive* Krümmungen aufweist, damit auch gewährleistet ist, dass sie tatsächlich außerhalb des Minimums ansteigt.

Bevor wir die Kriterien in (5.11) konkret auswerten, führen wir zuerst ein paar Definitionen ein. Wir definieren die *Mittelwerte* der Messeinstellungen x_i und Messwerte y_i als:

$$\bar{x} = \frac{1}{N} \sum_{i=1}^{N} x_i \quad , \quad \bar{y} = \frac{1}{N} \sum_{i=1}^{N} y_i$$

und vollkommen analog die *Mittelwerte* anderer Größen, wie x_i^2 oder $x_i y_i$, als

$$\overline{x^2} = \frac{1}{N} \sum_{i=1}^{N} x_i^2 \quad , \quad \overline{xy} = \frac{1}{N} \sum_{i=1}^{N} x_i y_i \ .$$

Diese Mittelwerte sind übrigens nicht ganz unabhängig, da z.B. Ungleichungen der Form

$$\overline{x^2} - \bar{x}^2 = \overline{x^2 - 2x\bar{x} + \bar{x}^2} = \overline{(x - \bar{x})^2} > 0$$

gelten, die mit der Definition $\xi \equiv \bar{x}/\sqrt{\overline{x^2}}$ bedeuten, dass unbedingt immer $|\xi| < 1$ bzw. $-1 < \xi < 1$ gilt.

Mit diesen Definitionen kann nun das erste Kriterium in (5.11), also $0 = \frac{\partial f}{\partial \alpha}$, ausgewertet werden, und die Berechnung ergibt:

$$0 = \frac{\partial f}{\partial \alpha} = \frac{\partial}{\partial \alpha} \sum_{i=1}^{N} |y_i - G(x_i; \alpha, \beta)|^2 = \frac{\partial}{\partial \alpha} \sum_{i=1}^{N} \left[y_i^2 - 2y_i(\alpha + \beta x_i) + (\alpha + \beta x_i)^2 \right]$$

$$= \sum_{i=1}^{N} \left[-2y_i + 2(\alpha + \beta x_i) \right] = 2N(-\bar{y} + \alpha + \beta \bar{x}) \ .$$

Folglich erhalten wir für die Parameter α und β eine erste Beziehung der Form $\alpha = \bar{y} - \beta \bar{x}$. Zu beachten ist, dass α durch diese Beziehung noch nicht vollständig festgelegt ist, da β noch unbekannt ist. Um eine zweite Beziehung zwischen α und β zu erhalten, werten wir die zweite Gleichung $0 = \frac{\partial f}{\partial \beta}$ in (5.11) aus und finden:

$$0 = \frac{\partial f}{\partial \beta} = \frac{\partial}{\partial \beta} \sum_{i=1}^{N} \left[y_i^2 - 2y_i(\alpha + \beta x_i) + (\alpha + \beta x_i)^2 \right] = \sum_{i=1}^{N} \left[-2x_i y_i + 2(\alpha + \beta x_i)x_i \right]$$

$$= 2N(-\overline{xy} + \alpha \bar{x} + \beta \overline{x^2}) = 2N \left[-\overline{xy} + (\bar{y} - \beta \bar{x})\bar{x} + \beta \overline{x^2} \right] .$$

Insgesamt erhalten wir also die folgenden beiden Gleichungen für die (α, β)-Werte im Minimum:

$$\boxed{\alpha_{\mathrm{m}} = \bar{y} - \beta_{\mathrm{m}} \bar{x} \quad , \quad \beta_{\mathrm{m}} = \frac{\overline{xy} - \bar{x}\bar{y}}{\overline{x^2} - \bar{x}^2} .} \tag{5.12}$$

Hiermit sind α_{m} und β_{m} vollständig festgelegt.

Ob es sich hier um ein echtes *Minimum* (und nicht z.B. um ein Maximum oder einen „Sattelpunkt") handelt, kann man erst sagen, wenn man zwei unabhängige positive Krümmungen gefunden hat. Wie bei Funktionen einer einzelnen Variablen werden auch in diesem Fall die Krümmungen durch die *zweiten* Ableitungen im Minimum $(\alpha_{\mathrm{m}}, \beta_{\mathrm{m}})$ bestimmt. Hierfür erhält man analog zur Berechnung der ersten Ableitungen:

$$\begin{pmatrix} \frac{\partial^2 f}{\partial \alpha^2} & \frac{\partial^2 f}{\partial \alpha \partial \beta} \\ \frac{\partial^2 f}{\partial \beta \partial \alpha} & \frac{\partial^2 f}{\partial \beta^2} \end{pmatrix} - 2N \begin{pmatrix} 1 & \bar{x} \\ \bar{x} & \overline{x^2} \end{pmatrix} . \tag{5.13}$$

Aus diesem Ergebnis lernt man, dass die zweiten Ableitungen auf jeden Fall nicht gleich null sind, sodass der Verlauf der Funktion $f(\alpha, \beta)$ in der Nähe des Minimums approximativ *quadratisch* ist. Führt man als Abweichungen von den Funktions- und Variablenwerten im Minimum die Größen

$$\delta f(\alpha, \beta) \equiv f(\alpha, \beta) - f(\alpha_{\mathrm{m}}, \beta_{\mathrm{m}}) \quad , \quad \delta\alpha \equiv \alpha - \alpha_{\mathrm{m}} \quad , \quad \delta\beta \equiv \sqrt{\overline{x^2}}\,(\beta - \beta_{\mathrm{m}})$$

ein, so bedeutet (5.13), dass in der Nähe des Minimums[2]

$$\delta f(\alpha, \beta) = N \left[(\delta\alpha)^2 + 2\xi\,\delta\alpha\delta\beta + (\delta\beta)^2 \right] + \cdots$$
$$= \tfrac{1}{2} N \left[(1 + \xi)(\delta\alpha + \delta\beta)^2 + (1 - \xi)(\delta\alpha - \delta\beta)^2 \right] + \cdots$$

gilt, wobei wiederum die Notation $\xi = \bar{x}/\sqrt{\overline{x^2}}$ verwendet wurde und $(\cdots)$ die sehr kleinen Terme von höherer als zweiter Ordnung darstellt. Da immer unbedingt $|\xi| < 1$ gilt (s. oben), stellen wir fest, dass die Funktion $f(\alpha, \beta)$ für alle möglichen Auslenkungen aus dem Minimum *quadratisch ansteigt*, wie es sein sollte. In der letzten Zeile der Gleichung für $\delta f(\alpha, \beta)$ treten keine Kreuzterme mehr auf, sodass die Auslenkungen $\delta\alpha + \delta\beta$ und $\delta\alpha - \delta\beta$ ungekoppelt und daher wirklich voneinander

---

[2]Das Ergebnis $\delta f(\alpha, \beta) = N \left[(\delta\alpha)^2 + 2\xi\,\delta\alpha\delta\beta + (\delta\beta)^2 \right] + \cdots$ folgt aus (5.13) mit Hilfe einer Taylor-Entwicklung von $f(\alpha, \beta)$ bis zur *quadratischen* Ordnung. Diejenigen Leser, die an der Herleitung interessiert sind, finden diese als Beispiel zur Taylor-Entwicklung von Funktionen mehrerer Variabler in Abschnitt [9.1.2] in Kapitel [9].

unabhängig sind. Die Vorfaktoren $1 + \xi$ und $1 - \xi$ in diesen Richtungen sind wie erwartet immer *positiv*.

Nachdem wir sichergestellt haben, dass tatsächlich ein *Minimum* vorliegt, kehren wir zum Ergebnis (5.12) der Minimierung zurück und werten dies für die am Anfang dieses Abschnitts präsentierten „Messdaten" aus. Hierzu müssen wir uns zuerst die „Rohdaten" $\{(x_i, y_i)\}$ ansehen:

$$\begin{pmatrix} 0{,}5 \\ 0{,}58 \end{pmatrix}, \begin{pmatrix} 0{,}8 \\ 0{,}74 \end{pmatrix}, \begin{pmatrix} 1{,}1 \\ 0{,}74 \end{pmatrix}, \begin{pmatrix} 1{,}4 \\ 0{,}98 \end{pmatrix}, \begin{pmatrix} 1{,}7 \\ 0{,}9 \end{pmatrix}, \begin{pmatrix} 2{,}0 \\ 1{,}1 \end{pmatrix},$$

$$\begin{pmatrix} 2{,}3 \\ 1{,}3 \end{pmatrix}, \begin{pmatrix} 2{,}6 \\ 1{,}22 \end{pmatrix}, \begin{pmatrix} 2{,}9 \\ 1{,}46 \end{pmatrix}, \begin{pmatrix} 3{,}2 \\ 1{,}46 \end{pmatrix}, \begin{pmatrix} 3{,}5 \\ 1{,}62 \end{pmatrix}$$

und hierfür die entsprechenden Mittelwerte berechnen. Abgesehen von den Mittelwerten $\bar{x} = 2{,}0$ und $\bar{y} = 1{,}1$ der Einstellungs- bzw. Messdaten erhält man:

$$\overline{(x - \bar{x})^2} = \tfrac{1}{11} \cdot 2 \cdot (0{,}3)^2 (1 + 4 + 9 + 16 + 25) = \tfrac{1}{11} \cdot 9{,}9$$

$$\overline{(x - \bar{x})(y - \bar{y})} = \tfrac{1}{11} \cdot 2 \cdot (0{,}3) \cdot (0{,}2 + 0{,}24 + 1{,}08 + 1{,}44 + 2{,}6) = \tfrac{1}{11} \cdot 3{,}336 \,.$$

Daraus ergibt sich für die *besten* Parameterwerte $(\alpha_{\mathrm{m}}, \beta_{\mathrm{m}})$ im gesuchten linearen physikalischen Gesetz:

$$\beta_{\mathrm{m}} = \frac{\tfrac{1}{11} \cdot 3{,}336}{\tfrac{1}{11} \cdot 9{,}9} \simeq 0{,}337 \quad , \quad \alpha_{\mathrm{m}} \simeq 1{,}1 - 0{,}337 \cdot 2 \simeq 0{,}426 \,.$$

Folglich lautet dieses physikalische Gesetz: $G(x; \alpha_{\mathrm{m}}, \beta_{\mathrm{m}}) \simeq 0{,}426 + 0{,}337\, x$.

In Abbildung 5.2 zeigen wir das in dieser Weise berechnete physikalische Gesetz $G(x; \alpha_{\mathrm{m}}, \beta_{\mathrm{m}}) \simeq 0{,}426 + 0{,}337\, x$ zusammen mit den Messdaten. Wir stellen fest, dass es mindestens so gut passt wie die drei „geratenen" Gesetze in Abbildung 5.1, von denen es tatsächlich quantitativ abweicht, und dass es darüber hinaus *begründet* und für andere Physiker(innen) weltweit problemlos *nachvollziehbar* ist. Das zentrale Element in dieser Methode zur Bestimmung der besten Gerade durch die Messdaten ist also die Minimierung der Summe (5.10) der *Quadrate* der – in Abbildung 5.2 durch vertikale Striche dargestellten – Messfehler.

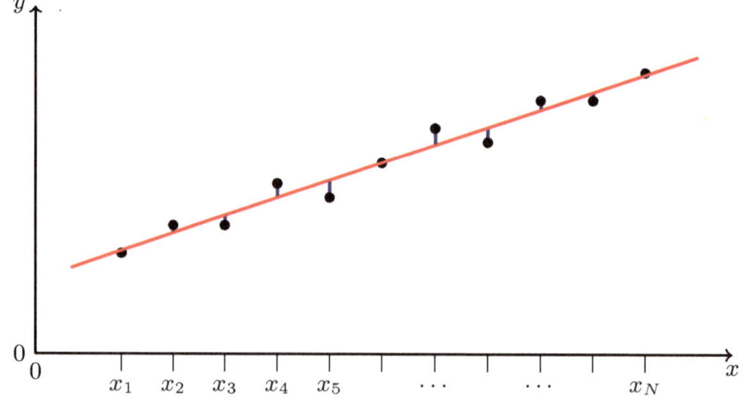

Abb. 5.2 Diese Gerade passt am besten zu den Daten!

Man könnte sich schließlich zu Recht fragen, warum die aus den einzelnen Messpunkten berechneten quadratischen Messfehler nicht unterschiedlich gewichtet werden oder warum hierzu die Summe der *Quadrate* und nicht irgendwelcher anderer Potenzen betrachtet wird. Letztlich kann man solche Fragen nur dann beantworten, wenn man ein *mikroskopisches* Modell besitzt, das die Summe der Quadrate als Kriterium rechtfertigt. Anders formuliert: Man müsste rechtfertigen, dass die Messfehler im Experiment statistisch einer *Normalverteilung* unterliegen. Ob dies (approximativ) der Fall ist, kann nicht allgemein geklärt, sondern muss anhand der Details der physikalischen Situation im Einzelfall entschieden werden.

5.3 Vektoranalysis im dreidimensionalen Raum

Bereits im einfachen Beispiel (5.8) wurde klar, dass es in der Praxis of vorteilhaft ist, die verschiedenen partiellen Ableitungen ∂_{x_i} mit $i = 1, \ldots, m$ kompakt zusammenzufassen, wie es in (5.9) auch geschah. Aufbauend auf dieser Erfahrung führen wir daher im Abschnitt [5.3.1] eine kompakte Notation speziell für den physikalisch wichtigen Fall $m = 3$ ein. Im restlichen Kapitel werden wir die Anwendungsmöglichkeiten dieser kombinierten Ableitung und ihre Eigenschaften dann etwas ausführlicher untersuchen.

5.3.1 Der Nabla-Operator

Wir betrachten eine Funktion $f : \mathbb{R}^3 \to \mathbb{R}$ mit Funktionswerten $f(\mathbf{x})$ und Variablen $\mathbf{x} = (x_1, x_2, x_3) \in \mathbb{R}^3$ im dreidimensionalen Raum. Bereits aus dem Beispiel (5.8) wurde klar, dass man die *Ableitungen* einer solchen Funktion bequem und kompakt mit Hilfe der Notation $\frac{\partial}{\partial \mathbf{x}}$ formulieren kann:

$$\begin{pmatrix} \partial_{x_1} f \\ \partial_{x_2} f \\ \partial_{x_3} f \end{pmatrix} (\mathbf{x}) \equiv \frac{\partial f}{\partial \mathbf{x}}(\mathbf{x}) \,.$$

Die rechte Seite ist also lediglich eine kurze und bequeme Schreibweise für die linke. In der Physik ist neben der Notation $\frac{\partial}{\partial \mathbf{x}}$ auch die Notation ∇ sehr gebräuchlich, die genau das Gleiche bedeutet und für praktische Zwecke oft bequemer ist:

$$\boxed{\frac{\partial f}{\partial \mathbf{x}}(\mathbf{x}) = (\nabla f)(\mathbf{x})} \quad , \quad \nabla \equiv \begin{pmatrix} \frac{\partial}{\partial x_1} \\ \frac{\partial}{\partial x_2} \\ \frac{\partial}{\partial x_3} \end{pmatrix} \,. \tag{5.14}$$

Hierbei ist ∇ ein *Operator*, weil er Funktionen auf andere Funktionen (nämlich auf ihre drei Ableitungen bzgl. x_1, x_2 und x_3) abbildet. Konkret heißt dieser Operator in der Literatur *Nabla-Operator*, da man im 19. Jahrhundert eine Ähnlichkeit zwischen dem Symbol ∇ und einer antiken Harfe namens „nabla", „nével" bzw. „nabilium" gesehen hat. Die dreikomponentige Funktion $\nabla f : \mathbb{R}^3 \to \mathbb{R}^3$, die durch Anwendung des ∇-Operators auf die Funktion $f : \mathbb{R}^3 \to \mathbb{R}$ entsteht, wird als der *Gradient* von f bezeichnet.

Der ∇-Operator erfüllt einige einfache Rechenregeln, die sofort aus der Definition (5.14) folgen. Beispielsweise ist der Nabla-Operator, wirkend auf eine Summe zweier (oder mehrerer) Funktionen, gleich der Summe der Nabla-Operatoren, wirkend auf die einzelnen Funktionen:

$$[\nabla(f+g)]\,(\mathbf{x}) = (\nabla f)(\mathbf{x}) + (\nabla g)(\mathbf{x})\,.$$

Des Weiteren folgt aus (5.14) sofort die Produktregel für den Nabla-Operator:

$$[\nabla(fg)]\,(\mathbf{x}) = (g\nabla f)(\mathbf{x}) + (f\nabla g)(\mathbf{x})\,. \tag{5.15}$$

Außerdem gilt aufgrund von (5.14) auch die Kettenregel:

$$[\nabla(g\circ f)]\,(\mathbf{x}) = g'(f(\mathbf{x}))(\nabla f)(\mathbf{x})\,. \tag{5.16}$$

Alle drei Funktionen $f+g$, fg und $g\circ f$ bilden, ähnlich wie f selbst, $\mathbb{R}^3$ auf $\mathbb{R}$ ab, und alle drei Gradienten $\nabla(f+g)$, $\nabla(fg)$ und $\nabla(g\circ f)$ bilden, ähnlich wie ∇f auch, $\mathbb{R}^3$ auf $\mathbb{R}^3$ ab. Wir werden die Rechenregeln (5.15) und (5.16) unten in einigen Beispielen anwenden.

Beispiele für die Berechnung von Gradienten

Wir betrachten drei Beispiele, die auf einer Funktion $r(\mathbf{x})$ mit

$$r(\mathbf{x}) \equiv |\mathbf{x}| = \sqrt{x_1^2 + x_2^2 + x_3^2} \tag{5.17}$$

basieren. Physikalisch kann $r(\mathbf{x})$ als *Länge* oder *Betrag* des $\mathbf{x}$-Vektors im dreidimensionalen Ortsraum interpretiert werden. Im ersten Beispiel berechnen wir den Gradienten des Betrags $r(\mathbf{x})$ selbst und verwenden hierbei, dass für die Ableitungen von $r(\mathbf{x})$ bzgl. der einzelnen Koordinaten x_i gilt:

$$\frac{\partial r}{\partial x_i} = \frac{2x_i}{2\sqrt{x_1^2 + x_2^2 + x_3^2}} = \frac{x_i}{r} \qquad (i = 1, 2, 3)\,.$$

Insgesamt erhalten wir also für den Gradienten von $r(\mathbf{x})$:

$$(\nabla r)\,(\mathbf{x}) = \begin{pmatrix} \partial r/\partial x_1 \\ \partial r/\partial x_2 \\ \partial r/\partial x_3 \end{pmatrix} = \begin{pmatrix} x_1/r \\ x_2/r \\ x_3/r \end{pmatrix} = \mathbf{x}/r = \hat{\mathbf{x}}$$

und stellen fest, dass dieser durch den *Einheits*vektor in $\mathbf{x}$-Richtung gegeben ist. Der Gradient des Betrags ist also – wie in Abbildung 5.3 nur für $\mathbf{x}$-Vektoren in der $\hat{\mathbf{e}}_1$-$\hat{\mathbf{e}}_2$-Ebene dargestellt – durch ein *radiales* Vektorfeld mit konstantem Betrag gegeben: $|(\nabla r)\,(\mathbf{x})| = 1$. Im Ursprung $\mathbf{x} = \mathbf{0}$ ist der Gradient ∇r nicht definiert. Als zweites Beispiel betrachten wir den Gradienten einer Funktion g des Betrags $r(\mathbf{x})$. Zu Differenzieren ist nun die Verkettung $g\circ r$, und Anwendung der Kettenregel (5.16) ergibt:

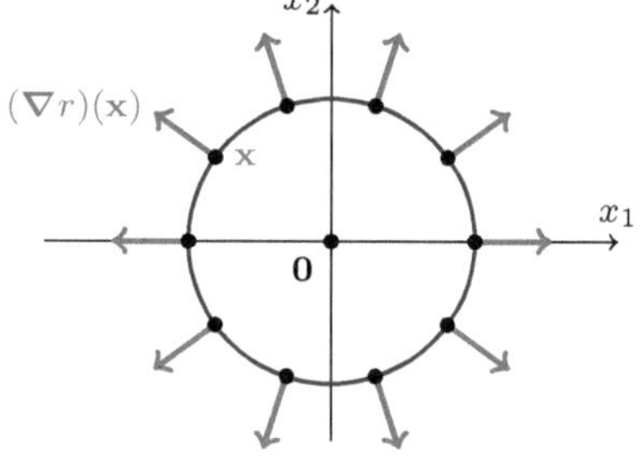

Abb. 5.3 Beispiel eines radialen Vektorfeldes: Der Gradient von $r = |\mathbf{x}|$

$$[\nabla(g\circ r)]\,(\mathbf{x}) = g'(r)(\nabla r)(\mathbf{x}) = g'(r)\mathbf{x}/r = g'(r)\hat{\mathbf{x}}\,.$$

Auch in diesem Fall ist das Ergebnis proportional zum Einheitsvektor $\hat{\mathbf{x}}$, sodass der Gradient $\boldsymbol{\nabla}(g\circ r)$ wieder – wie in Abb. 5.3 – durch ein *radiales* Vektorfeld dargestellt werden kann, nun allerdings i.A. mit dem variablen Betrag $g'(r)$. Als Spezialfall des zweiten Beispiels betrachten wir die Funktion $g(r) = r^\nu$, deren Gradient durch

$$(\boldsymbol{\nabla} r^\nu)(\mathbf{x}) = \nu r^{\nu-1}\hat{\mathbf{x}} \tag{5.18}$$

gegeben ist. Für alle $\nu > 0$ erhält man – wie in Abb. 5.3 skizziert – ein auswärts gerichtetes radiales Vektorfeld, wobei der *Betrag* des Vektorfeldes $\nu r^{\nu-1}$ mit dem Abstand zum Ursprung *ansteigt* für $\nu > 1$ und *abklingt* für $0 < \nu < 1$. Der Gradient im Ursprung ist nur für $\nu > 1$ definiert: $(\boldsymbol{\nabla} r^\nu)(\mathbf{0}) = \mathbf{0}$. Für $\nu = 1$ erhält man als Spezialfall das Ergebnis des ersten Beispiels (mit konstantem Betrag als Funktion des Abstands zum Ursprung). Auf (5.18) werden wir im Folgenden mehrmals zurückkommen.

Anwendung: Die lineare Näherung

Es gibt viele Gründe, weshalb der Nabla-Operator und seine Anwendungen in den Naturwissenschaften sehr bedeutsam sind. An dieser Stelle möchten wir uns auf eine relativ einfache, allerdings wichtige Anwendung beschränken: Der Nabla-Operator beschreibt die *Linearisierung* von Funktionen mehrerer Variabler und ergibt somit eine nützliche *Approximation* solcher Funktionen in der Nähe eines Referenzpunktes. Wir erinnern daran, dass wir die lineare Näherung bereits im Rahmen der Taylor-Entwicklung für Funktionen einzelner Variabler kennengelernt haben, siehe z.B. Gleichung (4.9), und dass der Koeffizient des linearen Terms dort als *Tangente* oder *Steigung* interpretiert werden konnte. Eine ähnliche Interpretation ist auch für Funktionen mehrerer Variabler möglich.

Wir betrachten daher die *lineare Näherung* einer stetig differenzierbaren Funktion $f : \mathbb{R}^3 \to \mathbb{R}$ in der Nähe eines Punktes $\mathbf{x} = (x_1, x_2, x_3)$. Konkret untersuchen wir den Einfluss kleiner Abweichungen $\mathbf{h} = (h_1, h_2, h_3)$ vom Referenzpunkt $\mathbf{x}$ auf den Funktionswert. Wir möchten konkret wissen, inwiefern der Funktionswert $f(\mathbf{x}+\mathbf{h})$ vom Funktionswert $f(\mathbf{x})$ im Referenzpunkt abweicht, d.h., wie groß die Differenz

$$f(\mathbf{x} + \mathbf{h}) - f(\mathbf{x}) = f(x_1 + h_1, x_2 + h_2, x_3 + h_3) - f(x_1, x_2, x_3)$$

ist. Wir werden sehen, dass diese Differenz *linear* in $\mathbf{h}$ ist, wie man es auch von Funktionen einer einzelnen Variablen gewohnt ist. Es ist nun hilfreich, auf der rechten Seite zwei Terme zu ergänzen und diese auch wieder abzuziehen:

$$\begin{aligned}
f(\mathbf{x} + \mathbf{h}) - f(\mathbf{x}) = {} & f(x_1 + h_1, x_2 + h_2, x_3 + h_3) - f(x_1, x_2 + h_2, x_3 + h_3) \\
& + f(x_1, x_2 + h_2, x_3 + h_3) - f(x_1, x_2, x_3 + h_3) \\
& + f(x_1, x_2, x_3 + h_3) - f(x_1, x_2, x_3) \, .
\end{aligned}$$

Ein Vergleich der letzten Zeile auf der rechten Seite mit der Definition der partiellen Ableitung in (5.4) zeigt nämlich, dass diese dritte Zeile für genügend kleine h_3-Werte approximativ durch $h_3(\partial_3 f)(\mathbf{x})$ gegeben ist und somit (approximativ) eine *lineare* Funktion von h_3 darstellt. Ähnliche Argumente treffen auch für die zweite Zeile zu, die (approximativ) eine lineare Funktion von h_2 ist, und auch für die erste

Zeile auf der rechten Seite, die linear in h_1 ist:

$$f(\mathbf{x} + \mathbf{h}) - f(\mathbf{x}) = h_1 \frac{\partial f}{\partial x_1}(x_1, x_2 + h_2, x_3 + h_3)$$

$$+ h_2 \frac{\partial f}{\partial x_2}(x_1, x_2, x_3 + h_3) + h_3 \frac{\partial f}{\partial x_3}(x_1, x_2, x_3) + \mathcal{O}(\mathbf{h}^2) \, .$$

Der letzte Term auf der rechten Seite deutet an, dass die Korrekturen zu den linearen Termen für kleine $\mathbf{h}$ sehr klein sind, nämlich höchstens von Ordnung $\mathbf{h}^2$, falls die Funktion f zweimal stetig differenzierbar ist. In den ersten beiden Termen können im Argument der partiellen Ableitung $\partial_{x_1} f$ bzw. $\partial_{x_2} f$ die Koordinaten $(x_1, x_2 + h_2, x_3 + h_3)$ und $(x_1, x_2, x_3 + h_3)$ jeweils durch $(x_1, x_2, x_3) = \mathbf{x}$ ersetzt werden:

$$f(\mathbf{x} + \mathbf{h}) - f(\mathbf{x}) = h_1 \frac{\partial f}{\partial x_1}(\mathbf{x}) + h_2 \frac{\partial f}{\partial x_2}(\mathbf{x}) + h_3 \frac{\partial f}{\partial x_3}(\mathbf{x}) + \mathcal{O}(\mathbf{h}^2)$$

$$= \sum_{l=1}^{3} h_l \frac{\partial f}{\partial x_l}(\mathbf{x}) + \mathcal{O}(\mathbf{h}^2) = \mathbf{h} \cdot \frac{\partial f}{\partial \mathbf{x}}(\mathbf{x}) + \mathcal{O}(\mathbf{h}^2) \, .$$

Der hierbei gemachte Fehler trägt nicht in linearer, sondern erst in quadratischer Ordnung bei, d.h. zu den $\mathcal{O}(\mathbf{h}^2)$-Termen, und ist somit klein.

Wir fassen die Ergebnisse der linearen Näherung zusammen:

$$\boxed{f(\mathbf{x} + \mathbf{h}) - f(\mathbf{x}) = \mathbf{h} \cdot (\boldsymbol{\nabla} f)(\mathbf{x}) + \mathcal{O}(\mathbf{h}^2)} \tag{5.19}$$

und stellen fest, dass beliebige stetig differenzierbare Funktionen f in der Nähe eines Punktes $\mathbf{x}$ linear approximiert werden können und dass diese lineare Approximation vollständig durch $(\boldsymbol{\nabla} f)(\mathbf{x})$ bestimmt ist, also durch den *Nabla-Operator*, wirkend auf die Funktion f im Referenzpunkt $\mathbf{x}$. Dementsprechend heißt die stetig differenzierbare Funktion f im Punkt $\mathbf{x}$ „lokal linear". Als Beispiel betrachten wir in Abbildung 5.4 noch einmal den Gradienten $(\boldsymbol{\nabla} r)(\mathbf{x})$ der Betragsfunktion $r(\mathbf{x}) = |\mathbf{x}|$. Der Einfachheit halber zeichnen wir nur $\mathbf{x}$-Vektoren in der $\hat{\mathbf{e}}_1$-$\hat{\mathbf{e}}_2$-Ebene. Gleichung (5.19) zeigt, dass man die Funktionswerte $r(\mathbf{x} + \mathbf{h})$ für hinreichend kleine Abweichungen $\mathbf{h}$ vom Punkt $\mathbf{x}$ in sehr guter Näherung berechnen kann, indem man zum Funktionswert $r(\mathbf{x})$ das Skalarprodukt von $\mathbf{h}$ und $(\boldsymbol{\nabla} r)(\mathbf{x}) = \hat{\mathbf{x}}$ addiert.

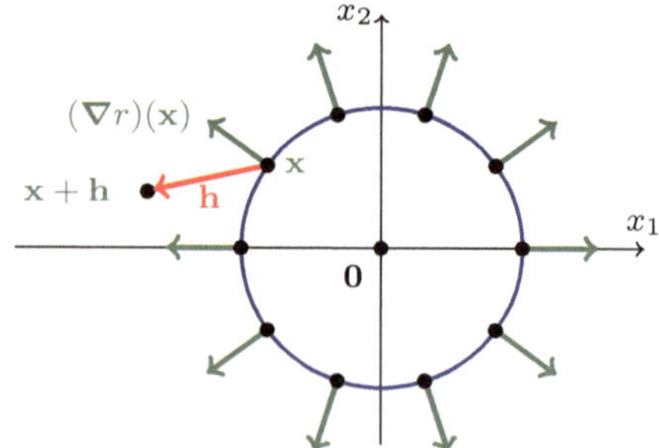

Abb. 5.4 Beispiel zur linearen Näherung: $f(\mathbf{x}) = r(\mathbf{x}) = |\mathbf{x}|$

Was kann man aus Gleichung (5.19) weiter noch lernen? Gleichung (5.19) besagt, dass die Funktions*änderung* $\delta f \equiv f(\mathbf{x} + \mathbf{h}) - f(\mathbf{x})$ bei einem kleinen Schritt $\mathbf{h}$, ausgehend vom Punkt $\mathbf{x}$, durch das Skalarprodukt $\mathbf{h} \cdot (\boldsymbol{\nabla} f)(\mathbf{x})$ gegeben ist. Bezeichnen wir also den Winkel zwischen der Schrittrichtung $\mathbf{h}$ und dem Gradienten $(\boldsymbol{\nabla} f)(\mathbf{x})$ als φ, kann Gleichung (5.19) auch als

$$\frac{\delta f}{|\mathbf{h}|} = \frac{f(\mathbf{x} + \mathbf{h}) - f(\mathbf{x})}{|\mathbf{h}|} = |(\boldsymbol{\nabla} f)(\mathbf{x})| \cos(\varphi) + \mathcal{O}(|\mathbf{h}|) \tag{5.20}$$

geschrieben werden. Die Funktionsänderung δf ist daher bei konstanter Schrittlänge $|\mathbf{h}|$ maximal für $\varphi = 0$, d.h., wenn der Schritt $\mathbf{h}$ entlang der Richtung $(\boldsymbol{\nabla} f)(\mathbf{x})$ des Gradienten gewählt wird. Wir lernen hieraus, dass $(\boldsymbol{\nabla} f)(\mathbf{x})$ die Raumrichtung anzeigt, in der die Funktion f am steilsten ansteigt. Analog ist δf minimal für $\varphi = \pi$, sodass $-(\boldsymbol{\nabla} f)(\mathbf{x})$ die Raumrichtung anzeigt, in der f am schnellsten abklingt. In der Tat zeigt Abb. 5.4 für das Beispiel $f(\mathbf{x}) = r(\mathbf{x}) = |\mathbf{x}|$, dass ein Schritt nach *außen* (in Richtung des Gradienten) oder *innen* (in der Richtung entgegengesetzt zum Gradienten) den Funktionswert $r(\mathbf{x}) = |\mathbf{x}|$ am effektivsten erhöht bzw. absenkt.

Außerdem zeigen die Gleichungen (5.19) und (5.20), dass die Funktionsänderung δf (in sehr guter Näherung) null ist für Schrittrichtungen mit $\varphi = \frac{\pi}{2}$, die *senkrecht* auf der Richtung des Gradienten stehen: $\mathbf{h} \perp (\boldsymbol{\nabla} f)(\mathbf{x})$. Dies bedeutet, dass die Funktionswerte in $\mathbf{x} + \mathbf{h}$ und $\mathbf{x}$ (in sehr guter Näherung) gleich sind und dass diese zwei Punkte daher beide zu einer Fläche mit konstantem f-Wert („Isofläche") gehören. Wir lernen also, dass ein Vektor $\mathbf{h}$ mit der Eigenschaft $\mathbf{h} \perp (\boldsymbol{\nabla} f)(\mathbf{x})$ ein Tangentialvektor einer *Isofläche* von f ist und dass der Gradient $(\boldsymbol{\nabla} f)(\mathbf{x})$ senkrecht auf den Isoflächen steht. Dies trifft auch auf das Beispiel in Abb. 5.4 zu: Dort sind die Isoflächen $r(\mathbf{x}) = |\mathbf{x}| = $ konstant sphärisch (in der $\hat{\mathbf{e}}_1$-$\hat{\mathbf{e}}_2$-Ebene also kreisförmig), und der Gradient $(\boldsymbol{\nabla} r)(\mathbf{x}) = \hat{\mathbf{x}}$ steht in der Tat stets senkrecht auf diesen Flächen.

5.3.2 Die Divergenz

Im Abschnitt [5.3.1] betrachteten wir Funktionen $f : \mathbb{R}^3 \to \mathbb{R}$ mit Funktionswerten $f(\mathbf{x}) \in \mathbb{R}$ und Variablen $\mathbf{x} \in \mathbb{R}^3$. Wie bereits in der Einführung zu diesem Kapitel erklärt, gibt es in der Physik neben diesen reellwertigen Funktionen [mit $f(\mathbf{x}) \in \mathbb{R}$] auch wichtige Beispiele für *Vektorfelder* oder auch *Vektorfunktionen*, die orts- und eventuell auch zeitabhängig sind und *drei* Komponenten besitzen, wie z.B. das elektrische Feld $\mathbf{E}(\mathbf{x}, t)$ und das Magnetfeld $\mathbf{B}(\mathbf{x}, t)$.

Eine Vektorfunktion im dreidimensionalen Ortsraum ($\mathbf{x} \in \mathbb{R}^3$), die selbst *dreikomponentig* ist ($\mathbf{f} : \mathbb{R}^3 \to \mathbb{R}^3$), hat also die allgemeine Form:

$$\mathbf{f}(\mathbf{x}) = \begin{pmatrix} f_1(x_1, x_2, x_3) \\ f_2(x_1, x_2, x_3) \\ f_3(x_1, x_2, x_3) \end{pmatrix} = \begin{pmatrix} f_1(\mathbf{x}) \\ f_2(\mathbf{x}) \\ f_3(\mathbf{x}) \end{pmatrix} ,$$

wobei die Komponenten f_i (mit $i = 1, 2, 3$) selbst *skalare* Funktionen darstellen: $f_i : \mathbb{R}^3 \to \mathbb{R}$. Das Auftreten *drei*komponentiger Funktionen $\mathbf{f}(\mathbf{x})$ eröffnet in Kombination mit der *drei*komponentigen Natur des Nabla-Operators ganz neue Möglichkeiten, da man mit Hilfe dieser Bausteine *Skalar*- und auch *Vektor*produkte bilden kann. Solche Produkte kommen in der Praxis sehr häufig vor: Beispielsweise ist das Skalarprodukt $\boldsymbol{\nabla} \cdot \mathbf{E}$ in der Elektrodynamik proportional zur Ladungsdichte und das Kreuzprodukt $\boldsymbol{\nabla} \times \mathbf{E}$ proportional zur zeitlichen Änderung des Magnetfeldes. Wir konzentrieren uns in diesem Abschnitt auf das Skalarprodukt; das Kreuzprodukt wird danach besprochen.

Das *Skalar*produkt des $\boldsymbol{\nabla}$-Operators mit einem stetig differenzierbaren Vektorfeld $\mathbf{f} \in \mathbb{R}^3$,

$$(\nabla \cdot \mathbf{f})(\mathbf{x}) = \left[\begin{pmatrix} \partial_{x_1} \\ \partial_{x_2} \\ \partial_{x_3} \end{pmatrix} \cdot \begin{pmatrix} f_1 \\ f_2 \\ f_3 \end{pmatrix} \right](\mathbf{x}) = \frac{\partial f_1}{\partial x_1}(\mathbf{x}) + \frac{\partial f_2}{\partial x_2}(\mathbf{x}) + \frac{\partial f_3}{\partial x_3}(\mathbf{x}) \,,$$

kann kurz als

$$(\nabla \cdot \mathbf{f})(\mathbf{x}) = \sum_{i=1}^{3} \frac{\partial f_i}{\partial x_i}(\mathbf{x}) = \partial_i f_i$$

dargestellt werden und wird als die „Divergenz" von $\mathbf{f}$ bezeichnet. Wir präsentieren zwei Beispiele für die Wirkung des Nabla-Operators in einem Skalarprodukt. Als erstes Beispiel berechnen wir die Divergenz des Ortsvektors $\mathbf{x}$:

$$\nabla \cdot \mathbf{x} = \begin{pmatrix} \partial_{x_1} \\ \partial_{x_2} \\ \partial_{x_3} \end{pmatrix} \cdot \begin{pmatrix} x_1 \\ x_2 \\ x_3 \end{pmatrix} = \sum_{j=1}^{3} \frac{\partial x_j}{\partial x_j} = \frac{\partial x_1}{\partial x_1} + \frac{\partial x_2}{\partial x_2} + \frac{\partial x_3}{\partial x_3} = 3$$

und stellen fest, dass diese *konstant* und gleich der Raumdimension bzw. gleich der Zahl der unabhängigen Koordinaten x_i ist. Im zweiten Beispiel multiplizieren wir den Ortsvektor $\mathbf{x}$ mit r^ν, wobei r die in (5.17) eingeführte Länge $r(\mathbf{x}) = (x_1^2 + x_2^2 + x_3^2)^{1/2}$ und der Exponent ν reellwertig ($\nu \in \mathbb{R}$) ist. Wir erhalten mit Hilfe der Produktregel und des Ergebnisses (5.18) für die Wirkung des Nabla-Operators (eventuell mit $r > 0$ für $\nu < 0$):

$$\nabla \cdot (r^\nu \mathbf{x}) = (\nabla r^\nu) \cdot \mathbf{x} + r^\nu (\nabla \cdot \mathbf{x}) = r^\nu \left(\frac{\nu}{r^2} \mathbf{x} \cdot \mathbf{x} + 3 \right) = (3 + \nu) r^\nu \,. \qquad (5.21)$$

Dieses Beispiel ist besonders interessant für $\nu = -3$, da die linke Seite dann als Divergenz des elektrischen Feldes einer Punktladung im Ursprung interpretiert werden kann, wobei das elektrische Feld im Abstand r zum Ursprung gemessen wird. Für $\nu = -3$ ergibt die rechte Seite das korrekte Ergebnis $\nabla \cdot \mathbf{E} = 0$. Physikalisch bedeutet dies, dass die Ladungsdichte, die proportional zu $\nabla \cdot \mathbf{E}$ ist, *außerhalb* des Ursprungs gleich null sein muss.

Wir nennen einige Rechenregeln für die Divergenz, von deren Gültigkeit man sich – ausgehend von der Definition der Divergenz – leicht selbst überzeugen kann: Beispielsweise ist die Divergenz einer Summe zweier Vektorfunktionen gleich der Summe der jeweiligen Divergenzen:

$$[\nabla \cdot (\mathbf{f} + \mathbf{g})](\mathbf{x}) = (\nabla \cdot \mathbf{f})(\mathbf{x}) + (\nabla \cdot \mathbf{g})(\mathbf{x}) \,.$$

Mit Hilfe der Produktregel zeigt man allgemein, dass die Divergenz eines Produktes von Vektorfunktion $\mathbf{f}(\mathbf{x})$ und reellwertiger Funktion $\lambda(\mathbf{x})$ durch

$$[\nabla \cdot (\lambda \mathbf{f})](\mathbf{x}) = (\nabla \lambda)(\mathbf{x}) \cdot \mathbf{f}(\mathbf{x}) + \lambda (\nabla \cdot \mathbf{f})(\mathbf{x}) \qquad (5.22)$$

gegeben ist. Dies ist eine Verallgemeinerung von (5.21). Außerdem kann man die Divergenz eines *Kreuzproduktes* zweier Vektorfunktionen ausrechnen:

$$[\nabla \cdot (\mathbf{f} \times \mathbf{g})](\mathbf{x}) = \sum_{j=1}^{3} \left[\frac{\partial}{\partial x_j}(\mathbf{f} \times \mathbf{g})_j \right](\mathbf{x}) = \sum_{j,k,l=1}^{3} \varepsilon_{jkl} \frac{\partial}{\partial x_j}(f_k g_l) \,.$$

Im ersten Schritt wurde des Skalarprodukt wie üblich komponentenweise (als Summe dreier Terme) geschrieben, und im zweiten wurden die Komponenten des Vektorprodukts mit Hilfe des ε-Tensors berechnet. Mit Hilfe der Produktregel der Differentiation folgt noch:

$$
\begin{aligned}
\left[\boldsymbol{\nabla} \cdot (\mathbf{f} \times \mathbf{g})\right](\mathbf{x}) &= \sum_{j,k,l=1}^{3} \varepsilon_{jkl} \left(\frac{\partial f_k}{\partial x_j} g_l + f_k \frac{\partial g_l}{\partial x_j} \right) \\
&= \sum_{j,k,l=1}^{3} g_l\, \varepsilon_{ljk} \frac{\partial f_k}{\partial x_j} - \sum_{j,k,l=1}^{3} f_k\, \varepsilon_{kjl} \frac{\partial g_l}{\partial x_j} \\
&= \mathbf{g}(\mathbf{x}) \cdot (\boldsymbol{\nabla} \times \mathbf{f})(\mathbf{x}) - \mathbf{f}(\mathbf{x}) \cdot (\boldsymbol{\nabla} \times \mathbf{g})(\mathbf{x}) \, .
\end{aligned}
$$

Im zweiten Schritt wurde die Antisymmetrie des ε-Tensors unter Vertauschung von Indizes verwendet. Im letzten Schritt wurden die Ableitungen zusammen mit dem ε-Tensor als Kreuzprodukte geschrieben, die dann noch skalar mit $\mathbf{g}$ (im ersten Term) bzw. $\mathbf{f}$ (im zweiten) multipliziert werden. Als Ergebnis erhält man also zwei Terme, die beide ein *Kreuzprodukt* des Nabla-Operators mit einer Vektorfunktion enthalten. In dieser Weise führt die Berechnung von Divergenzen automatisch auf Kreuzprodukte von Nabla-Operatoren und Vektorfunktionen, die als *Rotationen* dieser Vektorfunktionen bezeichnet werden und Thema des nächsten Abschnitts [5.3.3] sind.

Was bedeutet die „Divergenz" physikalisch?

Wir möchten anhand des Beispiels (5.21) zur Berechnung einer *Divergenz* versuchen, die physikalische Bedeutung des Divergenz-Begriffs zu erklären.

Gleichung (5.21) zeigt zunächst einmal, dass die Divergenz des radialen (auswärts gerichteten) Vektorfeldes $\mathbf{f}(\mathbf{x}) = r^\nu \mathbf{x}$ durch $(\boldsymbol{\nabla} \cdot \mathbf{f})(\mathbf{x}) = (3 + \nu)[r(\mathbf{x})]^\nu$ mit $r(\mathbf{x}) = (x_1^2 + x_2^2 + x_3^2)^{1/2}$ gegeben ist. Das Vektorfeld $\mathbf{f}(\mathbf{x})$ wurde in Abbildung 5.5 skizziert, allerdings der Einfachheit halber nur in der $\hat{\mathbf{e}}_1$-$\hat{\mathbf{e}}_2$-Ebene und auch dort nur für einige $\mathbf{x}$-Werte mit $|\mathbf{x}| = R$ bzw. $|\mathbf{x}| = R + \Delta R$. Abb. 5.5 zeigt, dass der Betrag des Vektorfeldes $|\mathbf{f}(\mathbf{x})| = r^\nu |\mathbf{x}| = r^{1+\nu}$ mit dem Abstand $r(\mathbf{x})$ zum Ursprung *abklingt*, sodass für das skizzierte Beispiel $1 + \nu < 0$ bzw. $\nu < -1$ gelten muss. Wir möchten nun im Folgenden versuchen, das Vektorfeld $\mathbf{f}(\mathbf{x})$ als *Strömung* zu interpretieren, oder genauer: als *Stromdichte* einer Strömung. Eine *Stromdichte* ist ein *Strom* pro

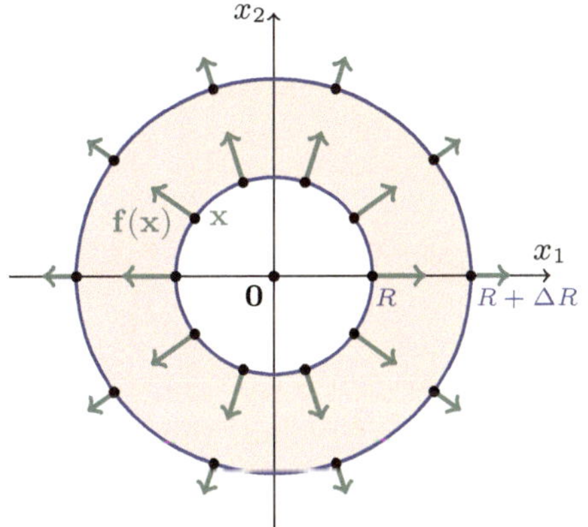

Abb. 5.5 Zur physikalischen Interpretation der „Divergenz"

Fläche. Wenn $\mathbf{f}(\mathbf{x})$ daher senkrecht auf einer kleinen Fläche ΔF durch den Punkt $\mathbf{x}$ steht, ist der entsprechende *Strom* durch diese Fläche gleich $|\mathbf{f}(\mathbf{x})| \Delta F$.

Betrachten wir nun die rötlich getönte Schale der Dicke ΔR zwischen den Kugelflächen $|\mathbf{x}| = R$ und $|\mathbf{x}| = R + \Delta R$. Durch die Kugelfläche $|\mathbf{x}| = R$ (mit dem

Flächeninhalt $4\pi R^2$) fließt eine Stromdichte mit dem Betrag $|\mathbf{f}(\mathbf{x})| = R^{1+\nu}$, also insgesamt ein Strom $4\pi R^{3+\nu}$ in den getönten Bereich *hinein*. Durch die Kugelfläche $|\mathbf{x}| = R + \Delta R$ [mit dem Flächeninhalt $4\pi(R + \Delta R)^2$] fließt eine Stromdichte mit dem Betrag $|\mathbf{f}(\mathbf{x})| = (R + \Delta R)^{1+\nu}$, also insgesamt ein Strom $4\pi(R + \Delta R)^{3+\nu}$ aus dem getönten Bereich *heraus*. Folglich sind die Strömungsverluste pro Volumen in der Kugelschale durch

$$\frac{\text{Strömungsverlust}}{\text{Volumen}} = \frac{4\pi[(R + \Delta R)^{3+\nu} - R^{3+\nu}]}{\frac{4\pi}{3}[(R + \Delta R)^3 - R^3]} = \frac{R^\nu\left[\left(1 + \frac{\Delta R}{R}\right)^{3+\nu} - 1\right]}{\frac{1}{3}\left[\left(1 + \frac{\Delta R}{R}\right)^3 - 1\right]}$$

gegeben. Hierbei muss der Strom durch die Fläche $|\mathbf{x}| = R$ (d.h. der zweite Term im Zähler) *negativ* gerechnet werden, da er in den getönten Bereich hineinfließt und somit einen *Gewinn* statt eines Verlustes darstellt. Betrachten wir nun speziell eine *dünne* Kugelschale (mit $\Delta R/R \ll 1$), damit wir die *lokalen* Strömungsverluste nahe $|\mathbf{x}| = R$ besser studieren können, so folgt:

$$\frac{\text{Strömungsverlust}}{\text{Volumen}} = \lim_{\Delta R \to 0} \frac{R^\nu\left[(3 + \nu)\frac{\Delta R}{R} + \cdots\right]}{\frac{1}{3}\left(3\frac{\Delta R}{R} + \cdots\right)} = (3 + \nu)R^\nu \overset{!}{=} (\boldsymbol{\nabla} \cdot \mathbf{f})(\mathbf{x}) \,,$$

wobei im ersten Schritt die Gleichung (2.11) mit $\alpha = 3 + \nu$ verwendet wurde. Wir stellen fest, dass in diesem Beispiel *der Strom durch die Oberfläche* einer infinitesimalen Kugelschale, *dividiert durch das Volumen* dieser Schale, genau gleich der *Divergenz* $(\boldsymbol{\nabla} \cdot \mathbf{f})(\mathbf{x})$ der entsprechenden Stromdichte $\mathbf{f}$ im Punkt $\mathbf{x}$ ist. Dies ist kein Zufall. Wir werden später, in Kapitel [9], allgemein feststellen, dass die Divergenz als Strömungsverlust pro Volumen in einem infinitesimalen Volumenelement interpretiert werden kann, und als wichtige Verallgemeinerungen dieses Zusammenhangs werden wir den *Satz von Gauß* sowie die beiden *Sätze von Green* kennenlernen.

5.3.3 Die Rotation

Bereits im vorigen Abschnitt sind wir auf das Kreuzprodukt $\boldsymbol{\nabla} \times \mathbf{g}$ des Nabla-Operators mit einer stetig differenzierbaren Vektorfunktion $\mathbf{g}$ gestoßen, das als die *Rotation* von $\mathbf{g}$ bezeichnet wird. Die explizite Form der Rotation von $\mathbf{g}$ ist:

$$\boldsymbol{\nabla} \times \mathbf{g} = \begin{pmatrix} \partial_{x_1} \\ \partial_{x_2} \\ \partial_{x_3} \end{pmatrix} \times \begin{pmatrix} g_1 \\ g_2 \\ g_3 \end{pmatrix} = \begin{pmatrix} \partial_{x_2}g_3 - \partial_{x_3}g_2 \\ \partial_{x_3}g_1 - \partial_{x_1}g_3 \\ \partial_{x_1}g_2 - \partial_{x_2}g_1 \end{pmatrix} = \begin{pmatrix} \partial_2 g_3 - \partial_3 g_2 \\ \partial_3 g_1 - \partial_1 g_3 \\ \partial_1 g_2 - \partial_2 g_1 \end{pmatrix} . \qquad (5.23)$$

Die verschiedenen Komponenten der Vektoren im letzten und vorletzten Glied können durch zyklische Permutationen auseinander hergeleitet werden. Man kann die Rotation in (5.23) mit Hilfe der Einstein'schen *Summationskonvention* auch kompakter schreiben, nämlich als

$$\boxed{(\boldsymbol{\nabla} \times \mathbf{g})_i = \varepsilon_{ijk}\, \partial_{x_j} g_k \,.} \qquad (5.24)$$

Die Rotation erfüllt wieder einige Rechenregeln, deren Gültigkeit direkt aus der Definition (5.23) bzw. (5.24) der Rotation folgt: So ist die Rotation einer Summe gleich der Summe der Rotationen:

$$[\boldsymbol{\nabla} \times (\mathbf{f} + \mathbf{g})]\,(\mathbf{x}) = (\boldsymbol{\nabla} \times \mathbf{f})(\mathbf{x}) + (\boldsymbol{\nabla} \times \mathbf{g})(\mathbf{x}) \,.$$

Die Rotation eines Produktes aus Vektorfunktion $\mathbf{f}(\mathbf{x})$ und reellwertiger Funktion $\lambda(\mathbf{x})$ folgt aus der Produktregel der Differentiation als:

$$[\boldsymbol{\nabla} \times (\lambda \mathbf{f})]\,(\mathbf{x}) = \lambda(\mathbf{x})(\boldsymbol{\nabla} \times \mathbf{f})(\mathbf{x}) + (\boldsymbol{\nabla}\lambda)(\mathbf{x}) \times \mathbf{f}(\mathbf{x})\,. \tag{5.25}$$

Außerdem kann die Rotation eines Kreuzproduktes zweier Vektorfunktionen auf eine Summe von *vier* Termen zurückgeführt werden:

$$[\boldsymbol{\nabla} \times (\mathbf{f} \times \mathbf{g})]\,(\mathbf{x}) = [(\mathbf{g} \cdot \boldsymbol{\nabla})\mathbf{f} + \mathbf{f}(\boldsymbol{\nabla} \cdot \mathbf{g}) - \mathbf{g}(\boldsymbol{\nabla} \cdot \mathbf{f}) - (\mathbf{f} \cdot \boldsymbol{\nabla})\mathbf{g}]\,(\mathbf{x})\,,$$

die alle durch Skalarprodukte des Nabla-Operators mit einer Vektorfunktion charakterisiert sind. Dabei hat das Skalarprodukt zweimal die Form einer Divergenz und zweimal die Form eines Differentialoperators $\mathbf{g} \cdot \boldsymbol{\nabla}$ bzw. $\mathbf{f} \cdot \boldsymbol{\nabla}$. Man weist die obige Identität für $\boldsymbol{\nabla} \times (\mathbf{f} \times \mathbf{g})$ am besten komponentenweise mit Hilfe der Summationskonvention nach:

$$\begin{aligned}
[\boldsymbol{\nabla} \times (\mathbf{f} \times \mathbf{g})]_i &= \varepsilon_{ijk}\,\partial_j\,\varepsilon_{klm}(f_l g_m) = (\delta_{il}\delta_{jm} - \delta_{im}\delta_{jl})\partial_j(f_l g_m) \\
&= \partial_j(f_i g_j) - \partial_j(f_j g_i) = g_j\partial_j f_i + f_i\partial_j g_j - f_j\partial_j g_i - g_i\partial_j f_j \\
&= (\mathbf{g} \cdot \boldsymbol{\nabla})f_i + f_i(\boldsymbol{\nabla} \cdot \mathbf{g}) - (\mathbf{f} \cdot \boldsymbol{\nabla})g_i - g_i(\boldsymbol{\nabla} \cdot \mathbf{f})\,.
\end{aligned}$$

In der ersten Zeile wurde die bekannte Identität

$$\varepsilon_{ijk}\varepsilon_{klm} = \delta_{il}\delta_{jm} - \delta_{im}\delta_{jl} \tag{5.26}$$

für ein Produkt zweier ε-Tensoren angewandt. In der zweiten Zeile wurde die Produktregel angewandt und in der dritten Zeile die Summationskonvention wieder durch die herkömmliche Notation ersetzt.

Wir präsentieren nun ein paar Beispiele für die Anwendung der Rotation, wobei $r(\mathbf{x}) = (x_1^2 + x_2^2 + x_3^2)^{1/2}$ wiederum die Länge im dreidimensionalen Ortsraum und $\rho(\mathbf{x}) = (x_1^2 + x_2^2)^{1/2}$ das Pendant dazu im zweidimensionalen Raum (d.h. in der $\hat{\mathbf{e}}_1$-$\hat{\mathbf{e}}_2$-Ebene) darstellt. Im ersten Beispiel betrachten wir die Rotation des Ortsvektors $\mathbf{x}$ und zeigen mit Hilfe der Summationskonvention, dass diese konstant und gleich null ist:

$$(\boldsymbol{\nabla} \times \mathbf{x})_i = \varepsilon_{ijk}\,\partial_j\,x_k = \varepsilon_{ijk}\,\delta_{jk} = 0 \quad , \quad \boldsymbol{\nabla} \times \mathbf{x} = \mathbf{0}\,.$$

Hierbei wurde verwendet, dass das Kronecker-δ symmetrisch und der ε-Tensor *anti*symmetrisch in den Indizes j und k ist, sodass sich bei einer Summation über diese doppelt auftretenden Indizes alle Beiträge aufheben. Im zweiten Beispiel wenden wir die Produktregel (5.25) an und erhalten für die Rotation von $r^\nu \mathbf{x}$:

$$\boldsymbol{\nabla} \times (r^\nu \mathbf{x}) = r^\nu(\boldsymbol{\nabla} \times \mathbf{x}) + \nu r^{\nu-1}(\boldsymbol{\nabla}r) \times \mathbf{x} = \mathbf{0} + \nu r^{\nu-2}\mathbf{x} \times \mathbf{x} = \mathbf{0}\,. \tag{5.27}$$

Im dritten Beispiel betrachten wir die Rotation des Vektorfeldes $(-x_2, x_1, 0)$, das also auf die $\hat{\mathbf{e}}_1$-$\hat{\mathbf{e}}_2$-Ebene beschränkt ist, dort stets senkrecht auf dem Ortsvektor $(x_1, x_2, 0)$ steht (d.h. in der $\hat{\mathbf{e}}_1$-$\hat{\mathbf{e}}_2$-Ebene *tangential* ist) und im positiven Sinne um den Ursprung „rotiert". Für die Rotation dieses Vektorfeldes erhält man dementsprechend das Resultat:

$$\boldsymbol{\nabla} \times \begin{pmatrix} -x_2 \\ x_1 \\ 0 \end{pmatrix} = \begin{pmatrix} -\partial_3 x_1 \\ \partial_3(-x_2) \\ \partial_1 x_1 - \partial_2(-x_2) \end{pmatrix} = \begin{pmatrix} 0 \\ 0 \\ 2 \end{pmatrix} = 2\hat{\mathbf{e}}_3\,,$$

das *konstant* ist und in die positive $\hat{\mathbf{e}}_3$-Richtung zeigt. Hierauf aufbauend betrachten wir als letztes Beispiel das Produkt des Vektorfeldes $(-x_2, x_1, 0)$ mit der oben eingeführten Funktion $\rho(\mathbf{x})$. Für dieses Beispiel berechnen wir die Rotation durch Anwenden der Produktregel (mit $\rho > 0$ für $\nu < 0$):

$$\boldsymbol{\nabla} \times \left[\rho^\nu \begin{pmatrix} -x_2 \\ x_1 \\ 0 \end{pmatrix} \right] = \rho^\nu \left[\boldsymbol{\nabla} \times \begin{pmatrix} -x_2 \\ x_1 \\ 0 \end{pmatrix} + \frac{\nu}{\rho^2} \begin{pmatrix} x_1 \\ x_2 \\ 0 \end{pmatrix} \times \begin{pmatrix} -x_2 \\ x_1 \\ 0 \end{pmatrix} \right]$$
$$= (2 + \nu)\rho^\nu \hat{\mathbf{e}}_3 \, . \tag{5.28}$$

Dieses Ergebnis ist u.a. auch deshalb interessant, weil die Rotation, oder genauer: der Vorfaktor $(2 + \nu)\rho^\nu$ des Einheitsvektors $\hat{\mathbf{e}}_3$, *positiv* ist für alle $\mathbf{x} \in \mathbb{R}^3$, vorausgesetzt dass $\nu > -2$ gilt. Falls man also verstehen möchte, was eine (in diesem Sinne) *positive* Rotation bedeutet, muss man sich lediglich das Vektorfeld $\mathbf{g}(\mathbf{x})$ genauer ansehen, dessen Rotation in (5.28) berechnet wurde. Dieses Vektorfeld ist in Abbildung 5.6 skizziert. Wir stellen fest, dass das Vektorfeld $\mathbf{g}(\mathbf{x})$ sich im *positiven* Sinne um den Ursprung dreht und dabei stets senkrecht auf dem Ortsvektor $\mathbf{x}$ steht. Dies steht im Gegensatz zur Rotation des *radialen* Vektorfeldes $\mathbf{g}(\mathbf{x}) = r^\nu \mathbf{x}$ in Gleichung (5.27), das in Abb. 5.5 skizziert ist: Dieses Vektorfeld bildet keineswegs einen Wirbel um den Ursprung, sondern zeigt immer nur vom Ursprung weg, und dementsprechend ist die Rotation null: $\boldsymbol{\nabla} \times (r^\nu \mathbf{x}) = \mathbf{0}$.

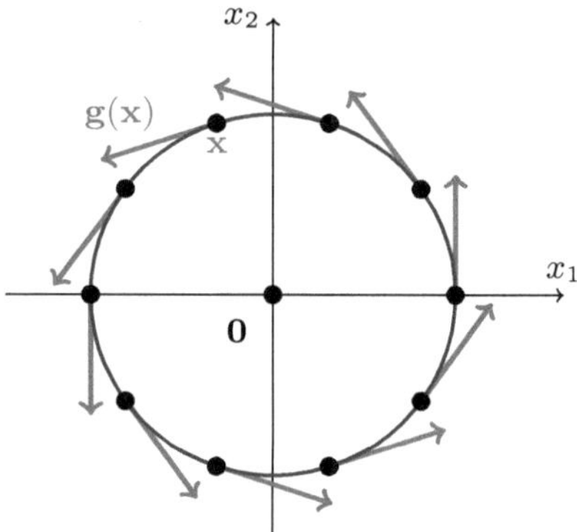

Abb. 5.6 Beispiel eines tangentialen Vektorfeldes

Das Beispiel (5.28) ist aus physikalischer Sicht übrigens besonders interessant für $\nu = -2$. Die linke Seite kann dann nämlich als Rotation des Magnetfeldes eines von einem konstanten Strom durchflossenen Stromdrahtes interpretiert werden, wobei der Stromdraht entlang der $\hat{\mathbf{e}}_3$-Achse verläuft und das Magnetfeld im Abstand ρ zum Draht gemessen wird. Für $\nu = -2$ ergibt die rechte Seite das korrekte Ergebnis $\boldsymbol{\nabla} \times \mathbf{B} = \mathbf{0}$, das physikalisch so interpretiert werden kann, dass die Stromdichte, die proportional zu $\boldsymbol{\nabla} \times \mathbf{B}$ ist, *außerhalb* des Drahtes gleich null sein muss.

Was bedeutet die „Rotation" physikalisch?

Wir möchten anhand des Beispiels (5.28) versuchen, die physikalische Bedeutung des Rotationsbegriffs zu erklären. Die Interpretation der Rotation in diesem Abschnitt erfolgt weitgehend parallel zu derjenigen der Divergenz in Abschnitt [5.3.2]. Gleichung (5.28) zeigt zunächst einmal, dass die Rotation des tangentialen (senkrecht auf dem $\mathbf{x}$-Vektor stehenden) Vektorfeldes $\mathbf{g}(\mathbf{x}) = \rho^\nu (\hat{\mathbf{e}}_3 \times \mathbf{x})$ durch $(\boldsymbol{\nabla} \times \mathbf{g})(\mathbf{x}) = (2 + \nu)[\rho(\mathbf{x})]^\nu \hat{\mathbf{e}}_3$ mit $\rho(\mathbf{x}) = (x_1^2 + x_2^2)^{1/2}$ gegeben ist. Das Vektorfeld $\mathbf{g}(\mathbf{x})$ wurde in Abbildung 5.7 skizziert, allerdings der Einfachheit halber nur in der $\hat{\mathbf{e}}_1$-$\hat{\mathbf{e}}_2$-Ebene und auch dort nur für einige $\mathbf{x}$-Werte mit $\rho(\mathbf{x}) = R$ bzw. $\rho(\mathbf{x}) = R + \Delta R$. Abb. 5.7 zeigt, dass der Betrag $|\mathbf{g}(\mathbf{x})| = \rho^\nu |\hat{\mathbf{e}}_3 \times \mathbf{x}| = \rho^{1+\nu}$ des Vektorfeldes mit dem

Abstand $\rho(\mathbf{x})$ zur $\hat{\mathbf{e}}_3$-Achse *abklingt*, sodass für das skizzierte Beispiel $1 + \nu < 0$ bzw. $\nu < -1$ gelten muss. Wir möchten im Folgenden das Vektorfeld $\mathbf{g}(\mathbf{x})$ als *Kraft* interpretieren. Wenn diese Kraft entlang der Trajektorie eines Teilchens wirkt, erzielt das Teilchen beim Durchlaufen der Trajektorie einen *Energiegewinn* („Kraft $\times$ Weg").

Betrachten wir nun das in Abb. 5.7 rötlich getönte Ringsegment der Breite ΔR zwischen den Kreisen $\rho(\mathbf{x}) = R$ und $\rho(\mathbf{x}) = R + \Delta R$ in der $\hat{\mathbf{e}}_1$-$\hat{\mathbf{e}}_2$-Ebene. Das Ringsegment weist eine Lücke auf für Winkelvariablen $\varphi \in [-\Phi, \Phi]$. Als Trajektorie des Teilchens betrachten wir den in Abb. 5.7 blau eingezeichneten *Rand* des Ringsegments, der im *positiven* Sinne durchlaufen werden soll. Zum *Energiegewinn* („Kraft $\times$ Weg") erhalten wir vier Beiträge:

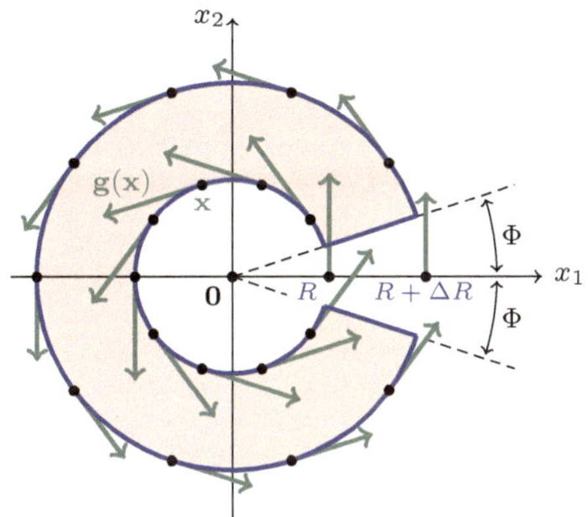

Abb. 5.7 Zur physikalischen Interpretation der „Rotation"

1. einen Beitrag des *äußeren* Kreises $\rho(\mathbf{x}) = R + \Delta R$, der von $\varphi = \Phi$ bis $\varphi = 2\pi - \Phi$ durchlaufen wird. Die Kraft ist betragsmäßig konstant gleich $(R + \Delta R)^{1+\nu}$ und zeigt stets in Richtung des Weges. Die Weglänge ist $2(\pi - \Phi)(R + \Delta R)$, sodass der Energiegewinn beim Durchlaufen dieser Teilstrecke $2(\pi - \Phi)(R + \Delta R)^{2+\nu}$ beträgt.

2. einen Beitrag der Geraden $\varphi = 2\pi - \Phi$, die von $\rho = R + \Delta R$ bis $\rho = R$ durchlaufen wird. Da die Kraft stets senkrecht auf diesem (radial ausgerichteten) Weg steht, ist der entsprechende Energiegewinn null.

3. einen Beitrag des *inneren* Kreises $\rho(\mathbf{x}) = R$, der von $\varphi = 2\pi - \Phi$ bis $\varphi = \Phi$ durchlaufen wird. Die Kraft ist betragsmäßig konstant gleich $R^{1+\nu}$ und zeigt stets in die Richtung *entgegengesetzt* zum Weg, sodass der Energiegewinn *negativ* ist. Die Weglänge ist $2(\pi - \Phi)R$, sodass diese Teilstrecke $-2(\pi - \Phi)R^{2+\nu}$ zum Energiegewinn beiträgt.

4. einen Beitrag der Geraden $\varphi = \Phi$, die von $\rho = R$ bis $\rho = R + \Delta R$ durchlaufen wird. Da die Kraft stets senkrecht auf diesem Weg steht, ist der Beitrag dieser Wegstrecke zum Energiegewinn null.

Wir lernen also, dass der Gesamtenergiegewinn beim Durchlaufen der Trajektorie $2(\pi - \Phi)[(R + \Delta R)^{2+\nu} - R^{2+\nu}]$ beträgt. Der *Flächeninhalt* des Ringsegments ist gleich $(\pi - \Phi)[(R + \Delta R)^2 - R^2]$. Daher hängt das Verhältnis dieser Größen überhaupt nicht vom Winkel Φ ab:

$$\frac{\text{Energiegewinn}}{\text{Flächeninhalt}} = \frac{2[(R + \Delta R)^{2+\nu} - R^{2+\nu}]}{(R + \Delta R)^2 - R^2} = \frac{R^{\nu}\left[\left(1 + \frac{\Delta R}{R}\right)^{2+\nu} - 1\right]}{\frac{1}{2}\left[\left(1 + \frac{\Delta R}{R}\right)^2 - 1\right]} .$$

Betrachten wir nun speziell ein *dünnes* Ringsegment (mit $\Delta R / R \ll 1$), damit wir den *lokalen* Energiegewinn nahe $\rho(\mathbf{x}) = R$ besser studieren können, so folgt [wiederum mit Hilfe von (2.11) im ersten Schritt]:

$$\frac{\text{Energiegewinn}}{\text{Flächeninhalt}} = \lim_{\Delta R \to 0} \frac{R^\nu \left[(2+\nu)\frac{\Delta R}{R} + \cdots\right]}{\frac{1}{2}\left(2\frac{\Delta R}{R} + \cdots\right)} = (2+\nu)R^\nu \overset{!}{=} |(\boldsymbol{\nabla} \times \mathbf{g})(\mathbf{x})| \, .$$

Wir stellen fest, dass in diesem Beispiel der *Energiegewinn* beim Durchlaufen eines infinitesimalen Ringsegments, *dividiert durch den Flächeninhalt* dieses Segments, numerisch genau gleich dem Betrag der *Rotation* $|(\boldsymbol{\nabla} \times \mathbf{g})(\mathbf{x})|$ der entsprechenden Kraft $\mathbf{g}$ im Punkt $\mathbf{x}$ ist. Dies ist kein Zufall. Wir werden später, in Kapitel [9], allgemein feststellen, dass die Rotation als „Energiegewinn" pro Flächeninhalt beim Durchlaufen einer infinitesimalen geschlossenen Trajektorie interpretiert werden kann. Als wichtige Verallgemeinerung dieses Zusammenhangs werden wir dort auch den *Satz von Stokes* kennenlernen.

5.3.4   Kombinationen von Gradient, Divergenz, Rotation

Selbstverständlich kann man Gradienten, Divergenzen und Rotationen auch geeignet miteinander kombinieren. Solche Kombinationen treten in der Praxis sogar sehr häufig auf, z.B. bei Berechnungen im Rahmen der Elektrodynamik. Wir behandeln hier ein paar Beispiele. Im ersten Beispiel kombinieren wir die Rotation mit einem Gradienten. Für normale Vektoren $\mathbf{a} \in \mathbb{R}^3$ hat das Kreuzprodukt die Eigenschaft $\mathbf{a} \times \mathbf{a} = \mathbf{0}$. Dass Ähnliches auch für den Nabla-Operator gilt, folgt mit Hilfe der Summationskonvention aus:

$$[\boldsymbol{\nabla} \times (\boldsymbol{\nabla}\lambda)]_i = (\varepsilon_{ijk}\partial_j\partial_k)\lambda = 0 \quad , \quad \boxed{\boldsymbol{\nabla} \times \boldsymbol{\nabla} = \mathbf{0} \, .}$$

Wir verwendeten, dass $\partial_j\partial_k$ symmetrisch unter Vertauschung der Indizes j und k ist und ε_{ijk} *anti*symmetrisch, sodass die Summe über j und k null ergibt. Im zweiten Beispiel kombinieren wir die Divergenz mit der Rotation. Für normale Vektoren $\mathbf{a}, \mathbf{b} \in \mathbb{R}^3$ gilt $\mathbf{a} \cdot (\mathbf{a} \times \mathbf{b}) = 0$, da für beliebige $\mathbf{b}$ der Vektor $\mathbf{a}$ senkrecht auf $\mathbf{a} \times \mathbf{b}$ steht. Dass Analoges auch für den Nabla-Operator gilt, folgt für beliebige Vektorfunktionen $\mathbf{f}$ aus:

$$\boxed{\boldsymbol{\nabla} \cdot (\boldsymbol{\nabla} \times \mathbf{f}) = \varepsilon_{ijk}\partial_i\partial_j f_k = 0 \, ,} \tag{5.29}$$

wobei wiederum die Symmetrie von $\partial_i\partial_j$ und die *Anti*symmetrie von ε_{ijk} verwendet wurden. Im dritten Beispiel kombinieren wir die Divergenz mit dem Gradienten, wobei man aufgrund von $\mathbf{a} \cdot \mathbf{a} = |\mathbf{a}|^2$ a priori nun nicht das Ergebnis Null erwarten würde. Tatsächlich findet man:

$$\boldsymbol{\nabla} \cdot (\boldsymbol{\nabla}\lambda) = \partial_i\partial_i\lambda = \left(\sum_{i=1}^{3}\frac{\partial^2}{\partial x_i^2}\right)\lambda = \Delta\lambda \quad , \quad \boxed{\Delta \equiv \sum_{i=1}^{3}\frac{\partial^2}{\partial x_i^2} \, .} \tag{5.30}$$

Wir sind hier spontan auf einen weiteren, in der Physik sehr wichtigen Operator Δ gestoßen, der als *Laplace-Operator* bezeichnet wird. Der Laplace-Operator Δ ist z.B. ein wesentlicher Bestandteil von Wellen- und Diffusionsgleichungen und dominiert auch die Potentialtheorie. Als letztes Beispiel betrachten wir die „doppelte

Rotation" eines Vektorfeldes $\mathbf{f}$, die u.a. in der Elektrodynamik häufig verwendet wird, und erhalten für die einzelnen Komponenten:

$$[\boldsymbol{\nabla} \times (\boldsymbol{\nabla} \times \mathbf{f})]_i = \varepsilon_{ijk}\partial_j\varepsilon_{klm}\partial_l f_m = (\delta_{il}\delta_{jm} - \delta_{im}\delta_{jl})\partial_j\partial_l f_m = \partial_j(\partial_i f_j - \partial_j f_i)\,,$$

sodass für den ganzen Vektor folgt:

$$\boldsymbol{\nabla} \times (\boldsymbol{\nabla} \times \mathbf{f}) = \boldsymbol{\nabla}(\boldsymbol{\nabla} \cdot \mathbf{f}) - \Delta\mathbf{f}\,. \tag{5.31}$$

Bei der Herleitung wurde die Identität (5.26) verwendet. Auch in der letzten Gleichung tritt der Laplace-Operator auf, nun allerdings wirkend auf eine *Vektor*funktion; in diesem Fall ist er komponentenweise zu interpretieren: $(\Delta\mathbf{f})_i = \Delta f_i$. Wir betrachten den Laplace-Operator, der nun schon wiederholt aufgetreten ist, im nächsten Abschnitt etwas genauer.

5.3.5   Der Laplace-Operator

Der Laplace-Operator Δ wurde in Gleichung (5.30) eingeführt und definiert. Dieser Operator wirkt in der Regel auf einkomponentige Funktionen $f(\mathbf{x}) \in \mathbb{R}$, kann aber auch z.B. auf Vektorfunktionen $\mathbf{f}(\mathbf{x}) \in \mathbb{R}^3$ angewendet werden,[3] wobei dann zu interpretieren ist: $(\Delta\mathbf{f})_i = \Delta f_i$. Für den Δ-Operator gelten einige Rechenregeln. Beispielsweise ist der Laplace-Operator, wirkend auf eine Summe mehrerer Funktionen, gleich der Summe der Laplace-Operatoren, wirkend auf die einzelnen Funktionen:

$$[\Delta(\lambda + \mu)]\,(\mathbf{x}) = (\Delta\lambda)(\mathbf{x}) + (\Delta\mu)(\mathbf{x})\,.$$

Der Laplace-Operator, wirkend auf ein Produkt $\lambda\mu$, kann mit (5.30) als $\boldsymbol{\nabla}\cdot[\boldsymbol{\nabla}(\lambda\mu)]$ umgeschrieben werden. Wenn man die Produktregel (5.15) verwendet, ergibt sich für den Nabla-Operator:

$$\Delta(\lambda\mu) = \boldsymbol{\nabla} \cdot (\lambda\boldsymbol{\nabla}\mu + \mu\boldsymbol{\nabla}\lambda) = \lambda\Delta\mu + \mu\Delta\lambda + 2(\boldsymbol{\nabla}\lambda) \cdot (\boldsymbol{\nabla}\mu)\,.$$

Natürlich kann der Laplace-Operator auch auf ein *Skalar*produkt $\mathbf{f}\cdot\mathbf{g} = f_i g_i$ wirken; auf der rechten Seite dieser Gleichung wird die Summenkonvention verwendet. Man erhält dann völlig analog eine Summe über die drei i-Werte:

$$\Delta(\mathbf{f} \cdot \mathbf{g}) = \Delta(f_i g_i) = \boldsymbol{\nabla} \cdot (f_i\boldsymbol{\nabla}g_i + g_i\boldsymbol{\nabla}f_i) = f_i\Delta g_i + g_i\Delta f_i + 2(\boldsymbol{\nabla}f_i) \cdot (\boldsymbol{\nabla}g_i)\,.$$

Falls der Laplace-Operator auf eine Verkettung der Form $g \circ f$ mit $g, f \in \mathbb{R}$ und den Variablen $\mathbf{x} \in \mathbb{R}^3$ wirkt, kann er wiederum mit Gleichung (5.30) als $\boldsymbol{\nabla} \cdot [\boldsymbol{\nabla}(g \circ f)]$ umgeschrieben werden. Wenn man die Kettenregel (5.16) verwendet, folgt nun für den Nabla-Operator:

$$\Delta(g \circ f) = \boldsymbol{\nabla} \cdot [\boldsymbol{\nabla}g(f)] = \boldsymbol{\nabla} \cdot [g'(f)\boldsymbol{\nabla}f] = [\boldsymbol{\nabla}g'(f)] \cdot (\boldsymbol{\nabla}f) + g'(f)\Delta f$$
$$= [g''(f)(\boldsymbol{\nabla}f)] \cdot (\boldsymbol{\nabla}f) + g'(f)\Delta f = g''(f)(\boldsymbol{\nabla}f)^2 + g'(f)\Delta f\,.$$

Im Folgenden wenden wir diese Rechenregeln in einigen Beispielen an, wobei wir wie üblich definieren: $r(\mathbf{x}) = (x_1^2 + x_2^2 + x_3^2)^{1/2}$ und $\rho(\mathbf{x}) = (x_1^2 + x_2^2)^{1/2}$.

---

[3]Einem Beispiel der Form $(\Delta\mathbf{f})_i = \Delta f_i$ sind wir bereits in Gleichung (5.31) begegnet.

Als erstes Beispiel betrachten wir Δr. Wir verwenden Gleichung (5.18) und erhalten:

$$\Delta r = \boldsymbol{\nabla} \cdot (\boldsymbol{\nabla} r) = \boldsymbol{\nabla} \cdot \left(\frac{1}{r}\mathbf{x}\right) = \frac{1}{r}\boldsymbol{\nabla} \cdot \mathbf{x} + \mathbf{x} \cdot \left(\boldsymbol{\nabla}\frac{1}{r}\right) = \frac{3}{r} - \frac{1}{r} = \frac{2}{r}\,.$$

Als zweites Beispiel betrachten wir den Laplace-Operator, wirkend auf die Verkettung von $r(\mathbf{x})$ und $g(r) = r^{\nu}$, und erhalten mit Hilfe der Kettenregel für den Laplace-Operator und Gleichung (5.18) für $r > 0$:

$$\Delta r^{\nu} = \boldsymbol{\nabla} \cdot [\boldsymbol{\nabla} r^{\nu}] = g''(r)(\boldsymbol{\nabla} r)^2 + g'(r)\Delta r$$

$$= \nu(\nu - 1)r^{\nu-2}(\hat{\mathbf{x}})^2 + \nu r^{\nu-1}\frac{2}{r} = \nu(\nu + 1)r^{\nu-2}\,.$$

Dieses Beispiel ist physikalisch besonders interessant für $\nu = -1$, da die linke Seite dann wiederum – wie in Gleichung (5.21) – als Divergenz des elektrischen Feldes[4] einer Punktladung im Ursprung interpretiert werden kann, die außerhalb des Ursprungs gleich null ist:

$$\boxed{\Delta\frac{1}{r} = 0 \quad \text{für} \quad r > 0\,.}$$

Hiermit haben wir übrigens die sogenannte „Grundlösung der Laplace-Gleichung" in $\mathbb{R}^3$ gefunden, die die Lösung vieler Probleme in der Elektrostatik sehr erleichtert. Analog zu Δr^{ν} kann man auch das Pendant $\Delta\rho^{\nu}$ in der $\hat{\mathbf{e}}_1$-$\hat{\mathbf{e}}_2$-Ebene berechnen. Man findet für alle $\rho > 0$:

$$\Delta\rho^{\nu} = \boldsymbol{\nabla} \cdot \left[\nu\rho^{\nu-2}\begin{pmatrix} x_1 \\ x_2 \\ 0 \end{pmatrix}\right] = \nu\left[(\nu - 2)\rho^{\nu-4}\rho^2 + 2\rho^{\nu-2}\right] = \nu^2\rho^{\nu-2}\,.$$

Für $\nu = 0$ erhält man offensichtlich eine Null auf der rechten Seite. Viel interessanter als der Fall $\nu = 0$ ist jedoch der Limes $\nu \to 0$, da man in diesem Grenzfall die Identität

$$\lim_{\nu\to 0}\frac{\rho^{\nu} - 1}{\nu} = \lim_{\nu\to 0}\frac{e^{\nu\ln(\rho)} - 1}{\nu} = \lim_{\nu\to 0}\frac{\nu\ln(\rho)}{\nu} = \ln(\rho)$$

verwenden kann. Mit Hilfe dieser Identität erhält man außerhalb der $\hat{\mathbf{e}}_3$-Achse (d.h. für $\rho > 0$):

$$\boxed{\Delta\ln(\rho) = \lim_{\nu\to 0}\Delta\left(\frac{\rho^{\nu} - 1}{\nu}\right) = \lim_{\nu\to 0}\frac{1}{\nu}\Delta\rho^{\nu} = \lim_{\nu\to 0}\nu\rho^{\nu-2} = 0\,,} \qquad (5.32)$$

womit nun auch die „Grundlösung der Laplace-Gleichung" in $\mathbb{R}^2$ bekannt ist. Physikalisch kann man die linke Seite als Divergenz des elektrischen Feldes eines homogen geladenen Drahtes entlang der $\hat{\mathbf{e}}_3$-Achse interpretieren. Gleichung (5.32) sagt das

---

[4]Für $\nu = -1$ folgt $\Delta r^{-1} = \boldsymbol{\nabla} \cdot [\boldsymbol{\nabla} r^{-1}]$, wobei der Gradient als $\boldsymbol{\nabla} r^{-1} = -r^{-3}\mathbf{x}$ berechnet werden kann. Dieses Vektorfeld wurde bereits in der Diskussion zu Gleichung (5.21) als elektrisches Feld einer Punktladung identifiziert.

korrekte Ergebnis $\boldsymbol{\nabla} \cdot \mathbf{E} = 0$ voraus, das bedeutet, dass die Ladungsdichte des Drahtes außerhalb der $\hat{\mathbf{e}}_3$-Achse gleich null ist.

5.4 Übungsaufgaben

Aufgabe 5.1 Skalarprodukt und partielle Ableitungen
Berechnen Sie das Skalarprodukt der zwei Vektorfelder

$$\mathbf{a}(\mathbf{x}) = (x_2\,x_3^3,\ x_3\,x_1,\ x_1\,x_2^2) \quad \text{und} \quad \mathbf{b}(\mathbf{x}) = (x_1^2,\ x_2^3,\ x_3) \ .$$

Bestimmen Sie $\boldsymbol{\nabla}(\mathbf{a} \cdot \mathbf{b})$. Gilt $\partial^2(\mathbf{a} \cdot \mathbf{b})/\partial x_2\,\partial x_3 = \partial^2(\mathbf{a} \cdot \mathbf{b})/\partial x_3\,\partial x_2$? Bestimmen Sie $\boldsymbol{\nabla} \times [\boldsymbol{\nabla}(\mathbf{a} \cdot \mathbf{b})]$.

Aufgabe 5.2 Partielle Ableitungen
Bestimmen Sie die Ableitungen $\partial_{x_1} f$ und $\partial_{x_2} f$ der Funktion $f(x_1, x_2)$, falls $f(x_1, x_2)$ die folgende Form hat:

(i) $x_1^2 - 2x_1 x_2 + 3x_2^2$ (ii) $\frac{x_1^2}{x_2} + \frac{x_2^2}{x_1}$ (iii) $\sin(x_1 + 2x_2)$

(iv) $e^{x_1^2 + 2x_1 x_2}$ (v) $\ln(x_1 + x_2^2)$ (vi) $\sqrt{x_1 + x_2^2}$.

Aufgabe 5.3 Implizite Ableitungen

(a) Sei die Funktion $f(x_1, x_2)$ implizit durch $x_1^2 f + x_2^2 \arctan(f) = 1$ gegeben. Zeigen Sie: $\partial_{x_1} f = -2x_1 f(1 + f^2)/[x_1^2(1 + f^2) + x_2^2]$. Berechnen Sie $\partial_{x_2} f$.

(b) Sei $f(\mathbf{x})$ implizit durch $f = \sin(x_1\,x_2\,x_3 f)$ gegeben. Bestimmen Sie $\boldsymbol{\nabla} f$ als Funktion von $\mathbf{x}$ und f.

Aufgabe 5.4 Methode der kleinsten Quadrate   (aus Ref. [23])
An einem horizontalen stählernen Stab, der an den Enden unterstützt wird, hängt in der Mitte eine variable Masse x, die im Laufe des Experimentes die Werte x_i (in kg, $1 \leq i \leq 10$) annimmt. Die Durchbiegung in der Mitte wird mit Hilfe einer Mikrometerschraube gemessen; die Messwerte sind y_i (in μm). Man erhält die folgende Messreihe:

$$\left\{ \begin{pmatrix} x_i \\ y_i \end{pmatrix} \right\} = \left\{ \begin{pmatrix} 0 \\ 1642 \end{pmatrix}, \begin{pmatrix} \frac{1}{2} \\ 1483 \end{pmatrix}, \begin{pmatrix} 1 \\ 1300 \end{pmatrix}, \begin{pmatrix} 1\frac{1}{2} \\ 1140 \end{pmatrix}, \right.$$

$$\left. \begin{pmatrix} 2 \\ 948 \end{pmatrix}, \begin{pmatrix} 2\frac{1}{2} \\ 781 \end{pmatrix}, \begin{pmatrix} 3 \\ 590 \end{pmatrix}, \begin{pmatrix} 3\frac{1}{2} \\ 426 \end{pmatrix}, \begin{pmatrix} 4 \\ 263 \end{pmatrix}, \begin{pmatrix} 4\frac{1}{2} \\ 77 \end{pmatrix} \right\} \ .$$

Bestimmen Sie die beste Gerade durch diese Messpunkte.

Aufgabe 5.5 Funktionen mehrerer Veränderlicher

(a) Betrachten Sie die Funktion $f(x_1, x_2) = x_1(x_2)^2/[(x_1)^2 + (x_2)^4]$ zweier Variabler x_1 und x_2 und berechnen Sie:

(i) $\lim_{x_1 \to 0} f(x_1, 0)$ (ii) $\lim_{x_2 \to 0} f(0, x_2)$ (iii) $\lim_{y \to 0} f(\lambda y^2, y)$

mit $y \in \mathbb{R}$ und $0 < \lambda \in \mathbb{R}$. Bestimmen Sie, ob $\lim_{\mathbf{x} \to \mathbf{0}} f(\mathbf{x})$ existiert.

(b) Bestimmen Sie die partiellen Ableitungen erster und zweiter Ordnung der folgenden Funktionen im Punkt $\mathbf{x} = (x_1, x_2)$:

$$\text{(i)}\ \sin\left[(x_1)^2 + (x_2)^2\right] \qquad \text{(ii)}\ \sqrt{(x_1)^2 + (x_2)^2} \qquad \text{(iii)}\ \arctan\left(\frac{x_2}{x_1}\right).$$

(c) Bestimmen Sie die partiellen Ableitungen $\partial_{x_i} f$ und $\partial_{x_i}^2 f$ bzgl. x_i im Punkt $\mathbf{x} = (x_1, x_2, x_3)$ für $i = 1, 2, 3$ und die nachfolgenden Funktionen $f(\mathbf{x})$. Wir definieren $r(\mathbf{x}) \equiv \sqrt{(x_1)^2 + (x_2)^2 + (x_3)^2}$ und $\rho(\mathbf{x}) \equiv \sqrt{(x_1)^2 + (x_2)^2}$:

$$\text{(i)}\ r(\mathbf{x}) \qquad \text{(ii)}\ \arctan\left[\frac{\rho(\mathbf{x})}{x_3}\right] \qquad \text{(iii)}\ \rho(\mathbf{x}).$$

Aufgabe 5.6 Berechnung partieller Ableitungen

(a) Zeigen Sie, dass die Funktion $v(\mathbf{x}) = (x_1^2 + x_2^2 + x_3^2)^{-1/2}$ mit $\mathbf{x} = (x_1, x_2, x_3) \in \mathbb{R}^3$ für alle $\mathbf{x} \neq \mathbf{0}$ die Gleichung $\frac{\partial^2 v}{\partial x_1^2} + \frac{\partial^2 v}{\partial x_2^2} + \frac{\partial^2 v}{\partial x_3^2} = 0$ erfüllt.

(b) Zeigen Sie, dass die Funktion $v(x, t) = f_1(x + ct) + f_2(x - ct)$ mit $x \in \mathbb{R}$ und $t \in \mathbb{R}$ und beliebigen (glatten) Funktionen f_1 und f_2 die Gleichung $\frac{\partial^2 v}{\partial t^2} - c^2 \frac{\partial^2 v}{\partial x^2} = 0$ erfüllt.

Aufgabe 5.7 Gradient, Divergenz, Rotation

(a) Wir definieren wie üblich $r = r(\mathbf{x}) \equiv (x_1^2 + x_2^2 + x_3^2)^{1/2}$. Berechnen Sie mit $\mathbf{a}, \mathbf{b} \in \mathbb{R}^3$ und $\alpha \in \mathbb{R}$ konstant:

$$\text{(i)}\ \boldsymbol{\nabla} \cdot (r^2 \mathbf{a}) \quad \text{(ii)}\ \boldsymbol{\nabla} \times (e^{i\alpha x_1} \mathbf{a}) \quad \text{(iii)}\ \boldsymbol{\nabla}\left(\frac{\mathbf{a} \cdot \mathbf{x}}{r^3}\right) \quad \text{(iv)}\ \boldsymbol{\nabla} \cdot \left(\mathbf{a}\, e^{i\mathbf{b} \cdot \mathbf{x}}\right).$$

(b) Berechnen Sie mit $\alpha(\mathbf{x}) \equiv x_1\, x_2^2\, x_3^3$ und $\mathbf{A}(\mathbf{x}) \equiv \begin{pmatrix} 2x_2^2\, x_3 \\ x_1\, x_2 \\ -x_3^2 \end{pmatrix}$:

$$\text{(i)}\ \boldsymbol{\nabla}\alpha \quad \text{(ii)}\ \boldsymbol{\nabla} \cdot \mathbf{A} \quad \text{(iii)}\ \boldsymbol{\nabla} \times \mathbf{A} \quad \text{(iv)}\ \boldsymbol{\nabla} \cdot (\alpha\mathbf{A}) \quad \text{(v)}\ \boldsymbol{\nabla} \times (\alpha\mathbf{A}).$$

(c) Berechnen Sie mit $\alpha(\mathbf{x}) \equiv 2x_2^2\, x_3 - x_1^3\, x_2$ und $\Delta \equiv \boldsymbol{\nabla} \cdot \boldsymbol{\nabla}$ (Laplace-Operator):

$$\text{(i)}\ \boldsymbol{\nabla}\alpha \qquad \text{(ii)}\ \Delta\alpha.$$

Aufgabe 5.8 Doppelte Rotationen

Das Vektorfeld $\left[\boldsymbol{\nabla} \times (\boldsymbol{\nabla} \times \mathbf{a})\right](\mathbf{x})$ wird als die „doppelte Rotation" des Vektorfeldes $\mathbf{a}(\mathbf{x})$ bezeichnet. Zeigen Sie durch Berechnung der doppelten Rotation

(a) eines Vektorfeldes $\mathbf{B}(\mathbf{x})$, das für alle $\mathbf{x} \in \mathbb{R}^3$ die Gleichungen $\boldsymbol{\nabla} \cdot \mathbf{B} = 0$ und $\boldsymbol{\nabla} \times \mathbf{B} = \mathbf{j}$ erfüllt, dass $\Delta\mathbf{B} = -\boldsymbol{\nabla} \times \mathbf{j}$ gilt.

(b) eines Vektorfeldes $\mathbf{E}(\mathbf{x})$, das für alle $\mathbf{x} \in \mathbb{R}^3$ die Gleichungen $\boldsymbol{\nabla} \cdot \mathbf{E} = \rho$ und $\boldsymbol{\nabla} \times \mathbf{E} = \mathbf{0}$ erfüllt, dass $\Delta\mathbf{E} = \boldsymbol{\nabla}\rho$ gilt.

Hierbei sind $\rho(\mathbf{x})$ und $\mathbf{j}(\mathbf{x})$ stetig differenzierbar und ansonsten beliebig. Was ist übrigens nach Ihrer Meinung die physikalische Relevanz dieser Aufgabe?

Kapitel 6

Integration und Integrale

Auch die *Integration* gehört eindeutig zu den Grundrechenarten der Naturwissenschaften und insbesondere der Physik, und zwar aus verschiedenen Gründen. So ist sie die *Umkehrung der Differentiation*, führt also auf die Funktion, deren Ableitung gleich einer vorgegebenen Funktion ist. So informiert uns z.B. die *Zeit*integration bei vorgegebener Beschleunigung über die Geschwindigkeit und bei vorgegebener Geschwindigkeit über den Aufenthaltsort. Diese Art der Integration über eine einzelne reelle Variable hat auch eine *geometrische Interpretation*, nämlich als die Bestimmung der *Fläche* unter einer vorgegebenen Kurve.

Auch in anderer Hinsicht kann die Integration geometrisch interpretiert werden. Durch Integration bestimmt man z.B. die *Länge* einer Kurvenstrecke, die *Ausdehnung* einer Fläche oder das *Volumen* eines Körpers.

Allgemeiner kann man durch Integration physikalische Größen bestimmen, die als Linien-, Flächen- oder Volumen*dichte* vorgegeben sind. So ergibt sich die Masse eines Körpers durch die Integration der entsprechenden *Massendichte* über das Volumen des gesamten Körpers, und die Ladung einer leitenden Kugel erhält man durch Integration der *Oberflächenladungsdichte* über die gesamte Kugeloberfläche.

Außerdem ist die Integration sehr wichtig im Hinblick auf Kapitel [7] über Differentialgleichungen, da man solche Gleichungen oft auf *Integrationen* zurückführen kann. Die Integration ist daher für die Lösung von Differentialgleichungen eine der wichtigsten mathematischen Techniken.

In diesem Kapitel befassen wir uns „nur" mit Integralen von Funktionen *reeller* Variabler. Außerdem werden in diesem Kapitel generell nur sogenannte „Riemann-Integrale" besprochen, die als Grenzwert von „Riemann-Summen" gebildet werden können. Falls nicht explizit anders erwähnt, wird außerdem angenommen, dass die zu integrierenden Funktionen im Integrationsbereich stetig sind.

Zuerst führen wir in den Abschnitten [6.1] und [6.2] die Begriffe „Integration" und „Integral" ein und präsentieren einige Beispiele, Methoden zur numerischen Integration sowie typische Integrationstechniken. Danach werden in den Abschnitten [6.3] und [6.4] *zwei- und drei*dimensionale Integrale behandelt. Wir diskutieren insbesondere auch nicht-kartesische Koordinaten, wie *Polar-, Kugel-* und *Zylinderkoordinaten*, die für Integrationsprobleme mit speziellen Symmetrien sehr nützlich sind. Im letzten Abschnitt [6.5] befassen wir uns dann mit der *asymptotischen Entwicklung* von Integralen und führen ein weiteres Symbol „ $\approx$ " zur Andeutung einer „asymptotischen Reihe" ein.

6.1 Integration und Integrale – eine Einführung

In diesem einführenden Abschnitt erklären wir zuerst die Begriffe „Integration" und „Integral" sowie die geometrische Interpretation dieser Konzepte und präsentieren einige Beispiele. Wir zeigen, dass Integrale mit Hilfe von *Riemann-Summen* definiert werden können, und behandeln typische Integrationstechniken, wie die Methoden der *Substitution*, der *partiellen Integration* und der *Rekursion*. Auch die Integration einiger ausgewählter Funktionenklassen wird besprochen.

6.1.1 Unbestimmte und bestimmte Integrale

Bei der Definition des *Integrals* muss man zunächst einmal zwischen *unbestimmten* und *bestimmten* Integralen unterscheiden: Der Begriff „unbestimmtes Integral" bezieht sich auf eine Funktion $F(x)$, deren Ableitung gleich einer vorgegebenen Funktion $f(x)$ ist. Falls also gilt:

$$F'(x) = f(x) \, , \tag{6.1}$$

dann heißt F *Stammfunktion* oder alternativ *unbestimmtes Integral* der Funktion f. Zu dieser Definition muss man sofort anmerken, dass diese „Stammfunktion" nicht eindeutig definiert ist, denn wenn F eine Stammfunktion darstellt, gilt (für alle fest gewählten Konstanten $a \in \mathbb{R}$) das Gleiche für $F_a(x) \equiv F(x) + a$: Denn beide Funktionen haben dieselbe Ableitung $\frac{d}{dx} F_a = F' = f$. Es ist daher zweckmäßig, für die Menge $\{F_a\}$ aller Stammfunktionen von f die Notation $\int dx\, F(x)$ einzuführen:

$$\{F_a \mid a \in \mathbb{R}\} = \int dx\, f(x) \quad \text{bzw.} \quad \int dx\, f(x) = F + a \, .$$

Die Zahl a wird als *Integrationskonstante* bezeichnet.

Nehmen wir nun an, eine Stammfunktion F von f sei bekannt. Dann wird das *bestimmte* Integral von f definiert als Differenz zweier $F(x)$-Werte:

$$\int_{x_1}^{x_2} dx\, f(x) \equiv F(x_2) - F(x_1) \, ,$$

wobei x_1 und x_2 als Unter- bzw. Obergrenze des Integrals bezeichnet werden. Der Wert des bestimmten Integrals ist unabhängig von der Wahl der Stammfunktion $F_a = F + a$, denn für eine beliebige andere Integrationskonstante a würde man genau dasselbe Ergebnis erhalten:

$$\int_{x_1}^{x_2} dx\, f(x) = F_a(x_2) - F_a(x_1) \tag{6.2}$$

$$= [F(x_2) + a] - [F(x_1) + a] = F(x_2) - F(x_1) \, .$$

Zum „bestimmten Integral" sollte man noch die folgenden Anmerkungen machen: Erstens ist das bestimmte Integral *gleich null*, wenn Unter- und Obergrenze gleich sind:

$$\int_{x_1}^{x_1} dx\, f(x) = F(x_1) - F(x_1) = 0\,,$$

zweitens ist es antisymmetrisch unter Vertauschung von Unter- und Obergrenze:

$$\int_{x_1}^{x_2} dx\, f(x) = F(x_2) - F(x_1) = -[F(x_1) - F(x_2)] = -\int_{x_2}^{x_1} dx\, f(x)\,,\quad(6.3)$$

drittens wird für $F(x_2) - F(x_1)$ in (6.2) häufig die verkürzte Notation $F(x)|_{x_1}^{x_2}$ verwendet,[1] sodass (6.2) auch als

$$\int_{x_1}^{x_2} dx\, f(x) = F(x_2) - F(x_1) \equiv F(x)\Big|_{x_1}^{x_2}$$

geschrieben werden kann, und viertens hat das bestimmte Integral eine einfache geometrische Interpretation als *Fläche unter der Kurve der Funktion $f(x)$* zwischen $x = x_1$ und $x = x_2$. Wir werden diese geometrische Bedeutung des Integrals in den Abschnitten [6.1.3] und [6.1.4] detailierter erläutern.

6.1.2 Beispiele (un)bestimmter Integrale

Nachdem wir nun das unbestimmte Integral einer Funktion $f(x)$ durch (6.1) und das bestimmte Integral durch (6.2) definiert haben, bleibt die Frage, wie man für vorgegebenes $f(x)$ die Stammfunktion $F(x)$ konkret berechnet. Um das Wichtigste vorwegzunehmen: Hierfür gibt es kein universelles, immer funktionierendes Verfahren. Es gibt aber einige Standardtechniken, die die explizite, analytische Integration vieler Funktionen bzw. etlicher Funktionsklassen ermöglichen. Wenn analytische Methoden nicht zum Erfolg führen, kann man außerdem versuchen, Integrale numerisch zu berechnen, aber ein immer greifendes Patentrezept zur expliziten analytischen Integration existiert nicht. In dieser Lage ist es hilfreich, dass man durch die *Differentiation bekannter Funktionen* viele Integrale bereits „geschenkt" bekommt: Denn wenn man durch Ableitung von $F(x)$ die Funktion $f(x)$ erhält, weiß man sofort, dass $F(x) + a$ die Stammfunktion von $f(x)$ ist. Um die Wirksamkeit dieses Umkehrprinzips zu illustrieren, haben wir in Tabelle 6.1 einige Funktionen und ihre unbestimmten Integrale aufgelistet. Der aufmerksame Leser wird feststellen, dass diese Ergebnisse die Umkehrung der Beziehungen in Tab. 4.3 in Kapitel [4] darstellen und insofern an dieser Stelle keinen weiteren Kommentar benötigen.

Viele weitere Integrale sind bereits aufgrund der Einführung zu Abschnitt [4.2] und speziell aus Abschnitt [4.2.2] bekannt. Wir erinnern daran, dass die Exponentialfunktion gleich ihrer eigenen Ableitung ist (und somit auch – bis auf Integrationskonstanten – gleich ihrer eigenen Stammfunktion) und dass die Ableitungen von inversen trigonometrischen Funktionen aus Abschnitt [4.2.2] bekannt sind. Hieraus folgen Integrale wie

$$\int dx\, e^{3x} = \tfrac{1}{3}e^{3x} + a\quad,\quad \int dx\, \frac{1}{1+x^2} = \arctan(x) + a$$

$$\int dx\, \frac{1}{\sqrt{1-x^2}} = \arcsin(x) + a = -\arccos(x) + \bar{a}\qquad (\bar{a} = \tfrac{\pi}{2} + a)$$

---

[1]Es gibt auch andere Notationen, wie z.B. $[F(x)]_{x_1}^{x_2}$ oder $[F(x)]_{x=x_1}^{x=x_2}$.

und viele weitere. Allerdings ist etwas Vorsicht geboten bei Integralen, die in der Form eines Logarithmus dargestellt werden können, da das Argument des Logarithmus positiv sein muss. Vier Beispiele aus dieser Kategorie sind:

$$\int dx \, \frac{1}{x} = \ln(|x|) + a \quad , \quad \int dx \, \frac{1}{\sqrt{x^2 - 1}} = \ln\left|x + \sqrt{x^2 - 1}\right| + a$$

$$\int dx \, \tan(x) = -\ln|\cos(x)| + a \quad , \quad \int dx \, \frac{1}{\sin(x)} = \ln\left|\tan(\tfrac{1}{2}x)\right| + a \, .$$

Wir wissen beispielsweise, dass der Logarithmus $\ln(x)$ für $x > 0$ als Integral $\int_1^x dy \, y^{-1}$ geschrieben oder gar durch dieses Integral definiert werden kann. Aber auch für $x < 0$ kann $\int^x dy \, y^{-1}$ als Logarithmus dargestellt werden, und zwar als $\ln(-x) + a$. Folglich ist die allgemeine Stammfunktion von x^{-1} durch $\ln(|x|) + a$ gegeben. Analoge Bemerkungen treffen für die anderen drei Integrale in der letzten Gleichung zu. Eine Bemerkung noch über das zweite Integral in der ersten Zeile: Aus Gleichung (4.35) wissen wir, dass die Stammfunktion von $1/\sqrt{x^2 - 1}$ für $x > 1$ eine Areafunktion (und zwar der „arcosh") ist. Areafunktionen können aber auch als Logarithmen dargestellt werden [s. Gleichung (4.30)]; die Betragsstriche im Argument des Logarithmus gewährleisten, dass

Tab. 6.1 Beispiele für Stammfunktionen

$\int dx \, f(x)$	$f(x)$
$x^\alpha + a \ (\alpha \in \mathbb{R})$	$\alpha x^{\alpha - 1}$
$\sum_{m=0}^{n} a_m x^m + \bar{a}$	$\sum_{m=1}^{n} m a_m x^{m-1}$
$e^{\lambda x} + a$	$\lambda e^{\lambda x}$
$e^{x^2} + a$	$2x e^{x^2}$
$\ln\left[x + \sqrt{x^2 + 1}\right] + a$	$(x^2 + 1)^{-\frac{1}{2}}$
$\ln[\tan(x)] + a$	$2/\sin(2x)$
$x^x + a$	$[1 + \ln(x)]\, x^x$
$x \ln(x) - x + a$	$\ln(x)$
$\arcsin(x^2) + a$	$2x/(1 - x^4)^{\frac{1}{2}}$
$\arctan(e^x) + a$	$e^x/(1 + e^{2x})$
$a^{\sin(x)} + \bar{a}$	$a^{\sin(x)} \ln(a) \cos(x)$
$\ln[\ln(x)] + a$	$[x \ln(x)]^{-1}$

die angegebene Stammfunktion auch für $x < -1$ gültig ist.

Hat man das unbestimmte Integral einer Funktion $f(x)$ bereits berechnet, so folgt das *bestimmte* Integral sofort aus (6.2). Beispielsweise erhält man

$$\int_{x_1}^{x_2} dx \, e^{3x} = \left(\tfrac{1}{3} e^{3x} + a\right)\Big|_{x_1}^{x_2} = \left(\tfrac{1}{3} e^{3x_2} + a\right) - \left(\tfrac{1}{3} e^{3x_1} + a\right) = \tfrac{1}{3}\left(e^{3x_2} - e^{3x_1}\right)$$

und

$$\int_{x_1}^{x_2} dx \, \frac{1}{1 + x^2} = \left[\arctan(x_2) + a\right]\Big|_{x_1}^{x_2} = \arctan(x_2) - \arctan(x_1) \, .$$

Bei einem Integral wie

$$\int_{x_1}^{x_2} dx \, \frac{1}{x} = \left[\ln(|x|) + a\right]\Big|_{x_1}^{x_2} = \ln\left|\frac{x_2}{x_1}\right| \tag{6.4}$$

sollte man allerdings darauf achten, dass der Integrand x^{-1} eine Singularität bei $x = 0$ hat und das Integral daher nur für $x_{1,2} > 0$ oder für $x_{1,2} < 0$ definiert ist. Analog hat der Integrand $[\sin(x)]^{-1}$ in

$$\int_{x_1}^{x_2} dx \, \frac{1}{\sin(x)} = \left[\ln\left|\tan(\tfrac{1}{2}x)\right| + a\right]\Big|_{x_1}^{x_2} = \ln\left|\frac{\tan(\tfrac{1}{2}x_2)}{\tan(\tfrac{1}{2}x_1)}\right| \tag{6.5}$$

Singularitäten bei $x = n\pi$ (mit $n \in \mathbb{Z}$), sodass das Integral nur dann existiert, wenn die Unter- und Obergrenzen x_1 und x_2 beide zwischen zwei aufeinanderfolgenden Singularitäten liegen. Auf die Frage nach der Existenz von Integralen mit Singularitäten (Divergenzen) im Integrationsbereich kommen wir in Abschnitt [6.1.5] zurück.

6.1.3 Geometrische Interpretation der Integration

Die Definitionen (6.1) und (6.2) der *Stammfunktion* von $f(x)$ bzw. des *bestimmten Integrals* können nun leicht geometrisch interpretiert werden, da die *Fläche unter der Kurve von $f(x)$* zwischen $x = x_1$ und $x = x_2$ genau diese Eigenschaften hat und somit eine Stammfunktion von f darstellt. Um dies nachzuweisen, bezeichnen wir diese Fläche zwischen x_1 und x_2 als $\bar{F}_{x_1}(x_2)$, wobei die Notation andeutet, dass die Fläche als Funktion der variablen Obergrenze x_2 betrachtet wird und die Untergrenze x_1 festzuhalten ist.

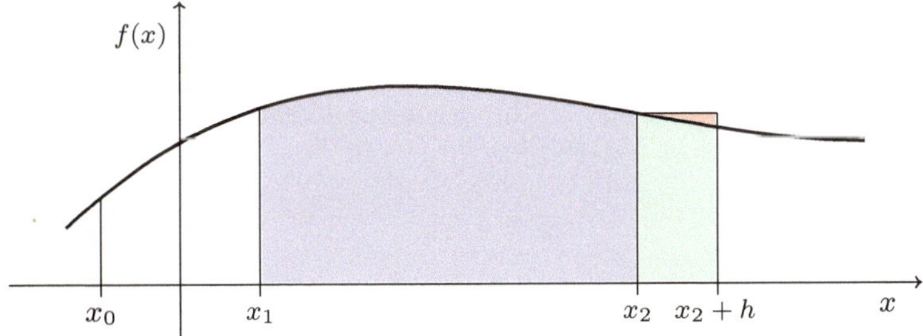

Abb. 6.1 Geometrische Interpretation der Integration

Die Fläche zwischen $x = x_1$ und $x = x_2$ unter der Kurve $f(x)$ ist in Abbildung 6.1 dargestellt und entspricht dem *blau* eingefärbten Gebiet. Wir zeigen zuerst geometrisch, dass Gleichung (6.1) erfüllt ist und $\bar{F}_{x_1}(x_2)$ somit eine *Stammfunktion* von $f(x)$ darstellt. Hierzu betrachten wir die Ableitung der Fläche $\bar{F}_{x_1}(x_2)$ nach ihrer Obergrenze:

$$\bar{F}'_{x_1}(x_2) = \lim_{h\downarrow 0} \frac{1}{h}\left[\bar{F}_{x_1}(x_2 + h) - \bar{F}_{x_1}(x_2)\right]$$

$$= \lim_{h\downarrow 0} \frac{1}{h}\bar{F}_{x_2}(x_2 + h) = \lim_{h\downarrow 0} \frac{h\,f(x_2)}{h} = f(x_2)\,. \tag{6.6}$$

Der *erste* Term in $[\cdots]$ auf der rechten Seite der ersten Zeile entspricht der Summe der blau und grün eingefärbten Flächen. Der *zweite* Term in $[\cdots]$, der subtrahiert wird, entspricht der blau eingefärbten Fläche. Die *Differenz* dieser beiden Terme entspricht also genau der grünen Fläche $\bar{F}_{x_2}(x_2 + h)$ (mit Untergrenze x_2). Im Limes $h \to 0$ wird die grüne Fläche $\bar{F}_{x_2}(x_2 + h)$ hervorragend durch die Fläche eines schmalen Streifens der Breite h und Höhe $f(x_2)$ beschrieben;[2] hierbei geht die Stetigkeitseigenschaft von $f(x)$ ein: $f(x_2 + h) = f(x_2) + o(1)$ für $h \to 0$. Damit ist bereits (geometrisch) gezeigt, dass die Fläche $\bar{F}_{x_1}(x_2)$ die Eigenschaft (6.1) hat.

Auch die Eigenschaft (6.2), die besagt, dass das bestimmte Integral als Differenz zweier Funktionswerte einer *beliebigen* Stammfunktion von f festgelegt ist, kann anhand von Abb. 6.1 leicht geometrisch als Eigenschaft der Fläche $\bar{F}_{x_1}(x_2)$ interpretiert werden. Identifiziert man nämlich die „beliebige" Stammfunktion $F_a(x_2)$ von f in (6.2) mit der ab irgendeiner anderen Untergrenze x_0 gemessenen Fläche $\bar{F}_{x_0}(x_2)$, dann gilt:

$$F_a(x_2) = \bar{F}_{x_0}(x_2) = \bar{F}_{x_0}(x_1) + \bar{F}_{x_1}(x_2) = F_a(x_1) + \bar{F}_{x_1}(x_2) \ .$$

Folglich gilt $\bar{F}_{x_1}(x_2) = F_a(x_2) - F_a(x_1)$, und dies entspricht genau der Aussage in Gleichung (6.2).

6.1.4 Riemann-Summen

Wenn also Integrationen *geometrisch* als „Flächen unter der Kurve von $f(x)$" zu interpretieren sind, fragt man sich, wie diese geometrischen Ideen analytisch formalisiert werden können, d.h., wie eine Fläche analytisch definiert werden kann, und auch ob dieses analytische Pendant einer Fläche wiederum die Definitionen (6.1) der *Stammfunktion* bzw. (6.2) des *bestimmten Integrals* erfüllt.

Dieser Wunsch nach Formalisierung des geometrischen Bildes wird durch die *Riemann-Summe* erfüllt: Wenn das Ziel die Integration einer stetigen Funktion $f(x)$ über das Intervall $[a, b]$ ist, wählt man zur Konstruktion der entsprechenden Riemann-Summe zuerst $N + 1$ Punkte $\{x_k\}$ mit den Eigenschaften

$$a \equiv x_0 < x_1 < x_2 < \cdots < x_N \equiv b$$

und N weitere Punkte $\{x_k^*\}$ mit der Eigenschaft $x_k^* \in [x_{k-1}, x_k]$, sodass zwischen zwei aufeinanderfolgenden x_k-Werten jeweils ein x_k^* liegt. Diese Punkte $\{x_k, x_k^*\}$ und die Konstruktion der entsprechenden Riemann-Summe sind in Abbildung 6.2 skizziert. Die stetig variierende Funktion $f(x)$ wird durch ihre Werte in den diskreten Punkten $\{x_k^*\}$ approximiert. Dementsprechend wird der exakte Beitrag des Intervalls $[x_{k-1}, x_k]$ zum Integral $\int_a^b dx\, f(x)$ durch die

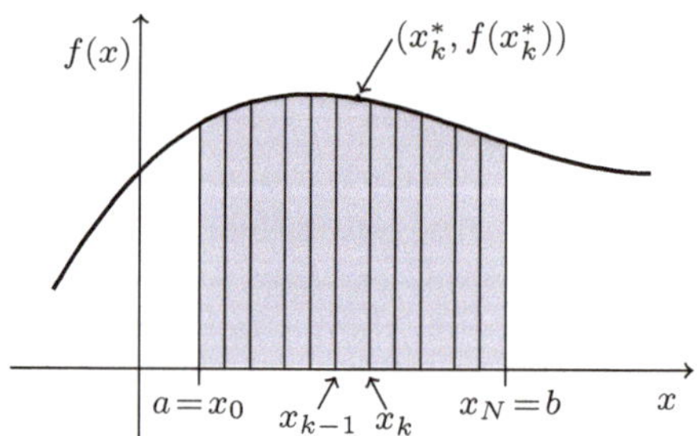

Abb. 6.2 Konstruktion einer Riemann-Summe

Fläche eines schmalen Streifens der Breite $x_k - x_{k-1}$ und der Höhe $f(x_k^*)$ ersetzt. Hierbei kann die „Fläche eines schmalen Streifens" durchaus auch *negativ* sein,

---

[2]Hierbei wird also die *rot* eingefärbte Fläche in Abb. 6.1 im Vergleich zur *grünen* Fläche vernachlässigt. Dies ist deshalb erlaubt, weil die rote Fläche in etwa dreieckig ist und ihr Flächeninhalt daher etwa gleich $\frac{1}{2}h|f(x_2 + h) - f(x_2)| \simeq \frac{1}{2}|f'(x_2)|h^2$ und somit um einen Faktor h kleiner als derjenige der grünen Fläche ist.

wenn $f(x_k^*)$ negativ ist. Für hinreichend einfache (z.B. stetige) Funktionen kann man nun eine Folge von immer feineren Zerlegungen $\{x_k, x_k^*\}$ des Intervalls $[a, b]$ betrachten, mit immer mehr Stützpunkten ($N \to \infty$) und immer schmäleren Streifen [sodass konkret $\lim_{N\to\infty} \max_k(x_k - x_{k-1}) = 0$ gilt]. Im Grenzfall erwartet man dann intuitiv, dass die entsprechende Folge von Riemann-Summen konvergiert:

$$\lim_{N\to\infty} S_{\mathrm{R}}^{(N)} = \int_a^b dx\, f(x) \quad , \quad S_{\mathrm{R}}^{(N)}\left[\{x_k, x_k^*\}\right] \equiv \sum_{k=1}^{N} (x_k - x_{k-1}) f(x_k^*) \, , \qquad (6.7)$$

und man würde den Grenzwert als *das* Integral von $f(x)$ über das Intervall $[a, b]$ bezeichnen. Wir zeigen im Folgenden, dass diese intuitive Idee grundsätzlich korrekt ist und dass man das Konzept der „Riemann-Integration" sogar auf noch etwas allgemeinere Funktionen ausdehnen kann.

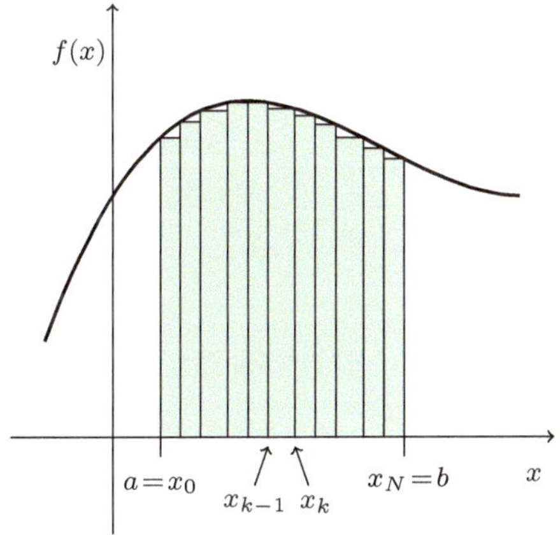

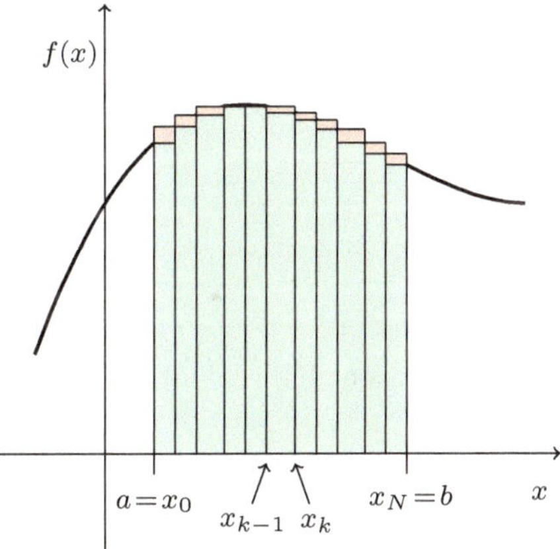

Abb. 6.3 Eine Riemann-*Unter*summe   **Abb. 6.4** Eine Riemann-*Ober*summe

Wir nehmen zunächst nur an, dass die Funktion f im Intervall $[a, b]$ beschränkt ist (also nicht notwendigerweise *stetig*), und definieren *Riemann-Untersummen* und *Riemann-Obersummen*. Die Konstruktion der Riemann-Untersumme ist in Abbildung 6.3 und diejenige der Obersumme in Abbildung 6.4 grafisch dargestellt. Eine *Riemann-Untersumme* ist (für eine vorgegebene Wahl der Stützpunkte $\{x_k\}$) dadurch definiert, dass man in jedem Intervall $[x_{k-1}, x_k]$ für $f(x_k^*)$ den *niedrigsten* Funktionswert (das „Infimum") einsetzt:

$$S_{\mathrm{R}}^{-}\left[\{x_k\}\right] \equiv \sum_{k=1}^{N} (x_k - x_{k-1}) \inf_{x \in [x_{k-1}, x_k]} f(x) \, .$$

Abb. 6.3 zeigt, dass die bei der Berechnung der Untersumme berücksichtigte *grüne* Fläche *nirgends oberhalb* der Funktion $f(x)$ liegt. Die entsprechende *Riemann-Obersumme* wird analog (für dieselbe Wahl der Stützpunkte $\{x_k\}$) dadurch definiert, dass man in jedem Intervall $[x_{k-1}, x_k]$ für $f(x_k^*)$ den *höchsten* Funktionswert (das „Supremum") einsetzt:

$$S_{\mathrm{R}}^{+}\left[\{x_k\}\right] \equiv \sum_{k=1}^{N}(x_k - x_{k-1}) \sup_{x \in [x_{k-1}, x_k]} f(x) \ .$$

Man sieht in Abb. 6.4, dass die bei der Berechnung der Obersumme berücksichtigte *Summe aus grüner und roter* Fläche *nirgends unterhalb* der Funktion $f(x)$ liegt. Die *rote* Fläche markiert also die Differenz der Ober- und Untersummen in diesem Beispiel. Für allgemeine Riemann-Summen $S_{\mathrm{R}}\left[\{x_k, x_k^*\}\right]$ wie in (6.7) gilt immer $S_{\mathrm{R}}^{-}\left[\{x_k\}\right] \leq S_{\mathrm{R}}\left[\{x_k, x_k^*\}\right] \leq S_{\mathrm{R}}^{+}\left[\{x_k\}\right]$.

Betrachten wir nun die Menge der Unter- und die Menge der Obersummen für unterschiedliche Zerlegungen $\{x_k\}$. Die Untersummen bilden eine nach *oben* und die Obersummen eine nach *unten* beschränkte Menge, sodass man eine „größte Untersumme" und eine „kleinste Obersumme" definieren kann:

$$S_{\mathrm{R}}^{-} \equiv \sup_{\{\{x_k\}\}} S_{\mathrm{R}}^{-}\left[\{x_k\}\right] \quad , \quad S_{\mathrm{R}}^{+} \equiv \inf_{\{\{x_k\}\}} S_{\mathrm{R}}^{+}\left[\{x_k\}\right] \ .$$

Eine Funktion f heißt *Riemann-integrierbar* über das Intervall $[a, b]$, falls $S_{\mathrm{R}}^{-} = S_{\mathrm{R}}^{+}$ gilt. Der gemeinsame Wert

$$\boxed{\ \mathcal{I}_{\mathrm{R}} \equiv S_{\mathrm{R}}^{-} = S_{\mathrm{R}}^{+} \equiv \int_{a}^{b} dx\ f(x)\ }$$

wird in diesem Falle als das *(Riemann-)Integral* von f über das Intervall $[a, b]$ bezeichnet.

Welche Funktionen sind Riemann-integrierbar?

Die zentrale Frage ist also, *unter welchen Bedingungen* eine Funktion f dieses Kriterium der Riemann-Integrierbarkeit erfüllt. Beispielsweise ist die Funktion f Riemann-integrierbar, wenn sie im Integrationsintervall $[a, b]$ beschränkt ist und nur endlich viele Unstetigkeiten aufweist. Insbesondere – und diese Voraussetzung ist in der Physik sehr häufig erfüllt – sind alle im endlichen, abgeschlossenen Intervall $[a, b]$ *stetigen* Funktionen integrierbar. Aus der Definition des Riemann-Integrals als gemeinsamer Grenzwert der Unter- und Obersummen folgt für $a < b < c$ auch:

$$\int_{a}^{c} dx\ f(x) = \int_{a}^{b} dx\ f(x) + \int_{b}^{c} dx\ f(x) \ .$$

Für das Riemann-Integral wird für $b < a$ bzw. $b = a$ noch definiert:

$$\int_{a}^{b} dx\ f(x) \equiv - \int_{b}^{a} dx\ f(x) \quad , \quad \int_{a}^{a} dx\ f(x) \equiv 0 \ .$$

Falls nun f über das Intervall $[a, b]$ integrierbar ist, sodass $S_{\mathrm{R}}^{-} = S_{\mathrm{R}}^{+} = \mathcal{I}_{\mathrm{R}}$ gilt, ist die allgemeine Riemann-Summe $S_{\mathrm{R}}\left[\{x_k, x_k^*\}\right]$ in Gleichung (6.7) zwischen der Untersumme $S_{\mathrm{R}}^{-}\left[\{x_k\}\right]$ und der Obersumme $S_{\mathrm{R}}^{+}\left[\{x_k\}\right]$ eingeklemmt, und man würde intuitiv erwarten, dass Gleichung (6.7) gilt, d.h., dass $S_{\mathrm{R}}\left[\{x_k, x_k^*\}\right]$ für hinreichend feine Zerlegungen $\{x_k\}$ gegen $\mathcal{I}_\mathrm{R}$ konvergiert. Tatsächlich lässt sich mit der Definition $\delta_{\{x_k\}} \equiv \max_k(x_k - x_{k-1})$ für Riemann-integrierbare Funktionen nachweisen, dass die Riemann-Summen $S_\mathrm{R}\left[\{x_k, x_k^*\}\right]$ in (6.7) für genügend feine Zerlegungen mit immer mehr Stützpunkten ($N \to \infty$) das Riemann-Integral beliebig gut approximieren:

$$(\forall \varepsilon > 0)\,(\exists \delta > 0)\,(\forall \{x_k\}\,,\ \delta_{\{x_k\}} < \delta)\,(|S_\mathrm{R}\left[\{x_k, x_k^*\}\right] - \mathcal{I}_\mathrm{R}| < \varepsilon)\,. \qquad (6.8)$$

Dies ist die Grundlage für die numerischen Verfahren zur Berechnung von Riemann-Integralen. Als Beispiel, das im Folgenden noch ausführlicher zu diskutieren sein wird, nennen wir die sogenannte *Mittelpunktsformel* zur numerischen Approximation von Integralen, wobei die Stützpunkte äquidistant gewählt werden: $x_k \equiv a + k\varepsilon$ mit $\varepsilon \equiv (b-a)/N$ und die zu integrierende Funktion $f(x)$ in der Mitte zwischen zwei Stützpunkten ausgewertet wird: $x_k^* \equiv \frac{1}{2}(x_k + x_{k-1}) \equiv x_{k-\frac{1}{2}}$.

Als historische Bemerkung sei noch hinzugefügt, dass die übliche Schreibweise $\sum_k (\Delta x)_k f(x_k^*)$ für Riemann-Summen S_R [mit $(\Delta x)_k \equiv x_k - x_{k-1}$] letztlich zur Notation $\int dx\, f(x)$ für (Riemann-)Integrale geführt hat.

Beispiel einer Riemann-integrierbaren Funktion

Als Beispiel zur Riemann-Integration betrachten wir das Riemann-Integral der Funktion $f(x) = x^2$ über das Intervall $[1, 2]$. Die Funktion $f(x) = x^2$ ist hinreichend einfach, sodass man die auftretenden Unter- und Obersummen auch *analytisch* ausrechnen kann. Die im Folgenden auftretenden Summen können alle bequem mit Hilfe der Notation

$$\Sigma_n \equiv \sum_{k=1}^{n} k^2 = \tfrac{1}{6}n(n+1)(2n+1)$$

formuliert werden. Hierbei wurde Gleichung (1.7) verwendet.

Wir möchten nun Riemann-Summen wie in (6.7) berechnen. Hierzu wählen wir zunächst – wie in der Mittelpunktsformel – die Stützpunkte $\{x_k\}$ gemäß $x_k = k\varepsilon$ mit $\varepsilon \equiv N^{-1}$ und $k = N, N+1, \cdots, 2N$. Die Riemann-*Untersumme* für diese Wahl der Stützpunkte wird durch die „weiteren Punkte" $\{x_k^*\} = \{x_k \,|\, N \leq k \leq 2N-1\}$ definiert:

$$S_\mathrm{R}^-\left[\{x_k\}\right] = \sum_{k=N}^{2N-1}(x_k - x_{k-1})f(x_k^*) = \varepsilon \sum_{k=N}^{2N-1}(k\varepsilon)^2 = \varepsilon^3(\Sigma_{2N-1} - \Sigma_{N-1})\,.$$

Analog wird die Riemann-*Obersumme* für diese Wahl der Stützpunkte durch $\{x_k^*\} = \{x_k \,|\, N+1 \leq k \leq 2N\}$ definiert:

$$S_\mathrm{R}^+\left[\{x_k\}\right] = \sum_{k=N+1}^{2N}(x_k - x_{k-1})f(x_k^*) = \varepsilon \sum_{k=N+1}^{2N}(k\varepsilon)^2 = \varepsilon^3(\Sigma_{2N} - \Sigma_N)\,.$$

Die Unter- und Obersummen sind nun exakt gegeben durch

$$S_\mathrm{R}^-\left[\{x_k\}\right] = \varepsilon^3(\Sigma_{2N-1} - \Sigma_{N-1}) = \tfrac{1}{6}\varepsilon^3[(2N-1)2N(4N-1) - (N-1)N(2N-1)]$$
$$= \tfrac{1}{6}\varepsilon^3(14N^3 - 9N^2 + N) = \tfrac{1}{6}(14 - 9N^{-1} + N^{-2})$$

und

$$S_{\mathrm{R}}^{+}\left[\{x_k\}\right] = \varepsilon^3(\Sigma_{2N} - \Sigma_N) = \tfrac{1}{6}\varepsilon^3[2N(2N+1)(4N+1) - N(N+1)(2N+1)]$$
$$= \tfrac{1}{6}\varepsilon^3(14N^3 + 9N^2 + N) = \tfrac{1}{6}(14 + 9N^{-1} + N^{-2})\,.$$

Im jeweils letzten Schritt wurde $\varepsilon = N^{-1}$ verwendet. Die größte Untersumme wird nun sicherlich für alle N größer als $S_{\mathrm{R}}^{-}\left[\{x_k\}\right]$ und die kleinste Obersumme sicherlich für alle N kleiner als $S_{\mathrm{R}}^{+}\left[\{x_k\}\right]$ sein:

$$S_{\mathrm{R}}^{-}\left[\{x_k\}\right] \leq S_{\mathrm{R}}^{-} \leq S_{\mathrm{R}}^{+} \leq S_{\mathrm{R}}^{+}\left[\{x_k\}\right]\,.$$

Diese Ungleichung muss auch dann noch gültig sein, wenn man auf der linken und rechten Seite den Limes $N \to \infty$ durchführt:

$$\frac{7}{3} = \lim_{N\to\infty} S_{\mathrm{R}}^{-}\left[\{x_k\}\right] \leq S_{\mathrm{R}}^{-} \leq S_{\mathrm{R}}^{+} \leq \lim_{N\to\infty} S_{\mathrm{R}}^{+}\left[\{x_k\}\right] = \frac{7}{3}\,.$$

Da $S_{\mathrm{R}}^{-}\left[\{x_k\}\right]$ und $S_{\mathrm{R}}^{+}\left[\{x_k\}\right]$ im Limes $N \to \infty$ jedoch gleich (und zwar gleich $\tfrac{7}{3}$) sind, müssen auch S_{R}^{-} und S_{R}^{+}, die zwischen diesen beiden Grenzwerten eingeklemmt sind, im Limes $N \to \infty$ gleich (und zwar gleich $\tfrac{7}{3}$) sein. Wir schließen hieraus erstens, dass die Funktion $f(x) = x^2$ über das Intervall $[1, 2]$ Riemann-integrierbar ist, und zweitens, dass das entsprechende Riemann-Integral von f über dieses Intervall durch $\int_1^2 dx\, x^2 = \tfrac{7}{3}$ gegeben ist.

Beispiele nicht Riemann-integrierbarer Funktionen

Es ist besonders instruktiv, Funktionen zu betrachten, die *nicht* Riemann-integrierbar sind. Ein Beispiel ist die sogenannte *Dirichlet-Funktion*:

$$D(x) = \begin{cases} 1 & \text{wenn } x \in \mathbb{Q} \\ 0 & \text{wenn } x \in \mathbb{R}\backslash\mathbb{Q}\,. \end{cases}$$

Diese Funktion ist für alle $x \in \mathbb{R}$ unstetig. Bei der Berechnung von Riemann-Unter- und Obersummen im Integrationsintervall $[a, b]$ (mit $b > a$) gilt für alle Untersummen: $S_{\mathrm{R}}^{-}\left[\{x_k\}\right] = 0$ und für alle Obersummen: $S_{\mathrm{R}}^{+}\left[\{x_k\}\right] = b - a$, sodass das Supremum der Untersummen *ungleich* dem Infimum der Obersummen ist:

$$\sup_{\{\{x_k\}\}} S_{\mathrm{R}}^{-}\left[\{x_k\}\right] = S_{\mathrm{R}}^{-} = 0 \neq b - a = S_{\mathrm{R}}^{+} \equiv \inf_{\{\{x_k\}\}} S_{\mathrm{R}}^{+}\left[\{x_k\}\right]\,.$$

Folglich ist $D(x)$ per definitionem nicht Riemann-integrierbar. Es gibt übrigens verallgemeinerte Integrationsmethoden, wie die sogenannte *Lebesgue-Integration*, die es ermöglichen, manche Funktionen, die nicht *Riemann*-integrierbar sind, dennoch nach wohldefinierten Regeln zu integrieren. Konkret ergibt die Lebesgue-Integration der hier betrachteten Dirichlet-Funktion über das Intervall $[a, b]$ das Ergebnis *null*, da diese Funktion in „maßtheoretischem" Sinne „fast überall" null ist.

Ein weiteres Beispiel einer *nicht* Riemann-integrierbaren Funktion ist $f(x) = x^{-1/2}$ auf dem Intervall $[0, 1]$. Wählen wir nämlich eine Zerlegung $\{x_k\}$ mit $x_0 = 0$, $x_N = 1$ und $0 < x_1 < 1$, dann ist die *Untersumme* sicherlich endlich: Der Beitrag des Intervalls $[x_0, x_1]$ zur Untersumme ist $\sqrt{x_1}$, und die Beiträge der Intervalle $[x_{k-1}, x_k]$ für $k > 2$ sind von oben durch das Riemann-Integral beschränkt. An dieser Stelle wird also verwendet, dass $f(x)$ im Intervall $[x_1, 1]$ beschränkt und stetig und somit Riemann-integrierbar ist. Es folgt:

$$S_{\mathrm{R}}^{-}[\{x_k\}] \leq \sqrt{x_1} + \int_{x_1}^{1} dx \, \frac{1}{\sqrt{x}} = \sqrt{x_1} + 2(1 - \sqrt{x_1}) = 2 - \sqrt{x_1} \leq 2 \, .$$

Andererseits gilt für die *Obersumme* $S_{\mathrm{R}}^{+}[\{x_k\}] = \infty$, da der Beitrag des Intervalls $[x_0, x_1]$ zur Obersumme strikt unendlich ist. Folglich können auch die größte Untersumme und die kleinste Obersumme nicht gleich sein, und daher ist $f(x) = x^{-1/2}$ auf dem Intervall $[0, 1]$ nicht Riemann-integrierbar. Um Integrale von Funktionen, die auf dem uns interessierenden Integrationsintervall eine Divergenz aufweisen – wie hier $f(x) = x^{-1/2}$ auf dem Intervall $[0, 1]$ – dennoch sinnvoll interpretieren zu können, wird in Abschnitt [6.1.5] der Begriff eines *uneigentlichen Integrals* eingeführt.

Fundamentalsatz der Analysis

Wir zeigen nun, dass das „Riemann-Integral" die Definitionen (6.1) der *Stammfunktion* von $f(x)$ und (6.2) des *bestimmten Integrals* erfüllt und somit auch im Sinne von Abschnitt [6.1.1] ein echtes Integral ist. Diese Aussage, dass das Riemann-Integral die beiden Eigenschaften (6.1) und (6.2) besitzt, ist als „Fundamentalsatz der Analysis" bekannt. Der Fundamentalsatz der Analysis hat dementsprechend zwei Teile:

1. Im ersten Teil wird für eine im Intervall $[a, b]$ mit $a < x_1 < x_2 < b$ stetige Funktion f festgestellt, dass die Ableitung des Riemann-Integrals

$$\bar{F}(x_2) \equiv \int_{x_1}^{x_2} dx \, f(x) \tag{6.9}$$

   nach der Obergrenze x_2 gleich der Funktion f, ausgewertet an dieser Obergrenze, ist:

$$\frac{d}{dx_2} \int_{x_1}^{x_2} dx \, f(x) = f(x_2) \quad , \quad \frac{d}{dx_1} \int_{x_1}^{x_2} dx \, f(x) = -f(x_1) \, . \tag{6.10}$$

   Die Ableitung des Integrals nach der Untergrenze x_1 folgt dann aus der Antisymmetrie (6.3) unter Vertauschung der beiden Grenzen.

2. Der zweite Teil des Fundamentalsatzes besagt, dass der numerische Wert des bestimmten Integrals (6.9) in der Tat, wie in Gleichung (6.2) angegeben, durch die Differenz zweier Funktionswerte einer *beliebigen* Stammfunktion von f gegeben ist.

Der erste Teil des Fundamentalsatzes lautet $\bar{F}'(x_2) = f(x_2)$. Diese Identität folgt aufgrund der Definition (4.8) einer Ableitung aus:

$$\bar{F}'(x_2) = \lim_{h \downarrow 0} \frac{1}{h} \left[\int_{x_1}^{x_2+h} dx\, f(x) - \int_{x_1}^{x_2} dx\, f(x) \right]$$

$$= \lim_{h \downarrow 0} \frac{1}{h} \int_{x_2}^{x_2+h} dx\, f(x) = \lim_{h \downarrow 0} \langle f \rangle_h \,, \qquad (6.11)$$

wobei das Integral

$$\langle f \rangle_h \equiv \frac{1}{h} \int_{x_2}^{x_2+h} dx\, f(x) \qquad (6.12)$$

als *Mittelwert* der Funktion $f(x)$ im Intervall $[x_2, x_2+h]$ interpretiert werden kann. An dieser Stelle wird wichtig, dass die Funktion f stetig ist. Dies bedeutet nämlich, dass für alle $\varepsilon > 0$ ein $\delta > 0$ existiert mit der Eigenschaft, dass für alle x-Werte, die hinreichend nahe bei x_2 liegen: $|x - x_2| < \delta$, auch die entsprechenden Funktionswerte nahe an $f(x_2)$ sind: $|f(x) - f(x_2)| < \varepsilon$. Weil die Breite h des Integrationsbereichs in (6.11) im Limes $h \downarrow 0$ sicherlich geringer als δ ist, folgt also für alle $\varepsilon > 0$:

$$f(x_2) - \varepsilon = \lim_{h \downarrow 0} \frac{1}{h} \int_{x_2}^{x_2+h} dx\, [f(x_2) - \varepsilon] < \lim_{h \downarrow 0} \langle f \rangle_h$$

$$< \lim_{h \downarrow 0} \frac{1}{h} \int_{x_2}^{x_2+h} dx\, [f(x_2) + \varepsilon] = f(x_2) + \varepsilon \,.$$

Da dies für alle $\varepsilon > 0$ gilt, kann man auf der linken und rechten Seite auch den Limes $\varepsilon \downarrow 0$ durchführen:

$$f(x_2) \leq \lim_{h \downarrow 0} \langle f \rangle_h \leq f(x_2) \qquad \text{und daher} \qquad \bar{F}'(x_2) = \lim_{h \downarrow 0} \langle f \rangle_h = f(x_2) \,.$$

Das Ergebnis zeigt also, dass $\bar{F}'(x_2) = f(x_2)$ gilt. Hiermit sind die Gleichungen (6.1) bzw. (6.10) bereits nachgewiesen: *Eine* mögliche Stammfunktion von f ist das Riemann-Integral $\bar{F}(x_2)$ mit dem Anfangswert $\bar{F}(x_1) = 0$. Folglich ist der numerische Wert des in Abschnitt [6.1.1] definierten *bestimmten Integrals* von f durch $\bar{F}(x_2) - \bar{F}(x_1)$ gegeben. Definiert man nun eine Stammfunktion von f mit *beliebigem* Anfangswert $F_a(x_1) = a$ durch $F_a(x_2) \equiv \bar{F}(x_2) + a$, dann folgt die allgemeine Aussage in Gleichung (6.2) automatisch. Damit ist auch der zweite Teil des Fundamentalsatzes nachgewiesen.

Eine Schlussbemerkung noch über die Genauigkeit der Approximation von $\langle f \rangle_h$ in Gleichung (6.12) durch $f(x_2)$ für endliche h-Werte: In der Herleitung des Fundamentalsatzes nimmt man lediglich die Stetigkeit von f an. Wenn man die stärkere Annahme macht, dass f hinreichend glatt ist und

$$f(x) = f(x_2) + f'(x_2)(x - x_2) + \tfrac{1}{2} f''(x_2)(x - x_2)^2 + \cdots$$

gilt, folgt aus Gleichung (6.12): $\langle f \rangle_h - f(x_2) = \tfrac{1}{2} f'(x_2) h + \mathcal{O}(h^2)$. Der typische Fehler der Approximation $\langle f \rangle_h = f(x_2)$ geht daher linear mit h gegen null.

6.1.5   (Un)eigentliche Integrale, Hauptwertintegrale

Aus der allgemeinen Diskussion von Riemann-Integralen wissen wir, dass eine Funktion f Riemann-integrierbar ist, wenn sie im endlichen, geschlossenen Integrationsintervall $[a, b]$ beschränkt ist und – wenn überhaupt – nur endlich viele Unstetigkeiten aufweist. In diesem Fall ist das Riemann-Integral $\int_a^b dx\, f(x)$ wohldefiniert. Diese Einschränkung ist bedauerlich, da man in vielen praktischen Anwendungen durchaus auch häufig die Fläche unter der Kurve einer Funktion kennen muss, die im Integrationsintervall $[a, b]$ *nicht* beschränkt ist, oder wobei $b = \infty$ oder $a = -\infty$ gilt. Beispielsweise möchte man die Fläche unter der Kurve von $f(x) = x^{-1/2}$ kennen, auch wenn diese Funktion nicht Riemann-integrierbar ist. Wie kann man solche Flächen messen bzw. diesen Integralen Bedeutung beimessen? Wir zeigen im Folgenden, dass man den Begriff des Riemann-Integrals, den wir gerade kennengelernt haben, relativ einfach erweitern und auf unbeschränkte Intervalle und „mild divergente" Integranden ausdehnen kann.

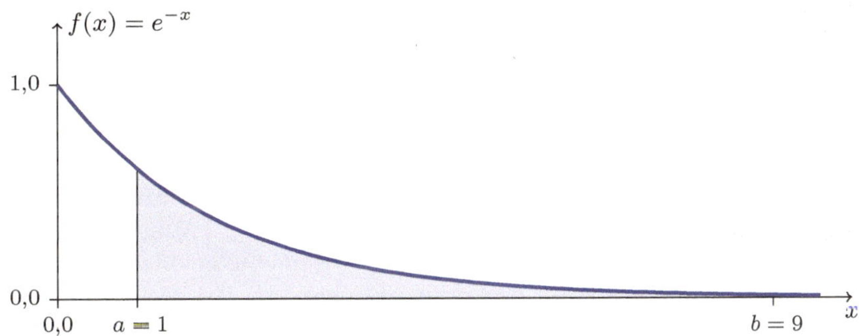

Abb. 6.5 Zum uneigentlichen Riemann-Integral mit $b \to \infty$

(Un)eigentliche Integrale

Betrachten wir zuerst den Fall einer Funktion f, die über jedes Integrationsintervall $[a, b]$ mit $a \le b < \infty$ Riemann-integrierbar ist. *Falls* der Limes $b \to \infty$ des Integrals über $[a, b]$ existiert, *definiert* man das bestimmte Integral der Funktion f über das Intervall $[a, \infty)$, durch

$$\int_a^\infty dx\, f(x) \equiv \lim_{b \to \infty} \int_a^b dx\, f(x) \, . \tag{6.13}$$

Sollte die Funktion f über jedes Integrationsintervall $[a, b]$ mit $-\infty < a \le b$ Riemann-integrierbar sein und der Limes $a \to -\infty$ existieren, *definiert* man das Integral von f über das Intervall $(-\infty, b]$ durch

$$\int_{-\infty}^b dx\, f(x) \equiv \lim_{a \to -\infty} \int_a^b dx\, f(x) \, .$$

Ein Integral $\int_{-\infty}^\infty dx\, f(x)$ über die komplette reelle Achse wird dementsprechend dadurch *definiert*, dass man ausgehend von $\int_a^b dx\, f(x)$ den kombinierten Limes

$a \to -\infty$ und $b \to \infty$ durchführt. Die Existenz des Integrals $\int_{-\infty}^{\infty} dx\, f(x)$ erfordert in diesem Fall, dass das *Ergebnis* der Berechnung nicht von der Reihenfolge oder einer eventuellen Kopplung der Grenzwerte $a \to -\infty$ und $b \to \infty$ abhängt. Als Beispiel betrachten wir in Abbildung 6.5 ein Integral vom Typ (6.13) mit $f(x) = e^{-x}$ und zunächst einmal $[a, b] = [1, 9]$. Es ist aber grafisch klar, dass man auch dann einen eindeutig definierten, endlichen Wert für das Integral erhalten würde, wenn man den Limes $b \to \infty$ durchführt.

Betrachten wir nun eine Funktion f, die bereits über das *endliche* Integrationsintervall $[a, b]$ *nicht* Riemann-integrierbar ist. Nehmen wir an, dass f trotzdem über jedes Integrationsintervall $[a, \beta]$ mit $a \le \beta < b$ oder alternativ über jedes Integrationsintervall $[\alpha, b]$ mit $a < \alpha \le b$ Riemann-integrierbar ist. *Falls* die Limites $\beta \uparrow b$ bzw. $\alpha \downarrow a$ des Integrals $\int dx\, f(x)$ existieren, *definiert* man das bestimmte Integral der Funktion f über das Intervall $[a, b]$ als:

$$\int_a^b dx\, f(x) \equiv \lim_{\beta \uparrow b} \int_a^\beta dx\, f(x) \quad , \quad \int_a^b dx\, f(x) \equiv \lim_{\alpha \downarrow a} \int_\alpha^b dx\, f(x) \, . \qquad (6.14)$$

Sollte die Funktion f über jedes Integrationsintervall $[\alpha, \beta]$ mit $a < \alpha \le \beta < b$ Riemann-integrierbar sein, jedoch *nicht* über Intervalle mit $\alpha = a$ oder $\beta = b$, definiert man das Integral $\int_a^b dx\, f(x)$ entsprechend mit Hilfe des kombinierten Limes $\alpha \downarrow a$ und $\beta \uparrow b$. Die Existenz des Integrals $\int_a^b dx\, f(x)$ erfordert wiederum, dass das *Ergebnis* der Berechnung nicht von der Reihenfolge oder einer eventuellen Kopplung der Grenzwerte $\alpha \downarrow a$ und $\beta \uparrow b$ abhängt. Als Beispiel betrachten wir in

Abbildung 6.6 ein Integral vom Typ (6.14) mit $\alpha \downarrow a$ und $f(x) = \frac{1}{\sqrt{x}}$ sowie zunächst einmal $[\alpha, b] = [\frac{1}{9}, \frac{9}{4}]$. Aus Abb. 6.6 ist grafisch klar, dass man auch dann einen eindeutig definierten, endlichen Wert für das Integral erhalten würde, wenn man den Limes $\alpha \downarrow 0$ durchführt.

Im Gegensatz zu den wohldefinierten Riemann-Integralen $\int_a^b dx\, f(x)$, die man als „eigentliche Integrale" bezeichnen könnte, heißen Integrale, die nur als *Grenzfall* eines Riemann-Integrals definiert sind, *uneigentliche Integrale*.

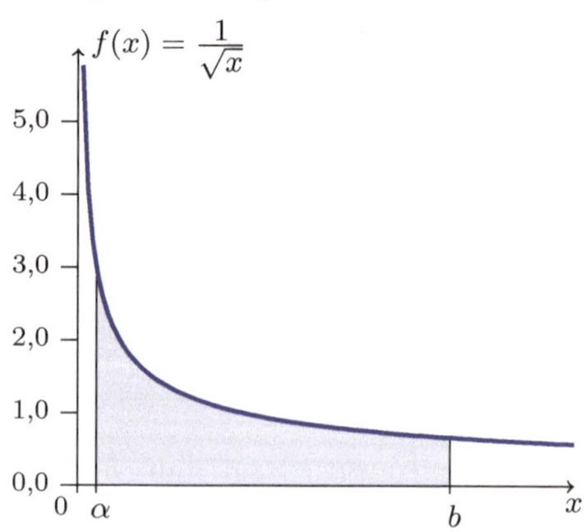

Abb. 6.6 Zum uneigentlichen Riemann-Integral mit $\alpha \downarrow 0$

Beispiele uneigentlicher Integrale

Das uneigentliche Integral der abfallenden Exponentialfunkton $f(x) = e^{-x}$ über das Intervall $[0, \infty)$ ist durch

$$\int_0^\infty dx\, e^{-x} = \lim_{b \to \infty} \int_0^b dx\, e^{-x} = \lim_{b \to \infty} (-e^{-x})\Big|_0^b = \lim_{b \to \infty} (1 - e^{-b}) = 1$$

gegeben. Analog findet man für $f(x) = (1 + x^2)^{-1}$:

$$\int_0^\infty dx\, \frac{1}{1+x^2} = \lim_{b\to\infty} \int_0^b dx\, \frac{1}{1+x^2} = \lim_{b\to\infty} \left[\arctan(x)\right]\Big|_0^b = \frac{\pi}{2} - 0 = \frac{\pi}{2} \ .$$

Als drittes Beispiel mit $b = \infty$ nennen wir die Funktion $f(x) = x^{-\gamma}$, wobei $\gamma > 1$ gelten muss, damit das Integral konvergiert:

$$\int_1^\infty dx\, x^{-\gamma} = \lim_{b\to\infty} \int_1^b dx\, x^{-\gamma} = \frac{x^{1-\gamma}}{1-\gamma}\Big|_1^\infty = \frac{0-1}{1-\gamma} = \frac{1}{\gamma-1} \ .$$

Beispielsweise erhält man $\int_1^\infty dx\, x^{-2} = 1$ für das uneigentliche Integral der Funktion $f(x) = x^{-2}$ auf dem Intervall $[1, \infty)$.

Wir haben bereits vorher festgestellt, dass die Funktion $f(x) = x^{-1/2}$ über $[0, 1]$ nicht Riemann-integrierbar ist. Dennoch ist das *uneigentliche* Integral von $f(x) = x^{-1/2}$ auf diesem Intervall wohldefiniert:

$$\lim_{\alpha\downarrow 0} \int_\alpha^1 dx\, x^{-1/2} = \lim_{\alpha\downarrow 0} \left(2\sqrt{x}\right)\Big|_\alpha^1 = 2(1-0) = 2 \ .$$

Allgemeiner erhält man für $f(x) = x^{-\gamma}$, nun mit $\gamma < 1$, damit das Integral konvergiert:

$$\lim_{\alpha\downarrow 0} \int_\alpha^1 dx\, x^{-\gamma} = \lim_{\alpha\downarrow 0} \frac{x^{1-\gamma}}{1-\gamma}\Big|_\alpha^1 = \frac{1-0}{1-\gamma} = \frac{1}{1-\gamma} \ .$$

Falls eine Divergenz an der Obergrenze vorliegt, wie es z.B. für $f(x) = (1 - x)^{-\gamma}$ mit $0 < \gamma < 1$ der Fall ist, erhält man analog:

$$\lim_{\beta\uparrow 1} \int_0^\beta dx\, (1-x)^{-\gamma} = \lim_{\beta\uparrow 1} \frac{-(1-x)^{1-\gamma}}{1-\gamma}\Big|_0^\beta = \frac{1-0}{1-\gamma} = \frac{1}{1-\gamma} \ .$$

Ein Beispiel mit Divergenzen an Unter- und Obergrenze ist:

$$\int_0^1 dx\, \frac{1}{\sqrt{x(1-x)}} = \int_0^1 dx\, \frac{1}{\sqrt{\frac{1}{4} - (x-\frac{1}{2})^2}} = \int_{-1}^1 dy\, \frac{1}{\sqrt{1-y^2}}$$

$$= \lim_{\alpha\downarrow -1} \lim_{\beta\uparrow 1} \int_\alpha^\beta dy\, \frac{1}{\sqrt{1-y^2}} = \arcsin(y)\Big|_{-1}^1 = \frac{\pi}{2} - \left(-\frac{\pi}{2}\right) = \pi \ .$$

In der ersten Zeile wurde im letzten Schritt $x = \frac{1}{2}(1 + y)$ substituiert.

Hauptwertintegrale

Die bisherigen Definitionen uneigentlicher Integrale sind in der Praxis nicht immer ausreichend. Beispielsweise ist die Funktion $f = x/(x^2+1)$ über jedes Integrationsintervall $[a, b]$ mit $-\infty < a \le b < \infty$ Riemann-integrierbar, aber das uneigentliche Integral über die komplette reelle Achse $(-\infty, \infty)$ ist nicht definiert. Dies sieht man aus

$$\int_a^b dx\, \frac{x}{x^2+1} = \frac{1}{2}\ln(x^2 + 1)\Big|_a^b = \frac{1}{2}\ln\frac{b^2+1}{a^2+1} \ , \tag{6.15}$$

denn der kombinierte Limes $a \to -\infty$ und $b \to \infty$ auf der rechten Seite kann (abhängig vom Verhältnis $|b|/|a|$) jeden reellen Wert annehmen und ist daher nicht eindeutig definiert. Gelegentlich tritt aber in konkreten Problemen der Spezialfall $a = -b$ mit $b \to \infty$ auf:

$$\lim_{b \to \infty} \int_{-b}^{b} dx \, f(x) \,. \tag{6.16}$$

Dieser Spezialfall wird als der *(Cauchy-)Hauptwert* des Integrals bezeichnet. Im obigen Beispiel wäre das Hauptwertintegral über die reelle Achse,

$$\lim_{b \to \infty} \int_{-b}^{b} dx \, \frac{x}{x^2 + 1} = \lim_{b \to \infty} \tfrac{1}{2} \ln \frac{b^2 + 1}{b^2 + 1} = \lim_{b \to \infty} 0 = 0 \,,$$

wegen der Antisymmetrie des Integranden allerdings exakt gleich null. Die Berechnung dieses Hauptwertintegrals ist in Abbildung 6.7 dargestellt. Man sieht erstens, dass der Integrationsbereich $[-b, b]$ *symmetrisch* um $x = 0$ angeordnet ist, und zweitens, dass sich in diesem Spezialfall die Beiträge für $x > 0$ und $x < 0$ exakt aufheben, sodass das Gesamtintegral null ergibt.

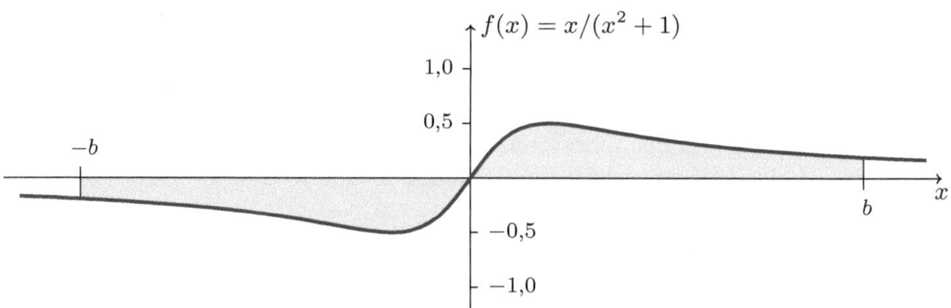

Abb. 6.7 Zum Cauchy-Hauptwertintegral mit $b \to \infty$

Ein weiteres Beispiel ist die Funktion $f(x) = x/(1 - x^2)$, die über jedes Integrationsintervall $[\alpha, \beta]$ mit $-1 < \alpha \leq \beta < 1$ Riemann-integrierbar ist. Aber auch in diesem Fall ist das uneigentliche Integral über das Intervall $[-1, 1]$ nicht definiert:

$$\int_{\alpha}^{\beta} dx \, \frac{x}{1 - x^2} = \tfrac{1}{2} \int_{\alpha}^{\beta} dx \, \left(\frac{1}{1 - x} - \frac{1}{1 + x} \right)$$

$$= -\tfrac{1}{2} \ln(1 - x^2) \Big|_{\alpha}^{\beta} = \tfrac{1}{2} \ln \frac{1 - \alpha^2}{1 - \beta^2} \,.$$

Die rechte Seite kann wiederum jeden beliebigen reellen Wert annehmen [abhängig vom Verhältnis $(1 - \alpha^2)/(1 - \beta^2)$]. In einem solchen Fall ist das Hauptwertintegral über $[a, b]$ allgemein definiert durch

$$\lim_{\varepsilon \downarrow 0} \int_{a+\varepsilon}^{b-\varepsilon} dx \, f(x) \,,$$

und für das obige Beispiel ergibt sich als Hauptwert:

$$\lim_{\beta \uparrow 1} \int_{-\beta}^{\beta} dx \, \frac{x}{1-x^2} = \lim_{\beta \uparrow 1} \tfrac{1}{2} \ln \frac{1-\beta^2}{1-\beta^2} = \lim_{\beta \uparrow 1} 0 = 0 \ .$$

Dieses Ergebnis folgt auch direkt aus der Antisymmetrie des Integranden.

Es ist außerdem möglich, dass die Funktion $f(x)$ im Integrationsintervall $[a,b]$ eine Singularität hat [z.B. bei $c \in (a,b)$] und über jede Kombination zweier Intervalle der Form $[a, c-\varepsilon] \cup [c+\varepsilon, b]$ integrierbar ist (für hinreichend kleines ε). In diesem Fall ist der Hauptwert des Integrals gegeben durch

$$\lim_{\varepsilon \downarrow 0} \left(\int_a^{c-\varepsilon} dx \, f(x) + \int_{c+\varepsilon}^b dx \, f(x) \right) , \tag{6.17}$$

vorausgesetzt dieser Grenzwert existiert für $\varepsilon \downarrow 0$. Beispielsweise ist das Hauptwertintegral der Funktion $f(x) = x^{-1}$ über das Intervall $[a,b]$ mit $a < 0 < b$ gegeben durch [s. auch Gleichung (6.4)]:

$$\lim_{\varepsilon \downarrow 0} \left(\int_a^{-\varepsilon} dx \, x^{-1} + \int_\varepsilon^b dx \, x^{-1} \right) = \lim_{\varepsilon \downarrow 0} \left[\left. (\ln |x|) \right|_a^{-\varepsilon} + \left. (\ln |x|) \right|_\varepsilon^b \right] \tag{6.18}$$

$$= \lim_{\varepsilon \downarrow 0} \left(\ln \frac{\varepsilon}{|a|} + \ln \frac{b}{\varepsilon} \right) = \ln \frac{b}{|a|} \ .$$

Man überprüft leicht, dass das Integral über das Intervall $[a, -\varepsilon_1] \cup [\varepsilon_2, b]$ mit *unabhängigen* Abschneideparametern $\varepsilon_1 \downarrow 0$ und $\varepsilon_2 \downarrow 0$ jeden beliebigen reellen Wert annehmen könnte. Die Berechnung dieses Hauptwertintegrals der Funktion $f(x) = x^{-1}$ ist in Abbildung 6.8 dargestellt. Man sieht erstens, dass der zunächst von der Integration *ausgeschlossene* Bereich $[-\varepsilon, \varepsilon]$ *symmetrisch* um $x = c$ (hier um $x = 0$) angeordnet ist, und zweitens, dass die *Summe* der Beiträge der Integrationsintervalle $[a, -\varepsilon]$ und $[\varepsilon, b]$ auch im Limes $\varepsilon \downarrow 0$ *endlich* ist, obwohl jeder dieser Beiträge einzeln divergieren würde.

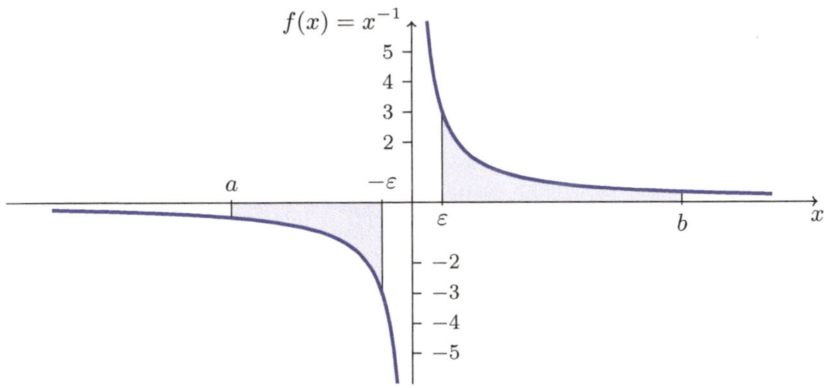

Abb. 6.8 Zum Hauptwertintegral von $f(x) = \frac{1}{x}$ mit $\varepsilon \downarrow 0$

Ein analoger Fall findet sich in Gleichung (6.5):

$$\int_{x_1}^{x_2} dx \, \frac{1}{\sin(x)} = \left[\ln\left|\tan(\tfrac{1}{2}x)\right| + a\right]\Big|_{x_1}^{x_2} = \ln\left|\frac{\tan(\tfrac{1}{2}x_2)}{\tan(\tfrac{1}{2}x_1)}\right| .$$

Bei der Herleitung dieses Ergebnisses in (6.5) wurde betont, dass die Integrationsgrenzen x_1 und x_2 wegen der Divergenzen des Integranden bei den Punkten $x = n\pi$ ($n \in \mathbb{Z}$) beide zwischen zwei aufeinanderfolgenden Singularitäten liegen sollten. Wir können diese Aussage nun für den Hauptwert verallgemeinern: Für z.B. $-\pi < a < 0 < b < \pi$ ist das Hauptwertintegral von $f(x) = [\sin(x)]^{-1}$ über das Intervall $[a, b]$ gegeben durch

$$\lim_{\varepsilon \downarrow 0} \left[\int_a^{-\varepsilon} dx \, \frac{1}{\sin(x)} + \int_\varepsilon^b dx \, \frac{1}{\sin(x)}\right] = \ln\left|\frac{\tan(\tfrac{1}{2}b)}{\tan(\tfrac{1}{2}a)}\right| . \tag{6.19}$$

Man erhält *für den Hauptwert* also genau das gleiche Ergebnis wie in Gleichung (6.5), obwohl das Integrationsintervall $[a, b]$ nun eine Singularität bei $x = 0$ enthält. Mit anderen Abschneideverfahren könnte man statt der rechten Seite von (6.19) wiederum jeden beliebigen reellen Wert realisieren. Man braucht natürlich gute physikalische Argumente für die Wahl des Hauptwertes eines Integrals. Da solche Argumente in der Praxis des Öfteren gegeben sind, ist das Konzept des Hauptwertes sehr nützlich.

Für den Hauptwert eines Integrals gibt es verschiedene Notationen. In der Physikliteratur ist die Notation „P" (wegen *principal value*) vor dem Integralzeichen relativ häufig. Die in den Gleichungen (6.16), (6.17), (6.18) und (6.19) angegebenen Grenzwertprozesse von Integrationen würden dann wie folgt dargestellt werden:

$$\mathrm{P}\int_{-\infty}^{\infty} dx \, f(x) \quad , \quad \mathrm{P}\int_a^b dx \, f(x) \quad , \quad \mathrm{P}\int_a^b dx \, \frac{1}{x} \quad , \quad \mathrm{P}\int_a^b dx \, \frac{1}{\sin(x)} .$$

Der Vorteil dieser symbolischen Notation für Hauptwertintegrale ist offenkundig die viel kompaktere Darstellung.

6.1.6   Die Substitutionsregel

Zur Lösung von Integralen gibt es verschiedene Standardverfahren, die im Folgenden diskutiert werden sollen. Eins dieser Verfahren ist die „Substitutionsregel", die im Grunde lediglich eine Anwendung der Kettenregel der Differentiation darstellt. Um die Substitutionsregel zu erklären, betrachten wir eine Funktion $G(y)$ mit der Ableitung $g(y)$, sodass $g(y) \equiv G'(y)$ gilt. Die Funktion G ist also eine *Stammfunktion* von g und liegt somit nur bis auf eine Integrationskonstante fest: $G(y) = \int dy \, g(y)$. Wenden wir die Funktion $G(y)$ nun *nach* einer anderen Funktion $f(x) \equiv y$ an, so gilt nach der Kettenregel:

$$(G \circ f)'(x) = G'(f(x)) \, f'(x) = g\left(f(x)\right) f'(x) .$$

Für die Stammfunktion $G(y)$ von $g(y)$ hat dies als Konsequenz:

$$\int dy \, g(y) = G(y) = (G \circ f)(x) = \int dx \, (G \circ f)'(x) = \int dx \, g\left(f(x)\right) f'(x) . \tag{6.20}$$

Man sieht beim Vergleich der linken und rechten Seite, dass für die ursprüngliche Integrationsvariable y effektiv $f(x)$ substituiert wurde und dass hierbei auch dy durch $dx\,\frac{dy}{dx} = dx\,f'(x)$ zu ersetzen ist. Die Identität (6.20) ist als die *Substitutionsregel* bekannt. Wir haben die Substitutionsregel hier allgemein (für *unbestimmte* Integrale) eingeführt. Selbstverständlich gilt sie auch, wenn man konkrete Werte für die Ober- und Untergrenzen des Integrationsbereichs einsetzt, also das *bestimmte* Integral berechnet:

$$\int_{f(x_1)}^{f(x_2)} dy\; g(y) = \int_{x_1}^{x_2} dx\; g\left(f(x)\right) f'(x) \;. \tag{6.21}$$

Man kann diese Substitutionsregeln für bestimmte oder unbestimmte Integrale – je nachdem, was zielführender ist – von links nach rechts (also durch die Substitution $y \to x$) oder von rechts nach links (mit $x \to y$) anwenden.

Beispiele zur Substitutionsregel

Als erstes Beispiel betrachten wir ein *unbestimmtes* Integral, das die Form der *rechten* Seite von (6.20) hat, und wenden die Substitutionsregel von rechts nach links an. Hierbei sind die Funktionen f und g durch $f(x) = e^x = y$ und $g(y) = \frac{1}{1+y}$ gegeben:

$$\int dx\; \frac{e^x}{1 + e^x} = \int dx\; g(e^x)(e^x)' = \int dy\; \frac{1}{1 + y} = \ln(1+y) + a = \ln(1 + e^x) + a \;.$$

Im ersten Schritt wird das vorgegebene Integral (auf der linken Seite) explizit auf die Form $\int^x d\xi\; g\left(f(\xi)\right) f'(\xi)$ gebracht. Im zweiten Schritt wird die Substitutionsregel angewandt; das resultierende Integral ist einfach und kann direkt berechnet werden. Im letzten Schritt wird noch $y = e^x$ verwendet. Ist man alternativ an einem *bestimmten* Integral dieser Struktur interessiert, so wendet man statt (6.20) nun (6.21) an und erhält entsprechend:

$$\int_{x_1}^{x_2} dx\; \frac{e^x}{1 + e^x} = \int_{f(x_1)}^{f(x_2)} dy\; \frac{1}{1 + y} = \ln(1 + y)\Big|_{f(x_1)}^{f(x_2)} = \ln\frac{1 + e^{x_2}}{1 + e^{x_1}} \;,$$

wobei im letzten Schritt die explizite Form $f(x) = e^x$ der Beziehung zwischen den alten und neuen Variablen verwendet wurde. Ein konkretes Zahlenbeispiel für das bestimmte Integral wäre $\int_{-1}^{1} dx\; \frac{e^x}{1+e^x} = \ln\frac{1+e}{1+e^{-1}} = \ln(e) = 1$.

Als zweites Beispiel berechnen wir ein Integral, das die Form der *linken* Seite von (6.20) hat, und wenden die Substitutionsregel von links nach rechts an. Die Funktionen f und g sind nun durch $f(x) = \sin(x) = y$ und $g(y) = \sqrt{1 - y^2}$ gegeben. Für den Definitionsbereich von f soll $D_f \subseteq \left[-\frac{\pi}{2}, \frac{\pi}{2}\right]$ gelten. Mit Hilfe der Substitutionsregel erhalten wir für das Integral von $g(y)$:

$$\int dy\; \sqrt{1 - y^2} = \int dx\; \sqrt{1 - \sin^2(x)}\, \cos(x) = \int dx\; \cos^2(x)$$

$$= \int dx\; \tfrac{1}{2}\left[1 + \cos(2x)\right] = \tfrac{1}{2}x + \tfrac{1}{4}\sin(2x) + a$$

$$= \tfrac{1}{2}x + \tfrac{1}{2}\sin(x)\cos(x) + a = \tfrac{1}{2}\arcsin(y) + \tfrac{1}{2}y\sqrt{1 - y^2} + a \;.$$

Im ersten Schritt wurde die Substitutionsregel angewandt und im dritten Schritt die Verdopplungsformel für den Kosinus. Die Stammfunktion des Kosinus wurde berechnet und im Ergebnis die Verdopplungsformel für den Sinus angewandt. Da (s. linke Seite) eine Funktion von y gesucht wird, wurde im letzten Schritt $x = \arcsin(y)$ rücksubstitutiert. Ein konkretes Zahlenbeispiel wäre:

$$\int_0^1 dy \ \sqrt{1-y^2} = \left[\tfrac{1}{2} \arcsin(y) + \tfrac{1}{2} y \sqrt{1-y^2} \right]\Big|_0^1 = \frac{\pi}{4} \ ,$$

wobei im letzten Schritt $\arcsin(1) = \frac{\pi}{2}$ verwendet wurde.

Im dritten Beispiel wenden wir die Substitutionsregel wieder von rechts nach links an, und zwar mit $f(x) = 1 - x^2 = y$ und $g(y) = -\frac{1}{2\sqrt{y}}$.

$$\int dx \frac{x}{\sqrt{1-x^2}} = -\tfrac{1}{2} \int dx \ \frac{(1-x^2)'}{\sqrt{1-x^2}} = -\tfrac{1}{2} \int dy \ \frac{1}{\sqrt{y}} = -\sqrt{y}+a = -\sqrt{1-x^2}+a \ .$$

Im ersten Schritt bringen wir das vorgegebene Integral (auf der linken Seite) explizit auf die Form $\int dx \ g\left(f(x)\right) f'(x)$, im zweiten wenden wir die Substitutionsregel an. Das resultierende Integral kann direkt bestimmt werden, und wir substituieren noch $y = 1 - x^2$, da (s. linke Seite) eine Funktion von x gesucht wird. Manchmal – wie in diesem Fall – gibt es auch mögliche Varianten des Lösungsverfahrens. Wenn man z.B. direkt sieht, dass der Integrand auf der linken Seite als *Ableitung* geschrieben werden kann, verläuft die Berechnung durch direkte Integration schneller:

$$\int dx \frac{x}{\sqrt{1-x^2}} = - \int dx \ \frac{d}{dx} \sqrt{1-x^2} = -\sqrt{1-x^2} + a \ .$$

Im zweiten Schritt wurde verwendet, dass die Stammfunktion der Ableitung einer Funktion durch die Funktion selbst gegeben ist. Das entsprechende *bestimmte* Integral

$$\int_0^1 dx \frac{x}{\sqrt{1-x^2}} = \left(-\sqrt{1-x^2}\right)\Big|_0^1 = 0 - (-1) = 1$$

zeigt noch einmal, dass uneigentliche Integrale von Funktionen mit einer Wurzelsingularität an einer der Integrationsgrenzen (hier in $x = 1$) durchaus endlich und wohldefiniert sind.

Wir geben noch ein viertes Beispiel, wobei die Substitutionsregel *zweimal* angewandt wird, beide Male von links nach rechts. Im vorgegebenen Integral der Funktion $g(y)$ wird nun zuerst (im ersten Schritt) $y = \frac{1}{x}$ substituiert und dann, zum Zwecke der weiteren Vereinfachung des Integrals, im dritten Schritt noch einmal $x = \frac{1}{2}(u + \frac{1}{2})$ bzw. $u = 2x - \frac{1}{2}$:

$$\int dy \ \frac{1}{y^2 \sqrt{y^2 - 2y + 4}} = - \int dx \ \frac{x}{\sqrt{4x^2 - 2x + 1}} = - \int dx \ \frac{x}{\sqrt{(2x - \tfrac{1}{2})^2 + \tfrac{3}{4}}}$$

$$= -\tfrac{1}{2} \int du \ \frac{\tfrac{1}{2}(u + \tfrac{1}{2})}{\sqrt{u^2 + \tfrac{3}{4}}} = -\tfrac{1}{4} \int du \ \frac{u}{\sqrt{u^2 + \tfrac{3}{4}}} - \tfrac{1}{8} \int du \ \frac{1}{\sqrt{u^2 + \tfrac{3}{4}}} \ . \tag{6.22}$$

Selbstverständlich könnte man solche kombinierten Substitutionen auch in einem Schritt durchführen (in der Form $y \to u$), nur „sieht" man solche komplizierteren Lösungswege meist nicht spontan. Die beiden Integrale auf der rechten Seite von (6.22) sind nun direkt berechenbar: das erste, da der Integrand im Wesentlichen die Ableitung von $\sqrt{u^2 + 3/4}$ darstellt, das zweite analog zum zweiten Beispiel in Tab. 6.1 in Abschnitt [6.1.2]:

$$\int dy \; \frac{1}{y^2 \sqrt{y^2 - 2y + 4}} = -\tfrac{1}{4}\sqrt{u^2 + \tfrac{3}{4}} - \tfrac{1}{8}\ln\left|u + \sqrt{u^2 + \tfrac{3}{4}}\right| + a$$

$$= -\tfrac{1}{4}\sqrt{4x^2 - 2x + 1} - \tfrac{1}{8}\ln\left|2x - \tfrac{1}{2} + \sqrt{4x^2 - 2x + 1}\right| + a$$

$$= -\tfrac{1}{4y}\sqrt{y^2 - 2y + 4} - \tfrac{1}{8}\ln\left|\frac{4 - y + 2\sqrt{y^2 - 2y + 4}}{2y}\right| + a \;.$$

In den letzten beiden Schritten wurden lediglich die Rücksubstitutionen $u \to x$ und $x \to y$ vorgenommen.

In Tabelle 6.2 haben wir einige weitere Substitutionsmöglichkeiten für Standardintegrale aufgelistet. Es gibt oft mehrere mögliche Substitutionen, die zum „Erfolg" führen. Beispielsweise könnte man im Integral $\int dy \; \sqrt{y^2 - 1}$ auch $y = \sec(x) = \frac{1}{\cos(x)}$ substituieren, aber dieser Lösungsweg ist steiniger: Man benötigt in diesem Fall eine partielle Integration (s. Abschnitt [6.1.7]) und außerdem das Integral (6.29).

Tab. 6.2 Weitere Substitutionsbeispiele

Integral:	Substitution:	verwendete Rechenregel:	Resultat:
$\int dy \; \sqrt{y^2 - 1}$	$y = \cosh(x)$	$\cosh^2(x) - 1 = \sinh^2(x)$	$\int dx \; \sinh^2(x)$
$\int dy \; \sqrt{1 - y^2}$	$y = \cos(x)$	$1 - \cos^2(x) = \sin^2(x)$	$-\int dx \; \sin^2(x)$
$\int dy \; \sqrt{y^2 + 1}$	$y = \sinh(x)$	$\sinh^2(x) + 1 = \cosh^2(x)$	$\int dx \; \cosh^2(x)$
$\int dy \; \frac{1}{\sqrt{1-y^2}}$	$y = \sin(x)$	$1 - \sin^2(x) = \cos^2(x)$	$\int dx \; 1 = x + a$
$\int dy \; \frac{1}{\sqrt{y^2-1}}$	$y = \cosh(x)$	$\cosh^2(x) - 1 = \sinh^2(x)$	$\int dx \; 1 = x + a$
$\int dy \; \frac{1}{\sqrt{y^2+1}}$	$y = \sinh(x)$	$\sinh^2(x) + 1 = \cosh^2(x)$	$\int dx \; 1 = x + a$

6.1.7 Partielle Integration

Auch die „partielle Integration" ist eine wichtige allgemeine Methode zur Berechnung von Integralen, die nun aber auf der *Produktregel der Differentiation* basiert.

Die Produktregel lautet bekanntlich

$$(fg)' = f'g + fg' \quad , \quad fg' = (fg)' - f'g$$

und hat als Konsequenz bei der Berechnung von *unbestimmten* Integralen:

$$\int dx \; f(x)g'(x) = f(x)g(x) - \int dx \; f'(x)g(x) \, , \tag{6.23}$$

bzw. bei der Berechnung von *bestimmten* Integralen:

$$\int_a^b dx \; f(x)g'(x) = f(x)g(x)\Big|_a^b - \int_a^b dx \; f'(x)g(x) \, . \tag{6.24}$$

Die Anwendung der Rechenregeln (6.23) und (6.24) wird als *partielle Integration* bezeichnet.

Beispiele zur partiellen Integration

Wir berechnen einige *unbestimmte* Integrale mit Hilfe der Rechenregel (6.23). Als erstes Beispiel wählen wir $f(x) = \ln(x)$ und $g(x) = x$ und erhalten

$$\int dx \; \ln(x) = \int dx \; 1 \cdot \ln(x) = \int dx \; (x)' \ln(x)$$

$$= x\ln(x) - \int dx \; \frac{1}{x}x = x\ln(x) - x + a \, ,$$

wobei $- \int dx \; 1 = -x + a$ verwendet wurde.

Im zweiten Beispiel wählen wir $f(x) = \arcsin(x)$ und $g(x) = x$ und wenden im zweiten Rechenschritt (6.23) an:

$$\int dx \; \arcsin(x) = \int dx \; (x)' \arcsin(x) = x\arcsin(x) - \int dx \; \frac{x}{\sqrt{1-x^2}}$$

$$= x\arcsin(x) + \sqrt{1-x^2} + a \, .$$

Das verbleibende Integral auf der rechten Seite der ersten Zeile ist uns bereits (als „drittes Beispiel") aus der Diskussion der Substitutionsregel bekannt.

Für das dritte Beispiel wählen wir $f(x) = \sqrt{1-x^2}$ und $g(x) = x$ und integrieren in der zweiten Zeile partiell:

$$\int dx \; \sqrt{1-x^2} = \int dx \; 1 \cdot \sqrt{1-x^2} = \int dx \; (x)' \sqrt{1-x^2}$$

$$= x\sqrt{1-x^2} - \int dx \; \frac{(-x^2)}{\sqrt{1-x^2}}$$

$$= x\sqrt{1-x^2} - \int dx \; \sqrt{1-x^2} + \int dx \; \frac{1}{\sqrt{1-x^2}} \, . \tag{6.25}$$

Im Zähler des Integrals in der zweiten Zeile schreiben wir $-x^2 = (1-x^2) - 1$; in der letzten Zeile werden die beiden Terme $1-x^2$ und -1 im Zähler getrennt, sodass man *zwei* Integrale erhält. Das erste dieser beiden Integrale hat genau die gleiche Form wie die linke Seite von (6.25) und kann mit dieser kombiniert werden; das zweite Integral ist uns bereits bekannt (die gesuchte Stammfunktion ist der „arcsin"). Insgesamt erhält man also für das Integral auf der linken Seite von (6.25):

$$\int dx \, \sqrt{1 - x^2} = \tfrac{1}{2} x \sqrt{1 - x^2} + \tfrac{1}{2} \arcsin(x) + a \ .$$

Damit ist das Problem mit Hilfe einer partiellen Integration gelöst.

Im vierten Beispiel betrachten wir das Integral

$$\mathcal{I}_n \equiv \int dx \, \frac{x^n}{n!} e^{-x}$$

und zeigen, dass dieses *rekursiv* mit Hilfe partieller Integrationen berechnet werden kann. Hierzu definieren wir $f_m(x) \equiv x^m/m!$ und $g(x) \equiv -e^{-x}$ und schreiben das Integral $\mathcal{I}_n$ in der Form der linken Seite von (6.23), damit – im dritten Schritt – partiell integriert werden kann:

$$\mathcal{I}_n = \int dx \, \frac{x^n}{n!} \frac{d}{dx}(-e^{-x}) = \int dx \, f_n(x) g'(x) = -\frac{x^n}{n!} e^{-x} + \int dx \, \frac{x^{n-1}}{(n-1)!} e^{-x}$$

$$= \mathcal{I}_{n-1} - \frac{x^n}{n!} e^{-x} = \cdots = \mathcal{I}_0 - \sum_{m=1}^{n} \frac{x^m}{m!} e^{-x} = -\left(1 + \sum_{m=1}^{n} \frac{x^m}{m!}\right) e^{-x} + a \ .$$

Das durch die partielle Integration erzeugte neue Integral hat die Form $\mathcal{I}_{n-1}$, und bei der Absenkung des Index ($n \to n-1$) wird außerdem ein Term $-\frac{x^n}{n!} e^{-x}$ erzeugt. Durch weitere partielle Integrationen kann man den Index des Integrals $\mathcal{I}_m$ immer weiter absenken, wobei weitere Terme der Form $-\frac{x^m}{m!} e^{-x}$ erzeugt werden. Das Integral $\mathcal{I}_0$ folgt schließlich als $\mathcal{I}_0 = \int dx \, e^{-x} = -e^{-x} + a$. Diese Berechnung des *unbestimmten* Integrals $\mathcal{I}_n$ hat als interessante Konsequenz, dass nun auch die entsprechenden *bestimmten* Integrale berechnet werden können. Insbesondere gilt für die Integration über die positive reelle Achse:

$$\int_0^{\infty} dx \, \frac{x^n}{n!} e^{-x} = -\lim_{b \to \infty} \left(1 + \sum_{m=1}^{n} \frac{x^m}{m!}\right) e^{-x} \Big|_0^b = 0 - (-1) = 1 \ ,$$

und hieraus folgt sofort die sehr wichtige Identität

$$\boxed{\int_0^{\infty} dx \, x^n e^{-x} = n! \ ,} \tag{6.26}$$

auf die wir im Folgenden noch häufig zurückkommen werden.

6.1.8 Integrale trigonometrischer Funktionen

Unterschiedliche Funktionsklassen erfordern oft unterschiedliche Lösungsstrategien. In diesem Abschnitt betrachten wir speziell die *trigonometrischen Funktionen* und zeigen anhand einiger Beispiele, wie bestimmte Integrale trigonometrischer Funktionen berechnet werden können.

Lösung mit Hilfe der Euler-Formel

Im ersten Beispiel zur Integration trigonometrischer Funktionen betrachten wir Integrale vom Typ $\int dx\, e^{\alpha x} \cos(x)$ bzw. $\int dx\, e^{\alpha x} \sin(x)$ mit $\alpha \in \mathbb{R}$. Für solche Integrale bietet sich die komplexe Darstellung der Kosinus- und Sinusfunktion mit Hilfe der Euler-Formel an, da der exponentielle Faktor $e^{\alpha x}$ bequem mit der Exponentialfunktion e^{ix} kombiniert werden kann. Konkret folgt aus $\cos(x) = \operatorname{Re} e^{ix}$:

$$\int dx\, e^{\alpha x} \cos(x) = \int dx\, \operatorname{Re} e^{(\alpha+i)x} = \operatorname{Re} \int dx\, e^{(\alpha+i)x} = \operatorname{Re}\left[\frac{e^{(\alpha+i)x}}{\alpha+i}\right] + a$$

$$= \frac{e^{\alpha x}}{\alpha^2 + 1} \operatorname{Re}\left\{(\alpha - i)\left[\cos(x) + i\sin(x)\right]\right\} + a$$

$$= \frac{e^{\alpha x}}{\alpha^2 + 1} \left[\alpha \cos(x) + \sin(x)\right] + a \qquad (a \in \mathbb{R}) \tag{6.27}$$

und analog aus $\sin(x) = \operatorname{Im} e^{ix}$:

$$\int dx\, e^{\alpha x} \sin(x) = \int dx\, \operatorname{Im} e^{(\alpha+i)x} = \operatorname{Im}\left[\frac{e^{(\alpha+i)x}}{\alpha+i}\right] + a$$

$$= \frac{e^{\alpha x}}{\alpha^2 + 1} \left[\alpha \sin(x) - \cos(x)\right] + a \qquad (a \in \mathbb{R}) . \tag{6.28}$$

Verwendet wurde u.a. die Identität $(\alpha + i)^{-1} = (\alpha - i)/(\alpha^2 + 1)$.

Wir betrachten ein weiteres Beispiel dafür, dass die komplexe Darstellung der trigonometrischen Funktionen mit Hilfe der Euler-Formel gelegentlich sehr nützlich ist, und zwar das Integral $\int dx\, \frac{1}{\cos(x)}$. Wenn man die Euler-Formel einsetzt, stellt man fest, dass der Integrand als Ableitung eines „arctan" geschrieben werden kann:

$$\int dx\, \frac{1}{\cos(x)} = \int dx\, \frac{2}{e^{ix} + e^{-ix}} = \int dx\, \frac{2e^{ix}}{e^{2ix} + 1} = \int dx\, \frac{2e^{ix}}{(e^{ix})^2 + 1}$$

$$= \frac{2}{i} \int dx\, \frac{d}{dx} \arctan(e^{ix}) = \frac{2}{i} \arctan(e^{ix}) + a ,$$

allerdings hat die resultierende „arctan"-Funktion ein *komplexes* Argument e^{ix}. Die Bedeutung von „arctan"-Werten für komplexe Argumente haben wir bereits in Kapitel 4 (im Abschnitt [4.3.3]) kennengelernt. Insbesondere haben wir dort die Darstellung

$$\arctan(y) = \frac{1}{2i} \ln\left(\frac{1+yi}{1-yi}\right)$$

hergeleitet, wobei der Logarithmus als Funktion eines komplexen Arguments z durch $\ln(z) = \ln(|z|) + i \arg(z)$ (mit $-\pi < \arg(z) \leq \pi$) definiert wurde. Diese Definitionen können wir nun anwenden:

$$\int dx\, \frac{1}{\cos(x)} = \frac{2}{i}\left[\frac{1}{2i} \ln\left(\frac{1+e^{ix}i}{1-e^{ix}i}\right)\right] + a$$

$$= \ln\left[\frac{e^{-\frac{1}{2}i(x+\frac{\pi}{2})} - e^{\frac{1}{2}i(x+\frac{\pi}{2})}}{e^{-\frac{1}{2}i(x+\frac{\pi}{2})} + e^{\frac{1}{2}i(x+\frac{\pi}{2})}}\right] + a .$$

Das Argument des Logarithmus in der letzten Zeile hat als Zähler und Nenner die Funktionen $-2i\sin\left(\frac{1}{2}x + \frac{\pi}{4}\right)$ bzw. $2\cos\left(\frac{1}{2}x + \frac{\pi}{4}\right)$. Folglich gilt in der letzten Zeile $\arg[\cdots] = \pm\frac{\pi}{2}$ und somit

$$\ln\left[\frac{-i\sin\left(\frac{1}{2}x + \frac{\pi}{4}\right)}{\cos\left(\frac{1}{2}x + \frac{\pi}{4}\right)}\right] = \ln\left|\tan\left(\frac{1}{2}x + \frac{\pi}{4}\right)\right| \pm \frac{\pi}{2}i \;.$$

Definieren wir nun $a \pm \frac{\pi}{2}i \equiv \bar{a}$, so folgt das weitere wichtige Integral:

$$\int dx\,\frac{1}{\cos(x)} = \ln\left|\tan\left(\frac{1}{2}x + \frac{\pi}{4}\right)\right| + \bar{a} \qquad (\bar{a} \in \mathbb{R})\;. \tag{6.29}$$

Das Endergebnis muss natürlich eine reellwertige Funktion des reellen Arguments x sein. Diese Bedingung ist erfüllt, wenn man $\bar{a} \in \mathbb{R}$ fordert. Bei Bedarf kann man überprüfen, dass Ableiten der rechten Seite von (6.29) als Resultat in der Tat $[\cos(x)]^{-1}$ ergibt.

Analog kann man mit Hilfe der Euler-Formel das Integral $\int dx\,\frac{1}{\sin(x)}$ berechnen. Das Ergebnis lautet in diesem Fall:

$$\int dx\,\frac{1}{\sin(x)} = \cdots = \ln\left|\tan\left(\frac{1}{2}x\right)\right| + \bar{a} \qquad (\bar{a} \in \mathbb{R})\;.$$

Dieses letzte Integral ist uns bereits aus den Gleichungen (6.5) und (6.19) bekannt.

Lösung mit Hilfe der Additionsformeln

Gelegentlich kann man Integrale trigonometrischer Funktionen durch Verwenden der *Additionsformeln* für diese Funktionen lösen. Beispielsweise folgt aus der Identität $\sin(x) + \cos(x) = \sqrt{2}\sin\left(x + \frac{\pi}{4}\right)$ mit Hilfe von (6.5):

$$\int dx\,\frac{1}{\sin(x) + \cos(x)} = \frac{1}{\sqrt{2}}\int dx\,\frac{1}{\sin\left(x + \frac{\pi}{4}\right)} = \frac{1}{\sqrt{2}}\ln\left|\tan\left(\frac{1}{2}x + \frac{\pi}{8}\right)\right| + a\;.$$

Mit Hilfe der Verdopplungsformel $\cos(x) = 2\cos^2\left(\frac{1}{2}x\right) - 1$ leitet man her:

$$\int dx\,\frac{1}{1 + \cos(x)} = \int dx\,\frac{1}{2\cos^2\left(\frac{1}{2}x\right)} = \tan\left(\frac{1}{2}x\right) + a\;.$$

Das allgemeinere Integral mit dem Nenner $a + \cos(x)$ kann ebenfalls mit der Verdopplungsformel gelöst werden, ist aber insgesamt etwas komplizierter:

$$\int dx\,\frac{1}{a + \cos(x)} = \int dx\,\frac{1}{(a - 1) + 2\cos^2\left(\frac{1}{2}x\right)}\;. \tag{6.30}$$

Hierbei sollte $a > 1$ gelten, damit keine Nullstellen im Nenner und somit Divergenzen im Integranden auftreten. Auch solche Integrale vom Typ $\int dx\,\frac{1}{a + \cos(x)}$ kommen in der Praxis übrigens erstaunlich oft vor. Auf der rechten Seite von (6.30) verwenden wir nun eine geschickte, allerdings nicht ganz offensichtliche Substitution, nämlich $\cos\left(\frac{1}{2}x\right) = (1 + y^2)^{-1/2}$, was gleichbedeutend ist mit $y = \tan\left(\frac{1}{2}x\right)$ oder

$x = 2\arctan(y)$. Es folgt:

$$\int dx\,\frac{1}{a+\cos(x)} = \int dy\,\frac{2}{1+y^2}\,\frac{1+y^2}{(a-1)(1+y^2)+2}$$
$$= 2\int dy\,\frac{1}{(a+1)+(a-1)y^2} = \frac{2}{\sqrt{a^2-1}}\int dz\,\frac{1}{1+z^2}\,,$$

wobei im letzten Schritt $z \equiv y\sqrt{a-1}/\sqrt{a+1}$ definiert wurde. Da die Stammfunktion von $\frac{1}{1+z^2}$ die „arctan"-Funktion ist, folgt mit Hilfe von Rücksubstitutionen $z \to y$ bzw. $y \to x$:

$$\int dx\,\frac{1}{a+\cos(x)} = \frac{2}{\sqrt{a^2-1}}\arctan\left(y\sqrt{\frac{a-1}{a+1}}\right) + \bar{a}$$
$$= \frac{2}{\sqrt{a^2-1}}\arctan\left[\sqrt{\frac{a-1}{a+1}}\tan\left(\tfrac{1}{2}x\right)\right] + \bar{a}\,.$$

Hiermit ist auch die Stammfunktion von $\frac{1}{a+\cos(x)}$ explizit bekannt. Im Nachhinein, wenn man das Endergebnis kennt, ist die Substitution $y = \tan(\tfrac{1}{2}x)$ auf der rechten Seite von (6.30) natürlich durchaus naheliegend.

Lösung durch Anwendung einer Rekursionsmethode

Wir haben vorhin [s. die Gleichungen (6.27) und (6.28)] mit Hilfe der Euler-Formel Integrale vom Typ

$$\mathcal{I}_{\mathrm{c}} \equiv \int dx\,e^{\alpha x}\cos(x) \quad \text{bzw.} \quad \mathcal{I}_{\mathrm{s}} \equiv \int dx\,e^{\alpha x}\sin(x)$$

gelöst. Oft kann man Integrale in ganz unterschiedlicher Weise berechnen, wie auch in diesem Fall. Mit Hilfe einer *partiellen Integration* kann man das Integral $\mathcal{I}_{\mathrm{c}}$ auf $\mathcal{I}_{\mathrm{s}}$ und umgekehrt das Integral $\mathcal{I}_{\mathrm{s}}$ auf $\mathcal{I}_{\mathrm{c}}$ zurückführen:

$$\int dx\,e^{\alpha x}\cos(x) = \frac{1}{\alpha}\left[e^{\alpha x}\cos(x) + \int dx\,e^{\alpha x}\sin(x)\right] = \tfrac{1}{\alpha}\left[e^{\alpha x}\cos(x) + \mathcal{I}_{\mathrm{s}}\right]$$
$$\int dx\,e^{\alpha x}\sin(x) = \frac{1}{\alpha}\left[e^{\alpha x}\sin(x) - \int dx\,e^{\alpha x}\cos(x)\right] = \tfrac{1}{\alpha}\left[e^{\alpha x}\sin(x) - \mathcal{I}_{\mathrm{c}}\right]\,.$$

Man erhält also ein lineares Gleichungssystem für $\mathcal{I}_{\mathrm{c}}$ und $\mathcal{I}_{\mathrm{s}}$. In Matrixschreibweise gilt also:

$$\begin{pmatrix} 1 & -\frac{1}{\alpha} \\ \frac{1}{\alpha} & 1 \end{pmatrix}\begin{pmatrix} \mathcal{I}_{\mathrm{c}} \\ \mathcal{I}_{\mathrm{s}} \end{pmatrix} = \tfrac{1}{\alpha}e^{\alpha x}\begin{pmatrix} \cos(x) \\ \sin(x) \end{pmatrix} + \begin{pmatrix} a_1 \\ a_2 \end{pmatrix}\,,$$

wobei auf der rechten Seite noch zwei Integrationskonstanten $a_{1,2}$ hinzugefügt wurden. Die Lösung dieses „Vektorproblems" kann mit den Methoden von Kapitel [3] bestimmt werden:

$$
\begin{pmatrix} \mathcal{I}_\mathrm{c} \\ \mathcal{I}_\mathrm{s} \end{pmatrix} = \begin{pmatrix} 1 & -\frac{1}{\alpha} \\ \frac{1}{\alpha} & 1 \end{pmatrix}^{-1} \left[\frac{1}{\alpha} e^{\alpha x} \begin{pmatrix} \cos(x) \\ \sin(x) \end{pmatrix} + \begin{pmatrix} a_1 \\ a_2 \end{pmatrix} \right]
$$

$$
= \frac{e^{\alpha x}}{\alpha^2 + 1} \begin{pmatrix} \alpha & 1 \\ -1 & \alpha \end{pmatrix} \begin{pmatrix} \cos(x) \\ \sin(x) \end{pmatrix} + \begin{pmatrix} \bar{a}_1 \\ \bar{a}_2 \end{pmatrix}
$$

$$
= \frac{e^{\alpha x}}{\alpha^2 + 1} \begin{pmatrix} \alpha \cos(x) + \sin(x) \\ \alpha \sin(x) - \cos(x) \end{pmatrix} + \begin{pmatrix} \bar{a}_1 \\ \bar{a}_2 \end{pmatrix} \ ,
$$

wobei nun $\bar{a}_{1,2}$ die beiden Integrationskonstanten darstellen.

6.1.9 Weitere Rekursionsmethoden

Rekursionsmethoden sind gelegentlich bei der Berechnung von Integralen sehr nützlich. Wir haben vorhin bereits Integrale vom Typ $\mathcal{I}_n \equiv \frac{1}{n!} \int dx \ x^n e^{-x}$ und auch vom Typ $\mathcal{I}_\mathrm{c} \equiv \int dx \ e^{\alpha x} \cos(x)$ bzw. $\mathcal{I}_\mathrm{s} \equiv \int dx \ e^{\alpha x} \sin(x)$ mit Hilfe einer partiellen Integration *rekursiv* berechnet. Wir betrachten nun ein paar weitere Beispiele.

Integrale vom Typ $\mathcal{I}_n \equiv \int dx \ \frac{1}{(1+x^2)^n}$ mit $n \geq 2$ können beispielsweise mit Hilfe einer partiellen Integration auf Integrale $\mathcal{I}_{n-1}$ vom gleichen Typ, aber mit niedrigerem Index, zurückgeführt werden. Wir zeigen zuerst ein Beispiel: Wir wissen bereits, dass $\mathcal{I}_1 = \int dx \ \frac{1}{1+x^2} = \arctan(x) + a$ gilt. Das nächste Integral $\mathcal{I}_2$ kann nun wie folgt auf $\mathcal{I}_1$ zurückgeführt werden:

$$
\mathcal{I}_2 = \int dx \ \frac{1}{(1+x^2)^2} = \int dx \ \frac{(1+x^2) - x^2}{(1+x^2)^2} = \mathcal{I}_1 + \tfrac{1}{2} \int dx \ x \frac{d}{dx} \frac{1}{1+x^2}
$$

$$
= \mathcal{I}_1 + \tfrac{1}{2} \left[\frac{x}{1+x^2} - \mathcal{I}_1 \right] = \tfrac{1}{2} \mathcal{I}_1 + \frac{x}{2(1+x^2)} \ .
$$

Im ersten Schritt der zweiten Zeile wurde eine partielle Integration durchgeführt, und im letzten Schritt wurden die beiden Terme, die $\mathcal{I}_1$ enthalten, zusammengefasst. Da $\mathcal{I}_1$ bekannt ist, ist also auch $\mathcal{I}_2$ bekannt:

$$
\mathcal{I}_2 = \tfrac{1}{2} \arctan(x) + \frac{x}{2(1+x^2)} + a \ .
$$

Das Interessante ist nun, dass dieses Argument verallgemeinert werden kann mit dem Ergebnis, dass man beliebige Integrale der Form $\mathcal{I}_n$ mit $n \geq 2$ zunächst auf das Integral $\mathcal{I}_{n-1}$ mit nächstniedrigerem Index zurückführen kann:

$$
\mathcal{I}_n = \int dx \ \frac{(1+x^2) - x^2}{(1+x^2)^n} = \mathcal{I}_{n-1} + \frac{1}{2(n-1)} \int dx \ x \frac{d}{dx} \frac{1}{(1+x^2)^{n-1}}
$$

$$
= \mathcal{I}_{n-1} + \frac{1}{2(n-1)} \left[\frac{x}{(1+x^2)^{n-1}} - \mathcal{I}_{n-1} \right]
$$

$$
= \frac{2n-3}{2n-2} \mathcal{I}_{n-1} + \frac{x}{2(n-1)(1+x^2)^{n-1}}
$$

und somit durch wiederholte Anwendung dieser Rekursionsrelation letztlich auf das bereits bekannte Integral $\mathcal{I}_1 = \arctan(x) + a$.

Analog können Integrale vom Typ $\mathcal{I}_{mn} = \int dx\ \cos^m(x)\sin^n(x)$ durch partielle Integration mit dem Integral $\mathcal{I}_{m,n-2}$ mit niedrigerem zweiten Index verknüpft werden:

$$\begin{aligned}
\mathcal{I}_{mn} &= -\int dx\ \sin^{n-1}(x)\frac{d}{dx}\frac{\cos^{m+1}(x)}{m+1} \\[2mm]
&= -\sin^{n-1}(x)\frac{\cos^{m+1}(x)}{m+1} + \frac{n-1}{m+1}\int dx\ \sin^{n-2}(x)\cos^{m+2}(x) \\[2mm]
&= -\sin^{n-1}(x)\frac{\cos^{m+1}(x)}{m+1} + \frac{n-1}{m+1}\left(\mathcal{I}_{m,n-2} - \mathcal{I}_{mn}\right)\ .
\end{aligned}$$

Im letzten Schritt wurden lediglich die Beziehung $\cos^2(x) = 1 - \sin^2(x)$ und die Definition der Integrale $\mathcal{I}_{mn}$ verwendet. Die hieraus resultierende *lineare* Gleichung für $\mathcal{I}_{mn}$ lässt sich leicht nach $\mathcal{I}_{mn}$ auflösen. Als Ergebnis erhält man die folgende Rekursionsbeziehung:

$$\mathcal{I}_{mn} = -\frac{\sin^{n-1}(x)\cos^{m+1}(x)}{m+n} + \frac{n-1}{m+n}\mathcal{I}_{m,n-2}\ .$$

Wir schließen hieraus, dass man beliebige Integrale vom Typ $\mathcal{I}_{mn}$ für gerade n auf $\mathcal{I}_{m0} = \int dx\ \cos^m(x)$ und für ungerade n auf $\mathcal{I}_{m1} = \int dx\ \cos^m(x)\sin(x)$ zurückführen kann. Hierbei kann $\mathcal{I}_{m1}$ mit einer Substitution $y = \cos(x)$ bestimmt werden:

$$\mathcal{I}_{m1} = \int dx\ \cos^m(x)\sin(x) = -\int dy\ y^m = -\frac{y^{m+1}}{m+1} + a = -\frac{[\cos(x)]^{m+1}}{m+1} + a\ ,$$

sodass nur die Berechnung von $\mathcal{I}_{m0} = \int dx\ \cos^m(x)$ noch offen ist. Auch dieses Integral kann durch partielle Integration berechnet werden:

$$\begin{aligned}
\mathcal{I}_{m0} &= \int dx\ \cos^{m-1}(x)\frac{d}{dx}\sin(x) \\[2mm]
&= \cos^{m-1}(x)\sin(x) + (m-1)\int dx\ \cos^{m-2}(x)\sin^2(x) \\[2mm]
&= \cos^{m-1}(x)\sin(x) + (m-1)(\mathcal{I}_{m-2,0} - \mathcal{I}_{m0})\ ,
\end{aligned}$$

wobei $\sin^2(x) = 1 - \cos^2(x)$ verwendet wurde. Durch Auflösen nach $\mathcal{I}_{m0}$ ergibt sich:

$$\mathcal{I}_{m0} = \frac{1}{m}\left[\cos^{m-1}(x)\sin(x) + (m-1)\mathcal{I}_{m-2,0}\right]\ .$$

Folglich kann man beliebige Integrale vom Typ $\mathcal{I}_{m0}$ für gerade m auf $\mathcal{I}_{00} = \int dx\ 1 = x + a$ und für ungerade m auf $\mathcal{I}_{10} = \int dx\ \cos(x) = \sin(x) + a$ zurückführen. Hiermit ist gezeigt, dass alle Integrale vom Typ $\mathcal{I}_{mn}$ rekursiv lösbar sind.

6.1.10   Integrale rationaler Funktionen

Integrale rationaler Funktionen haben die allgemeine Form

$$\int dx\ \frac{P(x)}{Q(x)}\ ,\quad P(x) = \sum_{i=0}^{g_1} a_i x^i\ ,\quad Q(x) = \sum_{i=0}^{g_2} b_i x^i\quad (a_{g_1} = b_{g_2} = 1)\ ,$$

wobei die Funktionen $P(x)$ und $Q(x)$ zwei Polynome von Grad g_1 bzw. g_2 mit *reellen* Koeffizienten $\{a_i\}$ bzw. $\{b_i\}$ sind. Nur Integrale, deren Zähler P einen *niedrigeren* Grad als deren Nenner Q haben, sind hierbei interessant, denn sonst könnte man das Integral vereinfachen:

$$\int dx\, \frac{P(x)}{Q(x)} = \int dx\, \left(x^{g_1-g_2} + \frac{\bar{P}(x)}{Q(x)} \right) = \frac{x^{g_1-g_2+1}}{(g_1-g_2+1)} + \int dx\, \frac{\bar{P}(x)}{Q(x)} \,,$$

wobei das Polynom $\bar{P} \equiv P - x^{g_1-g_2}Q$ einen niedrigeren Grad als P hat. Durch wiederholte Anwendung dieser Vereinfachung (im Grunde ist dies die bekannte *Polynomdivision*) kann man dafür sorgen, dass der Zähler einen niedrigeren Grad als P erhält. Wir setzen daher $g_1 < g_2$ voraus.

Des Weiteren ist relevant, dass jedes Polynom von Grad g mit reellen Koeffizienten $\{a_i\}$ und $a_g \neq 0$ (also insbesondere auch Q) genau g komplexe Nullstellen hat, von denen $2M$ nicht-reell und $N = g-2M$ reell sind. Dabei treten die nicht-reellen Nullstellen stets in (komplex zueinander konjugierten) Paaren auf, sodass M die Zahl dieser Paare darstellt. Die Existenz dieser genau g komplexen Nullstellen ist die wesentliche Aussage des sogenannten *Fundamentalsatzes der Algebra*. Der Fundamentalsatz hat zur Konsequenz, dass das Polynom $Q(x)$ wie folgt geschrieben werden kann:

$$Q(x) = \left[\prod_{i=1}^{n} (x-p_i)^{k_i} \right] \left[\prod_{j=1}^{m} (x^2 + q_j x + r_j)^{l_j} \right] \,, \tag{6.31}$$

wobei p_i für die *reellen* Nullstellen steht und die beiden komplex zueinander konjugierten Wurzeln von $x^2 + q_j x + r_j$ die *nicht-reellen* Nullstellen darstellen. Die Diskriminanten $q_j^2 - 4r_j$ der verschiedenen Faktoren $x^2 + q_j x + r_j$ sollen also alle negativ sein.[3] Da Q insgesamt von Grad g_2 ist, muss gelten:

$$g_2 = N_2 + 2M_2 \quad , \quad N_2 = \sum_{i=1}^{n} k_i \quad , \quad M_2 = \sum_{j=1}^{m} l_j \,.$$

Als Beispiel betrachten wir das Polynom vierzehnten Grades

$$Q(x) = (x-1)^3 (x-2)^2 (x-3)(x^2+x+1)^2 (x^2-x+1)^2$$

mit den Parametern

$$(p_1, k_1) = (1,3) \quad , \quad (p_2, k_2) = (2,2) \quad , \quad (p_3, k_3) = (3,1)$$
$$(q_1, r_1, l_1) = (1,1,2) \quad \text{und} \quad (q_2, r_2, l_2) = (-1,1,2) \,.$$

Wegen $1 \leq i \leq 3$ ist $n = 3$ und wegen $1 \leq j \leq 2$ ist $m = 2$. Als Summe der $\{k_i\}$ erhalten wir $N_2 = 3 + 2 + 1 = 6$ und als Summe der $\{l_j\}$ folgt $M_2 = 2 + 2 = 4$. Insgesamt ist der Grad des Polynoms Q daher $g_2 = N_2 + 2M_2 = 6 + 2 \cdot 4 = 14$.

Der nächste Schritt bei der Berechnung von $\int dx\, P(x)/Q(x)$ ist, dass man das Polynom $Q(x)$ in der Form (6.31) einsetzt und eine *Partialbruchzerlegung* von P/Q

---

[3]Die „Diskriminante" wurde in Gleichung (1.36) definiert.

durchführt, d.h., dass man den Integranden als Summe von Potenzen von $(x-p_i)^{-1}$ und $(x^2 + q_j x + r_j)^{-1}$ schreibt:

$$\frac{P(x)}{Q(x)} = \frac{P(x)}{\left[\prod_{i=1}^{n}(x - p_i)^{k_i}\right]\left[\prod_{j=1}^{m}(x^2 + q_j x + r_j)^{l_j}\right]}$$

$$= \sum_{i=1}^{n}\sum_{s=1}^{k_i}\frac{\alpha_{is}}{(x - p_i)^s} + \sum_{j=1}^{m}\sum_{t=1}^{l_j}\frac{\beta_{jt}x + \gamma_{jt}}{(x^2 + q_j x + r_j)^t} . \tag{6.32}$$

Insgesamt werden in der Summe von Potenzen von $(x - p_i)^{-1}$ genau N_2 reelle Konstanten α_{is} und in der Summe von Potenzen von $(x^2 + q_j x + r_j)^{-1}$ genau $2M_2$ reelle Konstanten β_{jt} und γ_{jt} eingeführt. Die Gesamtzahl der Konstanten α_{is}, β_{jt} und γ_{jt} ist daher $N_2 + 2M_2 = g_2$, also gleich dem Grad des Polynoms Q. Bringt man alle Brüche auf der rechten Seite auf einen gemeinsamen Nenner, so entsteht im *Zähler* ein Polynom $\mathcal{P}(x; \{\alpha_{is}, \beta_{jt}, \gamma_{jt}\})$ vom Grad $g_2 - 1$, dessen insgesamt g_2 Koeffizienten linear von den Zahlen α_{is}, β_{jt} und γ_{jt} abhängen. Die Forderung:

$$\mathcal{P}(x; \{\alpha_{is}, \beta_{jt}, \gamma_{jt}\}) \stackrel{!}{=} P(x) \tag{6.33}$$

stellt somit ein System von g_2 linearen Gleichungen für g_2 Unbekannte dar, aus dem die Konstanten α_{is}, β_{jt} und γ_{jt} berechnet werden können. Beispielsweise würde man den Quotienten der Polynome

$$P(x) = (x + 1)^2(x^2 - x + 1) \quad \text{und} \quad Q(x) = (x - 1)^2(x - 2)(x^2 + x + 1)$$

als

$$\frac{P(x)}{Q(x)} = \frac{\alpha_{11}}{x - 1} + \frac{\alpha_{12}}{(x - 1)^2} + \frac{\alpha_{21}}{x - 2} + \frac{\beta_{11}x + \gamma_{11}}{x^2 + x + 1}$$

schreiben. Durch Multiplikation mit $Q(x)$ auf der linken und rechten Seite ergibt sich dann eine Gleichung der Form (6.33):

$$[\alpha_{11}(x - 1)(x - 2) + \alpha_{12}(x - 2) + \alpha_{21}(x - 1)^2](x^2 + x + 1) +$$
$$+ (\beta_{11}x + \gamma_{11})(x - 1)^2(x - 2) \stackrel{!}{=} P(x) = (x + 1)^2(x^2 - x + 1) .$$

Vergleicht man die Koeffizienten der verschiedenen Potenzen von x auf der linken und rechten Seite, so erhält man für die fünf Unbekannten $(\alpha_{11}, \alpha_{12}, \alpha_{21}, \beta_{11}, \gamma_{11})$ insgesamt fünf lineare Gleichungen, die immer lösbar sind.[4]

Durch die Partialbruchzerlegung (6.32) hat man die Stammfunktion von P/Q auf die Form

$$\int dx\, \frac{P(x)}{Q(x)} = \sum_{i=1}^{n}\sum_{s=1}^{k_i}\int dx\, \frac{\alpha_{is}}{(x - p_i)^s} + \sum_{j=1}^{m}\sum_{t=1}^{l_j}\int dx\, \frac{\beta_{jt}x + \gamma_{jt}}{(x^2 + q_j x + r_j)^t}$$

gebracht, die wesentlich einfacher als der ursprüngliche Startpunkt ist, da alle Integrale auf der rechten Seite explizit berechnet werden können. Wie dies im Prinzip funktioniert, zeigen wir im Folgenden anhand dreier Beispiele.

---

[4]Die Lösung dieser Gleichungen lautet $(\alpha_{11}, \alpha_{12}, \alpha_{21}, \beta_{11}, \gamma_{11}) = (-\frac{8}{3}, -\frac{4}{3}, \frac{27}{7}, -\frac{4}{21}, \frac{2}{21})$. In diesem Spezialfall ist es übrigens geschickter, die fünf Parameter zu bestimmen, indem man die fünf linearen Gleichungen für die fünf x-Werte $x = -2, -1, 0, 1$ und 2 löst.

Beispiele für Integrale rationaler Funktionen

Als erstes Beispiel betrachten wir das Integral $\int dx \; \frac{1}{x^3+1}$. Der Nenner des Integranden kann wie folgt faktorisiert werden $x^3 + 1 = (x + 1)(x^2 - x + 1)$, sodass man aufgrund der allgemeinen Überlegungen eine Partialbruchzerlegung der folgenden Form erwartet:

$$\int dx \; \frac{1}{x^3 + 1} = \int dx \; \left(\frac{\alpha}{x + 1} + \frac{\beta x + \gamma}{x^2 - x + 1} \right)$$

$$= \int dx \; \frac{(\alpha + \beta)x^2 + (\beta + \gamma - \alpha)x + (\alpha + \gamma)}{x^3 + 1} \; .$$

Wenn man nun die beiden Zähler auf der rechten und linken Seite miteinander vergleicht, findet man in der Tat eine konsistente Lösung: $\alpha = \frac{1}{3} = -\beta$ und $\gamma = \frac{2}{3}$. Setzt man diese ein, so folgt:

$$\int dx \; \frac{1}{x^3 + 1} = \frac{1}{3} \int dx \; \frac{1}{x + 1} - \frac{1}{3} \int dx \; \frac{x - 2}{x^2 - x + 1} \; .$$

Das erste Integral auf der rechten Seite ergibt einen Logarithmus, und im zweiten kann man verwenden:

$$x - 2 = \frac{1}{2} \frac{d}{dx}(x^2 - x + 1) - \frac{3}{2} \; ,$$

sodass auch dieses Integral nun mit Standardmethoden gelöst werden kann:

$$\int dx \; \frac{1}{x^3 + 1} = \frac{1}{3} \ln|x + 1| - \frac{1}{6} \ln(x^2 - x + 1) + \frac{1}{2} \int dx \; \frac{1}{(x - \frac{1}{2})^2 + \frac{3}{4}}$$

$$= \frac{1}{3} \ln|x + 1) - \frac{1}{6} \ln(x^2 - x + 1) + \frac{1}{\sqrt{3}} \arctan\left(\frac{2x - 1}{\sqrt{3}} \right) + a \; .$$

Hiermit ist die Stammfunktion von $\frac{1}{x^3+1}$ bekannt.

Als zweites Beispiel für ein Integral einer rationalen Funktion betrachten wir einen Integranden mit drei reellen Nullstellen des Nenners (zwei bei $x = 1$ und eine bei $x = -1$). Die Koeffizienten in den Zählern bei der Partialbruchzerlegung werden bestimmt wie im ersten Beispiel. Die dann noch verbleibenden Integrationen sind uns bereits bekannt:

$$\int dx \; \frac{x}{(1 - x)^2(1 + x)} = \int dx \; \left[\frac{-1/4}{1 - x} + \frac{1/2}{(1 - x)^2} + \frac{-1/4}{1 + x} \right]$$

$$= -\frac{1}{4} \int dx \; \left(\frac{1}{1 + x} + \frac{1}{1 - x} \right) + \frac{1}{2} \int dx \; \frac{1}{(1 - x)^2}$$

$$= -\frac{1}{4} \ln\left| \frac{1 + x}{1 - x} \right| + \frac{1}{2(1 - x)} + a \; .$$

Im letzten Schritt ist wiederum zu beachten, dass das Argument des Logarithmus positiv sein muss.

Als drittes und letztes Beispiel betrachten wir einen Integranden, dessen Nenner $x^4 + 1$ vier komplexe Nullstellen $e^{\pi i/4}$, $e^{-\pi i/4}$, $e^{3\pi i/4}$, $e^{-3\pi i/4}$ hat, die die folgende Faktorisierung des Nenners motivieren:

$$x^4 + 1 = (x^2 + 1)^2 - 2x^2 = (x^2 - \sqrt{2}x + 1)(x^2 + \sqrt{2}x + 1) \; .$$

Diese Faktorisierung führt zur folgenden Partialbruchzerlegung:

$$\int dx \, \frac{1}{(x^4+1)} = \tfrac{1}{2\sqrt{2}} \int dx \, \frac{x+\sqrt{2}}{x^2+\sqrt{2}x+1} - \tfrac{1}{2\sqrt{2}} \int dx \, \frac{x-\sqrt{2}}{x^2-\sqrt{2}x+1}$$

$$= \tfrac{1}{4\sqrt{2}} \ln \left| \frac{x^2+\sqrt{2}x+1}{x^2-\sqrt{2}x+1} \right| + \tfrac{1}{4} \int dx \, \left(\frac{1}{x^2+\sqrt{2}x+1} + \frac{1}{x^2-\sqrt{2}x+1} \right) ,$$

wobei die verbleibenden Integrale auf der rechten Seite auf inverse trigonometrische Funktionen führen. Mit der Substitution $y = \sqrt{2}x \pm 1$ erhält man nämlich:

$$\int dx \, \frac{1}{x^2 \pm \sqrt{2}x+1} = \int dx \, \frac{1}{\left(x \pm \frac{1}{\sqrt{2}} \right)^2 + \frac{1}{2}} = \int dy \, \frac{\sqrt{2}}{y^2+1}$$

$$= \sqrt{2}\arctan(y) + a = \sqrt{2}\arctan(\sqrt{2}x \pm 1) + a \, .$$

Hiermit sind alle für dieses Beispiel relevanten Integrale bekannt.

6.2   Riemann-Summe und numerische Integration

Bei der Behandlung von Riemann-Summen [s. Gleichung (6.7)] wurde bereits darauf hingewiesen, dass diese für genügend feine Zerlegungen mit immer mehr Stützpunkten ($N \to \infty$) das Riemann-Integral beliebig gut approximieren. Diese allgemeine Aussage wurde in Gleichung (6.8) präzisiert. Man kann die Riemann-Summen daher als Grundlage für *numerische Verfahren* zur approximativen Berechnung von Riemann-Integralen nehmen. Numerische Verfahren zur Berechnung von Integralen sind wichtig, da man in der Praxis viele Integrale mit den oben diskutierten Methoden nicht *analytisch* lösen kann. Das Beispiel der *Mittelpunktsformel* zur numerischen Integration wurde bereits genannt. Wir werden im Folgenden ausführlich auf dieses Verfahren und seine Anwendungen, aber auch auf die sogenannte *Trapezformel* und die *Simpson-Regel* eingehen. In der Diskussion spielen die bei diesen Verfahren gemachten *numerischen Fehler* natürlich eine zentrale Rolle.

6.2.1   Die Mittelpunktsformel

In der Mittelpunktsnäherung wählt man die Stützpunkte $\{x_k\}$ äquidistant; die Punkte $\{x_k^*\}$, an denen die Funktion $f(x)$ in der Riemann-Summe (6.7) auszuwerten ist, liegen dabei in der Mitte zwischen zwei aufeinanderfolgenden Stützpunkten:

$$\boxed{\; x_k \equiv a + k\varepsilon \; , \quad \varepsilon \equiv \frac{b-a}{N} \; , \quad x_k^* \equiv \tfrac{1}{2}(x_k + x_{k-1}) = a + (k - \tfrac{1}{2})\varepsilon \equiv x_{k-\frac{1}{2}} \; . \;}$$

Die Idee der Mittelpunktsnäherung ist in den Abbildungen 6.9 und 6.10 skizziert: In Abb. 6.9 ist für das Intervall $[x_{k-1}, x_k]$ das exakte Integral der Funktion $f(x)$ als blaue Fläche dargestellt. In Abb. 6.10 wird gezeigt, dass in der Mittelpunktsnäherung dieser exakte Beitrag zum Integral ersetzt wird durch die Fläche eines schmalen Streifens der Breite $x_k - x_{k-1} = \varepsilon$ und der Höhe $f(x_{k-\frac{1}{2}})$. Aufgrund von (6.7) und (6.8) wissen wir bereits, dass diese Näherung für Riemann-integrierbare

Funktionen im Limes $\varepsilon \to 0$ exakt wird. Für ein endliches $\varepsilon > 0$ wird man jedoch einen numerischen Fehler machen. Diesen Fehler möchten wir nun abschätzen.

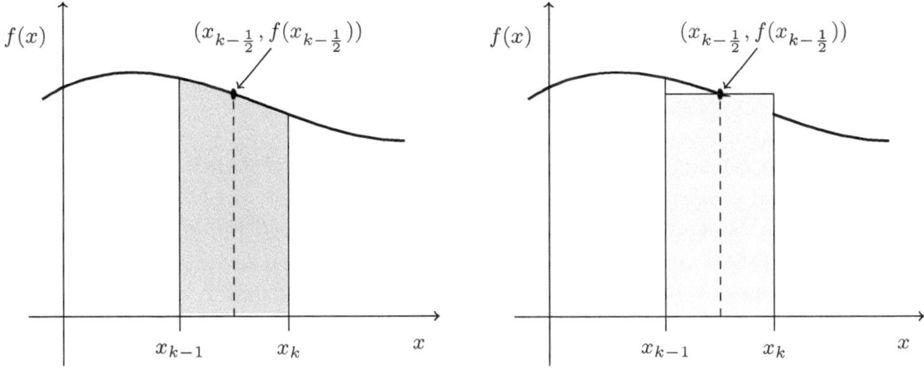

Abb. 6.9 Exaktes Integral in $[x_{k-1}, x_k]$

Abb. 6.10 Mittelpunkts-näherung dieses Integrals

Numerischer Fehler der Mittelpunktsnäherung

Um den bei der Mittelpunktsnäherung gemachten numerischen Fehler zu berechnen, nehmen wir an, dass die Funktion $f(x)$ mindestens zweimal stetig differenzierbar ist. In diesem Fall gilt die *Mittelpunktsformel*:

$$\int_a^b dx\, f(x) - \sum_{k=1}^N \varepsilon f(x_{k-\frac{1}{2}}) \sim \frac{1}{24}\varepsilon^2[f'(b) - f'(a)] \quad \begin{pmatrix} N \to \infty \\ \varepsilon \downarrow 0 \end{pmatrix}, \tag{6.34}$$

die zeigt, dass der Fehler schnell kleiner wird für kleinere Werte des Abstands zwischen den Stützpunkten, nämlich proportional zu ε^2 bzw. N^{-2}. Diese Mittelpunktsformel kann wie folgt hergeleitet werden: Zunächst kombiniert man die beiden Terme auf der linken Seite der letzten Gleichung zu einer Summe über Integralbeiträge der einzelnen Intervalle $[x_{k-1}, x_k]$. In jedem dieser Intervalle nimmt man dann den Mittelpunkt $x_{k-\frac{1}{2}}$ als Referenzpunkt, definiert $x \equiv x_{k-\frac{1}{2}} + y$ und führt dann eine Taylor-Entwicklung des Integranden nach der (kleinen) Variablen y um den Mittelpunkt $x_{k-\frac{1}{2}}$ durch:

$$\int_a^{x_1} dx\, f(x) + \int_{x_1}^{x_2} dx\, f(x) + \cdots + \int_{x_{N-1}}^b dx\, f(x) - \sum_{k=1}^N \varepsilon f(x_{k-\frac{1}{2}})$$

$$= \sum_{k=1}^N \int_{x_{k-1}}^{x_k} dx\, \left[f(x) - f(x_{k-\frac{1}{2}})\right] = \sum_{k=1}^N \int_{-\frac{1}{2}\varepsilon}^{\frac{1}{2}\varepsilon} dy\, \left[f(x_{k-\frac{1}{2}} + y) - f(x_{k-\frac{1}{2}})\right]$$

$$= \sum_{k=1}^N \int_{-\frac{1}{2}\varepsilon}^{\frac{1}{2}\varepsilon} dy\, \left[f'(x_{k-\frac{1}{2}})y + \frac{1}{2}f''(x_{k-\frac{1}{2}})y^2 + \ldots\right]. \tag{6.35}$$

Das erste Integral $\int dy\, y$ auf der rechten Seite ist aufgrund der Antisymmetrie des Integranden null. Das zweite Integral $\int dy\, y^2$ kann leicht exakt bestimmt werden mit dem Ergebnis

$$\int_a^b dx\, f(x) - \sum_{k=1}^{N} \varepsilon f(x_{k-\frac{1}{2}}) \sim \tfrac{1}{24}\varepsilon^2 \sum_{k=1}^{N} \varepsilon f''(x_{k-\frac{1}{2}}) \tag{6.36}$$

$$\sim \tfrac{1}{24}\varepsilon^2 \int_a^b dx\, f''(x) = \tfrac{1}{24}\varepsilon^2 [f'(b) - f'(a)] \quad (\varepsilon \downarrow 0) \,.$$

Im vorletzten Schritt wurde die Riemann-Summe der Funktion $f''(x)$ im Limes $\varepsilon \to 0$ durch das entsprechende Riemann-Integral ersetzt. Im letzten Schritt wurde dieses Integral ausgerechnet: Die Stammfunktion von $f''(x)$ ist ja $f'(x)$. Würde man in der Taylor-Entwicklung (6.35) weitere Korrekturterme (proportional zu y^3, y^4, $\cdots$) berücksichtigen,[5] wäre der $\mathcal{O}(y^3)$-Beitrag exakt gleich null und der $\mathcal{O}(y^4)$-Beitrag von $\mathcal{O}(\varepsilon^4)$. Für die Umwandlung $\sum \varepsilon f'' \to \int dx\, f''$ in (6.36) gilt analog zu (6.34):

$$\tfrac{1}{24}\varepsilon^2 \left[\int_a^b dx\, f''(x) - \sum_{k=1}^{N} \varepsilon f''(x_{k-\frac{1}{2}}) \right] \sim \left(\tfrac{1}{24}\varepsilon^2\right)^2 [f'''(b) - f'''(a)] \quad (\varepsilon \downarrow 0) \,,$$

sodass diese Umwandlung lediglich einen Fehler von Ordnung ε^4 im Gesamtergebnis verursacht. Folglich ist der Fehler in der Abschätzung (6.34) sehr klein (von Ordnung ε^4) und diese Abschätzung daher entsprechend genau.

Anwendung der Mittelpunktsformel: Die Exponentialfunktion

Als Anwendung berechnen wir das Integral einer abfallenden Exponentialfunktion im Intervall $[0, 1]$:

$$\int_0^1 dx\, e^{-x} \tag{6.37}$$

mit Hilfe der Mittelpunktsformel, d.h., wir approximieren das in Abbildung 6.11 dargestellte Integral durch eine *Summe* mit äquidistanten Stützpunkten und werten die zu integrierende Funktion in der Mitte der einzelnen Integrationsintervalle $[x_{k-1}, x_k]$ aus:

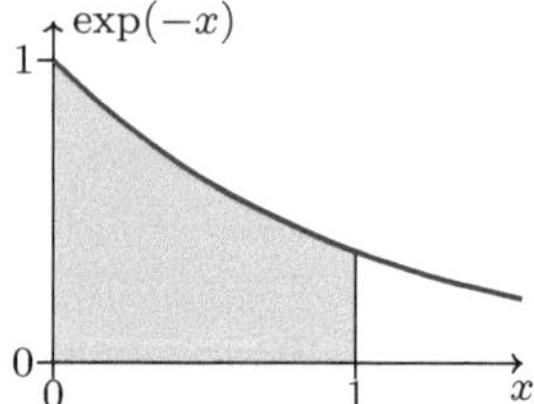

Abb. 6.11 Beispiel zur Mittelpunktsnäherung

$$x_k = k/N \,,\ \varepsilon = 1/N \,,\ x_{k-\frac{1}{2}} = (k - \tfrac{1}{2})/N \quad (N \to \infty) \,.$$

Selbstverständlich kann man das Integral (6.37) auch leicht exakt ausrechnen (mit dem Ergebnis $1 - e^{-1}$). Hier geht es darum, zu überprüfen, ob die Resultate der Mittelpunktsformel einschließlich der Korrekturen von Ordnung ε^2 bzw. N^{-2} mit dem exakten Ergebnis übereinstimmen. Aus Gleichung (6.34) wissen wir, dass das Integral (6.37) durch die entsprechende Riemann-Summe zuzüglich des $\mathcal{O}(\varepsilon^2)$-Fehlers zu ersetzen ist und dass der bei dieser Abschätzung gemachte Fehler insgesamt sehr

---

[5] Unter der Annahme, dass die Funktion f mindestens viermal stetig differenzierbar ist.

klein (von Ordnung ε^4) ist:

$$\int_0^1 dx\, e^{-x} = \sum_{k=1}^{N} \varepsilon\, e^{-x_{k-\frac{1}{2}}} + \tfrac{1}{24}\varepsilon^2\left(-e^{-x}\right)\Big|_0^1 + \mathcal{O}(\varepsilon^4)$$

$$= \frac{1}{N}\sum_{k=1}^{N} e^{-(k-\frac{1}{2})/N} + \tfrac{1}{24N^2}(1 - e^{-1}) + \mathcal{O}(N^{-4})\,.$$

Die hierbei auftretende Riemann-Summe stellt jedoch eine *geometrische Reihe* dar und kann somit exakt berechnet werden. Das Ergebnis ist:

$$\int_0^1 dx\, e^{-x} = (1 - e^{-1})\left(\frac{N^{-1}e^{-1/2N}}{1 - e^{-1/N}} + \tfrac{1}{24N^2}\right) + \mathcal{O}\!\left(\frac{1}{N^4}\right)$$

$$= (1 - e^{-1})\left(\frac{1}{N(e^{1/2N} - e^{-1/2N})} + \tfrac{1}{24N^2}\right) + \mathcal{O}\!\left(\frac{1}{N^4}\right)$$

$$\sim (1 - e^{-1})\left[1 + \mathcal{O}(N^{-4})\right] \qquad (N \to \infty)\,. \tag{6.38}$$

Bei der letzten Berechnung wurde im zweiten Schritt im Zähler und Nenner mit $Ne^{1/2N}$ multipliziert. Dies vereinfacht die weiteren Schritte, da alle *ungeraden* Potenzen von N^{-1} in

$$N\left(e^{1/2N} - e^{-1/2N}\right) = 2N\left[\tfrac{1}{2N} + \tfrac{1}{6}\left(\tfrac{1}{2N}\right)^3 + \mathcal{O}\!\left(\tfrac{1}{N^5}\right)\right] = 1 + \tfrac{1}{24N^2} + \mathcal{O}\!\left(\tfrac{1}{N^4}\right)$$

wegfallen und nur die *geraden* Terme übrig bleiben. Die „Vorhersage" der Mittelpunktsformel für den Wert des Integrals (6.37) ist daher in der Tat innerhalb des bekannten Fehlers dieser Näherung von Ordnung ε^4 bzw. N^{-4} mit dem exakten Ergebnis im Einklang.

6.2.2 Die Trapezformel

Auch bei der Trapezformel für das Integral einer Funktion $f(x)$ über das Integrationsintervall $[a, b]$ werden die Stützpunkte $\{x_k\}$ äquidistant gewählt:

$$x_k \equiv a + k\varepsilon \ , \quad \varepsilon = (b - a)/N\,, \tag{6.39}$$

aber die Zwischenpunkte x_k^*, an denen die Funktion f in der Riemann-Summe ausgewertet wird, werden so gewählt, dass $f(x_k^*)$ dem arithmetischen Mittelwert der Funktionswerte $f(x_{k-1})$ und $f(x_k)$ entspricht:

$$\boxed{f(x_k^*) \equiv \tfrac{1}{2}[f(x_{k-1}) + f(x_k)]\,.} \tag{6.40}$$

Ein solcher x_k^*-Wert existiert für *stetige* Funktionen immer.[6] Wir werden im Folgenden annehmen, dass die betrachteten Funktionen hinreichend oft stetig differenzierbar sind (konkret bedeutet das: zwei- bis viermal), sodass die für die Existenz des x_k^*-Wertes erforderliche reine *Stetigkeits*bedingung sicherlich erfüllt ist. Die stetige Differenzierbarkeit wird im Folgenden wichtig für die Fehlerabschätzung sein.

---

[6]Dies folgt aus dem „Zwischenwertsatz", s. (4.7) in Kapitel [4]).

Die Bedeutung der Trapeznäherung, insbesondere der Wahl (6.40) der Zwischenpunkte, ist in den Abbildungen 6.12, 6.13 und 6.14 dargestellt. Der exakte Beitrag des Intervalls $[x_{k-1}, x_k]$ wird als blaue Fläche in Abb. 6.12 gezeigt. Auch eingetragen sind die Verbindungslinie der Endpunkte $(x_{k-1}, f(x_{k-1}))$ und $(x_k, f(x_k))$ der $(x, f(x))$-Kurve in diesem Intervall und – in der Mitte dieser Verbindungslinie – der arithmetische Mittelwert der beiden Endpunkte, also der Punkt $\left(\frac{1}{2}[x_{k-1} + x_k], \frac{1}{2}[f(x_{k-1}) + f(x_k)]\right)$. Die zweite Koordinate dieses arithmetischen Mittelwerts bestimmt den Beitrag des Intervalls $[x_{k-1}, x_k]$ in der Trapeznäherung, wie in Abb. 6.13 gezeigt wird. Auch der entsprechende x_k^*-Wert ist in dieser Abbildung angegeben. Schließlich zeigt Abb. 6.14, dass die Bezeichnung „Trapez" davon herrührt, dass der rechteckige Streifen in Abb. 6.13 geometrisch die gleiche Fläche wie das in Abb. 6.14 grün eingezeichnete Trapez hat.

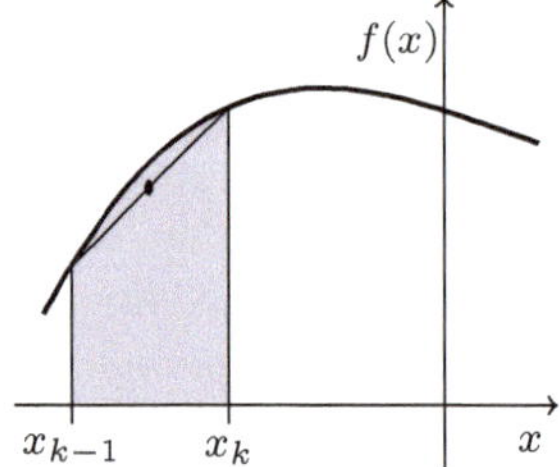

Abb. 6.12 Exaktes Integral in $[x_{k-1}, x_k]$

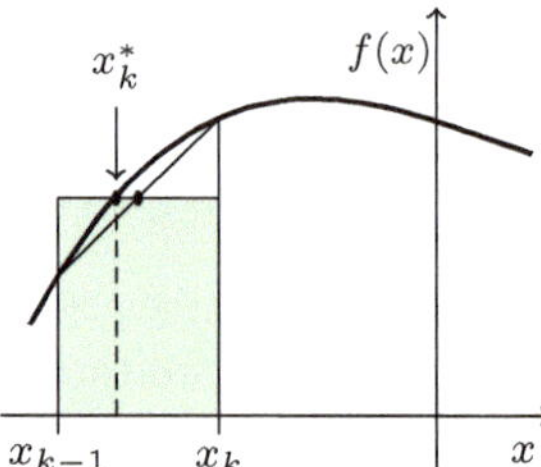

Abb. 6.13 Zur Illustration der Trapezformel

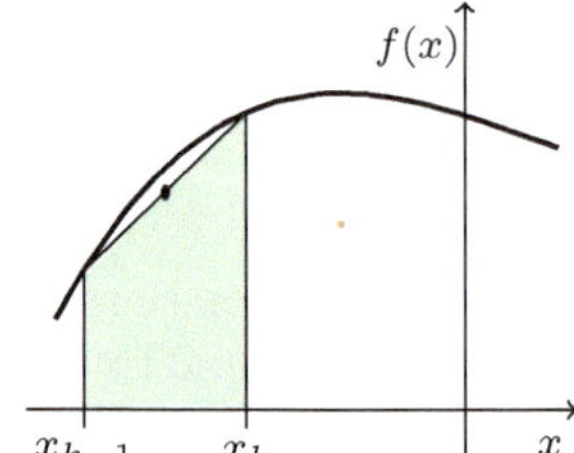

Abb. 6.14 Erklärung der Bezeichnung „Trapez"

Numerischer Fehler der Trapezformel

Setzt man nun die $\{x_k, x_k^*\}$-Werte (6.39) und (6.40) in die Riemann-Summe (6.7) ein und vergleicht das numerische Ergebnis mit demjenigen des exakten Integrals, so findet man für den numerischen *Fehler*, d.h. für die Differenz von Integral und Summe, die sogenannte „Trapezformel":

$$\int_a^b dx\, f(x) - \sum_{k=1}^N \varepsilon \tfrac{1}{2}\left[f(x_{k-1}) + f(x_k)\right] \sim -\tfrac{1}{12}\varepsilon^2[f'(b) - f'(a)] \quad (\varepsilon \downarrow 0)\,. \quad (6.41)$$

Der Vergleich dieses Resultats mit demjenigen der Mittelpunktsformel, Gleichung (6.34), zeigt dass der numerische Fehler bei der Trapezformel zweimal so groß ist und das entgegengesetzte Vorzeichen hat.

Um die Trapezformel herzuleiten, kombinieren wir das exakte Integral und die Riemann-Summe auf der linken Seite von (6.41) zu einer Summe von Integralen über die verschiedenen Intervalle $[x_{k-1}, x_k]$. Diese Integrale können recht elegant wie folgt umgeschrieben werden:

$$\sum_{k=1}^N \int_{x_{k-1}}^{x_k} dx\, \left\{f(x) - \tfrac{1}{2}\left[f(x_{k-1}) + f(x_k)\right]\right\} = -\tfrac{1}{2}\sum_{k=1}^N \int_{x_{k-1}}^{x_k} dx\, (x - x_{k-1})(x_k - x)f''(x)$$

$$= -\tfrac{1}{2}\sum_{k=1}^N \varepsilon^3 \int_0^1 dy\, y(1 - y)f''(x_{k-1} + \varepsilon y)\,, \quad (6.42)$$

wobei wir im ersten Schritt eine zweifache partielle Integration verwendeten:

$$-\frac{1}{2}\int_{x_{k-1}}^{x_k} dx\,(x-x_{k-1})(x_k-x)f''(x) = -\int_{x_{k-1}}^{x_k} dx\,[x-\tfrac{1}{2}(x_{k-1}+x_k)]f'(x)$$

$$= -\frac{1}{2}(x_k-x_{k-1})[f(x_{k-1})+f(x_k)] + \int_{x_{k-1}}^{x_k} dx\,f(x)$$

$$= \int_{x_{k-1}}^{x_k} dx\,\{f(x)-\tfrac{1}{2}[f(x_{k-1})+f(x_k)]\}$$

und im letzten Schritt in (6.42) $x \equiv x_{k-1}+\varepsilon y$ substituierten. Da man in Gleichung (6.42) entwickeln kann:

$$f''(x_{k-1}+\varepsilon y) = f''(x_{k-1}) + \varepsilon y f'''(x_{k-1}) + \tfrac{1}{2}(\varepsilon y)^2 f''''(x_{k-1}) + \cdots, \qquad (6.43)$$

ist klar, dass der führende Term $f''(x_{k-1})$ den größten Beitrag ergibt und die höheren $\mathcal{O}(y^n)$-Beiträge (mit $n \geq 1$) numerisch um einen Faktor von Ordnung ε^n kleiner sind. In führender Ordnung findet man also:

$$\int_a^b dx\,f(x) - \sum_{k=1}^{N} \varepsilon \tfrac{1}{2}\,[f(x_{k-1})+f(x_k)]$$

$$\sim -\frac{1}{2}\sum_{k=1}^{N} \varepsilon^3 f''(x_{k-1})\int_0^1 dy\,y(1-y) = -\frac{1}{12}\varepsilon^2 \sum_{k=1}^{N} \varepsilon f''(x_{k-1})$$

$$\sim -\frac{1}{12}\varepsilon^2 \int_a^b dx\,f''(x) = -\frac{1}{12}\varepsilon^2[f'(b)-f'(a)] \quad (\varepsilon \downarrow 0)\,. \qquad (6.44)$$

Damit ist der in der Trapezregel enthaltene numerische Fehler quantitativ bestimmt. Eine Berechnung der Korrekturen zur rechten Seite von (6.44) zeigt, dass diese von Ordnung ε^4 und somit von derselben Ordnung wie die Korrekturen zur rechten Seite von (6.34) für die Mittelpunktsnäherung sind.

Anwendung der Trapezformel: Die Exponentialfunktion

Wir überprüfen die Wirkung der Trapezformel für das Integral (6.37) der abfallenden Exponentialfunktion im Intervall $[0,1]$. Die Stützpunkte sind die Gleichen wie im Fall der Mittelpunktsformel, nur wird die Funktion e^{-x} an anderer Stelle ausgewertet. Wir möchten überprüfen, ob die Fehlerabschätzung in Gleichung (6.44),

$$\int_a^b dx\,f(x) = \sum_{k=1}^{N} \varepsilon \tfrac{1}{2}\,[f(x_{k-1})+f(x_k)] - \frac{1}{12}\varepsilon^2[f'(b)-f'(a)] + \mathcal{O}(\varepsilon^4)\,,$$

für die Berechnung des Integrals (6.37) mit der Trapezformel in der Tat korrekt ist:

$$\int_0^1 dx\,e^{-x} = \sum_{k=1}^{N} \varepsilon\,\tfrac{1}{2}\left(e^{-x_{k-1}}+e^{-x_k}\right) - \frac{1}{12}\varepsilon^2\left(-e^{-x}\right)\Big|_0^1 + \mathcal{O}(\varepsilon^4)$$

$$= \frac{1}{N}\sum_{k=0}^{N} e^{-x_k} - \frac{1}{2N}(1+e^{-1}) - \frac{1}{12N^2}(1-e^{-1}) + \mathcal{O}(N^{-4})\,.$$

Die Summe auf der rechten Seite stellt wiederum eine geometrische Reihe dar, die explizit berechnet werden kann. Das Ergebnis ist nun:

$$\int_0^1 dx\, e^{-x} = \frac{1 - e^{-1-1/N}}{N(1 - e^{-1/N})} - \frac{1}{2N}(1 + e^{-1}) - \frac{1}{12N^2}(1 - e^{-1}) + \mathcal{O}(N^{-4})$$

$$= (1 - e^{-1})\left[1 + \mathcal{O}(N^{-4})\right] \qquad (N \to \infty)$$

und ist daher im Einklang mit der Erwartung aufgrund unserer allgemeinen Überlegungen, dass die Korrektur zur rechten Seite von (6.44) von Ordnung ε^4 bzw. N^{-4} sein sollte. Bei der Berechnung wurden die ersten beiden Terme auf der rechten Seite der ersten Zeile wie folgt umgeschrieben:

$$\frac{1 - e^{-1-1/N}}{N(1 - e^{-1/N})} - \frac{1 + e^{-1}}{2N} = \frac{(1 - e^{-1}) + e^{-1}(1 - e^{-1/N})}{N(1 - e^{-1/N})} - \frac{2 - (1 - e^{-1})}{2N}$$

$$= (1 - e^{-1})\left[\frac{e^{1/2N}}{N(e^{1/2N} - e^{-1/2N})} - \frac{1}{N} + \frac{1}{2N}\right]$$

und anschließend nach Potenzen von N^{-1} entwickelt, analog zur Vorgehensweise in Gleichung (6.38).

6.2.3   Die Simpson-Regel

Ein hervorragendes Integrationsverfahren mit recht kleinem numerischem Fehler ist das Simpson-Verfahren, das nach dem englischen Mathematiker Thomas Simpson (1710 - 1761) benannt ist, aber tatsächlich bereits von Johannes Kepler (1571 - 1630) verwendet wurde.[7] Auch bei der Berechnung des Integrals einer Funktion $f(x)$ über das Intervall $[a, b]$ mit Hilfe des Simpson-Verfahrens sind die Stützpunkte $\{x_k\}$ äquidistant:

$$x_k \equiv a + k\varepsilon\ , \quad \varepsilon = (b - a)/N\ , \tag{6.45}$$

aber die Zwischenpunkte x_k^* werden nun so gewählt, dass $f(x_k^*)$ einem gewichteten Mittelwert der Funktionswerte $f(x_{k-1})$, $f(x_{k-1/2})$ und $f(x_k)$ entspricht:

$$\boxed{f(x_k^*) \equiv \tfrac{1}{6}\left[f(x_{k-1}) + 4f(x_{k-\frac{1}{2}}) + f(x_k)\right]\ .} \tag{6.46}$$

Für stetige Funktionen existiert auch ein solcher x_k^*-Wert im Intervall $[x_{k-1}, x_k]$ immer.[8] Wir nehmen im Folgenden an, dass die Funktion $f(x)$ hinreichend oft stetig differenzierbar ist.

Die *Idee* hinter dem Simpson-Verfahren ist, dass die Funktion $f(x)$ (in Abbildung 6.15 *blau* gezeichnet) im Intervall $[x_{k-1}, x_k]$ durch eine Parabel $P(x)$ (in Abb.

---

[7]Kepler wurde durch Auseinandersetzungen mit seinem Weinhändler zur Anwendung dieses Verfahrens angeregt (s. Ref. [16]), das daher auch als die „Kepler'sche Fassregel" bekannt ist. Die wesentliche Idee einer Volumenberechnung mit Hilfe einer parabolischen Näherung geht jedoch wohl auf Archimedes zurück.

[8]Dies folgt in diesem Fall aus dem „Mittelwertsatz", s. Gleichung (4.71).

6.15 *grün* gezeichnet) approximiert wird. Diese Parabel soll durch die drei Punkte $(x_{k-1}, f(x_{k-1}))$, $(x_{k-\frac{1}{2}}, f(x_{k-\frac{1}{2}}))$ und $(x_k, f(x_k))$ verlaufen und ist durch diese Bedingung eindeutig festgelegt:

$$P(x) = f(x_{k-1}) + \frac{f(x_k) - f(x_{k-1})}{\varepsilon}(x - x_{k-1}) + \frac{4a}{\varepsilon^2}(x - x_{k-1})(x_k - x)$$

mit $a = f(x_{k-\frac{1}{2}}) - \frac{1}{2}[f(x_{k-1}) + f(x_k)]$. Der in (6.46) angegebene Wert des Zwischenpunkts x_k^* folgt dann direkt aus der Bedingung

$$\varepsilon f(x_k^*) \stackrel{!}{=} \int_{x_{k-1}}^{x_k} dx\, P(x) = \tfrac{1}{6}\varepsilon\left[f(x_{k-1}) + 4f(x_{k-\frac{1}{2}}) + f(x_k)\right] .$$

Es ist bereits intuitiv klar, dass das Simpson-Verfahren deutlich genauer als das Trapezverfahren sein wird, da die Funktion $f(x)$ im Intervall $[x_{k-1}, x_k]$ durch eine quadratische Funktion (Parabel) besser approximiert werden kann als durch eine lineare Funktion. Auch ist klar, dass man diese beiden Verfahren verallgemeinern und die Funktion $f(x)$ im Intervall $[x_{k-1}, x_k]$ durch ein *Polynom* n-ten Grades $(n \geq 1)$ approximieren kann. Man erhält so als Verallgemeinerung der Trapez- und Simpson-Verfahren die Klasse der *Newton-Cotes-Formeln* zur numerischen Integration, benannt nach den Engländern Isaac Newton (1643 - 1727) und Roger Cotes (1682 - 1716).

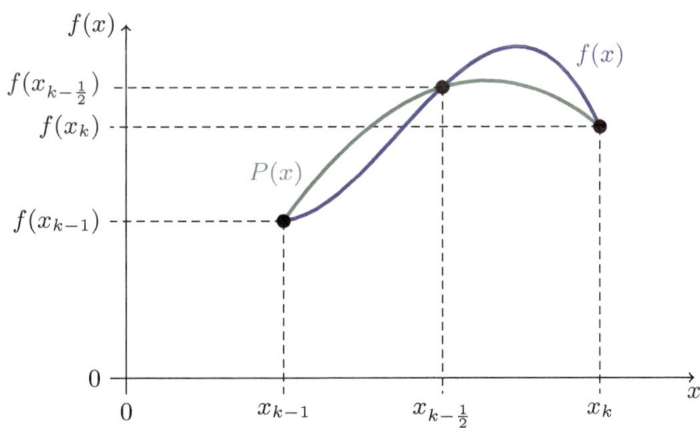

Abb. 6.15 Die Motivation für das Simpson-Verfahren

Numerischer Fehler des Simpson-Verfahrens

Auch beim Simpson-Verfahren (6.46) kann man wieder das exakte Integral mit der Riemann-Summe vergleichen und den hierbei gemachten numerischen Fehler in führender Ordnung berechnen. Das Ergebnis ist bekannt als die *Simpson-Regel*:

$$\int_a^b dx\, f(x) - \sum_{k=1}^{N} \frac{\varepsilon}{6}\left[f(x_{k-1}) + 4f(x_{k-\frac{1}{2}}) + f(x_k)\right] \sim \frac{-\varepsilon^4}{2880}[f'''(b) - f'''(a)]$$

und zeigt, dass der führende Beitrag zum numerischen Fehler in diesem Fall sowohl wegen des Faktors ε^4 als auch wegen des Vorfaktors $1/2880$ wesentlich kleiner ist als die Fehler beim Mittelpunkts- und beim Trapezverfahren. Um die Simpson-Regel herzuleiten, kombinieren wir das Integral und die Riemann-Summe auf der linken Seite zu einer Summe über Intergralbeiträge der einzelnen Intervalle $[x_{k-1}, x_k]$. Mit Hilfe einer dreifachen partiellen Integration kann man nun die folgende, exakte Identität nachweisen:

$$\sum_{k=1}^{N} \int_{x_{k-1}}^{x_k} dx \left\{ f(x) - \tfrac{1}{6} \left[f(x_{k-1}) + 4f(x_{k-\frac{1}{2}}) + f(x_k) \right] \right\}$$

$$= \tfrac{1}{6} \sum_{k=1}^{N} \left[\int_{x_{k-1}}^{x_{k-\frac{1}{2}}} dx \, (x - x_{k-1})^2 (x_{k-\frac{1}{2}} - x) f'''(x) \right.$$

$$\left. - \int_{x_{k-\frac{1}{2}}}^{x_k} dx \, (x_k - x)^2 (x - x_{k-\frac{1}{2}}) f'''(x) \right] ,$$

die auf der rechten Seite nur Integralbeiträge über $f'''(x)$ hat. Beim Nachweis dieser Identität ist es vorteilhaft, ausgehend von der *rechten* Seite die *linke* Seite durch dreifache partielle Integration herzuleiten. Im Integrationsintervall $[x_{k-1}, x_{k-\frac{1}{2}}]$ substituieren wir $x \equiv x_{k-1} + \varepsilon y$, im Intervall $[x_{k-\frac{1}{2}}, x_k]$ dagegen $x \equiv x_k - \varepsilon y = x_{k-1} + \varepsilon - \varepsilon y$. Wir erhalten zunächst die folgende Gleichung:

$$\sum_{k=1}^{N} \int_{x_{k-1}}^{x_k} dx \left\{ f(x) - \tfrac{1}{6} \left[f(x_{k-1}) + 4f(x_{k-\frac{1}{2}}) + f(x_k) \right] \right\} = \tag{6.47}$$

$$= \frac{\varepsilon^4}{6} \sum_{k=1}^{N} \int_0^{\frac{1}{2}} dy \, y^2 \left(\tfrac{1}{2} - y \right) \left[f'''(x_{k-1} + \varepsilon y) - f'''(x_{k-1} + \varepsilon(1 - y)) \right] .$$

Wir führen nun in $[\cdots]$ eine Taylor-Entwicklung bis zur linearen Ordnung in den kleinen Größen εy bzw. $\varepsilon(1 - y)$ durch:

$$f'''(x_{k-1} + \varepsilon y) - f'''(x_{k-1} + \varepsilon(1 - y)) = [f'''(x_{k-1}) + \varepsilon y f^{(4)}(x_{k-1}) + \cdots]$$

$$- [f'''(x_{k-1}) + \varepsilon(1 - y) f^{(4)}(x_{k-1}) + \cdots] = \varepsilon(2y - 1) f^{(4)}(x_{k-1}) .$$

Hierbei heben sich die führenden Terme $f'''(x_{k-1})$ auf. Für die linke Seite von (6.47) erhalten wir somit die Gleichungskette

$$\frac{\varepsilon^5}{6} \sum_{k=1}^{N} f^{(4)}(x_{k-1}) \int_0^{\frac{1}{2}} dy \, y^2 \left(\tfrac{1}{2} - y \right) (2y - 1) \sim -\frac{\varepsilon^4}{2880} \sum_{k=1}^{N} \varepsilon f^{(4)}(x_{k-1})$$

$$\sim -\frac{\varepsilon^4}{2880} \int_a^b dx \, f^{(4)}(x) = -\frac{\varepsilon^4}{2880} \left[f'''(b) - f'''(a) \right] , \tag{6.48}$$

die die Gültigkeit der Simpson-Regel zeigt. Im vorletzten Schritt in (6.48) wurde die Riemann-Summe der Funktion $f^{(4)}$ durch das entsprechende Riemann-Integral ersetzt. Im letzten Schritt wurde dieses Integral ausgerechnet; eine mögliche Stammfunktion von $f^{(4)}$ ist ja $f^{(3)}$. Die Korrekturen zum führenden Fehler auf der rechten Seite von (6.48) sind von Ordnung ε^6 bzw. N^{-6}.

Es gibt in der Literatur viele weitere Integrationsverfahren neben dem Mittelpunkts-, Trapez- und Simpson-Verfahren. Wichtig und nützlich ist insbesondere auch die sogenannte *Euler-Maclaurin-Formel* [24], die die Differenz zwischen der Riemann-Summe des Trapezverfahrens und dem exakten Riemann-Integral als systematische Reihenentwicklung nach dem kleinen Parameter ε darstellt.

6.3 Zweidimensionale Integrale

Zur Vorbereitung des allgemeinen Kapitels [9] über Flächen- und Volumenintegrationen behandeln wir zuerst in diesem Abschnitt *zwei*dimensionale Integrale. Wir definieren das Konzept eines zweidimensionalen Riemann-Integrals, diskutieren einige Beispiele sowie die Frage nach der möglichen Vertauschbarkeit der Integrationsreihenfolge und behandeln dann *Polarkoordinaten*, die speziell für rotationssymmetrische Probleme sehr bequem sind. In diesem Kontext werden wir auf Gauß-Integrale stoßen, die für Anwendungen wichtig sind und daher eine separate Diskussion verdienen.

6.3.1 Berechnung zweidimensionaler Integrale

Wir befassen uns nun mit der Berechnung *zweidimensionaler* Integrale, d.h. mit der Integration von Funktionen $f : \mathbb{R}^2 \to \mathbb{R}$, also von reellwertigen Funktionen *zweier* reeller Variabler. Wir nehmen an, dass die Ebene $\mathbb{R}^2$ durch zwei kartesische Koordinaten (x_1, x_2) beschrieben wird. Die Funktion $f(x_1, x_2)$ soll über das endliche, abgeschlossene Gebiet $G \subset \mathbb{R}^2$ integriert werden und auf diesem Gebiet *stetig* (und somit beschränkt) sein. Das Gebiet G wird begrenzt durch eine Kurve ∂G, die wir als den *Rand* von G bezeichnen. Die *geometrische Interpretation* eines zweidimensionalen Integrals ist vollkommen analog zum eindimensionalen Fall: Während das eindimensionale Integral $\int_a^b dx_1\, f(x_1)$ als die *Fläche* in der (x_1, x_2)-Ebene zwischen der Kurve $x_2 = f(x_1)$ und der x_1-Achse im Streifen $a \leq x_1 \leq b$ interpretiert wird, stellt das zweidimensionale Integral $\int_G dx_1 dx_2\, f(x_1, x_2)$ das *Volumen* im dreidimensionalen (x_1, x_2, x_3)-Raum über der Grundfläche G und unter der Fläche $x_3 = f(x_1, x_2)$ dar. Wir führen für den Flächeninhalt der Grundfläche G noch die Notation $|G|$ ein.

Geometrisches Bild der zweidimensionalen Integration

In den Abbildungen 6.16 und 6.17 illustrieren wir die zweidimensionale Integration anhand zweier Beispiele: Als Gebiet G wurde in beiden Fällen eine Kreisscheibe mit Radius eins und Mittelpunkt $(x_1, x_2) = (0, 0)$ gewählt, sodass der Rand ∂G von G der Einheitskreis ist:

$$ G = \{(x_1, x_2) \,|\, x_1^2 + x_2^2 \leq 1\} \quad , \quad \partial G = \{(x_1, x_2) \,|\, x_1^2 + x_2^2 = 1\} \, . $$

Der Fläche*ninhalt* von G ist also $|G| = \pi$. In Abb. 6.16 wurde als die zu integrierende Funktion $f_1(x_1, x_2) = 1$ gewählt, sodass f_1 im Integrationsgebiet G konstant ist. Die in Abb. 6.17 gewählte zu integrierende Funktion ist $f_2(x_1, x_2) = 1 + \sqrt{1 - x_1^2 - x_2^2}$, sodass die Fläche $x_3 = f_2(x_1, x_2)$ die obere Hälfte einer Kugeloberfläche darstellt. Betrachten wir zuerst Abb. 6.16: Das zweidimensionale Integral $\int_G dx_1 dx_2\, f_1$ stellt das *Volumen* des Raumbereichs zwischen der Kreisscheibe G und der Fläche $x_3 = f_1(x_1, x_2) = 1$ dar. Da die Funktion f_1 im Integrationsgebiet *konstant* und gleich eins ist, hat der gesuchte Raumbereich die Form einer Scheibe der Dicke eins mit Seitenflächen der Größe $|G| = \pi$. Das gesuchte *Volumen* dieser Scheibe ist $|G| \cdot 1 = |G|$ (in unserem Beispiel also π). Allgemein lernen wir hieraus:

> Der Flächeninhalt $|G|$ des zweidimensionalen Gebietes G ist gleich dem zweidimensionalen Integral $\int_G dx_1 dx_2\, f(x_1, x_2)$ mit $f(x_1, x_2) = 1$.

Betrachten wir nun Abb. 6.17: Da die Funktion $f_2(x_1, x_2)$ im Integrationsgebiet G nicht konstant ist, haben wir hier ein Beispiel für die allgemeine Regel:

> Das zweidimensionale Integral $\int_G dx_1 dx_2\, f(x_1, x_2)$ stellt allgemein das *Volumen* über dem Gebiet G und unter der Fläche $x_3 = f(x_1, x_2)$ dar.

Konkret bedeutet dies für die Funktion $f_2(x_1, x_2) = 1 + \sqrt{1 - x_1^2 - x_2^2}$, dass der Raumbereich, dessen Volumen das zweidimensionale Integral misst, aus einem zylinderförmigen Sockel mit Höhe eins und Radius eins sowie einer Halbkugel mit dem Radius eins besteht. Man erhält also Volumenbeiträge $\pi \cdot 1 = \pi$ vom Sockel und $\frac{1}{2} \cdot \frac{4}{3}\pi = \frac{2}{3}\pi$ von der Halbkugel, sodass der Wert des zweidimensionalen Integrals $\int_G dx_1 dx_2\, f_2$ insgesamt gleich $\frac{5}{3}\pi$ sein müsste. Wir werden die hier für die Integrale $\int_G dx_1 dx_2\, f_1$ und $\int_G dx_1 dx_2\, f_2$ angegebenen Werte im Folgenden noch genauer überprüfen. Hierzu führen wir zuerst eine bequeme Notation für den Integrationsbereich ein und definieren das zweidimensionale Integral dann präziser mit Hilfe von *Riemann-Summen*.

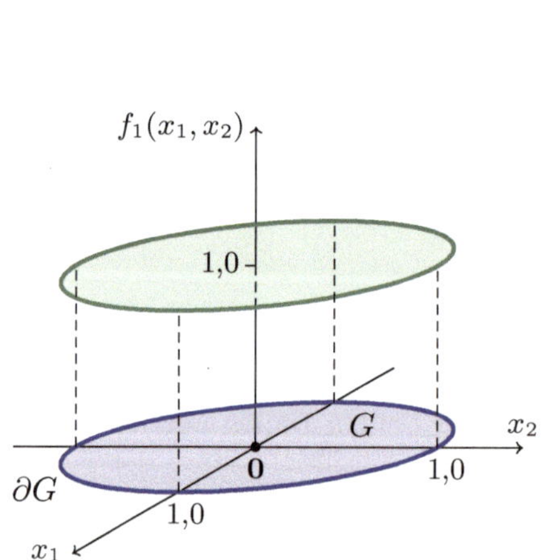

Abb. 6.16 Integrationsgebiet G mit Rand ∂G und $f_1(x_1, x_2) = 1$

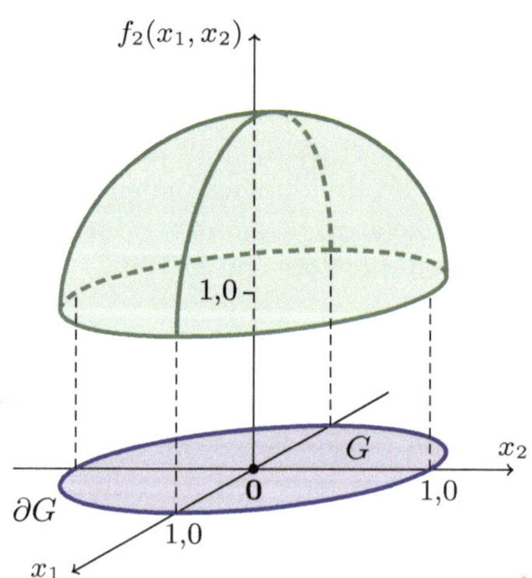

Abb. 6.17 Gebiet G, Rand ∂G, $f_2(x_1, x_2) = 1 + \sqrt{1 - x_1^2 - x_2^2}$

Eine bequeme Notation für den Integrationsbereich

Man definiert die zweidimensionale Integration weitgehend analog zum eindimensionalen Pendant. Man konstruiert wieder Riemann-Summen und insbesondere

Ober- und Untersummen und definiert dann das Integral als kleinste Ober- oder größte Untersumme, falls diese beiden Werte gleich sind. Ein Unterschied zwischen ein- und zweidimensionalen Integrationen ist, dass der *Rand* des Integrationsbereichs G im eindimensionalen Fall aus zwei Punkten besteht, den Endpunkten des Intervalls $[a, b]$, und in der Ebene durch eine unter Umständen recht komplizierte, schwierig in einer expliziten Formel zu erfassende Kurve ∂G gegeben ist. Wir nehmen im Folgenden zwar an, dass der Rand ∂G von G *glatt* ist,[9,10] aber auch dann kann der Rand einen analytisch kaum in einer einfachen Formel darstellbaren Verlauf haben, was die Definition und Behandlung von Riemann-Summen zunächst einmal erschwert.

Da die explizite Form des Randes ∂G also kompliziert sein kann, ist es technisch vorteilhaft, eine Funktion f_G zu definieren, die für $\mathbf{x} \in G$ gleich f und außerhalb von G gleich null ist:

$$f_G(x_1, x_2) = \begin{cases} f(x_1, x_2) & \text{falls } (x_1, x_2) \in G \\ 0 & \text{sonst} \end{cases}.$$

Dann kann man nämlich die Integration über das u.U. unregelmäßige Gebiet G formal durch eine Integration über ein einfaches rechteckiges Gebiet $[a_1, b_1] \times [a_2, b_2]$, das G enthält, ersetzen oder gar durch eine Integration über die komplette zweidimensionale Ebene:

$$\iint_G dx_1 dx_2 \, f(x_1, x_2) = \int_{a_1}^{b_1} \int_{a_2}^{b_2} dx_1 dx_2 \, f_G(x_1, x_2) = \iint_{\mathbb{R}^2} dx_1 dx_2 \, f_G(x_1, x_2).$$

Diese Ausdehnung des Integrationsbereichs erleichtert die Einführung von Riemann-Summen. Im Folgenden werden wir daher nicht f über G, sondern f_G über das endliche, abgeschlossene Gebiet $[a_1, b_1] \times [a_2, b_2]$, das G enthält, integrieren. Hierbei gilt $|a_{1,2}| < \infty$ und $|b_{1,2}| < \infty$.

Riemann-Summen für zweidimensionale Integrale

Zur Approximation des Integrals über $[a_1, b_1] \times [a_2, b_2]$ können wir, genau wie im eindimensionalen Fall, *Riemann-Summen* definieren. Hierzu wählen wir zuallererst $M + 1$ Koordinaten $\{x_{1k_1}\}$ und $N + 1$ Koordinaten $\{x_{2k_2}\}$ mit den Eigenschaften

$$a_1 \equiv x_{10} < x_{11} < x_{12} < \cdots < x_{1M} \equiv b_1$$
$$a_2 \equiv x_{20} < x_{21} < x_{22} < \cdots < x_{2N} \equiv b_2.$$

Die $(M + 1)(N + 1)$ Punkte $\mathbf{x_k} = (x_{1k_1}, x_{2k_2})$ mit $\mathbf{k} \equiv (k_1, k_2)$ bilden also die Eckpunkte der Maschen eines Rasters, wie in Abbildung 6.18 gezeigt. In jeder der MN Maschen $g_{\mathbf{k}}$ dieses Rasters wählen wir außerdem einen weiteren Punkt $\mathbf{x}^* \equiv (x_{1\mathbf{k}}^*, x_{2\mathbf{k}}^*)$:

$$\mathbf{x}^* = (x_{1\mathbf{k}}^*, x_{2\mathbf{k}}^*) \in [x_{1,k_1-1}, x_{1k_1}] \times [x_{2,k_2-1}, x_{2k_2}] \equiv g_{\mathbf{k}}.$$

---

[9]Eine Kurve $K \subset \mathbb{R}^2$ ist *glatt*, wenn sie mit Hilfe einer stetig differenzierbaren Funktion $\mathbf{p}(t) = (p_1(t), p_2(t))$ mit $t \in \mathbb{R}$ parametrisiert werden kann.
[10]Man kann dies verallgemeinern für den Fall, dass das Gebiet G aus mehreren räumlich getrennten Teilbereichen besteht. Die nachfolgenden Aussagen bleiben somit korrekt, falls der Rand ∂G von G aus *endlich vielen* glatten Kurven besteht.

Ähnlich wie im eindimensionalen Fall wird der *exakte* Beitrag der Masche $g_\mathbf{k}$ zum Integral durch die *Fläche* dieser Masche, multipliziert mit dem Funktionswert $f_G(\mathbf{x}_\mathbf{k}^*)$, approximiert. Die entsprechende allgemeine Riemann-Summe hat daher die Struktur:

$$S_\mathrm{R}[\{\mathbf{x}_\mathbf{k}, \mathbf{x}_\mathbf{k}^*\}] \equiv \sum_{k_1=1}^{M} \sum_{k_2=1}^{N} (x_{1k_1} - x_{1,k_1-1})(x_{2k_2} - x_{2,k_2-1}) f_G(\mathbf{x}_\mathbf{k}^*) \,.$$

In Abb. 6.18 zeigen wir ein Beispiel für eine mögliche Zerlegung $\{\mathbf{x}_\mathbf{k}\}$ mit einer entsprechenden Wahl der weiteren Punkte $\{\mathbf{x}_\mathbf{k}^*\}$. Der äußere Rand des Integrationsbereichs G ist als blaue Ellipse in Abb. 6.18 eingezeichnet. Das Raster, das das Gebiet G überdeckt, ist durch die Zerlegung bedingt und wird somit durch die Geraden $\{x_1 = x_{1k_1}\}$ bzw. $\{x_2 = x_{2k_2}\}$ gebildet. In diesem Spezialfall wurden die Stützpunkte äquidistant gewählt. Die weiteren Punkte $\{\mathbf{x}^*\}$ wurden in diesem Beispiel gemäß

$$\mathbf{x}^* = (x_{1,k_1-1}, x_{2,k_2-1})$$

gewählt, sodass die Funktion f_G an einem Punkt ausgewertet wird, der *links unten* in der jeweiligen Masche $g_\mathbf{k}$ liegt. Folglich werden nur solche Maschen $g_\mathbf{k}$ zur Riemann-Summe beitragen, für die der Eckpunkt links unten innerhalb von G liegt ($\mathbf{x}_\mathbf{k}^* \in G$). Diese Maschen sind in Abb. 6.18 rot eingefärbt.

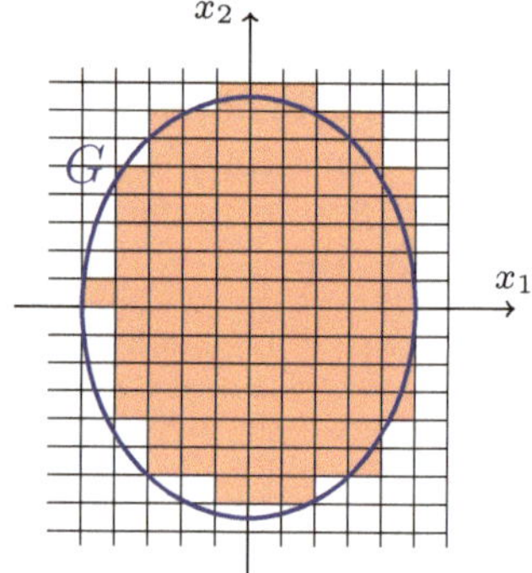

Abb. 6.18 Zweidimensionales Integral als „Riemann-Summe"

Wir kehren nun zurück zum allgemeinen Fall, führen die Notation $(x_1, x_2) \equiv \mathbf{x}$ ein und definieren die *Riemann-Untersummen* und *Riemann-Obersummen*. Die Untersumme ist wie üblich dadurch charakterisiert, dass man für $f_G(\mathbf{x}_\mathbf{k}^*)$ den *niedrigstmöglichen* Funktionswert in der Masche wählt, und die Obersumme dadurch, dass man den *größtmöglichen* wählt:

$$S_\mathrm{R}^-[\{\mathbf{x}_\mathbf{k}\}] \equiv \sum_{k_1=1}^{M} \sum_{k_2=1}^{N} (x_{1k_1} - x_{1,k_1-1})(x_{2k_2} - x_{2,k_2-1}) \inf_{\mathbf{x} \in g_\mathbf{k}} f_G(\mathbf{x})$$

$$S_\mathrm{R}^+[\{\mathbf{x}_\mathbf{k}\}] \equiv \sum_{k_1=1}^{M} \sum_{k_2=1}^{N} (x_{1k_1} - x_{1,k_1-1})(x_{2k_2} - x_{2,k_2-1}) \sup_{\mathbf{x} \in g_\mathbf{k}} f_G(\mathbf{x}) \,.$$

Indem man die Wahl der Stützpunkte $\{\mathbf{x}_\mathbf{k}\}$ über die Menge der möglichen Zerlegungen variiert, erhält man eine „größte Untersumme" S_R^- und eine „kleinste Obersumme" S_R^+:

$$S_\mathrm{R}^- \equiv \sup_{\{\{\mathbf{x}_\mathbf{k}\}\}} S_\mathrm{R}^-[\{\mathbf{x}_\mathbf{k}\}] \quad , \quad S_\mathrm{R}^+ \equiv \inf_{\{\{\mathbf{x}_\mathbf{k}\}\}} S_\mathrm{R}^+[\{\mathbf{x}_\mathbf{k}\}] \,.$$

Eine Funktion f heißt nun *Riemann-integrierbar* über G, falls $S_\mathrm{R}^- = S_\mathrm{R}^+$ gilt. Der gemeinsame Wert

$$\mathcal{I}_\mathrm{R} \equiv S_\mathrm{R}^- = S_\mathrm{R}^+ \equiv \int_{a_1}^{b_1} \int_{a_2}^{b_2} dx_1 dx_2\, f_G(\mathbf{x})$$

wird in diesem Fall als das (Riemann-)Integral von f über G bezeichnet. Jede *stetige* Funktion f ist Riemann-integrierbar, falls G endlich und abgeschlossen[11] und ∂G glatt ist. Man kann außerdem auch für zweidimensionale Integrationen *uneigentliche Integrale* einführen, z.B. dadurch, dass man eine Folge von immer größeren Integrationsbereichen G betrachtet und im Grenzfall über einen unendlichen Teilbereich der Ebene oder gar über die komplette zweidimensionale Ebene integriert.

Hiermit ist also das Riemann-Integral $\mathcal{I}_\mathrm{R}$ von f über das zweidimensionale Gebiet G wohldefiniert und grundsätzlich berechenbar. Man könnte sich aber auch andere Integrationsvorgänge vorstellen: Beispielsweise könnte man die Funktion $f_G(\mathbf{x})$ zuerst bei festem x_1 über $x_2 \in [a_2, b_2]$ und die resultierende Funktion $f_{G2}(x_1)$ noch einmal über $x_1 \in [a_1, b_1]$ integrieren. Alternativ könnte man $f_G(\mathbf{x})$ bei festem x_2 zuerst über $x_1 \in [a_1, b_1]$ und die resultierende Funktion $f_{G1}(x_2)$ danach über $x_2 \in [a_2, b_2]$ integrieren. Man erhält so zwei Varianten einer zweifachen eindimensionalen Integration:

$$\mathcal{I}_{12} \equiv \int_{a_1}^{b_1} dx_1 \left[\int_{a_2}^{b_2} dx_2\, f_G(\mathbf{x}) \right] = \int_{a_1}^{b_1} dx_1\, f_{G2}(x_1)$$

$$\mathcal{I}_{21} \equiv \int_{a_2}^{b_2} dx_2 \left[\int_{a_1}^{b_1} dx_1\, f_G(\mathbf{x}) \right] = \int_{a_2}^{b_2} dx_2\, f_{G1}(x_2)\,.$$

Gibt es eine Beziehung zwischen dem Riemann-Integral $\mathcal{I}_\mathrm{R}$ und $\mathcal{I}_{12}$ oder $\mathcal{I}_{21}$? Sind diese Integrale möglicherweise gleich? Um diese Fragen zu beantworten, betrachten wir z.B. $\mathcal{I}_{12}$, wählen – wie oben – eine Zerlegung $\{\mathbf{x_k}\}$ und schreiben $\mathcal{I}_{12}$ als Summe von Integralen über die Maschen $g_\mathbf{k} = [x_{1,k_1-1}, x_{1k_1}] \times [x_{2,k_2-1}, x_{2k_2}]$:

$$\mathcal{I}_{12} = \sum_{k_1=1}^{M} \sum_{k_2=1}^{N} \iint_{g_\mathbf{k}} dx_1 dx_2\, f_G(\mathbf{x})\,. \tag{6.49}$$

Nun ist f bzw. f_G jedoch stetig und somit beschränkt auf dem endlichen, abgeschlossenen Teilgebiet $g_\mathbf{k}$, sodass sowohl das *Infimum* als auch das *Supremum* von f_G endlich ist und

$$\inf_{\mathbf{x}\, \in\, g_\mathbf{k}} f_G(\mathbf{x}) \leq f_G(\mathbf{x}) \leq \sup_{\mathbf{x}\, \in\, g_\mathbf{k}} f_G(\mathbf{x})$$

gilt. Durch Einsetzen dieser Ungleichung in (6.49) ergibt sich dann:

$$S_\mathrm{R}^- \left[\{\mathbf{x_k}\}\right] \leq \mathcal{I}_{12} \leq S_\mathrm{R}^+ \left[\{\mathbf{x_k}\}\right]\,.$$

---

[11]Ein Gebiet $G \subset \mathbb{R}^2$ ist *abgeschlossen*, wenn es seinen Rand enthält ($\partial G \subseteq G$), oder äquivalent, wenn der Grenzwert jeder Folge $(\mathbf{x}_n)$ in G, die in $\mathbb{R}^2$ konvergiert, selbst ebenfalls in G liegt.

Da diese Ungleichung für $\mathcal{I}_{12}$ nicht nur für die spezielle Zerlegung $\{\mathbf{x_k}\}$, sondern für *beliebige* Zerlegungen gilt, folgt $S_R^- \leq \mathcal{I}_{12} \leq S_R^+$, und da S_R^- und S_R^+ für stetige Funktionen gleich sind, muss $\mathcal{I}_{12} = S_R^- = S_R^+ = \mathcal{I}_R$ gelten. Analog folgt $\mathcal{I}_{21} = \mathcal{I}_R$ und somit $\mathcal{I}_{21} = \mathcal{I}_{12}$, und wir kommen zum wichtigen Schluss, dass bei zweidimensionalen Integrationen *stetiger* Funktionen das Riemann-Integral auch mit Hilfe einer zweifachen eindimensionalen Integration berechnet werden kann und dass die Integrationsreihenfolge dabei unerheblich ist. Wir halten also fest, dass für stetige Funktionen f in einem endlichen, abgeschlossenen Gebiet G gilt:

$$\int_{a_1}^{b_1} dx_1 \left[\int_{a_2}^{b_2} dx_2 \, f_G(\mathbf{x}) \right] = \int_{a_2}^{b_2} dx_2 \left[\int_{a_1}^{b_1} dx_1 \, f_G(\mathbf{x}) \right] = \mathcal{I}_R \, ,$$

weisen aber sofort darauf hin, dass man nicht ohne Weiteres annehmen sollte, dass dies für nicht-stetige Funktionen auch zutrifft: Wir zeigen im Folgenden ein paar Gegenbeispiele.

6.3.2　Zweidimensionale Integrale – Beispiele

Wir betrachten zwei Beispiele für zweidimensionale Integrale, wobei in beiden Fällen *kartesische Koordinaten* verwendet werden. Da die zu integrierenden Funktionen in diesen Beispielen stetig und somit endlich im abgeschlossenen Gebiet G sind, ist die Reihenfolge der x_1- und x_2-Integrationen beliebig. Es geht also primär darum, die *geschickteste* Reihenfolge zu bestimmen: Manchmal ist die eine, manchmal die andere Reihenfolge bequemer, manchmal sind beide Möglichkeiten vergleichbar schwierig oder einfach. Es ist auch durchaus denkbar, dass kartesische Koordinaten für ein bestimmtes Integrationsproblem nicht optimal sind. In solchen Fällen gibt es auch andere Koordinatensysteme – auf dieses Thema kommen wir später zurück.

Integrale einer Indikatorfunktion

Ein Spezialfall der allgemeinen zweidimensionalen Integration im Gebiet G ist die Integration der Funktion $f(x_1, x_2) = 1$ oder alternativ der Funktion

$$I_G(x_1, x_2) \equiv f_G(x_1, x_2) = \begin{cases} 1 & \text{falls } (x_1, x_2) \in G \\ 0 & \text{sonst} . \end{cases} \tag{6.50}$$

Diese spezielle Funktion $I_G(x_1, x_2)$ wird auch als *Indikatorfunktion* (oder auch *charakteristische Funktion*) des Gebietes G bezeichnet. Das zweidimensionale Integral von I_G über die gesamte $\mathbb{R}^2$-Ebene:

$$\mathcal{F}_G \equiv \iint_{\mathbb{R}^2} dx_1 dx_2 \, I_G(x_1, x_2)$$

misst die *Ausdehnung* $|G|$ des zweidimensionalen Gebietes G. Solchen Integralen sind wir bereits vorher in Abb. 6.16 begegnet.

　　Als erstes Beispiel betrachten wir dasselbe Integrationsproblem, das schon vorher in Abb. 6.16 behandelt wurde. In der Tat hat der Integrand $f_G = I_G$ hierbei die Form einer Indikatorfunktion:

$$f(x_1, x_2) = 1 \quad , \quad G = \left\{ (x_1, x_2) \,\middle|\, x_1^2 + x_2^2 \leq 1 \right\} \, .$$

Da dieses Problem symmetrisch unter Vertauschung der Variablen x_1 und x_2 ist (d.h. symmetrisch unter einer Spiegelung an der Diagonalen $x_1 = x_2$), macht es keinen Unterschied, ob man zuerst über x_1 oder zuerst über x_2 integriert. Wählt man die letzte Möglichkeit, so erhält man ein zweidimensionales Integral, das mit der Substitution $x_1 = \sin(\varphi)$ und der Verdopplungsformel für den Kosinus berechnet werden kann:

$$|G| = \iint_G dx_1 dx_2 = \int_{-1}^{1} dx_1 \int_{-\sqrt{1-x_1^2}}^{\sqrt{1-x_1^2}} dx_2 = \int_{-1}^{1} dx_1 \, 2\sqrt{1 - x_1^2}$$

$$= \int_{-\frac{\pi}{2}}^{\frac{\pi}{2}} d\varphi \, 2\cos^2(\varphi) = \int_{-\frac{\pi}{2}}^{\frac{\pi}{2}} d\varphi \, [1 + \cos(2\varphi)] = \pi \, . \tag{6.51}$$

Im letzten Schritt wurde benutzt, dass das Integral über $\cos(2\varphi)$ antisymmetrisch unter Vertauschung von φ und $\pm\frac{\pi}{2} - \varphi$ und daher insgesamt gleich null ist. Als Ergebnis erhalten wir, dass der Flächeninhalt des Einheitskreises gleich π ist. Wir hatten dieses Ergebnis bei der Behandlung von Abb. 6.16 bereits vorweggenommen.

Als zweites Beispiel betrachten wir ein Integrationsproblem, wobei $f_G = I_G$ ebenfalls die Form einer Indikatorfunktion hat:

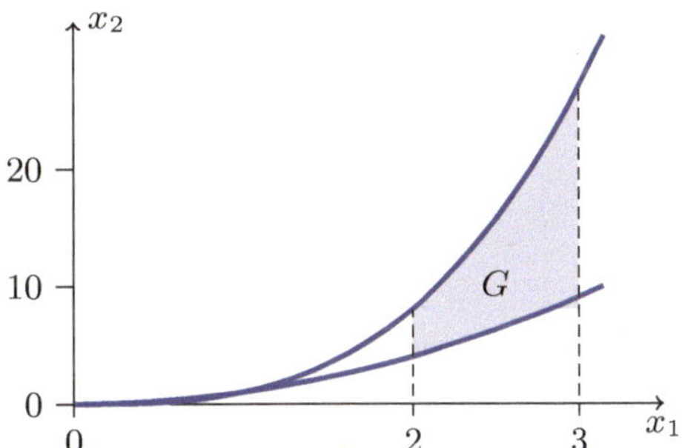

Abb. 6.19 Skizze des Integrationsgebiets G

$$f(x_1, x_2) = 1 \quad , \quad G = \left\{ (x_1, x_2) \,\middle|\, 2 \leq x_1 \leq 3 \, , \, (x_1)^2 \leq x_2 \leq (x_1)^3 \right\} \, .$$

Das Integrationsgebiet G für dieses Problem wurde in Abbildung 6.19 skizziert. Da die Integrationsgrenzen der x_2-Variablen von x_1 abhängen und diejenigen von x_1 starr vorgegeben sind, ist es bequemer, zuerst über x_2 und danach über x_1 zu integrieren. Man erhält dann ein zweidimensionales Integral, wobei die x_2-Integration sofort durchgeführt werden kann und die darauf folgende x_1-Integration elementar ist:

$$|G| = \iint_G dx_1 dx_2 = \int_{2}^{3} dx_1 \int_{(x_1)^2}^{(x_1)^3} dx_2 = \int_{2}^{3} dx_1 \left[(x_1)^3 - (x_1)^2 \right]$$

$$= \tfrac{1}{4}(x_1)^4 \Big|_2^3 - \tfrac{1}{3}(x_1)^3 \Big|_2^3 = \frac{65}{4} - \frac{19}{3} = \frac{119}{12} \, . \tag{6.52}$$

Dieses Ergebnis bedeutet also, dass der Flächeninhalt von G genau gleich $\frac{119}{12}$ ist.

Integrale allgemeiner Funktionen

Wir betrachten nun Integrale allgemeiner Funktionen. Als erstes Beispiel dieser Klasse berechnen wir das bereits aus Abb. 6.17 bekannte Integral über die Funktion

$$f(x_1, x_2) = 1 + \sqrt{1 - x_1^2 - x_2^2} \quad , \quad G = \left\{ (x_1, x_2) \,\middle|\, x_1^2 + x_2^2 \leq 1 \right\} \, .$$

Bei der Diskussion von Abb. 6.17 wurde bereits vorweggenommen, dass das Integral das Volumen eines säulenförmigen Raumbereichs misst, wobei ein Beitrag der Größe π vom zylinderförmigen Sockel und ein Beitrag der Größe $\frac{2}{3}\pi$ von der Halbkugel kommt. Wir möchten diese Aussagen hier überprüfen. Da dieses Problem symmetrisch unter Vertauschung der Variablen x_1 und x_2 ist, ist die Integrationsreihenfolge unerheblich. Wir integrieren zuerst über x_2 und danach über x_1. Das entsprechende zweidimensionale Integral kann mit Hilfe der Substitution $x_2 = \sqrt{1-(x_1)^2}\sin(\varphi)$ und mit Hilfe von (6.51) gelöst werden:

$$\iint_G dx_1 dx_2\, f(x_1, x_2) = \int_{-1}^{1} dx_1 \int_{-\sqrt{1-(x_1)^2}}^{\sqrt{1-(x_1)^2}} dx_2 \left[1 + \sqrt{1 - x_1^2 - x_2^2}\right]$$

$$= |G| + \int_{-1}^{1} dx_1 \left[1 - (x_1)^2\right] \int_{-\pi/2}^{\pi/2} d\varphi\, \cos^2(\varphi)$$

$$= |G| + \left(2 - \tfrac{1}{3}(x_1)^3 \Big|_{-1}^{1}\right) \cdot \tfrac{1}{2}\pi = \pi + \tfrac{4}{3}\cdot\tfrac{1}{2}\pi = \pi + \tfrac{2}{3}\pi = \tfrac{5}{3}\pi\,.$$

Wir erhalten – wie erwartet – Beiträge π vom „Sockel" und $\frac{2}{3}\pi$ von der Halbkugel und somit insgesamt $\frac{5}{3}\pi$ für das zweidimensionale Integral.

Im zweiten Beispiel betrachten wir eine Funktion f und ein halbkreisförmiges Gebiet G, die wie folgt festgelegt sind:

$$f(x_1, x_2) = x_2\sqrt{1-(x_1)^2} \quad,\quad G = \left\{(x_1, x_2)\,|\,(x_1)^2 + (x_2)^2 \leq 1\,,\, x_2 \geq 0\right\}\,.$$

Da die x_2-Integration in diesem Fall einfacher ist, ist es ratsam, diese vor der x_1-Integration durchzuführen; die umgekehrte Reihenfolge wäre nicht unmöglich, sondern nur mühsamer. Man erhält für das zweidimensionale Integral:

$$\iint_G dx_1 dx_2\, f(x_1, x_2) = \int_{-1}^{1} dx_1 \int_{0}^{\sqrt{1-(x_1)^2}} dx_2\, x_2\sqrt{1-(x_1)^2}$$

$$= \tfrac{1}{2}\int_{-1}^{1} dx_1 \left[1 - (x_1)^2\right]^{3/2} = \tfrac{1}{2}\int_{-\pi/2}^{\pi/2} d\varphi\, \cos^4(\varphi)\,.$$

Im zweiten Schritt wird die x_2-Integration durchgeführt. Wegen des Auftretens von Potenzen von $\sqrt{1-(x_1)^2}$ ist die Substitution $x_1 \equiv \sin(\varphi)$ naheliegend. Der Integrand $\cos^4(\varphi)$ wird dann mit der Verdopplungsformel $\cos^2(\varphi) = \frac{1}{2}\left[1 + \cos(2\varphi)\right]$ vereinfacht:

$$\iint_G dx_1 dx_2\, f(x_1, x_2) = \tfrac{1}{8}\int_{-\pi/2}^{\pi/2} d\varphi\, \left[1 + \cos(2\varphi)\right]^2 = \tfrac{1}{8}(\pi + 0 + \tfrac{1}{2}\pi) = \frac{3\pi}{16}\,.$$

Beim Ausmultiplizieren des Quadrats $[\cdots]^2$ treten drei Terme auf, die alle elementar sind und zum Ergebnis $\frac{3\pi}{16}$ führen. Wenn man an einem typischen *Mittelwert* $\langle f\rangle_G$ der Funktion f im Gebiet G interessiert ist, kann man dieses Ergebnis $\frac{3\pi}{16}$ z.B. durch die Ausdehnung der Fläche von G dividieren. Diese ist gleich $\frac{1}{2}\pi$, da G einer halben Kreisscheibe mit Radius 1 entspricht. Mit dieser Definition des Mittelwerts wäre $\langle f\rangle_G = \frac{3\pi}{16}/\frac{\pi}{2} = \frac{3}{8}$.

6.3.3 Die Integrationsreihenfolge

Wie bereits erwähnt, ist bei zweidimensionalen Integralen die Integrationsreihenfolge beliebig, *falls* die Funktion $f(x_1, x_2)$ *stetig* (und somit beschränkt) im endlichen, abgeschlossenen Integrationsgebiet G ist. In diesem Fall gilt:

$$\int_{a_1}^{b_1} dx_1 \left[\int_{a_2}^{b_2} dx_2 \, f_G(x_1, x_2) \right] = \int_{a_2}^{b_2} dx_2 \left[\int_{a_1}^{b_1} dx_1 \, f_G(x_1, x_2) \right] .$$

Falls diese Bedingung nicht erfüllt ist, d.h., falls $f(x_1, x_2)$ nicht stetig ist, könnte eine unterschiedliche Integrationsreihenfolge durchaus zu einem anderen Integrationsergebnis führen. Wir zeigen ein Beispiel, in dem die Reihenfolge vertauscht werden kann, und zwei Beispiele, in denen die Funktionen nicht stetig sind und eine unterschiedliche Integrationsreihenfolge zu unterschiedlichen Ergebnissen führt.

Beispiel für eine vertauschbare Integrationsreihenfolge

Als Beispiel eines Integrals mit einem stetigen Integranden und vertauschbarer Integrationsreihenfolge wählen wir das Integral (6.52), das wir oben als zweites Beispiel für die Integration einer Indikatorfunktion betrachteten:

$$f(x_1, x_2) = 1 \quad , \quad G = \left\{ (x_1, x_2) \, \middle| \, 2 \leq x_1 \leq 3 \, , \, (x_1)^2 \leq x_2 \leq (x_1)^3 \right\} .$$

Wir vertauschen nun die Integrationsreihenfolge und integrieren zuerst über x_1 und danach über x_2. Hierbei ist zu bedenken, dass einerseits $2 \leq x_1 \leq 3$ und andererseits $(x_2)^{1/3} \leq x_1 \leq (x_2)^{1/2}$, also insgesamt

$$\max\{(x_2)^{1/3}, 2\} \leq x_1 \leq \min\{(x_2)^{1/2}, 3\}$$
$$4 = [\min\{x_1\}]^2 \leq x_2 \leq [\max\{x_1\}]^3 = 27$$

gilt. Die Schranken für x_2 ergeben sich durch Kombination der Ungleichungen $x_2 \geq (x_1)^2$ und $x_1 \geq 2$ sowie $x_2 \leq (x_1)^3$ und $x_1 \leq 3$. Das zweidimensionale Integral wird nun wie folgt berechnet:

$$|G| = \iint_G dx_1 dx_2 = \int_4^{27} dx_2 \int_{\max\{(x_2)^{1/3}, 2\}}^{\min\{(x_2)^{1/2}, 3\}} dx_1$$
$$= \int_4^{27} dx_2 \left[\min\{(x_2)^{1/2}, 3\} - \max\{(x_2)^{1/3}, 2\} \right] .$$

Bei der Berechnung des Integrals muss man nun unterscheiden, ob $(x_2)^{1/2}$ kleiner oder größer als 3 bzw. $(x_2)^{1/3}$ kleiner oder größer als 2 ist:

$$|G| = \int_4^9 dx_2 \, (x_2)^{1/2} + \int_9^{27} dx_2 \, 3 - \int_4^8 dx_2 \, 2 - \int_8^{27} dx_2 \, (x_2)^{1/3}$$
$$= \tfrac{2}{3}(x_2)^{3/2} \Big|_4^9 + 3 \cdot (27 - 9) - 2 \cdot (8 - 4) - \tfrac{3}{4}(x_2)^{4/3} \Big|_8^{27}$$
$$= \tfrac{2}{3}(27 - 8) + 54 - 8 - \tfrac{3}{4}(81 - 16) = \frac{119}{12} . \tag{6.53}$$

Durch den Vergleich des Ergebnisses (6.53) mit dem früheren Ergebnis (6.52) stellen wir fest, dass die Vertauschung der Integrationsreihenfolge das Ergebnis der Integration in der Tat nicht beeinflusst.

Beispiele für eine nicht vertauschbare Integrationsreihenfolge

Ein typisches Beispiel für die *Nichtvertauschbarkeit* der Integrationsreihenfolge bei *unstetigen* Integranden ist das folgende: Wir wählen, wie in Abbildung 6.20 skizziert, als abgeschlossenes Gebiet das Quadrat $G = [0,1]^2$ und als zu integrierende Funktion:

$$f(x_1, x_2) = \begin{cases} (x_2)^{-2} & (0 < x_1 < x_2 < 1) \\ -(x_1)^{-2} & (0 < x_2 < x_1 < 1) \\ 0 & (\text{sonst}) \end{cases} \quad , \quad f(x_2, x_1) = -f(x_1, x_2) \,.$$

Diese Funktion ist nicht stetig, erstens weil auf der Diagonalen und auf den Achsen Sprünge in den Funktionswerten auftreten und zweitens weil f nahe $(x_1, x_2) = (0,0)$ beliebig groß werden kann (also unbeschränkt ist). Wir stellen außerdem fest, dass das Integrationsgebiet G *symmetrisch* und der Integrand f *antisymmetrisch* unter Vertauschung von x_1 und x_2 (d.h. unter einer Spiegelung an der Diagonalen $x_1 = x_2$) sind. Folglich erwartet man vielleicht intuitiv, dass das Integral über das Gebiet G aufgrund der (Anti)Symmetrie gleich null sein muss. Dies ist aber *nicht* das Resultat, das sich bei sukzessiver Integration über die beiden kartesischen Koordinaten ergibt. Integriert man nämlich zuerst über x_2 und danach über x_1, so erhält man:

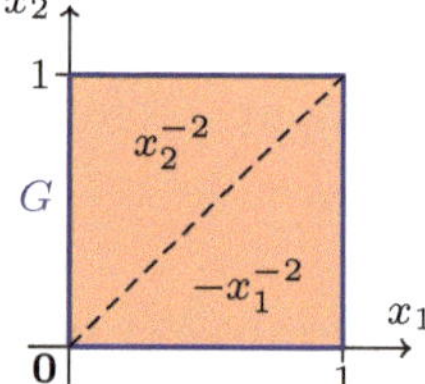

Abb. 6.20 Beispiel zur Integrationsreihenfolge

$$\int_0^1 dx_1 \int_0^1 dx_2 \, f(x_1, x_2) = \int_0^1 dx_1 \left(-\int_0^{x_1} dx_2 \, x_1^{-2} + \int_{x_1}^1 dx_2 \, x_2^{-2} \right)$$

$$= \int_0^1 dx_1 \left[-x_1^{-1} + (-x_2^{-1}) \Big|_{x_1}^1 \right] = \int_0^1 dx_1 \, (-1) = -1 \,. \tag{6.54}$$

Integriert man zuerst über x_1 und danach über x_2, braucht man nichts auszurechnen, da das Ergebnis bereits aus der Antisymmetrie des Integranden folgt:

$$\int_0^1 dx_2 \int_0^1 dx_1 \, f(x_1, x_2) = -\int_0^1 dx_2 \int_0^1 dx_1 \, f(x_2, x_1)$$

$$= -\int_0^1 dx_1 \int_0^1 dx_2 \, f(x_1, x_2) = +1 \,. \tag{6.55}$$

Im zweiten Schritt wurden lediglich die Variablen umbenannt ($x_1 \leftrightarrow x_2$), und im letzten Schritt wurde das Ergebnis (6.54) verwendet. Ein Vergleich der rechten Seiten von (6.54) und (6.55) zeigt die Diskrepanz.

Wir zeigen noch ein zweites, recht bekanntes Beispiel für die Nichtvertauschbarkeit der Integrationsreihenfolge, ebenfalls mit dem Integrationsgebiet $G = [0,1]^2$.

Der Integrand ist nun gegeben durch

$$f(x_1, x_2) = \begin{cases} \frac{x_1^2 - x_2^2}{(x_1^2 + x_2^2)^2} & (x_{1,2} > 0) \\ 0 & (\text{sonst}) \end{cases} \quad , \quad f(x_2, x_1) = -f(x_1, x_2) \ .$$

Die Funktion f ist somit wiederum antisymmetrisch unter Vertauschung von x_1 und x_2, hat aber keinen Sprung auf der Diagonalen. Auch in diesem Fall kann f nahe $(x_1, x_2) = (0,0)$ beliebig groß werden. Wir berechnen zuerst das Integral von $f(x_1, x_2)$ über x_2 bei konstantem x_1. Für $x_1 = 0$ gilt $f(0, x_2) = 0$, und somit ist auch $\int_0^1 dx_2\, f(0, x_2) = 0$. Für alle $x_1 > 0$ gilt:

$$\int_0^1 dx_2\, f(x_1, x_2) = \int_0^1 dx_2\, \frac{1}{x_1^2 + x_2^2} + \int_0^1 dx_2\, x_2 \frac{d}{dx_2} \frac{1}{x_1^2 + x_2^2} = \frac{x_2}{x_1^2 + x_2^2}\Big|_0^1 = \frac{1}{x_1^2 + 1} \ .$$

Wir stellen fest, dass $\int_0^1 dx_2\, f(x_1, x_2)$ als Funktion der Variablen x_1 nur eine Unstetigkeit im Intervall $[0, 1]$ hat (und zwar bei $x_1 = 0$) und ansonsten stetig und beschränkt und somit Riemann-integrierbar ist. Das Riemann-Integral folgt aus:

$$\int_0^1 dx_1 \int_0^1 dx_2\, f(x_1, x_2) = \int_0^1 dx_1\, \frac{1}{x_1^2 + 1} = \arctan(1) = \frac{\pi}{4} \ .$$

Das Ergebnis der zweidimensionalen Integration bei umgekehrter Integrationsreihenfolge ergibt sich wiederum aus der Antisymmetrie des Integranden:

$$\int_0^1 dx_2 \int_0^1 dx_1\, f(x_1, x_2) = -\int_0^1 dx_2 \int_0^1 dx_1\, f(x_2, x_1)$$
$$= -\int_0^1 dx_1 \int_0^1 dx_2\, f(x_1, x_2) = -\frac{\pi}{4} \ .$$

Der Vergleich der beiden Integrationsergebnisse zeigt die Diskrepanz. Auch in diesem Beispiel kann die Integrationsreihenfolge nicht vertauscht werden.

6.3.4 Polarkoordinaten

Gelegentlich sind kartesische Koordinaten (x_1, x_2) für die Berechnung von zweidimensionalen Integralen unhandlich oder gar ungeeignet. Dann ist eine andere Wahl der Koordinaten angebracht. Wenn sich beispielsweise der Integrand und das Integrationsgebiet G als Funktion des Abstands ρ zum Ursprung und des Winkels φ mit der positiven x_1-Achse einfach darstellen lassen, ist eine Integration mit Hilfe solcher *Polarkoordinaten* (ρ, φ) naheliegend. Der Zusammenhang zwischen kartesischen Koordinaten und Polarkoordinaten ist:

$$\boxed{(x_1, x_2) \equiv (\rho \cos(\varphi), \rho \sin(\varphi)) \ .}$$

Die Funktionswerte des Integranden in Abhängigkeit von den kartesischen oder alternativ den Polarkoordinaten sind per definitionem gleich:

$$\bar{f}(\rho, \varphi) \equiv f(x_1, x_2) = f(\rho \cos(\varphi), \rho \sin(\varphi)) \ ,$$

und dies impliziert für die Funktionen $\bar{f}_G$ und f_G, die außerhalb des Integrationsbereichs G gleich null sind:

$$\bar{f}_G\,(\rho,\varphi) \equiv f_G\,(x_1,x_2) = f_G\,(\rho\cos(\varphi), \rho\sin(\varphi))\ .$$

Wir nehmen an, dass die Funktion f im endlichen, abgeschlossenen Gebiet G *stetig* (und somit beschränkt) ist. Da das Integrationsgebiet G als *endlich* vorausgesetzt wird, ist es in einem hinreichend großem Kreis enthalten, sodass ein Radius $R < \infty$ existiert mit $\rho = \sqrt{x_1^2 + x_2^2} \le R$ für alle $(x_1, x_2) \in G$.

Im Folgenden präsentieren wir zuerst eine einfache *geometrische Interpretation* der Integration in Polarkoordinaten. Dieses geometrische Argument erklärt bereits die Konsequenzen der Transformation von zweidimensionalen kartesischen Koordinaten auf Polarkoordinaten für die Berechnung von Integralen. Anschließend bringen wir einige Rechenbeispiele für die Wirkung von Polarkoordinaten bei Integrationen. Schließlich zeigen wir, wie sich das „geometrische Argument" auch mit Hilfe von Riemann-Summen untermauern lässt und die Integration in Polarkoordinaten sorgfältig definiert werden kann.

Geometrische Bedeutung der Integration in Polarkoordinaten

Die geometrische Bedeutung einer zweidimensionalen Integration in Polarkoordinaten ist in Abbildung 6.21 dargestellt. Die zweidimensionale Ebene wird zerlegt in kleine (im Grenzfall: infinitesimale) Integrationsbereiche $[\rho, \rho+d\rho] \times [\varphi, \varphi+d\varphi]$, die proportional zu ihrer infinitesimalen Fläche $\rho\,d\rho d\varphi$ zur Riemann-Summe bzw. zum Riemann-Integral beitragen. Falls G endlich ist, kann man den Integrationsbereich von $\bar{f}_G$ auf die komplette zweidimensionale Ebene ausdehnen, und man erhält die folgende Darstellung des Integrals in Polarkoordinaten:

$$\iint_G dx_1 dx_2\, f(x_1,x_2) = \iint_{\mathbb{R}^2} dx_1 dx_2\, f_G(x_1,x_2) = \int_0^\infty d\rho \int_0^{2\pi} d\varphi\, \rho\,\bar{f}_G(\rho,\varphi)\ .$$

Dieses qualitative Argument mit Hilfe „infinitesimaler Größen" wird unten durch die Konstruktion der Riemann-Summe präzisiert. Man achte übrigens auf den wichtigen Faktor ρ, der bei der Integration in Polarkoordinaten mit der Funktion $\bar{f}_G(\rho,\varphi)$ zu multiplizieren ist. Wir werden diesen Faktor ρ (und Verallgemeinerungen) in Kapitel [9] als die *Funktionaldeterminante* der Transformation (hier: von kartesischen auf Polarkoordinaten) identifizieren.

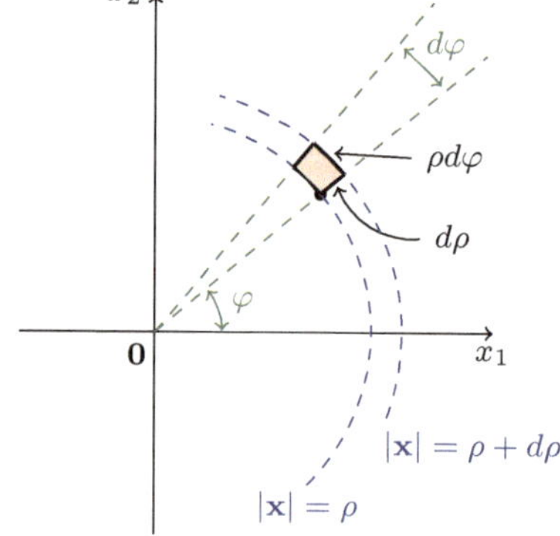

Abb. 6.21 Flächenelement bei Integration in Polarkoordinaten

Polarkoordinaten – Beispiele

Wir diskutieren einige Beispiele. Als erstes Beispiel betrachten wir das Integral der Funktion $\bar{f}_G = e^{-\rho}\sin^2(\varphi)$ über die gesamte zweidimensionale Ebene ($G = \mathbb{R}^2$). Es handelt sich hier grundsätzlich um ein *un*eigentliches Integral, dessen Konvergenz für $\rho \to \infty$ unproblematisch ist:

$$\int_0^\infty d\rho \int_0^{2\pi} d\varphi\, \rho \bar{f}_G(\rho,\varphi) = \left(\int_0^\infty d\rho\, \rho e^{-\rho}\right)\left[\int_0^{2\pi} d\varphi\, \sin^2(\varphi)\right] = \pi\,.$$

Das ρ-Integral ist vom Typ (6.26) (hier mit $n = 1$), und das φ-Integral folgt aus elementaren Überlegungen:

$$\int_0^{2\pi} d\varphi\, \sin^2(\varphi) = \int_0^{2\pi} d\varphi\, \tfrac{1}{2}\left[\sin^2(\varphi) + \cos^2\left(\varphi - \tfrac{\pi}{2}\right)\right]$$

$$= \int_0^{2\pi} d\varphi\, \tfrac{1}{2}\left[\sin^2(\varphi) + \cos^2(\varphi)\right] = \tfrac{1}{2}\int_0^{2\pi} d\varphi = \pi\,,$$

wobei im zweiten Schritt die Periodizität des Kosinus verwendet wurde.

Auch im zweiten Beispiel wählen wir als Integrationsbereich die gesamte zweidimensionale Ebene ($G = \mathbb{R}^2$). Der Integrand soll nun eine gaußsche Form als Funktion von ρ (und keine explizite φ-Abhängigkeit) besitzen:

$$f_G(x_1,x_2) = e^{-\left[(x_1)^2 + (x_2)^2\right]} \quad,\quad \bar{f}_G(\rho,\varphi) = e^{-\rho^2}\,. \tag{6.56}$$

Das Interessante an diesem zweidimensionalen Integral ist, dass man es sowohl in Polar- als auch in kartesischen Koordinaten ausrechnen kann. In Polarkoordinaten erhält man ein explizites Ergebnis:

$$\int_0^\infty d\rho \int_0^{2\pi} d\varphi\, \rho \bar{f}_G(\rho,\varphi) = \int_0^\infty d\rho \int_0^{2\pi} d\varphi\, \rho\, e^{-\rho^2} = \pi \int_0^\infty dy\, e^{-y} = \pi\,.$$

In kartesischen Koordinaten kann man die Integration auf das Quadrat des *eindimensionalen* gaußschen Integrals $\int_{-\infty}^\infty dx\, e^{-x^2}$ zurückführen:

$$\iint dx_1 dx_2\, f_G(x_1,x_2) = \iint dx_1 dx_2\, e^{-\left[(x_1)^2 + (x_2)^2\right]}$$

$$= \left(\int_{-\infty}^\infty dx_1\, e^{-x_1^2}\right)\left(\int_{-\infty}^\infty dx_2\, e^{-x_2^2}\right) = \left(\int_{-\infty}^\infty dx\, e^{-x^2}\right)^2\,.$$

Durch Vergleich beider Ergebnisse erhält man nun den expliziten Wert (6.57) für das wichtige und sehr häufig vorkommende Gauß-Integral $\int_{-\infty}^\infty dx\, e^{-x^2}$:

$$\boxed{\int_{-\infty}^\infty dx\, e^{-x^2} = \sqrt{\pi}\,.} \tag{6.57}$$

Außerdem kann das Gauß-Integral nun mit Hilfe einer Substitution $x = \sqrt{y}$ mit dem weiteren wichtigen Integral $\int_0^\infty dy\, y^{-1/2}e^{-y}$ verknüpft werden:

$$\sqrt{\pi} = \int_{-\infty}^\infty dx\, e^{-x^2} = 2\int_0^\infty dx\, e^{-x^2} = 2\int_0^\infty dy\,\frac{e^{-y}}{2\sqrt{y}} = \int_0^\infty dy\, y^{-\frac{1}{2}}e^{-y}\,.$$

Das Integral auf der rechten Seite ist ein Spezialfall einer Klasse von Integralen der allgemeinen Form $\int_0^\infty dy\, y^{z-1}e^{-y}$, die von einem Parameter $z \in \mathbb{R}$ abhängig sind. Alternativ kann man diese Integrale auch als *Funktion* der Variablen z ansehen. Diese Funktion wird in der Literatur als die *Gammafunktion* bezeichnet. Die allgemeine Definition der Gammafunktion ist daher:

$$\Gamma(z) \equiv \int_0^\infty dy\, y^{z-1}e^{-y}\,. \tag{6.58}$$

Ein Vergleich mit (6.26) zeigt einerseits, dass die Integrale (6.26) Spezialfälle der allgemeineren Gammafunktion sind, und andererseits, dass

$$\Gamma(n+1) = n! \tag{6.59}$$

gilt. Des Weiteren haben wir oben festgestellt, dass die Gammafunktion mit $z = \frac{1}{2}$ den numerischen Wert $\sqrt{\pi}$ hat. Folglich haben wir das Ergebnis:

$$\Gamma\left(\tfrac{1}{2}\right) = \int_0^\infty dy\, y^{-\frac{1}{2}}e^{-y} = \sqrt{\pi}\,. \tag{6.60}$$

Die Gammafunktion erfüllt eine wichtige Rekursionsbeziehung:

$$\begin{aligned}
\Gamma(z+1) &= \int_0^\infty dy\, y^z e^{-y} = \int_0^\infty dy\, y^z \frac{d}{dy}(-e^{-y}) \\
&= y^z(-e^{-y})\Big|_0^\infty + z\int_0^\infty dy\, y^{z-1}e^{-y} = z\Gamma(z)\,.
\end{aligned} \tag{6.61}$$

Aus dieser Rekursionsbeziehung folgt sofort (6.59) wegen $\Gamma(1) = 1$. Außerdem ergibt sich aus der Rekursionsbeziehung:

$$\Gamma\left(\tfrac{3}{2}\right) = \tfrac{1}{2}\Gamma\left(\tfrac{1}{2}\right) = \tfrac{1}{2}\sqrt{\pi} \quad,\quad \Gamma\left(\tfrac{5}{2}\right) = \tfrac{3}{2}\Gamma\left(\tfrac{3}{2}\right) = \tfrac{3}{4}\sqrt{\pi} \tag{6.62}$$

$$\begin{aligned}
\Gamma\left(n+\tfrac{1}{2}\right) &= \left(n-\tfrac{1}{2}\right)\left(n-\tfrac{3}{2}\right)\cdots\tfrac{1}{2}\Gamma\left(\tfrac{1}{2}\right) \\
&= (2n-1)(2n-3)\cdots 3\sqrt{\pi}/2^n = (2n-1)!!\frac{\sqrt{\pi}}{2^n}\,.
\end{aligned} \tag{6.63}$$

Die Doppelfakultät $n!!$ wurde in Abschnitt [4.4.5] in Kapitel [4] definiert.

Riemann-Summen für Polarkoordinaten *

Wir möchten die in Abb. 6.21 dargestellte „geometrische Interpretation" der Integration in Polarkoordinaten hier präzisieren. Zur Approximation des Integrals über die Kreisscheibe $\{(x_1, x_2)\,|\,\rho \leq R\}$ können wir wiederum *Riemann-Summen* definieren. Wir wählen zuerst $M+1$ Radien $\{\rho_k\}$ und $N+1$ Winkel $\{\varphi_l\}$ mit den Eigenschaften

$$0 \equiv \rho_0 < \rho_1 < \rho_2 < \cdots < \rho_M \equiv R$$
$$0 \equiv \varphi_0 < \varphi_1 < \varphi_2 < \cdots < \varphi_N \equiv 2\pi$$

und MN weitere Kombinationen $\{(\rho_{kl}^*, \varphi_{kl}^*\}$ von Radien und Winkeln mit den Eigenschaften

$$\rho_{kl}^* \in [\rho_{k-1}, \rho_k] \quad , \quad \varphi_{kl}^* \in [\varphi_{l-1}, \varphi_l] \, .$$

Da die Fläche des Kreissegments $[\rho_{k-1}, \rho_k] \times [\varphi_{l-1}, \varphi_l] \equiv g_{kl}$ gleich

$$\frac{\varphi_l - \varphi_{l-1}}{2\pi} \left[\pi \rho_k^2 - \pi \rho_{k-1}^2 \right] = (\varphi_l - \varphi_{l-1})(\rho_k - \rho_{k-1}) \rho_{k-\frac{1}{2}} \tag{6.64}$$

mit $\rho_{k-1/2} \equiv \frac{1}{2}(\rho_k + \rho_{k-1})$ ist, hat die entsprechende allgemeine Riemann-Summe die Struktur:

$$S_{\mathrm{R}}[\{\rho_k, \varphi_l, \rho_{kl}^*, \varphi_{kl}^*\}] \equiv \sum_{k=1}^{M} \sum_{l=1}^{N} (\varphi_l - \varphi_{l-1})(\rho_k - \rho_{k-1}) \rho_{k-\frac{1}{2}} \bar{f}_G(\rho_{kl}^*, \varphi_{kl}^*) \, .$$

Wir können nun wieder *Riemann-Untersummen* und *Riemann-Obersummen* definieren:

$$S_{\mathrm{R}}^-[\{\rho_k, \varphi_l\}] \equiv \sum_{k=1}^{M} \sum_{l=1}^{N} (\varphi_l - \varphi_{l-1})(\rho_k - \rho_{k-1}) \rho_{k-\frac{1}{2}} \inf_{g_{kl}} \bar{f}(\rho, \varphi)$$

$$S_{\mathrm{R}}^+[\{\rho_k, \varphi_l\}] \equiv \sum_{k=1}^{M} \sum_{l=1}^{N} (\varphi_l - \varphi_{l-1})(\rho_k - \rho_{k-1}) \rho_{k-\frac{1}{2}} \sup_{g_{kl}} \bar{f}(\rho, \varphi)$$

und erhalten dann bei Variation von $\{\rho_k, \varphi_l\}$ über die Menge der möglichen Zerlegungen eine „größte Untersumme" und eine „kleinste Obersumme":

$$S_{\mathrm{R}}^- \equiv \sup_{\{\{\rho_k, \varphi_l\}\}} S_{\mathrm{R}}^-[\{\rho_k, \varphi_l\}] \quad , \quad S_{\mathrm{R}}^+ \equiv \inf_{\{\{\rho_k, \varphi_l\}\}} S_{\mathrm{R}}^+[\{\rho_k, \varphi_l\}] \, .$$

Eine Funktion f heißt – ähnlich wie im kartesischen Fall – *Riemann-integrierbar* über G, falls $S_{\mathrm{R}}^- = S_{\mathrm{R}}^+$ gilt. Der gemeinsame Wert

$$\mathcal{I}_{\mathrm{R}} \equiv S_{\mathrm{R}}^- = S_{\mathrm{R}}^+ \equiv \int_0^\infty d\rho \int_0^{2\pi} d\varphi \, \rho \bar{f}_G(\rho, \varphi)$$

wird in diesem Falle als das (Riemann-)Integral von f über G bezeichnet. Der Faktor ρ, der mit der Funktion $\bar{f}_G(\rho, \varphi)$ multipliziert wird, stammt hierbei vom Faktor $\rho_{k-\frac{1}{2}}$ in Gleichung (6.64). Man kann wiederum *uneigentliche Integrale* einführen, z.B. dadurch, dass man eine Folge von immer größeren Integrationsbereichen G betrachtet und im Grenzfall über einen unendlichen Teilbereich der Ebene oder gar über die komplette zweidimensionale Ebene integriert.

6.3.5 Gauß-Integrale

Neben dem Gauß-Integral (6.57) gibt es noch weitere Gauß-Integrale, die von Interesse sind und mit Hilfe der Gleichungen (6.58), (6.59), (6.60), (6.61) und (6.63) berechnet werden können. Beispielsweise kann das Gauß-Integral eine zusätzliche *gerade* oder *ungerade* Potenz von x enthalten. Die ungeraden Potenzen führen zu einer Antisymmetrie des Integranden, und daher gilt einfach:

$$\int_{-\infty}^{\infty} dx \; x^{2m-1} e^{-x^2} = 0 \quad (m \in \mathbb{N}) .$$

Die geraden Potenzen (mit $m \in \mathbb{N}$) können auf die in (6.63) berechneten Gammafunktionen der Form $\Gamma\left(m + \frac{1}{2}\right)$ zurückgeführt werden:

$$\int_{-\infty}^{\infty} dx \; x^{2m} e^{-x^2} = 2 \int_0^{\infty} dy \; y^m \frac{e^{-y}}{2\sqrt{y}} = \int_0^{\infty} dy \; y^{m-\frac{1}{2}} e^{-y} = \Gamma\left(m + \tfrac{1}{2}\right) . \quad (6.65)$$

Als Spezialfall erhält man z.B.:

$$\int_{-\infty}^{\infty} dx \; x^2 e^{-x^2} = \Gamma\left(\tfrac{3}{2}\right) = \tfrac{1}{2}\sqrt{\pi} . \tag{6.66}$$

Eine wichtige Anwendung dieser Formeln ist die sogenannte „Gauß-Verteilung" oder „Normalverteilung", die in der Wahrscheinlichkeitsrechnung und Statistik eine zentrale Rolle spielt:

$$p_{\mu\sigma}(x) \equiv \frac{1}{\sigma\sqrt{2\pi}} e^{-(x-\mu)^2/2\sigma^2} \quad , \quad p_{01}(x) \equiv \frac{1}{\sqrt{2\pi}} e^{-x^2/2} \quad (x \in \mathbb{R}) .$$

Die spezielle Gauß-Verteilung mit $\mu = 0$ und $\sigma = 1$ wird als „Standardnormalverteilung" bezeichnet. Dieses Thema wird ausführlich in Kapitel [8] behandelt. Hier möchten wir nur ein paar (Gauß-)Integrale der Gauß-Verteilung diskutieren. Beispielsweise ist das Integral von $p_{\mu\sigma}(x)$, das als die *Normierung* der Gauß-Verteilung bezeichnet wird, genau gleich eins:

$$\int_{-\infty}^{\infty} dx \; \frac{1}{\sigma\sqrt{2\pi}} e^{-(x-\mu)^2/2\sigma^2} = \frac{1}{\sqrt{\pi}} \int_{-\infty}^{\infty} dy \; e^{-y^2} = 1 .$$

Wir haben im ersten Schritt die Substitution $y \equiv (x - \mu)/\sqrt{2}\sigma$ vorgenommen. In der Wahrscheinlichkeitsrechnung ist die Interpretation der letzten Gleichung, dass die *Gesamtwahrscheinlichkeit*, bei der Messung einer gaußverteilten Größe „x" *irgendeinen* x-Wert zu messen, genau gleich eins ist.

Einige Definitionen

Das Integral $\langle x \rangle \equiv \int_{-\infty}^{\infty} x p_{\mu\sigma}(x)$ wird als *Mittelwert* der Gauß-Verteilung bezeichnet. Allgemeiner bezeichnet man Integrale vom Typ

$$\langle f(x) \rangle \equiv \int_{-\infty}^{\infty} f(x) p_{\mu\sigma}(x)$$

als *Erwartungswert* der Größe $f(x)$ (für gaußverteiltes x). Auch bei der Berechnung des Mittelwerts $\langle x \rangle$ ist eine Substitution $y \equiv (x - \mu)/\sqrt{2}\sigma$ hilfreich:

$$\langle x \rangle = \frac{1}{\sigma\sqrt{2\pi}} \int_{-\infty}^{\infty} dx \; x \, e^{-(x-\mu)^2/2\sigma^2} = \frac{1}{\sqrt{\pi}} \int_{-\infty}^{\infty} dy \; (\mu + \sqrt{2}\sigma y) \, e^{-y^2} = \mu .$$

Wir stellen fest, dass der Parameter μ der Verteilung den Mittelwert darstellt. Die mittlere quadratische Abweichung vom Mittelwert wird durch die *Varianz* der Gauß-Verteilung, d.h. durch den Erwartungswert von $(x - \mu)^2$ [also durch das Integral von $(x - \mu)^2 p_{\mu\sigma}(x)$], beschrieben:

$$\langle (x - \mu)^2 \rangle = \frac{1}{\sigma\sqrt{2\pi}} \int_{-\infty}^{\infty} dx\, (x - \mu)^2 e^{-(x-\mu)^2/2\sigma^2} = \frac{2\sigma^2}{\sqrt{\pi}} \int_{-\infty}^{\infty} dy\, y^2 e^{-y^2} = \sigma^2 \ .$$

Die *Breite* oder auch *Standardabweichung* der Gauß-Verteilung ist durch die Wurzel der Varianz gegeben: $\sqrt{\langle (x - \mu)^2 \rangle} = \sigma$. Damit ist auch die Interpretation des Parameters σ als Standardabweichung deutlich. Wenn man nun den Anteil der Ereignisse bestimmen möchte, die mindestens n Standardabweichungen oberhalb des Mittelwertes liegen, muss man Integrale der folgenden Form bestimmen:

$$q_n \equiv \int_{\mu+n\sigma}^{\infty} dx\, \frac{1}{\sigma\sqrt{2\pi}} e^{-(x-\mu)^2/2\sigma^2} = \frac{1}{\sigma\sqrt{2\pi}} \int_{n\sigma}^{\infty} dx\, e^{-x^2/2\sigma^2} = \frac{1}{\sqrt{2\pi}} \int_{n}^{\infty} dx\, e^{-x^2/2} \ .$$

Hier stoßen wir auf zwei weitere wichtige Integrale, die *Gauß'sche Fehlerfunktion* erf(x) und die *komplementäre Fehlerfunktion* erfc(x), die wie folgt definiert sind:

$$\boxed{\operatorname{erf}(x) \equiv \frac{2}{\sqrt{\pi}} \int_0^x dt\, e^{-t^2} \quad , \quad \operatorname{erfc}(x) \equiv \frac{2}{\sqrt{\pi}} \int_x^{\infty} dt\, e^{-t^2} = 1 - \operatorname{erf}(x) \ .} \tag{6.67}$$

Also gilt $q_n = \frac{1}{2}\operatorname{erfc}(n/\sqrt{2})$. Da das Integral erfc$(x)$ nicht auf einfachere Standardfunktionen zurückgeführt werden kann, bietet sich eine numerische Bestimmung der q_n an. Für die niedrigsten n-Werte erhält man für q_n (z.B. mit dem Simpson-Verfahren) die folgenden Ergebnisse:

$$q_0 = 0{,}5 \qquad , \qquad q_1 = 0{,}15866 \qquad , \qquad q_2 = 2{,}275 \cdot 10^{-2}$$
$$q_3 = 1{,}35 \cdot 10^{-3} \qquad , \qquad q_4 = 3{,}167 \cdot 10^{-5} \qquad , \qquad q_5 = 2{,}867 \cdot 10^{-7} \ .$$

Solche Zahlen geben Aufschluss darüber, ob untypische Beobachtungen dermaßen signifikant vom Erwartungswert der herkömmlichen Theorie abweichen, dass sie mit neuen Phänomenen (in der Teilchenphysik z.B. mit neuen Teilchen) identifiziert werden können.

Anwendung in der psychologischen Diagnostik

Die Gauß-Verteilung ist sicherlich nicht nur in der Physik relevant: Zum Beispiel weisen *gute Intelligenztests* in der psychologischen Diagnostik eine Normalverteilung der gemessenen IQ-Werte auf.[12] Außerdem werden die gemessenen Normalverteilungen der IQ-Werte so skaliert, dass der Mittelwert gleich 100 und die Standardabweichung gleich 15 ist. Dies bedeutet also, dass man das Messergebnis x eines nicht skalierten (μ, σ)-Intelligenztests als IQ-Wert $100 + 15(x - \mu)/\sigma$ interpretieren sollte oder – anders formuliert – dass das Messergebnis $x = \mu + n\sigma$ dem

---

[12]Dies ist sogar Teil der Definition eines „guten IQ-Tests": Die auf Arbeiten des Psychologen David Wechsler (1896 - 1981) basierenden „HAWIE"- und „HAWIK"-Tests (für Erwachsene bzw. Kinder) werden so *konstruiert*, dass die Verteilung der gemessenen IQ-Werte gaußsch ist.

IQ-Wert $100 + 15n$ entspricht. Eine standardisierte IQ-Verteilung ist in Abbildung 6.22 skizziert. Die grün oder blau eingefärbten Bereiche deuten die 1σ-, 2σ- oder 3σ-Intervalle oberhalb bzw. unterhalb des Mittelwertes an. Die Verteilung ist so normiert, dass sie bei Integration über alle möglichen IQ-Werte 100% ergibt, d.h., dass die Wahrscheinlichkeit (in Prozent) dafür, dass ein gemessener IQ im Intervall $[a, b]$ liegt, durch

$$P(a \leq \mathrm{IQ} \leq b) = 100\% \int_a^b dx\, p_{100,15}(x) = \int_a^b dx\, \frac{100\%}{15\sqrt{2\pi}} e^{-(x-100)^2/450}$$

gegeben ist.

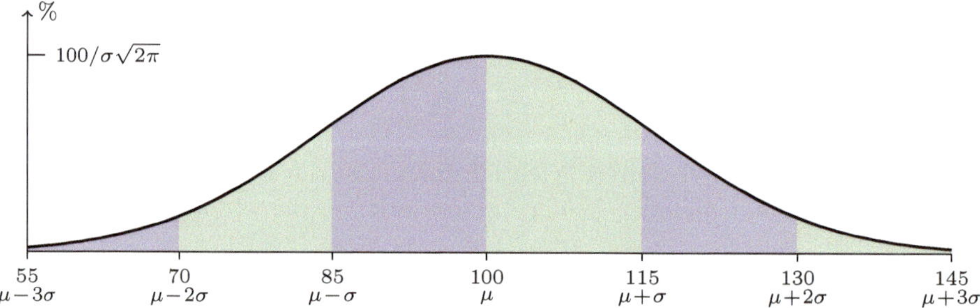

Abb. 6.22 Verteilung der Intelligenzquotienten

6.4 Drei- und höherdimensionale Integrale

Es leuchtet unmittelbar ein, dass in der Physik Integrale im dreidimensionalen Ortsraum eine große Bedeutung haben. Aber auch Integrationen in Räumen mit noch höheren Dimensionen sind für Physiker außerordentlich wichtig, u.a. weil sie in der Statistischen Mechanik und der Vielteilchentheorie eine zentrale Rolle spielen. Beispielsweise hat die Zustandssumme eines klassischen Gases, die die thermodynamischen Eigenschaften bestimmt, die Form eines hochdimensionalen Integrals. Auch Pfadintegrale, die die statischen oder dynamischen Eigenschaften von Vielteilchensystemen beschreiben, sind Extremfälle hochdimensionaler Integrationen.

In diesem Abschnitt befassen wir uns überwiegend mit *drei*dimensionalen Riemann-Integralen. Dies soll u.a. – wie Abschnitt [6.3] über zweidimensionale Integrale – der Vorbereitung des allgemeinen Kapitels [9] über Flächen- und Volumenintegrationen dienen. Wir behandeln einige Beispiele und auch nicht-kartesische Koordinaten, wie *Kugelkoordinaten* für Integrale mit sphärischer Symmetrie und *Zylinderkoordinaten* für axialsymmetrische Integrationen.

Wir befassen uns jedoch nicht *nur* mit der dreidimensionalen Integration: Die Konzepte der Riemann-Integration sind für alle Dimensionen $d \geq 2$ ähnlich, nur die Nomenklatur ist für $d \geq 3$ und $d = 2$ gelegentlich leicht unterschiedlich. Es ist daher zweckmäßig, die Integration in höheren Dimensionen ($d \geq 3$) einheitlich zu behandeln. Auch die Berechnung von Integralen mit sphärischer Symmetrie ist für alle Dimensionen $d \geq 3$ ähnlich.

6.4.1 Geometrisches Bild höherdimensionaler Integrale

Die drei- und höherdimensionale Integration kann weitestgehend analog zur zweidimensionalen Integration durchgeführt werden, die in Abschnitt [6.3] diskutiert wurde. Wir beginnen mit einigen Notationen: Bei der drei- und höherdimensionalen Integration betrachtet man nicht mehr – wie im zweidimensionalen Fall – Funktionen $f : \mathbb{R}^2 \to \mathbb{R}$, sondern verallgemeinert Funktionen $f : \mathbb{R}^d \to \mathbb{R}$, also reellwertige Funktionen, die von insgesamt d reellen Variablen $\mathbf{x} = (x_1, x_2, \cdots, x_d)$ abhängen. Die Funktion $f(\mathbf{x})$ soll über das endliche, abgeschlossene Gebiet $G \subset \mathbb{R}^d$ integriert werden und auf diesem Gebiet *stetig* (und somit beschränkt) sein. Wir nehmen an, dass der Rand ∂G des Gebietes G (also geometrisch die *Oberfläche* von G) glatt ist, und bezeichnen den *Volumeninhalt* von G als $|G|$. Die Berechnung *drei*dimensionaler Integrale ist in dieser Fragestellung als Spezialfall ($d = 3$) enthalten.

Ein Beispiel für ein dreidimensionales Gebiet G, über das integriert werden kann, ist in Abbildung 6.23 gezeichnet. Dieses Gebiet G ist kugelförmig gewählt und könnte physikalisch einen (approximativ) sphärischen Körper, wie z.B. die Erde, darstellen. Bezeichnet man den Radius von G als R, so wäre sein Volumen $|G| = \frac{4}{3}\pi R^3$ und der Flächeninhalt seines Randes ∂G (also der Kugeloberfläche) $|\partial G| = 4\pi R^2$. Der Rand ∂G von G ist in diesem Beispiel manifest glatt. Einige wichtige Eigenschaften des Körpers G kann man mit Hilfe von dreidimensionalen Integralen beschreiben:

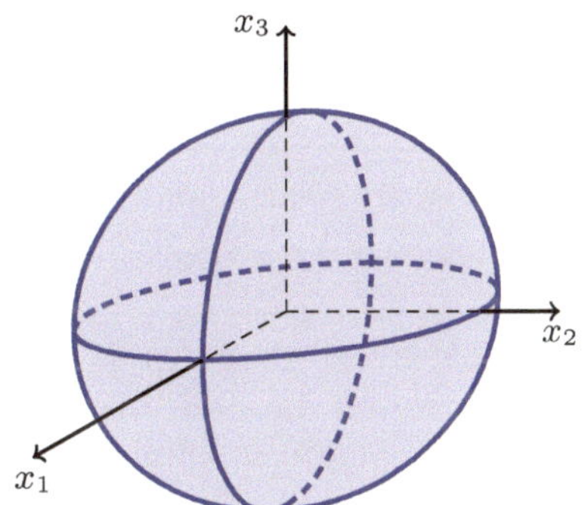

Abb. 6.23 Beispiel eines dreidimensionalen Gebietes G

Beispielsweise beschreibt ein Integral der Form $\int_G d^3x\ 1$ mit $d^3x \equiv dx_1 dx_2 dx_3$ das Volumen $|G|$ des Körpers. Bei der *Volumen*berechnung wird also die Funktion $f(\mathbf{x}) = 1$ integriert. Allgemeine Integrale haben die Form $\int_G d^3x\ f(\mathbf{x})$ und beschreiben Gesamteigenschaften des Körpers G. Falls beispielsweise G die Erde darstellt und man an der *Erdmasse* interessiert ist, möchte man das Integral $\int_G d^3x\ \mu(\mathbf{x})$ ausrechnen, in dem die allgemeine Funktion $f(\mathbf{x})$ durch die *Massendichte* $\mu(\mathbf{x})$ ersetzt wurde. Die Massendichte der Erde ist ja nicht konstant, sondern hängt vom Abstand $|\mathbf{x}|$ zu ihrem Mittelpunkt ab. Bei der Massenberechnung werden die infinitesimalen Volumenelemente d^3x also ortsabhängig mit der Massendichte $\mu(\mathbf{x})$ gewichtet.

Aus diesen Beispielen (Berechnung des Volumens $\int_G d^3x\ 1$ bzw. der Masse $\int_G d^3x\ \mu(\mathbf{x})$ der „Erdkugel") wird bereits deutlich, dass die *geometrische Interpretation* der drei- oder höherdimensionalen Integration vollkommen analog zum zweidimensionalen Fall verläuft. Das entsprechende geometrische Bild *grafisch* darzustellen, ist jedoch schwierig. Dies wird einem sofort durch die Abbildungen 6.24 und 6.25 klar, die das „dreidimensionale Pendant" zu den Abbildungen 6.16 und 6.17 für die zweidimensionale Integration darstellen: Wegen der räumlichen Ausdehnung des Integrationsbereichs G (mit *drei* Koordinatenachsen in $\hat{\mathbf{e}}_1$-, $\hat{\mathbf{e}}_2$- und $\hat{\mathbf{e}}_3$-Richtung und *einer weiteren* Achse für die Funktionswerte) benötigt man zur grafischen Darstellung der *dreidimensionalen* Integration eine *vierdimensionale* Skizze. Dennoch ist die Verallgemeinerung der geometrischen Interpretation für die dreidimensionale Integration prinzipiell einfach: Das dreidimensionale Integral $\int_G d^3x\, f_1 = \int_G d^3x\, 1$ stellt das *Volumen* des Raumbereichs zwischen dem Integrationsgebiet G und der Fläche $x_4 = f_1(\mathbf{x}) = 1$ im *vier*dimensionalen (x_1, x_2, x_3, x_4)-Raum dar. Da die Funktion f_1 im Integrationsgebiet *konstant* und gleich eins ist, hat dieser Raumbereich die Form einer Scheibe der Dicke eins mit Seitenflächen der Größe $|G|$. Das gesuchte *Volumen* dieser Scheibe ist $|G| \cdot 1 = |G|$. Wir lernen hieraus allgemein:

> Der Volumeninhalt $|G|$ eines dreidimensionalen Gebietes G
> ist gleich dem dreidimensionalen Integral $\int_G d^3x\, 1$.

Der allgemeine Fall eines Integrals der Form $\int_G d^3x\, f(\mathbf{x})$ ist (versuchsweise) in Abb. 6.25 dargestellt. Die infinitesimalen Volumenelemente d^3x werden am Ort $\mathbf{x}$ mit dem Integranden $f(\mathbf{x})$, also mit dem senkrechten Abstand zur Fläche $x_4 = f_2(\mathbf{x})$ gewichtet. Die geometrische Bedeutung ist vollkommen analog zum zweidimensionalen Fall:

> Das dreidimensionale Integral $\int_G d^3x\, f(\mathbf{x})$ stellt das vierdimensionale
> *Volumen* über dem Gebiet G und unter der Fläche $x_4 = f(\mathbf{x})$ dar.

Im nachfolgenden Abschnitt [6.4.2] werden wir diese einführenden Bemerkungen untermauern und die drei- und höherdimensionale Integration präziser mit Hilfe von *Riemann-Summen* definieren.

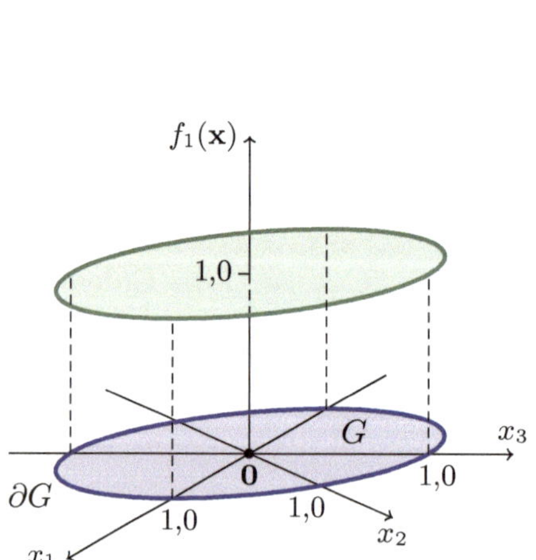

Abb. 6.24 Integrationsgebiet G,
Integrand $f_1(\mathbf{x}) = 1$

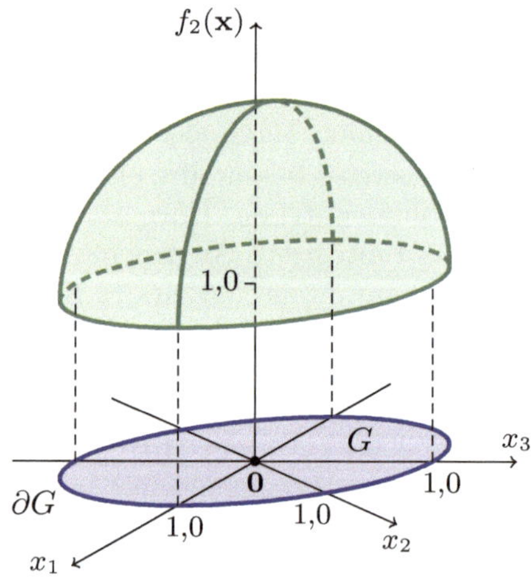

Abb. 6.25 Integrationsgebiet G,
Integrand $f_2(\mathbf{x}) = 1 + \sqrt{1 - |\mathbf{x}|^2}$

6.4.2 Riemann-Summen in höheren Dimensionen

Integrationen in höheren Dimensionen verlaufen weitgehend analog zum zweidimensionalen Fall, sodass wir uns hier relativ kurz fassen können. Wir betrachten allgemein Integrationen im d-dimensionalen Raum. Wie im zweidimensionalen Fall nehmen wir an, dass der (nun d-dimensionale) Integrationsbereich G durch einen glatten Rand ∂G begrenzt wird, und wir definieren wieder eine Funktion f_G, die für $\mathbf{x} \in G$ gleich f und außerhalb von G gleich null ist:

$$f_G(\mathbf{x}) = \begin{cases} f(\mathbf{x}) & \text{falls } \mathbf{x} \in G \\ 0 & \text{sonst .} \end{cases}$$

Man kann die d-dimensionale Integration über G dann formal durch eine Integration über den Quader

$$Q \equiv [a_1, b_1] \times [a_2, b_2] \times \cdots \times [a_d, b_d] \, ,$$

der G enthält, oder gar über den ganzen d-dimensionalen Raum ersetzen:

$$\iint_G d^d x \, f(\mathbf{x}) = \iint_Q d^d x \, f_G(\mathbf{x}) = \int_{a_1}^{b_1} \int_{a_2}^{b_2} \cdots \int_{a_d}^{b_d} d^d x \, f_G(\mathbf{x}) = \iint_{\mathbb{R}^d} d^d x \, f_G(\mathbf{x})$$

mit $d^d x \equiv dx_1 dx_2 \cdots dx_d$. Zur Approximation des Integrals von f_G über Q definieren wir wieder *Riemann-Summen*. Für alle $i = 1, \cdots, d$ wählen wir hierzu zuerst $N_i + 1$ Koordinaten $\{x_{ik_i}\}$ mit den Eigenschaften

$$a_i \equiv x_{i0} < x_{i1} < x_{i2} < \cdots < x_{iN_i} \equiv b_i \qquad (i = 1, \cdots, d) \, .$$

Wir definieren: $\mathbf{k} \equiv (k_1, k_2, \cdots, k_d)$, damit wir kompakt $(x_{1k_1}, \cdots, x_{dk_d}) \equiv \mathbf{x_k}$ schreiben können, und führen d-dimensionale Volumenelemente $g_{\mathbf{k}}$ ein:

$$[x_{1,k_1-1}, x_{1k_1}] \times [x_{2,k_2-1}, x_{2k_2}] \times \cdots \times [x_{d,k_d-1}, x_{dk_d}] \equiv g_{\mathbf{k}} \, .$$

Für jedes dieser insgesamt $N_1 N_2 \cdots N_d$ Volumenelemente $g_{\mathbf{k}}$ wählen wir außerdem die weiteren Punkte $\{(x_{1\mathbf{k}}^*, \cdots, x_{d\mathbf{k}}^*) \equiv \mathbf{x_k^*}\}$ mit den Eigenschaften

$$x_{i\mathbf{k}}^* \in [x_{i,k_i-1}, x_{ik_i}] \qquad (i = 1, \cdots, d) \, .$$

In der Riemann-Summe wird nun, analog zum zweidimensionalen Fall, der *exakte* Beitrag des Teilgebiets $g_{\mathbf{k}}$ zum Integral durch das *Volumen* von $g_{\mathbf{k}}$,

$$\Delta \mathbf{x_k} \equiv \prod_{i=1}^{d} (x_{ik_i} - x_{i,k_i-1}) \, ,$$

multipliziert mit dem Funktionswert $f_G(\mathbf{x_k^*})$, approximiert:

$$S_{\mathrm{R}}[\{\mathbf{x_k}, \mathbf{x_k^*}\}] \equiv \sum_{\mathbf{k}} \Delta \mathbf{x_k} \, f_G(\mathbf{x_k^*}) \, .$$

Wir können nun Riemann-Unter- und -Obersummen definieren:

$$S_{\mathrm{R}}^{-}[\{\mathbf{x_k}\}] \equiv \sum_{\mathbf{k}} \Delta \mathbf{x_k} \, \inf_{g_{\mathbf{k}}} f_G(\mathbf{x}) \quad , \quad S_{\mathrm{R}}^{+}[\{\mathbf{x_k}\}] \equiv \sum_{\mathbf{k}} \Delta \mathbf{x_k} \, \sup_{g_{\mathbf{k}}} f_G(\mathbf{x}) \, .$$

Durch Variation der Stützpunkte $\{\mathbf{x_k}\}$ erhält man wieder eine größte Untersumme und eine kleinste Obersumme:

$$S_{\mathrm{R}}^{-} \equiv \sup_{\{\{\mathbf{x_k}\}\}} S_{\mathrm{R}}^{-}\left[\{\mathbf{x_k}\}\right] \quad , \quad S_{\mathrm{R}}^{+} \equiv \inf_{\{\{\mathbf{x_k}\}\}} S_{\mathrm{R}}^{+}\left[\{\mathbf{x_k}\}\right] .$$

Analog zum zweidimensionalen Fall heißt eine Funktion f Riemann-integrierbar über G, falls $S_{\mathrm{R}}^{-} = S_{\mathrm{R}}^{+}$ gilt. Das *Riemann-Integral* von f über G ist dann per definitionem gleich dem gemeinsamen Wert

$$\boxed{\;\mathcal{I}_{\mathrm{R}} \equiv S_{\mathrm{R}}^{-} = S_{\mathrm{R}}^{+} \equiv \iint_{Q} d^d x \, f_G(\mathbf{x}) = \iint_{\mathbb{R}^d} d^d x \, f_G(\mathbf{x}) .\;}$$

Wie in $d = 2$ ist jede stetige Funktion f Riemann-integrierbar, falls G endlich und abgeschlossen[13] und ∂G glatt ist. Ausgehend vom Riemann-Integral kann man auch in höheren Dimensionen *uneigentliche Integrale* einführen. Wie in $d = 2$ zeigt man, dass das Riemann-Integral alternativ durch wiederholte eindimensionale Integrationen über die kartesischen Koordinaten $x_1, x_2, \cdots, x_d$ bestimmt werden kann und dass die Integrationsreihenfolge für *stetige* Funktionen f dabei auch für $d \geq 3$ vertauschbar ist.

Dreidimensionale Integrale – Beispiele

Wir betrachten zwei Beispiele für dreidimensionale Integrale, beide mit dem Integranden $f(\mathbf{x}) = 1$, sodass $f_G(\mathbf{x})$ die Form einer *Indikatorfunktion* hat, aber für unterschiedliche Integrationsgebiete G. In beiden Beispielen wird also das jeweilige *Volumen* $|G|$ von G ausgerechnet.

Das erste Beispiel wird durch den Integranden $f(\mathbf{x}) = 1$ und den Integrationsbereich

$$G = \{\mathbf{x} \mid x_1 \geq 0 \,, \, x_2 \geq 0 \,, \, x_3 \geq 0 \,, \, x_1 + x_2 + x_3 \leq 1\}$$

definiert. Der Integrationsbereich G ist in Abbildung 6.26 skizziert. Die drei Bedingungen $x_1 \geq 0$, $x_2 \geq 0$ und $x_3 \geq 0$ zeigen an, dass G im ersten Oktanten des dreidimensionalen Koordinatensystems liegt. Die vierte Bedingung $x_1 + x_2 + x_3 \leq 1$ bedeutet, dass G im ersten Oktanten unterhalb der Ebene $x_1 + x_2 + x_3 = 1$ liegt; diese Ebene hat den Normalenvektor $\frac{1}{\sqrt{3}}(1,1,1)$. Die vier Bedingungen zusammen zeigen, dass G ein (unregelmäßiges) Tetraeder darstellt, dessen Seitenflächen durch drei kongruente gleichschenk-lige, rechtwinklige Dreiecke und ein gleichseitiges Dreieck gebildet werden. Die Eckpunkte des Tetraeders sind $\mathbf{0}$, $\hat{\mathbf{e}}_1$, $\hat{\mathbf{e}}_2$ und $\hat{\mathbf{e}}_3$. Folglich sind die Koordinaten x_i (mit

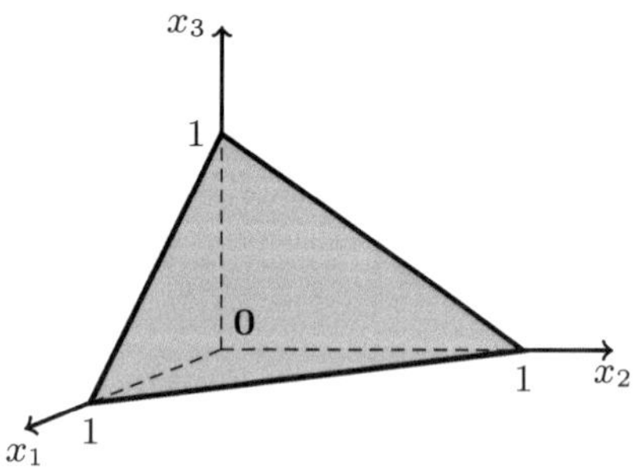

Abb. 6.26 Skizze des Gebietes G

---

[13] Ein Gebiet $G \subset \mathbb{R}^d$ ist *abgeschlossen*, wenn es seinen Rand enthält ($\partial G \subseteq G$), oder äquivalent, wenn der Grenzwert jeder Folge $(\mathbf{x}_n)$ in G, die in $\mathbb{R}^d$ konvergiert, selbst ebenfalls in G liegt.

$i = 1, 2, 3$) bei der Integration erstens durch die Ungleichungen $0 \leq x_i \leq 1$ und zweitens durch $x_1 + x_2 + x_3 \leq 1$ eingeschränkt. Wegen der Symmetrie des Problems ist die Reihenfolge der Integrationen unerheblich. Integrieren wir zuerst über x_3, so ist diese Koordinate bei fest vorgegebenen (x_1, x_2)-Werten durch $0 \leq x_3 \leq 1 - (x_1 + x_2)$ eingeschränkt. Integrieren wir danach bei festem x_1 über x_2, ist diese Koordinate durch $0 \leq x_2 \leq 1 - x_1$ eingeschränkt, wobei der Höchstwert $1 - x_1$ nur für $x_3 = 0$ erreicht werden kann. Wir erhalten daher insgesamt das Integral:

$$
\begin{aligned}
|G| &= \int_0^1 dx_1 \int_0^{1-x_1} dx_2 \int_0^{1-x_1-x_2} dx_3 = \int_0^1 dx_1 \int_0^{1-x_1} dx_2 \, (1 - x_1 - x_2) \\
&= \int_0^1 dx_1 \left[(1 - x_1)^2 - \tfrac{1}{2}(1 - x_1)^2 \right] = \tfrac{1}{2} \int_0^1 dx_1 \, (1 - x_1)^2 \\
&= \tfrac{1}{2} \int_0^1 dx_1 \, (x_1)^2 = \tfrac{1}{6}(x_1)^3 \Big|_0^1 = \frac{1}{6} \; .
\end{aligned}
$$

Damit ist das Volumen des Integrationsbereichs G bekannt.

Als zweites Beispiel betrachten wir neben dem Integranden $f(\mathbf{x}) = 1$ das Integrationsgebiet

$$
G = \left\{ \mathbf{x} \mid (x_1)^2 + (x_2)^2 + (x_3)^2 \leq 1 \right\} \; ,
$$

das geometrisch das Volumen einer Einheitskugel darstellt. Man weiß natürlich schon im Voraus, dass das Ergebnis gleich $|G| = \frac{4\pi}{3}$ sein muss, aber es ist illustrativ, dieses Volumen in der Form eines dreidimensionalen Integrals in kartesischen Koordinaten auszurechnen. Wegen der Symmetrie ist die Reihenfolge der Integrationen wieder unerheblich. Die Kugeloberfläche $(x_1)^2 + (x_2)^2 + (x_3)^2 = 1$ legt die Ober- und Untergrenzen der Integration für x_3 fest bei vorgegebenen (x_1, x_2)-Werten, für x_2 bei vorgegebenem x_1-Wert mit $x_3 = 0$ und für x_1 bei $x_2 = x_3 = 0$. Wir erhalten somit ein Integral, das wie folgt konkret ausgerechnet werden kann:

$$
\begin{aligned}
\int_{-1}^{1} dx_1 \int_{-\sqrt{1-(x_1)^2}}^{\sqrt{1-(x_1)^2}} dx_2 \int_{-\sqrt{1-(x_1)^2-(x_2)^2}}^{\sqrt{1-(x_1)^2-(x_2)^2}} dx_3 &= 2 \int_{-1}^{1} dx_1 \int_{-\sqrt{1-(x_1)^2}}^{\sqrt{1-(x_1)^2}} dx_2 \, \sqrt{1 - (x_1)^2 - (x_2)^2} \\
&= 2 \int_{-1}^1 dx_1 \left[1 - (x_1)^2 \right] \int_{-1}^1 dy \, \sqrt{1 - y^2} \\
&= 2 \left[x_1 - \tfrac{1}{3}(x_1)^3 \right] \Big|_{-1}^{1} \int_{-\pi/2}^{\pi/2} d\varphi \, \cos^2(\varphi) = \frac{4\pi}{3} \; .
\end{aligned}
\tag{6.68}
$$

Im ersten Schritt wurde das x_3-Integral berechnet; dieses hat die einfache Struktur $\int_{-w}^{w} dx_3 = 2w$, hier mit $w = w(x_1, x_2) \equiv \sqrt{1 - (x_1)^2 - (x_2)^2}$. Dies erklärt auch den Faktor 2 auf der rechten Seite der ersten Zeile. Im zweiten Schritt wird das Integral mit Hilfe der Substitution $x_2 \equiv \sqrt{1 - (x_1)^2}\, y$ vereinfacht. Sowohl aus der Wurzelfunktion $w(x_1, x_2)$ als auch aus dem Integrationselement dx_2 erhält man jeweils einen Faktor $\sqrt{1 - (x_1)^2}$. In der letzten Zeile wurde das y-Integral mit Hilfe der Substitution $y = \sin(\varphi)$ gelöst.

Aufgrund dieser Berechnung können wir also bestätigen, dass die Methode der dreidimensionale Integration für das Volumen $|G| = K_3(1)$ einer *drei*dimensionalen

*Einheits*kugel den Wert $K_3(1) = \frac{4\pi}{3}$ ergibt. Eine direkte Konsequenz aus diesem Ergebnis ist, dass man für das Volumen $K_3(r)$ einer dreidimensionalen Kugel mit Radius r den Wert $K_3(r) = \frac{4\pi}{3}r^3$ erhält. Hieraus folgt wiederum, dass das Volumen einer dreidimensionalen Kugelschale mit dem Radius r und der Dicke Δr durch die Differenz $K_3(r+\Delta r) - K_3(r)$ gegeben ist. Für sehr dünne Kugelschalen ($\Delta r \ll r$) ist dieses Volumen auch gleich dem Flächeninhalt $S_3(r)$ der Kugelschale, multipliziert mit der Dicke Δr:

$$K_3(r + \Delta r) - K_3(r) \sim S_3(r)\Delta r \qquad \left(\tfrac{\Delta r}{r} \to 0\right) \; .$$

Indem man dieses Ergebnis durch Δr dividiert, zeigt man, dass man den *Flächeninhalt* $S_3(r)$ der Oberfläche einer dreidimensionalen Kugel mit dem Radius r durch *Ableiten* aus dem *Volumen* $K_3(r)$ einer solchen Kugel bestimmen kann:

$$S_3(r) = \lim_{\Delta r \to 0} \frac{K_3(r + \Delta r) - K_3(r)}{\Delta r} = K_3'(r) = \frac{d}{dr}\frac{4\pi}{3}r^3 = 4\pi r^2 \; .$$

Der Flächeninhalt einer *Einheits*kugel ist daher gleich $S_3(1) = 4\pi$.

6.4.3 Kugelkoordinaten

Kugelkoordinaten sind das dreidimensionale Analogon der Polarkoordinaten in der Ebene. Sie sind besonders geeignet für Integrationen, bei denen sich der Integrand f und das Integrationsgebiet G verhältnismäßig einfach darstellen lassen als Funktion des Abstands r zum Ursprung, des *Azimut*winkels φ (zwischen der Projektion des $\mathbf{x}$-Vektors auf die $\hat{\mathbf{e}}_1$-$\hat{\mathbf{e}}_2$-Ebene und der positiven x_1-Achse) und des *Polar*winkels ϑ (zwischen dem $\mathbf{x}$-Vektor und der positiven x_3-Achse). Hierbei gilt $r \in [0,\infty)$, $\varphi \in (-\pi, \pi]$ und $\vartheta \in [0, \pi]$, wobei man alternativ (und äquivalent) als Konvention auch $\varphi \in [0, 2\pi)$ verwenden kann.

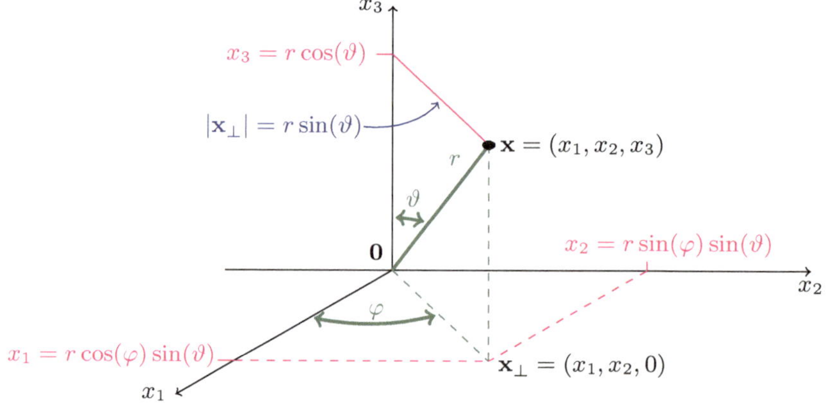

Abb. 6.27 Geometrische Bedeutung der Kugelkoordinaten

Die geometrische Bedeutung dieser Koordinatenwahl ist in Abbildung 6.27 skizziert. Die Abbildung zeigt, dass ein Vektor mit den kartesischen Koordinaten $\mathbf{x} = (x_1, x_2, x_3)$ die Länge $|\mathbf{x}| = r$ und die x_3-Komponente $r\cos(\vartheta)$ hat. Folglich hat die senkrechte Verbindungslinie des Punktes $\mathbf{x}$ mit der x_3-Achse die Länge $r\sin(\vartheta)$, und daraus folgt wieder, dass die Projektion dieser Verbindungslinie auf die $\hat{\mathbf{e}}_1$–$\hat{\mathbf{e}}_2$-Ebene (also die Verbindung von $\mathbf{0}$ und $\mathbf{x}_\perp$) ebenfalls die Länge $r\sin(\vartheta)$ hat. Der Vektor $\mathbf{x}_\perp$ bildet einen Winkel φ mit der positiven x_1-Achse. Folglich haben die Projektionen von $\mathbf{x}_\perp$ auf die x_1- und x_2-Achsen die Längen $r\cos(\varphi)\sin(\vartheta)$ bzw. $r\sin(\varphi)\sin(\vartheta)$. Damit sind die (x_1, x_2, x_3)-Komponenten in Kugelkoordinaten bekannt. Der formale Zusammenhang zwischen kartesischen Koordinaten und Kugelkoordinaten ist daher:

$$\mathbf{x} \equiv \begin{pmatrix} x_1 \\ x_2 \\ x_3 \end{pmatrix} = \begin{pmatrix} r\cos(\varphi)\sin(\vartheta) \\ r\sin(\varphi)\sin(\vartheta) \\ r\cos(\vartheta) \end{pmatrix} .$$

Wir bezeichnen die Funktion, die für $\mathbf{x} \in G$ gleich f und außerhalb des Integrationsbereichs G gleich null ist, als f_G. Die Funktionswerte f_G und $\bar{f}_G$ des Integranden in Abhängigkeit von den kartesischen bzw. Kugelkoordinaten sind per definitionem gleich:

$$\bar{f}_G(r, \varphi, \vartheta) \equiv f_G(\mathbf{x}) = f_G\left(r\cos(\varphi)\sin(\vartheta), r\sin(\varphi)\sin(\vartheta), r\cos(\vartheta)\right) .$$

Wir nehmen an, dass f *stetig* und somit beschränkt ist in G, wobei G selbst endlich und abgeschlossen und daher in einer hinreichend großen Kugel mit Radius $R < \infty$ enthalten ist. Es gilt also $r = |\mathbf{x}| \le R$ für alle $\mathbf{x} \in G$. Wir zeigen im Folgenden zuerst anhand eines geometrischen Arguments, wie man Integrale der Funktion $\bar{f}_G(r, \varphi, \vartheta)$ über das Gebiet G in Kugelkoordinaten ausrechnet. Dieses geometrische Argument wird dann anschließend mit Hilfe von Riemann-Summen präzisiert und untermauert.

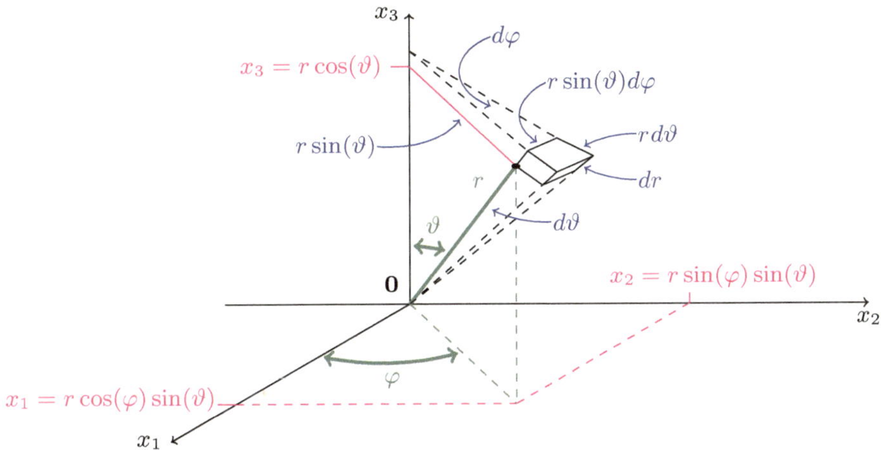

Abb. 6.28 Volumenelement bei Integration in Kugelkoordinaten

Geometrisches Bild der Integration in Kugelkoordinaten

Die geometrische Bedeutung einer dreidimensionalen Integration in Kugelkoordinaten ist in Abbildung 6.28 dargestellt. Der dreidimensionale Raum wird zerlegt in kleine (im Grenzfall: infinitesimale) Integrationsbereiche

$$[r, r + dr] \times [\varphi, \varphi + d\varphi] \times [\vartheta, \vartheta + d\vartheta] \,,$$

die proportional zu ihrem infinitesimalen Volumen $r^2 \sin(\vartheta)\, dr\, d\varphi\, d\vartheta$ zur Riemann-Summe bzw. zum Riemann-Integral beitragen. Die Abbildung zeigt, dass die *radiale* Ausdehnung des infinitesimalen Volumenelements gleich dr, die *azimutale* Ausdehnung (in φ-Richtung) gleich $r \sin(\vartheta)\, d\varphi$ und die *polare* Ausdehnung (in ϑ-Richtung) gleich $r\, d\vartheta$ ist.

Wir haben also gelernt, dass eine dreidimensionale Integration in kartesischen Koordinaten alternativ (und manchmal viel bequemer) wie folgt mit Hilfe von Kugelkoordinaten geschrieben werden kann:

$$\iiint_G d^3x\, f(\mathbf{x}) = \int_0^\infty dr \int_{-\pi}^{\pi} d\varphi \int_0^{\pi} d\vartheta\; r^2 \sin(\vartheta)\bar{f}_G(r, \varphi, \vartheta) \,, \qquad (6.69)$$

Man kann die Notation auf der rechten Seite noch etwas vereinfachen, indem man eine zweidimensionale Variable Ω einführt, die die Kombination der beiden Winkelvariablen (φ, ϑ) darstellt. Das mit den Differentialen $d\vartheta$ und $d\varphi$ einhergehende Flächenelement $\sin(\vartheta)d\vartheta d\varphi$ der Oberfläche der Einheitskugel wird dementsprechend als $d\Omega$ bezeichnet:

$$(\varphi, \vartheta) \equiv \Omega \quad , \quad \sin(\vartheta)d\vartheta d\varphi \equiv d\Omega \,.$$

Die neue Variable Ω, die die Raumrichtung mit Hilfe von (φ, ϑ) eindeutig festlegt, wird als der „Raumwinkel" bezeichnet. Diese Definitionen von Ω und $d\Omega$ ermöglichen die folgende verkürzte Schreibweise für dreidimensionale Integrale in Kugelkoordinaten:

$$\iiint_G d^3x\, f(\mathbf{x}) = \int_0^\infty dr \int d\Omega\; r^2 \bar{f}_G(r, \Omega) \,. \qquad (6.70)$$

Wir werden diese Formel im nächsten Abschnitt [6.4.4] für den Spezialfall von Integralen mit sphärischer Symmetrie anwenden.

Begründung mit Hilfe von Riemann-Summen $*$

Wir untermauern das geometrische Bild nun mit Hilfe von *Riemann-Summen*. Diese sollen zur Approximation des Integrals von $\bar{f}_G$ über die Kugel $\{\mathbf{x}\,|\,|\mathbf{x}| \leq R\}$ verwendet werden. Zur Definition der Riemann-Summen wählen wir $N_1 + 1$ Radien $\{r_k\}$, $N_2 + 1$ Winkelvariablen $\{\varphi_l\}$ und $N_3 + 1$ Winkelvariablen $\{\vartheta_m\}$ mit den Eigenschaften

$$0 \equiv r_0 < r_1 < r_2 < \cdots < r_{N_1} \equiv R$$
$$-\pi \equiv \varphi_0 < \varphi_1 < \varphi_2 < \cdots < \varphi_{N_2} \equiv \pi$$
$$0 \equiv \vartheta_0 < \vartheta_1 < \vartheta_2 < \cdots < \vartheta_{N_3} \equiv \pi$$

und $N_1 N_2 N_3$ weitere Kombinationen $\{(r^*_{klm}, \varphi^*_{klm}, \vartheta^*_{klm})\}$ von Radien und Winkeln mit den Eigenschaften

$$r^*_{klm} \in [r_{k-1}, r_k] \quad , \quad \varphi^*_{klm} \in [\varphi_{l-1}, \varphi_l] \quad , \quad \vartheta^*_{klm} \in [\vartheta_{m-1}, \vartheta_m] \,.$$

Das Volumen des Segments $[r_{k-1}, r_k] \times [\varphi_{l-1}, \varphi_l] \times [\vartheta_{m-1}, \vartheta_m] \equiv g_{klm}$ einer Kugelschale ist gleich[14]

$$\Delta \mathbf{x}_{klm} = \tfrac{1}{3}(r_k^3 - r_{k-1}^3)(\varphi_l - \varphi_{l-1})\left[\cos(\vartheta_{m-1}) - \cos(\vartheta_m)\right] , \qquad (6.71)$$

daher hat die allgemeine Riemann-Summe die Struktur:

$$S_{\mathrm{R}}[\{r_k, \varphi_l, \vartheta_m, r_{klm}^*, \varphi_{klm}^*, \vartheta_{klm}^*\}] \equiv \sum_{klm} \Delta \mathbf{x}_{klm} \, \bar{f}_G(r_{klm}^*, \varphi_{klm}^*, \vartheta_{klm}^*) .$$

Das weitere Verfahren ist uns vertraut: Man führt zuerst wieder Riemann-Unter- und -Obersummen ein und definiert dann das Riemann-Integral als gemeinsamen Wert der kleinsten Ober- und größten Untersumme:

$$\mathcal{I}_{\mathrm{R}} \equiv S_{\mathrm{R}}^- = S_{\mathrm{R}}^+ \equiv \int_0^R dr \int_{-\pi}^{\pi} d\varphi \int_0^{\pi} d\vartheta \, r^2 \sin(\vartheta) \bar{f}_G(r, \varphi, \vartheta) ,$$

wobei die Form $r^2 \sin(\vartheta) \, dr \, d\varphi \, d\vartheta$ des infinitesimalen Volumenelementes aus $\Delta \mathbf{x}_{klm}$ in (6.71) folgt mit der Substitution:

$$r_k = r_{k-1} + dr \quad , \quad \varphi_l = \varphi_{l-1} + d\varphi \quad , \quad \vartheta_m = \vartheta_{m-1} + d\vartheta .$$

Man kann wiederum *uneigentliche Integrale* definieren, z.B. indem man immer größere Integrationsbereiche G (und den Limes $R \to \infty$) betrachtet und im Grenzfall über den kompletten dreidimensionalen Raum integriert. Die mit Hilfe von Riemann-Summen für $\mathcal{I}_{\mathrm{R}}$ hergeleitete Formel für die Integration in Kugelkoordinaten ist vollständig im Einklang mit der Ergebnis (6.69) des geometrischen Arguments.

6.4.4   Dreidimensionale Integrale mit sphärischer Symmetrie

Integrationen mit *sphärischer* Symmetrie, wobei der Integrand also lediglich vom Abstand r zum Ursprung, aber nicht von den beiden Winkelvariablen φ und ϑ abhängig ist, sind in der Physik relativ häufig. Solche Integrationen treten typischerweise in physikalischen Situationen auf, die invariant unter Drehungen um eine beliebige Achse durch den Ursprung sind. Man denke an die Berechnung der Masse einer homogenen Kugel oder an das Schwerkraftfeld der Erde bzw. das elektrische Feld einer Punktladung.

    Wir betrachten also einen Spezialfall der allgemeinen Integration in Kugelkoordinaten, der dadurch charakterisiert ist, dass sowohl der Integrand als auch das Integrationsgebiet sphärische Symmetrie aufweisen:

$$\bar{f}_G(r, \varphi, \vartheta) = \bar{f}_G(r, \Omega) = \bar{f}_G(r) \quad , \quad G = \{\mathbf{x} \,|\, r_1 \leq |\mathbf{x}| \leq r_2\} .$$

Einsetzen von f und G in Gleichung (6.70) für die allgemeine Integration in Kugelkoordinaten führt auf das folgende dreidimensionale Integral:

$$\iiint_G d^3x \, f(\mathbf{x}) = \int_0^{\infty} dr \int d\Omega \, r^2 \bar{f}_G(r) = \left(\int d\Omega\right) \int_0^{\infty} dr \, r^2 \bar{f}_G(r) .$$

---

[14]Dies kann man auch relativ leicht unabhängig von der Integration in Kugelkoordinaten mit Hilfe einer Integration in *kartesischen* Koordinaten zeigen (s. Übungsaufgabe (6.17)).

Das Integral $\int d\Omega$ stellt hierbei die Integration über alle möglichen Raumwinkel oder alternativ: den Flächeninhalt einer Kugeloberfläche mit Radius *eins* im *dreidimensionalen* Raum dar. Dementsprechend wird für dieses Integral die Notation $S_3(1)$ verwendet („S" für „Sphäre"). Der Flächeninhalt $S_3(1)$ der Oberfläche der dreidimensionalen Einheitskugel lässt sich leicht berechnen:

$$S_3(1) = \int d\Omega = \int_{-\pi}^{\pi} d\varphi \int_0^{\pi} d\vartheta \, \sin(\vartheta) = 2\pi \left[-\cos(\vartheta)\right]\Big|_0^{\pi} = 4\pi \; ,$$

und damit ist auch der Flächeninhalt $S_3(r)$ der Oberfläche einer dreidimensionalen Kugel mit allgemeinem Radius r bekannt: $S_3(r) = r^2 S_3(1) = 4\pi r^2$. Aus dem Ergebnis $S_3(1) = 4\pi$ folgt noch die Formel

$$\iiint_G d^3x \, f(\mathbf{x}) = 4\pi \int_0^{\infty} dr \, r^2 \bar{f}_G(r) \qquad [\text{falls } f(\mathbf{x}) = \bar{f}_G(r)] \; , \tag{6.72}$$

die im nachfolgenden Beispiel als Ausgangspunkt dient.

Sphärische Symmetrie – Beispiel

Als Beispiel für eine Integration mit sphärischer Symmetrie betrachten wir die Berechnung des *Volumens* einer Einheitskugel, das wir – wie in (6.68) – als $K_3(1)$ bezeichnen. Die Funktion f und das Gebiet G sind also durch

$$f(\mathbf{x}) = 1 \quad , \quad G = \left\{\mathbf{x} \,\middle|\, (x_1)^2 + (x_2)^2 + (x_3)^2 \leq 1\right\}$$

gegeben. Alternativ könnte man die Indikatorfunktion $f_G(\mathbf{x}) = 1$ für $|\mathbf{x}| \leq 1$ und $f_G(\mathbf{x}) = 0$ für $|\mathbf{x}| > 1$ über den gesamten $\mathbb{R}^3$ integrieren. Durch Einsetzen von f und G in Gleichung (6.72) erhält man das folgende dreidimensionale Integral, das sich sofort auf ein eindimensionales Integral vereinfacht:

$$K_3(1) = \iiint_G d^3x \, f(\mathbf{x}) = 4\pi \int_0^1 dr \, r^2 = 4\pi \left(\tfrac{1}{3}r^3\right)\Big|_0^1 = \frac{4\pi}{3} \; .$$

Das Volumen einer Kugel mit Radius r folgt als $K_3(r) = \frac{4\pi}{3}r^3$. Aus dem *Volumen* der Kugel folgt der *Flächeninhalt* einer Kugeloberfläche mit Radius r noch einmal durch Ableiten als $S_3(r) = \frac{d}{dr}K_3(r) = 4\pi r^2$.

Man kann den Flächeninhalt $S_3(1)$ einer Kugeloberfläche aber auch ganz anders, unabhängig von den bisherigen Berechnungen, bestimmen, analog zur Berechnung des Integrals von (6.56). Im dreidimensionalen Raum betrachten wir nun die Funktion $f(\mathbf{x}) = e^{-\mathbf{x}^2}$ mit dem dreikomponentigen Vektor $\mathbf{x} \in G = \mathbb{R}^3$. Wir vergleichen wiederum die Berechnungen in kartesischen und Kugelkoordinaten und verwenden (6.57):

$$\pi^{3/2} = \left(\int_{-\infty}^{\infty} dx \, e^{-x^2}\right)^3 = \iiint_G d^3x \, f(\mathbf{x}) = S_3(1) \int_0^{\infty} dr \, r^2 e^{-r^2}$$

$$= \tfrac{1}{2} S_3(1) \int_0^{\infty} dr \, e^{-r^2} = \tfrac{1}{4} \sqrt{\pi} \, S_3(1) \quad \text{und daher:} \quad S_3(1) = 4\pi \; .$$

Anders als bei der zweidimensionalen Integration von (6.56) kann das r-Integral nun problemlos konkret ausgerechnet werden. Man erhält eine Gleichung für $S_3(1)$, die zum bekannten Ergebnis 4π führt. Interessant an dieser Berechnung ist vor allem, dass man sie in höheren Dimensionen wiederholen kann, nun aber mit a priori unbekanntem Ergebnis ...

Ausblick: Sphärische Symmetrie im d-dimensionalen Raum

Wir wiederholen die Berechnung des Flächeninhalts der Oberfläche einer Einheitskugel, wie sie gerade für den dreidimensionalen Fall durchgeführt wurde, nun für den allgemeinen d-dimensionalen Fall. In dieser Verallgemeinerung sind das Integrationsgebiet und die zu integrierende Gauß-Funktion konkret durch

$$G = \mathbb{R}^d \quad , \quad f(\mathbf{x}) = e^{-\mathbf{x}^2} \quad , \quad \mathbf{x} = (x_1, x_2, \ldots, x_d)$$

gegeben, und man erhält ein entsprechendes d-dimensionales Integral, das einerseits in kartesischen und andererseits in Kugelkoordinaten ausgerechnet werden kann. Die Winkelintegration ergibt hierbei einen Faktor $S_d(1)$, der den gesamten d-dimensionalen Raumwinkel oder alternativ den Flächeninhalt der Oberfläche einer d-dimensionalen Einheitskugel darstellt, und die r-Integration führt auf Gammafunktionen:

$$\pi^{d/2} = \left(\int_{-\infty}^{\infty} dx\, e^{-x^2} \right)^d = \int \ldots \int_G d^d x\, f(\mathbf{x}) = \int_0^{\infty} dr\, S_d(r) e^{-r^2}$$

$$= S_d(1) \int_0^{\infty} dr\, r^{d-1} e^{-r^2} = S_d(1) \int_0^{\infty} dy\, \frac{y^{(d-1)/2} e^{-y}}{2\sqrt{y}} = \tfrac{1}{2} S_d(1) \Gamma\left(\tfrac{d}{2}\right) \; .$$

Beim Übergang von der ersten zur zweiten Zeile wurde die Identität $S_d(r) = r^{d-1} S_d(1)$ verwendet, die besagt, dass der Flächeninhalt einer Kugeloberfläche mit dem Radius r um einen Faktor r^{d-1} größer als der Flächeninhalt der Oberfläche der Einheitskugel ist. Der Vergleich der linken und rechten Seite führt nun zu einem expliziten Ausdruck für den Flächeninhalt $S_d(1)$ im d-dimensionalen Raum:

$$\boxed{S_d(1) = \frac{2\pi^{d/2}}{\Gamma(\tfrac{d}{2})} \; .} \tag{6.73}$$

Für $d = 1, 2, 3$ erhält man die vertrauten Ergebnisse $S_1(1) = 2$ (jede endliche Strecke, also insbesondere auch eine Strecke mit „Radius" eins, hat zwei Endpunkte), $S_2(1) = 2\pi$ (entsprechend dem Umfang eines Einheitskreises) und $S_3(1) = 4\pi$ (entsprechend dem Flächeninhalt der Oberfläche einer dreidimensionalen Einheitskugel). Für die Dimensionen $d = 4, 5, 6$ erhält man analog die Ergebnisse

$$S_4(1) = 2\pi^2 \quad , \quad S_5(1) = \tfrac{8}{3}\pi^2 \quad , \quad S_6(1) = \pi^3 \; .$$

Der Flächeninhalt der Oberfläche einer d-dimensionalen Kugel mit Radius r folgt aus $S_d(1)$ als $S_d(r) = S_d(1) r^{d-1}$. Das *Volumen* einer d-dimensionalen Kugel mit Radius r ergibt sich aus (6.73) durch Integration des entsprechenden Flächeninhalts:

$$K_d(r) = \int_0^r dr'\, S_d(r') = \int_0^r dr'\, S_d(1)(r')^{d-1} = \frac{\pi^{d/2} r^d}{\Gamma(\tfrac{d}{2} + 1)} \; . \tag{6.74}$$

Das Volumen einer d-dimensionalen Einheitskugel ist daher $\pi^{d/2}/\Gamma(\tfrac{d}{2} + 1)$.

Eine merkwürdige Konsequenz Wir zeigen eine sehr merkwürdige Eigenschaft von Kugeln in höheren Raumdimensionen: Aus Gleichung (6.74) haben wir gerade gelernt, dass das Volumen einer d-dimensionalen Kugel mit Radius r durch $K_d(r) = \pi^{d/2} r^d / \Gamma(\frac{d}{2}+1)$ gegeben ist. Das bedeutet aber, dass der *Anteil* einer d-dimensionalen Einheitskugel, der sich in der Nähe der Kugeloberfläche befindet (konkret: in einer Schicht der Dicke $\varepsilon \ll 1$ unmittelbar unter der Oberfläche), durch

$$k_d(\varepsilon) = \frac{K_d(1) - K_d(1-\varepsilon)}{K_d(1)} = \frac{\frac{\pi^{d/2}}{\Gamma(\frac{d}{2}+1)} - \frac{\pi^{d/2}(1-\varepsilon)^d}{\Gamma(\frac{d}{2}+1)}}{\frac{\pi^{d/2}}{\Gamma(\frac{d}{2}+1)}} = 1 - (1-\varepsilon)^d$$

gegeben ist. Es ist klar, dass der Anteil dieser dünnen Schicht am Gesamtvolumen der Einheitskugel für $d = 1, 2, 3$ sehr klein ist: $k_d(\varepsilon) \simeq \varepsilon d \to 0$ für $\varepsilon \to 0$. Was zunächst paradox erscheint, ist nun, dass der Anteil des Volumens in der Schicht für alle $\varepsilon > 0$ im Limes $d \to \infty$ gegen *eins* geht:

$$\lim_{d\to\infty} k_d(\varepsilon) = \lim_{d\to\infty} [1 - (1-\varepsilon)^d] = \lim_{d\to\infty} [1 - e^{d\ln(1-\varepsilon)}] \to 1 \quad (d \to \infty)\,.$$

Die Interpretation dieses Ergebnisses ist, dass sich der Großteil des Volumens einer Kugel in hohen Raumdimensionen *am Rand* dieser Kugel befindet. Vom mathematischen Standpunkt aus betrachtet, lernen wir außerdem, dass die Grenzwerte $\varepsilon \to 0$ und $d \to \infty$ in diesem Fall nicht vertauscht werden können.

Kugelkoordinaten im d-dimensionalen Raum Ebenfalls als Ausblick sei hier noch erwähnt, dass die Formeln (6.69) und (6.70) für die Integration in Kugelkoordinaten ohne Weiteres auch für den allgemeinen d-dimensionalen Fall verallgemeinert werden können. Hierbei werden d-dimensionale Kugelkoordinaten durch einen Radius r und $d - 1$ Winkelvariable $\theta_1, \theta_2, \cdots, \theta_{d-1}$ charakterisiert:

$$\mathbf{x} = \begin{pmatrix} x_1 \\ x_2 \\ x_3 \\ \vdots \\ x_{d-1} \\ x_d \end{pmatrix} = \begin{pmatrix} r\sin(\theta_1)\sin(\theta_2)\cdots\cdots\sin(\theta_{d-1}) \\ r\cos(\theta_1)\sin(\theta_2)\cdots\cdots\sin(\theta_{d-1}) \\ r\cos(\theta_2)\cdots\cdots\sin(\theta_{d-1}) \\ \ddots \qquad \vdots \\ r\cos(\theta_{d-2})\sin(\theta_{d-1}) \\ r\cos(\theta_{d-1}) \end{pmatrix}\,.$$

Die zweidimensionalen Polarkoordinaten sind in der d-dimensionalen Darstellung enthalten, wenn man in den letzten beiden Zeilen identifiziert: $\theta_0 = 0$ und $\theta_1 = \frac{\pi}{2} - \varphi$. Man erhält die üblichen dreidimensionalen Kugelkoordinaten, wenn man in (x_1, x_{d-1}, x_d) identifiziert: $\theta_1 = \frac{\pi}{2} - \varphi$ und $\theta_2 = \vartheta$. Die $d - 1$ Winkelvariablen können wiederum zu einem Raumwinkel $\Omega = (\theta_1, \theta_2, \cdots, \theta_{d-1})$ mit entsprechendem Differential

$$d\Omega = \prod_{\ell=1}^{d-1} \left[\sin^{\ell-1}(\theta_\ell)d\theta_\ell\right]$$

zusammengefasst werden. Das Analogon von Gleichung (6.70) in d-dimensionalen Kugelkoordinaten lautet dann:

$$\int\cdots\int_G d^d x\, f(\mathbf{x}) = \int_0^\infty dr \int d\Omega\, r^{d-1} \bar{f}_G(r, \Omega)\,,$$

wobei $\int d\Omega \, 1 = S_d(1)$ gilt und der Faktor r^{d-1} aus der Identität $S_d(r) = r^{d-1}S_d(1)$ bereits bekannt ist.

Warum für Physiker interessant? Warum sind Kugelkoordinaten im d-dimensionalen Raum und speziell das Volumen und der Flächeninhalt einer d-dimensionalen Kugel für Physiker interessant? Generell sind höherdimensionale Räume nützlich (oder unerlässlich), wenn man Systeme mit mehreren (oder vielen) Teilchen theoretisch untersuchen möchte. Der Flächeninhalt und das Volumen einer d-dimensionalen Kugel treten dabei öfter in Erscheinung. Beispielsweise hat die *Zustandssumme* eines klassischen nicht-wechselwirkenden Gases mit fester Energie die Form des Flächeninhalts einer hochdimensionalen Kugeloberfläche. Die Zustandssumme ist hierbei von grundlegender Bedeutung, weil sie die *Thermodynamik* des Systems bestimmt.

6.4.5 Zylinderkoordinaten

Zylinderkoordinaten sind nicht wirklich neu, da sie eine Mischung aus kartesischen Koordinaten und Polarkoordinaten sind: Die kartesische Koordinate x_3 wird unverändert beibehalten, und die Koordinaten des senkrecht auf $\hat{\mathbf{e}}_3$ stehenden Vektors $\mathbf{x}_\perp \equiv (x_1, x_2)$ werden durch die Polarkoordinaten (ρ, φ) mit $\rho = |\mathbf{x}_\perp|$ ersetzt:

$$\mathbf{x} \equiv \begin{pmatrix} x_1 \\ x_2 \\ x_3 \end{pmatrix} = \begin{pmatrix} \rho\cos(\varphi) \\ \rho\sin(\varphi) \\ x_3 \end{pmatrix} \, .$$

Diese Wahl der Koordinaten ist besonders dann sinnvoll, wenn das physikalische Problem und die dabei auftretenden Integranden invariant unter Drehungen um die $\hat{\mathbf{e}}_3$-Achse sind. Hierbei könnte man z.B. an die Berechnung des elektrischen Feldes eines geladenen Stabs mit der $\hat{\mathbf{e}}_3$-Richtung als Symmetrieachse denken. Eine Funktion $f_G(\mathbf{x})$, die außerhalb ihres Integrationsgebietes G per definitionem gleich null ist, hat somit als Pendant $\bar{f}_G$ in Zylinderkoordinaten:

$$\bar{f}_G(\rho, \varphi, x_3) \equiv f_G(x_1, x_2, x_3) = f_G(\rho\cos(\varphi), \rho\sin(\varphi), x_3) \, ,$$

und das dreidimensionale Integral der Funktion f über das Gebiet G kann in Zylinderkoordinaten wie folgt berechnet werden:

$$\int d^3x \, f_G(\mathbf{x}) = \int_0^\infty d\rho \int_{-\pi}^{\pi} d\varphi \int_{-\infty}^{\infty} dx_3 \, \rho \bar{f}_G(\rho, \varphi, x_3) \, . \tag{6.75}$$

Die Definition der Zylinderkoordinaten und die Berechnung des entsprechenden Volumenelementes werden in Abbildung 6.29 illustriert. In Abb. 6.29 schauen wir von oben auf die Ebene $x_3 = x_3'$. Die Abbildung zeigt, wie in jeder solchen Ebene die Polarkoordinaten und somit auch das Volumenelement bei der Integration festgelegt werden. Das Volumenelement d^3x in der kartesischen Formulierung wird in

Zylinderkoordinaten [s. Gleichung (6.75)] durch $\rho\,d\rho\,d\varphi\,dx_3$ ersetzt. Hierbei stammt der Faktor $\rho\,d\rho\,d\varphi$ vom entsprechenden Flächenelement in der Ebene $x_3 = x_3'$, welches mit Hilfe von Polarkoordinaten beschrieben wird, und bringt der Faktor dx_3 die Ausdehnung des Volumenelementes in $\hat{\mathbf{e}}_3$-Richtung in Rechnung. Wir präsentieren im Folgenden ein Beispiel für eine Anwendung der Integration in Zylinderkoordinaten in der Physik.

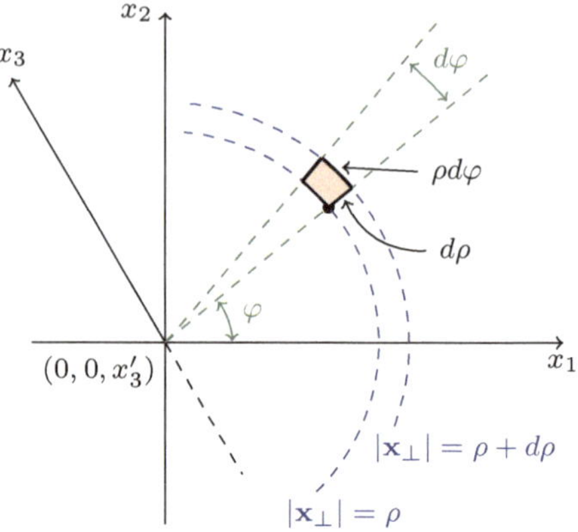

Abb. 6.29 Volumenelement bei Integration in Zylinderkoordinaten

Zylinderkoordinaten – Beispiel

Als Beispiel einer Integration in Zylinderkoordinaten betrachten wir die Funktion $f(\mathbf{x}) = \mu\left[(x_1)^2 + (x_2)^2\right]$ und das Integrationsgebiet

$$G = \left\{\mathbf{x}\,\big|\,0 \leq x_3 \leq H \ , \ 0 \leq (x_1)^2 + (x_2)^2 \leq R^2\right\} \ .$$

Das Gebiet G hat also die Form eines Zylinders, dessen Symmetrieachse mit der $\hat{\mathbf{e}}_3$-Achse zusammenfällt. Für das Integral der Funktion $f(\mathbf{x})$ in Zylinderkoordinaten erhält man:

$$\int d^3x\; f_G(\mathbf{x}) = \mu \int_0^H dx_3 \int_0^R d\rho \int_{-\pi}^{\pi} d\varphi\; \rho^3 = 2\pi\mu H\left(\tfrac{1}{4}\rho^4\right)\Big|_0^R = \tfrac{1}{2}\pi\mu H R^4 \ .$$

Dieses Problem und auch das Ergebnis haben eine klare physikalische Interpretation: Um dies zu verdeutlichen, schreiben wir das Ergebnis um als $\tfrac{1}{2}\pi\mu H R^4 = \tfrac{1}{2} M R^2$ mit der neuen Größe $M \equiv \pi\mu H R^2$. Das Integral $\int d^3x\; f_G(\mathbf{x})$ lässt sich nun interpretieren als das *Trägheitsmoment bezüglich der $\hat{\mathbf{e}}_3$-Achse* eines homogenen Zylinders mit der Höhe H, dem Radius R, der Massendichte μ und der Masse M. Das Trägheitsmoment ist relevant in der Kreiseltheorie, d.h. für die Beschreibung der Dynamik rotierender starrer Körper. Wenn man bei der Definition des Integrals die Massendichte μ noch ρ-abhängig macht, erhält man beispielsweise ein realistisches Modell für die Berechnung des Trägheitsmoments einer Zentrifuge.

6.5 Asymptotische Entwicklungen *

Viele Probleme der Theoretischen Physik sind nicht *exakt*, sondern nur *näherungsweise* (in „Störungstheorie") zugänglich. Zur Einführung in diese Thematik befassen wir uns in diesem Abschnitt mit der *asymptotischen Entwicklung* von Integralen, d.h. mit der Entwicklung von Integralen nach einem kleinen oder großen *Parameter* oder alternativ für kleine oder große Werte der *Integrationsgrenzen*. In diesem Kontext werden z.B. die Stirling-Formel und die Gauß'sche Fehlerfunktion besprochen.

Wir gehen auch auf wichtige Konzepte wie z.B. die Eigenschaften von *asymptotischen Reihen* ein und diskutieren diese anhand einiger prominenter Beispiele.

Bereits aufgrund dieser kurzen einführenden Bemerkungen wird klar, dass der nachfolgende Abschnitt über „Asymptotische Entwicklungen" für angehende Physiker(innen) zu den wichtigsten in diesem Buch gehört. Die Abschätzungen, die man in diesem Abschnitt lernt, sind sehr hilfreich, um ein Verständnis für das quantitative Verhalten von physikalischen Größen in wohldefinierten Grenzwerten zu entwickeln. Die konkreten Themen, die hier angesprochen werden sollen, wie z.B. die Stirling-Formel, die Störungstheorie und die Fehlerfunktion, sind physikalisch äußerst relevant. Die verwendeten Methoden und Begriffe (Integration, die asymptotische Notation aus Kapitel [4], Taylor-Reihen) sind aus dem Vorhergehenden bekannt. Dennoch werden die Konzepte dieses Abschnitts gerade für Studienanfänger zunächst einmal neu sein und möglicherweise komplex anmuten. Es könnte daher empfehlenswert sein, eventuell mehrmals (auch bei konkretem Bedarf im Studium) zu den nachfolgenden Seiten zurückzukehren und sich die Details der behandelten Methoden allmählich – im Laufe der ersten paar Studiensemester – anzueignen.

6.5.1 Die Stirling-Formel *

Bei vielen Anwendungen in der Physik spielen kombinatorische Faktoren wie $n!$ und $\binom{N}{n} = \frac{N!}{n!(N-n)!}$ eine wichtige Rolle. Häufig ist jedoch nur ihr Verhalten für große (n, N) von Interesse, das mit Hilfe der *Stirling-Formel*

$$n! \sim n^n e^{-n} \sqrt{2\pi n} \left(1 + \frac{1}{12n} + ... \right) \qquad (n \to \infty) \tag{6.76}$$

bestimmt werden kann. Diese Formel ist nach dem schottischen Mathematiker James Stirling (1692 - 1770) benannt, der sie 1730 in seiner Monografie *Methodus Differentialis* als Beispiel zu einem der Sätze publizierte. Es gibt etliche Methoden, mit denen man die Stirling-Formel nachweisen kann. Eine der einfachsten beruht auf einem allgemeinen Verfahren, das von Laplace entwickelt wurde. Dies ist ein Verfahren zur asymptotischen Auswertung von Integralen, deren Integranden nur in einem kleinen Intervall hohe Funktionswerte aufweisen. Im Rahmen dieser Methode kann der Nachweis der Stirling-Formel mit Hilfe der Integraldarstellung (6.58) der Gammafunktion erbracht werden:

$$n! = \Gamma(n+1) \quad , \quad \Gamma(z+1) = \int_0^\infty dx \, x^z e^{-x} \quad (n \in \mathbb{N}_0 \, , \, z > -1) \, . \tag{6.77}$$

Man erhält das Verhalten von $n!$ für $n \to \infty$ dementsprechend aus dem Verhalten von $\Gamma(z+1)$ für $z \to \infty$.

Nehmen wir also an, dass z in (6.77) groß ist. Der Integrand enthält zwei Faktoren, wobei der Faktor x^z für große z-Werte als Funktion von x stark ansteigt und der Faktor e^{-x} als Funktion von x stark abfällt. Daher lohnt es sich, den Integranden in der Nähe des Maximums etwas präziser zu untersuchen. Das Maximum tritt auf für $x = z$, und der Integrand hat dann den Wert $z^z e^{-z}$. Definiert man

$x \equiv z(1+u)$ mit $-1 < u < \infty$, so folgt aus (6.77):

$$\frac{e^z}{z^{z+1}}\Gamma(z+1) = \int_{-1}^{\infty} du\, e^{-zf(u)} \quad , \quad f(u) \equiv u - \ln(1+u)\,. \tag{6.78}$$

Das Verhalten von $f(u)$ in Abhängigkeit von der Variablen u ist nun wichtig: Die Funktion $f(u)$ hat ein eindeutiges Minimum $f(0) = 0$ für $u = 0$:

$$f(u) = \sum_{m=2}^{\infty} \frac{(-1)^m}{m} u^m = \tfrac{1}{2}u^2\left(1 - \tfrac{2}{3}u + \tfrac{1}{2}u^2 + \cdots\right) \quad (u \to 0) \tag{6.79}$$

und ist ansonsten positiv, wobei f sowohl für $u < 0$ als auch für $u > 0$ monoton mit dem Abstand $|u|$ zum Ursprung ansteigt (s. Abbildung 6.30); sowohl für $u \to \infty$ als auch für $u \downarrow -1$ gilt $f(u) \to \infty$.

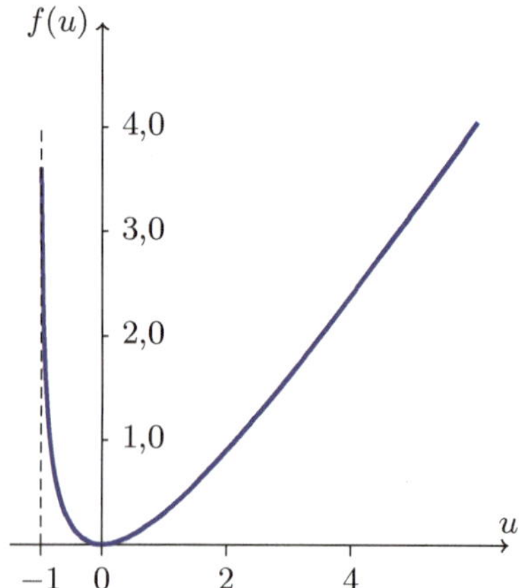

Abb. 6.30 Die Funktion $f(u)$

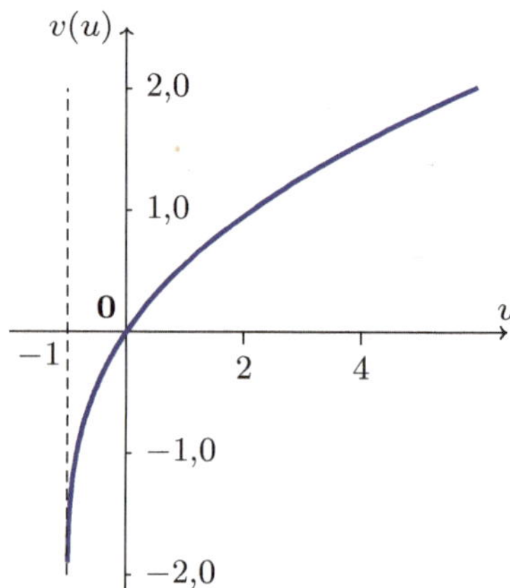

Abb. 6.31 Die Funktion $v(u)$

Da der Parameter z im Integranden in (6.78) groß ist, ist dieser Integrand sehr stark um sein Maximum bei $u = 0$ konzentriert. Wegen $e^{-zf(u)} \sim e^{-zu^2/2}$ hat der Integrand nahe des Maximums *approximativ* die Form eines Gauß-Integrals. Es ist daher nützlich, eine neue Variable einzuführen mit der Eigenschaft, dass das Integral in (6.78) *exakt* als Gauß-Integral (oder zumindest als Summe solcher Integrale) geschrieben werden kann. Deshalb definieren wir:

$$v(u) \equiv \operatorname{sgn}(u)\sqrt{2f(u)} \quad , \quad v(u) = u\left(1 - \tfrac{1}{3}u + \tfrac{7}{36}u^2 + \cdots\right) \quad (u \to 0)\,.$$

Die Entwicklung für $u \to 0$ erhält man durch Einsetzen der Potenzreihe (6.79) von $f(u)$ und eine Taylor-Entwicklung von $\sqrt{2f(u)}$ bis zur zweiten Ordnung in u. Die Funktion $v(u)$ hat die weiteren Eigenschaften

$$v(u) \sim \begin{cases} \sqrt{2u} \to \infty & \text{für } u \to \infty \\ -\sqrt{-2\ln(1+u) - 2} \to -\infty & \text{für } u \downarrow -1\,. \end{cases}$$

Wie in Abbildung 6.31 zu sehen ist, ist die Funktion $v(u)$ konkav: Sie steigt streng monoton an für $u \in (-1, \infty)$ und ist daher invertierbar (spiegelbar an der Diagonalen), wobei die (konvexe) Umkehrfunktion $u(v)$ ebenfalls streng monoton ansteigt;

insbesondere hat man für $v \to 0$:[15]

$$u(v) = v \left(1 + \tfrac{1}{3}v + \tfrac{1}{36}v^2 + \cdots\right) \quad (v \to 0) ,$$

und es gilt $u(v) \sim \tfrac{1}{2}v^2$ für $v \to \infty$ und $1 + u(v) \sim e^{-1-\frac{1}{2}v^2}$ für $v \to -\infty$. Mit der Definition von $v(u)$ folgt also aus Gleichung (6.78):

$$\frac{e^z}{z^{z+1}}\Gamma(z+1) = \int_{-\infty}^{\infty} dv\, e^{-\frac{1}{2}zv^2}\,\frac{du}{dv}(v) . \tag{6.80}$$

Da $u(v)$ streng monoton ansteigt, ist die Ableitung $\frac{du}{dv}(v) > 0$ für alle $v \in \mathbb{R}$ positiv mit $\frac{du}{dv}(v) \sim v$ für $v \to \infty$ und $\frac{du}{dv}(v) \sim |v|\, e^{-1-\frac{1}{2}v^2}$ für $v \to -\infty$.

Gleichung (6.80) ist noch eine exakte Darstellung der Gammafunktion. Um nun die Stirling-Formel (6.76) aus der Integraldarstellung (6.80) der Gammafunktion herleiten zu können, verwenden wir, dass der Integrand für große z-Werte stark um $v = 0$ konzentriert ist, sodass es möglich ist, die Ableitung $\frac{du}{dv}(v)$ für kleine v-Werte zu approximieren:

$$\frac{du}{dv}(v) = 1 + \tfrac{2}{3}v + \tfrac{1}{12}v^2 + \cdots \quad (v \to 0) .$$

Es folgt mit der Substitution $v \equiv \sqrt{2/z}\,w$:

$$\frac{e^z}{z^{z+1}}\Gamma(z+1) = \int_{-\infty}^{\infty} dv\, e^{-\frac{1}{2}zv^2} \left(1 + \tfrac{2}{3}v + \tfrac{1}{12}v^2 + \cdots\right)$$

$$= \sqrt{\frac{2}{z}} \int_{-\infty}^{\infty} dw\, e^{-w^2} \left(1 + \frac{2}{3}\sqrt{\frac{2}{z}}\,w + \frac{1}{6z}w^2 + \cdots\right) .$$

Die rechte Seite zeigt zweierlei: Erstens sind die Beiträge der höheren Potenzen w^m generell sehr klein, da sie mit Faktoren $z^{-m/2}$ unterdrückt werden, und zweitens sind alle Beiträge von *ungeraden* Potenzen exakt gleich null aufgrund der Antisymmetrie des Integranden, sodass nur *gerade* Potenzen übrig bleiben. Die verschiedenen Gauß-Integrale, die in dieser Entwicklung nach Potenzen von $z^{-1/2}$ als Vorfaktoren auftreten, können mit Hilfe der Gleichungen (6.65) und (6.66) berechnet werden. Es folgt:

$$\Gamma(z+1) = \frac{\sqrt{2}\,z^{z+1/2}}{e^z} \int_{-\infty}^{\infty} dw\, e^{-w^2} \left(1 + \frac{1}{6z}w^2 + \cdots\right)$$

$$= \sqrt{2\pi}\,z^{z+1/2}e^{-z} \left[1 + \frac{1}{12z} + \mathcal{O}(z^{-2})\right] . \tag{6.81}$$

Das Ergebnis (6.81) ist für $z = n$ identisch mit der Stirling-Formel (6.76). Bei Bedarf kann man mit dem Laplace-Verfahren natürlich beliebige höhere Ordnungen in diesen z^{-1}- bzw. n^{-1}-Entwicklungen ausrechnen.

---

[15] Die ersten drei Ordnungen der Taylor-Entwicklung von $u(v)$ folgen direkt aus der Taylor-Entwicklung von $v(u)$, indem man dort $u(v) = v\left(1 + a_1 v + a_2 v^2 + \cdots\right)$ mit $a_{1,2} \in \mathbb{R}$ einsetzt und in den Ordnungen v^2 und v^3 Konsistenz fordert.

Anwendungsbereich der Stirling-Formel

Wie gut wird $n!$ für realistische (endliche) n-Werte durch die Stirling-Formel (6.76) angenähert? Um dies zu untersuchen, definieren wir die Größe $S(n) \equiv n^n e^{-n}\sqrt{2\pi n}$ und vergleichen sie mit exakten Ergebnissen für $n!$. In Tabelle 6.3 sind die Quotienten $n!/S(n)$ und $n!/[S(n)(1+\frac{1}{12n})]$ für verschiedene moderate n-Werte aufgelistet. Wir erinnern zuerst daran, dass die Stirling-Formel im Limes $n \to \infty$ hergeleitet wurde und streng genommen nur im Bereich großer n-Werte „gut" sein muss. Es ist daher etwas erstaunlich, dass die Approximation $n! \simeq S(n)$ bereits ab $n = 5$ oder

$n = 10$ ganz passabel ist und dass die Mitberücksichtigung der ersten Korrektur zu $S(n)$ die Näherung sogar für $n = 1$ anwendbar macht. Auch wenn die Präzision der Stirling-Formel für derart kleine n-Werte untypisch ist und teilweise auf Zufall beruhen muss, kann man festhalten, dass asymptotische Näherungen für praktische Zwecke sehr nützlich sind und auch über den strengen Limes hinaus, in dem sie hergeleitet wurden, praktische Relevanz besitzen.

Tab. 6.3 Vergleich der Stirling-Formel mit exakten Werten von $n!$

n	$n!/S(n)$	$n!/[S(n)(1+\frac{1}{12n})]$
1	1,08443755	1,00101928
5	1,01678399	1,0001154
10	1,00836536	1,00003176
50	1,00166803	1,00000136
100	1,00083368	1,00000035

6.5.2   Beispiel einer „Störungstheorie" ∗

Als zweites Beispiel einer asymptotischen Entwicklung betrachten wir das folgende Integral, das von einem Parameter $\lambda \geq 0$ abhängt:

$$Q(\lambda) = \int dx\; e^{-\frac{1}{2}x^2 - \lambda x^4}\,. \tag{6.82}$$

Der Integrand ist für alle $x \in \mathbb{R}$ positiv und wird von oben durch die Gauß-Funktion $e^{-x^2/2}$ beschränkt, sodass das Integral $Q(\lambda)$ bestens konvergiert. Da die Funktion $Q(\lambda)$ für alle $\lambda \geq 0$ existiert (und manifest glatt und monoton abfallend ist und für $\lambda \to \infty$ gegen null geht), kann sie für $\lambda \downarrow 0$ gemäß dem Taylor'schen Satz nach Potenzen von λ entwickelt werden. Man kann sogar darauf hoffen, dass eine Entwicklung bis zur unendlichen Ordnung mit endlichem Konvergenzradius ($\lambda_\mathrm{c} > 0$) existiert:

$$Q(\lambda) \overset{?}{=} \sum_{n=0}^{\infty} a_n \lambda^n \quad (0 \leq \lambda < \lambda_\mathrm{c})\,. \tag{6.83}$$

Die Konstanten a_n in dieser Entwicklung können leicht berechnet werden, denn sie sind gleich $Q^{(n)}(0)/n!$, und jede Ableitung von Q erzeugt lediglich einen zusätzlichen Faktor $-x^4$ im Integranden:

$$Q'(\lambda) = -\int dx\; x^4 e^{-\frac{1}{2}x^2 - \lambda x^4} \quad,\quad Q''(\lambda) = \int dx\; x^8 e^{-\frac{1}{2}x^2 - \lambda x^4} \quad (\text{usw.})\,.$$

Folglich sind die Ableitungen $Q^{(n)}(0)$ für $\lambda = 0$ durch Gauß-Integrale gegeben und können explizit berechnet werden. Mit Hilfe der Substitution $y = \frac{1}{2}x^2$ erhält man einen Ausdruck in der Form von Gammafunktionen:

$$a_n = \frac{(-1)^n}{n!} \int_{-\infty}^{\infty} dx \, x^{4n} e^{-\frac{1}{2}x^2} = \frac{(-1)^n \, 2^{2n+\frac{1}{2}}}{n!} \int_0^{\infty} dy \, y^{2n-\frac{1}{2}} e^{-y}$$

$$= \frac{(-1)^n \, 2^{2n+\frac{1}{2}}}{n!} \, \Gamma(2n + \tfrac{1}{2}) \, .$$

Dieses Ergebnis zeigt zunächst einmal, dass a_n [und somit auch $Q^{(n)}(0)$] für alle $n <$ ∞ tatsächlich *endlich* ist, sodass $Q(\lambda)$ im Punkt $\lambda = 0$ unendlich oft differenzierbar ist. Aber bedeutet dies nun auch, dass $Q(\lambda)$ eine Taylor-Reihe der Form (6.83) mit *endlichem* Konvergenzradius λ_c hat?

Um dies zu bestimmen, betrachten wir die Entwicklungskoeffizienten a_n für große n-Werte ($n \to \infty$) mit Hilfe der Stirling-Formel (6.81) für die Gammafunktion. Da der Faktor $\Gamma(2n + \frac{1}{2})$ in a_n proportional zu n^{2n} sehr schnell ansteigt, erhalten wir für das asymptotische Verhalten von a_n:

$$a_n = \frac{(-1)^n \, 2^{2n+\frac{1}{2}}}{n!} \, \Gamma(2n + \tfrac{1}{2})$$

$$\sim \frac{(-1)^n \, 2^{2n+\frac{1}{2}}}{n^n e^{-n}\sqrt{2\pi n}} \, \sqrt{2\pi} \left(\frac{2n}{e}\right)^{2n} \propto \left(-\tfrac{16}{e}\right)^n n^{n-\frac{1}{2}} \, .$$

Die Konstanten a_n steigen also sehr schnell an (proportional zu n^n), mit der Konsequenz, dass der Konvergenzradius von $Q(\lambda)$ rigoros gleich null ist ($\lambda_c = 0$). Die Taylor-Reihe (6.83) von $Q(\lambda)$ existiert für $\lambda > 0$ also *nicht*. Stattdessen spricht man in solchen Fällen von einer *asymptotischen Reihe*. Die unendliche Differenzierbarkeit von $Q(\lambda)$ bzw. die Existenz der Konstanten a_n für alle $n \in \mathbb{N}_0$ ist also aufgrund des Taylor'schen Satzes so zu interpretieren, dass für alle festen $N \in \mathbb{N}_0$ gilt:

$$Q(\lambda) = \sum_{n=0}^{N} a_n \lambda^n + \mathcal{O}(\lambda^{N+1}) \qquad (\lambda \to 0) \, , \tag{6.84}$$

wobei allerdings die Vorfaktoren der sukzessiven $\mathcal{O}(\lambda^{N+1})$-Korrekturen schnell mit N ansteigen. Wenn man die Funktion $Q(\lambda)$ also für hinreichend kleine λ-Werte ($0 \le \lambda \le \lambda_1$) mit Hilfe von Gleichung (6.84) beschreiben möchte, sollte man N nicht allzu groß wählen, damit auf jeden Fall

$$\left|\mathcal{O}(\lambda_1^{N+1})\right| \simeq \left|a_{N+1}\right| \lambda_1^{N+1} \simeq \left(\tfrac{16}{e}\lambda_1 N\right)^{N+1} \le 1 \quad , \quad N \le \frac{e}{16\lambda_1}$$

gilt. Für größere N-Werte wird die Approximation (6.84) für $\lambda \simeq \lambda_1$ schnell *schlechter*, obwohl (genauer: *gerade weil*) man höhere Ordnungen der λ-Entwicklung mit berücksichtigt.

Das hier betrachtete Integral $Q(\lambda)$ hat eine konkrete *physikalische Bedeutung* als Ortsanteils der Zustandssumme[16] eines klassischen *an*harmonischen Oszillators,

---

[16]Zustandssummen sind Größen von zentraler Bedeutung in der Statistischen Mechanik, aus denen man die thermodynamischen Eigenschaften eines Systems berechnen kann.

aber die Relevanz von $Q(\lambda)$ reicht viel weiter: Eine ähnliche Struktur findet man bei Integralen, die die statischen und dynamischen Eigenschaften von quantenmechanischen Vielteilchensystemen beschreiben. Die nachfolgenden Entwicklungen nach dem Parameter λ haben dementsprechend ein Pendant in der quantenmechanischen Vielteilchen-Störungstheorie. Da asymptotische Reihen für die Störungstheorie sehr wichtig sind, wurden etliche Methoden zur Untersuchung solcher Reihen entwickelt, wie z.B. Borel-Resummierungstechniken oder die Padé-Approximation. Ein großartiges, allerdings schon etwas älteres Buch über dieses Thema ist Ref. [25].

6.5.3   Die Gauß'sche Fehlerfunktion $*$

Weitere interessante Beispiele für asymptotische Entwicklungen sind die Gauß'sche *Fehlerfunktion* und die *komplementäre Fehlerfunktion*, die beide bereits aus Abschnitt [6.3.5] bekannt sind:

$$\operatorname{erf}(x) \equiv \frac{2}{\sqrt{\pi}} \int_0^x dt\, e^{-t^2} \quad , \quad \operatorname{erfc}(x) \equiv \frac{2}{\sqrt{\pi}} \int_x^\infty dt\, e^{-t^2} = 1 - \operatorname{erf}(x) \ .$$

Offensichtlich beschreiben „erf" und „erfc" grundsätzlich dieselbe Funktion. Für kleine x-Werte ($x \to 0$) können beide Funktionen problemlos als Taylor-Reihen mit unendlichem Konvergenzradius dargestellt werden. Wir zeigen dies für „erf":

$$\operatorname{erf}(x) = \frac{2}{\sqrt{\pi}} \int_0^x dt \sum_{n=0}^\infty \frac{(-t^2)^n}{n!} = \frac{2}{\sqrt{\pi}} \sum_{n=0}^\infty \frac{(-1)^n x^{2n+1}}{n!(2n+1)} \ .$$

Für große x-Werte ($x \to \infty$) erhält man für beide Funktionen andererseits lediglich *asymptotische Reihen*. Wir zeigen dies für „erfc" mit der Substitution $t = x + s/2x$ und einer Taylor-Entwicklung des Faktors $e^{-(s/2x)^2}$ im Integranden für $x \to \infty$:

$$\sqrt{\pi}x e^{x^2} \operatorname{erfc}(x) = 2x \int_x^\infty dt\, e^{x^2 - t^2} = \int_0^\infty ds\, e^{-s - (s/2x)^2}$$

$$= \int_0^\infty ds\, e^{-s} \sum_{m=0}^\infty \frac{(-1)^m s^{2m}}{m!(2x)^{2m}} \ . \tag{6.85}$$

An dieser Stelle in der Berechnung sollte man Vorsicht walten lassen: Auf der rechten Seite von (6.85) wird zuerst bei festem s die m-Summe berechnet und danach erst über $s \in \mathbb{R}^+$ integriert. Darf man die Summation und die Integration hier vertauschen? Wenn man dies „einfach" versucht, erhält man ein ähnliches Ergebnis wie bei der Zustandssumme des anharmonischen Oszillators:

$$\sqrt{\pi}x e^{x^2} \operatorname{erfc}(x) \overset{?}{=} \sum_{m=0}^\infty \frac{(-1)^m}{m!(2x)^{2m}} \int_0^\infty ds\, s^{2m} e^{-s} = \sum_{m=0}^\infty \frac{(-1)^m (2m)!}{m!(2x)^{2m}}$$

$$= 1 + \sum_{m=1}^\infty \frac{(-1)^m (2m-1)!!}{(2x^2)^m} = \sum_{m=0}^\infty \frac{(-1)^m \Gamma(m+\frac{1}{2})}{\sqrt{\pi} x^{2m}} \ .$$

In der zweiten Zeile wurde das Integrationsergebnis (6.26) verwendet und in der dritten die Definition der Doppelfakultät und ihre Beziehung (6.63) zur Gammafunktion $\Gamma(m+\frac{1}{2})$. Da die Gammafunktion im Zähler der rechten Seite proportional zu m^m ansteigt, konvergiert die rechte Seite für keinen einzigen reellen x-Wert! In der Tat sind wir bei der Berechnung von $\sqrt{\pi}xe^{x^2}\operatorname{erfc}(x)$ wieder auf eine asymptotische Reihe gestoßen. Wie hätte man bei der Herleitung dieser Reihe sorgfältiger vorgehen können? Die rechte Seite von (6.85) bedeutet im Sinne des Taylor'schen Satzes für alle $x > 0$:

$$\sqrt{\pi}xe^{x^2}\operatorname{erfc}(x) = \int_0^\infty ds\, e^{-s}\left[\sum_{m=0}^{N}\frac{(-1)^m s^{2m}}{m!(2x)^{2m}} + \frac{(-s^2)^{N+1}\exp\left[-\xi\left(\frac{s}{x}\right)\right]}{(N+1)!(2x)^{2(N+1)}}\right]$$

$$= \int_0^\infty ds\, e^{-s}\left[\sum_{m=0}^{N}\frac{(-1)^m s^{2m}}{m!(2x)^{2m}} + \mathcal{O}\left(\frac{s^{2(N+1)}}{x^{2(N+1)}}\right)\right],$$

wobei die Funktion $\xi\left(\frac{s}{x}\right)$ in der ersten Zeile die Ungleichung $0 \leq \xi \leq (s/2x)^2$ erfüllt und im zweiten Schritt sämtliche Konstanten des Korrekturterms sowie der Faktor $e^{-\xi} \leq 1$ im $\mathcal{O}$-Symbol enthalten sind. In der zweiten Zeile wird das „$\mathcal{O}$"-Symbol übrigens im Sinne von Gleichung (4.42) für ein ganzes Intervall [nämlich $(s/x) \geq 0$] verwendet. Da über s integriert werden soll, ist diese Allgemeinheit aber auch notwendig. Aus der zweiten Zeile folgt nun durch Berechnung der s-Integrale:

$$\sqrt{\pi}xe^{x^2}\operatorname{erfc}(x) = \sum_{m=0}^{N}\frac{(-1)^m\Gamma(m+\frac{1}{2})}{\sqrt{\pi}x^{2m}} + \mathcal{O}\left(x^{-2(N+1)}\right) \quad (x \to \infty). \tag{6.86}$$

Die Summe auf der rechten Seite ist für festes $N \in \mathbb{N}_0$ wohldefiniert und stellt für hinreichend große x-Werte (wobei „hinreichend" von N abhängt) eine sehr gute Näherung für die Gauß'sche Fehlerfunktion dar.

Grafische Darstellung der asymptotischen Natur einer Reihe

Wir zeigen in Abbildung 6.32, was die gerade für $x \to \infty$ hergeleitete asymptotische Reihe (6.86) der komplementären Fehlerfunktion $\operatorname{erfc}(x)$ *konkret* bedeutet. Aus Gleichung (6.86) ist bereits klar, dass es für die Darstellung zweckmäßig ist, die Fehlerfunktion $\operatorname{erfc}(x)$ als Funktion der Variablen $y \equiv x^{-2}$ zu betrachten und dann die Kombination $f(y) \equiv \sqrt{\pi}xe^{x^2}\operatorname{erfc}(x)-1$ über der Variablen $y = x^{-2}$ aufzutragen. Aus Gleichung (6.86) folgt nämlich:

$$f(y) = \sum_{m=1}^{N}\frac{(-1)^m\Gamma(m+\frac{1}{2})}{\sqrt{\pi}}y^m + \mathcal{O}\left(y^{N+1}\right) \quad (y \downarrow 0), \tag{6.87}$$

sodass $f(y)$ die Form einer Potenzreihe in y hat mit den Eigenschaften $f(0) = 0$, $f'(0) = -\frac{1}{2}$, $f''(0) = \frac{3}{2}$, und so weiter. Für $y \to \infty$ bzw. $x \downarrow 0$ gilt $f(y) \sim -1 + \sqrt{\pi}x = -1 + \sqrt{\pi/y}$, sodass in diesem Grenzfall $f(y) \downarrow -1$ gilt. Vergleicht man nun in Abb. 6.32 den Verlauf der Funktion $f(y)$ mit der Potenzreihe auf der rechten Seite von (6.87), so stellt man fest, dass die Näherungen „bis $m = 1$", „bis $m = 2$", „bis $m = 3$" und „bis $m = 4$" im betrachteten Intervall $0 \leq y \leq 0{,}25$ immer *besser* werden. Bereits die Näherung „bis $m = 5$" zeigt das typische Verhalten einer asymptotischen Entwicklung: Bis etwa $y = 0{,}23$ ist sie *besser* als die Näherung „bis $m = 3$", für $y \gtrsim 0{,}23$ jedoch *schlechter*. Analog stellt man fest, dass die Näherungen

„bis $m = 6$" bis „bis $m = 10$" im Intervall $y \gtrsim 0{,}2$ sukzessive *schlechter* werden, und dies, obwohl jede höhere Näherung „bis $m + 1$" für hinreichend *kleine* y-Werte selbstverständlich *besser* ist als die Näherung „bis m".

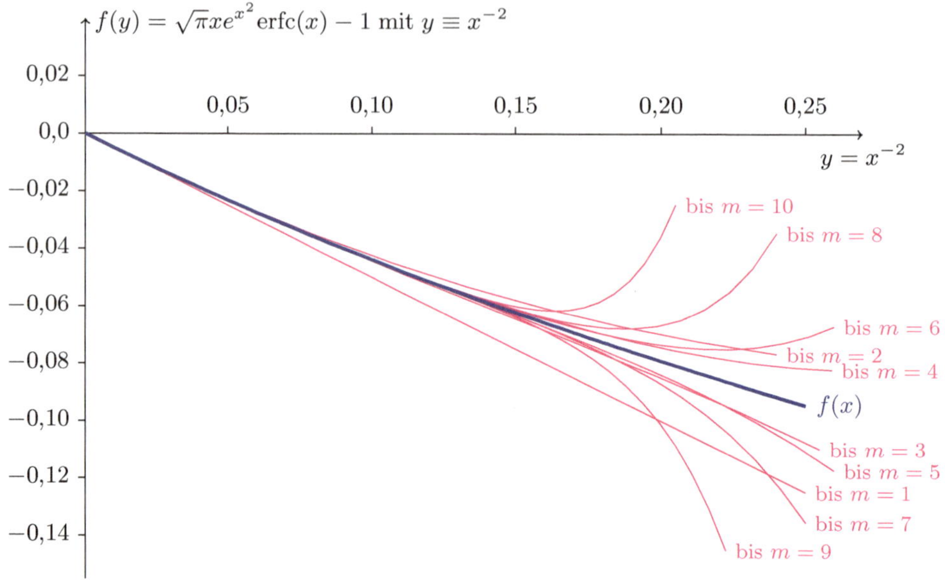

Abb. 6.32 Asymptotische Entwicklung der komplementären Fehlerfunktion $\operatorname{erfc}(x)$ für $x \to \infty$

Anhand des Beispiels der komplementären Fehlerfunktion $\operatorname{erfc}(x)$, die in Abb. 6.32 mit ihrer asymptotischen Reihe für $x \to \infty$ verglichen wird, lernen wir also etwas ganz Wesentliches über asymptotische Entwicklungen:

> Die *Genauigkeit* einer asymptotischen Entwicklung wird im asymptotischen Bereich (hier: für $x \gg 1$) mit jeder zusätzlichen Ordnung immer *besser*, der *Gültigkeitsbereich* der Näherung jedoch *kleiner*.

Man kann auch mit einfachen Mitteln abschätzen, ab welchem m-Wert für einen fest vorgegebenen y-Wert zusätzliche Ordnungen die Näherung nicht mehr verbessern würden: Als Kriterium für N, also für den höchsten sinnvollen m-Wert in (6.87), könnte man etwa nehmen, dass die Beiträge mit $m \lesssim N$ zur Potenzreihe (6.87) betragsmäßig *abfallend* und solche für $m \gtrsim N$ betragsmäßig *ansteigend* sind. Dies ergibt die Bestimmungsgleichung: $\Gamma(N + \frac{3}{2})y^{N+1} \simeq \Gamma(N + \frac{1}{2})y^N$ d.h. $(N + \frac{1}{2})y \simeq 1$ bzw. $N \simeq y^{-1} - \frac{1}{2}$. Ist man z.B. an möglichst genauen Ergebnissen für $y = 0{,}25$ interessiert, sollte man eine Näherung vom Typ (6.87) mit $N = 3$ oder $N = 4$ wählen; für $y = 0{,}1$ wäre eher $N = 10$ und für $y = 10^{-3}$ eher $N = 1000$ relevant. Für $y = 0{,}25$ stimmt diese Abschätzung auch genau mit unserer numerischen Analyse in Abb. 6.32 überein. Selbstverständlich sollte man auch überprüfen, dass die höchste mitberücksichtigte Ordnung deutlich kleiner als der gesuchte Funktionswert selbst ist: $\Gamma(N + \frac{1}{2})y^N/\sqrt{\pi} \ll f(y)$; diese Bedingung ist jedoch für die genannten y-Werte mit $N \simeq y^{-1} - \frac{1}{2}$ erfüllt.

6.5.4 Das Symbol „$\approx$" für asymptotische Reihen $*$

In Abschnitt [6.5.2] haben wir die auf den ersten Blick völlig harmlose, für alle $\lambda > 0$ unendlich oft stetig differenzierbare Funktion $Q(\lambda)$ in (6.82) kennengelernt, die für alle festen $N \in \mathbb{N}_0$ im Einklang mit dem Taylor'schen Satz die Gleichung (6.84) erfüllt, aber für *kein* $\lambda > 0$ im Sinne von (6.83) als Taylor-Reihe konvergiert. Dies bedeutet, dass das „$=$"-Zeichen in (6.83) für diese unendliche Reihe keinerlei Sinn ergibt, obwohl für alle $N \in \mathbb{N}_0$ die etwas umständliche $\mathcal{O}$-Notation in (6.84) absolut korrekt ist. Das Symbol „$\approx$" dient nun dazu, den unendlichen Satz von Aussagen der Form (6.84) mit $N \in \mathbb{N}_0$ für asymptotische Reihen kompakt darzustellen. Gleichung (6.84) wird dann einfach ersetzt durch

$$Q(\lambda) \approx a_0\lambda^0 + a_1\lambda^1 + a_2\lambda^2 + a_3\lambda^3 + a_4\lambda^4 + \cdots \qquad (\lambda \to 0)\,,$$

oder noch kompakter:

$$\boxed{Q(\lambda) \approx \sum_{n=0}^{\infty} a_n\lambda^n \quad (\lambda \to 0) \quad , \quad a_n = \frac{(-1)^n\, 2^{2n+\frac{1}{2}}}{n!}\, \Gamma(2n + \tfrac{1}{2})\,.}$$

Die asymptotische Reihe für $Q(\lambda)$ ist kein Einzelfall: In Abschnitt [6.5.3] haben wir den äußerst problematischen (für alle $x < \infty$ divergenten) Ausdruck

$$\sqrt{\pi}xe^{x^2}\,\mathrm{erfc}(x) \overset{?}{=} \sum_{m=0}^{\infty} a_m x^{-2m} \quad , \quad a_m = \frac{(-1)^m\Gamma(m + \frac{1}{2})}{\sqrt{\pi}}$$

für die Gauß'sche Fehlerfunktion kennengelernt, der erst als asymptotische Reihe Sinn ergibt:

$$\sqrt{\pi}xe^{x^2}\,\mathrm{erfc}(x) \approx \sum_{m=0}^{\infty} a_m x^{-2m} \qquad (x \to \infty)$$

und daher konkret bedeutet, dass für alle $N \in \mathbb{N}_0$:

$$\sqrt{\pi}xe^{x^2}\,\mathrm{erfc}(x) = \sum_{m=0}^{N} a_m x^{-2m} + \mathcal{O}(x^{-2(N+1)}) \qquad (x \to \infty)$$

gilt, wobei dieser Grenzwertprozess bei *festem* N vollzogen werden soll.

Als drittes Beispiel einer asymptotischen Reihe kann man sogar die *Stirling-Formel* (6.76) nennen, die man alternativ auch als

$$\ln(n!) \sim n\ln(n) - n + \tfrac{1}{2}\ln(n) + \ln(\sqrt{2\pi}) + \frac{1}{12n} + \ldots \qquad (n \to \infty)$$

schreiben kann. Da die Konvergenz der Stirling-Formel als Funktion von n hervorragend ist, wie man dem Vergleich mit exakten Werten von $n!$ in Tab. 6.3 entnehmen kann, könnte der asymptotische Charakter dieser Reihe zunächst erstaunen. Dennoch zeigt eine Analyse der höheren Ordnungen, dass für $n \to \infty$ gilt:

$$\boxed{\ln(n!) - n\ln(n) + n - \tfrac{1}{2}\ln(n) \approx \ln(\sqrt{2\pi}) + \frac{1}{12n} + \sum_{m=2}^{\infty} b_m n^{-(2m-1)}\,,}$$

wobei die Koeffizienten b_m wesentlich schneller als exponentiell, nämlich *faktoriell* gemäß $b_m \sim (2m)!/[2m^2(2\pi)^{2m}]$ ansteigen. Es liegt also keine Taylor-Reihe in der Variablen n^{-1} vor, sondern eine asymptotische Reihe.

Das Konzept einer asymptotischen Reihe kann auch allgemeiner formuliert werden: Wenn ein Limes $x \to a$ betrachtet wird (mit $a \in \mathbb{R}$ oder eventuell $a = \pm\infty$) und ein Satz $\{\psi_m\}$ von Basisfunktionen mit $m \in \mathbb{N}_0$ und der Eigenschaft $\psi_{m+1}(x) = o(\psi_m(x))$ für $x \to a$ gegeben ist, und wenn für eine Funktion $f(x)$ für alle $N \in \mathbb{N}_0$ gilt:

$$f(x) = \sum_{m=0}^{N} a_m\psi_m(x) + \mathcal{O}(\psi_{N+1}(x)) \qquad (x \to a) \,, \tag{6.88}$$

dann liegt eine *asymptotische Reihe* vor, und man kann alternativ schreiben:

$$f(x) \approx \sum_{m=0}^{\infty} a_m\psi_m(x) \qquad (x \to a) \,.$$

Beispielsweise ist im Fall der Gauß'schen Fehlerfunktion $a = \infty$ und $\psi_m(x) = x^{-2m}$, und beim anharmonischen Oszillator wird um $a = 0$ entwickelt, und es gilt $\psi_n(\lambda) = \lambda^n$.

Es ist übrigens keineswegs so, dass alle asymptotischen Reihen für alle endlichen Werte des Entwicklungsparameters divergieren müssen: Nach der allgemeinen Definition (6.88) ist jede Taylor-Reihe mit endlichem oder unendlichem Konvergenzradius auch eine asymptotische Reihe. Der Begriff „asymptotische Reihe" stellt also eine Verallgemeinerung der Taylor-Reihe dar. In Gleichung (4.59) haben wir die Funktion $f(x) \equiv e^{-1/x^2}$ kennengelernt, die für alle $x \in \mathbb{R}$ unendlich oft stetig differenzierbar ist, deren Ableitungen in $x = 0$ jedoch alle gleich null sind: $f^{(m)}(0) = 0$ für alle $m \in \mathbb{N}_0$. Folglich ist die Funktion $f(x)$ *nicht* gleich ihrer an sich perfekt konvergierenden Taylor-Reihe $T_f(x)$:

$$f(x) \neq T_f(x) \equiv \sum_{m=0}^{\infty} f^{(m)}(0)\frac{x^m}{m!} = \sum_{m=0}^{\infty} 0 \cdot \frac{x^m}{m!} = 0 \qquad \forall x \neq 0 \,,$$

außer für $x = 0$. Dennoch liegt durchaus eine asymptotische Reihe im Sinne der allgemeinen Definition (6.88) vor und kann man schreiben:

$$\boxed{f(x) \approx \sum_{m=0}^{\infty} 0 \cdot x^m \qquad (x \to 0) \,.}$$

Analog gilt:

$$e^{-1/x} \approx \sum_{m=0}^{\infty} 0 \cdot x^m \quad (x \downarrow 0) \quad , \quad e^{-x} \approx \sum_{m=0}^{\infty} 0 \cdot x^{-m} \quad (x \to \infty) \,.$$

Diese Beispiele zeigen, dass auch *konvergente* asymptotische Reihen im Limes $N \to \infty$ nicht gegen die Funktion, aus der sie hergeleitet sind, konvergieren müssen.

6.5.5   Die Integralexponentialfunktion ∗

Als letztes Beispiel einer Funktion, die durch eine asymptotische Reihe dargestellt werden kann, betrachten wir die *Integralexponentialfunktion*, die in der Physik Anwendungen z.B. im Rahmen von Transportprozessen hat. Die Integralexponentialfunktion ist definiert als Hauptwertintegral und kann dementsprechend für $x > 0$ in ein (konstantes) Hauptwertintegral und ein (x-abhängiges) normales Integral aufgespalten werden:

$$\mathrm{Ei}(x) \equiv \mathrm{P}\int_{-\infty}^{x} dt\, \frac{e^t}{t} = \mathrm{P}\int_{-\infty}^{1} dt\, \frac{e^t}{t} + \int_{1}^{x} dt\, \frac{e^t}{t} = \mathrm{Ei}(1) + \int_{1}^{x} dt\, \frac{e^t}{t}\,,$$

wobei der numerische Wert der additiven Konstanten gegeben ist durch

$$\mathrm{Ei}(1) = \mathrm{P}\int_{-\infty}^{1} dt\, \frac{e^t}{t} = \lim_{\varepsilon \downarrow 0} \left(\int_{-\infty}^{-\varepsilon} dt\, \frac{e^t}{t} + \int_{\varepsilon}^{1} dt\, \frac{e^t}{t} \right) \simeq 1{,}895118\,.$$

Man kann nun das „normale" Integral in $\mathrm{Ei}(x)$ mit Hilfe einer N-maligen partiellen Integration wie folgt umschreiben:

$$\int_{1}^{x} dt\, \frac{e^t}{t} = e^t \sum_{m=0}^{N-1} \frac{m!}{t^{m+1}} \bigg|_{1}^{x} + N! \int_{1}^{x} dt\, \frac{e^t}{t^{N+1}}\,.$$

Das Integral auf der rechten Seite ist streng positiv für $x > 1$ und kann z.B. für alle $x > 2$ wie folgt nach oben abgeschätzt werden:

$$\int_{1}^{x} dt\, \frac{e^t}{t^{N+1}} = \int_{1}^{\frac{1}{2}x} dt\, \frac{e^t}{t^{N+1}} + \int_{\frac{1}{2}x}^{x} dt\, \frac{e^t}{t^{N+1}} \leq \int_{1}^{\frac{1}{2}x} dt\, e^t + \frac{2^{N+1}}{x^{N+1}} \int_{\frac{1}{2}x}^{x} dt\, e^t$$

$$= (e^{\frac{1}{2}x} - 1) + \frac{2^{N+1}}{x^{N+1}}(e^x - e^{\frac{1}{2}x}) = \mathcal{O}\left(e^x / x^{N+1}\right) \qquad (x \to \infty)\,,$$

wobei im ersten Integral $t^{-(N+1)} \leq 1$ und im zweiten

$$t^{-(N+1)} \leq \left(\tfrac{1}{2}x\right)^{-(N+1)} = 2^{N+1}/x^{N+1}$$

verwendet wurde. Es folgt für alle festen $N \in \mathbb{N}$:

$$\int_{1}^{x} dt\, \frac{e^t}{t} = e^t \sum_{m=0}^{N-1} \frac{m!}{t^{m+1}} \bigg|_{1}^{x} + \mathcal{O}\left(e^x / x^{N+1}\right) \quad (x \to \infty)\,.$$

Da die additive Konstante $\mathrm{Ei}(1)$ und auch die Randterme von der Untergrenze des Integrals alle von $\mathcal{O}(1)$ sind, gilt also insgesamt für das Verhalten der Integralexponentialfunktion bei festem $N \in \mathbb{N}$ mit $x \to \infty$:

$$e^{-x}\mathrm{Ei}(x) = \sum_{m=0}^{N-1} \frac{m!}{x^{m+1}} + \mathcal{O}\left(x^{-(N+1)}\right) \quad (x \to \infty)\,. \tag{6.89}$$

Dieser unendliche Satz von $\mathcal{O}$-Aussagen kann mit Hilfe des „≈"-Symbols wie folgt kompakt dargestellt werden:

$$\boxed{\; e^{-x}\mathrm{Ei}(x) \approx \sum_{m=0}^{\infty} \frac{m!}{x^{m+1}} \quad (x \to \infty)\,. \;}$$

Die rechte Seite hat wiederum den Charakter einer asymptotischen Reihe, die zwar für kein festes $x > 0$ konvergiert, aber im Sinne von (6.89) bei endlichen N-Werten nützliche und genaue Näherungen für $x \to \infty$ ergibt.

6.6   Übungsaufgaben

Aufgabe 6.1 Integration 1
Bestimmen Sie die unbestimmten Integrale der folgenden Funktionen:

$$\text{(i)} \quad \sqrt[3]{x} \qquad \text{(ii)} \quad \frac{1}{x^2} \qquad \text{(iii)} \quad 3x^6 - 4x$$

$$\text{(iv)} \quad \left(\tfrac{1}{4}x^3 + 5\right)^7 x^2 \quad \text{(v)} \quad (x^2 + 1)^{3/7} x \quad \text{(vi)} \quad \sin(x/3)\,.$$

Aufgabe 6.2 Integration 2
Bestimmen Sie die unbestimmten Integrale der folgenden Funktionen:

$$\text{(i)} \quad \frac{1}{x+3} \qquad \text{(ii)} \quad xe^{-x^2} \qquad \text{(iii)} \quad 3^x$$
$$\text{(iv)} \quad x\sqrt{x^2 + 9} \quad \text{(v)} \quad \cosh(x - 3) \quad \text{(vi)} \quad \frac{x}{1+x^2}\,.$$

Aufgabe 6.3 Integration 3

(a) Bestimmen Sie (mit expliziter Herleitung) die Stammfunktionen von:

$$\text{1. } x^n \ln(x) \quad \text{2. } \frac{1}{x\ln(x)} \quad \text{3. } \frac{1}{x\sqrt{a^2 + x^2}} \quad \text{4. } \sqrt{\frac{x+1}{x-1}} \quad \text{5. } \frac{\sin(2x)}{1 + \cos^2(x)}\,.$$

Hinweis zu 4.: Verwenden Sie $x + 1 = (x + 1)^2/(x + 1)$.

(b) Bestimmen Sie die von der Ellipse $\dfrac{x_1^2}{a_1^2} + \dfrac{x_2^2}{a_2^2} = 1$ eingeschlossene Fläche.

Aufgabe 6.4 Welche Scheibe ist am leckersten?
Ein kugelförmiges Brötchen wird in sieben gleich dicke Scheiben zerteilt. Ein Krustenliebhaber wünscht sich die Scheibe mit der (absolut) meisten Kruste. Soll er eines der beiden Enden nehmen oder doch lieber die mittlere Scheibe, oder macht das keinen Unterschied?

Aufgabe 6.5 Numerische Integration
Wir verwenden die Notation aus Abschnitt [6.2.2] und berechnen das Integral $\int_0^1 dx\, f(x)$ mit $f(x) = e^{-x^2}$ *numerisch* mit Hilfe der Trapezformel:

$$\int_0^1 dx\, f(x) \simeq \sum_{k=1}^{N} \varepsilon\tfrac{1}{2}\left[f(x_{k-1}) + f(x_k)\right] \equiv S(\varepsilon)\,.$$

Der hierbei gemachte numerische Fehler $R(\varepsilon) \equiv \int_0^1 dx\, f(x) - S(\varepsilon)$ verhält sich für $\varepsilon \downarrow 0$ bekanntlich wie $R(\varepsilon) \sim -\tfrac{1}{12}\varepsilon^2\left[f'(1) - f'(0)\right]$.

(a) Berechnen Sie $S(\varepsilon)$ numerisch für $\varepsilon = \tfrac{1}{2}, \tfrac{1}{5}, \tfrac{1}{10}, \tfrac{1}{20}, \tfrac{1}{50}, \tfrac{1}{100}, \tfrac{1}{200}, \tfrac{1}{500}, \tfrac{1}{1000}\,.$

(b) Schätzen Sie aufgrund Ihrer Daten den numerischen Wert von $\int_0^1 dx\ f(x)$ möglichst genau ab.

Aufgabe 6.6 Die Mittelpunktsformel

Wir verwenden die Notation aus Abschnitt [6.2.1].

(a) Berechnen Sie das Integral $\int_0^1 dx\ f(x)$ mit $f(x) = x^2$ *analytisch.*

(b) Berechnen Sie dieses Integral nun *approximativ* durch Anwendung der Mittelpunktsformel

$$\int_0^1 dx\ f(x) \simeq \sum_{k=1}^{N} \varepsilon f(x_{k-\frac{1}{2}}) \equiv S(\varepsilon)$$

und *exakte* Auswertung von $S(\varepsilon)$ für $\varepsilon = 1/N$ mit $N \in \mathbb{N}$.

(c) Zeigen Sie durch den Vergleich der Resultate aus (a) und (b), dass sich der durch die Approximation $\int_0^1 dx\ f(x) \simeq S(\varepsilon)$ gemachte numerische Fehler $R(\varepsilon) \equiv \int_0^1 dx\ f(x) - S(\varepsilon)$ in diesem Spezialfall für alle $\varepsilon = N^{-1}$ mit $N \in \mathbb{N}$ *exakt* wie $R(\varepsilon) = \frac{1}{24}\varepsilon^2 \left[f'(1) - f'(0)\right]$ verhält.

Aufgabe 6.7 Zweidimensionale Integrale

Berechnen Sie die folgenden zweidimensionalen Integrale:

(i) die Fläche in der Halbebene $x_1 \geq 0$ zwischen den Geraden $x_2 = 0$, $x_2 = x_1 \tanh(t)$ mit $t > 0$ und der Kurve $x_2^2 = x_1^2 - a^2$ mit $a > 0$; (Woher kennen Sie diese Fläche?)

(ii) die durch die beiden Kurven $x_2^2 = x_1^2(1 - x_1^2)$ und $x_1^2 = x_2^2(1 - x_2^2)$ eingeschlossene Fläche;

(iii) die Fläche in der Halbebene $x_1 \geq 0$ zwischen den Geraden $x_2 = x_1$, $x_2 = 0$ und $x_1 = a > 0$ und der Hyperbel $x_2 = \lambda^2/x_1$ mit $0 < \lambda < a$;

(iv) $\int_0^1 dx_2 \int_{x_2/\lambda}^{1/\lambda} dx_1\ e^{x_1^2}$ mit $\lambda > 0$. (Welche Integrationsreihenfolge ist am bequemsten?)

Hinweis: Machen Sie Skizzen der Integrationsbereiche (i)-(iv)!

Aufgabe 6.8 Apfel mit Bohrloch

Bestimmen Sie das Volumen einer Kugel $(x_1)^2 + (x_2)^2 + (x_3)^2 \leq R^2$ mit einem konzentrischen, zylindrischen Bohrloch $(x_1)^2 + (x_2)^2 \leq R^2 - \left(\frac{1}{2}h\right)^2$ der Höhe h (mit $0 < h \leq 2R$). Zeigen Sie insbesondere, dass das Ergebnis nur von h und nicht von R abhängt!

Aufgabe 6.9 Dreidimensionale Integrale

Berechnen Sie das Volumen von

(i) $\left\{\mathbf{x} \mid x_1^2 + 2x_2^2 \leq x_3 \leq 4 - x_1^2\right\}$ (kartesische Koordinaten)

(ii) $\left\{\mathbf{x} \mid 0 \leq x_3 \leq \sqrt{16 - \rho^2}\,,\ 0 \leq \rho \leq 4\cos(\varphi)\right\}$ (Zylinderkoordinaten)

(iii) $\left\{ \mathbf{x} \mid r \le 3^{2/3} \, , \, 1 \le \tan(\vartheta) \le 2 \, , \, 0 \le \varphi \le \frac{\pi}{2} \right\}$ (Kugelkoordinaten)

und beschreiben Sie die Form dieser Integrationsbereiche in Worten oder machen Sie eine Skizze.

Aufgabe 6.10 Eine Funktion zur Berechnung des Umfangs einer Ellipse

Der Umfang einer Ellipse kann mit Hilfe einer *speziellen Funktion*

$$E(x) \equiv \int_0^{\pi/2} dt \; \sqrt{1 - x \sin^2(t)} \, ,$$

des „vollständigen elliptischen Integrals der 2. Art", beschrieben werden.

(a) Zeigen Sie durch Entwickeln der Wurzel in $E(x)$:

$$E(x) \sim \frac{\pi}{2} \left[1 - \tfrac{1}{4} x - \tfrac{3}{64} x^2 + \ldots \right] \qquad (x \downarrow 0) \, .$$

(b) Zeigen Sie: $E(1) = 1$.

(c) Für Fortgeschrittene: Zeigen Sie: $E(x) \sim 1 + \tfrac{1}{4}(1 - x) \ln \frac{1}{1-x}$ $(x \uparrow 1)$.

[*Hinweis:* Definieren Sie hierzu $\bar{E}(y) \equiv E(1 - y)$ und zeigen Sie $\bar{E}'(y) \sim \tfrac{1}{4} \ln(y^{-1})$ oder $\bar{E}''(y) \sim -\tfrac{1}{4y}$ für $y \downarrow 0$. Skizzieren Sie $E(x)$ nahe $x = 1$.]

Aufgabe 6.11 Partielle Integrationen

Zeigen Sie durch partielle Integration folgende Beziehungen mit $n \in \mathbb{N}_0$:

$$\text{(a)} \quad \int_0^{2\pi} dx \; \sin^2(x) = \int_0^{2\pi} dx \; \cos^2(x)$$

$$\text{(b)} \quad \int dx \; (\ln x)^n = x(\ln x)^n - n \int dx \; (\ln x)^{n-1}$$

und berechnen Sie mit partieller Integration die Stammfunktionen von

$$\text{(i)} \quad \ln(x) \qquad \text{(ii)} \quad \ln(x^2 + 4) \qquad \text{(iii)} \quad x^3 e^{x^2}$$

$$\text{(iv)} \quad x \sin(x) \qquad \text{(v)} \quad \arctan(x) \qquad \text{(vi)} \quad \frac{\ln(x)}{x^2} \, .$$

Aufgabe 6.12 Substitutionen 1

Berechnen Sie die unbestimmten Integrale der folgenden Funktionen mit Hilfe einer geeigneten Substitution:

$$\text{(i)} \quad \frac{\sqrt{x}}{1+x} \qquad \text{(ii)} \quad \frac{1}{\sqrt{x}(1+\sqrt{x})} \qquad \text{(iii)} \quad \frac{\sin(x)\cos(x)}{2-\cos(x)}$$

$$\text{(iv)} \quad \frac{(e^x - 3)e^x}{e^x + 2} \qquad \text{(v)} \quad \frac{1}{x^2\sqrt{1-x^2}} \qquad \text{(vi)} \quad \sqrt{1 + \sqrt{x}} \, .$$

Aufgabe 6.13 Substitutionen 2

Berechnen Sie die folgenden Integrale mit Hilfe der angegebenen Substitutionen:

$$\text{(a)} \quad \int dx \, (x + 2)\sin(x^2 + 4x - 6) \qquad (u = x^2 + 4x - 6)$$

$$\text{(b)} \quad \int dx \, \frac{\cot(\ln x)}{x} \qquad (u = \ln x)$$

$$\text{(c)} \quad \int_{-1}^{1} \frac{dx}{\sqrt{(x+2)(3-x)}} \qquad (u = x - \tfrac{1}{2})$$

$$\text{(d)} \quad \int dx \, 2^{-x} \tanh(2^{1-x}) \qquad (u = 2^{1-x}) \, .$$

Aufgabe 6.14 Grenzwerte von Integralen

Bestimmen Sie die folgenden Grenzwerte von Integralen, in (a) für $\alpha \in \mathbb{R}^+$:

$$\text{(a)} \quad \lim_{x \to \infty} \int_0^x dt \, \alpha \exp(-\alpha t) \qquad \text{(b)} \quad \lim_{x \to 0} x^{-4} \int_0^x dt \, [\sin(t)]^3$$

$$\text{(c)} \quad \lim_{x \to \infty} \sqrt{x} \int_{-\infty}^{\infty} dt \, e^{-x \sinh^2(t)} \, .$$

Aufgabe 6.15 Partialbruchzerlegung

Bestimmen Sie mit Hilfe einer geeigneten Partialbruchzerlegung:

$$\text{(a)} \quad \int \frac{dx}{x^2 - 1} \qquad \text{(b)} \quad \int \frac{dx}{x^3 - x} \qquad \text{(c)} \quad \int dx \, \frac{6 - x}{2x^2 + 2x - 4} \, .$$

Aufgabe 6.16 Gammafunktion und Gauß-Integrale

Die Gammafunktion $\Gamma(\alpha)$ ist für $\alpha > 0$ definiert durch

$$\Gamma(\alpha) \equiv \int_0^\infty dy \, y^{\alpha - 1} e^{-y}$$

und hat z.B. die speziellen Werte $\Gamma(\tfrac{1}{2}) = \sqrt{\pi}$ und $\Gamma(1) = 1$.

(a) Zeigen Sie durch partielle Integration: $\Gamma(\alpha + 1) = \alpha \, \Gamma(\alpha)$. Zeigen Sie auch: $\Gamma(n + 1) = n!$

(b) Berechnen Sie $\Gamma(3)$, $\Gamma\left(\tfrac{7}{2}\right)$, $\Gamma(4)$ und $\Gamma\left(\tfrac{9}{2}\right)$.

(c) Berechnen Sie das Integral $\int_0^\infty dx \, x^m \, e^{-x^2}$ für $m = 3, 4, 5$ und 6.

Aufgabe 6.17 Segment einer Kugelschale

Zeigen Sie, dass das Volumen des Segments $[r_{k-1}, r_k] \times [\varphi_{l-1}, \varphi_l] \times [\vartheta_{m-1}, \vartheta_m]$ einer Kugelschale tatsächlich durch Gleichung (6.71) gegeben ist:

$$\Delta \mathbf{x}_{klm} = \tfrac{1}{3}(r_k^3 - r_{k-1}^3)(\varphi_l - \varphi_{l-1}) \left[\cos(\vartheta_{m-1}) - \cos(\vartheta_m)\right] \, ,$$

und zwar einmal, indem Sie dieses Volumen mit Hilfe einer Integration in Kugelkoordinaten berechnen, und einmal mit Hilfe einer Integration in *kartesischen* Koordinaten.

Kapitel 7

Differentialgleichungen

Im Bereich der für Physiker(innen) relevanten Mathematik ist das Thema *Differentialgleichungen* möglicherweise das wichtigste überhaupt, da die kanonische Physikausbildung weitgehend von Differentialgleichungen geprägt ist. Das zweite Newton'sche Gesetz spielt die zentrale Rolle in der Newton'schen und (in abgewandelter Form) auch in der Analytischen Mechanik. Gleiches gilt für die Lorentz'sche Bewegungsgleichung in der *speziellen* und die Einstein-Gleichungen in der *allgemeinen* Relativitätstheorie. Die Elektrodynamik wird von den Maxwell-Gleichungen dominiert, die Quantenmechanik von der Schrödinger-, der Pauli-, der Dirac- und der Klein-Gordon-Gleichung. In der Statistischen Physik sind die Boltzmann- und Navier-Stokes-Gleichungen, aber auch z.B. die Mastergleichung und die Fokker-Planck-Gleichung wichtig. Alle genannten Gleichungen sind *gewöhnliche* oder *partielle* Differentialgleichungen.

Aus diesem Grund befassen wir uns in diesem Kapitel mit diesem wichtigen Thema, wobei wir uns allerdings auf die Behandlung *gewöhnlicher* Differentialgleichungen beschränken. Wir beginnen mit einer Einführung in die Thematik (s. Abschnitt [7.1]). Im zweiten Abschnitt [7.2] werden dann einige weitere Differentialgleichungen behandelt, insbesondere aus dem Bereich der Mechanik. Danach werden in Abschnitt [7.3] etliche wichtige allgemeine Verfahren vorgestellt, die bei der konkreten Lösung von Differentialgleichungen nützlich sein können. Schließlich befassen wir uns in Abschnitt [7.4] mit der *numerischen* Lösung von Differentialgleichungen.

7.1 Differentialgleichungen – eine Einführung

Eine „gewöhnliche" Differentialgleichung ist eine Beziehung zwischen einer Funktion einer *einzelnen* Variablen, dieser Variablen selbst und der Ableitung oder eventuell auch den höheren Ableitungen dieser Funktion. In diesem Abschnitt diskutieren wir zuerst die allgemeine Form einer solchen *gewöhnlichen* Differentialgleichung. Danach werden einige Beispiele behandelt. Wir besprechen insbesondere Differentialgleichungen für Wachstums- und Zerfallsprozesse, die sogenannte „logistische" Differentialgleichung, harmonische Schwingungen und auch Bewegungen in allgemeineren „Potentialen".

7.1.1 Allgemeine Form gewöhnlicher Differentialgleichungen

Bezeichnen wir die Variable der von der Differentialgleichung beschriebenen Funktion als x und die Funktion selbst als y, dann ist eine „gewöhnliche" Differentialgleichung eine Beziehung zwischen x, $y(x)$ und einer oder mehreren Ableitungen $\{y^{(m)}(x) \,|\, 1 \leq m \leq n\}$ der gesuchten Funktion y. Diese Beziehung ist nach der Funktion y aufzulösen. Falls $y^{(n)}(x)$ mit $n \in \mathbb{N}$ die höchste Ableitung ist, die explizit in der Differentialgleichung vorkommt, bezeichnet man eine solche Gleichung als „Differentialgleichung n-ter Ordnung". Wir werden im Folgenden sehen, dass die *konkrete* Lösung einer Differentialgleichung (mit einer *eindeutigen* quantitativen Vorhersage) nur dann möglich ist, wenn n Anfangswerte, z.B. der Funktionswert $y(x_0)$ und die Werte $\{y^{(m)}(x_0) \,|\, 1 \leq m \leq n-1\}$ für irgendeinen Wert x_0 der Variablen, vorgegeben werden.

Man klassifiziert gewöhnliche Differentialgleichungen also nach der Ordnung der *höchsten* Ableitung, die in der Gleichung vorkommt. Am einfachsten sind daher Differentialgleichungen der *ersten* Ordnung, die eine Beziehung darstellen zwischen der Variablen x, dem Funktionswert $y(x)$ und dem Funktionswert $y'(x)$ der ersten Ableitung:

$$\boxed{y'(x) = F(x, y(x))\,.} \tag{7.1}$$

Die Lösung einer Gleichung der ersten Ordnung erfordert die Vorgabe eines einzelnen Anfangswertes, z.B. $y(x_0)$. In der Regel nimmt man an, dass die Funktion $F(x, y)$ zumindest in einer gewissen Umgebung des Startpunktes $(x_0, y(x_0))$ *stetig* von (x, y) abhängt. Differentialgleichungen der ersten Ordnung sind in den Naturwissenschaften generell und in der Physik im Besonderen sehr häufig, teilweise auch, weil man Gleichungen der zweiten Ordnung oft auf Gleichungen der ersten Ordnung zurückführen kann.[1]

Gewöhnliche Differentialgleichungen der *zweiten* Ordnung enthalten auch die *zweite* Ableitung der gesuchten Funktion $y(x)$, haben also die allgemeine Form:

$$\boxed{y''(x) = F(x, y(x), y'(x))\,,} \tag{7.2}$$

wobei F in der Regel stetig von (x, y, y') abhängen soll. Die Lösung von Gleichungen zweiter Ordnung erfordert die Vorgabe von *zwei* Anfangswerten, z.B. von $y(x_0)$ und $y'(x_0)$, aber auch die Vorgabe von anderen Kombinationen ist denkbar, wie z.B. diejenige von $y(x_0)$ und $y(x_1)$ mit $x_1 \neq x_0$. In der Klassischen Mechanik treten Differentialgleichungen der zweiten Ordnung sehr häufig auf, da das zweite Newton'sche Gesetz $F = ma$ die Form einer Gleichung zweiter Ordnung hat.[2]

---

[1] In Gleichung (7.1) gehen wir bereits davon aus, dass die Ableitung $y'(x)$ explizit als Funktion von x und $y(x)$ geschrieben werden kann. In der Physik ist dies die Regel. Man könnte sich jedoch grundsätzlich Verallgemeinerungen der Form $G(x, y(x), y'(x)) = 0$ vorstellen, wobei $y'(x)$ implizit durch x und $y(x)$ bestimmt wird. Da solche Verallgemeinerungen für die Anwendung nur sehr bedingt relevant sind, nehmen wir im Folgenden an, dass Gleichungen der Form $G = 0$, falls sie überhaupt auftreten, immer nach $y'(x)$ aufgelöst werden können. Analoge Bemerkungen gelten für die Gleichungen (7.2) und (7.3).

[2] Aus diesem Grund hat die Variable „x" in physikalischen Anwendungen – wie auch in etlichen Beispielen unten – sehr häufig die Interpretation der *Zeitvariablen*. Aber auch andere Anwendun-

Allgemeiner sind gewöhnliche Differentialgleichungen der n-ten Ordnung denkbar, in denen möglicherweise mehrere Ableitungen $\{y^{(m)}(x)\}$ bis zur n-ten Ordnung ($1 \leq m \leq n$) auftreten. Die allgemeine Form ist dann:

$$\boxed{y^{(n)}(x) = F(x, y(x), y'(x), \ldots, y^{(n-1)}(x)) \,,} \tag{7.3}$$

wobei F stetig von $(x, y, y' \cdots, y^{(n-1)})$ abhängt. Die Lösung solcher Gleichungen erfordert die Vorgabe von n Anfangswerten, z.B. von $y(x_0)$ und $\{y^{(m)}(x_0)\,|\,1 \leq m \leq n-1\}$. In der Physik können solche Gleichungen höherer Ordnung z.B. auftreten, wenn man mehrere gekoppelte Differentialgleichungen erster oder zweiter Ordnung miteinander kombiniert.

Als erste allgemeine Bemerkung sei noch hinzugefügt, dass Funktionen in der Physik – wie wir bereits aus Kapitel [5] wissen – durchaus auch *mehrkomponentig* sein können. Das Konzept der gewöhnlichen Differentialgleichung kann problemlos auf mehrkomponentige Funktionen der Form $\mathbf{y} = (y_1, y_2, \cdots, y_k)$ mit $k \in \mathbb{N}$ erweitert werden. Eine Gleichung der n-ten Ordnung hat dann die Form $\mathbf{y}^{(n)}(x) = \mathbf{F}(x, \mathbf{y}(x), \mathbf{y}'(x), \ldots, \mathbf{y}^{(n-1)}(x))$, wobei auch die Funktion $\mathbf{F}$ k-komponentig wird, und ihre Lösung erfordert die Vorgabe von n mehrkomponentigen Anfangswerten, z.B. von $\mathbf{y}(x_0)$ und $\{\mathbf{y}^{(m)}(x_0)\,|\,1 \leq m \leq n-1\}$. Einige einfache, aus der Mechanik bekannte Bewegungsgleichungen für mehrkomponentige Funktionen werden in Abschnitt [7.2] besprochen.

Eine zweite Bemerkung allgemeiner Natur ist, dass die Funktion y und die Ableitungen $\{y^{(m)}\,|\,1 \leq m \leq n\}$ in den Gleichungen (7.1), (7.2) und (7.3) unbedingt alle für den Variablenwert x ausgewertet werden müssen, damit diese Gleichungen *Differentialgleichungen* sind. Beispielsweise sind Gleichungen wie $y'(x) = y(\frac{1}{2}x)$ oder $y'(x) = y(x-1)$ oder $y'(x) = y(y(x))$ *keine* gewöhnlichen Differentialgleichungen!

Eine dritte Bemerkung ist, dass man die Existenz und auch die Eindeutigkeit von Lösungen gewöhnlicher Differentialgleichungen unter relativ schwachen Voraussetzungen mathematisch nachweisen kann. Wir gehen am Ende des Abschnitts [7.1] kurz hierauf ein.

7.1.2 Wachstums- und Zerfallsprozesse

Als erstes Beispiel für eine Differentialgleichung *erster Ordnung* betrachten wir das ungebremste Wachstum einer Population als Funktion der Zeit. Die Populations*dichte* (z.B. die Anzahl der Individuen in der Population pro Quadratkilometer der Erdoberfläche oder pro Kubikzentimeter einer Lösung) wird in diesem Modell durch die Funktion $y(t)$ beschrieben, sodass die Zeitvariable t in dieser Differentialgleichung die Rolle der Variablen x in der allgemeinen Formulierung (7.1) übernimmt. Zur Herleitung der Wachstumsgleichung nimmt man typischerweise an, dass die *Zunahme* $y(t + \Delta t) - y(t)$ der Populationsdichte im kurzen[3] Zeitinter-

---

gen sind wichtig, in denen „x" eine kartesische Ortskoordinate darstellt oder einen Radius oder Winkel oder z.B. eine Stromstärke, einen Druck oder eine Temperatur. Aus diesem Grunde wird hier die allgemeine Notation „x" verwendet; in konkreten Anwendungen mit einer *Zeit*entwicklung wechseln wir ggf. zu einer Notation „t".

[3]Hierbei bedeutet „kurz", dass die Populations*änderung* klein im Vergleich zur Population selbst sein muss, d.h., dass $\lambda \Delta t \ll 1$ gilt.

vall Δt proportional sowohl zur Populationsdichte als auch zur Zeitspanne Δt ist.[4] Die Proportionalitätskonstante λ muss bei einem *Wachstums*prozess *positiv* sein ($\lambda > 0$):

$$y(t + \Delta t) - y(t) = \lambda y(t) \Delta t \ .$$

Wenn die Population groß genug ist, kann man die Populations*dichte* als glatte Funktion ansehen und den Differenzenquotienten $\Delta y / \Delta t$ durch die Ableitung dy/dt ersetzen:

$$\lambda y(t) = \frac{y(t + \Delta t) - y(t)}{\Delta t} = \frac{\Delta y}{\Delta t} \sim y'(t) \qquad (\Delta t \to 0) \ .$$

Die so hergeleitete Wachstumsgleichung

$$\boxed{y'(t) = \lambda y(t)} \tag{7.4}$$

für die Populationsdichte $y(t)$ ist zu lösen für einen beliebigen Anfangswert $y(0) \equiv y_0 > 0$; als Anfangszeitpunkt nehmen wir also $t_0 = 0$ an.

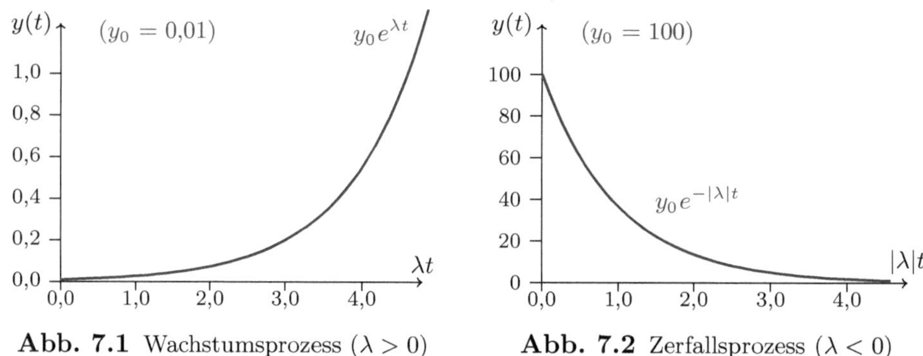

Abb. 7.1 Wachstumsprozess ($\lambda > 0$)   **Abb. 7.2** Zerfallsprozess ($\lambda < 0$)

Man bestimmt die Lösung der Wachstumsgleichung $y'(t) = \lambda y(t)$ am einfachsten, indem man die Gleichung durch $y(t)$ dividiert[5] und y'/y als Ableitung eines Logarithmus identifiziert:

$$\lambda = \frac{1}{y} \frac{dy}{dt} = \frac{d}{dt} \ln(y) \quad , \quad \ln[y(t)] = \lambda t + \ln(y_0) \quad , \quad y(t) = y_0 e^{\lambda t} \ .$$

Da die Zeitableitung der Funktion $\ln[y(t)]$ konstant ist, muss diese Funktion selbst linear in der Zeit anwachsen. Die Lösung zeigt daher, dass die Populationsdichte $y(t)$ bei diesem ungebremsten Wachstum – wie in Abbildung 7.1 skizziert – *exponentiell* als Funktion der Zeit anwächst. Dieses Ergebnis allein macht schon klar, dass das Modell des ungebremsten Wachstums nach gewisser Zeit aufgrund von

---

[4] Dies bedeutet, dass die Zahl der Geburten proportional zur Zahl der Individuen ist und dass die Geburten zeitlich etwa gleichmäßig verteilt (also nicht z.B. saisonbedingt) auftreten.

[5] An dieser Stelle geht die Annahme $y_0 > 0$ ein, die gewährleistet, dass die Anfangspopulation [und somit auch $y(t)$, zumindest für hinreichend kurze Zeiten] ungleich null ist. Das Ergebnis $y(t) = y_0 e^{\lambda t}$ zeigt, dass aus $y_0 > 0$ sogar folgt: $y(t) > 0$ für alle $t \geq 0$.

Platz- und Nahrungsmangel zusammenbricht bzw. durch ein realistischeres Modell ersetzt werden muss.

Völlig analog kann man *Zerfallsprozesse* mit Hilfe einer Differentialgleichung der Form (7.4) mit *negativer* Proportionalitätskonstanten ($\lambda < 0$) beschreiben. Die Lösung lautet $y(t) = y_0 e^{-|\lambda| t}$ und zeigt (s. Abbildung 7.2), dass die Gültigkeit der Lösung auch in diesem Fall zeitlich beschränkt ist: Spätestens, wenn das Modell eine Populationsdichte von 10^{-8} Individuen pro Quadratkilometer vorhersagt, sollte man die Modellannahmen überprüfen.

7.1.3   Die logistische Differentialgleichung

Dass das Modell eines *ungebremsten* Wachstumsprozesses nach hinreichend langer Zeit problematisch wird, wurde im Rahmen der Ökonomie bereits vom englischen Wirtschaftswissenschaftler Thomas Robert Malthus (1766 - 1834) eingesehen. Seine Einsichten führten den belgischen Mathematiker Pierre-François Verhulst (1804 - 1849) dazu, Modelle für *gebremstes* Wachstum zu entwickeln. Insbesondere stellte er 1838 das folgende Modell des Bevölkerungswachstums unter Berücksichtigung beschränkter Ressourcen vor:

$$\frac{dN}{dt} = \lambda N \left(1 - \frac{N}{N_{\max}}\right) \qquad (0 \leq N \leq N_{\max} \ , \ \lambda > 0) \ . \tag{7.5}$$

Die rechte Seite dieser *Verhulst-Gleichung* oder auch *logistischen Gleichung*[6] beschreibt exponentielles Wachstum für hinreichend kleine Populationen ($N \ll N_{\max}$) und gebremstes Wachstum, wenn die Populationsgröße N von der Größenordnung der *Tragfähigkeit* des Lebensraums $N_{\max}$ ist. Die Tragfähigkeit ist hierbei definiert als die Höchstzahl der Individuen, die im Lebensraum ernährt werden können. Der zusätzliche Term $-\lambda N^2 / N_{\max}$ auf der rechten Seite führt dazu, dass das Wachstum $\frac{dN}{dt}$ für $N = N_{\max}$ gleich null ist. Die quadratische Abhängigkeit des Korrekturterms $-\lambda N^2 / N_{\max}$ von der Populationsgröße N kann als Konkurrenz zwischen den Individuen interpretiert werden („innerspezifische Konkurrenz").

Die logistische Gleichung (7.5) kann wie folgt gelöst werden: Es ist zuallererst günstig, die Gleichung durch $N_{\max}$ zu dividieren und eine Gleichung für die *relative* Populationsgröße $y \equiv N/N_{\max}$ im Vergleich zur Tragfähigkeit einzuführen. Wir nehmen an, dass diese relative Populationsgröße zum Zeitpunkt $t = 0$ durch $y(0) \equiv y_0$ mit $0 < y_0 < 1$ gegeben ist:

$$\boxed{\frac{dy}{dt} = \lambda y (1 - y) \ , \ y(0) = y_0 \qquad (0 \leq y \leq 1) \ .} \tag{7.6}$$

Gleichung (7.6) hat den Vorteil, dass die y-Variable auf das Intervall $[0, 1]$ beschränkt ist und die Tragfähigkeit $N_{\max}$ nicht explizit in (7.6) vorkommt.

Die Lösungsmethode für die logistische Gleichung ist derjenigen für die Gleichung im Fall des ungebremsten Wachstums sehr ähnlich: Man dividiert beide Terme der Gleichung durch die y-abhängigen Faktoren auf der rechten Seite und erhält nun die Zeitableitung der *Differenz* zweier Logarithmen:

$$\lambda = \frac{1}{y(1-y)} \frac{dy}{dt} = \left(\frac{1}{y} + \frac{1}{1-y}\right) \frac{dy}{dt} = \frac{d}{dt}[\ln(y) - \ln(1-y)] = \frac{d}{dt} \ln\left(\frac{y}{1-y}\right) \ .$$

---

[6]Das französische Wort „logis" hat hier die Bedeutung *Lebensraum*.

Die Zeit*un*abhängigkeit von $\frac{d}{dt}\ln\left(\cdots\right)$ zeigt, dass $\ln\left(\cdots\right)$ eine *lineare* Funktion der Zeit sein muss:

$$\ln\left(\frac{y}{1-y}\right) = \lambda(t+t_0)\,.$$

Die Integrationskonstante t_0 kann man mit der Anfangsbedingung $y(0) = y_0$ in Verbindung bringen, indem man die Anfangszeit $t = 0$ einsetzt:

$$\frac{y}{1-y} = e^{\lambda(t+t_0)} = \frac{y_0}{1-y_0}e^{\lambda t}\,,$$

und durch Auflösen nach $y(t)$ ergibt sich:

$$y(t) = \frac{1}{1+(y_0^{-1}-1)e^{-\lambda t}}\,. \tag{7.7}$$

Hiermit ist die Lösung $y(t) = N(t)/N_{\mathrm{max}}$ der logistischen Gleichung für beliebige Anfangswerte $y_0 < 1$ bekannt. Die Form der Lösung $y(t)$ wird als *logistische Funktion* oder *Sigmoidfunktion* bezeichnet. Die entsprechende Kurve ist für $y_0 = 0{,}01$ in Abbildung 7.3 grafisch dargestellt. Sie zeigt deutlich, dass das anfängliche exponentielle Wachstum nach hinreichend langer Zeit (hier: ab etwa $t = 3/\lambda$) merklich gebremst wird und die relative Populationsgröße $y(t)$ im Langzeitlimes gegen die Asymptote $y = y_{\mathrm{max}} = 1$ geht.

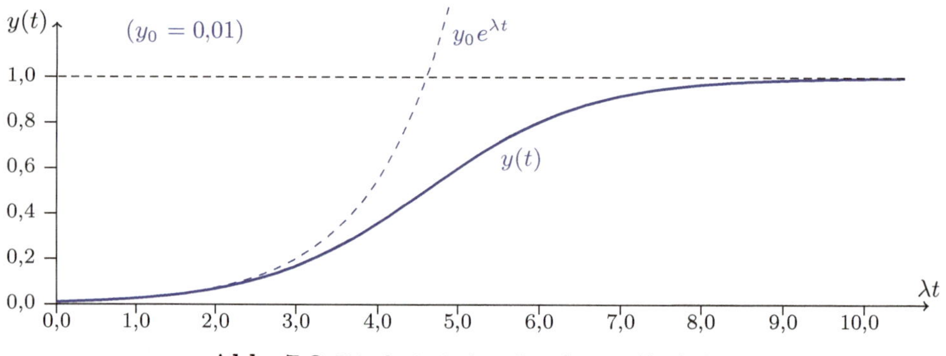

Abb. 7.3 Die *logistische* oder *Sigmoid*funktion

7.1.4 Die harmonische Schwingung

Als nächste Differentialgleichung betrachten wir eine Gleichung *zweiter* Ordnung, die die Entwicklung einer *harmonischen Schwingung* als Funktion der Zeitvariablen t beschreibt:

$$\boxed{my''(t) = -\lambda y(t)\,,\quad y''(t) + \omega^2 y(t) = 0\,;\quad \omega \equiv \sqrt{\lambda/m}\,,\quad \lambda > 0\,.} \tag{7.8}$$

Diese Gleichung besagt, dass die Größe „Masse mal Beschleunigung" des schwingenden Teilchens stets gleich einer Rückstellkraft ist, deren Amplitude *linear* in der Auslenkung y des Teilchens anwächst. Solche harmonischen Schwingungen können (z.B. mit Hilfe eines sogenannten „Zykloidenpendels") grundsätzlich exakt realisiert werden. Für ein Fadenpendel[7] ist die harmonische Bewegung nur approximativ für

---

[7]Ein Fadenpendel ist eine Masse m, die an einem Seil konstanter Länge im Schwerkraftfeld der Erde hin- und herpendelt.

kleine Auslenkungen realisiert. Im Vergleich von (7.8) mit der allgemeinen Formulierung (7.2) fällt auf, dass die Rolle der allgemeinen Variablen x in (7.2) hier durch die Zeit t übernommen wird. Außerdem gilt $F(t, y, y') = -\omega^2 y$, F hängt also nicht explizit von t und y' ab.[8] Der Parameter ω hat die physikalische Dimension s^{-1} und kann somit als Winkelfrequenz des Pendels interpretiert werden. Wichtig und auch physikalisch sofort einsichtig ist, dass die Differentialgleichung (7.8) nur dann konkret gelöst werden kann, wenn man *zwei* Funktionswerte vorgibt, wie z.B. die Anfangswerte der Pendelauslenkung y und der Pendelgeschwindigkeit y'; wir definieren diese Anfangswerte deshalb als $y(0) \equiv y_0$ bzw. $y'(0) \equiv y'_0$.

Für Gleichungen vom Typ (7.8) gibt es eine sehr elegante Lösungsmethode: Man versucht, die beiden Terme auf der rechten Seite der Gleichung $0 = y''(t) + \omega^2 y(t)$ als Zeitableitung zu schreiben, und dies gelingt durch Multiplikation der gesamten Gleichung mit der Geschwindigkeit y':

$$0 = y'y'' + \omega^2 yy' = \frac{d}{dt}\left[\tfrac{1}{2}(y')^2 + \tfrac{1}{2}\omega^2 y^2\right] . \tag{7.9}$$

Da die Zeitableitung von $[\cdots]$ gleich null und daher $[\cdots]$ selbst zeitlich konstant ist, kann man sofort eine erste Integration[9] der Differentialgleichung vornehmen:

$$\tfrac{1}{2}(y')^2 + \tfrac{1}{2}\omega^2 y^2 = \epsilon_0 \equiv \tfrac{1}{2}(y'_0)^2 + \tfrac{1}{2}\omega^2 (y_0)^2 \quad , \quad y' = \pm\sqrt{2\epsilon_0 - \omega^2 y^2} ,$$

wobei ϵ_0 als Integrationskonstante eingeführt wurde. Die Beziehung zwischen ϵ_0 und den Anfangswerten (y_0, y'_0) folgt durch Einsetzen der Anfangszeit $t = 0$ in $\tfrac{1}{2}(y')^2 + \tfrac{1}{2}\omega^2 y^2$. Das Auftreten zweier möglicher Vorzeichen $\pm$ in der neuen Gleichung für die Geschwindigkeit y' ist für die Pendelbewegung leicht nachvollziehbar, denn es entspricht den beiden Bewegungsrichtungen „nach links" bzw. „nach rechts". Die verbleibende Differentialgleichung *erster* Ordnung $y' = \pm\sqrt{\cdots}$ kann gelöst werden, indem man beide Seiten durch die Wurzel $\sqrt{\cdots}$ dividiert. Außerdem ist es hilfreich, die Substitution $y \equiv \sqrt{2\epsilon_0}\, z/\omega$ durchzuführen, da man in der z-Sprache die Zeitableitung des Arcussinus leichter wiedererkennt:

$$\pm 1 = \frac{dy/dt}{\sqrt{2\epsilon_0 - \omega^2 y^2}} = \frac{1}{\omega}\frac{dz/dt}{\sqrt{1 - z^2}} = \frac{1}{\omega}\frac{d}{dt}\arcsin(z) .$$

Hierbei ist zu bedenken, dass aufgrund der Beziehung $\tfrac{1}{2}(y')^2 + \tfrac{1}{2}\omega^2 y^2 = \epsilon_0$ zwischen zwei aufeinanderfolgenden Umkehrpunkten stets die Ungleichung $\omega^2 y^2 < 2\epsilon_0$ bzw. $z^2 < 1$ gilt. Das Ergebnis zeigt, dass die Zeitableitung auf der rechten Seite *zeitlich konstant* ist. Daher kann man sofort eine zweite Integration durchführen:

$$\pm(\omega t + \varphi_0) = \arcsin(z) ,$$

und eine Umkehrung der funktionalen Beziehung zwischen t und z ergibt:

$$y(t) = \tfrac{\sqrt{2\epsilon_0}}{\omega} z(t) = \pm\tfrac{\sqrt{2\epsilon_0}}{\omega}\sin(\omega t + \varphi_0) \equiv \tfrac{\sqrt{2\epsilon_0}}{\omega}\sin(\omega t + \bar\varphi_0) . \tag{7.10}$$

---

[8]Bei der harmonischen Schwingung tritt also keine (geschwindigkeitsabhängige) Reibung auf. Differentialgleichungen, die nicht explizit von der *Variablen* (wie hier: von der Zeit t) abhängig sind, heißen *autonom*. Auf allgemeine Lösungsverfahren für solche Differentialgleichungen gehen wir in Abschnitt [7.3.7] näher ein.

[9]Das Auftreten dieses ersten Integrals in (7.9) ist kein Zufall, sondern eine Konsequenz der Energieerhaltung der harmonischen Schwingung. Die Integrationskonstante ϵ_0 stellt dementsprechend die *Energie* der Schwingung (dividiert durch die Masse m) dar.

Im letzten Schritt wurde die Integrationskonstante φ_0 aus kosmetischen Gründen leicht umdefiniert: Es gilt $\bar{\varphi}_0 \equiv \varphi_0$ für das $(+)$-Zeichen im vorletzten Glied und $\bar{\varphi}_0 \equiv \varphi_0 + \pi$ für das $(-)$-Zeichen. Die Beziehung der Integrationskonstanten $\bar{\varphi}_0$ zu den Anfangswerten (y_0, y_0') wird klar, wenn man die Anfangszeit $t = 0$ in die aus (7.10) berechneten (y, y')-Werte einsetzt:

$$ y_0 = \frac{\sqrt{2\epsilon_0}}{\omega}\sin(\bar{\varphi}_0) \quad , \quad y_0' = \sqrt{2\epsilon_0}\cos(\bar{\varphi}_0) \quad , \quad \frac{\omega y_0}{y_0'} = \tan(\bar{\varphi}_0) \ . $$

Mit Hilfe des Additionstheorems für den Sinus kann Gleichung (7.10) noch auf die alternative Form einer Überlagerung von Kosinus und Sinus gebracht werden:

$$ y(t) = \frac{\sqrt{2\epsilon_0}}{\omega}\left[\sin(\omega t)\cos(\bar{\varphi}_0) + \cos(\omega t)\sin(\bar{\varphi}_0)\right] = y_0\cos(\omega t) + \frac{y_0'}{\omega}\sin(\omega t) \ . $$

Aus der konstruktiven Art der Lösungsmethode geht außerdem hervor, dass es *keine weiteren* Lösungen als Linearkombinationen von $\cos(\omega t)$ und $\sin(\omega t)$ geben kann. Hiermit ist das Problem der harmonischen Schwingung für beliebige Anfangswerte (y_0, y_0') also vollständig gelöst.

7.1.5 Bewegung in allgemeinen Potentialen

Wir betrachten nun als Verallgemeinerung der harmonischen Schwingung aus Abschnitt [7.1.4] eine ebenfalls autonome gewöhnliche Differentialgleichung zweiter Ordnung, bei der die Kraft $F(y(t))$ auf der rechten Seite möglicherweise *nichtlinear* von der gesuchten Funktion $y(t)$ abhängt:

$$ \boxed{y''(t) = \tfrac{1}{m}F(y(t)) \quad , \quad y(0) \equiv y_0 \ ; \ y'(0) \equiv y_0' \ .} \tag{7.11} $$

Es ist nun bequem und physikalisch sinnvoll, die Kraft $F(y)$ als *negative Ableitung* einer Funktion $v(y)$ zu schreiben:[10]

$$ \tfrac{1}{m}F(y) = -v'(y) \ . $$

Gleichungen wie (7.11) mit Kraftgesetzen der Form $\frac{1}{m}F = -v'$ sind sehr häufig in der Mechanik: Die Funktion $v(y)$ entspricht dort dem „Potential" bzw. der „potentiellen Energie" (genau genommen dividiert durch die Masse m des Teilchens). Beispielsweise gilt $v(y) = \tfrac{1}{2}\omega^2 y^2$ für den harmonischen Oszillator in Gleichung (7.8). Auch in der verallgemeinerten Gleichung (7.11) wird die Rolle der Variablen x in (7.2) durch die Zeitvariable t übernommen, und man benötigt die Anfangswerte (y_0, y_0') sowohl der gesuchten Funktion y als auch ihrer zeitlichen Änderung y', um diese Differentialgleichung *zweiter* Ordnung lösen zu können.

Die Lösungsmethode für verallgemeinerte Gleichungen wie (7.11) ist genau die gleiche wie für die harmonische Schwingung in Abschnitt [7.1.4]: Wir multiplizieren die Gleichung mit der Geschwindigkeit y', damit beide Terme als *Zeitableitung* geschrieben werden können:

$$ y'' = -v'(y) \quad , \quad 0 = y'y'' + v'(y)y' = \frac{d}{dt}\left[\tfrac{1}{2}(y')^2 + v(y)\right] \ . $$

---

[10] Dies ist immer möglich: $v(y)$ soll also eine Stammfunktion von $-\tfrac{1}{m}F(y)$ sein.

Hierbei wurde in beiden Termen die Kettenregel verwendet. Da die komplette rechte Seite die Form einer Zeitableitung hat, kann man eine *erste* Integration durchführen:

$$\tfrac{1}{2}(y')^2 + v(y) = \epsilon_0 \quad , \quad y' = \pm\sqrt{2\left[\epsilon_0 - v(y)\right]} \ .$$

Die hierbei auftretende Integrationskonstante ϵ_0 wird in der Mechanik als die *Gesamtenergie* des Systems (dividiert durch die Masse m des Teilchens) interpretiert. Da die Gesamtenergie zeitlich konstant und somit *erhalten* ist, wird sie als „Erhaltungsgröße" bezeichnet. Die Beziehung zwischen der Gesamtenergie und den Anfangsbedingungen (y_0, y_0') ist:

$$\epsilon_0 = \tfrac{1}{2}(y_0')^2 + v(y_0) \ .$$

Die verbleibende Differentialgleichung *erster* Ordnung $y' = \pm\sqrt{\cdots}$ kann man nun lösen, indem man beide Seiten durch die Wurzel $\sqrt{\cdots}$ dividiert:[11]

$$\pm 1 = \frac{dy/dt}{\sqrt{2\left[\epsilon_0 - v(y)\right]}} = \frac{d}{dt}\int^{y(t)} dx\ \frac{1}{\sqrt{2\left[\epsilon_0 - v(x)\right]}} \ .$$

Hierbei wurde die Kettenregel verwendet und außerdem, dass $y'/\sqrt{\cdots}$ genau die Zeitableitung der Stammfunktion von $1/\sqrt{\cdots}$ ist. Da die rechte Seite die Form einer reinen Zeitableitung hat, kann man eine *zweite* Integration durchführen:

$$\pm t = \int_{y_0}^{y(t)} dx\ \frac{1}{\sqrt{2\left[\epsilon_0 - v(x)\right]}} \ . \tag{7.12}$$

Der Wert der Untergrenze des Integrals wird durch die Anfangsbedingung $y(0) \equiv y_0$ festgelegt. Durch die Gleichung (7.12) wird die gesuchte Lösung $y(t)$ implizit festgelegt und ist somit grundsätzlich bekannt. Das Auftreten zweier möglicher Vorzeichen $\pm$ in der Lösung ist uns schon aus der Lösung der harmonischen Schwingung bekannt und entspricht den beiden Bewegungsrichtungen „nach links" bzw. „nach rechts". Es kommt übrigens häufig vor, dass die Lösung einer Differentialgleichung lediglich in der Form eines Integrals angegeben werden kann. Der Jargon hierfür lautet, dass das Problem dann „bis auf Quadraturen" (d.h. „bis auf Integrationen") gelöst wurde. Gelegentlich ist das nicht explizit berechenbare Integral so wichtig, dass es als neue „spezielle Funktion" eingeführt wird.

Als erste Anwendung von Gleichung (7.11) und auch als Ausblick sei hier das *Kepler-Problem* zweier durch Gravitation miteinander wechselwirkender Himmelskörper (also z.B. Erde und Mond oder Erde und Sonne) erwähnt. Die Radialbewegung der beiden Himmelskörper im Kepler-Problem (d.h. die Zeitabhängigkeit ihres Relativabstands) wird genau durch eine Gleichung der Form (7.11) beschrieben, wobei die Funktion $v(y)$ dann allerdings ein *effektives* Potential darstellt, das nicht nur vom Gravitationspotential der Körper, sondern auch von ihrem Drehimpuls abhängig ist. Das Kepler-Problem wird in jeder Anfängervorlesung über Mechanik behandelt.

Als weitere Anwendung präsentieren wir nun das „mathematische Pendel". Dabei wird illustriert, dass Gleichung (7.11) sogar in relativ einfachen Fällen auf In-

---

[11]Dies ist möglich, da zwischen zwei Umkehrpunkten stets $\epsilon_0 - v(y) = \tfrac{1}{2}(y')^2 > 0$ gilt.

tegrale führen kann, die nicht explizit berechenbar sind und dann als neue *spezielle Funktionen* aufgefasst werden können.

Anwendung: das mathematische Pendel

Wir betrachten ein Fadenpendel im Schwerkraftfeld nahe der Erdoberfläche, d.h. eine Punktmasse m, befestigt – wie in Abbildung 7.4 skizziert – an einem starren, masselosen Faden der Länge l, dessen anderes Ende im Ursprung $\mathbf{x} = \mathbf{0}$ aufgehängt ist. Die Masse pendelt in der $\hat{\mathbf{e}}_1$-$\hat{\mathbf{e}}_3$-Ebene im Schwerkraftfeld $\mathbf{F} = -mg\hat{\mathbf{e}}_3$ um ihre Gleichgewichtslage in $\mathbf{x} = -l\hat{\mathbf{e}}_3$ ohne Reibung hin und her. Ein solches Pendel wird als „mathematisches Pendel" bezeichnet. Die Periode der Pendelbewegung nennen wir T und den Winkel zwischen dem Pendel und der $-\hat{\mathbf{e}}_3$-Richtung $\psi(t)$. Wir gehen davon aus, dass das Pendel z.Z. $t = 0$ beim maximalen Winkel $\psi(0) = \psi_{\mathrm{max}} > 0$ ruht und ohne Anschub $[\dot{\psi}(0) = 0]$ losgelassen wird.[12] Es wird sich dann zunächst nach links bewegen: $\dot{\psi} < 0$ für $0 < t < \frac{1}{2}T$, danach nach rechts: $\dot{\psi} > 0$ für $\frac{1}{2}T < t < T$, und danach wiederholen sich diese Bewegungen periodisch.

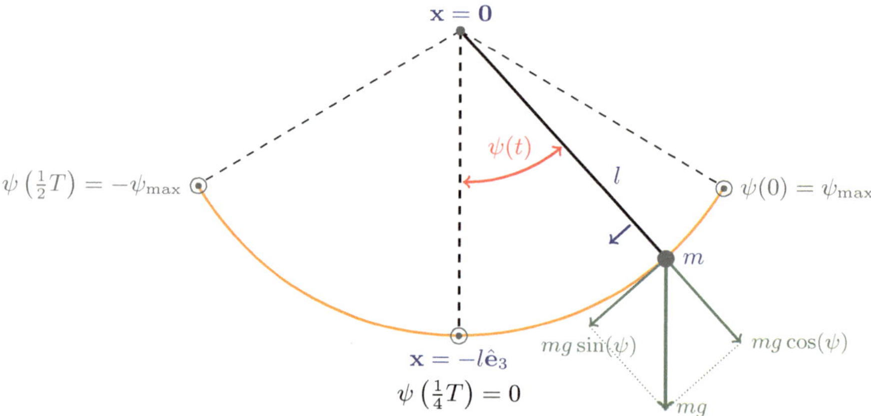

Abb. 7.4 Das mathematische Pendel

Abbildung 7.4 zeigt, dass die Auslenkung des Pendels (gemessen entlang der Bahn) gleich $l\psi$ und die Rückstellkraft in Richtung der Bahn gleich $-mg\sin(\psi)$ ist, sodass das Pendel durch die Differentialgleichung $ml\ddot{\psi} = -mg\sin(\psi)$ beschrieben wird. Dividiert man links und rechts durch ml, so erhält man die folgende Bewegungsgleichung für $\psi(t)$:

$$\boxed{\ddot{\psi} = -\omega^2\sin(\psi) \quad , \quad \omega \equiv \sqrt{g/l}\,.}$$

Diese Differentialgleichung hat genau die gleiche Form wie diejenige in (7.11), wenn man y durch ψ und $v(y)$ durch $\omega^2[1 - \cos(\psi)]$ ersetzt. Für kleine Auslenkungen ($\psi_{\mathrm{max}} \ll 1$) erhält man approximativ die Bewegungsgleichung $\ddot{\psi} = -\omega^2\psi$

---

[12] Man beachte die Notation $\dot{\psi}(t)$ für die Winkelgeschwindigkeit $\frac{d\psi}{dt}(t)$ zum Zeitpunkt t. Eine Ableitung nach der *Zeit*variablen wird in der Mechanik häufig durch einen *Punkt* über der Funktion statt durch einen *Strich* hinter der Funktion angegeben. Analog deuten $\ddot{\psi}$ und $\dddot{\psi}$ zweite oder dritte Zeitableitungen an. Ein weiteres (sehr wichtiges) Beispiel dieser Notation ist das 2. Newton'sche Gesetz in der Form (7.15).

einer harmonischen Schwingung (s. Abschnitt [7.1.4]). Für allgemeine Auslenkungen ($\psi_{\max} < \pi$) zeigen die Ergebnisse des letzten Abschnitts erstens, dass das Energieerhaltungsgesetz die Form

$$\tfrac{1}{2}\dot{\psi}^2 + \omega^2\left[1 - \cos(\psi)\right] = \epsilon_0 = \omega^2\left[1 - \cos(\psi_{\max})\right]$$

annimmt, und zweitens, dass die allgemeine zeitabhängige Lösung für die Schwingungsbewegung nach links im Zeitintervall $0 < t < \tfrac{1}{2}T$ gegeben ist durch

$$\omega t = -\omega \int_{\psi_{\max}}^{\psi(t)} d\bar{\psi}\;\frac{1}{\sqrt{2\left\{\epsilon_0 - \omega^2\left[1 - \cos(\bar{\psi})\right]\right\}}} = \int_{\psi(t)}^{\psi_{\max}} d\bar{\psi}\;\frac{1}{\sqrt{2\left[\cos(\bar{\psi}) - \cos(\psi_{\max})\right]}}\;.$$

Man verwendet nun die Verdopplungsformel $\cos(\psi) = 1 - 2\sin^2\left(\tfrac{1}{2}\psi\right)$ für den Kosinus und definiert eine neue Hilfsfunktion $\varphi(\psi)$ sowie die entsprechende neue Integrationsvariable $\bar{\varphi}(\bar{\psi})$:

$$\frac{\sin\left(\tfrac{1}{2}\psi\right)}{\sin\left(\tfrac{1}{2}\psi_{\max}\right)} \equiv \sin(\varphi)\;,\quad \frac{\sin\left(\tfrac{1}{2}\bar{\psi}\right)}{\sin\left(\tfrac{1}{2}\psi_{\max}\right)} \equiv \sin(\bar{\varphi})\;,$$

sodass auch das Differential $d\bar{\psi}$ durch $\frac{d\bar{\psi}}{d\bar{\varphi}}d\bar{\varphi}$ ersetzt werden kann mit

$$\frac{d\bar{\psi}}{d\bar{\varphi}} = \frac{2\cos(\bar{\varphi})\sin\left(\tfrac{1}{2}\psi_{\max}\right)}{\sqrt{1 - \sin^2\left(\tfrac{1}{2}\psi_{\max}\right)\sin^2(\bar{\varphi})}}\;.$$

Als Konsequenz dieser Substitutionen wird die Zeitabhängigkeit von $\varphi(t)$ implizit durch folgendes Integral festgelegt:

$$\begin{aligned}
\omega t &= \frac{1}{2}\int_{\psi(t)}^{\psi_{\max}} d\bar{\psi}\;\frac{1}{\sqrt{\sin^2\left(\tfrac{1}{2}\psi_{\max}\right) - \sin^2\left(\tfrac{1}{2}\bar{\psi}\right)}}\\
&= \int_{\varphi(t)}^{\pi/2} d\bar{\varphi}\;\frac{1}{\sqrt{1 - \sin^2\left(\tfrac{1}{2}\psi_{\max}\right)\sin^2(\bar{\varphi})}}\;.
\end{aligned}\tag{7.13}$$

Insbesondere befindet sich das Pendel nach einer Viertelperiode ($t = \tfrac{1}{4}T$) genau in der senkrechten Position $\psi = \varphi = 0$, sodass man durch Einsetzen dieser Werte einen *expliziten* Ausdruck für die Periode T des Pendels erhält:

$$\tfrac{1}{4}\omega T = \int_0^{\pi/2} d\bar{\varphi}\;\frac{1}{\sqrt{1 - m\sin^2(\bar{\varphi})}} \equiv K(m)\;,\quad m \equiv \sin^2\left(\tfrac{1}{2}\psi_{\max}\right)\;.$$

Zwar ist das Integral in dieser Gleichung nicht explizit berechenbar, aber dennoch ist es – u.a. wegen seiner physikalischen Bedeutung in diesem Problem – so wichtig, dass es als neue *spezielle Funktion $K(m)$* definiert wird. Diese spezielle Funktion $K(m)$ wird als „vollständiges elliptisches Integral der ersten Art" bezeichnet. Ihr Verlauf ist in Abbildung 7.5 skizziert.

Für kleine Anfangsauslenkungen ($m \downarrow 0$ bzw. $\psi_{\max} \downarrow 0$) kann $K(m)$ nach Potenzen von m entwickelt werden:

$$K(m) = \tfrac{1}{2}\pi \left(1 + \tfrac{1}{4}m + \tfrac{9}{64}m^2 + \dots \right) ,$$

was physikalisch bedeutet, dass die Schwingungsdauer T des mathematischen Pendels nicht genau gleich dem Wert $2\pi/\omega$ der harmonischen Schwingung ist: Es gibt Korrekturterme, die nun auch explizit berechenbar sind. Für große Anfangsauslenkungen ($m \uparrow 1$ bzw. $\psi_{\max} \uparrow \pi$) divergiert das elliptische Integral $K(m)$ logarithmisch:

$$K(m) \sim \tfrac{1}{2}\ln\left(\tfrac{16}{1-m} \right) \to \infty ,$$

sodass auch die Schwingungsdauer T für $\psi_{\max} \uparrow \pi$ *logarithmisch divergiert*.

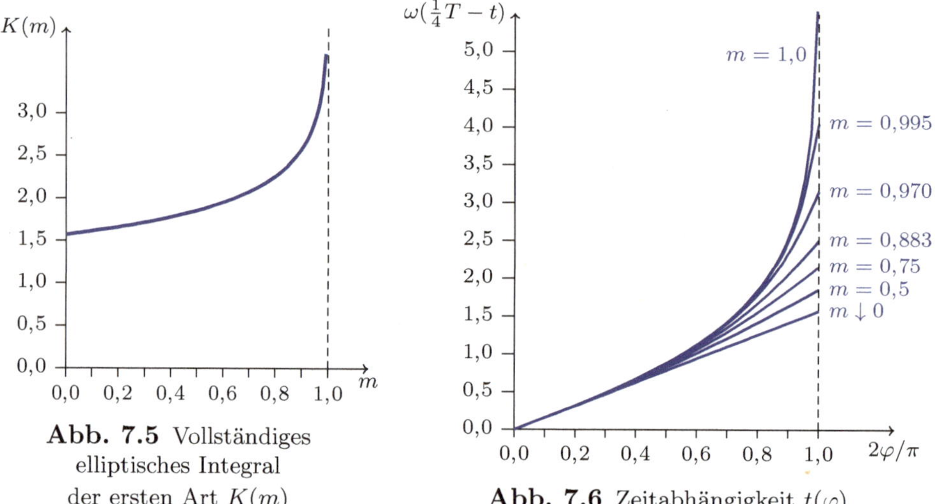

Abb. 7.5 Vollständiges
elliptisches Integral
der ersten Art $K(m)$

Abb. 7.6 Zeitabhängigkeit $t(\varphi)$

Auch für allgemeine Schwingungszeiten $0 < t(\varphi) < \tfrac{1}{2}T$ wird die Integraldarstellung in (7.13) mit einer *speziellen Funktion* identifiziert:

$$\omega\left(\tfrac{1}{4}T - t \right) = \int_0^\varphi d\bar\varphi \, \frac{1}{\sqrt{1 - m\sin^2(\bar\varphi)}} \equiv F(\varphi|m) .$$

Das hierbei auftretende Integral $F(\varphi|m)$ wird nun als *unvollständiges elliptisches Integral der ersten Art* bezeichnet (da die Obergrenze allgemein φ ist statt vorher $\pi/2$). Die Zeitabhängigkeit $t(\varphi)$ des mathematischen Pendels ist für einige m-Werte mit $0 \leq m \leq 1$ in Abbildung 7.6 dargestellt. Man beachte die zwei Spezialfälle $m = 0$ mit $T = 2\pi/\omega$ und $F(\varphi|0) = \varphi$ sowie $m = 1$ mit $T = \infty$ und $F(\varphi|1) = \ln\{\tan[\tfrac{\pi}{4} + \tfrac{1}{2}\varphi)]\}$!

7.1.6 Existenz? Eindeutigkeit?

Wir haben bisher stillschweigend angenommen, dass die betrachteten Differentialgleichungen für die vorgegebenen Anfangsbedingungen eine Lösung haben, und zwar *genau eine*. Da wir diese Lösungen explizit konstruieren konnten, war die

Annahme (bisher) offenbar gerechtfertigt. Dennoch möchte man bei der Untersuchung von allgemeineren Differentialgleichungen, die unter Umständen vielleicht nicht mehr *explizit* lösbar sind, unbedingt wissen, inwiefern die Existenz oder gar die *eindeutige* Existenz von Lösungen dieser Differentialgleichungen gesichert ist. Wir nennen ohne Beweis die wichtigsten mathematischen Sätze zu diesen Fragen. Die Beweise dieser Sätze findet man z.B. in Ref. [26].

Zur *Existenz* gibt es den *Satz von Cauchy-Peano*, der z.B. für die Differentialgleichung erster Ordnung $y'(x) = F(x, y(x))$ in (7.1) mit dem Anfangswert $y(x_0) \equiv y_0$ Folgendes besagt:

Satz von Cauchy-Peano: Falls $F(x, y)$ stetig ist in einer Umgebung $R \equiv [x_0 - a, x_0 + a] \times [y_0 - b, y_0 + b]$ mit $a, b > 0$, dann gibt es eine stetig differenzierbare Lösung y mit $y(x_0) = y_0$ der Differentialgleichung (7.1) für $|x - x_0| \leq \alpha$ mit $\alpha \equiv \min\{a, b/M\}$ und $M \equiv \max_R |F(x, y)|$.

Diese Bedingung der *Stetigkeit* von F wird für alle Differentialgleichungen erfüllt sein, die wir im Folgenden betrachten.

Über die *Eindeutigkeit* von Lösungen macht der *Satz von Picard-Lindelöf* eine Aussage. Der Satz verwendet den Begriff der *Lipschitz-Stetigkeit* bezüglich der Variablen y einer Funktion $F(x, y)$ im gerade definierten Rechteck R. Die Lipschitz-Stetigkeit ist wie folgt definiert:

$$(\exists k > 0) \quad [\forall (x, y_1), (x, y_2) \in R] \quad |F(x, y_1) - F(x, y_2)| \leq k |y_1 - y_2| \,.$$

Falls nun F stetig ist *und* Lipschitz-stetig bzgl. y in R, besagt der

---

Satz von Picard-Lindelöf: Es gibt zumindest für $|x - x_0| \leq \alpha$ (α ist wie oben definiert) eine *eindeutige* Lösung y mit $y(x_0) = y_0$ der Differentialgleichung (7.1).

Auch die Lipschitz-Bedingung wird im Folgenden erfüllt sein (wenn nicht explizit anders angegeben). Dies ist eine relativ schwache Bedingung, die z.B. bereits aus der Differenzierbarkeit von $F(x, y)$ bzgl. y folgen würde.

Analog formulierte Sätze gibt es für Differentialgleichungen höherer Ordnung und für mehrkomponentige Funktionen $\mathbf{y} = (y_1, \cdots, y_k)$. Hierbei ist noch interessant, dass Differentialgleichungen *höherer* Ordnung immer als Gleichung *erster* Ordnung für eine mehrkomponentige Funktion formuliert werden können, denn mit den Definitionen

$$\mathbf{y} \equiv (y(x), y'(x), \ldots, y^{(n-1)}(x))$$

$$\boldsymbol{\mathcal{F}}(x, \mathbf{y}(x)) \equiv (y'(x), \ldots, y^{(n-1)}(x), F(x, \mathbf{y}(x)))$$

kann man (7.3) auch schreiben als:

$$\mathbf{y}'(x) = \boldsymbol{\mathcal{F}}(x, \mathbf{y}(x)) \quad , \quad \mathbf{y}(x_0) \equiv \mathbf{y}_0 \,. \tag{7.14}$$

Wir demonstrieren diese Reduktion von Differentialgleichungen *höherer* Ordnung auf Differentialgleichungen *erster* Ordnung in Abschnitt [7.2.8] anhand der Newton'schen Bewegungsgleichungen der Klassischen Mechanik.

Zusammenfassend können wir also festhalten, dass die physikalisch motivierten Differentialgleichungen, die wir betrachten werden, bei entsprechend vorgegebenen Anfangswerten die für die eindeutige Existenz einer Lösung notwendigen Bedingungen erfüllen. Deshalb werden im Folgenden keine Nichtexistenz- oder Mehrdeutigkeitsprobleme auftreten.

7.2 Die Differentialgleichungen der Mechanik

Wir haben bereits einige Differentialgleichungen der Mechanik kennengelernt, zuerst für die harmonische Schwingung, dann für die Bewegung in allgemeinen Potentialen und schließlich (als Anwendung) für das „mathematische Pendel". In diesem Abschnitt stellen wir einige weitere Differentialgleichungen der Mechanik vor, die typischerweise fallende Körper, Reibungsprozesse oder Schwingungsphänomene beschreiben. Differentialgleichungen der Mechanik bestimmen die Dynamik von Punktmassen oder Körpern, die (in den einfachsten Fällen) durch eine Masse m und einen dreikomponentigen Ortsvektor $\mathbf{x} = (x_1, x_2, x_3)$ charakterisiert werden können.

Die mögliche Form einer Differentialgleichung der Mechanik ist durch das sogenannte *deterministische Prinzip* oder *2. Newton'sche Gesetz* sehr stark eingeschränkt. Das deterministische Prinzip besagt, dass die komplette physikalische Bahn $\mathbf{x}(t)$ des Systems für alle Zeiten $t > 0$ festgelegt ist, sobald die Anfangswerte $\mathbf{x}(0) \equiv \mathbf{x}_0$ des Aufenthaltsortes und $\dot{\mathbf{x}}(0) \equiv \dot{\mathbf{x}}_0$ der Geschwindigkeit vorgegeben sind. Die direkte Konsequenz ist, dass die Geschwindigkeits*änderung* im (kurzen) Zeitintervall $[t, t + \Delta t]$ proportional zu Δt ist und nur von den Größen $(\mathbf{x}(t), \dot{\mathbf{x}}(t), t, m)$ abhängen kann:

$$\dot{\mathbf{x}}(t + \Delta t) - \dot{\mathbf{x}}(t) = \frac{1}{m}\mathbf{F}(t, \mathbf{x}(t), \dot{\mathbf{x}}(t))\Delta t \ .$$

Die Funktion $\mathbf{F}$ muss *drei*komponentig sein. Nach Division durch Δt ergibt sich:

$$\ddot{\mathbf{x}}(t) = \lim_{\Delta t \to 0} \frac{\dot{\mathbf{x}}(t + \Delta t) - \dot{\mathbf{x}}(t)}{\Delta t} = \frac{1}{m}\mathbf{F}(t, \mathbf{x}(t), \dot{\mathbf{x}}(t)) \ . \tag{7.15}$$

Dies ist das berühmte 2. Newton'sche Gesetz $\ddot{\mathbf{x}} = \frac{1}{m}\mathbf{F}(t, \mathbf{x}, \dot{\mathbf{x}})$. Differentialgleichungen der Newton'schen Mechanik sind also immer Differentialgleichungen *zweiter* Ordnung für den Ortsvektor $\mathbf{x}$ als Funktion der Zeit t.

Die dreikomponentige Funktion $\mathbf{F} = (F_1, F_2, F_3)$ in (7.15) heißt die *Kraft*, die auf das Teilchen oder System einwirkt. Diese Kraft kann also im Allgemeinen orts-, geschwindigkeits- und zeitabhängig sein. Falls die Kraftfunktion und somit auch die ganze Differentialgleichung *nicht* explizit von der Zeitvariablen t abhängt, d.h., falls $\frac{\partial \mathbf{F}}{\partial t} = \mathbf{0}$ gilt, heißt die Differentialgleichung „autonom" (s. auch Fußnote 8). Die Geschwindigkeitsänderung durch die Einwirkung der Kraft ist umso *kleiner*, je *größer* die Masse ist; man spricht daher auch von der „trägen Masse" des 2. Newton'schen Gesetzes. Im Folgenden diskutieren wir einige Beispiele.

7.2.1 Die gleichförmige, geradlinige Bewegung

Die einfachste vorstellbare Differentialgleichung der Mechanik ist diejenige, bei der *keine* Kraft auf das Teilchen einwirkt bzw. die Kraft *gleich null* ist. Demnach ist die rechte Seite von (7.15) gleich null, und wir erhalten drei ungekoppelte, autonome Differentialgleichungen der 2. Ordnung:

$$m\ddot{\mathbf{x}} = m\frac{d^2}{dt^2}\begin{pmatrix} x_1 \\ x_2 \\ x_3 \end{pmatrix} = \mathbf{0} \quad , \quad \mathbf{x}(0) = \mathbf{x}_0 \quad , \quad \dot{\mathbf{x}}(0) = \dot{\mathbf{x}}_0 \; .$$

Wir entnehmen dieser Gleichung, dass $\frac{d}{dt}\dot{x}_i$, also die zeitliche Änderung der i-ten Komponente des *Geschwindigkeits*vektors ($i = 1, 2, 3$), zu jeder Zeit gleich null ist, sodass $\dot{x}_i$ zeitlich konstant sein muss: $\dot{x}_i(t) = \dot{x}_i(0) = \dot{x}_{0i}$. Folglich ist die zeitliche Änderung von $x_i(t) - \dot{x}_{0i}t$ gleich null: $\frac{d}{dt}[x_i - \dot{x}_{0i}t] = 0$, sodass $[\cdots]$ zeitlich konstant sein muss: $x_i(t) - \dot{x}_{0i}t = x_i(0) = x_{0i}$ bzw. $x_i(t) = x_{0i} + \dot{x}_{0i}t$. Für alle drei Komponenten zusammen erhält man somit als Lösung:

$$\mathbf{x}(t) = \mathbf{x}_0 + \dot{\mathbf{x}}_0 t \; .$$

Sowohl der Betrag als auch die Richtung des Geschwindigkeitsvektors $\dot{\mathbf{x}}(t) = \dot{\mathbf{x}}_0$ sind also zeitunabhängig. Die Zeitunabhängigkeit der *Richtung* bedeutet, dass die Bewegung geradlinig ist, die Zeitunabhängigkeit des *Betrags*, dass sie gleichförmig ist. Insgesamt spricht man von einer gleichförmigen, geradlinigen Bewegung des (kräfte)freien Teilchens.

7.2.2 Der freie Fall

Betrachten wir nun ein Teilchen unter der Einwirkung einer räumlich und zeitlich konstanten Kraft, die proportional zur Masse ist: $\mathbf{F} = m\mathbf{g}$. Man kann das Koordinatensystem so wählen, dass die Kraft in die negative $\hat{\mathbf{e}}_3$-Richtung zeigt: $\mathbf{g} = -g\hat{\mathbf{e}}_3$ bzw. $\mathbf{F} = -mg\hat{\mathbf{e}}_3$. Die Differentialgleichung lautet dann:

$$m\ddot{\mathbf{x}} = m\mathbf{g} = -mg\hat{\mathbf{e}}_3 = -mg\begin{pmatrix} 0 \\ 0 \\ 1 \end{pmatrix} \quad , \quad \mathbf{x}(0) = \mathbf{x}_0 \quad , \quad \dot{\mathbf{x}}(0) = \dot{\mathbf{x}}_0 \; .$$

Diese Form der Kraft beschreibt z.B. die auf ein Teilchen der Masse m einwirkende Schwerkraft nahe der Erdoberfläche, und die entsprechende Dynamik des Teilchens wird als „freier Fall" bezeichnet. Die *Masse* tritt in dieser Bewegungsgleichung also *zweimal* auf, einmal als *träge Masse* auf der linken Seite in der Kombination $m\ddot{\mathbf{x}}$ und einmal in der Kraftfunktion $\mathbf{F} = m\mathbf{g}$. Diese Proportionalität der Kraftfunktion zur Masse m des Teilchens ist ein Spezifikum der Schwerkraft. Wegen der besonderen Rolle von m in diesem Kontext spricht man von der *schweren Masse* in der Gravitationskraft. Dass schwere und träge Masse stets proportional zueinander sind (und sogar – wie hier – *gleich gewählt werden können*), ist fundamental wichtig und keineswegs selbstverständlich.

Wir lösen die Bewegungsgleichung des freien Falls auf zwei verschiedene Weisen, einmal komponentenweise und einmal – deutlich schneller und eleganter – in Vektorschreibweise. Beide Male verwenden wir die bereits bekannten Ergebnisse für die gleichförmige, geradlinige Bewegung. Komponentenweise lauten die Bewegungsgleichungen

$$
m\frac{d^2}{dt^2}\begin{pmatrix} x_1 \\ x_2 \\ x_3 \end{pmatrix} = -mg\begin{pmatrix} 0 \\ 0 \\ 1 \end{pmatrix} \; , \quad \begin{pmatrix} x_1(0) \\ x_2(0) \\ x_3(0) \end{pmatrix} = \begin{pmatrix} x_{01} \\ x_{02} \\ x_{03} \end{pmatrix} \; , \quad \begin{pmatrix} \dot{x}_1(0) \\ \dot{x}_2(0) \\ \dot{x}_3(0) \end{pmatrix} = \begin{pmatrix} \dot{x}_{01} \\ \dot{x}_{02} \\ \dot{x}_{03} \end{pmatrix} .
$$

Die Gleichungen für x_1 und x_2 sind identisch mit den Gleichungen der gleichförmigen, geradlinigen Bewegung, sodass man sofort die Lösungen $x_i(t) = x_{0i} + \dot{x}_{0i}t$ für $i = 1,2$ angeben kann. Die dritte Gleichung, $\ddot{x}_3 = -g$ lässt sich lösen, indem man eine Hilfsfunktion $y_3 \equiv x_3 + \frac{1}{2}gt^2$ einführt. Die Hilfsfunktion y_3 erfüllt die Gleichung $\ddot{y}_3 = \ddot{x}_3 + g = 0$ mit den Anfangsbedingungen $y_3(0) = x_3(0) = x_{03}$ und $\dot{y}_3(0) = \dot{x}_3(0) = \dot{x}_{03}$. Wir stellen fest, dass auch y_3 die Gleichungen der gleichförmigen, geradlinigen Bewegung erfüllt und somit die Lösung $x_3 + \frac{1}{2}gt^2 = y_3(t) = x_{03} + \dot{x}_{03}t$ hat. Insgesamt folgt also:

$$
\begin{pmatrix} x_1(t) \\ x_2(t) \\ x_3(t) \end{pmatrix} = \begin{pmatrix} x_{01} + \dot{x}_{01}t \\ x_{02} + \dot{x}_{02}t \\ x_{03} + \dot{x}_{03}t - \frac{1}{2}gt^2 \end{pmatrix} .
$$

In Vektornotation sieht die Lösungsmethode wie folgt aus: Man definiert einen Hilfsvektor $\mathbf{y} \equiv \mathbf{x} + \frac{1}{2}g\hat{\mathbf{e}}_3 t^2$, der die Bewegungsgleichung

$$
m\frac{d^2\mathbf{y}}{dt^2} = m\frac{d^2\mathbf{x}}{dt^2} + mg\hat{\mathbf{e}}_3 = \mathbf{0} \quad , \quad \mathbf{y}(0) = \mathbf{x}_0 \quad , \quad \dot{\mathbf{y}}(0) = \dot{\mathbf{x}}_0
$$

erfüllt. Dies ist genau die Bewegungsgleichung des kräftefreien Problems, deren Lösung wir bereits kennen: $\mathbf{x}(t) + \frac{1}{2}g\hat{\mathbf{e}}_3 t^2 = \mathbf{y}(t) = \mathbf{x}_0 + \dot{\mathbf{x}}_0 t$. Damit ist die Dynamik des freien Falls gegeben durch

$$
\boxed{\; \mathbf{x}(t) = \mathbf{x}_0 + \dot{\mathbf{x}}_0 t - \frac{1}{2}gt^2\hat{\mathbf{e}}_3 \; .}
$$

Die Lösung in Vektorschreibweise ist also deutlich effizienter.

Vergleicht man diese Lösung für den freien Fall mit der gleichförmigen, geradlinigen Bewegung, so stellt man fest, dass die x_1- und x_2-Komponenten des Ortsvektors sich nach wie vor gleichförmig und geradlinig entwickeln. Die x_3-Komponente dagegen hat durch die Einwirkung der Schwerkraft einen zusätzlichen Term $-\frac{1}{2}gt^2$ erhalten und zeigt demnach die bekannte Parabelform als Funktion der Zeit: $x_3(t) = x_{03} + \dot{x}_{03}t - \frac{1}{2}gt^2$. Führt man an dieser Stelle den senkrecht zur $\hat{\mathbf{e}}_3$-Achse zurückgelegten Abstand $\Delta x_\perp$ und die entsprechende Geschwindigkeit $v_\perp$ ein:

$$
\Delta x_\perp \equiv \sqrt{(x_1 - x_{01})^2 + (x_2 - x_{02})^2} = \sqrt{\dot{x}_{01}^2 + \dot{x}_{02}^2}\, t \equiv v_\perp t \, ,
$$

so erhält man für $v_\perp > 0$ die Beziehung

$$
\boxed{\; \Delta x_\parallel \equiv x_3(t) - x_{03} = \dot{x}_{03}(\Delta x_\perp / v_\perp) - \frac{1}{2}g(\Delta x_\perp / v_\perp)^2 \;}
$$

zwischen den parallel und senkrecht zur Schwerkraft zurückgelegten Abständen $\Delta x_\parallel$ und $\Delta x_\perp$, die als *Wurfparabel* bezeichnet wird. Durch Ableiten zeigt man, dass die maximale Höhe $\Delta x_{\parallel,\mathrm{max}} = \dot{x}_{03}^2/2g$ für $\Delta x_\perp = \dot{x}_{03}v_\perp/g$ erreicht wird, vorausgesetzt natürlich, dass $\dot{x}_{03}$ nicht-negativ ist. Nach der doppelten Zeit, also auch für den doppelten parallel zur $\hat{\mathbf{e}}_1$-$\hat{\mathbf{e}}_2$-Ebene zurückgelegten Abstand $\Delta x_\perp = 2\dot{x}_{03}v_\perp/g$, ist das Teilchen wieder auf die Anfangshöhe x_{03} zurückgefallen. Man kann sich noch fragen, wann dieser zurückgelegte Abstand $\Delta x_\perp = 2\dot{x}_{03}v_\perp/g$ für eine fest vorgegebene Anfangsenergie $\frac{1}{2}mv_0^2$ des Teilchens [mit $v_0 = (\dot{x}_{03}^2 + v_\perp^2)^{1/2}$] maximal ist. Wiederum durch Ableiten erhält man als Ergebnis $\dot{x}_{03} = v_\perp = v_0/\sqrt{2}$. Dies bedeutet, dass ein Geschoss (ohne Reibung!) den größtmöglichen Abstand zurücklegt, wenn es unter einem Winkel von 45° relativ zur $\hat{\mathbf{e}}_1$-$\hat{\mathbf{e}}_2$-Ebene hochkatapultiert wird. Diese Situation des „optimalen Wurfes" (im Sinne des größtmöglichen vom Geschoss überbrückten Abstands) ist in Abbildung 7.7 dargestellt.

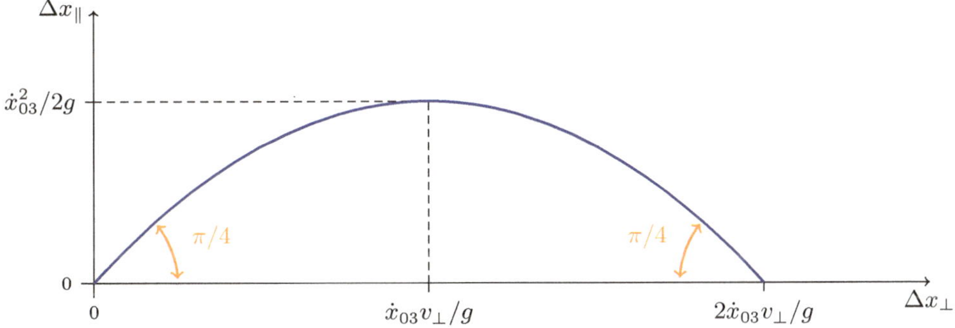

Abb. 7.7 Optimale Wurfparabel beim „freien (reibungslosen) Fall"

7.2.3 Reibung in Flüssigkeiten

Wenn sich ein Teilchen durch ein Medium (durch eine Flüssigkeit oder ein Gas) bewegt, spürt es bremsende Reibungskräfte. Bei niedrigen Geschwindigkeiten sind diese Reibungskräfte in der Regel betragsmäßig proportional zur Geschwindigkeit („Stokes'sches Gesetz"), bei höheren Geschwindigkeiten setzt Turbulenz ein, und dadurch ändert sich die Geschwindigkeitsabhängigkeit der Reibungskraft. In Flüssigkeiten ist der Stokes'sche Fall häufig der Normalfall. Auch in Gasen kann bei niedrigen Geschwindigkeiten (z.B. für Staub in der Luft) Stokes'sche Reibung proportional zur Geschwindigkeit auftreten. Im Stokes'schen Fall hat die Reibungskraft also die Form $\mathbf{F}_\mathrm{R} \propto -\dot{\mathbf{x}}$. Die Bewegungsgleichung lautet entsprechend:

$$\boxed{\; m\ddot{\mathbf{x}} = -R\dot{\mathbf{x}} \quad , \quad \mathbf{x}(0) = \mathbf{x}_0 \quad , \quad \dot{\mathbf{x}}(0) = \dot{\mathbf{x}}_0 \; ,}$$

wobei die Proportionalitätskonstante R die „Reibungskonstante" genannt wird. Es ist glücklicherweise recht einfach, diese Bewegungsgleichung zu lösen, da sie auf ein anderes, bereits gelöstes Problem zurückgeführt werden kann. Hierzu merken wir zunächst an, dass die Bewegungsgleichung den Ortsvektor $\mathbf{x}$ selbst nicht enthält: Die niedrigste Ableitung des Ortsvektors, die in der Gleichung vorkommt, ist die *erste*, d.h. die Geschwindigkeit. Folglich kann die Bewegungsgleichung auch als autonome Differentialgleichung *erster Ordnung* für die Funktion $\dot{\mathbf{x}}(t) \equiv \mathbf{v}(t)$ bzw.

als drei *ungekoppelte* Differentialgleichungen für die Komponenten $v_i(t)$ angesehen werden:

$$\dot{\mathbf{v}} = -\frac{R}{m}\mathbf{v} \quad , \quad \mathbf{v}(0) = \dot{\mathbf{x}}_0 \quad ; \quad \dot{v}_i = -\frac{R}{m}v_i \quad , \quad v_i(0) = x_{0i} \; .$$

Die Bewegungsgleichung für die i-te Komponente hat die Form der Gleichung eines *Zerfallsprozesses* mit der Zerfallsrate $|\lambda| = R/m$. Die Lösung für die Komponenten v_i bzw. für den Vektor $\mathbf{v}$ hat daher die Form:

$$v_i(t) = v_i(0)e^{-Rt/m} = \dot{x}_{0i}e^{-Rt/m} \quad , \quad \mathbf{v}(t) = \mathbf{v}(0)e^{-Rt/m} = \dot{\mathbf{x}}_0 e^{-Rt/m} \; .$$

Durch Integration über die Zeitvariable erhält man die Lösung für die Zeitabhängigkeit des Ortsvektors:

$$\mathbf{x}(t) - \mathbf{x}_0 = \int_0^t dt' \, \mathbf{v}(t') = \dot{\mathbf{x}}_0 \int_0^t dt' \, e^{-Rt'/m} = \frac{m}{R}\dot{\mathbf{x}}_0 \left(1 - e^{-Rt/m}\right) \; .$$

Aus dieser Lösung für den Ortsvektor folgt insbesondere die folgende Gleichung für den zurückgelegten Abstand als Funktion der Zeit:

$$|\mathbf{x}(t) - \mathbf{x}_0| = \frac{m}{R}|\dot{\mathbf{x}}_0| \left(1 - e^{-Rt/m}\right) \to \frac{m}{R}|\dot{\mathbf{x}}_0| < \infty \quad (t \to \infty) \, ,$$

die interessanterweise zeigt, dass der zurückgelegte Abstand sogar bei beliebig großer (aber endlicher) Anfangsgeschwindigkeit und sogar für $t \to \infty$ immer *endlich* ist.

7.2.4 Reibung in Gasen

Bei höheren Geschwindigkeiten ändert die Strömung an einem Körper vorbei ihr Muster von laminar zu turbulent, und damit ändert sich auch der Charakter der bremsenden Kraft von der linearen Stokes- zur quadratischen *Newton-Reibung*: $\mathbf{F}_R \propto -|\dot{\mathbf{x}}|\,\dot{\mathbf{x}}$. Für typische Bewegungen von makroskopischen Körpern (Tennisbällen, Gewehrkugeln, Flugzeugen, ...) durch die Luft ist die Newton-Reibung relevant. Die entsprechende Bewegungsgleichung ist:

$$\boxed{\; m\ddot{\mathbf{x}} = -R|\dot{\mathbf{x}}|\,\dot{\mathbf{x}} \quad , \quad \mathbf{x}(0) = \mathbf{x}_0 \quad , \quad \dot{\mathbf{x}}(0) = \dot{\mathbf{x}}_0 \; . \;}$$

Auch in dieser Gleichung tritt der Ortsvektor $\mathbf{x}$ selbst nicht explizit auf, sodass man mit Hilfe der Definitionen $\mathbf{v} \equiv \dot{\mathbf{x}}$, $v \equiv |\mathbf{v}|$ und $\hat{\mathbf{v}} \equiv \mathbf{v}/|\mathbf{v}|$ eine autonome Differentialgleichung *erster* Ordnung für die Geschwindigkeit erhält:

$$m\dot{\mathbf{v}} = -Rv^2\hat{\mathbf{v}} \quad , \quad \mathbf{v}(0) = \dot{\mathbf{x}}_0 \; . \tag{7.16}$$

Wir gehen im Folgenden davon aus, dass in diesen beiden Bewegungsgleichungen der Reibungskoeffizient R selbst geschwindigkeits*unabhängig* ist. In der Realität hat er jedoch eine geringe Geschwindigkeitsabhängigkeit, da er u.a. proportional zum schwach v-abhängigen Strömungswiderstandskoeffizienten c_W ist.

Wir stellen zuerst fest, dass die Bewegungsgleichung (7.16) einen Satz von drei miteinander *gekoppelten* Differentialgleichungen für die Komponenten v_i (mit $i =$

$1, 2, 3$) darstellt. Die Kopplung wird durch den Betrag $v = (v_1^2 + v_2^2 + v_3^2)^{1/2}$ der Geschwindigkeit bewirkt. Es ist daher am günstigsten, zuerst eine Gleichung für $v(t)$ oder äquivalent für die Energie $E(t) \equiv \frac{1}{2}mv^2(t)$ herzuleiten und diese zu lösen. Die Energie $E(t)$ erfüllt die Differentialgleichung:

$$\frac{dE}{dt} = \frac{d}{dt}\left(\tfrac{1}{2}mv^2\right) = m\mathbf{v} \cdot \dot{\mathbf{v}} = -Rv^2 \mathbf{v} \cdot \hat{\mathbf{v}} = -Rv^3 = -R\left(\frac{2E}{m}\right)^{3/2} ,$$

wobei im dritten Schritt die Bewegungsgleichung (7.16) und im letzten die Definition von $E(t)$ eingesetzt wurde. Multiplikation der linken und rechten Seite mit $-\frac{1}{2}E^{-3/2}$ führt auf eine Differentialgleichung für $E^{-1/2}$:

$$\frac{\sqrt{2}R}{m^{3/2}} = -\tfrac{1}{2}E^{-3/2}\dot{E} = \frac{d}{dt}(E^{-1/2}) ,$$

die wegen der t-Unabhängigkeit der linken Seite leicht lösbar ist:

$$\frac{1}{\sqrt{E(t)}} = \frac{1}{\sqrt{E(0)}} + \frac{\sqrt{2}R}{m^{3/2}}\,t .$$

Setzt man für die Energie ihre v-Abhängigkeit $E = \frac{1}{2}mv^2$ ein, so erhält man für $v(t)$:

$$\frac{\sqrt{2}}{\sqrt{m}\,v(t)} = \frac{\sqrt{2}}{\sqrt{m}\,v(0)} + \frac{\sqrt{2}R}{m^{3/2}}t \quad , \quad v(t) = \frac{v(0)}{1 + Rv(0)t/m} .$$

Durch Ableiten erkennt man, dass $\dot{v}(t) = -\frac{R}{m}[v(0)]^2/[1 + Rv(0)t/m]^2 = -\frac{R}{m}[v(t)]^2$ gilt. Mithilfe dieser Gleichung und mit Gleichung (7.16) kann wiederum gezeigt werden, dass sich die Geschwindigkeits*richtung* $\hat{\mathbf{v}}(t)$ zeitlich nicht ändert:

$$\frac{d\hat{\mathbf{v}}}{dt} = \frac{d(\mathbf{v}/v)}{dt} = \frac{\dot{\mathbf{v}}}{v} - \frac{\mathbf{v}\dot{v}}{v^2} = -\frac{R}{m}v\hat{\mathbf{v}} + \frac{R}{m}\mathbf{v} = \mathbf{0} \quad , \quad \hat{\mathbf{v}}(t) = \hat{\mathbf{v}}(0) .$$

Der Geschwindigkeits*betrag* und die Geschwindigkeits*richtung* können nun zur Lösung für den gesamten Geschwindigkeits*vektor* kombiniert werden:

$$\mathbf{v}(t) = \hat{\mathbf{v}}(t)v(t) = \frac{\hat{\mathbf{v}}(0)v(0)}{1 + Rv(0)t/m} = \frac{\mathbf{v}(0)}{1 + Rv(0)t/m} ,$$

und aus diesem Ergebnis erhält man durch Integration über die Zeitvariable den Ortsvektor als Funktion der Zeit:

$$\mathbf{x}(t) - \mathbf{x}_0 = \int_0^t dt'\,\mathbf{v}(t') = \int_0^t dt'\frac{\mathbf{v}(0)}{1 + Rv(0)t'/m} = \frac{m}{R}\hat{\mathbf{v}}(0)\ln\left[1 + \frac{R}{m}v(0)t\right] .$$

Auch für die Newton'sche Reibung kann man eine Gleichung für den zurückgelegten Abstand als Funktion der Zeit herleiten:

$$|\mathbf{x}(t) - \mathbf{x}_0| = \frac{m}{R}\ln\left[1 + \frac{R}{m}v(0)t\right] \to \infty \quad (t \to \infty) ,$$

und diese zeigt, dass der zurückgelegte Abstand – ganz anders als im Stokes'schen Fall – für $t \to \infty$ divergiert. Die Erklärung ist natürlich, dass die Bremskraft der (quadratischen) Newton'schen Reibung im Langzeitlimes im Vergleich zur (linearen) Stokes-Reibung nachlässt.

7.2.5 Fall mit Reibung in Flüssigkeiten

Man kann in der Bewegungsgleichung auch mehrere physikalische Effekte miteinander kombinieren, wie z.B. die zeitlich und räumlich konstante Schwerkraft $\mathbf{F} = m\mathbf{g}$ mit $\mathbf{g} = -g\hat{\mathbf{e}}_3$ und die Stokes'sche Reibung $\mathbf{F}_\mathrm{R} \propto -\mathbf{v}$. Insgesamt beschreiben wir so beispielsweise den Fall einer Kugel in einer Flüssigkeit mit Reibung.[13] Die kombinierte Bewegungsgleichung lautet:

$$\boxed{m\ddot{\mathbf{x}} = -mg\hat{\mathbf{e}}_3 - R\dot{\mathbf{x}} \quad , \quad \mathbf{x}(0) = \mathbf{x}_0 \quad , \quad \dot{\mathbf{x}}(0) = \dot{\mathbf{x}}_0}$$

oder, wenn man $\dot{\mathbf{x}}$ durch $\mathbf{v}$ ersetzt:

$$m\dot{\mathbf{v}} = -mg\hat{\mathbf{e}}_3 - R\mathbf{v} \quad , \quad \mathbf{v}(0) = \dot{\mathbf{x}}_0 \ .$$

Da die Schwerkraft sich nur in der Gleichung für die v_3-Komponente bemerkbar macht, ist die Lösung für die $v_{1,2}$- und $x_{1,2}$-Komponenten genau dieselbe wie in Abschnitt [7.2.3]. Hier müssen wir uns also nur noch um die Lösung für die v_3- bzw. x_3-Komponente kümmern. Die Gleichung für v_3 lässt sich am einfachsten mit der Substitution $\bar{v}_3 \equiv v_3 + mg/R$ lösen:

$$\dot{\bar{v}}_3 = \dot{v}_3 = -\frac{R}{m}v_3 - g = -\frac{R}{m}\left(v_3 + \frac{mg}{R}\right) \equiv -\frac{R}{m}\bar{v}_3 \ .$$

Wir stellen fest, dass $\bar{v}_3$ sich wie ein Zerfallsprozess verhält, sodass die Lösung direkt aus Abschnitt [7.2.3] übernommen werden kann.

$$v_3(t) + \frac{mg}{R} = \bar{v}_3(t) = \bar{v}_3(0)\,e^{-Rt/m} = \left[v_3(0) + \frac{mg}{R}\right]e^{-Rt/m} \ .$$

Bringt man die Konstante auf der linken Seite noch auf die rechte Seite, so folgt für die v_3-Komponente:

$$v_3(t) = -\frac{mg}{R} + \left[v_3(0) + \frac{mg}{R}\right]e^{-Rt/m}$$

und daher durch Integration für die x_3-Komponente:

$$x_3(t) = x_{03} - \frac{mg}{R}t + \frac{m}{R}\left(\dot{x}_{03} + \frac{mg}{R}\right)\left(1 - e^{-Rt/m}\right) \ .$$

Interessant an diesen letzten beiden Gleichungen ist vor allem, dass die Fallgeschwindigkeit im Langzeitlimes konstant gleich mg/R wird und insbesondere nicht mehr von der Anfangsgeschwindigkeit $v_3(0)$ abhängt.

---

[13]Hierbei muss man allerdings auch noch die Auftriebskraft des Mediums berücksichtigen, sodass der Parameter g in der Schwerkraft effektiv das Produkt $(1 - m_\mathrm{Med}/m)g_0$ darstellt, wobei $g_0 \simeq 9{,}8$ m/s^2 die Schwerkraftsbeschleunigung ohne Medium und m_Med die Masse des verdrängten Mediums darstellen. Folglich kann g auch *negativ* sein.

7.2.6 Der „schwingende Aufzug"

Wir betrachten nun im Wesentlichen das gleiche Problem wie im vorigen Abschnitt [7.2.5], allerdings mit *zeitabhängiger* Schwerkraftsbeschleunigung $g(t)$. Experimentell ließe sich dies z.B. dadurch realisieren, dass man die fallende Kugel in der Flüssigkeit in einem Labor untersucht, das sich in einem periodisch beschleunigten Aufzug befindet. Die entsprechende Bewegungsgleichung

$$m\ddot{\mathbf{x}} = -mg(t)\hat{\mathbf{e}}_3 - R\dot{\mathbf{x}} \quad , \quad g(t) = \bar{g} + A\sin\left(\tfrac{2\pi t}{T}\right)$$

ist ein einfaches Beispiel für eine größere Klasse von exakt lösbaren Differentialgleichungen, die wir in Abschnitt [7.3.1] untersuchen werden.

Auch in dieser Bewegungsgleichung wirkt sich die Schwerkraft nur auf die v_3- bzw. x_3-Komponente aus, sodass man sich um die $v_{1,2}$- bzw. $x_{1,2}$-Komponenten, die mit der Methode von Abschnitt [7.2.3] berechnet werden können, nicht mehr kümmern muss. Es bleibt also nur noch die Gleichung für x_3 bzw. v_3 zu lösen übrig:

$$\dot{v}_3(t) = -g(t) - \frac{R}{m}v_3(t) \quad , \quad v_3(0) = \dot{x}_{03} \; . \tag{7.17}$$

Zu beachten ist, dass diese Differentialgleichung erster Ordnung *linear* ist, d.h., dass die beiden Seiten lineare Funktionen von v_3 und der Ableitung $\dot{v}_3$ sind. Die Standardlösungsmethode für Gleichungen diesen Typs beruht darauf, dass man die v_3- und $\dot{v}_3$-Terme miteinander zu einer einzigen Ableitung $\frac{d}{dt}(\cdots)$ kombiniert, indem man mit einem Faktor (hier: $e^{Rt/m}$) multipliziert und gleichzeitig durch diesen Faktor dividiert:

$$-g(t) = \dot{v}_3 + \frac{R}{m}v_3 = e^{-Rt/m}\left(e^{Rt/m}\dot{v}_3 + \frac{R}{m}e^{Rt/m}v_3\right)$$

$$= e^{-Rt/m}\frac{d}{dt}\left(e^{Rt/m}v_3\right) \; . \tag{7.18}$$

Im letzten Schritt wurden die Produktregel und die Kettenregel für die Exponentialfunktion verwendet. Der große Vorteil dieser Vorgehensweise ist, dass man nun auf der linken und rechten Seite von (7.18) mit dem Faktor $e^{Rt/m}$ multiplizieren kann:

$$\frac{d}{dt}\left(e^{Rt/m}v_3\right) = -g(t)\,e^{Rt/m}$$

und die Gleichung dann über die Zeit *integrieren* und dadurch lösen kann:

$$\int_0^t dt'\,\frac{d}{dt'}\left(e^{Rt'/m}v_3\right) = e^{Rt/m}v_3(t) - v_3(0) = -\int_0^t dt'\,g(t')\,e^{Rt'/m} \; .$$

Diese Gleichung kann nun nämlich nach $v_3(t)$ aufgelöst:

$$v_3(t) = \left[v_3(0) - \int_0^t dt'\,g(t')\,e^{Rt'/m}\right]e^{-Rt/m}$$

und bei Bedarf noch einmal über die Zeitvariable integriert werden:

$$x_3(t) = x_3(0) + \int_0^t dt'\,v_3(t') \; .$$

Hiermit ist die komplette Lösung des Problems des „schwingenden Aufzugs" bekannt. Bei Bedarf kann man die anfangs genannte periodische Beschleunigung $g(t) = \bar{g} + A\sin\left(\frac{2\pi t}{T}\right)$ einsetzen und die Integrale konkret berechnen, aber viel wichtiger ist, dass die Lösung eines solchen Problems für alle möglichen (integrierbaren) Funktionen $g(t)$ im Prinzip durch Integration bestimmt werden kann. Die gerade bestimmte Lösung ist somit nicht nur für ein spezielles Problem gültig, sondern für eine ganze Klasse von Problemen.

Der zentrale Punkt in der Lösung ist die Multiplikation mit dem Faktor $e^{Rt/m}$ und die gleichzeitige Division durch denselben Faktor, wodurch eine sofortige *Integration* der Gleichung möglich wird. Dementsprechend wird ein solcher Faktor als „integrierender Faktor" bezeichnet. Wir werden im Folgenden (in Abschnitt [7.3.1]) erklären, wie man solche Faktoren allgemein und systematisch bestimmen kann. Im Beispiel des „schwingenden Aufzugs" ist die Erklärung, dass der Exponent Rt/m des „integrierenden Faktors" die Stammfunktion des Vorfaktors R/m von $v_3(t)$ in (7.17) ist.

7.2.7 Fall mit Reibung in Gasen

Wenn man die Reibung berücksichtigt, weicht der freie Fall eines Teilchens der Masse m in einem *Gas* stark vom analogen Problem in einer *Flüssigkeit* (s. Abschnitt [7.2.5]) ab, da im Gas die Reibungskraft die Form $\mathbf{F}_{\mathrm{R}} = -Rv^2\hat{\mathbf{v}}$ mit $\mathbf{v} = \dot{\mathbf{x}}$, $v = |\mathbf{v}|$ und $\hat{\mathbf{v}} = \mathbf{v}/v$ hat. Die Bewegungsgleichung lautet daher:

$$\boxed{\,m\dot{\mathbf{v}} = -mg\hat{\mathbf{e}}_3 - Rv^2\hat{\mathbf{v}}\,.\,} \qquad (7.19)$$

Diese Differentialgleichung ist weitaus schwieriger zu lösen als das Pendant in der Flüssigkeit, eben weil die Reibung nun *quadratisch* statt *linear* von der Geschwindigkeit abhängt. Dennoch hat die Untersuchung solcher wichtigen Fallgesetze eine lange Geschichte: Sie werden bereits von Isaac Newton (1643 - 1727) im zweiten Buch seiner berühmten „Principia Mathematica" [27] behandelt.

Ein relativ einfacher Spezialfall tritt auf, wenn das Teilchen ohne Anschub $[\mathbf{v}(0) = \mathbf{0}]$ im Ursprung $[\mathbf{x}(0) = \mathbf{0}]$ losgelassen wird und entlang der negativen $\hat{\mathbf{e}}_3$-Achse herunterfällt. Die Differentialgleichungen für die Geschwindigkeitskomponenten in $\hat{\mathbf{e}}_1$- und $\hat{\mathbf{e}}_2$-Richtung sind sofort lösbar: $v_1(t) = v_2(t) = 0$ und somit auch $x_1(t) = x_2(t) = 0$. Die Geschwindigkeitskomponente in $\hat{\mathbf{e}}_3$-Richtung erfüllt die Differentialgleichung

$$\dot{v}_3 = -g + R(v_3)^2/m\,.$$

Zuerst fällt auf, dass die rechte Seite dieser Differentialgleichung gleich null ist für $v_3(t) = -v_\infty \equiv -\sqrt{mg/R}$. Dies bedeutet, dass das Teilchen im Langzeitlimes (für $t \to \infty$) eine Höchstgeschwindigkeit v_∞ in negativer $\hat{\mathbf{e}}_3$-Richtung erreicht. Diese Feststellung motiviert die Substitutionen $v_3 \equiv -v_\infty y_3$ und $t \equiv \tau\sqrt{m/gR}$, wodurch man die einfachere Differentialgleichung $dy_3/d\tau = 1 - y_3^2$ mit der Anfangsbedingung $y_3(0) = 0$ erhält. Die Lösung dieser Gleichung ist $y_3(\tau) = \tanh(\tau)$ bzw.

$$v_3 = -v_\infty \tanh\left(\sqrt{gR/m}\,t\right)$$

und hat in der Tat die Eigenschaft $v_3 \to -v_\infty$ für $t \to \infty$.

Wir betrachten nun den allgemeinen Fall $\mathbf{v}(0) = v_1(0)\hat{\mathbf{e}}_1 + v_3(0)\hat{\mathbf{e}}_3$ mit $v_1(0) > 0$ und daher auch $v(0) > 0$, d.h., wir betrachten einen schiefen Wurf mit Newton'scher Reibung. Wir nehmen an, dass sich das Teilchen anfangs im Ursprung befindet $[\mathbf{x}(0) = \mathbf{0}]$. Da die Geschwindigkeitskomponente in $\hat{\mathbf{e}}_2$-Richtung für alle $t \geq 0$ gleich null ist, wird sich das Teilchen in der $\hat{\mathbf{e}}_1$-$\hat{\mathbf{e}}_3$-Ebene bewegen, zuerst in $\mathbf{v}(0)$-Richtung und dann zunehmend in negativer $\hat{\mathbf{e}}_3$-Richtung. Man überprüft leicht, dass die stationäre Lösung von (7.19), die den Langzeitlimes ($t = \infty$) beschreibt, durch $v_1 = 0$ und $v_3 = -v_\infty$ gegeben ist. Zur Untersuchung der zeitabhängigen Lösung von (7.19) führen wir die Notationen $v_1 \equiv v_\infty y_1$, $v_3 \equiv -v_\infty y_3$, $v \equiv v_\infty y$ und $t \equiv \tau\sqrt{m/gR}$ ein, die die Differentialgleichung stark vereinfachen:

$$\frac{dy_1}{d\tau} = -yy_1 \quad , \quad \frac{dy_3}{d\tau} = 1 - yy_3 \quad , \quad y = \sqrt{y_1^2 + y_3^2} \, . \tag{7.20}$$

Aus der ersten Formel in (7.20) folgt $-y = y_1^{-1}\frac{dy_1}{d\tau} = \frac{d\ln(y_1)}{d\tau}$, und Integration führt zu:

$$y_1(\tau) = y_1(0) \exp\left[-\int_0^\tau d\bar{\tau}\, y(\bar{\tau})\right] \, . \tag{7.21}$$

Die exakte Lösung der Differentialgleichung (7.20) wird in Abschnitt [7.3.9] bestimmt. Hier zeigen wir, wie man auch ohne Kenntnis der exakten Lösung zumindest das *Langzeitverhalten* der Lösung (für $\tau \to \infty$) bestimmen kann.

Wegen $|\mathbf{v}(t)| \to v_\infty$ für $t \to \infty$ bzw. $y \to 1$ für $\tau \to \infty$ folgt, dass $v_1(t)$ exponentiell als Funktion der Zeit abklingt:

$$v_1(t) \propto y_1(\tau) \propto e^{-\tau} \qquad (t \to \infty) \, .$$

Betrachten wir nun $v_3(t)$ bzw. $y_3(\tau)$. Da im Langzeitlimes gilt: $v_3(t) \to -v_\infty$ bzw. $y_3(\tau) \to 1$, muss für endliche Zeiten gelten:

$$y_3(\tau) \equiv 1 - u_3(\tau) \, ,$$

wobei die durch diese Definition neu eingeführte Funktion $u_3(\tau)$ nach hinreichend langer Zeit im Vergleich zu eins vernachlässigbar klein wird: $u_3 \to 0$ für $\tau \to \infty$. Wir setzen den Ansatz $y_3 = 1 - u_3$ in den Term yy_3 in (7.20) ein und entwickeln nach den kleinen Größen u_3 und y_1:

$$yy_3 = y_3^2\sqrt{1 + (y_1/y_3)^2} = y_3^2 + \tfrac{1}{2}y_1^2 + \cdots$$
$$= (1 - u_3)^2 + \tfrac{1}{2}y_1^2 + \cdots = 1 - 2u_3 + \tfrac{1}{2}y_1^2 + \cdots \, .$$

Durch Einsetzen dieser Entwicklung in die Differentialgleichung für y_3 in (7.20) ergibt sich:

$$\frac{du_3}{d\tau} = -(1 - yy_3) = -2u_3 + \tfrac{1}{2}y_1^2 + \cdots \, , \tag{7.22}$$

wobei die Terme $(\cdots)$ für $\tau \to \infty$ klein werden im Vergleich zu u_3 und y_1^2. Wenn nach hinreichend langer Zeit $y_1(\tau) \sim Ae^{-\tau}$ gilt, folgt daraus

$$u_3(\tau) \sim \tfrac{1}{2}A^2\tau e^{-2\tau} \qquad (t \to \infty) \, ,$$

wie man leicht durch Einsetzen überprüft.[14] Wir lernen also, dass sich y_1 und y_3 ihren Grenzwerten *exponentiell* als Funktion der Zeit nähern.

7.2.8   Reduktion auf Differentialgleichungen erster Ordnung

Wir möchten am Ende dieses Abschnitts über Differentialgleichungen der Mechanik kurz zurückkommen auf das in Gleichung (7.14) angesprochene Verfahren zur Reduktion einer Differentialgleichung *höherer* Ordnung auf eine Gleichung *erster* Ordnung für eine *mehrkomponentige* Funktion. Als Beispiel für die Wirkung dieser Methode betrachten wir das zweite Newton'sche Gesetz $\ddot{\mathbf{x}} = \frac{1}{m}\mathbf{F}(t, \mathbf{x}, \dot{\mathbf{x}})$ in Gleichung (7.15).

Nehmen wir zuerst an, dass nur eine einzelne Ortskoordinate x und ihre Ableitung $\dot{x}$ in der Bewegungsgleichung explizit auftreten.[15] Das 2. Newton'sche Gesetz hat dann die vereinfachte Form

$$\ddot{x}(t) = \frac{1}{m}F(t, x(t), \dot{x}(t)) \quad ; \quad x(0) = x_0 \quad , \quad \dot{x}(0) = \dot{x}_0 \, .$$

In diesem Fall kann man $\mathbf{y} \equiv (x, \dot{x})$ definieren, und mit der Notation $\hat{\mathbf{e}}_2 = (0, 1)$ erhält man die folgende Bewegungsgleichung für $\mathbf{y}(t)$:

$$\dot{\mathbf{y}} = \frac{d\mathbf{y}}{dt} = \frac{d}{dt}\begin{pmatrix} x \\ \dot{x} \end{pmatrix} = \begin{pmatrix} \dot{x} \\ \ddot{x} \end{pmatrix} = \begin{pmatrix} \hat{\mathbf{e}}_2 \cdot \mathbf{y}(t) \\ \frac{1}{m}F(t, \mathbf{y}(t)) \end{pmatrix} \equiv \boldsymbol{\mathcal{F}}(t, \mathbf{y}(t)) \, .$$

Hiermit ist die Differentialgleichung *zweiter* Ordnung für die *eindimensionale* Größe x also reduziert auf eine Differentialgleichung *erster* Ordnung für die *zweidimensionale* Größe $\mathbf{y}$. Die Anfangsbedingung für $\mathbf{y}$ ist $\mathbf{y}(0) = (x_0, \dot{x}_0) \equiv \mathbf{y}_0$.

Betrachten wir nun den allgemeinen Fall einer Bahn $\mathbf{x}(t)$ im dreidimensionalen Ortsraum, die das zweite Newton'sche Gesetz (7.15) erfüllt:

$$\ddot{\mathbf{x}}(t) = \frac{1}{m}\mathbf{F}(t, \mathbf{x}(t), \dot{\mathbf{x}}(t)) \quad ; \quad \mathbf{x}(0) = \mathbf{x}_0 \quad , \quad \dot{\mathbf{x}}(0) = \dot{\mathbf{x}}_0 \, .$$

Wir definieren einen sechsdimensionalen Vektor $\mathbf{y}$ und eine sechskomponentige Funktion $\boldsymbol{\mathcal{F}}(t, \mathbf{y})$ gemäß:

$$\mathbf{y} \equiv \begin{pmatrix} \mathbf{x} \\ \dot{\mathbf{x}} \end{pmatrix} \quad , \quad \boldsymbol{\mathcal{F}}(t, \mathbf{y}) \equiv \begin{pmatrix} E_2\mathbf{y} \\ \frac{1}{m}\mathbf{F}(t, \mathbf{y}) \end{pmatrix} \, ,$$

wobei $E_2 \equiv (\emptyset_3 \; \mathbb{1}_3)$ eine (3×6)-Matrix darstellt, die die (3×3)-Nullmatrix $\emptyset_3$ und die (3×3)-Identität $\mathbb{1}_3$ enthält. Folglich gilt $(E_2\mathbf{y})_i = (E_2)_{ij}y_j = \dot{x}_i$. Die Bewegungsgleichung für $\mathbf{y}(t)$ lautet nun:

$$\dot{\mathbf{y}} = \frac{d\mathbf{y}}{dt} = \frac{d}{dt}\begin{pmatrix} \mathbf{x} \\ \dot{\mathbf{x}} \end{pmatrix} = \begin{pmatrix} \dot{\mathbf{x}} \\ \ddot{\mathbf{x}} \end{pmatrix} = \begin{pmatrix} E_2\mathbf{y}(t) \\ \frac{1}{m}\mathbf{F}(t, \mathbf{y}(t)) \end{pmatrix} = \boldsymbol{\mathcal{F}}(t, \mathbf{y}(t)) \, .$$

Hiermit ist das zweite Newton'sche Gesetz in der Tat auf eine Gleichung *erster* Ordnung reduziert. Die Anfangsbedingung für $\mathbf{y}$ ist $\mathbf{y}(0) = (\mathbf{x}_0, \dot{\mathbf{x}}_0) \equiv \mathbf{y}_0$. Die hier

---

[14] Man kann dies auch konstruktiv mit Hilfe der Methode aus Abschnitt [7.3.1] herleiten.

[15] Als Beispiele haben wir den senkrechten Fall mit Reibung und den „schwingenden Aufzug" kennengelernt, für den nur x_3 und $\dot{x}_3$ relevant sind.

diskutierte Reduktion der Newton'schen Bewegungsgleichung auf eine Gleichung erster Ordnung ist stark analog zur Herleitung der „Hamilton-Gleichungen" in der analytischen Mechanik; das hier diskutierte Verfahren ist aber etwas allgemeiner.

7.3 Allgemeine analytische Lösungsverfahren

Differentialgleichungen sind leider nicht in jedem Einzelfall analytisch lösbar, wobei mit einer „analytischen Lösung" meist gemeint ist, dass man die Funktion, die die Differentialgleichung und die Anfangsbedingungen erfüllt, explizit oder implizit, eventuell in der Form eines Integrals, analytisch darstellen kann. Andererseits hat man es in der physikalischen Praxis auch nicht mit *beliebigen* Differentialgleichungen zu tun, sondern meistens mit solchen, die im Rahmen relativ einfacher Modelle auftreten. Recht viele solcher Differentialgleichungen sind durchaus exakt analytisch lösbar. Im Folgenden sollen einige zur Lösung solcher Gleichungen geeignete Methoden vorgestellt werden.

7.3.1 Allgemeine lineare Gleichung, integrierende Faktoren

Ein Typ von exakt lösbaren Differentialgleichungen ist die Klasse der allgemeinen linearen Gleichungen *erster Ordnung*, die dadurch charakterisiert wird, dass beide Seiten der Differentialgleichung *linear* von der gesuchten Funktion und ihrer Ableitung abhängen. Die in der Gleichung auftretenden Koeffizienten dürfen auch von der Variablen abhängig sein. Diese Klasse der linearen Differentialgleichungen ist wichtig, da sie in der Praxis sehr häufig vorkommt. Ein einfaches Beispiel haben wir als Modell für einen „schwingenden Aufzug" in Gleichung (7.17) in [7.2.6] kennengelernt. Die dort angewandte Lösungsmethode basierte wesentlich auf der Einführung eines „integrierenden Faktors", der in diesem Spezialfall gleich $e^{Rt/m}$ war. Wir zeigen im Folgenden, dass man dieses Konzept verallgemeinern kann. Da in physikalischen Problemen die Variable meistens die *Zeit* ist, werden wir in diesem Abschnitt die Notation t für die Variable beibehalten.

Das allgemeine Muster einer *linearen* Differentialgleichung erster Ordnung mit zeitabhängigen Koeffizienten ist:

$$\boxed{\frac{du}{dt} = -a(t)u + b(t) \quad , \quad u(0) \equiv u_0 \quad , \quad A(t) \equiv \int_0^t dt'\, a(t')\,,} \qquad (7.23)$$

wobei wir neben der linearen Gleichung für die gesuchte Funktion $u(t)$ auch die Anfangsbedingung $u(0) \equiv u_0$ und eine Stammfunktion $A(t)$ des Vorfaktors $a(t)$ von u eingeführt haben. Diese Stammfunktion ist immer berechenbar, eventuell auch numerisch. Die Lösung erfolgt nun vollkommen analog zur Lösung für den „schwingenden Aufzug" in Abschnitt [7.2.6]:

$$b(t) = \frac{du}{dt} + a(t)u = e^{-A(t)}\left[e^{A(t)}\frac{du}{dt} + a(t)\,e^{A(t)}u\right]$$

$$= e^{-A(t)}\frac{d}{dt}\left[e^{A(t)}u\right] \quad , \quad \frac{d}{dt}\left[e^{A(t)}u\right] = e^{A(t)}b(t)\,. \qquad (7.24)$$

Wie in Abschnitt [7.2.6] haben wir die Terme, die die gesuchte Funktion u und ihre Ableitung $\frac{du}{dt}$ enthalten, miteinander kombiniert, mit einem „integrierenden Faktor" (hier: $e^{A(t)}$) multipliziert und auch dadurch dividiert und beide Terme dann zu einer Ableitung $\frac{d}{dt}[\cdots]$ zusammenfasst. Hierbei wurden die Produktregel und die Kettenregel für die Exponentialfunktion $e^{A(t)}$ angewandt. Der Vorteil dieser Verfahrensweise ist, dass man die Gleichung (7.24) nun sofort durch Integration lösen kann:

$$\int_0^t dt' \frac{d}{dt'}\left[e^{A(t')}u\right] = e^{A(t)}u(t) - e^{A(0)}u(0) = e^{A(t)}u(t) - u_0 = \int_0^t dt' \, e^{A(t')}b(t') \,,$$

mit dem Ergebnis:

$$\boxed{u(t) = e^{-A(t)}\left[u_0 + \int_0^t dt' \, e^{A(t')}b(t')\right] \,.} \tag{7.25}$$

Hiermit ist die Lösung der allgemeinen linearen Differentialgleichung erster Ordnung „bis auf Quadraturen" bekannt, d.h. auf die Berechnung von Integralen zurückgeführt, die bei Bedarf auch numerisch bestimmt werden können.

In der allgemeinen Lösung (7.25) ist natürlich auch der Spezialfall der *homogenen linearen* Gleichung erster Ordnung enthalten, deren Inhomogenität $b(t)$ gleich null ist:

$$\boxed{\frac{du}{dt} = -a(t)u \quad , \quad u(0) \equiv u_0 \quad , \quad A(t) \equiv \int_0^t dt' \, a(t') \,.} \tag{7.26}$$

Die Lösung der homogenen linearen Gleichung folgt aus (7.25) sofort als:

$$\boxed{u(t) = e^{-A(t)}u_0 \,.} \tag{7.27}$$

Auch diese homogene Gleichung ist wichtig, da sie in der Praxis sehr häufig vorkommt. Daher zeigen wir kurz die Herleitung der Lösung für diesen Spezialfall:

$$0 = \frac{du}{dt} + a(t)u = e^{-A(t)}\left[e^{A(t)}\frac{du}{dt} + a(t)\, e^{A(t)}u\right] = e^{-A(t)}\frac{d}{dt}\left[e^{A(t)}u\right] \,.$$

Da somit die Ableitung $\frac{d}{dt}[\cdots]$ auf der rechten Seite gleich null sein muss, folgt

$$e^{A(t)}u(t) = \text{Konstant} = e^{A(0)}u(0) = u_0 \quad , \quad u(t) = e^{-A(t)}u_0 \,,$$

und dies ist genau die in (7.27) angegebene Lösung.

Man kann noch anmerken, dass $u(t)$ in (7.25) als Summe zweier Terme geschrieben werden kann:

$$u(t) = u_\mathrm{h}(t) + u_\mathrm{i}(t) \quad , \quad u_\mathrm{h}(t) = e^{-A(t)}u_0 \quad , \quad u_\mathrm{i}(t) = e^{-A(t)}\int_0^t dt' \, e^{A(t')}b(t') \,,$$

wobei der Term $u_\mathrm{h}(t)$ die *homogene* Gleichung (7.26) mit der Anfangsbedingung $u_\mathrm{h}(0) = u_0$ löst und der Term $u_\mathrm{i}(t)$ die *inhomogene* Gleichung (7.23) mit der Anfangsbedingung $u_\mathrm{i}(0) = 0$. In diesem Sinne ist die vollständige Lösung die Summe einer allgemeinen Lösung des homogenen und einer speziellen Lösung des inhomogenen Problems.[16]

Betrachten wir nun ein paar Beispiele: Als erstes Beispiel lösen wir die *homogene lineare* Gleichung

$$\frac{du}{dt} = -\frac{2t}{1 + t^2} u \quad , \quad u(0) \equiv u_0 \ .$$

Durch den Vergleich mit der allgemeinen Form (7.26) einer homogenen linearen Gleichung stellen wir fest, dass die Funktion $a(t)$ und ihre Stammfunktion $A(t)$ [mit der Konvention $A(0) = 0$] in diesem Fall durch

$$a(t) = \frac{2t}{1 + t^2} \quad , \quad A(t) = \ln(1 + t^2)$$

gegeben sind. Das übliche Verfahren

$$0 = \frac{du}{dt} + a(t)u = \cdots = e^{-A(t)} \frac{d}{dt}\left[e^{A(t)}u\right] \quad , \quad e^{A(t)}u(t) = u(0) = u_0$$

führt nun zur Lösung:

$$u(t) = u_0 e^{-A(t)} = u_0 e^{-\ln(1+t^2)} = \frac{u_0}{1 + t^2} \ ,$$

die – wie erwartet – die allgemeine Form (7.27) hat.

Als zweites Beispiel lösen wir die lineare inhomogene Gleichung

$$\frac{du}{dt} = -tu + t \quad , \quad u(0) \equiv u_0 \quad ; \quad a(t) = b(t) = t \quad , \quad A(t) = \tfrac{1}{2}t^2 \ .$$

Die Standardlösungsmethode für inhomogene Gleichungen:

$$t = b(t) = \frac{du}{dt} + a(t)u = \cdots = e^{-\frac{1}{2}t^2} \frac{d}{dt}\left[e^{\frac{1}{2}t^2}u\right]$$

führt nun auf die folgende Lösung der allgemeinen Form (7.25):

$$u(t) = e^{-\frac{1}{2}t^2}\left[u_0 + \int_0^t dt'\, t' e^{\frac{1}{2}t'^2}\right] = e^{-\frac{1}{2}t^2}\left[u_0 + (e^{\frac{1}{2}t^2} - 1)\right] \ ,$$

die durch Ausmultiplizieren noch etwas vereinfacht werden kann:

$$u(t) = 1 + (u_0 - 1)\, e^{-\frac{1}{2}t^2} \ . \tag{7.28}$$

Spätestens aufgrund dieser expliziten Form der Lösung muss man aber feststellen, dass die gewählte Lösungsmethode nicht optimal war. Einfacher wäre es gewesen,

---

[16] Dies hat Joseph-Louis de Lagrange (1736 - 1813) zu einem Lösungsverfahren für lineare, inhomogene Differentialgleichungen inspiriert, in dem die Lösung in mehreren Schritten (zuerst für die homogene und dann – durch einen Lösungsansatz – für die inhomogene Gleichung) bestimmt wird. Diese Methode der „Variation der Konstanten" ist im Vergleich zu (7.24) eher umständlich und unlogisch und daher für die Anwendung in der Praxis nicht empfehlenswert.

direkt eine Hilfsfunktion $\bar{u} \equiv u - 1$ zu definieren und für diese Hilfsfunktion eine leicht lösbare *homogene* lineare Gleichung herzuleiten:

$$\frac{d\bar{u}}{dt} = \frac{du}{dt} = -tu + t = -t(u - 1) = -t\bar{u} \quad , \quad \bar{u}(t) = \bar{u}(0)e^{-\frac{1}{2}t^2} \, .$$

Setzt man dieses Ergebnis für $\bar{u}(t)$ in die Definition $u = 1 + \bar{u}$ ein, folgt sofort Gleichung (7.28).

Als drittes und letztes Beispiel betrachten wir die inhomogene lineare Gleichung

$$\frac{du}{dt} = -2u + e^{-t} \quad , \quad u(0) \equiv u_0 \quad ; \quad a(t) = 2 \quad , \quad b(t) = e^{-t} \quad , \quad A(t) = 2t \, ,$$

die mit Hilfe der Standardmethode gelöst werden kann:

$$e^{-t} = b(t) = \cdots = e^{-2t} \frac{d}{dt}\left(e^{2t}u\right) \quad , \quad \frac{d}{dt}\left(e^{2t}u\right) = e^t$$

und auf die Lösung

$$e^{2t}u(t) = u_0 + (e^t - 1) \quad , \quad u(t) = (u_0 - 1)e^{-2t} + e^{-t}$$

führt. Die Form der Lösung ist insofern interessant, als sie zeigt, dass die Information über den Anfangszustand u_0 relativ schnell verloren geht (proportional zu e^{-2t}) und das Langzeitverhalten der Lösung allein durch die Inhomogenität e^{-t} bestimmt wird.

7.3.2   Lösung durch Variablentrennung

Als weiteres allgemeines Verfahren zur Lösung gewöhnlicher Differentialgleichungen behandeln wir nun die Methode der *Variablentrennung*. Damit diese Methode anwendbar ist, muss die Differentialgleichung „trennbar" sein, d.h. die allgemeine Form

$$\frac{dy}{dx} = y' = F(x, y(x)) = -\frac{f(x)}{g(y(x))} \quad \text{bzw.} \quad \boxed{g(y)\frac{dy}{dx} = -f(x)} \tag{7.29}$$

besitzen. *Falls* die Differentialgleichung diese trennbare Form hat, kann man sie sofort durch Integration lösen:

$$0 = f(x) + g(y)\frac{dy}{dx} = \frac{d}{dx}\left[\int dx\, f(x) + \int dy\, g(y)\right] \, , \tag{7.30}$$

denn die Differentialgleichung impliziert, dass die Größe $[\cdots]$ auf der rechten Seite konstant (unabhängig von x) ist, sodass folgt:

$$\int dx\, f(x) + \int dy\, g(y) = k \, . \tag{7.31}$$

Damit ist die gesuchte Lösung $y(x)$ der Gleichung (7.29) zumindest implizit vollständig bekannt.

Als erstes Beispiel betrachten wir die Gleichung

$$\frac{dy}{dx} = y' = -\frac{y}{x} = -\frac{x^{-1}}{y^{-1}} \; ,$$

die genau die Form (7.29) hat. Wir schreiben sie um nach dem allgemeinen Muster von Gleichung (7.30) und erhalten zunächst die Gleichung

$$0 = \frac{1}{x} + \frac{1}{y}\frac{dy}{dx} \; ,$$

die aber direkt integriert werden kann:

$$0 = \frac{d}{dx}(\ln|x| + \ln|y|) = \frac{d}{dx}(\ln|xy|) \quad , \quad \ln|xy| = k \quad , \quad y = \frac{\lambda}{x} \qquad (7.32)$$

mit $\lambda = \pm e^k \in \mathbb{R}\backslash\{0\}$. Auch die spezielle Lösung $y = 0$ für $\lambda = 0$ erfüllt die ursprüngliche Differentialgleichung, sodass die gesuchte Lösung sogar für alle $\lambda \in \mathbb{R}$ durch (7.32) gegeben ist. Für die Gleichung $y' = -\frac{y}{x}$ kann die Lösung $y(x)$ also *explizit* angegeben werden. Als Lösung einer Differentialgleichung erster Ordnung enthält sie *eine* (in diesem Fall multiplikative) Integrationskonstante λ.

Als zweites Beispiel betrachten wir die ebenfalls trennbare Gleichung

$$\frac{dy}{dx} = y' = 2x(1 + y^2) \; ,$$

die nach dem Muster (7.30) auch als

$$0 = 2x - \frac{1}{1+y^2}\frac{dy}{dx}$$

geschrieben und dann wie folgt integriert werden kann:

$$0 = \frac{d}{dx}[x^2 - \arctan(y)] \quad , \quad x^2 - \arctan(y) = k \quad , \quad y = \tan(x^2 - k) \; .$$

Auch in diesem Fall ist die Lösung $y(x)$ explizit bekannt und enthält genau *eine* Integrationskonstante $k \in \mathbb{R}$.

Als drittes Beispiel betrachten wir ein Problem, das etwas kniffliger ist, aber ebenfalls durch Variablentrennung gelöst werden kann:

$$(y')^2 - xy' + \tfrac{1}{4}x^2 y - \tfrac{1}{16}x^4 = 0 \; .$$

Diese Differentialgleichung sieht auf den ersten Blick gar nicht trennbar aus, aber auf den zweiten Blick fällt auf, dass man die ersten beiden Terme, die y' enthalten, miteinander kombinieren kann:

$$(y')^2 - xy' = \left(y' - \tfrac{1}{2}x\right)^2 - \tfrac{1}{4}x^2 = \left[\frac{d}{dx}\left(y - \tfrac{1}{4}x^2\right)\right]^2 - \tfrac{1}{4}x^2 \; ,$$

sodass es eindeutig vorteilhaft ist, eine neue Funktion $v(x) \equiv y(x) - \tfrac{1}{4}x^2$ einzuführen. Diese neue Funktion erfüllt die *trennbare* Differentialgleichung:

$$0 = (v')^2 - \tfrac{1}{4}x^2 + \tfrac{1}{4}x^2\left(v + \tfrac{1}{4}x^2\right) - \tfrac{1}{16}x^4 = (v')^2 - \tfrac{1}{4}x^2(1 - v) \; .$$

Es folgt $v' = \pm\frac{1}{2}x\sqrt{1-v}$, und man erhält nach dem üblichen Schema (7.31) zunächst die Lösung $\sqrt{1-v} \pm \frac{1}{8}x^2 = k$, wobei $k \in \mathbb{R}$ die Integrationskonstante ist. Durch Umschreiben ergibt sich noch: $v(x) = 1 - \left(k \mp \frac{1}{8}x^2\right)^2$. Die gesuchte Lösung $y(x)$ hat schließlich die Form $y(x) = v(x) + \frac{1}{4}x^2$.

An dieser Stelle sollte darauf hingewiesen werden, dass der Differentialquotient $\frac{dy}{dx}$ in Gleichungen wie $g(y)\frac{dy}{dx} = -f(x)$ in der Physikliteratur gerne aufgespalten und als

$$g(y)dy = -f(x)dx \tag{7.33}$$

geschrieben wird. Die „Differentiale" dy und dx werden dabei als infinitesimale *Zuwächse* der Größen y und x interpretiert. Die Gleichung (7.33) ist mathematisch so zu verstehen, dass für jede glatte Parametrisierung $(x(t), y(t))$ der Größen x und y gilt: $g(y)\frac{dy}{dt} = -f(x)\frac{dx}{dt}$. Man integriert Gleichung (7.33) dann mit dem Ergebnis

$$d\left[\int dy\, g(y)\right] = -d\left[\int dx\, f(x)\right]\,,$$

kombiniert dies zu $d\left[\int dy\, g(y) + \int dx\, f(x)\right] = 0$, schließt hieraus, dass die Summe $\int dy\, g(y) + \int dx\, f(x)$ offenbar konstant ist, und erhält die gleiche Lösung (7.31) wie im „offiziellen" Prozedere. Beide Vorgehensweisen sind also völlig äquivalent. Die Notation aus der Physik hat den leichten Vorteil, dass die Größen x und y noch klarer voneinander getrennt sind.

Als viertes Beispiel der Methode der Variablentrennung wird nun das Lotka-Volterra-Modell diskutiert. Die Behandlung dieser „physikalischen" Anwendung erfordert jedoch etwas mehr Vorbereitung und wird deshalb in einem eigenen Abschnitt untergebracht.

7.3.3 Beispiel: Das Lotka-Volterra-Modell

Zwei der wichtigsten Begründer der mathematischen Biologie sind der italienische Mathematiker Vito Volterra (1860 - 1940) und der (ursprünglich aus Polen stammende) amerikanische Mathematiker Alfred James Lotka (1880 - 1949). Unabhängig voneinander haben sie Mitte der zwanziger Jahre des vorigen Jahrhunderts ein Räuber-Beute-Modell formuliert, das als das *Lotka-Volterra-Modell* für den „Kampf um das Leben" bezeichnet wird. In diesem Räuber-Beute-Modell (s. die Refn. [28] und [29] sowie die Originalliteratur [30] und [31]) wird angenommen, dass die Beute*konzentration* u_1 (also z.B. die Beute*population* pro Quadratkilometer) in Abwesenheit der Räuber exponentiell anwachsen und die Räuberkonzentration u_2 in Abwesenheit der Beute exponentiell „zerfallen" (d.h. aussterben) würde. Außerdem wird das Fressen von Beute durch Räuber dadurch modelliert, dass die Beutekonzentration proportional zum Produkt der beiden Konzentrationen *abnehmen* und die Räuberkonzentration entsprechend *zunehmen* soll. Insgesamt erhalten wir somit die Lotka-Volterra-Gleichungen, also zwei gekoppelte, autonome, nicht-lineare, gewöhnliche Differentialgleichungen erster Ordnung:

$$\begin{aligned}
\frac{du_1}{dt} &= \alpha u_1 - a u_1 u_2 && (\alpha, a > 0) \\
\frac{du_2}{dt} &= -\beta u_2 + b u_1 u_2 && (\beta, b > 0) \, .
\end{aligned} \tag{7.34}$$

Die erste Gleichung (mit dem *positiven* Vorfaktor von u_1) beschreibt die *Beute*, die ohne Kopplung der Populationen durch die a- und b-Terme exponentiell *anwachsen* würde. Die zweite Gleichung (mit dem *negativen* Vorfaktor von u_2) beschreibt die *Räuber*, die ohne Kopplung der Populationen verhungern würden. Typische Räuber-Beute-Systeme, die oft mit der Lösung des Lotka-Volterra-Modells verglichen werden, sind die miteinander gekoppelten Populationen von Haien (Räubern) und Speisefischen (Beute) im Mittelmeer bzw. von Luchsen (Räubern) und Schneehasen (Beute) in Kanada.

Bevor wir die *Dynamik* des Lotka-Volterra-Modells genauer untersuchen, ist es vorteilhaft, die Bedingungen für ein mögliches (zeitunabhängiges) *Gleichgewicht* zu betrachten. Die Gleichgewichtsbedingungen folgen direkt aus Gleichung (7.34) mit $du_1/dt = du_2/dt = 0$ und lauten:

$$0 = \frac{du_1}{dt} = u_1(\alpha - a u_2) \quad , \quad 0 = \frac{du_2}{dt} = u_2(-\beta + b u_1) \, .$$

Hieraus folgen die möglichen Gleichgewichtslösungen: Aufgrund der *ersten* Gleichgewichtsgleichung gilt entweder $u_1 = 0$ oder $u_2 = \alpha/a$; aufgrund der *zweiten* Gleichgewichtsgleichung gilt entweder $u_2 = 0$ oder $u_1 = \beta/b$. Aus $u_1 = 0$ folgt jedoch $u_1 \neq \beta/b$, sodass dann $u_2 = 0$ gelten muss; aus $u_2 = \alpha/a$ folgt $u_2 \neq 0$, sodass dann $u_1 = \beta/b$ gilt. Wir erhalten somit zwei konsistente Gleichgewichtslösungen, die wir als $\mathbf{u}_\mathrm{i}$ und $\mathbf{u}_\mathrm{s}$ bezeichnen:

$$\mathbf{u}_\mathrm{i} = \begin{pmatrix} 0 \\ 0 \end{pmatrix} \quad \text{und} \quad \mathbf{u}_\mathrm{s} = \begin{pmatrix} \beta/b \\ \alpha/a \end{pmatrix} \, .$$

Die Indizes „i" und „s" stehen für „instabil" und „stabil": Wenn die Startwerte $(u_1(0), u_2(0)) \equiv \mathbf{u}(0)$ mit $u_{1,2}(0) > 0$ zweier wechselwirkender Populationen u_1 und u_2 sehr nahe bei $\mathbf{u}_\mathrm{i}$ liegen, werden sie sich von dieser Gleichgewichtslösung *wegbewegen*; falls sie sehr nahe bei $\mathbf{u}_\mathrm{s}$ liegen, werden sie für alle $t > 0$ in der Nähe dieser Gleichgewichtlösung bleiben.[17]

Zur Berechnung der zeitabhängigen Lösung der vollen dynamischen Gleichungen (7.34) führen wir zunächst die Notation $(x_1(t), x_2(t)) \equiv \mathbf{x}(t)$ für die *Abweichung* von der stabilen Gleichgewichtslösung $\mathbf{u}_\mathrm{s}$ ein:

$$\begin{pmatrix} x_1 \\ x_2 \end{pmatrix} = \begin{pmatrix} u_1 - \beta/b \\ u_2 - \alpha/a \end{pmatrix} \, .$$

---

[17]Auf die Stabilität von $\mathbf{u}_\mathrm{s}$ kommen wir im Folgenden noch zurück. Die Instabilität von $\mathbf{u}_\mathrm{i}$ folgt z.B. daraus, dass die Lösung zum Startwert $(u_1(0), 0)$ explizit durch $u_1(t) = u_1(0)e^{\alpha t}$ und $u_2(t) = 0$ gegeben ist und sich somit sogar für beliebig kleine $u_1(0) > 0$ nach hinreichend langer Zeit beliebig weit von $\mathbf{u}_\mathrm{i}$ entfernt.

Aus dem Lotka-Volterra-Modell (7.34) folgen dann die Bewegungsgleichungen für $x_1(t)$ und $x_2(t)$:

$$\dot{x}_1 = \dot{u}_1 = u_1(\alpha - au_2) = -ax_2(\beta/b + x_1)$$
$$\dot{x}_2 = \dot{u}_2 = u_2(-\beta + bu_1) = bx_1(\alpha/a + x_2) \ . \tag{7.35}$$

Dividieren wir die zweite Gleichung aus (7.35) durch die erste, so erhalten wir eine *trennbare* (und somit leicht lösbare) Differentialgleichung für $x_2(x_1)$. Die erste Gleichung $\dot{x}_1 = -ax_2(\beta/b + x_1)$ behalten wir bei:

$$\frac{dx_2}{dx_1} = \frac{dx_2/dt}{dx_1/dt} = -\frac{bx_1(\alpha/a + x_2)}{ax_2(\beta/b + x_1)} \qquad ; \qquad \frac{dx_1}{dt} = -ax_2(x_1)(\beta/b + x_1) \ .$$

Die Lösungsstrategie ist also, zuerst $x_2(x_1)$ aus der ersten Gleichung zu berechnen, das Ergebnis dann in die zweite Gleichung einzusetzen und durch Integration $x_1(t)$ zu bestimmen. Aus diesem Resultat kann durch Einsetzen in $x_2(x_1)$ die explizite Zeitabhängigkeit $x_2(x_1(t))$ berechnet werden. Damit wäre die volle zeitabhängige Lösung bekannt. Wir werden uns im Folgenden auf die Bestimmung von $x_2(x_1)$ beschränken.

Wir betrachten also die gewöhnliche Differentialgleichung erster Ordnung für die Funktion $x_2(x_1)$ und bestimmen die Lösung der Gleichung

$$\frac{dx_2}{dx_1} = -\frac{bx_1(\alpha/a + x_2)}{ax_2(\beta/b + x_1)} = -\frac{bx_1}{\beta/b + x_1}\frac{\alpha/a + x_2}{ax_2}$$

durch Variablentrennung:

$$a\frac{x_2}{\alpha/a + x_2}\frac{dx_2}{dx_1} = -b\frac{x_1}{\beta/b + x_1} \ . \tag{7.36}$$

Um die Stammfunktionen der beiden Seiten zu bestimmen, schreiben wir zuerst die *rechte* Seite als Ableitung nach der Variablen x_1:

$$-b\frac{x_1}{\beta/b + x_1} = -b\left[1 - \frac{1}{1 + \frac{b}{\beta}x_1}\right] = -\frac{d}{dx_1}\left\{b\left[x_1 - \frac{\beta}{b}\ln\left(1 + \frac{b}{\beta}x_1\right)\right]\right\}$$
$$= -\frac{d}{dx_1}\left\{\beta\left[\frac{b}{\beta}x_1 - \ln\left(1 + \frac{b}{\beta}x_1\right)\right]\right\} = -\frac{d}{dx_1}\left[\beta f\left(\frac{b}{\beta}x_1\right)\right] \ ,$$

wobei die Funktion $f(y) \equiv y - \ln(1 + y)$ definiert wurde. Völlig analog kann man die *linke* Seite als Ableitung nach der Variablen x_1 schreiben:

$$a\frac{x_2}{\alpha/a + x_2}\frac{dx_2}{dx_1} = \frac{d}{dx_1}\left[\alpha f\left(\frac{a}{\alpha}x_2\right)\right] \ .$$

Die Ergebnisse für die beiden Seiten lassen sich zur folgenden Differentialgleichung kombinieren:

$$\frac{d}{dx_1}\left[\alpha f\left(\frac{a}{\alpha}x_2\right) + \beta f\left(\frac{b}{\beta}x_1\right)\right] = 0 \ ,$$

die sofort integriert werden kann. Dividiert man aus Symmetriegründen noch durch $\sqrt{\alpha\beta}$, erhält man die Lösung:

$$\sqrt{\frac{\alpha}{\beta}}\,f\left(\frac{a}{\alpha}x_2\right) + \sqrt{\frac{\beta}{\alpha}}\,f\left(\frac{b}{\beta}x_1\right) = \text{konstant} \equiv \tfrac{1}{2}\epsilon^2 \qquad (0 \leq \epsilon < \infty)\,,$$

die mit den Notationen $\sqrt{\alpha/\beta} \equiv r$ und $\mathbf{u}_\text{s} = (u_{\text{s}1}, u_{\text{s}2}) = (\frac{\beta}{b}, \frac{\alpha}{a})$ noch auf

$$r f(x_2/u_{\text{s}2}) + r^{-1} f(x_1/u_{\text{s}1}) = \tfrac{1}{2}\epsilon^2 \qquad (0 \leq \epsilon < \infty)$$

vereinfacht werden kann. Durch diese Gleichung wird die Funktion $x_2(x_1)$ vollständig festgelegt: Man erhält eine Schar von Integralkurven, die durch unterschiedliche Werte der dimensionslosen Integrationskonstanten ϵ gekennzeichnet sind.

Um einen ersten Eindruck von der Form der Lösung zu erhalten, betrachten wir die Integralkurven für *kleine* Abweichungen $\mathbf{x}$ von der stabilen Lösung $\mathbf{u}_\text{s}$. Hierzu verwenden wir, dass man für kleine $\mathbf{x}$-Werte (wegen $y \to 0$) nähern kann: $f(y) \sim \tfrac{1}{2}y^2$. Es folgt:

$$\tfrac{1}{2}r\left(x_2/u_{\text{s}2}\right)^2 + \tfrac{1}{2}r^{-1}\left(x_1/u_{\text{s}1}\right)^2 = \tfrac{1}{2}\epsilon^2 \qquad (0 \leq \epsilon \ll 1)\,, \tag{7.37}$$

sodass die Integralkurven in der Nähe der stabilen Lösung $\mathbf{u}_\text{s}$ die Form von *Ellipsen* haben.[18] Wie diese Ellipsen durchlaufen werden, kann man aus den dynamischen Gleichungen (7.35) ablesen. Betrachten wir z.B. die folgenden vier $\mathbf{x}$-Vektoren (also vier Paare von Beute- und Räuberpopulationen) in der Nähe des stabilen Gleichgewichts:

$$\mathbf{x}_1^{(\pm)} = \pm\sqrt{r}\,\epsilon\,u_{\text{s}1}\begin{pmatrix}1\\0\end{pmatrix} \quad , \quad \mathbf{x}_2^{(\pm)} = \pm\frac{\epsilon}{\sqrt{r}}\,u_{\text{s}2}\begin{pmatrix}0\\1\end{pmatrix}\,.$$

Man überprüft durch Einsetzen, dass diese vier $\mathbf{x}$-Vektoren auf der Ellipse (7.37) liegen. Wertet man nun die *zeitlichen Änderungen* dieser vier Paare von Beute- und Räuberpopulationen mit Hilfe der Gleichungen (7.35) in der Nähe des stabilen Gleichgewichts ($x_1 \ll u_{\text{s}1}$, $x_2 \ll u_{\text{s}2}$) aus:

$$\dot{x}_1 = -a x_2 \beta/b = -a u_{\text{s}1} x_2 \quad , \quad \dot{x}_2 = b x_1 \alpha/a = b u_{\text{s}2} x_1\,, \tag{7.38}$$

dann erhält man für diese vier Populationspaare die folgenden Ergebnisse:

$$\dot{\mathbf{x}}_1^{(\pm)} = \pm\sqrt{r}\,\epsilon\,b u_{\text{s}1} u_{\text{s}2}\begin{pmatrix}0\\1\end{pmatrix} \quad , \quad \dot{\mathbf{x}}_2^{(\pm)} = \mp\frac{\epsilon}{\sqrt{r}}\,a u_{\text{s}1} u_{\text{s}2}\begin{pmatrix}1\\0\end{pmatrix}\,.$$

Dies bedeutet aber, dass die Bewegung entlang der Integralkurve *im Gegenuhrzeigersinn* verläuft. Die Anordnung der vier Vektoren $\mathbf{x}_1^{(\pm)}$ und $\mathbf{x}_2^{(\pm)}$ im (x_1, x_2)-Phasendiagramm und ihre zeitlichen Änderungen $\dot{\mathbf{x}}_1^{(\pm)}$ und $\dot{\mathbf{x}}_2^{(\pm)}$ sind in Abbildung 7.8 zu sehen. Da aus Gleichung (7.35) für $0 < \epsilon \ll 1$ folgt, dass sich auch die Geschwindigkeiten entlang Ellipsen bewegen:[19]

$$r\left(\dot{x}_1/a\right)^2 + r^{-1}\left(\dot{x}_2/b\right)^2 = \left(\epsilon\,u_{\text{s}1} u_{\text{s}2}\right)^2 \qquad (0 \leq \epsilon \ll 1) \tag{7.39}$$

---

[18] Die allgemeine Gleichung einer Ellipse mit dem Mittelpunkt $(0,0)$ und den Achsen entlang der Koordinatenachsen ist ja $(x_1/a_1)^2 + (x_2/a_2)^2 = 1$; hierbei sind $a_1, a_2 > 0$ die Längen der beiden Halbachsen der Ellipse.

[19] Aus (7.38) folgt $x_1 = a\dot{x}_2/b\alpha = \dot{x}_2/b u_{\text{s}2}$ und $x_2 = -b\dot{x}_1/a\beta = -\dot{x}_1/a u_{\text{s}1}$. Setzt man diese (x_1, x_2)-Werte in (7.37) ein, erhält man die Ellipsengleichung (7.39) für $(\dot{x}_1, \dot{x}_2)$.

und die Populationsänderungen somit niemals zum Stillstand kommen, können wir schließen, dass die Räuber- und Beutepopulationen *periodische* Modulationen und somit *Populationszyklen* aufweisen. Dies ist eine wichtige Vorhersage des Lotka-Volterra-Modells. Die Existenz von Population*szyklen* nahe bei der Gleichgewichtslösung $\mathbf{u}_\mathrm{s}$ rechtfertigt übrigens im Nachhinein die Bezeichnung von $\mathbf{u}_\mathrm{s}$ als „stabil": Eine Bahn, die in der Nähe von $\mathbf{u}_\mathrm{s}$ startet, wird sich niemals weit von $\mathbf{u}_\mathrm{s}$ entfernen.

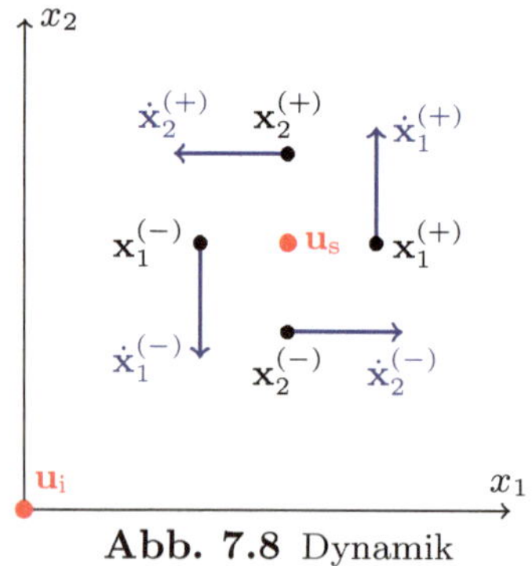

Abb. 7.8 Dynamik
im *Gegenuhrzeigersinn*

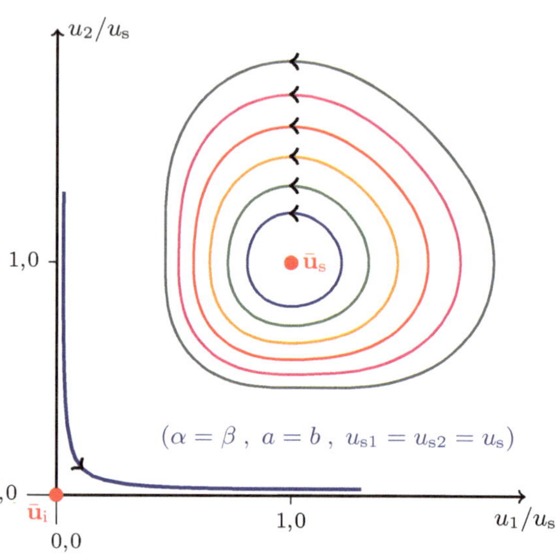

Abb. 7.9 Phasendiagramm des
Lotka-Volterra-Modells: Bahnen $u_2(u_1)$
für $\epsilon = 0{,}2;\ 0{,}3;\ 0{,}4;\ 0{,}5;\ 0{,}6$ bzw. $0{,}7$

In Abbildung 7.9 sind die Bahnen $u_2(u_1)$ im Lotka-Volterra-Modell für verschiedene Werte der Integrationskonstanten ϵ zwischen $0{,}2$ und $0{,}7$ grafisch dargestellt. Die Parameterwerte wurden symmetrisch gewählt: $\alpha = \beta$ und $a = b$, sodass auch $u_{\mathrm{s}1} = u_{\mathrm{s}2} \equiv u_\mathrm{s}$ gilt. In den „dimensionslosen" Einheiten u_1/u_s und u_2/u_s der Abbildung haben die stabile und die instabile Gleichgewichtslage die Koordinaten $\bar{\mathbf{u}}_\mathrm{s} = \mathbf{u}_\mathrm{s}/u_\mathrm{s} = (1,1)$ bzw. $\bar{\mathbf{u}}_\mathrm{i} = \mathbf{u}_\mathrm{i}/u_\mathrm{s} = (0,0)$. Auch die instabile Gleichgewichtslage und ein Teil einer benachbarten Bahn wurden eingezeichnet. Diese benachbarte Bahn illustriert den instabilen Charakter der Gleichgewichtslage $\bar{\mathbf{u}}_\mathrm{i}$: Auch Bahnen, die dem Punkt $\bar{\mathbf{u}}_\mathrm{i}$ sehr nahe kommen, werden sich wieder (u.U. sehr weit) von ihm entfernen. Alle Bahnen werden – wie in der Abbildung angegeben – im *Gegenuhrzeigersinn* periodisch durchlaufen, stellen also Populationszyklen dar.

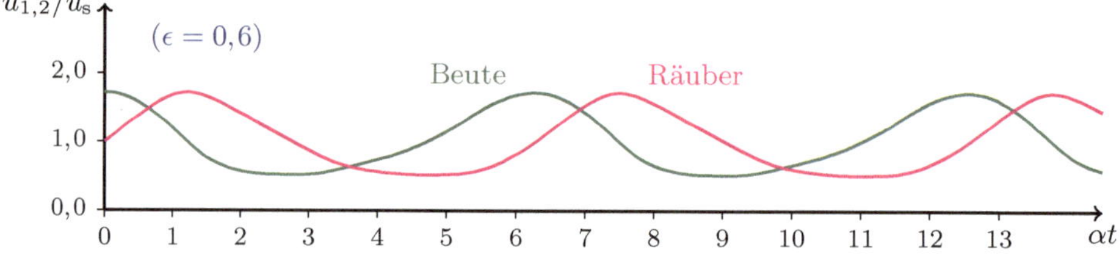

Abb. 7.10 Zeitentwicklung im Lotka-Volterra-Modell

Die *Zeitentwicklung* des Lotka-Volterra-Modells ist in Abbildung 7.10 für den Wert $\epsilon = 0{,}6$ der Integrationskonstanten dargestellt. Erstens fällt auf, dass die

Räuberpopulation im Vergleich zur Beutepopulation etwa eine Viertelumlaufzeit „nachläuft". Sowohl bei den Räubern als auch bei der Beute sind die Täler in der Zeitentwicklung relativ breit und flach, was andeutet, dass die Populationen sich nur langsam von einem Rückgang erholen. Die Populationsmaxima werden dagegen relativ schnell durchlaufen.

Ein verallgemeinertes Lotka-Volterra-Modell

Mit Hilfe des Lotka-Volterra-Modells kann man weitere wichtige Aussagen machen. Eine relevante Frage ist z.B.: In welcher Weise ändert sich die Gleichgewichtslösung, wenn man die reine Wechselwirkung der Räuber- und Beutepopulationen durch wahllose Jagd stört? Hierbei bedeutet „wahllose Jagd", dass in jedem Zeitintervall dt ein Bruchteil $-\gamma dt$ sowohl aus der Räuber- als auch aus der Beutepopulation entfernt wird. Ein solches „wahlloses Jagen" kann auch z.B. durch Anwendung eines Pestizids verursacht werden. Wenn man die wahllose Jagd einschließt, erhält man das folgende verallgemeinerte Lotka-Volterra-Modell:

$$\dot{u}_1 = (\alpha - \gamma)u_1 - a u_1 u_2 \quad , \quad \dot{u}_2 = -(\beta + \gamma)u_2 + b u_1 u_2 \ .$$

Analog zum ungestörten Modell bestimmt man die neue stabile Gleichgewichtslösung $\mathbf{u}_\mathrm{s}(\gamma)$, die nun explizit von der Jagdintensität γ abhängt:

$$\mathbf{u}_\mathrm{s}(\gamma) = \begin{pmatrix} (\beta + \gamma)/b \\ (\alpha - \gamma)/a \end{pmatrix} = \mathbf{u}_\mathrm{s}(0) + \gamma \begin{pmatrix} 1/b \\ -1/a \end{pmatrix} \ .$$

Aus dem Ergebnis kann man Folgendes ablesen: Erstens hängt die neue Gleichgewichtslösung in einfacher Weise (linear) mit der alten Lösung (für $\gamma = 0$) zusammen. Zweitens ist die Konsequenz der Jagd, dass die Räuberpopulation zwar ab-, aber die Beutepopulation erstaunlicherweise *zunimmt*! Diese *Zunahme* der Beutepopulation bei wahlloser Jagd ist als das *Volterra'sche Prinzip* bekannt. Eine Skizze dieses Effekts findet sich in Abbildung 7.11.

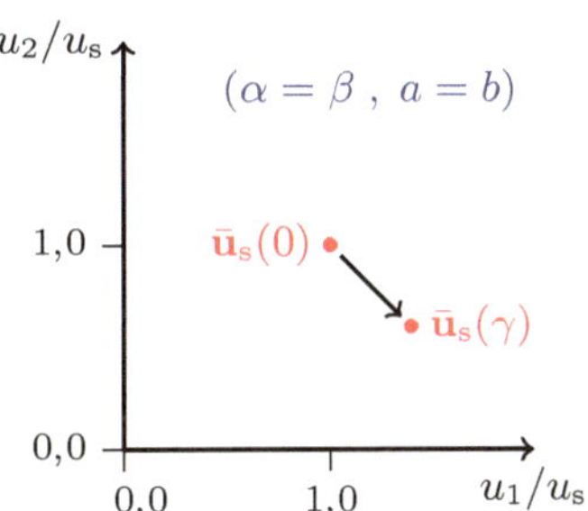

Abb. 7.11 Verschiebung von $\bar{\mathbf{u}}_\mathrm{s}$ durch wahllose Jagd

Für das Volterra'sche Prinzip gibt es ein paar berühmte Beispiele aus der „Praxis": Erstens[20] zeigen Daten des italienischen Biologen Umberto D'Ancona (1896 - 1964) über den Fischfang im Mittelmeer, dass die Zahl der Raubfische (konkret: Haie) während des Ersten Weltkriegs auf etwa das Dreifache anstieg. Die Haie standen stets in Wechselwirkung mit einer Beutepopulation (Speisefische). Während des Krieges wurden beide Fischarten (Haie und Speisefische) jedoch weniger intensiv bejagt. In der Tat sagt das Volterra'sche Prinzip beim *Wegfallen* der wahllosen Jagd in einem Räuber-Beute-System den Anstieg der Räuberpopulation vorher.

---

[20]Die beiden genannten Beispiele werden ausführlich in den Referenzen [28] und [29] diskutiert. Auch die Daten der Hudson Bay Company über das Luchs-Schneehase-System werden in diesen Referenzen besprochen. Abb. 7.12 ist eine grafische Darstellung von Datenpunkten aus Ref. [29].

Das zweite Beispiel betrifft die Australische Wollschildlaus *Icerya Purchasi*, die
um 1870 zufällig von Australien in die USA eingeschleppt wurde und die amerikanische Zitrusfrüchteindustrie zu vernichten drohte. Dieses Problem wurde dadurch
gelöst, dass man den natürlichen Jäger dieser Wollschildlaus, den Marienkäfer *Ro-
dolia cardinalis*, aus Australien in die USA nachkommen ließ, was die Zahl der
Wollschildläuse stark reduzierte. Dann wurde DDT erfunden[21] und ab etwa 1940
auch angewendet, was eine wahllose Jagd auf Räuber *und* Beute mit sich brachte
und im Einklang mit dem Volterra'schen Prinzip zu einer starken *Vermehrung* der
Wollschildlauspopulation führte.

Jenseits des Lotka-Volterra-Modells ...

Wie gut bewährt sich das Lotka-Volterra-Modell im Vergleich mit der Realität? Der
letzte Abschnitt hat gezeigt, dass das Lotka-Volterra-Modell die *Gleichgewichtslage*
eines Räuber-Beute-Systems zumindest in mancher Hinsicht erfolgreich beschreiben kann. Gilt das Gleiche nun auch für die *Dynamik* eines solchen Systems? Man
hat die Modellvorhersagen des Lotka-Volterra-Modells u.a. mit Daten der Hudson
Bay Company aus den Jahren 1821 - 1940 über die Populationsgrößen im Räuber-
Beute-Systems der Luchse (Lynx Canadensis) und Schneehasen (Lepus America-
nus) in Kanada verglichen. Hierbei wird angenommen, dass die Populationsgrößen
der Luchse und Schneehasen etwa proportional zu den Zahlen der von Pelzjägern
bei der Hudson Bay Company abgelieferten Felle waren. Die Zahlen der in der
Periode 1848 - 1907 abgelieferten Pelze sind in Abbildung 7.12 dargestellt.

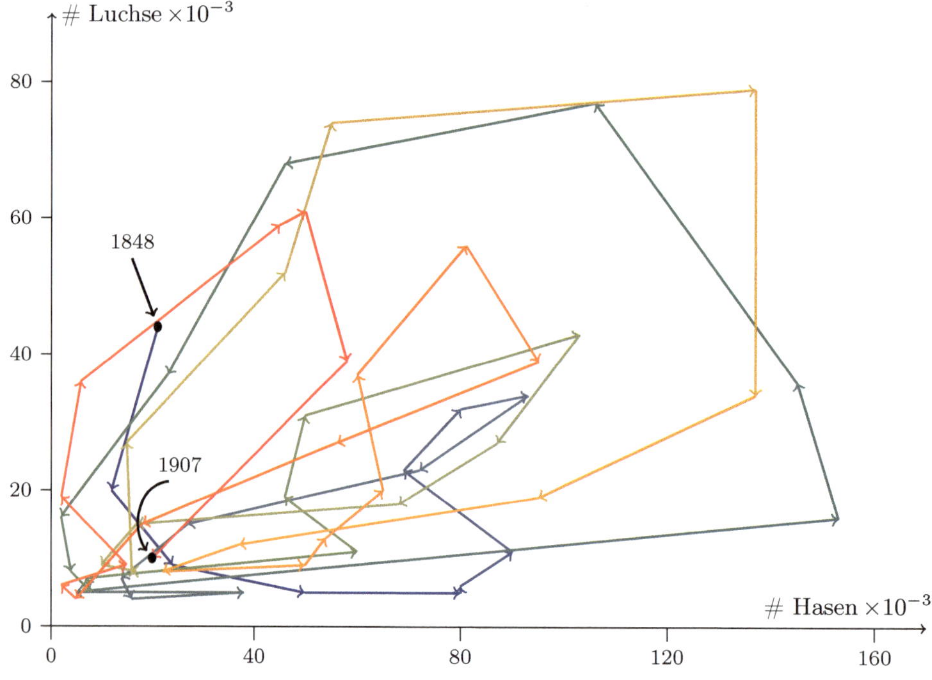

Abb. 7.12 Die Daten der Hudson Bay Company (1848 - 1907)

---

[21]DDT ist der abgekürzte Name des Insektizids Dichlordiphenyltrichlorethan.

In Abb. 7.12 sind die Daten der Hudson Bay Company für aufeinanderfolgende Jahre durch farbige Pfeile verbunden. Von 1848 bis 1907 wechselt die Farbe der Pfeile von blau über dunkelgrün und orange nach rot. Bemerkenswert und wichtig ist, dass in der Tat als Funktion der Zeit große Variationen auftreten und dass man einzelne Populationszyklen identifizieren kann. Weniger gut im Einklang mit dem Lotka-Volterra-Modell sind das Fehlen einer klaren Periodizität und die Tatsache, dass manche Populationszyklen (wie vom Modell vorhergesagt) im *Gegenuhrzeigersinn* durchlaufen werden, manche andere jedoch im *Uhrzeigersinn*. Nach dem Modell wäre dies unmöglich, da es bedeuten würde, dass in manchen Jahren die Hasen die Luchse fressen statt umgekehrt.

Das Lotka-Volterra-Modell kann die Realität in mancher Hinsicht also *qualitativ*, aber in vielerlei Hinsicht *nicht quantitativ* beschreiben. Zu viele Aspekte der Realität, die im Modell nicht enthalten sind, wären für eine quantitative Beschreibung relevant. Um nur einige solche Aspekte zu nennen: Die Modellgleichungen sind sogar für ein System mit zwei Spezies zu einfach (z.B. werden die Sättigung des Räubers und auch innerspezifische Konkurrenz nicht berücksichtigt). Die Einschränkung auf zwei Spezies ist fragwürdig (Luchse fressen mehr als nur Hasen). Krankheiten könnten die Populationen beeinträchtigen. Die Jagd variierte vermutlich in ihrer Intensität und war wahrscheinlich nicht *wahllos*. Die Zahl der Felle muss nicht repräsentativ für die Populationsgröße sein. Man lernt hieraus, dass einfache Modelle für komplexe makroskopische Systeme einerseits wertvolle qualitative Einsichten liefern, andererseits aber nicht überinterpretiert werden sollten.

7.3.4 Lösung einer homogenen Differentialgleichung

Das Wort *homogen* hat etliche mögliche Bedeutungen, und im Rahmen unserer Diskussion *linearer* Differentialgleichungen in Abschnitt [7.3.1] haben wir es bereits einmal für Gleichungen der Form $\frac{du}{dt} + a(t)u = 0$ mit $u(0) = u_0$ verwendet, deren Lösungen streng proportional zur Anfangsbedingung u_0 sind. In diesem Abschnitt wird das Wort „homogen" in einem anderen Sinn verwendet, und zwar für Differentialgleichungen, die keineswegs linear sein müssen, sondern in denen die Ableitung $y'(x)$ gleich einer Funktion des *Verhältnisses* y/x ist. Diese Differentialgleichungen haben also die allgemeine Form

$$\frac{dy}{dx} = y' = -G\left(\frac{y}{x}\right) . \tag{7.40}$$

Homogene Gleichungen in diesem Sinn sind invariant bei gleichzeitiger Multiplikation von y und x mit einem konstanten Faktor $\lambda \in \mathbb{R}\backslash\{0\}$.

Homogene Differentialgleichungen im Sinn von (7.40) können durch Einführen einer neuen Hilfsgröße $z \equiv y/x$ gelöst werden. Die Ableitung y' in (7.40) kann dann als $y' = (xz)' = z + xz'$ geschrieben werden, und die Differentialgleichung erhält die Form

$$0 = y' + G = z + G(z) + xz' \quad , \quad \frac{1}{x} + \frac{dz/dx}{z + G(z)} = 0 , \tag{7.41}$$

wobei die beiden Seiten der Differentialgleichung im letzten Schritt durch $[z+G(z)]x$ dividiert wurden. Die rechte Gleichung in (7.41) kann aber sofort integriert werden mit dem Ergebnis:

$$\ln|x| + \int dz \, \frac{1}{z + G(z)} = k \; . \tag{7.42}$$

Die Hilfsgröße $z(x)$ wird durch die letzte Gleichung implizit als Funktion von x festgelegt und enthält erwartungsgemäß eine reelle Integrationskonstante k. Ist $z(x)$ einmal bekannt, kann man dieses Ergebnis in die Definition $y = xz$ einsetzen und somit die gesuchte Funktion $y(x)$ bestimmen.

Beispiel: Die Flugbahn einer Biene

Nehmen wir an, ein Insekt (z.B. eine Biene) orientiert sich am Licht (z.B. einer Straßenlaterne oder einer Kerze) und fliegt – wie in Abbildung 7.13 skizziert – immer unter einem konstanten Winkel $\alpha \in (0, \frac{\pi}{2})$ relativ zur Richtung der Lichtquelle.

Die Lichtquelle befinde sich im Ursprung. Man kann den Aufenthaltsort der Biene zum Zeitpunkt t mit Hilfe von kartesischen Koordinaten als $(x(t), y(t))$ oder alternativ mit Hilfe von Polarkoordinaten als $(\rho(t), \varphi(t))$ beschreiben. Beide Koordinatentypen sind gemäß $x = \rho\cos(\varphi)$ und $y = \rho\sin(\varphi)$ miteinander verknüpft. Man kann sich nun fragen, wohin und entlang welcher Bahn die Biene fliegen wird. Wir werden versuchen, diese Fragen im Folgenden zu klären.

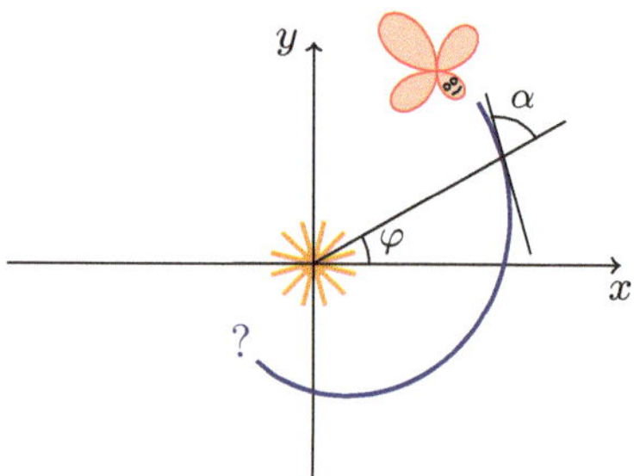

Abb. 7.13 Wohin geht der Flug?

Bezeichnen wir die Geschwindigkeit der Biene zum Zeitpunkt t als $v(t) > 0$, dann sind die Geschwindigkeitskomponenten $\dot{x}(t)$ und $\dot{y}(t)$, wie man rein geometrisch bereits aufgrund der Abbildung sieht, gegeben durch

$$\dot{x}(t) = -v(t)\cos(\varphi + \alpha) \quad , \quad \dot{y}(t) = -v(t)\sin(\varphi + \alpha) \tag{7.43}$$

und die radialen bzw. tangentialen Geschwindigkeitskomponenten durch[22]

$$\dot{\rho}(t) = -v(t)\cos(\alpha) \quad , \quad \rho(t)\dot{\varphi}(t) = -v(t)\sin(\alpha) \; . \tag{7.44}$$

Wie immer verwenden wir die Konvention, dass φ im Gegenuhrzeigersinn anwächst. Wir betrachten im Folgenden zuerst das Gleichungssystem (7.43) in kartesischen und dann (7.44) in Polarkoordinaten.

---

[22] Diese Gleichungen für $\dot{\rho}(t)$ und $\dot{\varphi}(t)$ kann man alternativ auch durch Einsetzen der Beziehungen $x = \rho\cos(\varphi)$ und $y = \rho\sin(\varphi)$ in (7.43) und Verwendung der Additionsformeln für $\cos(\varphi + \alpha)$ und $\sin(\varphi + \alpha)$ herleiten. Man erhält zwei gekoppelte Gleichungen für $\dot{\rho}$ und $\dot{\varphi}$:

$$R(-\varphi)\begin{pmatrix} \rho\dot{\varphi} \\ \dot{\rho} \end{pmatrix} = -v(t)R(-\varphi)\begin{pmatrix} \sin(\alpha) \\ \cos(\alpha) \end{pmatrix} \quad , \quad R(-\varphi) \equiv \begin{pmatrix} \cos(\varphi) & \sin(\varphi) \\ -\sin(\varphi) & \cos(\varphi) \end{pmatrix} \; ,$$

die man durch eine „Rückdrehung" [Multiplikation mit $R(\varphi)$] entkoppeln kann:

$$\begin{pmatrix} \rho\dot{\varphi} \\ \dot{\rho} \end{pmatrix} = -v(t)\begin{pmatrix} \sin(\alpha) \\ \cos(\alpha) \end{pmatrix} \; .$$

Durch Kombination der beiden Gleichungen in (7.43) erhält man zunächst eine Gleichung für die Tangente an die Bahn:

$$y' = \frac{dy}{dx} = \frac{dy/dt}{dx/dt} = \tan(\alpha + \varphi) \, ,$$

deren rechte Seite dann in einem zweiten Schritt mit Hilfe der Additionsformel für den Tangens und der Definition $t_\alpha \equiv \tan(\alpha)$ rein als Funktion der kartesischen Koordinaten geschrieben werden kann:

$$y' = \tan(\alpha + \varphi) = \frac{\tan(\varphi) + t_\alpha}{1 - t_\alpha \tan(\varphi)} = \frac{t_\alpha + y/x}{1 - t_\alpha y/x} = -G\left(\tfrac{y}{x}\right) \, . \tag{7.45}$$

Wir stellen fest, dass die Funktion $y(x)$ eine *homogene* Differentialgleichung erfüllt! Da die Funktion $G(z)$ in dieser Gleichung die Form

$$G(z) = -(t_\alpha + z)/(1 - t_\alpha z)$$

hat, kann das Integral in Gleichung (7.42) geschrieben werden als

$$\int dz \, \frac{1}{z + G(z)} = -\int dz \, \frac{1 - t_\alpha z}{t_\alpha (1 + z^2)} = -\frac{1}{t_\alpha} \int dz \, \frac{1}{1 + z^2} + \int dz \, \frac{\tfrac{1}{2} \cdot 2z}{1 + z^2}$$

$$= -\frac{1}{t_\alpha} \arctan(z) + \tfrac{1}{2} \ln(1 + z^2) + a \, .$$

Folglich ist die Lösung für $z(x) = y(x)/x$ implizit bekannt:

$$\ln|x| - \frac{1}{t_\alpha} \arctan(z) + \tfrac{1}{2} \ln(1 + z^2) = k \tag{7.46}$$

und damit implizit auch die Lösung für $y(x)$. An dieser Stelle könnte man sich angesichts der durch Winkelvariablen geprägten Geometrie des Problems (s. Abb. 7.13) fragen, ob die Lösung in Polarkoordinaten nicht eine einfachere Form als (7.46) hätte. Um dies zu untersuchen, setzen wir die Ausdrücke $z = \tfrac{y}{x} = \tan(\varphi)$ und $x = \rho \cos(\varphi)$ in Abhängigkeit von den Polarkoordinaten in Gleichung (7.46) ein und stellen fest, dass die Lösung in Polarkoordinaten in der Tat eine sehr

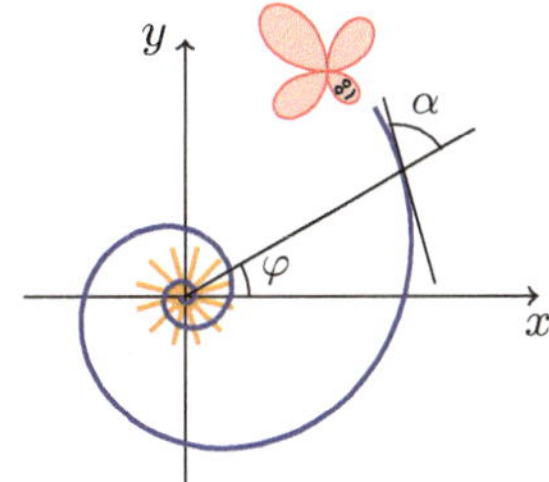

Abb. 7.14 Die Flugbahn ist eine logarithmische Spirale!

viel einfachere Form hat, die außerdem sofort geometrisch als *logarithmische Spirale* identifiziert werden kann:

$$\ln(\rho) - \frac{1}{t_\alpha} \varphi = k \quad , \quad \rho = \rho_0 e^{\varphi/t_\alpha} \quad (\rho_0 \equiv e^k) \, . \tag{7.47}$$

Die Flugbahn der Biene ist in Abbildung 7.14 skizziert und zeigt, dass sich das Insekt der Lichtquelle exponentiell schnell nähert: Nach jeder Umrundung der Lichtquelle (im *Uhrzeigersinn*) hat sich der Abstand zu dieser um einen Faktor $e^{-2\pi/t_\alpha}$

reduziert, da der Winkel φ bei dieser Umrundung um 2π *abfällt*. Hiermit ist die Form der Integralkurven der Differentialgleichungen (7.43) bekannt.

Die Lösung (7.47) in Polarkoordinaten hätte man allerdings auch einfacher herleiten können: Dividiert man die erste der beiden Gleichungen in (7.44) durch die zweite, erhält man die einfache Differentialgleichung

$$\frac{1}{t_\alpha} = \frac{1}{\tan(\alpha)} = \frac{\dot\rho}{\rho\dot\varphi} = \rho^{-1}\frac{d\rho}{d\varphi} = \frac{d\ln(\rho)}{d\varphi} \, ,$$

die in der Tat direkt zur logarithmischen Spirale in (7.47) führt. Insofern zeigt auch dieses Beispiel, dass die geeignete Lösungsmethode oft durch die Geometrie der physikalischen Situation suggeriert wird. Außerdem kann man in Polarkoordinaten auch die explizite Zeitabhängigkeit von $\varphi(t)$ und $\rho(t)$ ausrechnen. Setzt man nämlich (7.47) in die zweite Gleichung in (7.44) ein, erhält man:

$$\rho\dot\varphi = \rho_0 e^{\varphi/t_\alpha}\dot\varphi = t_\alpha\rho_0\frac{d}{dt}e^{\varphi/t_\alpha} = -v(t)\sin(\alpha) \quad , \quad \frac{d}{dt}e^{\varphi/t_\alpha} = -\frac{v(t)}{\rho_0}\cos(\alpha) \, .$$

Diese Differentialgleichung kann sofort integriert werden. Definiert man noch $\varphi(0) \equiv \varphi_0$ und $\int_0^t dt' \, v(t') \equiv s(t)$, dann lautet die Lösung:

$$\varphi(t) = \varphi_0 + t_\alpha \ln\left[1 - e^{-\varphi_0/t_\alpha} s(t)\cos(\alpha)/\rho_0\right] \, .$$

Setzt man dieses Ergebnis für $\varphi(t)$ in $\rho(\varphi)$ in (7.47) ein, so ist auch $\rho(t)$ bekannt. Einsetzen von $\varphi(t)$ und $\rho(t)$ in $x = \rho\cos(\varphi)$ und $y = \rho\sin(\varphi)$ führt dann schließlich auch auf explizite Ergebnisse für die Zeitabhängigkeit der kartesischen Koordinaten der Flugbahn.

Ein verallgemeinerter Bienenflug

Wir versuchen nun, die in Gleichung (7.45) angewandte Lösungsmethode zu verallgemeinern. Gleichung (7.45) ist ein *homogener* Spezialfall der Klasse der im Allgemeinen *nicht-homogenen* Differentialgleichungen vom Typ

$$y' = \frac{\alpha x + \beta y - \varepsilon}{\gamma x + \delta y - \eta} \quad (\alpha, \beta, \gamma, \delta \in \mathbb{R}) \, .$$

Man kann jedoch versuchen, diese Differentialgleichungen homogen zu machen, indem man die (x, y)-Variablen leicht umdefiniert und durch $(\bar x, \bar y)$ ersetzt. Das Ziel ist also, die inhomogenen Terme ε und η zu entfernen:

$$\begin{pmatrix}\bar x \\ \bar y\end{pmatrix} \equiv \begin{pmatrix}x - x_0 \\ y - y_0\end{pmatrix} \quad , \quad \begin{pmatrix}\varepsilon \\ \eta\end{pmatrix} = \begin{pmatrix}\alpha & \beta \\ \gamma & \delta\end{pmatrix}\begin{pmatrix}x_0 \\ y_0\end{pmatrix} \, .$$

Die Verschiebung um (x_0, y_0), die hierbei auftritt, wird gemäß der rechten dieser beiden Gleichungen durch die Parameter (ε, η) und $(\alpha, \beta, \gamma, \delta)$ bestimmt. Es gibt hierbei genau zwei Möglichkeiten:

$$(1) \quad \det\begin{pmatrix}\alpha & \beta \\ \gamma & \delta\end{pmatrix} \neq 0 \quad , \quad (2) \quad \det\begin{pmatrix}\alpha & \beta \\ \gamma & \delta\end{pmatrix} = 0 \, .$$

Im Fall (1) gelingt der Versuch zur Elimination von (ε, η), da die neuen Parameter (x_0, y_0) in diesem Fall wohldefiniert sind:

$$\begin{pmatrix} x_0 \\ y_0 \end{pmatrix} = \begin{pmatrix} \alpha & \beta \\ \gamma & \delta \end{pmatrix}^{-1} \begin{pmatrix} \varepsilon \\ \eta \end{pmatrix} = \frac{1}{\alpha\delta - \beta\gamma} \begin{pmatrix} \delta & -\beta \\ -\gamma & \alpha \end{pmatrix} \begin{pmatrix} \varepsilon \\ \eta \end{pmatrix} ,$$

und man erhält eine *homogene* und somit leicht lösbare Differentialgleichung für $(\bar{x}, \bar{y})$:

$$\frac{d\bar{y}}{d\bar{x}} = y' = \frac{\alpha x + \beta y - \varepsilon}{\gamma x + \delta y - \eta} = \frac{\alpha\bar{x} + \beta\bar{y}}{\gamma\bar{x} + \delta\bar{y}} .$$

Im Fall (2) gelingt der Versuch zur Elimination von (ε, η) in der Regel nicht, aber in diesem Fall gilt für alle (x, y) die Identität $(\gamma x + \delta y) = \frac{\gamma}{\alpha}(\alpha x + \beta y)$, sodass es naheliegt, eine neue Funktion $z \equiv \alpha x + \beta y$ einzuführen. Es folgt die Differentialgleichung für $z(x)$:

$$z' = \alpha + \beta y' = \alpha + \beta \left(\frac{z - \varepsilon}{\frac{\gamma}{\alpha} z - \eta} \right) = \frac{\alpha\left[(\gamma + \beta)z - (\alpha\eta + \beta\varepsilon)\right]}{\gamma z - \alpha\eta} ,$$

die mit einer anderen Standardmethode, nämlich durch Variablentrennung, zu lösen ist. Die gesuchte Funktion $y(x)$ folgt dann aus $y(x) = \beta^{-1}[z(x) - \alpha x]$. Interessant ist noch, dass eine Transformation auf Polarkoordinaten, die im Bienenflug-Problem aufgrund der durch Winkelvariablen geprägten Geometrie so hilfreich war, im verallgemeinerten Fall nicht zu Vereinfachungen führt: Aber man erhält immerhin eine trennbare Differentialgleichung.

7.3.5 Lösung durch Substitution

Eine weitere allgemeine Lösungsmethode ist der Übergang von der ursprünglichen gesuchten Funktion y auf eine neue, zweckmäßigere Funktion $z(y)$, die die Lösung der Differentialgleichung vereinfacht. Wir nennen diese Methode die „Lösung durch *Substitution*" und zeigen als Anwendung die sogenannte *Bernoulli'sche Differentialgleichung*.[23] Generell sind natürlich weitere Varianten der Lösung durch Substitution denkbar, beispielsweise der Übergang auf eine neue Funktion $z(y, x)$, die auch von der Variablen x abhängt, oder die Verwendung einer besser geeigneten Variablen $\xi(x)$.

Die Bernoulli'sche Differentialgleichung lautet allgemein:

$$\boxed{\quad y' + \alpha(x)y = \beta(x)y^k \qquad (k \in \mathbb{Z}\backslash\{1\}) \quad} \qquad (7.48)$$

und ist wegen des Terms $\propto y^k$ mit $k \neq 1$ auf der rechten Seite eine *nicht-lineare* gewöhnliche Differentialgleichung erster Ordnung. Einen Spezialfall mit $k = 2$ und $\alpha = \beta = -\lambda < 0$ haben wir in der Form der *logistischen Differentialgleichung* bereits in der Einführung in (7.6) kennengelernt. Der Lösungsweg im allgemeinen

---

[23] Diese Differentialgleichung verdankt ihren Namen dem Schweizer Mathematiker Jakob Bernoulli (1655 - 1705).

Fall (7.48) ist der folgende: Aufgrund von Gleichung (7.48) gibt es zwei mögliche Lösungtypen, nämlich

$$y = 0 \quad \text{und} \quad y^{-k}y' + \alpha(x)y^{1-k} = \beta(x) \ .$$

Wir nehmen im Folgenden $y \neq 0$ an und betrachten somit die zweite dieser beiden Gleichungen. Wir definieren eine neue Funktion $z \equiv y^{1-k}$ mit dem Ziel, die *nicht-lineare* Bernoulli'sche Differentialgleichung für y in eine *lineare* für z umzuwandeln. Die Ableitung von z ist durch $z' = (1-k)y^{-k}y'$ gegeben. Für $z(x)$ erhält man daher die Differentialgleichung

$$\frac{1}{1-k}z' + \alpha(x)z = \beta(x) \ ,$$

die in der Tat *linear*, also viel einfacher als (7.48) ist und mit Hilfe eines integrierenden Faktors (s. Abschnitt [7.3.1]) gelöst werden kann.

Als erstes Beispiel betrachten wir die Gleichung

$$y' + y = xy^2 \ ,$$

die die allgemeine Form (7.48) mit dem Exponenten $k = 2$ und den Funktionen $\alpha(x) = 1$ und $\beta(x) = x$ hat. Wir dividieren durch y^2 und definieren $z \equiv 1/y$. Es folgt die Gleichungskette:

$$x = \frac{1}{y^2}y' + \frac{1}{y} = -\frac{dz}{dx} + z = -e^x \frac{d}{dx}\left(ze^{-x}\right) \ ,$$

wobei im letzten Schritt die Methode der integrierenden Faktoren angewandt wurde. Integration führt sofort zur allgemeinen Lösung

$$z = \frac{1}{y} = -e^x \int^x d\xi \ \xi e^{-\xi} = x + 1 + ae^x \quad , \quad a \in \mathbb{R} \ ,$$

die noch auf $y(x) = (x + 1 + ae^x)^{-1}$ vereinfacht werden kann.

Als zweites Beispiel betrachten wir zum Vergleich noch einmal die logistische Differerentialgleichung $y' - \lambda y = -\lambda y^2$ mit $y(0) = y_0 > 0$ in (7.6). Wegen $y_0 > 0$ entfällt die triviale Lösung $y(x) = 0$, sodass wir $z \equiv y^{-1}$ substituieren können, mit dem Ergebnis $z' + \lambda z = \lambda$. Ähnlich wie im „zweiten Beispiel" in Abschnitt [7.3.1] ist es auch nun vorteilhaft, eine Hilfsfunktion $\bar{z} \equiv z - 1$ zu definieren, die auf die Gleichung $\bar{z}' + \lambda \bar{z} = 0$ mit der Lösung $\bar{z}(x) = \bar{z}(0)e^{-\lambda x}$ oder äquivalent $y^{-1} - 1 = (y_0^{-1} - 1)e^{-\lambda x}$ führt. Durch elementare Umformungen ergibt sich dann die Lösung $y(x) = \left[1 + (y_0^{-1} - 1)e^{-\lambda x}\right]^{-1}$, die wir – wenn wir noch x durch t ersetzen – auch schon aus (7.7) kennen.

7.3.6   Lösung durch Differentiation

Manche Differentialgleichungen sind durch *Differentiation* lösbar. Ein einfaches Beispiel ist die *Clairaut'sche Differentialgleichung*, die nach dem französischen Mathematiker Alexis-Claude Clairaut (1713 - 1765) benannt wurde und die folgende

Form hat:[24]

$$y = xy' + f(y') \,.$$

Die nicht-lineare Abhängigkeit von der Ableitung y' kompliziert zunächst die Lösung dieser Gleichung, die man mit Hilfe der Definition $z \equiv y'$ noch wie folgt umschreiben kann:

$$y = xz + f(z) \qquad (z \equiv y') \,.$$

Diese Form der Differentialgleichung suggeriert als Lösungsmethode jedoch die *Differentiation*, da man mit ihrer Hilfe eine (viel einfachere) Gleichung für $z(x)$ erhält:

$$z = y' = z + xz' + f'(z)z' \quad \text{und somit} \quad 0 = \left[x + f'(z)\right] z' \,.$$

Diese neue Differentialgleichung für $z(x)$ hat zwei Lösungstypen, nämlich einmal die „triviale" Lösung $0 = z' = y''$, die bedeutet, dass diese Lösung linear von der Variablen x abhängt:

$$y_1(x) = ax + b \quad , \quad y_1(x) = y_1'(x)\,x + f(y_1'(x)) = ax + f(a) \,,$$

und zum anderen die „nicht-triviale" Lösung, die durch die beiden Gleichungen

$$0 = x + f'(z) \quad , \quad y = xz + f(z)$$

definiert wird.[25] Falls die Funktion f invertierbar ist, kann die erste der beiden Gleichungen als $z = (f')^{-1}(-x) \equiv \bar{z}(x)$ geschrieben werden. Einsetzen von $z = \bar{z}(x)$ in die zweite der beiden Gleichungen führt dann zur zweiten Lösung

$$y_2 = x\bar{z}(x) + f(\bar{z}(x))$$

der Clairaut'schen Differentialgleichung. Da die Integrationskonstante a in der trivialen Lösung $y_1(x)$ enthalten ist, wird diese alternativ auch als „allgemeine" Lösung bezeichnet; die spezielle Lösung $y_2(x)$ heißt dann die „singuläre" Lösung.[26]

Die beiden Lösungen $y_1(x)$ und $y_2(x)$ berühren einander (d.h., sie haben denselben Funktionswert und dieselbe Ableitung) für $\bar{z}(x_c) = a$ bzw. $x_c = -f'(a)$. Geometrisch kann man die Geraden $\{y_1(x) = ax + f(a) \,|\, a \in \mathbb{R}\}$ daher als *Tangenten* an die singuläre Lösung $y_2(x)$ interpretieren. Wenn man die Clairaut'sche

---

[24]Die physikalische Relevanz dieser Gleichung wird klarer, wenn man x als den Impuls p, $y(x)$ als die Hamilton-Funktion $H(p)$, y' als die Geschwindigkeit v und $-f(y')$ als die Lagrange-Funktion $L(v)$ interpretiert: $H = pv - L(v)$ mit $v = \frac{\partial H}{\partial p}$. Im Rahmen der Analytischen Mechanik beantwortet die Clairaut'sche Differentialgleichung also die Frage: „Wenn die Lagrange-Funktion die Form $-f$ hat, wie lautet dann die durch eine Legendre-Transformation mit ihr verknüpfte Hamilton-Funktion?"

[25]Zur Berechnung der „nicht-trivialen" Lösung benötigt man unbedingt *beide* Gleichungen. In der Analytischen Mechanik würde man die erste der beiden Gleichungen als $p = \frac{\partial L}{\partial v}(v)$ interpretieren. Diese Gleichung kann dort immer nach v aufgelöst werden, da die Lagrange-Funktion L in der Mechanik strikt konvex ist. Die zweite Gleichung stellt die Legendre-Transformation von $L(v)$ zu $H(p)$ dar, wie in Fußnote 24 erklärt.

[26]Innerhalb der Klassischen Mechanik ist die singuläre Lösung die interessantere, eben weil Lagrange-Funktionen immer strikt konvexe Funktionen der Geschwindigkeit sind und die lineare allgemeine Lösung diese Bedingung nicht erfüllt.

Differentialgleichung also mit einem Startwert $y(0) = y_0 \neq y_2(0)$ lösen möchte, gibt es nicht eine eindeutige, sondern stattdessen *zwei* mögliche Lösungen: Eine Lösung ist $y_1(x) = ax + f(a)$ mit $a = f^{-1}(y_0)$ für alle $x \in \mathbb{R}$. Die andere Lösung ist durch $y_1(x)$ gegeben für $x/x_{\mathrm{c}} < 1$ und durch $y_2(x)$ für $x/x_{\mathrm{c}} > 1$; bei x_{c} findet in diesem Fall ein Übergang vom einen Lösungstyp zum anderen statt.

Als Beispiel betrachten wir die Gleichung $y = xy' - \frac{1}{2}(y')^2$, die zwei Lösungstypen hat, nämlich erstens die „allgemeine" Lösung $y = ax - \frac{1}{2}a^2$ mit $a \in \mathbb{R}$ und zweitens die „singuläre" Lösung, die durch die Gleichungen

$$0 = x - z \quad , \quad y = xz - \tfrac{1}{2}z^2$$

definiert ist, also die Form $z = x$ bzw. $y = xz - \frac{1}{2}z^2 = \frac{1}{2}x^2$ hat. Möchte man diese Gleichung mit einem Startwert $y(0) = y_0 < 0$ lösen, so muss man sich bei $x_{\mathrm{c}} = a$ mit $a = \pm(-2y_0)^{1/2}$ zwischen einer globalen linearen Lösung und einem Übergang von der linearen zur singulären Lösung entscheiden. Startwerte $y_0 > 0$ sind nicht möglich. Für $y_0 = 0$ ist neben der singulären und der trivialen Lösung auch ein Übergang zwischen diesen beiden Lösungstypen bei $x = 0$ denkbar. Die verschiedenen singulären und allgemeinen Lösungen sind in Abbildung 7.15 grafisch dargestellt.

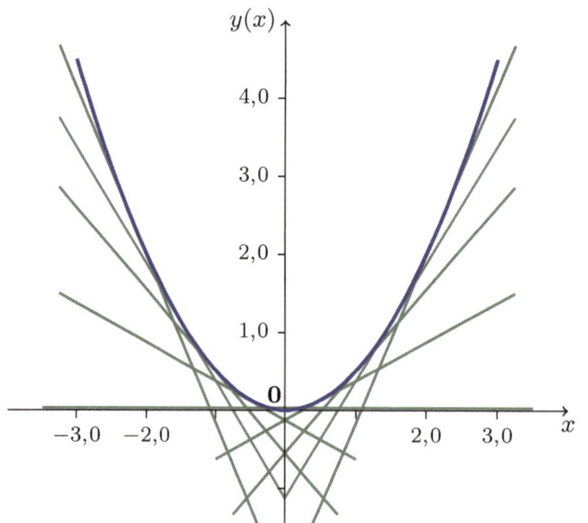

Abb. 7.15 Singuläre (blaue) und allgemeine (grüne) Lösungen der Clairaut'schen Differentialgleichung

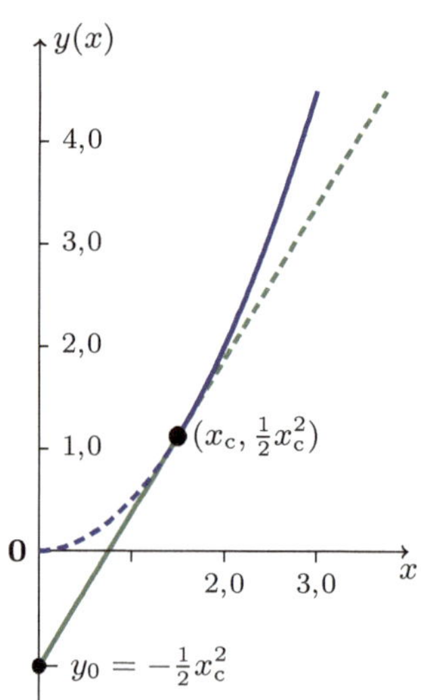

Abb. 7.16 Übergang von allgemeiner zur singulären Lösung für $x_{\mathrm{c}} = 1.5$

In Abbildung 7.16 skizzieren wir noch einen Übergang von einer (grün durchgezogenen) allgemeinen Lösung, die im Punkt $(0, y_0)$ mit $y_0 = -\frac{1}{2}x_{\mathrm{c}}^2$ startet, zur (blau durchgezogenen) singulären Lösung $y = \frac{1}{2}x^2$. Dieser Übergang findet im Punkt $(x_{\mathrm{c}}, \frac{1}{2}x_{\mathrm{c}}^2)$ statt. Im in Abb. 7.16 dargestellten Beispiel wurde der Parameterwert $x_{\mathrm{c}} = 1.5$ gewählt. Allerdings sollte noch einmal darauf hingewiesen werden, dass die (grün durchgezogene) allgemeine Lösung im Punkt $(x_{\mathrm{c}}, \frac{1}{2}x_{\mathrm{c}}^2)$ auch als die (grün gestrichelte) allgemeine Lösung $y = x_{\mathrm{c}}x - \frac{1}{2}x_{\mathrm{c}}^2$ weiterlaufen kann. Es gibt also *zwei* mögliche Lösungen für $x > x_{\mathrm{c}}$.

Die d'Alembert'sche Differentialgleichung

Als weiteres allgemeines Beispiel einer Differentialgleichung, die durch Differentiation lösbar ist, betrachten wir die nach Jean-Baptiste le Rond (1717 - 1783), alias d'Alembert, benannte *d'Alembert'sche Differentialgleichung*:

$$y = xg(y') + f(y') \ .$$

Diese Gleichung ist eine Verallgemeinerung der Clairaut'schen Differentialgleichung, die dem Spezialfall $g(y') = y'$ entspricht. Zur Lösung der d'Alembertschen Differentialgleichung substituieren wir wieder $z \equiv y'$:

$$y = xg(z) + f(z) \quad , \quad z = y'$$

und differenzieren die Gleichung nach der Variablen x:

$$z = y' = g(z) + [xg'(z) + f'(z)] z' \quad , \quad z - g(z) = [xg'(z) + f'(z)] z' \ .$$

Wegen $z' = \frac{dz}{dx}$ kann die Gleichung wie folgt umgeschrieben werden:

$$[z - g(z)]\frac{dx}{dz} - g'(z)x = f'(z) \ . \tag{7.49}$$

Hiermit hat man die Differentialgleichung stark vereinfacht, da nun nur noch eine *lineare* Gleichung für $x(z)$ zu lösen ist (s. Abschnitt [7.3.1]). Durch Inversion erhält man dann $z = \bar{z}(x)$, und Substitution von $z = \bar{z}$ in die Gleichung $y = xg(z) + f(z)$ führt schließlich zur allgemeinen Lösung $y(x)$.

Zu dieser Lösungsmethode muss allerdings angemerkt werden, dass in (7.49) durch $z' = \frac{dz}{dx}$ dividiert wurde. Für Lösungen mit $z' \neq 0$ ist dies erlaubt. Falls jedoch $z - g(z)$ eine Nullstelle für $z = a$ hat, sodass $a = g(a)$ gilt, ist auch eine Lösung mit linearer x-Abhängigkeit möglich: $z' = 0$ bzw. $y' = z = a$ bzw. $y = ax + f(a)$. Die mögliche Existenz solcher speziellen linearen Lösungen muss auf jeden Fall separat überprüft werden.

Als Beispiel betrachten wir die d'Alembert'sche Differentialgleichung mit den Funktionen $g(z) = z^2$ und $f(z) = \frac{1}{3}z^3$:

$$y = xg(y') + f(y') \quad ; \quad g(z) = z^2 \quad , \quad f(z) = \tfrac{1}{3}z^3 \ .$$

Wir stellen zunächst fest, dass die Gleichung $z - g(z) = z(1 - z) = 0$ zwei Lösungen hat, nämlich $z = a = 0$ und $z = a = 1$, sodass neben der allgemeinen Lösung auch zwei Speziallösungen

$$y(x) = 0 \quad \text{und} \quad y(x) = x + f(1) = x + \tfrac{1}{3}$$

möglich sind. Die allgemeine Lösung folgt mit Hilfe des integrierenden Faktors $(1 - z)^2$ aus (7.49):

$$f'(z) = z(1 - z)\left[\frac{dx}{dz} - \frac{2}{1 - z}x\right] = \frac{z}{1 - z}\frac{d}{dz}\left[(1 - z)^2 x\right]$$

als

$$x(z) = (1-z)^{-2}\left[x_0 + \int_0^z d\zeta\,\frac{1-\zeta}{\zeta}f'(\zeta)\right] = \frac{x_0 + \frac{1}{2}z^2(1-\frac{2}{3}z)}{(1-z)^2}\,, \qquad (7.50)$$

wobei die Definition $x(0) \equiv x_0$ verwendet wurde. Für allgemeine x_0-Werte muss man zur Berechnung von $z = \bar{z}(x)$ die Beziehung $x(z)$ in (7.50) invertieren und somit eine *kubische* Gleichung lösen. Für den Spezialfall $x_0 = -\frac{1}{6}$ ist die Inversion der $x(z)$-Beziehung relativ einfach: Es folgt $z = \bar{z}(x) = -3(x + \frac{1}{6})$, sodass die Lösung $y(x) = xg(\bar{z}(x)) + f(\bar{z}(x)) = -\frac{3}{2}(x+\frac{1}{6})^2$ für diesen Spezialfall sogar explizit angegeben werden kann.

7.3.7 Lösung durch Erniedrigung der Ordnung

Bereits bei der Untersuchung des Einflusses von Reibung (z.B. in Abschnitt [7.2.3]) konnten wir feststellen, dass sich gewisse Differentialgleichungen durch *Erniedrigung ihrer Ordnung* vereinfachen lassen: Im genannten Fall konnte die Gleichung *zweiter* Ordnung $m\ddot{x} = -R\dot{x}$ durch Einführung der Geschwindigkeit $\dot{x}(t) \equiv \mathbf{v}(t)$ auf die einfachere Form $\dot{\mathbf{v}} = -\frac{R}{m}\mathbf{v}$ einer Differentialgleichung *erster* Ordnung gebracht werden. Analog konnte die Gleichung $m\ddot{x} = -R|\dot{x}|\dot{x}$ für Reibung in Gasen in Abschnitt [7.2.4] auf $m\dot{\mathbf{v}} = -Rv^2\hat{\mathbf{v}}$ vereinfacht werden und die Gleichung $m\ddot{x} = -mg\hat{\mathbf{e}}_3 - R\dot{x}$ für den Fall mit Reibung in Abschnitt [7.2.5] auf $m\dot{\mathbf{v}} = -mg\hat{\mathbf{e}}_3 - R\mathbf{v}$. In Abschnitt [7.2.6] wurde noch darauf hingewiesen, dass man die letzte Differentialgleichung auch mit *zeitabhängiger* Schwerkraftsbeschleunigung $g(t)$ lösen könnte. Diese Beispiele haben gemeinsam, dass die *gesuchte Funktion* [hier: $\mathbf{x}(t)$] nicht explizit in der Bewegungsgleichung vorkommt.

Einem analogen, jedoch im Detail etwas anders gearteten Fall sind wir bei der Untersuchung harmonischer Schwingungen in Abschnitt [7.1.4] begegnet: In diesem Fall enthält die Differentialgleichung $y'' + \omega^2 y = 0$ die gesuchte Funktion $y(t)$ durchaus explizit. Dennoch konnten wir durch Multiplikation mit y' ein erstes Integral konstruieren

$$0 = y'y'' + \omega^2 yy' = \frac{d}{dt}\left[\tfrac{1}{2}(y')^2 + \tfrac{1}{2}\omega^2 y^2\right]$$

und so die Ordnung der Differentialgleichung um eins absenken:

$$\tfrac{1}{2}(y')^2 + \tfrac{1}{2}\omega^2 y^2 = \epsilon_0 \quad , \quad y' = \pm\sqrt{2\epsilon_0 - \omega^2 y^2}\,.$$

Bemerkenswert in diesem Fall ist jedoch, dass die *Variable* der Differentialgleichung (hier: t) nicht explizit in der Gleichung vorkommt.

Wir versuchen im Folgenden, die genannten Beispiele zu verallgemeinern.

Differentialgleichungen, unabhängig von der gesuchten Funktion

Zuerst betrachten wir den allgemeinen Fall einer gewöhnlichen Differentialgleichung n-ter Ordnung, in der die *gesuchte Funktion $y(x)$* nicht explizit vorkommt. Eine solche Gleichung hat die allgemeine Form:

$$\boxed{y^{(n)}(x) = F(x, y'(x), \ldots, y^{(n-1)}(x))\,.}$$

Führt man nun als neue Funktion die Ableitung von y bezüglich der Variablen x ein: $z \equiv y'$, dann erhält man in der Tat sofort eine einfachere Differentialgleichung der $(n-1)$-ten Ordnung:

$$z^{(n-1)}(x) = F\left(x, z(x), \ldots, z^{(n-2)}(x)\right) \ .$$

Wir stellen also fest, dass die erstgenannten Beispiele, in denen die *gesuchte Funktion* nicht explizit vorkommt, sich tatsächlich stark verallgemeinern lassen. Als einfaches weiteres Beispiel nennen wir noch die Gleichung $xy'' = y'$, die mit der Definition $z \equiv y'$ auf $xz' = z$ vereinfacht werden kann und

$$0 = \frac{z'}{z} - \frac{1}{x} = \frac{d}{dx}(\ln|z| - \ln|x|) \quad , \quad z = ax \quad (a \in \mathbb{R})$$

bzw. $y(x) = \frac{1}{2}ax^2 + b$ mit $b \in \mathbb{R}$ als Lösung hat.

Autonome Differentialgleichungen

Betrachten wir nun den allgemeinen Fall einer gewöhnlichen Differentialgleichung n-ter Ordnung, in der die *Variable*, die wir hier als x bezeichnen, nicht explizit vorkommt. Eine solche Gleichung heißt – wie wir mittlerweile wissen – *autonom* und hat die allgemeine Form:

$$\boxed{\ y^{(n)}(x) = F\left(y, y'(x), \ldots, y^{(n-1)}(x)\right) \ .\ }$$

Wir definieren wieder $z \equiv y'$, sodass z.B. die zweite Ableitung als

$$y'' = \frac{dz}{dx} = \frac{dz}{dy}y' = z\frac{dz}{dy}$$

und die höheren Ableitungen $(m \geq 1)$ allgemein als

$$y^{(m)} = \left(\frac{d}{dx}\right)^{m-1} z = \left(z\frac{d}{dy}\right)^{m-1} z \qquad (m \geq 1)$$

geschrieben werden können. Durch Einsetzen dieser Ergebnisse in die Differentialgleichung erhalten wir eine neue Differentialgleichung der $(n-1)$-ten Ordnung für die Funktion $z(y)$:

$$\left(z\frac{d}{dy}\right)^{n-1} z = F\left(y, z, z\frac{dz}{dy}, \ldots, \left(z\frac{d}{dy}\right)^{n-2} z\right) \ .$$

Wir stellen fest, dass auch das Beispiel der harmonischen Schwingung, bei der die *Variable* nicht explizit in der Differentialgleichung vorkommt, stark verallgemeinert werden kann. Wendet man die allgemeine Methode noch einmal auf das spezielle Beispiel $0 = y'' + \omega^2 y$ der harmonischen Schwingung an, so erhält man eine neue Differentialgleichung *erster* Ordnung für $z(y)$:

$$0 = y'' + \omega^2 y = z\frac{dz}{dy} + \omega^2 y = \frac{d}{dy}\left(\tfrac{1}{2}z^2 + \tfrac{1}{2}\omega^2 y^2\right) \ ,$$

die direkt integriert werden kann: $\frac{1}{2}z^2 + \frac{1}{2}\omega^2 y^2 = \epsilon_0$. Das Ergebnis zeigt, dass die Geschwindigkeitsvariable z und die Ortsvariable y auf einer *Ellipse* liegen, deren Ausdehnung durch die Integrationskonstante ϵ_0 (also durch die Gesamtenergie) bestimmt wird. Diese ellipsenförmigen Integralkurven drücken wegen $z = y'$ das gleiche Energieerhaltungsgesetz aus, das wir auch schon in Abschnitt [7.1.4] hergeleitet hatten.

7.3.8   Exakte und nicht-exakte Differentiale

Wir kehren zurück zur Differentialgleichung *erster* Ordnung für *einkomponentige* Funktionen, die die allgemeine Form (7.1) hat, d.h.:

$$\frac{dy}{dx}(x) = y'(x) = F(x, y(x)) \quad , \quad y(x_0) = y_0 \ .$$

Bemerkenswert an dieser Formulierung ist, dass von den beiden Variablen x und y in dieser Gleichung die eine als „Variable" und die andere als „Funktion" bezeichnet wird. Man könnte die Rollen durchaus auch vertauschen und umgekehrt x als Funktion von y betrachten. Dies ist auch genau das, was sich z.B. in Gleichung (7.49) als sehr nützlich erwiesen hat: Zuerst wurden zwar eine Funktion $y(x)$ und ihre Ableitung $z(x) \equiv y'(x)$ eingeführt, aber letztlich hat es sich als günstiger herausgestellt, eine lineare Differentialgleichung für die inverse Funktion $x(z)$ herzuleiten und diese zu lösen. Dies zeigt, dass die Rollen von Variablen und Funktionen gelegentlich verwischt werden und es manchmal vorteilhaft ist, beide Größen gleichrangig zu behandeln.

Ein erster Schritt in die Richtung einer symmetrischen Beschreibung der x- und y-Abhängigkeit wäre die Umformulierung von (7.1) als lineare Beziehung zwischen den Differentialen[27] dy und dx

$$dy - F(x, y)dx = 0 \ . \tag{7.51}$$

Linearkombinationen der Differentiale dy und dx, wie auf der linken Seite von (7.51), aber auch die Differentiale dy und dx einzeln werden als „Differentialform ersten Grades" (oder als „1-Form") bezeichnet.[28] Schreibt man die Funktion $F(x, y)$ noch als $F(x, y) \equiv -f(x, y)/g(x, y)$, was sicherlich immer möglich ist, folgt die vollständig symmetrische Form:

$$f(x, y)dx + g(x, y)dy = 0 \quad , \quad F(x, y) \equiv -\frac{f(x, y)}{g(x, y)} \ .$$

Nun gibt es zwei Möglichkeiten für die 1-Form $fdx + gdy$: Sie kann *exakt* sein, was bedeutet, dass sie als das Differential einer Funktion $\mathcal{I}(x, y)$ geschrieben werden kann:

$$\boxed{f(x, y)dx + g(x, y)dy = d[\mathcal{I}(x, y)] \ ,} \tag{7.52}$$

---

[27] Die Bezeichnung „Differentiale" für die infinitesimalen Zuwächse dy und dx wurde bereits in Abschnitt [7.3.2] bei der Behandlung der Variablentrennung eingeführt.

[28] In Kapitel [9] wird dieser Begriff allgemeiner und ausführlicher behandelt. Die Notation $dy - F(x,y)dx = 0$ bedeutet mathematisch, dass für jegliche stetig differenzierbare Parametrisierung $(x(t), y(t))$ mit $t \in \mathbb{R}$ gelten soll: $\frac{dy}{dt} - F(x(t), y(t))\frac{dx}{dt} = 0$.

oder alternativ *nicht-exakt*, wenn dies nicht zutrifft. Wir diskutieren im Folgenden beide Möglichkeiten und ihre Konsequenzen.

Exakte Differentiale

Betrachten wir also zuerst die Möglichkeit, dass die 1-Form $f dx + g dy$ mit den glatten (stetig differenzierbaren) Funktionen f und g „exakt" ist, was bedeutet, dass eine reellwertige, zweimal stetig differenzierbare Funktion $\mathcal{I}(x, y)$ existiert mit der Eigenschaft (7.52). Da das Differential $d\mathcal{I}$ von $\mathcal{I}$ die Eigenschaft $d\mathcal{I} = \partial_x \mathcal{I}\, dx + \partial_y \mathcal{I}\, dy$ hat,[29] folgt die Identität:

$$f(x,y)dx + g(x,y)dy = d\mathcal{I} = \frac{\partial \mathcal{I}}{\partial x}(x,y)dx + \frac{\partial \mathcal{I}}{\partial y}(x,y)dy \ .$$

Die Funktionen f und g sind in diesem Fall nicht ganz unabhängig voneinander, da sie die Bedingung $\frac{\partial f}{\partial y} = \frac{\partial g}{\partial x}$ erfüllen, wie man aus

$$\frac{\partial f}{\partial y}(x,y) = \frac{\partial^2 \mathcal{I}}{\partial y \partial x}(x,y) = \frac{\partial^2 \mathcal{I}}{\partial x \partial y}(x,y) = \frac{\partial g}{\partial x}(x,y)$$

sieht. Eine Kurve $\mathcal{I}_k$, auf der die Funktionswerte $\mathcal{I}(x,y)$ konstant sind:

$$\mathcal{I}_k \equiv \{(x,y) \mid \mathcal{I}(x,y) = k \in \mathbb{R}\}$$

heißt eine *Integralkurve* der Differentialgleichung. Es gilt also $d\mathcal{I} = f dx + g dy = 0$ entlang $\mathcal{I}_k$, sodass jede Integralkurve implizit eine Lösung der ursprünglichen Differentialgleichung $y' = F(x,y)$ festlegt. Insbesondere legt die durch $k = \mathcal{I}(x_0, y_0)$ charakterisierte Integralkurve die Lösung der Differentialgleichung zur vorgegebenen Anfangsbedingung implizit fest.

Man kann die Differentialgleichung $f dx + g dy = 0$ übrigens auch geometrisch interpretieren, indem man sie als Skalarprodukt darstellt:

$$0 = f dx + g dy = \begin{pmatrix} f \\ g \end{pmatrix} \cdot \begin{pmatrix} dx \\ dy \end{pmatrix} \quad , \quad \begin{pmatrix} f \\ g \end{pmatrix} \perp \begin{pmatrix} dx \\ dy \end{pmatrix} \parallel \begin{pmatrix} -g \\ f \end{pmatrix} \ .$$

Dies bedeutet nämlich, dass bei einer glatten Parametrisierung $(x(t), y(t))$ mit $t \in \mathbb{R}$ der „Geschwindigkeitsvektor" $(\frac{dx}{dt}(t), \frac{dy}{dt}(t))$, womit die Integralkurve durchlaufen wird, entlang $(-g, f)$ ausgerichtet ist, sodass die Gerade

$$\gamma(\lambda) \equiv \begin{pmatrix} x \\ y \end{pmatrix} + \lambda \begin{pmatrix} -g(x,y) \\ f(x,y) \end{pmatrix} \qquad (\lambda \in \mathbb{R})$$

die Tangente an $\mathcal{I}_k$ im Punkt (x,y) dieser Integralkurve darstellt.

Betrachten wir ein paar Beispiele:

1. Die homogene Differentialgleichung erster Ordnung $\frac{dy}{dx} = y' = -\frac{x}{y}$ kann auch mit einer Differentialform geschrieben und dann relativ leicht integriert werden:

$$0 = x dx + y dy = d\left(\tfrac{1}{2}x^2 + \tfrac{1}{2}y^2\right) \quad , \quad \mathcal{I}(x,y) = \tfrac{1}{2}\left(x^2 + y^2\right) \ .$$

---

[29] Man bedenke, dass dies bei einer glatten Parametrisierung $(x(t), y(t))$ mit $t \in \mathbb{R}$ gleichbedeutend mit der bekannten Kettenregel $\frac{d\mathcal{I}}{dt} = \frac{\partial \mathcal{I}}{\partial x}\frac{dx}{dt} + \frac{\partial \mathcal{I}}{\partial y}\frac{dy}{dt}$ ist.

Die Integralkurven $\mathcal{I}(x, y) = k$ mit $k \geq 0$ haben also die Form von Kreisen mit dem Radius $\sqrt{2k}$, d.h., es gilt

$$y_k(x) = \pm[2k - x^2]^{1/2} \, .$$

Der „Geschwindigkeitsvektor" beim Durchlaufen der Integralkurve ist nun entlang $(-g, f)$ ausgerichtet:

$$\begin{pmatrix} \frac{dx}{dt}(t) \\ \frac{dy}{dt}(t) \end{pmatrix} \parallel \begin{pmatrix} -g \\ f \end{pmatrix} = \begin{pmatrix} -y_k(x) \\ x \end{pmatrix} \, .$$

Folglich stellt die Gerade

$$\gamma(\lambda) = \begin{pmatrix} x \\ y_k(x) \end{pmatrix} + \lambda \begin{pmatrix} -y_k(x) \\ x \end{pmatrix}$$

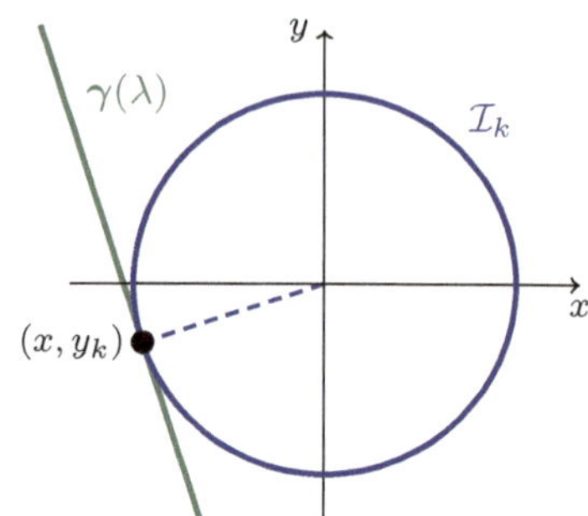

Abb. 7.17 Die Tangente an die Integralkurve $\mathcal{I}_k$

für alle $\lambda \in \mathbb{R}$ die Tangente an die Integralkurve $\mathcal{I}_k$ im Punkt $(x, y_k(x))$ dar. Die kreisförmige Integralkurve $\mathcal{I}_k$ und die Tangente $\gamma(\lambda)$ an diese Kurve wurden in Abbildung 7.17 skizziert.

2. Die homogene Differentialgleichung $\frac{dy}{dx} = y' = \frac{y^2}{x^2}$ kann analog als

$$0 = \frac{1}{x^2} dx - \frac{1}{y^2} dy = d\left(\frac{1}{y} - \frac{1}{x}\right) \tag{7.53}$$

umgeschrieben werden und führt dann auf die Integralkurven $\mathcal{I}(x, y) = y^{-1} - x^{-1} = k$ bzw. $y(x) = x/(1 + kx)$. Alternativ hätte man die Differentialgleichung natürlich auch als z.B.

$$0 = y^2 dx - x^2 dy \tag{7.54}$$

schreiben können, aber dies wäre viel ungeschickter gewesen, da die 1-Form $y^2 dx - x^2 dy$ nicht exakt ist: $\frac{\partial}{\partial y}(y^2) \neq \frac{\partial}{\partial x}(-x^2)$ und somit nicht hätte integriert werden können.

3. Die (nicht-homogene) Differentialgleichung erster Ordnung

$$\frac{dy}{dx} = y' = \frac{3x^2 + y^2}{2y(1 - x)}$$

kann als Linearbeziehung zwischen den Differentialen dx und dy geschrieben und auf Exaktheit untersucht werden:

$$0 = (3x^2 + y^2)dx + 2y(x - 1)dy \overset{?}{=} d\mathcal{I} = \frac{\partial \mathcal{I}}{\partial x} dx + \frac{\partial \mathcal{I}}{\partial y} dy \, .$$

Damit die 1-Form im zweiten Glied *exakt* ist, müssen die Gleichungen

$$\partial \mathcal{I}/\partial x = 3x^2 + y^2 \quad , \quad \partial \mathcal{I}/\partial y = 2y(x - 1)$$

beide erfüllt sein. Durch Integration ergeben sich zwei Bedingungen an die mögliche Form der Lösung:

$$\mathcal{I} = x^3 + y^2 x + g_1(y) \quad , \quad \mathcal{I} = y^2 x - y^2 + g_2(x) \; ,$$

und diese sind z.B. für $\mathcal{I} = x^3 + y^2 x - y^2$ miteinander kompatibel. Wir stellen also erstens fest, dass die untersuchte 1-Form in der Tat exakt ist, und zweitens, dass die entsprechenden Integralkurven durch $x^3 + y^2(x-1) = k$ bzw. $y_k(x) = \pm\sqrt{(k-x^3)/(x-1)}$ gegeben sind.

Nicht-exakte Differentiale

Nehmen wir nun an, man versucht, eine Differentialgleichung der Form (7.1) zu lösen, aber die 1-Form $f dx + g dy$, die man hieraus ableitet, ist *nicht* exakt. In diesem Fall existiert gerade *kein* Integral $\mathcal{I}$ mit $f dx + g dy = d\mathcal{I}$, was für die partiellen Ableitungen von f und g bedeutet:

$$\frac{\partial f}{\partial y}(x,y) \neq \frac{\partial g}{\partial x}(x,y) \; .$$

Dies kann durchaus passieren, wie wir oben in Beispiel 2 festgestellt haben: In Beispiel 2 konnte die Differentialgleichung $\frac{dy}{dx} = y' = \frac{y^2}{x^2}$ nach der Umformulierung in (7.53) als $0 = \frac{1}{x^2} dx - \frac{1}{y^2} dy$ leicht integriert werden, während die Alternativformulierung $0 = y^2 dx - x^2 dy$ in (7.54) zunächst nicht weiterführte. Dieses Beispiel ist interessant, da es zeigt, dass das exakte Differential $x^{-2} dx - y^{-2} dy$ und das nicht-exakte Differential $y^2 dx - x^2 dy$ in sehr einfacher Weise miteinander verknüpft sind:

$$d\mathcal{I} = \frac{1}{x^2} dx - \frac{1}{y^2} dy = p(x,y)\left(y^2 dx - x^2 dy\right) \quad , \quad p(x,y) = \frac{1}{x^2 y^2} \; .$$

Dieses Beispiel suggeriert also, dass auch ein *nicht-exaktes* Differential durchaus integriert werden kann, falls man es zuerst mit einem entsprechenden *integrierenden Faktor* $p(x,y)$ multipliziert und dadurch *exakt macht*. Wir werden diese Möglichkeit der Lösung einer Differentialgleichung mit Hilfe eines integrierenden Faktors im Folgenden weiter untersuchen.

Wir betrachten daher eine Differentialgleichung $f dx + g dy = 0$, die auf der linken Seite eine *nicht-exakte* Differentialform $f dx + g dy \neq d\mathcal{I}$ enthält, und versuchen, diese durch Multiplikation mit einem integrierenden Faktor $p(x,y)$ exakt zu machen:

$$\boxed{\; p(f dx + g dy) \overset{!}{=} d\mathcal{I} \; .}$$

Es gibt allgemeine Methoden[30] zur Bestimmung des integrierenden Faktors p, aber wir werden uns im Folgenden auf elementare Beispiele beschränken. Wichtig ist im Allgemeinen, dass für Lösungen der Gleichung $0 = p(f dx + g dy)$ unbedingt

---

[30] Nämlich die „Methode der Charakteristiken" zur Lösung von partiellen Differentialgleichungen erster Ordnung.

$p(x, y) \neq 0$ gelten muss, sonst besteht die Gefahr, dass man durch Multiplikation mit p neue „Lösungen" erzeugt, die die ursprüngliche Differentialgleichung aber nicht lösen.

Als erstes Beispiel betrachten wir eine lineare, inhomogene Differentialgleichung der Form $y' + \alpha(x)y = \beta(x)$. In Abschnitt [7.3.1] wurde gezeigt, wie solche Differentialgleichungen mit Hilfe von rein x-abhängigen „integrierenden Faktoren" lösbar sind. Die Lösungsmethode hatte die Struktur:

$$\beta(x) = y' + \alpha(x)y = e^{-A(x)} \frac{d}{dx} \left[y(x)\, e^{A(x)} \right] \quad , \quad A(x) = \int_0^x dx'\, \alpha(x') \, ,$$

und die Lösung lautete $\mathcal{I}(x, y) = y_0$ mit

$$\mathcal{I}(x, y) \equiv y\, e^{\int_0^x dx'\, \alpha(x')} - \int_0^x dx'\, \beta(x')\, e^{\int_0^{x'} dx''\, \alpha(x'')} \, . \tag{7.55}$$

Formuliert man die Differentialgleichung nun um mit Hilfe einer Differentialform: $dy + [\alpha(x)y - \beta(x)]\, dx = 0$, dann stellt man zuerst fest, dass diese Differentialform nur für $\alpha(x) = 0$ exakt ist:

$$\alpha(x) = \frac{\partial}{\partial y} [\alpha(x)y - \beta(x)] = \frac{\partial f}{\partial y} \neq \frac{\partial g}{\partial x} = \frac{\partial}{\partial x} 1 = 0 \qquad [\alpha(x) \neq 0] \, .$$

Für $\alpha \neq 0$ kann man die Differentialform jedoch durch Multiplikation mit dem integrierenden Faktor $p(x) = e^{\int dx\, \alpha(x)}$ exakt machen. Man erhält so das exakte Differential

$$p\, (f\, dx + g\, dy) = e^{\int_0^x dx'\, \alpha(x')} [dy + \alpha(x)y\, dx - \beta(x)dx] \stackrel{!}{=} d\mathcal{I} \, ,$$

und das entsprechende Integral $\mathcal{I}(x, y)$ wird genau durch Gleichung (7.55) gegeben. Dieses Beispiel zeigt also, dass das Verfahren von Abschnitt [7.3.1] mit einem rein x-abhängigen integrierenden Faktor $p(x)$ ein Spezialfall einer allgemeineren Methode mit integrierenden Faktoren $p(x, y)$ ist.

Als zweites Beispiel betrachten wir die Differentialgleichung

$$0 = f(x, y)dx + g(x, y)dy \quad ; \quad f(x, y) = 2xy \quad , \quad g(x, y) = 2x^2 + y^3$$

und suchen einen integrierenden Faktor der Form $p = p(y)$. Die Forderung, dass die Differentialform $f\, dx + g\, dy$ durch Multiplikation mit p *exakt* wird, sodass $\frac{\partial}{\partial y}(fp) = \frac{\partial}{\partial x}(gp)$ gilt, bedeutet

$$\frac{\partial}{\partial y} [2xyp(y)] = \frac{\partial}{\partial x} \left[(2x^2 + y^3)p(y) \right] \quad \text{d.h.} \quad 2x(yp)' = 4xp = \frac{4x}{y}(yp) \, .$$

Diese Gleichung kann in elementarer Weise integriert werden:

$$0 = \frac{(yp)'}{yp} - \frac{2}{y} = \frac{d}{dy} [\ln|yp| - \ln(y^2)] = \frac{d}{dy} \left[\ln \left(\frac{|p|}{|y|} \right) \right] \quad , \quad p(y) = \lambda y \, .$$

Multiplikation z.B. mit dem integrierenden Faktor $p(y) = y$ (für $\lambda = 1$) führt dann zu den Integralkurven $\mathcal{I} = \left(y^2 x^2 + \frac{1}{5}y^5 \right) = k$ mit $k \in \mathbb{R}$.

Wir nennen noch ein drittes Beispiel mit einem integrierenden Faktor, der explizit von x und y abhängt: Die Differentialgleichung

$$y' = -\frac{y(1 + xy - x)}{x(1 + xy)}$$

kann als Nullstelle einer Differentialform geschrieben werden:

$$y(1 + xy - x)dx + x(1 + xy)dy = 0 \,, \tag{7.56}$$

und man überprüft leicht, dass die Differentialform auf der linken Seite nicht-exakt ist. Multipliziert man (7.56) mit einem Faktor $p(x, y)$ und fordert, dass dieser „integrierend" ist, d.h., dass die 1-Form

$$p\left[y(1 + xy - x)dx + x(1 + xy)dy\right] \stackrel{!}{=} d\mathcal{I}$$

exakt wird, so erhält man die Gleichung

$$x(1 + xy)\frac{\partial p}{\partial x} - y(1 + xy - x)\frac{\partial p}{\partial y} = -xp \,.$$

Die lineare Struktur dieser Gleichung suggeriert Lösungen in der Form einer Exponentialfunktion, und tatsächlich findet man mögliche Lösungen $p(x, y) = e^{xy-x}$. Durch Einsetzen dieses integrierenden Faktors erhält man als Integral $\mathcal{I}(x, y) = xye^{xy-x}$, sodass die Lösungen $x(y)$ bzw. $y(x)$ implizit durch die Integralkurven

$$\mathcal{I}_k \equiv \{(x, y) \,|\, \mathcal{I}(x, y) = k\}$$

festgelegt werden.

7.3.9 Lösung durch Parametrisierung

Im Rahmen der Behandlung allgemeiner Lösungsverfahren möchten wir darauf hinweisen, dass die in der ursprünglichen Formulierung eines Problems auftretenden Variablen und Funktionen nicht immer am besten zur Lösung dieses Problems geeignet sind. Manchmal ist es geschickter, diese Variablen und Funktionen zu parametrisieren und das Problem in Abhängigkeit von dem neuen Parameter zu lösen. Damit die Diskussion nicht allzu abstrakt wird, möchten wir dies am Problem des „Falls mit Reibung in Gasen" zeigen, das in Abschnitt [7.2.7] für einen Spezialfall und im Limes $t \to \infty$ behandelt wurde.[31]

Der freie Fall eines Teilchens der Masse m unter Berücksichtigung der Reibung in einem Gas wird durch die Differentialgleichung (7.19) für die Geschwindigkeit $\mathbf{v}(t)$ beschrieben:[32]

$$\boxed{m\dot{\mathbf{v}} = -mg\hat{\mathbf{e}}_3 - Rv^2\hat{\mathbf{v}} \,.} \tag{7.57}$$

---

[31] Ein weiteres Beispiel für eine Lösung durch Parametrisierung findet sich in Übungsaufgabe 7.8. Auch die „Lösung einer homogenen Differentialgleichung" ist ein Beispiel einer Parametrisierung, da sowohl die Variable $x(z)$ als auch die gesuchte Funktion $y(z) = x(z)z$ aufgrund von Gleichung (7.42) bzw. (7.46) als Funktionen des Parameters z angesehen werden können.

[32] Die exakte Lösung solcher Bewegungsgleichungen wird z.B. von Whittaker [32] behandelt. Eine pädagogische Darstellung speziell für Newton'sche Reibung findet sich in Ref. [33].

Wir führen den Geschwindigkeitsbetrag $v(t) \equiv |\mathbf{v}(t)|$ ein. Die Schwerkraft zeigt in $(-\hat{\mathbf{e}}_3)$-Richtung, und wir definieren die $\hat{\mathbf{e}}_1$-Achse so, dass die Anfangsgeschwindigkeit in der $\hat{\mathbf{e}}_1$-$\hat{\mathbf{e}}_3$-Ebene liegt:

$$\mathbf{v}(0) = v_1(0)\hat{\mathbf{e}}_1 + v_3(0)\hat{\mathbf{e}}_3 \quad , \quad v_1(0) > 0 \ .$$

Am interessantesten ist der Fall $v_3(0) > 0$ („schiefer Wurf mit Newton'scher Reibung"), aber das Vorzeichen von $v_3(0)$ ist beliebig. Hat man einmal die Geschwindigkeit $\mathbf{v}(t)$ berechnet, folgt der Aufenthaltsort $\mathbf{x}(t)$ der Masse m durch Integration, wobei man o.B.d.A. $\mathbf{x}(0) = \mathbf{0}$ wählen kann:

$$\mathbf{x}(t) = \int_0^t d\bar{t}\, \mathbf{v}(\bar{t}) \quad , \quad \mathbf{x}(0) = \mathbf{0} \ .$$

Bereits aus Abschnitt [7.2.7] ist bekannt, dass die Größe $v_\infty = \sqrt{mg/R}$ die physikalische Dimension einer Geschwindigkeit hat. Wie in Abschnitt [7.2.7] führen wir dimensionslose Geschwindigkeitskomponenten der Form

$$y_1(t) \equiv \frac{v_1(t)}{v_\infty} \quad , \quad y_3(t) \equiv -\frac{v_3(t)}{v_\infty} \quad \text{und} \quad y(t) \equiv \frac{v(t)}{v_\infty}$$

sowie die dimensionlose Zeit $\tau \equiv gt/v_\infty = \sqrt{gR/m}\, t$ ein. Man erhält dadurch die wesentlich einfachere Form (7.20) der Bewegungsgleichung,

$$\frac{dy_1}{d\tau} = -yy_1 \quad , \quad \frac{dy_3}{d\tau} = 1 - yy_3 \quad , \quad y = \sqrt{y_1^2 + y_3^2}\,, \tag{7.58}$$

die wegen der Anfangsbedingung $v_1(0) > 0$ mit $y_1(0) > 0$ zu lösen ist. Führt man nun ein:

$$s(\tau) \equiv \int_0^\tau d\bar{\tau}\, y(\bar{\tau}) \quad , \quad z(\tau) \equiv \int_0^\tau d\bar{\tau}\, e^{s(\bar{\tau})}\,,$$

dann kann man die Lösung der Bewegungsgleichung (7.58) mit Hilfe der Methode der integrierenden Faktoren als

$$y_1(\tau) = y_1(0)e^{-s(\tau)} \quad , \quad y_3(\tau) = e^{-s(\tau)}\left[y_3(0) + z(\tau)\right] \tag{7.59}$$

schreiben. Wir wissen bereits aus Abschnitt [7.2.7], dass im Langzeitlimes $y_1(\tau) \sim Ae^{-\tau} \to 0$ sowie $1 - y_3(\tau) \sim \frac{1}{2}A^2\tau e^{-2\tau} \to 0$ bzw. $y_3(\tau) \to 1$ gilt.

Die formale Lösung (7.59) ist zunächst nur bedingt hilfreich, da die Funktion $s(\tau)$ und somit auch $z(\tau)$ nicht explizit bekannt ist. Wir versuchen daher, diese Funktionen zu bestimmen. Aus Gleichung (7.58) wissen wir:

$$y(\tau) = \sqrt{[y_1(\tau)]^2 + [y_3(\tau)]^2} = e^{-s(\tau)}\sqrt{[y_1(0)]^2 + [y_3(0) + z(\tau)]^2}\,,$$

und daraus folgt:

$$\frac{d^2 z}{d\tau^2}(\tau) = \frac{d}{d\tau}e^{s(\tau)} = y(\tau)e^{s(\tau)} = \sqrt{[y_1(0)]^2 + [y_3(0) + z(\tau)]^2}\ .$$

Man erhält also eine geschlossene Differentialgleichung *zweiter* Ordnung für $z(\tau)$, die mit den Anfangsbedingungen $z(0) = 0$ und $z'(0) = \exp[s(0)] = \exp(0) = 1$ zu lösen ist. Diese Differentialgleichung kann (genau wie diejenige des harmonischen Oszillators in Abschnitt [7.1.4]) gelöst werden, indem man mit der Ableitung $z'(\tau)$ multipliziert:

$$\frac{d}{d\tau}\left[\tfrac{1}{2}(z')^2\right] = z'z'' = z'\sqrt{[y_1(0)]^2 + [y_3(0) + z(\tau)]^2}$$

$$= \frac{d}{d\tau}\int^{z(\tau)} d\zeta \,\sqrt{[y_1(0)]^2 + [y_3(0) + \zeta]^2}\;.$$

An dieser Stelle ist es offensichtlich nützlich, Hilfsgrößen

$$r(\tau) \equiv \frac{y_3(\tau)}{y_1(\tau)} = \frac{y_3(0) + z(\tau)}{y_1(0)}\quad,\quad \rho \equiv \frac{y_3(0) + \zeta}{y_1(0)}$$

einzuführen, da man dann die einfachere Form der Differentialgleichung

$$\frac{d}{d\tau}\left[\tfrac{1}{2}(r')^2\right] = \frac{d}{d\tau}\int^{r(\tau)} d\rho \,\sqrt{1 + \rho^2}\quad,\quad r(0) = \frac{y_3(0)}{y_1(0)} \equiv r_0\quad,\quad r'(0) = \frac{1}{y_1(0)} \equiv r_0'$$

erhält, wobei aufgrund von $y_1(0) > 0$ auch $r_0' > 0$ gilt. Die Hilfsgröße $r(\tau)$ beschreibt physikalisch das Verhältnis („ratio") der beiden relevanten Geschwindigkeitskomponenten y_3 und y_1, und somit beschreibt $-r(\tau) = v_3(t)/v_1(t)$ die *Steigung der Bahn* des Teilchens. Das Integral auf der rechten Seite der Differentialgleichung kann z.B. mit Hilfe einer partiellen Integration oder mit einer Substitution $\rho = \sinh(\xi)$ berechnet werden:

$$\int^r d\rho \,\sqrt{1 + \rho^2} = \tfrac{1}{2}[I(r) + a]\quad,\quad I(r) \equiv \operatorname{arsinh}(r) + r\sqrt{1 + r^2}\;.$$

Hier ist a eine (zunächst beliebige) reelle Integrationskonstante. Die Differentialgleichung für $r(\tau)$ vereinfacht sich so auf eine Gleichung *erster* Ordnung:

$$r' = +\sqrt{I(r) + a}\quad,\quad a = [r_0']^2 - I(r_0)\;,$$

wobei die Integrationskonstante a nun durch die Anfangsbedingungen für die Funktion $r(\tau)$ festgelegt wurde. Diese Gleichung kann aber sofort durch Variablentrennung gelöst werden:

$$\tau = T(r)\quad,\quad T(r) \equiv \int_{r_0}^r d\rho \,\frac{1}{\sqrt{I(\rho) + a}}\;.$$

Damit ist die Funktion $\tau(r)$ „bis auf Quadraturen" und daher (durch Inversion) auch die Funktion $r(\tau)$ bekannt. Des Weiteren sind nun auch bekannt:

$$y_1(\tau) = y_1(0)e^{-s(\tau)} = \frac{y_1(0)}{z'(\tau)} = \frac{1}{r'(\tau)} = \frac{1}{\sqrt{I(r) + a}} \tag{7.60}$$

$$y_3(\tau) = e^{-s(\tau)}[y_3(0) + z(\tau)] = \frac{y_3(0) + z(\tau)}{z'(\tau)} = \frac{r(\tau)}{r'(\tau)} = \frac{r}{\sqrt{I(r) + a}} \tag{7.61}$$

$$y(\tau) = \sqrt{[y_1(\tau)]^2 + [y_3(\tau)]^2} = \sqrt{\frac{1 + r^2}{I(r) + a}}\;.$$

Wir stellen fest, dass die gekoppelten Differentialgleichungen (7.58) durch Parametrisierung mit r exakt gelöst werden konnten, wobei die Lösung lediglich noch eine Integration („Quadratur") enthält.

Sogar die Ortskoordinaten der Masse m können nun mit Hilfe des Parameters r „bis auf Quadraturen" berechnet werden:

$$\begin{pmatrix} x_1(t) \\ x_3(t) \end{pmatrix} = \int_0^t d\bar{t} \begin{pmatrix} v_1(\bar{t}) \\ v_3(\bar{t}) \end{pmatrix} = \frac{m}{R} \int_0^\tau d\bar{\tau} \begin{pmatrix} y_1(\bar{\tau}) \\ -y_3(\bar{\tau}) \end{pmatrix} .$$

Substituieren wir neben $\tau = T(r)$ auch $\bar{\tau} \equiv T(\rho)$, so ergibt sich nämlich:

$$\int_0^\tau d\bar{\tau}\, y_1(\bar{\tau}) = \int_{r_0}^r d\rho\, T'(\rho) y_1(\bar{\tau}) = \int_{r_0}^r d\rho\, [I(\rho) + a]^{-1}$$

$$\int_0^\tau d\bar{\tau}\, y_3(\bar{\tau}) = \int_{r_0}^r d\rho\, T'(\rho) y_3(\bar{\tau}) = \int_{r_0}^r d\rho\, \rho\, [I(\rho) + a]^{-1} ,$$

und folglich gilt

$$\boxed{\quad x_1(t) = \frac{m}{R} \int_{r_0}^r d\rho\, \frac{1}{I(\rho) + a} \quad , \quad x_3(t) = -\frac{m}{R} \int_{r_0}^r d\rho\, \frac{\rho}{I(\rho) + a} . \quad} \tag{7.62}$$

Damit ist die Lösung von (7.57) „bis auf Quadraturen" komplett bekannt.

Grafische Darstellung der Lösung

Was bedeutet die Lösung „bis auf Quadraturen" in Gleichung (7.62) nun physikalisch? Wir zeigen im Folgenden, dass man diese Lösung relativ einfach grafisch darstellen kann. Da wir für den „Fall mit Reibung in Gasen" o.B.d.A. die Anfangsbedingungen $\mathbf{x}(0) = \mathbf{0}$ und $\dot{x}_2 = 0$ wählen konnten, hängt die allgemeine Lösung noch von *zwei* unabhängigen Integrationskonstanten (r_0, r_0') ab. Hierbei beschreibt die Konstante $r_0 = y_3(0)/y_1(0)$ das Verhältnis der Geschwindigkeitskomponenten y_3 und y_1 zum Anfangszeitpunkt $t = 0$. Dies bedeutet geometrisch, dass diese Konstante gemäß $|r_0| \equiv \tan(\varphi_0)$ zusammenhängt mit dem Wurfwinkel φ_0, gemessen relativ zur positiven $\hat{\mathbf{e}}_1$-Achse. Außerdem zeigen die Beziehungen

$$y_0 \equiv y(0) = \sqrt{[y_1(0)]^2 + [y_3(0)]^2} = y_1(0)\sqrt{1 + r_0^2} \quad , \quad r_0' = \frac{1}{y_1(0)} = \frac{\sqrt{1 + r_0^2}}{y_0} ,$$

dass die zweite Konstante r_0' alternativ auch durch den Betrag der Anfangsgeschwindigkeit y_0 ersetzt werden kann. Wir werden daher im Folgenden die Lösung (7.62) in ihrer Abhängigkeit von den Konstanten (r_0, y_0) besprechen. Hierbei konzentrieren wir uns auf den interessantesten Fall $\dot{x}_3(0) > 0$ (d.h. $y_3(0) < 0$ und $r_0 < 0$), wobei die Masse m schief *hoch*geworfen wird. Aus Abschnitt [7.2.2] (s. insbesondere Abb. 7.7) wissen wir bereits, dass die Bahnen für das analoge Problem *ohne Reibung* parabelförmig sind und dass die *optimale Wurfparabel*, die dem weitestmöglichen Wurf bei vorgegebener Anfangsgeschwindigkeit entspricht, für einen Wurfwinkel $\varphi_0^{\text{opt}} = \frac{\pi}{4}$ auftritt.

Aus diesem Grund betrachten wir zuerst Lösungen der Form (7.62) mit fest vorgegebenem Wurfwinkel $\varphi_0 = \frac{\pi}{4}$ [d.h. $r_0 = -1$ bzw. $|r_0| = \tan\left(\frac{\pi}{4}\right) = 1$]. Die

Anfangsgeschwindigkeit y_0 soll jedoch variiert werden. Um die Lösung (7.62) grafisch darstellen zu können, führen wir dimensionslose Koordinaten $\xi_1 \equiv Rx_1/m$ und $\xi_3 \equiv Rx_3/m$ ein. Aus (7.62) folgt dann zunächst das allgemeine Ergebnis:

$$\xi_1 = \int_{r_0}^{r} d\rho \, \frac{1}{I(\rho) + a} \quad , \quad \xi_3 = -\int_{r_0}^{r} d\rho \, \frac{\rho}{I(\rho) + a} \, , \tag{7.63}$$

das für den Spezialfall $\varphi_0 = \frac{\pi}{4}$ bzw. $r_0 = -1$ allerdings nur noch von der (in a enthaltenen) Anfangsgeschwindigkeit y_0 abhängt. Die Bahnen (ξ_1, ξ_3) werden durch die Variable r parametrisiert, die im Wesentlichen die Steigung der Bahnkurve beschreibt. Zur Illustration haben wir die Bahnen (ξ_1, ξ_3) als Funktion des Parameters r bei festem Wurfwinkel $\varphi_0 = \frac{\pi}{4}$ für unterschiedliche Anfangsgeschwindigkeiten y_0 berechnet[33] und diese in Abbildung 7.18 grafisch dargestellt. In Abb. 7.18 fällt zunächst auf, dass alle Bahnen merklich von der Parabelform abweichen, wobei die Abweichungen für *niedrige* Anfangsgeschwindigkeiten (z.B. $y_0 = 1$ oder $y_0 = 2$) deutlich geringer sind als für *hohe* (z.B. $y_0 = 5$ oder $y_0 = 10$). Im *höchsten* Punkt jeder Bahn gilt $y_3 = -d\xi_3/d\tau = 0$ und daher aufgrund der Gleichungen (7.61) bzw. (7.60) auch $r = 0$ und

$$y_1 = \frac{d\xi_1}{d\tau} = \frac{1}{\sqrt{I(0) + a}} = \frac{1}{\sqrt{I(1) + 2/y_0^2}} = \frac{1}{\sqrt{\ln(1 + \sqrt{2}) + \sqrt{2} + 2/y_0^2}} \, .$$

Wir stellen also fest, dass die waagerechte Geschwindigkeitskomponente y_1 im höchsten Punkt für sehr hohe Anfangsgeschwindigkeiten ($y_0 \to \infty$) gegen den endlichen Wert $[I(1)]^{-1/2}$ konvergiert. Für den in Abb. 7.18 betrachteten Spezialfall $\varphi_0 = \frac{\pi}{4}$ wird eine Masse m mit sehr hoher Anfangsgeschwindigkeit also bereits vor dem Durchqueren des höchsten Punkts der Bahn durch Reibungseffekte weitgehend abgebremst. Hieraus folgt, dass die Bahn der Masse m im Limes $y_0 \to \infty$ näherungsweise *dreieckig* wird: Zunächst bewegt sich das Teilchen entlang der durch $\varphi_0 = \frac{\pi}{4}$ definierten Geraden bis zum höchsten Punkt der Bahn ($r = 0$), und danach fällt es im Wesentlichen nur noch senkrecht herunter.

Abbildung 7.19 zeigt jedoch, dass der *optimale* Wurfwinkel gerade bei hohen Anfangsgeschwindigkeiten $y_0 \gg 1$ nicht durch $\varphi_0 = \frac{\pi}{4}$ gegeben ist. Aufgrund der Reibungseffekte in diesem Problem kann die Masse m bei fest vorgegebener Anfangsgeschwindigkeit eine *größere* Strecke in horizontaler Richtung zurücklegen, wenn ein geeigneter Wurfwinkel $\varphi_0 < \frac{\pi}{4}$ gewählt wird. Dies wird in Abb. 7.19 demonstriert für die (hohe) Anfangsgeschwindigkeit $y_0 = 10$. Die *schwarze* Kurve zeigt die Bahn der Masse m, wenn ein Wurfwinkel $\varphi_0 = \frac{\pi}{4}$ [mit $|r_0| = \tan(\varphi_0) = 1{,}0$] gewählt wird. Die *braune* Kurve zeigt die entsprechende Bahn, wenn ein relativ kleiner Wurfwinkel $\varphi_0 \simeq 0{,}37 \cdot \frac{\pi}{4}$ [mit $|r_0| = \tan(\varphi_0) = 0{,}3$] gewählt wird. Bereits diese Bahn zeigt, dass durch die Wahl eines kleineren Wurfwinkels ein *besseres* Ergebnis (d.h. ein weiterer horizontaler Wurf) erzielt wird. Aber auch $\varphi_0 \simeq 0{,}37 \cdot \frac{\pi}{4}$ ist nicht optimal: Eine numerische Optimierung der für festes $y_0 = 10$ erreichten horizontalen Wurfweiten zeigt, dass der Wurfwinkel $\varphi_0^{\text{opt}} \simeq 0{,}559 \cdot \frac{\pi}{4}$ [mit $|r_0^{\text{opt}}| = \tan\left(\varphi_0^{\text{opt}}\right) \simeq 0{,}4695$] zum besten Ergebnis führt. Die entsprechende optimale Bahn wird durch die *grüne* Kurve dargestellt. Reibung führt also auch hinsichtlich des optimalen Wurfwinkels

---

[33] Diese Berechnung kann z.B. mit großer Genauigkeit mit Hilfe einer numerischen Integration durchgeführt werden.

zu einer drastischen qualitativen Änderung im Vergleich zur „Wurfparabel" (s. Abb. 7.7) für den reibungslosen Fall.

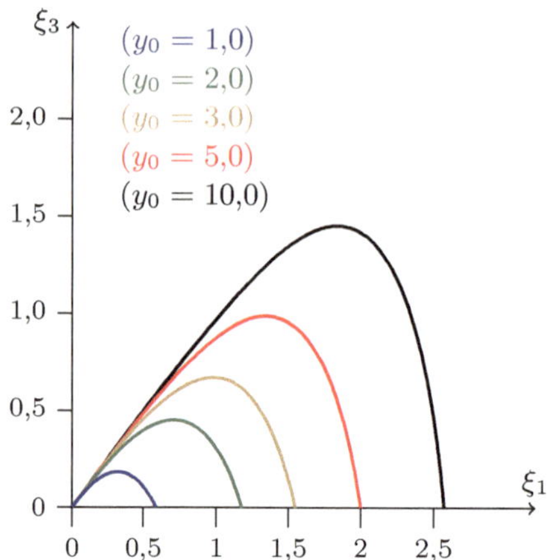

Abb. 7.18 Schiefer Wurf mit Newton'scher Reibung $\left(\varphi_0 = \frac{\pi}{4}\right)$

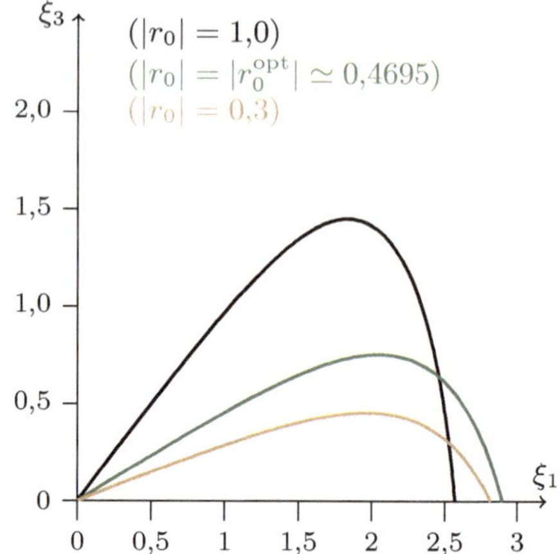

Abb. 7.19 Der optimale Wurfwinkel φ_0^{opt} ist kleiner als $\frac{\pi}{4}$! (Im Beispiel: $y_0 = 10{,}0$)

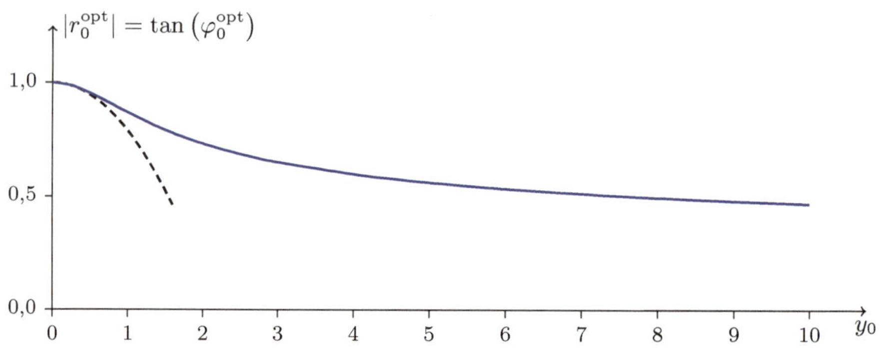

Abb. 7.20 Tangens des optimalen Wurfwinkels φ_0^{opt} als Funktion der Anfangsgeschwindigkeit y_0

Der Wert des optimalen Wurfwinkels hängt hierbei selbstverständlich auch von der vorgegebenen Anfangsgeschwindigkeit y_0 ab. Um diesen Zusammenhang zu klären, haben wir – ausgehend von der Lösung „bis auf Quadraturen" in Gleichung (7.63) – durch numerische Optimierung der für festes y_0 erreichten horizontalen Wurfweite den optimalen Wurfwinkel φ_0^{opt} bestimmt. Die entsprechenden Ergebnisse sind in Abbildung 7.20 dargestellt. Aus Abb. 7.20 folgt zunächst einmal, dass der optimale Wurfwinkel in der Tat für alle $y_0 > 0$ kleiner als $\frac{\pi}{4}$ ist und somit $|r_0^{\mathrm{opt}}| = \tan\left(\varphi_0^{\mathrm{opt}}\right) < 1$ gilt. Für kleine Anfangsgeschwindigkeiten y_0 ist die Differenz $1 - |r_0^{\mathrm{opt}}|$ klein, proportional zu y_0^2. Ausgehend von Gleichung (7.63) kann man durch eine Reihenentwicklung nach Potenzen von y_0^2 analytisch zeigen, dass asymptotisch

$$|r_0^{\mathrm{opt}}| = 1 - \tfrac{1}{16}\left[3\sqrt{2} - \ln\left(1 + \sqrt{2}\right)\right] y_0^2 + \mathcal{O}\left(y_0^4\right) \quad (y_0 \downarrow 0)$$

bzw. $|r_0^{\mathrm{opt}}| \simeq 1 - 0{,}21 \cdot y_0^2$ gilt. Dieses asymptotische Ergebnis, gültig für niedrige Anfangsgeschwindigkeiten y_0, wird in Abb. 7.20 durch die gestrichelte Kurve dargestellt. Die numerischen Ergebnisse zeigen, dass das asymptotische Verhalten bis zur quadratischen Ordnung die blaue Kurve für $y_0 \lesssim 0{,}5$ gut beschreibt.

Ein Beispiel aus der Praxis

Ein Beispiel aus der Praxis für die Diskrepanz zwischen der „Wurfparabel", die die Bahn ohne Reibung beschreibt, und der realen Bahnkurve eines Teilchens, das sich unter dem Einfluss der Schwerkraft durch die Atmosphäre bewegt und dabei die Newton'sche Reibung spürt, wurde von den deutschen Mathematischen Physikern F. Klein und A. Sommerfeld beschrieben (s. Ref. [34]). Die Autoren zitieren aus der Schießvorschrift für das deutsche Infanteriegewehr *Modell 88*. Dieses (mittlerweile antike) Gewehr feuerte Geschosse mit einer Anfangsgeschwindigkeit von 620 m/s ab, sodass die „Wurfparabel" – unter Vernachlässigung der Reibung – bei einem Anfangswinkel $\varphi_0 = \frac{\pi}{4}$ eine Schussweite von 40 km vorhersagt. Schießproben zeigten jedoch, dass die optimale Bahn sehr stark von diesen Vorhersagen abweicht: Die maximale Schussweite ist um einen Faktor 10 kleiner (also etwa 4 km) und der optimale Winkel $\varphi_0^{\mathrm{opt}} \simeq 0{,}71 \cdot \frac{\pi}{4}$ ist auch deutlich kleiner als von der Theorie ohne Reibung vorhergesagt. Der höchste Punkt der Bahn liegt nicht in der Bahnmitte, sondern etwas dahinter (nach etwa 2,2 km).[34] Diese Messdaten können unter Berücksichtigung der Newton'schen Reibung näherungsweise reproduziert werden. Für eine (dimensionslose) Anfangsgeschwindigkeit $y_0 = v(0)/v_\infty = 4{,}5$ erhält man nämlich die (dimensionslose) Schussweite $\xi_1^{\mathrm{max}} = \frac{R}{m} x_1^{\mathrm{max}} \simeq 2{,}057$. Hieraus folgt wegen $x_1^{\mathrm{max}} \simeq 4$ km die (durchaus realistische) Vorhersage $\frac{R}{m} \simeq 5{,}143 \cdot 10^{-4}$ m^{-1}. Dies wiederum impliziert $v_\infty = \sqrt{mg/R} \simeq 138{,}1$ m/s, sodass auch die Anfangsgeschwin-

digkeit $v(0) = y_0 v_\infty \simeq 621{,}5$ m/s des Geschosses näherungsweise reproduziert wird. Außerdem impliziert die Anfangsgeschwindigkeit $y_0 = 4{,}5$ einen optimalen Wurfwinkel $\varphi_0^{\mathrm{opt}} \simeq 0{,}667 \cdot \frac{\pi}{4}$ (d.h. $r_0^{\mathrm{opt}} \simeq 0{,}5782$), und die größte Höhe würde bei diesem y_0-Wert in der Tat hinter der Bahnmitte (nach etwa 2,6 km) erreicht werden – sie beträgt dann jedoch 1,09 km (siehe hierzu auch Fussnote 34). Die unter Berücksichtigung von Newton'scher Reibung vorhergesagte optimale Bahnkurve des Geschosses wurde in Abbildung 7.21 skizziert.

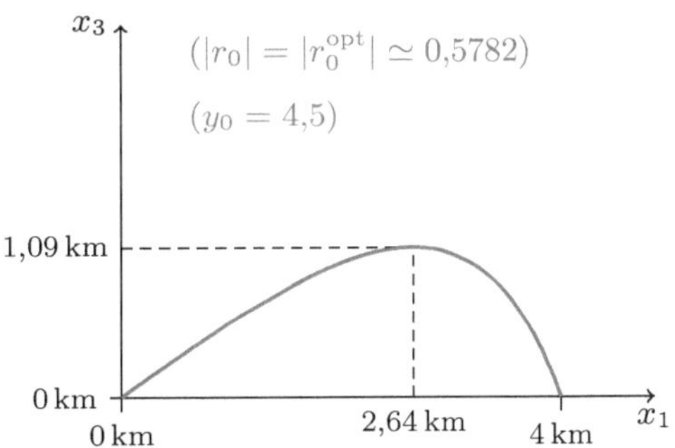

Abb. 7.21 Bahnkurve für den optimalen Wurfwinkel φ_0^{opt} bei $y_0 = 4{,}5$

---

[34]Klein und Sommerfeld zitieren außerdem eine gemessene maximale Flughöhe des Geschosses von etwa $\frac{1}{2}$ km, aber diese Angabe erscheint physikalisch unmöglich (deutlich zu niedrig): Die Bahn eines mit großer Wucht abgefeuerten Geschosses, das erst allmählich durch Reibung abgebremst wird, muss stets *über* der Parabel liegen, die den gleichen Anfangs- und Endpunkt und den gleichen Anfangswinkel φ_0 hat.

7.3.10 Lösung in der Form einer Potenzreihe

Wir betrachten nun als weitere allgemeine Lösungsmethode für gewöhnliche Differentialgleichungen die Bestimmung der Lösung in der Form einer *Potenzreihe*. Konkret bedeutet dies, dass wir zur Lösung einer Differentialgleichung wie in Gleichung (7.3) einen Ansatz der Form

$$y(x) = \sum_{n=0}^{\infty} y_n x^n$$

machen und versuchen, die Koeffizienten y_n zu bestimmen. Diese Lösungsmethode mit Hilfe eines Potenzreihenansatzes ist legitim, da wir bereits wissen, dass die Differentialgleichung (unter den bekannten schwachen Voraussetzungen) eindeutig bestimmte Lösungen besitzt. Wenn man also eine eindeutige Lösung in der Form einer konvergenten Potenzreihe bestimmt hat, kann es daher keine weiteren Lösungen geben. Natürlich ist es denkbar, dass die Lösung nur innerhalb eines endlichen Konvergenzradius existiert ($x_c < \infty$). Wir werden im Folgenden sowohl Beispielen mit $x_c = \infty$ als auch solchen mit $x_c < \infty$ begegnen. Aber sogar wenn $x_c < \infty$ gilt, ist es u.U. möglich, die Lösung sinnvoll außerhalb des ursprünglichen Konvergenzbereichs fortzusetzen. Auch hierfür zeigen wir ein Beispiel.

Die Methode zur Bestimmung der Lösung in der Form einer Potenzreihe ist insbesondere bei der Lösung *linearer* Differentialgleichungen hilfreich, insbesondere dann, wenn diese nicht mit anderen Standardmethoden lösbar sind. Eine lineare Differentialgleichung n-ter Ordnung hat allgemein n unabhängige Lösungen, und die allgemeine Lösung hat die Form einer Linearkombination dieser n unabhängigen Lösungen. Wir werden uns im Folgenden mit linearen Gleichungen *erster* und *zweiter* Ordnung befassen. Bei Gleichungen *erster* Ordnung reicht es also, *eine* Lösung mit Hilfe des Potenzreihenansatzes zu bestimmen, bei Gleichungen *zweiter* Ordnung benötigen wir *zwei* unabhängige Lösungen. Wir zeigen im Folgenden, wie diese Methode in der Praxis funktioniert.

Der Wachstumsprozess

Als erstes Beispiel für die Wirkung dieser Methode lösen wir die Differentialgleichung eines *Wachstumsprozesses*:

$$\frac{dy}{dt}(t) = \lambda y(t) \quad , \quad y(0) = y_0 \qquad (\lambda > 0) \, .$$

Wir wissen natürlich bereits, dass die Lösung die Form

$$y(t) = y_0 e^{\lambda t} = y_0 \sum_{m=0}^{\infty} \frac{(\lambda t)^m}{m!}$$

hat und dass diese Lösung als Taylor-Reihe mit unendlichem Konvergenzradius darstellbar ist. Nehmen wir nun an, wir wüssten dies *nicht* und wüssten außerdem nicht, wie die Wachstumsgleichung zu lösen ist. Könnten wir die Lösung dann zumindest in der Gestalt einer Taylor-Reihe (mit a priori unbekanntem Konvergenzradius) bestimmen? Wir versuchen, diese Frage mit Hilfe des Ansatzes:

$$y(t) = \sum_{m=0}^{\infty} y_m (\lambda t)^m$$

zu beantworten. Durch Einsetzen dieses Potenzreihenansatzes in die Differentialgleichung $y(t) = \lambda^{-1} \frac{dy}{dt}(t)$ ergibt sich:

$$\sum_{m=0}^{\infty} y_m (\lambda t)^m = y(t) = \frac{1}{\lambda} \frac{dy}{dt}(t) = \sum_{m=1}^{\infty} m\, y_m (\lambda t)^{m-1}$$

$$= \sum_{m'=0}^{\infty} (m'+1) y_{m'+1} (\lambda t)^{m'} = \sum_{m=0}^{\infty} (m+1) y_{m+1} (\lambda t)^m .$$

Im vierten Schritt wurde der Summationsindex gemäß $m = m' + 1$ umbenannt; im letzten Schritt wurde m' wieder in m umbenannt. Die Taylor-Reihen auf der linken und rechten Seite können nur dann gleich sein, wenn die Koeffizienten von $(\lambda t)^m$ für alle $m \in \mathbb{N}_0$ gleich sind. Ein Koeffizientenvergleich zeigt jedoch, dass dies nur für $y_m = (m+1) y_{m+1}$ der Fall sein kann. Diese Rekursionsbeziehung kann wie folgt gelöst werden:

$$y_{m+1} = \frac{y_m}{m+1} = \frac{y_{m-1}}{(m+1)m} = \cdots = \frac{y_0}{(m+1)!} \quad , \quad y_m = \frac{1}{m!} y_0 .$$

Da wir die Koeffizienten y_m nun explizit kennen, können wir diese in den Potenzreihenansatz einsetzen und die Funktion $y(t)$ bestimmen:

$$y(t) = \sum_{m=0}^{\infty} y_m (\lambda t)^m = y_0 \sum_{m=0}^{\infty} \frac{(\lambda t)^m}{m!} = y_0\, e^{\lambda t} .$$

In diesem Spezialfall lässt sich sogar die explizite Form der Funktion $y(t)$ angeben, da die Potenzreihe der Exponentialfunktion uns aus Kapitel [4] bestens bekannt ist.

Der harmonische Oszillator

Mit der gleichen Methode kann man z.B. die Differentialgleichung des harmonischen Oszillators lösen:

$$\frac{d^2 y}{dt^2} = -\omega^2 y \quad , \quad y(0) = y_0 \quad , \quad y'(0) = y_0' ,$$

deren Lösung bekanntlich die Form $y(t) = y_0 \cos(\omega t) + \frac{y_0'}{\omega} \sin(\omega t)$ hat. Dieses Problem ist komplizierter als die Gleichung für den Wachstumsprozess, da nun eine Differentialgleichung *zweiter* Ordnung gelöst werden soll. Es ist daher wünschenswert, das Problem im Voraus möglichst weitgehend zu vereinfachen. Die Lösung zeigt, dass die Zeitvariable t nur in Kombination mit der Frequenz ω auftritt: In der Differentialgleichung äußert sich das dadurch, dass man eine neue dimensionslose Zeitvariable $\tau \equiv \omega t$ und eine neue Funktion $\bar{y}(\tau)$ gemäß $y(t) = y(\tau/\omega) \equiv \bar{y}(\tau)$ definieren kann:

$$\frac{d^2\bar{y}}{d\tau^2} = -\bar{y} \quad , \quad \bar{y}(0) = y_0 \quad , \quad \frac{d\bar{y}}{d\tau}(0) = \frac{y_0'}{\omega} \equiv y_1 \ .$$

Wir bestimmen die Funktion $\bar{y}(\tau)$ nun mit Hilfe des Potenzreihenansatzes:

$$\bar{y}(\tau) = \sum_{m=0}^{\infty} y_m \tau^m \ .$$

Durch Einsetzen dieses Lösungsansatzes in die Differentialgleichung ergibt sich:

$$-\sum_{m=0}^{\infty} y_m \tau^m = -\bar{y} = \frac{d^2\bar{y}}{d\tau^2} = \sum_{m=2}^{\infty} m(m-1) y_m \tau^{m-2}$$

$$= \sum_{m'=0}^{\infty} (m'+2)(m'+1) y_{m'+2}\, \tau^{m'} = \sum_{m=0}^{\infty} (m+2)(m+1) y_{m+2}\, \tau^m \ .$$

Im vierten Schritt wurde der Summationsindex gemäß $m = m'+2$ umbenannt, und im letzten Schritt wurde m' wieder in m umbenannt. Ein Koeffizientenvergleich auf der linken und rechten Seite führt auf eine Beziehung für y_{m+2}, die rekursiv gelöst werden kann:

$$y_{m+2} = \frac{-y_m}{(m+2)(m+1)} = \frac{(-1)^2 y_{m-2}}{(m+2)(m+1)m(m-1)} = \cdots \ .$$

Die Lösung dieser Rekursionsrelation hat für die *geraden* Werte $m+2 = 2k$ des Index von y_{m+2} bzw. für die *ungeraden* Werte $m+2 = 2k+1$ die Form:

$$y_{2k} = \frac{(-1)^k y_0}{(2k)!} \quad , \quad y_{2k+1} = \frac{(-1)^k y_1}{(2k+1)!} \ .$$

Durch Einsetzen der Koeffizienten in den Potenzreihenansatz ergibt sich zunächst:

$$y(t) = \bar{y}(\tau) = \sum_{m=0}^{\infty} y_m\, \tau^m = \sum_{m=0}^{\infty} y_{2m}\, \tau^{2m} + \sum_{m=0}^{\infty} y_{2m+1}\, \tau^{2m+1}$$

$$= y_0 \sum_{m=0}^{\infty} \frac{(-1)^m \tau^{2m}}{(2m)!} + y_1 \sum_{m=0}^{\infty} \frac{(-1)^m \tau^{2m+1}}{(2m+1)!} \ .$$

An dieser Stelle erkennt man die Taylor-Reihen (4.55) des Kosinus und (4.54) des Sinus aus Kapitel [4] wieder, und man erhält erwartungsgemäß:

$$y(t) = \bar{y}(\tau) = y_0 \cos(\tau) + y_1 \sin(\tau) = y_0 \cos(\omega t) + y_1 \sin(\omega t) \ ,$$

wobei im letzten Schritt die Beziehung $\tau \equiv \omega t$ zwischen der dimensionslosen Zeit τ und der physikalischen Zeit t verwendet wurde.

Die konfluente hypergeometrische Differentialgleichung

Die vorigen beiden Beispiele haben zwar das Prinzip der Lösung einer gewöhnlichen Differentialgleichung durch Einsetzen einer Potenzreihe und rekursive Bestimmung der Koeffizienten gezeigt, aber neue Lösungen haben sie nicht hervorgebracht: Die Lösungen $y(t) = y_0\, e^{\lambda t}$ für den Wachstumsprozess und $y(t) = y_0 \cos(\tau) + y_1 \sin(\tau) = y_0 \cos(\omega t) + y_1 \sin(\omega t)$ für den harmonischen Oszillator waren uns bereits bekannt. Wir möchten daher nun eine Gleichung betrachten, deren Lösung nicht in der Form einer elementaren Funktion geschrieben werden kann, dafür aber in der Form von Reihenentwicklungen (oder deren Fortsetzungen) darstellbar ist. Die Gleichung, die wir untersuchen möchten, lautet:[35]

$$\boxed{\; x\frac{d^2u}{dx^2} + (b - x)\frac{du}{dx} - au = 0 \qquad (a, b \in \mathbb{R}) \;} \tag{7.64}$$

und wird als die „konfluente hypergeometrische Differentialgleichung" bezeichnet. Da (7.64) eine *lineare* Gleichung *zweiter* Ordnung ist, gibt es – analog zum Fall des harmonischen Oszillators – *zwei* unabhängige Lösungen. Diese werden als „konfluente hypergeometrische Funktionen" bezeichnet und sind sehr prominente Mitglieder der Klasse der *speziellen Funktionen*, die sowohl in der Mathematik als auch in der Physik eine wichtige Rolle spielen und in der Regel durch ihre Reihenentwicklungen dargestellt werden.[36]

Die erste Frage, die man sich bei der Untersuchung einer neuen Differentialgleichung, wie in diesem Fall (7.64), stellen sollte, ist die nach dem qualitativen Verhalten möglicher Lösungen. Da wir uns hier mit Potenzreihenentwicklungen von $u(x)$ nahe $x = 0$ befassen, ist insbesondere das Verhalten in der Nähe von $x = 0$ relevant. Wir machen daher den Ansatz $u(x) \sim u_0 x^\alpha$ für $x \downarrow 0$ mit $u_0 \neq 0$ und erhalten für die verschiedenen Beiträge zur linken Seite von Gleichung (7.64):

$$x\frac{d^2u}{dx^2} \sim \alpha(\alpha - 1)u_0 x^{\alpha-1} \;\; , \;\; (b - x)\frac{du}{dx} \sim b\alpha u_0 x^{\alpha-1} \;\; , \;\; au \sim au_0 x^\alpha \quad (x \downarrow 0)\,.$$

Wir stellen fest, dass die Beiträge der ersten beiden Terme $x\frac{d^2u}{dx^2}$ und $(b - x)\frac{du}{dx}$ für $x \downarrow 0$ am größten sind, nämlich von $\mathcal{O}(x^{\alpha-1})$. Damit die Funktion $u(x) \sim u_0 x^\alpha$ die Gleichung (7.64) in führender (größter) Ordnung lösen soll, müssen die beiden führenden Beiträge zu (7.64) sich also gegenseitig aufheben:

$$\alpha(\alpha - 1) \stackrel{!}{=} -b\alpha \qquad \text{und daher:} \qquad \alpha(\alpha - 1 + b) = 0\,.$$

Diese Forderung ergibt tatsächlich zwei unterschiedliche und linear unabhängige Lösungstypen, nämlich solche mit $\alpha = 0$ und solche mit $\alpha = 1 - b$. Es folgt, dass

---

[35]Da die *Variable* in dieser Gleichung meist nicht die physikalische Interpretation einer *Zeit* hat, wechseln wir die Notation vom spezielleren t zum allgemeineren x.

[36]In den konfluenten hypergeometrischen Funktionen als Spezialfälle enthalten sind *elementare* Funktionen wie die Exponential- und die Fehlerfunktion sowie trigonometrische und hyperbolische Funktionen, aber auch andere *spezielle* Funktionen wie die Hermite- und Laguerre-Polynome, die Bessel-, Airy- und unvollständigen Gammafunktionen, die Integralexponentialfunktion und etliche weitere Funktionen.

die allgemeine Lösung $u(x)$ von (7.64) eine Linearkombination zweier Lösungtypen ist

$$u(x) = \lambda v(x) + \mu w(x) \qquad (\lambda, \mu \in \mathbb{R}) \,,$$

wobei $v(x)$ die Anfangsbedingung $v(0) \equiv v_0 = 1$ hat und somit dem Exponenten $\alpha = 0$ entspricht und $w(x) = x^{1-b} \bar{v}(x)$ mit $\bar{v}(0) \equiv \bar{v}_0 = 1$ für $x \downarrow 0$ algebraisches Verhalten mit dem Exponenten $\alpha = 1 - b$ zeigt.

Wir bestimmen zuerst die Form der Lösung $v(x)$ mit $v(0) \equiv v_0 = 1$ mit Hilfe eines Potenzreihenansatzes. Die Funktion $v(x)$ soll also insgesamt die Gleichungen

$$x\frac{d^2 v}{dx^2} + (b - x)\frac{dv}{dx} - av = 0 \quad , \quad v(x) = \sum_{n=0}^{\infty} v_n x^n \quad , \quad v(0) \equiv v_0 = 1$$

erfüllen. Durch Einsetzen des Potenzreihenansatzes für $v(x)$ in die Differentialgleichung ergibt sich:

$$0 = \sum_{n=0}^{\infty} v_n \left[n(n-1)x^{n-1} + (b-x)nx^{n-1} - ax^n \right]$$

$$= \sum_{n=1}^{\infty} n v_n x^{n-1} (n - 1 + b) - \sum_{n'=0}^{\infty} (a + n') v_{n'} x^{n'} \,,$$

wobei im letzten Schritt lediglich der Summationsindex der x^n-Terme in n' umbenannt wurde. Eine weitere Umbenennung gemäß $n' = n - 1$ ergibt:

$$0 = \sum_{n=1}^{\infty} x^{n-1} \left[n v_n (n - 1 + b) - (a + n - 1) v_{n-1} \right] \,.$$

Damit diese Bedingung für alle x-Werte in der Nähe von $x = 0$ erfüllt sein kann, muss $[\cdots] = 0$ gelten. Wir erhalten somit eine Rekursionsbeziehung für die Koeffizienten v_n im Potenzreihenansatz, die leicht lösbar ist:

$$v_n = \frac{(a + n - 1)}{n(b + n - 1)} v_{n-1} = \cdots = \frac{(a + n - 1)(a + n - 2) \cdots (a + 1)a}{n!(b + n - 1)(b + n - 2) \cdots (b + 1)b} v_0 \,.$$

Verwendet man an dieser Stelle die Anfangsbedingung $v_0 = 1$ und definiert:

$$(a)_n \equiv (a + n - 1)(a + n - 2) \cdots (a + 1)a \quad , \quad (a)_0 \equiv 1 \,,$$

dann lautet die Form der Lösung $v(x)$ explizit:

$$\boxed{v(x) = \sum_{n=0}^{\infty} v_n x^n \quad , \quad v_n = \frac{(a)_n}{n!(b)_n} \,.} \tag{7.65}$$

Die Notation $(a)_n$ geht auf den deutschen Mathematiker Leo August Pochhammer (1841 - 1920) zurück und wird dementsprechend „Pochhammer-Symbol" genannt. Falls $a \neq 0, -1, -2, \cdots$ gilt, gibt es eine einfache Beziehung zwischen dem Pochhammer-Symbol und der Gammafunktion:

$$(a)_n = \Gamma(a + n)/\Gamma(a) \,.$$

Da das Verhältnis zweier aufeinanderfolgender Terme in der Potenzreihe (7.65) für $n \to \infty$ durch $v_{n+1}x^{n+1}/v_n x^n \sim x/(n+1)$ gegeben ist und somit gegen null strebt, lernen wir übrigens, dass Lösungen vom Typ $v(x)$ in $x = 0$ eine Taylor-Reihe mit *unendlichem* Konvergenzradius besitzen. Die Potenzreihenentwicklung für $v(x)$ erfüllt die Differentialgleichung für positive und negative x-Werte, ist also eine Lösung für alle $x \in \mathbb{R}$.

Die Untersuchung der zweiten, linear unabhängigen Lösung der Form $w(x) = x^{1-b}\bar{v}(x)$ mit $\bar{v}(0) \equiv \bar{v}_0 = 1$ ist nun relativ einfach. Durch Einsetzen von $w = x^{1-b}\bar{v}$ in die Differentialgleichung (7.64) ergibt sich

$$0 = x\frac{d^2}{dx^2}\left(x^{1-b}\bar{v}\right) + (b-x)\frac{d}{dx}\left(x^{1-b}\bar{v}\right) - ax^{1-b}\bar{v} \ .$$

Es ist nun vorteilhaft, beide Seiten dieser Gleichung mit x^{b-1} zu multiplizieren, um ein einfaches Ergebnis zu erhalten:

$$\begin{aligned}
0 &= x^{b-1}\left[x\frac{d^2}{dx^2}\left(x^{1-b}\bar{v}\right) + (b-x)\frac{d}{dx}\left(x^{1-b}\bar{v}\right) - ax^{1-b}\bar{v}\right] \\
&= x^{-1}\left\{x^2\bar{v}'' + [2(1-b)x + x(b-x)]\,\bar{v}' + \right. \\
&\qquad\qquad \left. + [-b(1-b) + (b-x)(1-b) - ax]\,\bar{v}\right\} \\
&= x\bar{v}'' + \left(\bar{b} - x\right)\bar{v}' - \bar{a}\bar{v} \quad , \quad \bar{a} \equiv 1 + a - b \quad , \quad \bar{b} \equiv 2 - b \ .
\end{aligned}$$

Wir stellen nun nämlich fest, dass $\bar{v}(x)$ die *gleiche* Differentialgleichung und die *gleiche* Anfangsbedingung wie $v(x)$ erfüllt, wenn man nur (a,b) durch $(\bar{a},\bar{b})$ ersetzt! Wenn man für $v(x)$ in (7.65) die explizitere Notation $M(a,b,x)$ einführt, aus der auch die Parameterwerte (a,b) ersichtlich sind, gilt daher $\bar{v}(x) = M(\bar{a},\bar{b},x)$ und somit zusammenfassend:[37]

$$v(x) = M(a,b,x) = 1 + \frac{a}{b}x + \frac{a(a+1)}{2b(b+1)}x^2 + \frac{a(a+1)(a+2)}{6b(b+1)(b+2)}x^3 + \cdots$$

$$w(x) = x^{1-b}M(\bar{a},\bar{b},x) = x^{1-b}\left[1 + \frac{\bar{a}}{\bar{b}}x + \frac{\bar{a}(\bar{a}+1)}{2\bar{b}(\bar{b}+1)}x^2 + \cdots\right] \ .$$

Die Notation $M(a,b,x)$ für die Lösung $v(x)$ in (7.65) geht auf Ernst Eduard Kummer (1810 - 1893) zurück. Dementsprechend wird $M(a,b,x)$ als „Kummer-Funktion" bezeichnet, und die Gleichung (7.64) ist auch als die *Kummer'sche Differentialgleichung* bekannt.

Ein grafisches Beispiel In Abbildung 7.22 sind als Beispiele einige Kurven der konfluenten hypergeometrischen Funktion $M(a,b,x)$ für den Parameterwert $b = 1$ und verschiedene a-Werte grafisch dargestellt. Die Farbe der Kurven ändert sich bei zunehmendem a-Wert von *rot* ($a = -3$) über *grün* ($a = 0$) nach *blau* ($a = 1$). Die

---

[37]Bei der Herleitung des Lösungspaares $\{v(x), w(x)\}$ haben wir der Einfachheit halber angenommen, dass der Parameter b nicht ganzzahlig ist ($b \notin \mathbb{Z}$). Für $b = 1$ wären nämlich $v(x)$ und $w(x)$ identisch und somit nicht unabhängig. Außerdem wäre für $(-b) \in \mathbb{N}_0$ die Funktion $v(x)$ und für $b \in \mathbb{N}\backslash\{1\}$ die Funktion $w(x)$ nicht definiert. Im Spezialfall $b \in \mathbb{Z}$ erhält man für eine der beiden Lösungen $v(x)$ oder $w(x)$ einen leicht modifizierten Ausdruck (s. Ref. [24]).

Funktion $M(a, b, x)$ ist allgemein und für einige spezielle a-Werte gegeben durch:

$$M(a, 1, x) = \sum_{n=0}^{\infty} \frac{(a)_n x^n}{(n!)^2} \quad , \quad M(-1, 1, x) = 1 - x \tag{7.66}$$

$$M(1, 1, x) = e^x \quad , \quad M(-2, 1, x) = 1 - 2x + \tfrac{1}{2}x^2$$

$$M(0, 1, x) = 1 \quad , \quad M(-3, 1, x) = 1 - 3x + \tfrac{3}{2}x^2 - \tfrac{1}{6}x^3 .$$

Die Funktion $M(a, 1, x)$ ist konvex (nach oben gekrümmt) für alle $a > 0$ und $a \in [-2, -1)$ und konkav (nach unten gekrümmt) für $a \in (-1, 0)$, während für $a < -2$ beide Krümmungen möglich sind. Bereits die Unterklasse der Kummer-Funktionen mit der Form $M(a, 1, x)$ zeigt also ein reichhaltiges Verhaltensspektrum. Bei der grafischen Darstellung der Funktion $M(a, 1, x)$ beschränken wir uns übrigens auf *nicht-negative* x-Werte, da sich numerische Ergebnisse für $x < 0$ aus Ergebnissen für $x > 0$ herleiten lassen: Wir zeigen am Ende dieses Abschnitts in Gleichung (7.68), dass die Werte der Kummer-Funktion auf den positiven und negativen reellen Halbachsen sich mit Hilfe einer *Kummer-Transformation* der Form $e^x M(b - a, b, -x) = M(a, b, x)$, hier also: $e^x M(1 - a, 1, -x) = M(a, 1, x)$, miteinander verknüpfen lassen.

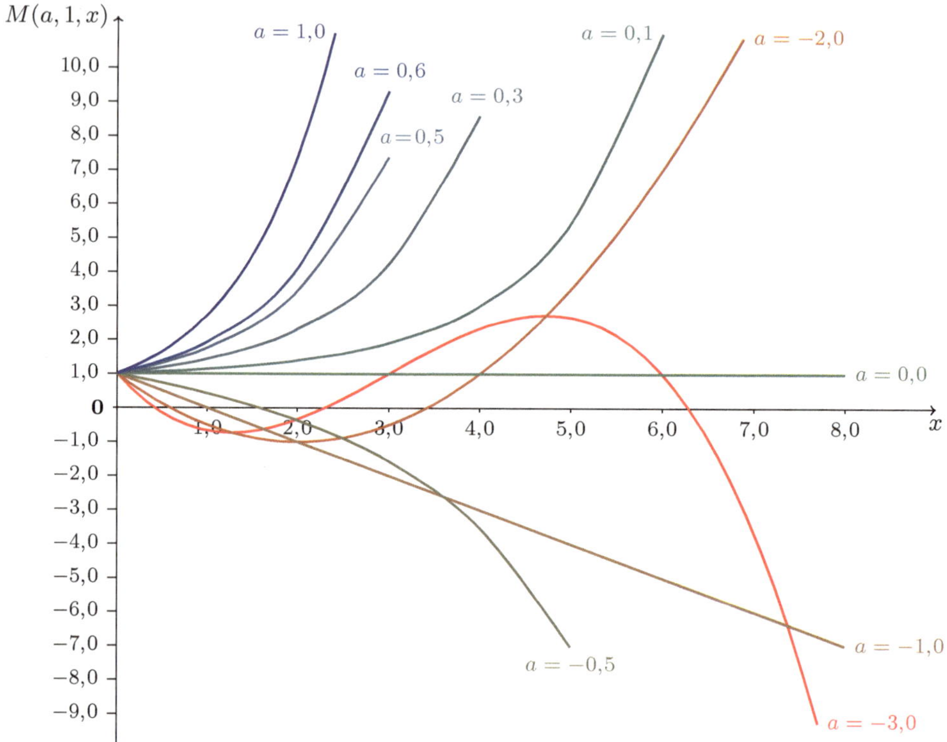

Abb. 7.22 Die Funktion $M(a, 1, x)$ für einige a-Werte

Die Tricomi-Funktion Als zweite, linear unabhängige Lösung wird in der Literatur meist nicht $w(x)$, sondern eine Linearkombination $U(a, b, x)$ von $w(x)$ und $v(x)$ betrachtet, die günstigere analytische Eigenschaften hat:[38]

$$U(a, b, x) \equiv \frac{\Gamma(\bar{b} - 1)}{\Gamma(\bar{a})} v(x) + \frac{\Gamma(b - 1)}{\Gamma(a)} w(x) \ .$$

Die Funktion $U(a, b, x)$ wird nach dem italienischen Mathematiker Francesco Giacomo Tricomi (1897 - 1978) auch „Tricomi-Funktion" genannt.

Lösung auf der negativen reellen Halbachse Als reellwertige Funktionen sind $w(x) = x^{1-b} M(\bar{a}, \bar{b}, x)$ und daher auch $U(a, b, x)$ (abhängig vom Parameter b) nur für $x \geq 0$ oder sogar $x > 0$ wohldefiniert. Wie erhält man Lösungen der konfluenten hypergeometrischen Differentialgleichung auf der *negativen* reellen Halbachse? Nehmen wir an, $u(x)$ löst die konfluente hypergeometrische Differentialgleichung mit Parametern (a, b) auf dem Intervall $x < 0$, und betrachten wir $\bar{u}(y) \equiv e^y u(-y)$ mit $y \equiv -x > 0$, sodass umgekehrt $u(x) = e^x \bar{u}(-x)$ gilt. Wir erhalten:

$$\frac{du}{dx} = e^{-y}[\bar{u}(y) - \bar{u}'(y)] \quad , \quad \frac{d^2 u}{dx^2} = e^{-y}[\bar{u}(y) - 2\bar{u}'(y) + \bar{u}''(y)] \ .$$

Nach dem Einsetzen dieser Ableitungen in die konfluente hypergeometrische Differentialgleichung (7.64) für $u(x)$ zeigt sich, dass $\bar{u}(y)$ ebenfalls eine solche Gleichung mit dem gleichen Parameter b erfüllt, wobei allerdings der Parameter a durch $b - a$ ersetzt wird:

$$y \bar{u}'' + (b - y)\bar{u}' - (b - a)\bar{u} = 0 \ .$$

Wir lernen daher, dass $\bar{u}(y)$ als

$$\bar{u}(y) = \lambda M(b - a, b, y) + \mu U(b - a, b, y)$$

geschrieben werden kann, sodass $u(x)$ selbst die Form

$$u(x) = e^x \left[\lambda M(b - a, b, -x) + \mu U(b - a, b, -x) \right] \qquad (x < 0) \ . \tag{7.67}$$

hat. Hiermit haben wir auch die Lösung auf der negativen reellen Halbachse als Linearkombination zweier reellwertiger, explizit in der Form von Potenzreihen bekannter Funktionen geschrieben.

Die Kummer-Transformation Das Ergebnis (7.67) hat eine interessante Konsequenz: Für den Spezialfall $\mu = 0$ und $\lambda = 1$ lernen wir, dass die Funktion $u_1(x) = e^x M(b - a, b, -x)$ eine Lösung der konfluenten hypergeometrischen Differentialgleichung auf der negativen reellen Halbachse darstellt. Die Kummer-Funktion $M(b - a, b, -x)$ ist aber für *alle* $x \in \mathbb{R}$ wohldefiniert, dasselbe gilt für e^x, sodass

---

[38]Die Tricomi-Funktion ist z.B. auch für ganzzahlige b-Werte wohldefiniert (s. Ref. [24]).

$e^x M(b-a, b, -x)$ sogar eine Lösung auf der *kompletten* reellen Achse darstellt. Diese Lösung hat die Eigenschaften

$$u_1(0) = M(b-a, b, 0) = 1$$

$$u_1'(0) = \{e^x \left[M(b-a, b, -x) - M'(b-a, b, -x) \right]\}_{x=0} = 1 - \frac{b-a}{b} = \frac{a}{b} \ .$$

Wir verwendeten die Identitäten $M(a, b, 0) = 1$ für die Kummer-Funktion und $M'(a, b, 0) = a/b$ für ihre Ableitung nach dem Argument. Aus diesen beiden Identitäten folgt aber sofort auch, dass die Funktion $u_2(x) \equiv M(a, b, x)$ *ebenfalls* – genau wie $u_1(x)$ – eine Lösung der konfluenten hypergeometrischen Differentialgleichung auf der kompletten reellen Achse mit den Anfangsbedingungen $u_2(0) = 1$ und $u_2'(0) = a/b$ darstellt. Wegen der Eindeutigkeit der Lösung müssen $u_1(x)$ und $u_2(x)$ also für alle $x \in \mathbb{R}$ gleich sein:

$$e^x M(b-a, b, -x) = M(a, b, x) \qquad (\forall x \in \mathbb{R}) \ . \tag{7.68}$$

Diese Beziehung zwischen Kummer-Funktionen auf der positiven und negativen Halbachse ist ein Beispiel für eine sogenannte *Kummer-Transformation*.

Die hypergeometrische Differentialgleichung ∗

Die „hypergeometrische Differentialgleichung" ist noch wichtiger als ihr „konfluentes" Pendant, da sie eine noch größere Zahl physikalisch relevanter Funktionen als Spezialfälle enthält. Streng genommen ist auch die konfluente hypergeometrische Differentialgleichung ein Spezialfall der hypergeometrischen Gleichung. Glücklicherweise sind alle Berechnungen für die hypergeometrische Differentialgleichung vollkommen analog zum konfluenten Pendant, sodass wir uns kurz fassen können. Die hypergeometrische Differentialgleichung lautet:

$$\boxed{x(1-x)\frac{d^2u}{dx^2} + [c - (a+b+1)x]\frac{du}{dx} - ab\,u = 0} \tag{7.69}$$

und wird also durch *drei* Parameter (a, b, c) charakterisiert.[39] Das qualitative Verhalten möglicher Lösungen $u(x)$ nahe $x = 0$ kann wiederum mit einem Ansatz der Form $u(x) \sim u_0 x^\alpha$ für $x \downarrow 0$ bestimmt werden. Man erhält nun zwei linear unabhängige Lösungstypen mit den Exponenten $\alpha = 0$ bzw. $\alpha = 1 - c$. Folglich ist die allgemeine Lösung $u(x)$ von (7.69) eine Linearkombination zweier Lösungstypen:

$$u(x) = \lambda v(x) + \mu x^{1-c} \bar{v}(x) \qquad (\lambda, \mu \in \mathbb{R})$$

mit Anfangsbedingungen $v(0) \equiv v_0 = 1$ und $\bar{v}(0) \equiv \bar{v}_0 = 1$.

---

[39] Dies ist die übliche Darstellung der hypergeometrischen Differentialgleichung. Streng genommen hat diese Darstellung nicht genau die explizite Form von Gleichung (7.2) (s. auch Fußnote 1). Durch Umformung könnte man zwar leicht die explizite Form $u'' = -\frac{[c-(a+b+1)x]}{x(1-x)}u' + \frac{ab}{x(1-x)}u$ aufschreiben, diese Form hat aber den Nachteil, dass die Gleichung in $x = 0$ und $x = 1$ nicht definiert ist. Analog wurde auch die konfluente hypergeometrische Differentialgleichung in (7.64) implizit formuliert, damit die Differentialgleichung auch in $x = 0$ definiert ist.

Wir bestimmen zuerst die Form der Lösung $v(x)$ durch Einsetzen des entsprechenden Potenzreihenansatzes

$$v(x) = \sum_{n=0}^{\infty} v_n x^n \quad , \quad v(0) = v_0 = 1$$

in (7.69). Man erhält eine Rekursionsbeziehung für die Koeffizienten v_n im Potenzreihenansatz, die die folgende Lösung hat:

$$v_n = \frac{(a+n-1)(b+n-1)}{n(c+n-1)} v_{n-1} = \cdots = \frac{(a)_n (b)_n}{n!(c)_n} v_0 = \frac{(a)_n (b)_n}{n!(c)_n} \,.$$

Die Funktion $v(x)$ ist also bestimmt durch

$$\boxed{v(x) = \sum_{n=0}^{\infty} v_n x^n \quad , \quad v_n = \frac{(a)_n (b)_n}{n!(c)_n} \,.} \tag{7.70}$$

Das Verhältnis zweier aufeinanderfolgender Terme in der Potenzreihe ist nun jedoch für $n \to \infty$ durch $v_{n+1} x^{n+1} / v_n x^n \sim x$ gegeben, sodass die Lösung $v(x)$ eine Taylor-Reihe mit Konvergenzradius $x_{\mathrm{c}} = 1$ in $x = 0$ besitzt und für alle $x \in (-1, 1)$ definiert ist [abhängig von (a, b, c) möglicherweise auch für $x = \pm 1$]. Für diese Lösung $v(x)$ wird die explizitere Notation $v(x) = F(a, b\,; c\,; x)$ verwendet, und die Funktion $F(a, b\,; c\,; x)$ wird als die *Gauß'sche hypergeometrische Funktion* bezeichnet.

Setzt man die zweite, unabhängige Lösung $u(x) = x^{1-c} \bar{v}(x)$ mit $x > 0$ in (7.69) ein, erhält man für $\bar{v}(x)$ die Gleichung:

$$x(1-x) \frac{d^2 \bar{v}}{dx^2} + [\bar{c} - (\bar{a} + \bar{b} + 1)x] \frac{d\bar{v}}{dx} - \bar{a}\bar{b}\bar{v} = 0 \quad , \quad \bar{v}(0) \equiv \bar{v}_0 = 1$$

mit $\bar{a} = a - c + 1$, $\bar{b} = b - c + 1$ und $\bar{c} = 2 - c$. Folglich hat $\bar{v}(x)$ genau die gleiche Form wie $v(x)$, wobei allerdings (a, b, c) durch $(\bar{a}, \bar{b}, \bar{c})$ ersetzt wird. Die allgemeine Lösung der hypergeometrischen Differentialgleichung hat daher die Form

$$u(x) = \lambda F(a, b\,; c\,; x) + \mu x^{1-c} F(\bar{a}, \bar{b}\,; \bar{c}\,; x) \qquad (\lambda, \mu \in \mathbb{R})\,, \tag{7.71}$$

zumindest im Intervall $x \in (0, 1)$ oder (falls $c < 1$) für $x \in [0, 1)$.[40]

Betrachten wir nun die beiden unabhängigen Lösungen im Limes $b \to \infty$ bei festem $y \equiv bx$. Das Verhalten der Lösung $F(a, b\,; c\,; x)$ ist wegen $(b)_n \sim b^n$ für $b \to \infty$ gegeben durch:

$$F(a, b\,; c\,; y/b) = \sum_{n=0}^{\infty} \frac{(a)_n (b)_n}{n!(c)_n} (y/b)^n \sim \sum_{n=0}^{\infty} \frac{(a)_n}{n!(c)_n} y^n = M(a, c, y) \quad (b \to \infty)\,.$$

---

[40] Bei der Herleitung von (7.71) haben wir der Einfachheit halber angenommen, dass der Parameter c nicht ganzzahlig ist ($c \notin \mathbb{Z}$). Für $c = 1$ wären die beiden „unabhängigen" Lösungen nämlich identisch und somit nicht unabhängig. Außerdem wäre für $(-c) \in \mathbb{N}_0$ die Funktion $v(x)$ und für $c \in \mathbb{N}\backslash\{1\}$ die Funktion $x^{1-c}\bar{v}(x)$ nicht definiert. Im Spezialfall $c \in \mathbb{Z}$ erhält man für das Lösungspaar $\{v(x), x^{1-c}\bar{v}(x)\}$ einen leicht modifizierten Ausdruck (s. Ref. [24]).

Analog erhält man $F(\bar{a}, \bar{b}\,; \bar{c}\,; y/b) \sim M(\bar{a}, \bar{c}, y)$. Definieren wir noch $\bar{\mu} \equiv \mu b^{c-1}$, so vereinfacht sich die allgemeine Lösung (7.71) der hypergeometrischen Differentialgleichung auf

$$u(x) = \lambda M(a, c, y) + \bar{\mu}\, y^{1-c} M(\bar{a}, \bar{c}, y) \qquad (\lambda, \bar{\mu} \in \mathbb{R})\,,$$

d.h. auf die Lösung der *konfluenten* hypergeometrischen Differentialgleichung! Diese ist also in der Tat als Spezialfall in der allgemeineren hypergeometrischen Gleichung enthalten.

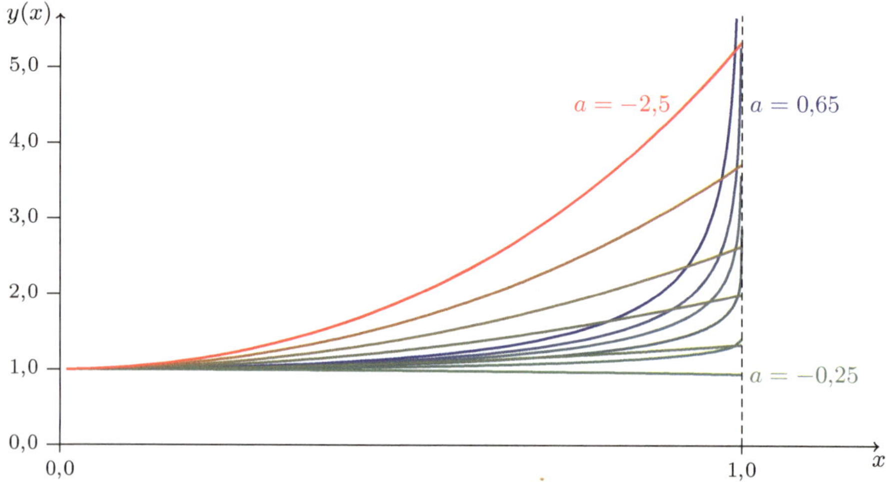

Abb. 7.23 Die Funktion $F\left(a, \frac{1}{2}+a\,; \frac{3}{2}\,; x^2\right)$ für verschiedene a-Werte

Als Beispiel für den Verlauf einer speziellen hypergeometrischen Funktion zeigen wir in Abbildung 7.23 einige Kurven der Funktion

$$F\left(a, \tfrac{1}{2}+a\,; \tfrac{3}{2}\,; x^2\right) = \frac{(1+x)^{1-2a} - (1-x)^{1-2a}}{2x(1-2a)} \tag{7.72}$$

für verschiedene Parameterwerte: $a = -2{,}5,\ -2{,}15,\ -1{,}8,\ -1{,}5,\ -1{,}0,\ -0{,}25,$ $0{,}25,\ 0{,}4,\ 0{,}49,\ 0{,}56$ und $0{,}65$, wobei sich die *Farbe* der Kurven bei zunehmendem Parameterwert von *rot* ($a = -2{,}5$) über *grün* ($a = -0{,}25$) nach *blau* ($a = 0{,}65$) ändert. Man beachte die Spezialfälle

$$F\left(\tfrac{1}{2}, 1\,; \tfrac{3}{2}\,; x^2\right) = \lim_{a \to \frac{1}{2}} F\left(a, \tfrac{1}{2}+a\,; \tfrac{3}{2}\,; x^2\right) = \frac{1}{2x} \ln\left(\frac{1+x}{1-x}\right)$$

sowie $F\left(-\tfrac{1}{2}, 0\,; \tfrac{3}{2}\,; x^2\right) = 1$ und $F\left(0, \tfrac{1}{2}\,; \tfrac{3}{2}\,; x^2\right) = 1$. Für $x \to 0$ gilt

$$F\left(a, \tfrac{1}{2}+a\,; \tfrac{3}{2}\,; x^2\right) \sim 1 + \tfrac{2}{3}a\left(a + \tfrac{1}{2}\right)x^2 + \mathcal{O}\left(x^4\right)\,,$$

sodass die Funktion $F\left(a, \tfrac{1}{2}+a\,; \tfrac{3}{2}\,; x^2\right)$ für kleine x-Werte *konvex* ist für $a > 0$ und $a < -\tfrac{1}{2}$ und *konkav* für $-\tfrac{1}{2} < a < 0$. Für $x \uparrow 1$ gilt, dass $F\left(a, \tfrac{1}{2}+a\,; \tfrac{3}{2}\,; x^2\right)$ endlich ist für $a < \tfrac{1}{2}$, logarithmisch divergiert für $a = \tfrac{1}{2}$ und algebraisch divergiert für $a > \tfrac{1}{2}$. In Übungsaufgabe 7.11 wird überprüft, dass $F\left(a, \tfrac{1}{2}+a\,; \tfrac{3}{2}\,; x^2\right)$ in der Tat die explizite Form (7.72) hat.

Neben der Funktion $F\left(a, \frac{1}{2}+a; \frac{3}{2}; x^2\right)$ gibt es noch zahllose andere elementare und weniger elementare Funktionen, die auf die hypergeometrische Funktion zurückgeführt werden können. Wir nennen ein paar weitere Beispiele für mathematische Funktionen, die Spezialfälle von $F(a, b; c; x)$ sind:

$$F(1, 1; 2; x) = -x^{-1}\ln(1-x) \tag{7.73}$$

$$F\left(\tfrac{1}{2}, 1; \tfrac{3}{2}; -x^2\right) = x^{-1}\arctan(x) \tag{7.74}$$

$$F\left(\tfrac{1}{2}, \tfrac{1}{2}; \tfrac{3}{2}; -x^2\right) = x^{-1}\ln\left[x + \sqrt{1 + x^2}\right] \tag{7.75}$$

$$F(a, b; b; x) = (1-x)^{-a} . \tag{7.76}$$

Andere Spezialfälle von $F(a, b; c; x)$, die auch im Bereich der Physik sehr wichtig sind, wurden bereits in Fußnote 36 genannt. Die Richtigkeit der Gleichungen (7.73), (7.74) und (7.75) wird in Übungsaufgabe 7.11 überprüft. Auf Gleichung (7.76) kommen wir in Fußnote 42 zurück.

Symmetrien der hypergeometrischen Differentialgleichung *

Wir haben zwei unabhängige Lösungen $u(x) = v(x)$ bzw. $u(x) = x^{1-c}\bar{v}(x)$ der hypergeometrischen Differentialgleichung auf dem Intervall $x \in [0, 1]$ in der Form von Potenzreihen mit dem Konvergenzradius eins bestimmt. Wir zeigen nun zuerst, dass, falls $u(x)$ eine Lösung der hypergeometrischen Differentialgleichung ist, auch die Funktion $\bar{u}(y) \equiv u(1 - y)$ eine hypergeometrische Differentialgleichung erfüllt (allerdings mit anderen Koeffizienten), und danach, dass das Gleiche für $\bar{\bar{u}}(z) \equiv z^{-a}u(z^{-1})$ gilt. Die erstgenannte Symmetrie zeigt, dass die zwei Randpunkte 0 und 1 des Intervalls $[0, 1]$ aufeinander abgebildet werden können und insofern äquivalent sind. Die zweite Symmetrie ist noch interessanter, da sie den Randpunkt $x = 0$ auf $z = \infty$ abbildet (und den Randpunkt $x = 1$ auf $z = 1$). Durch diese Symmetrien zeigt man also erstens, dass die Punkte $(0, 1, \infty)$ alle aufeinander abgebildet werden können und insofern äquivalent sind,[41] und zweitens erhält man automatisch zwei neue unabhängige Lösungen $\bar{\bar{u}}(z)$ auf dem Intervall $z \in [1, \infty]$. Infolgedessen sind die Lösungen der hypergeometrischen Differentialgleichung auf der kompletten positiven reellen Halbachse bekannt.

Nehmen wir also an, dass $u(x)$ die hypergeometrische Differentialgleichung (7.69) auf dem Intervall $(0, 1)$ erfüllt, und betrachten wir die Funktion $\bar{u}(y) \equiv u(1-y)$ mit $y \in (0, 1)$. Mit der Definition $y = 1 - x$ folgt $\frac{du}{dx} = -\frac{d\bar{u}}{dy}$ und $\frac{d^2u}{dx^2} = \frac{d^2\bar{u}}{dy^2}$. Durch Einsetzen in die Differentialgleichung (7.69) ergibt sich:

$$y(1-y)\frac{d^2\bar{u}}{dy^2} + [\bar{c} - (a+b+1)y]\frac{d\bar{u}}{dy} - ab\bar{u} = 0 \quad , \quad \bar{c} = a+b+1-c ,$$

sodass $\bar{u}(y)$ in der Tat ebenfalls eine hypergeometrische Differentialgleichung erfüllt, allerdings mit einem anderen Koeffizienten $\bar{c} = a+b+1-c$. Die allgemeine Lösung dieser Gleichung ist analog zu (7.71) gegeben durch

$$\bar{u}(y) = \lambda F(a, b; \bar{c}; y) + \mu y^{1-\bar{c}}F(a+1-\bar{c}, b+1-\bar{c}; 2-\bar{c}; y) \qquad (\lambda, \mu \in \mathbb{R}) ,$$

---

[41]Da die Lösungen der hypergeometrischen Differentialgleichung in der Nähe der drei Punkte $(0, 1, \infty)$ betragsmäßig durch algebraische Funktionen beschränkt werden können, bezeichnet man diese drei äquivalenten Punkte als „reguläre singuläre Punkte".

also durch eine Überlagerung zweier Taylor-Reihen in der Variablen $y = 1 - x$. Es folgt wegen $u(x) = \bar{u}(1 - x)$:

$$u(x) = \lambda F(a, b\,; \bar{c}\,; 1 - x) + \mu(1 - x)^{1-\bar{c}} F(a + 1 - \bar{c}, b + 1 - \bar{c}\,; 2 - \bar{c}\,; 1 - x)\,.$$

Hiermit hat man die allgemeine Lösung $u(x)$ der hypergeometrischen Differentialgleichung auf dem Intervall $[0, 1]$ als Summe zweier neuer, unabhängiger, explizit bekannter hypergeometrischer Funktionen geschrieben.

Wir nehmen wiederum an, dass $u(x)$ die hypergeometrische Differentialgleichung (7.69) erfüllt, nun auf dem Intervall $x \in (1, \infty)$, und betrachten die Funktion $\bar{\bar{u}}(z) \equiv z^{-a} u(z^{-1})$ auf dem Intervall $z \in (0, 1)$. Mit der Definition $z = x^{-1}$ folgt $\frac{du}{dx} = -z^2 \frac{du}{dz}$ und $\frac{d^2 u}{dx^2} = z^4 \frac{d^2 u}{dz^2} + 2z^3 \frac{du}{dz}$. Mit $u(x) = z^a \bar{\bar{u}}(z)$ folgt noch:

$$\frac{du}{dz} = a z^{a-1} \bar{\bar{u}} + z^a \frac{d\bar{\bar{u}}}{dz} \quad , \quad \frac{d^2 u}{dz^2} = a(a - 1) z^{a-2} \bar{\bar{u}} + 2a z^{a-1} \frac{d\bar{\bar{u}}}{dz} + z^a \frac{d^2 \bar{\bar{u}}}{dz^2}\,.$$

Durch Einsetzen in die Differentialgleichung (7.69) ergibt sich:

$$z(1 - z) \frac{d^2 \bar{\bar{u}}}{dz^2} + [\bar{\bar{c}} - (a + \bar{\bar{b}} + 1)z] \frac{d\bar{\bar{u}}}{dz} - a \bar{\bar{b}}\, \bar{\bar{u}} = 0 \quad \text{mit} \quad \begin{cases} \bar{\bar{b}} = 1 + a - c \\ \bar{\bar{c}} = 1 + a - b\,, \end{cases}$$

sodass die allgemeine Lösung analog zu (7.71) durch

$$\bar{\bar{u}}(z) = \lambda F(a, \bar{\bar{b}}\,; \bar{\bar{c}}\,; z) + \mu z^{1-\bar{\bar{c}}} F(a + 1 - \bar{\bar{c}}, \bar{\bar{b}} + 1 - \bar{\bar{c}}\,; 2 - \bar{\bar{c}}\,; z) \qquad (\lambda, \mu \in \mathbb{R})$$

gegeben ist. Wegen $u(x) = x^{-a} \bar{\bar{u}}(x^{-1})$ folgt außerdem:

$$\begin{aligned}
u(x) &= \lambda x^{-a} F(a, \bar{\bar{b}}\,; \bar{\bar{c}}\,; x^{-1}) + \mu x^{\bar{\bar{c}}-a-1} F(a + 1 - \bar{\bar{c}}, \bar{\bar{b}} + 1 - \bar{\bar{c}}\,; 2 - \bar{\bar{c}}\,; x^{-1}) \\
&= \lambda x^{-a} F(a, 1 + a - c\,; 1 + a - b\,; x^{-1}) \\
&\qquad + \mu x^{-b} F(b, 1 + b - c\,; 1 + b - a\,; x^{-1})\,.
\end{aligned} \qquad (7.77)$$

Hiermit ist die allgemeine Lösung $u(x)$ der hypergeometrischen Differentialgleichung auch auf dem Intervall $(1, \infty)$ als Summe zweier neuer, unabhängiger, explizit bekannter hypergeometrischer Funktionen bekannt. Durch Kombination mit der Lösung auf dem Intervall $(0, 1)$ erhält man die Lösung auf der gesamten positiven reellen Halbachse.

Was noch fehlt, ist die Form der Lösung auf der *negativen* Halbachse. Nehmen wir an, dass $u(x)$ die hypergeometrische Differentialgleichung mit den Parametern (a, b, c) auf dem Intervall $(-\infty, 0)$ erfüllt. Wir wissen bereits, dass $\bar{u}(y) \equiv u(1 - y)$ dann ebenfalls eine hypergeometrische Differentialgleichung mit $y \in (1, \infty)$ und den Parametern (a, b) sowie $\bar{c} = a + b + 1 - c$ erfüllt. Folglich hat $\bar{u}(y)$ die Form (7.77) mit c ersetzt durch $a + b + 1 - c$. Für die Form von $u(x) = \bar{u}(1 - x)$ ergibt sich daher

$$\begin{aligned}
u(x) &= \lambda(1 - x)^{-a} F(a, c - b\,; 1 + a - b\,; (1 - x)^{-1}) \\
&\qquad + \mu(1 - x)^{-b} F(b, c - a\,; 1 + b - a\,; (1 - x)^{-1})\,.
\end{aligned}$$

Hiermit ist die Lösung der hypergeometrischen Differentialgleichung auf der kompletten reellen Achse bekannt.

Warum „hypergeometrisch"? Das Produkt von Wallis *

Aber woher kommt eigentlich der Begriff „hypergeometrisch"? Der Name geht auf den englischen Mathematiker John Wallis (1616 - 1703) zurück, der zur Entwicklung der Infinitesimalrechnung beigetragen und u.a. in seiner *Arithmetica Infinitorum* (1656) nachgewiesen hat, dass π als unendliches Produkt darstellbar ist:

$$\frac{\pi}{2} = \lim_{n \to \infty} \prod_{k=1}^{n} \frac{2k \cdot 2k}{(2k-1)(2k+1)} = \frac{2 \cdot 2 \cdot 4 \cdot 4 \cdot 6 \cdot 6 \cdots}{1 \cdot 3 \cdot 3 \cdot 5 \cdot 5 \cdot 7 \cdots} \, . \tag{7.78}$$

Hieraus folgt die Identität:

$$\frac{2}{\pi} = \lim_{n \to \infty} \prod_{k=1}^{n} \frac{(2k-1)(2k+1)}{2k \cdot 2k} \frac{(2n+1)}{2n+1} = \lim_{n \to \infty} \frac{1}{2n+1} \left[\prod_{k=1}^{n} \frac{2k+1}{2k} \right]^2 \, .$$

Wallis hat nun festgestellt, dass das Produkt $[\cdots] = 1 \cdot \frac{3}{2} \cdot \frac{5}{4} \cdot \frac{7}{6} \cdots \frac{2n+1}{2n}$ auf der rechten Seite *nicht* die Struktur einer *geometrischen* Reihe (mit identischen Multiplikatoren) hat, sondern durch „ungleiche Zahlen" bestimmt ist und insofern über die Struktur einer geometrischen Folge hinausgeht („hypergeometrisch" ist). Aber die Beziehung zur hypergeometrischen Funktion geht viel weiter: Das Produkt $[\cdots]$ auf der rechten Seite kann nämlich als

$$\prod_{k=1}^{n} \frac{2k+1}{2k} = \prod_{k=1}^{n} \frac{k + \frac{1}{2}}{k} = \frac{(3/2)_n}{n!}$$

geschrieben werden und stellt somit die Koeffizienten einer hypergeometrischen Reihe mit $a = 3/2$ und $b = c$ dar.[42] Da für große n-Werte aufgrund von Stirlings Formel gilt:

$$\frac{(3/2)_n}{n!} = \frac{\Gamma(3/2 + n)}{\Gamma(3/2)n!} \sim \frac{\left(\frac{1}{2} + n\right)^{\frac{1}{2}+n} e^{-\left(\frac{1}{2}+n\right)} \sqrt{2\pi\left(\frac{1}{2} + n\right)}}{\frac{1}{2}\sqrt{\pi} n^n e^{-n} \sqrt{2\pi n}} \sim \frac{2\sqrt{n}}{\sqrt{\pi}} \quad (n \to \infty) \, ,$$

folgt die Gültigkeit der von Wallis postulierten Identität für π aus:

$$\lim_{n \to \infty} \frac{1}{2n+1} \left[\prod_{k=1}^{n} \frac{2k+1}{2k} \right]^2 = \lim_{n \to \infty} \frac{1}{2n+1} \left[\frac{2\sqrt{n}}{\sqrt{\pi}} \right]^2 = \frac{2}{\pi} \, .$$

Erste detaillierte Untersuchungen hypergeometrischer Funktionen wurden übrigens erst viel später von u.a. Euler, Gauß, Kummer und Riemann vorgenommen. Für eine Übersicht über die Eigenschaften dieser Funktionen sei auf die Handbücher [24] bzw. [35] und [36] verwiesen.

---

[42]Dieser Spezialfall der Gauß'schen hypergeometrischen Reihe mit $b = c$ beschreibt übrigens eine Binomialverteilung. Dies sieht man aus:

$$\frac{(a)_n x^n}{n!} = \frac{(-a)(-a-1)\cdots(-a-n+1)(-x)^n}{n!} = \frac{\Gamma(-a+1)(-x)^n}{\Gamma(-a+1-n)n!} = \binom{-a}{n}(-x)^n \, ,$$

und daher erhält man das bereits in Gleichung (7.76) angekündigte Ergebnis:

$$F(a, b\,;b\,;x) = \sum_{n=0}^{\infty} \frac{(a)_n x^n}{n!} = \sum_{n=0}^{\infty} \binom{-a}{n}(-x)^n = (1-x)^{-a} \, .$$

7.4 Numerische Lösung von Differentialgleichungen

In diesem Abschnitt befassen wir uns mit der „numerischen" Lösung von Differentialgleichungen, was konkret bedeutet, dass einige *analytische* Verfahren behandelt werden, die numerisch implementiert werden können. Unser Ziel ist nicht, lauffähige Algorithmen zu entwickeln und diese gar zu optimieren, sondern wir möchten untersuchen, ob es grundsätzlich möglich ist, eine vorgegebene Differentialgleichung numerisch mit abschätzbarer Genauigkeit auszuwerten. Wir befassen uns auch nur mit der Lösung gewöhnlicher Differentialgleichungen *erster* Ordnung für *einkomponentige* Funktionen $y(x)$, aber wir wissen bereits (s. Abschnitt [7.1.6]), dass die Behandlung gewöhnlicher Differentialgleichungen höherer Ordnung auf die Lösung einer Differentialgleichung erster Ordnung für eine mehrkomponentige Funktion zurückgeführt werden kann und somit analog erfolgt. Die zu lösende gewöhnliche Differentialgleichung erster Ordnung lautet also

$$y'(x) = F(x, y(x)) \quad , \quad y(a) = y_0 \, , \tag{7.79}$$

und die zu beantwortende Frage wird sein: In welcher Weise könnte man den Funktionswert $y(b)$ der gesuchten Funktion y für einen vorgegebenen Wert $b > a$ der Variablen x grundsätzlich numerisch berechnen?

Besonders wichtig bei der approximativen (numerischen) Lösung einer Differentialgleichung ist die *Genauigkeit* des verwendeten Verfahrens. Deshalb gibt es auf diesem Gebiet etliche Verfahren mit unterschiedlicher Genauigkeit und unterschiedlichem numerischem und analytischem Aufwand. Wir diskutieren zuerst das relativ einfache *Euler-Verfahren*, dann das genauere *Runge-Kutta-Verfahren zweiter Ordnung*, und zwar in zwei Varianten, und dann die noch genaueren *Kutta-Verfahren dritter* und *vierter Ordnung* sowie das *Kutta-Nyström-Verfahren fünfter Ordnung*. In der Literatur werden noch viele weitere Verfahren behandelt (s. Refn. [37], [38]).

7.4.1 Euler-Verfahren

Im Euler-Verfahren (wie in allen nachfolgenden Verfahren auch) wird die Differentialgleichung (7.79) diskretisiert, indem nur diskrete, äquidistante Werte der Variablen x betrachtet werden:

$$a \equiv x_0 \quad , \quad x_n \equiv x_0 + n\varepsilon \quad , \quad \varepsilon = \frac{b-a}{N} \quad , \quad x_N = b \tag{7.80}$$

und für jeden dieser diskreten x_n-Werte eine Approximation y_n für den wahren Funktionswert $y(x_n)$ berechnet wird. Im Euler-Verfahren beruht die Approximation darauf, dass erstens die Ableitung $y'(x)$ in (7.79) durch $(y_{n+1} - y_n)/\varepsilon$ ersetzt und zweitens die Funktion $F(x, y)$ am linken Rand des Intervalls $[x_n, x_{n+1}]$ ausgewertet wird:

$$\boxed{y_{n+1} - y_n = \varepsilon F(x_n, y_n) \, .} \tag{7.81}$$

Diese Gleichungen ergeben also eine Vorschrift dafür, wie man von einem vorgegebenen Punkt (x_n, y_n) der approximativen Lösung einer Differentialgleichung zu einem weiteren Punkt (x_{n+1}, y_{n+1}) der approximativen Lösung mit dem nächst-größeren Variablenwert $x_{n+1} = x_n + \varepsilon$ gelangen kann:

$$\begin{pmatrix} x_{n+1} \\ y_{n+1} \end{pmatrix} = \begin{pmatrix} x_n \\ y_n \end{pmatrix} + \varepsilon \begin{pmatrix} 1 \\ F(x_n, y_n) \end{pmatrix} \; .$$

Der zweite Term auf der rechten Seite stellt somit die Inkremente der x- und y-Koordinaten im $(n+1)$-ten Schritt des Euler-Verfahrens dar. Man erhält die approximative Lösung der Differentialgleichung im Euler-Verfahren dann als Summe des Startwerts (x_0, y_0) und sämtlicher Inkremente der Form $\varepsilon(1, F(x_n, y_n))$. Die Inkremente stellen ein *Vektorfeld* dar, und die Vektoren $(1, F(x_n, y_n))$ können als „lokale Geschwindigkeit" der möglichen Lösungen im (x, y)-Diagramm interpretiert werden. Zur Illustration ist das Strömungsfeld für $F(x_n, y_n)) = \lambda y_n$ mit einem *negativen* λ-Wert („Zerfall") in Abbildung 7.24 dargestellt.

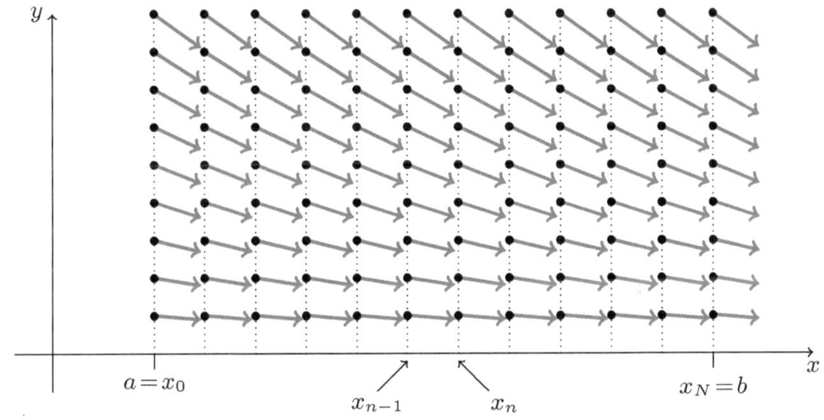

Abb. 7.24 Vektorfeld der Inkremente im Euler-Verfahren

Von zentraler Bedeutung für die praktische Brauchbarkeit der durch die Gleichungen (7.80) und (7.81) definierten Approximation ist die Frage nach ihrer *Genauigkeit*. Man ist also unbedingt an den hierbei gemachten Diskretisierungsfehlern $\delta y_n \equiv y(x_n) - y_n$ für alle $n \leq N$ interessiert. Für das Euler-Verfahren kann man nachweisen, dass der Diskretisierungsfehler von $\mathcal{O}(\varepsilon)$ ist, und auch die Form $Y(x)$ dieses Fehlers als Funktion von $x \in [a, b]$ kann berechnet werden:

$$\delta y_n \equiv y(x_n) - y_n \sim \varepsilon Y(x_n) \quad , \quad Y(a) = 0 \quad (\forall n \leq N \, , \, \varepsilon \downarrow 0) \; .$$

Um diese lineare ε-Abhängigkeit von δy_n nachzuweisen und die Funktion $Y(x)$, die selbst ε-unabhängig sein soll, zu berechnen, entwickeln wir zunächst die Differenz zweier benachbarter Funktionswerte:

$$\begin{aligned} y(x_{n+1}) - y(x_n) &= \int_{x_n}^{x_{n+1}} d\xi \, y'(\xi) \\ &= \int_{x_n}^{x_{n+1}} d\xi \, [y'(x_n) + (\xi - x_n)y''(x_n) + \tfrac{1}{2}(\xi - x_n)^2 y'''(x_n) + \cdots] \\ &= \varepsilon y'(x_n) + \tfrac{1}{2}\varepsilon^2 y''(x_n) + \tfrac{1}{6}\varepsilon^3 y'''(x_n) + \cdots \; . \end{aligned}$$

Mit Hilfe dieses Ergebnisses berechnen wir die Differenz zweier benachbarter Diskretisierungsfehler δy:

$$\begin{aligned}
\delta y_{n+1} - \delta y_n &= [y(x_{n+1}) - y(x_n)] - (y_{n+1} - y_n) \\
&= [\varepsilon y'(x_n) + \tfrac{1}{2}\varepsilon^2 y''(x_n) + \tfrac{1}{6}\varepsilon^3 y'''(x_n) + \cdots] - \varepsilon F(x_n, y_n) \\
&= \varepsilon[F(x_n, y(x_n)) - F(x_n, y_n)] + \tfrac{1}{2}\varepsilon^2 y''(x_n) + \mathcal{O}(\varepsilon^3) \\
&= \varepsilon \alpha(x_n)\, \delta y_n + \tfrac{1}{2}\varepsilon^2 y''(x_n) + \mathcal{O}(\varepsilon^3) \qquad (\varepsilon \downarrow 0)\,,
\end{aligned}$$

wobei im letzten Schritt $\alpha(x) \equiv \frac{\partial F}{\partial y}(x, y(x))$ definiert wurde. Eine Division durch $x_{n+1} - x_n = \varepsilon$ ergibt nun:

$$\frac{\delta y_{n+1} - \delta y_n}{x_{n+1} - x_n} \sim \alpha(x_n)\, \delta y_n + \tfrac{1}{2}\varepsilon y''(x_n)\,.$$

Die linke Seite dieser Gleichung hat dann also die Form eines Differenzenquotienten. Wir definieren noch $\tfrac{1}{2}y''(x) \equiv \beta(x)$. Im Kontinuumslimes, d.h. für $\varepsilon \downarrow 0$, erfüllt der Diskretisierungsfehler $\delta y_n \sim \bar{Y}(x_n)$ somit die Gleichung:

$$\bar{Y}'(x_n) \sim \frac{\delta y_{n+1} - \delta y_n}{x_{n+1} - x_n} \sim \alpha(x_n)\, \delta y_n + \tfrac{1}{2}\varepsilon y''(x_n) \sim \alpha(x_n)\bar{Y}(x_n) + \varepsilon\beta(x_n)\,,$$

d.h.:

$$\bar{Y}'(x) = \alpha(x)\bar{Y}(x) + \varepsilon\beta(x) \quad (\varepsilon \downarrow 0) \quad , \quad \bar{Y}(a) = 0\,.$$

Die Lösung dieser linearen, inhomogenen Differentialgleichung erster Ordnung kann schließlich mit Hilfe eines integrierenden Faktors bestimmt werden:

$$\bar{Y}(x) = \varepsilon e^{A(x)} \int_a^x d\xi\, \beta(\xi)e^{-A(\xi)} \equiv \varepsilon Y(x) \quad , \quad A(x) \equiv \int_a^x d\xi\, \alpha(\xi)\,.$$

Hiermit ist sowohl die lineare ε-Abhängigkeit des Diskretisierungsfehlers δy_n nachgewiesen als auch die Form von $Y(x)$ konkret berechnet.

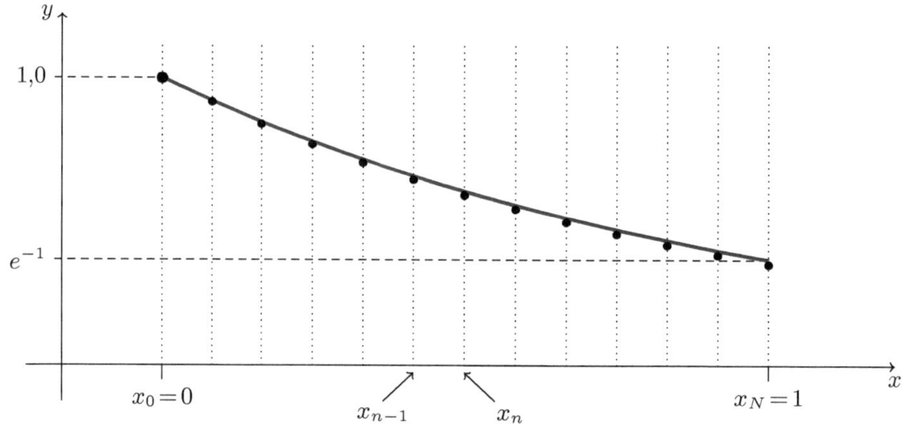

Abb. 7.25 Exakte und diskretisierte Lösung im Euler-Verfahren für $F(x,y) = -y$

Wir illustrieren das Verfahren anhand der linearen homogenen Differentialgleichung $y' = \lambda y$, die als exakte Lösung eine Exponentialfunktion hat:

$$y'(x) = \lambda y(x) \ , \quad y(0) = y_0 \ , \quad y_{\text{exakt}}(x) = y_0 e^{\lambda x} \ . \tag{7.82}$$

In diesem Fall gilt $F(x,y) = \lambda y$, $\alpha(x) = \frac{\partial F}{\partial y}(x, y(x)) = \lambda$ und $\beta(x) = \frac{1}{2}\lambda^2 y(x)$, sodass die x-Abhängigkeit des Diskretisierungsfehlers durch $Y(x) = \frac{1}{2}\lambda^2 x y(x)$ gegeben ist. Folglich ist der *relative* Fehler bei der approximativen Lösung der Differentialgleichung:

$$\frac{\delta y_n}{y(x_n)} \sim \varepsilon \frac{Y(x_n)}{y(x_n)} = \tfrac{1}{2}\varepsilon\lambda^2 x_n \qquad (\varepsilon \downarrow 0) \ .$$

Wir stellen fest, dass der relative Fehler (in diesem Beispiel) *linear* als Funktion von x anwächst. Der relative Fehler ist außerdem *positiv*, sodass $y(x_n) > y_n$ gilt und die tatsächliche Lösung der Differentialgleichung vom Euler-Verfahren *unterschätzt* wird. Spätestens, wenn $\delta y_n/y(x_n) \simeq 0{,}5$ gilt, d.h. ab etwa $x_n = 1/(\varepsilon\lambda^2)$, hat die approximativ ermittelte Lösung y_n mit der exakten Lösung $y(x_n)$ nur noch wenig gemein. Diese Überlegungen treffen für alle $\lambda \in \mathbb{R}$ zu, sowohl für Wachstums- ($\lambda > 0$) als auch für Zerfallsprozesse ($\lambda < 0$).[43] In Abbildung 7.25 vergleichen wir für $(y_0, a, b, \varepsilon, \lambda) = (1, 0, 1, \frac{1}{12}, -1)$ die (*blau* dargestellte) exakte Lösung $y_{\text{exakt}}(x) = e^{-x}$ und die (durch die schwarzen Datenpunkte dargestellte) approximative, diskretisierte Lösung im Rahmen des Euler-Verfahrens. Für *dieses* Beispiel auf dem Intervall $[0, 1]$ ergibt bereits das Euler-Verfahren sehr gute Übereinstimmung zwischen den beiden Lösungen.

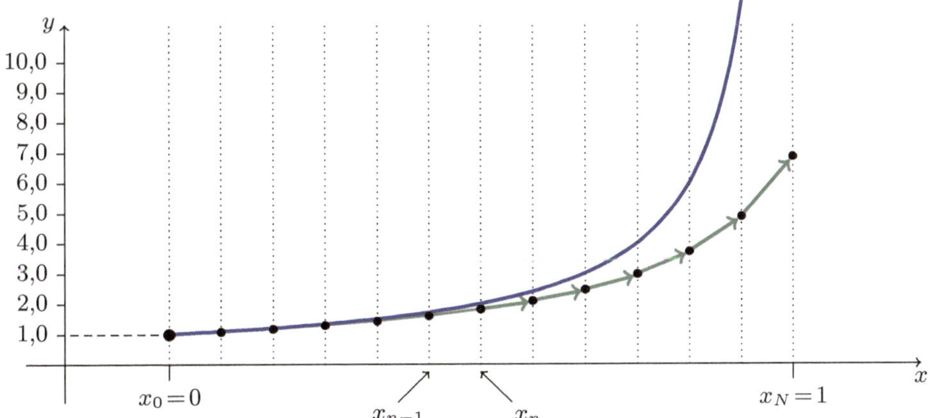

Abb. 7.26 Exakte und diskretisierte Lösung im Euler-Verfahren für $F(x,y) = y^2$

---

[43]Für dieses einfache Beispiel $y' = \lambda y$ kann das Euler-Verfahren (7.81) auch exakt durchgerechnet und der Diskretisierungsfehler daher auch exakt bestimmt werden. Aus (7.81) folgt nämlich $y_{n+1} = (1 + \lambda\varepsilon)y_n = \cdots = (1 + \lambda\varepsilon)^{n+1}y_0$ und somit

$$y_n = (1 + \lambda\varepsilon)^n y_0 = y_0 e^{n\ln(1+\lambda\varepsilon)} = y_0 e^{\lambda x_n} e^{n[\ln(1+\lambda\varepsilon)-\lambda\varepsilon]} = y(x_n) e^{n[\ln(1+\lambda\varepsilon)-\lambda\varepsilon]} \ ,$$

sodass der relative Diskretisierungsfehler für $\varepsilon \downarrow 0$ gegeben ist durch:

$$\frac{\delta y_n}{y(x_n)} = \frac{y(x_n) - y_n}{y(x_n)} = 1 - e^{n[\ln(1+\lambda\varepsilon)-\lambda\varepsilon]} = \tfrac{1}{2}(\lambda\varepsilon)^2 n + \cdots = \tfrac{1}{2}\varepsilon\lambda^2 x_n + \cdots \ .$$

Als zweites Beispiel betrachten wir die Differentialgleichung $y' = y^2$ mit $y(0) = y_0 = 1$, die die exakte Lösung $y_{\mathrm{exakt}}(x) = 1/(1-x)$ hat. Es folgt $F(x,y) = y^2$, $\alpha(x) = \frac{\partial F}{\partial y}(x, y(x)) = 2y(x)$, $A(x) = \ln[(1-x)^{-2}]$ und

$$\beta(x) = \tfrac{1}{2}y''(x) = \tfrac{1}{2}(y')'(x) = \tfrac{1}{2}(y^2)'(x) = y(x)y'(x) = y(x)[y(x)]^2 = [y(x)]^3 \,,$$

sodass die Form des Diskretisierungsfehlers (mit $a = 0$) durch

$$Y(x) = e^{A(x)} \int_0^x d\xi \; \beta(\xi) e^{-A(\xi)} = (1-x)^{-2} \ln[(1-x)^{-1}]$$

gegeben ist. Folglich ist der *relative* Fehler bei der approximativen Lösung der Differentialgleichung:

$$\frac{\delta y_n}{y(x_n)} \sim \varepsilon \frac{Y(x_n)}{y(x_n)} = \frac{\varepsilon}{1 - x_n} \ln\left(\frac{1}{1 - x_n}\right) \qquad (\varepsilon \downarrow 0) \,,$$

sodass der relative Fehler (in diesem Beispiel) für $x_n \uparrow 1$ sogar *divergiert*. Wiederum ist der relative Fehler *positiv*: $y(x_n) > y_n$, die tatsächliche Lösung wird also vom Euler-Verfahren *unterschätzt*. Spätestens, wenn $\delta y_n/y(x_n) \simeq 0{,}5$ gilt, d.h. ab etwa $x_n = 1 - 2\varepsilon \ln\left(\frac{1}{2\varepsilon}\right)$, wird die approximativ ermittelte Lösung y_n ungültig. In Abbildung 7.26 zeigen wir die Wirkung des Euler-Verfahrens für dieses Beispiel $F(x,y) = y^2$ mit dem Diskretisierungsparameter $\varepsilon = \frac{1}{12}$. Der Vergleich der (in Abb. 7.26 *blau* dargestellten) exakten Lösung $y_{\mathrm{exakt}}(x) = 1/(1-x)$ und der approximativen, diskretisierten Lösung im Rahmen des Euler-Verfahrens (dargestellt durch schwarze Datenpunkte, verbunden mit *grünen* Linien) zeigt die gute Übereinstimmung für kleine x-Werte ($x \lesssim 0{,}5$) und die erheblichen Diskrepanzen für $x \gtrsim 1 - 2\varepsilon \ln\left(\frac{1}{2\varepsilon}\right) \simeq 0{,}7$.

Im Allgemeinen ist die exakte Lösung $y(x)$ natürlich nicht explizit bekannt, sodass die Funktion $Y(x)$ bei der numerischen Lösung einer Differentialgleichung nicht *exakt* berechnet werden kann. In diesem Fall kann man sie jedoch recht einfach diskret approximieren mit Hilfe von:

$$A(x_n) \to \sum_{m=0}^{n} \varepsilon \alpha_m \quad , \quad \alpha_m \equiv \frac{\partial F}{\partial y}(x_m, y_m) \quad , \quad \int_a^x d\xi \; f(\xi) \to \sum_{m=0}^{n} \varepsilon f(x_m)$$

und

$$\beta(\xi) = \tfrac{1}{2}y''(\xi) = \tfrac{1}{2}(y')'(\xi) = \tfrac{1}{2}\left[\frac{\partial F}{\partial x}(\xi, y(\xi)) + \frac{\partial F}{\partial y}(\xi, y(\xi))F(\xi, y(\xi))\right]$$

$$\to \tfrac{1}{2}\left[\frac{\partial F}{\partial x}(x_m, y_m) + \frac{\partial F}{\partial y}(x_m, y_m)F(x_m, y_m)\right] \,.$$

Der relative Fehler $\varepsilon Y(x_n)/y(x_n)$ kann also auch direkt numerisch berechnet werden.

Seitenblick: Differenzengleichungen

Wir haben oben in Gleichung (7.81) festgestellt, dass bei der numerischen Lösung von Differentialgleichungen (konkret: im Euler-Verfahren) eine Gleichung wie

$y'(x) = F(x, y)$ durch

$$\frac{\Delta y}{\Delta x} = F(x_n, y_n) \quad , \quad \frac{\Delta y}{\Delta x} = \frac{y_{n+1} - y_n}{x_{n+1} - x_n} = \frac{y_{n+1} - y_n}{\varepsilon}$$

ersetzt wird. Da diese Gleichung durch einen *Differenzenquotienten* statt einer Ableitung charakterisiert wird, wird sie als *Differenzengleichung* bezeichnet. Solche Gleichungen sind in der Literatur sehr ausführlich untersucht, teilweise wegen ihrer Rolle bei der diskreten Approximation von Differentialgleichungen, teilweise weil sie auch außerhalb der numerischen Mathematik wichtige Anwendungen haben (z.B. in der Wahrscheinlichkeitstheorie und in der Wirtschaftslehre). Die diskreten *Differenzen* Δx, die hierbei die Differentiale dx ersetzen, treten in solchen Anwendungen auf natürliche Weise in der Form von *endlichen Zeitschritten* auf.

Als Beispiel für eine Klasse von für die Praxis wichtigen Differenzengleichungen betrachten wir hier die *allgemeine lineare* Differenzengleichung der Form

$$y_{n+1} - y_n = \varepsilon(\alpha_n y_n + \beta_n) \quad , \quad \alpha_n \equiv \alpha(x_n) \quad , \quad \beta_n \equiv \beta(x_n) \tag{7.83}$$

als Pendant zur allgemeinen linearen Differentialgleichung $y'(x) = \alpha(x)y(x) + \beta(x)$. Hierbei hat x_n die übliche Bedeutung [s. Gleichung (7.80)].

Zur Lösung schreiben wir Gleichung (7.83) zunächst um als

$$y_{n+1} - p_n y_n = q_n \quad , \quad p_n = 1 + \varepsilon\alpha_n \quad , \quad q_n = \varepsilon\beta_n \quad , \quad y_0 = y(a) \, . \tag{7.84}$$

Wie bei der Lösung der allgemeinen linearen Differentialgleichung definieren wir auch im diskretisierten Fall einen *integrierenden Faktor*:

$$P_n \equiv \prod_{m=0}^{n} p_m \quad (n \geq 0) \quad ; \quad \bar{y}_n \equiv y_n/P_{n-1} \quad (n \geq 1) \, .$$

Durch Multiplikation von (7.84) mit P_n^{-1} ergibt sich:

$$\bar{y}_{n+1} - \bar{y}_n = q_n/P_n \quad (n \geq 1) \quad , \quad \bar{y}_1 \equiv y_1/P_0 = y_0 + q_0/p_0 \, .$$

Diese Gleichung lässt sich rekursiv lösen:

$$\bar{y}_{n+1} = \bar{y}_n + \frac{q_n}{P_n} = \bar{y}_{n-1} + \frac{q_{n-1}}{P_{n-1}} + \frac{q_n}{P_n} = \cdots = \bar{y}_1 + \sum_{m=1}^{n} \frac{q_m}{P_m} = y_0 + \sum_{m=0}^{n} \frac{q_m}{P_m}$$

mit dem Ergebnis:

$$\bar{y}_n = y_0 + \sum_{m=0}^{n-1} \frac{q_m}{P_m} \quad , \quad y_n = P_{n-1}\bar{y}_n = P_{n-1}\left[y_0 + \sum_{m=0}^{n-1} \frac{q_m}{P_m} \right] \quad (n \geq 1) \, .$$

Dieses Ergebnis reduziert sich im Limes $\varepsilon \to 0$ auf das bekannte Resultat (7.25) für die Lösung der allgemeinen linearen Differentialgleichung. Für den Spezialfall der *homogenen* linearen Differenzengleichung mit $\beta(x) = 0$, $\beta_n = 0$, $q_n = 0$ gilt: $y_n = y_0 P_{n-1}$. Dieses Resultat reduziert sich im Limes $\varepsilon \to 0$ auf Gleichung (7.27) für die Lösung einer *homogenen* linearen Differentialgleichung.

7.4.2 Runge-Kutta-Verfahren zweiter Ordnung

Um eine Ordnung in ε genauer als das Euler-Verfahren ist das *Runge-Kutta-Verfahren zweiter Ordnung* oder *Mittelpunktsverfahren*, das nun diskutiert werden soll. Die Diskretisierung der x-Variablen wird durchgeführt wie in (7.80), wobei nun aber zusätzlich auch der Mittelpunkt $x_{n+\frac{1}{2}} \equiv x_n + \frac{1}{2}\varepsilon$ zwischen zwei Stützpunkten definiert wird. Das Mittelpunktsverfahren diskretisiert die gewöhnliche Differentialgleichung erster Ordnung (7.79) wie folgt:

$$\boxed{y_{n+1} - y_n = \varepsilon F(x_{n+\frac{1}{2}}, y_{n+\frac{1}{2}}) \quad , \quad y_{n+\frac{1}{2}} \equiv y_n + \tfrac{1}{2}\varepsilon F(x_n, y_n) \; .} \tag{7.85}$$

Wiederum ist die zentrale Frage, welche *Genauigkeit* dieses Diskretisierungsverfahren hat. Wir werden im Folgenden zeigen, dass der Diskretisierungsfehler nun von $\mathcal{O}(\varepsilon^2)$ ist: $\delta y_n \equiv y(x_n) - y_n \sim \varepsilon^2 Y(x_n)$ für alle $n \leq N$. Der Anfangswert der Funktion $Y(x)$ ist $Y(a) = 0$.

Wir gehen ähnlich wie beim Euler-Verfahren vor und berechnen die Differenz zweier aufeinanderfolgender Diskretisierungsfehler, indem wir beide Terme $y'(\xi)$ und $F(x_{n+\frac{1}{2}}, y_{n+\frac{1}{2}})$ im Integranden um den Mittelpunkt $\xi = x_{n+\frac{1}{2}}$ entwickeln:

$$\begin{aligned}
\delta y_{n+1} - \delta y_n &= \int_{x_n}^{x_{n+1}} d\xi \, [y'(\xi) - F(x_{n+\frac{1}{2}}, y_{n+\frac{1}{2}})] \\
&= \int_{x_n}^{x_{n+1}} d\xi \, \{ [y'(x_{n+\frac{1}{2}}) - F(x_{n+\frac{1}{2}}, y(x_{n+\frac{1}{2}}) - \delta y_{n+\frac{1}{2}})] \\
&\qquad + (\xi - x_{n+\frac{1}{2}})y''(x_{n+\frac{1}{2}}) + \tfrac{1}{2}(\xi - x_{n+\frac{1}{2}})^2 y'''(x_{n+\frac{1}{2}}) + \cdots \} \\
&= \varepsilon\alpha(x_{n+\frac{1}{2}})\,\delta y_{n+\frac{1}{2}} + \tfrac{1}{24}\varepsilon^3 y'''(x_{n+\frac{1}{2}}) + \cdots \qquad (\varepsilon \downarrow 0) \; .
\end{aligned}$$

Im zweiten bzw. im letzten Schritt wurde

$$\delta y_{n+\frac{1}{2}} \equiv y(x_{n+\frac{1}{2}}) - y_{n+\frac{1}{2}} \quad \text{und} \quad \alpha(x) \equiv \tfrac{\partial F}{\partial y}(x, y(x))$$

definiert. Wir rechnen die für den Mittelpunkt definierte Hilfsgröße $\delta y_{n+\frac{1}{2}}$ noch um in den Diskretisierungsfehler δy_n des n-ten Stützpunktes:

$$\begin{aligned}
\delta y_{n+\frac{1}{2}} &= y(x_{n+\frac{1}{2}}) - y_{n+\frac{1}{2}} = y(x_{n+\frac{1}{2}}) - y_n - \tfrac{1}{2}\varepsilon F(x_n, y_n) \\
&= [y(x_n) + \tfrac{1}{2}\varepsilon y'(x_n) + \tfrac{1}{2}(\tfrac{1}{2}\varepsilon)^2 y''(x_n) + \cdots] - y_n - \tfrac{1}{2}\varepsilon F(x_n, y_n) \\
&= \delta y_n + \tfrac{1}{2}\varepsilon[F(x_n, y(x_n)) - F(x_n, y_n)] + \tfrac{1}{8}\varepsilon^2 y''(x_n) + \cdots \\
&\sim [1 + \tfrac{1}{2}\varepsilon\alpha(x_n)]\delta y_n + \tfrac{1}{8}\varepsilon^2 y''(x_n) \sim \delta y_n + \tfrac{1}{8}\varepsilon^2 y''(x_n) \quad (\varepsilon \downarrow 0)
\end{aligned}$$

und erhalten somit insgesamt als Resultat:

$$\delta y_{n+1} - \delta y_n = \varepsilon\alpha(x_{n+\frac{1}{2}})\,\delta y_n + \varepsilon^3 \beta(x_n) + \cdots \, ,$$

wobei $\beta(x) \equiv \tfrac{1}{8}\alpha(x)y''(x) + \tfrac{1}{24}y'''(x)$ definiert wurde. Im Kontinuumslimes $\varepsilon \downarrow 0$ kann der Diskretisierungsfehler δy_n wiederum als glatte Funktion der Variablen x angesehen werden, und durch Substitution von $\delta y_n = \bar{Y}(x_n)$ ergibt sich:

$$\bar{Y}'(x_n) \sim \frac{\delta y_{n+1} - \delta y_n}{x_{n+1} - x_n} \sim \alpha(x_n)\,\delta y_n + \varepsilon^2 \beta(x_n) \sim \alpha(x_n)\bar{Y}(x_n) + \varepsilon^2 \beta(x_n) \, ,$$

d.h.:

$$\bar{Y}'(x) = \alpha(x)\bar{Y}(x) + \varepsilon^2\beta(x) \quad (\varepsilon \downarrow 0) \quad , \quad \bar{Y}(a) = 0 \ .$$

Die Funktion $\bar{Y}(x)$ erfüllt wiederum eine lineare, inhomogene Differentialgleichung erster Ordnung, die mit Standardmethoden gelöst werden kann. Die Lösung lautet:

$$\bar{Y}(x) = \varepsilon^2 e^{A(x)} \int_a^x d\xi \ \beta(\xi) e^{-A(\xi)} \equiv \varepsilon^2 Y(x) \quad , \quad A(x) \equiv \int_a^x d\xi \ \alpha(\xi) \ .$$

Für $\varepsilon \downarrow 0$ ist hiermit sowohl die quadratische ε-Abhängigkeit des Diskretisierungsfehlers $\delta y_n = \varepsilon^2 Y(x)$ nachgewiesen als auch die Form von $Y(x)$ explizit berechnet.

Als Beispiel betrachten wir wiederum die lineare, homogene Differentialgleichung $y' = \lambda y$ mit $a = 0$ und der Anfangsbedingung $y(0) = y_0$:

$$y'(x) = \lambda y(x) \quad , \quad y(0) = y_0 \quad , \quad y(x) = y_0 e^{\lambda x} \ ,$$

und wir erhalten nun das Ergebnis $Y(x) = \frac{1}{6}\lambda^3 xy(x)$. Dies bedeutet, dass der *relative* Fehler bei der numerischen Lösung der Differentialgleichung durch

$$\frac{\delta y_n}{y(x_n)} \sim \varepsilon^2 \frac{Y(x_n)}{y(x_n)} = \tfrac{1}{6}(\varepsilon\lambda)^2 \lambda x_n \qquad (\varepsilon \downarrow 0) \tag{7.86}$$

gegeben ist, sodass die numerische Lösung spätestens ab $\delta y_n/y(x_n) \simeq 0{,}5$ bzw. $x \simeq 3/(\varepsilon^2\lambda^3)$ keine nützliche Information mehr ergibt. In diesem Beispiel kann der Diskretisierungsfehler übrigens sowohl *positiv* als auch *negativ* sein, abhängig vom Vorzeichen von λ. Dieses Ergebnis kann auch im Rahmen des Runge-Kutta-Verfahrens anhand der *exakten Lösung* des diskretisierten Problems überprüft werden, analog zum Vorgehen beim Euler-Verfahren (s. Fußnote 43). Aus der Definition (7.85) des Runge-Kutta-Verfahrens zweiter Ordnung folgt nämlich

$$y_{n+1} = \left[1 + \lambda\varepsilon + \tfrac{1}{2}(\lambda\varepsilon)^2\right] y_n = \cdots = \left[1 + \lambda\varepsilon + \tfrac{1}{2}(\lambda\varepsilon)^2\right]^{n+1} y_0$$

und somit

$$y_n = \left[1 + \lambda\varepsilon + \tfrac{1}{2}(\lambda\varepsilon)^2\right]^n y_0 = y_0 e^{\lambda x_n} e^{n\left\{\ln\left[1+\lambda\varepsilon+\frac{1}{2}(\lambda\varepsilon)^2\right]-\lambda\varepsilon\right\}}$$
$$= y(x_n) e^{-\frac{1}{6}(\lambda\varepsilon)^3 n + \cdots} = y(x_n) e^{-\frac{1}{6}(\lambda\varepsilon)^2 \lambda x_n + \cdots} \ ,$$

sodass der relative Diskretisierungsfehler für $\varepsilon \downarrow 0$ gegeben ist durch:

$$\frac{\delta y_n}{y(x_n)} = \frac{y(x_n) - y_n}{y(x_n)} = 1 - e^{-\frac{1}{6}(\lambda\varepsilon)^2 \lambda x_n + \cdots} = \tfrac{1}{6}(\lambda\varepsilon)^2 \lambda x_n + \cdots \ ,$$

im Einklang mit dem Ergebnis von Gleichung (7.86).

7.4.3 Runge-Kutta-Verfahren zweiter Ordnung (Variante)

Eine Variante des oben diskutierten Mittelpunktsverfahrens, die eher der *Trapezregel* der numerischen Integration entspricht, verwendet die folgende Diskretisierung der Differentialgleichung (7.79):

$$\boxed{y_{n+1} - y_n = \frac{\varepsilon}{2}(k_1 + k_2) \ ,}$$

wobei die Konstanten k_1 und k_2 definiert sind durch:

$$k_1 = F(x_n, y_n) \quad , \quad k_2 = F(x_n + \varepsilon, y_n + \varepsilon k_1) \,.$$

Die Genauigkeit dieser Variante kann analog zum Mittelpunktsverfahren berechnet werden. Man erhält für alle $n \le N$ eine Gleichung der Form:

$$\delta y_{n+1} - \delta y_n = \varepsilon \alpha(x_n)\, \delta y_n + \varepsilon^3 \beta(x_n) + \cdots \,,$$

sodass der Diskretisierungsfehler wiederum durch

$$\delta y_n \equiv y(x_n) - y_n \sim \varepsilon^2 Y(x_n) \quad , \quad Y(x) = e^{A(x)} \int_a^x d\xi \, \beta(\xi) e^{-A(\xi)}$$

gegeben ist. Nach wie vor gilt

$$\alpha(x) \equiv \tfrac{\partial F}{\partial y}(x, y(x)) \quad , \quad A(x) \equiv \int_a^x d\xi \, \alpha(\xi) \,,$$

aber nun hat die Funktion $\beta(x)$ die Form $\beta(x) \equiv \tfrac{1}{4}\alpha(x)y''(x) - \tfrac{1}{12}y'''(x)$.

Auch für diese „Variante" kann der relative Fehler im Beispiel $y' = \lambda y$ mit $a = 0$ und der Anfangsbedingung $y(0) = y_0$ ausgerechnet werden; man erhält interessanterweise genau das gleiche Ergebnis wie im Mittelpunktsverfahren,

$$(\delta y_n)/y(x_n) \sim \tfrac{1}{6}(\varepsilon \lambda)^2 \lambda x_n \quad (\varepsilon \downarrow 0) \,, \tag{7.87}$$

obwohl die allgemeine Form der Funktionen $\beta(x)$ in diesen Verfahren unterschiedlich ist. Das Übereinstimmen der relativen Fehler ist daher sicher nicht typisch: Für das weitere Beispiel $y' = y^2$ mit $y(0) = y_0 = 1$, das unten im Detail betrachtet wird und die exakte Lösung $y(x) = 1/(1-x)$ hat, sind die Funktion $\beta(x)$ und somit auch der relative Fehler im Mittelpunktsverfahren um einen Faktor $\tfrac{3}{2}$ größer als im Trapezverfahren. Auch für das „Trapezverfahren" kann die *diskrete* Variante der Differentialgleichung $y'(x) = \lambda y(x)$ mit $y(0) = y_0$ in (7.82) exakt gelöst werden. Man erhält jedoch dieselbe Rekursionsbeziehung wie im „Mittelpunktsverfahren": $y_{n+1} = \left[1 + \lambda \varepsilon + \tfrac{1}{2}(\lambda \varepsilon)^2\right] y_n$, sodass auch alle weiteren Rechenschritte identisch sind und auf das Ergebnis (7.86) bzw. (7.87) für den relativen Fehler führen.

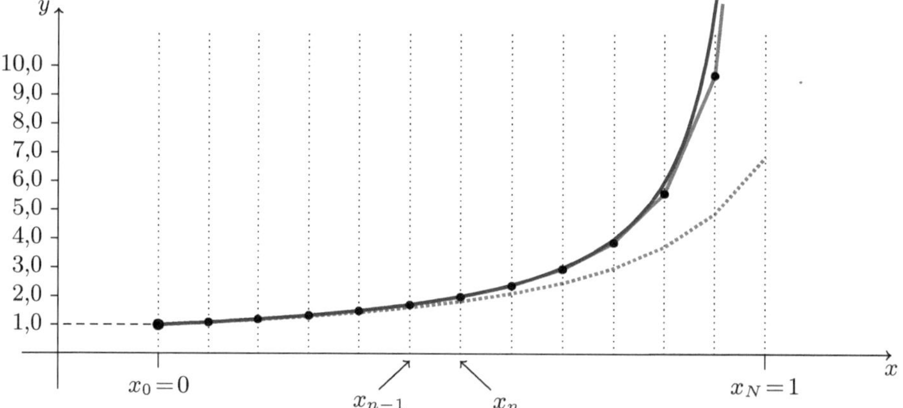

Abb. 7.27 Exakte und diskretisierte Lösung im Trapezverfahren für $F(x,y) = y^2$

Als zweites Beispiel betrachten wir nun also die Differentialgleichung $y' = y^2$ mit $y(0) = y_0 = 1$, die die exakte Lösung $y_{\text{exakt}}(x) = 1/(1-x)$ hat. Wie vorher gilt $F(x,y) = y^2$, $\alpha(x) = 2y(x)$ und $A(x) = \ln[(1-x)^{-2}]$, aber nun ist $\beta(x)$ mit $y'' = (y')' = 2yy' = 2y^3$ und $y''' = (y'')' = 6y^2 y' = 6y^4$ gegeben durch

$$\beta(x) = \tfrac{1}{4}\alpha(x)y''(x) - \tfrac{1}{12}y'''(x) = \tfrac{1}{2}[y(x)]^4 \, ,$$

sodass die Form des Diskretisierungsfehlers (mit $a = 0$) durch

$$Y(x) = e^{A(x)} \int_0^x d\xi \, \beta(\xi)e^{-A(\xi)} = \frac{x}{2(1-x)^3}$$

gegeben ist. Folglich ist der *relative* Fehler bei der approximativen Lösung der Differentialgleichung:

$$\frac{\delta y_n}{y(x_n)} \sim \varepsilon^2 \frac{Y(x_n)}{y(x_n)} = \frac{\varepsilon^2 x_n}{2(1-x_n)^2} \qquad (\varepsilon \downarrow 0) \, .$$

Wie auch im Euler-Verfahren *divergiert* der relative Fehler in diesem Beispiel für $x_n \uparrow 1$. Das *positive* Vorzeichen des relativen Fehlers zeigt wiederum, dass die tatsächliche Lösung der Differentialgleichung von der Numerik *unterschätzt* wird. Spätestens, wenn $\delta y_n/y(x_n) \simeq 0{,}5$ gilt, d.h. in diesem Fall ab etwa $x_n = 1 - \varepsilon$, wird die approximativ ermittelte Lösung y_n ungültig. In Abbildung 7.27 vergleichen wir die exakte Lösung der Differentialgleichung, die *blaue* Kurve, mit der numerischen Lösung $\{(x_n, y_n)\}$ im Trapezverfahren, die durch die *schwarzen* Datenpunkte, verbunden durch *grüne* Linien, dargestellt ist. Zum Vergleich ist auch die (hier *grün* punktierte) Lösung im Rahmen des Euler-Verfahrens aus Abb. 7.26 eingetragen. Der Diskretisierungsparameter ist $\varepsilon = \frac{1}{12}$, wie in Abb. 7.26. Der Vergleich zeigt, dass das Trapezverfahren für dieses Beispiel zu wesentlich besseren Ergebnissen führt als das Euler-Verfahren. Dennoch sieht man auch in Abb. 7.27 deutliche Diskrepanzen für $x \gtrsim 1 - \varepsilon \simeq 0{,}92$. Konkret *divergiert* die exakte Lösung für $x \uparrow 1$ und hat die numerische Lösung für $x_N = 1$ den durchaus *endlichen* Wert $y_N \simeq 26{,}46$. Wenn man die numerische Lösung jenseits von $x_N = 1$ fortsetzt, ergibt sie sogar für alle x_n mit $n \in \mathbb{N}$ und $n > N$ *endliche* Funktionswerte.

7.4.4   Verfahren höherer Ordnung *

Im Folgenden fassen wir einige Verfahren höherer Ordnung kurz zusammen, damit klar wird, *dass* überhaupt genauere – allerdings auch komplexere – Verfahren formuliert werden können. Wichtig ist vor allem, dass die größere Genauigkeit dieser Verfahren durch eine höhere Potenz des Diskretisierungsparameters ε im Diskretisierungsfehler ausgedrückt wird, sodass die Verbesserung nicht nur quantitativer, sondern auch qualitativer Natur ist.

Kutta-Verfahren dritter Ordnung *

Im analogen Verfahren dritter Ordnung wird die Differentialgleichung $y'(x) = F(x,y(x))$ mit $y(a) = y_0$ wie folgt diskretisiert

$$\boxed{y_{n+1} - y_n = \frac{\varepsilon}{6}(k_1 + 4k_2 + k_3) \, ,} \tag{7.88}$$

wobei neben $k_1 = F(x_n, y_n)$ noch definiert wurde:

$$k_2 = F(x_n + \tfrac{1}{2}\varepsilon, y_n + \tfrac{1}{2}\varepsilon k_1) \quad , \quad k_3 = F(x_n + \varepsilon, y_n + \varepsilon[2k_2 - k_1]) \ .$$

Der Diskretisierungsfehler erhält im Kutta-Verfahren dritter Ordnung die Form:

$$\delta y_n \equiv y(x_n) - y_n \sim \varepsilon^3 Y(x_n) \qquad (\forall n \leq N) \ ,$$

wobei $Y(x)$, $\alpha(x)$ und $A(x)$ genauso definiert sind wie vorher, aber die Funktion β durch $\beta(x) \equiv \tfrac{1}{24} y''(x)\{[\alpha(x)]^2 - \alpha'(x)\}$ gegeben ist.

Der relative Fehler im Beispiel $y' = \lambda y$ mit $a = 0$ und $y(0) = y_0$ ist nun

$$\frac{\delta y_n}{y(x_n)} \sim \tfrac{1}{24}(\varepsilon\lambda)^3 \lambda x_n \quad (\varepsilon \downarrow 0) \tag{7.89}$$

und somit um noch einen Faktor ε kleiner als im Verfahren zweiter Ordnung. Auch dieses Ergebnis im Rahmen des Runge-Kutta-Verfahrens dritter Ordnung kann anhand der *exakten Lösung* des diskretisierten Problems überprüft werden. Aus der Definition (7.88) des Runge-Kutta-Verfahrens dritter Ordnung folgt nämlich

$$y_{n+1} = \left[1 + \lambda\varepsilon + \tfrac{1}{2}(\lambda\varepsilon)^2 + \tfrac{1}{6}(\lambda\varepsilon)^3\right] y_n$$
$$= \cdots = \left[1 + \lambda\varepsilon + \tfrac{1}{2}(\lambda\varepsilon)^2 + \tfrac{1}{6}(\lambda\varepsilon)^3\right]^{n+1} y_0 \ .$$

Die Lösung des diskretisierten Problems ist daher *exakt* gegeben durch

$$y_n = \left[1 + \lambda\varepsilon + \tfrac{1}{2}(\lambda\varepsilon)^2 + \tfrac{1}{6}(\lambda\varepsilon)^3\right]^{n} y_0$$
$$= y_0 e^{\lambda x_n} e^{n\left\{\ln\left[1 + \lambda\varepsilon + \tfrac{1}{2}(\lambda\varepsilon)^2 + \tfrac{1}{6}(\lambda\varepsilon)^3\right] - \lambda\varepsilon\right\}}$$

und hat somit für hinreichend kleine ε-Werte die Form

$$y_n = y(x_n) e^{-\tfrac{1}{24}(\lambda\varepsilon)^4 n + \cdots} = y(x_n) e^{-\tfrac{1}{24}(\lambda\varepsilon)^3 \lambda x_n + \cdots} \ .$$

Wir verwendeten die Taylor-Reihe des Logarithmus $\ln(1+z)$ bis $\mathcal{O}(z^4)$. Der relative Diskretisierungsfehler für $\varepsilon \downarrow 0$ ist folglich durch

$$\frac{\delta y_n}{y(x_n)} = \frac{y(x_n) - y_n}{y(x_n)} = 1 - e^{-\tfrac{1}{24}(\lambda\varepsilon)^3 \lambda x_n + \cdots} = \tfrac{1}{24}(\lambda\varepsilon)^3 \lambda x_n + \cdots$$

gegeben, im Einklang mit Gleichung (7.89).

Kutta-Verfahren vierter Ordnung ∗

Man kann das Kutta-Verfahren noch eine Ordnung weitertreiben, indem man die Differentialgleichung wie folgt diskretisiert:

$$\boxed{y_{n+1} - y_n = \frac{\varepsilon}{6}(k_1 + 2k_2 + 2k_3 + k_4) \ ,}$$

wobei nun definiert wird:

$$k_1 = F(x_n, y_n) \qquad\qquad k_2 = F(x_n + \tfrac{1}{2}\varepsilon, y_n + \tfrac{1}{2}\varepsilon k_1)$$
$$k_3 = F(x_n + \tfrac{1}{2}\varepsilon, y_n + \tfrac{1}{2}\varepsilon k_2) \qquad\qquad k_4 = F(x_n + \varepsilon, y_n + \varepsilon k_3) \,.$$

Der Diskretisierungsfehler hat in diesem Fall die Form:

$$\delta y_n \equiv y(x_n) - y_n \sim \varepsilon^4 Y(x_n) \quad , \quad Y(a) = 0 \qquad (\forall n \leq N) \,,$$

wobei $Y(x)$ analog zu den vorher besprochenen Verfahren niedrigerer Ordnung bestimmt werden kann.

Kutta-Nyström-Verfahren fünfter Ordnung $*$

In fünfter Ordnung müsste man die Differentialgleichung $y'(x) = F(x, y(x))$ mit $y(a) = y_0$ wie folgt diskretisieren:

$$\boxed{y_{n+1} - y_n = \frac{\varepsilon}{192}(23k_1 + 125k_3 - 81k_5 + 125k_6) \,,}$$

wobei insgesamt 6 Konstanten k_i (mit $1 \leq i \leq 6$) zu definieren sind:

$$k_1 = F(x_n, y_n)$$
$$k_2 = F(x_n + \tfrac{1}{3}\varepsilon, y_n + \tfrac{1}{3}\varepsilon k_1)$$
$$k_3 = F(x_n + \tfrac{2}{5}\varepsilon, y_n + \tfrac{1}{25}\varepsilon[6k_2 + 4k_1])$$
$$k_4 = F(x_n + \varepsilon, y_n + \tfrac{1}{4}\varepsilon[15k_3 - 12k_2 + k_1])$$
$$k_5 = F(x_n + \tfrac{2}{3}\varepsilon, y_n + \tfrac{1}{81}\varepsilon[8k_4 - 50k_3 + 90k_2 + 6k_1])$$
$$k_6 = F(x_n + \tfrac{4}{5}\varepsilon, y_n + \tfrac{1}{75}\varepsilon[8k_4 + 10k_3 + 36k_2 + 6k_1]) \,.$$

Der entsprechende Diskretisierungsfehler wäre in diesem Fall durch

$$\delta y_n \equiv y(x_n) - y_n \sim \varepsilon^5 Y(x_n) \quad , \quad Y(a) = 0 \qquad (\forall n \leq N)$$

gegeben, wobei man $Y(x)$, wenn man möchte, explizit bestimmen kann. Bei Bedarf kann man Verfahren noch höherer Ordnung konstruieren.

7.5 Übungsaufgaben

Aufgabe 7.1 Logistischer Zerfall

Bestimmen Sie die Lösung der logistischen Gleichung (7.6), nun aber für Anfangswerte $y_0 > 1$, und interpretieren Sie diese.

Aufgabe 7.2 Lineare Differentialgleichungen

(a) Lösen Sie die Differentialgleichungen

$$1. \quad (1+x^2)y' - xy = 0 \qquad 2. \quad y' + xy = x \qquad 3. \quad y' + y\sin(x) = \sin(2x) \,.$$

(b) Lösen Sie die Differentialgleichung $y = xy' - \tfrac{1}{4}(y')^2$, indem Sie sie differenzieren.

Aufgabe 7.3 (Nicht)lineare Differentialgleichungen der Physik
Bestimmen Sie die Lösung der folgenden gewöhnlichen Differentialgleichungen erster Ordnung für allgemeine Anfangsbedingungen $x(0) \equiv x_0$ bzw. $v(0) \equiv v_0$. *Hinweis:* Eine Skizze des typischen Verlaufs der Lösungen als Funktion der Zeit kann hilfreich für das Verständnis sein.

$$
\begin{array}{lll}
\text{(i)} & \dot{v} = -\mu v^2 & \text{(Newton'sche Reibung; } \mu > 0) \\
\text{(ii)} & \dot{v} = -\lambda v - \mu & \text{(Fall mit Reibung; } \lambda, \mu > 0) \\
\text{(iii)} & \dot{x} = \lambda x - \mu x^2 & \text{(Wachstum mit Konkurrenz; } \lambda, \mu, x_0 > 0) \\
\text{(iv)} & \dot{x} = -\lambda x + \mu x^2 & \text{(Sterben und Geburt; } \lambda, \mu, x_0 > 0) \, .
\end{array}
$$

Aufgabe 7.4 Existenz und Eindeutigkeit von Lösungen
Betrachten Sie die einfache eindimensionale Bewegungsgleichung

$$
\ddot{x} = \tfrac{1}{m} F(x) \quad \text{mit} \quad \tfrac{1}{m} F(x) = \tfrac{1}{\alpha} x^{2\alpha - 1}
$$

und bestimmen Sie für die in Teil (a) bis (c) angegebenen Werte des Parameters α jeweils die allgemeinste Lösung, die mit den dort spezifizierten Anfangsbedingungen verträglich ist.

(a) Zeigen Sie, dass die Bewegungsgleichung mit dem Parameterwert $\alpha = \tfrac{2}{3}$ und den Anfangswerten $\dot{x}(0) = x(0) = 0$ zwar eine Lösung hat, dass diese aber nicht eindeutig ist.

(b) Zeigen Sie für $\alpha = 2$ und $x(-1) = \dot{x}(-1) = 2$, dass die Bewegungsgleichung keine Lösung hat, die für alle $t \in \mathbb{R}$ oder auch nur für alle $t \geq -1$ existiert.

(c) Zeigen Sie für $\alpha = 1$ mit $x(0) = \dot{x}(0) = 1$, dass eine eindeutige Lösung für alle $t \in \mathbb{R}$ existiert.

Aufgabe 7.5 Harmonischer Oszillator mit antreibender Kraft
Die Bewegungsgleichung des harmonischen Oszillators mit einer antreibenden Kraft, $\ddot{z} = -\omega^2 z + a(t)$, ist auch mit Hilfe komplexer Zahlen lösbar. Hierzu definieren wir $\xi(t) \equiv \dot{z}(t) + i\omega z(t)$.

(a) Zeigen Sie, dass $\xi(t)$ die Gleichung $\dot{\xi} - i\omega\xi = a(t)$ erfüllt, und lösen Sie diese Gleichung.

(b) Bestimmen Sie $z(t)$ aus dem Ergebnis von (a) für eine allgemeine Anfangsbedingung $z(0), \dot{z}(0) \in \mathbb{R}$ und eine beliebige antreibende Kraft $a(t) \in \mathbb{R}$. Bestimmen Sie $z(t)$ außerdem *explizit* für den Spezialfall $a(t) = a_0 \cos(\omega_0 t)$.

Aufgabe 7.6 Differentialgleichungen – eine Fundgrube zum Üben
Lösen Sie die folgenden Differentialgleichungen, die alle entweder separabel sind (bzw. auf eine separable Gleichung zurückgeführt werden können) oder die allgemeine Struktur $\frac{du}{dt} = -a(t)u + b(t)$ aufweisen (bzw. auf eine Gleichung dieser Struktur zurückgeführt werden können).

Hinweise: Gelegentlich ist eine geeignete Substitution nützlich. Differentialgleichungen der Form $u'' = f(u)$ sind durch Multiplikation mit u' lösbar. Manche Lösungen haben die Form $t(u)$ statt $u(t)$. Sollten Fallunterscheidungen in Integrationskonstanten (wie z. B. $a \lessgtr 0$) notwendig sein, so lösen Sie das Problem für nur *eine* Variante (z. B. $a > 0$).

(a) Bei der Lösung der Gleichungen 1 bis 20 können bei Bedarf die unten angegebenen Substitutionen verwendet werden:

1. $u' + u = e^{-t}$ 2. $u' + tu = t$

3. $u' + u\sin(t) = \sin(t)$ 4. $(1+t^2)u' + tu = \sqrt{1+t^2}$

5. $u' + 2u = u^2$ 6. $tu'' = u' + 2$

7. $tu' + u - t^2 = 0$ 8. $uu'' = 2(u')^2$

9. $u^2 + 1 + t + 2uu' = 0$ 10. $u'' = uu'$

11. $tuu' = t^2 + u^2$ 12. $(t-u)^2 u' = 1$

13. $uu' - \frac{2}{t}u^2 = 1$ 14. $u' = t^2/u + u$

15. $tu' + 2u = t^2 u^2$ 16. $u' = 1 + u^2$

17. $e^u(u' + 1) = e^t$ 18. $u' + u = 3e^t u^3$

19. $u^3 u'' = 2$ 20. $(u+1)u'' = 3(u')^2$.

Substituieren Sie bei Bedarf: 5. $v \equiv u - 1$;   9. $v \equiv u^2 + 1 + t$;   11. $v \equiv u^2$ und $x \equiv t^2$ 12. $v \equiv u - t$ 13. $v \equiv u^2$ 14. $v \equiv u^2$ 15. $v \equiv u^{-1}$ 17. $v \equiv e^u$ 18. $v \equiv u^{-2}$.

(b) Bestimmen Sie bei der Lösung der Gleichungen 21 bis 48 die eventuell erforderlichen Substitutionen bitte selbst:

21. $u' + tu = 5t$ 22. $[1 - \cos(t)]u' = u\sin(t)$

23. $tu' + u = 2t\sin(t)$ 24. $t(t-1)u' = u(u-1)$

25. $u' - 2\cos(t)u = \cos(t)$ 26. $u'\sin(u) = -t$

27. $tu' - u = t^2 + 4$ 28. $u' = (1-u)^2$

29. $u' - 3u = te^t$ 30. $u' + \tan(t)u = 7\sin(2t)$

31. $tu'' + u' - t^2 = 0$ 32. $u'\cos(u) + t\sin(u) = t$

33. $u'\cos(u) + t\sin(u) = t^3$ 34. $u + (2tu^2 + t)u' = 0$

35. $2tuu' + t - u^2 = 0$ 36. $u' = (t+1)^{-1}u + u^3$

37. $(t+u)^2 u' = a^2$ 38. $(u')^2 = t^2 + 2t + 4$

39. $u = tu' - (u')^2$ 40. $(u')^2 - 2tu' + t^2 - u^2 = 0$

41. $u' + 3u = e^{-t}$ 42. $u' + t^2 u = t^2$

43. $u' + u\tan(t) = \sin(t)$ 44. $u' + u = \frac{2}{3}e^t u^4$

45. $e^{-3u}(u' - 1) = t$ 46. $u' = \frac{t}{u} + \frac{1}{2}u$

47. $t^2 u' - u = 1$ 48. $tu'' - u' = 2t^3$.

Aufgabe 7.7 Vergangenheit, Gegenwart oder Zukunft?

Die Gleichung $\frac{du}{dt}(t) = u\left(\frac{1}{2}t\right)$ mit der Anfangsbedingung $u(0) = u_0 \in \mathbb{R}$ ist *keine* Differentialgleichung, da sie die Ableitung $\frac{du}{dt}(t)$ nicht mit Funktionswerten $u(t)$ aus der *Gegenwart*, sondern mit Funktionswerten aus der *Vergangenheit* $\left(|\frac{1}{2}t| < |t|\right)$ verknüpft. Das bedeutet an sich aber weder, dass die Gleichung physikalisch uninteressant ist, noch, dass sie keine glatte (stetig differenzierbare) Lösung hat. Lösen

Sie die Gleichung mit einem Potenzreihenansatz der Form $u(t) = \sum_{n=0}^{\infty} u_n t^n$. Suchen Sie analog eine Lösung der allgemeineren Gleichung $\frac{du}{dt}(t) = u(\lambda t)$ mit der Anfangsbedingung $u(0) = u_0 \in \mathbb{R}$; zeigen Sie, dass eine solche Lösung existiert für Gleichungen mit Information aus der „Gegenwart" oder aus der „Vergangenheit" ($0 \leq \lambda \leq 1$), aber nicht für Information aus der „Zukunft" ($\lambda > 1$, $u_0 \neq 0$).

Aufgabe 7.8 Ein Stier sieht rot

Ein Wanderer W kommt durch ein Tal, das links und rechts durch hohe Felswände begrenzt ist. Über die ganze Breite b des Tals erstreckt sich eine rechteckige Wiese. Der Wanderer würde diese Wiese, die die Länge a hat, gerne mit Geschwindigkeit $v(t) > 0$ schnurgerade von B nach C überqueren. Im Punkt A wartet jedoch bereits ein Stier S, der auf jedwede Person loszustürmen pflegt, die sich auf die Wiese wagt. Seine Wut wird durch den Faktor $\lambda > 1$ ausgedrückt: Unabhängig davon, wie schnell man läuft, der Stier läuft immer λ-mal so schnell, immer gerade auf sein Ziel zu. Unter welcher Bedingung an (a, b, λ) kommt der Wanderer dennoch heil über die Wiese?

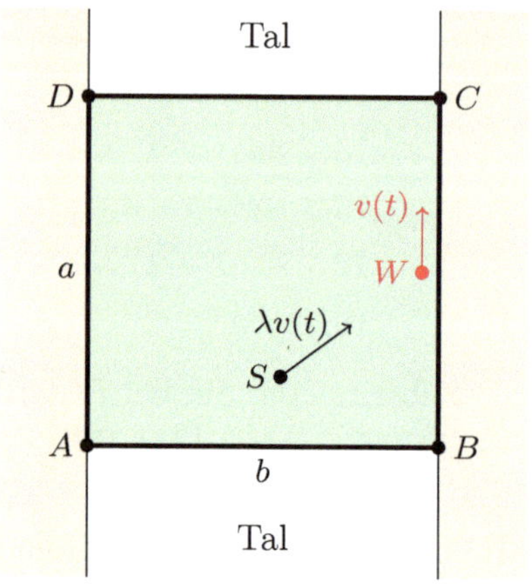

Abb. 7.28 Ein Stier sieht rot

Aufgabe 7.9 Spezialfälle der Kummer-Funktion
Zeigen Sie, dass die konfluente hypergeometrischen Funktion $M(a, 1, x)$ in (7.66) für $a = 2$ und $a = 3$ durch

$$M(2, 1, x) = (1 + x)\, e^x \qquad , \qquad M(3, 1, x) = \left(1 + 2x + \tfrac{1}{2}x^2\right) e^x$$

gegeben ist. Zeigen Sie außerdem die Identitäten:

$$M(1, 2, 2x) = \frac{e^x}{x} \sinh(x)$$

und

$$M\left(\tfrac{1}{2}, \tfrac{3}{2}, -x^2\right) = \frac{\sqrt{\pi}}{2x} \operatorname{erf}(x) \qquad \text{mit} \qquad \operatorname{erf}(x) = \frac{2}{\sqrt{\pi}} \int_0^x dt\, e^{-t^2}\ .$$

Aufgabe 7.10 Hypergeometrische Funktion am Konvergenzradius
Untersuchen Sie die Konvergenz oder Divergenz der hypergeometrischen Funktion $v(x) = F(a, b; c; x)$ in (7.70) nahe dem Konvergenzradius $x = 1$, abhängig von den drei Parametern $a, b, c \in \mathbb{R}$.

Aufgabe 7.11 Spezialfälle der hypergeometrischen Funktion
Überprüfen Sie die Richtigkeit der Gleichungen (7.73), (7.74) und (7.75) im Text. Überprüfen Sie auch, dass die Funktion $F\left(a, \tfrac{1}{2} + a; \tfrac{3}{2}; x^2\right)$, die für das grafische Beispiel in Abb. 7.23 verwendet wurde, in der Tat durch die rechte Seite der Gleichung (7.72) gegeben ist.

Kapitel 8

Wahrscheinlichkeitsrechnung

Auch die Wahrscheinlichkeitsrechnung führt in natürlicher Weise zu Folgen und Reihen. Die typischen „Messgrößen", an denen man interessiert ist, sind nämlich durch *Erwartungswerte* gegeben, die die Form von *Reihen* (S_n) haben, wenn nur abzählbar viele verschiedene Ereignisse auftreten können. Der Index n der Glieder einer solchen Reihe entspricht dann der Anzahl der unterschiedlichen Ereignisse im Problem.

Hiermit sind die wichtigsten Begriffe der Wahrscheinlichkeitsrechnung bereits genannt: Man betrachtet *Ereignisse*, die hier mit dem Index i bezeichnet werden und mit einer *Wahrscheinlichkeit* p_i auftreten können. Ereignisse, die sich gegenseitig ausschließen, bezeichnet man als *inkompatibel*. Die Wahrscheinlichkeiten p_i dieser Ereignisse müssen drei Eigenschaften („Axiome") erfüllen, die 1933 erstmals vom russischen Mathematiker Andrei N. Kolmogorow (1903 - 1987) aufgestellt wurden:

1. Die Wahrscheinlichkeiten p_i müssen nicht-negativ sein:

$$0 \leq p_i \leq 1 \,.$$

2. Die Wahrscheinlichkeit des „sicheren Ereignisses" S ist gleich eins:

$$p_S = 1 \,.$$

3. Die Wahrscheinlichkeit der Vereinigung $\mathcal{I}$ abzählbar vieler *inkompatibler* Ereignisse i ist:

$$p_\mathcal{I} = \sum_{i \in \mathcal{I}} p_i \,.$$

Falls das „sichere Ereignis" S also als Vereinigung abzählbar vieler *inkompatibler* Ereignisse i betrachtet werden kann, folgt aus den letzten beiden Eigenschaften:

$$\sum_i p_i = p_S = 1 \,, \tag{8.1}$$

sodass die Summe über die Wahrscheinlichkeiten der Ereignisse i dann auf eins normiert ist.

In den Naturwissenschaften, speziell in der Physik, kann man den allgemeinen Begriff „Ereignis" häufig mit dem Auftreten eines *Messergebnisses* bei einer Messung übersetzen. Beispielsweise kann das „Ereignis" dann der Messung einer Länge, einer Zeitdauer, einer Teilchenzahl oder einer Stromstärke entsprechen. Diese Korrespondenz zwischen „Ereignis" und Messergebnis ist aus verschiedenen Gründen wichtig:

- Es wird dadurch möglich, den Index i nicht als abstraktes „Ereignis", sondern als quantitative Größe (das *Ergebnis* der Messung) zu interpretieren. Diese Interpretation ermöglicht es also, in Formeln wie (8.1) den Summationsindex i als *reellwertige Größe* ($i \in \mathbb{R}$) aufzufassen.

- Insbesondere bedeutet dies, dass die Messergebnisse i in Anwendungen oft die gleiche physikalische Dimension (z.B. Länge, Dauer, Stromstärke, ...) haben.

Der letzte Punkt – die gleiche physikalische Dimension der Messergebnisse i – impliziert wiederum:

- dass die Ereignisse i in der Regel miteinander *inkompatibel* sind, da die entsprechenden Messergebnisse durch unterschiedliche numerische Werte gekennzeichnet sind. Es ist daher sinnvoll, Summen über inkompatible Ereignisse, wie in (8.1), zu betrachten.

- dass wir auch *Erwartungswerte* von i oder gar von allgemeineren Messgrößen $f(i)$ betrachten können. Die Interpretation einer Funktion $f(i)$ als Messgröße setzt allerdings voraus, dass diese Funktion eine eindeutige physikalische Dimension besitzt.

Als einfaches Beispiel eines Erwartungswertes kann man eine „Gesellschaft" betrachten, die aus insgesamt N Familien besteht, von denen n_0 gar kein Auto besitzen, n_1 ein Auto, n_2 zwei Autos, ..., sodass die Gesamtzahl der Autos $0 \cdot n_0 + 1 \cdot n_1 + 2 \cdot n_2 + \ldots$ ist. Folglich ist die mittlere Autozahl pro Familie:

$$\frac{\sum_{i=1}^{\infty} i n_i}{\sum_{i=0}^{\infty} n_i} = \sum_{i=1}^{\infty} i \frac{n_i}{N} = \sum_{i=1}^{\infty} i p_i \,, \tag{8.2}$$

wobei $p_i = n_i / N$ die Wahrscheinlichkeit dafür darstellt, dass eine zufällig ausgewählte Familie genau i Autos hat. Die Summation kann in diesen Formeln problemlos bis $i = \infty$ ausgedehnt werden, da sie auf jeden Fall *effektiv endlich* ist: Für nicht auftretende Ereignisse („Familien mit 17 oder mehr Autos") gilt $n_i = 0$ bzw. $p_i = 0$, sodass die Beiträge zur Summe null sind.

Dieses Konzept eines Mittelwertes lässt sich leicht verallgemeinern. Nehmen wir an, bei der „Messung" gibt es abzählbar viele unterschiedliche Messergebnisse: $i = 1, 2, 3, \ldots, n$, wobei möglicherweise $n = \infty$ gilt. Allgemein wird der Erwartungswert einer Funktion $f(i)$ dann definiert als:

$$\boxed{\langle f(i) \rangle \equiv \sum_{i=1}^{n} f(i) p_i \,.}$$

Die Interpretation dieser Formel ist, dass der Erwartungswert der Funktion $f(i)$ bestimmt wird, indem man alle möglichen inkompatiblen Ereignisse i betrachtet und das entsprechende Messergebnis $f(i)$ jeweils mit der Wahrscheinlichkeit p_i gewichtet. Insbesondere wird der *Mittelwert* der Wahrscheinlichkeitsverteilung p_i als der Erwartungswert von i definiert:

$$\boxed{\langle i \rangle \equiv \sum_{i=1}^{n} i p_i \,,} \tag{8.3}$$

und die *Varianz* von p_i wird definiert als

$$\boxed{\langle (i - \langle i \rangle)^2 \rangle \equiv \sum_{i=1}^{n} (i - \langle i \rangle)^2 p_i \equiv \sigma^2 \,.} \tag{8.4}$$

Die Größe σ wird als *Standardabweichung* oder als *Breite* der Verteilung der Messwerte bezeichnet. Die i-Summen in diesen Formeln zeigen, dass Erwartungswerte generell die Form von *Reihen* (von Summen über $i = 1, 2, \ldots, n$) haben. Hierbei wird die Wahrscheinlichkeitsverteilung p_i in der Regel auch parametrisch von der Zahl der möglichen Messwerte n abhängen. Die Formeln zeigen, dass der Mittelwert $\langle i \rangle$ und die Breite σ die gleiche physikalische Dimension wie i haben und dass die Varianz die Dimension von i^2 hat. Die Wahrscheinlichkeiten p_i selbst sind dimensionslos.

Beispiel: Die Verteilung der IQ-Werte

Zur Illustration der Begriffe „Mittelwert" und „Breite" sei noch einmal an die Verteilung der gemessenen IQ-Werte in Abb. 6.22 erinnert. Die Verteilung der IQ-Werte wurde dort mit einer (*glatten*) Gauß-Verteilung beschrieben. Diese Darstellung der IQ-Verteilung durch eine *glatte* Verteilung stellt in der Praxis jedoch nur eine (sehr gute) Näherung dar: Die ermittelten IQ-Werte i sind nämlich häufig nicht beliebig reell, sondern *ganzzahlig* (etwa $0 \leq i \leq 200$), wobei der Mittelwert $\langle i \rangle$ gleich 100 und die Standardabweichung σ gleich 15 ist. Die Wahrscheinlichkeit[1] dafür, dass eine zufällig ausgewählte Person einen IQ zwischen i_1 und i_2 hat, ist somit durch das Riemann-Integral

$$P(i_1 \leq \text{IQ} \leq i_2) = \sum_{i=i_1}^{i_2} p_i = \int_{i_1 - \frac{1}{2}}^{i_2 + \frac{1}{2}} dx \, \frac{1}{15\sqrt{2\pi}} e^{-(x-100)^2/450}$$

gegeben, wobei $2\sigma^2 = 2 \cdot 15^2 = 450$ eingesetzt wurde und

$$p_i = \int_{i - \frac{1}{2}}^{i + \frac{1}{2}} dx \, \frac{1}{15\sqrt{2\pi}} e^{-(x-100)^2/450} \simeq \frac{1}{15\sqrt{2\pi}} e^{-(i-100)^2/450}$$

---

[1] Diese Wahrscheinlichkeit wird nun allerdings im Einklang mit Gleichung (8.1) auf eins normiert, nicht – wie in Kapitel [6] – auf 100%.

die Wahrscheinlichkeit dafür ist, dass die Person genau den IQ i hat. Die Mittelpunktsnäherung $x \to i$ im letzten Schritt ist deshalb recht gut, weil die Standardabweichung der Gauß-Verteilung deutlich größer als die Differenz zweier aufeinanderfolgender IQ-Werte ist ($\sigma = 15 \gg 1$).

Statt der glatten Wahrscheinlichkeitsverteilung (s. Abb. 6.22) ist in Abbildung 8.1 die *diskrete* Wahrscheinlichkeitsverteilung $\{p_i\}$ skizziert. Die farbigen Felder deuten die IQ-Werte an, die einen Abstand von weniger als σ zum Mittelwert $\langle i \rangle = 100$ haben (oder einen Abstand zwischen σ und 2σ oder zwischen 2σ und 3σ). Die numerischen Werte der Wahrscheinlichkeiten p_i werden durch die Strichlänge beim entsprechenden i-Wert angegeben. Diese Wahrscheinlichkeiten sind auf eins normiert: $\sum_i p_i = 1$.

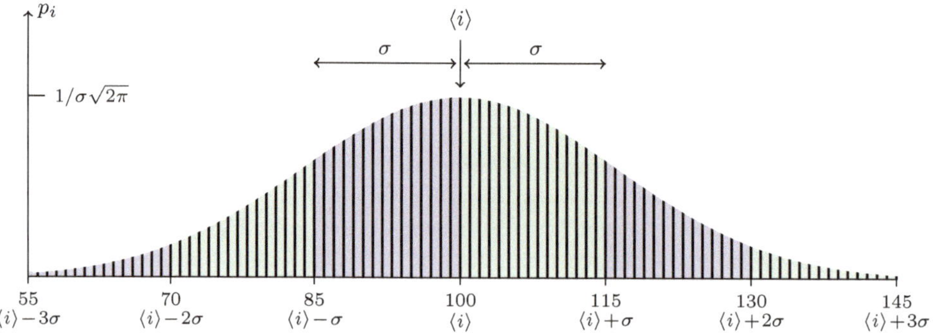

Abb. 8.1 Verteilung der (diskreten) IQ-Werten

8.1 Laplace-Experimente

Ein „Laplace-Experiment" wird dadurch charakterisiert, dass alle n möglichen inkompatiblen Ereignisse $i = 1, 2, 3, \ldots, n$ gleich wahrscheinlich sind, sodass gilt: $p_i = n^{-1}$ ($1 \leq i \leq n$). Bei einem Laplace-Experiment ist die Wahrscheinlichkeit p_j für das zusammengesetzte Ereignis j, dass eines der m Messergebnisse $i_1, i_2, \ldots, i_m$ auftritt, durch die einfache Formel

$$p_j = \frac{\text{Anzahl der günstigen Messergebnisse}}{\text{Anzahl der möglichen Messergebnisse}} = \frac{m}{n} \tag{8.5}$$

gegeben. Hierbei gilt das Auftreten eines der Ergebnisse $i_1, i_2, \ldots, i_m$ als „günstig". Bereits in Gleichung (8.2) haben wir ein einfaches Laplace-Experiment durchgeführt, da die Wahrscheinlichkeit p_i dafür, dass eine zufällig ausgewählte Familie i Autos hat, mit dem Verhältnis der Zahl n_i der günstigen Ereignisse zur Zahl N der möglichen Ereignisse identifiziert wurde.

Das kanonische Beispiel für ein Laplace-Experiment ist das Würfeln. Verwendet man hierfür einen ordnungsgemäßen handelsüblichen kubischen Würfel mit sechs Flächen ($n = 6$), so sind die Wahrscheinlichkeiten der unterschiedlichen „Augenzahlen" $i = 1, 2, \ldots, 6$ alle gleich und somit durch $p_i = \frac{1}{6}$ gegeben. Die Wahrscheinlichkeit für das zusammengesetzte Ergebnis, entweder eine 3 oder eine 5 zu werfen,

ist dann $p_j = \frac{2}{6} = \frac{1}{3}$. Würde man statt des kubischen Würfels z.B. ein regelmä-
ßiges Dodekaeder (mit 12 Fünfecken als Flächen) verwenden, so wäre $n = 12$ und
$p_i = \frac{1}{12}$, und die Wahrscheinlichkeit dafür, entweder eine 3, 7 oder 11 zu werfen,
wäre $p_j = \frac{3}{12} = \frac{1}{4}$. Die Verwendung gezinkter Würfel (ganz gleich, ob man hierfür
Kuben oder Dodekaeder wählt) ist nicht nur illegal, sondern auch höchst unelegant,
da hierdurch die schlichte Struktur des Laplace-Experiments verloren geht.

Beispiel: Das „Ziegenproblem"

Ein weiteres Laplace-Experiment, das um 1990 einige Aufmerksamkeit erhielt, ist
das „Ziegenproblem":[2] Ein Kandidat bei einer Fernsehshow soll eins von drei möglichen Toren auswählen und erhält dann den dahinter versteckten Preis. Hinter
einem der Tore befindet sich ein Auto, hinter den beiden anderen jeweils eine Ziege. Der Kandidat wünscht sich das Auto. Nachdem er ein Tor gewählt hat, öffnet
der Präsentator der Show nicht das ausgewählte Tor,[3] sondern ein anderes und
zeigt, dass dahinter eine Ziege versteckt war. Der Kandidat wird aufgefordert, sich
zu entscheiden: Bleibt er beim ursprünglich ausgewählten Tor, oder möchte er zum
noch verschlossenen anderen Tor wechseln? Gleichung (8.5) liefert die Antwort:
Wenn wir das vom Kandidaten ausgewählte Tor als „Tor A" und die anderen beiden als „Tor B" und „Tor C" bezeichnen, gibt es drei a priori gleich wahrscheinliche
Ereignisse:

1. Das Auto befindet sich hinter Tor A. Der Präsentator öffnet Tor B oder C.

2. Das Auto befindet sich hinter Tor B. Der Präsentator öffnet Tor C.

3. Das Auto befindet sich hinter Tor C. Der Präsentator öffnet Tor B.

Bei der Strategie „Wechseln" sind *zwei* der drei Ereignisse günstig, denn im Fall der
Ereignisse 2 und 3 würde der Kandidat das Auto erhalten. Nach Gleichung (8.5)
ist die Erfolgschance daher $\frac{2}{3}$. Bei der Strategie „Nichtwechseln" ist nur *eines* der
drei Ereignisse günstig, denn nur im Fall des Ereignisses 1 erhält der Kandidat das
Auto. Nach Gleichung (8.5) ist die Erfolgschance beim Nichtwechseln also lediglich $\frac{1}{3}$. Die Antwort lautet daher: Der Kandidat sollte wechseln. Dieses Ergebnis
kam vielen damals zunächst paradox vor und führte zu lebhaften Diskussionen, da
beide verschlossenen Tore nach der Enthüllung der ersten Ziege doch äquivalent
erscheinen.

Beispiel: Das Werfen mehrerer Würfel

Das Laplace-Experiment mit dem Würfeln wird schon interessanter, wenn man
mehr als einen Würfel benutzt. Nehmen wir an, man wirft 100 Würfel gleichzeitig
und möchte die Wahrscheinlichkeit wissen, dass man dabei genau 23 Mal die Fünf
erzielt. Ein einfaches kombinatorisches Argument zeigt, dass diese Wahrscheinlichkeit gleich

$$p_{23} = \binom{100}{23} \left(\frac{1}{6}\right)^{23} \left(\frac{5}{6}\right)^{77} \simeq 0{,}02528 \tag{8.6}$$

---

[2]Auch „3-Türen-Problem" oder (nach dem Moderator der entsprechenden Show) „Monty-Hall-
Problem" genannt.

[3]Würde der Präsentator einfach das ausgewählte Tor öffnen, so würde der Kandidat mit Wahrscheinlichkeit $\frac{1}{3}$ das Auto und mit Wahrscheinlichkeit $\frac{2}{3}$ eine Ziege gewinnen.

ist, denn es gibt $\binom{100}{23}$ verschiedene Weisen, vor dem Wurf eine Gruppe von 23 Würfeln auszuwählen, und die Wahrscheinlichkeit dafür, dass man mit jedem der 23 ausgewählten Würfel tatsächlich eine Fünf wirft und mit allen anderen Würfeln nicht, ist gleich $\left(\frac{1}{6}\right)^{23}\left(\frac{5}{6}\right)^{77}$. Allgemeiner wäre die Wahrscheinlichkeit, mit n Würfeln genau m Mal die Fünf zu werfen, gleich

$$p_m = \binom{n}{m}\left(\frac{1}{6}\right)^m\left(\frac{5}{6}\right)^{n-m} \quad , \quad \sum_{m=0}^{n} p_m = \left(\frac{1}{6}+\frac{5}{6}\right)^n = 1 \; .$$

Diese Wahrscheinlichkeiten p_m sind auf eins normiert, da das Werfen *irgendeiner* Anzahl von Fünfen das „sichere Ereignis" ist. Wir stellen somit fest, dass es eine enge Beziehung zwischen einem vielmals durchgeführten Laplace-Experiment und der *Binomialverteilung* gibt. Aus diesem Grund betrachten wir die Binomialverteilung im Folgenden genauer.

8.2 Die Binomialverteilung

Die Wahrscheinlichkeitstheorie ist im 16. und 17. Jahrhundert aus Versuchen entstanden, die Ergebnisse von Glücksspielen quantitativ vorherzusagen. Aufgrund von kombinatorischen Überlegungen stößt man so schnell auf die *Binomialkoeffizienten*, denn z.B. die Wahrscheinlichkeit, dass man beim n-maligen Werfen einer Münze genau m Mal „Kopf" wirft, ist $\binom{n}{m} 2^{-n}$. Die allgemeinere *Binomialverteilung* wurde erstmals vom Basler Mathematiker Jakob Bernoulli (1655 - 1705) ausführlich diskutiert, allerdings wurde dessen Aufsatz erst 1713 (also posthum) publiziert. Die Binomialverteilung ist generell relevant, wenn man n-malig ein Experiment durchführt, in dem entweder das Messergebnis A auftritt (mit Wahrscheinlichkeit p) oder das mit A inkompatible Messergebnis B (mit Wahrscheinlichkeit $1-p$). Die Wahrscheinlichkeit p_m dafür, dass bei n-maliger Durchführung des Experiments genau m Mal Messergebnis A auftritt, ist dann gegeben durch die Binomialverteilung

$$\boxed{p_m = \binom{n}{m} p^m (1-p)^{n-m} \quad , \quad \sum_{m=0}^{n} p_m = [p+(1-p)]^n = 1 \; ,}$$

die auch für allgemeines p auf eins normiert ist.

8.2.1 Die Verteilung von Gasatomen über zwei Teilvolumina

Eine typische Anwendung der Binomialverteilung aus dem Bereich der Physik, die bereits kurz in Kapitel [1] auf Seite 11 angesprochen wurde, ist die Verteilung der insgesamt N Atome eines Gases über einen Behälter mit Gesamtvolumen V, den man (gedanklich, ohne feste Wand) in zwei Kompartimente α und β unterteilt. Hierbei hat Kompartiment α das Volumen $v < V$ und Kompartiment β das Volumen $V - v$. Die Atome des Gases sollen einander nicht „sehen", d.h. nicht miteinander wechselwirken, sodass sie sich unabhängig voneinander durch den Behälter bewegen. Ein Gasatom durchquert in dieser Weise im Laufe der Zeit den ganzen Behälter und hält sich dabei in gleichen Untervolumina des Behälters gleich oft auf, d.h., die Aufenthaltsdauer in einem Teilbereich des Behälters ist proportional zum Volumen dieses Teilbereichs. Wenn man also zufällig ein Atom aus dem Gas auswählt und seinen Aufenthaltsort bestimmt, ist die Wahrscheinlichkeit $p = v/V$, dass sich dieses Atom im Kompartiment α befindet (Messergebnis A), und $1 - p = (V - v)/V$, dass es sich im Kompartiment β befindet (Messergebnis B). Folglich ist die Wahrscheinlichkeit p_m dafür, dass sich bei einer Bestimmung aller Aufenthaltsorte der N Atome genau m im Kompartiment α befinden, durch die Binomialverteilung

$$p_m = \binom{N}{m} p^m (1 - p)^{N-m} \quad , \quad p = \frac{v}{V} \quad , \quad \sum_{m=0}^{N} p_m = 1$$

gegeben.

Man möchte nun z.B. wissen, wie viele Gasatome sich typischerweise im Kompartiment α befinden und was die Breite[4] dieser Verteilung von „Besetzungszahlen" ist. Die erste Frage entspricht der Berechnung des *Mittelwertes* $\langle m \rangle$, der in (8.3) definiert wurde:

$$\langle m \rangle = \sum_{m=0}^{N} m p_m = \sum_{m=0}^{N} m \binom{N}{m} p^m (1 - p)^{N-m} \ .$$

Die zweite Frage wird durch Gleichung (8.4) beantwortet, denn die *Breite* σ einer Verteilung (oder auch *Standardabweichung*) folgt als Wurzel der Varianz, und die *Varianz* ist definiert gemäß:

$$\sigma^2 \equiv \langle (m - \langle m \rangle)^2 \rangle \equiv \sum_{m=0}^{N} (m - \langle m \rangle)^2 p_m = \sum_{m=0}^{N} (m - \langle m \rangle)^2 \binom{N}{m} p^m (1 - p)^{N-m} \ .$$

Aber wie berechnet man die Summen auf der rechten Seite der Gleichungen für $\langle m \rangle$ und σ^2 nun konkret? Hierzu sollte man sich zuerst einige elementare Rechenregeln für Erwartungswerte klarmachen:

$$\langle \lambda \rangle = \sum_{m=0}^{N} \lambda p_m = \lambda \sum_{m=0}^{N} p_m = \lambda$$

$$\langle \mu m \rangle = \sum_{m=0}^{N} (\mu m) p_m = \mu \sum_{m=0}^{N} m p_m = \mu \langle m \rangle$$

$$\langle f(m) + g(m) \rangle = \sum_{m=0}^{N} f(m) p_m + \sum_{m=0}^{N} g(m) p_m = \langle f(m) \rangle + \langle g(m) \rangle \ ,$$

wobei $\lambda \in \mathbb{R}$ und $\mu \in \mathbb{R}$ Konstanten und f und g beliebige Funktionen sind. Aus diesen Rechenregeln folgt nun (hier mit den speziellen Werten $\lambda = \langle m \rangle^2$ und $\mu = -2\langle m \rangle$), dass die Varianz auch als

$$\sigma^2 \equiv \langle (m - \langle m \rangle)^2 \rangle = \langle m^2 - 2\langle m \rangle m + \langle m \rangle^2 \rangle = \langle m^2 + \mu m + \lambda \rangle$$
$$= \langle m^2 \rangle + \mu \langle m \rangle + \lambda = \langle m^2 \rangle - 2\langle m \rangle^2 + \langle m \rangle^2 = \langle m^2 \rangle - \langle m \rangle^2$$

---

[4]Der Begriff „Breite" oder „Standardabweichung" einer Wahrscheinlichkeitsverteilung wurde in Gleichung (8.4) definiert und in Abb. 8.1 anhand der IQ-Verteilung illustriert.

geschrieben werden kann. In dieser Berechnung wurde verwendet, dass $\langle m \rangle$ und $\langle m^2 \rangle$ *konstante Zahlen* sind. Wir stellen fest, dass wir zur Berechnung des Mittelwertes und der Breite der Verteilung $\{p_m\}$ die beiden Größen $\langle m \rangle$ und $\langle m^2 \rangle$ benötigen. Wie also berechnet man diese?

Die charakteristische Funktion

Eine sehr geschickte Methode, Größen wie $\langle m \rangle$ und $\langle m^2 \rangle$ oder allgemeiner auch $\langle m^r \rangle$ mit $r \in \mathbb{N}$ zu berechnen, basiert auf der Verwendung der Hilfsgröße $\langle e^{m\xi} \rangle$, wobei $\xi \in \mathbb{R}$ eine neue Variable ist. Diese Hilfsgröße ist so nützlich, da man aus ihr durch Ableitung bzgl. ξ sämtliche *Momente* der Form $\langle m^r \rangle$ berechnen kann:

$$\frac{d}{d\xi} \langle e^{m\xi} \rangle \Big|_{\xi=0} = \langle m e^{m\xi} \rangle \big|_{\xi=0} = \langle m \rangle \quad , \quad \frac{d^2}{d\xi^2} \langle e^{m\xi} \rangle \Big|_{\xi=0} = \langle m^2 e^{m\xi} \rangle \big|_{\xi=0} = \langle m^2 \rangle$$

und allgemeiner:

$$\frac{d^r}{d\xi^r} \langle e^{m\xi} \rangle \Big|_{\xi=0} = \langle m^r e^{m\xi} \rangle \big|_{\xi=0} = \langle m^r \rangle \qquad (r \in \mathbb{N}) \ . \tag{8.7}$$

Außerdem lässt sich die Hilfsgröße $\langle e^{m\xi} \rangle$ sehr einfach mit Hilfe des binomischen Satzes berechnen:

$$\langle e^{m\xi} \rangle = \sum_{m=0}^{N} e^{m\xi} p_m = \sum_{m=0}^{N} e^{m\xi} \binom{N}{m} p^m (1-p)^{N-m}$$

$$= \sum_{m=0}^{N} \binom{N}{m} (pe^\xi)^m (1-p)^{N-m} = \left(1 - p + pe^\xi\right)^N \ . \tag{8.8}$$

Da diese „Hilfsgröße" ganz offensichtlich sehr nützlich ist, trägt sie auch einen eigenen Namen und wird in der Literatur als die *charakteristische Funktion* bezeichnet. Hier betrachten wir die charakteristische Funktion für die Binomialverteilung, aber man kann sie für beliebige Wahrscheinlichkeitsverteilungen p_m definieren.[5]

Es folgt konkret aus (8.7) und (8.8) mit $r = 1$ für den *Mittelwert*:

$$\langle m \rangle = \frac{d}{d\xi} \left(1 - p + pe^\xi\right)^N \Big|_{\xi=0} = Npe^\xi \left(1 - p + pe^\xi\right)^{N-1} \Big|_{\xi=0} = Np$$

und aus (8.7) und (8.8) mit $r = 2$ für das *zweite Moment* $\langle m^2 \rangle$:

$$\langle m^2 \rangle = \frac{d^2}{d\xi^2} \left(1 - p + pe^\xi\right)^N \Big|_{\xi=0}$$

$$= Np \left[e^\xi \left(1 - p + pe^\xi\right)^{N-1} + (N-1)pe^{2\xi} \left(1 - p + pe^\xi\right)^{N-2} \right] \Big|_{\xi=0}$$

$$= Np \left[1 + (N-1)p\right] \ .$$

---

[5]In der Literatur definiert man die charakteristische Funktion traditionell als Erwartungswert $\langle e^{im\xi} \rangle$ der Exponentialfunktion eines *imaginären* Arguments, aber diese Konvention hat für die Zwecke dieses Kapitels (außer in Abschnitt [8.6.7]) nur Nachteile. Wir verwenden daher die einfachere und genauso hilfreiche Definition $\langle e^{m\xi} \rangle$ mit $\xi \in \mathbb{R}$. Auch der Begriff „charakteristische Funktion" ist übrigens mehrfach belegt: Der Begriff wird – wie in Gleichung (6.50) – auch für Indikatorfunktionen verwendet.

Durch Kombination der beiden letzten Ergebnisse erhalten wir für die Varianz:

$$\sigma^2 = \langle m^2 \rangle - \langle m \rangle^2 = Np\left[1 + (N-1)p\right] - (Np)^2 = Np(1-p)$$

und somit für die Breite σ der Verteilung: $\sigma = \left[Np(1-p)\right]^{1/2}$.

Mittelwert und Breite der Gasverteilung

Das Ergebnis für den Mittelwert, $\langle m \rangle = Np$, hätte man auch ohne Berechnung vorhersagen können, denn es besagt lediglich, dass der Bruchteil $\langle m \rangle/N$ der *Teilchen* im Kompartiment α gleich dem Bruchteil $p = v/V$ des Gesamtvolumens in diesem Kompartiment ist. Da die Teilchen im Zeitmittel gleichmäßig über das Volumen verteilt sind, ist dies eine Selbstverständlichkeit. Aber das Ergebnis für die *Breite* der Verteilung ist hochinteressant, da diese sehr schmal ist (nicht proportional zu N, sondern zu $N^{1/2}$)! Die Konsequenzen werden besonders deutlich, wenn man die *relative Breite* der Verteilung (relativ zum Mittelwert) ausrechnet:

$$\frac{\sigma}{\langle m \rangle} = \frac{\left[Np(1-p)\right]^{1/2}}{Np} = \sqrt{\frac{1-p}{Np}} \propto \frac{1}{\sqrt{N}} \ .$$

Dies bedeutet also für einen Behälter, der in zwei gleich große Kompartimente aufgeteilt ist ($p = \frac{1}{2}$) und ein Gas enthält, das aus 10^{24} Teilchen besteht, dass Kompartiment α im Durchschnitt $\frac{1}{2} \cdot 10^{24}$ Teilchen enthält mit einer typischen Abweichung von diesem Mittelwert von $\sigma = \frac{1}{2} \cdot 10^{12}$ Teilchen. Damit ist die *relative* Abweichung vom Mittelwert $\sigma/\langle m \rangle = 10^{-12}$. Das bedeutet, dass die typischen zeitlichen Variationen der Dichte im Kompartiment α lediglich ein millionstel Millionstel der Dichte selbst sind. Anders formuliert: Die Verteilung der möglichen Besetzungszahlen des Kompartiments α ist also extrem stark konzentriert um den Wert $\langle m \rangle = Np$. Die Kleinheit der Fluktuationen um den Mittelwert, wie hier untersucht für ein Gas im Behälter, ist typisch für makroskopische Systeme und ist letztlich die Basis für die Untersuchung solcher Systeme im Rahmen der Thermodynamik und der Statistischen Physik.

Ausgehend vom obigen Beispiel eines Gasbehälters, der N Teilchen in einem Gesamtvolumen V mit Kompartimenten α (Volumen v) und β (Volumen $V - v$) enthält, kann man einige Spezialfälle betrachten. Wir besprechen zwei Varianten: Die eine führt auf die Poisson- und die andere auf die Gauß-Verteilung.

8.3 Die Poisson-Verteilung

Man erhält die *Poisson-Verteilung*, wenn man in der Binomialverteilung für den Gasbehälter den Limes $N \to \infty$ und $V \to \infty$ bei fester Dichte $\rho \equiv N/V$ und festem Teilvolumen v durchführt. Dieser Limes bedeutet, dass auch die mittlere Teilchenzahl im Kompartiment α festgehalten wird:

$$\langle m \rangle = Np = N\frac{v}{V} = \frac{N}{V}v = \rho v \ .$$

In diesem Limes erhält man aus der Binomialverteilung – wie wir unten noch explizit zeigen werden – die Poisson'sche Wahrscheinlichkeitsverteilung

$$p_m = \frac{\mu^m}{m!} e^{-\mu} , \tag{8.9}$$

wobei im Fall des Gasbehälters also $\mu = \langle m \rangle = \rho v$ gilt. Hiermit ist *per constructionem* der Mittelwert $\sum_m m p_m = \mu = \rho v$ der Poisson-Verteilung bereits bekannt. Die *Breite* der Poisson-Verteilung folgt aus der Breite der Binomialverteilung als

$$\sigma = [Np(1-p)]^{1/2} \to (Np)^{1/2} = (\rho v)^{1/2} ,$$

sodass die *Varianz* durch $\sigma^2 = \rho v = \mu$ und das zweite Moment durch

$$\langle m^2 \rangle = \sigma^2 + \langle m \rangle^2 = \rho v + (\rho v)^2$$

gegeben ist. Generell (also nicht nur für den Gasbehälter) erhält man aus der allgemeinen Form (8.9) der Poisson-Verteilung die Ergebnisse

$$\langle m \rangle = \mu \quad , \quad \sigma = \mu^{1/2} \quad \text{und} \quad \langle m^2 \rangle = \sigma^2 + \langle m \rangle^2 = \mu + \mu^2 .$$

Die Poisson-Verteilung $p_m = \mu^m e^{-\mu}/m!$ wurde in Abbildung 8.2 für den Spezialfall $\mu = 5$ aufgetragen. Es ist relativ leicht, ein Gefühl für die Form der Poisson-Verteilung bei einem vorgegebenen μ-Wert zu erhalten: Wir wissen bereits, dass der Mittelwert der Verteilung bei $m = \mu$ liegt und ihre Breite gleich $\mu^{1/2}$ ist. Das Maximum der Verteilung liegt aufgrund der Bedingung $1 \simeq p_{\bar{m}+1}/p_{\bar{m}} = \mu/(\bar{m}+1)$ etwa bei $m_{\max} = \bar{m} + \frac{1}{2} = \mu - \frac{1}{2}$. Für größere μ-Werte kann der Faktor $m!$ mit Hilfe der Stirling-Formel als $m! = m^m e^{-m} \sqrt{2\pi m}$ angenähert werden, mit dem Ergebnis $p_m \simeq \frac{1}{\sqrt{2\pi m}} \left(\frac{\mu}{m} \right)^m e^{m-\mu}$. Aus diesem Ergebnis liest man z.B. sofort ab, dass der Maximalwert der Poisson-Verteilung bei $m_{\max}$ etwa gleich $\frac{1}{\sqrt{2\pi m_{\max}}} \simeq \frac{1}{\sqrt{2\pi \mu}}$ ist.

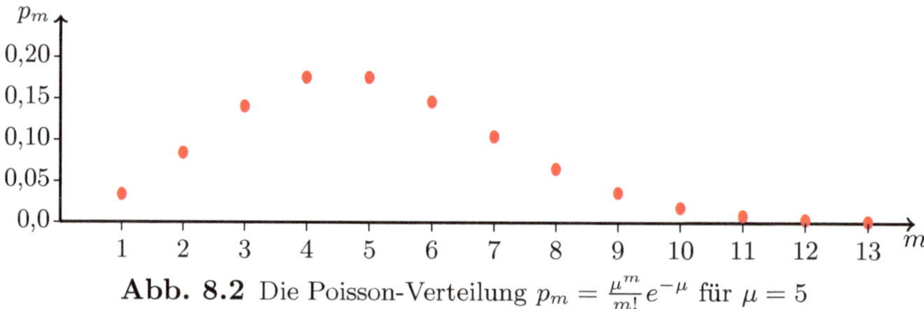

Abb. 8.2 Die Poisson-Verteilung $p_m = \frac{\mu^m}{m!} e^{-\mu}$ für $\mu = 5$

Wie zeigt man nun, dass sich im Limes $N \to \infty$ und $V \to \infty$ bei festem $\rho \equiv N/V$ und v die Binomialverteilung auf die Poisson-Verteilung vereinfacht? Wir rufen zuerst in Erinnerung, dass die Hilfsgröße $\langle e^{m\xi} \rangle$ für die Binomialverteilung, die wir hier der Deutlichkeit halber als $p_m^{\text{Bin.}}$ notieren, recht einfach berechnet werden konnte mit dem Ergebnis:

$$\langle e^{m\xi} \rangle_{\text{Bin.}} = \sum_{m=0}^{N} e^{m\xi} p_m^{\text{Bin.}} = \left(1 - p + pe^{\xi} \right)^N = \left[1 + \frac{\langle m \rangle}{N} (e^{\xi} - 1) \right]^N .$$

Im hier betrachteten Limes wird $\langle m \rangle$ festgehalten, sodass die Funktion $\langle e^{m\xi} \rangle$ sich für $N \to \infty$ mit $\langle m \rangle \equiv \mu$ auf

$$\langle e^{m\xi} \rangle_{\mathrm{Bin.}} = \left[1 + \frac{\mu}{N}(e^{\xi} - 1) \right]^{N} \to e^{\mu(e^{\xi}-1)} \equiv \langle e^{m\xi} \rangle_{\mathrm{neu}} \qquad (N \to \infty)$$

vereinfacht. Wenn man die rechte Seite nun nach Potenzen von e^{ξ} entwickelt, erhält man

$$\langle e^{m\xi} \rangle_{\mathrm{neu}} = e^{-\mu} \sum_{m=0}^{\infty} \frac{(\mu e^{\xi})^{m}}{m!} \equiv \sum_{m=0}^{\infty} e^{m\xi} p_{m}^{\mathrm{neu}} \quad , \qquad p_{m}^{\mathrm{neu}} = \frac{\mu^{m}}{m!} e^{-\mu} \; .$$

Der Vergleich mit (8.9) zeigt, dass die „neue" Wahrscheinlichkeitsverteilung in diesem Limes in der Tat die dort angegebene Poisson'sche Form erhält. Und wiederum stellt man fest, dass die charakteristische Funktion $\langle e^{m\xi} \rangle$ allgemein (nicht nur für die Binomial- oder Poisson-Verteilungen) eine sehr nützliche Hilfsgröße ist. Es gibt eine eineindeutige Abbildung zwischen Verteilungen und ihren charakteristischen Funktionen, daher enthält die charakteristische Funktion genauso viel Information wie die zugrunde liegende Wahrscheinlichkeitsverteilung.

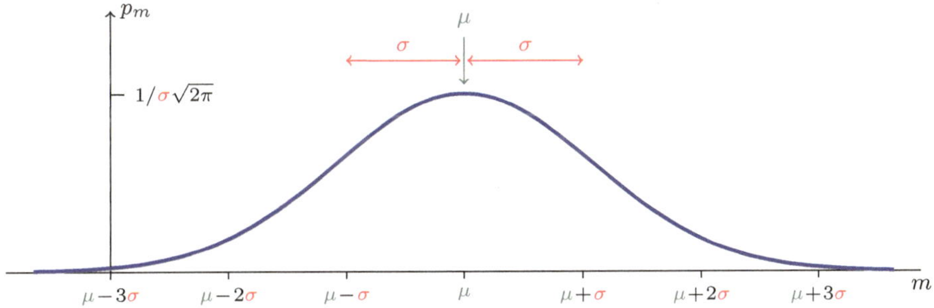

Abb. 8.3 Die Gauß-Verteilung mit dem Mittelwert μ und der Breite σ

8.4 Die Gauß-Verteilung

Man erhält die *Gauß-Verteilung*, wenn man in der Binomialverteilung für den Gasbehälter das Volumen V und das Teilvolumen v festhält und dann den Limes $N \to \infty$ durchführt, sodass auch $\langle m \rangle = Np = Nv/V \to \infty$ gilt. Die Binomialverteilung wird also für große Teilchenzahlen bzw. Dichten ausgewertet. In diesem Limes erhält man – wie wir unten explizit zeigen werden – aus der Binomialverteilung die Gauß'sche Wahrscheinlichkeitsverteilung

$$p_m = \frac{1}{\sigma\sqrt{2\pi}} e^{-\frac{(m-\mu)^2}{2\sigma^2}} \; , \tag{8.10}$$

wobei im Fall des Gasbehälters sowohl $\mu = \langle m \rangle = Np \to \infty$ als auch $\sigma = [Np(1-p)]^{1/2} \to \infty$ gilt. Für eine allgemeine Gauß-Verteilung der Form (8.10) (nicht notwendigerweise für den Gasbehälter) sind σ und μ unabhängige Parameter. Auch in diesem allgemeinen Fall haben σ und μ offensichtlich die Interpretation der Breite und des Mittelwertes der Gauß-Verteilung. Wir haben die Gauß-Verteilung bereits als typisches Ergebnis von IQ-Messungen in den Abbildungen 6.22 und 8.1 kennengelernt. Die allgemeine Form einer Gauß-Verteilung mit dem Mittelwert μ und der Standardabweichung (Breite) σ wurde noch einmal in Abbildung 8.3 skizziert.

Wichtig ist übrigens noch, dass die Gauß-Verteilung hier hergeleitet wurde für *große* m-Werte, von der Größenordnung von $\mu = Nv/V$, und dass m daher den Charakter einer *kontinuierlichen Variablen* erhält. Man sieht dies z.B. bei der Überprüfung der Normierung der Verteilung:

$$\sum_{m=0}^{N} p_m \to \int_0^N dm \, p_m \to \int_{-\infty}^{\infty} dm \, \frac{1}{\sigma\sqrt{2\pi}} e^{-\frac{(m-\mu)^2}{2\sigma^2}} = \frac{1}{\sqrt{\pi}} \int_{-\infty}^{\infty} dy \, e^{-y^2} = 1 \,,$$

wobei wir die neue Variable $y \equiv (m-\mu)/\sigma\sqrt{2}$ eingeführt haben. Außerdem konnten wir die Riemann-Summe auf der linken Seite im Limes $N \to \infty$ in ein Integral umwandeln, da der Summand p_m sich in diesem Grenzfall nur sehr langsam als Funktion von m ändert. Hierbei kann die Integration problemlos auf die ganze reelle Achse ausgedehnt werden ($m \in \mathbb{R}$), da die hinzugefügten „Schwänze" $\int_N^{\infty} dm$ und $\int_{-\infty}^{0} dm$ des gaußschen Integrals *exponentiell klein* als Funktion von N und somit vernachlässigbar sind. Wir zeigen dies exemplarisch für den Integrationsbeitrag $\int_N^{\infty} dm$ mit der Substitution $m = N + \bar{m}$:

$$\int_N^{\infty} dm \, \frac{e^{-(m-\mu)^2/2\sigma^2}}{\sigma\sqrt{2\pi}} = \int_0^{\infty} d\bar{m} \, \frac{e^{-(N+\bar{m}-\mu)^2/2\sigma^2}}{\sigma\sqrt{2\pi}}$$

$$= \frac{e^{-(N-\mu)^2/2\sigma^2}}{\sigma\sqrt{2\pi}} \int_0^{\infty} d\bar{m} \, e^{-[\bar{m}(N-\mu)+\frac{1}{2}\bar{m}^2]/\sigma^2}$$

$$= p_N \int_0^{\infty} d\bar{m} \, e^{-[\bar{m}(1-p)+\frac{1}{2N}\bar{m}^2]/p(1-p)} \,.$$

Im Grenzwert $N \to \infty$ gilt für alle festen $\bar{m} \in \mathbb{R}^+$ im Exponenten des Integranden: $\frac{1}{2N}\bar{m}^2 \to 0$, sodass man diesen Beitrag vernachlässigen kann:

$$\int_N^{\infty} dm \, \frac{e^{-(m-\mu)^2/2\sigma^2}}{\sigma\sqrt{2\pi}} \sim p_N \int_0^{\infty} d\bar{m} \, e^{-\bar{m}/p} = p\, p_N \quad (N \to \infty) \,.$$

Wichtig ist nun, dass der Vorfaktor p_N für $N \to \infty$ exponentiell klein als Funktion von N ist: Mit Hilfe von $\mu = Np$ und $\sigma = [Np(1-p)]^{1/2}$ erhält man

$$p_N = \frac{e^{-(N-\mu)^2/2\sigma^2}}{\sigma\sqrt{2\pi}} = \frac{e^{-N(1-p)/2p}}{\sqrt{2\pi Np(1-p)}} \to 0 \quad (N \to \infty) \,.$$

Dieses Ergebnis zeigt, dass der Integrationsbeitrag $\int_N^{\infty} dm$ insgesamt für $N \to \infty$ vernachlässigbar ist. Ein analoges Argument gilt für den Beitrag $\int_{-\infty}^{0} dm$.

An dieser Stelle wird klar, dass die *diskrete* Variable m mit $0 \le m \le N$ im Limes $N \to \infty$ effektiv durch eine *kontinuierliche* Variable m mit $-\infty < m < \infty$ oder, nach Reskalierung, durch die kontinuierliche Variable y mit $-\infty < y < \infty$ ersetzt wird. Wir sind somit auf eine erste *kontinuierliche* Wahrscheinlichkeitsverteilung gestoßen, deren Erwartungswerte nicht mehr die Form von Summen oder Reihen, sondern von Integralen haben. Diese Themen wurden bereits in Kapitel [6] über *Integration* kurz angesprochen und werden in Abschnitt [8.6.1] weiter vertieft. Auch aus Abb. 8.3 ist ersichtlich, dass die Gauß-Verteilung *glatt* und für alle $m \in \mathbb{R}$ definiert ist.

Für den Mittelwert der Gauß-Verteilung und ihr zweites Moment erhält man übrigens wiederum im Limes $N \to \infty$ *per constructionem*:

$$\langle m \rangle = \sum_{m=0}^{N} m p_m \to \int_{-\infty}^{\infty} dm \, \frac{m}{\sigma\sqrt{2\pi}} e^{-\frac{(m-\mu)^2}{2\sigma^2}} = \mu$$

$$\langle m^2 \rangle = \sum_{m=0}^{N} m^2 p_m \to \int_{-\infty}^{\infty} dm \, \frac{m^2}{\sigma\sqrt{2\pi}} e^{-\frac{(m-\mu)^2}{2\sigma^2}} = \sigma^2 + \mu^2 \, ,$$

wobei $\mu = Np$ und $\sigma = [Np(1-p)]^{1/2}$ die entsprechenden Parameter der Binomialverteilung darstellen. Hiermit sind einige wichtige Eigenschaften der Gauß-Verteilung bereits bekannt. In Kapitel [6], speziell in Gleichung (6.65), wurde bereits gezeigt, wie man solche (und kompliziertere) Erwartungswerte der Gauß-Verteilung auch unabhängig von der Binomialverteilung technisch berechnen kann.

Nun möchten wir noch zeigen, dass die Binomialverteilung sich im Limes $N \to \infty$ bei festem V und v in der Tat auf die Gauß-Verteilung vereinfacht. Grundsätzlich kann man hierfür wiederum die Hilfsgröße $\langle e^{m\xi} \rangle$ verwenden, aber in diesem Fall ist es vorteilhaft, die ξ-Skala mit σ zu reskalieren und stattdessen $\langle e^{m\xi/\sigma} \rangle$ zu benutzen. Noch besser ist es, diese reskalierte charakteristische Funktion mit $e^{-\mu\xi/\sigma}$ zu multiplizieren und $\langle e^{(m-\mu)\xi/\sigma} \rangle$ zu betrachten. An der in dieser Funktion enthaltenen physikalischen Information ändern diese schlichten Reskalierungen natürlich nichts. Für die Hilfsgröße $\langle e^{(m-\mu)\xi/\sigma} \rangle$ und die Gauß-Verteilung (8.10) erhalten wir das folgende einfache Ergebnis:

$$\langle e^{(m-\mu)\frac{\xi}{\sigma}} \rangle_{\text{Gauß}} = \frac{1}{\sigma\sqrt{2\pi}} \int_{-\infty}^{\infty} dm \, e^{(m-\mu)\frac{\xi}{\sigma} - \frac{(m-\mu)^2}{2\sigma^2}} = \frac{e^{\frac{1}{2}\xi^2}}{\sigma\sqrt{2\pi}} \int_{-\infty}^{\infty} dm \, e^{-\frac{1}{2}\left[\frac{m-\mu}{\sigma} - \xi\right]^2}$$

$$= \frac{e^{\frac{1}{2}\xi^2}}{\sqrt{2\pi}} \int_{-\infty}^{\infty} dy \, e^{-\frac{1}{2}(y-\xi)^2} = \frac{1}{\sqrt{\pi}} e^{\frac{1}{2}\xi^2} \int_{-\infty}^{\infty} dz \, e^{-z^2} = e^{\frac{1}{2}\xi^2} \, .$$

Die rechte Seite hängt überhaupt nicht mehr von μ oder σ und somit auch nicht mehr von N ab. Wir lernen also, dass man eine wohldefinierte charakteristische Funktion der Gauß-Verteilung erhält, wenn man auch die Variable ξ im Limes $N \to \infty$ festhält. Wir untersuchen nun, ob sich auch die charakteristische Funktion $\langle e^{(m-\mu)\xi/\sigma} \rangle$ der Binomialverteilung im Limes $N \to \infty$ auf das einfache Ergebnis $e^{\xi^2/2}$ reduziert. In diesem Fall hätten wir die Äquivalenz der beiden Verteilungen für $N \to \infty$ gezeigt. Hierzu rufen wir in Erinnerung [s. Gleichung (8.8)], dass die charakteristische Funktion der Binomialverteilung die Form $\langle e^{m\xi} \rangle = (1 - p + pe^{\xi})^N$ hat und die Variante $\langle e^{m\xi/\sigma} \rangle$ daher gleich $[1 + p(e^{\xi/\sigma} - 1)]^N$ ist. Folglich erhalten wir für die Binomialverteilung mit p fest und $\frac{1}{\sigma} \propto N^{-1/2} \to 0$ für $N \to \infty$:

$$
\begin{aligned}
\langle e^{(m-\mu)\frac{\xi}{\sigma}} \rangle_{\text{Bin.}} &= e^{-\mu\frac{\xi}{\sigma}} \left[1 + p(e^{\xi/\sigma} - 1)\right]^N = \exp\left\{N \ln\left[1 + p(e^{\xi/\sigma} - 1)\right] - \mu\frac{\xi}{\sigma}\right\} \\
&= \exp\left\{N\left[p(e^{\xi/\sigma} - 1) - \tfrac{1}{2}p^2(e^{\xi/\sigma} - 1)^2 + \cdots\right] - \mu\frac{\xi}{\sigma}\right\} \\
&= \exp\left(N\left\{p\left[\tfrac{\xi}{\sigma} + \tfrac{1}{2}\left(\tfrac{\xi}{\sigma}\right)^2 + \cdots\right] - \tfrac{1}{2}p^2\left[\left(\tfrac{\xi}{\sigma}\right)^2 + \cdots\right] + \cdots\right\} - \mu\frac{\xi}{\sigma}\right) \\
&= \exp\left[Np(1-p)\frac{\xi^2}{2\sigma^2}\right] = e^{\frac{1}{2}\xi^2} \qquad (N \to \infty)\,,
\end{aligned}
$$

wobei in der zweiten Zeile die Exponentialfunktion $e^{\xi/\sigma}$ (wegen $\frac{1}{\sigma} \to 0$ und daher $\frac{\xi}{\sigma} \ll 1$) durch ihre Taylor-Entwicklung ersetzt werden konnte und in der vorletzten Zeile $\mu = Np$ und in der letzten $\sigma = [Np(1-p)]^{1/2}$ verwendet wurde. Da die charakteristischen Funktionen gleich sind, müssen auch die Wahrscheinlichkeitsverteilungen selbst gleich sein. Wir halten fest, dass sich die Binomialverteilung für $N \to \infty$ auf die Gauß-Verteilung vereinfacht.

8.5   Der Zentrale Grenzwertsatz

Die große Bedeutung der Gauß-Verteilung rührt u.a. daher, dass sich der im vorigen Abschnitt beschriebene Zusammenhang mit der Binomialverteilung im Limes $N \to \infty$ stark verallgemeinern lässt. Wenn die Variablen $m_1, m_2, \ldots, m_N$ alle gemäß derselben normierten Wahrscheinlichkeitsverteilung q_m verteilt sind, die den Mittelwert μ_1 und die (endliche!) Varianz σ_1^2 hat (mit $|\mu_1| < \infty$ und $\sigma_1^2 < \infty$), dann gilt nämlich der *Zentrale Grenzwertsatz*:

> Die Summenvariable $m \equiv \displaystyle\sum_{i=1}^{N} m_i$ ist für große N gaußverteilt mit dem
>
> Mittelwert $\mu = \langle m \rangle = N\mu_1$ und der Varianz $\sigma^2 = \langle m^2 \rangle - \langle m \rangle^2 = N\sigma_1^2$.

Hierbei wurde bewusst betont, dass σ_1 endlich sein soll, denn für $\sigma_1 = \infty$ gilt der Zentrale Grenzwertsatz im Allgemeinen nicht: Es lassen sich für diesen Fall leicht Gegenbeispiele konstruieren.

Betrachten wir also die normierte Wahrscheinlichkeitsverteilung q_m und ihre charakteristische Funktion $q(\xi)$:

$$
q(\xi) \equiv \sum_m e^{m\xi} q_m \quad , \quad q(0) = 1 \quad , \quad q'(0) = \mu_1 \quad , \quad q''(0) - [q'(0)]^2 = \sigma_1^2
$$

und außerdem die Wahrscheinlichkeitsverteilung p_m für die Summenvariable $m = \sum_{i=1}^{N} m_i$:

$$
p_m = \sum_{m_1 m_2 \cdots m_N} \delta_{m, \sum_i m_i}\, q_{m_1} q_{m_2} \cdots q_{m_N} \,.
$$

Auch diese Wahrscheinlichkeitsverteilung ist normiert:

$$
\sum_m p_m = \sum_{m_1 m_2 \cdots m_N} q_{m_1} q_{m_2} \cdots q_{m_N} = \left(\sum_{m_1} q_{m_1}\right)^N = 1^N = 1
$$

und hat als Mittelwert:

$$\mu = \sum_m m p_m = \sum_m m \sum_{m_1 m_2 \cdots m_N} \delta_{m, \sum_i m_i} \, q_{m_1} q_{m_2} \cdots q_{m_N}$$

$$= \sum_{m_1 m_2 \cdots m_N} \left(\sum_{i=1}^N m_i \right) q_{m_1} q_{m_2} \cdots q_{m_N}$$

$$= \sum_{i=1}^N \sum_{m_1 m_2 \cdots m_N} m_i q_{m_1} q_{m_2} \cdots q_{m_N} = \sum_{i=1}^N \sum_{m_i} m_i q_{m_i} = N \mu_1 \, .$$

In der letzten Zeile wurde im vorletzten Schritt $\sum_{m_j} q_{m_j} = 1$ für alle $j \neq i$ verwendet und im letzten Schritt, dass alle Summen der Form $\sum_{m_i} m_i q_{m_i}$ gleich sind (also gleich $\sum_{m_1} m_1 q_{m_1} = \mu_1$). Analog erhält man für die Varianz der Wahrscheinlichkeitsverteilung p_m:

$$\sigma^2 = \sum_m m^2 p_m - \mu^2 = \sum_m m^2 \sum_{m_1 m_2 \cdots m_N} \delta_{m, \sum_i m_i} \, q_{m_1} q_{m_2} \cdots q_{m_N} - \mu^2 \, ,$$

wobei die rechte Seite durch Summation über m (mit Hilfe des Kronecker-Deltas) und Faktorisierung der verschiedenen m_i-Summen (mit $i = 1, 2, \cdots, N$) stark vereinfacht werden kann:

$$\sigma^2 = \sum_{m_1 m_2 \cdots m_N} \left(\sum_{i=1}^N m_i \right)^2 q_{m_1} q_{m_2} \cdots q_{m_N} - (N\mu_1)^2$$

$$= \sum_{m_1 m_2 \cdots m_N} \left(\sum_{i=1}^N m_i^2 + \sum_{i \neq j} m_i m_j \right) q_{m_1} q_{m_2} \cdots q_{m_N} - (N\mu_1)^2$$

$$= N \langle m_1^2 \rangle + N(N-1) \langle m_1 \rangle^2 - (N\mu_1)^2 = N \left(\langle m_1^2 \rangle - \langle m_1 \rangle^2 \right) = N \sigma_1^2 \, .$$

Da nun der Mittelwert μ und die Varianz σ^2 der Verteilung p_m bekannt sind, können wir auch die Hilfsgröße $\langle e^{(m-\mu)\xi/\sigma} \rangle$ für diese Verteilung bestimmen:

$$\langle e^{(m-\mu)\frac{\xi}{\sigma}} \rangle = \sum_m e^{(m-\mu)\frac{\xi}{\sigma}} p_m = e^{-\mu \frac{\xi}{\sigma}} \sum_{m_1 m_2 \cdots m_N} e^{\frac{\xi}{\sigma} \sum_i m_i} q_{m_1} q_{m_2} \cdots q_{m_N}$$

$$= e^{-\mu \frac{\xi}{\sigma}} \left[q \left(\frac{\xi}{\sigma} \right) \right]^N = \exp \left\{ N \ln \left[q \left(\frac{\xi}{\sigma} \right) \right] - \mu \frac{\xi}{\sigma} \right\} \qquad [\text{mit } q(0) = 1]$$

$$= \exp \left\{ N \ln \left[q(0) + q'(0) \frac{\xi}{\sigma} + \tfrac{1}{2} q''(0) \left(\frac{\xi}{\sigma} \right)^2 + \cdots \right] - \mu \frac{\xi}{\sigma} \right\}$$

$$= \exp \left\{ N \left[q'(0) \frac{\xi}{\sigma} + \tfrac{1}{2} q''(0) \left(\frac{\xi}{\sigma} \right)^2 + \cdots \right] - \tfrac{1}{2} N \left[q'(0) \frac{\xi}{\sigma} + \cdots \right]^2 - \mu \frac{\xi}{\sigma} \right\}$$

$$= \exp \left(\tfrac{1}{2} N \{ q''(0) - [q'(0)]^2 \} \left(\frac{\xi}{\sigma} \right)^2 + \cdots \right) \to e^{\frac{1}{2} \xi^2} \qquad (N \to \infty) \, .$$

In der dritten Zeile konnte die charakteristische Funktion $q \left(\frac{\xi}{\sigma} \right)$ (wegen $\sigma \propto N^{1/2} \to \infty$ und daher $\frac{\xi}{\sigma} \to 0$) durch ihre Taylor-Entwicklung ersetzt werden. Aus dem gleichen Grund [wegen $y \equiv q'(0)\frac{\xi}{\sigma} + \cdots \to 0$] konnte in der vierten Zeile der Logarithmus $\ln(1 + y)$ im Exponenten durch $y - \frac{1}{2}y^2 + \cdots$ ersetzt werden. In der letzten Zeile wurde $q''(0) - [q'(0)]^2 = \sigma_1^2$ und $N\sigma_1^2 = \sigma^2$ verwendet. Da wir aus dem vorigen Abschnitt bereits wissen, dass die charakteristische Funktion $e^{\xi^2/2}$ der Gauß-Verteilung entspricht, können wir schließen, dass die Verteilung p_m für die Summenvariable $m = \sum_{i=1}^{N} m_i$ im Limes $N \to \infty$ generell eine gaußsche Form hat, falls zumindest die Voraussetzungen $|\mu_1| < \infty$ und $\sigma_1^2 < \infty$ erfüllt sind.

Diese allgemeine Formulierung des „Zentralen Grenzwertsatzes" lässt sich nun leicht für die Binomialverteilung eines Gases im Volumen V mit zwei Teilvolumina v und $V - v$ konkretisieren: In diesem Fall hat N die Interpretation der Gesamtteilchenzahl des Gases und ist die Bedeutung der Variablen m_i gegeben durch

$$m_i = \begin{cases} 0 & \text{(Teilchen } i \text{ befindet sich im Teilvolumen } V - v) \\ 1 & \text{(Teilchen } i \text{ befindet sich im Teilvolumen } v) . \end{cases}$$

Die Summenvariable $m = \sum_{i=1}^{N} m_i$ stellt also die Gesamtteilchenzahl im Teilvolumen v dar. Die Wahrscheinlichkeitsverteilung q_m ist für alle Teilchen gleich und hat die Form $q_m = (1 - p)\delta_{m0} + p\delta_{m1}$ mit $p = v/V$. Es folgt dann $q(\xi) = 1 - p + pe^{\xi}$, sodass die Voraussetzungen für die Gültigkeit des Zentralen Grenzwertsatzes erfüllt sind: $q(0) = 1$, $\mu_1 = p < \infty$ und $\sigma_1^2 = p(1 - p) < \infty$. Folglich muss die Wahrscheinlichkeitsverteilung p_m der Summenvariablen m im Limes $N \to \infty$ in der Tat gaußsch sein. Zur Illustration wurde in Abbildung 8.4 die charakteristische Funktion der Verteilung $\{p_m\}$ für verschiedene N-Werte und $p = \frac{3}{4}$ als Funktion von ξ aufgetragen. Die Funktionswerte wurden *logarithmisch* aufgetragen, da sie sonst den Rahmen sprengen würden. Die Ergebnisse zeigen, dass $\ln\langle e^{(m-\mu)\frac{\xi}{\sigma}}\rangle$ in der Tat für $N \to \infty$ (rote Kurve) gegen die *symmetrische* Funktion $\frac{1}{2}\xi^2$ konvergiert. Es ist bemerkenswert, dass die Anfangsverteilung (für $N = 1$, blaue Kurve) stark unsymmetrisch ist und dass die charakteristischen Funktionen sogar für relativ große N-Werte (wie z.B. für $N = 64$) noch immer merklich unsymmetrisch sind. Auch fällt auf, dass die Annäherung an den Grenzwert $\frac{1}{2}\xi^2$ für negative ξ-Werte nicht unbedingt monoton erfolgt. In Übungsaufgabe 8.3 wird dieses Verhalten der charakteristischen Funktion $\langle e^{(m-\mu)\frac{\xi}{\sigma}}\rangle$ näher erklärt.

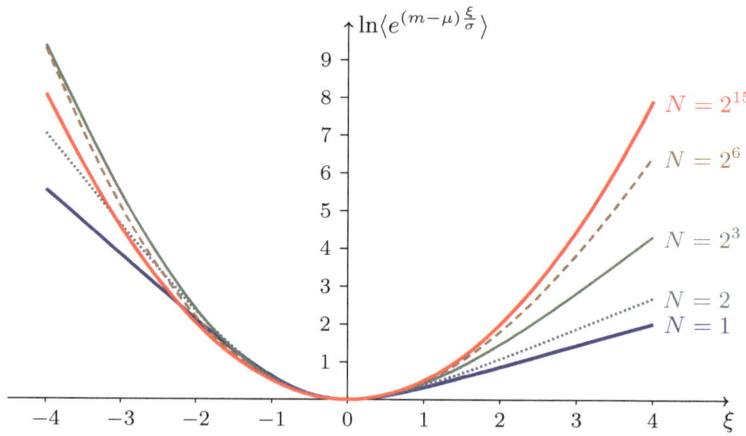

Abb. 8.4 Die charakteristische Funktion von p_m

8.6 Wahrscheinlichkeitsdichten

Bei der Untersuchung der Binomialverteilung für eine *diskrete* Variable m im Limes $N \to \infty$ sind wir auf die Gauß-Verteilung für eine *kontinuierliche* Variable m gestoßen, und wir stellten fest, dass in diesem Limes Summen durch Integrale zu ersetzen sind:

$$\sum_{m=0}^{N} p_m \to \int_0^N d\bar{m}\, p_{\bar{m}} \; .$$

Die Integralform zeigt: $p_{\bar{m}}\, d\bar{m}$ muss interpretiert werden als die *Wahrscheinlichkeit* dafür, dass die Zufallsvariable m Werte im Intervall $[\bar{m}, \bar{m} + d\bar{m}]$ annimmt. Somit erhält $p_{\bar{m}}$ im Kontinuumslimes die Interpretation einer Wahrscheinlichkeit pro Intervalllänge, d.h. diejenige einer *Wahrscheinlichkeitsdichte*. Wir werden im Folgenden das Konzept der kontinuierlichen Wahrscheinlichkeitsverteilung bzw. der Wahrscheinlichkeitsdichte anhand einiger Beispiele illustrieren.

8.6.1 Die Gauß-Verteilung als Wahrscheinlichkeitsdichte

Im Abschnitt [8.4] haben wir die Gauß-Verteilung als Grenzfall der Binomialverteilung im Limes großer Zahlen ($N \to \infty$) kennengelernt. Aufgrund dieses Grenzwertprozesses und der bekannten Eigenschaften der Binomialverteilung wissen wir bereits, dass die Gauß-Verteilung normiert ist:

$$\boxed{\int_{-\infty}^{\infty} dx\, \frac{1}{\sigma\sqrt{2\pi}} e^{-\frac{(x-\mu)^2}{2\sigma^2}} = 1}$$

und dass ihr Mittelwert und ihr zweites Moment durch folgende Ausdrücke gegeben sind:

$$\boxed{\int_{-\infty}^{\infty} dx\, \frac{x}{\sigma\sqrt{2\pi}} e^{-\frac{(x-\mu)^2}{2\sigma^2}} = \mu \quad , \quad \int_{-\infty}^{\infty} dx\, \frac{x^2}{\sigma\sqrt{2\pi}} e^{-\frac{(x-\mu)^2}{2\sigma^2}} = \sigma^2 + \mu^2 \; .}$$

Wir können sie aber auch als eigenständige *Wahrscheinlichkeitsdichte* betrachten und definieren hierzu zunächst:

$$\boxed{p_{\mu\sigma}(x) \equiv \frac{1}{\sigma\sqrt{2\pi}} e^{-\frac{(x-\mu)^2}{2\sigma^2}} \qquad \forall x \in \mathbb{R} \; .} \tag{8.11}$$

Diese allgemeine Gauß-Verteilung hat als wichtigen Spezialfall die *Standardnormalverteilung*, die durch die Parameter $\mu = 0$ und $\sigma = 1$ charakterisiert wird:

$$p_{01}(x) \equiv \frac{1}{\sqrt{2\pi}} e^{-\frac{1}{2}x^2} \qquad \forall x \in \mathbb{R} \; .$$

Die naheliegende Frage ist nun, wie man (ohne Hintergrundwissen über die Binomialverteilung) Erwartungswerte der allgemeinen Gauß-Verteilung der Form

$$\langle x^r \rangle_{\mu\sigma} = \int_{-\infty}^{\infty} dx\, \frac{x^r}{\sigma\sqrt{2\pi}} e^{-\frac{(x-\mu)^2}{2\sigma^2}} \qquad (r \in \mathbb{N})$$

berechnen kann. Hierzu bemerken wir zuerst, dass solche Erwartungswerte wegen

$$\langle x^r \rangle_{\mu\sigma} = \langle [\mu + (x-\mu)]^r \rangle_{\mu\sigma} = \sum_{k=0}^{r} \binom{r}{k} \mu^k \langle (x-\mu)^{r-k} \rangle_{\mu\sigma}$$

und

$$\langle (x-\mu)^{r-k} \rangle_{\mu\sigma} = \int_{-\infty}^{\infty} dx \, \frac{(x-\mu)^{r-k}}{\sigma\sqrt{2\pi}} e^{-\frac{(x-\mu)^2}{2\sigma^2}} = \int_{-\infty}^{\infty} dy \, \frac{y^{r-k}}{\sigma\sqrt{2\pi}} e^{-\frac{y^2}{2\sigma^2}}$$

$$= \frac{\sigma^{r-k}}{\sqrt{2\pi}} \int_{-\infty}^{\infty} dz \, z^{r-k} e^{-\frac{1}{2}z^2} = \sigma^{r-k} \langle z^{r-k} \rangle_{01}$$

durch die Definition einer neuen Variablen $z = \frac{x-\mu}{\sigma}$ immer auf die einfacheren Erwartungswerte $\langle z^{r-k} \rangle_{01}$ der Standardnormalverteilung zurückgeführt werden können. Wie berechnet man also Erwartungswerte der Standardnormalverteilung? Hierzu bemerken wir zuerst, dass für alle *ungeraden* s-Werte wegen der Antisymmetrie des Integrals gilt:

$$\langle z^s \rangle_{01} = \int_{-\infty}^{\infty} dz \, z^s \frac{e^{-\frac{1}{2}z^2}}{\sqrt{2\pi}} = 0 \qquad (s \text{ ungerade}) \, .$$

Außerdem kann man für alle *geraden* s-Werte in die Integralform der Erwartungswerte $z = \sqrt{2y}$ substituieren:

$$\langle z^s \rangle_{01} = \int_{-\infty}^{\infty} dz \, z^s \frac{e^{-\frac{1}{2}z^2}}{\sqrt{2\pi}} = 2 \int_{0}^{\infty} dz \, z^s \frac{e^{-\frac{1}{2}z^2}}{\sqrt{2\pi}}$$

$$= \frac{2^{\frac{1}{2}s}}{\sqrt{\pi}} \int_{0}^{\infty} dy \, y^{\frac{1}{2}(s-1)} e^{-y} = \frac{2^{\frac{1}{2}s}}{\sqrt{\pi}} \Gamma \left(\frac{s}{2} + \frac{1}{2} \right) \qquad (s \text{ gerade}) \, .$$

Hiermit ist $\langle z^s \rangle_{01}$ grundsätzlich für alle s-Werte explizit bekannt. Für die niedrigsten *geraden* s-Werte erhält man konkret:

$$\langle z^0 \rangle_{01} = 1 \quad , \quad \langle z^2 \rangle_{01} = 1 \quad , \quad \langle z^4 \rangle_{01} = 3 \, ,$$

sodass wir neben $\langle (x-\mu) \rangle_{\mu\sigma} = 0$ und $\langle (x-\mu)^3 \rangle_{\mu\sigma} = 0$ erhalten:

$$\langle (x-\mu)^2 \rangle_{\mu\sigma} = \sigma^2 \quad , \qquad \langle (x-\mu)^4 \rangle_{\mu\sigma} = 3\sigma^4$$

und somit

$$\langle x \rangle_{\mu\sigma} = \mu \qquad\qquad \langle x^3 \rangle_{\mu\sigma} = 3\mu\sigma^2 + \mu^3$$

$$\langle x^2 \rangle_{\mu\sigma} = \sigma^2 + \mu^2 \qquad\qquad \langle x^4 \rangle_{\mu\sigma} = 3\sigma^4 + 6\mu^2\sigma^2 + \mu^4 \, .$$

Die Berechnung höherer Momente $\langle x^r \rangle_{\mu\sigma}$ mit $r > 4$ verläuft analog.

8.6.2   Die Exponentialverteilung

Eine weitere kontinuierliche Wahrscheinlichkeitsverteilung ist die *Exponentialverteilung*, die häufig vorkommt und als wichtige Anwendung den radioaktiven Zerfall von Atomkernen hat. Die Exponentialverteilung hat die Form

$$p(t) = \frac{e^{-t/\tau}}{\tau} \quad (t \geq 0\,,\ \tau > 0) \qquad ; \qquad p(t) = 0 \quad (t < 0)\,,$$

wobei wir als Variable das Symbol t (für *Zeit*) gewählt haben: Diese Verteilung kann so leicht als die Wahrscheinlichkeitsdichte dafür interpretiert werden, dass ein Kern nach einer Zeit t zerfällt. Daraus folgt direkt, dass die Überlebenswahrscheinlichkeit eines Kerns nach einer Zeit T gegeben ist durch

$$\int_T^\infty dt\, p(t) = \int_T^\infty dt\, \frac{e^{-t/\tau}}{\tau} = e^{-T/\tau}\,.$$

Die Exponentialverteilung wird in Abbildung 8.5 grafisch dargestellt. Diese Verteilung ist normiert:

$$\int_0^\infty dt\, p(t) = \int_0^\infty dt\, \frac{e^{-t/\tau}}{\tau} = \int_0^\infty dx\, e^{-x} = 1 \quad , \qquad x \equiv t/\tau\,.$$

Die mittlere Zerfallszeit ist gegeben durch

$$\langle t \rangle = \int_0^\infty dt\, t p(t) = \int_0^\infty dt\, t\frac{e^{-t/\tau}}{\tau} = \tau \int_0^\infty dx\, x e^{-x} = \tau \Gamma(2) = \tau\,.$$

Das zweite Moment kann analog als

$$\langle t^2 \rangle = \int_0^\infty dt\, t^2 p(t) = \int_0^\infty dt\, t^2 \frac{e^{-t/\tau}}{\tau} = \tau^2 \int_0^\infty dx\, x^2 e^{-x} = \tau^2 \Gamma(3) = 2\tau^2$$

berechnet werden, sodass die Varianz gleich $\sigma^2 = \langle t^2 \rangle - \langle t \rangle^2 = 2\tau^2 - \tau^2 = \tau^2$ und die Breite der Verteilung entsprechend gleich $\sigma = \tau$ ist.

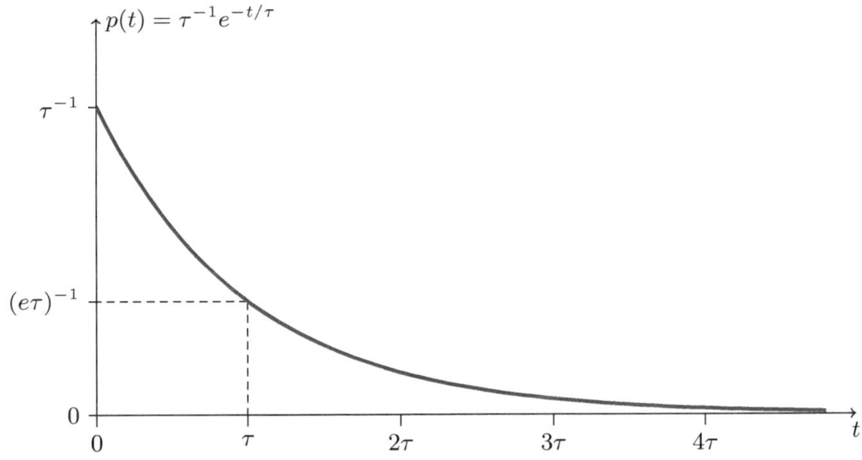

Abb. 8.5 Die Exponentialverteilung

8.6.3   Die uniforme Verteilung

Eine besonders einfache Form hat die *uniforme Verteilung* oder auch *stetige Gleichverteilung*, die in Abbildung 8.6 skizziert ist. Diese Verteilung ist entweder konstant (in einem Intervall $[a, b]$) oder gleich null (außerhalb dieses Intervalls), hat also die Form

$$p(x) = \frac{1}{b - a} I_{[a,b]}(x)$$

$$I_{[a,b]}(x) = \begin{cases} 1 & (x \in [a, b]) \\ 0 & (x \notin [a, b]) \end{cases} .$$

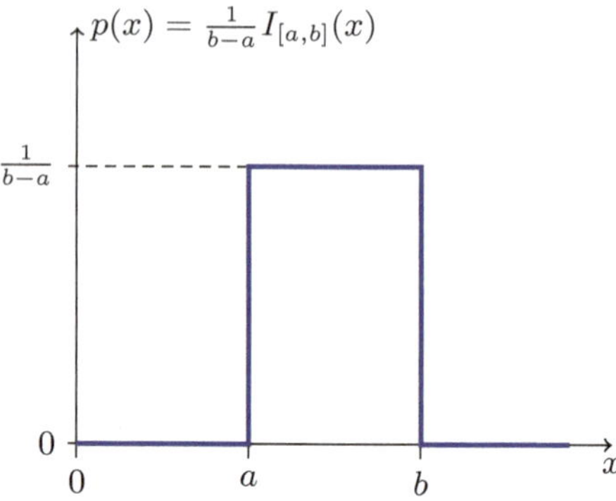

Abb. 8.6 Die uniforme Verteilung

Ähnlich wie z.B. in Gleichung (6.50) für die mehrdimensionale Integration, haben wir die *Indikatorfunktion* $I_{[a,b]}$ des Intervalls $[a, b]$ eingeführt. Die so definierte uniforme Verteilung ist normiert:

$$\int_{\mathbb{R}} dx\, p(x) = \frac{1}{b - a} \int_{\mathbb{R}} dx\, I_{[a,b]}(x) = \frac{1}{b - a} \int_a^b dx\, 1 = 1 .$$

Der Mittelwert folgt als $\langle x \rangle = \frac{1}{2}(a + b)$:

$$\langle x \rangle = \int_{\mathbb{R}} dx\, x p(x) = \frac{1}{b - a} \int_a^b dx\, x = \frac{b^2 - a^2}{2(b - a)} = \frac{1}{2}(a + b) ,$$

das zweite Moment ist gegeben durch

$$\langle x^2 \rangle = \int_{\mathbb{R}} dx\, x^2 p(x) = \frac{1}{b - a} \int_a^b dx\, x^2 = \frac{b^3 - a^3}{3(b - a)} = \frac{1}{3}(b^2 + ab + a^2) ,$$

und die Varianz ist

$$\langle x^2 \rangle - \langle x \rangle^2 = \frac{1}{3}(b^2 + ab + a^2) - \frac{1}{4}(b^2 + 2ab + a^2) = \frac{1}{12}(b - a)^2 .$$

Folglich ist die Breite dieser Verteilung gleich $\frac{1}{2\sqrt{3}}(b - a)$, also proportional zur Intervallbreite, wie man es auch erwarten würde. Die uniforme Verteilung ist in der Physik z.B. relevant bei der Erzeugung von Pseudozufallszahlen im Rahmen von Computersimulationen.

8.6.4   Die Deltaverteilung

Die Deltaverteilung $p(x) = \delta_a(x)$ kann als Wahrscheinlichkeitsdichte mit dem Mittelwert a und der Breite *null* aufgefasst werden. Sie kann als Grenzwert einer *beliebigen* anderen Wahrscheinlichkeitsdichte $g_{\mu,\sigma}(x)$ mit dem Mittelwert μ und der Breite σ definiert werden, wobei im Grenzfall die Grenzwertprozesse $\mu \to a$ und $\sigma \downarrow 0$ durchzuführen sind. Das Gewicht der Deltaverteilung ist somit in einem einzigen Punkt $x = a$ lokalisiert. Die Deltaverteilung findet in nahezu jedem Bereich der Physik ihre Anwendung. Sie ist beispielsweise sehr hilfreich bei der Beschreibung stark lokalisierter Objekte („Punktteilchen") in der klassischen Mechanik und Elektrodynamik.

Betrachten wir als Beispiel eine Folge von Gauß-Verteilungen [s. Gleichung (8.11)] mit den Grenzwertprozessen $\mu \to a$ und $\sigma \downarrow 0$:

$$g_{\mu,\sigma}(x) = p_{\mu,\sigma}(x) = \frac{1}{\sigma\sqrt{2\pi}} e^{-\frac{(x-\mu)^2}{2\sigma^2}} \qquad (\mu \to a, \ \sigma \downarrow 0) \,.$$

Geometrisch stellt die Kurve der Funktion $p_{\mu,\sigma}(x)$ im Grenzfall $\mu \to a$ und $\sigma \downarrow 0$ einen extrem hohen und schmalen Peak bei $x = a$ dar. Ein allgemeiner Erwartungswert $\langle f(x) \rangle$ der Deltaverteilung, wobei die Funktion $f : \mathbb{R} \to \mathbb{R}$ *stetig* sein soll, ist nun *definiert* als Grenzwert von Erwartungswerten von Gauß-Verteilungen $p_{\mu,\sigma}(x)$:

$$\langle f(x) \rangle = \int_{-\infty}^{\infty} dx \, f(x) \, \delta_a(x) \equiv \lim_{\substack{\mu \to a \\ \sigma \downarrow 0}} \int_{-\infty}^{\infty} dx \, f(x) \, p_{\mu,\sigma}(x)$$

$$= \lim_{\substack{\mu \to a \\ \sigma \downarrow 0}} \int_{-\infty}^{\infty} dx \, f(x) \, \frac{e^{-(x-\mu)^2/(2\sigma^2)}}{\sigma\sqrt{2\pi}} \,.$$

Wir nehmen hierbei an, dass $f(x)$ für $x \to \pm\infty$ nicht allzu schnell anwächst, sodass $fp_{\mu,\sigma}$ integrierbar ist. Führt man nun auf der rechten Seite die neue Variable y gemäß $x \equiv \mu + \sqrt{2}\sigma y$ (mit $dx = \sqrt{2}\sigma dy$) ein, so lässt sich $\langle f(x) \rangle$ wie folgt berechnen:

$$\langle f(x) \rangle = \frac{1}{\sqrt{\pi}} \lim_{\substack{\mu \to a \\ \sigma \downarrow 0}} \int_{-\infty}^{\infty} dy \, f(\mu + \sqrt{2}\sigma y) \, e^{-y^2} = \frac{f(a)}{\sqrt{\pi}} \int_{-\infty}^{\infty} dy \, e^{-y^2} = f(a) \,.$$

Wegen der Stetigkeit von f gilt im Grenzfall: $f(\mu + \sqrt{2}\sigma y) \to f(a)$ für alle festen $y \in \mathbb{R}$. Wir stellen also fest, dass allgemeine Erwartungswerte $\langle f(x) \rangle$ von Funktionen im Fall der Deltaverteilung gleich den Funktionswerten $f(a)$ dieser Funktionen im *Mittelwert* a sind.

Vollkommen analoge Schlussfolgerungen erhält man für die alternative Wahl einer Folge von *uniformen* Verteilungen mit den Grenzwertprozessen $\mu \to a$ und $\sigma \downarrow 0$ für die Mittelwerte μ und Breiten σ der Verteilungen:

$$g_{\mu,\sigma}(x) = p(x) = \frac{1}{2\sqrt{3}\sigma} I_{[\mu-\sqrt{3}\sigma,\, \mu+\sqrt{3}\sigma]}(x) \qquad (\mu \to a, \ \sigma \downarrow 0) \,.$$

Wiederum stellt die Kurve der Funktion $p(x)$ geometrisch im Grenzfall $\mu \to a$ und $\sigma \downarrow 0$ einen extrem hohen und schmalen Peak bei $x = a$ dar. Im Fall der uniformen Verteilung erhält man für einen allgemeinen Erwartungswert $\langle f(x) \rangle$ der Deltaverteilung, wobei $f : \mathbb{R} \to \mathbb{R}$ wiederum *stetig* sein soll:

$$\langle f(x) \rangle = \int_{-\infty}^{\infty} dx \, f(x) \, \delta_a(x) \equiv \lim_{\substack{\mu \to a \\ \sigma \downarrow 0}} \int_{-\infty}^{\infty} dx \, \frac{f(x)}{2\sqrt{3}\sigma} I_{[\mu-\sqrt{3}\sigma,\, \mu+\sqrt{3}\sigma]}(x)$$

$$= \lim_{\substack{\mu \to a \\ \sigma \downarrow 0}} \int_{\mu-\sqrt{3}\sigma}^{\mu+\sqrt{3}\sigma} dx \, \frac{f(x)}{2\sqrt{3}\sigma} = \lim_{\substack{\mu \to a \\ \sigma \downarrow 0}} \tfrac{1}{2} \int_{-1}^{1} dy \, f(\mu + \sqrt{3}\sigma y) = f(a) \,. \tag{8.12}$$

Die Stetigkeit von f wird im letzten Schritt verwendet: $f(\mu+\sqrt{3}\sigma y) \to f(a)$ für alle festen $y \in [-1, 1]$. Wir erhalten also dasselbe Ergebnis $\langle f(x) \rangle = f(a)$ wie vorher auch für die Folge von Gauß-Verteilungen. Allgemeiner gilt, dass die genaue Form der Folge $g_{\mu,\sigma}(x)$ unerheblich ist, solange nur die Grenzwertprozesse $\mu \to a$ und $\sigma \downarrow 0$ in wohldefinierter Weise durchgeführt werden können.

Man sollte übrigens beachten, dass die Deltaverteilung hier nicht isoliert definiert wird, sondern nur über ihre *Erwartungswerte*, die als *Grenzwert* von Erwartungswerten bekannter Verteilungen definiert werden. Die Deltaverteilung ist daher nur *im Rahmen eines Integrals* definiert. Es gibt nämlich sehr gute Gründe dafür, die Deltaverteilung nicht einfach isoliert als

$$\delta_a(x) \overset{?}{=} \lim_{\substack{\mu \to a \\ \sigma \downarrow 0}} g_{\mu,\sigma}(x) \qquad \text{(Vorsicht!)} \tag{8.13}$$

zu definieren. Die wichtigsten Gründe sind, dass $\delta_a(x)$ keine übliche Funktion ist und $\int dx\, f(x)\, \delta_a(x)$ auch kein übliches Integral. Dass $\delta_a(x)$ keine übliche Funktion ist, sieht man bereits daran, dass die rechte Seite $\lim g_{\mu,\sigma}(x)$ in (8.13) für alle $x \neq a$ gleich null ist. Höchstens für $x = a$ könnte $\lim g_{\mu,\sigma}(x) \neq 0$ gelten. Aber das Integral einer *Funktion*, die in höchstens einem Punkt ungleich null ist, ist sogar in der Lebesgue-Theorie, die eine Verallgemeinerung der Riemann-Integration darstellt, immer gleich null. Da i.A. $\int dx\, f(x)\, \delta_a(x) = f(a) \neq 0$ gilt, kann $f(x)\, \delta_a(x)$ keine übliche (Riemann-. oder Lebesgue-integrierbare) Funktion sein. Folglich kann $\int dx\, f(x)\, \delta_a(x)$ auch nicht als Riemann- oder Lebesgue-Integral interpretiert werden. Stattdessen muss man diese Größe sorgfältig als *Grenzwert* wohldefinierter Integrale der Form $\int dx\, f(x)\, g_{\mu,\sigma}(x)$ behandeln. Unser „Objekt" $\delta_a(x)$ wird in der Literatur als *verallgemeinerte Funktion* oder *Distribution* bezeichnet und die Größe $\int dx\, f(x)\, \delta_a(x)$ als *Funktional*.[6]

Die Deltafunktion

Die Deltaverteilung spielt – wie gesagt – in der Physik eine große Rolle, z.B. bei der Beschreibung von Punktteilchen, und wird dort üblicherweise als *Deltafunktion* bezeichnet, obwohl wir gerade feststellen mussten, dass dieses „Objekt" gerade keine übliche Funktion, sondern eine *verallgemeinerte Funktion* oder *Distribution* ist. Auch die *Notation* in der Physikliteratur weicht geringfügig von der bisher verwendeten Schreibweise ab: Meist wird $\delta_a(x)$ als $\delta(x - a)$ geschrieben, sodass die Korrespondenzen

$$\delta(x - a) = \delta_a(x) = \delta_0(x - a) \qquad \text{und speziell:} \qquad \delta(x) = \delta_0(x)$$

gelten. Die Deltafunktion $\delta(x - a)$ ist also dadurch definiert, dass sie in Integralen, in Kombination mit einer beliebigen, jedoch hinreichend glatten Funktion $f(x)$, die folgende Wirkung hat:

$$\boxed{\int_{-\infty}^{\infty} dx\, f(x)\, \delta(x - a) = f(a) \qquad (a \in \mathbb{R}) .} \tag{8.14}$$

---

[6]Ein *Funktional* bildet Funktionen auf Zahlen ab, im Gegensatz z.B. zu einer *Funktion*, die Zahlen auf Zahlen abbildet. Hier bildet δ_a die Funktion f auf die Zahl $f(a)$ ab.

Insbesondere gilt $\int dx f(x)\,\delta(x) = f(0)$. Die Eigenschaften der Deltafunktion werden u.a. auch in Übungsaufgabe 8.4 angesprochen. Es gilt z.B.

$$\delta(\lambda x) = \frac{1}{|\lambda|}\delta(x) \qquad \text{und speziell:} \qquad \delta(-x) = \delta(x)\ . \tag{8.15}$$

Hier möchten wir noch ein paar Bemerkungen allgemeiner Natur machen.

Erstens kommen wir noch einmal auf Gleichung (8.12) zurück, in der $\delta(x-a)$ mit Hilfe einer Folge uniformer Verteilungen definiert wird. Führt man in (8.12) zuerst den Limes $\mu \to a$ durch, so erhält man den einfacheren Ausdruck:

$$\int_{-\infty}^{\infty} dx\ f(x)\,\delta(x-a) = \lim_{\varepsilon \to 0} \int_{-\infty}^{\infty} dx\ \frac{f(x)}{\varepsilon} I_{[a-\frac{1}{2}\varepsilon,\,a+\frac{1}{2}\varepsilon]}(x)\ ,$$

wobei $\varepsilon \equiv 2\sqrt{3}\sigma$ definiert wird. Man sieht hier noch einmal explizit, dass im Limes $\varepsilon \to 0$ in einem Integral gilt:

$$\varepsilon^{-1} I_{[a-\frac{1}{2}\varepsilon,\,a+\frac{1}{2}\varepsilon]}(x) \ \to\ \delta(x-a) = \delta(a-x)\ . \tag{8.16}$$

Im letzten Schritt wurde die Symmetrie (8.15) der Deltafunktion verwendet. Wir möchten die Konsequenzen dieser Identität erforschen: Nehmen wir an, die Variable x_1 ist zufallsverteilt mit der Wahrscheinlichkeitsdichte $p(x_1)$ und es gilt $y = g(x_1)$. Wir möchten die Wahrscheinlichkeitsdichte $\bar{p}(y)$ dieser neuen Variablen y bestimmen. Hierzu stellen wir zuerst fest, dass die Wahrscheinlichkeit dafür, dass $g(x_1)$ zwischen $y-\frac{1}{2}\varepsilon$ und $y+\frac{1}{2}\varepsilon$ liegt, für $\varepsilon \ll 1$ gleich $\bar{p}(y)\Delta y = \bar{p}(y)\varepsilon$ ist. Andererseits ist diese Wahrscheinlichkeit auch gleich dem Erwartungswert $\langle I_{[y-\frac{1}{2}\varepsilon,\,y+\frac{1}{2}\varepsilon]}(g(x_1))\rangle$, denn dieser beschreibt die Gesamtwahrscheinlichkeit dafür, dass ein x_1-Wert die Eigenschaft $y-\frac{1}{2}\varepsilon \leq g(x_1) \leq y+\frac{1}{2}\varepsilon$ hat. Durch Kombination dieser beiden Ergebnisse ergibt sich im Limes $\varepsilon \to 0$ unter Berücksichtigung von (8.16):

$$\bar{p}(y) = \lim_{\varepsilon \to 0} \langle \varepsilon^{-1} I_{[y-\frac{1}{2}\varepsilon,\,y+\frac{1}{2}\varepsilon]}(g(x_1))\rangle = \langle \delta(y - g(x_1))\rangle$$

$$= \int dx_1\ p(x_1)\,\delta(y - g(x_1))\ . \tag{8.17}$$

Wir lernen aus Gleichung (8.17), dass die neue Wahrscheinlichkeitsdichte $\bar{p}(y)$ bei einer Variablentransformation $x_1 \to y$ recht einfach als Erwartungswert einer Deltafunktion bestimmt werden kann. Wie man mit Funktionen im Argument einer Deltafunktion rechnet, wie hier mit dem Faktor $\delta(y-g(x_1))$, wird in Übungsaufgabe 8.4 behandelt.

Dieses Argument für die Berechnung von Wahrscheinlichkeitsdichten bei einer Variablentransformation kann problemlos verallgemeinert werden: Nehmen wir an, man hat N Variable $(x_1, x_2, \cdots, x_N) \equiv \mathbf{x}$, die alle gemäß der gleichen Wahrscheinlichkeitsdichte $p(x)$ verteilt sind, und es gilt $y = g(\mathbf{x})$. Wir möchten die Wahrscheinlichkeitsdichte $\bar{p}(y)$ dieser neuen Variablen y bestimmen. Ein analoges Argument zeigt, dass nun mit $d^N x \equiv dx_1 dx_2 \cdots dx_N$ gilt:

$$\bar{p}(y) = \lim_{\varepsilon \to 0} \langle \varepsilon^{-1} I_{[y-\frac{1}{2}\varepsilon,\,y+\frac{1}{2}\varepsilon]}(g(\mathbf{x}))\rangle = \langle \delta(y - g(\mathbf{x}))\rangle$$

$$= \int d^N x\ p(x_1)p(x_2)\cdots p(x_N)\,\delta(y - g(\mathbf{x}))\ , \tag{8.18}$$

sodass auch in diesem verallgemeinerten Fall die neue Wahrscheinlichkeitsdichte $\bar{p}(y)$ bei einer Variablentransformation $\mathbf{x} \to y$ als Erwartungswert einer Deltafunktion darstellbar ist. Im Folgenden werden wir insbesondere die Berechnung der Wahrscheinlichkeitsdichte einer *Summenvariablen* $y \equiv \sum_{i=1}^{N} x_i$ betrachten, wobei die x_i-Variablen alle gemäß der gleichen Wahrscheinlichkeitsdichte $p(x)$ verteilt sind. Im noch allgemeineren Fall, dass die N Variablen $(x_1, x_2, \cdots, x_N) = \mathbf{x}$ gemeinsam gemäß der Wahrscheinlichkeitsdichte $P(\mathbf{x}) \geq 0$ mit der entsprechenden Normierung $\int d^N x \, P(\mathbf{x}) = 1$ verteilt sind, gilt analog:

$$\boxed{\bar{p}(y) = \langle \delta(y - g(\mathbf{x})) \rangle = \int d^N x \, P(\mathbf{x}) \, \delta(y - g(\mathbf{x})) \, .} \tag{8.19}$$

Diese Formeln sind sehr nützlich bei der Durchführung von Variablentransformationen der Form $x_1 \to y = g(x_1)$ bzw. $\mathbf{x} \to y = g(\mathbf{x})$.

Abschließend möchten wir die Verallgemeinerung der Definition (8.14) der Deltafunktion auf beliebige Dimensionen $d = 1, 2, \ldots$ behandeln. Mit den Notationen

$$(x_1, x_2, \cdots, x_d) \equiv \mathbf{x}_d \quad \text{und} \quad (a_1, a_2, \cdots, a_d) \equiv \mathbf{a}_d$$

lautet die Verallgemeinerung von Gleichung (8.14):

$$\delta^{(d)}(\mathbf{x}_d - \mathbf{a}_d) \equiv \delta(x_1 - a_1) \cdots \delta(x_d - a_d) = \prod_{\ell=1}^{d} \delta(x_\ell - a_\ell) \, .$$

Die d-dimensionale Deltafunktion wird also als d-faches Produkt eindimensionaler Deltafunktionen definiert. Mit der üblichen Notation $d^d x \equiv dx_1 dx_2 \cdots dx_d$ hat sie die Eigenschaft

$$\boxed{\int_{\mathbb{R}^d} d^d x \, f(\mathbf{x}_d) \, \delta^{(d)}(\mathbf{x}_d - \mathbf{a}_d) = f(\mathbf{a}_d) \, .} \tag{8.20}$$

Die Eigenschaft (8.20) zeigt man am einfachsten durch mehrfache Anwendung von Gleichung (8.14):

$$\int_{\mathbb{R}^d} d^d x \, f(\mathbf{x}_d) \prod_{\ell=1}^{d} \delta(x_\ell - a_\ell) = \int_{\mathbb{R}^{d-1}} d^{d-1} x \, f(\mathbf{x}_{d-1}, a_d) \prod_{\ell=1}^{d-1} \delta(x_\ell - a_\ell)$$

$$= \int_{\mathbb{R}^{d-2}} d^{d-2} x \, f(\mathbf{x}_{d-2}, a_{d-1}, a_d) \prod_{\ell=1}^{d-2} \delta(x_\ell - a_\ell) = \cdots = f(\mathbf{a}_d) \, ,$$

wobei man sukzessive über die d-te, $(d-1)$-te bis erste Koordinate integriert und diese dabei in $f(\mathbf{x}_d)$ durch die entsprechende Koordinate a_i ersetzt.

8.6.5   Im Rückblick: Der Mittelwertsatz

In Abschnitt [4.4.7] haben wir festgestellt, dass die Herleitung des Taylor'schen Satzes, zumindest in der Formulierung von Lagrange, im Wesentlichen auf dem

Mittelwertsatz der Integralrechnung beruht. Der Mittelwertsatz (4.71) besagt (mit geringen Änderungen der Notation im Vergleich zu Abschnitt [4.4.7]), dass der Erwartungswert $\langle f(x)\rangle_p$ einer *stetigen* Funktion f, ausgerechnet mit der normierten Wahrscheinlichkeitsdichte $p(x)$ auf dem Intervall $[a,b]$, immer auch als Funktionswert $f(\xi)$ mit $\xi \in [a,b]$ geschrieben werden kann:

$$(\exists \xi \in [a,b]) \left[\langle f(x)\rangle_p \equiv \int_a^b dx\, p(x)f(x) \stackrel{!}{=} f(\xi) \right] \quad , \quad \int_a^b dx\, p(x) = 1 \;.$$

Bei der Herleitung des Mittelwertsatzes wurde u.a. auch der *Zwischenwertsatz* (4.7) der reellen Analysis verwendet. Um klarzumachen, was die Gleichung $\langle f\rangle_p = f(\xi)$ *grafisch* bedeutet, wurde in Abbildung 8.7 eine typische *stetige* Funktion f skizziert. Auch ihr Erwartungswert $\langle f\rangle_p$ wurde eingetragen. Wie Abb. 8.7 zeigt, gibt es in diesem Beispiel nicht nur einen möglichen ξ-Wert mit der Eigenschaft $\langle f\rangle_p = f(\xi)$, sondern sogar drei. Der Mittelwertsatz besagt nur, dass *mindestens* ein solcher ξ-Wert existiert.

Da wir nun den Begriff der *Wahrscheinlichkeitsdichte* besser verstehen und insbesondere auch die *Deltafunktion* kennengelernt haben, lohnt es sich, ein

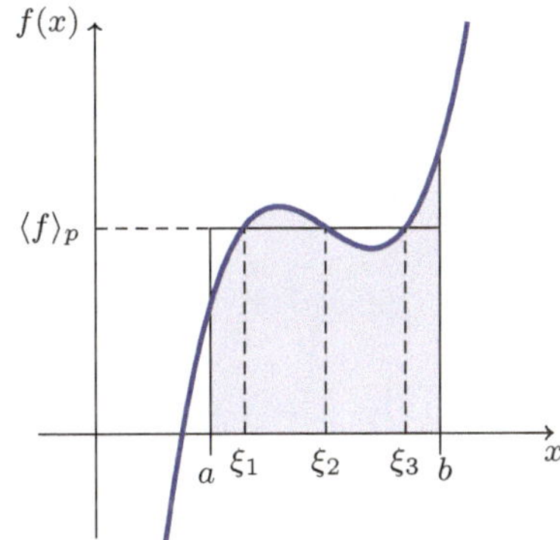

Abb. 8.7 Zum Mittelwertsatz

paar Spezialfälle des Mittelwertsatzes zu diskutieren. Dies wird auch – im Rückblick – ein neues Licht auf frühere Herleitungen werfen.

Als ersten Spezialfall betrachten wir eine Wahrscheinlichkeitsdichte $p(x)$, die als Linearkombination zweier Deltafunktionen geschrieben werden kann:

$$p(x) = (1-\lambda)\delta(x-x_1) + \lambda\delta(x-x_2) \qquad (\lambda \in [0,1]\,,\; a < x_1 < x_2 < b)\,.$$

Der Mittelwertsatz besagt in diesem Fall, dass ein ξ-Wert existiert mit der Eigenschaft, dass $f(\xi)$ *zwischen* den beiden Funktionswerten $f(x_1)$ und $f(x_2)$ liegt:

$$f(\xi) = (1-\lambda)f(x_1) + \lambda f(x_2) = f(x_1) + \lambda[f(x_2) - f(x_1)]\,.$$

Dies zeigt, dass der *Zwischenwertsatz*, der Voraussetzung für die Herleitung des Mittelwertsatzes war, auch als Spezialfall im Mittelwertsatz enthalten ist. Für $\lambda = \frac{1}{2}$ folgt noch die Existenz eines ξ-Werts mit der Eigenschaft $f(\xi) = \frac{1}{2}[f(x_1)+f(x_2)]$. Die Existenz eines solchen ξ-Werts wurde bereits in (6.40) bei der Behandlung der *Trapezformel* vorausgesetzt.

Als zweites Beispiel betrachten wir eine Wahrscheinlichkeitsdichte $p(x)$, die als Linearkombination dreier Deltafunktionen geschrieben werden kann:

$$p(x) = \tfrac{1}{6}\left[\delta(x-x_1) + 4\delta\big(x - \tfrac{x_1+x_2}{2}\big) + \delta(x-x_2)\right] \qquad (a < x_1 < x_2 < b)\,.$$

In diesem Fall impliziert der Mittelwertsatz die Existenz eines ξ-Werts mit der Eigenschaft $f(\xi) = \frac{1}{6}[f(x_1) + 4f(\frac{1}{2}(x_1 + x_2)) + f(x_2)]$. Die Existenz eines solchen ξ-Werts wurde in (6.46) bei der Behandlung des *Simpson-Verfahrens* vorausgesetzt.

Als drittes Beispiel wählen wir für $p(x)$ eine *uniforme Verteilung*:

$$p(x) = \frac{1}{b-a} I_{[a,b]}(x) \quad , \quad I_{[a,b]}(x) = \begin{cases} 1 & (x \in [a,b]) \\ 0 & (x \notin [a,b]) \, . \end{cases}$$

Die Aussage des Mittelwertsatzes ist in diesem Fall, dass ein ξ-Wert existiert mit der Eigenschaft

$$\langle f(x) \rangle_p = \frac{1}{b-a} \int_a^b dx \, f(x) \stackrel{!}{=} f(\xi) \, .$$

Einen Mittelwert dieser Form haben wir bereits in Gleichung (6.12) bei der Herleitung des Fundamentalsatzes der Analysis kennengelernt. Der Fundamentalsatz wurde dort allein aufgrund der *Stetigkeit* der zu integrierenden Funktion bewiesen. Man hätte ihn jedoch auch mit Hilfe des Mittelwertsatzes beweisen können. Hierzu benötigt man lediglich, dass für $b \downarrow a$ auch $\xi \downarrow a$ und daher wegen der Stetigkeit von f auch $f(\xi) \to f(a)$ gilt. In der Notation von Gleichung (6.11) bedeutet dies $\bar{F}'(x_2) = \lim_{h \downarrow 0} \langle f \rangle_h = \lim_{h \downarrow 0} f(\xi) = f(x_2)$. Hiermit hätte man einen alternativen Beweis für den ersten Teil des „Fundamentalsatzes" erbracht.

8.6.6 Die charakteristische Funktion

Auch für kontinuierliche Wahrscheinlichkeitsverteilungen, die also durch eine Wahrscheinlichkeits*dichte* $p(x)$ definiert werden, ist die charakteristische Funktion $\langle e^{\xi x} \rangle = \int dx \, p(x) e^{\xi x}$ eine wichtige Hilfsgröße, mit der man u.a. Informationen über Mittelwerte wie $\langle x \rangle$, $\langle x^2 \rangle$ oder allgemeiner $\langle x^r \rangle$ mit $r \in \mathbb{N}$ gewinnen kann. Diese *Momente* der Wahrscheinlichkeitsdichte werden analog zum diskreten Pendant berechnet:

$$\frac{d}{d\xi} \langle e^{\xi x} \rangle \bigg|_{\xi=0} = \langle x e^{\xi x} \rangle \big|_{\xi=0} = \langle x \rangle \quad , \quad \frac{d^2}{d\xi^2} \langle e^{\xi x} \rangle \bigg|_{\xi=0} = \langle x^2 e^{\xi x} \rangle \big|_{\xi=0} = \langle x^2 \rangle$$

$$\frac{d^r}{d\xi^r} \langle e^{\xi x} \rangle \bigg|_{\xi=0} = \langle x^r e^{\xi x} \rangle \big|_{\xi=0} = \langle x^r \rangle \qquad (r \in \mathbb{N})$$

und sind somit durch die *Ableitungen* von $\langle e^{\xi x} \rangle$ gegeben.

Außerdem erleichtert die charakteristische Funktion die Berechnung von Wahrscheinlichkeitsdichten für *Summenvariablen*. Nehmen wir z.B. an, dass die Variablen $x_1, x_2, \ldots, x_N$ alle gemäß derselben normierten Wahrscheinlichkeitsverteilung $p_1(x)$ verteilt sind, die den Mittelwert μ_1 und die Varianz σ_1^2 hat (mit $|\mu_1| < \infty$ und $\sigma_1^2 < \infty$), dann kann die charakteristische Funktion für die Verteilung der Summenvariablen $y \equiv \sum_{i=1}^{N} x_i$ wie folgt berechnet werden: Wir bezeichnen die charakteristische Funktion der Wahrscheinlichkeitsverteilung $p_1(x)$ als

$$\bar{p}_1(\xi) = \langle e^{\xi x} \rangle = \int dx \, p_1(x) e^{\xi x} \, .$$

Die Funktion $\bar{p}_1(\xi)$ enthält Informationen über die Normierung $\bar{p}_1(0) = 1$, über den Mittelwert $\bar{p}_1'(0) = \mu_1$ und über die Varianz $\bar{p}_1''(0) - [\bar{p}_1'(0)]^2 = \sigma_1^2$ der Einzelvariablen x_i. Die Wahrscheinlichkeitsdichte der Summenvariablen $y \equiv \sum_{i=1}^{N} x_i$ ist gemäß Gleichung (8.18) durch

$$p_N(y) \equiv \int dx_1 \cdots \int dx_N\, \delta\!\left(y - \sum_{i=1}^{N} x_i\right) p_1(x_1)\cdots p_1(x_N)$$

gegeben. Die charakteristische Funktion $\bar{p}_N(\xi) = \langle e^{\xi y}\rangle = \int dy\, p_N(y)e^{\xi y}$ der Verteilung der Summenvariablen y hat folglich die Form

$$\bar{p}_N(\xi) = \int dy \int dx_1 \cdots \int dx_N\, e^{\xi y}\delta\!\left(y - \sum_{i=1}^{N} x_i\right) p_1(x_1)\cdots p_1(x_N)$$

$$= \int dx_1 \cdots \int dx_N\, \exp\!\left(\xi \sum_{i=1}^{N} x_i\right) p_1(x_1)\cdots p_1(x_N)$$

$$= \prod_{i=1}^{N}\left[\int dx_i\, p_1(x_i)e^{\xi x_i}\right] = [\bar{p}_1(\xi)]^N \ .$$

Im zweiten Schritt wurde die y-Integration mit Hilfe der Deltafunktion durchgeführt. Um die Wahrscheinlichkeitsdichte $p_N(y)$ zu berechnen, müsste man also lediglich die Funktion $[\bar{p}_1(\xi)]^N$ von der ξ-Sprache zurück in die y-Sprache übersetzen.[7] Außerdem kann man nun recht einfach den *Mittelwert* μ_N und die *Varianz* σ_N^2 der Summenvariablen y berechnen:

$$\mu_N = \langle y\rangle = \bar{p}_N'(0) = N\,[\bar{p}_1(0)]^{N-1}\,\bar{p}_1'(0) = N\cdot 1\cdot \mu_1 = N\mu_1$$

$$\langle y^2\rangle = \bar{p}_N''(0) = N\,[\bar{p}_1(0)]^{N-1}\,\bar{p}_1''(0) + N(N-1)\,[\bar{p}_1(0)]^{N-2}\,[\bar{p}_1'(0)]^2$$

$$= N\sigma_1^2 + (N\mu_1)^2 = N\sigma_1^2 + \langle y\rangle^2 \quad , \quad \sigma_N^2 = \langle(y-\langle y\rangle)^2\rangle = N\sigma_1^2 \ .$$

Da die Summenvariable y also den Mittelwert $\mu_N = N\mu_1$ und die Varianz $\sigma_N^2 = N\sigma_1^2$ hat, muss die Variable $(y - \mu_N)/\sigma_N$ den Mittelwert *null* und die Varianz *eins* haben. Dies gilt für alle $N \in \mathbb{N}$.

Mit Hilfe der charakteristischen Funktion kann man außerdem zeigen, dass (aufgrund der Annahmen $|\mu_1| < \infty$ und $\sigma_1^2 < \infty$) im Limes $N \to \infty$ der Zentrale Grenzwertsatz gilt. Um dies nachzuweisen zeigen wir, dass die charakteristische Funktion $\langle e^{\xi(y-\mu_N)/\sigma_N}\rangle$ der Variablen $(y - \mu_N)/\sigma_N$ im Limes $N \to \infty$ gegen die charakteristische Funktion $e^{\frac{1}{2}\xi^2}$ der Standardnormalverteilung konvergiert:

$$\langle e^{\xi(y-\mu_N)/\sigma_N}\rangle = \int dy\, e^{\xi(y-\mu_N)/\sigma_N}p_N(y) = e^{-\xi\mu_N/\sigma_N}\left[\bar{p}_1\!\left(\tfrac{\xi}{\sigma_N}\right)\right]^N$$

$$= \exp\left\{N\ln[\bar{p}_1(\xi/\sigma_N)] - \xi\mu_N/\sigma_N\right\}$$

$$= \exp\left\{N\ln\left[\bar{p}_1(0) + \bar{p}_1'(0)\tfrac{\xi}{\sigma_N} + \tfrac{1}{2}\bar{p}_1''(0)\left(\tfrac{\xi}{\sigma_N}\right)^2 + \cdots\right] - \tfrac{\xi\mu_N}{\sigma_N}\right\}$$

$$= \exp\left(\tfrac{1}{2}N\{\bar{p}_1''(0) - [\bar{p}_1'(0)]^2\}\left(\tfrac{\xi}{\sigma_N}\right)^2 + \cdots\right) \to e^{\frac{1}{2}\xi^2} \quad (N \to \infty)\ .$$

---

[7]Hierfür gibt es Standardverfahren, wie z.B. die inversen Fourier- oder Laplace-Transformationen.

Wir verwendeten die bekannten Eigenschaften $\bar{p}_1(0) = 1$, $\bar{p}_1'(0) = \mu_1$ und $\bar{p}_1''(0) - [\bar{p}_1'(0)]^2 = \sigma_1^2$. Es folgt also, dass die Variable $(y - \mu_N)/\sigma_N$ im Limes $N \to \infty$ standardnormalverteilt ist, und dies impliziert wiederum, dass die Variable y selbst im Limes $N \to \infty$ gaußverteilt ist mit dem Mittelwert $\mu_N = N\mu_1$ und der Varianz $\sigma_N^2 = N\sigma_1^2$.

Wir betrachten im Folgenden ein paar Beispiele für die Berechnung einer charakteristischen Funktion.

Beispiel: Die Gauß-Verteilung

Die Gauß'sche Wahrscheinlichkeitsdichte wurde in Gleichung (8.11) für alle $x \in \mathbb{R}$ als $p_{\mu\sigma}(x) \equiv \frac{1}{\sigma\sqrt{2\pi}} \exp\left[-(x - \mu)^2/(2\sigma^2)\right]$ definiert. Die charakteristische Funktion der Gauß-Verteilung folgt daher als:

$$
\begin{aligned}
\bar{p}_{\mu\sigma}(\xi) &\equiv \langle e^{\xi x} \rangle = \int_{-\infty}^{\infty} dx\, p_{\mu\sigma}(x)e^{\xi x} = \frac{1}{\sigma\sqrt{2\pi}} \int_{-\infty}^{\infty} dx\, \exp\left[-\frac{(x-\mu)^2}{2\sigma^2} + \xi x\right] \\
&= \frac{1}{\sigma\sqrt{2\pi}} \int_{-\infty}^{\infty} dx\, \exp\left[-\frac{x^2 - 2(\mu + \sigma^2\xi)x + \mu^2}{2\sigma^2}\right] \\
&= \frac{e^{\mu\xi + \frac{1}{2}\sigma^2\xi^2}}{\sigma\sqrt{2\pi}} \int_{-\infty}^{\infty} dx\, \exp\left\{-\frac{[x - (\mu + \sigma^2\xi)]^2}{2\sigma^2}\right\} = e^{\mu\xi + \frac{1}{2}\sigma^2\xi^2} .
\end{aligned}
\tag{8.21}
$$

Im zweiten Schritt wurde Gleichung (8.11) eingesetzt, im dritten der Term ξx im Exponenten mit dem Quotienten $(x - \mu)^2/(2\sigma^2)$ kombiniert, im vierten wurde das Quadrat im Exponenten vervollständigt, und im letzten Schritt wurde lediglich die Normierung der Gauß-Verteilung (nun mit μ ersetzt durch $\mu + \sigma^2\xi$) verwendet.

Aus Gleichung (8.21) kann der *Mittelwert* der Gauß-Verteilung $p_{\mu\sigma}(x)$ berechnet werden als $\bar{p}_{\mu\sigma}'(0) = \frac{d}{d\xi}e^{\mu\xi + \frac{1}{2}\sigma^2\xi^2}|_{\xi=0} = \mu$. Das *zweite Moment* der Verteilung folgt aus $\langle x^2 \rangle = \bar{p}_{\mu\sigma}''(0) = \frac{d^2}{d\xi^2}e^{\mu\xi + \frac{1}{2}\sigma^2\xi^2}|_{\xi=0} = \mu^2 + \sigma^2$, sodass die *Varianz* gegeben ist durch $\langle (x - \langle x \rangle)^2 \rangle = \langle x^2 \rangle - \langle x \rangle^2 = \sigma^2$. Diese Ergebnisse sind im Einklang mit denjenigen aus Abschnitt [8.6.1]. Da nun die charakteristische Funktion der Gauß-Verteilung bekannt ist, kann man auch die charakteristische Funktion der Summenvariablen $y = \sum_{i=1}^{N} x_i$ bestimmen – annehmend, dass die Variablen x_1, x_2, ..., x_N alle gemäß derselben Gauß-Verteilung $p_{\mu\sigma}(x)$ verteilt sind:

$$
\bar{p}_N(\xi) = [\bar{p}_{\mu\sigma}(\xi)]^N = \left[e^{\mu\xi + \frac{1}{2}\sigma^2\xi^2}\right]^N = e^{(N\mu)\xi + \frac{1}{2}(N\sigma^2)\xi^2} .
$$

Das Resultat zeigt, dass $\bar{p}_N(\xi)$ wiederum die Form der charakteristischen Funktion einer Gauß-Verteilung hat, nun aber mit dem Mittelwert $N\mu$ und der Varianz $N\sigma^2$. Für die Wahrscheinlichkeitsdichte $p_N(y)$ selbst gilt daher:

$$
\boxed{p_N(y) = p_{N\mu,\sqrt{N}\sigma}(y) = \frac{1}{\sigma\sqrt{2\pi N}} \exp\left[-\frac{(y - N\mu)^2}{2N\sigma^2}\right] \quad \forall N \in \mathbb{N} ,}
$$

und insofern ist die Aussage des Zentralen Grenzwertsatzes für diese spezielle Verteilung nicht nur im Limes $N \to \infty$, sondern für alle $N \in \mathbb{N}$ erfüllt.

Beispiel: Die Exponentialverteilung

In Abschnitt [8.6.2] wurde die Exponentialverteilung $p(t) = \frac{1}{\tau}\, e^{-t/\tau}$ (mit $t \geq 0$ und $\tau > 0$) eingeführt. Die entsprechende charakteristische Funktion $\bar{p}(\xi) = \langle e^{\xi t} \rangle$ ist gegeben durch

$$\bar{p}(\xi) = \langle e^{\xi t} \rangle = \frac{1}{\tau} \int_0^\infty dt\, e^{-t\left(\frac{1}{\tau}-\xi\right)} = \frac{1}{\tau\left(\frac{1}{\tau}-\xi\right)} = \frac{1}{1-\xi\tau}\,.$$

Die Eigenschaft $\bar{p}(0) = 1$ zeigt, dass die Exponentialverteilung korrekt normiert wurde: $\int_0^\infty dt\, p(t) = 1$. Aus $\mu_1 = \bar{p}'(0) = \tau$ folgt im Einklang mit dem Ergebnis aus Abschnitt [8.6.2], dass der Mittelwert gleich τ ist, und aus $\sigma_1^2 = \bar{p}''(0) - [\bar{p}'(0)]^2 = \tau^2$ ergibt sich für die Breite der Verteilung ebenfalls τ. Wenn die Variablen t_1, t_2, $\ldots$, t_N alle gemäß derselben Exponentialverteilung $p(t)$ verteilt sind, wissen wir außerdem, dass die Summenvariable $y = \sum_{i=1}^{N} t_i$ die charakteristische Funktion

$$\int_0^\infty dy\, p_N(y) e^{\xi y} = \bar{p}_N(\xi) = [\bar{p}(\xi)]^N = \frac{1}{(1-\xi\tau)^N} \tag{8.22}$$

hat. Um die Wahrscheinlichkeitsdichte $p_N(y)$ zu bestimmen, möchten wir dieses Ergebnis nun von der ξ-Sprache zurück in die y-Sprache übersetzen. Hierzu verwenden wir, dass die Funktion $(1 - \xi\tau)^{-N}$ auch als $(N - 1)$-te Ableitung der charakteristischen Funktion $\bar{p}(\xi) = \frac{1}{1-\xi\tau}$ geschrieben werden kann:

$$\bar{p}^{(N-1)}(\xi) = (N-1)!\,\tau^{N-1}\frac{1}{(1-\xi\tau)^N}\,. \tag{8.23}$$

Da $\bar{p}(\xi)$ als Integral über die Exponentialverteilung definiert ist, nämlich als $\bar{p}(\xi) = \int_0^\infty dy\, p(y) e^{\xi y}$ mit $p(y) = \frac{1}{\tau}\, e^{-y/\tau}$, bedeutet Gleichung (8.23) konkret:

$$\frac{1}{(1-\xi\tau)^N} = \frac{\bar{p}^{(N-1)}(\xi)}{(N-1)!\,\tau^{N-1}} = \int_0^\infty dy\, \frac{y^{N-1} p(y)\, e^{\xi y}}{(N-1)!\,\tau^{N-1}}\,. \tag{8.24}$$

Durch Kombination der beiden Gleichungen (8.22) und (8.24) ergibt sich nun:

$$\int_0^\infty dy\, p_N(y) e^{\xi y} = \frac{1}{(1-\xi\tau)^N} = \int_0^\infty dy\, \frac{y^{N-1} p(y)\, e^{\xi y}}{(N-1)!\,\tau^{N-1}}$$

und daher durch den Vergleich der Integranden auf der linken und rechten Seite:

$$p_N(y) = \frac{y^{N-1} p(y)}{(N-1)!\,\tau^{N-1}} = \frac{y^{N-1} e^{-y/\tau}}{(N-1)!\,\tau^N}\,. \tag{8.25}$$

Hiermit ist auch die Wahrscheinlichkeitsdichte $p_N(y)$ der Summenvariablen $y = \sum_{i=1}^{N} t_i$ explizit bekannt. In Übungsaufgabe 8.6 werden wir die Eigenschaften der Verteilung $p_N(y)$ näher untersuchen. Die Wahrscheinlichkeitsdichte $p_N(y)$ in Gleichung (8.25) wird als *Gammaverteilung* bezeichnet, da sämtliche Momente

$$\int_0^\infty dy\, y^r p_N(y) = \frac{\int_0^\infty dy\, y^{N+r-1} e^{-y/\tau}}{(N-1)!\,\tau^N} = \frac{\tau^r \Gamma(N+r)}{(N-1)!} \qquad (\text{mit } r > -N)$$

auf Gammafunktionen führen.

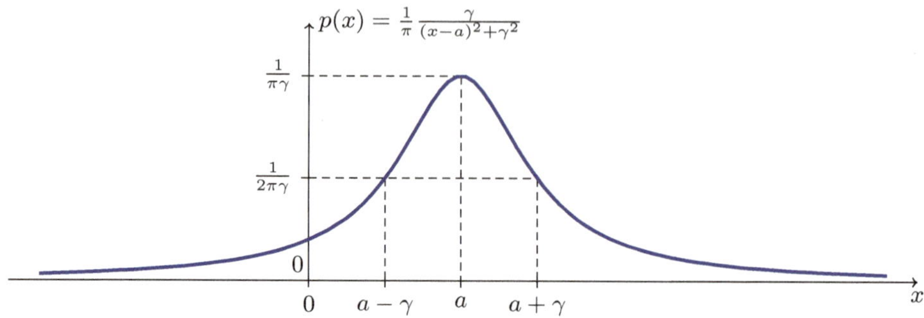

Abb. 8.8 Die Lorentz- oder Cauchy-Verteilung

8.6.7   Die Lorentz- oder Cauchy-Verteilung

Als letzte Wahrscheinlichkeitsdichte möchten wir die *Lorentz-* oder *Cauchy-Verteilung* diskutieren, die für alle reellen x-Werte definiert ist durch

$$p(x) = \frac{1}{\pi} \frac{\gamma}{(x-a)^2 + \gamma^2} \qquad (x \in \mathbb{R},\ \gamma > 0) \tag{8.26}$$

und von den bisher diskutierten Verteilungen in mancher Hinsicht drastisch abweicht. Die Lorentz-Verteilung wird z.B. bei der Beschreibung der Frequenzabhängigkeit von Linienprofilen in der Optik angewendet, aber auch in ganz anderen Bereichen der Physik, wie z.B. in der Theorie ungeordneter Systeme. Die Lorentz- oder Cauchy-Verteilung ist in Abbildung 8.8 skizziert. Charakteristisch für diese Verteilung ist, dass sie für $x \to \pm\infty$ sehr viel langsamer als z.B. die Gauß-Verteilung abklingt. Dies hat zur Konsequenz, dass sämtliche Momente $\langle x^r \rangle$ mit $r \in \mathbb{N}$ *nicht* definiert sind. Insbesondere sind der *Mittelwert* $(r = 1)$ und das *zweite Moment* $(r = 2)$ der Lorentz-Verteilung:

$$\langle x \rangle = \frac{1}{\pi} \int_{-\infty}^{\infty} dx\ \frac{\gamma x}{(x-a)^2 + \gamma^2} \quad , \quad \langle x^2 \rangle = \frac{1}{\pi} \int_{-\infty}^{\infty} dx\ \frac{\gamma x^2}{(x-a)^2 + \gamma^2}$$

und somit auch die *Varianz* mathematisch undefiniert, da die entsprechenden Integrale *divergieren*. Die Lorentz-Verteilung ist jedoch korrekt normiert, denn das „nullte" Moment $(r = 0)$ ist gleich eins:

$$\langle x^0 \rangle = \frac{1}{\pi} \int_{-\infty}^{\infty} dx\ \frac{\gamma}{(x-a)^2 + \gamma^2} = \frac{1}{\pi} \int_{-\infty}^{\infty} dy\ \frac{1}{y^2 + 1} = \frac{1}{\pi} \arctan(y) \Big|_{-\infty}^{\infty} = 1\ .$$

Hierbei wurde im zweiten Schritt $x = a + \gamma y$ substituiert. Das mathematisch undefinierte Integral, das den Mittelwert $\langle x \rangle$ beschreibt, ist uns übrigens bereits aus Kapitel [6] bekannt: In Gleichung (6.15) stellten wir fest, dass dieses Integral zwar undefiniert ist, aber bei geeigneter Wahl der Integrationsgrenzen als *Hauptwertintegral* formuliert werden kann: Falls es physikalische Gründe dafür gibt, die Ober- und Untergrenzen der Integration als $b+a$ bzw. $-b+a$ mit $b \to \infty$ zu wählen, erhält man als Mittelwert $\langle x \rangle = a$. Das zweite Moment $\langle x^2 \rangle$ ist auch als Hauptwertintegral divergent.

Die Lorentz-Verteilung hat eine wohldefinierte charakteristische Funktion, die allerdings nicht sinnvoll in der bisher verwendeten Form definiert werden kann. Die Größe

$$\langle e^{\xi x} \rangle = \frac{1}{\pi} \int_{-\infty}^{\infty} dx \, \frac{\gamma \, e^{\xi x}}{(x-a)^2 + \gamma^2}$$

ist als charakteristische Funktion nämlich völlig ungeeignet, da sie nur für $\xi = 0$ wohldefiniert (und dann gleich eins) ist: Für $\xi > 0$ divergiert das Integral auf der rechten Seite für $x \to \infty$, für $\xi < 0$ divergiert es für $x \to -\infty$. An dieser Stelle dürfte man sich jedoch an die Euler-Formel für $e^{i\xi x}$ erinnern, die u.a. die Eigenschaft $|e^{i\xi x}| = 1$ impliziert. Da der Betrag von $e^{i\xi x}$ nicht anwächst für $x \to \pm\infty$, ist die Größe $\langle e^{i\xi x} \rangle$ durchaus als charakteristische Funktion geeignet! Wir definieren daher:

$$\bar{p}(\xi) \equiv \langle e^{i\xi x} \rangle = \frac{1}{\pi} \int_{-\infty}^{\infty} dx \, \frac{\gamma \, e^{i\xi x}}{(x-a)^2 + \gamma^2} \; . \tag{8.27}$$

Die Berechnung des Integrals auf der rechten Seite ist sogar relativ einfach, allerdings haben wir die geeignete Methode (den „Residuensatz") noch nicht kennengelernt. Aus diesem Grunde sei hier lediglich das Ergebnis erwähnt:

$$\bar{p}(\xi) = e^{i\xi a - \gamma|\xi|} \; .$$

Die charakteristische Funktion $\bar{p}(\xi)$ zeigt einerseits, dass die Lorentz-Verteilung wohlnormiert ist: $\bar{p}(0) = 1$, andererseits aber auch, dass die höheren Momente $\langle x^r \rangle = \bar{p}^{(r)}(0)$ mit $r \in \mathbb{N}$ alle undefiniert sind, da $\bar{p}(\xi)$ in $\xi = 0$ überhaupt nicht differenzierbar ist.

Die charakteristische Funktion ist dennoch sehr nützlich, und zwar bei der Berechnung der Wahrscheinlichkeitsdichte $p_N(y)$ für die Summenvariable $y = \sum_{i=1}^{N} x_i$, wobei wir annehmen, dass die Zufallsvariablen x_1, x_2, ..., x_N alle gemäß derselben Lorentz-Verteilung $p(x)$ verteilt sind. Die charakteristische Funktion $\bar{p}_N(\xi)$ der Wahrscheinlichkeitsdichte $p_N(y)$ hat nämlich die übliche Eigenschaft $\bar{p}_N(\xi) = [\bar{p}(\xi)]^N$, die sofort zu dem Ergebnis $\bar{p}_N(\xi) = e^{i\xi Na - N\gamma|\xi|}$ führt. Wie man aus dem Vergleich mit (8.27) sieht, hat auch $\bar{p}_N(\xi)$ die Form der charakteristischen Funktion einer *Lorentz-Verteilung*, nun allerdings mit den Parametern $(Na, N\gamma)$ statt (a, γ). Dieses Ergebnis ist deshalb interessant, weil die Wahrscheinlichkeitsdichte $p_N(y)$ also auch für $N \to \infty$ ein *Lorentz-Profil* aufweist:

$$\boxed{p_N(y) = \frac{1}{\pi} \frac{N\gamma}{(y - Na)^2 + (N\gamma)^2} \qquad (y \in \mathbb{R})}$$

und *nicht* die aus dem Zentralen Grenzwertsatz vertraute Gauß-Form hat. Die Lorentz-Verteilung ist also ein Beispiel für eine Verteilung, die den Zentralen Grenzwertsatz *nicht* erfüllt. Es gibt allerdings auch keinen Grund, weshalb die Lorentz-Verteilung den Zentralen Grenzwertsatz erfüllen sollte, da ihre Varianz divergiert – im Widerspruch zu einer der Voraussetzungen dieses Satzes.

8.7 Übungsaufgaben

Aufgabe 8.1 Das Ziegenproblem

Betrachten Sie das „Ziegenproblem" aus Abschnitt [8.1], nun aber mit 100 Toren, hinter denen jeweils 1 Auto und 99-mal eine Ziege versteckt sind. Der Kandidat wählt ein Tor. Der Präsentator der Show öffnet daraufhin 98 Tore, hinter denen sich ausnahmslos Ziegen befinden. Soll der Kandidat bei seiner Wahl bleiben oder zum noch verschlossenen anderen Tor wechseln?

Aufgabe 8.2 Das Werfen mehrerer Würfel

In Gleichung (8.6) wurde die Wahrscheinlichkeit $p_{23} \simeq 0{,}02528$ dafür berechnet, dass man beim Werfen mit 100 Würfeln genau 23 Mal die Fünf erzielt. Berechnen Sie nun selbst die Wahrscheinlichkeit p_{17} dafür, dass man beim Werfen mit 100 Würfeln genau 17 Mal eine Fünf erhält. Können Sie im Voraus sagen, ob p_{17} kleiner oder größer als p_{23} ist, oder alternativ beide Wahrscheinlichkeiten vielleicht gleich sind?

Aufgabe 8.3 Die charakteristische Funktion der Gasverteilung

In Abb. 8.4 betrachteten wir die charakteristische Funktion der Wahrscheinlichkeitsverteilung eines Gases, bestehend aus N Teilchen in einem Volumen V mit zwei Teilvolumina $v = \frac{3}{4}V$ und $V - v = \frac{1}{4}V$. Zeigen Sie, dass für den Logarithmus dieser charakteristischen Funktion für hinreichend große N-Werte gilt:

$$\ln\langle e^{(m-\mu)\frac{x}{\sigma}}\rangle = \tfrac{1}{2}x^2 - \frac{x^3}{3\sqrt{3N}} + \mathcal{O}\left(\frac{x^4}{N}\right) \qquad (N \to \infty)$$

und erklären Sie hieraus die merkliche Unsymmetrie der charakteristischen Funktion für mittlere N-Werte ($N \lesssim 10^3$), ihre träge Konvergenz als Funktion von N und ihre nicht-monotone N-Abhängigkeit für negative x-Werte.

Aufgabe 8.4 Die Deltafunktion

Die „Deltafunktion" $\delta(x)$ hat laut Gleichung (8.14) in Integralen, in Kombination mit einer beliebigen, jedoch hinreichend glatten Funktion $f(x)$, für alle $a \in \mathbb{R}$ die Wirkung $\int_{-\infty}^{\infty} dx\, f(x)\, \delta(x-a) = f(a)$. Insbesondere gilt also $\int dx\, f(x)\, \delta(x) = f(0)$. Wie in Abschnitt [8.6.4] gezeigt, kann sie im Limes $\mu \to a$ und $\sigma \downarrow 0$ aus einer beliebigen Folge $g_{\mu\sigma}(x)$ normierter Wahrscheinlichkeitsdichten mit dem Mittelwert μ und der Breite σ erhalten werden.

(a) Zeigen Sie, dass man die Deltafunktion beispielsweise im Limes $\varepsilon \downarrow 0$ aus der Folge $g_\varepsilon(x) \equiv \varepsilon^{-1} I_{[a+\frac{1}{2}\varepsilon,\, a+\frac{3}{2}\varepsilon]}(x)$ erhält. Zeigen Sie auch, dass im Limes $\varepsilon \downarrow 0$ für alle $x \in \mathbb{R}$ gilt: $g_\varepsilon(x) \to 0$, sodass die irreführende Darstellung (8.13) für dieses Beispiel manifest keinerlei Sinn ergibt.

(b) Beweisen Sie die Eigenschaften:

$$(i) \quad \delta(\lambda x) = \frac{1}{|\lambda|}\delta(x) \quad \text{und} \quad (ii) \quad \delta(f(x)) = \sum_i \frac{\delta(x - x_i)}{|f'(x_i)|}\,,$$

wobei angenommen wird, dass $f(x)$ nur einfache Nullstellen x_i hat und an diesen jeweils differenzierbar ist.

Wie in Abschnitt [8.6.4] gezeigt, ist die Verallgemeinerung der Deltafunktion auf beliebige Dimensionen $d = 1, 2, \ldots$:

$$\delta^{(d)}(\mathbf{x} - \mathbf{a}) = \delta(x_1 - a_1) \cdots \delta(x_d - a_d) = \prod_{\ell=1}^{d} \delta(x_\ell - a_\ell)$$

und hat [s. Gleichung (8.20)] die Eigenschaft $\int_{\mathbb{R}^d} d^d x\, f(\mathbf{x})\, \delta^{(d)}(\mathbf{x} - \mathbf{a}) = f(\mathbf{a})$.

(c) Beweisen Sie (für $\varepsilon > 0$ und $\lambda \neq 0$) die weiteren Eigenschaften:

$$(i) \quad \int_{\{|\mathbf{x}-\mathbf{a}|\leq \varepsilon\}} d^d x\, \delta^{(d)}(\mathbf{x} - \mathbf{a}) = 1 \quad , \quad (ii) \quad \delta^{(d)}(\lambda \mathbf{x}) = |\lambda|^{-d} \delta^{(d)}(\mathbf{x}) \ .$$

Aufgabe 8.5 Die dreidimensionale Gauß-Verteilung

Wir betrachten drei unabhängige Variable $(v_1, v_2, v_3) = \mathbf{v}$, die alle drei gemäß der gaußschen Wahrscheinlichkeitsdichte $p_{01}(v_i) = (2\pi)^{-1/2} e^{-\frac{1}{2} v_i^2}$ (mit $i = 1, 2, 3$) standardnormalverteilt sind. Gemeinsam sind die drei Variablen also gemäß der Wahrscheinlichkeitsdichte[8]

$$P(\mathbf{v}) = p_{01}(v_1) p_{01}(v_2) p_{01}(v_3) = (2\pi)^{-3/2} e^{-\frac{1}{2}(v_1^2 + v_2^2 + v_3^2)} = (2\pi)^{-3/2} e^{-\frac{1}{2}\mathbf{v}^2}$$

verteilt. Der Erwartungswert $\langle f(\mathbf{v}) \rangle$ einer Funktion $f(\mathbf{v})$ ist wie üblich durch das Integral $\langle f(\mathbf{v}) \rangle = \int d^3 v\, f(\mathbf{v}) P(\mathbf{v})$ gegeben. Falls $y = g(\mathbf{v})$ eine neue Variable ist, die vom dreidimensionalen Vektor $\mathbf{v}$ abhängt, folgt ihre Wahrscheinlichkeitsdichte – wiederum wie üblich – aus Gleichung (8.19) als $\bar{p}(y) = \int d^3 v\, P(\mathbf{v})\, \delta(y - g(\mathbf{v}))$.

(a) Zeigen Sie, dass $P(\mathbf{v})$ auf eins normiert ist: $\langle 1 \rangle = 1$, und berechnen Sie den Mittelwert $\langle \mathbf{v} \rangle$ und die Breite $\sqrt{\langle (\mathbf{v} - \langle \mathbf{v} \rangle)^2 \rangle}$ der $P(\mathbf{v})$-Verteilung.

(b) Wählen Sie $g_1(\mathbf{v}) = |\mathbf{v}|$ für g und bestimmen Sie die zugehörige Wahrscheinlichkeitsdichte $\bar{p}_1(v) = \int d^3 v\, P(\mathbf{v})\, \delta(v - |\mathbf{v}|)$.

(c) Wählen Sie $g_2(\mathbf{v}) = \frac{1}{2}\mathbf{v}^2$ für g und zeigen Sie für die zugehörige Wahrscheinlichkeitsdichte: $\bar{p}_2(E) = \int d^3 v\, P(\mathbf{v})\, \delta\left(E - \frac{1}{2}\mathbf{v}^2\right) = \frac{2}{\sqrt{\pi}} \sqrt{E} e^{-E}$.

(d) Bestimmen Sie die Mittelwerte $\langle |\mathbf{v}| \rangle$ und $\langle \frac{1}{2}\mathbf{v}^2 \rangle$. Warum kann man diese Mittelwerte auch mit Hilfe von $\bar{p}_1$ bzw. $\bar{p}_2$ berechnen? Zeigen Sie durch explizite Berechnung, dass $\langle \frac{1}{2}\mathbf{v}^2 \rangle > \frac{1}{2}\langle |\mathbf{v}| \rangle^2$ gilt. Warum muss dies aufgrund allgemeiner Überlegungen auch so sein?

(e) Bestimmen Sie die „wahrscheinlichsten" Werte v_{max} und E_{max}, d.h. die v- und E-Werte, für die $\bar{p}_1$ bzw. $\bar{p}_2$ ihr Maximum haben. Zeigen Sie, dass $E_{\mathrm{max}} < \frac{1}{2}(v_{\mathrm{max}})^2$ gilt.

---

[8]Physikalisch hat die Wahrscheinlichkeitsdichte $P(\mathbf{v})$ die Interpretation der *Maxwell'schen Geschwindigkeitsverteilung* der Moleküle eines in einem dreidimensionalen Volumen eingesperrten Gases. Die Variablen $(v_1, v_2, v_3) = \mathbf{v}$ stellen die Geschwindigkeitskomponenten bzw. den *Geschwindigkeitsvektor* eines Moleküls dar, und die Variable E hat die Interpretation der *kinetischen Energie* dieses Moleküls. Diese Konzepte aus der elementaren kinetischen Gastheorie werden typischerweise in Anfängervorlesungen über Experimentalphysik behandelt. In dieser Aufgabe werden Geschwindigkeiten gemessen in Einheiten von $\sqrt{k_{\mathrm{B}} T / m}$ und Molekülenergien in Einheiten von $k_{\mathrm{B}} T$, wobei T die absolute Temperatur, m die Molekülmasse und $k_{\mathrm{B}} \simeq 1{,}381 \cdot 10^{-23}\,\mathrm{J/K}$ die Boltzmann-Konstante ist.

(f) Was ist die Wahrscheinlichkeit dafür, dass $v_1{}^2 + v_2{}^2 > \langle v_1{}^2 + v_2{}^2 \rangle$ gilt?

(g) Was ist die Wahrscheinlichkeit dafür, dass $E > \langle E \rangle$ gilt?

Hinweis: $\mathrm{erf}\left(\sqrt{3/2}\right) \simeq 0,917$ mit $\mathrm{erf}(z) \equiv \frac{2}{\sqrt{\pi}} \int_0^z dt\ e^{-t^2}$. Wir haben die Gauß'sche Fehlerfunktion bereits in Gleichung (6.67) kennengelernt.

Aufgabe 8.6 Summen exponentiell verteilter Variabler

In Gleichung (8.25) wurde die Wahrscheinlichkeitsdichte $p_N(y)$ der Summenvariablen $y = \sum_{i=1}^{N} t_i$ berechnet unter der Annahme, dass die Variablen t_1, t_2, ..., t_N alle gemäß derselben Exponentialverteilung $p(t)$ verteilt sind. Berechnen Sie – ausgehend von Gleichung (8.25) – den Mittelwert und die Varianz der Verteilung $p_N(y)$ und zeigen Sie, dass diese Verteilung für $N \to \infty$ im Einklang mit dem Zentralen Grenzwertsatz gegen eine Gauß-Verteilung konvergiert.

Aufgabe 8.7 Charakteristische Funktion der uniformen Verteilung und der Deltaverteilung

Berechnen Sie die charakteristischen Funktionen $\langle e^{\xi x} \rangle$ der uniformen Verteilung $p(x) = \frac{1}{b-a} I_{[a,b]}(x)$ bzw. der Deltaverteilung $\delta_a(x)$ in Gleichung (8.12).

Aufgabe 8.8 Variablentransformation in der Lorentz-Verteilung

Nehmen wir an, die Variable x ist Lorentz-verteilt, wie in Gleichung (8.26). Zeigen Sie, dass dann auch die Variable $y \equiv x^{-1}$ Lorentz-verteilt ist, allerdings mit anderen Parametern (a, γ).

Kapitel 9

Kurven-, Flächen- und Volumenintegrale

In diesem Kapitel wird die Beschreibung von Funktionen mehrerer Variabler weiterentwickelt, die wir in den Kapiteln [5] und [6] begonnen haben. Ein besonderes Augenmerk richten wir dabei auf die *Integration*. Wir befassen uns zuerst, in Abschnitt [9.1], mit der Taylor-Entwicklung solcher Funktionen, wobei u.a. auch die Begriffe *Funktionalmatrix* und *Funktionaldeterminante* eingeführt werden. Hierauf aufbauend werden dann in den Abschnitten [9.2], [9.3] und [9.4] Integrationen über *Kurven*, *Flächen* und *Volumina* besprochen, wobei stets eine *skalare* und eine *vektorielle* Variante zu unterscheiden sind. Die für physikalische Anwendungen äußerst wichtigen Sätze von Stokes und Gauß werden bewiesen und anhand von Beispielen illustriert. Wir beweisen auch einige weitere Sätze, die mit den Stokes'schen und Gauß'schen Sätzen zusammenhängen, wie den Satz von Helmholtz und die beiden Green'schen Sätze. Abschließend werden in Abschnitt [9.5] Integrale über orientierte Kurven, Flächen und Volumina im Zusammenhang mit Differentialformen (sogenannten p-Formen) besprochen.

9.1 Funktionen mehrerer Variabler

Wir befassen uns zuerst mit reellwertigen Funktionen $f : \mathbb{R}^3 \to \mathbb{R}$ und zeigen, wie diese in *linearer* und auch in *quadratischer* Näherung approximiert werden können. Anschließend besprechen wir die *Taylor-Entwicklung* solcher Funktionen bis zur *unendlichen* Ordnung und weisen auf eine elegante Beziehung zwischen der Taylor-Entwicklung und *Translationen* im dreidimensionalen Raum hin. Auch für reellwertige Funktionen $f : \mathbb{R}^m \to \mathbb{R}^n$ kann mit Hilfe der sogenannten *Funktionalmatrix* eine lineare Näherung formuliert werden. Für den Spezialfall $m = n$ stellt sich die Determinante der Funktionalmatrix, die *Funktionaldeterminante*, als sehr wichtig für die Durchführung von *Koordinatentransformationen* bei mehrdimensionalen Integrationen heraus. Als Beispiele werden die Koordinatentransformationen von Polar-, Zylinder- und Kugelkoordinaten auf zwei- bzw. dreidimensionale kartesische Koordinaten behandelt.

9.1.1   Linearisierung von Funktionen mehrerer Variabler

Im Abschnitt [5.3.1] über den „Nabla-Operator" haben wir für den Spezialfall reellwertiger Funktionen $f : \mathbb{R}^3 \to \mathbb{R}$ mit Funktionswerten $f(\mathbf{x}) \in \mathbb{R}$ und Variablen $\mathbf{x} = (x_1, x_2, x_3) \in \mathbb{R}^3$ die *lineare Näherung* kennengelernt. Diese ergibt – wie wir gesehen haben – eine oft sehr nützliche Approximation solcher Funktionen in der Nähe eines Referenzpunktes. Wir haben in Abschnitt [5.3.1] festgestellt, dass beliebige stetig differenzierbare Funktionen f in der Nähe eines Punktes $\mathbf{a}$ linear approximiert und somit (im Punkt $\mathbf{a}$) als „lokal linear" bezeichnet werden können. Wir möchten den Begriff der *Linearisierung* nun erweitern auf stetig differenzierbare reellwertige Funktionen $f : \mathbb{R}^m \to \mathbb{R}$ mit Funktionswerten $f(\mathbf{x}) \in \mathbb{R}$ und einem allgemeinen m-dimensionalen Definitionsbereich: $\mathbf{x} = (x_1, x_2, \cdots, x_m) \in \mathbb{R}^m$ mit $m \in \mathbb{N}$. Da diese Erweiterung vollkommen analog zum dreidimensionalen Fall erfolgt, beschränken wir uns auf die wichtigsten Ideen.

Wir betrachten also die Linearisierung von Funktionen $f : \mathbb{R}^m \to \mathbb{R}$ und versuchen somit, die Frage nach der Beziehung zwischen den Funktionswerten $f(\mathbf{a})$ im Referenzpunkt $\mathbf{a}$ und $f(\mathbf{a}+\mathbf{x})$ im benachbarten Punkt $\mathbf{a}+\mathbf{x}$ zu klären. Hierzu gehen wir wie im dreidimensionalen Fall vor: betrachten die Differenz $f(\mathbf{a}+\mathbf{x}) - f(\mathbf{a})$ der genannten Funktionswerte und fügen Terme hinzu und ziehen diese gleichzeitig wieder ab, sodass zur Differenz effektiv null addiert wird:

$$
\begin{aligned}
f(\mathbf{a} + \mathbf{x}) - f(\mathbf{a}) = {} & f(a_1 + x_1, \ldots, a_m + x_m) - f(a_1, a_2 + x_2, \ldots, a_m + x_m) \\
& + f(a_1, a_2 + x_2, \ldots, a_m + x_m) - f(a_1, a_2, a_3 + x_3, \ldots, a_m + x_m) \\
& + f(a_1, a_2, a_3 + x_3, \ldots, a_m + x_m) - f(a_1, a_2, a_3, a_4 + x_4, \ldots, a_m + x_m) \\
& \qquad \vdots \qquad\qquad\qquad\qquad\qquad \vdots \\
& + f(a_1, \ldots, a_{m-1}, a_m + x_m) - f(a_1, a_2, \ldots, a_m) \, .
\end{aligned}
$$

Diese Addition und Subtraktion von Termen ist besonders für kleine Abweichungen vom Referenzpunkt $(\mathbf{x} \to \mathbf{0})$ interessant, da sich dann in der *ersten* Zeile auf der rechten Seite dieser Gleichung nur die *ersten* Komponenten des Ortsvektors geringfügig unterscheiden, in der zweiten Zeile nur die zweiten Komponenten und so weiter. Folglich kann allgemein in der l-ten Zeile eine Linearisierung bezüglich der l-ten Komponente durchgeführt werden, wobei alle Komponenten des Ortsvektors mit Indizes $k \neq l$ festgehalten werden:

$$
\begin{aligned}
f(\mathbf{a} + \mathbf{x}) - f(\mathbf{a}) = {} & \frac{\partial f}{\partial a_1}(a_1, a_2 + x_2, \ldots, a_m + x_m)\, x_1 \\
& + \frac{\partial f}{\partial a_2}(a_1, a_2, a_3 + x_3, \ldots, a_m + x_m)\, x_2 \\
& + \cdots + \frac{\partial f}{\partial a_m}(a_1, a_2, \ldots, a_m)\, x_m + o(|\mathbf{x}|) \qquad (\mathbf{x} \to \mathbf{0}) \, .
\end{aligned}
$$

Falls die Funktion f stetig differenzierbar ist, kann der Koeffizient des x_l-Terms für kleine $\mathbf{x}$-Werte noch gemäß

$$
\frac{\partial f}{\partial a_l}(a_1, \cdots, a_l, a_{l+1} + x_{l+1}, \cdots, a_m + x_m) \to \frac{\partial f}{\partial a_l}(\mathbf{a}) \qquad (\mathbf{x} \to \mathbf{0})
$$

vereinfacht werden, da der hierbei gemachte Fehler dann lediglich zum $o(|\mathbf{x}|)$-Term beiträgt, der schneller als $|\mathbf{x}|$ gegen null strebt. Das Ergebnis der linearen Näherung ist dann insgesamt:

$$f(\mathbf{a} + \mathbf{x}) - f(\mathbf{a}) = \frac{\partial f}{\partial a_1}(\mathbf{a})x_1 + \cdots + \frac{\partial f}{\partial a_m}(\mathbf{a})x_m + o(|\mathbf{x}|)$$

$$= \sum_{l=1}^{m} \frac{\partial f}{\partial a_l}(\mathbf{a})x_l + o(|\mathbf{x}|) \qquad (\mathbf{x} \to \mathbf{0})$$

oder noch kompakter:

$$\boxed{\; f(\mathbf{a} + \mathbf{x}) - f(\mathbf{a}) = \frac{\partial f}{\partial \mathbf{a}}(\mathbf{a}) \cdot \mathbf{x} + o(|\mathbf{x}|) \qquad (\mathbf{x} \to \mathbf{0}) \; .} \qquad (9.1)$$

Wiederum werden beliebige für $\mathbf{x} = \mathbf{a}$ stetig differenzierbare Funktionen f im Punkt $\mathbf{a}$ als „lokal linear" bezeichnet. Zusammenfassend stellen wir fest, dass die lineare Näherung der Funktion f in der Nähe des Referenzpunktes $\mathbf{a}$ vollständig durch den m-dimensionalen Gradienten $\frac{\partial f}{\partial \mathbf{a}}(\mathbf{a})$ bestimmt wird.

9.1.2 Taylor-Entwicklung in mehreren Variablen

Die lineare Näherung ist zwar für viele Zwecke sehr nützlich, reicht aber für weiterführende Untersuchungen nicht aus, die Informationen über Krümmungen und höhere Ableitungen erfordern. Man möchte deshalb – wie für Funktionen einer einzelnen Variablen – über die lineare Näherung hinausgehen und ein mehrdimensionales Analogon des bereits aus Kapitel [4] bekannten *Taylor'schen Satzes*:

$$\exists \xi,\; 0 \le \tfrac{\xi-a}{h} \le 1 \qquad \phi(a+h) = \sum_{k=0}^{n} \phi^{(k)}(a)\frac{h^k}{k!} + \phi^{(n+1)}(\xi)\frac{h^{n+1}}{(n+1)!} \qquad (9.2)$$

oder gar eine *Taylor-Entwicklung* in mehreren Variablen formulieren. Wir zeigen im Folgenden, dass dies in der Tat problemlos möglich ist, besprechen ein paar Spezialfälle und weisen noch auf eine sehr kompakte Darstellung mehrdimensionaler Taylor-Reihen hin, die sehr leicht zu merken ist.

Wir versuchen also, die lineare Näherung (9.1) zu verallgemeinern, und betrachten zuerst den Fall einer Funktion $f : \mathbb{R}^m \to \mathbb{R}$, die in einer Umgebung $\{\mathbf{a} + \mathbf{x} \,|\, |\mathbf{x}| < \varepsilon\}$ mit $\varepsilon > 0$ des Referenzpunktes $\mathbf{a}$ mindestens $(n+1)$-mal stetig differenzierbar bezüglich ihrer Variablen ist. Gesucht ist eine Entwicklung von $f(\mathbf{a}+\mathbf{x})$ nach Potenzen von $\mathbf{x}$ bis zur n-ten Ordnung einschließlich einer Fehlerabschätzung. Hierzu definieren wir $f(\mathbf{a}+h\mathbf{x}) \equiv \phi(h)$ und wenden (9.2) für $a = 0$ und $h = 1$ an:

$$\exists \xi \in [0,1] \qquad f(\mathbf{a}+\mathbf{x}) = \phi(1) = \sum_{k=0}^{n} \frac{\phi^{(k)}(0)}{k!} + \frac{\phi^{(n+1)}(\xi)}{(n+1)!} \; .$$

Die Ableitungen $\phi^{(k)}(h)$ können aber mit Ableitungen der Funktion f in Verbindung gebracht werden:

$$\phi^{(k)}(h) = [(x_1\partial_{a_1} + \cdots + x_m\partial_{a_m})^k f](\mathbf{a}+h\mathbf{x}) = \left[\left(\mathbf{x} \cdot \frac{\partial}{\partial \mathbf{a}}\right)^k f\right](\mathbf{a}+h\mathbf{x}) \, ,$$

sodass der Taylor'sche Satz für Funktionen mit mehreren Variablen für irgendein $\xi \in [0,1]$ lautet:

$$f(\mathbf{a} + \mathbf{x}) = \sum_{k=0}^{n} \frac{1}{k!} \left[\left(\mathbf{x} \cdot \frac{\partial}{\partial \mathbf{a}} \right)^k f \right] (\mathbf{a}) + \frac{1}{(n+1)!} \left[\left(\mathbf{x} \cdot \frac{\partial}{\partial \mathbf{a}} \right)^{n+1} f \right] (\mathbf{a} + \xi \mathbf{x}) \, .$$

Der Restterm, d.h. der letzte Term auf der rechten Seite, schätzt den Fehler ab, falls f durch die k-Summe, also ein Polynom n-ter Ordnung, angenähert wird. Dieser Restterm kann gelegentlich nützlich sein, hat in der Praxis jedoch meist nur einen eingeschränkten Wert, da er numerisch nicht explizit bekannt ist. Für die meisten praktischen Zwecke reicht daher die folgende, schwächere Variante des Taylor'schen Satzes aus:

$$\boxed{\; f(\mathbf{a} + \mathbf{x}) = \sum_{k=0}^{n} \frac{1}{k!} \left[\left(\mathbf{x} \cdot \frac{\partial}{\partial \mathbf{a}} \right)^k f \right] (\mathbf{a}) + \mathcal{O}(|\mathbf{x}|^{n+1}) \, . \;} \tag{9.3}$$

Wir werden uns im Folgenden meist mit dieser schwächeren Variante des Taylor'schen Satzes begnügen.

Für konkrete Berechnungen ist die k-Summe auf der rechten Seite von (9.3) unbequem; wir versuchen daher, sie etwas transparenter und expliziter darzustellen. Die Ableitungen

$$\left(\mathbf{x} \cdot \tfrac{\partial}{\partial \mathbf{a}} \right)^k = (x_1 \partial_{a_1} + \cdots + x_m \partial_{a_m})^k$$

haben die Struktur der k-ten Potenz eines *Multinomiums* (der Verallgemeinerung eins *Binomiums*), sodass wir die allgemeine Formel

$$(y_1 + y_2 + \cdots + y_m)^k = \sum_{k_1 + \cdots + k_m = k} \frac{k!}{k_1! k_2! \cdots k_m!} \, y_1^{k_1} y_2^{k_2} \cdots y_m^{k_m}$$

verwenden können. Es folgt:

$$f(\mathbf{a} + \mathbf{x}) = \sum_{k=0}^{n} \frac{1}{k!} \left[\left(\mathbf{x} \cdot \frac{\partial}{\partial \mathbf{a}} \right)^k f \right] (\mathbf{a}) + \mathcal{O}(|\mathbf{x}|^{n+1}) \tag{9.4}$$

$$= \sum_{k=0}^{n} \frac{1}{k!} \sum_{\substack{\sum_{l=1}^{m} k_l = k}} \frac{k!}{k_1! k_2! \cdots k_m!} \left[(x_1 \partial_{a_1})^{k_1} \cdots (x_m \partial_{a_m})^{k_m} f \right] (\mathbf{a}) + \mathcal{O}(|\mathbf{x}|^{n+1}) \, .$$

Kürzt man in Zähler und Nenner den Faktor $k!$ heraus, so erhält man

$$f(\mathbf{a} + \mathbf{x}) = \sum_{k=0}^{n} \sum_{\substack{\sum_{l=1}^{m} k_l = k}} \left[\frac{(x_1 \partial_{a_1})^{k_1} (x_2 \partial_{a_2})^{k_2} \cdots (x_m \partial_{a_m})^{k_m}}{k_1! k_2! \cdots k_m!} f \right] (\mathbf{a}) + \mathcal{O}(|\mathbf{x}|^{n+1})$$

$$= \sum_{k=0}^{n} \sum_{\substack{\sum_{l=1}^{m} k_l = k}} (\partial_{a_1}^{k_1} \cdots \partial_{a_m}^{k_m} f)(\mathbf{a}) \frac{x_1^{k_1} x_2^{k_2} \cdots x_m^{k_m}}{k_1! k_2! \cdots k_m!} + \mathcal{O}(|\mathbf{x}|^{n+1}) \, . \tag{9.5}$$

Die rechte Seite von (9.5) besagt also, dass $(n+1)$-mal stetig partiell differenzierbare Funktionen in der Nähe eines Referenzpunktes $\mathbf{a}$ durch Polynome n-ter Ordnung in den Variablen $(x_1, x_2, \cdots, x_m)$ angenähert werden können und dass die dabei gemachten Fehler von $\mathcal{O}(|\mathbf{x}|^{n+1})$ sind. Wir diskutieren nun zuerst ein paar relativ einfache Beispiele dieser allgemeinen Formel (für niedrige n-Werte) und betrachten danach den Limes $n \to \infty$.

Taylor'scher Satz in niedrigster Ordnung und Satz von Schwarz

Wendet man den Taylor'schen Satz für $n = 0$, also in niedrigster („nullter") Ordnung an, so erhält man die Aussage, dass Änderungen $\mathbf{a} \to \mathbf{a} + \mathbf{x}$ des Arguments einer stetig differenzierbaren Funktion mehrerer Variabler mit Hilfe des Gradienten dieser Funktion in $\mathbf{x}$-Richtung abgeschätzt werden können:

$$f(\mathbf{a} + \mathbf{x}) = f(\mathbf{a}) + \left(\mathbf{x} \cdot \frac{\partial f}{\partial \mathbf{a}} \right)(\mathbf{a} + \xi \mathbf{x}) \qquad (\xi \in [0,1]) \,. \tag{9.6}$$

Als konkrete Anwendung dieser exakten Aussage möchten wir den Beweis des *Schwarz'schen Satzes* über die Vertauschbarkeit partieller Ableitungen zeigen.

Wir haben den Satz von Schwarz in Abschnitt [5.1.2] kennengelernt. Er besagt, dass für eine Funktion $f(x_1, \ldots, x_m)$ mit m-dimensionalem Definitionsbereich für $1 \leq i, j \leq m$ immer dann $\partial_j \partial_i f = \partial_i \partial_j f$ gilt, wenn die zweiten Ableitungen $(\partial_j \partial_i f)(\mathbf{a})$ und $(\partial_i \partial_j f)(\mathbf{a})$ im Punkt $\mathbf{a}$ existieren und auch stetig sind. Um diesen Satz nachzuweisen, definieren wir Hilfsgrößen $F_i(\mathbf{a}) \equiv f(\mathbf{a} + h_i \hat{\mathbf{e}}_i) - f(\mathbf{a})$ und

$$\begin{aligned} \Delta_{ij} &\equiv [f(\mathbf{a} + h_i \hat{\mathbf{e}}_i + h_j \hat{\mathbf{e}}_j) - f(\mathbf{a} + h_i \hat{\mathbf{e}}_i)] - [f(\mathbf{a} + h_j \hat{\mathbf{e}}_j) - f(\mathbf{a})] \\ &= F_j(\mathbf{a} + h_i \hat{\mathbf{e}}_i) - F_j(\mathbf{a}) \,. \end{aligned}$$

Wir wenden den Taylor'schen Satz (9.6) für $n = 0$ zweimal an, einmal für F_j mit $\mathbf{x} = h_i \hat{\mathbf{e}}_i$ und einmal für $\partial_i f$ mit $\mathbf{x} = h_j \hat{\mathbf{e}}_j$:

$$\begin{aligned} \Delta_{ij} &= h_i \, (\partial_i F_j)(\mathbf{a} + \xi_i h_i \hat{\mathbf{e}}_i) = h_i \, [(\partial_i f)(\mathbf{a} + \xi_i h_i \hat{\mathbf{e}}_i + h_j \hat{\mathbf{e}}_j) - (\partial_i f)(\mathbf{a} + \xi_i h_i \hat{\mathbf{e}}_i)] \\ &= h_i h_j \, (\partial_j \partial_i f)(\mathbf{a} + \xi_i h_i \hat{\mathbf{e}}_i + \xi_j h_j \hat{\mathbf{e}}_j) \,. \end{aligned}$$

Hierbei gilt $\xi_i, \xi_j \in [0,1]$. Bei der Anwendung des Taylor'schen Satzes (9.6) für $\partial_i f$ wird also die *zweimalige* stetige Differenzierbarkeit von f vorausgesetzt. Nun vertauschen wir die Rollen von i und j und erhalten

$$\begin{aligned} \Delta_{ji} &= [f(\mathbf{a} + h_i \hat{\mathbf{e}}_i + h_j \hat{\mathbf{e}}_j) - f(\mathbf{a} + h_j \hat{\mathbf{e}}_j)] - [f(\mathbf{a} + h_i \hat{\mathbf{e}}_i) - f(\mathbf{a})] \\ &= \cdots = h_i h_j \, (\partial_i \partial_j f)(\mathbf{a} + \eta_i h_i \hat{\mathbf{e}}_i + \eta_j h_j \hat{\mathbf{e}}_j) \,, \end{aligned}$$

wobei jetzt $\eta_i, \eta_j \in [0,1]$ gilt. Hierbei sind die reellen Konstanten (ξ_i, ξ_j) und (η_i, η_j) voneinander unabhängig. Der direkte Vergleich der Definitionen zeigt, dass die Hilfsgrößen Δ_{ij} und Δ_{ji} identisch sind! Wenn wir also Δ_{ij} und Δ_{ji} beide durch $h_i h_j$ dividieren und die Limites $h_i \to 0$ und $h_j \to 0$ durchführen, müssen auch die Ergebnisse dieser Grenzwertprozesse identisch sein:

$$\boxed{(\partial_j \partial_i f)(\mathbf{a}) = \lim_{\substack{h_i \to 0 \\ h_j \to 0}} \frac{\Delta_{ij}}{h_i h_j} \overset{!}{=} \lim_{\substack{h_i \to 0 \\ h_j \to 0}} \frac{\Delta_{ji}}{h_i h_j} = (\partial_i \partial_j f)(\mathbf{a}) \,.}$$

Das Ergebnis zeigt, dass für $1 \leq i, j \leq m$ in der Tat $\partial_j \partial_i f = \partial_i \partial_j f$ gilt. Hiermit ist der Schwarz'sche Satz nachgewiesen.

Taylor-Entwicklung bis zur zweiten Ordnung

Wir befassen uns im Folgenden nicht mehr mit dem Taylor'schen Satz an sich, sondern mit der Taylor-Entwicklung in der Form (9.5). Berücksichtigt man in (9.5) nur die *nullte Ordnung* ($n = 0$), so muss für alle $l = 1, 2, \cdots, m$ gelten: $k_l = 0$, und es folgt in dieser Näherung:

$$f(\mathbf{a} + \mathbf{x}) = f(\mathbf{a}) + \mathcal{O}(|\mathbf{x}|) \,,$$

wie wir auch in (9.6) gesehen haben. Berücksichtigt man in (9.5) die Terme bis zur *ersten (linearen) Ordnung* ($n = 1$), dann muss $\sum_{l=1}^{m} k_l \in \{0, 1\}$ gelten, sodass k_l höchstens für einen einzelnen l-Wert gleich eins sein kann und sonst null ist:

$$f(\mathbf{a} + \mathbf{x}) = f(\mathbf{a}) + \sum_{l=1}^{m} (\partial_{a_l} f)(\mathbf{a}) x_l + \mathcal{O}(|\mathbf{x}|^2) = f(\mathbf{a}) + \frac{\partial f}{\partial \mathbf{a}}(\mathbf{a}) \cdot \mathbf{x} + \mathcal{O}(|\mathbf{x}|^2) \,.$$

Berücksichtigt man in (9.5) zusätzlich auch die zweite (quadratische) Ordnung mit ($n = 2$), dann tragen alle Terme mit $\sum_{l=1}^{m} k_l \in \{0, 1, 2\}$ bei, und man erhält im Vergleich zur linearen Näherung die folgenden Zusatzterme:

$$f(\mathbf{a} + \mathbf{x}) - f(\mathbf{a}) - \frac{\partial f}{\partial \mathbf{a}}(\mathbf{a}) \cdot \mathbf{x} = \sum_{\substack{\sum_{l=1}^{m} k_l = 2}} (\partial_{a_1}^{k_1} \cdots \partial_{a_m}^{k_m} f)(\mathbf{a}) \frac{x_1^{k_1} x_2^{k_2} \cdots x_m^{k_m}}{k_1! k_2! \cdots k_m!}$$

$$= \sum_{l=1}^{m} (\partial_{a_l}^2 f) \frac{x_l^2}{2!} + \sum_{l_1 < l_2} (\partial_{a_{l_1}} \partial_{a_{l_2}} f) x_{l_1} x_{l_2} = \frac{1}{2} \sum_{l_1, l_2 = 1}^{m} x_{l_1} \frac{\partial^2 f}{\partial a_{l_1} \partial a_{l_2}}(\mathbf{a}) x_{l_2}$$

$$= \tfrac{1}{2} \mathbf{x}^{\mathrm{T}} \frac{\partial^2 f}{\partial \mathbf{a}^2}(\mathbf{a}) \mathbf{x} \quad, \quad \left[\frac{\partial^2 f}{\partial \mathbf{a}^2}(\mathbf{a}) \right]_{ij} = \frac{\partial^2 f}{\partial a_i \partial a_j}(\mathbf{a}) \,,$$

wobei der Restterm von $\mathcal{O}(|\mathbf{x}|^3)$ der Einfachheit halber unterdrückt wurde. In der zweiten Zeile wurden die Terme mit $k_l = 2$ (und $k_i = 0$ für $i \neq l$) und die Terme mit $k_{l_1} = k_{l_2} = 1$ (und $k_i = 0$ für $i \neq l_1, l_2$) separat behandelt. Im zweiten Schritt wurde die Einschränkung $l_1 < l_2$ an der Summe durch $l_1 \neq l_2$ ersetzt, wobei allerdings zur Kompensation mit dem Faktor $\frac{1}{2}$ multipliziert werden musste. Der Vorteil dieser Umformung ist, dass die quadratischen Terme in vektorieller Form miteinander kombiniert werden können. Insgesamt erhält man also (für eine dreimal stetig differenzierbare Funktion f) bis zur quadratischen Näherung die folgenden Beiträge:

$$\boxed{f(\mathbf{a} + \mathbf{x}) = f(\mathbf{a}) + \frac{\partial f}{\partial \mathbf{a}}(\mathbf{a}) \cdot \mathbf{x} + \tfrac{1}{2} \mathbf{x}^{\mathrm{T}} \frac{\partial^2 f}{\partial \mathbf{a}^2}(\mathbf{a}) \mathbf{x} + \mathcal{O}(\mathbf{x}^3) \,.} \tag{9.7}$$

Bei Bedarf kann man für hinreichend oft differenzierbare Funktionen die höheren Ordnungen in (9.5) analog auswerten.

Beispiel: Die Methode der kleinsten Quadrate

In Abschnitt [5.2] in Kapitel [5] wurde gezeigt, wie man mit Hilfe der „Methode der kleinsten Quadrate" die beste Gerade durch einen Satz von Datenpunkten bestimmen kann. Als Kriterium für die „beste" Gerade wurde die Minimierung einer Funktion $f(\alpha, \beta)$ bzgl. der Variablen α und β betrachtet. Diese Funktion $f(\alpha, \beta)$ beschreibt physikalisch die Summe der quadratischen Messfehler in den Datenpunkten im Vergleich zur optimalen Geraden. Von unserer jetzigen Warte aus ist klar, dass hierzu im Grunde eine Taylor-Entwicklung der Form (9.7) um die optimalen Werte $(\alpha_{\mathrm{m}}, \beta_{\mathrm{m}})$ verwendet wurde: Das Minimum von $f(\alpha, \beta)$ im Punkt $(\alpha, \beta) = (\alpha_{\mathrm{m}}, \beta_{\mathrm{m}})$ ist dadurch definiert, dass die *ersten* Ableitungen in $(\alpha_{\mathrm{m}}, \beta_{\mathrm{m}})$ null sind und die *zweiten* Ableitungen positiv, wobei die letzte Bedingung bedeutet, dass $f(\alpha, \beta)$ in $(\alpha_{\mathrm{m}}, \beta_{\mathrm{m}})$ zwei unabhängige positive Krümmungen haben muss. Konkret bedeutet Gleichung (9.7), angewandt auf die Funktion $f(\alpha, \beta)$:

$$f(\alpha, \beta) - f(\alpha_{\mathrm{m}}, \beta_{\mathrm{m}}) = \begin{pmatrix} \frac{\partial f}{\partial \alpha}(\alpha_{\mathrm{m}}, \beta_{\mathrm{m}}) \\ \frac{\partial f}{\partial \beta}(\alpha_{\mathrm{m}}, \beta_{\mathrm{m}}) \end{pmatrix} \cdot \begin{pmatrix} \alpha - \alpha_{\mathrm{m}} \\ \beta - \beta_{\mathrm{m}} \end{pmatrix}$$
$$+ \frac{1}{2} \begin{pmatrix} \alpha - \alpha_{\mathrm{m}} \\ \beta - \beta_{\mathrm{m}} \end{pmatrix}^{\mathrm{T}} \begin{pmatrix} \frac{\partial^2 f}{\partial \alpha^2}(\alpha_{\mathrm{m}}, \beta_{\mathrm{m}}) & \frac{\partial^2 f}{\partial \alpha \partial \beta}(\alpha_{\mathrm{m}}, \beta_{\mathrm{m}}) \\ \frac{\partial^2 f}{\partial \beta \partial \alpha}(\alpha_{\mathrm{m}}, \beta_{\mathrm{m}}) & \frac{\partial^2 f}{\partial \beta^2}(\alpha_{\mathrm{m}}, \beta_{\mathrm{m}}) \end{pmatrix} \begin{pmatrix} \alpha - \alpha_{\mathrm{m}} \\ \beta - \beta_{\mathrm{m}} \end{pmatrix} + \cdots,$$

wobei die höheren Ordnungen der Taylor-Entwicklung als „$\cdots$" zusammengefasst wurden. Der erste Term auf der rechten Seite, der die *ersten* Ableitungen von $f(\alpha, \beta)$ enthält, ist im Minimum exakt gleich null und entfällt daher. Die Matrix der *zweiten* Ableitungen von $f(\alpha, \beta)$ wurde bereits in Gleichung (5.13) berechnet. Setzt man das Ergebnis (5.13) sowie die Definitionen

$$\delta f(\alpha, \beta) \equiv f(\alpha, \beta) - f(\alpha_{\mathrm{m}}, \beta_{\mathrm{m}}) \quad, \quad \delta\alpha \equiv \alpha - \alpha_{\mathrm{m}} \quad, \quad \delta\beta \equiv \sqrt{\overline{x^2}}\,(\beta - \beta_{\mathrm{m}})$$

ein, so folgt

$$\delta f(\alpha, \beta) = N \begin{pmatrix} \delta\alpha \\ \delta\beta \end{pmatrix}^{\mathrm{T}} \begin{pmatrix} 1 & \bar{x}/\sqrt{\overline{x^2}} \\ \bar{x}/\sqrt{\overline{x^2}} & 1 \end{pmatrix} \begin{pmatrix} \delta\alpha \\ \delta\beta \end{pmatrix} + \cdots.$$

Definiert man noch $\xi = \bar{x}/\sqrt{\overline{x^2}}$, wie in Abschnitt [5.2], kann man schreiben:

$$\delta f(\alpha, \beta) = N \begin{pmatrix} \delta\alpha \\ \delta\beta \end{pmatrix}^{\mathrm{T}} \begin{pmatrix} 1 & \xi \\ \xi & 1 \end{pmatrix} \begin{pmatrix} \delta\alpha \\ \delta\beta \end{pmatrix} + \cdots = N \left[(\delta\alpha)^2 + 2\xi\,\delta\alpha\delta\beta + (\delta\beta)^2 \right] + \cdots$$
$$= \tfrac{1}{2}N \left[(1 + \xi)(\delta\alpha + \delta\beta)^2 + (1 - \xi)(\delta\alpha - \delta\beta)^2 \right] + \cdots.$$

Da unbedingt immer $|\xi| < 1$ gilt (s. Abschnitt [5.2]), stellen wir fest, dass die Funktion $f(\alpha, \beta)$ für alle möglichen Auslenkungen aus dem Minimum in der Tat *quadratisch ansteigt*. Interessanterweise treten die oben erwähnten „unabhängigen positiven Krümmungen" nicht für die Variablen $\delta\alpha$ und $\delta\beta$ selbst auf, sondern für die Linearkombinationen $\delta\alpha + \delta\beta$ und $\delta\alpha - \delta\beta$, die aber ebenfalls unabhängig voneinander variiert werden können.

Taylor-Entwicklung bis zur unendlichen Ordnung

Ähnlich wie im Fall der Funktionen einer einzelnen Variablen kann man sich nun fragen, ob eine *unendlich oft* stetig partiell differenzierbare Funktion $f : \mathbb{R}^m \to \mathbb{R}$

durch eine *Taylor-Reihe* beschrieben werden kann, die man im Limes $n \to \infty$ aus dem Taylor'schen Satz erhält, wenn man den Restterm in (9.5) vernachlässigt. Dies ist gleichbedeutend mit der Frage, ob die folgende Reihendarstellung der Funktion f konvergiert und dann auch gleich der vorgegebenen Funktion f ist:

$$
\begin{aligned}
f(\mathbf{a} + \mathbf{x}) &= \sum_{k=0}^{\infty} \; \sum_{\substack{\sum\limits_{l=1}^{m} k_l = k}} (\partial_{a_1}^{k_1} \cdots \partial_{a_m}^{k_m} f)(\mathbf{a}) \frac{x_1^{k_1} x_2^{k_2} \cdots x_m^{k_m}}{k_1! k_2! \cdots k_m!} \\
&= \sum_{k_1, \cdots, k_m = 0}^{\infty} (\partial_{a_1}^{k_1} \cdots \partial_{a_m}^{k_m} f)(\mathbf{a}) \frac{x_1^{k_1} x_2^{k_2} \cdots x_m^{k_m}}{k_1! k_2! \cdots k_m!} \, .
\end{aligned}
\tag{9.8}
$$

Für viele physikalisch relevante Funktionen gilt in der Tat, dass die mehrdimensionale Summe auf der rechten Seite einen *endlichen* Konvergenzradius ungleich null hat und somit für irgendein $x_c > 0$ und alle $\mathbf{x}$ mit $|\mathbf{x}| \leq x_c$ konvergiert. Ein einfaches Beispiel mit $x_c = 1$ wäre $f(\mathbf{x}) = 1/(1 - |\mathbf{x}|)$.

Es gibt aber auch Funktionen mit *unendlichem* Konvergenzradius ($x_c = \infty$), wie z.B. die Funktion

$$
\begin{aligned}
f(\mathbf{x}) &= \exp\left(-\sum_{l=1}^{m} x_l\right) = \prod_{l=1}^{m} e^{-x_l} = \prod_{l=1}^{m} \left[\sum_{k_l=0}^{\infty} \frac{(-x_l)^{k_l}}{k_l!}\right] \\
&= \sum_{k_1, \cdots, k_m = 0}^{\infty} (-1)^{k_1 + k_2 + \cdots + k_m} \frac{x_1^{k_1} x_2^{k_2} \cdots x_m^{k_m}}{k_1! k_2! \cdots k_m!} \, .
\end{aligned}
$$

Die rechte Seite folgt auch direkt aus Gleichung (9.8), wenn man die Identität $(\partial_{a_1}^{k_1} \cdots \partial_{a_m}^{k_m} f)(\mathbf{0}) = (-1)^{k_1 + \cdots + k_m}$ verwendet. Ein weiteres Beispiel für eine Funktion mit unendlichem Konvergenzradius ist $f(\mathbf{x}) = \exp(-|\mathbf{x}|^2)$.

Andererseits wissen wir bereits aufgrund der Behandlung reellwertiger Funktionen einer einzelnen Variablen ($m = 1$), dass nicht jede unendlich oft differenzierbare Funktion eine Taylor-Reihe mit endlichem Konvergenzradius hat und dass die Taylor-Reihe, wenn sie schon konvergiert, nicht unbedingt gleich der Funktion f ist. Es lässt sich jedoch (auch im mehrdimensionalen Fall) zumindest Folgendes zeigen: *Falls* die Funktion $f(\mathbf{a}+\mathbf{x})$ in einer Umgebung $\{\mathbf{x} \,|\, |\mathbf{x}| \leq \delta\}$ von $\mathbf{a}$ mit $\delta > 0$ gleich einer Potenzreihe der Form

$$
f(\mathbf{a} + \mathbf{x}) = \sum_{k_1, \cdots, k_m = 0}^{\infty} A_{k_1, k_2, \cdots, k_m} \frac{x_1^{k_1} x_2^{k_2} \cdots x_m^{k_m}}{k_1! k_2! \cdots k_m!} \equiv T(\mathbf{x})
$$

ist und diese Potenzreihe $T(\mathbf{x})$ einen endlichen Konvergenzradius $x_c > 0$ hat, *dann* ist $T(\mathbf{x})$ auch gleich der Taylor-Reihe (9.8) von f. Insofern ist die Darstellung einer Funktion durch eine Potenzreihe, wenn sie denn überhaupt möglich ist, zumindest eindeutig.

Eine kompakte Darstellung Die Taylor-Entwicklung bis zur unendlichen Ordnung kann sehr elegant und kompakt mit Hilfe einer exponentiellen Notation umgeschrieben werden. Dies sieht man am einfachsten aus Gleichung (9.4) im Limes

$n \to \infty$, wobei der Restterm von $\mathcal{O}(|\mathbf{x}|^{n+1})$ vernachlässigt wird:

$$f(\mathbf{a} + \mathbf{x}) = \sum_{k=0}^{\infty} \frac{1}{k!} \left[\left(\mathbf{x} \cdot \frac{\partial}{\partial \mathbf{a}} \right)^k f \right](\mathbf{a}) = \left(e^{\mathbf{x} \cdot \frac{\partial}{\partial \mathbf{a}}} f \right)(\mathbf{a}) \,. \tag{9.9}$$

Im letzten Schritt wurde lediglich eine der möglichen Definitionen der Exponentialfunktion verwendet, nämlich diejenige mit Hilfe der Potenzreihe, allerdings für ein *operatorwertiges* Argument: Streng genommen wird hier die Exponentialfunktion $\exp\left(\mathbf{x} \cdot \frac{\partial}{\partial \mathbf{a}}\right)$ – mit dem Differentialoperator $\mathbf{x} \cdot \frac{\partial}{\partial \mathbf{a}}$ als Argument – durch die übliche Potenzreihe *definiert*. Diese Notation ist immer dann sinnvoll, wenn die Taylor-Reihe der Funktion f einen endlichen Konvergenzradius hat. Der große Vorteil dieser symbolischen Notation ist erstens, dass man sich diese Form der Taylor-Reihe sehr leicht merken kann, und zweitens, dass eine Querverbindung zur Quantenmechanik hergestellt wird: Gleichung (9.9) zeigt, dass es eine enge Beziehung zwischen der Translation $\mathbf{a} \to \mathbf{a} + \mathbf{x}$ auf der linken Seite und der Wirkung des Gradienten $\frac{\partial}{\partial \mathbf{a}}$ auf der rechten Seite gibt. In der Quantenmechanik wird der Gradient $\frac{\partial}{\partial \mathbf{a}}$ (versehen mit einem passenden Vorfaktor) mit dem *Impulsoperator* identifiziert. Insofern stellt Gleichung (9.9) eine fundamentale Beziehung zwischen den physikalischen Begriffen Translation und Impuls dar.

Man kann die Exponentialfunktion $\exp\left(\mathbf{x} \cdot \frac{\partial}{\partial \mathbf{a}}\right)$ eines Differentialoperators und somit auch die Taylor-Reihe einer Funktion f mehrerer Variabler alternativ mit Hilfe des unendlichen Produktes $\lim_{n \to \infty}(1 + \frac{x}{n})^n = e^x$ definieren. Für unendlich oft differenzierbare Funktionen f und hinreichend große n-Werte gilt nämlich

$$f(\mathbf{a} + \tfrac{1}{n}\mathbf{x}) = f(\mathbf{a}) + \tfrac{1}{n}\mathbf{x} \cdot \frac{\partial f}{\partial \mathbf{a}}(\mathbf{a}) + \mathcal{O}(\tfrac{1}{n^2}) = \left[\left(1 + \tfrac{1}{n}\mathbf{x} \cdot \tfrac{\partial}{\partial \mathbf{a}}\right) f\right](\mathbf{a}) + \mathcal{O}(\tfrac{1}{n^2}) \,.$$

Folglich gilt für alle $\mathbf{x}$ mit $|\mathbf{x}| < x_\mathrm{c}$ im Limes $n \to \infty$:

$$\begin{aligned}
f(\mathbf{a} + \mathbf{x}) = f(\mathbf{a} + \tfrac{n}{n}\mathbf{x}) &= f(\mathbf{a} + \tfrac{n-1}{n}\mathbf{x} + \tfrac{1}{n}\mathbf{x}) \\
&= \left[\left(1 + \tfrac{1}{n}\mathbf{x} \cdot \tfrac{\partial}{\partial \mathbf{a}}\right) f\right]\left(\mathbf{a} + \tfrac{n-1}{n}\mathbf{x}\right) + \mathcal{O}(\tfrac{1}{n^2}) \\
&= \left[\left(1 + \tfrac{1}{n}\mathbf{x} \cdot \tfrac{\partial}{\partial \mathbf{a}}\right)^2 f\right]\left(\mathbf{a} + \tfrac{n-2}{n}\mathbf{x}\right) + \mathcal{O}(2 \cdot \tfrac{1}{n^2}) = \cdots \\
&= \left[\left(1 + \tfrac{1}{n}\mathbf{x} \cdot \tfrac{\partial}{\partial \mathbf{a}}\right)^n f\right](\mathbf{a}) + \mathcal{O}(n \cdot \tfrac{1}{n^2}) \to \left(e^{\mathbf{x} \cdot \frac{\partial}{\partial \mathbf{a}}} f\right)(\mathbf{a}) \qquad (n \to \infty) \,,
\end{aligned}$$

wobei nun die Produktdarstellung der Exponentialfunktion verwendet wurde. Der Gesamtfehler nach n Schritten ist von Ordnung $n \cdot \frac{1}{n^2} = \frac{1}{n}$ und somit vernachlässigbar im Limes $n \to \infty$. Der Vergleich mit (9.9) zeigt, dass Produkt- und Reihendarstellung der Exponentialfunktion zum selben Ergebnis für die Taylor-Reihe führen.

9.1.3 Die Funktionalmatrix

In Abschnitt [9.1.1] haben wir die Taylor-Entwicklung von *reellwertigen* Funktionen $f : \mathbb{R}^m \to \mathbb{R}$ untersucht und z.B. festgestellt, dass für zweimal differenzierbare Funktionen bis zur *ersten, linearen* Ordnung gilt:

$$f(\mathbf{a} + \mathbf{x}) - f(\mathbf{a}) = \frac{\partial f}{\partial \mathbf{a}}(\mathbf{a}) \cdot \mathbf{x} + \mathcal{O}(\mathbf{x}^2) \,.$$

Wir möchten dieses Ergebnis für die Linearisierung von Funktionen nun verallgemeinern auf *mehrkomponentige* Funktionen, deren Komponenten jeweils reellwertig und hinreichend oft (hier: zweimal) differenzierbar sind:

$$\mathbf{f} = (f_1, \ldots, f_n) : \mathbb{R}^m \to \mathbb{R}^n \, .$$

Dass mehrkomponentige Funktionen mehrerer Variabler physikalisch äußerst relevant sind, haben wir bereits in Kapitel [5] gesehen. Da jede Komponente f_k einer solchen mehrkomponentigen Funktion separat linearisiert werden kann, gilt für $n \geq 1$ offensichtlich:

$$f_k(\mathbf{a} + \mathbf{x}) - f_k(\mathbf{a}) = \frac{\partial f_k}{\partial \mathbf{a}}(\mathbf{a}) \cdot \mathbf{x} + \mathcal{O}(\mathbf{x}^2) \, .$$

Auch solche mehrkomponentigen Funktionen $\mathbf{f}$ heißen „lokal linear" in $\mathbf{a}$. In Vektornotation erhält man die Gleichung:

$$\boxed{\quad \mathbf{f}(\mathbf{a} + \mathbf{x}) - \mathbf{f}(\mathbf{a}) = \frac{\partial \mathbf{f}}{\partial \mathbf{a}}(\mathbf{a})\, \mathbf{x} + \mathcal{O}(\mathbf{x}^2) \quad \text{mit} \quad \left(\frac{\partial \mathbf{f}}{\partial \mathbf{a}}\right)_{kl} \equiv \frac{\partial f_k}{\partial a_l} \, . \quad}$$

Hierbei wird die $(n \times m)$-Matrix

$$\frac{\partial \mathbf{f}}{\partial \mathbf{a}} = \begin{pmatrix} \partial f_1/\partial a_1 & \cdots & \partial f_1/\partial a_m \\ \vdots & \ddots & \vdots \\ \partial f_n/\partial a_1 & \cdots & \partial f_n/\partial a_m \end{pmatrix}$$

als die „Funktionalmatrix" oder „Jacobi-Matrix" im Punkt $\mathbf{a}$ bezeichnet. Wie wir im Folgenden sehen werden, haben die Funktionalmatrix und (im Spezialfall $m = n$) auch ihre Determinante große Bedeutung, einerseits für die lineare Approximation mehrkomponentiger Funktionen und andererseits bei Variablentransformationen in höheren Dimensionen. Solche Transformationen treten z.B. bei der Berechnung mehrdimensionaler Integrale auf.

9.1.4   Die Funktionaldeterminante

Im vorigen Abschnitt haben wir die *Funktionalmatrix* $\frac{\partial \mathbf{f}}{\partial \mathbf{a}}(\mathbf{a})$ einer Funktion $\mathbf{f} = (f_1, \cdots, f_n) : \mathbb{R}^m \to \mathbb{R}^n$, wirkend auf Vektoren $\mathbf{a} = (a_1, \cdots, a_m)$, kennengelernt. Im Allgemeinen ist die Funktionalmatrix also eine $(n \times m)$-Matrix mit Matrixelementen $\frac{\partial f_k}{\partial a_l}$ und somit *nicht unbedingt quadratisch*. Folglich ist auch die Determinante einer Funktionalmatrix nicht notwendigerweise definiert. Solche nicht-quadratischen Matrizen sind durchaus realistisch und nützlich, wie wir z.B. bereits in Übungsaufgabe 3.10 feststellen konnten. Dennoch tritt der Spezialfall einer *quadratischen* Funktionalmatrix ($m = n$) in der Praxis sehr häufig auf (u.a. bei Koordinatentransformationen). Aus diesem Grund möchten wir Funktionen der Form $\mathbf{f} = (f_1, \ldots, f_n) : \mathbb{R}^n \to \mathbb{R}^n$, die zu einer $(n \times n)$-Funktionalmatrix führen, gesondert betrachten.

    Für partiell differenzierbare Funktionen der Form $\mathbf{f} : \mathbb{R}^n \to \mathbb{R}^n$ mit quadratischer Funktionalmatrix ist auch die *Determinante* der Funktionalmatrix wohldefiniert. Diese wird als *Funktional-Determinante* oder [nach dem deutschen Mathematiker C. G. J. Jacobi (1804 - 1851)] als *Jacobi-Determinante* bezeichnet. Daher auch die Notation $J_{\mathbf{f}}(\mathbf{a})$:

$$\det\begin{pmatrix} \partial f_1/\partial a_1 & \cdots & \partial f_1/\partial a_n \\ \vdots & \ddots & \vdots \\ \partial f_n/\partial a_1 & \cdots & \partial f_n/\partial a_n \end{pmatrix} = \det\left(\frac{\partial \mathbf{f}}{\partial \mathbf{a}}\right) \equiv J_{\mathbf{f}}(\mathbf{a}) \,.$$

Information über die Jacobi-Determinante ist sehr hilfreich bei der Untersuchung von Funktionen. Wenn man z.B. weiß, dass die Jacobi-Determinante *ungleich* null ist, folgt aus der linearen Näherung:

$$\Delta\mathbf{f} \equiv \mathbf{f}(\mathbf{a}+\mathbf{x}) - \mathbf{f}(\mathbf{a}) = \frac{\partial \mathbf{f}}{\partial \mathbf{a}}(\mathbf{a})\,\mathbf{x} + \mathcal{O}(\mathbf{x}^2) \qquad (\mathbf{x} \to \mathbf{0})\,,$$

dass man umgekehrt auch $\mathbf{x}$ in Abhängigkeit von den Funktionswerten $\Delta\mathbf{f}$ eindeutig bestimmen und somit die Funktion $\mathbf{f}$ lokal *invertieren* kann:

$$\mathbf{x} = \left(\frac{\partial \mathbf{f}}{\partial \mathbf{a}}(\mathbf{a})\right)^{-1} \Delta\mathbf{f} + \mathcal{O}\left((\Delta\mathbf{f})^2\right) \qquad (\Delta\mathbf{f} \to \mathbf{0})\,.$$

Zumindest in einer gewissen Umgebung des Arguments $\mathbf{a}$ existiert also eine *Umkehrabbildung* von $\mathbf{f}$.

Eine weitere wichtige Anwendung hat die Jacobi-Determinante bei *Koordinatentransformationen*, insbesondere im Rahmen von mehrdimensionalen Integrationen. Eine solche Koordinatentransformation hat allgemein die Form:

$$\mathbf{v} = \mathbf{f}(\mathbf{u}) \quad , \quad \mathbf{u} \in \mathbb{R}^n \quad , \quad \mathbf{v} \in \mathbb{R}^n \quad , \quad \mathbf{f}:\mathbb{R}^n \to \mathbb{R}^n \,. \tag{9.10}$$

Im Rahmen von mehrdimensionalen Integrationen werden Koordinatentransformationen relevant, wenn man z.B. an einem Integral $\int d^n v\, F(\mathbf{v})$ interessiert ist, dieses jedoch in der $\mathbf{v}$-Sprache nur sehr mühsam (oder gar nicht) ausrechnen kann. Möglicherweise hat die Funktion $F(\mathbf{v})$ jedoch eine Symmetrie, die eine Integration in anderen Koordinaten nahelegt (z.B. in den $\mathbf{u}$-Koordinaten). Dies führt also auf die Frage: Wie transformiert man Integrale von der $\mathbf{v}$- in die $\mathbf{u}$-Sprache?

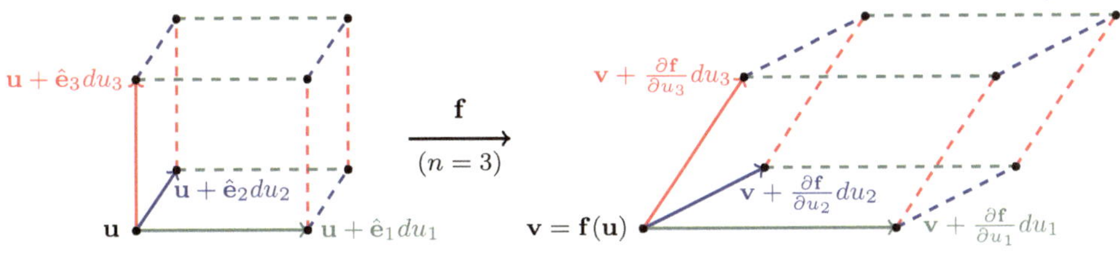

Abb. 9.1 Transformation $\mathbf{f}:\mathbb{R}^3 \to \mathbb{R}^3$ von Volumenelementen

Die Funktion $\mathbf{f}(\mathbf{u})$ in (9.10) bildet ein Volumenelement mit dem Volumeninhalt $d^n u$ im Definitionsbereich auf ein Volumenelement mit dem Volumeninhalt $d^n v$ im Wertebereich ab

$$d^n u = du_1 du_2 \ldots du_n \xrightarrow{\mathbf{f}} d^n v = dv_1 dv_2 \ldots dv_n \,.$$

Konkret wird das Volumenelement mit dem (positiven!) Volumeninhalt

$$d^n u = du_1 du_2 \ldots du_n = \mathrm{Vol}\,(\hat{\mathbf{e}}_1 du_1, \hat{\mathbf{e}}_2 du_2, \ldots, \hat{\mathbf{e}}_n du_n)$$

im **u**-Raum durch **f** abgebildet auf das Volumenelement mit dem (positiven!) Volumeninhalt $d^n v = |J_{\mathbf{f}}(\mathbf{u})|\, d^n u$ im **v**-Raum:

$$d^n v = \left| \mathrm{Vol}\left(\frac{\partial \mathbf{f}}{\partial u_1} du_1, \frac{\partial \mathbf{f}}{\partial u_2} du_2, \ldots, \frac{\partial \mathbf{f}}{\partial u_n} du_n \right) \right|$$

$$= \left| \mathrm{Vol}\left(\frac{\partial \mathbf{f}}{\partial u_1}, \ldots, \frac{\partial \mathbf{f}}{\partial u_n} \right) \right| d^n u = \left| \det\left(\frac{\partial \mathbf{f}}{\partial \mathbf{u}} \right) \right| d^n u = |J_{\mathbf{f}}(\mathbf{u})|\, d^n u \,,$$

wobei $J_{\mathbf{f}}(\mathbf{u})$ die oben eingeführte Jacobi-Determinante der Abbildung **f** darstellt. Der allgemeine Zusammenhang zwischen dem orientierten Volumen, aufgespannt durch die n Vektoren $\frac{\partial \mathbf{f}}{\partial u_1}, \cdots, \frac{\partial \mathbf{f}}{\partial u_n}$, und der Determinante $\det\left(\frac{\partial \mathbf{f}}{\partial \mathbf{u}}\right)$ ist aus Gleichung (3.93) bekannt. Grundsätzlich kann $\det\left(\frac{\partial \mathbf{f}}{\partial \mathbf{u}}\right)$ positiv oder negativ sein, aber für die Berechnung von (positiven) Volumeninhalten ist das Vorzeichen irrelevant. Folglich gilt bei Integrationen:

$$\boxed{\int_W d^n v\, F(\mathbf{v}) = \int_D d^n u\, |J_{\mathbf{f}}(\mathbf{u})|\, F(\mathbf{f}(\mathbf{u}))\,,} \qquad (9.11)$$

wobei die Integrationsbereiche D und W im **u**- bzw. **v**-Raum als Definitions- bzw. Wertebereich der Funktion **f** interpretiert werden können. Gleichung (9.11) illustriert die Bedeutung der Jacobi-Determinante. Speziell für den *drei*dimensionalen Fall haben wir die durch die Funktion $\mathbf{f} : \mathbb{R}^3 \to \mathbb{R}^3$ definierte Transformation des Volumenelements der Größe $d^n u$ auf das neue Volumenelement der Größe $d^n v$ in Abbildung 9.1 grafisch dargestellt, aber Gleichung (9.11) gilt natürlich allgemeiner.

Beispiele: Polar-, Zylinder- und Kugelkoordinaten

Wir berechnen im Folgenden die Jacobi-Determinante konkret für drei häufig verwendete Koordinatentransformationen, nämlich für die Transformationen $\mathbf{f} : \mathbb{R}^2 \to \mathbb{R}^2$ oder $\mathbf{f} : \mathbb{R}^3 \to \mathbb{R}^3$, wobei die Ausgangskoordinaten **u** durch Polar-, Zylinder- oder Kugelkoordinaten und die neuen Koordinaten **v** durch zwei- oder dreidimensionale kartesische Koordinaten gegeben sind.

Als erstes Beispiel für die konkrete Berechnung einer Funktionaldeterminante betrachten wir die Situation, wobei $\mathbf{u} \,\hat{=}\, (\rho, \varphi)$ durch Polarkoordinaten und $\mathbf{v} \,\hat{=}\, \mathbf{x}$ durch zweidimensionale kartesische Koordinaten gegeben ist. In diesem Fall erhält die allgemeine Beziehung $\mathbf{v} = \mathbf{f}(\mathbf{u})$ die folgende Form:

$$\begin{pmatrix} x_1 \\ x_2 \end{pmatrix} = \begin{pmatrix} \rho\cos(\varphi) \\ \rho\sin(\varphi) \end{pmatrix} = \mathbf{f}(\rho, \varphi)\,,$$

sodass die Funktionaldeterminante wie folgt berechnet werden kann:

$$J_{\mathbf{f}}(\rho, \varphi) = \det\left(\frac{\partial \mathbf{f}}{\partial \rho}, \frac{\partial \mathbf{f}}{\partial \varphi} \right) = \det\begin{pmatrix} \cos(\varphi) & -\rho\sin(\varphi) \\ \sin(\varphi) & \rho\cos(\varphi) \end{pmatrix} = \rho\,.$$

Wir lernen somit, dass das Integrationsmaß $|J_{\mathbf{f}}(\mathbf{u})|\,d\mathbf{u}$ für Polarkoordinaten durch $\rho\,d\rho d\varphi$ gegeben ist:

$$\int_W d^2x\,F(\mathbf{x}) = \int_D d\rho\,d\varphi\,\rho\,F(\mathbf{f}(\rho,\varphi)) \qquad [\text{mit } W = \mathbf{f}(D)]\,.$$

Als zweites Beispiel betrachten wir die Abbildung von dreidimensionalen Zylinderkoordinaten $\mathbf{u} \mathrel{\widehat{=}} (\rho,\varphi,x_3)$ auf *drei*dimensionale kartesische Koordinaten $\mathbf{v} \mathrel{\widehat{=}} \mathbf{x}$:

$$\begin{pmatrix} x_1 \\ x_2 \\ x_3 \end{pmatrix} = \begin{pmatrix} \rho\cos(\varphi) \\ \rho\sin(\varphi) \\ x_3 \end{pmatrix} = \mathbf{f}(\rho,\varphi,x_3)\,.$$

In diesem Fall folgt die Jacobi-Determinante ebenfalls als:

$$J_{\mathbf{f}}(\rho,\varphi,x_3) = \det\!\left(\frac{\partial\mathbf{f}}{\partial\rho},\frac{\partial\mathbf{f}}{\partial\varphi},\frac{\partial\mathbf{f}}{\partial x_3}\right) = \det\!\begin{pmatrix} \cos(\varphi) & -\rho\sin(\varphi) & 0 \\ \sin(\varphi) & \rho\cos(\varphi) & 0 \\ 0 & 0 & 1 \end{pmatrix} = \rho\,,$$

sodass Integrale wie folgt transformiert werden:

$$\int_W d^3x\,F(\mathbf{x}) = \int_D d\rho\,d\varphi\,dx_3\,\rho\,F(\mathbf{f}(\rho,\varphi,x_3)) \qquad [\text{mit } W = \mathbf{f}(D)]\,.$$

Drittens berechnen wir die Jacobi-Determinante für den Übergang von dreidimensionalen Kugelkoordinaten $\mathbf{u} \mathrel{\widehat{=}} (r,\vartheta,\varphi)$ auf dreidimensionale kartesische Koordinaten $\mathbf{v} \mathrel{\widehat{=}} \mathbf{x}$:

$$\begin{pmatrix} x_1 \\ x_2 \\ x_3 \end{pmatrix} = \begin{pmatrix} r\cos(\varphi)\sin(\vartheta) \\ r\sin(\varphi)\sin(\vartheta) \\ r\cos(\vartheta) \end{pmatrix} = \mathbf{f}(r,\vartheta,\varphi)\,,$$

mit dem Ergebnis:

$$J_{\mathbf{f}}(r,\vartheta,\varphi) = \det\!\left(\frac{\partial\mathbf{f}}{\partial r},\frac{\partial\mathbf{f}}{\partial\vartheta},\frac{\partial\mathbf{f}}{\partial\varphi}\right)$$
$$= \det\!\begin{pmatrix} \cos(\varphi)\sin(\vartheta) & r\cos(\varphi)\cos(\vartheta) & -r\sin(\varphi)\sin(\vartheta) \\ \sin(\varphi)\sin(\vartheta) & r\sin(\varphi)\cos(\vartheta) & r\cos(\varphi)\sin(\vartheta) \\ \cos(\vartheta) & -r\sin(\vartheta) & 0 \end{pmatrix} = r^2\sin(\vartheta)\,,$$

sodass Integrale transformiert werden wie:

$$\int_W d^3x\,F(\mathbf{x}) = \int_D dr\,d\vartheta\,d\varphi\,r^2\sin(\vartheta)\,F(\mathbf{f}(r,\vartheta,\varphi)) \qquad [\text{mit } W = \mathbf{f}(D)]\,.$$

Diese Transformationsgesetze für Integrationen in Polar-, Zylinder- und Kugelkoordinaten sind uns aus Kapitel [6] natürlich bestens vertraut, wo sie nicht analytisch, sondern geometrisch hergeleitet wurden. Man betrachte hierzu insbesondere die Abschnitte [6.3.4], [6.4.3] und [6.4.5].

9.2 Kurvenintegrale

Kurvenintegrale existieren in zwei Varianten: *skalar* und *vektoriell*, und beide Typen besitzen in der Physik unzählige Anwendungen. Beispiele für skalare Integrale sind Länge, Masse, Spin oder Ladung eines eindimensionalen Objektes (z.B. eines Seils oder linearen Polymers). Ein Beispiel für ein vektorielles Integral ist die Energie, da diese als „Kraft $\times$ Weg" berechnet werden kann und sowohl die Kraft als auch die Ortsänderung vektorielle Größen sind. Wir betrachten in diesem Abschnitt überwiegend Kurvenintegrale im *zwei*- oder *drei*dimensionalen Raum, aber die hier behandelten Begriffe können problemlos auch auf höhere Dimensionen übertragen werden.

9.2.1 Allgemeine Begriffe

Die Nomenklatur ist nicht ganz eindeutig: Wir werden hier den Begriff *Kurvenintegral* verwenden, aber auch „Linienintegral" oder „Wegintegral" wären Synonyme.[1] Wie der Name schon sagt, ist ein Kurvenintegral ein Integral entlang einer *Kurve*.

Diese kann definiert werden als Abbildung $\mathbf{x} : [t_1, t_2] \to \mathbb{R}^d$ mit $t \mapsto \mathbf{x}(t)$ von einem Intervall $[t_1, t_2] \subset \mathbb{R}$ in den $\mathbb{R}^d$. Hierbei wird die Variable $t \in [t_1, t_2]$ als „Parameter" bezeichnet. Bei $\mathbb{R}^d$ handelt es sich oft um einen zwei- oder dreidimensionalen Raum, der dann meist den Ortsraum oder eine Ebene im Ortsraum darstellt ($d = 2, 3$). Ein Beispiel einer solchen Parametrisierung ist in Abbildung 9.2 skizziert. Wir diskutieren im Folgenden *skalare* und *vektorielle* Kurvenintegrale einzeln.

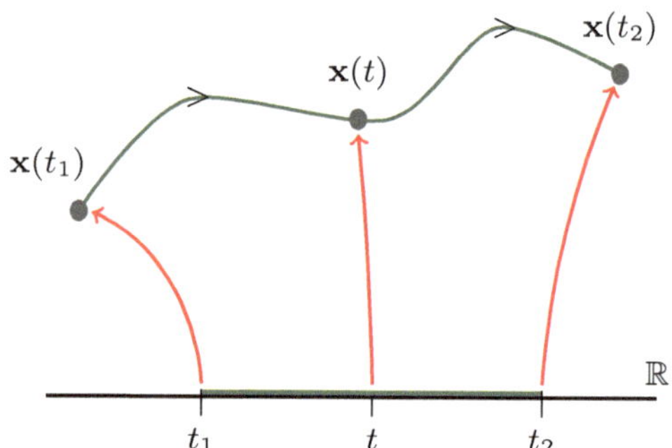

Abb. 9.2 Parametrisierung einer Kurve

9.2.2 Das skalare Kurvenintegral

Ein *skalares* Kurvenintegral ist definiert als Integral einer skalaren Funktion f der Ortskoordinaten $\mathbf{x}(t)$, wobei zwischen einem Startwert t_1 und einem Endwert $t_2 > t_1$ über den Parameter t integriert wird:[2]

$$\mathcal{I}_{21} = \int_{t_1}^{t_2} dt \left| \frac{d\mathbf{x}}{dt}(t) \right| f(\mathbf{x}(t)) . \tag{9.12}$$

Hierbei ist das Integral invariant unter Umparametrisierung, d.h., man kann statt t auch andere Parameter (wie z.B. u) verwenden, vorausgesetzt, dass die Funktionen

---

[1] Das Wort „Wegintegral" hat, speziell in der Physik, auch eine zweite und komplett andere Bedeutung, nämlich als Synonym für „Pfadintegral"; dieser Begriff wird z.B. in der Statistischen Mechanik und allgemein in Quantenfeldtheorien verwendet für Integrale über alle möglichen Wege zwischen einem Start- und einem Endpunkt.

[2] Hierbei bleibt die physikalische Interpretation von t zunächst offen; der Parameter t muss also nicht unbedingt die Zeitvariable darstellen.

$t(u)$ bzw. $u(t)$ monoton steigend und stetig differenzierbar sind. Es folgt dann:

$$\mathcal{I}_{21} = \int_{t_1}^{t_2} dt \left|\frac{d\mathbf{x}}{dt}\right| f(\mathbf{x}) = \int_{u_1}^{u_2} du \, \frac{dt}{du} \left|\frac{d\mathbf{x}}{dt}\right| f(\mathbf{x}) = \int_{u_1}^{u_2} du \left|\frac{d\mathbf{x}}{du}(t(u))\right| f(\mathbf{x}(t(u))) \, ,$$

und in der u-Sprache wird nun die Funktion $f(\mathbf{x}(t(u)))$ entlang der Kurve integriert. Eine spezielle und oft bequeme Wahl für den Parameter u ist die sogenannte *Bogenlänge* s, die in jeder Raumdimension definiert werden kann[3] und geometrisch die Länge der Kurve repräsentiert.[4] Wir zeigen die Definition im dreidimensionalen Raum ($d = 3$). Zuerst definiert man die *infinitesimale* Bogenlänge

$$ds \equiv \sqrt{(dx_1)^2 + (dx_2)^2 + (dx_3)^2} = \sqrt{\left(\frac{d\mathbf{x}}{dt}\right)^2} \, dt = \left|\frac{d\mathbf{x}}{dt}\right| dt \qquad (dt > 0) \, ,$$

die bedeutet, dass $\frac{ds}{dt}$ durch den *Geschwindigkeitsbetrag* in der t-Sprache gegeben ist:

$$\frac{ds}{dt} = \left|\frac{d\mathbf{x}}{dt}\right| \qquad \text{und daher:} \qquad \left|\frac{d\mathbf{x}}{ds}\right| = \left|\frac{d\mathbf{x}}{dt}\right| \frac{dt}{ds} \stackrel{!}{=} 1 \, .$$

Die Bogenlänge selbst erhält man durch Integration der infinitesimalen Bogenlänge entlang der Kurve:

$$s(t_2) = \int_{s_1}^{s_2} ds + s(t_1) = \int_{t_1}^{t_2} dt \, \frac{ds}{dt} + s(t_1) = \int_{t_1}^{t_2} dt \left|\frac{d\mathbf{x}}{dt}\right| + s(t_1) \, , \qquad (9.13)$$

und häufig wählt man dann $s(t_1) = 0$, damit $s(t_2)$ in der Tat als die (ab dem Punkt „1" gemessene) Bogenlänge interpretiert werden kann. Für $u = s$ folgt mit dem Ergebnis $\left|\frac{d\mathbf{x}}{ds}\right| = 1$ für das skalare Kurvenintegral in der s-Sprache:

$$\mathcal{I}_{21} = \int_{s_1}^{s_2} ds \left|\frac{d\mathbf{x}}{ds}(t(s))\right| f(\mathbf{x}(t(s))) = \int_{s_1}^{s_2} ds \, f(\mathbf{x}(t(s))) \, .$$

Die Definition (9.12) des skalaren Kurvenintegrals wurde offensichtlich so gewählt, dass dieses Integral gerade in der s-Sprache eine besonders einfache Form erhält.

Durch den Vergleich von (9.12) und (9.13) wird klar, dass auch die Bogenlänge $s(t_2)$ in (9.13) selbst ein skalares Integral [mit $f(\mathbf{x}(t)) = 1$] darstellt. Für die kanonische Wahl $s(t_1) = 0$ erhält man eine Darstellung der Bogenlänge als Integral über den „Geschwindigkeitsbetrag" in der t-Sprache:

$$\mathcal{I}_{21} - s(t_2) = \int_{t_1}^{t_2} dt \left|\frac{d\mathbf{x}}{dt}(t)\right| \, . \qquad (9.14)$$

Zur Illustration des Begriffes „Bogenlänge" berechnen wir den Umfang U einer Ellipse (s. Abbildung 9.3) mit der großen bzw. kleinen Halbachse a_1 und a_2:

$$(x_1/a_1)^2 + (x_2/a_2)^2 = 1 \quad (a_1 \geq a_2) \, .$$

---

[3]Die Voraussetzung hierfür ist, dass die Kurve differenzierbar parametrisiert werden kann.
[4]Für Kurven $\mathbf{x} : [t_1, t_2] \to \mathbb{R}^d$ definiert man entsprechend: $ds \equiv \sqrt{(dx_1)^2 + \cdots + (dx_d)^2}$.

Eine solche Ellipse kann wie folgt parametrisiert werden:

$$x_1(t) = a_1 \cos(t) \ , \quad x_2(t) = a_2 \sin(t) \ .$$

Die sogenannte „Exzentrizität" der Ellipse folgt aus den Längen der Halbachsen a_1 und a_2 als:

$$\varepsilon \equiv \sqrt{1 - a_2^2/a_1^2} \geq 0 \ .$$

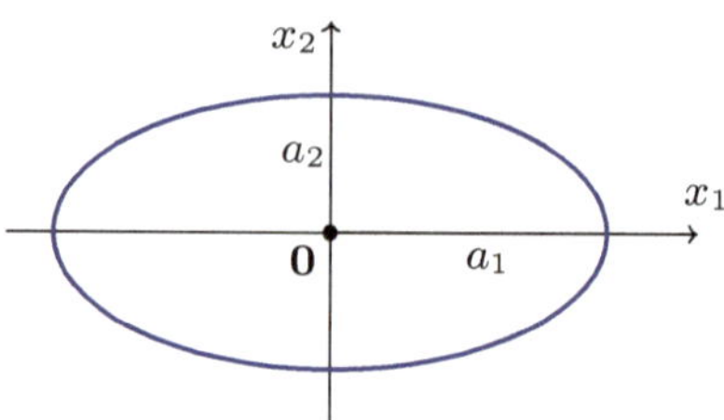

Abb. 9.3 Skizze einer Ellipse

Der Umfang U der Ellipse ist nun gleich der Bogenlänge, die insgesamt gemessen wird, wenn man einmal gemäß (9.14) entlang der Ellipse integriert:

$$
\begin{aligned}
U = s(2\pi) &= \int_0^{2\pi} dt \left| \frac{d\mathbf{x}}{dt} \right| = \int_0^{2\pi} dt \ \sqrt{a_1^2 \sin^2(t) + a_2^2 \cos^2(t)} \\
&= a_1 \int_0^{2\pi} dt \ \sqrt{1 - \varepsilon^2 \cos^2(t)} = a_1 \int_0^{2\pi} dt \ \sqrt{1 - \varepsilon^2 \sin^2(t)} \\
&= 4a_1 \int_0^{\pi/2} dt \ \sqrt{1 - \varepsilon^2 \sin^2(t)} = 4a_1 E(\varepsilon^2) \ .
\end{aligned}
$$

In der ersten Zeile wurde die Parametrisierung $\mathbf{x}(t)$ der Ellipse verwendet und in der zweiten die Definition der Exzentrizität. In der dritten Zeile wurde zunächst die Symmetrie der Ellipse benutzt (die vier Viertelellipsen liefern alle den gleichen Beitrag). Schließlich wurde das verbleibende Integral, das nicht auf elementare Funktionen zurückgeführt werden kann, mit einer neuen *speziellen Funktion* identifiziert, nämlich mit dem „vollständigen elliptischen Integral der 2. Art", das mit dem Symbol E bezeichnet wird. Diese spezielle Funktion ist uns bereits aus Übungsaufgabe 6.10 bekannt.

9.2.3   Das vektorielle Kurvenintegral

Ein *vektorielles* Kurvenintegral ist definiert als Integral der zu $\frac{d\mathbf{x}}{dt}(t)$ *parallelen*[5] Komponente eines Vektorfelds $\mathbf{F}(\mathbf{x})$ entlang der Bahnkurve $\mathbf{x}(t)$, wobei zwischen einem Anfangspunkt $\mathbf{x}_1$ und einem Endpunkt $\mathbf{x}_2$ der Bahn integriert wird:

$$
\mathcal{I}_{21} \equiv \int_{\mathbf{x}_1}^{\mathbf{x}_2} d\mathbf{x} \cdot \mathbf{F}(\mathbf{x}) \equiv \int_{t_1}^{t_2} dt \ \frac{d\mathbf{x}}{dt}(t) \cdot \mathbf{F}(\mathbf{x}(t)) \equiv \mathcal{I}(t_2, t_1) \qquad (t_2 > t_1) \ .
$$

Die Kurve wird also durch eine Abbildung $t \mapsto \mathbf{x}(t)$ mit einer reellen Variablen $t \in [t_1, t_2]$ parametrisiert, wobei $\mathbf{x}_1 = \mathbf{x}(t_1)$ und $\mathbf{x}_2 = \mathbf{x}(t_2)$ gilt. Das vektorielle Kurvenintegral kann also mit der Definition des Einheitsvektors $\boldsymbol{\tau} \equiv \frac{d\mathbf{x}}{dt} / \left| \frac{d\mathbf{x}}{dt} \right|$ auch als *skalares* Kurvenintegral der Funktion $\boldsymbol{\tau}(t) \cdot \mathbf{F}(\mathbf{x}(t))$ zwischen einem Startwert t_1 und einem Endwert t_2 interpretiert werden. Dieser Sachverhalt ist in Abbildung 9.4 skizziert. Der Vektor $\frac{d\mathbf{x}}{dt}(t)$, der lokal die Bahnrichtung darstellt, wird als *Tangentenvektor* bezeichnet und kann physikalisch als „Geschwindigkeit" interpretiert

---

[5]Die parallele Komponente heißt synonym auch die zur Bahnkurve *tangentiale* Komponente.

werden, wobei t dann die Rolle der „Zeitvariablen" spielt.

Wir diskutieren zwei Beispiele für die Berechnung von vektoriellen Kurvenintegralen, wobei die Kurve jeweils ein Kreis mit Radius a und der Definitionsbereich das Intervall $t_1 = 0 \le t \le t_2 = 2\pi$ ist:

$$\mathbf{x}(t) = \begin{pmatrix} x_1(t) \\ x_2(t) \end{pmatrix} = a \begin{pmatrix} \cos(t) \\ \sin(t) \end{pmatrix}$$

$$\frac{d\mathbf{x}}{dt}(t) = \begin{pmatrix} -x_2(t) \\ x_1(t) \end{pmatrix} .$$

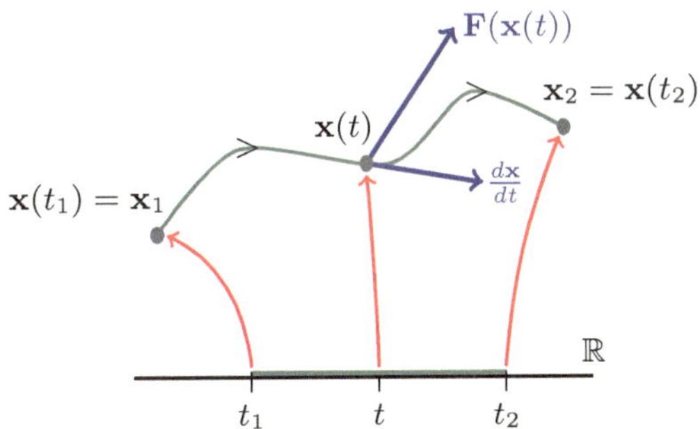

Abb. 9.4 Zum vektoriellen Kurvenintegral

Das zu integrierende Vektorfeld $\mathbf{F}(\mathbf{x}(t))$ soll in den beiden Beispielen durch $\mathbf{F}_\mathrm{r}(\mathbf{x}) = \lambda \mathbf{x}$ bzw. $\mathbf{F}_\mathrm{t}(\mathbf{x}) = \lambda \left(\begin{smallmatrix} -x_2 \\ x_1 \end{smallmatrix} \right)$ mit $\lambda > 0$ gegeben sein.

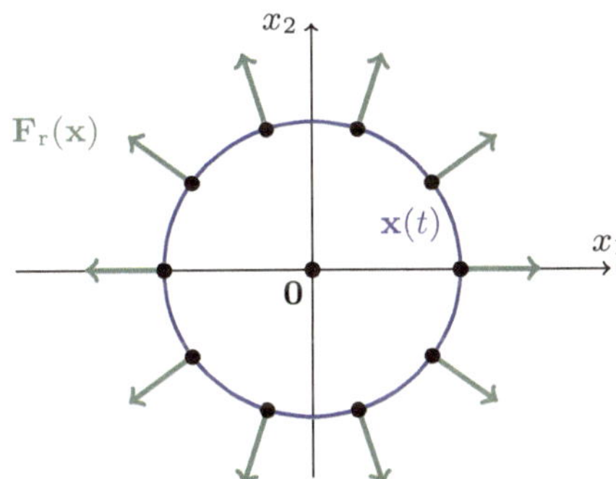

Abb. 9.5 Integration eines radialen Vektorfeldes

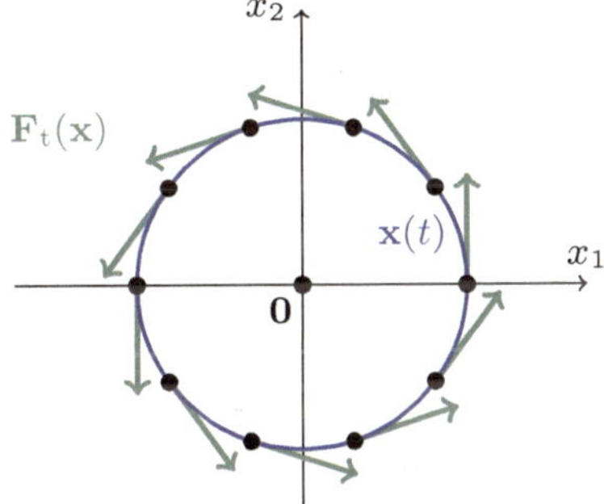

Abb. 9.6 Integration eines tangentialen Vektorfeldes

Im erstgenannten Beispiel $\mathbf{F}_\mathrm{r}(\mathbf{x}) = \lambda \mathbf{x}$ steht das Vektorfeld *senkrecht* auf dem Tangentenvektor: $\mathbf{F}_\mathrm{r}(\mathbf{x}) = \lambda \mathbf{x} \perp \frac{d\mathbf{x}}{dt} = \left(\begin{smallmatrix} -x_2 \\ x_1 \end{smallmatrix} \right)$. Hieraus folgt sofort, dass das Skalarprodukt von $\mathbf{F}_\mathrm{r}(\mathbf{x})$ und $\frac{d\mathbf{x}}{dt}$ für alle $t \in [0, 2\pi]$ null ist, und dementsprechend ist auch das vektorielle Integral gleich null:

$$\mathcal{I}(2\pi, 0) = \int_0^{2\pi} dt \, \frac{d\mathbf{x}}{dt}(t) \cdot \mathbf{F}_\mathrm{r}(\mathbf{x}(t)) = 0 .$$

Das Vektorfeld $\mathbf{F}_\mathrm{r}(\mathbf{x})$ entlang des Integrationswegs ist in Abbildung 9.5 dargestellt. Im zweitgenannten Beispiel $\mathbf{F}_\mathrm{t}(\mathbf{x}) = \lambda \left(\begin{smallmatrix} -x_2 \\ x_1 \end{smallmatrix} \right)$ ist das zu integrierende Vektorfeld – wie in Abbildung 9.6 dargestelt – *parallel* zum Tangentenvektor ausgerichtet: $\mathbf{F}_\mathrm{t}(\mathbf{x}) = \lambda \left(\begin{smallmatrix} -x_2 \\ x_1 \end{smallmatrix} \right) \parallel \frac{d\mathbf{x}}{dt}$, sodass das Skalarprodukt von $\mathbf{F}_\mathrm{t}(\mathbf{x})$ und $\frac{d\mathbf{x}}{dt}$ nun für alle $t \in [t_1, t_2]$ ungleich null (und positiv) ist. Dementsprechend ist auch das vektorielle Integral ungleich null:

$$\mathcal{I}(2\pi, 0) = \int_0^{2\pi} dt \, \frac{d\mathbf{x}}{dt}(t) \cdot \mathbf{F}_\mathrm{t}(\mathbf{x}(t)) = \lambda \int_0^{2\pi} dt \, (x_1^2 + x_2^2) = 2\pi \lambda a^2 .$$

Auf die genaue physikalische Relevanz dieser Beispiele kommen wir später (in Abschnitt [9.3.5]) noch zurück. Wir möchten an dieser Stelle lediglich darauf hinweisen, dass sich die dritte Komponente der *Rotation* des Vektorfeldes, $(\nabla \times \mathbf{F})_3 = \partial_1 F_2 - \partial_2 F_1$, für diese zwei Beispiele im von der Kurve umfassten Gebiet ganz unterschiedlich verhält: Im ersten Beispiel gilt $(\nabla \times \mathbf{F}_\mathrm{r})_3 = 0$ und im zweiten $(\nabla \times \mathbf{F}_\mathrm{t})_3 = 2\lambda > 0$. Wie erklären später, dass dies kein Zufall ist.

9.3   Flächenintegrale im dreidimensionalen Raum

Dieser Abschnitt befasst sich mit der Berechnung von Integralen über *Flächen* im *drei*dimensionalen Raum. Eine typische Anwendung ist die Berechnung des *Flächeninhalts* einer Körperoberfläche, aber auch die Integration beliebiger skalarer *Flächendichten* oder die Berechnung des *Flusses* einer vektoriellen Größe durch eine vorgegebene Fläche sind physikalisch relevant. Die genannten Beispiele zeigen bereits, dass auch Flächenintegrale in zwei Varianten existieren, nämlich *skalar* und *vektoriell*. Obwohl wir uns in diesem Abschnitt primär auf Flächen im dreidimensionalen Raum konzentrieren, sind auch bei der Berechnung von Flächenintegralen Verallgemeinerungen auf höhere Dimensionen leicht möglich.

Wir befassen uns im Folgenden zuerst mit einigen allgemeinen Begriffen und Definitionen, die für die mathematische Beschreibung einer zweidimensionalen Fläche im dreidimensionalen Raum nötig sind (s. Abschnitt [9.3.1]). Wie bei der Beschreibung von Kurvenintegralen ist zunächst eine *Parametrisierung* der zweidimensionalen Fläche erforderlich. Wir führen Begriffe wie *Tangenten*- und *Normalenvektoren* ein, die lokal (d.h. in einem Punkt der Fläche) definiert werden können. Der Normalenvektor definiert eine *Orientierung* der Fläche und auch ihres Randes. Die genannten Begriffe werden anhand von Beispielen illustriert. Nach dieser allgemeinen Einführung behandeln wir in den Abschnitten [9.3.2] bzw. [9.3.3] ausführlicher das *skalare* und das *vektorielle* Integral, wobei – im letztgenannten Fall – speziell der *Satz von Stokes* für orientierte Flächen (s. Abschnitt [9.3.4]) relevant ist.

9.3.1   Allgemeine Begriffe

Wir befassen uns also mit Flächen und Flächenintegralen im dreidimensionalen Raum. Eine zweidimensionale *Fläche* $\mathcal{F}$ im dreidimensionalen Raum ist definiert durch eine differenzierbare *Parametrisierung* $\mathbf{x} : \mathbb{R}^2 \to \mathbb{R}^3$ mit $u \mapsto \mathbf{x}(u)$, die Punkte[6] $(u_1, u_2) \equiv u$ im nunmehr zweidimensionalen Parameterraum:

$$u \in [a_1, b_1] \times [a_2, b_2] \equiv \mathcal{R} \subset \mathbb{R}^2 \tag{9.15}$$

auf Punkte $\mathbf{x}(u)$ der Fläche $\mathcal{F} \subset \mathbb{R}^3$ abbildet:

$$\mathbf{x}(u) = \begin{pmatrix} x_1(u_1, u_2) \\ x_2(u_1, u_2) \\ x_3(u_1, u_2) \end{pmatrix} \in \mathcal{F} \subset \mathbb{R}^3 \ . \tag{9.16}$$

Der Einfachheit und Bequemlichkeit halber wird die Teilmenge $\mathcal{R} \subset \mathbb{R}^2$ in der Regel *rechteckig* gewählt. Die Parametrisierung $\mathbf{x} : \mathbb{R}^2 \to \mathbb{R}^3$ ist in Abbildung 9.7 grafisch

---

[6]In der Mathematik bezeichnet man (u_1, u_2) eher als *geordnetes Paar* oder als *2-Tupel*. Man beachte die Notation: $\mathbf{x}$ ist Element des Ortsraums und somit eines *Vektorraums* und wird somit als Vektor („fett") geschrieben. Andererseits ist das Rechteck $\mathcal{R}$ in (9.15) endlich, sodass $(u_1, u_2) = u$ nicht Element eines Vektorraums ist und dementsprechend auch nicht „fett" gedruckt wird.

dargestellt. Falls die Symmetrie des Problems dies nahelegt, kann man alternativ natürlich auch nicht-rechteckige u-Bereiche wählen.

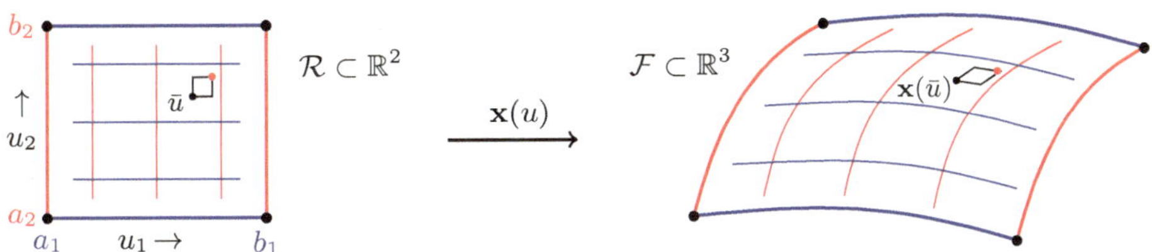

Abb. 9.7 Parametrisierung einer zweidimensionalen Fläche im dreidimensionalen Raum

Man kann sich ein *mikroskopisches* Bild der Abbildung $\mathbf{x} : \mathbb{R}^2 \to \mathbb{R}^3$ nahe dem Punkt $u = (u_1, u_2) \in \mathcal{R}$ machen, indem man die Abbildung in diesem Punkt *linearisiert*.

$$d\mathbf{x} = \mathbf{x}(u + du) - \mathbf{x}(u) = \frac{\partial \mathbf{x}}{\partial u_1} du_1 + \frac{\partial \mathbf{x}}{\partial u_2} du_2 = \left(\frac{\partial \mathbf{x}}{\partial u_1} \ \frac{\partial \mathbf{x}}{\partial u_2} \right) \begin{pmatrix} du_1 \\ du_2 \end{pmatrix} .$$

Diese Linearisierung wurde für den speziellen Punkt $u = \bar{u}$ in Abb. 9.7 skizziert. Die Matrix $\left(\frac{\partial \mathbf{x}}{\partial u_1} \ \frac{\partial \mathbf{x}}{\partial u_2} \right) \equiv \frac{\partial \mathbf{x}}{\partial u}$, die bei dieser Linearisierung eine zentrale Rolle spielt, ist die bereits in Abschnitt [9.1.3] eingeführte *Funktionalmatrix*. Die Berechnung zeigt, dass es zweckmäßig ist, spezielle Symbole für die Vektoren $\frac{\partial \mathbf{x}}{\partial u_1}$ und $\frac{\partial \mathbf{x}}{\partial u_2}$ einzuführen:

$$\frac{\partial \mathbf{x}}{\partial u_1} \equiv \mathbf{t}_1 \quad , \quad \frac{\partial \mathbf{x}}{\partial u_2} \equiv \mathbf{t}_2 .$$

Diese Vektoren $\mathbf{t}_1, \mathbf{t}_2$ werden – analog zu $\frac{\partial \mathbf{x}}{\partial t}$ bei der Kurvenintegration – als *Tangentenvektoren* bezeichnet, da sie die Tangentialebene an der Fläche $\mathcal{F}$ im Punkt $\mathbf{x}(u)$ aufspannen, vorausgesetzt natürlich, dass sie linear unabhängig voneinander sind, sodass die Identität $\lambda_1 \mathbf{t}_1 + \lambda_2 \mathbf{t}_2 = \mathbf{0}$ auch $\lambda_1 = \lambda_2 = 0$ impliziert. *Falls* diese lineare Unabhängigkeit gilt, was im Folgenden normalerweise der Fall sein wird, heißt die Parametrisierung $\mathbf{x}$ *regulär* im Punkt u. Die in Abb. 9.7 skizzierte Linearisierung der Abbildung $\mathbf{x} : \mathbb{R}^2 \to \mathbb{R}^3$ im speziellen Punkt $\bar{u}$ ist in Abbildung 9.8 noch einmal detailliert dargestellt.

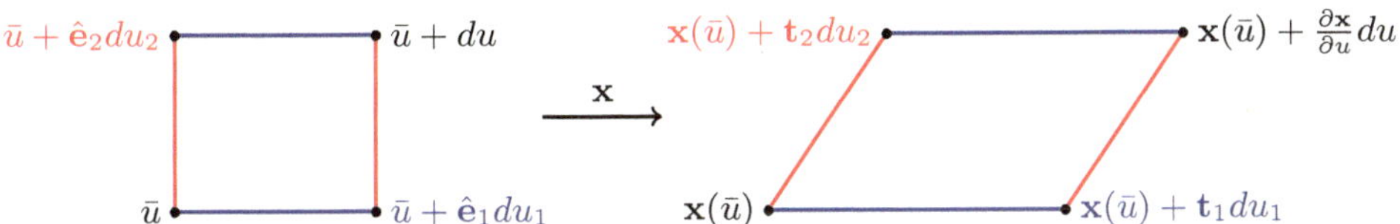

Abb. 9.8 Linearisierung der Parametrisierung $\mathbf{x} : \mathbb{R}^2 \to \mathbb{R}^3$ in $\bar{u} \in \mathcal{R}$

Wir fassen zusammen, dass die Parametrisierung $\mathbf{x} : \mathbb{R}^2 \to \mathbb{R}^3$ im Punkt u mit Hilfe der Tangentenvektoren $\mathbf{t}_1$ und $\mathbf{t}_2$ linearisiert werden kann:

$$\boxed{d\mathbf{x} = \left(\frac{\partial \mathbf{x}}{\partial u_1} \ \frac{\partial \mathbf{x}}{\partial u_2} \right) \begin{pmatrix} du_1 \\ du_2 \end{pmatrix} = (\mathbf{t}_1 \ \mathbf{t}_2) \begin{pmatrix} du_1 \\ du_2 \end{pmatrix} .}$$

Im Folgenden diskutieren wir als Beispiele die Parametrisierung einer *Kugelfläche* und diejenige eines (elliptischen) *Paraboloids*.

Beispiele

Wir geben zwei Beispiele für Flächen im dreidimensionalen Raum.

Als erstes Beispiel betrachten wir die Parametrisierung einer Kugelfläche mit Radius eins und wählen den Definitionsbereich $\mathcal{R}$ der Abbildung $\mathbf{x}$ als $u \in [0, 2\pi) \times [0, \pi]$. Die Funktionsvorschrift $\mathbf{x}(u)$ soll durch

$$\mathbf{x}(u) = \begin{pmatrix} \cos(u_1)\sin(u_2) \\ \sin(u_1)\sin(u_2) \\ \cos(u_2) \end{pmatrix}$$

gegeben sein. Die Koordinaten (u_1, u_2) entsprechen also in der Standardnotation für Kugelkoordinaten den Variablen (φ, ϑ). Die Funktionalmatrix, die in diesem Fall (3×2)-Format hat, lautet:

$$\left(\frac{\partial \mathbf{x}}{\partial u_1} \; \frac{\partial \mathbf{x}}{\partial u_2} \right) = (\mathbf{t}_1 \; \mathbf{t}_2) = \begin{pmatrix} -\sin(u_1)\sin(u_2) & \cos(u_1)\cos(u_2) \\ \cos(u_1)\sin(u_2) & \sin(u_1)\cos(u_2) \\ 0 & -\sin(u_2) \end{pmatrix}.$$

Die beiden Spalten der Funktionalmatrix stellen die Tangentenvektoren $\mathbf{t}_1$ und $\mathbf{t}_2$ dar. Wir stellen fest, dass $\mathbf{t}_1$ und $\mathbf{t}_2$ linear unabhängig sind [und somit die Abbildung $\mathbf{x}(u)$ regulär ist], falls $\sin(u_2) \neq 0$ gilt. In dieser Parametrisierung gibt es eine Korrespondenz zwischen *Geraden*, die parallel zu den Basisvektoren der $\mathbb{R}^2$-Ebene verlaufen, und *Breiten-* und *Längenkreisen* auf der Kugeloberfläche: Konkret werden Geraden der Form $u_2 = $ konst. auf die Breitenkreise $\{\mathbf{x} \,|\, x_1^2 + x_2^2 + x_3^2 = 1 \,, \, x_3 = \cos(u_2)\}$ und Geraden der Form $u_1 = $ konst. auf die Längenkreise $\{\mathbf{x} \,|\, x_1^2 + x_2^2 + x_3^2 = 1 \,, \, x_2 = x_1\tan(u_1)\}$ abgebildet. Die zu speziellen Werten von $u_{1,2} = $ konstant korrespondierenden Breiten- bzw. Längenkreise sind in Abbildung 9.9 dargestellt.

Als zweites Beispiel betrachten wir die Parametrisierung eines *elliptischen Paraboloids*. Der Definitionsbereich der Parametrisierung $\mathbf{x} : \mathbb{R}^2 \to \mathbb{R}^3$ ist nun durch die ganze u-Ebene gegeben: $u \in \mathbb{R}^2$, und die Funktionsvorschrift lautet:

$$\mathbf{x}(u) = \begin{pmatrix} u_1 \\ u_2 \\ u_1^2 + u_2^2 \end{pmatrix}.$$

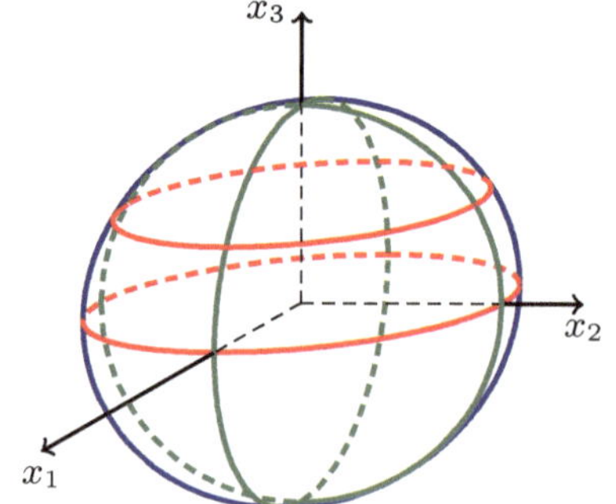

Abb. 9.9 Breitenkreise $u_2 = \frac{\pi}{3}, \frac{\pi}{2}$ (rot) und Längenkreise $u_1 = 0, \frac{\pi}{2}$ (grün)

Diese Fläche wird also durch die Gleichung $x_3 = x_1^2 + x_2^2$ beschrieben und verallgemeinert die herkömmliche Parabel auf den dreidimensionalen Raum. Die (3×2)-Funktionalmatrix ist in diesem Fall gegeben durch

$$\left(\frac{\partial \mathbf{x}}{\partial u_1} \; \frac{\partial \mathbf{x}}{\partial u_2} \right) = (\mathbf{t}_1 \; \mathbf{t}_2) = \begin{pmatrix} 1 & 0 \\ 0 & 1 \\ 2u_1 & 2u_2 \end{pmatrix},$$

und wir sehen, dass die Abbildung $\mathbf{x}(u)$ für alle $u \in \mathbb{R}^2$ regulär ist, da $\mathbf{t}_1$ und $\mathbf{t}_2$ für alle $u \in \mathbb{R}^2$ linear unabhängig sind.[7]

---

[7]Das Paraboloid heißt übrigens „elliptisch", da die x_1^2- und x_2^2-Terme in $x_3 = (x_1/a_1)^2 +$

Der Normalenvektor und das Flächenelement

Ausgehend von den beiden Tangentenvektoren $\mathbf{t}_1(u) = \frac{\partial \mathbf{x}}{\partial u_1}(u)$ und $\mathbf{t}_2(u) = \frac{\partial \mathbf{x}}{\partial u_2}(u)$ kann man durch Bildung des Kreuzproduktes einen *dritten*, linear unabhängigen Vektor erzeugen, der *senkrecht* auf der Tangentialebene im Punkt $\mathbf{x}(u)$ steht und deshalb als *Normalenvektor* bezeichnet und als $\hat{\mathbf{n}}$ geschrieben wird. Dieser Normalenvektor soll die Länge eins haben und somit eine *Einheitsnormale* sein:

$$\hat{\mathbf{n}} = \pm \frac{\mathbf{t}_1 \times \mathbf{t}_2}{|\mathbf{t}_1 \times \mathbf{t}_2|} \equiv \hat{\mathbf{n}}_\pm \quad , \qquad |\hat{\mathbf{n}}| = 1 \ . \tag{9.17}$$

Natürlich gibt es *zwei* Einheitsvektoren $\hat{\mathbf{n}}_+$ und $\hat{\mathbf{n}}_-$, die senkrecht auf der Tangentialebene stehen und sich dabei nur im Vorzeichen unterscheiden: $\hat{\mathbf{n}}_+ = -\hat{\mathbf{n}}_-$. Die Konstruktion der Normalenvektoren $\hat{\mathbf{n}}_\pm$ ist in Abbildung 9.10 skizziert.

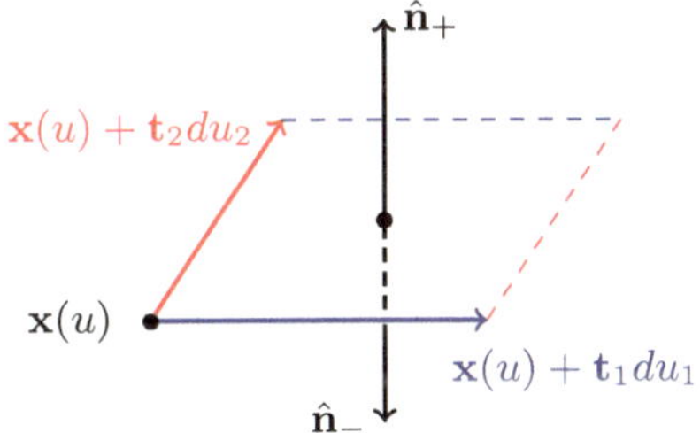

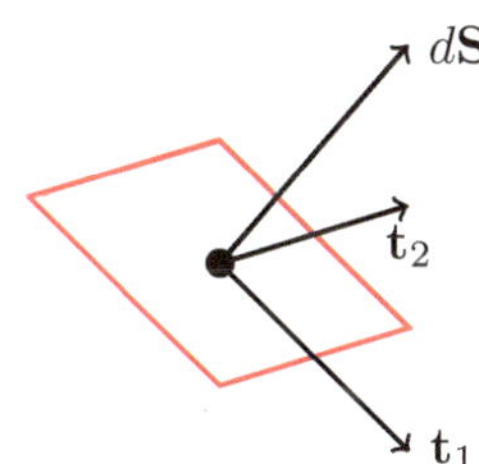

Abb. 9.10 Definition der Normalenvektoren $\hat{\mathbf{n}}_\pm$ in $u \in \mathcal{R}$

Abb. 9.11 Das orientierte Flächenelement $d\mathbf{S} \perp \mathbf{t}_{1,2}$

Außerdem wird das Volumenelement d^2u im Definitionsbereich $\mathcal{R}$:

$$d^2u = du_1 du_2 = \mathrm{Vol}(\hat{\mathbf{e}}_1 du_1, \hat{\mathbf{e}}_2 du_2)$$

durch die Parametrisierung $\mathbf{x}(u)$ auf ein *Flächenelement* dS im Wertebereich, d.h. auf der Fläche $\mathcal{F}$ abgebildet:

$$dS = |\mathrm{Vol}(\mathbf{t}_1 du_1, \mathbf{t}_2 du_2)| = |\mathrm{Vol}(\mathbf{t}_1, \mathbf{t}_2)| \, d^2u = |\mathbf{t}_1 \times \mathbf{t}_2| \, d^2u \ .$$

Kombiniert man nun den Normalenvektor $\hat{\mathbf{n}}$ mit dem (skalaren) Flächenelement dS, so erhält man als Produkt das *vektorielle* Flächenelement $d\mathbf{S}$:

$$d\mathbf{S} = \hat{\mathbf{n}} \, dS \quad , \quad |d\mathbf{S}| = dS \ ,$$

das als Länge dS und als Richtung den Normalenvektor $\hat{\mathbf{n}}$ hat. Die Konstruktion von $d\mathbf{S}$, senkrecht auf dem durch $\mathbf{t}_1 du_1$ und $\mathbf{t}_2 du_2$ im Punkt $\mathbf{x}(u)$ aufgespannten Flächenelement von $\mathcal{F}$, ist in Abbildung 9.11 dargestellt.

$(x_2/a_2)^2$ (hier mit $a_1 = a_2 = 1$) das gleiche Vorzeichen haben. Hätten sie ein unterschiedliches Vorzeichen, wie in $x_3 = (x_1/a_1)^2 - (x_2/a_2)^2$, hieße das Paraboloid „hyperbolisch".

Skalare und vektorielle Flächenintegrale

Da wir nun sowohl über ein *skalares* als auch über ein *vektorielles* („orientiertes") Flächenelement von $\mathcal{F}$ verfügen, können wir für skalare und auch für vektorielle Funktionen von $\mathbf{x}$ durch entsprechend definierte Integrationen *Integrale* in der Form einer reinen *Zahl* erhalten.

Möchten wir z.B. eine skalare Funktion $f(\mathbf{x})$ über die Fläche $\mathcal{F}$ integrieren, so definieren wir das Flächenintegral mit Hilfe des *skalaren* Flächenelements dS als:

$$\int_{\mathcal{F}} dS\, f(\mathbf{x}) \equiv \int_{\mathcal{R}} d^2u\, |\mathbf{t}_1(u) \times \mathbf{t}_2(u)|\, f(\mathbf{x}(u)) \,. \tag{9.18}$$

Diese Art der Flächenintegration skalarer Funktionen wird als *skalares Flächenintegral* bezeichnet. Skalare Flächenintegrale sind nützlich zur Berechnung von Gesamtgrößen bei vorgegebener skalarer *Flächendichte* solcher Größen. Ist z.B. auf der Fläche $\mathcal{F}$ eine Massen- oder Ladungs*dichte* vorgegeben, kann man mit Hilfe des skalaren Integrals die Gesamtmasse bzw. -ladung bestimmen, die sich auf der Fläche befindet. Als wichtigen Spezialfall von (9.18) nennen wir noch die Integrale mit einem Integranden $f(\mathbf{x}) = 1$, die geometrisch den *Flächeninhalt* $|\mathcal{F}|$ der Fläche $\mathcal{F}$ darstellen:

$$|\mathcal{F}| \equiv \int_{\mathcal{F}} dS = \int_{\mathcal{R}} d^2u\, |\mathbf{t}_1 \times \mathbf{t}_2| \,. \tag{9.19}$$

Diese Korrespondenz zwischen dem Spezialfall $f = 1$ und dem Flächeninhalt ist vollkommen analog zur Berechnung der Bogenlänge in den Gleichungen (9.13) und (9.14).

Möchten wir dagegen eine vektorielle Funktion $\mathbf{f}(\mathbf{x})$ über die Fläche $\mathcal{F}$ integrieren, so definieren wir das Flächenintegral mit Hilfe des *vektoriellen* Flächenelements $d\mathbf{S}$ als:

$$\int_{\mathcal{F}} d\mathbf{S} \cdot \mathbf{f}(\mathbf{x}) \equiv \int_{\mathcal{F}} dS\, (\hat{\mathbf{n}} \cdot \mathbf{f}) = \pm \int_{\mathcal{R}} d^2u\, (\mathbf{t}_1 \times \mathbf{t}_2) \cdot \mathbf{f}(\mathbf{x}(u)) \,, \tag{9.20}$$

wobei der Normalenvektor $\hat{\mathbf{n}}(u)$ eine glatte Funktion von $u \in \mathcal{R}$ sein soll. Diese Art der Flächenintegration vektorieller Funktionen wird als *vektorielles Flächenintegral* bezeichnet. Die Orientierung der Fläche bestimmt das Vorzeichen des Ergebnisses und ist daher von wesentlicher Bedeutung. Vektorielle Flächenintegrale sind nützlich zur Berechnung eines Gesamtflusses durch die Fläche $\mathcal{F}$ bei vorgegebener *Feld-* oder *Stromdichte*. Ist z.B. auf der Fläche $\mathcal{F}$ ein Magnetfeld oder eine Ladungs*stromdichte* vorgegeben, kann man mit Hilfe des vektoriellen Integrals den magnetischen Fluss bzw. den gesamten Ladungsstrom durch die Fläche bestimmen. Die Orientierung der Fläche bestimmt also, ob der berechnete Gesamtstrom von Reservoir A nach B oder von B nach A fließt, und ist daher für die physikalischen Schlussfolgerungen von entscheidender Bedeutung.

Man beachte, dass für beide Arten der Flächenintegration das *Ergebnis*, also das *Integral* selbst, eine reine Zahl (also ein Skalar) ist. Eine weitere Anmerkung ist, dass die Fläche $\mathcal{F}$ in (9.18) und (9.20) in der Praxis manchmal aus mehreren Teilflächen besteht, d.h., dass eine *Partitionierung der Fläche* vorliegt:

$$\mathcal{F} = \bigcup_{i=1}^{n} \mathcal{F}_i \quad , \qquad \mathcal{F}_i \cap \mathcal{F}_j = \emptyset \quad (i \neq j) \,.$$

In diesem Fall wird das skalare Flächenintegral über $\mathcal{F}$ als *Summe* der Flächenintegrale über die Teilflächen $\mathcal{F}_i$ definiert, und folglich ist auch der Fläche*ninhalt* $|\mathcal{F}|$, der dem Spezialfall $f(\mathbf{x}) = 1$ entspricht, gleich der *Summe* der Flächeninhalte $|\mathcal{F}_i|$ der Teilflächen:

$$\int_{\mathcal{F}} dS \, f(\mathbf{x}) = \sum_{i=1}^{n} \int_{\mathcal{F}_i} dS \, f(\mathbf{x}) \quad , \quad |\mathcal{F}| = \sum_{i=1}^{n} |\mathcal{F}_i| \,.$$

Für das *vektorielle* Flächenintegral gilt Analoges, wie wir in Abschnitt [9.3.3] sehen werden.

Wir betrachten nun im Folgenden zuerst ausführlicher das skalare und dann das vektorielle Flächenintegral; in beiden Fällen behandeln wir Spezialfälle und Beispiele. Insbesondere leiten wir für einen Spezialfall des vektoriellen Flächenintegrals den sogenannten *Satz von Stokes* her.

9.3.2 Das skalare Flächenintegral

In diesem Abschnitt präsentieren wir einige Beispiele für die Berechnung skalarer Flächenintegrale. Unser Startpunkt ist also die allgemeine Definition (9.18) eines solchen Flächenintegrals. Wir werden uns im Folgenden allerdings – der Einfachheit halber – auf Integrale der Form (9.19) konzentrieren, die einen Integranden

$f(\mathbf{x}) = 1$ haben und geometrisch den *Flächeninhalt* $|\mathcal{F}|$ der Fläche $\mathcal{F}$ darstellen. Innerhalb dieser Klasse skalarer Flächenintegrale mit $f(\mathbf{x}) = 1$ betrachten wir zwei *Spezialfälle*.

Graphenflächen

Der erste Spezialfall betrifft Flächen $\mathcal{F} \subset \mathbb{R}^3$, die durch eine Gleichung der Form $x_3 = z(x_1, x_2)$ beschrieben werden, für die also x_3 eindeutig als Funktion der (x_1, x_2)-Koordinaten festgelegt werden kann. Solche Flächen heißen *Graphen*flächen – ein Beispiel mit $z(x_1, x_2) = 1 + \sqrt{1 - x_1^2 - x_2^2}$ ist in Abbildung 9.12 skizziert. Graphenflächen können z.B. wie folgt parametrisiert werden:

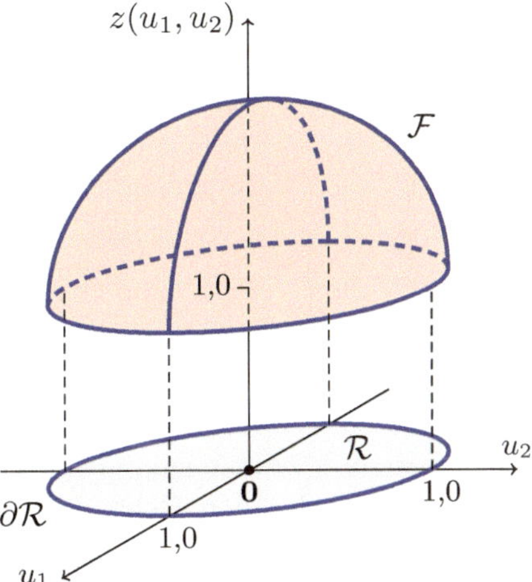

Abb. 9.12 Graphenfläche

$$\mathbf{x}(u) = \begin{pmatrix} u_1 \\ u_2 \\ z(u_1, u_2) \end{pmatrix} \quad , \quad u \in [a_1, b_1] \times [a_2, b_2] = \mathcal{R} \,. \tag{9.21}$$

In der Praxis kann es Vorteile haben, den u-Bereich anders als rechteckig zu wählen; dies ist problemlos möglich: In Abb. 9.12 gilt beispielsweise $\mathcal{R} = \{u \,|\, u_1^2 + u_2^2 \leq 1\}$. Zur Berechnung des Flächeninhalts $|\mathcal{F}|$ der Fläche $\mathcal{F}$ benötigen wir laut Gleichung (9.19) den Betrag $|\mathbf{t}_1 \times \mathbf{t}_2|$ des Kreuzproduktes der Tangentenvektoren $\mathbf{t}_1$ und $\mathbf{t}_2$. Dieser folgt aus:

$$|\mathbf{t}_1 \times \mathbf{t}_2| = \left| \begin{pmatrix} 1 \\ 0 \\ \partial z/\partial u_1 \end{pmatrix} \times \begin{pmatrix} 0 \\ 1 \\ \partial z/\partial u_2 \end{pmatrix} \right| = \left| \begin{pmatrix} -\partial_1 z \\ -\partial_2 z \\ 1 \end{pmatrix} \right| = \sqrt{1 + (\partial_1 z)^2 + (\partial_2 z)^2} \ .$$

Aufgrund von Gleichung (9.19) erhalten wir als Ergebnis für die Fläche $|\mathcal{F}|$:

$$\boxed{\ |\mathcal{F}| = \int_{\mathcal{R}} d^2 u \ \sqrt{1 + (\partial z/\partial u_1)^2 + (\partial z/\partial u_2)^2} \ .\ } \tag{9.22}$$

Wir diskutieren unten einige Anwendungen dieser Formel.

Mantelflächen von Rotationskörpern

Im zweiten Spezialfall berechnen wir den Flächeninhalt der *Mantelfläche eines Rotationskörpers*. Ohne Beschränkung der Allgemeinheit können wir die $\hat{\mathbf{e}}_3$-Achse als Symmetrieachse des Rotationskörpers wählen. Ein Beispiel einer solchen Mantelfläche ist in Abbildung 9.13 skizziert. Der untere Rand des Rotationskörpers befinde sich bei $x_3 = a$ und der obere Rand bei $x_3 = b$. Für alle $x_3 \in [a, b]$ bezeichnen wir den Abstand der Mantelfläche zur Symmetrieachse als $\rho(x_3)$. Mit dieser Notation kann man den Rotationskörper bequem wie folgt parametrisieren:

$$\mathbf{x}(u) = \begin{pmatrix} \rho(u_2) \cos(u_1) \\ \rho(u_2) \sin(u_1) \\ u_2 \end{pmatrix}$$

mit $\rho(u_2) \geq 0$ und

$$u \in [0, 2\pi] \times [a, b] \equiv \mathcal{R} \ .$$

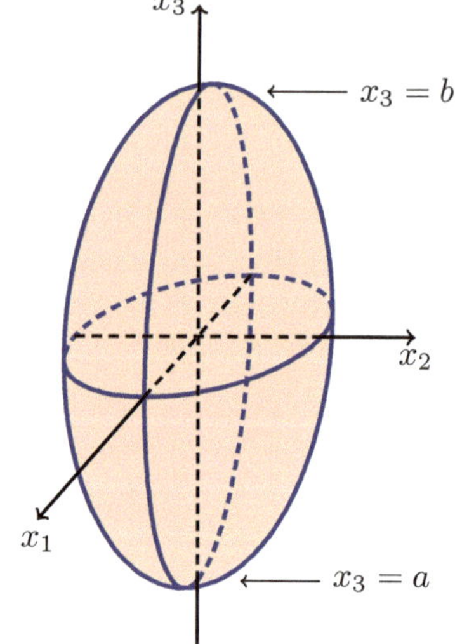

Abb. 9.13 Beispiel eines Rotationskörpers

Zur Auswertung von Gleichung (9.19) benötigen wir wieder den Betrag $|\mathbf{t}_1 \times \mathbf{t}_2|$ des Kreuzproduktes der Tangentenvektoren $\mathbf{t}_1$ und $\mathbf{t}_2$, der in diesem Fall durch

$$|\mathbf{t}_1 \times \mathbf{t}_2| = \left| \begin{pmatrix} -\rho(u_2) \sin(u_1) \\ \rho(u_2) \cos(u_1) \\ 0 \end{pmatrix} \times \begin{pmatrix} \rho'(u_2) \cos(u_1) \\ \rho'(u_2) \sin(u_1) \\ 1 \end{pmatrix} \right| = \left| \begin{pmatrix} \rho(u_2) \cos(u_1) \\ \rho(u_2) \sin(u_1) \\ -\rho(u_2)\rho'(u_2) \end{pmatrix} \right|$$

$$= \rho(u_2)\sqrt{1 + [\rho'(u_2)]^2}$$

gegeben ist. Aus Gleichung (9.19) folgt daher nach Integration über die Variable u_1 zunächst für den Flächeninhalt des „Mantels":

$$\boxed{|\mathcal{F}| = 2\pi \int_a^b du_2 \, \rho(u_2)\sqrt{1 + [\rho'(u_2)]^2} \, ,}$$
(9.23)

aber dieses Ergebnis kann mit Hilfe der Gleichung

$$ds \equiv \left.\sqrt{(dx_1)^2 + (dx_2)^2 + (dx_3)^2}\right|_{u_1 \text{ fest}} = \left|\frac{\partial \mathbf{x}}{\partial u_2}\right| du_2 = \sqrt{1 + [\rho'(u_2)]^2}\, du_2$$

für die infinitesimale Bogenlänge ds noch auf

$$|\mathcal{F}| = 2\pi \int ds \, \rho(u_2)$$

vereinfacht werden. Dieses einfache Endergebnis für den Flächeninhalt $|\mathcal{F}|$ ist als die „erste Guldin'sche Regel" bekannt.

Beispiel: Flächeninhalt einer Kugelschale

Als erstes Beispiel für eine Anwendung der oben hergeleiteten allgemeinen Ergebnisse diskutieren wir die Berechnung des *Flächeninhalts einer Kugelschale mit Radius eins*. Dieser Flächeninhalt kann sowohl mit Gleichung (9.22) als auch mit (9.23) berechnet werden. Startet man von Gleichung (9.22), so kann die Funktion $z(u_1, u_2)$ durch die Kombination der beiden Flächen $z_\pm(u) = \pm\sqrt{1 - u_1^2 - u_2^2}$ definiert werden, wobei man wiederum – wie in Abb. 9.12 – für den Definitionsbereich der u-Variablen anstelle eines Rechtecks eine Kreisscheibe wählt: $u \in \mathcal{R} = \left\{u_1^2 + u_2^2 \le 1\right\}$. Mit Hilfe von (9.22) erhält man dann zunächst für den Flächeninhalt:

$$|\mathcal{F}| = 2\int_\mathcal{R} d^2u \, \sqrt{1 + (u_1/z_+)^2 + (u_2/z_+)^2} = 2\int_\mathcal{R} d^2u \, \frac{1}{z_+(u)} \, ,$$

wobei der Faktor 2 dafür korrigiert, dass nur über die obere Halbkugel $z = z_+(u)$ integriert wird. Das Integral auf der rechten Seite lässt sich bequem mit Hilfe von Polarkoordinaten berechnen:

$$\begin{pmatrix} u_1 \\ u_2 \end{pmatrix} = \rho \begin{pmatrix} \cos(\varphi) \\ \sin(\varphi) \end{pmatrix} \, ,$$

und das Ergebnis einer entsprechenden Substitution ist:

$$|\mathcal{F}| = 2\int_0^1 d\rho \, \rho \int_0^{2\pi} d\varphi \, \frac{1}{\sqrt{1 - \rho^2}} = 4\pi \left[-\sqrt{1 - \rho^2}\right]_0^1 = 4\pi \, .$$

Der Flächeninhalt einer Einheitskugel ist uns natürlich auch schon aus Kapitel [6] bekannt, wo er mit anderen Mitteln hergeleitet wurde.

Alternativ kann man die Einheitskugel auch als Rotationskörper auffassen, sodass man auch Gleichung (9.23) mit $\rho(u_2) = \sqrt{1 - u_2^2}$ und $u_2 \in [-1, 1]$ anwenden könnte. Aus (9.23) folgt dann sofort:

$$|\mathcal{F}| = 2\pi \int_{-1}^1 du_2 \, \rho\sqrt{1 + (u_2/\rho)^2} = 2\pi \int_{-1}^1 du_2 = 4\pi \, .$$

Auch diese Methode reproduziert also das korrekte Ergebnis.

Beispiel: Flächeninhalt eines Torus

Als zweite Anwendung der allgemein hergeleiteten Formeln betrachten wir nun die Berechnung des Flächeninhalts eines Torus. Man kann sich den Torus – wie in Abbildung 9.14 gezeichnet – als einen Schlauch mit kreisförmigem Querschnitt (Radius R) vorstellen, dessen Mittellinie selbst kreisförmig (mit Radius $a > R$) in der $\hat{\mathbf{e}}_1$-$\hat{\mathbf{e}}_2$-Ebene um die $\hat{\mathbf{e}}_3$-Achse verläuft. Folglich kann man die Mantelfläche des Torus als Summe zweier Mantelflächen von Rotationskörpern auffassen, die eine ($\mathcal{F}_-$) mit $\rho \leq a$ und die andere ($\mathcal{F}_+$) mit $\rho \geq a$. Dementsprechend sind die zwei Radien $\rho_\pm(u_2)$ dieser beiden Mantelflächen sowie die ebenfalls für Gleichung (9.23) benötigten Ableitungen $\rho'_\pm(u_2)$ gegeben durch

$$\rho_\pm(u_2) = a \pm \sqrt{R^2 - u_2^2} \quad (a > R) \quad , \quad \rho'_\pm(u_2) = \mp \frac{u_2}{\sqrt{R^2 - u_2^2}}$$

mit $u_2 \in [-R, R]$. Wegen $\mathcal{F} = \mathcal{F}_+ \cup \mathcal{F}_-$ ist der Flächeninhalt des Gesamttorus gleich der Summe der Flächeninhalte der beiden Teilflächen:

$$|\mathcal{F}| = |\mathcal{F}_+| + |\mathcal{F}_-| = 2\pi \int_{-R}^{R} du_2 \, [\rho_+(u_2) + \rho_-(u_2)] \sqrt{1 + \frac{u_2^2}{R^2 - u_2^2}}$$

$$= 4\pi a \int_{-R}^{R} du_2 \, \frac{R}{\sqrt{R^2 - u_2^2}} \, .$$

Das Integral auf der rechten Seite lässt sich durch die Substitution einer trigonometrischen Funktion: $u_2 \equiv R \sin(\varphi)$ noch auf

$$|\mathcal{F}| = 4\pi a \int_{-R}^{R} du_2 \, \frac{R}{\sqrt{R^2 - u_2^2}} = 4\pi a R \int_{-\pi/2}^{\pi/2} d\varphi = 4\pi^2 a R$$

vereinfachen. Man kann sich dieses Ergebnis leicht merken: Der Flächeninhalt des Torus ist also genau gleich dem Umfang $2\pi R$ des „Schlauchs", multipliziert mit der Länge $2\pi a$ seiner Mittellinie.

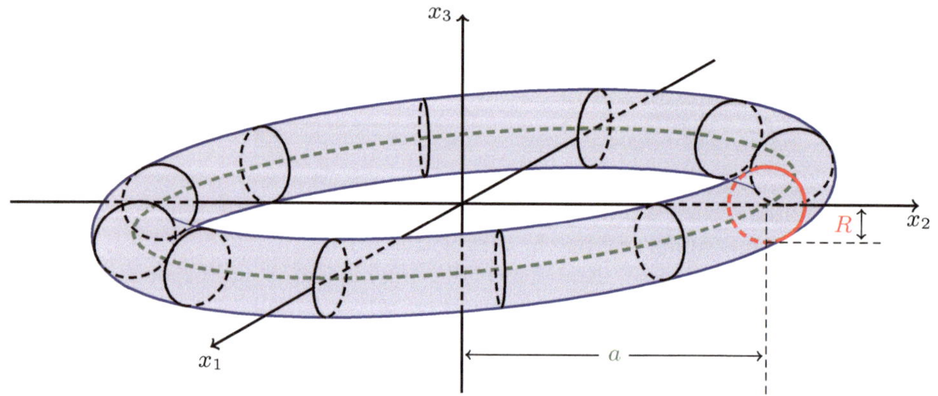

Abb. 9.14 Skizze der Struktur eines Torus

9.3.3   Das vektorielle Flächenintegral

Das bereits in (9.20) eingeführte *vektorielle* Flächenintegral wird durch einen *Normalenvektor* $\hat{\mathbf{n}}$ charakterisiert, der – wie in (9.17) und Abb. 9.10 gezeigt – *zwei* mögliche Ausrichtungen $\hat{\mathbf{n}}_\pm$ haben kann. Der Normalenvektor $\hat{\mathbf{n}}_\pm$ definiert die *Orientierung* der Fläche $\mathcal{F}_\pm$ und auch die *Orientierung* des Randes $\partial\mathcal{F}_\pm$ dieser Fläche: Der Rand erhält eine *Umlaufrichtung*, die im Sinne der „Korkenzieherregel" mit der Ausrichtung des Normalenvektors $\hat{\mathbf{n}}_\pm$ im Einklang ist.

Wir wissen bereits aus den Gleichungen (9.16) und (9.15), dass eine Fläche $\mathcal{F}$ mit Hilfe einer *Parametrisierung* $\mathbf{x} : \mathcal{R} \to \mathcal{F}$ mit $u \to \mathbf{x}(u)$ beschrieben werden kann. Bei der Parametrisierung von *orientierten* Flächen $\mathcal{F}$ muss auch der Definitionsbereich $\mathcal{R}$ orientiert sein, wobei die (positive oder negative) Orientierung von $\mathcal{R}$ durch den (positiven bzw. negativen) Umlaufsinn des Randes $\partial\mathcal{R}$ definiert wird. Die Orientierung von $\mathcal{R}$ bzw. $\partial\mathcal{R}$ ist in Abbildung 9.15 grafisch dargestellt. Eine *Parametrisierung* der *orientierten* Fläche $\mathcal{F}$ ist nun definiert als Abbildung $\mathbf{x} : \mathcal{R} \to \mathcal{F}$, die den *positiv* orientierten Definitionsbereich $\mathcal{R}_+$ auf $\mathcal{F}$ abbildet. Eine Parametrisierung hat somit die Eigenschaften $\mathbf{x}(\mathcal{R}_+) = \mathcal{F}_+$, falls der Normalenvektor von $\mathcal{F}_+$ durch $\hat{\mathbf{n}}_+$, und $\mathbf{x}(\mathcal{R}_+) = \mathcal{F}_-$, falls der Normalenvektor von $\mathcal{F}_-$ durch $\hat{\mathbf{n}}_-$ gegeben ist. Hierbei wird auch die (positive) Umlaufrichtung des Randes $\partial\mathcal{R}_+$ auf die Umlaufrichtungen von $\partial\mathcal{F}_+$ bzw. $\partial\mathcal{F}_-$ abgebildet.

Das vektorielle Flächenintegral von $\mathbf{f}(\mathbf{x})$ über die *orientierte* Fläche $\mathcal{F}_\pm$ mit der Parametrisierung $\mathbf{x}(u)$ ist nun definiert als

$$\boxed{\int_{\mathcal{F}_\pm} d\mathbf{S} \cdot \mathbf{f}(\mathbf{x}) \equiv \int_{\mathcal{F}} dS\,[\hat{\mathbf{n}}_\pm \cdot \mathbf{f}(\mathbf{x})] = \pm \int_{\mathcal{R}} d^2 u\,[\mathbf{t}_1(u) \times \mathbf{t}_2(u)] \cdot \mathbf{f}(\mathbf{x}(u))\,.}$$

Das Integral $\int_{\mathcal{F}_\pm} d\mathbf{S} \cdot \mathbf{f}$ wird als der *Fluss* von $\mathbf{f}$ durch $\mathcal{F}_\pm$ bezeichnet.

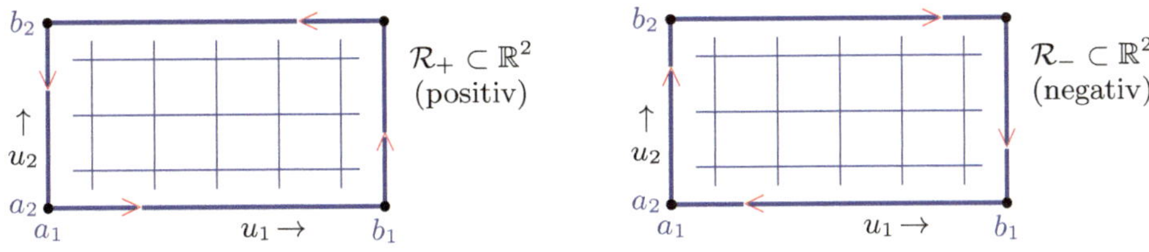

Abb. 9.15 Definitionsbereiche $\mathcal{R}_\pm$ mit positiver bzw. negativer Orientierung

Parametrisierung entgegengesetzt orientierter Flächen

Bei einer vorliegenden Parametrisierung $\mathbf{x}(u)$ von $\mathcal{F}_+$ mit dem Normalenvektor $\hat{\mathbf{n}}_+$ und dem Definitionsbereich $[a_1, b_1] \times [a_2, b_2] = \mathcal{R}_+$ kann man übrigens leicht eine Parametrisierung $\mathbf{x}_- : \mathcal{R}_+ \to \mathcal{F}_-$ der entgegengesetzt orientierten Fläche $\mathcal{F}_-$ bestimmen. Eine Möglichkeit ist nämlich durch

$$\mathbf{x}_-(u) \equiv \mathbf{x}(\bar{u}) \quad , \quad \bar{u} = Su = \begin{pmatrix} a_1 + b_1 - u_1 \\ u_2 \end{pmatrix} \quad , \quad S^2 = \mathbb{1} \qquad (9.24)$$

gegeben. Die lineare Abbildung S stellt geometrisch eine Spiegelung an der Achse $u_1 = \frac{1}{2}(a_1 + b_1)$ dar, sodass $\mathcal{R}_+$ effektiv auf $\mathcal{R}_-$ abgebildet wird. Man überprüft leicht anhand von Abb. 9.15, dass die Parametrisierung $\mathbf{x}_-(u)$ die Orientierung von $\partial\mathcal{F}$ im Vergleich zur Parametrisierung $\mathbf{x}(u)$ umkehrt. Die Parametrisierung $\mathbf{x}_-(u)$ entspricht daher dem Normalenvektor $\hat{\mathbf{n}}_- = -\hat{\mathbf{n}}_+$. Folglich wechselt auch $d\mathbf{S}$ das Vorzeichen, und das vektorielle Flächenintegral wird bei diesem Orientierungswechsel durch

$$\boxed{\int_{\mathcal{F}_-} d\mathbf{S}\cdot\mathbf{f} = -\int_{\mathcal{F}_+} d\mathbf{S}\cdot\mathbf{f}}$$

ersetzt. Hiermit wechselt auch der *Fluss* durch die Fläche sein Vorzeichen.

Partitionierung von orientierten Flächen

Auch bei *orientierten* Flächen kann man – falls erforderlich – eine Unterteilung in Teilflächen (also eine *Partitionierung* der Fläche) vornehmen. Bei einer Unterteilung der orientierten Fläche $\mathcal{F}$ in n (ebenfalls orientierte) Teilflächen $\mathcal{F}_i$ gilt z.B., dass die Summe der vektoriellen Flächenintegrale über die Teilflächen wiederum das ursprüngliche vektorielle Flächenintegral über $\mathcal{F}$ ergibt:

$$\boxed{\mathcal{F} = \bigcup_{i=1}^{n}\mathcal{F}_i \quad , \quad \int_{\mathcal{F}} d\mathbf{S}\cdot\mathbf{f} = \sum_{i=1}^{n}\int_{\mathcal{F}_i} d\mathbf{S}\cdot\mathbf{f} \, .}$$

Dies ist analog zur Partitionierung von Flächen bei der Berechnung skalarer Flächenintegrale.

Geschlossene Flächen

Der *Rand* einer Fläche, insbesondere also auch der Rand einer orientierten Fläche, kann durchaus auch aus der leeren Menge bestehen: $\partial\mathcal{F} = \emptyset$. In diesem Fall wird die Fläche $\mathcal{F}$ selbst als *geschlossen* bezeichnet; man sagt dann auch einfach, dass die Fläche „keinen Rand hat". Ein Beispiel ist die Kugeloberfläche.

Das vektorielle Flächenintegral als Summe von Projektionen

Wir möchten noch auf eine interessante geometrische Interpretation des vektoriellen Integrals $\int_{\mathcal{F}} d\mathbf{S}\cdot\mathbf{f}(\mathbf{x})$ hinweisen. Um diese Interpretation verständlich zu machen, verwenden wir, dass die Komponenten des Kreuzproduktes $\mathbf{t}_1\times\mathbf{t}_2$ als Determinanten geschrieben werden können:

$$\mathbf{t}_1\times\mathbf{t}_2 = \frac{\partial\mathbf{x}}{\partial u_1}\times\frac{\partial\mathbf{x}}{\partial u_2} = \begin{pmatrix} \partial_{u_1}x_2\partial_{u_2}x_3 - \partial_{u_1}x_3\partial_{u_2}x_2 \\ \partial_{u_1}x_3\partial_{u_2}x_1 - \partial_{u_1}x_1\partial_{u_2}x_3 \\ \partial_{u_1}x_1\partial_{u_2}x_2 - \partial_{u_1}x_2\partial_{u_2}x_1 \end{pmatrix} = \hat{\mathbf{e}}_1 T_{23} + \hat{\mathbf{e}}_2 T_{31} + \hat{\mathbf{e}}_3 T_{12} \, ,$$

wobei T_{ij} durch

$$T_{ij} \equiv \partial_{u_1}x_i\partial_{u_2}x_j - \partial_{u_1}x_j\partial_{u_2}x_i = \det\begin{pmatrix} \partial_{u_1}x_i & \partial_{u_2}x_i \\ \partial_{u_1}x_j & \partial_{u_2}x_j \end{pmatrix} = \det\left(\frac{\partial(x_i,x_j)}{\partial(u_1,u_2)}\right)$$

definiert ist. Setzt man den in dieser Weise für $\mathbf{t}_1 \times \mathbf{t}_2$ erhaltenen Ausdruck in die Definition des vektoriellen Flächenintegrals ein, so erhält man insgesamt drei Terme:

$$\int_{\mathcal{F}} d\mathbf{S} \cdot \mathbf{f}(\mathbf{x}) = \int_{\mathcal{R}} d^2u \, (\mathbf{t}_1(u) \times \mathbf{t}_2(u)) \cdot \mathbf{f}(\mathbf{x}(u))$$

$$= \int_{\mathcal{R}} du_1 du_2 \, (f_1 T_{23} + f_2 T_{31} + f_3 T_{12}) \equiv \mathcal{I}_1 + \mathcal{I}_2 + \mathcal{I}_3 \, . \tag{9.25}$$

Diese drei Terme können geometrisch interpretiert werden. Betrachten wir z.B. den letzten Term $\mathcal{I}_3$: Die Determinante T_{12} ist genau die Jacobi-Determinante der Transformation $(x_1(u), x_2(u))$ von den (u_1, u_2)- zu den (x_1, x_2)-Variablen, sodass $T_{12} \, du_1 du_2$ den Flächeninhalt des orientierten Parallelogramms in der (x_1, x_2)-Ebene darstellt, auf das das Rechteck $[u_1, u_1 + du_1] \times [u_2, u_2 + du_2]$ abgebildet wird. Folglich stellt der dritte Term $\mathcal{I}_3$ das Integral von $f_3(\mathbf{x})$ (mit $\mathbf{x} \in \mathcal{F}$!) über die *Projektion* von $\mathcal{F}$ auf die (x_1, x_2)-Ebene dar! Die Interpretation der beiden anderen Terme $\mathcal{I}_1$ und $\mathcal{I}_2$ folgt hieraus durch zyklische Permutation der Indizes $1 \to 2 \to 3 \to 1$: Das Rechteck $[u_1, u_1 + du_1] \times [u_2, u_2 + du_2]$ wird nun auf Parallelogramme in der (x_2, x_3)- bzw. (x_3, x_1)-Ebene abgebildet, sodass die Terme $\mathcal{I}_1$ und $\mathcal{I}_2$ die Integrationen von $f_1(\mathbf{x})$ bzw. $f_2(\mathbf{x})$ (mit $\mathbf{x} \in \mathcal{F}$!) über die *Projektionen* von $\mathcal{F}$ auf diese (23)- bzw. (31)-Ebenen darstellen.

An dieser Stelle wird klar, dass es vorteilhaft wäre, Symbole für den Flächeninhalt der orientierten Parallelogramme in den (12)-, (23)- bzw. (31)-Ebenen einzuführen, auf die das Rechteck $[u_1, u_1 + du_1] \times [u_2, u_2 + du_2]$ abgebildet wird. Für den Flächeninhalt des infinitesimalen orientierten Parallelogramms in der (12)-Ebene schreiben wir:

$$dx_1 \wedge dx_2 \equiv T_{12} \, du_1 du_2 \overset{!}{=} -dx_2 \wedge dx_1 \, .$$

Hierbei ist zu beachten, dass der Flächeninhalt wegen der *Orientierung* des Parallelogramms das Vorzeichen wechselt, wenn die Indizes (12) vertauscht werden: Es gilt nämlich $dx_2 \wedge dx_1 = T_{21} \, du_1 du_2$ mit $T_{21} = -T_{12}$, da eine Determinante bei Vertauschung zweier Spalten das Vorzeichen wechselt. Vollkommen analog können wir nun für die T_{23}- und T_{31}-Beiträge definieren:

$$dx_2 \wedge dx_3 \equiv T_{23} \, du_1 du_2 \quad , \quad dx_3 \wedge dx_1 \equiv T_{31} \, du_1 du_2 \, ,$$

sodass wir insgesamt kompakt schreiben können:

$$\int_{\mathcal{F}} d\mathbf{S} \cdot \mathbf{f}(\mathbf{x}) = \int_{\mathcal{F}} (f_1 dx_2 \wedge dx_3 + f_2 dx_3 \wedge dx_1 + f_3 dx_1 \wedge dx_2) \, . \tag{9.26}$$

In dieser Weise wird die Interpretation des Flächenintegrals als Summe dreier Beiträge von Projektionen auf die (23)-, (31)- bzw. (12)-Ebene transparent dargestellt. Als Ausblick sei hinzugefügt, dass die hier eingeführten orientierten infinitesimalen Flächeninhalte $dx_2 \wedge dx_3$, $dx_3 \wedge dx_1$ und $dx_1 \wedge dx_2$ einfache Beispiele für *Differentialformen 2. Grades* bzw. *2-Formen* sind. In Abschnitt [9.5], s. z.B. Gleichung (9.89), wird das Thema „Differentialformen" ausführlicher und präziser behandelt. Dieser Ausblick zeigt bereits, dass Differentialformen bei der Integration über orientierte Flächen auch in der Physik ihre Vorteile haben.

Das vektorielle Flächenintegral – ein Beispiel

Als Beispiel für die Berechnung eines vektoriellen Flächenintegrals betrachten wir das Flächenintegral des Vektorfeldes $\mathbf{f} = \hat{\mathbf{e}}_3$ über ein Segment der Schale der Einheitskugel, nämlich über die orientierte Fläche

$$\mathcal{F} \equiv \left\{ \mathbf{x} \mid |\mathbf{x}| = 1 \ , \ 0 \leq \varphi \leq \tfrac{1}{2}\pi \ , \ \tfrac{1}{6}\pi \leq \vartheta \leq \tfrac{1}{2}\pi \right\} \tag{9.27}$$

mit nach *innen* gerichtetem Normalenvektor: $\hat{\mathbf{n}} = -\hat{\mathbf{x}}$. Da dieses Segment der Kugelschale auf der Nordhalbkugel angesiedelt ist und der Normalenvektor daher stets eine Komponente in *negativer* $\hat{\mathbf{e}}_3$-Richtung hat, erwarten wir insgesamt ein negatives Ergebnis für das Flächenintegral.

Eine naheliegende Parametrisierung ist diejenige, bei der die Variablen u_1 und u_2 die Rollen der traditionellen Kugelkoordinaten φ und ϑ übernehmen:

$$\mathbf{x}(u) = \begin{pmatrix} \cos(u_1)\sin(u_2) \\ \sin(u_1)\sin(u_2) \\ \cos(u_2) \end{pmatrix} , \tag{9.28}$$

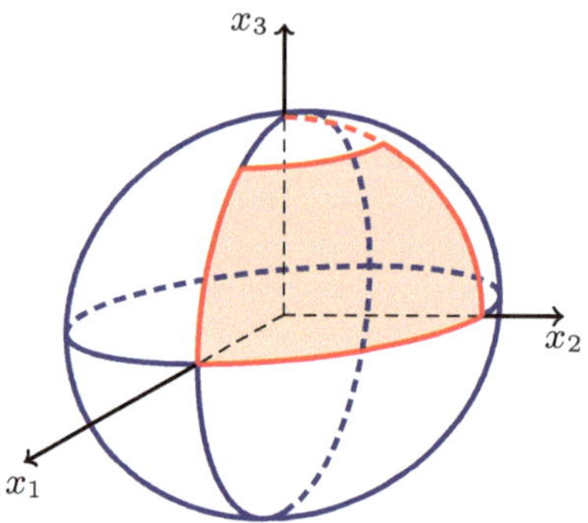

Abb. 9.16 Segment der Schale einer Einheitskugel (S. 28)

denn hiermit kann man sowohl die Kugelschale parametrisieren als auch den nach innen gerichteten Normalenvektor reproduzieren. Dies sieht man aus:

$$\mathbf{t}_1 \times \mathbf{t}_2 = \sin(u_2) \begin{pmatrix} -\sin(u_1) \\ \cos(u_1) \\ 0 \end{pmatrix} \times \begin{pmatrix} \cos(u_1)\cos(u_2) \\ \sin(u_1)\cos(u_2) \\ -\sin(u_2) \end{pmatrix} = -\sin(u_2) \begin{pmatrix} \cos(u_1)\sin(u_2) \\ \sin(u_1)\sin(u_2) \\ \cos(u_2) \end{pmatrix}$$

$$= -\sin(u_2)\mathbf{x}(u) \, ,$$

denn folglich ist der Normalenvektor wie erwünscht durch:

$$\hat{\mathbf{n}} = \frac{\mathbf{t}_1 \times \mathbf{t}_2}{|\mathbf{t}_1 \times \mathbf{t}_2|} = \frac{\mathbf{t}_1 \times \mathbf{t}_2}{\sin(u_2)} = -\mathbf{x}(u)$$

gegeben. Durch Einsetzen des Vektorfeldes $\mathbf{f} = \hat{\mathbf{e}}_3$ und des Ergebnisses für $\mathbf{t}_1 \times \mathbf{t}_2$ in das vektorielle Flächenintegral erhält man:

$$\int_{\mathcal{F}} d\mathbf{S} \cdot \hat{\mathbf{e}}_3 = \int_{\mathcal{R}} d^2u \, (\mathbf{t}_1 \times \mathbf{t}_2) \cdot \hat{\mathbf{e}}_3 = \int_0^{\pi/2} du_1 \int_{\pi/6}^{\pi/2} du_2 \, [-\sin(u_2)\cos(u_2)]$$

$$= -\frac{\pi}{4} \int_{\pi/6}^{\pi/2} du_2 \, \sin(2u_2) = -\frac{\pi}{8} \int_{\pi/3}^{\pi} dy \, \sin(y)$$

$$= -\frac{\pi}{8} \left[-\cos(y)\right] \Big|_{\pi/3}^{\pi} = -\frac{\pi}{8} \left[1 + \cos\left(\frac{\pi}{3}\right)\right] = -\frac{3\pi}{16} \, .$$

In der zweiten Zeile wurden die Verdopplungsformel für den Sinus und die Substitution $y = 2u_2$ verwendet. In diesem Beispiel erhält man für das Flächenintegral übrigens die vereinfachte geometrische Interpretation:

$$\int_{\mathcal{F}} d\mathbf{S} \cdot \hat{\mathbf{e}}_3 = \int_{\mathcal{R}} du_1 du_2 \, T_{12} = \int_{\mathcal{R}} du_1 du_2 \, \det\left(\frac{\partial(x_1, x_2)}{\partial(u_1, u_2)}\right) = \int_{\mathcal{F}} dx_1 \wedge dx_2 \, ,$$

da das zu integrierende Vektorfeld die Struktur $f_i = \delta_{i3}$ hat. Das Integral ist also lediglich durch die Projektion auf die $\hat{\mathbf{e}}_1$-$\hat{\mathbf{e}}_2$-Ebene bestimmt.

9.3.4   Der Satz von Stokes für orientierte Flächen

Als wichtige Anwendung des vektoriellen Flächenintegrals diskutieren wir nun den *Stokes'schen Satz* für orientierte Flächen $\mathcal{F}$, der besagt, dass das (vektorielle) *Kurvenintegral* eines Vektorfeldes gleich dem (vektoriellen) *Flächenintegral* der Rotation dieses Vektorfeldes ist:

$$\boxed{\int_{\mathcal{F}} d\mathbf{S} \cdot (\boldsymbol{\nabla} \times \mathbf{g}) = \oint_{\partial \mathcal{F}} d\mathbf{x} \cdot \mathbf{g}(\mathbf{x}) \, .} \tag{9.29}$$

Wir nehmen im Folgenden an, dass die orientierte Fläche $\mathcal{F}$ mit Hilfe einer Abbildung $\mathbf{x} : \mathcal{R}_+ \to \mathbb{R}^3$ parametrisiert werden kann, sodass der Normalenvektor durch $\hat{\mathbf{n}} = \mathbf{t}_1 \times \mathbf{t}_2 / |\mathbf{t}_1 \times \mathbf{t}_2|$ gegeben ist. Außerdem nehmen wir an, dass das Vektorfeld $\mathbf{g}(\mathbf{x})$ stetig differenzierbar ist, damit die Rotation $\boldsymbol{\nabla} \times \mathbf{g}$ stetig (und somit integrierbar) ist, und dass die Fläche $\mathcal{F}$ hinreichend glatt, endlich und abgeschlossen ist.

Beweis des Stokes'schen Satzes

Der Stokes'sche Satz kann wie folgt bewiesen werden: Als Startpunkt nehmen wir die *rechte* Seite von (9.29), also das Kurvenintegral. Wir betrachten eine Parametrisierung $\mathbf{x}(u)$ der *orientierten* Fläche $\mathcal{F}$, sodass $\mathbf{x}(\mathcal{R}_+) = \mathcal{F}$ gilt. Führt man die (3×2)-Fundamentalmatrix $\left(\frac{\partial \mathbf{x}}{\partial u_1} \; \frac{\partial \mathbf{x}}{\partial u_2}\right)$ der Parametrisierung ein und verwendet die Definition $\frac{\partial \mathbf{x}}{\partial u_{1,2}} = \mathbf{t}_{1,2}$ der Tangentenvektoren, erhält man zunächst das folgende Ergebnis:

$$\begin{aligned}
\oint_{\partial \mathcal{F}} d\mathbf{x} \cdot \mathbf{g}(\mathbf{x}) &= \oint_{\partial \mathcal{R}_+} \mathbf{g}(\mathbf{x}(u))^{\mathrm{T}} \left(\frac{\partial \mathbf{x}}{\partial u_1} \; \frac{\partial \mathbf{x}}{\partial u_2}\right) \begin{pmatrix} du_1 \\ du_2 \end{pmatrix} \\
&= \oint_{\partial \mathcal{R}_+} du_1 \left(\mathbf{g} \cdot \frac{\partial \mathbf{x}}{\partial u_1}\right) + \oint_{\partial \mathcal{R}_+} du_2 \left(\mathbf{g} \cdot \frac{\partial \mathbf{x}}{\partial u_2}\right) \\
&= \oint_{\partial \mathcal{R}_+} du_1 \,(\mathbf{g} \cdot \mathbf{t}_1) + \oint_{\partial \mathcal{R}_+} du_2 \,(\mathbf{g} \cdot \mathbf{t}_2) \, .
\end{aligned}$$

In den beiden Termen auf der rechten Seite wird über den positiv orientierten Rand $\partial \mathcal{R}_+$ integriert, also in der Reihenfolge $(a_1, a_2) \to (b_1, a_2) \to (b_1, b_2) \to (a_1, b_2) \to (a_1, a_2)$, siehe Abb. 9.15. Allerdings tragen zum ersten Term auf der rechten Seite nur die zwei Teilstrecken $(a_1, a_2) \to (b_1, a_2)$ und $(b_1, b_2) \to (a_1, b_2)$ bei, da auf den anderen beiden $du_1 = 0$ gilt. Analog tragen zum zweiten Term nur die beiden Teilstrecken $(b_1, a_2) \to (b_1, b_2)$ und $(a_1, b_2) \to (a_1, a_2)$ bei. Wir schreiben den ersten

Term auf der rechten Seite nun als Differenz zweier Integrale:

$$\oint_{\partial\mathcal{R}_+} du_1\,(\mathbf{g}\cdot\mathbf{t}_1) = \int_{a_1}^{b_1} du_1\,(\mathbf{g}\cdot\mathbf{t}_1)_{u_2=a_2} - \int_{a_1}^{b_1} du_1\,(\mathbf{g}\cdot\mathbf{t}_1)_{u_2=b_2}$$

$$= \int_{a_1}^{b_1} du_1\,(\mathbf{g}\cdot\mathbf{t}_1)\Big|_{u_2=b_2}^{u_2=a_2} = -\int_{a_1}^{b_1} du_1\,(\mathbf{g}\cdot\mathbf{t}_1)\Big|_{u_2=a_2}^{u_2=b_2}\,.$$

Behandelt man den zweiten Term analog, so folgt für das Kurvenintegral:

$$\oint_{\partial\mathcal{F}} d\mathbf{x}\cdot\mathbf{g}(\mathbf{x}) = -\int_{a_1}^{b_1} du_1\,(\mathbf{g}\cdot\mathbf{t}_1)\Big|_{u_2=a_2}^{u_2=b_2} + \int_{a_2}^{b_2} du_2\,(\mathbf{g}\cdot\mathbf{t}_2)\Big|_{u_1=a_1}^{u_1=b_1}\,.$$

Die Differenzen zweier Funktionswerte in den beiden Integranden können mit Hilfe des Fundamentalsatzes der Analysis als bestimmtes Integral geschrieben werden:

$$(\mathbf{g}\cdot\mathbf{t}_1)\Big|_{u_2=a_2}^{u_2=b_2} = \int_{a_2}^{b_2} du_2\,\partial_{u_2}(\mathbf{g}\cdot\mathbf{t}_1)\quad,\quad (\mathbf{g}\cdot\mathbf{t}_2)\Big|_{u_1=a_1}^{u_1=b_1} = \int_{a_1}^{b_1} du_1\,\partial_{u_1}(\mathbf{g}\cdot\mathbf{t}_2)\,,$$

sodass das Kurvenintegral auf die Form

$$\oint_{\partial\mathcal{F}} d\mathbf{x}\cdot\mathbf{g}(\mathbf{x}) = -\int_{a_1}^{b_1} du_1\int_{a_2}^{b_2} du_2\,[\partial_{u_2}(\mathbf{g}\cdot\mathbf{t}_1) - \partial_{u_1}(\mathbf{g}\cdot\mathbf{t}_2)]$$

gebracht werden kann. Der Integrand auf der rechten Seite enthält u.a. auch zwei Terme $\mathbf{g}\cdot(\partial_{u_2}\mathbf{t}_1 - \partial_{u_1}\mathbf{t}_2)$, die sich gegenseitig aufgrund von

$$\partial_{u_2}\mathbf{t}_1 = \partial^2_{u_2 u_1}\mathbf{x} = \partial^2_{u_1 u_2}\mathbf{x} = \partial_{u_1}\mathbf{t}_2$$

aufheben. An dieser Stelle geht die Annahme ein, dass die Fläche $\mathcal{F}$ hinreichend glatt ist, damit die Parametrisierung $\mathbf{x}(u)$ zweimal stetig differenzierbar gewählt werden kann. Es bleiben also noch zwei Terme übrig, die mit Hilfe von $\partial_{u_2}\mathbf{g} = \frac{\partial\mathbf{g}}{\partial\mathbf{x}}\mathbf{t}_2$ und $\partial_{u_1}\mathbf{g} = \frac{\partial\mathbf{g}}{\partial\mathbf{x}}\mathbf{t}_1$ auch symmetrischer geschrieben werden können:

$$\oint_{\partial\mathcal{F}} d\mathbf{x}\cdot\mathbf{g}(\mathbf{x}) = -\int_{\mathcal{R}} d^2u\,[\mathbf{t}_1\cdot(\partial_{u_2}\mathbf{g}) - \mathbf{t}_2\cdot(\partial_{u_1}\mathbf{g})]$$

$$= \int_{\mathcal{R}} d^2u\,\left(\mathbf{t}_2^{\mathrm{T}}\frac{\partial\mathbf{g}}{\partial\mathbf{x}}\mathbf{t}_1 - \mathbf{t}_1^{\mathrm{T}}\frac{\partial\mathbf{g}}{\partial\mathbf{x}}\mathbf{t}_2\right)\,.$$

Schreibt man den Integranden auf der rechten Seite mit Hilfe der Einstein'schen Summationskonvention noch um als

$$\mathbf{t}_2^{\mathrm{T}}\frac{\partial\mathbf{g}}{\partial\mathbf{x}}\mathbf{t}_1 - \mathbf{t}_1^{\mathrm{T}}\frac{\partial\mathbf{g}}{\partial\mathbf{x}}\mathbf{t}_2 = t_{2k}(\partial_j g_k)t_{1j} - t_{1j}(\partial_k g_j)t_{2k} = (\delta_{jl}\delta_{km} - \delta_{jm}\delta_{kl})t_{1j}t_{2k}(\partial_l g_m)$$

$$= \varepsilon_{ijk}t_{1j}t_{2k}\varepsilon_{ilm}(\partial_l g_m) = (\mathbf{t}_1\times\mathbf{t}_2)\cdot(\boldsymbol{\nabla}\times\mathbf{g})$$

und verwendet man die Identität $\int_{\mathcal{R}} d^2u\,(\mathbf{t}_1\times\mathbf{t}_2) = \int_{\mathcal{F}} d\mathbf{S}$, so erhält man schließlich den Stokes'schen Satz:

$$\oint_{\partial\mathcal{F}} d\mathbf{x}\cdot\mathbf{g}(\mathbf{x}) = \int_{\mathcal{R}} d^2u\,(\mathbf{t}_1\times\mathbf{t}_2)\cdot(\boldsymbol{\nabla}\times\mathbf{g}) = \int_{\mathcal{F}} d\mathbf{S}\cdot(\boldsymbol{\nabla}\times\mathbf{g})\,,$$

der hiermit bewiesen ist.

Wir besprechen zuerst einige Konsequenzen des Stokes'schen Satzes und danach einige Beispiele.

Konsequenzen des Stokes'schen Satzes

Aus dem Stokes'schen Satz folgt erstens eine *Integraldarstellung* der Rotation im Limes $|\mathcal{F}| \to 0$, d.h. für einen verschwindend geringen Flächeninhalt von $\mathcal{F}$. Um diese Integraldarstellung herzuleiten, zieht man die Fläche $\mathcal{F}$ in einen Punkt (hier: $\mathbf{x}_0$) zusammen, sodass $\int_{\mathcal{F}} d\mathbf{S}$ auf der linken Seite von (9.29) approximativ durch $|\mathcal{F}|\,\hat{\mathbf{n}}$ ersetzt werden kann:

$$|\mathcal{F}|\,\hat{\mathbf{n}} \cdot (\boldsymbol{\nabla} \times \mathbf{g})(\mathbf{x}_0) \sim \oint_{\partial\mathcal{F}} d\mathbf{x} \cdot \mathbf{g}(\mathbf{x}) \qquad (|\mathcal{F}| \to 0) \, .$$

Diese Approximation wird exakt im Limes $|\mathcal{F}| \to 0$, sodass man nach Division durch $|\mathcal{F}|$ schreiben kann:

$$\boxed{\hat{\mathbf{n}} \cdot (\boldsymbol{\nabla} \times \mathbf{g})(\mathbf{x}_0) = \lim_{\mathcal{F} \to \mathbf{x}_0} \frac{1}{|\mathcal{F}|} \oint_{\partial\mathcal{F}} d\mathbf{x} \cdot \mathbf{g}(\mathbf{x}) \, .} \qquad (9.30)$$

Hiermit hat man die Rotation im Punkt $\mathbf{x}_0$ als Integral über den Rand einer infinitesimalen Fläche $\mathcal{F}$, die $\mathbf{x}_0$ enthält, geschrieben.[8] Diese Integraldarstellung ist in der Praxis sehr nützlich bei der Berechnung der Rotation $\boldsymbol{\nabla} \times \mathbf{g}$ in beliebigen orthogonalen Koordinatensystemen. Als Beispiel diskutieren wir die Berechnung der Rotation in sphärischen Koordinaten in Abschnitt [9.3.7].

Eine zweite Konsequenz des Stokes'schen Satzes ist, dass Integrale über *orientierte geschlossene Kurven* exakt gleich null sind. Dies folgt sofort daraus, dass man jeden Vektor, insbesondere also auch den infinitesimalen Vektor $d\mathbf{x}$, mit Hilfe der Basisvektoren des Ortsraums aufspannen kann:

$$d\mathbf{x} = \sum_{i=1}^{3} \hat{\mathbf{e}}_i (d\mathbf{x} \cdot \hat{\mathbf{e}}_i) \, ,$$

sodass man insgesamt

$$\boxed{\oint_{\partial\mathcal{F}} d\mathbf{x} = \sum_{i=1}^{3} \hat{\mathbf{e}}_i \oint_{\partial\mathcal{F}} d\mathbf{x} \cdot \hat{\mathbf{e}}_i = \sum_{i=1}^{3} \hat{\mathbf{e}}_i \int_{\mathcal{F}} d\mathbf{S} \cdot (\boldsymbol{\nabla} \times \hat{\mathbf{e}}_i) = \mathbf{0}} \qquad (9.31)$$

für das Integral über eine orientierte geschlossene Kurve erhält. Bei dieser Berechnung wird implizit angenommen, dass die Kurve als Rand $\partial\mathcal{F}$ einer zusammenhängenden Fläche $\mathcal{F}$ angesehen werden kann. Für Kurven in $\mathbb{R}^3$ oder allgemeiner in einfach zusammenhängenden Gebieten ist dies immer möglich.

Eine dritte Konsequenz ist, dass Integrale von $\boldsymbol{\nabla} \times \mathbf{g}$ über *orientierte geschlossene Flächen* gleich null sind:

$$\boxed{\oint_{\mathcal{F}} d\mathbf{S} \cdot (\boldsymbol{\nabla} \times \mathbf{g}) = \oint_{\partial\mathcal{F}} d\mathbf{x} \cdot \mathbf{g}(\mathbf{x}) = 0} \qquad (\mathcal{F} \text{ geschlossen}) \, . \qquad (9.32)$$

---

[8]Gleichung (9.30) ist die Präzisierung der physikalischen Interpretation der Rotation, die in Abschnitt [5.3.3] skizziert wurde. Wir argumentierten dort (s. auch Abb. 5.7), dass die Rotation als „Energiegewinn pro Flächeninhalt beim Durchlaufen einer Trajektorie" zu interpretieren ist. In Gleichung (9.30) wird klar, dass der „Energiegewinn" konkret durch $d\mathbf{x} \cdot \mathbf{g}(\mathbf{x})$ (Weg $\times$ Kraft), die Trajektorie durch $\partial\mathcal{F}$ und der Flächeninhalt durch $|\mathcal{F}|$ gegeben ist. In physikalischen Anwendungen kann $\mathbf{g}$ z.B. ein elektrisches Feld sein.

Dies folgt einfach daraus, dass geschlossene Flächen keinen Rand besitzen bzw. dass ihr Rand aus der leeren Menge[9] besteht: $\partial\mathcal{F} = \emptyset$.

9.3.5　Der Stokes'sche Satz – erste Beispiele

Als Beispiel für die Wirkung des Stokes'schen Satzes betrachten wir die bereits in (9.27) untersuchte Fläche $\mathcal{F}$ mit nach *innen* gerichtetem Normalenvektor: $\hat{\mathbf{n}} = -\hat{\mathbf{x}}$, und wir berechnen das vektorielle Integral der Vektorfelder

$$\mathbf{g}(\mathbf{x}) = \frac{1}{2}\begin{pmatrix} -x_2 \\ x_1 \\ 0 \end{pmatrix} \quad , \quad (\boldsymbol{\nabla} \times \mathbf{g})(\mathbf{x}) = \hat{\mathbf{e}}_3$$

über diese Fläche bzw. deren Rand. Das Ziel ist die Überprüfung des Stokes'schen Satzes. Wie wir bereits wissen, kann die orientierte Fläche (9.27) mit nach innen gerichtetem Normalenvektor durch die Parametrisierung (9.28) beschrieben werden, wobei der Definitionsbereich $\mathcal{R}_+$ also *positiv* orientiert ist.

Die *linke* Seite des Stokes'schen Satzes, also das vektorielle *Flächen*integral des Vektorfeldes $(\boldsymbol{\nabla} \times \mathbf{g})(\mathbf{x}) = \hat{\mathbf{e}}_3$, lässt sich nun sehr einfach angeben, da wir dieses Integral bereits bei der Untersuchung von (9.27) ausgerechnet haben (mit dem Wert $-\frac{3\pi}{16}$). Es hatte dort die Interpretation der Projektion der Fläche $\mathcal{F}$ auf die $\hat{\mathbf{e}}_1$-$\hat{\mathbf{e}}_2$-Ebene. Zusammenfassend gilt also:

$$\textit{linke} \text{ Seite von (9.29):} \quad \int_{\mathcal{F}} d\mathbf{S} \cdot \hat{\mathbf{e}}_3 = \int_{\mathcal{F}} dx_1 \wedge dx_2 = -\frac{3\pi}{16} \; .$$

Wir überprüfen nun, ob die *rechte* Seite des Stokes'schen Satzes zum selben Ergebnis führt.

Auf der rechten Seite des Stokes'schen Satzes (9.29) wird über den orientierten Rand $\partial\mathcal{F}$ von $\mathcal{F}$ integriert. Der Rand $\partial\mathcal{F}$ wird durch die orientierte geschlossene Kurve

$$\partial\mathcal{F} = \left\{ \mathbf{x}(u) \mid (u_1, u_2) \in (0, \tfrac{\pi}{2}) \to (0, \tfrac{\pi}{6}) \to (\tfrac{\pi}{2}, \tfrac{\pi}{6}) \to (\tfrac{\pi}{2}, \tfrac{\pi}{2}) \to (0, \tfrac{\pi}{2}) \right\}$$

gegeben. Mit Hilfe der Definition der Tangentenvektoren $\mathbf{t}_i = \frac{\partial\mathbf{x}}{\partial u_i}$ können wir nun zuerst das vektorielle Kurvenintegral über den Rand parametrisieren:

$$\oint_{\partial\mathcal{F}} d\mathbf{x} \cdot \mathbf{g}(\mathbf{x}) = \int_0^{\pi/2} du_1 \, (\mathbf{g} \cdot \mathbf{t}_1)\Big|_{u_2=\pi/2}^{u_2=\pi/6} + \int_{\pi/6}^{\pi/2} du_2 \, (\mathbf{g} \cdot \mathbf{t}_2)\Big|_{u_1=0}^{u_1=\pi/2}$$

und dann die konkrete Parametrisierung (9.28) einsetzen und das Kurvenintegral ausrechnen:

$$\oint_{\partial\mathcal{F}} d\mathbf{x} \cdot \mathbf{g}(\mathbf{x}) = \frac{1}{2}\int_0^{\pi/2} du_1 \, \sin^2(u_2)\begin{pmatrix} -\sin(u_1) \\ \cos(u_1) \\ 0 \end{pmatrix} \cdot \begin{pmatrix} -\sin(u_1) \\ \cos(u_1) \\ 0 \end{pmatrix}\Bigg|_{u_2=\pi/2}^{u_2=\pi/6}$$

$$+ \frac{1}{2}\int_{\pi/6}^{\pi/2} du_2 \, \sin(u_2)\begin{pmatrix} \cos(u_1)\cos(u_2) \\ \sin(u_1)\cos(u_2) \\ -\sin(u_2) \end{pmatrix} \cdot \begin{pmatrix} -\sin(u_1) \\ \cos(u_1) \\ 0 \end{pmatrix}\Bigg|_{u_1=0}^{u_1=\pi/2}$$

$$= \frac{1}{2}\int_0^{\pi/2} du_1 \left[\sin^2\left(\tfrac{\pi}{6}\right) - \sin^2\left(\tfrac{\pi}{2}\right)\right] = -\frac{3\pi}{16} \; .$$

---

[9] Dass das Integral über die leere Menge null ist, kann man mit Hilfe eines geeigneten Grenzwertprozesses $\partial\mathcal{F} \to \emptyset$ zeigen.

Wir stellen fest, dass die rechte Seite des Stokes'schen Satzes in der Tat ebenfalls den Wert $-\frac{3\pi}{16}$ ergibt. Für dieses spezielle Beispiel konnten wir die Gültigkeit des Satzes also bestätigen.

Der Stokes'sche Satz – zwei alte Beispiele in neuem Licht

In Abschnitt [9.2.3] über vektorielle Kurvenintegrale haben wir zwei Beispiele diskutiert, und zwar die Integration der zweidimensionalen Vektorfelder $\mathbf{F}_\mathrm{r}(\mathbf{x}) = \lambda \left(\begin{smallmatrix} x_1 \\ x_2 \end{smallmatrix}\right)$ und $\mathbf{F}_\mathrm{t}(\mathbf{x}) = \lambda \left(\begin{smallmatrix} -x_2 \\ x_1 \end{smallmatrix}\right)$ mit $\lambda > 0$, jeweils über einen Kreis mit Radius a. Wir haben diese Vektorfelder als „radial" bzw. „tangential" bezeichnet und in den Abbildungen 9.5 und 9.6 grafisch dargestellt. Als Ergebnisse der Kurvenintegrationen fanden wir $\oint d\mathbf{x} \cdot \mathbf{F}_\mathrm{r}(\mathbf{x}) = 0$ bzw. $\oint d\mathbf{x} \cdot \mathbf{F}_\mathrm{t}(\mathbf{x}) = 2\pi\lambda a^2$. Bereits in Abschnitt [9.2.3] wurde darauf hingewiesen, dass es einen Zusammenhang mit der dritten Komponente der *Rotation* des Vektorfeldes, $(\boldsymbol{\nabla} \times \mathbf{F})_3 = \partial_1 F_2 - \partial_2 F_1$ gibt [in diesen Beispielen gilt $(\boldsymbol{\nabla} \times \mathbf{F}_\mathrm{r})_3 = 0$ bzw. $(\boldsymbol{\nabla} \times \mathbf{F}_\mathrm{t})_3 = 2\lambda > 0$].

Betrachten wir nun die dreidimensionale Variante dieses Problems, mit einem „radialen" Vektorfeld $\mathbf{F}_\mathrm{r}(\mathbf{x}) = \lambda(x_1, x_2, 0)$ und einem „tangentialen" Vektorfeld $\mathbf{F}_\mathrm{t}(\mathbf{x}) = \lambda(-x_2, x_1, 0)$. Diese dreidimensionalen Vektorfelder $\mathbf{F}_\mathrm{r}(\mathbf{x})$ und $\mathbf{F}_\mathrm{t}(\mathbf{x})$ sind nun für alle $\mathbf{x} \in \mathbb{R}^3$ definiert, hängen jedoch *nicht explizit* von der Variablen x_3 ab und weisen bzgl. ihrer (x_1, x_2)-Abhängigkeit genau dieselbe Struktur auf wie ihr zweidimensionales Pendant in Abschnitt [9.2.3]. Hieraus folgt bereits:

$$\boldsymbol{\nabla} \times \mathbf{F}_\mathrm{r} = \mathbf{0} \quad , \quad \boldsymbol{\nabla} \times \mathbf{F}_\mathrm{t} = 2\lambda\hat{\mathbf{e}}_3 \; . \tag{9.33}$$

Wir möchten nun den Satz von Stokes (9.29) anwenden, wobei über eine Kreisscheibe mit Radius a in der $\hat{\mathbf{e}}_1$-$\hat{\mathbf{e}}_2$-Ebene (auf der linken Seite) bzw. über den entsprechenden Kreisrand (auf der rechten Seite) integriert wird. Daher betrachten wir die orientierte Fläche $\mathcal{F} = \{\mathbf{x} \,|\, |\mathbf{x}| \leq a \,, \, x_3 = 0\}$ mit dem Normalenvektor in positiver $\hat{\mathbf{e}}_3$-Richtung: $\hat{\mathbf{n}}(\mathbf{x}) = \hat{\mathbf{e}}_3$. Eine adäquate Parametrisierung ist

$$\mathbf{x}(u) = (u_1 \cos(u_2), u_1 \sin(u_2), 0) \quad , \quad (u_1, u_2) \in [0, a] \times [0, 2\pi) \equiv \mathcal{R}_+ \,, \tag{9.34}$$

wobei $[0, a] \times [0, 2\pi)$ positiv orientiert sein soll. Der Rand der Kreisscheibe wird durch $u_1 = a$ mit $u_2 \in [0, 2\pi)$ parametrisiert:

$$\partial\mathcal{F} = \{\mathbf{x}(a, u_2) = a\,(\cos(u_2), \sin(u_2), 0)\} \tag{9.35}$$

und wird im Gegenuhrzeigersinn durchlaufen. Die Ergebnisse für die auf der *rechten* Seite des Stokes'schen Satzes zu berechnenden Kurvenintegrale über $\partial\mathcal{F}$ können direkt aus Abschnitt [9.2.3] übernommen werden:

$$\oint_{\partial\mathcal{F}} d\mathbf{x} \cdot \mathbf{F}_\mathrm{r}(\mathbf{x}) = 0 \quad , \quad \oint_{\partial\mathcal{F}} d\mathbf{x} \cdot \mathbf{F}_\mathrm{t}(\mathbf{x}) = 2\pi\lambda a^2 \; . \tag{9.36}$$

Diese Kurvenintegrale kann man nun aber auch ganz anders berechnen, und zwar, indem man die *linke* Seite des Stokes'schen Satzes auswertet. Setzt man die Ergebnisse (9.33) für die Rotationen der beiden Vektorfelder in die linke Seite von (9.29) ein und integriert in Polarkoordinaten (u_1, u_2) über die Kreisscheibe, findet man:

$$\int_{\mathcal{F}} d\mathbf{S} \cdot [\boldsymbol{\nabla} \times \mathbf{F}_\mathrm{r}(\mathbf{x})] = 0 \quad , \quad \int_{\mathcal{F}} d\mathbf{S} \cdot [\boldsymbol{\nabla} \times \mathbf{F}_\mathrm{t}(\mathbf{x})] = 2\pi\lambda a^2 \,,$$

sodass die unterschiedlichen Ergebnisse in (9.36) in der Tat auch aufgrund der unterschiedlichen Rotationen (9.33) erklärt werden können.

9.3.6   Der Stokes'sche Satz – ein singuläres Beispiel

In diesem „singulären" Beispiel betrachten wir genau dieselbe orientierte Fläche wie im vorigen Beispiel: $\mathcal{F} = \{\mathbf{x} \,|\, |\mathbf{x}| \le a\,, x_3 = 0\}$ mit dem Normalenvektor in positiver $\hat{\mathbf{e}}_3$-Richtung. Wir wählen die gleiche Parametrisierung (9.34), und auch das Vektorfeld soll relativ zur Integrationskurve wiederum *tangential* ausgerichtet sein. Dennoch gibt es einen fundamentalen Unterschied im Vergleich zum Vektorfeld $\mathbf{F}_t(\mathbf{x})$ im letzten Beispiel, da der Betrag des nun zu integrierenden Vektorfeldes einen zusätzlichen Faktor $[\rho(\mathbf{x})]^\nu$ mit *negativem* Exponenten $(-2 < \nu < 0)$ erhalten soll und somit für $\mathbf{x} \to \mathbf{0}$ singulär wird:

$$\mathbf{g}_\nu(\mathbf{x}) = \lambda\,[\rho(\mathbf{x})]^\nu \begin{pmatrix} -x_2 \\ x_1 \\ 0 \end{pmatrix} \quad , \quad \rho(\mathbf{x}) = \sqrt{x_1^2 + x_2^2} \quad , \quad \lambda \neq 0\,.$$

Ähnlich wie für das tangentiale Vektorfeld $\mathbf{F}_t(\mathbf{x})$ im vorigen Abschnitt, gilt auch für das Vektorfeld $\mathbf{g}_\nu(\mathbf{x})$, dass es zwar für alle $\mathbf{x} \in \mathbb{R}^3$ definiert ist, aber nicht explizit von der Variablen x_3 abhängt. Das Vektorfeld $\mathbf{g}_\nu(\mathbf{x})$ ist axialsymmetrisch, d.h., es geht bei einer Drehung um die $\hat{\mathbf{e}}_3$-Achse in sich selbst über (s. auch Abbildung 9.17). Am Ende dieses Abschnitts gehen wir auch kurz auf noch schneller divergierende Vektorfelder (mit $\nu \le -2$) ein. Aus Kapitel [5], Gleichung (5.28), wissen wir bereits, dass die Rotation des Vektorfeldes $\mathbf{g}_\nu(\mathbf{x})$ sehr einfach ist:

$$\boldsymbol{\nabla} \times \mathbf{g}_\nu(\mathbf{x}) = \lambda(2 + \nu)[\rho(\mathbf{x})]^\nu \hat{\mathbf{e}}_3 \qquad \forall \mathbf{x} \neq (0, 0, x_3)\,. \tag{9.37}$$

Diese Gleichung macht in prägnanter Weise klar, warum dieses „singuläre" Beispiel problematisch ist: Der Stokes'sche Satz ist anwendbar unter der Bedingung, dass das Vektorfeld $\mathbf{g}_\nu$ stetig differenzierbar ist, damit die Rotation $(\boldsymbol{\nabla} \times \mathbf{g}_\nu)(\mathbf{x})$ in jedem Punkt des Integrationsgebietes $\mathcal{F}$ existiert. Diese stetige Differenzierbarkeit ist jedoch für $\mathbf{x}$-Vektoren mit $x_1 = x_2 = 0$ (d.h. also: entlang der ganzen $\hat{\mathbf{e}}_3$-Achse) *nicht* gegeben. Deshalb ist die Frage nach der Anwendbarkeit des Stokes'schen Satzes im Fall des singulären Vektorfeldes $\mathbf{g}_\nu$ berechtigt. Wir untersuchen daher im Folgenden zweierlei: Erstens überprüfen wir „empirisch", ob die Aussage des Stokes'schen Satzes, dass das Flächenintegral der Rotation von $\mathbf{g}_\nu$ gleich dem vektoriellen Kurvenintegral des Vektorfeldes selbst ist, auch in diesem Fall zutrifft. Wir werden feststellen, dass dies tatsächlich der Fall ist. Zweitens befassen wir uns mit den beiden Fragen, *warum* der Stokes'sche Satz in diesem Fall zum richtigen Ergebnis führt und *wie* man die Anwendbarkeit oder Nichtanwendbarkeit des Satzes generell überprüfen könnte.

Trifft die Aussage des Stokes'schen Satzes zu?

Wir überprüfen zuerst, ob die Aussage des Stokes'schen Satzes auch im Fall des singulären Vektorfeldes $\mathbf{g}_\nu$ zutrifft. Die *linke* Seite des Satzes enthält das Flächenintegral der Rotation von $\mathbf{g}_\nu$. Da nur die Komponente der Rotation in Richtung des Normalenvektors (hier $+\hat{\mathbf{e}}_3$) eine Rolle spielt, ist es hilfreich, eine Funktion

$$\delta_\nu(\mathbf{x}) \equiv (2\pi\lambda)^{-1} \hat{\mathbf{e}}_3 \cdot [\boldsymbol{\nabla} \times \mathbf{g}_\nu(\mathbf{x})] = \frac{2 + \nu}{2\pi}\,[\rho(\mathbf{x})]^\nu \qquad \forall \mathbf{x} \neq (0, 0, x_3) \tag{9.38}$$

zu definieren. Wegen $[\rho(\mathbf{x})]^\nu = (x_1^2 + x_2^2)^{\nu/2}$ ist klar, dass die Funktion $\delta_\nu(\mathbf{x})$ für $\nu > -2$ im Sinne eines *uneigentlichen Integrals* problemlos über die Kreisscheibe $\mathcal{F}$ integrierbar ist:

$$\int_{\mathcal{F}} d\mathbf{S} \cdot [\boldsymbol{\nabla} \times \mathbf{g}_\nu(\mathbf{x})] = 2\pi\lambda \int_{\mathcal{F}} dS\, \delta_\nu(\mathbf{x}) = \int_{\mathcal{F}} dS\, \lambda(2+\nu)[\rho(\mathbf{x})]^\nu$$

$$= \int_0^a du_1 \int_0^{2\pi} du_2\, u_1 \lambda(2+\nu)(u_1)^\nu = 2\pi\lambda\,(u_1)^{\nu+2}\Big|_0^a = 2\pi\lambda a^{\nu+2} \ .$$

Zu überprüfen ist nun, ob auch die *rechte* Seite des Stokes'schen Satzes (9.29) zum selben Ergebnis führt. Die entsprechende Kurvenintegration des tangentialen Vektorfeldes $\mathbf{g}_\nu(\mathbf{x})$ ist grafisch für $\lambda > 0$ (sodass die Rotation in $+\hat{\mathbf{e}}_3$-Richtung zeigt) in Abb. 9.17 dargestellt. Wenn man $\mathbf{g}_\nu(\mathbf{x})$ über den Rand (9.35) integriert, findet man tatsächlich (im letzten Schritt mit $\rho = a$):

$$\oint_{\partial\mathcal{F}} d\mathbf{x} \cdot \mathbf{g}_\nu(\mathbf{x}) = \int_0^{2\pi} du_2\, \frac{\partial \mathbf{x}}{\partial u_2} \cdot \mathbf{g}_\nu \Big|_{u_1=a} = \int_0^{2\pi} du_2\, \lambda\rho^\nu(x_1^2 + x_2^2)\Big|_{u_1=a} = 2\pi\lambda a^{\nu+2} \ ,$$

sodass linke und rechte Seite des Satzes zum selben Ergebnis führen. Die *Aussage* des Stokes'schen Satzes trifft also auch in diesem Fall zu, obwohl $\mathbf{g}_\nu$ in jedem Punkt der $\hat{\mathbf{e}}_3$-Achse, also insbesondere in $\mathbf{x} = \mathbf{0}$, nicht stetig differenzierbar ist.

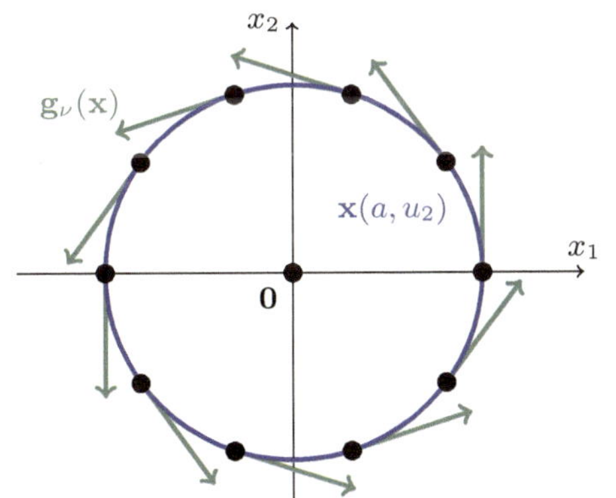

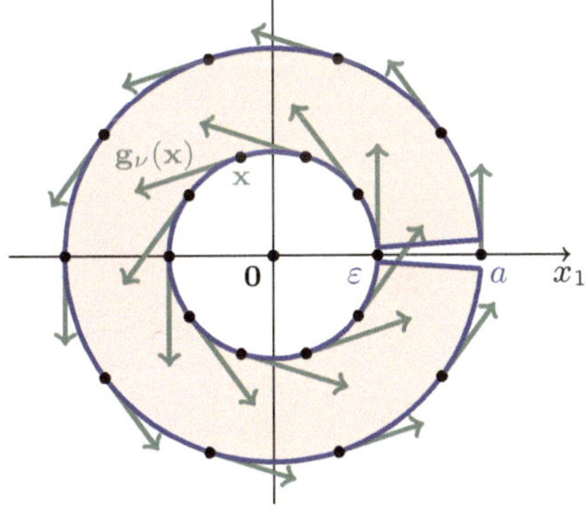

Abb. 9.17 Vektorielle Kurvenintegration des Vektorfeldes $\mathbf{g}_\nu(\mathbf{x})$ $\qquad$ **Abb. 9.18** Integrationsbereich für das singuläre Beispiel

Warum trifft die Aussage des Stokes'schen Satzes zu?

Da nun „empirisch" geklärt ist, dass der Stokes'sche Satz auch für dieses singuläre Beispiel zutrifft, untersuchen wir jetzt, *warum* dies so ist und *wie* man diesen Befund eventuell verallgemeinern könnte. Hierzu gehen wir sorgfältig vor: Da das Kernproblem des Vektorfeldes $\mathbf{g}_\nu$ seine Nichtdifferenzierbarkeit im Punkt $\mathbf{x} = \mathbf{0}$ von $\mathcal{F}$ ist, möchten wir diesen Punkt und somit auch den Wert $u_1 = 0$ in (9.34) in diesem Beispiel ab jetzt ausschließen. Dies kann z.B. dadurch realisiert werden, dass man statt (9.34) die Parametrisierung

$$\mathbf{x}(u) = \begin{pmatrix} u_1 \cos(u_2) \\ u_1 \sin(u_2) \\ 0 \end{pmatrix} \ , \qquad (u_1, u_2) \in [\varepsilon, a] \times [0, 2\pi) \equiv \mathcal{R}_{\varepsilon+}$$

mit positiver Orientierung verwendet, wobei $\varepsilon < a$ eine positive reelle Zahl sein soll. In dieser Parametrisierung schneidet man also die Singularität in $\mathbf{x} = \mathbf{0}$ aus der Beschreibung heraus. Bei Bedarf kann man den Limes $\varepsilon \downarrow 0$ durchführen, aber notwendig ist dies nicht. Die orientierte Fläche $\mathcal{F}_\varepsilon = \mathbf{x}(\mathcal{R}_{\varepsilon+})$ ist in Abbildung 9.18 skizziert.

Auf der orientierten Fläche $\mathcal{F}_\varepsilon$ hat die Rotation nun in der Tat die Eigenschaft

$$(\boldsymbol{\nabla} \times \mathbf{g}_\nu)(\mathbf{x}) = \lambda(2 + \nu)[\rho(\mathbf{x})]^\nu \hat{\mathbf{e}}_3 \, ,$$

und zwar für alle $\mathbf{x} \in \mathcal{F}_\varepsilon$, sodass der Stokes'sche Satz anwendbar ist und seine *linke* Seite durch

$$\int_{\mathcal{F}_\varepsilon} d\mathbf{S} \cdot [\boldsymbol{\nabla} \times \mathbf{g}_\nu(\mathbf{x})] = \int_\varepsilon^a du_1 \int_0^{2\pi} du_2 \, \lambda(2 + \nu)(u_1)^{1+\nu}$$

$$= 2\pi\lambda \, (u_1)^{\nu+2}\Big|_\varepsilon^a = 2\pi\lambda(a^{\nu+2} - \varepsilon^{\nu+2})$$

gegeben ist. Betrachten wir nun die *rechte* Seite des Stokes'schen Satzes: Hierbei ist allerdings zu beachten, dass der Rand $\partial\mathcal{F}_\varepsilon$ nun nicht durch (9.35), sondern stattdessen durch

$$\partial\mathcal{F}_\varepsilon = \{\, \mathbf{x}(u) \mid (u_1, u_2) \in (\varepsilon, 0) \to (a, 0) \to (a, 2\pi) \to (\varepsilon, 2\pi) \to (\varepsilon, 0)\}$$

gegeben ist. Es gibt also vier Teilstrecken des Randes von $\mathcal{R}_+$ und daher auch vier Beiträge zum entsprechenden Integral:

$$\oint_{\partial\mathcal{F}_\varepsilon} d\mathbf{x} \cdot \mathbf{g}_\nu(\mathbf{x}) = \int_\varepsilon^a du_1 \, \frac{\partial\mathbf{x}}{\partial u_1} \cdot \mathbf{g}_\nu \Big|_{u_2=0} + \int_0^{2\pi} du_2 \, \frac{\partial\mathbf{x}}{\partial u_2} \cdot \mathbf{g}_\nu \Big|_{u_1=a}$$

$$+ \int_a^\varepsilon du_1 \, \frac{\partial\mathbf{x}}{\partial u_1} \cdot \mathbf{g}_\nu \Big|_{u_2=2\pi} + \int_{2\pi}^0 du_2 \, \frac{\partial\mathbf{x}}{\partial u_2} \cdot \mathbf{g}_\nu \Big|_{u_1=\varepsilon} . \tag{9.39}$$

Wegen der Periodizität von $\frac{\partial\mathbf{x}}{\partial u_1}$ und $\mathbf{g}_\nu$ als Funktionen von u_2 gilt

$$\frac{\partial\mathbf{x}}{\partial u_1} \cdot \mathbf{g}_\nu \Big|_{u_2=0} = \frac{\partial\mathbf{x}}{\partial u_1} \cdot \mathbf{g}_\nu \Big|_{u_2=2\pi} ,$$

sodass sich der erste und der dritte Term auf der rechten Seite von (9.39) gegenseitig aufheben. Es bleibt also:

$$\oint_{\partial\mathcal{F}_\varepsilon} d\mathbf{x} \cdot \mathbf{g}_\nu(\mathbf{x}) = \int_0^{2\pi} du_2 \, \frac{\partial\mathbf{x}}{\partial u_2} \cdot \mathbf{g}_\nu \Big|_{u_1=a} - \int_0^{2\pi} du_2 \, \frac{\partial\mathbf{x}}{\partial u_2} \cdot \mathbf{g}_\nu \Big|_{u_1=\varepsilon} . \tag{9.40}$$

Für alle festen $u_1 \in (0, a]$ gilt jedoch

$$\int_0^{2\pi} du_2 \, \frac{\partial\mathbf{x}}{\partial u_2} \cdot \mathbf{g}_\nu \Big|_{u_1 \text{ fest}} = \int_0^{2\pi} du_2 \, \lambda\rho^\nu (x_1^2 + x_2^2)\Big|_{u_1 \text{ fest}} = 2\pi\lambda(u_1)^{\nu+2} \, ,$$

sodass auch die *rechte* Seite des Stokes'schen Satzes:

$$\int_0^{2\pi} du_2 \, \frac{\partial\mathbf{x}}{\partial u_2} \cdot \mathbf{g}_\nu \Big|_{u_1=\varepsilon}^{u_1=a} = 2\pi\lambda(u_1)^{\nu+2}\Big|_{u_1=\varepsilon}^{u_1=a} = 2\pi\lambda(a^{\nu+2} - \varepsilon^{\nu+2})$$

ergibt. Zusammenfassend erhalten wir also:

$$\int_{\mathcal{F}_\varepsilon} d\mathbf{S} \cdot [\boldsymbol{\nabla} \times \mathbf{g}_\nu(\mathbf{x})] = \oint_{\partial\mathcal{F}_\varepsilon} d\mathbf{x} \cdot \mathbf{g}_\nu(\mathbf{x}) = 2\pi\lambda(a^{\nu+2} - \varepsilon^{\nu+2}) \,. \qquad (9.41)$$

Hieraus folgt im Limes $\varepsilon \downarrow 0$, dass das Flächenintegral über die *komplette* Kreisscheibe den Wert

$$\lim_{\varepsilon\downarrow 0} \int_{\mathcal{F}_\varepsilon} d\mathbf{S} \cdot [\boldsymbol{\nabla} \times \mathbf{g}_\nu(\mathbf{x})] = \lim_{\varepsilon\downarrow 0} \oint_{\partial\mathcal{F}_\varepsilon} d\mathbf{x} \cdot \mathbf{g}_\nu(\mathbf{x})$$
$$= \lim_{\varepsilon\downarrow 0} 2\pi\lambda(a^{\nu+2} - \varepsilon^{\nu+2}) = 2\pi\lambda a^{\nu+2} \qquad (9.42)$$

hat, der uns bereits aus der „empirischen" Untersuchung (für $\varepsilon = 0$) bekannt ist.

Fazit

Wir lernen somit erstens, *warum* die „empirische" Berechnung beider Seiten des Stokes'schen Satzes zum richtigen Ergebnis geführt hat: Die Korrekturterme von Ordnung $\varepsilon^{\nu+2}$, die vom zweiten Term der rechten Seite in (9.40) herrühren, sind im Limes $\varepsilon \downarrow 0$ für $-2 < \nu < 0$ vernachlässigbar, sodass das uneigentliche Integral über die komplette Kreisscheibe konvergiert. Wir lernen außerdem, wie man dieses Resultat verallgemeinern müsste: Falls ein Vektorfeld im Integrationsgebiet Singularitäten aufweist, kann man diese durch eine geeignete Parametrisierung aus der Beschreibung ausschließen und sie danach einschnüren. Nur wenn im entsprechenden Limes $\varepsilon \downarrow 0$ das Analogon des zweiten Term auf der rechten Seite in (9.40) gegen null geht, ist der Stokes'sche Satz anwendbar. Das Vektorfeld $\mathbf{g}_\nu(\mathbf{x})$ mit einem stark negativen Exponenten $\nu < -2$ ist ein Beispiel, auf das der Stokes'sche Satz nicht anwendbar ist: In diesem Fall *divergiert* der zweite Term auf der rechten Seite von (9.40) sogar. Auch im Spezialfall $\nu = -2$ erwartet man Probleme, da der entsprechende Term in (9.40) nicht gegen null geht, sondern einen *endlichen* Wert annimmt. Im Fall $\nu = -2$ sind die auftretenden „Probleme" jedoch außerordentlich interessant, speziell auch im Hinblick auf physikalische Anwendungen, sodass wir diesen Spezialfall im nächsten Abschnitt näher untersuchen möchten.

Die zweidimensionale Deltafunktion

In diesem Abschnitt untersuchen wir die Konsequenzen des Stokes'schen Satzes in der Form (9.41) im Limes $\nu \downarrow -2$. Wir werden feststellen, dass man einen Bezug zur zweidimensionalen *Deltafunktion* herstellen kann, die in Kapitel [8] eingeführt wurde. Wir haben nämlich gerade gelernt, dass das Flächenintegral über die innere Kreisscheibe $\{\mathbf{x} \,|\, x_3 = 0 \,, \ \rho(\mathbf{x}) \leq \varepsilon\} \equiv \mathcal{K}_\varepsilon$ für $\varepsilon > 0$ und alle Exponenten ν im Intervall $-2 < \nu < 0$ einen endlichen Wert hat:

$$\int_{\mathcal{K}_\varepsilon} d\mathbf{S} \cdot [\boldsymbol{\nabla} \times \mathbf{g}_\nu(\mathbf{x})] = \int_{\mathcal{F}} d\mathbf{S} \cdot [\boldsymbol{\nabla} \times \mathbf{g}_\nu(\mathbf{x})] - \int_{\mathcal{F}_\varepsilon} d\mathbf{S} \cdot [\boldsymbol{\nabla} \times \mathbf{g}_\nu(\mathbf{x})] = 2\pi\lambda\,\varepsilon^{\nu+2} \,,$$

der für festes ν im Limes $\varepsilon \downarrow 0$ gegen null strebt:

$$\lim_{\varepsilon\downarrow 0} \int_{\mathcal{K}_\varepsilon} d\mathbf{S} \cdot [\boldsymbol{\nabla} \times \mathbf{g}_\nu(\mathbf{x})] = \lim_{\varepsilon\downarrow 0} 2\pi\lambda\,\varepsilon^{\nu+2} = 0 \qquad (-2 < \nu < 0 \text{ fest}) \,.$$

Andererseits stellen wir fest, dass das Flächenintegral über $\mathcal{K}_\varepsilon$ im Limes $\nu \downarrow -2$ bei festem $\varepsilon > 0$ durchaus einen endlichen Wert hat:

$$\lim_{\nu\downarrow-2} \int_{\mathcal{K}_\varepsilon} d\mathbf{S} \cdot \frac{\boldsymbol{\nabla} \times \mathbf{g}_\nu(\mathbf{x})}{2\pi\lambda} = \lim_{\nu\downarrow-2} \varepsilon^{\nu+2} = 1 \qquad (\varepsilon > 0 \text{ fest}) . \tag{9.43}$$

Hieraus folgt erstens, dass sich die Grenzwertprozesse $\varepsilon \downarrow 0$ und $\nu \downarrow -2$ nicht vertauschen lassen. Zweitens lernen wir – und dies ist noch interessanter –, dass Gleichung (9.43) für *alle* $\varepsilon > 0$ gilt und die Funktion $\frac{1}{2\pi\lambda}\boldsymbol{\nabla} \times \mathbf{g}_{-2}(\mathbf{x})$ für $\nu = -2$ sogar bei Integration über eine beliebig kleine Kreisscheibe der Form $\mathcal{K}_\varepsilon$ ein Gewicht von eins hat! Dies ist umso erstaunlicher, als für alle $\mathbf{x} \neq (0,0,x_3)$ gilt: $\boldsymbol{\nabla} \times \mathbf{g}_{-2} = \lambda(2 + \nu)\rho^\nu\hat{\mathbf{e}}_3 = \mathbf{0}$ für $\nu = -2$. Die Funktion $\frac{1}{2\pi\lambda}\boldsymbol{\nabla} \times \mathbf{g}_{-2}$ hat daher *außerhalb* dieser kleinen Kreisscheibe $\mathcal{K}_\varepsilon$ überhaupt kein Gewicht.

Ein Vergleich mit (8.20) und Übungsaufgabe 8.4 zeigt nun, dass das „Objekt" $\delta_{-2}(\mathbf{x})$, das im Limes $\nu \downarrow -2$ aus der Funktion $\delta_\nu(\mathbf{x})$ in (9.38) folgt, genau der zweidimensionalen „Deltafunktion" entspricht, die in Kapitel [8] eingeführt und dort für den zweidimensionalen Fall als $\delta(x_1, x_2)$ bezeichnet wurde:

$$\delta_{-2}(\mathbf{x}) = (2\pi\lambda)^{-1}\hat{\mathbf{e}}_3 \cdot [\boldsymbol{\nabla} \times \mathbf{g}_{-2}(\mathbf{x})] \overset{!}{=} \delta(x_1, x_2) \quad , \quad \int_{\mathcal{K}_\varepsilon} dS\, \delta(x_1, x_2) \overset{!}{=} 1 . \tag{9.44}$$

Aus den Gleichungen (8.12) und (8.13) in Kapitel [8] ist bekannt, dass die Deltafunktion nur in einem Grenzwertprozess und nur über ihre Integrale (Erwartungswerte) definiert werden kann. Hier kommen wir zum gleichen Schluss, denn z.B. das Ergebnis (9.44) wurde aus der wohldefinierten und integrierbaren Funktion $\delta_\nu(\mathbf{x})$ im Limes $\nu \downarrow -2$ hergeleitet:

$$\int_{\mathcal{K}_\varepsilon} dS\, \delta(x_1, x_2) \equiv \lim_{\nu\downarrow-2} \int_{\mathcal{K}_\varepsilon} dS\, \delta_\nu(\mathbf{x}) = \lim_{\nu\downarrow-2} \varepsilon^{\nu+2} = 1 .$$

Wichtig ist hierbei vor allem, dass der Grenzwert $\nu \downarrow -2$ erst durchgeführt wird, *nachdem* das Integral für $\nu > -2$ berechnet wurde. Analog kann man Integrale berechnen, die das Produkt von $\delta(x_1, x_2)$ mit einer glatten Funktion $f(x_1, x_2)$ enthalten. Das Integral des Produkts von $\delta(x_1, x_2)$ mit $f(x_1, x_2)$ folgt aus dem entsprechenden Integral von $\delta_\nu(\mathbf{x})$ im Limes $\nu \downarrow -2$ als:

$$\boxed{\int_{\mathcal{K}_\varepsilon} dS\, f(x_1, x_2)\delta(x_1, x_2) \equiv \lim_{\nu\downarrow-2} \int_{\mathcal{K}_\varepsilon} dS\, f(x_1, x_2)\delta_\nu(\mathbf{x}) .}$$

Aufgrund von Gleichung (8.20) in Kapitel [8] erwartet man für die rechte Seite das Ergebnis $f(0,0)$. Wir zeigen nun, dass man dieses Ergebnis für eine Funktionenfolge der Form $\{\delta_\nu(\mathbf{x})\}$ im Limes $\nu \downarrow -2$ tatsächlich erhält: Da die Funktion $f(x_1, x_2)$ glatt (d.h. hier: mindestens stetig differenzierbar) sein soll, kann man sie für $(x_1, x_2) \to (0, 0)$ entwickeln:

$$f(x_1, x_2) = f(0,0) + \begin{pmatrix} x_1 \\ x_2 \end{pmatrix} \cdot \begin{pmatrix} (\partial_1 f)(0,0) \\ (\partial_2 f)(0,0) \end{pmatrix} + \cdots .$$

Für $\nu \downarrow -2$ trägt nur die direkte Umgebung des Ursprungs zu den Integrationen bei, da nur dort $\delta_\nu(\mathbf{x}) = \frac{2+\nu}{2\pi}\,[\rho(\mathbf{x})]^\nu$ groß werden kann. Folglich kann man in den

Integrationen $f(x_1, x_2)$ durch $f(0,0)$ ersetzen:

$$\int_{\mathcal{K}_\varepsilon} dS \, f(x_1, x_2)\delta(x_1, x_2) = \lim_{\nu \downarrow -2} \int_{\mathcal{K}_\varepsilon} dS \, f(x_1, x_2)\delta_\nu(\mathbf{x})$$

$$= \lim_{\nu \downarrow -2} \int_{\mathcal{K}_\varepsilon} dS \, \frac{f(x_1, x_2)}{2\pi}(2+\nu)[\rho(\mathbf{x})]^\nu = \lim_{\nu \downarrow -2} \int_{\mathcal{K}_\varepsilon} dS \, \frac{f(0,0)}{2\pi}(2+\nu)[\rho(\mathbf{x})]^\nu$$

$$= f(0,0) \lim_{\nu \downarrow -2} u_1^{\nu+2}\Big|_0^\varepsilon = f(0,0) \lim_{\nu \downarrow -2} \varepsilon^{\nu+2} = f(0,0) \, .$$

Das Ergebnis der Integration ist also wie erwartet durch den Funktionswert $f(0,0)$ gegeben. Folglich besitzt die in (9.44) definierte Größe $\delta(x_1, x_2)$ in der Tat die grundlegende Eigenschaft (8.20) der zweidimensionalen Deltafunktion.

Wie bereits in Kapitel [5] erwähnt, kann die zweidimensionale Deltafunktion $\delta(x_1, x_2)$ als physikalisches Modell für einen in $(x_1, x_2) = (0,0)$ angesiedelten, unendlich langen, dünnen Draht in $\hat{\mathbf{e}}_3$-Richtung verwendet werden. Wird der Draht von einem Strom I durchflossen, so ist seine Strom*dichte* in jeder Ebene parallel zur $\hat{\mathbf{e}}_1$-$\hat{\mathbf{e}}_2$-Ebene gleich $I\delta(x_1, x_2)$. In diesem Modell ist $I\mathbf{g}_{-2}(\mathbf{x})$ proportional zum *Magnetfeld*, das vom Strom hervorgerufen wird, und die Gleichung $\hat{\mathbf{e}}_3 \cdot [\boldsymbol{\nabla} \times \mathbf{g}_{-2}(\mathbf{x})] = 2\pi\lambda \, \delta(x_1, x_2)$ entspricht einer der Maxwell-Gleichungen der Magnetostatik. Die Deltafunktion erlaubt es uns also, Körper mit sehr geringen räumlichen Ausdehnungen (hier: sehr dünne Drähte) zu beschreiben.

Eine wichtige Identität Wir haben also gerade gelernt, dass (und in welchem Sinne) die Funktion $\delta_\nu(\mathbf{x}) = \frac{2+\nu}{2\pi} [\rho(\mathbf{x})]^\nu$ im Limes $\nu \downarrow -2$ gegen die zweidimensionale Deltafunktion $\delta(x_1, x_2)$ konvergiert. Andererseits wissen wir bereits aus Abschnitt [5.3.5], dass die Beziehung $\Delta\rho^{\nu+2} = (\nu+2)^2\rho^\nu$ gilt, wobei Δ den Laplace-Operator darstellt. Da $\rho(\mathbf{x}) = (x_1^2 + x_2^2)^{1/2}$ nicht explizit von der x_3-Variablen abhängt, kann der *drei*dimensionale Laplace-Operator Δ an dieser Stelle äquivalent auch durch den *zwei*dimensionalen Laplace-Operator $\Delta_2 \equiv \partial_1^2 + \partial_2^2$ ersetzt werden. Kombination dieser Ergebnisse ergibt nun die Gleichungskette:

$$\delta_\nu = \frac{2+\nu}{2\pi}\,\rho^\nu = \Delta_2 \frac{\rho^{\nu+2} - 1}{2\pi(\nu+2)} = \Delta_2 \frac{e^{(\nu+2)\ln\rho} - 1}{2\pi(\nu+2)} \to \Delta_2 \left(\tfrac{1}{2\pi}\ln\rho\right) \quad (\nu \downarrow -2) \, .$$

Da die Funktion δ_ν im Limes $\nu \downarrow -2$ aber – wie wir wissen – gegen die zweidimensionale Deltafunktion konvergiert, muss die rechte Seite gleich $\delta(x_1, x_2)$ sein:

$$\Delta_2 \left(\tfrac{1}{2\pi}\ln\rho\right) \overset{!}{=} \delta(x_1, x_2) \, .$$

Aufgrund dieser Identität wird die Funktion $\frac{1}{2\pi}\ln\rho$ als die *Grundlösung der zweidimensionalen Laplace-Gleichung* bezeichnet. Diese Identität findet u.a. in der Elektrodynamik ihre Anwendung.

9.3.7 Berechnung der Rotation in sphärischen Koordinaten

Wir kehren zurück zu Gleichung (9.30), die den Stokes'schen Satz für *infinitesimale* Flächen beschreibt:

$$\hat{\mathbf{n}} \cdot (\boldsymbol{\nabla} \times \mathbf{g})(\mathbf{x}_0) = \lim_{\mathcal{F} \to \mathbf{x}_0} \frac{1}{|\mathcal{F}|} \oint_{\partial\mathcal{F}} d\mathbf{x} \cdot \mathbf{g}(\mathbf{x})$$

und die Berechnung der Rotation in beliebigen orthonormalen Koordinatensystemen ermöglicht. Als Beispiel für eine Anwendung zeigen wir die Berechnung der Rotation in sphärischen Koordinaten:

$$\mathbf{x}(r, \vartheta, \varphi) = \begin{pmatrix} r\cos(\varphi)\sin(\vartheta) \\ r\sin(\varphi)\sin(\vartheta) \\ r\cos(\vartheta) \end{pmatrix} . \tag{9.45}$$

Die Basisvektoren folgen mit den Definitionen $\hat{\mathbf{e}}_r \equiv \partial_r\mathbf{x}/|\partial_r\mathbf{x}|$ sowie $\hat{\mathbf{e}}_\vartheta \equiv \partial_\vartheta\mathbf{x}/|\partial_\vartheta\mathbf{x}|$ und $\hat{\mathbf{e}}_\varphi \equiv \partial_\varphi\mathbf{x}/|\partial_\varphi\mathbf{x}|$ als:

$$\hat{\mathbf{e}}_r = \begin{pmatrix} \cos(\varphi)\sin(\vartheta) \\ \sin(\varphi)\sin(\vartheta) \\ \cos(\vartheta) \end{pmatrix} \quad , \quad \hat{\mathbf{e}}_\vartheta = \begin{pmatrix} \cos(\varphi)\cos(\vartheta) \\ \sin(\varphi)\cos(\vartheta) \\ -\sin(\vartheta) \end{pmatrix} \quad , \quad \hat{\mathbf{e}}_\varphi = \begin{pmatrix} -\sin(\varphi) \\ \cos(\varphi) \\ 0 \end{pmatrix} .$$

Die Vektoren $\hat{\mathbf{e}}_r$, $\hat{\mathbf{e}}_\vartheta$ und $\hat{\mathbf{e}}_\varphi$ bilden ein rechtshändiges Orthonormalsystem. Wir definieren die Komponenten des Vektorfelds $\bar{\mathbf{g}}(r, \vartheta, \varphi)$ als:

$$\bar{\mathbf{g}}(r, \vartheta, \varphi) \equiv \mathbf{g}(\mathbf{x}(r, \vartheta, \varphi)) \equiv \bar{g}_r\hat{\mathbf{e}}_r + \bar{g}_\vartheta\hat{\mathbf{e}}_\vartheta + \bar{g}_\varphi\hat{\mathbf{e}}_\varphi \tag{9.46}$$

und analog die Komponenten der Rotation $\mathbf{R}(r, \vartheta, \varphi)$ als:

$$\mathbf{R}(r, \vartheta, \varphi) \equiv (\boldsymbol{\nabla} \times \mathbf{g})(\mathbf{x}(r, \vartheta, \varphi)) \equiv R_r\hat{\mathbf{e}}_r + R_\vartheta\hat{\mathbf{e}}_\vartheta + R_\varphi\hat{\mathbf{e}}_\varphi . \tag{9.47}$$

Das Ziel ist nun, die Komponenten R_r, R_ϑ und R_φ in sphärischen Koordinaten zu berechnen.

Zuerst berechnen wir die radiale Komponente R_r der Rotation, wobei der Punkt $\mathbf{x}_0$ durch die Koordinaten (r, ϑ, φ) festgelegt sein soll:

$$R_r = \hat{\mathbf{e}}_r \cdot (\boldsymbol{\nabla} \times \mathbf{g})(\mathbf{x}_0) = \lim_{\mathcal{F}_r \to \mathbf{x}_0} \frac{1}{|\mathcal{F}_r|} \oint_{\partial\mathcal{F}_r} d\mathbf{x} \cdot \mathbf{g}(\mathbf{x}) ,$$

und wir definieren die orientierte Fläche $\mathcal{F}_r$ als:

$$\mathcal{F}_r \equiv \left\{ \mathbf{x}(r', \vartheta', \varphi') \,\middle|\, r' = r, \, (\vartheta', \varphi') \in [\vartheta, \vartheta + \Delta\vartheta] \times [\varphi, \varphi + \Delta\varphi] \right\} ,$$

wobei der orientierte Rand $\partial\mathcal{F}_r$, durch die geschlossene Kurve

$$(\vartheta, \varphi) \to (\vartheta + \Delta\vartheta, \varphi) \to (\vartheta + \Delta\vartheta, \varphi + \Delta\varphi) \to (\vartheta, \varphi + \Delta\varphi) \to (\vartheta, \varphi)$$

beschrieben wird. Die so definierte Fläche $\mathcal{F}_r$ soll *klein* sein: $\Delta\vartheta \ll 1$ und $\Delta\varphi \ll 1$. Sie hat approximativ (aber nicht exakt) die Form eines Rechtecks: Zum Beispiel ist das Längenverhältnis der Wegstrecken $(\vartheta + \Delta\vartheta, \varphi) \to (\vartheta + \Delta\vartheta, \varphi + \Delta\varphi)$ und $(\vartheta, \varphi + \Delta\varphi) \to (\vartheta, \varphi)$ gleich $\sin(\vartheta + \Delta\vartheta)/\sin(\vartheta)$ und somit nicht genau gleich eins. Die orientierte Fläche $\mathcal{F}_r$ hat den Normalenvektor $\hat{\mathbf{e}}_r$. Für den Flächeninhalt von $\mathcal{F}_r$ folgt dann approximativ $|\mathcal{F}_r| = r^2\sin(\vartheta)\Delta\vartheta\Delta\varphi$ (vergleiche Abb. 6.28) und für das Kurvenintegral über den Rand $\partial\mathcal{F}_r$:

$$\begin{aligned} \oint_{\partial\mathcal{F}_r} d\mathbf{x} \cdot \mathbf{g}(\mathbf{x}) &= r\Delta\vartheta[\bar{g}_\vartheta(r, \vartheta, \varphi) - \bar{g}_\vartheta(r, \vartheta, \varphi + \Delta\varphi)] \\ &\quad + r\Delta\varphi[\sin(\vartheta + \Delta\vartheta)\bar{g}_\varphi(r, \vartheta + \Delta\vartheta, \varphi) - \sin(\vartheta)\bar{g}_\varphi(r, \vartheta, \varphi + \Delta\varphi)] \\ &= r\Delta\vartheta\Delta\varphi\{-(\partial_\varphi\bar{g}_\vartheta)(r, \vartheta, \varphi) + \partial_\vartheta[\sin(\vartheta)\bar{g}_\varphi(r, \vartheta, \varphi)]\} . \end{aligned}$$

Die Beiträge in der ersten Zeile kommen von den Teilstrecken $(\vartheta, \varphi) \to (\vartheta + \Delta\vartheta, \varphi)$ und $(\vartheta + \Delta\vartheta, \varphi + \Delta\varphi) \to (\vartheta, \varphi + \Delta\varphi)$, diejenigen in der zweiten Zeile von den Teilstrecken $(\vartheta + \Delta\vartheta, \varphi) \to (\vartheta + \Delta\vartheta, \varphi + \Delta\varphi)$ und $(\vartheta, \varphi + \Delta\varphi) \to (\vartheta, \varphi)$. Für die radiale Komponente R_r der Rotation erhalten wir somit:

$$R_r = \lim_{\mathcal{F}_r \to \mathbf{x}_0} \frac{1}{|\mathcal{F}_r|} \oint_{\partial\mathcal{F}_r} d\mathbf{x} \cdot \mathbf{g}(\mathbf{x}) = \frac{-(\partial_\varphi \bar{g}_\vartheta) + \partial_\vartheta[\sin(\vartheta)\bar{g}_\varphi]}{r \sin(\vartheta)} \ ,$$

wobei der Limes $\mathcal{F}_r \to \mathbf{x}_0$ die Grenzwertprozesse $\Delta\vartheta \to 0$ und $\Delta\varphi \to 0$ beinhaltet.

Analog berechnet man die polare und die azimutale Komponente R_ϑ bzw. R_φ der Rotation, wobei die orientierten Flächen $\mathcal{F}_\vartheta$ und $\mathcal{F}_\varphi$ durch

$$\mathcal{F}_\vartheta \equiv \{\, \mathbf{x}(r', \vartheta', \varphi') \,|\, \vartheta' = \vartheta \,, \ (r', \varphi') \in [r, r + \Delta r] \times [\varphi, \varphi + \Delta\varphi] \,\}$$
$$\mathcal{F}_\varphi \equiv \{\, \mathbf{x}(r', \vartheta', \varphi') \,|\, \varphi' = \varphi \,, \ (r', \vartheta') \in [r, r + \Delta r] \times [\vartheta, \vartheta + \Delta\vartheta] \,\}$$

(mit $r^{-1}\Delta r \ll 1$) definiert werden. Sie haben die Normalenvektoren $\hat{\mathbf{e}}_\vartheta$ und $\hat{\mathbf{e}}_\varphi$, und ihre Form ist wiederum approximativ rechteckig. Der orientierte Rand $\partial\mathcal{F}_\vartheta$ ist durch die geschlossene Kurve

$$(r, \varphi) \to (r, \varphi + \Delta\varphi) \to (r + \Delta r, \varphi + \Delta\varphi) \to (r + \Delta r, \varphi) \to (r, \varphi)$$

und der orientierte Rand $\partial\mathcal{F}_\varphi$ durch

$$(r, \vartheta) \to (r + \Delta r, \vartheta) \to (r + \Delta r, \vartheta + \Delta\vartheta) \to (r, \vartheta + \Delta\vartheta) \to (r, \vartheta)$$

gegeben. Die entsprechenden Flächeninhalte sind $|\mathcal{F}_\vartheta| = r\sin(\vartheta)\Delta r \Delta\varphi$ und $|\mathcal{F}_\varphi| = r\Delta r \Delta\vartheta$. Für die polare und die azimutale Komponente R_ϑ bzw. R_φ der Rotation erhalten wir somit für $\Delta\vartheta \to 0$, $\Delta\varphi \to 0$ und $r^{-1}\Delta r \to 0$:

$$R_\vartheta = \frac{\partial_\varphi \bar{g}_r - \partial_r[r\sin(\vartheta)\bar{g}_\varphi]}{r\sin(\vartheta)} \quad , \quad R_\varphi = \frac{\partial_r(r\bar{g}_\vartheta) - \partial_\vartheta \bar{g}_r}{r} \ .$$

Hiermit ist die Rotation (9.47) in sphärischen Koordinaten bekannt. Dies ist ein sehr wichtiges Ergebnis. Die Berechnung der Komponenten der Rotation für andere orthonormale Koordinatensysteme erfolgt analog.

9.4 Integrationen über orientierte Volumina

Nach der Behandlung von Integrationstechniken für orientierte niedrigdimensionale Gebiete (Kurven, Flächen) möchten wir uns nun mit der Integration über orientierte *Volumina* befassen. Hierzu erklären wir zuerst (in Abschnitt [9.4.1]), wie ein *orientiertes* Volumen zu definieren ist. Wir zeigen, dass eine Integration über ein orientiertes Volumen mit Hilfe einer *Parametrisierung* des Integrationsvolumens verstanden werden kann – ähnlich wie vorher bei der vektoriellen Kurven- und Flächenintegration. Als wichtige Anwendung dieser Konzepte werden wir in Abschnitt [9.4.2] den *Satz von Gauß* für orientierte Volumina kennenlernen. Wir skizzieren zuerst die Beweisidee und zeigen dann den Beweis. Anschließend werden in den Abschnitten [9.4.4] und [9.4.5] einige Beispiele für die Wirkung des Gauß'schen Satzes präsentiert. In Abschnitt [9.4.6]) behandeln wir einige weitere Konsequenzen, insbesondere eine Integraldarstellung der Divergenz und den *ersten* sowie den *zweiten Green'schen Satz*.

9.4.1   Parametrisierung eines Integrationsvolumens

Wir befassen uns nun also mit orientierten Volumina im dreidimensionalen Raum und den entsprechenden Volumenintegralen. Ähnlich wie eine orientierte Fläche, kann ein beliebiges orientiertes Volumen $\mathcal{V}$ im dreidimensionalen Raum mit Hilfe einer differenzierbaren *Parametrisierung* definiert werden, die nun allerdings die Struktur $\mathbf{x} : \mathbb{R}^3 \to \mathbb{R}^3$ mit $v \mapsto \mathbf{x}(v)$ hat und Punkte[10] $v = (v_1, v_2, v_3)$ im Quader $\mathcal{Q} \subset \mathbb{R}^3$:

$$v \in [a_1, b_1] \times [a_2, b_2] \times [a_3, b_3] \equiv \mathcal{Q} \subset \mathbb{R}^3 \tag{9.48}$$

auf Punkte $\mathbf{x}(v)$ im Gebiet $\mathcal{V} \subset \mathbb{R}^3$ abbildet:

$$\mathbf{x}(v) = \begin{pmatrix} x_1(v_1, v_2, v_3) \\ x_2(v_1, v_2, v_3) \\ x_3(v_1, v_2, v_3) \end{pmatrix} \in \mathcal{V} \subset \mathbb{R}^3 \; . \tag{9.49}$$

Das (grundsätzlich beliebige) Integrationsvolumen $\mathcal{V} = \mathbf{x}(\mathcal{Q})$ ist somit das Bild des Quaders $\mathcal{Q}$ unter der Abbildung $\mathbf{x} : \mathbb{R}^3 \to \mathbb{R}^3$. Nur der Einfachheit halber wird die Teilmenge $\mathcal{Q} \subset \mathbb{R}^3$ in der Regel quaderförmig gewählt. Man kann auch eine andere Wahl treffen, falls dies für konkrete Anwendungen günstiger sein sollte.

    Man kann sich ein *mikroskopisches* Bild der Abbildung $\mathbf{x} : \mathbb{R}^3 \to \mathbb{R}^3$ nahe dem Punkt $v = (v_1, v_2, v_3) \in \mathcal{Q}$ machen, indem man die Abbildung in diesem Punkt mit Hilfe der in Abschnitt [9.1.3] eingeführten Funktionalmatrix $\left(\frac{\partial \mathbf{x}}{\partial v_1} \; \frac{\partial \mathbf{x}}{\partial v_2} \; \frac{\partial \mathbf{x}}{\partial v_3} \right)$ *linearisiert*:

$$d\mathbf{x} = \mathbf{x}(v + dv) - \mathbf{x}(v) = \frac{\partial \mathbf{x}}{\partial v_1} dv_1 + \frac{\partial \mathbf{x}}{\partial v_2} dv_2 + \frac{\partial \mathbf{x}}{\partial v_3} dv_3 = \left(\frac{\partial \mathbf{x}}{\partial v_1} \; \frac{\partial \mathbf{x}}{\partial v_2} \; \frac{\partial \mathbf{x}}{\partial v_3} \right) \begin{pmatrix} dv_1 \\ dv_2 \\ dv_3 \end{pmatrix} .$$

Die Berechnung zeigt, dass es zweckmäßig ist, spezielle Symbole für die Vektoren $\frac{\partial \mathbf{x}}{\partial v_i}$ (mit $i = 1, 2, 3$) einzuführen:

$$\frac{\partial \mathbf{x}}{\partial v_1} \equiv \mathbf{s}_1 \quad , \quad \frac{\partial \mathbf{x}}{\partial v_2} \equiv \mathbf{s}_2 \quad , \quad \frac{\partial \mathbf{x}}{\partial v_3} \equiv \mathbf{s}_3 \; . \tag{9.50}$$

Wie üblich bezeichnet man die Abbildung $\mathbf{x}$ als *regulär* oder *singulär*, abhängig davon, ob die Jacobi-Determinante $J_{\mathbf{x}}(v) \equiv \det\left(\frac{\partial \mathbf{x}}{\partial v_1} \; \frac{\partial \mathbf{x}}{\partial v_2} \; \frac{\partial \mathbf{x}}{\partial v_3} \right)$ der Abbildung $\mathbf{x}$ ungleich null oder gleich null ist: $J_{\mathbf{x}}(v) \neq 0$ beziehungsweise $J_{\mathbf{x}}(v) = 0$. Hierbei entspricht der Fall einer singulären Abbildung mit $J_{\mathbf{x}}(v) = 0$ der Situation dreier linear abhängiger Vektoren $\{\mathbf{s}_1, \mathbf{s}_2, \mathbf{s}_3\}$. In diesem Fall würde also in Gleichung (9.50) für irgendwelche reellen Konstanten $(\lambda_1, \lambda_2, \lambda_3) \neq (0, 0, 0)$ gelten: $\lambda_1 \mathbf{s}_1 + \lambda_2 \mathbf{s}_2 + \lambda_3 \mathbf{s}_3 = \mathbf{0}$. Die Hilfsvektoren $\{\mathbf{s}_1, \mathbf{s}_2, \mathbf{s}_3\}$ werden auch bei der Herleitung des Gauß'schen Satzes in Abschnitt [9.4.2] nützlich sein.

    Damit sich *orientierte* Volumina $\mathcal{V} \subset \mathbb{R}^3$ parametrisieren lassen, muss auch der Quader $\mathcal{Q} \subset \mathbb{R}^3$ orientiert sein. Die Orientierung des Quaders $\mathcal{Q}$ wird durch die Orientierung seiner Seitenflächen vorgegeben. Falls der Normalenvektor auf den Seitenflächen *auswärts* zeigt ($\mathbf{n} = \mathbf{n}_+$), wird die Orientierung von $\mathcal{Q}$ als *positiv*,

---

[10]Man bezeichnet $(v_1, v_2, v_3) = v$ auch als 3-*Tupel* oder *Tripel*. Die Notation ist wiederum wichtig: Das Tripel v ist nicht Element eines Vektorraums, da der Quader $\mathcal{Q}$ in (9.48) endlich ist, und wird daher auch – im Gegensatz zu einem *Vektor* $\mathbf{x}$ – nicht „fett" gedruckt.

und falls der Normalenvektor *einwärts* zeigt ($\mathbf{n} = \mathbf{n}_-$), als *negativ* bezeichnet. Die Richtung des Normalenvektors einer Seitenfläche korrespondiert gemäß der „Korkenzieherregel" mit dem Umlaufsinn des Randes dieser Seitenfläche. Die zwei möglichen Orientierungen des Quaders Q sind in Abbildung 9.19 dargestellt, die positive Orientierung links und die negative Orientierung rechts. Auch die unterschiedlichen Umlaufrichtungen der Ränder sind in Abb. 9.19 mit Hilfe von roten Pfeilen eingetragen.

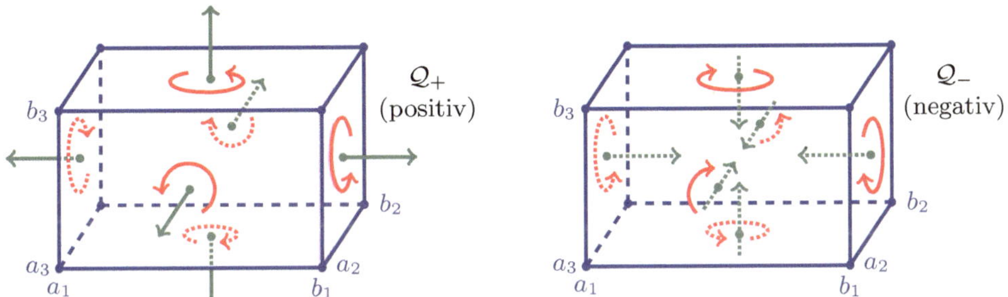

Abb. 9.19 Positive (links) bzw. negative (rechts) Orientierung eines Quaders Q und seines Randes ∂Q

Man bezeichnet die Orientierungen von Q und V als *lokal gleich* in den Punkten $v \in Q$ bzw. $\mathbf{x}(v) \in V$, wenn die Jacobi-Determinante der Abbildung $\mathbf{x} : \mathbb{R}^3 \to \mathbb{R}^3$ positiv ist: $J_\mathbf{x}(v) > 0$, und als *lokal unterschiedlich*, falls $J_\mathbf{x}(v) < 0$ gilt. Dieser Sprachgebrauch zeigt bereits, dass die *Orientierung* des Gebiets V ein *lokaler* Begriff ist und somit grundsätzlich innerhalb des Gebiets variieren kann.[11] Wir werden solche möglichen Komplikationen im Folgenden in allgemeinen Überlegungen (z.B. bei der Herleitung der Gauß'schen und der Green'schen Sätze) durchaus mitberücksichtigen. In konkreten Rechenbeispielen beschränken wir uns jedoch der Einfachheit halber auf *reguläre* Abbildungen $\mathbf{x} : \mathbb{R}^3 \to \mathbb{R}^3$. In diesem Fall ist das Gebiet V entweder global positiv oder global negativ orientiert, und der Normalenvektor zeigt dann an jedem Punkt der Oberfläche entweder global auswärts oder global einwärts. Falls dies zweckmäßig ist, werden im Folgenden positiv oder negativ orientierte Gebiete explizit als V_+ bzw. V_- gekennzeichnet.

Unter einer *Parametrisierung* des orientierten Gebiets V versteht man nun schließlich eine glatte Abbildung $\mathbf{x} : Q_+ \to V$ vom *positiv* orientierten Quader Q_+ auf das orientierte Integrationsvolumen V. Falls die Parametrisierung z.B. den Quader Q_+ auf ein ebenfalls positiv orientiertes Gebiet V_+ abbildet: $\mathbf{x}(Q_+) = V_+$, zeigt der Normalenvektor $\mathbf{n}_+$ auf den Seitenflächen von V_+ auswärts. Insbesondere wird beispielsweise die Oberseite $\{v \,|\, v_3 = b_3\}$ des Quaders auf das Segment

---

[11]Ein Beispiel für die Parametrisierung eines Gebiets V mit ortsabhängiger Orientierung ist

$$\mathbf{x}(v) = \begin{pmatrix} v_1 \cos(v_3) \\ v_2 + v_1 \sin(v_3) \\ v_3 \end{pmatrix} \quad , \quad v \in Q_+ = [0,1] \times [0,1] \times [0, 2\pi] \; .$$

Diese Parametrisierung hat die Jacobi-Determinante $J_\mathbf{x}(v) = \cos(v_3)$. Folglich ist das Gebiet V positiv orientiert (mit auswärts gerichtetem Normalenvektor) für $v_3 \in [0, \frac{\pi}{2}) \cup (\frac{3\pi}{2}, 2\pi]$ und negativ orientiert für $v_3 \in (\frac{\pi}{2}, \frac{3\pi}{2})$. Die Abbildung $\mathbf{x} : Q_+ \to V$ ist singulär für $v_3 = \frac{\pi}{2}$ und $v_3 = \frac{3\pi}{2}$. Die Schnittmengen des Gebiets V mit den horizontalen Ebenen $\{x_3 = v_3 = \text{konstant}\}$ haben generell die Form von Parallelogrammen, aber für die speziellen Werte $v_3 = \frac{\pi}{2}$ und $\frac{3\pi}{2}$ sind diese entartet und haben jeweils die Form eindimensionaler Strecken der Länge 2.

$\{\mathbf{x}(v_1, v_2, b_3)\}$ der orientierten Oberfläche des Gebiets $\mathcal{V}_+$ abgebildet, und der Normalenvektor auf dieser Fläche hat dann die Form $\hat{\mathbf{n}}_+ = +\left(\frac{\partial \mathbf{x}}{\partial v_1} \times \frac{\partial \mathbf{x}}{\partial v_2}\right)/\left|\frac{\partial \mathbf{x}}{\partial v_1} \times \frac{\partial \mathbf{x}}{\partial v_2}\right|$.

Nach diesen Vorbereitungen können wir nun das Integral einer Funktion $g(\mathbf{x})$ über das orientierte Volumen $\mathcal{V}$ definieren:

$$\int_{\mathcal{V}} d^3x \, g(\mathbf{x}) \equiv \int_{\mathcal{Q}_+} d^3v \, J_{\mathbf{x}}(v) g(\mathbf{x}(v)) \, , \tag{9.51}$$

wobei das v-Integral auf der rechten Seite als Riemann-Integral über den Quader $\mathcal{Q}$ zu interpretieren ist. Analog zu den Kurven- und Flächenintegrationen könnte man auch hier unterscheiden zwischen einem *vektoriellen* Volumenintegral, wie dem Integral (9.51) über das orientierte Volumen $\mathcal{V}$, und einem *skalaren* Volumenintegral wie in Gleichung (9.11). Für den Spezialfall $g(\mathbf{x}) = (\boldsymbol{\nabla} \cdot \mathbf{f})(\mathbf{x})$, wobei der Integrand g also die Form der *Divergenz* eines Vektorfelds $\mathbf{f}$ hat, werden wir im Folgenden zeigen, dass das so definierte Integral über ein orientiertes Volumen $\mathcal{V}$ eng mit dem *Fluss* von $\mathbf{f}$ durch die orientierte Oberfläche $\partial \mathcal{V}$ des Volumens verknüpft ist.

Parametrisierung entgegengesetzt orientierter Volumina

Bei einer vorliegenden Parametrisierung $\mathbf{x}(v)$ von $\mathcal{V}_+$ mit dem auswärts gerichteten Normalenvektor $\hat{\mathbf{n}}_+$ und dem positiv orientierten Definitionsbereich $[a_1, b_1] \times [a_2, b_2] \times [a_3, b_3] = \mathcal{Q}_+$ kann man leicht eine Parametrisierung $\mathbf{x}_- : \mathcal{Q}_+ \to \mathcal{V}_-$ des entgegengesetzt orientierten Volumens $\mathcal{V}_-$ bestimmen. Eine Möglichkeit ist nämlich durch

$$\mathbf{x}_-(v) \equiv \mathbf{x}(\bar{v}) \quad , \quad \bar{v} = Sv = \begin{pmatrix} a_1 + b_1 - v_1 \\ v_2 \\ v_3 \end{pmatrix} \quad , \quad S^2 = \mathbb{1} \tag{9.52}$$

gegeben. Die lineare Abbildung S stellt geometrisch eine Spiegelung an der Ebene $v_1 = \frac{1}{2}(a_1 + b_1)$ dar, sodass $\mathcal{Q}_+$ effektiv auf $\mathcal{Q}_-$ abgebildet wird. Man überprüft leicht anhand von Abb. 9.19, dass die Parametrisierung $\mathbf{x}_-(v)$ die Orientierung von $\partial \mathcal{V}$ im Vergleich zur Parametrisierung $\mathbf{x}(v)$ umkehrt. Die Parametrisierung $\mathbf{x}_-(v)$ entspricht daher dem *nach innen gerichteten* Normalenvektor $\hat{\mathbf{n}}_- = -\hat{\mathbf{n}}_+$. Folglich wechselt auch d^3x das Vorzeichen und wird das orientierte Volumenintegral bei diesem Orientierungswechsel durch

$$\int_{\mathcal{V}_-} d^3x \, f(\mathbf{x}) = -\int_{\mathcal{V}_+} d^3x \, f(\mathbf{x})$$

ersetzt. Dies alles ist analog zum Orientierungswechsel bei der Parametrisierung orientierter *Flächen*.

Partitionierung orientierter Volumina

Auch bei *orientierten* Volumina kann man – falls erforderlich – eine Unterteilung in Teilvolumina (also eine *Partitionierung* des Volumens) vornehmen. Bei einer Unterteilung eines orientierten Volumens $\mathcal{V}$ in n (ebenfalls orientierte) Teilvolumina $\mathcal{V}_i$ gilt, dass die Summe der Integrale über die Teilvolumina wiederum das ursprüngliche Volumenintegral über $\mathcal{V}$ ergibt:

$$\mathcal{V} = \bigcup_{i=1}^{n} \mathcal{V}_i \quad , \quad \mathcal{V}_i \cap \mathcal{V}_j = \emptyset \quad (i \neq j) \quad , \quad \int_{\mathcal{V}} d^3x \, f(\mathbf{x}) = \sum_{i=1}^{n} \int_{\mathcal{V}_i} d^3x \, f(\mathbf{x}) \, .$$

Dies ist analog zur Partitionierung von *Flächen* bei der Berechnung skalarer und vektorieller Flächenintegrale.

9.4.2 Der Satz von Gauß für orientierte Volumina

Als wichtige Anwendung der Integration über orientierte Volumina behandeln wir nun den *Satz von Gauß*,[12] der besagt, dass das Integral der Divergenz $\boldsymbol{\nabla} \cdot \mathbf{f}$ des Vektorfelds $\mathbf{f}$ über das orientierte Volumen $\mathcal{V}$ gleich dem vektoriellen Flächenintegral des Vektorfelds $\mathbf{f}$ selbst über den Rand $\partial\mathcal{V}$, also über die orientierte Oberfläche dieses Volumens ist:

$$\boxed{\int_{\mathcal{V}} d^3x \, (\boldsymbol{\nabla} \cdot \mathbf{f}) = \oint_{\partial\mathcal{V}} d\mathbf{S} \cdot \mathbf{f} \, .} \tag{9.53}$$

Hierbei nehmen wir an, dass das Vektorfeld $\mathbf{f}$ stetig differenzierbar ist, damit die Divergenz $\boldsymbol{\nabla} \cdot \mathbf{f}$ stetig (und somit integrierbar) ist. Außerdem soll der Rand $\partial\mathcal{V}$ zumindest abschnittsweise hinreichend glatt sein: Im Folgenden nehmen wir an, dass die für den Beweis des Gauß'schen Satzes benötigte Parametrisierung $\mathbf{x}(v)$ zweimal stetig differenzierbar ist.

Beweisidee des Gauß'schen Satzes

Bevor wir den Beweis des Gauß'schen Satzes erbringen, möchten wir zuerst kurz die Beweis*idee* skizzieren: Man parametrisiert das orientierte Volumen $\mathcal{V}$ mit Hilfe einer Abbildung $\mathbf{x}(\mathcal{Q}_+) = \mathcal{V}$ des positiv orientierten Quaders $\mathcal{Q}_+$ auf das orientierte Volumen $\mathcal{V}$. Hierbei wird der Rand $\partial\mathcal{Q}_+$ von $\mathcal{Q}_+$ auf den Rand $\partial\mathcal{V}$ von $\mathcal{V}$ abgebildet. Abbildung 9.20 zeigt den Quader $\mathcal{Q}_+$ und seinen Rand $\partial\mathcal{Q}_+$, der aus sechs (von 1 bis 6 durchnummerierten) Seitenflächen besteht. Mit Hilfe der Parametrisierung $\mathbf{x}(v)$ mit $v \in \mathcal{Q}_+$ kann die Volumenintegration auf der *linken* Seite von Gleichung (9.53) als Volumenintegration über $\mathcal{Q}_+$ dargestellt werden.

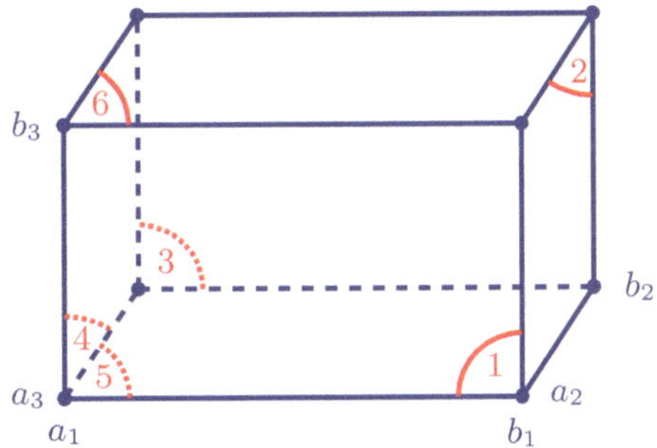

Abb. 9.20 Der orientierte Quader $\mathcal{Q}_+ \equiv \prod_{i=1}^{3}[a_i, b_i]$

Die *rechte* Seite von Gleichung (9.53) hat die Form einer vektoriellen Flächenintegration über $\partial\mathcal{Q}_+$. Die Fläche $\partial\mathcal{Q}_+$ kann wie üblich (s. Abschnitt [9.3.3]) mit Hilfe

---

[12]Historisch ist noch interessant, dass dieser Satz zuerst (1762) von Lagrange entdeckt und dann (1813 bzw. 1828) von Gauß und Green wiederentdeckt wurde. Der erste Beweis (aus dem Jahr 1826) stammt aber von Michail Wassiljewitsch Ostrogradski (1801 - 1862), einem bedeutenden ukrainischen Mathematiker, der seinerzeit führend in Russland war. Der Satz wird daher oft auch nach Ostrogradski oder nach Gauß-Ostrogradski bzw. Ostrogradski-Gauß benannt.

einer Parametrisierung $v(u)$ mit $u \in \mathcal{R}_+ \subset \mathbb{R}^2$ beschrieben werden. Angesichts der einfachen Struktur von $\partial \mathcal{Q}_+$ (s. Abb. 9.20) ist eine Parametrisierung $v(u)$ mit Hilfe des in Abbildung 9.21 skizzierten Bereichs $\mathcal{R}_+$ naheliegend. Die Nummerierung der Rechtecke in $\mathcal{R}_+$ in Abb. 9.21 entspricht der Nummerierung der sechs Seitenflächen in Abb. 9.20. Die Parametrisierung dieser sechs Seitenflächen ist hierbei konkret durch:

$$\text{Fläche 1:} \quad \mathbf{x}(v) = \mathbf{x}(u_1 + b_1 - a_2, a_2, u_2) \equiv \bar{\mathbf{x}}(u) \tag{9.54}$$

$$\text{Fläche 2:} \quad \mathbf{x}(v) = \mathbf{x}(b_1, u_1, u_2) \equiv \bar{\mathbf{x}}(u) \tag{9.55}$$

$$\text{Fläche 3:} \quad \mathbf{x}(v) = \mathbf{x}(-u_1 + b_2 + b_1, b_2, u_2) \equiv \bar{\mathbf{x}}(u) \tag{9.56}$$

$$\text{Fläche 4:} \quad \mathbf{x}(v) = \mathbf{x}(a_1, 2b_2 + b_1 - a_1 - u_1, u_2) \equiv \bar{\mathbf{x}}(u) \tag{9.57}$$

$$\text{Fläche 5:} \quad \mathbf{x}(v) = \mathbf{x}(u_2 + b_1 - a_3, u_1, a_3) \equiv \bar{\mathbf{x}}(u) \tag{9.58}$$

$$\text{Fläche 6:} \quad \mathbf{x}(v) = \mathbf{x}(-u_2 + b_1 + b_3, u_1, b_3) \equiv \bar{\mathbf{x}}(u) \tag{9.59}$$

gegeben. Insgesamt gilt also $\partial \mathcal{V} = \mathbf{x}(\partial \mathcal{Q}_+) = \bar{\mathbf{x}}(\mathcal{R}_+)$. Die *rechte* Seite von Gleichung (9.53) kann somit als Integration über $\mathcal{R}_+$ in der u-Ebene dargestellt werden.

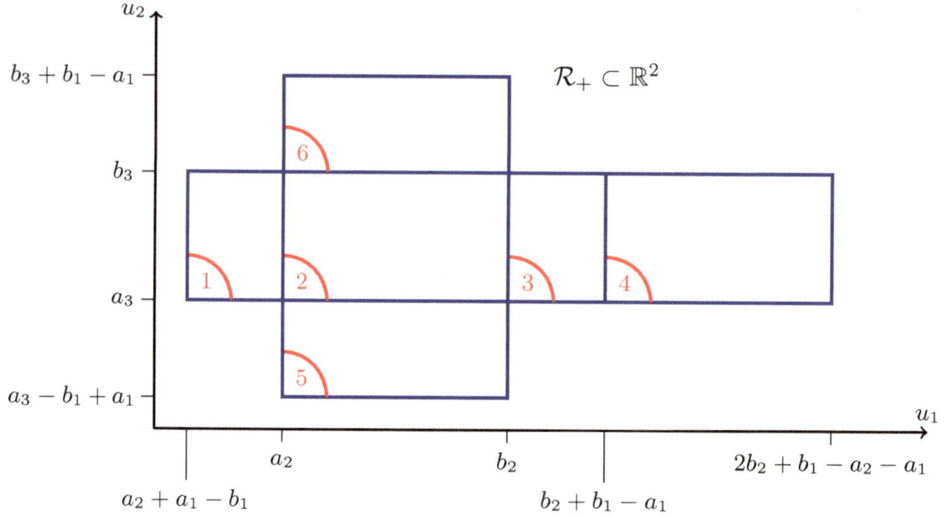

Abb. 9.21 Parametrisierung des Quaderrandes

Da nun grundsätzlich bekannt ist, wie die linke bzw. rechte Seite von Gleichung (9.53) mit Hilfe von Parametrisierungen zu berechnen ist, kann die Beweisidee des Gauß'schen Satzes kompakt durch die Gleichungskette

$$\oint_{\partial \mathcal{V}} d\mathbf{S} \cdot \mathbf{f} = \int_{\mathcal{R}_+} d^2u \left(\frac{\partial \bar{\mathbf{x}}}{\partial u_1} \times \frac{\partial \bar{\mathbf{x}}}{\partial u_2} \right) \cdot \mathbf{f} = \int_{\mathcal{R}_+} d^2u \, (\mathbf{t}_1 \times \mathbf{t}_2) \cdot \mathbf{f} \tag{9.60}$$

$$\overset{!}{=} \int_{\mathcal{Q}_+} d^3v \, J_{\mathbf{x}}(v)(\boldsymbol{\nabla} \cdot \mathbf{f})(\mathbf{x}(v)) = \int_{\mathcal{V}} d^3x \, (\boldsymbol{\nabla} \cdot \mathbf{f}) \tag{9.61}$$

dargestellt werden. Wie in der ersten Zeile (9.60) dieser Gleichungskette gezeigt, beginnen wir mit der rechten Seite von (9.53) (also mit dem Flächenintegral) und parametrisieren diese mit Hilfe von $\mathcal{R}_+$ in der u-Ebene. Die Vektoren $\mathbf{t}_i \equiv \frac{\partial \bar{\mathbf{x}}}{\partial u_i}$ mit $i = 1, 2$ können wie üblich als Tangentenvektoren interpretiert werden. Ziel des Beweises ist, zu zeigen, dass die rechte Seite von (9.60) gleich der linken Seite von (9.61) ist. Dieser Schritt erfordert einige konkrete Berechnungen. Wenn man aber den Schritt von der ersten zur zweiten Zeile begründen kann, ist der letzte Schritt in (9.61) einfach, denn dieser folgt direkt aus Gleichung (9.51).

9.4.3 Beweis des Gauß'schen Satzes

Der Startpunkt des Beweises ist die linke Seite von Gleichung (9.60). Dieses vektorielle Flächenintegral hat Beiträge von den sechs Seitenflächen des Quaders $\mathcal{Q}_+$ in Abb. 9.20. Es wird sich im Folgenden als zweckmäßig erweisen, die Beiträge der Flächen 2 und 4 (rechts und links in Abb. 9.20), der Flächen 1 und 3 (vorne und hinten) und der Flächen 5 und 6 (unten und oben) paarweise zusammen zu behandeln:

$$\oint_{\partial \mathcal{V}} d\mathbf{S} \cdot \mathbf{f} = \int_{2+4} d\mathbf{S} \cdot \mathbf{f} + \int_{1+3} d\mathbf{S} \cdot \mathbf{f} + \int_{5+6} d\mathbf{S} \cdot \mathbf{f} \,.$$

Wir zeigen die Berechnung der Beiträge der Flächen 2 und 4 im Detail und fassen die Berechnungen für die Flächen 1 und 3 bzw. 5 und 6, die vollkommen analog verlaufen, kurz zusammen.

Der Beitrag zum orientierten Flächenintegral (9.60) von den beiden Seitenflächen 2 und 4 ist mit der üblichen Notation $\mathbf{t}_i = \frac{\partial \bar{\mathbf{x}}}{\partial u_i}$ für die Tangentenvektoren gegeben durch

$$\int_{2+4} d\mathbf{S} \cdot \mathbf{f} = \int_{a_2}^{b_2} du_1 \int_{a_3}^{b_3} du_2 \, (\mathbf{t}_1 \times \mathbf{t}_2) \cdot \mathbf{f} + \int_{b_2+b_1-a_1}^{2b_2+b_1-a_2-a_1} du_1 \int_{a_3}^{b_3} du_2 \, (\mathbf{t}_1 \times \mathbf{t}_2) \cdot \mathbf{f} \,.$$

Da die Parametrisierung der Fläche 2 die Form (9.55) hat, folgt $\mathbf{t}_1 = \frac{\partial \mathbf{x}}{\partial v_2}$ und $\mathbf{t}_2 = \frac{\partial \mathbf{x}}{\partial v_3}$ für diese Fläche. Analog folgt für die Tangentenvektoren der Fläche 4 wegen der Parametrisierung (9.57): $\mathbf{t}_1 = -\frac{\partial \mathbf{x}}{\partial v_2}$ und $\mathbf{t}_2 = \frac{\partial \mathbf{x}}{\partial v_3}$. Durch Einsetzen dieser Resultate ergibt sich für die Summe $\int_{2+4} d\mathbf{S} \cdot \mathbf{f}$:

$$\int_{a_2}^{b_2} du_1 \int_{a_3}^{b_3} du_2 \left(\frac{\partial \mathbf{x}}{\partial v_2} \times \frac{\partial \mathbf{x}}{\partial v_3} \right) \cdot \mathbf{f} - \int_{b_2+b_1-a_1}^{2b_2+b_1-a_2-a_1} du_1 \int_{a_3}^{b_3} du_2 \left(\frac{\partial \mathbf{x}}{\partial v_2} \times \frac{\partial \mathbf{x}}{\partial v_3} \right) \cdot \mathbf{f}$$

$$= \int_{a_2}^{b_2} dv_2 \int_{a_3}^{b_3} dv_3 \left\{ \left[\left(\frac{\partial \mathbf{x}}{\partial v_2} \times \frac{\partial \mathbf{x}}{\partial v_3} \right) \cdot \mathbf{f} \right]_{v_1=b_1} - \left[\left(\frac{\partial \mathbf{x}}{\partial v_2} \times \frac{\partial \mathbf{x}}{\partial v_3} \right) \cdot \mathbf{f} \right]_{v_1=a_1} \right\} \,,$$

wobei im letzten Schritt die u-Variablen gemäß (9.55) und (9.57) durch die entsprechenden v-Komponenten ersetzt wurden. Da die Differenz $\{\cdots\}$ auf der rechten Seite mit Hilfe des Fundamentalsatzes der Analysis noch als Integral einer Ableitung geschrieben werden kann, erhalten wir insgesamt für die Summe der Beiträge der Flächen 2 und 4:

$$\int_{2+4} d\mathbf{S} \cdot \mathbf{f} = \int_{a_1}^{b_1} dv_1 \int_{a_2}^{b_2} dv_2 \int_{a_3}^{b_3} dv_3 \, \frac{\partial}{\partial v_1} \left[\left(\frac{\partial \mathbf{x}}{\partial v_2} \times \frac{\partial \mathbf{x}}{\partial v_3} \right) \cdot \mathbf{f} \right] \,. \tag{9.62}$$

Die Berechnung der Beiträge der Seitenflächen 1 und 3 erfolgt vollkommen analog, wobei die Parametrisierungsvorschriften nun durch die Gleichungen (9.54) und (9.56) gegeben sind. Das Ergebnis lautet:

$$\int_{1+3} d\mathbf{S} \cdot \mathbf{f} = \int_{a_1}^{b_1} dv_1 \int_{a_2}^{b_2} dv_2 \int_{a_3}^{b_3} dv_3 \; \frac{\partial}{\partial v_2} \left[\left(\frac{\partial \mathbf{x}}{\partial v_3} \times \frac{\partial \mathbf{x}}{\partial v_1} \right) \cdot \mathbf{f} \right] . \tag{9.63}$$

Für die Berechnung der Beiträge der Seitenflächen 5 und 6 benötigen wir die Parametrisierungsvorschriften (9.58) und (9.59). Die Berechnungen verlaufen wiederum analog, und das Ergebnis lautet:

$$\int_{5+6} d\mathbf{S} \cdot \mathbf{f} = \int_{a_1}^{b_1} dv_1 \int_{a_2}^{b_2} dv_2 \int_{a_3}^{b_3} dv_3 \; \frac{\partial}{\partial v_3} \left[\left(\frac{\partial \mathbf{x}}{\partial v_1} \times \frac{\partial \mathbf{x}}{\partial v_2} \right) \cdot \mathbf{f} \right] . \tag{9.64}$$

Interessant ist, dass man die rechten Seiten der Gleichungen (9.63) und (9.64) einfach durch zyklische Permutationen der Indizes ($123 \rightarrow 231$ bzw. $123 \rightarrow 312$) aus der rechten Seite von Gleichung (9.62) erhalten kann.

Addiert man die drei Beiträge (9.62), (9.63) und (9.64), so erhält man für das Flächenintegral über $\partial \mathcal{V}$:

$$\oint_{\partial \mathcal{V}} d\mathbf{S} \cdot \mathbf{f} = \int_{a_1}^{b_1} dv_1 \int_{a_2}^{b_2} dv_2 \int_{a_3}^{b_3} dv_3 \left\{ \frac{\partial}{\partial v_1} \left[\left(\frac{\partial \mathbf{x}}{\partial v_2} \times \frac{\partial \mathbf{x}}{\partial v_3} \right) \cdot \mathbf{f} \right] \right.$$
$$\left. + \frac{\partial}{\partial v_2} \left[\left(\frac{\partial \mathbf{x}}{\partial v_3} \times \frac{\partial \mathbf{x}}{\partial v_1} \right) \cdot \mathbf{f} \right] + \frac{\partial}{\partial v_3} \left[\left(\frac{\partial \mathbf{x}}{\partial v_1} \times \frac{\partial \mathbf{x}}{\partial v_2} \right) \cdot \mathbf{f} \right] \right\} .$$

Berechnet man nun die $\frac{\partial}{\partial v_i}$-Ableitungen (mit $i = 1, 2, 3$) in den drei Termen in $\{ \cdots \}$, so stellt man fest, dass nur die Ableitungen des Vektorfelds $\mathbf{f}$ übrig bleiben. Die anderen Beiträge heben sich gegenseitig auf: die Beiträge $(\partial_{v_1 v_2}^2 \mathbf{x} \times \partial_{v_3} \mathbf{x}) \cdot \mathbf{f}$ aus dem ersten Term und $(\partial_{v_3} \mathbf{x} \times \partial_{v_2 v_1}^2 \mathbf{x}) \cdot \mathbf{f}$ aus dem zweiten Term beispielsweise aufgrund der Antisymmetrie des Vektorprodukts. Das Flächenintegral über $\partial \mathcal{V}$ erhält somit die einfachere Form:

$$\oint_{\partial \mathcal{V}} d\mathbf{S} \cdot \mathbf{f} = \int_{\mathcal{Q}_+} d^3 v \left[\left(\frac{\partial \mathbf{x}}{\partial v_2} \times \frac{\partial \mathbf{x}}{\partial v_3} \right) \cdot \frac{\partial \mathbf{f}}{\partial v_1} + \left(\frac{\partial \mathbf{x}}{\partial v_3} \times \frac{\partial \mathbf{x}}{\partial v_1} \right) \cdot \frac{\partial \mathbf{f}}{\partial v_2} \right.$$
$$\left. + \left(\frac{\partial \mathbf{x}}{\partial v_1} \times \frac{\partial \mathbf{x}}{\partial v_2} \right) \cdot \frac{\partial \mathbf{f}}{\partial v_3} \right] .$$

Da man mit Hilfe der Jacobi-Matrix $\frac{\partial \mathbf{f}}{\partial \mathbf{x}}$ für die Ableitungen des Vektorfelds $\mathbf{f}$ nach den Parametern v_i schreiben kann: $\frac{\partial \mathbf{f}}{\partial v_i} = \frac{\partial \mathbf{f}}{\partial \mathbf{x}} \frac{\partial \mathbf{x}}{\partial v_i}$ (mit $i = 1, 2, 3$) und die Vektoren $\frac{\partial \mathbf{x}}{\partial v_i}$ deshalb eine zentrale Rolle im bisherigen Zwischenergebnis spielen, ist es wiederum vorteilhaft, die bereits in Gleichung (9.50) eingeführte kompakte Notation $\frac{\partial \mathbf{x}}{\partial v_i} \equiv \mathbf{s}_i$ zu verwenden:

$$\oint_{\partial \mathcal{V}} d\mathbf{S} \cdot \mathbf{f} = \int_{\mathcal{Q}_+} d^3 v \left[(\mathbf{s}_2 \times \mathbf{s}_3)^{\mathrm{T}} \frac{\partial \mathbf{f}}{\partial \mathbf{x}} \mathbf{s}_1 + (\mathbf{s}_3 \times \mathbf{s}_1)^{\mathrm{T}} \frac{\partial \mathbf{f}}{\partial \mathbf{x}} \mathbf{s}_2 + (\mathbf{s}_1 \times \mathbf{s}_2)^{\mathrm{T}} \frac{\partial \mathbf{f}}{\partial \mathbf{x}} \mathbf{s}_3 \right] .$$

Da die drei Terme in $[\cdots]$ die gleiche Struktur haben, ist der Versuch naheliegend, sie miteinander zu kombinieren. Die Struktur der einzelnen Terme wird besonders klar, wenn man die Vektorprodukte in der Einsteinkonvention mit Hilfe des ε-Tensors ausschreibt:

$$\oint_{\partial \mathcal{V}} d\mathbf{S} \cdot \mathbf{f} = \int_{\mathcal{Q}_+} d^3v \; s_{1j} s_{2k} s_{3l} \left(\varepsilon_{ikl} \partial_j f_i + \varepsilon_{ilj} \partial_k f_i + \varepsilon_{ijk} \partial_l f_i \right)$$

$$= \int_{\mathcal{Q}_+} d^3v \; s_{1j} s_{2k} s_{3l} \; \partial_m f_i \left(\varepsilon_{ikl} \delta_{jm} + \varepsilon_{ilj} \delta_{km} + \varepsilon_{ijk} \delta_{lm} \right) ,$$

wobei im letzten Schritt eine gemeinsame Ableitung $\partial_m f_i$ durch Einführung der Kronecker-Deltas in $(\cdots)$ ausgeklammert werden konnte. An dieser Stelle können wir die allgemeine Identität $\varepsilon_{ikl} \delta_{jm} + \varepsilon_{ilj} \delta_{km} + \varepsilon_{ijk} \delta_{lm} = \varepsilon_{jkl} \delta_{im}$ für den Levi-Civita-Tensor ε_{ijk} verwenden, die in Übungsaufgabe 9.11 nachgewiesen wird. Mit dieser Identität vereinfacht sich das Flächenintegral auf:

$$\oint_{\partial \mathcal{V}} d\mathbf{S} \cdot \mathbf{f} = \int_{\mathcal{Q}_+} d^3v \; s_{1j} s_{2k} s_{3l} \; \partial_m f_i \, \varepsilon_{jkl} \delta_{im} = \int_{\mathcal{Q}_+} d^3v \; \det(\mathbf{s}_1 \, \mathbf{s}_2 \, \mathbf{s}_3) \, (\boldsymbol{\nabla} \cdot \mathbf{f}) .$$

Im letzten Schritt wurden die Darstellung der Determinante $\det(\mathbf{s}_1 \, \mathbf{s}_2 \, \mathbf{s}_3)$ mit Hilfe des ε-Tensors und die Identität $\partial_m f_i \, \delta_{im} = \partial_i f_i = \boldsymbol{\nabla} \cdot \mathbf{f}$ verwendet. Aufgrund der Definition $\frac{\partial \mathbf{x}}{\partial v_i} \equiv \mathbf{s}_i$ gilt aber $\det(\mathbf{s}_1 \, \mathbf{s}_2 \, \mathbf{s}_3) = \det\left(\frac{\partial \mathbf{x}}{\partial v_1} \, \frac{\partial \mathbf{x}}{\partial v_2} \, \frac{\partial \mathbf{x}}{\partial v_3} \right)$, und $\det\left(\frac{\partial x_i}{\partial v_j} \right)$ ist wiederum genau gleich der Jacobi-Determinante $J_\mathbf{x}(v)$ der Abbildung $\mathbf{x}(v)$. Insgesamt erhalten wir also:

$$\oint_{\partial \mathcal{V}} d\mathbf{S} \cdot \mathbf{f} = \int_{\mathcal{Q}_+} d^3v \; \det\left(\frac{\partial \mathbf{x}}{\partial v_1} \, \frac{\partial \mathbf{x}}{\partial v_2} \, \frac{\partial \mathbf{x}}{\partial v_3} \right) (\boldsymbol{\nabla} \cdot \mathbf{f}) = \int_{\mathcal{Q}_+} d^3v \; J_\mathbf{x}(v)(\boldsymbol{\nabla} \cdot \mathbf{f}) = \int_{\mathcal{V}} d^3x \; (\boldsymbol{\nabla} \cdot \mathbf{f}) .$$

Hiermit ist die Gleichheit des Flächen- und des Volumenintegrals in (9.53) und daher die Gültigkeit des Gauß'schen Satzes nachgewiesen.

9.4.4 Der Gauß'sche Satz – erste Beispiele

Wir betrachten im Folgenden zwei Beispiele für die Wirkung des Gauß'schen Satzes (9.53), wobei einmal über eine Kugel und einmal über eine Halbkugel integriert wird. Diese Vorliebe für Probleme mit sphärischer Symmetrie hat mehrere Gründe: Erstens sind die auftretenden Integrationen wegen der Symmetrie relativ einfach, zweitens treten derartige Probleme in der Physik relativ häufig auf, und drittens ist die Parametrisierung eines Gebiets mit sphärischer Symmetrie auch topologisch interessant, da diese Symmetrie auf den ersten Blick drastisch von der Quaderform des Gebietes $\mathcal{Q}$ aus Abb. 9.20 abweicht.

Integral über eine Kugel

Als erstes Beispiel für die Wirkung des Gauß'schen Satzes (9.53) betrachten wir die Integration einer Vektorfunktion $\mathbf{f}(\mathbf{x}) = \mathbf{x}$ über die Oberfläche $\partial \mathcal{V} = \{\mathbf{x} \,|\, |\mathbf{x}| = R\}$ einer *positiv* orientierten Kugel $\mathcal{V} = \{\mathbf{x} \,|\, |\mathbf{x}| \leq R\}$, die also einen *nach außen* gerichteten Normalenvektor $\hat{\mathbf{n}} = \hat{\mathbf{x}}$ hat, und wir vergleichen dieses Flächenintegral mit dem Volumenintegral von $\boldsymbol{\nabla} \cdot \mathbf{f} = \boldsymbol{\nabla} \cdot \mathbf{x} = 3$ über $\mathcal{V}$.

Das Flächenintegral auf der *rechten* Seite des Gauß'schen Satzes (9.53) folgt wegen der sphärischen Symmetrie der Vektorfunktion $\mathbf{f}(\mathbf{x}) = \mathbf{x}$ sofort aus dem Flächeninhalt $|\partial\mathcal{V}| = 4\pi R^2$ der Kugeloberfläche:

$$\int_{\partial\mathcal{V}} d\mathbf{S} \cdot \mathbf{f} = \int_{\{|\mathbf{x}|=R\}} dS\,\hat{\mathbf{n}} \cdot \mathbf{x} = R \int_{\{|\mathbf{x}|=R\}} dS = 4\pi R^3 \ .$$

Da die Kugel $\mathcal{V}$ positiv orientiert ist, ist die Jacobi-Determinante in (9.51) positiv: $J_\mathbf{x}(v) = |J_\mathbf{x}(v)|$, sodass das Volumenintegral über $\mathcal{V}$ auf der *linken* Seite von (9.53) einfach durch das entsprechende Riemann-Integral gegeben ist:

$$\int_{\mathcal{V}} d^3x \ (\boldsymbol{\nabla} \cdot \mathbf{f})(\mathbf{x}) = 3 \int_{\mathcal{V}} d^3x = 3 \cdot \tfrac{4}{3}\pi R^3 = 4\pi R^3 \ .$$

Wir stellen fest, dass beide Seiten des Gauß'schen Satzes für dieses Beispiel tatsächlich gleich sind.

Parametrisierung eines Kugelsegments

Dieses erste Beispiel war aber fast zu einfach: Sämtliche Feinheiten des Gauß'schen Satzes und der ihm zugrunde liegenden Parametrisierung sind in diesem Beispiel untergegangen. Insbesondere fällt auf, dass die Kugeloberfläche nur aus einer einzelnen glatten Fläche $\partial\mathcal{V} = \{|\mathbf{x}| = R\}$ besteht und die anderen fünf Seitenflächen in der allgemeinen Formulierung (s. Abb. 9.20) nicht explizit in Erscheinung treten.

Wir möchten uns daher die Parametrisierung einer Kugel bzw. eines Kugelsegments etwas genauer ansehen. Eine mögliche Parametrisierung eines *positiv* orientierten Kugelsegments ist:

$$\mathbf{x}(v) = v_1 \begin{pmatrix} \cos(v_3)\sin(v_2) \\ \sin(v_3)\sin(v_2) \\ \cos(v_2) \end{pmatrix} \ . \tag{9.65}$$

Die Variablen (v_1, v_2, v_3) entsprechen hierbei grundsätzlich den Kugelkoordinaten (r, ϑ, φ). Führt man, wie in Gleichung (9.50), die Hilfsvektoren $\frac{\partial \mathbf{x}}{\partial v_i} \equiv \mathbf{s}_i$ ein, so kann man die Jacobi-Determinante der Abbildung $\mathbf{x}(v)$ als

$$J_\mathbf{x}(v) = \det(\mathbf{s}_1\,\mathbf{s}_2\,\mathbf{s}_3) = \mathbf{s}_1 \cdot (\mathbf{s}_2 \times \mathbf{s}_3) = v_1^2 \sin(v_2) \geq 0$$

berechnen. Da $J_\mathbf{x}(v)$ positiv ist, ist die Kugel $\mathcal{V}$ in der Tat positiv orientiert. Falls man statt der positiv orientierten Kugel eine Kugel mit negativer Orientierung beschreiben möchte (d.h. mit $J_\mathbf{x}(v) \leq 0$ und *einwärts* gerichtetem Normalenvektor), muss man in (9.65) lediglich die Rollen der Variablen v_2 und v_3 vertauschen oder alternativ – analog zu (9.52) – die Variable v_3 durch $2\pi - v_3$ ersetzen.

Das obige Beispiel der positiv orientierten Kugel $\mathcal{V} = \{\mathbf{x} \,|\, |\mathbf{x}| \leq R\}$ entspricht bei der Parametrisierung (9.65) den Parameterwerten

$$v \in \mathcal{Q}_+ = [0, R] \times [0, \pi] \times [0, 2\pi] \ . \tag{9.66}$$

Von den sechs Seitenflächen in Abb. 9.20 trägt also effektiv nur die eine Seitenfläche $\{v_1 = R\}$ zur Parametrisierung der Kugeloberfläche $\partial\mathcal{V} = \{|\mathbf{x}| = R\}$ bei. Die anderen fünf Seitenflächen sind aus verschiedenen Gründen verloren gegangen: Die

Seitenfläche $\{v_1 = 0\}$ wurde auf den Punkt $\{\mathbf{x} = \mathbf{0}\}$ abgebildet. Die zwei Seitenflächen $\{v_2 = 0\}$ und $\{v_2 = \pi\}$ wurden auf die zwei endlichen eindimensionalen Strecken $\{\mathbf{x} = \lambda\hat{\mathbf{e}}_3 \,|\, 0 \leq \lambda \leq R\}$ bzw. $\{\mathbf{x} = \lambda\hat{\mathbf{e}}_3 \,|\, -R \leq \lambda \leq 0\}$ abgebildet. Schließlich wurden die zwei Seitenflächen $\{v_3 = 0\}$ und $\{v_3 = 2\pi\}$ beide auf *denselben* Halbkreis $\{|\mathbf{x}| \leq R \,|\, x_2 = 0, \, x_1 \geq 0\}$ im Kugelinneren abgebildet, sodass auch von diesem Beitrag an der Kugeloberfläche nur ein eindimensionaler Halbkreisrand (der „Nullmeridian" $\{\mathbf{x} \,|\, x_1 \geq 0, \, x_2 = 0, \, |\mathbf{x}| = R\}$) sichtbar ist.

Um die volle Wirkung der Parametrisierung (9.65) zu verstehen, könnte man den Parameterbereich (9.66) wie folgt verallgemeinern:

$$\boxed{v \in \mathcal{Q}_+ = [\varepsilon, R] \times [\gamma, \pi - \delta] \times [\eta, 2\pi] \qquad (\varepsilon, \gamma, \delta, \eta > 0) \,.} \tag{9.67}$$

Der Parameterbereich (9.67) geht für $\varepsilon \downarrow 0$, $\gamma \downarrow 0$, $\delta \downarrow 0$ und $\eta \downarrow 0$ in den Parameterbereich (9.66) für die volle Kugel über. Der Parameter ε entspricht einer sphärischen Höhle $\{|\mathbf{x}| < \varepsilon\}$ im Kugelzentrum, die Parameter γ und δ entsprechen Bohrlöchern vom Nordpol ($v_2 = 0$) bzw. Südpol ($v_2 = \pi$) der Kugel zum Kugelmittelpunkt, und der Parameter η entspricht einem Schlitz in der Kugel vom Nullmeridian bis zur Polachse. In dieser Verallgemeinerung hat man also in der Tat sechs glatte Seitenflächen, von denen fünf im genannten Limes $\varepsilon \downarrow 0$, $\gamma \downarrow 0$, $\delta \downarrow 0$ und $\eta \downarrow 0$ nicht mehr zur Parametrisierung der Kugeloberfläche beitragen. Die Parametrisierung eines Kugelsegments ist somit im Einklang mit der allgemeinen Formulierung in den Gleichungen (9.48) und (9.49) bzw. in Abb. 9.20.

Integral über eine Halbkugel

Wir möchten nun sowohl das Integrationsvolumen als auch die zu integrierende Vektorfunktion etwas komplexer gestalten. Als weiteres Beispiel für die Wirkung des Gauß'schen Satzes (9.53) betrachten wir daher die Integration einer Vektorfunktion $\mathbf{f}(\mathbf{x})$ über die Oberfläche einer orientierten *Halb*kugel $\mathcal{V}$ mit nach außen gerichtetem Normalenvektor und vergleichen dieses Flächenintegral mit dem Volumenintegral von $\boldsymbol{\nabla} \cdot \mathbf{f}$ über $\mathcal{V}$. Konkret sind hierbei die Vektorfunktion $\mathbf{f}(\mathbf{x})$ durch

$$\mathbf{f}(\mathbf{x}) = \begin{pmatrix} x_1 x_3^2 \\ x_1^2 x_2 - x_3^3 \\ 2x_1 x_2 + x_2^2 x_3 \end{pmatrix} \quad , \quad (\boldsymbol{\nabla} \cdot \mathbf{f})(\mathbf{x}) = \mathbf{x}^2$$

und die orientierte Halbkugel sowie ihre Oberfläche $\partial\mathcal{V}$ durch

$$\mathcal{V} = \{\,\mathbf{x} \,|\, |\mathbf{x}| \leq R, \, x_3 \geq 0\,\} \quad , \quad \partial\mathcal{V} = \partial\mathcal{V}_1 \cup \partial\mathcal{V}_2$$
$$\partial\mathcal{V}_1 = \{\,\mathbf{x} \,|\, |\mathbf{x}| \leq R, \, x_3 = 0\,\} \quad , \quad \partial\mathcal{V}_2 = \{\,\mathbf{x} \,|\, |\mathbf{x}| = R, \, x_3 \geq 0\,\}$$

gegeben. Bemerkenswert an diesem Beispiel ist, dass die Divergenz $\boldsymbol{\nabla} \cdot \mathbf{f}$ des Vektorfeldes sphärisch symmetrisch ist und die Oberfläche $\partial\mathcal{V}$ der Halbkugel zwei strukturell unterschiedliche Komponenten $\partial\mathcal{V}_1$ und $\partial\mathcal{V}_2$ enthält: die Grundfläche und die halbe Kugelschale. Der nach außen gerichtete Normalenvektor ist auf diesen beiden Komponenten der Oberfläche durch

$$\hat{\mathbf{n}}(\mathbf{x}) = -\hat{\mathbf{e}}_3 \quad \text{auf} \quad \partial\mathcal{V}_1 \quad , \quad \hat{\mathbf{n}}(\mathbf{x}) = \hat{\mathbf{x}} \quad \text{auf} \quad \partial\mathcal{V}_2$$

gegeben. Wir verwenden die Parametrisierung (9.65) mit $J_\mathbf{x}(v) \geq 0$ und

$$v \in \mathcal{Q}_+ = [0, R] \times [0, \tfrac{\pi}{2}] \times [0, 2\pi] \ . \tag{9.68}$$

Vergleicht man (9.68) mit der allgemeinen Formulierung (9.67), so stellt man fest, dass die Halbkugel der Parameterwahl $\varepsilon = \gamma = \eta = 0$ und $\delta = \tfrac{\pi}{2}$ entspricht.

Die Berechnung der *linken* Seite des Gauß'schen Satzes (9.53), also des Volumenintegrals von $\boldsymbol{\nabla} \cdot \mathbf{f}$, ist wegen der sphärischen Symmetrie des Integranden recht einfach:

$$\int_\mathcal{V} d^3x \, (\boldsymbol{\nabla} \cdot \mathbf{f}) = \int_0^R dv_1 \int_0^{\pi/2} dv_2 \int_0^{2\pi} dv_3 \ \sin(v_2)v_1^4 = \tfrac{2\pi}{5}R^5 \ .$$

Wir möchten nun überprüfen, ob dieses Volumenintegral gleich dem entsprechenden Oberflächenintegral ist, wie es der Gauß'sche Satz vorhersagt.

Die Berechnung der *rechten* Seite von (9.53) kann in zwei Flächenintegrationen über $\partial\mathcal{V}_1$ und $\partial\mathcal{V}_2$ unterteilt werden. Hierbei ergibt die Berechnung des $\partial\mathcal{V}_1$-Beitrags null wegen der Antisymmetrie des Integranden:

$$\int_{\partial\mathcal{V}_1} d\mathbf{S} \cdot \mathbf{f} = \int_{|\mathbf{x}| \leq R} dx_1 dx_2 \ [-\hat{\mathbf{e}}_3 \cdot \mathbf{f}(x_1, x_2, 0)] = -2\int_{|\mathbf{x}| \leq R} dx_1 dx_2 \, x_1 x_2 = 0 \ .$$

Für den $\partial\mathcal{V}_2$-Beitrag erhalten wir zunächst wegen $\hat{\mathbf{n}} = \hat{\mathbf{x}} = \mathbf{x}/R$:

$$\int_{\partial\mathcal{V}_2} d\mathbf{S} \cdot \mathbf{f} = R^2 \int_{v_2 \leq \frac{\pi}{2}} d\Omega \ \left(\tfrac{1}{R}\mathbf{x}\right) \cdot \mathbf{f}$$

$$= R \int_{v_2 \leq \frac{\pi}{2}} d\Omega \ [x_1^2 x_3^2 + (x_1^2 x_2^2 - x_3^3 x_2) + (2x_1 x_2 x_3 + x_2^2 x_3^2)]$$

$$= R \int_{v_2 \leq \frac{\pi}{2}} d\Omega \ [x_1^2 x_3^2 + x_1^2 x_2^2 + x_2^2 x_3^2] \ .$$

Hierbei bezeichnet $\Omega \equiv (v_2, v_3)$ den üblichen Raumwinkel (nun allerdings in v-Koordinaten), und es gilt entsprechend $d\Omega = \sin(v_2)dv_2 dv_3$. Die rechte Seite der Gleichung kann mit der Substitution $x_3 \equiv R\cos(v_2)$ und der weiteren Substitution $\cos(v_2) \equiv y$ in elementarer Weise berechnet werden:

$$\int_{\partial\mathcal{V}_2} d\mathbf{S} \cdot \mathbf{f} = R\int_0^{\pi/2} dv_2 \ \sin(v_2)\int_0^{2\pi} dv_3 \ [R^2 x_3^2 - x_3^4 + R^4 \cos^2(v_3)\sin^2(v_3)\sin^4(v_2)]$$

$$= R^5\int_0^1 dy \ \int_0^{2\pi} dv_3 \ [y^2 - y^4 + \tfrac{1}{4}\sin^2(2v_3)(1 - y^2)^2]$$

$$= 2\pi R^5\int_0^1 dy \ [y^2 - y^4 + \tfrac{1}{8}(1 - y^2)^2] = 2\pi R^5\int_0^1 dy \ (\tfrac{1}{8} + \tfrac{3}{4}y^2 - \tfrac{7}{8}y^4)$$

$$= 2\pi R^5(\tfrac{1}{8} + \tfrac{1}{4} - \tfrac{7}{40}) = \tfrac{2\pi}{5}R^5 \ .$$

Das Ergebnis zeigt, dass linke und rechte Seite des Gauß'schen Satzes auch für diesen Spezialfall in der Tat gleich sind.

9.4.5 Der Gauß'sche Satz – ein singuläres Beispiel

Als weiteres Beispiel für die Wirkung des Gauß'schen Satzes (9.53) betrachten wir die Integration der Vektorfunktion

$$\mathbf{f}_\nu(\mathbf{x}) = |\mathbf{x}|^\nu \mathbf{x} \quad , \qquad \boldsymbol{\nabla} \cdot \mathbf{f}_\nu = (3 + \nu)|\mathbf{x}|^\nu$$

über die Oberfläche einer orientierten Kugel $\mathcal{V}$ mit Radius R und auswärts gerichtetem Normalenvektor, und wir vergleichen dieses Flächenintegral wiederum mit dem Volumenintegral von $\boldsymbol{\nabla} \cdot \mathbf{f}_\nu$ über $\mathcal{V}$. Besonders interessant an diesem Beispiel ist, dass wir *negative* ν-Werte (im Intervall $-3 < \nu < -1$) wählen werden und somit ein *singuläres* Vektorfeld $\mathbf{f}_\nu$ mit einer im Ursprung $\mathbf{x} = \mathbf{0}$ *singulären* Divergenz $\boldsymbol{\nabla} \cdot \mathbf{f}_\nu$ untersuchen können. Die Anwendbarkeit des Gauß'schen Satzes setzt die stetige Differenzierbarkeit des Vektorfelds $\mathbf{f}_\nu$ voraus, damit die Divergenz $\boldsymbol{\nabla} \cdot \mathbf{f}_\nu$ existiert, und man möchte verstehen, wie einschränkend diese Bedingung in der Praxis ist.[13] Das singuläre Vektorfeld $\mathbf{f}_\nu(\mathbf{x})$ ist in Abbildung 9.22 skizziert. Man beachte, dass das Vektorfeld $\mathbf{f}_\nu(\mathbf{x})$ radial ausgerichtet ist und dass der Betrag $|\mathbf{f}_\nu(\mathbf{x})|$ des Vektorfelds mit zunehmender Nähe zum Ursprung anwächst.

Bei der Behandlung des „singulären Beispiels" für die Wirkung des *Stokes'schen* Satzes in Abschnitt [9.3.6] haben wir bereits gelernt, dass es vorteilhaft ist, die Singularität, die sich hier im *Ursprung* befindet, zunächst aus dem Integrationsbereich auszuschließen und sie erst danach in einem Grenzwertprozess mitzuberücksichtigen (d.h. im Sinne eines uneigentlichen Integrals). Aus diesem Grund schneiden wir zunächst die kleine Kugel $\{\mathbf{x}\,|\,|\mathbf{x}| < \varepsilon\}$ mit $0 < \varepsilon/R \ll 1$ aus dem Integrationsbereich heraus und betrachten statt $\mathcal{V}$ die orientierte Kugel*schale*:

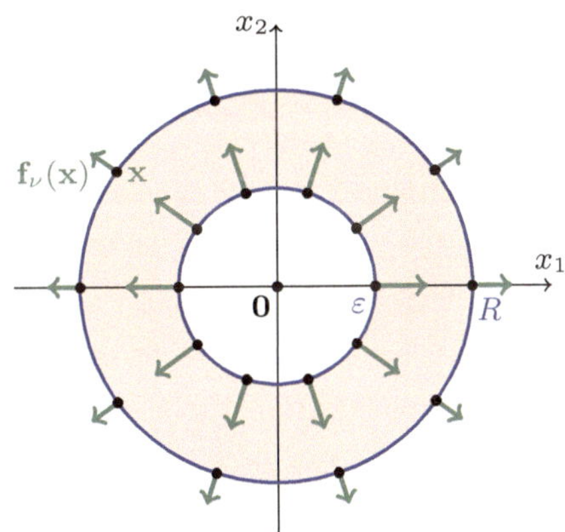

Abb. 9.22 Ein singuläres Beispiel für den Gauß'schen Satz

$$\mathcal{V}_\varepsilon = \big\{ \mathbf{x} \,\big|\, \varepsilon \le |\mathbf{x}| \le R \big\} \quad , \quad \partial\mathcal{V}_\varepsilon = \partial\mathcal{V}_1 \cup \partial\mathcal{V}_2$$

$$\partial\mathcal{V}_1 = \big\{ \mathbf{x} \,\big|\, |\mathbf{x}| = \varepsilon \big\} \quad , \quad \partial\mathcal{V}_2 = \big\{ \mathbf{x} \,\big|\, |\mathbf{x}| = R \big\}$$

mit auswärts gerichtetem Normalenvektor. Hierbei bedeutet „auswärts": *vom Gebiet wegzeigend*, sodass der Normalenvektor auf den beiden Komponenten $\partial\mathcal{V}_1$ und $\partial\mathcal{V}_2$ der Oberfläche durch

$$\hat{\mathbf{n}}(\mathbf{x}) = -\hat{\mathbf{x}} \quad \text{auf} \quad \partial\mathcal{V}_1 \quad , \qquad \hat{\mathbf{n}}(\mathbf{x}) = \hat{\mathbf{x}} \quad \text{auf} \quad \partial\mathcal{V}_2$$

gegeben ist. Abb. 9.22 zeigt einen Querschnitt des Integrationsbereichs durch den Ursprung $\mathbf{x} = \mathbf{0}$, wobei insbesondere dargestellt wird, dass eine Kugel mit Radius ε

---

[13]Punktteilchen in physikalischen Modellen gehen häufig mit singulären Kraftfeldern einher.

aus der orientierten Kugel mit Radius R herausgeschnitten wurde. Wir verwenden die Parametrisierung (9.65) mit $J_{\mathbf{x}}(v) \geq 0$ und

$$v \in \mathcal{Q}_+ = [\varepsilon, R] \times [0, \pi] \times [0, 2\pi] \qquad (0 < \varepsilon/R \ll 1) \; .$$

Im Vergleich zur allgemeinen Formulierung (9.67) wurden also die Parameterwerte $\gamma = \delta = \eta = 0$ und $\varepsilon > 0$ gewählt. Wie in den Gleichungen (9.50) und (9.65), führen wir wieder die Hilfsvektoren $\frac{\partial \mathbf{x}}{\partial v_i} \equiv \mathbf{s}_i$ ein.

Die *linke* Seite des Gauß'schen Satzes (9.53), also das Volumenintegral von $\boldsymbol{\nabla} \cdot \mathbf{f}_\nu$, lässt sich wegen der sphärischen Symmetrie des Integranden sehr einfach berechnen:

$$\int_{\mathcal{V}_\varepsilon} d^3x \, (\boldsymbol{\nabla} \cdot \mathbf{f}_\nu) = \int_{\mathcal{V}_\varepsilon} d^3x \, (3+\nu)|\mathbf{x}|^\nu = (3+\nu)\int_\varepsilon^R dv_1 \int_0^\pi dv_2 \int_0^{2\pi} dv_3 \; \sin(v_2)v_1^{2+\nu}$$

$$= 4\pi(v_1)^{3+\nu}\Big|_\varepsilon^R = 4\pi\left(R^{3+\nu} - \varepsilon^{3+\nu}\right) \; .$$

Wir überprüfen nun, ob dieses Volumenintegral gleich dem entsprechenden Oberflächenintegral ist, wie es der Gauß'sche Satz vorhersagt.

Die Berechnung der *rechten* Seite von Gleichung (9.53) kann in zwei Flächenintegrationen über $\partial \mathcal{V}_1$ und $\partial \mathcal{V}_2$ unterteilt werden. Diese beiden Flächen (mit $v_1 = \varepsilon$ bzw. $v_1 = R$) entsprechen den beiden Flächen $2+4$ in Abb. 9.20. Daher benötigen wir auch nur den Beitrag dieser beiden Flächen zu $\int_{\partial \mathcal{V}_\varepsilon} d\mathbf{S} \cdot \mathbf{f}_\nu$. Aus dem entsprechenden Ergebnis (9.62) lesen wir ab, dass in diesem Beispiel gilt:

$$\int_{\partial \mathcal{V}_\varepsilon} d\mathbf{S} \cdot \mathbf{f}_\nu = \int_{2+4} d\mathbf{S} \cdot \mathbf{f}_\nu = \int_0^\pi dv_2 \int_0^{2\pi} dv_3 \left[\left(\frac{\partial \mathbf{x}}{\partial v_2} \times \frac{\partial \mathbf{x}}{\partial v_3}\right) \cdot \mathbf{f}_\nu\right]\Bigg|_{v_1=\varepsilon}^{v_1=R}$$

$$= \int_0^\pi dv_2 \int_0^{2\pi} dv_3 \left[(\mathbf{s}_2 \times \mathbf{s}_3) \cdot \mathbf{f}_\nu\right]\Big|_{v_1=\varepsilon}^{v_1=R} \qquad \left(\mathbf{s}_i = \frac{\partial \mathbf{x}}{\partial v_i}\right)$$

$$= \int_0^\pi dv_2 \int_0^{2\pi} dv_3 \; \sin(v_2) \left[(v_1)^{3+\nu}\right]\Big|_{v_1=\varepsilon}^{v_1=R} = 4\pi\left(R^{3+\nu} - \varepsilon^{3+\nu}\right) \; .$$

Folglich erhält man auch hier für die linke und rechte Seite des Gauß'schen Satzes das gleiche Ergebnis. Dies ist allerdings nicht verwunderlich, da das Vektorfeld $\mathbf{f}_\nu$ in der Kugelschale keine Singularität enthält und die Voraussetzungen für den Gauß'schen Satz somit erfüllt sind.

Wir haben also bisher gelernt, dass der Gauß'sche Satz zumindest für die Kugelschale $\mathcal{V}_\varepsilon$ mit dem Rand $\partial \mathcal{V}_\varepsilon$ anwendbar ist und dass die beiden Seiten des Satzes konkret zu folgendem Ergebnis führen:

$$\int_{\mathcal{V}_\varepsilon} d^3x \, (\boldsymbol{\nabla} \cdot \mathbf{f}_\nu) = \int_{\partial \mathcal{V}_\varepsilon} d\mathbf{S} \cdot \mathbf{f}_\nu = 4\pi\left(R^{3+\nu} - \varepsilon^{3+\nu}\right) \; .$$

Die nächste zu beantwortende Frage lautet, ob der Satz trotz der Singularität im Vektorfeld auch für das ursprüngliche Integrationsvolumen $\mathcal{V}$ mit $\varepsilon = 0$ anwendbar ist, oder zumindest zum richtigen Ergebnis führt. Wir betrachten daher den Limes $\varepsilon \downarrow 0$. An dieser Stelle wird unsere Annahme sehr wichtig, dass der Exponent ν des singulären Vektorfelds $\mathbf{f}_\nu$ im Intervall $-3 < \nu < -1$ liegen soll. Für solche ν-Werte gilt nämlich $\varepsilon^{3+\nu} \to 0$ und somit:

$$\int_{\mathcal{V}} d^3x \, (\boldsymbol{\nabla} \cdot \mathbf{f}_\nu) = \lim_{\varepsilon \downarrow 0} \int_{\mathcal{V}_\varepsilon} d^3x \, (\boldsymbol{\nabla} \cdot \mathbf{f}_\nu) = \lim_{\varepsilon \downarrow 0} \int_{\partial \mathcal{V}_\varepsilon} d\mathbf{S} \cdot \mathbf{f}_\nu = 4\pi R^{3+\nu} \, .$$

Wir lernen daher, dass eine Singularität im Vektorfeld die Anwendbarkeit des Gauß'schen Satzes nicht notwendigerweise einschränkt, vorausgesetzt diese Singularität führt zu *integrierbaren* Beiträgen in den relevanten Volumen- bzw. Flächenintegralen. Im folgenden Abschnitt betrachten wir den Limes $\nu \downarrow -3$ und zeigen, dass dieser (analog zur Herleitung der zweidimensionalen Deltafunktion im Rahmen des Stokes'schen Satzes) nun eine *drei*dimensionale Deltafunktion ergibt.

Die dreidimensionale Deltafunktion

Wir haben gerade gelernt, dass das Volumenintegral über die Kugel $\{\mathbf{x} \,|\, |\mathbf{x}| \leq \varepsilon\}$ für alle Exponenten ν im Intervall $-3 < \nu < -1$ einen endlichen Wert hat:

$$\int_{\{|\mathbf{x}| \leq \varepsilon\}} d^3x \, (\boldsymbol{\nabla} \cdot \mathbf{f}_\nu) = \int_{\mathcal{V}} d^3x \, (\boldsymbol{\nabla} \cdot \mathbf{f}_\nu) - \int_{\mathcal{V}_\varepsilon} d^3x \, (\boldsymbol{\nabla} \cdot \mathbf{f}_\nu) = 4\pi \varepsilon^{3+\nu} \, ,$$

der für festes ν im Limes $\varepsilon \downarrow 0$ gegen null strebt:

$$\lim_{\varepsilon \downarrow 0} \int_{\{|\mathbf{x}| \leq \varepsilon\}} d^3x \, (\boldsymbol{\nabla} \cdot \mathbf{f}_\nu) = \lim_{\varepsilon \downarrow 0} 4\pi \varepsilon^{3+\nu} = 0 \qquad (-3 < \nu < -1 \text{ fest}) \, .$$

Andererseits stellen wir fest, dass das Volumenintegral über die Kugel $\{\mathbf{x} \,|\, |\mathbf{x}| \leq \varepsilon\}$ im Limes $\nu \downarrow -3$ bei festem $\varepsilon > 0$ durchaus einen *endlichen* Wert hat:

$$\lim_{\nu \downarrow -3} \int_{\{|\mathbf{x}| \leq \varepsilon\}} d^3x \, \frac{(\boldsymbol{\nabla} \cdot \mathbf{f}_\nu)}{4\pi} = \lim_{\nu \downarrow -3} \varepsilon^{3+\nu} = 1 \qquad (\varepsilon > 0 \text{ fest}) \, . \tag{9.69}$$

Hieraus folgt erstens, dass die Grenzwertprozesse $\varepsilon \downarrow 0$ und $\nu \downarrow -3$ nicht vertauschbar sind. Zweitens lernen wir – und dies ist noch interessanter –, dass Gleichung (9.69) für *alle* $\varepsilon > 0$ gilt und die Funktion $\frac{1}{4\pi} \boldsymbol{\nabla} \cdot \mathbf{f}_{-3}$ für $\nu = -3$ sogar bei Integration über eine beliebig kleine Kugel $\{\mathbf{x} \,|\, |\mathbf{x}| \leq \varepsilon\}$ ein Gewicht von eins hat! Dies ist umso erstaunlicher, als für $\nu = -3$ für alle $\mathbf{x} \neq \mathbf{0}$ gilt: $\boldsymbol{\nabla} \cdot \mathbf{f}_\nu = (3+\nu)r^\nu = 0$, sodass die Funktion $\frac{1}{4\pi} \boldsymbol{\nabla} \cdot \mathbf{f}_{-3}$ *außerhalb* dieser Kugel überhaupt kein Gewicht hat.

Ein Vergleich mit (8.20) zeigt nun, dass die Funktion $\frac{1}{4\pi} \boldsymbol{\nabla} \cdot \mathbf{f}_{-3}$ für $\nu = -3$ genau der *drei*dimensionalen „Deltafunktion" entspricht, die in Kapitel [8] eingeführt und dort als $\delta(\mathbf{x})$ bezeichnet wurde:

$$\boxed{\delta(\mathbf{x}) \equiv \frac{1}{4\pi} \boldsymbol{\nabla} \cdot \mathbf{f}_{-3} \quad , \quad \int_{\{|\mathbf{x}| \leq \varepsilon\}} d^3x \, \delta(\mathbf{x}) \overset{!}{=} 1 \, .} \tag{9.70}$$

Auch in diesem Fall stellen wir fest, dass die Deltafunktion nur in einem Grenzwertprozess und nur über ihre Integrale (Erwartungswerte) definiert werden kann:

$$\int_{\{|\mathbf{x}| \leq \varepsilon\}} d^3x \, \delta(\mathbf{x}) \equiv \lim_{\nu \downarrow -3} \int_{\{|\mathbf{x}| \leq \varepsilon\}} d^3x \, \frac{(\boldsymbol{\nabla} \cdot \mathbf{f}_\nu)}{4\pi} = \lim_{\nu \downarrow -3} \varepsilon^{3+\nu} = 1 \, .$$

Wichtig ist wiederum, dass der Grenzwert $\nu \downarrow -3$ erst durchgeführt wird, *nachdem* das Integral für $\nu > -3$ berechnet wurde. Analog kann man Integrale berechnen, die das Produkt von $\delta(\mathbf{x})$ mit einer anderen, glatten Funktion $g(\mathbf{x})$ enthalten. Wir zeigen, dass das Ergebnis solcher Integrale gleich $g(\mathbf{0})$ ist: Hierzu betrachten wir eine Funktionenfolge der Form $\{\frac{1}{4\pi}(\mathbf{\nabla} \cdot \mathbf{f}_\nu)\}$ im Limes $\nu \downarrow -3$ und verwenden, dass die glatte Funktion $g(\mathbf{x})$ für $\mathbf{x} \to \mathbf{0}$ wie folgt entwickelt werden kann: $g(\mathbf{x}) = g(\mathbf{0}) + \mathbf{x} \cdot (\mathbf{\nabla} g)(\mathbf{0}) + \cdots$. Für $\nu \downarrow -3$ trägt nur die direkte Umgebung des Ursprungs zu den Integrationen bei, da nur dort $(\mathbf{\nabla} \cdot \mathbf{f}_\nu)(\mathbf{x}) = (3 + \nu)\,[r(\mathbf{x})]^\nu$ groß werden kann. Folglich kann man in den Integrationen $g(\mathbf{x})$ durch $g(\mathbf{0})$ ersetzen:

$$\int_{\{|\mathbf{x}| \leq \varepsilon\}} d^3x\, g(\mathbf{x})\delta(\mathbf{x}) = \lim_{\nu \downarrow -3} \int_{\{|\mathbf{x}| \leq \varepsilon\}} d^3x\, g(\mathbf{x}) \frac{(\mathbf{\nabla} \cdot \mathbf{f}_\nu)(\mathbf{x})}{4\pi}$$

$$= \lim_{\nu \downarrow -3} \int_{\{|\mathbf{x}| \leq \varepsilon\}} d^3x\, \frac{g(\mathbf{x})}{4\pi}(3 + \nu)|\mathbf{x}|^\nu = \frac{g(\mathbf{0})}{4\pi} \lim_{\nu \downarrow -3} \int_{\{|\mathbf{x}| \leq \varepsilon\}} d^3x\, (3 + \nu)|\mathbf{x}|^\nu$$

$$= g(\mathbf{0}) \lim_{\nu \downarrow -3} v_1^{\nu+3}\Big|_0^\varepsilon = g(\mathbf{0}) \lim_{\nu \downarrow -3} \varepsilon^{\nu+3} = g(\mathbf{0})\ .$$

Das Ergebnis der Integration ist also wie erwartet durch den Funktionswert $g(\mathbf{0})$ der Funktion $g(\mathbf{x})$ im Ursprung gegeben. Folglich besitzt die in (9.70) definierte Größe $\delta(\mathbf{x})$ in der Tat die grundlegende Eigenschaft (8.20) der dreidimensionalen Deltafunktion.

Wie bereits in Gleichung (5.21) in Kapitel [5] erwähnt, kann die dreidimensionale Deltafunktion $\delta(\mathbf{x})$ als physikalisches Modell für eine in $\mathbf{x} = \mathbf{0}$ angesiedelte Punktladung interpretiert werden. Hat dieses Punktteilchen die Ladung q, so ist seine Ladungs*dichte* durch $q\delta(\mathbf{x})$ gegeben. In diesem Modell ist $q\mathbf{f}_{-3}(\mathbf{x})$ proportional zum *elektrischen Feld*, das von dieser Ladung hervorgerufen wird, und die Gleichung $(\mathbf{\nabla} \cdot \mathbf{f}_{-3})(\mathbf{x}) = 4\pi\,\delta(\mathbf{x})$ entspricht einer der Maxwell-Gleichungen der Elektrostatik.

Der Satz von Helmholtz

Im vorigen Abschnitt wurde für die Funktionen $\mathbf{f}_\nu(\mathbf{x}) = |\mathbf{x}|^\nu\mathbf{x}$ gezeigt, dass ihre Divergenz $\mathbf{\nabla} \cdot \mathbf{f}_\nu = (3 + \nu)|\mathbf{x}|^\nu$ (dividiert durch 4π) im Limes $\nu \downarrow -3$ gegen die dreidimensionale Deltafunktion strebt. Da die Funktion $\mathbf{f}_\nu(\mathbf{x}) = |\mathbf{x}|^\nu\mathbf{x}$ selbst jedoch gleich dem *Gradienten* der skalaren Funktion $\frac{1}{\nu+2}|\mathbf{x}|^{\nu+2}$ ist:

$$\mathbf{f}_\nu(\mathbf{x}) = |\mathbf{x}|^\nu\mathbf{x} = \tfrac{1}{\nu+2} \mathbf{\nabla}|\mathbf{x}|^{\nu+2}$$

und $\mathbf{\nabla} \cdot \mathbf{\nabla}$ gleich dem Laplace-Operator $\Delta = \partial_1^2 + \partial_2^2 + \partial_3^2$ ist, kann man insgesamt schreiben:

$$\lim_{\nu \downarrow -3} \frac{(\mathbf{\nabla} \cdot \mathbf{f}_\nu)}{4\pi} = \lim_{\nu \downarrow -3} \frac{\Delta|\mathbf{x}|^{\nu+2}}{4\pi(\nu + 2)} = \Delta\left(-\frac{1}{4\pi|\mathbf{x}|}\right) = \delta(\mathbf{x})\ . \tag{9.71}$$

Wir haben somit die wichtige Identität $\Delta\left(-\frac{1}{4\pi|\mathbf{x}|}\right) = \delta(\mathbf{x})$ kennengelernt. Aufgrund dieser Identität wird die Funktion $-\frac{1}{4\pi|\mathbf{x}|}$ als die *Grundlösung der dreidimensionalen Laplace-Gleichung* bezeichnet. Wie immer bei der Deltafunktion gilt diese

Identität allerdings nur, wenn die verschiedenen Glieder dieser Gleichungskette in Integralen auftreten (mit dem Limes $\nu \downarrow -3$ *vor* dem jeweiligen Integral). Wir werden diese Identität hier dazu verwenden, den sogenannten *Satz von Helmholtz* nachzuweisen.[14]

Der Satz von Helmholtz versucht, die Frage zu beantworten, ob ein Vektorfeld $\mathbf{a}$ aus seiner Divergenz $\nabla \cdot \mathbf{a}$ und seiner Rotation $\nabla \times \mathbf{a}$ rekonstruiert werden kann. Falls die Frage so allgemein formuliert wird, lautet die Antwort jedoch: „Ganz sicher nicht!", denn für jedes konstante (ortsunabhängige) Vektorfeld $\bar{\mathbf{a}}$ gilt $(\nabla \cdot \bar{\mathbf{a}})(\mathbf{x}) = 0$ und $(\nabla \times \bar{\mathbf{a}})(\mathbf{x}) = \mathbf{0}$, sodass dieses Feld aus der bloßen Information $\nabla \cdot \mathbf{a} = 0$ und $\nabla \times \mathbf{a} = \mathbf{0}$ sicher nicht eindeutig rekonstruiert werden könnte. Wir müssen daher zusätzlich fordern, dass das Vektorfeld für große Argumente hinreichend schnell gegen null strebt:

$$|\mathbf{a}(\mathbf{x})| = o\big(|\mathbf{x}|^{-1}\big) \qquad (|\mathbf{x}| \to \infty) \, . \tag{9.72}$$

Unter dieser Bedingung bleibt z.B. aus der Klasse der ortsunabhängigen Vektorfelder $\{\bar{\mathbf{a}}\}$ nur ein einziger Kandidat übrig, nämlich $\bar{\mathbf{a}} = \mathbf{0}$.

Wir betrachten nun ein Vektorfeld $\mathbf{a}(\mathbf{x})$, das stetig differenzierbar sein soll, damit seine Divergenz $(\nabla \cdot \mathbf{a})(\mathbf{x})$ und seine Rotation $(\nabla \times \mathbf{a})(\mathbf{x})$ stetig und somit Riemann-integrierbar sind. Wir fordern die Bedingung (9.72), damit die im Folgenden auftretenden Integrale konvergieren. Ansonsten kann das Vektorfeld $\mathbf{a}(\mathbf{x})$ beliebig gewählt werden. Der Satz von Helmholtz besagt nun, dass ein solches Vektorfeld wie folgt als Summe eines Gradienten und einer Rotation geschrieben werden kann:

$$\mathbf{a}(\mathbf{x}) = -\nabla \int d^3 x' \, \frac{(\nabla \cdot \mathbf{a})(\mathbf{x}')}{4\pi \, |\mathbf{x} - \mathbf{x}'|} + \nabla \times \int d^3 x' \, \frac{(\nabla \times \mathbf{a})(\mathbf{x}')}{4\pi \, |\mathbf{x} - \mathbf{x}'|} \, . \tag{9.73}$$

Der Satz beantwortet die oben angesprochene Frage also explizit positiv und auch konstruktiv, da er angibt, wie das Vektorfeld $\mathbf{a}$ konkret aus der vorgegebenen Divergenz $\nabla \cdot \mathbf{a}$ und der vorgegebenen Rotation $\nabla \times \mathbf{a}$ zu rekonstruieren ist. Der erste Term auf der rechten Seite von Gleichung (9.73) ist *wirbelfrei* (oder auch *rotationsfrei*), da seine Rotation null ist: $\nabla \times \nabla = \mathbf{0}$. Der zweite Term auf der rechten Seite von (9.73) ist *quellenfrei* (oder auch *divergenzfrei*), da seine Divergenz null ist: $\nabla \cdot (\nabla \times \mathbf{b}) = 0$ für alle zweimal stetig differenzierbaren Vektorfelder $\mathbf{b}(\mathbf{x})$. Folglich stellt der Helmholtz'sche Satz auch eine Vorschrift dafür bereit, wie ein beliebiges Vektorfeld, das die Voraussetzung (9.72) erfüllt, als Summe eines *wirbelfreien* und eines *divergenzfreien* Anteils geschrieben werden kann.

Weitere Konsequenzen des Helmholtz'schen Satzes   Der Satz (9.73) liefert weitere wichtige Informationen, die u.a. für die Elektrodynamik sehr wertvoll sind. Nehmen wir an, man weiß, dass das Vektorfeld $\mathbf{a}$ die Bedingung (9.72) erfüllt und die *Rotation* des Vektorfelds null ist: $\nabla \times \mathbf{a} = \mathbf{0}$. Die Divergenz $\nabla \cdot \mathbf{a} \neq 0$ sei vorgegeben. In diesem Fall teilt der Helmholtz'sche Satz (9.73) uns mit, dass das

---

[14]Obwohl dieser Satz bereits 1849 von G.G. Stokes (1819 - 1903) formuliert wurde, wird er üblicherweise nach dem Physiker-Physiologen Hermann von Helmholtz (1821 - 1894) benannt, der ihn 1858 entdeckte. Der Satz wird alternativ als „Fundamentalsatz der Vektoranalysis" bezeichnet.

Vektorfeld $\mathbf{a}$ aus einem *Skalar*feld Φ („Potential") hergeleitet werden kann:

$$\mathbf{a}(\mathbf{x}) = -(\boldsymbol{\nabla}\Phi)(\mathbf{x}) \quad , \qquad \Phi(\mathbf{x}) \equiv \int d^3x' \, \frac{(\boldsymbol{\nabla}\cdot\mathbf{a})(\mathbf{x}')}{4\pi\,|\mathbf{x}-\mathbf{x}'|} \, .$$

Nehmen wir alternativ an, dass das Vektorfeld $\mathbf{a}$ die Bedingung (9.72) erfüllt und die *Divergenz* des Vektorfelds null ist: $\boldsymbol{\nabla}\cdot\mathbf{a} = 0$. Nun sei die Rotation $\boldsymbol{\nabla}\times\mathbf{a} \neq \mathbf{0}$ vorgegeben. In diesem Fall folgt aus dem Helmholtz'schen Satz (9.73), dass das Vektorfeld $\mathbf{a}$ aus einem *Vektor*feld $\mathbf{A}$ („Vektorpotential") hergeleitet werden kann:

$$\mathbf{a}(\mathbf{x}) = \boldsymbol{\nabla}\times\mathbf{A} \quad , \qquad \mathbf{A} \equiv \int d^3x' \, \frac{(\boldsymbol{\nabla}\times\mathbf{a})(\mathbf{x}')}{4\pi\,|\mathbf{x}-\mathbf{x}'|} \, .$$

Diese Ergebnisse sind in der Elektrodynamik besonders nützlich, wo die Dynamik der elektromagnetischen Felder durch vier Maxwell-Gleichungen beschrieben wird. Insbesondere erfüllt das Magnetfeld $\mathbf{B}(\mathbf{x},t)$, das orts- und zeitabhängig ist, die Maxwell-Gleichung $\boldsymbol{\nabla}\cdot\mathbf{B} = 0$, ist also *divergenzfrei*. Der Satz von Helmholtz zeigt, dass das Magnetfeld generell[15] durch ein Vektorpotential $\mathbf{A}(\mathbf{x},t)$ beschrieben werden kann: $\mathbf{B} = \boldsymbol{\nabla}\times\mathbf{A}$. Außerdem erfüllen $\mathbf{B}(\mathbf{x},t)$ und das elektrische Feld $\mathbf{E}(\mathbf{x},t)$ zusammen die weitere Maxwell-Gleichung $\boldsymbol{\nabla}\times\mathbf{E} + \frac{\partial}{\partial t}\mathbf{B} = \mathbf{0}$, die wegen $\mathbf{B} = \boldsymbol{\nabla}\times\mathbf{A}$ auch als $\boldsymbol{\nabla}\times\left(\mathbf{E}+\frac{\partial}{\partial t}\mathbf{A}\right) = \mathbf{0}$ geschrieben werden kann. Wir stellen fest, dass $\mathbf{E}+\frac{\partial}{\partial t}\mathbf{A}$ wirbelfrei ist und deshalb mit Hilfe eines skalaren Potentials beschrieben werden kann: $\mathbf{E}+\frac{\partial}{\partial t}\mathbf{A} = -\boldsymbol{\nabla}\Phi$. Es folgt $\mathbf{E} = -\boldsymbol{\nabla}\Phi - \frac{\partial}{\partial t}\mathbf{A}$, und wir können schließen, dass alle Information über die elektromagnetischen Felder $\mathbf{B}$ und $\mathbf{E}$ (mit insgesamt *sechs* Komponenten $\{B_i, E_j\}$) aufgrund der beiden genannten Maxwell-Gleichungen mit Hilfe eines skalaren Potentials Φ und eines Vektorpotentials $\mathbf{A}$ (mit lediglich *vier* Komponenten $\{\Phi, A_i\}$) zusammengefasst werden kann.

Beweis des Helmholtz'schen Satzes Wir zeigen nun die Gültigkeit des Helmholtz'schen Satzes (9.73). Hierzu verwenden wir die übliche Notation $\partial_i \equiv \frac{\partial}{\partial x_i}$ und $\partial_i' \equiv \frac{\partial}{\partial x_i'}$ für die Ableitungen nach den Variablen $\mathbf{x}$ bzw. nach den Integrationsvariablen $\mathbf{x}'$. Wir betrachten den Helmholtz'schen Satz (9.73) komponentenweise und möchten zeigen, dass die i-te Komponente der rechten Seite gleich der i-ten Komponente der linken Seite ist:

$$-\partial_i \int d^3x' \, \frac{(\partial_j' a_j)(\mathbf{x}')}{4\pi|\mathbf{x}-\mathbf{x}'|} + \varepsilon_{ijk}\,\partial_j\,\varepsilon_{klm}\int d^3x' \, \frac{(\partial_l' a_m)(\mathbf{x}')}{4\pi|\mathbf{x}-\mathbf{x}'|} \overset{?}{=} a_i(\mathbf{x}) \, .$$

Hierbei wird die Einstein-Konvention verwendet. Im Vorfaktor des zweiten Integrals auf der linken Seite benutzen wir nun die Identität $\varepsilon_{ijk}\varepsilon_{klm} = \delta_{il}\delta_{jm} - \delta_{im}\delta_{jl}$. Außerdem integrieren wir in beiden Integralen partiell. Hierbei gibt es keine Beiträge der Randterme, da die Funktionen $\mathbf{a}(\mathbf{x}')$ und $|\mathbf{x}-\mathbf{x}'|^{-1}$ am Rand (d.h. für $|\mathbf{x}'| = \infty$) null sind. Nach der partiellen Integration ist noch zu zeigen, dass gilt:

$$\partial_i \int d^3x' \, \frac{a_j(\mathbf{x}')}{4\pi} \, \partial_j'\frac{1}{|\mathbf{x}-\mathbf{x}'|} - (\delta_{il}\delta_{jm} - \delta_{im}\delta_{jl})\partial_j \int d^3x' \, \frac{a_m(\mathbf{x}')}{4\pi} \, \partial_l'\frac{1}{|\mathbf{x}-\mathbf{x}'|} \overset{?}{=} a_i(\mathbf{x}) \, .$$

---

[15]Die Voraussetzung (9.72) für die Anwendung des Helmholtz'schen Satzes ist in der Elektrodynamik immer erfüllt, da die in einem Experiment erzeugten elektromagnetischen Felder aufgrund der Endlichkeit der Lichtgeschwindigkeit immer räumlich beschränkt sind.

Zu diesem Zweck schreiben wir die partiellen Ableitungen innerhalb der beiden Integrale um mit Hilfe von:

$$\partial_j' \frac{1}{|\mathbf{x} - \mathbf{x}'|} = -\partial_j \frac{1}{|\mathbf{x} - \mathbf{x}'|} \; .$$

Diese Identität, die direkt aus der Kettenregel folgt, setzen wir nun ein und führen die j- und l-Summen im zweiten Integral auf der linken Seite aus. Nach diesen Schritten bleibt noch zu zeigen, dass gilt:

$$-\partial_i \partial_j \int d^3x' \; \frac{a_j(\mathbf{x}')}{4\pi|\mathbf{x} - \mathbf{x}'|} + \partial_j \partial_i \int d^3x' \; \frac{a_j(\mathbf{x}')}{4\pi|\mathbf{x} - \mathbf{x}'|} - \partial_j \partial_j \int d^3x' \; \frac{a_i(\mathbf{x}')}{4\pi|\mathbf{x} - \mathbf{x}'|} \stackrel{?}{=} a_i(\mathbf{x}) \; .$$

Die ersten beiden Integrale auf der linken Seite sind identisch, haben aber ein entgegengesetztes Vorzeichen, sodass sie sich exakt aufheben. Im dritten Integral ist $\partial_j \partial_j = \Delta$ gleich dem Laplace-Operator. Aus der Identität $\Delta\left(-\frac{1}{4\pi|\mathbf{x}|}\right) = \delta(\mathbf{x})$ in Gleichung (9.71) folgt schließlich, dass die komplette linke Seite der letzten Gleichung durch

$$\int d^3x' \; a_i(\mathbf{x}')\Delta\left(-\frac{1}{4\pi|\mathbf{x} - \mathbf{x}'|}\right) = \int d^3x' \; a_i(\mathbf{x}')\delta(\mathbf{x} - \mathbf{x}') \stackrel{!}{=} a_i(\mathbf{x})$$

ersetzt werden kann, womit der Helmholtz'sche Satz (9.73) tatsächlich nachgewiesen ist.

9.4.6 Konsequenzen des Gauß'schen Satzes

Als Konsequenzen des Gauß'schen Satzes dikutieren wir im Folgenden eine allgemeingültige Integraldarstellung der Divergenz und die Berechnung von $\boldsymbol{\nabla} \cdot \mathbf{f}$ in sphärischen Koordinaten sowie einige Identitäten für Integrale über orientierte geschlossene Flächen und die beiden Green'schen Sätze.

Integraldarstellung der Divergenz

Als erste Konsequenz des Gauß'schen Satzes diskutieren wir eine *Integraldarstellung* der Divergenz im Limes $|\mathcal{V}| \to 0$, d.h. für einen verschwindend geringen Volumeninhalt von $\mathcal{V}$. Um diese Integraldarstellung herzuleiten, zieht man das Volumen $\mathcal{V}$ in einen Punkt (hier: $\mathbf{x}_0$) zusammen, sodass die Integration $\int_{\mathcal{V}} d^3x$ auf der rechten Seite von (9.53) approximativ durch den (orientierten) Volumeninhalt $|\mathcal{V}|$ von $\mathcal{V}$ ersetzt werden kann:

$$\oint_{\partial\mathcal{V}} d\mathbf{S} \cdot \mathbf{f} = |\mathcal{V}|(\boldsymbol{\nabla} \cdot \mathbf{f}) \; .$$

Diese Approximation wird exakt im Limes $|\mathcal{V}| \to 0$, sodass man nach Division durch $|\mathcal{V}|$ eine Integraldarstellung der Divergenz erhält:

$$\boxed{(\boldsymbol{\nabla} \cdot \mathbf{f})(\mathbf{x}_0) = \lim_{\mathcal{V} \to \mathbf{x}_0} \frac{1}{|\mathcal{V}|} \int_{\partial\mathcal{V}} d\mathbf{S} \cdot \mathbf{f} \; .} \tag{9.74}$$

Diese Integraldarstellung[16] ist in der Praxis nützlich bei der Berechnung der Divergenz $\nabla \cdot \mathbf{f}$ in beliebigen orthogonalen Koordinatensystemen. Im nächsten Unterabschnitt diskutieren wir als Beispiel die Berechnung der Divergenz in sphärischen Koordinaten.

Anwendung: Divergenz in sphärischen Koordinaten

Wir haben gerade gelernt, dass die Divergenz $\nabla \cdot \mathbf{f}$ eines Vektorfeldes $\mathbf{f}(\mathbf{x})$ mit Hilfe von (9.74) in beliebigen orthogonalen Koordinatensystemen berechnet werden kann. Als Beispiel bestimmen wir hier die Divergenz in sphärischen Koordinaten. Diese Berechnung ist analog zur Bestimmung der Rotation in Kugelkoordinaten in Abschnitt [9.3.7].

Wir betrachten die rechte Seite der Integraldarstellung (9.74) der Divergenz. Da wir an einer Darstellung in Kugelkoordinaten interessiert sind, wählen wir, wie in Abschnitt [9.3.7], die Parametrisierung (9.45) für $\mathbf{x}(r, \vartheta, \varphi)$. Diese Parametrisierung legt auch die drei Basisvektoren $\hat{\mathbf{e}}_r$, $\hat{\mathbf{e}}_\vartheta$ und $\hat{\mathbf{e}}_\varphi$ fest, die ein rechtshändiges Orthonormalsystem bilden. Analog zu (9.46) definieren wir die Komponenten des Vektorfeldes $\bar{\mathbf{f}}(r, \vartheta, \varphi)$ als:

$$\bar{\mathbf{f}}(r, \vartheta, \varphi) \equiv \mathbf{f}(\mathbf{x}(r, \vartheta, \varphi)) \equiv \bar{f}_r \hat{\mathbf{e}}_r + \bar{f}_\vartheta \hat{\mathbf{e}}_\vartheta + \bar{f}_\varphi \hat{\mathbf{e}}_\varphi$$

mit $\bar{f}_r = \mathbf{f} \cdot \hat{\mathbf{e}}_r$, $\bar{f}_\vartheta = \mathbf{f} \cdot \hat{\mathbf{e}}_\vartheta$ und $\bar{f}_\varphi = \mathbf{f} \cdot \hat{\mathbf{e}}_\varphi$. Wir legen den Punkt $\mathbf{x}_0$ durch die Koordinaten (r, ϑ, φ) fest und definieren wiederum – wie bei der Berechnung der Rotation – die drei Flächen (mit $r^{-1}\Delta r \ll 1$, $\Delta\vartheta \ll 1$ und $\Delta\varphi \ll 1$):

$$\mathcal{F}_r \equiv \left\{ \mathbf{x}(r', \vartheta', \varphi') \,|\, r' = r\,, \ (\vartheta', \varphi') \in [\vartheta, \vartheta + \Delta\vartheta] \times [\varphi, \varphi + \Delta\varphi] \right\}$$

$$\mathcal{F}_\vartheta \equiv \left\{ \mathbf{x}(r', \vartheta', \varphi') \,|\, \vartheta' = \vartheta\,, \ (r', \varphi') \in [r, r + \Delta r] \times [\varphi, \varphi + \Delta\varphi] \right\}$$

$$\mathcal{F}_\varphi \equiv \left\{ \mathbf{x}(r', \vartheta', \varphi') \,|\, \varphi' = \varphi\,, \ (r', \vartheta') \in [r, r + \Delta r] \times [\vartheta, \vartheta + \Delta\vartheta] \right\}\,.$$

Als orientiertes Volumen $\mathcal{V}$ in (9.74) wählen wir das Gebiet, das durch die Flächen $\mathcal{F}_r$, $\mathcal{F}_{r+\Delta r}$, $\mathcal{F}_\vartheta$, $\mathcal{F}_{\vartheta+\Delta\vartheta}$, $\mathcal{F}_\varphi$ und $\mathcal{F}_{\varphi+\Delta\varphi}$ begrenzt wird. Dieses Gebiet hat approximativ (aber nicht exakt) die Form eines Quaders, da z.B. $\mathcal{F}_{r+\Delta r}$ einen geringfügig größeren Flächeninhalt als $\mathcal{F}_r$ hat, wobei das Verhältnis der Flächeninhalte $|\mathcal{F}_{r+\Delta r}|/|\mathcal{F}_r| = (r + \Delta r)^2/r^2$ beträgt. Das Volumen $\mathcal{V}$ soll positiv orientiert sein (mit auswärts gerichtetem Normalenvektor), sodass z.B. der Normalenvektor auf $\mathcal{F}_{r+\Delta r}$ durch $\hat{\mathbf{e}}_r$ und derjenige auf $\mathcal{F}_r$ durch $-\hat{\mathbf{e}}_r$ gegeben ist. Der Volumeninhalt von $\mathcal{V}$ ist approximativ $|\mathcal{V}| = r^2 \sin(\vartheta)\Delta r \Delta\vartheta \Delta\varphi$ (vergleiche Abb. 6.28).

Die Beiträge von $\mathcal{F}_{r+\Delta r}$ und $\mathcal{F}_r$ zum Integral auf der rechten Seite von (9.74) sind somit gegeben durch

$$\int_{\mathcal{F}_{r+\Delta r} \cup \mathcal{F}_r} d\mathbf{S} \cdot \mathbf{f} = |\mathcal{F}_{r+\Delta r}| f_r(r + \Delta r, \vartheta, \varphi) - |\mathcal{F}_r| f_r(r, \vartheta, \varphi) = \frac{\partial\, |\mathcal{F}_r| f_r}{\partial r}\Delta r\,,$$

---

[16]Gleichung (9.74) ist die präzise Formulierung für die Interpretation der Divergenz, die wir in Abschnitt [5.3.2] skizzierten. Wir argumentierten dort (s. auch Abb. 5.5), dass die Divergenz als „Strömungsverlust pro Volumen bei einem Strom durch eine Fläche" interpretiert werden kann. Gleichung (9.74) zeigt, dass die entsprechende „Stromdichte" konkret durch $\mathbf{f}$ gegeben ist, die Fläche durch $\partial\mathcal{V}$ und das Volumen durch $\mathcal{V}$. In physikalischen Anwendungen kann $\mathbf{f}$ eine reale Dichte (z.B. eine Teilchen- oder Ladungsstromdichte), aber auch z.B. ein elektrisches Feld darstellen.

die Beiträge von $\mathcal{F}_{\vartheta+\Delta\vartheta}$ und $\mathcal{F}_\vartheta$ durch

$$\int_{\mathcal{F}_{\vartheta+\Delta\vartheta}\cup\mathcal{F}_\vartheta} d\mathbf{S}\cdot\mathbf{f} = |\mathcal{F}_{\vartheta+\Delta\vartheta}|f_\vartheta(r,\vartheta+\Delta\vartheta,\varphi) - |\mathcal{F}_\vartheta|f_\vartheta(r,\vartheta,\varphi) = \frac{\partial\,|\mathcal{F}_\vartheta|f_\vartheta}{\partial\vartheta}\Delta\vartheta$$

und die Beiträge von $\mathcal{F}_{\varphi+\Delta\varphi}$ und $\mathcal{F}_\varphi$ durch

$$\int_{\mathcal{F}_{\varphi+\Delta\varphi}\cup\mathcal{F}_\varphi} d\mathbf{S}\cdot\mathbf{f} = |\mathcal{F}_{\varphi+\Delta\varphi}|f_\varphi(r,\vartheta,\varphi+\Delta\varphi) - |\mathcal{F}_\varphi|f_\varphi(r,\vartheta,\varphi) = \frac{\partial\,|\mathcal{F}_\varphi|f_\varphi}{\partial\varphi}\Delta\varphi\;.$$

Verwendet man $|\mathcal{V}| = r^2\sin(\vartheta)\Delta r\Delta\vartheta\Delta\varphi$, $|\mathcal{F}_r| = r^2\sin(\vartheta)\Delta\vartheta\Delta\varphi$, $|\mathcal{F}_\varphi| = r\Delta r\Delta\vartheta$ und $|\mathcal{F}_\vartheta| = r\sin(\vartheta)\Delta r\Delta\varphi$, erhält man insgesamt für die rechte Seite von (9.74):

$$(\boldsymbol{\nabla}\cdot\mathbf{f})(\mathbf{x}_0) = \lim_{\mathcal{V}\to\mathbf{x}_0}\frac{1}{|\mathcal{V}|}\left[\frac{\partial\,|\mathcal{F}_r|f_r}{\partial r}\Delta r + \frac{\partial\,|\mathcal{F}_\vartheta|f_\vartheta}{\partial\vartheta}\Delta\vartheta + \frac{\partial\,|\mathcal{F}_\varphi|f_\varphi}{\partial\varphi}\Delta\varphi\right]$$

und daher:

$$\boxed{(\boldsymbol{\nabla}\cdot\mathbf{f})(\mathbf{x}_0) = \frac{1}{r^2}\frac{\partial\,r^2 f_r}{\partial r} + \frac{1}{r\sin(\vartheta)}\frac{\partial\,\sin(\vartheta)f_\vartheta}{\partial\vartheta} + \frac{1}{r\sin(\vartheta)}\frac{\partial f_\varphi}{\partial\varphi}\;,}$$

wobei der Limes $\mathcal{V}\to\mathbf{x}_0$ in der ersten Zeile die drei Grenzwertprozesse $r^{-1}\Delta r\to 0$, $\Delta\vartheta\to 0$ und $\Delta\varphi\to 0$ beinhaltet. Damit ist die Divergenz in sphärischen Koordinaten explizit bekannt. Auch dies ist ein sehr wichtiges Ergebnis.

Integrale über orientierte geschlossene Flächen

Eine weitere Konsequenz des Gauß'schen Satzes ist, dass Integrale über *orientierte geschlossene Flächen* exakt gleich null sind. Analog zur Konsequenz (9.31) des Stokes'schen Satzes folgt dies daraus, dass man jeden Vektor, insbesondere also auch den infinitesimalen Vektor $d\mathbf{S}$, mit Hilfe der Basisvektoren des Ortsraums aufspannen kann:

$$d\mathbf{S} = \sum_{i=1}^{3}\hat{\mathbf{e}}_i\,(d\mathbf{S}\cdot\hat{\mathbf{e}}_i)\;,$$

sodass man insgesamt

$$\boxed{\oint_{\partial\mathcal{V}} d\mathbf{S} = \sum_{i=1}^{3}\hat{\mathbf{e}}_i\oint_{\partial\mathcal{V}} d\mathbf{S}\cdot\hat{\mathbf{e}}_i = \sum_{i=1}^{3}\hat{\mathbf{e}}_i\int_{\mathcal{V}} d^3x\,(\boldsymbol{\nabla}\cdot\hat{\mathbf{e}}_i) = \mathbf{0}}$$

für das Integral über eine orientierte geschlossene Fläche erhält.

Außerdem kann man zeigen, dass Integrale von $\boldsymbol{\nabla}\times\mathbf{f}$ über *orientierte geschlossene Flächen* null sind:

$$\oint_{\partial\mathcal{V}} d\mathbf{S}\cdot(\boldsymbol{\nabla}\times\mathbf{f}) = \int_{\mathcal{V}} d^3x\,\boldsymbol{\nabla}\cdot(\boldsymbol{\nabla}\times\mathbf{f}) = 0\;.$$

Diese Identität ist jedoch nicht neu, da sie uns bereits aufgrund des Stokes'schen Satzes bekannt ist, siehe Gleichung (9.32). Bei Anwendung des Gauß'schen Satzes folgt sie direkt aus Gleichung (5.29).

Erster Green'scher Satz

Aus dem Gauß'schen Satz folgen zwei Sätze, die auf den englischen Mathematischen Physiker George Green (1793 - 1841) zurückgehen.[17] Beide Sätze verwenden den Begriff „Normalableitung", der durch $\frac{\partial \nu}{\partial n} \equiv (\hat{\mathbf{n}} \cdot \boldsymbol{\nabla})\nu$ definiert ist und die Ableitung in Richtung des Normalenvektors bezeichnet. Den *ersten Satz von Green* leitet man her, indem man zwei (zweimal differenzierbare) Skalarfelder μ und ν betrachtet und auf der rechten Seite des Gauß'schen Satzes $\mathbf{f} = \mu\boldsymbol{\nabla}\nu$ einsetzt. Es folgt dann:

$$\int_{\mathcal{V}} d^3x \, [(\boldsymbol{\nabla}\mu) \cdot (\boldsymbol{\nabla}\nu) + \mu\Delta\nu] = \int_{\mathcal{V}} d^3x \, \boldsymbol{\nabla} \cdot (\mu\boldsymbol{\nabla}\nu) = \oint_{\partial\mathcal{V}} d\mathbf{S} \cdot (\mu\boldsymbol{\nabla}\nu)$$

$$= \oint_{\partial\mathcal{V}} dS \, \mu \, (\hat{\mathbf{n}} \cdot \boldsymbol{\nabla})\nu \equiv \oint_{\partial\mathcal{V}} dS \, \mu \frac{\partial \nu}{\partial n} \, . \qquad (9.75)$$

Im ersten Schritt wurde die Identität (5.22) mit $\lambda = \mu$ und $\mathbf{f} = \boldsymbol{\nabla}\nu$ verwendet, im zweiten Schritt wurde das Volumenintegral mit Hilfe des Gauß'schen Satzes in ein Flächenintegral umgewandelt, im dritten Schritt wurde der Normalenvektor gemäß $d\mathbf{S} = dS\,\hat{\mathbf{n}}$ eingeführt, und im letzten Schritt wurde $(\hat{\mathbf{n}} \cdot \boldsymbol{\nabla})\nu$ durch die gerade definierte Normalableitung $\frac{\partial \nu}{\partial n}$ ersetzt. Die Identität der linken und der rechten Seite dieser Gleichungskette stellt den ersten Satz von Green dar.

Zweiter Green'scher Satz

Den *zweiten Satz von Green* erhält man aus dem ersten Green'schen Satz, indem man die Skalarfelder μ und ν vertauscht:

$$\int_{\mathcal{V}} d^3x \, [(\boldsymbol{\nabla}\mu) \cdot (\boldsymbol{\nabla}\nu) + \nu\Delta\mu] = \oint_{\partial\mathcal{V}} dS \, \nu \frac{\partial \mu}{\partial n}$$

und beide Identitäten voneinander abzieht, sodass sich die Terme der Struktur $(\boldsymbol{\nabla}\mu) \cdot (\boldsymbol{\nabla}\nu)$ in beiden Gleichungen gegenseitig aufheben:

$$\boxed{\int_{\mathcal{V}} d^3x \, (\mu\Delta\nu - \nu\Delta\mu) = \oint_{\partial\mathcal{V}} dS \left(\mu\frac{\partial \nu}{\partial n} - \nu\frac{\partial \mu}{\partial n} \right) \, .} \qquad (9.76)$$

Diese Identität gilt für beliebige zweimal differenzierbare Skalarfelder μ, ν. Als Merkregel könnte man verwenden, dass beim Übergang von der linken zur rechten Seite in (9.76) der „Laplace-Operator zur Normalableitung" wird.

9.5   Differentiale und Differentialformen $*$

In den Abschnitten [9.3] und [9.4] sind wir mehrmals auf den Begriff „Differential-formen" oder „p-Formen" gestoßen, die sich gelegentlich als hilfreich bei der For-mulierung von Integrationen über orientierte Gebiete (Kurven, Flächen, Volumina)

---

[17]George Green war ein faszinierender Mensch, der neben seinem Hauptberuf als Müller noch Zeit fand, sehr originelle Beiträge zur Mathematischen Physik zu leisten. Seine Arbeiten haben für die Physik nach wie vor große Bedeutung. Man denke an den Begriff „Potential" und insbesondere an die „Green'schen Funktionen", die bei der Untersuchung von partiellen Differentialgleichungen und in jedem Bereich der Quantenfeldtheorie verwendet werden. Außerdem hat Green auch zu Anwendungen beigetragen, insbesondere zur Optik, Akustik und Hydrodynamik. Empfehlenswert ist seine Biografie, Ref. [39].

erwiesen. In den genannten Abschnitten wurde der Begriff „p-Form" nur gestreift und als Ausblick präsentiert; hier soll er detaillierter, systematischer, aber noch immer einführend behandelt werden. Bei der Behandlung von p-Formen ($p = 0, 1, 2, 3$) werden die 0-Formen, 1-Formen, 2-Formen und 3-Formen hinsichtlich ihrer *Definitionen* und *Eigenschaften* einzeln diskutiert. Danach werden die Themen *Integration* und *Ableitung* von Differentialformen für alle p-Formen gemeinsam besprochen.

Wie bei der bisherigen Behandlung von Integrationstechniken für orientierte Gebiete werden wir uns auch in diesem Abschnitt weitgehend auf den *drei*dimensionalen Raum konzentrieren. Das bedeutet, dass wir uns überwiegend mit Differentialformen im $\mathbb{R}^3$ befassen werden. Man kann den Begriff der Differentialformen aber auch auf höher- oder niedrigerdimensionale Räume (mit Argumenten im $\mathbb{R}^d$) verallgemeinern. Für unsere Zwecke wird dabei primär der vierdimensionale Fall ($d = 4$) relevant sein (s. Abschnitt [9.5.3]).

Eine 0-Form oder ein *Skalarfeld* im $\mathbb{R}^3$ ist eine Funktion $\mu : \mathbb{R}^3 \to \mathbb{R}$ mit den Argumenten $\mathbf{x} \in \mathbb{R}^3$ und den Funktionswerten $\mu(\mathbf{x}) \in \mathbb{R}$. Um die Konzepte möglichst anschaulich darstellen zu können, werden wir die „Argumente" $\mathbf{x} \in \mathbb{R}^3$ im Folgenden als *Ortsvariablen* auffassen. Eine p-Form ($p \geq 1$) ist dann eine *Funktion*, die einerseits antisymmetrisch von den *Gradienten* von p Skalarfeldern, ausgewertet am Ort $\mathbf{x}$, abhängt und andererseits antisymmetrisch von p infinitesimalen „*Auslenkungen*" aus dem Ort $\mathbf{x}$ abhängt. Die 0-Form ist daher insofern ein Spezialfall der allgemeinen p-Form, als sie von 0 Gradienten und 0 Auslenkungen und lediglich von den Ortsvariablen $\mathbf{x}$ selbst abhängt.

Als Hintergrundliteratur zu diesem Thema ist für Physiker insbesondere die Referenz [40] empfehlenswert, in der das Thema „Differentialformen" im Rahmen der klassischen Mechanik behandelt wird. Einführungen in die Thematik aus mathematischer Sicht sind die Refn. [7] und [9]. Eine ausführlichere mathematische Behandlung findet man in den Refn. [10] und [41]. Beim Durchsehen dieser Lektüre wird dem Leser allerdings auffallen, dass Physik und Mathematik beim Umgang mit Differentialformen oft einen sehr unterschiedlichen Fokus haben. In der Physik ist eine Parametrisierung im Hinblick auf konkrete Berechnungen in der Regel unerlässlich. Im Gegensatz dazu ist die eher auf die allgemeinen Strukturen ausgerichtete mathematische Formulierung von Differentialformen vorzugsweise koordinatenfrei. Das Ziel dieses Abschnitts ist daher, eine Brücke zwischen der parametrisierten Welt der Physik und der abstrakten Formulierung der Mathematik zu bauen, damit einerseits die *Struktur* der bisherigen, parameterbasierten Formulierung transparenter und andererseits die abstrakte Formulierung anschaulicher und zugänglicher wird.

Ein Wort noch zur Notation: Zur Bezeichnung von 0-Formen wird im Folgenden das Symbol μ verwendet, für 1-Formen das Symbol ω, für 2-Formen das Symbol τ und für 3-Formen das Symbol ζ. Zur Bezeichnung einer allgemeinen p-Form (mit $p = 0, 1, 2$ oder 3) verwenden wir die Notation ψ.

0-Formen

Wie bereits in der Einführung erwähnt, ist eine 0-*Form* (oder ein *Skalarfeld*) im $\mathbb{R}^3$ eine Funktion $\mu : \mathbb{R}^3 \to \mathbb{R}$ der Ortsvariablen $\mathbf{x} \in \mathbb{R}^3$, die also die Funktionswerte $\mu(\mathbf{x}) \in \mathbb{R}$ hat. Wir gehen bei der Berechnung von Ableitungen davon aus, dass die betrachteten Skalarfelder μ stetig differenzierbar sind.

1-Formen

Als einfachstes Beispiel für eine *Differentialform ersten Grades* oder 1-*Form* nennen wir zuerst die Funktion $\omega = d\mu$, die durch das Differential $d\mu$ eines Skalarfelds $\mu : \mathbb{R}^3 \to \mathbb{R}$ definiert ist und die Funktionswerte $\omega(\mathbf{x}, d\mathbf{y})$ hat:

$$\omega(\mathbf{x}, d\mathbf{y}) = \mu(\mathbf{x} + d\mathbf{y}) - \mu(\mathbf{x}) = (\boldsymbol{\nabla}\mu)(\mathbf{x}) \cdot d\mathbf{y} \ . \tag{9.77}$$

Wie man sieht, ist $\omega : \mathbb{R}^3 \times \mathbb{R}^3 \to \mathbb{R}$ eine reellwertige Funktion der Ortsvariablen $\mathbf{x}$ und der infinitesimalen Auslenkungen $d\mathbf{y}$ aus dem Punkt $\mathbf{x}$:

$$\omega \ : \ (\mathbf{x}, d\mathbf{y}) \in \mathbb{R}^3 \times \mathbb{R}^3 \mapsto \omega(\mathbf{x}, d\mathbf{y}) \in \mathbb{R} \ .$$

Als Spezialfall betrachen wir das Skalarfeld $\mu = \xi_i$ mit den Funktionswerten $\xi_i(\mathbf{x}) = x_i$, das also den Ortsvektor $\mathbf{x}$ auf die i-te Koordinate x_i abbildet. Für diesen Spezialfall ist $\omega(\mathbf{x}, d\mathbf{y})$ gegeben durch

$$\omega(\mathbf{x}, d\mathbf{y}) = (x_i + dy_i) - x_i = dy_i \quad , \quad (\boldsymbol{\nabla}\mu)(\mathbf{x}) = (\boldsymbol{\nabla}\xi_i)(\mathbf{x}) = \hat{\mathbf{e}}_i \ . \tag{9.78}$$

Das Ergebnis (9.78) wird sich im Folgenden als sehr nützlich erweisen.

Gleichung (9.77) zeigt einerseits, dass die $\mathbf{x}$-Abhängigkeit von ω durch den Gradienten $(\boldsymbol{\nabla}\mu)(\mathbf{x})$ bestimmt wird, und andererseits, dass ω *linear* von der Auslenkung $d\mathbf{y}$ abhängig ist. Das bedeutet, dass man ω mathematisch auch als Funktion der Ortsvariablen $\mathbf{x}$ und *beliebiger* Vektoren $\mathbf{y} \in \mathbb{R}^3$ ansehen kann:

$$\boxed{\ \omega(\mathbf{x}, \mathbf{y}) = (\boldsymbol{\nabla}\mu)(\mathbf{x}) \cdot \mathbf{y} \ . \ }$$

Wir werden diese Notation mit endlichen Vektoren $\mathbf{y} \in \mathbb{R}^3$, die in der Literatur gebräuchlich ist, im Folgenden übernehmen. Allerdings ist das Ziel dieses Abschnitts (s. insbesondere [9.5.1]), den Kontakt zur Integration über orientierte Gebiete herzustellen. Zu diesem Zweck benötigen wir kleine (genauer: *infinitesimale*) Auslenkungen, die wir – wie in Gleichung (9.77) – als $d\mathbf{y}$ notieren werden. Die Funktionswerte $\omega(\mathbf{x}, d\mathbf{y})$ in Gleichung (9.77) können dann als Beitrag eines infinitesimalen Kurvensegments zum Kurvenintegral interpretiert werden.

Eine *allgemeine* Differentialform ersten Grades ist nun eine reellwertige Funktion $\omega : \mathbb{R}^3 \times \mathbb{R}^3 \to \mathbb{R}$ der Ortsvariablen $\mathbf{x}$ und der Auslenkungen $\mathbf{y}$, die als orts-, d.h. $\mathbf{x}$-abhängige *Linearkombination* von Differentialen $d\mu_a$ dargestellt werden kann:

$$\omega = \sum_{a=1}^{n} \lambda_a \, d\mu_a \equiv \boldsymbol{\lambda} \cdot d\boldsymbol{\mu} \quad , \quad \omega(\mathbf{x}, \mathbf{y}) = \sum_{a=1}^{n} \lambda_a(\mathbf{x}) \left[(\boldsymbol{\nabla}\mu_a)(\mathbf{x})\right] \cdot \mathbf{y} \ . \tag{9.79}$$

Hierbei sind $\lambda_a : \mathbb{R}^3 \to \mathbb{R}$ und $\mu_a : \mathbb{R}^3 \to \mathbb{R}$ (mit $a = 1, \cdots, n$) Skalarfelder. Ein Beispiel für eine solche 1-Form mit $n = 3$ aus der Mechanik wäre die *Arbeit*, verrichtet von der Kraft $\mathbf{F}$ an einem Teilchen, das sich unter der Einwirkung dieser Kraft von $\mathbf{x}$ nach $\mathbf{x} + d\mathbf{y}$ bewegt („Arbeit = Kraft $\times$ Weg"):

$$\boxed{\ \omega = \mathbf{F} \cdot d\boldsymbol{\xi} = \sum_{i=1}^{3} F_i \, d\xi_i \ . \ }$$

Die Funktionswerte dieser 1-Form folgen aus (9.79) als:

$$\omega(\mathbf{x}, d\mathbf{y}) = \sum_{i=1}^{3} F_i(\mathbf{x})\left[(\boldsymbol{\nabla}\xi_i)(\mathbf{x})\right] \cdot d\mathbf{y} = \sum_{i=1}^{3} F_i(\mathbf{x})\, dy_i = \mathbf{F}(\mathbf{x}) \cdot d\mathbf{y} \, ,$$

wobei das Ergebnis $\boldsymbol{\nabla}\xi_i = \hat{\mathbf{e}}_i$ aus Gleichung (9.78) verwendet wird.

Führt man noch die Notation $\sum_{a=1}^{n} \lambda_a(\mathbf{x})\left[(\boldsymbol{\nabla}\mu_a)(\mathbf{x})\right] \equiv \mathbf{f}(\mathbf{x})$ ein, so kann man die 1-Form auch kurz als

$$\boxed{\omega = \mathbf{f} \cdot d\boldsymbol{\xi} = \sum_{i=1}^{3} f_i \, d\xi_i \quad , \quad \omega(\mathbf{x}, \mathbf{y}) = \mathbf{f}(\mathbf{x}) \cdot \mathbf{y}}$$

schreiben. Wir halten somit fest, dass jede 1-Form ω vollständig durch ein Vektorfeld $\mathbf{f} : \mathbb{R}^3 \to \mathbb{R}^3$ charakterisiert werden kann. Insbesondere sind zwei 1-Formen $\omega_1 = \mathbf{f}_1 \cdot d\boldsymbol{\xi}$ und $\omega_2 = \mathbf{f}_2 \cdot d\boldsymbol{\xi}$ genau dann gleich, wenn $\mathbf{f}_1 = \mathbf{f}_2$ gilt. Die Aussage $\omega = 0$ ist daher auch gleichbedeutend mit $\mathbf{f} = \mathbf{0}$. Die Darstellung $\omega = \mathbf{f} \cdot d\boldsymbol{\xi}$ ist auch deshalb interessant, da sie zeigt, dass eine beliebige 1-Form immer in der Gestalt einer Linearkombination der drei Differentiale $d\xi_1$, $d\xi_2$ und $d\xi_3$ darstellbar ist.

2-Formen

Eine *Differentialform zweiten Grades* oder *2-Form* ist eine reellwertige Funktion $\tau : \mathbb{R}^3 \times \mathbb{R}^3 \times \mathbb{R}^3 \to \mathbb{R}$ der Ortsvariablen $\mathbf{x}$ sowie der infinitesimalen Auslenkungen $d\mathbf{y}_1 \in \mathbb{R}^3$ und $d\mathbf{y}_2 \in \mathbb{R}^3$. Die 2-Form hat die Gestalt:

$$\boxed{\tau = \sum_{a=1}^{n} \lambda_a \, d\mu_a \wedge d\nu_a \, ,} \tag{9.80}$$

wobei λ_a, μ_a und ν_a (mit $a = 1, \cdots, n$) Skalarfelder $\mathbb{R}^3 \to \mathbb{R}$ sind. Das $\wedge$-Produkt in (9.80), das als „äußeres Produkt" oder „Dachprodukt" oder „Keilprodukt" bezeichnet wird, ist antisymmetrisch und bilinear und wird konkret definiert durch die Funktionswerte:

$$\tau(\mathbf{x}, d\mathbf{y}_1, d\mathbf{y}_2) = \sum_{a=1}^{n} \lambda_a(\mathbf{x}) \det \begin{pmatrix} (\boldsymbol{\nabla}\mu_a)(\mathbf{x}) \cdot d\mathbf{y}_1 & (\boldsymbol{\nabla}\nu_a)(\mathbf{x}) \cdot d\mathbf{y}_1 \\ (\boldsymbol{\nabla}\mu_a)(\mathbf{x}) \cdot d\mathbf{y}_2 & (\boldsymbol{\nabla}\nu_a)(\mathbf{x}) \cdot d\mathbf{y}_2 \end{pmatrix}$$

$$= \sum_{a=1}^{n} \lambda_a(\mathbf{x}) \left[(\boldsymbol{\nabla}\mu_a \cdot d\mathbf{y}_1)(\boldsymbol{\nabla}\nu_a \cdot d\mathbf{y}_2) - (\boldsymbol{\nabla}\mu_a \cdot d\mathbf{y}_2)(\boldsymbol{\nabla}\nu_a \cdot d\mathbf{y}_1)\right]$$

$$= \sum_{a=1}^{n} \lambda_a(\mathbf{x}) \left[(\boldsymbol{\nabla}\mu_a) \times (\boldsymbol{\nabla}\nu_a)\right] \cdot (d\mathbf{y}_1 \times d\mathbf{y}_2) \, . \tag{9.81}$$

Die Ortsabhängigkeit einer 2-Form hat somit die Gestalt eines (antisymmetrischen) Vektorprodukts zweier Gradienten. Hierbei wurde die Identität (3.22) für Skalarprodukte zweier Vektorprodukte aus Kapitel [3] verwendet:

$$(\mathbf{a} \times \mathbf{b}) \cdot (\mathbf{c} \times \mathbf{d}) = (\mathbf{a} \cdot \mathbf{c})(\mathbf{b} \cdot \mathbf{d}) - (\mathbf{a} \cdot \mathbf{d})(\mathbf{b} \cdot \mathbf{c}) \, .$$

Die *Antisymmetrie* des $\wedge$-Produkts unter Vertauschung von μ_a und ν_a oder alternativ von $d\mathbf{y}_1$ und $d\mathbf{y}_2$ folgt direkt aus den Eigenschaften der Determinante bzw. des Vektorprodukts:

$$d\mu_a \wedge d\nu_a = -d\nu_a \wedge d\mu_a \quad , \quad \tau(\mathbf{x}, d\mathbf{y}_1, d\mathbf{y}_2) = -\tau(\mathbf{x}, d\mathbf{y}_2, d\mathbf{y}_1) \ .$$

Die *Bilinearität*, die Teil der Definition des $\wedge$-Produkts ist, bedeutet konkret:

$$\left[\sum_i a_i(\mathbf{x})\, d\mu_i\right] \wedge \left[\sum_j b_j(\mathbf{x})\, d\nu_j\right] = \sum_{ij} a_i(\mathbf{x}) b_j(\mathbf{x})\, d\mu_i \wedge d\nu_j \ ,$$

sodass das $\wedge$-Produkt zweier 1-Formen eine 2-Form ergibt. Definiert man nun in Gleichung (9.81):

$$\sum_{a=1}^{n} \lambda_a(\mathbf{x})\, [(\boldsymbol{\nabla}\mu_a)(\mathbf{x}) \times (\boldsymbol{\nabla}\nu_a)(\mathbf{x})] \equiv \mathbf{g}(\mathbf{x}) \ ,$$

so stellt man fest, dass jede beliebige 2-Form in der Gestalt $\mathbf{g}(\mathbf{x}) \cdot (d\mathbf{y}_1 \times d\mathbf{y}_2)$ darstellbar ist und somit eindeutig durch ein *drei*dimensionales Vektorfeld $\mathbf{g} : \mathbb{R}^3 \to \mathbb{R}^3$ charakterisiert wird. Hieraus folgt, dass zwei 2-Formen

$$\tau_1(\mathbf{x}, d\mathbf{y}_1, d\mathbf{y}_2) = \mathbf{g}_1(\mathbf{x}) \cdot (d\mathbf{y}_1 \times d\mathbf{y}_2) \quad , \quad \tau_2(\mathbf{x}, d\mathbf{y}_1, d\mathbf{y}_2) = \mathbf{g}_2(\mathbf{x}) \cdot (d\mathbf{y}_1 \times d\mathbf{y}_2)$$

genau dann gleich sind, wenn $\mathbf{g}_1 = \mathbf{g}_2$ gilt. Die Aussage $\tau = 0$ ist daher auch gleichbedeutend mit $\mathbf{g} = \mathbf{0}$.

Wiederum ist es wegen der Bilinearität von $\tau(\mathbf{x}, d\mathbf{y}_1, d\mathbf{y}_2)$ als Funktion von $d\mathbf{y}_1$ und $d\mathbf{y}_2$ in der Literatur gebräuchlich, die Darstellung auf *endliche* Vektoren $\mathbf{y}_1 \in \mathbb{R}^3$ und $\mathbf{y}_2 \in \mathbb{R}^3$ zu erweitern:

$$\tau(\mathbf{x}, \mathbf{y}_1, \mathbf{y}_2) = \mathbf{g}(\mathbf{x}) \cdot (\mathbf{y}_1 \times \mathbf{y}_2) \ .$$

Für die konkrete Anwendung in Abschnitt [9.5.1] im Rahmen der Integration über orientierte Flächen werden wir allerdings infinitesimale Auslenkungen $d\mathbf{y}_1$ und $d\mathbf{y}_2$ benötigen.

Betrachten wir als Beispiel die 2-Form $d\mu \wedge d\nu$ zweier Skalarfelder μ und ν. Das mit dieser 2-Form assoziierte Vektorfeld $\mathbf{g}(\mathbf{x})$ ist:

$$\begin{aligned}
\mathbf{g}(\mathbf{x}) &= (\boldsymbol{\nabla}\mu)(\mathbf{x}) \times (\boldsymbol{\nabla}\nu)(\mathbf{x}) = \begin{pmatrix} \partial_{x_2}\mu\, \partial_{x_3}\nu - \partial_{x_3}\mu\, \partial_{x_2}\nu \\ \partial_{x_3}\mu\, \partial_{x_1}\nu - \partial_{x_1}\mu\, \partial_{x_3}\nu \\ \partial_{x_1}\mu\, \partial_{x_2}\nu - \partial_{x_2}\mu\, \partial_{x_1}\nu \end{pmatrix} \\
&= G_{23}\, \hat{\mathbf{e}}_1 + G_{31}\, \hat{\mathbf{e}}_2 + G_{12}\, \hat{\mathbf{e}}_3 \ ,
\end{aligned} \tag{9.82}$$

wobei $G_{ij}(\mathbf{x})$ durch

$$G_{ij} \equiv \partial_{x_i}\mu\, \partial_{x_j}\nu - \partial_{x_j}\mu\, \partial_{x_i}\nu = \det\begin{pmatrix} \partial_{x_i}\mu & \partial_{x_i}\nu \\ \partial_{x_j}\mu & \partial_{x_j}\nu \end{pmatrix} = \det\left(\frac{\partial(\mu,\nu)}{\partial(x_i,x_j)}\right)$$

definiert ist. Die Determinante G_{ij} ist antisymmetrisch: $G_{ij} = -G_{ji}$, und es gilt $G_{ij} = \sum_{k=1}^{3} \varepsilon_{ijk} g_k$ und $g_i = \frac{1}{2}\sum_{j,k=1}^{3} \varepsilon_{ijk} G_{jk}$. Insbesondere erhält man für die mit den speziellen Differentialformen $d\xi_i \wedge d\xi_j$ assoziierten Vektorfelder: $\mathbf{g}(\mathbf{x}) = \boldsymbol{\nabla}\xi_i \times \boldsymbol{\nabla}\xi_j = \sum_{k=1}^{3} \varepsilon_{ijk}\hat{\mathbf{e}}_k$, d.h. explizit:

$$\boldsymbol{\nabla}\xi_1 \times \boldsymbol{\nabla}\xi_2 = \hat{\mathbf{e}}_3 \quad , \quad \boldsymbol{\nabla}\xi_2 \times \boldsymbol{\nabla}\xi_3 = \hat{\mathbf{e}}_1 \quad , \quad \boldsymbol{\nabla}\xi_3 \times \boldsymbol{\nabla}\xi_1 = \hat{\mathbf{e}}_2 \, .$$

Folglich ist die 2-Form $d\mu \wedge d\nu$ in (9.82) generell als Linearkombination der *drei* Differentialformen $d\xi_i \wedge d\xi_j$ mit $(i,j) \in \{(2,3),(3,1),(1,2)\}$ darstellbar:

$$d\mu \wedge d\nu = G_{23}\, d\xi_2 \wedge d\xi_3 + G_{31}\, d\xi_3 \wedge d\xi_1 + G_{12}\, d\xi_1 \wedge d\xi_2 \, . \tag{9.83}$$

Da die Determinanten G_{ij} antisymmetrisch unter Vertauschung von μ und ν sind, gilt $d\mu \wedge d\nu = -\, d\nu \wedge d\mu$ und somit auch $d\mu \wedge d\mu = 0$.

Die genannten Eigenschaften von 2-Formen haben ein paar interessante Konsequenzen. Erstens kann man aus (9.83) folgern, dass eine 2-Form der Gestalt $d\mu \wedge d\nu$, wie die Notation nahelegt, tatsächlich das (per definitionem antisymmetrische) $\wedge$-Produkt zweier 1-Formen ist, denn aufgrund der Antisymmetrie von $d\xi_i \wedge d\xi_j$ ist

$$d\mu \wedge d\nu = (\partial_{x_2}\mu\, \partial_{x_3}\nu - \partial_{x_3}\mu\, \partial_{x_2}\nu)\, d\xi_2 \wedge d\xi_3$$
$$+ (\partial_{x_3}\mu\, \partial_{x_1}\nu - \partial_{x_1}\mu\, \partial_{x_3}\nu)\, d\xi_3 \wedge d\xi_1 + (\partial_{x_1}\mu\, \partial_{x_2}\nu - \partial_{x_2}\mu\, \partial_{x_1}\nu)\, d\xi_1 \wedge d\xi_2$$

alternativ auch darstellbar als

$$d\mu \wedge d\nu = \sum_{ij} \partial_{x_i}\mu\, \partial_{x_j}\nu\, d\xi_i \wedge d\xi_j = \left[\sum_i (\partial_{x_i}\mu)\, d\xi_i\right] \wedge \left[\sum_j (\partial_{x_j}\nu)\, d\xi_j\right]$$
$$= (\boldsymbol{\nabla}\mu \cdot d\boldsymbol{\xi}) \wedge (\boldsymbol{\nabla}\nu \cdot d\boldsymbol{\xi}) \, ,$$

d.h. als $\wedge$-Produkt zweier 1-Formen, die durch die Vektorfelder $\mathbf{f}_1 = \boldsymbol{\nabla}\mu$ bzw. $\mathbf{f}_2 = \boldsymbol{\nabla}\nu$ charakterisiert werden. Im zweiten Schritt wurde die Bilinearität des $\wedge$-Produkts verwendet. Die Darstellung

$$\boxed{\begin{aligned} \tau &= g_1\, d\xi_2 \wedge d\xi_3 + g_2\, d\xi_3 \wedge d\xi_1 + g_3\, d\xi_1 \wedge d\xi_2 \\ \tau(\mathbf{x}, d\mathbf{y}_1, d\mathbf{y}_2) &= \mathbf{g}(\mathbf{x}) \cdot (d\mathbf{y}_1 \times d\mathbf{y}_2) \end{aligned}} \tag{9.84}$$

hat als weitere Konsequenz, dass eine 2-Form als Fluss des assoziierten Vektorfeldes $\mathbf{g}$ durch die *infinitesimale* orientierte Fläche, aufgespannt durch $d\mathbf{y}_1$ und $d\mathbf{y}_2$, mit dem Flächeninhalt $|d\mathbf{y}_1 \times d\mathbf{y}_2|$ interpretiert werden kann. Dies suggeriert bereits, dass das „Integral" über τ, das wir noch nicht definiert haben, den Fluss von $\mathbf{g}$ durch eine *endliche* orientierte Fläche darstellen könnte. Wir kommen im Folgenden hierauf zurück.

3-Formen

Eine *Differentialform dritten Grades* oder *3-Form* ist eine reellwertige Funktion $\tau : \mathbb{R}^3 \times \mathbb{R}^3 \times \mathbb{R}^3 \times \mathbb{R}^3 \to \mathbb{R}$ der Ortsvariablen $\mathbf{x}$ sowie dreier infinitesimaler Auslenkungen $d\mathbf{y}_1, d\mathbf{y}_2, d\mathbf{y}_3 \in \mathbb{R}^3$. Die 3-Form hat die Gestalt:

$$\boxed{\zeta = \sum_{a=1}^{n} \lambda_a\, d\mu_a \wedge d\nu_a \wedge d\sigma_a \, ,} \tag{9.85}$$

wobei λ_a, μ_a, ν_a und σ_a (mit $a = 1, \cdots, n$) Skalarfelder $\mathbb{R}^3 \to \mathbb{R}$ darstellen. Das $\wedge$-Produkt in (9.85) ist per definitionem *vollständig antisymmetrisch* unter Vertauschung von $d\mu_a$, $d\nu_a$ und $d\sigma_a$ und *trilinear*. Es wird konkret definiert durch die Funktionswerte:

$$\zeta(\mathbf{x}, \{d\mathbf{y}_k\}) = \sum_{a=1}^{n} \lambda_a(\mathbf{x}) \det \begin{pmatrix} \boldsymbol{\nabla}\mu_a(\mathbf{x}) \cdot d\mathbf{y}_1 & \boldsymbol{\nabla}\nu_a(\mathbf{x}) \cdot d\mathbf{y}_1 & \boldsymbol{\nabla}\sigma_a(\mathbf{x}) \cdot d\mathbf{y}_1 \\ \boldsymbol{\nabla}\mu_a(\mathbf{x}) \cdot d\mathbf{y}_2 & \boldsymbol{\nabla}\nu_a(\mathbf{x}) \cdot d\mathbf{y}_2 & \boldsymbol{\nabla}\sigma_a(\mathbf{x}) \cdot d\mathbf{y}_2 \\ \boldsymbol{\nabla}\mu_a(\mathbf{x}) \cdot d\mathbf{y}_3 & \boldsymbol{\nabla}\nu_a(\mathbf{x}) \cdot d\mathbf{y}_3 & \boldsymbol{\nabla}\sigma_a(\mathbf{x}) \cdot d\mathbf{y}_3 \end{pmatrix} .$$

Jeder Term auf der rechten Seite ist in der Tat *vollständig antisymmetrisch* unter Vertauschung von $\boldsymbol{\nabla}\mu_a$, $\boldsymbol{\nabla}\nu_a$ und $\boldsymbol{\nabla}\sigma_a$ und außerdem *vollständig antisymmetrisch* unter Vertauschung der drei infinitesimalen Auslenkungen $\{d\mathbf{y}_k\}$ (mit $k = 1, 2, 3$). Es ist daher nicht erstaunlich, dass die Funktionswerte $\zeta(\mathbf{x}, \{d\mathbf{y}_k\})$ auch kompakt als Linearkombinationen von Produkten zweier Determinanten geschrieben werden können, nämlich als

$$\zeta = \sum_{a=1}^{n} \lambda_a(\mathbf{x}) \det(\boldsymbol{\nabla}\mu_a(\mathbf{x}) \, \boldsymbol{\nabla}\nu_a(\mathbf{x}) \, \boldsymbol{\nabla}\sigma_a(\mathbf{x})) \det(d\mathbf{y}_1 \, d\mathbf{y}_2 \, d\mathbf{y}_3) . \tag{9.86}$$

Die Ortsabhängigkeit einer 3-Form hat somit die Gestalt einer (antisymmetrischen) Determinante dreier Gradienten. Bei der Herleitung von (9.86) wurde die Identität

$$\det(A) = \det(\mathbf{a}_1 \, \mathbf{a}_2 \, \mathbf{a}_3) \det(\mathbf{b}_1 \, \mathbf{b}_2 \, \mathbf{b}_3) \quad , \quad A_{ij} \equiv \mathbf{a}_i \cdot \mathbf{b}_j$$

mit $\mathbf{a}_i \stackrel{\frown}{=} d\mathbf{y}_i$ und $(\mathbf{b}_1 \, \mathbf{b}_2 \, \mathbf{b}_3) \stackrel{\frown}{=} (\boldsymbol{\nabla}\mu_a \, \boldsymbol{\nabla}\nu_a \, \boldsymbol{\nabla}\sigma_a)$ verwendet, die schon in Übungsaufgabe 3.14 nachgewiesen wurde.

Die *Trilinearität*, die Teil der Definition des $\wedge$-Produkts ist, wird durch die Trilinearität der Determinante $\det(\boldsymbol{\nabla}\mu \, \boldsymbol{\nabla}\nu \, \boldsymbol{\nabla}\sigma)$ in (9.86) gewährleistet. Es gilt:

$$\left[\sum_i a_i \, d\mu_i \right] \wedge \left[\sum_j b_j \, d\nu_j \right] \wedge \left[\sum_k c_k \, d\sigma_k \right] = \sum_{ijk} a_i b_j c_k \, d\mu_i \wedge d\nu_j \wedge d\sigma_k ,$$

sodass das $\wedge$-Produkt dreier 1-Formen eine 3-Form darstellt.

Als Spezialfall von (9.86) betrachten wir eine 3-Form $\zeta = d\mu_i \wedge d\mu_j \wedge d\mu_k$ (mit $i, j, k \in \{1, 2, 3\}$), die durch drei vorgegebene Skalarfelder (μ_1, μ_2, μ_3) definiert wird und die Funktionswerte

$$\zeta(\mathbf{x}, \{d\mathbf{y}_k\}) = \det(\boldsymbol{\nabla}\mu_i(\mathbf{x}) \, \boldsymbol{\nabla}\mu_j(\mathbf{x}) \, \boldsymbol{\nabla}\mu_k(\mathbf{x})) \det (d\mathbf{y}_1 \, d\mathbf{y}_2 \, d\mathbf{y}_3)$$

hat. Wegen der Antisymmetrie der ersten Determinante auf der rechten Seite gilt:

$$d\mu_i \wedge d\mu_j \wedge d\mu_k = \varepsilon_{ijk} d\mu_1 \wedge d\mu_2 \wedge d\mu_3 ,$$

sodass auf jeden Fall $\zeta = 0$ gilt, falls zwei oder drei der (i, j, k)-Werte gleich sind.

Definiert man nun in (9.86):

$$\sum_{a=1}^{n} \lambda_a(\mathbf{x}) \det(\boldsymbol{\nabla}\mu_a(\mathbf{x}) \, \boldsymbol{\nabla}\nu_a(\mathbf{x}) \, \boldsymbol{\nabla}\sigma_a(\mathbf{x})) \equiv h(\mathbf{x}) ,$$

so wird ersichtlich, dass jede beliebige 3-Form in der Gestalt

$$\zeta(\mathbf{x}, \{d\mathbf{y}_k\}) = h(\mathbf{x}) \det(d\mathbf{y}_1 \, d\mathbf{y}_2 \, d\mathbf{y}_3) \tag{9.87}$$

darstellbar ist und daher eindeutig durch ein Skalarfeld $h(\mathbf{x})$ charakterisiert wird. Hieraus folgt, dass zwei 3-Formen

$$\zeta_1 = h_1(\mathbf{x})\det(d\mathbf{y}_1\, d\mathbf{y}_2\, d\mathbf{y}_3) \quad , \quad \zeta_2 = h_2(\mathbf{x})\det(d\mathbf{y}_1\, d\mathbf{y}_2\, d\mathbf{y}_3)$$

genau dann gleich sind, wenn $h_1 = h_2$ gilt. Die Aussage $\zeta = 0$ ist somit gleichbedeutend mit $h = 0$.

Als Spezialfall betrachten wir 3-Formen der Gestalt $\zeta = d\xi_1 \wedge d\xi_2 \wedge d\xi_3$, die die Funktionswerte

$$\begin{aligned}
\zeta(\mathbf{x}, \{d\mathbf{y}_k\}) &= \det(\boldsymbol{\nabla}\xi_1\, \boldsymbol{\nabla}\xi_2\, \boldsymbol{\nabla}\xi_3)\det(d\mathbf{y}_1\, d\mathbf{y}_2\, d\mathbf{y}_3)\\
&= \det(\mathbb{1}_3)\det(d\mathbf{y}_1\, d\mathbf{y}_2\, d\mathbf{y}_3) = \det(d\mathbf{y}_1\, d\mathbf{y}_2\, d\mathbf{y}_3)
\end{aligned}$$

mit $h(\mathbf{x}) = 1$ haben. Folglich kann man eine beliebige 3-Form der Gestalt (9.87) auch darstellen als

$$\boxed{\zeta = h\, d\xi_1 \wedge d\xi_2 \wedge d\xi_3} \tag{9.88}$$

mit den Funktionswerten $\zeta(\mathbf{x}, \{d\mathbf{y}_k\}) = h(\mathbf{x})\det(d\mathbf{y}_1\, d\mathbf{y}_2\, d\mathbf{y}_3)$. Dies wiederum impliziert, dass jede 3-Form der Gestalt $\zeta = d\mu \wedge d\nu \wedge d\sigma$ auch als $\wedge$-Produkt dreier 1-Formen geschrieben werden kann:

$$\begin{aligned}
d\mu \wedge d\nu \wedge d\sigma &= h\, d\xi_1 \wedge d\xi_2 \wedge d\xi_3 = \det(\boldsymbol{\nabla}\mu\, \boldsymbol{\nabla}\nu\, \boldsymbol{\nabla}\sigma)\, d\xi_1 \wedge d\xi_2 \wedge d\xi_3\\
&= \sum_{ijk} \varepsilon_{ijk}(\partial_i \mu)(\partial_j \nu)(\partial_k \sigma)\, d\xi_1 \wedge d\xi_2 \wedge d\xi_3\\
&= \sum_{ijk} (\partial_i \mu)(\partial_j \nu)(\partial_k \sigma)\, d\xi_i \wedge d\xi_j \wedge d\xi_k\\
&= (\boldsymbol{\nabla}\mu \cdot d\boldsymbol{\xi}) \wedge (\boldsymbol{\nabla}\nu \cdot d\boldsymbol{\xi}) \wedge (\boldsymbol{\nabla}\sigma \cdot d\boldsymbol{\xi})\,.
\end{aligned}$$

In der zweiten Zeile wurde die Darstellung der Determinante mit Hilfe des ε-Tensors benutzt, in der dritten die Antisymmetrie der 3-Form: $d\xi_i \wedge d\xi_j \wedge d\xi_k = \varepsilon_{ijk}\, d\xi_1 \wedge d\xi_2 \wedge d\xi_3$ und in der vierten ihre Trilinearität. Das Ergebnis zeigt, dass die 3-Form $d\mu \wedge d\nu \wedge d\sigma$ in der Tat als antisymmetrisches Produkt dreier 1-Formen, charakterisiert durch die Vektoren $\mathbf{f}_1 = \boldsymbol{\nabla}\mu$, $\mathbf{f}_2 = \boldsymbol{\nabla}\nu$ bzw. $\mathbf{f}_3 = \boldsymbol{\nabla}\sigma$, dargestellt werden kann.

Aus der Darstellung (9.87) folgt noch, dass eine 3-Form als Integral des Skalarfeldes h über das *infinitesimale* orientierte Volumen, aufgespannt durch $d\mathbf{y}_1$, $d\mathbf{y}_2$ und $d\mathbf{y}_3$, mit dem Volumeninhalt $|\det(d\mathbf{y}_1\, d\mathbf{y}_2\, d\mathbf{y}_3)|$ interpretiert werden kann. Dies suggeriert bereits, dass das „Integral" über ζ, das wir noch nicht definiert haben, das Integral von h über ein *endliches*, orientiertes Volumen darstellen könnte. Wir kommen gleich hierauf zurück.

4-Formen?

Vollständigkeitshalber sei noch erwähnt, dass *Differentialformen vierten Grades* oder *4-Formen* auf dem dreidimensionalen Raum per definitionem gleich null sind.

Analog zu den 2- und 3-Formen hat die 4-Form als reellwertige Funktion der Orts-variablen $\mathbf{x}$ sowie vierer infinitesimaler Auslenkungen $d\mathbf{y}_1, d\mathbf{y}_2, d\mathbf{y}_3, d\mathbf{y}_4 \in \mathbb{R}^3$ nämlich die Gestalt:

$$\eta = \sum_{a=1}^{n} \lambda_a \, d\mu_a \wedge d\nu_a \wedge d\sigma_a \wedge d\chi_a \, ,$$

wobei das $\wedge$-Produkt wiederum vollständig antisymmetrisch und nun quadrilinear sein soll, also konkret durch die Funktionswerte:

$$\sum_{a=1}^{n} \lambda_a(\mathbf{x}) \det \begin{pmatrix} \nabla \mu_a(\mathbf{x}) \cdot d\mathbf{y}_1 & \nabla \nu_a(\mathbf{x}) \cdot d\mathbf{y}_1 & \nabla \sigma_a(\mathbf{x}) \cdot d\mathbf{y}_1 & \nabla \chi_a(\mathbf{x}) \cdot d\mathbf{y}_1 \\ \nabla \mu_a(\mathbf{x}) \cdot d\mathbf{y}_2 & \nabla \nu_a(\mathbf{x}) \cdot d\mathbf{y}_2 & \nabla \sigma_a(\mathbf{x}) \cdot d\mathbf{y}_2 & \nabla \chi_a(\mathbf{x}) \cdot d\mathbf{y}_2 \\ \nabla \mu_a(\mathbf{x}) \cdot d\mathbf{y}_3 & \nabla \nu_a(\mathbf{x}) \cdot d\mathbf{y}_3 & \nabla \sigma_a(\mathbf{x}) \cdot d\mathbf{y}_3 & \nabla \chi_a(\mathbf{x}) \cdot d\mathbf{y}_3 \\ \nabla \mu_a(\mathbf{x}) \cdot d\mathbf{y}_4 & \nabla \nu_a(\mathbf{x}) \cdot d\mathbf{y}_4 & \nabla \sigma_a(\mathbf{x}) \cdot d\mathbf{y}_4 & \nabla \chi_a(\mathbf{x}) \cdot d\mathbf{y}_4 \end{pmatrix}$$

gegeben ist. Diese (4×4)-Determinante ist aber gleich null, da der dreidimensionale Vektor $d\mathbf{y}_4$ immer als Linearkombination der $\{d\mathbf{y}_1, d\mathbf{y}_2, d\mathbf{y}_3\}$ geschrieben werden kann und die vierte Zeile somit linear abhängig von den ersten drei Zeilen wä-re. Dieses Argument zeigt umgekehrt aber auch, dass 4-Formen auf dem $\mathbb{R}^d$ mit $d \geq 4$ durchaus sinnvoll definiert werden könnten. In Abschnitt [9.5.3] über die Beschreibung der Elektrodynamik in der Raumzeit kommen wir hierauf zurück.

9.5.1 Integration von p-Formen $*$

Integrale von 1-, 2- und 3-Formen über Kurven, Flächen und Volumina können bequem mit Hilfe der Parametrisierungen der entsprechenden Gebiete formuliert werden.

1-Formen

Betrachten wir zuerst eine 1-Form, die über eine Bahnkurve k integriert werden soll, wobei k durch die Parametrisierung $\{\mathbf{x}(t) \,|\, t_1 \leq t \leq t_2\}$ darstellbar ist. Die Bahnkurve hat einen Anfangspunkt $\mathbf{x}_1 = \mathbf{x}(t_1)$ und einen Endpunkt $\mathbf{x}_2 = \mathbf{x}(t_2)$. Wir wissen außerdem, dass jede 1-Form ω durch ein Vektorfeld $\mathbf{f} : \mathbb{R}^3 \to \mathbb{R}^3$ charakterisiert werden kann, $\omega = \mathbf{f} \cdot d\mathbf{x}$, und die Funktionswerte $\omega(\mathbf{x}, d\mathbf{y}) = \mathbf{f}(\mathbf{x}) \cdot d\mathbf{y}$ hat. Das *Integral* von ω über k wird nun definiert als

$$\boxed{\int_k \omega \equiv \int_{t_1}^{t_2} \omega\left(\mathbf{x}(t), \dot{\mathbf{x}}(t) dt\right) = \int_{t_1}^{t_2} dt \, \mathbf{f}\left(\mathbf{x}(t)\right) \cdot \frac{d\mathbf{x}}{dt} = \int_{\mathbf{x}_1}^{\mathbf{x}_2} d\mathbf{x} \cdot \mathbf{f}(\mathbf{x})}$$

und ist somit *identisch* mit dem vektoriellen Kurvenintegral von $\mathbf{f}$ über k.

2-Formen

Die Integration einer 2-Form über eine orientierte Fläche $\mathcal{F}$ wird analog ausgeführt: Aus den Gleichungen (9.16) und (9.15) ist bekannt, dass eine Fläche $\mathcal{F}$ mit Hilfe einer *Parametrisierung* $\mathbf{x} : \mathcal{R} \to \mathcal{F}$ beschrieben werden kann. Hierbei ist $\mathcal{R}$ wie üblich ein positiv orientiertes Rechteck, siehe Abbildung 9.15. Außerdem wissen wir aus (9.84), dass eine beliebige 2-Form τ auch in der Gestalt

$$\tau = g_1 \, d\xi_2 \wedge d\xi_3 + g_2 \, d\xi_3 \wedge d\xi_1 + g_3 \, d\xi_1 \wedge d\xi_2$$

darstellbar ist und die Funktionswerte $\tau(\mathbf{x}, d\mathbf{y}_1, d\mathbf{y}_2) = \mathbf{g}(\mathbf{x}) \cdot (d\mathbf{y}_1 \times d\mathbf{y}_2)$ hat. Das *Integral* von τ über $\mathcal{F}$ wird nun mit Hilfe der Parametrisierung definiert als

$$\int_{\mathcal{F}} \tau \equiv \int_{\mathcal{R}} \tau(\mathbf{x}(u), \mathbf{t}_1 du_1, \mathbf{t}_2 du_2) \, ,$$

wobei $\mathbf{t}_1 = \frac{\partial \mathbf{x}}{\partial u_1}$ und $\mathbf{t}_2 = \frac{\partial \mathbf{x}}{\partial u_2}$ wie üblich die Tangentenvektoren an der Fläche $\mathcal{F}$ darstellen. Das Integral von τ über $\mathcal{F}$ kann daher auch als

$$\int_{\mathcal{R}} \mathbf{g}(\mathbf{x}) \cdot [(\mathbf{t}_1 du_1) \times (\mathbf{t}_2 du_2)] = \int_{\mathcal{R}} d^2 u \, (\mathbf{t}_1 \times \mathbf{t}_2) \cdot \mathbf{g}(\mathbf{x}(u)) = \int_{\mathcal{F}} d\mathbf{S} \cdot \mathbf{g}(\mathbf{x}) \qquad (9.89)$$

geschrieben werden. Wir stellen fest, dass das in dieser Weise definierte Integral einer 2-Form in der Tat als Fluss des assoziierten Vektorfeldes $\mathbf{g}$ durch die endliche orientierte Fläche $\mathcal{F}$ interpretiert werden kann, wie wir aufgrund von Gleichung (9.84) bereits vermuten konnten. Außerdem wird klar, dass Gleichung (9.89) identisch ist mit Gleichung (9.25) und eine Präzisierung von Gleichung (9.26) darstellt.

Übrigens kann das skalare Flächenelement dS mit Hilfe der elementaren 2-Formen $\tau_{ij} \equiv d\xi_i \wedge d\xi_j$ (und des Satzes des Pythagoras) berechnet werden:

$$[\tau_{23}(\mathbf{x}(u), \mathbf{t}_1 du_1, \mathbf{t}_2 du_2)]^2 + [\tau_{31}(\mathbf{x}(u), \mathbf{t}_1 du_1, \mathbf{t}_2 du_2)]^2 + [\tau_{12}(\mathbf{x}(u), \mathbf{t}_1 du_1, \mathbf{t}_2 du_2)]^2$$

$$= \{\hat{\mathbf{e}}_1 \cdot [(\mathbf{t}_1 du_1) \times (\mathbf{t}_2 du_2)]\}^2 + \{\hat{\mathbf{e}}_2 \cdot [(\mathbf{t}_1 du_1) \times (\mathbf{t}_2 du_2)]\}^2$$

$$+ \{\hat{\mathbf{e}}_3 \cdot [(\mathbf{t}_1 du_1) \times (\mathbf{t}_2 du_2)]\}^2$$

$$= [(\mathbf{t}_1 du_1) \times (\mathbf{t}_2 du_2)]^2 = (|\mathbf{t}_1 \times \mathbf{t}_2| \, du_1 du_2)^2 = (dS)^2 \, ,$$

sodass $dS = \sqrt{(T_{23})^2 + (T_{31})^2 + (T_{12})^2}$ gilt mit $T_{ij} \equiv \tau_{ij}(\mathbf{x}(u), \mathbf{t}_1 du_1, \mathbf{t}_2 du_2)$.

Spezialfall Als Spezialfall betrachten wir die Integration einer skalaren Funktion $g_3(x_1, x_2)$ über eine orientierte Fläche $\mathcal{F}_\pm$ mit Normalenvektor $\pm\hat{\mathbf{e}}_3$ in der $\hat{\mathbf{e}}_1$-$\hat{\mathbf{e}}_2$-Ebene, die mit Hilfe einer 2-Form $g_3 \, d\xi_1 \wedge d\xi_2 = g_3 \, \tau_{12}$ beschrieben werden kann. In diesem Fall folgt:

$$\int_{\mathcal{F}_\pm} \tau = \int_{\mathcal{R}} d^2 u \, (\mathbf{t}_1 \times \mathbf{t}_2) \cdot \mathbf{g}(\mathbf{x}(u)) = \int_{\mathcal{R}} d^2 u \, \frac{\partial(x_1, x_2)}{\partial(u_1, u_2)} g_3(\mathbf{x}(u)) = \pm \int_{\mathcal{F}} dS \, g_3(\mathbf{x}) \, .$$

Zweidimensionale Flächenintegrationen sind also ein Spezialfall der Flächenintegration im dreidimensionalen Raum, und Integrationen über eine entgegengesetzt zu $\mathcal{F}_+$ orientierte Fläche $\mathcal{F}_-$ können unter Berücksichtigung eines Vorzeichenwechsels auf Integrale über $\mathcal{F}_+$ zurückgeführt werden. Das Flächenintegral über $\mathcal{F}_+$ ist im zweidimensionalen Fall gleich dem Riemann-Integral über die Fläche $\mathcal{F}$.

3-Formen

Die Integration einer 3-Form wird analog definiert. Wir wissen, dass ein orientiertes Volumen $\mathcal{V}$ mit Hilfe einer *Parametrisierung* $\mathbf{x} : \mathcal{Q}_+ \to \mathcal{V}$ beschrieben werden kann, wobei $\mathcal{Q}_+$ ein positiv orientierter Quader ist. Außerdem wissen wir aus Gleichung (9.88), dass eine beliebige 3-Form in der Gestalt $\zeta = h \, d\xi_1 \wedge d\xi_2 \wedge d\xi_3$ darstellbar ist und die Funktionswerte $\zeta(\mathbf{x}, \{d\mathbf{y}_k\}) = h \det(d\mathbf{y}_1\, d\mathbf{y}_2\, d\mathbf{y}_3)$ hat. Das *Integral* von ζ über $\mathcal{V}$ wird nun mit Hilfe der Parametrisierung definiert als

$$\int_{\mathcal{V}} \zeta \equiv \int_{\mathcal{Q}} \zeta(\mathbf{x}(v), \mathbf{s}_1 dv_1, \mathbf{s}_2 dv_2, \mathbf{s}_3 dv_3) \, ,$$

wobei wie üblich $\mathbf{s}_i = \frac{\partial \mathbf{x}}{\partial v_i}$ (mit $i = 1, 2, 3$) definiert ist. Das Integral von ζ über $\mathcal{V}$ kann daher auch geschrieben werden als

$$\int_{\mathcal{V}} h\, d\xi_1 \wedge d\xi_2 \wedge d\xi_3 = \int_{\mathcal{Q}} h(\mathbf{x}(v))\, \det(\mathbf{s}_1 dv_1\, \mathbf{s}_2 dv_2\, \mathbf{s}_3 dv_3)$$

$$= \int_{\mathcal{Q}} d^3 v\, \det(\mathbf{s}_1\, \mathbf{s}_2\, \mathbf{s}_3)\, h(\mathbf{x}(v)) = \int_{\mathcal{Q}} d^3 v\, J_{\mathbf{x}}(v)\, h(\mathbf{x}(v)) = \int_{\mathcal{V}} d^3 x\, h(\mathbf{x}) \, ,$$

wobei das Integral auf der rechten Seite das Integral des Skalarfeldes h über das *orientierte* Volumen $\mathcal{V}$ darstellt. Das Integral einer 3-Form kann somit in der Tat als Integral über ein *orientiertes* Volumen $\mathcal{V}$ dargestellt werden, wie bereits aufgrund von (9.87) vermutet werden konnte.

9.5.2   Äußeres Differential von p-Formen *

Wir behandeln jetzt die Definitionen der *äußeren Ableitung* von p-Formen ($p = 0, 1, 2, 3$). Wie bereits in der Einführung zu Abschnitt [9.5] erläutert, werden wir 0-, 1-, 2- und 3-Formen mit den Symbol μ, ω, τ und ζ bezeichnen, während für eine allgemeine p-Form (mit $p = 0, 1, 2$ oder 3) gelegentlich die Notation ψ verwendet wird.

0-Formen

Die äußere Ableitung $d\mu$ einer 0-Form $\mu : \mathbb{R}^3 \to \mathbb{R}$ bzw. deren Funktionswerte $(d\mu)(\mathbf{x}, d\mathbf{y})$ sind definiert als

$$d\mu = (\boldsymbol{\nabla}\mu) \cdot d\boldsymbol{\xi} \quad , \quad (d\mu)(\mathbf{x}, d\mathbf{y}) = (\boldsymbol{\nabla}\mu)(\mathbf{x}) \cdot d\mathbf{y} \, .$$

Die äußere Ableitung einer 0-Form ist also eine spezielle 1-Form.

1-Formen

Die äußere Ableitung einer beliebigen 1-Form $\omega = \mathbf{f} \cdot d\boldsymbol{\xi}$, die durch ein Vektorfeld $\mathbf{f} : \mathbb{R}^3 \to \mathbb{R}^3$ charakterisiert wird, ist definiert als

$$d\omega = d(\mathbf{f} \cdot d\boldsymbol{\xi}) \equiv df_1 \wedge d\xi_1 + df_2 \wedge d\xi_2 + df_3 \wedge d\xi_3 = \sum_{i=1}^{3} df_i \wedge d\xi_i$$

und kann daher mit $df_1 = (\boldsymbol{\nabla}f_1) \cdot d\boldsymbol{\xi}$ (und analog für f_2 und f_3) als

$$d\omega = g_1 d\xi_2 \wedge d\xi_3 + g_2 d\xi_3 \wedge d\xi_1 + g_3 d\xi_1 \wedge d\xi_2$$

geschrieben werden, d.h. als 2-Form, die durch das Vektorfeld

$$\mathbf{g} = \begin{pmatrix} g_1 \\ g_2 \\ g_3 \end{pmatrix} = \begin{pmatrix} \partial_2 f_3 - \partial_3 f_2 \\ \partial_3 f_1 - \partial_1 f_3 \\ \partial_1 f_2 - \partial_2 f_1 \end{pmatrix} = \boldsymbol{\nabla} \times \mathbf{f}$$

charakterisiert wird. Die Ableitung einer 1-Form ist somit eine spezielle 2-Form.

2-Formen

Eine allgemeine 2-Form τ hat die Struktur (9.84), wobei das Vektorfeld $\mathbf{g}(\mathbf{x})$ nun allerdings beliebig (jedoch stetig differenzierbar) ist. Die äußere Ableitung dieser 2-Form wird definiert als

$$\boxed{\begin{aligned} d\tau &= d\big(g_1 d\xi_2 \wedge d\xi_3 + g_2 d\xi_3 \wedge d\xi_1 + g_3 d\xi_1 \wedge d\xi_2\big) \\ &\equiv dg_1 \wedge d\xi_2 \wedge d\xi_3 + dg_2 \wedge d\xi_3 \wedge d\xi_1 + dg_3 \wedge d\xi_1 \wedge d\xi_2 \ . \end{aligned}}$$

Mit Hilfe von $dg_1 = (\boldsymbol{\nabla} g_1) \cdot d\boldsymbol{\xi}$ (und analog für g_2 und g_3) kann diese Ableitung auch als

$$\begin{aligned} d\tau &= (\boldsymbol{\nabla} g_1 \cdot d\boldsymbol{\xi}) \wedge d\xi_2 \wedge d\xi_3 + (\boldsymbol{\nabla} g_2 \cdot d\boldsymbol{\xi}) \wedge d\xi_3 \wedge d\xi_1 + (\boldsymbol{\nabla} g_3 \cdot d\boldsymbol{\xi}) \wedge d\xi_1 \wedge d\xi_2 \\ &= (\partial_1 g_1 + \partial_2 g_2 + \partial_3 g_3)\, d\xi_1 \wedge d\xi_2 \wedge d\xi_3 = (\boldsymbol{\nabla} \cdot \mathbf{g})\, d\xi_1 \wedge d\xi_2 \wedge d\xi_3 \end{aligned}$$

geschrieben werden. Die Ableitung einer durch das Vektorfeld $\mathbf{g}(\mathbf{x})$ charakterisierten 2-Form ist also eine spezielle 3-Form mit $h(\mathbf{x}) = (\boldsymbol{\nabla} \cdot \mathbf{g})(\mathbf{x})$.

3-Formen

Für eine beliebige 3-Form $\zeta = h\, d\xi_1 \wedge d\xi_2 \wedge d\xi_3$ ist die äußere Ableitung immer null: $d\zeta \equiv 0$. Das Analogon der Definitionen für Ableitungen von 0-, 1- und 2-Formen ist nämlich eine 4-Form,

$$d\zeta = d\big(h\, d\xi_1 \wedge d\xi_2 \wedge d\xi_3\big) = (\boldsymbol{\nabla} h \cdot d\boldsymbol{\xi}) \wedge d\xi_1 \wedge d\xi_2 \wedge d\xi_3 = 0 \ ,$$

die im dreidimensionalen Raum aber stets null ergibt.

Warum werden Ableitungen von p-Formen so definiert?

Die Logik hinter der Definition der Ableitungen von p Formen ist, ähnlich wie beim „Fundamentalsatz der Analysis", dass Integration und Differentiation gewissermaßen entgegengesetzte Wirkungen haben. Genauer formuliert, ist das Integral der äußeren Ableitung einer p-Form ($p = 0, 1, 2$) über ein $(p+1)$-dimensionales Gebiet gleich dem Integral der p-Form selbst über den p-dimensionalen Rand dieses Gebiets. Beispielsweise gilt für das Integral der Ableitung einer 0-Form:

$$\int_k d\mu = \int_{\mathbf{x}_1}^{\mathbf{x}_2} d\mathbf{x} \cdot (\boldsymbol{\nabla} \mu)(\mathbf{x}) = \mu(\mathbf{x}_2) - \mu(\mathbf{x}_1) \equiv \int_{\partial k} \mu \ ,$$

wobei die rechte Seite eine eher formale Schreibweise dafür ist, dass die 0-Form μ auf dem Rand von k ausgewertet werden soll, der in diesem Fall aus zwei Punkten ($\mathbf{x}_1$ und $\mathbf{x}_2$) besteht. Für das Integral der Ableitung einer 1-Form gilt analog:

$$\int_{\mathcal{F}} d\omega = \int_{\mathcal{F}} g_1 d\xi_2 \wedge d\xi_3 + g_2 d\xi_3 \wedge d\xi_1 + g_3 d\xi_1 \wedge d\xi_2$$

$$= \int_{\mathcal{R}} \mathbf{g}(\mathbf{x}) \cdot [(\mathbf{t}_1 du_1) \times (\mathbf{t}_2 du_2)] = \int_{\mathcal{F}} d\mathbf{S} \cdot \mathbf{g}(\mathbf{x}) .$$

Da das Vektorfeld $\mathbf{g}(\mathbf{x})$ in diesem Fall die Form $\mathbf{g} = \boldsymbol{\nabla} \times \mathbf{f}$ hat, folgt aus dem Stokes'schen Satz:

$$\int_{\mathcal{F}} d\omega = \int_{\mathcal{F}} d\mathbf{S} \cdot (\boldsymbol{\nabla} \times \mathbf{f})(\mathbf{x}) = \int_{\partial\mathcal{F}} d\mathbf{x} \cdot \mathbf{f}(\mathbf{x}) = \int_{\partial\mathcal{F}} \omega .$$

Analog gilt für das Integral der Ableitung einer 2-Form:

$$\int_{\mathcal{V}} d\tau = \int_{\mathcal{V}} (\boldsymbol{\nabla} \cdot \mathbf{g}) \, d\xi_1 \wedge d\xi_2 \wedge d\xi_3 = \int_{\mathcal{Q}} d^3v \, J_{\mathbf{x}}(v) \, (\boldsymbol{\nabla} \cdot \mathbf{g})(\mathbf{x}(v))$$

$$= \int_{\mathcal{V}} d^3x \, (\boldsymbol{\nabla} \cdot \mathbf{g})(\mathbf{x}) = \int_{\partial\mathcal{V}} d\mathbf{S} \cdot \mathbf{g}(\mathbf{x}) = \int_{\partial\mathcal{V}} \tau ,$$

wobei nun der Gauß'sche Satz verwendet wurde. Für das Integral der Ableitung einer 3-Form gibt es kein analoges Argument, da man im dreidimensionalen Raum nicht vierdimensional integrieren kann.

Konsequenzen aus den Definitionen der Ableitungen von p-Formen

Aus den vorher behandelten Definitionen folgt, dass die zweifache äußere Ableitung einer allgemeinen p-Form ψ (mit $p = 0, 1, 2, 3$) gleich null ist:

$$\boxed{d(d\psi) = 0 \, ,}$$

und außerdem, dass mit Skalarfeldern ν eine Produktregel der Form

$$\boxed{d(\nu\psi) = \nu \, d\psi + d\nu \wedge \psi}$$

gilt.

Die erste Aussage $[d(d\psi) = 0]$ ist trivial für 2- und 3-Formen ($\psi = \tau$ bzw. $\psi = \zeta$), da die Ableitung einer 3-Form (und auch $d\tau$ ist eine 3-Form) immer gleich null ist. Für 0-Formen μ folgt die Aussage aus:

$$d(d\mu) = d(\boldsymbol{\nabla}\mu \cdot d\boldsymbol{\xi}) = g_1 d\xi_2 \wedge d\xi_3 + g_2 d\xi_3 \wedge d\xi_1 + g_3 d\xi_1 \wedge d\xi_2 = 0 \, ,$$

da in diesem Fall $\mathbf{g} = \boldsymbol{\nabla} \times \mathbf{f} = \boldsymbol{\nabla} \times (\boldsymbol{\nabla}\mu) = \mathbf{0}$ gilt. Für 1-Formen $\omega = \mathbf{f} \cdot d\boldsymbol{\xi}$ folgt die Aussage aus:

$$d(d\omega) = d(g_1 d\xi_2 \wedge d\xi_3 + g_2 d\xi_3 \wedge d\xi_1 + g_3 d\xi_1 \wedge d\xi_2) = h \, d\xi_1 \wedge d\xi_2 \wedge d\xi_3 = 0 \, ,$$

da nun $h = \boldsymbol{\nabla} \cdot \mathbf{g} = \boldsymbol{\nabla} \cdot (\boldsymbol{\nabla} \times \mathbf{f}) = 0$ gilt. Folglich gilt die Aussage $d(d\psi) = 0$ für alle p-Formen ψ.

Die Produktregel $d(\nu\psi) = \nu\, d\psi + d\nu \wedge \psi$ ist trivial für 3-Formen $\psi = \zeta$, da sowohl die Ableitung einer beliebigen 3-Form als auch beliebige 4-Formen gleich null sind und die Produktregel daher die Struktur $0 = 0$ hat. Für 0-Formen μ gilt eine Produktregel in der Form

$$d(\nu\mu) = \boldsymbol{\nabla}(\nu\mu) \cdot d\boldsymbol{\xi} = \nu(\boldsymbol{\nabla}\mu) \cdot d\boldsymbol{\xi} + \mu(\boldsymbol{\nabla}\nu) \cdot d\boldsymbol{\xi} = \nu d\mu + \mu d\nu \ .$$

Definieren wir nun (der Einheitlichkeit wegen): $d\nu \wedge \mu \equiv \mu d\nu$ für 0-Formen μ, so trifft die allgemeine Form der Produktregel $d(\nu\psi) = \nu\, d\psi + d\nu \wedge \psi$ auch für 0-Formen $\psi = \mu$ zu. Für 1-Formen $\omega = \mathbf{f} \cdot d\boldsymbol{\xi}$ gilt:

$$d(\nu\omega) = d(\nu\mathbf{f} \cdot d\boldsymbol{\xi}) = g_1 d\xi_2 \wedge d\xi_3 + g_2 d\xi_3 \wedge d\xi_1 + g_3 d\xi_1 \wedge d\xi_2$$

mit $\mathbf{g} = \boldsymbol{\nabla} \times (\nu\mathbf{f}) = \nu\,(\boldsymbol{\nabla} \times \mathbf{f}) + (\boldsymbol{\nabla}\nu) \times \mathbf{f}$. Der erste Term $\nu\,(\boldsymbol{\nabla} \times \mathbf{f})$ erzeugt eine 2-Form $\nu\, d\omega$, der zweite Term $(\boldsymbol{\nabla}\nu) \times \mathbf{f}$ eine 2-Form der Gestalt $(\boldsymbol{\nabla}\nu \cdot d\boldsymbol{\xi}) \wedge (\mathbf{f} \cdot d\boldsymbol{\xi}) = d\nu \wedge \omega$, sodass man insgesamt die Identität $d(\nu\psi) = \nu\, d\psi + d\nu \wedge \psi$ als Produktregel für 1-Formen $\psi = \omega$ erhält. Für 2-Formen $\psi = \tau$ gilt schließlich:

$$\begin{aligned} d(\nu\tau) &= [\boldsymbol{\nabla} \cdot (\nu\mathbf{g})]\, d\xi_1 \wedge d\xi_2 \wedge d\xi_3 = [\nu\boldsymbol{\nabla} \cdot \mathbf{g} + (\boldsymbol{\nabla}\nu) \cdot \mathbf{g}]\, d\xi_1 \wedge d\xi_2 \wedge d\xi_3 \\ &= \nu\, d\tau + (\boldsymbol{\nabla}\nu \cdot d\boldsymbol{\xi}) \wedge (g_1 d\xi_2 \wedge d\xi_3 + g_2 d\xi_3 \wedge d\xi_1 + g_3 d\xi_1 \wedge d\xi_2) \\ &= \nu\, d\tau + d\nu \wedge \tau \ , \end{aligned}$$

sodass die allgemeine Produktformel $d(\nu\psi) = \nu\, d\psi + d\nu \wedge \psi$ auch in diesem Fall zutrifft.

Geschlossene und exakte Differentialformen

Wir erwähnen noch zwei Begriffe: Erstens heißt eine Differentialform ψ *geschlossen*, wenn $d\psi = 0$ gilt. Für eine 0-Form $\psi = \mu$ würde dies $\boldsymbol{\nabla}\mu = \mathbf{0}$ implizieren, sodass das Skalarfeld μ ortsunabhängig sein muss. Für eine 1-Form $\psi = \omega = \mathbf{f} \cdot d\boldsymbol{\xi}$ müsste $\boldsymbol{\nabla} \times \mathbf{f} = \mathbf{0}$ gelten, sodass das Vektorfeld $\mathbf{f}$ durch ein *Potential* beschrieben werden kann: $\mathbf{f} = -\boldsymbol{\nabla}\Phi$. Für eine 2-Form $\psi = \tau$, die durch das Vektorfeld $\mathbf{g}(\mathbf{x})$ charakterisiert wird, müsste $\boldsymbol{\nabla} \cdot \mathbf{g} = 0$ gelten, sodass $\mathbf{g}$ durch ein *Vektorpotential* beschrieben werden kann: $\mathbf{g} = \boldsymbol{\nabla} \times \mathbf{A}$. Die Existenz des Skalarfeldes Φ und des Vektorfeldes $\mathbf{A}$ setzt allerdings voraus, dass die Bedingung (9.72) für die Anwendbarkeit des Helmholtz'schen Satzes erfüllt ist. Eine 3-Form im $\mathbb{R}^3$ ist per definitionem immer geschlossen.

Zweitens heißt eine Differentialform ψ *exakt*, wenn sie in der Gestalt $\psi = d\chi$ darstellbar ist. Eine 1-Form $\psi = \omega = \mathbf{f} \cdot d\boldsymbol{\xi}$ ist exakt, falls $\mathbf{f} = \boldsymbol{\nabla}\mu$ und somit $\omega = d\mu$ gilt. Eine 2-Form $\psi = \tau$, charakterisiert durch ein Vektorfeld $\mathbf{g}$, ist exakt, falls dieses Vektorfeld die Struktur $\mathbf{g} = \boldsymbol{\nabla} \times \mathbf{f}$ hat, und eine 3-Form $\psi = \zeta$, charakterisiert durch ein Skalarfeld h, falls dieses Skalarfeld die Form $h = \boldsymbol{\nabla} \cdot \mathbf{g}$ aufweist.

Logischerweise folgt aus der Exaktheit einer Differentialform ihre Geschlossenheit, da $\psi = d\chi$ die Identität $d\psi = d(d\chi) = 0$ impliziert. Umgekehrt muss eine geschlossene Differentialform nicht exakt sein: Ein Gegenbeispiel wäre ein Vektorfeld, das die Voraussetzung (9.72) für die Anwendbarkeit des Helmholtz'schen Satzes verletzt. Ein weiteres Beispiel einer nicht-exakten, jedoch geschlossenen 1-Form ist $\omega = \mathbf{f} \cdot d\boldsymbol{\xi}$ mit

$$\mathbf{f}(\mathbf{x}) = \begin{pmatrix} -x_2/(x_1^2 + x_2^2) \\ x_1/(x_1^2 + x_2^2) \\ 0 \end{pmatrix}$$

auf dem Gebiet $G \equiv \{\mathbf{x} \,|\, \rho(\mathbf{x}) > 0\}$ mit $\rho(\mathbf{x}) = \sqrt{x_1^2 + x_2^2}$, da in diesem Fall überall in G die Gleichung $\boldsymbol{\nabla} \times \mathbf{f} = \mathbf{0}$ erfüllt ist und dennoch $\mathbf{f} \neq \boldsymbol{\nabla}\mu$ gilt. Für $\mathbf{f} = \boldsymbol{\nabla}\mu$ würde nämlich das Kurvenintegral entlang des Einheitskreises $\{\mathbf{x} \,|\, \rho(\mathbf{x}) = 1 \,,\, x_3 = 0\}$ in der $\hat{\mathbf{e}}_1$-$\hat{\mathbf{e}}_2$-Ebene null sein: $\oint d\mathbf{x} \cdot \mathbf{f} = \oint d\mathbf{x} \cdot \boldsymbol{\nabla}\mu = 0$, während eine explizite Berechnung den Wert 2π ergibt. Die Erklärung für dieses Paradoxon ist uns bereits aus Abschnitt [9.3.6] [s. Gleichung (9.44)] bekannt: Die 3-Komponente von $\boldsymbol{\nabla} \times \mathbf{f}$ enthält eine zweidimensionale Deltafunktion in $(x_1, x_2) = (0, 0)$.

9.5.3   Ein vierdimensionales Beispiel aus der Elektrodynamik ∗

Differentialformen, die bisher für $\mathbf{x}$-Variablen im dreidimensionalen Ortsraum eingeführt wurden, können problemlos auch für höherdimensionale Räume formuliert werden. Hier möchten wir ein *vier*dimensionales Beispiel aus der Elektrodynamik behandeln. Im Hinblick auf diese Anwendung bezeichnen wir die Komponenten des vierdimensionalen Ortsvektors nicht als (x_1, x_2, x_3, x_4), sondern als $\mathbf{x} = (x_0, x_1, x_2, x_3) \in \mathbb{R}^4$. Eine 1-Form und ihre Funktionswerte haben die vertraute Struktur

$$\omega = \sum_{i=0}^{3} f_i d\xi_i \qquad , \qquad \omega(\mathbf{x}, d\mathbf{y}) = \sum_{i=0}^{3} f_i(\mathbf{x})dy_i \,,$$

wobei auch die infinitesimale Auslenkung $d\mathbf{y}$ vierdimensional ist. Eine 2-Form ist wie üblich durch

$$\tau = \sum_{a=1}^{n} \lambda_a \, d\mu_a \wedge d\nu_a$$

definiert, wobei λ_a, μ_a und ν_a nun Skalarfelder $\mathbb{R}^4 \to \mathbb{R}$ sind. Die 2-Form τ hat die Funktionswerte:

$$\tau(\mathbf{x}, d\mathbf{y}_1, d\mathbf{y}_2) = \sum_{a=1}^{n} \lambda_a(\mathbf{x}) \det \begin{pmatrix} \frac{\partial \mu_a}{\partial \mathbf{x}}(\mathbf{x}) \cdot d\mathbf{y}_1 & \frac{\partial \nu_a}{\partial \mathbf{x}}(\mathbf{x}) \cdot d\mathbf{y}_1 \\ \frac{\partial \mu_a}{\partial \mathbf{x}}(\mathbf{x}) \cdot d\mathbf{y}_2 & \frac{\partial \nu_a}{\partial \mathbf{x}}(\mathbf{x}) \cdot d\mathbf{y}_2 \end{pmatrix}$$

$$= \sum_{a=1}^{n} \lambda_a(\mathbf{x}) \left[\left(\frac{\partial \mu_a}{\partial \mathbf{x}} \cdot d\mathbf{y}_1 \right) \left(\frac{\partial \nu_a}{\partial \mathbf{x}} \cdot d\mathbf{y}_2 \right) - \left(\frac{\partial \mu_a}{\partial \mathbf{x}} \cdot d\mathbf{y}_2 \right) \left(\frac{\partial \nu_a}{\partial \mathbf{x}} \cdot d\mathbf{y}_1 \right) \right]$$

$$= \sum_{j,k=0}^{3} g_{jk}(\mathbf{x}) \, (dy_{1j}dy_{2k} - dy_{1k}dy_{2j}) \,,$$

wobei die Funktion g_{jk} die Struktur

$$g_{jk}(\mathbf{x}) = \tfrac{1}{2} \sum_{a=1}^{n} \lambda_a(\mathbf{x}) \left[(\partial_j \mu_a)(\partial_k \nu_a) - (\partial_k \mu_a)(\partial_j \nu_a) \right] = -g_{kj}(\mathbf{x})$$

hat und insbesondere o.B.d.A. *antisymmetrisch* als Funktion von j und k gewählt werden kann. Für die spezielle 2-Form $\tau_{lm} = d\xi_l \wedge d\xi_m$ erhält man z.B. $g_{jk}(\mathbf{x}) = \frac{1}{2}(\delta_{jl}\delta_{km} - \delta_{kl}\delta_{jm})$ und daher $\tau(\mathbf{x}, d\mathbf{y}_1, d\mathbf{y}_2) = dy_{1l}dy_{2m} - dy_{1m}dy_{2l}$, sodass eine beliebige 2-Form immer als

$$\tau = \sum_{j,k=0}^{3} g_{jk}d\xi_j \wedge d\xi_k \qquad , \qquad d\xi_j \wedge d\xi_k = -d\xi_k \wedge d\xi_j$$

darstellbar ist. Die *äußeren Ableitungen* der 1- und der 2-Form sind wie üblich durch

$$d\omega = \sum_{i=0}^{3} df_i \wedge d\xi_i \qquad , \qquad d\tau = \sum_{j,k=0}^{3} (dg_{jk}) \wedge d\xi_j \wedge d\xi_k$$

gegeben, wobei $d\tau$ nun eine 3-Form ist. Allgemein werden 3-Formen und 4-Formen ebenfalls vollkommen analog zum dreidimensionalen Fall definiert. Eine 3-Form hat die Struktur

$$\zeta = h_0 d\xi_1 \wedge d\xi_2 \wedge d\xi_3 + h_1 d\xi_2 \wedge d\xi_3 \wedge d\xi_0 + h_2 d\xi_3 \wedge d\xi_0 \wedge d\xi_1 + h_3 d\xi_0 \wedge d\xi_1 \wedge d\xi_2 \ ,$$

wobei $h_i(\mathbf{x})$ nun ein Skalarfeld $\mathbb{R}^4 \to \mathbb{R}$ ist und die 4-Form η nur die Struktur $\eta = k(\mathbf{x})d\xi_0 \wedge d\xi_1 \wedge d\xi_2 \wedge d\xi_3$ besitzen kann. Die äußeren Ableitungen werden in der bekannten Weise definiert. Diese Definitionen bedeuten u.a., dass $d(d\omega) = 0$ und $d(d\tau) = 0$ gilt.

Eine Anwendung aus der Elektrodynamik

Wir möchten nun eine Anwendung aus dem Themenbereich der Elektrodynamik zeigen, wobei die neue Variable $x_0 = ct$ als die *Zeit* (multipliziert mit der Lichtgeschwindigkeit c) zu interpretieren ist. Bereits bei der Diskussion des Helmholtz'schen Satzes wurde darauf hingewiesen, dass das Magnetfeld $\mathbf{B}(\mathbf{x}, t)$ und das elektrische Feld $\mathbf{E}(\mathbf{x}, t)$ die Maxwell-Gleichungen $\boldsymbol{\nabla} \cdot \mathbf{B} = 0$ und $\boldsymbol{\nabla} \times \mathbf{E} + \frac{\partial}{\partial t}\mathbf{B} = \mathbf{0}$ erfüllen und daher aus einem skalaren Potential Φ und einem Vektorpotential $\mathbf{A}$ hergeleitet werden können: $\mathbf{B} = \boldsymbol{\nabla} \times \mathbf{A}$ sowie $\mathbf{E} = -\boldsymbol{\nabla}\Phi - \frac{\partial}{\partial t}\mathbf{A}$. Mit Hilfe des skalaren Potentials Φ und des Vektorpotentials $\mathbf{A}$ definieren wir eine 1-Form

$$\boxed{\omega \equiv \Phi \, d\xi_0 - cA_1 d\xi_1 - cA_2 d\xi_2 - cA_3 d\xi_3 \ .}$$

Die äußere Ableitung dieser 1-Form ist wie üblich eine 2-Form:

$$\boxed{\tau = d\omega = d\Phi \wedge d\xi_0 - (c\,dA_1) \wedge d\xi_1 \quad (c\,dA_2) \wedge d\xi_2 - (c\,dA_3) \wedge d\xi_3 \ .}$$

Berechnet man nun die rechte Seite explizit mit Hilfe der Beziehungen $d\Phi = \frac{\partial\Phi}{\partial\mathbf{x}} \cdot d\boldsymbol{\xi}$, $dA_i = \frac{\partial A_i}{\partial\mathbf{x}} \cdot d\boldsymbol{\xi}$, $\mathbf{B} = \boldsymbol{\nabla} \times \mathbf{A}$ und $\mathbf{E} = -\boldsymbol{\nabla}\Phi - \frac{\partial}{\partial t}\mathbf{A}$, so erhält man für die 2-Form τ einen Ausdruck, der vollständig durch $\mathbf{E}$ und $\mathbf{B}$ bestimmt ist:

$$\tau = \sum_{i=1}^{3} E_i \, d\xi_0 \wedge d\xi_i - cB_1 d\xi_2 \wedge d\xi_3 - cB_2 d\xi_3 \wedge d\xi_1 - cB_3 d\xi_1 \wedge d\xi_2 \ .$$

Dieser Ausdruck kann kompakter formuliert werden als

$$\tau = \sum_{j,k=0}^{3} g_{jk}\, d\xi_j \wedge d\xi_k \quad , \quad g_{0k} = \tfrac{1}{2} E_k \quad , \quad g_{jk} = -\tfrac{1}{2}\varepsilon_{jkl}\, cB_l \quad (j, k \neq 0) \,,$$

wobei ε_{jkl} (mit $j, k, l \in \{1, 2, 3\}$) der übliche Levi-Civita-Tensor ist. Die vier Felder (Φ, cA_1, cA_2, cA_3), die die 1-Form definieren, werden zusammen als „Viererpotential" bezeichnet, und die Funktion g_{jk} entspricht im Wesentlichen[18] dem „elektromagnetischen Feldtensor".

Wichtig ist noch die folgende Beobachtung: Da $\tau = d\omega$ gilt und die zweifache äußere Ableitung stets null ergibt, folgt

$$\sum_{j,k=0}^{3} (dg_{jk}) \wedge d\xi_j \wedge d\xi_k = d\tau = d(d\omega) = 0 \,.$$

Mit anderen Worten: Da die 2-Form τ exakt ist, ist sie zwangsläufig auch geschlossen. Berechnet man nun $d\tau$ explizit und fordert, dass die Vorfaktoren der einzelnen Terme $d\xi_j \wedge d\xi_k \wedge d\xi_l$ gleich null sind, erhält man genau die beiden Maxwell-Gleichungen $\boldsymbol{\nabla} \cdot \mathbf{B} = 0$ und $\boldsymbol{\nabla} \times \mathbf{E} + \frac{\partial}{\partial t}\mathbf{B} = \mathbf{0}$, die es uns (zusammen mit der Anwendbarkeit des Helmholtz'schen Satzes) erst ermöglichten, ein Viererpotential (Φ, cA_1, cA_2, cA_3) einzuführen. Wir sehen also, dass sich zwei der insgesamt vier Maxwell-Gleichungen, nämlich $\boldsymbol{\nabla} \cdot \mathbf{B} = 0$ und $\boldsymbol{\nabla} \times \mathbf{E} + \frac{\partial}{\partial t}\mathbf{B} = \mathbf{0}$, kompakt zu $d\tau = 0$ zusammenfassen lassen, wobei die Komponenten g_{jk} von τ durch die Feldstärken ausgedrückt sind.

9.5.4 Zusammenfassung und Ausblick *

In diesem Abschnitt haben wir Differentialformen untersucht, d.h. Linearkombinationen antisymmetrischer Produkte von Differentialen von Skalarfeldern. Hierbei haben wir uns der Einfachheit halber weitgehend auf Skalarfelder $\mathbb{R}^3 \to \mathbb{R}$ beschränkt, aber in Abschnitt [9.5.3] haben wir ein erstes Beispiel für eine Anwendung im vierdimensionalen Raum kennengelernt. Allmählich ist klar geworden, dass Differentialformen durch eine einfache, kompakte, einheitliche Struktur charakterisiert werden. Wir möchten diese Struktur hier kurz zusammenfassen.

Für Differentialformen auf dem dreidimensionalen Raum, d.h. für Skalarfelder $\mathbb{R}^3 \to \mathbb{R}$, haben die 1-Form ω, die 2-Form τ und die 3-Form ζ die Struktur:

$$\omega = \sum_{i=1}^{3} f_i\, d\xi_i \quad , \quad \tau = \sum_{i,j,k=1}^{3} \tfrac{1}{2}\varepsilon_{ijk} g_i\, d\xi_j \wedge d\xi_k \quad , \quad \zeta = h\, d\xi_1 \wedge d\xi_2 \wedge d\xi_3 \,.$$

Für Integrale von Differentialformen gelten die Sätze von Stokes und Gauß:

$$\boxed{\int_{\mathcal{F}} d\omega = \int_{\partial\mathcal{F}} \omega \quad , \quad \int_{\mathcal{V}} d\tau = \int_{\partial\mathcal{V}} \tau \,.}$$

---

[18] Bis auf den Faktor $\tfrac{1}{2}$ und die Vorzeichen einzelner Komponenten, die in der „Vierernotation" der Elektrodynamik teilweise anders gewählt werden.

Die Ableitungen der Differentialformen ω, τ und ζ sind gegeben durch

$$d\omega = \sum_{i=1}^{3} (df_i) \wedge d\xi_i \quad , \quad d\tau = \sum_{i,j,k=1}^{3} \tfrac{1}{2}\varepsilon_{ijk}\,(dg_i) \wedge d\xi_j \wedge d\xi_k \quad , \quad d\zeta = 0 \; .$$

Hierbei sind die $\wedge$-Produkte von Differentialen linear in allen Argumenten und antisymmetrisch: $d\xi_j \wedge d\xi_k = -d\xi_k \wedge d\xi_j$ und so weiter. Es gilt $d(d\psi) = 0$ für alle Differentialformen ψ. Außerdem gilt für Skalarfelder ν, die also selbst 0-Formen darstellen, die Produktregel $d(\nu\psi) = \nu d\psi + d\nu \wedge \psi$.

Für Differentialformen auf dem *vier*dimensionalen Raum mit entsprechenden Skalarfeldern $\mathbb{R}^4 \to \mathbb{R}$ erhält man ähnliche Strukturen. Die Analogie wird am klarsten, wenn man die 2- und 3-Formen mit dem ε-Tensor (nun für Indizes $i, j, k, l \in \{0, 1, 2, 3\}$) formuliert. Die p-Formen (mit $p = 1, 2, 3, 4$) haben dann die Struktur:

$$\omega = \sum_{i=0}^{3} f_i\,d\xi_i \quad , \quad \tau = \sum_{i,j,k,l=0}^{3} \tfrac{1}{2}\varepsilon_{ijkl}\bar{g}_{ij}\,d\xi_k \wedge d\xi_l \quad (\text{mit } \bar{g}_{ij} \equiv \tfrac{1}{2}\varepsilon_{ijkl}g_{kl}) \quad ,$$

$$\zeta = \sum_{i,j,k,l=0}^{3} \tfrac{1}{6}\varepsilon_{ijkl}h_i\,d\xi_j \wedge d\xi_k \wedge d\xi_l \quad , \quad \eta = k\,d\xi_0 \wedge d\xi_1 \wedge d\xi_2 \wedge d\xi_3 \; .$$

Die Ableitungen sind wie üblich definiert: $d\omega = \sum_{i=0}^{3} (df_i) \wedge d\xi_i$ und so weiter, und folglich gilt $d(d\psi) = 0$.

Das Bauprinzip der Differentialformen ist somit klar: Sie werden anhand eines (multi)linearen, antisymmetrischen Produkts definiert. Ein solches Produkt wird auch als *äußeres Produkt* bezeichnet. Spezielle Beispiele solcher Produkte sind das *Vektorprodukt* und die *Determinante* für Vektoren im drei- bzw. d-dimensionalen Raum. Bei den allgemeinen Differentialformen in d Dimensionen wird dieses Bauprinzip auf Differentiale von Skalarfeldern $\mathbb{R}^d \to \mathbb{R}$ angewandt. Die entsprechenden p-Formen, wobei $p = 0, 1, 2, \cdots, d$ sein kann, werden deshalb auch als „äußere Differentialformen" bezeichnet. Für jeden der möglichen Werte von p ist eine Integration von p-Formen über einen Integrationsbereich definiert, der genau die Dimension p haben muss. Auch die Sätze von Stokes und Gauß haben ihre Verallgemeinerung in diesem Formalismus: Das Integral der äußeren Ableitung $d\psi$ einer p-Form ψ, d.h. einer $(p+1)$-Form, über einen $(p+1)$-dimensionalen Integrationsbereich $\mathcal{V}$ ist gleich dem Integral von ψ selbst über den p-dimensionalen Rand $\partial\mathcal{V}$ des Integrationsbereichs, d.h.

$$\boxed{\int_{\mathcal{V}} d\psi = \int_{\partial\mathcal{V}} \psi \; .}$$

Insofern sind die Sätze von Stokes und Gauß Spezialfälle eines weitaus allgemeineren Satzes, der wiederum als „Satz von Stokes" (nun aber für Differentialformen) bezeichnet wird.

Dies ist alles natürlich nur als Ausblick gedacht. Wie in der Einführung zu diesem Thema betont wurde, war das Ziel dieses Abschnitts, eine Brücke zwischen der parametrisierten Welt der Physik und der abstrakten, koordinatenunabhängigen Welt der Mathematik zu bauen. Die Überquerung dieser „Brücke" könnte für beide Seiten hilfreich sein: Auch wenn man in der expliziten, parameterbasierten Formulierung an konkreten Anwendungen arbeitet, kann allgemeines Hintergrundwissen über Differentialformen die Berechnungen transparenter gestalten. Umgekehrt können die einfachen geometrischen Bilder der parameterbasierten Formulierung den Einstieg in eine vertiefte Untersuchung der Differentialgeometrie erleichtern und die abstrakte Formulierung somit anschaulicher und zugänglicher machen.

9.6　Übungsaufgaben

Aufgabe 9.1 Anwendungen der Kettenregel

(a) Betrachten Sie eine Funktion der Form $\bar{g}(t) = g(f_1(t), f_2(t))$ mit $f_{1,2} \in \mathbb{R}$ und $t \in \mathbb{R}$. Berechnen Sie $\frac{d\bar{g}}{dt}(t)$ allgemein nach der Kettenregel.

(b) Betrachten Sie eine Funktion der Form $\bar{g}(\mathbf{x}) = g(f_1(\mathbf{x}), f_2(\mathbf{x}))$ mit $f_{1,2} \in \mathbb{R}$ und $\mathbf{x} \equiv (x_1, x_2) \in \mathbb{R}^2$. Zeigen Sie:

$$\partial_{x_1} \bar{g} = (\partial_{f_1} g)\partial_{x_1} f_1 + (\partial_{f_2} g)\partial_{x_1} f_2$$

und berechnen Sie analog $\partial_{x_2} \bar{g}$.

(c) Betrachten Sie eine Funktion $F(\mathbf{x})$ mit $\mathbf{x} \in \mathbb{R}^n$ und der Eigenschaft $F(\lambda \mathbf{x}) = \lambda^\alpha F(\mathbf{x})$ oder explizit:

$$F(\lambda x_1, \lambda x_2, \ldots, \lambda x_n) = \lambda^\alpha F(x_1, x_2, \ldots, x_n) \qquad (\alpha \in \mathbb{R} \text{ fest, } \forall \lambda > 0).$$

Zeigen Sie: $x_1 \partial_{x_1} F + x_2 \partial_{x_2} F + \cdots + x_n \partial_{x_n} F = \alpha F$ durch geeignetes Ableiten. Überprüfen Sie diese Beziehung konkret für $n = 2$ am Beispiel $F(x_1, x_2) = x_1^4 + 2x_1(x_2)^3 - 5(x_2)^4$.

(d) Betrachten Sie die Funktion

$$\bar{v}(\rho, \varphi) \equiv v(x_1(\rho, \varphi), x_2(\rho, \varphi)) \quad \text{mit} \quad \begin{cases} x_1(\rho, \varphi) = \rho \cos(\varphi) \\ x_2(\rho, \varphi) = \rho \sin(\varphi) \end{cases}.$$

Zeigen Sie:

$$\left(\frac{\partial \bar{v}}{\partial \rho} \right)^2 + \frac{1}{\rho^2} \left(\frac{\partial \bar{v}}{\partial \varphi} \right)^2 = \left(\frac{\partial v}{\partial x_1} \right)^2 + \left(\frac{\partial v}{\partial x_2} \right)^2.$$

Aufgabe 9.2 Funktionalmatrix und Funktionaldeterminante
In den Abschnitten [9.1.3] und [9.1.4] wurden für allgemeine Funktionen $\mathbf{f} : \mathbb{R}^m \to \mathbb{R}^n$ mit $\mathbf{f}(\mathbf{a}) = (f_1(\mathbf{a}), \ldots, f_n(\mathbf{a})) \in \mathbb{R}^n$ und $\mathbf{a} = (a_1, \ldots, a_m) \in \mathbb{R}^m$ die Funktionalmatrix $\frac{\partial \mathbf{f}}{\partial \mathbf{a}}$ und die Funktional- oder Jacobi-Determinante $J_\mathbf{f}(\mathbf{a}) \equiv \det\left(\frac{\partial \mathbf{f}}{\partial \mathbf{a}} \right)$ eingeführt.

(a) Betrachten Sie die Funktion $\mathbf{f} : \mathbb{R}^2 \to \mathbb{R}^2$ mit $\mathbf{f}(\mathbf{a}) \equiv (a_1^2 \cos(a_2), a_1 \sin(a_2))$ als Spezialfall und berechnen Sie $\frac{\partial \mathbf{f}}{\partial \mathbf{a}}$ und $J_\mathbf{f}(\mathbf{a})$. Bestimmen Sie die Bilder der Geraden $a_1 = a_{10}$ und $a_2 = a_{20}$ unter $\mathbf{f}$, wobei a_{10} und a_{20} vorgegebene reelle Konstanten sind.

(b) Betrachten Sie die Funktion $\mathbf{f} : \mathbb{R}^3 \to \mathbb{R}^3$ mit

$$\mathbf{f}(\mathbf{a}) \equiv \left(a_1 a_2 \cos(a_3),\ a_1 a_2 \sin(a_3),\ \tfrac{1}{2}(a_2^2 - a_1^2)\right)$$

und berechnen Sie $\frac{\partial \mathbf{f}}{\partial \mathbf{a}}$ und $J_{\mathbf{f}}(\mathbf{a})$. Bestimmen Sie die Bilder der Ebenen $a_1 = a_{10}$, $a_2 = a_{20}$ und $a_3 = a_{30}$ unter $\mathbf{f}$, wobei a_{i0} mit $i = 1, 2, 3$ eine reelle Konstante ist.

(c) Betrachten Sie analog die Funktion $\mathbf{f} : \mathbb{R}^2 \to \mathbb{R}^3$ mit der Definition $\mathbf{f}(\mathbf{a}) \equiv (\cos(a_1)\cos(a_2),\ \sin(a_1)\sin(a_2),\ \cos(a_1))$ und berechnen Sie $\frac{\partial \mathbf{f}}{\partial \mathbf{a}}$. Bestimmen Sie die Bilder der Geraden $a_1 = a_{10}$ und $a_2 = a_{20}$ (mit $a_{10}, a_{20} \in \mathbb{R}$ konstant) unter $\mathbf{f}$.

(d) Betrachten Sie die Funktion $\mathbf{f} : \mathbb{R}^2 \to \mathbb{R}^3$ mit $\mathbf{f}(\mathbf{a}) \equiv \left(a_1, a_2, a_1^2 + a_2^2\right)$ und berechnen Sie $\frac{\partial \mathbf{f}}{\partial \mathbf{a}}$. Bestimmen Sie die Bilder der Geraden $a_1 = a_{10}$ und $a_2 = a_{20}$ (mit $a_{10}, a_{20} \in \mathbb{R}$ konstant) unter $\mathbf{f}$.

(e) Betrachten Sie die Funktion $\mathbf{f} : \mathbb{R}^2 \to \mathbb{R}^2$ mit $f_1(\mathbf{a}) \equiv (a_1 + a_2)/(1 - a_1 a_2)$ und $f_2(a) \equiv \arctan(a_1) + \arctan(a_2)$ und berechnen Sie $J_{\mathbf{f}}(\mathbf{a})$. Wie erklären Sie das Ergebnis?

Aufgabe 9.3 Eigenschaften der Jacobi-Determinante

Die Jacobi-Determinante der Funktionen $f_1(x_1, x_2)$ und $f_2(x_1, x_2)$ ist definiert durch

$$\frac{\partial(f_1, f_2)}{\partial(x_1, x_2)} \equiv \det \begin{pmatrix} \left(\frac{\partial f_1}{\partial x_1}\right)_{x_2} & \left(\frac{\partial f_1}{\partial x_2}\right)_{x_1} \\ \left(\frac{\partial f_2}{\partial x_1}\right)_{x_2} & \left(\frac{\partial f_2}{\partial x_2}\right)_{x_1} \end{pmatrix} = \left(\frac{\partial f_1}{\partial x_1}\right)_{x_2} \left(\frac{\partial f_2}{\partial x_2}\right)_{x_1} - \left(\frac{\partial f_1}{\partial x_2}\right)_{x_1} \left(\frac{\partial f_2}{\partial x_1}\right)_{x_2},$$

wobei $\left(\frac{\partial f_i}{\partial x_1}\right)_{x_2}$ die partielle x_1-Ableitung von f_i (mit $i = 1, 2$) bei konstantem x_2 bezeichnet etc. Zeigen Sie die folgenden Eigenschaften:

$$\frac{\partial(f_1, x_2)}{\partial(x_1, x_2)} = \left(\frac{\partial f_1}{\partial x_1}\right)_{x_2} \quad , \quad \frac{\partial(f_1, f_2)}{\partial(x_1, x_2)} = -\frac{\partial(f_2, f_1)}{\partial(x_1, x_2)}$$

und die Kettenregel für Funktionen $f_1(u_1, u_2)$, $f_2(u_1, u_2)$, $u_1(x_1, x_2)$ und $u_2(x_1, x_2)$:

$$\frac{\partial(f_1, f_2)}{\partial(x_1, x_2)} = \frac{\partial(f_1, f_2)}{\partial(u_1, u_2)} \frac{\partial(u_1, u_2)}{\partial(x_1, x_2)}\ .$$

Aufgabe 9.4 Bogenlänge und skalare Kurvenintegrale

Die Bogenlänge s ist bekanntlich gemäß der Beziehung $ds = [(dx_1)^2 + (dx_2)^2 + (dx_3)^2]^{1/2}$ mit infinitesimalen Änderungen $d\mathbf{x}$ des Ortsvektors verknüpft.

(a) Betrachten Sie eine beliebige (glatte) Bahnbewegung $\mathbf{x}(t)$ eines Massenpunktes. Zeigen Sie zuerst allgemein.

$$\dot{\mathbf{x}} = \frac{d\mathbf{x}}{ds}\frac{ds}{dt} \quad , \quad |\dot{\mathbf{x}}| = \left|\frac{ds}{dt}\right| \quad , \quad \ddot{\mathbf{x}} = \mathbf{a}_\perp + \mathbf{a}_\parallel$$

mit der *Normal*beschleunigung $\mathbf{a}_\perp \equiv \frac{d^2\mathbf{x}}{ds^2}\left(\frac{ds}{dt}\right)^2$ und der *Tangential*beschleunigung $\mathbf{a}_\parallel \equiv \frac{d\mathbf{x}}{ds}\frac{d^2 s}{dt^2}$. Zeigen Sie nun speziell für eine Pendelbewegung der Form $\mathbf{x} = l(\sin(\varphi), 0, -\cos(\varphi))$ im homogenen Schwerkraftfeld $\mathbf{F} = -mg\,\hat{\mathbf{e}}_3$ die Beziehungen $ds = l|d\varphi|$ und $\frac{d^2 s}{dt^2} = -g\sin(\varphi)\mathrm{sgn}(\dot{\varphi})$.

(b) Berechnen Sie die Bogenlänge der Kurve

$$\left\{ \mathbf{x} \,\middle|\, x_2 = x_3 = \sqrt{2x_1} \,,\; 3 \le x_1 \le 24 \right\} .$$

(c) Berechnen Sie allgemein die Bogenlänge der Kurve

$$\mathbf{x}(\varphi) = \rho(\varphi) \begin{pmatrix} \cos(\varphi) \\ \sin(\varphi) \end{pmatrix}$$

mit $0 \le \varphi_1 \le \varphi \le \varphi_2 \le 2\pi$ und differenzierbarem $\rho(\varphi) \ge 0$.

Aufgabe 9.5 Vektorielle Kurvenintegrale

Betrachten Sie die an einem Massenpunkt, der unter der Einwirkung der Kraft $\mathbf{F}(\mathbf{x})$ die Bahn $\mathbf{x}(t)$ durchläuft, verrichtete Arbeit für die Fälle (mit $0 \le t \le 2\pi$):

$$\text{(i)} \quad \mathbf{F}(\mathbf{x}) = \begin{pmatrix} x_1\,x_2 \\ 1 \\ x_2\,x_3 \end{pmatrix} \quad , \quad \mathbf{x}(t) = \begin{pmatrix} \cos(t) \\ \sin(t) \\ t \end{pmatrix}$$

$$\text{(ii)} \quad \mathbf{F}(\mathbf{x}) = \begin{pmatrix} x_1^2\,x_2 \\ x_1\,x_2^2 \\ x_2\,x_3^2 \end{pmatrix} \quad , \quad \mathbf{x}(t) = \begin{pmatrix} \cos(t) \\ \sin(t) \\ 0 \end{pmatrix}$$

$$\text{(iii)} \quad \mathbf{F}(\mathbf{x}) = \begin{pmatrix} 3x_1 - 4x_2 + 2x_3 \\ 4x_1 + 2x_2 - 3x_3^2 \\ 2x_1 x_3 - 4x_2^2 + x_3^2 \end{pmatrix} \quad , \quad \mathbf{x}(t) = \begin{pmatrix} 4\cos(t) \\ 0 \\ 3\sin(t) \end{pmatrix}$$

$$\text{(iv)} \quad \mathbf{F}(\mathbf{x}) = \hat{\mathbf{e}}_3 \times \mathbf{x} \quad , \quad \mathbf{x}(t) = \begin{pmatrix} \cos(t) \\ \sin(t) \\ 0 \end{pmatrix} .$$

Aufgabe 9.6 Der Flächeninhalt eines Kegels

Betrachten Sie einen geraden Kreiskegel (Höhe h, Radius des Basiskreises R).

(a) Berechnen Sie die Seitenfläche des Kegels mit Hilfe der in der Vorlesung behandelten Methode für Flächen der Form $\mathbf{x}(u) = (u_1, u_2, z(u_1, u_2))$.

(b) Betrachten Sie den Kegel als Rotationskörper und berechnen Sie seine Mantelfläche mit Hilfe der ersten Guldin'schen Regel.

Aufgabe 9.7 Flächeninhalt eines Torus

Betrachten Sie den Torus, der sich durch Drehung des Kreises

$$\left\{ \mathbf{x} \,\middle|\, (x_1 - a)^2 + (x_3)^2 = R^2 \,,\; x_2 = 0 \right\}$$

um die $\hat{\mathbf{e}}_3$-Achse ergibt (mit $a > R > 0$). Parametrisieren Sie den Torus durch

$$\mathbf{x}(u) = \begin{pmatrix} \rho(u_2)\cos(u_1) \\ \rho(u_2)\sin(u_1) \\ R\sin(u_2) \end{pmatrix} \quad , \quad \rho(u_2) = a + R\cos(u_2) \quad , \quad u \in [0, 2\pi]^2 \equiv \mathcal{R} .$$

(a) Berechnen Sie mit dieser Parametrisierung $|\mathbf{t}_1 \times \mathbf{t}_2|$, wobei $\mathbf{t}_i$ wie üblich durch $\mathbf{t}_i \equiv \frac{\partial \mathbf{x}}{\partial u_i}$ $(i = 1, 2)$ definiert ist.

(b) Berechnen Sie aus (a) den Flächeninhalt $|\mathcal{F}| = \int_{\mathcal{R}} d^2 u \, |\mathbf{t}_1 \times \mathbf{t}_2|$ des Torus.

(c) Berechnen Sie analog den Flächeninhalt der Außenfläche des Rotationskörpers, der sich durch Drehung eines Kreises mit $0 < a \leq R$ ergibt.

Aufgabe 9.8 Satz von Stokes 1
Betrachten Sie den Stokes'schen Satz (9.29) für die orientierte Fläche

$$\mathcal{F} = \left\{ \mathbf{x} \mid x_3 = \tfrac{1}{2}(x_1^2 + x_2^2) \leq 2 \right\} \quad , \quad \partial\mathcal{F} = \left\{ \mathbf{x} \mid x_1^2 + x_2^2 = 4 \,,\, x_3 = 2 \right\} \,,$$

die ein Segment eines (elliptischen) Paraboloids mit dem kreisförmigen Rand $\partial\mathcal{F}$ darstellt. Der Normalenvektor auf $\mathcal{F}$ hat eine positive 3-Komponente, d.h. $\hat{\mathbf{n}} \cdot \hat{\mathbf{e}}_3 > 0$. Das Vektorfeld $\mathbf{g}$ in (9.29) hat die Form $\mathbf{g}(\mathbf{x}) = (x_1, 2x_3, x_2^2)$.

(a) Zeigen Sie, dass $\mathbf{x}(u) = \left(u_1 \cos(u_2), u_1 \sin(u_2), \tfrac{1}{2}u_1^2\right)$ mit $u \in [0, 2] \times [0, 2\pi]$ eine Parametrisierung der orientierten Fläche $\mathcal{F}$ darstellt.

(b) Bestimmen Sie die Tangentenvektoren $\mathbf{t}_i \equiv \frac{\partial \mathbf{x}}{\partial u_i}$ $(i = 1, 2)$ und zeigen Sie für den Normalenvektor: $\hat{\mathbf{n}} = (1 + u_1^2)^{-1/2}(-u_1 \cos(u_2), -u_1 \sin(u_2), 1)$.

(c) Berechnen Sie die *rechte* Seite von Gleichung (9.29) explizit.

(d) Berechnen Sie die *linke* Seite von Gleichung (9.29) explizit und überprüfen Sie durch den Vergleich mit dem Ergebnis aus (c) die Gültigkeit des Stokes'schen Satzes für diesen Spezialfall.

Aufgabe 9.9 Satz von Stokes 2
Betrachten Sie wiederum den Stokes'schen Satz (9.29), nun aber für die orientierte Fläche

$$\mathcal{F} = \left\{ \mathbf{x} \mid |x| = 1 \,,\, \tfrac{1}{4} \leq x_1^2 + x_2^2 \leq 1 \,,\, x_1 \geq 0 \,,\, x_2 \geq 0 \,,\, x_3 \geq 0 \right\} \,,$$

die ein Segment einer Kugeloberfläche mit dem Normalenvektor $\hat{\mathbf{n}} = \hat{\mathbf{x}}$ darstellt. Das Vektorfeld $\mathbf{g}$ hat die Form $\mathbf{g}(\mathbf{x}) = \tfrac{1}{2}(-x_2, x_1, 0)$.

(a) Zeigen Sie, dass $\mathbf{x}(u) = (\sin(u_1)\sin(u_2), \cos(u_1)\sin(u_2), \cos(u_2))$ mit dem Definitionsbereich $u = (u_1, u_2) \in \left[0, \tfrac{\pi}{2}\right] \times \left[\tfrac{\pi}{6}, \tfrac{\pi}{2}\right]$ eine Parametrisierung der orientierten Fläche $\mathcal{F}$ darstellt. Bestimmen Sie insbesondere die Tangentenvektoren $\mathbf{t}_i \equiv \frac{\partial \mathbf{x}}{\partial u_i}$ $(i = 1, 2)$ und zeigen Sie: $\hat{\mathbf{n}}(u) = \hat{\mathbf{x}}(u)$.

(b) Berechnen Sie die *rechte* Seite von Gleichung (9.29) explizit.

(c) Berechnen Sie die *linke* Seite von Gleichung (9.29) explizit und überprüfen Sie durch den Vergleich mit dem Ergebnis aus (b) die Gültigkeit des Stokes'schen Satzes für diesen Spezialfall.

Aufgabe 9.10 Satz von Stokes in der Ebene
Wir betrachten eine orientierte Fläche $\mathcal{F} \subset \mathbb{R}^3$ in der $\hat{\mathbf{e}}_1$-$\hat{\mathbf{e}}_2$-Ebene mit der (mit Hilfe der Bogenlänge s parametrisierten) geschlossenen Kurve $\partial\mathcal{F} = \{(x_1(s), x_2(s), 0)\}$ als orientiertem Rand. Neben dem Tangentenvektor $\mathbf{x}'(s) \equiv \left(\frac{dx_1}{ds}(s), \frac{dx_2}{ds}(s), 0\right)$ an der Kurve definieren wir den Vektor $\mathbf{n} \equiv (x_2', -x_1', 0)$.

(a) Zeigen Sie: $|\mathbf{x}'(s)| = 1$, $|\mathbf{n}(s)| = 1$, $\mathbf{x}' \cdot \mathbf{n} = 0$ und $\det(\mathbf{n}, \mathbf{x}', \hat{\mathbf{e}}_3) = 1$.

(b) Zeigen Sie für ein beliebiges Vektorfeld $\mathbf{B}(\mathbf{x})$ mit Hilfe des Stokes'schen Satzes:

$$\int_{\partial\mathcal{F}} ds\,(\mathbf{n} \cdot \mathbf{B}) = \int_{\mathcal{F}} dx_1 dx_2\,(\partial_1 B_1 + \partial_2 B_2)\,.$$

Falls Sie eine Analogie zum Gauß'schen Satz sehen: Erklären Sie diese!

Aufgabe 9.11 Eine Identität für den Levi-Civita-Tensor

Zeigen Sie für alle $i, j, k, l, m \in \{1, 2, 3\}$ die Identität:

$$\varepsilon_{ikl}\delta_{jm} + \varepsilon_{ilj}\delta_{km} + \varepsilon_{ijk}\delta_{lm} = \varepsilon_{jkl}\delta_{im}\,.$$

Hinweis: Betrachten Sie Fallunterscheidungen, z. B. $i = m$ vs. $i \neq m$ usw.
Anmerkung: Eine solche nicht-triviale Beziehung zwischen zwei Objekten, wie hier zwischen dem Levi-Civita-Tensor und dem Kronecker-Delta, wird in der Algebra als „Syzygie" (von Gr. συζυγία, „Gespann" oder „Paar") bezeichnet.

Aufgabe 9.12 Der Gauß'sche Satz 1

Betrachten Sie den Gauß'schen Satz (9.53) in der üblichen Notation für die Funktion $\mathbf{f}(\mathbf{x}) = (x_1, x_2, x_3)$ und das Integrationsvolumen

$$\mathcal{V} = \left\{\mathbf{x} \mid 0 \leq x_3 \leq 3\,,\ x_1^2 + x_2^2 \leq 9\right\}$$

mit nach *außen* gerichtetem Normalenvektor.

(a) Berechnen Sie die *linke* Seite von Gleichung (9.53) explizit.

(b) Berechnen Sie die *rechte* Seite von Gleichung (9.53) explizit und überprüfen Sie durch den Vergleich mit dem Ergebnis aus (a) die Gültigkeit des Gauß'schen Satzes für diesen Spezialfall.

Aufgabe 9.13 Der Gauß'sche Satz 2

Betrachten Sie den Gauß'schen Satz (9.53) in der üblichen Notation für die Funktion $\mathbf{f}(\mathbf{x}) = (2x_1 x_2 + x_3, x_2^2, -x_1 - 3x_2)$ und das Integrationsvolumen

$$\mathcal{V} \equiv \left\{\mathbf{x} \mid x_1 \geq 0\,,\ x_2 \geq 0\,,\ x_3 \geq 0\,,\ 2(x_1 + x_2) + x_3 \leq 6\right\}$$

mit nach *außen* gerichtetem Normalenvektor.

(a) Berechnen Sie die *linke* Seite von Gleichung (9.53) explizit.

(b) Bestimmen Sie eine Parametrisierung des orientierten Dreiecks

$$\{\mathbf{x} \in \partial\mathcal{V} \mid 2(x_1 + x_2) + x_3 = 6\}$$

und berechnen Sie die entsprechenden Tangentenvektoren sowie den Normalenvektor mit Hilfe dieser Parametrisierung.

(c) Berechnen Sie die *rechte* Seite von Gleichung (9.53) explizit und überprüfen Sie durch den Vergleich mit dem Ergebnis aus (a) die Gültigkeit des Gauß'schen Satzes für diesen Spezialfall.

Aufgabe 9.14 Der Gauß'sche Satz 3
Betrachten Sie den Gauß'schen Satz (9.53) in der üblichen Notation für die Funktion $\mathbf{f}(\mathbf{x}) = (x_3^2 - x_1, -x_1 x_2, 3x_3)$ und das Integrationsvolumen

$$\mathcal{V} = \left\{ \mathbf{x} \mid 0 \le x_1 \le 3 \,, \quad |x_3| \le 4 - x_2^2 \right\}$$

mit nach *innen* gerichtetem Normalenvektor. Berechnen Sie entweder die rechte oder die linke Seite von Gleichung (9.53), je nachdem, was bequemer für Sie ist.

Aufgabe 9.15 Der Gauß'sche Satz 4
Betrachten Sie den Gauß'schen Satz (9.53) in der üblichen Notation für die Funktion $\mathbf{f}(\mathbf{x}) = (2x_1 + 3x_3, -x_1 x_3 - x_2, x_2^2 + 2x_3)$ und das Integrationsvolumen

$$\mathcal{V} = \{\mathbf{x} \mid |\mathbf{x} - \mathbf{x}_0| \le 3\} \quad , \quad \mathbf{x}_0 \equiv \begin{pmatrix} 3 \\ -1 \\ 2 \end{pmatrix}$$

mit nach *außen* gerichtetem Normalenvektor.

(a) Berechnen Sie die *linke* Seite von Gleichung (9.53) explizit.

(b) Berechnen Sie die *rechte* Seite von Gleichung (9.53) explizit und überprüfen Sie durch den Vergleich mit dem Ergebnis aus (a) die Gültigkeit des Gauß'schen Satzes für diesen Spezialfall. *Hinweis:* Verwenden Sie bei Bedarf die im „Beispiel" zum Gauß'schen Satz in Abschnitt [9.4.4] verwendeten Rechenmethoden (Symmetrieüberlegungen, Substitutionen).

Aufgabe 9.16 Der erste Green'sche Satz
Der erste Green'sche Satz (9.75) wird z. B. beim Nachweis der Eindeutigkeit von Lösungen elektrostatischer Probleme angewendet. Betrachten Sie z. B. die Gleichung $(\Delta\Phi)(\mathbf{x}) = -\frac{1}{\varepsilon_0}\rho(\mathbf{x})$ für das elektrostatische Potential $\Phi(\mathbf{x})$ mit $\mathbf{x} \in \mathcal{V}$, wobei sowohl die Ladungsdichte $\rho(\mathbf{x})$ in $\mathcal{V}$ als auch der Potentialwert $V(\mathbf{x})$ auf dem Rand $\partial\mathcal{V}$ vorgegeben sind: $\Phi(\mathbf{x}) = V(\mathbf{x})$ für $\mathbf{x} \in \partial\mathcal{V}$. Um nachzuweisen, dass $\Phi(\mathbf{x})$ durch diese Informationen eindeutig festgelegt ist, nimmt man zunächst an, es gäbe zwei unterschiedliche Lösungen $\Phi_1 \ne \Phi_2$, und leitet dann wie folgt einen Widerspruch her:

(a) Betrachten Sie die Differenzfunktion $w \equiv \Phi_1 - \Phi_2 \ne 0$. Zeigen Sie, dass w für alle $\mathbf{x} \in \mathcal{V}$ die Gleichung $(\Delta w)(\mathbf{x}) = 0$ und für alle $\mathbf{x} \in \partial\mathcal{V}$ die Gleichung $w(\mathbf{x}) = 0$ erfüllt.

(b) Folgern Sie aus (a) und Gleichung (9.75) mit der Wahl $\mu = \nu = w$:

$$\int_{\mathcal{V}} d^3 x \, [(\boldsymbol{\nabla} w)(\mathbf{x})]^2 = 0 \,,$$

und konstruieren Sie einen Widerspruch. Was schließen Sie hieraus?

Aufgabe 9.17 Die d-dimensionale Deltafunktion
Die d-dimensionale Deltafunktion wurde in Abschnitt [8.6.4] definiert:

$$\delta^{(d)}(\mathbf{x} - \mathbf{a}) = \prod_{\ell=1}^{d} \delta(x_\ell - a_\ell)$$

und hat [s. Gleichung (8.20)] die Eigenschaft $\int_{\mathbb{R}^d} d^d x \, f(\mathbf{x}) \, \delta^{(d)}(\mathbf{x} - \mathbf{a}) = f(\mathbf{a})$. Zeigen Sie für eine nicht-singuläre Matrix A:

$$\delta(A\mathbf{x} + \mathbf{b}) = \frac{1}{|\det(A)|} \, \delta(\mathbf{x} + A^{-1}\mathbf{b}) \, ,$$

wobei $|\det(A)|^{-1}$ die Rolle einer Jacobi-Determinante spielt.

Anhang A

Lösungen zu den Übungsaufgaben

A.1 Zahlen

Lösung 1.1 Rationale Zahlen

(a) Unendlich viele. Für alle $n \in \mathbb{N}$ gilt z.B. $a_n \equiv 1 + 2^{-n} \in \mathbb{Q}$ und $1 < a_n < 2$.

(b) Ja. Seien $a, b \in \mathbb{Q}$ gegeben ($a < b$), dann ist z.B. $c \equiv a + \frac{1}{\sqrt{2}}(b - a) \notin \mathbb{Q}$. Denn aus der Annahme „$a = \frac{a_1}{a_2}, b = \frac{b_1}{b_2}, c = \frac{c_1}{c_2}$ mit $a_{1,2}, b_{1,2}, c_{1,2} \in \mathbb{Z}$ sowie $a_2, b_2, c_2 \neq 0$ und $(a_1, a_2), (b_1, b_2), (c_1, c_2)$ teilerfremd" würde $\sqrt{2} = (b - a)/(c - a) \in \mathbb{Q}$ und somit ein Widerspruch folgen, also gilt $c \notin \mathbb{Q}$.

Lösung 1.2 Der Teiler 6

(a) Die Behauptung lautet $P(n) : \frac{1}{6}(n^3 - n) \in \mathbb{N}_0$ für alle $n \in \mathbb{N}_0$. Als Startschritt zeigt man durch explizites Überprüfen, dass $P(0)$, $P(1)$ und $P(2)$ alle wahr sind. Den Induktionsschritt zeigt man wie folgt: Aus der Annahme „$P(m)$ ist wahr" geht hervor, dass auch $P(m + 1)$ wahr ist: $\frac{1}{6}\left[(m + 1)^3 - (m + 1)\right] = \frac{1}{6}(m^3 - m) + \frac{1}{6}(3m^2 + 3m) = \frac{1}{6}(m^3 - m) + \frac{1}{2}m(m + 1) \in \mathbb{N}_0$. Einerseits wird hierbei die Gültigkeit von $P(m)$ verwendet und andererseits $\frac{1}{2}m(m+1) \in \mathbb{N}_0$ (da entweder m oder $m + 1$ gerade ist). Folglich ist $P(n)$ wahr $\forall n \in \mathbb{N}_0$.

(b) Die Behauptung lautet nun $P(n) : \frac{1}{6}(7^n - 1) \in \mathbb{N}_0$ für alle $n \in \mathbb{N}_0$. Als Startschritt zeigt man, dass $P(0)$, $P(1)$ und $P(2)$ alle wahr sind. Der Induktionsschritt wird wie folgt gemacht: Aus der Annahme „$P(m)$ ist wahr" (also $7^m = 6k + 1, k \in \mathbb{N}_0$) geht hervor, dass $P(m + 1)$ wahr ist: $\frac{1}{6}(7^{m+1} - 1) = \frac{1}{6}(7 \cdot 7^m - 1) = \frac{1}{6}\left[7(6k + 1) - 1\right] = 7k + 1 \in \mathbb{N}_0$. Folglich ist $P(n)$ wahr $\forall n \in \mathbb{N}_0$. Alternativ kann man $P(n)$ auch mit dem binomischen Satz nachweisen:

$$\frac{1}{6}(7^n - 1) = \frac{1}{6}\left[(6 + 1)^n - 1\right] = \sum_{m=1}^{n} \binom{n}{m} 6^{m-1} \in \mathbb{N}_0 \quad \forall n \in \mathbb{N}_0 .$$

Lösung 1.3 Irrationale Zahlen

Sei $p \in \mathbb{N}$ eine Primzahl. Wir nehmen an: $\sqrt{p} \in \mathbb{Q}$. Es folgt $\sqrt{p} = \frac{m}{n}$ mit $m, n \in \mathbb{N}$ und (m, n) teilerfremd. Quadrieren ergibt $m^2 = pn^2$, sodass $m = p\overline{m}$ mit $\overline{m} \in \mathbb{N}$ gelten muss, da p eine Primzahl ist. Hieraus folgt $n^2 = p\overline{m}^2$ und somit $n = p\overline{n}$ mit $\overline{n} \in \mathbb{N}$. Folglich sind m und n im Widerspruch zur Annahme nicht teilerfremd und kann die Annahme $\sqrt{p} \in \mathbb{Q}$ daher nicht korrekt sein. Der Beweis gilt nicht für $p = 4$, da $4 = 2^2$ ein Quadrat ist und man somit lediglich $m = 2\overline{m}$ mit $\overline{m} \in \mathbb{N}$ und $n = \overline{m} = 1$ schließen kann, im Einklang mit der Annahme.

Lösung 1.4 Ungleichungen

(a) Die Lösungsmenge ist $\{x \mid x < -\frac{1}{2}\}$.

(b) Es soll $f(x) < 0$ gelten mit $f(x) \equiv x^2 - x - 12 = (x - 4)(x + 3)$. Die Lösungsmenge ist daher $\{x \mid -3 < x < 4\}$.

Lösung 1.5 Bruchrechnung

Da für $a, b, c, d > 0$ gilt: $\frac{a}{b+d} < \frac{a}{b}$ und $\frac{c}{b+d} < \frac{c}{d}$, folgt: $\frac{a+c}{b+d} = \frac{a}{b+d} + \frac{c}{b+d} < \frac{a}{b} + \frac{c}{d}$. Die Gleichung $\frac{a+c}{b+d} = \frac{a}{b} + \frac{c}{d}$ ist somit *niemals* erfüllt.

Lösung 1.6 Geometrische Reihe

Die Behauptung $P(n)$ ist wahr für $n = 0$, denn $2^{-0} = 2 - 2^{-0} = 1$ (Induktionsanfang). Aus der Annahme „$P(m)$ ist wahr" folgt, dass $P(m + 1)$ wahr ist:

$$\sum_{k=0}^{m+1} 2^{-k} = \sum_{k=0}^{m} 2^{-k} + 2^{-(m+1)} = 2 - 2^{-m} + \tfrac{1}{2}2^{-m} = 2 - \tfrac{1}{2}2^{-m} = 2 - 2^{-(m+1)} ,$$

sodass $P(n)$ wahr sein muss für alle $n \in \mathbb{N}_0$. Insbesondere folgt für $n \to \infty$:

$$\lim_{n \to \infty} a_n = 2 \quad , \quad a_n \equiv \sum_{k=0}^{n} 2^{-k} .$$

Anschaulich wird im n-ten Schritt das Intervall $[a_{n-1}, 2]$ halbiert und die Länge der linken Hälfte $[a_{n-1}, a_n]$ zu a_{n-1} addiert (mit $a_{-1} \equiv 0$). Folglich stellt a_∞ die Länge des kompletten Intervalls $[0, 2]$ dar.

Lösung 1.7 Vollständige Induktion

(i) $P(1)$ ist wahr: $1 = \frac{1}{2}(3 - 1)$. Falls $P(m)$ wahr ist, gilt

$$\sum_{k=1}^{m+1} (3k - 2) = \sum_{k=1}^{m} (3k - 2) + (3m + 1) = \tfrac{1}{2}m(3m - 1) + 3m + 1$$
$$= \tfrac{1}{2}(m + 1)\left[3(m + 1) - 1\right] ,$$

sodass auch $P(m + 1)$ und somit $P(n)$ $\forall n \in \mathbb{N}$ wahr sind.

(ii) $P(1)$ ist wahr: $2^0 = 2^1 - 1 = 1$. Falls $P(m)$ wahr ist, gilt:

$$\sum_{k=1}^{m+1} 2^{k-1} = \sum_{k=1}^{m} 2^{k-1} + 2^m = (2^m - 1) + 2^m = 2 \cdot 2^m - 1 = 2^{m+1} - 1 \,,$$

sodass auch $P(m+1)$ und somit $P(n)$ ($\forall n \in \mathbb{N}$) wahr sind.

(iii) $P(1)$ ist wahr: $1 = \frac{1}{4} + \frac{1}{2} + \frac{1}{4}$. Falls $P(m)$ wahr ist, gilt:

$$\sum_{k=1}^{m+1} k^3 = \sum_{k=1}^{m} k^3 + (m+1)^3 = \left[\tfrac{1}{4}m^4 + \tfrac{1}{2}m^3 + \tfrac{1}{4}m^2\right] + (m+1)^3$$
$$= \tfrac{1}{4}(m+1)^4 + \tfrac{1}{2}(m+1)^3 + \tfrac{1}{4}(m+1)^2 \,,$$

sodass auch $P(m+1)$ und daher $P(n)$ $\forall n \in \mathbb{N}$ wahr sind.

(iv) $P(1)$ ist wahr: $1 = \frac{x-1}{x-1}$ $\forall x \neq 1$. Falls $P(m)$ wahr ist, gilt:

$$\sum_{k=0}^{m} x^k = \sum_{k=0}^{m-1} x^k + x^m = \frac{(1 - x^m) + x^m(1 - x)}{1 - x} = \frac{1 - x^{m+1}}{1 - x} \,,$$

sodass auch $P(m+1)$ und daher $P(n)$ $\forall n \in \mathbb{N}$ wahr sind.

(v) $P(1)$ ist wahr: $\frac{1}{2} = \frac{1}{1+1}$. Falls $P(m)$ wahr ist, gilt:

$$\sum_{k=1}^{m+1} \frac{1}{k(k+1)} = \sum_{k=1}^{m} \frac{1}{k(k+1)} + \frac{1}{(m+1)(m+2)}$$
$$= \frac{m(m+2)}{(m+1)(m+2)} + \frac{1}{(m+1)(m+2)}$$
$$= \frac{m^2 + 2m + 1}{(m+1)(m+2)} = \frac{(m+1)^2}{(m+1)(m+2)} = \frac{m+1}{m+2} \,,$$

sodass auch $P(m+1)$ und daher $P(n)$ $\forall n \in \mathbb{N}$ wahr sind. Für $n \to \infty$ folgt $\sum_{k=1}^{\infty} \frac{1}{k(k+1)} = 1$.

(vi) Die erste Behauptung, $P(n) : (n+1) \leq 2^n \leq (n+1)!$ ($n \in \mathbb{N}_0$), ist wahr für $n = 0$, denn es gilt: $0 + 1 \leq 2^0 \leq (0+1)!$. Falls $P(m)$ wahr ist, folgt:

$$(m+1) + 1 \leq 2^m + 1 \leq 2^{m+1} = 2 \cdot 2^m \leq 2(m+1)! \leq [(m+1) + 1]! \,,$$

sodass auch $P(m+1)$ und daher $P(n)$ $\forall n \in \mathbb{N}_0$ wahr sind.
Die zweite Behauptung, $P(n): n^2 \leq 2^n \leq n!$ ($4 \leq n \in \mathbb{N}$), ist wahr für $n = 4$, denn es gilt: $16 \leq 16 \leq 24$. Falls $P(m)$ wahr ist, folgt:

$$(m+1)^2 = m^2 + 2m + 1 = 2m^2 - (m-1)^2 + 2 \leq 2m^2$$
$$\leq 2^{m+1} = 2 \cdot 2^m \leq 2m! \leq (m+1)! \,,$$

sodass auch $P(m+1)$ und daher $P(n)$ $\forall n \geq 4$ wahr sind.

Die dritte Behauptung, $P(n)$: $(1+a)^n \geq 1 + na$ mit $a \geq -1$ und $n \in \mathbb{N}$, ist wahr für $n = 1$, denn es gilt: $1 + a \geq 1 + a$. Falls $P(m)$ wahr ist, folgt:

$$(1+a)^{m+1} = (1+a)(1+a)^m \geq (1+a)(1+ma)$$
$$= 1 + (m+1)a + ma^2 \geq 1 + (m+1)a \,,$$

sodass auch $P(m+1)$ und daher $P(n)$ $\forall n \in \mathbb{N}$ wahr sind. Hieraus folgt u.a.:

(a) für $a = -\frac{1}{n^2}$, dass $(1 - \frac{1}{n^2})^n \geq 1 - \frac{1}{n} = \frac{n-1}{n}$ gilt.

(b) für $a = \frac{1}{n^2 - 1}$ und $n \geq 2$:

$$(1+a)^{n+1} = \left(\frac{n^2}{n^2 - 1}\right)^{n+1} \geq 1 + (n+1)a$$
$$= 1 + \frac{n+1}{n^2 - 1} = \frac{n(n+1)}{(n-1)(n+1)} = \frac{n}{n-1} \,.$$

Lösung 1.8 Wahr oder nicht wahr?

(a) Falls die Behauptung $P(n)$: „$n^2 - n + 1$ ist gerade" für $n = m$ wahr ist, folgt, dass auch $(m+1)^2 - (m+1) + 1 = (m^2 - m + 1) + 2m$ gerade ist, sodass $P(m+1)$ ebenfalls zutrifft. Da jedoch für alle $n \in \mathbb{N}$ gilt: $\frac{1}{2}(n-1)n \in \mathbb{N}_0$ bzw. $(n^2 - n + 1) \in 2\mathbb{N}_0 + 1$, gilt $P(n)$ nie.

(b) Der Induktionsschritt ist inkorrekt für $n = 1$, da sich die Gruppen $(1, 2, ..., n)$ und $(2, 3, ..., n+1)$ dann nicht überschneiden.

Lösung 1.9 Die Binominalverteilung

Aus der Formel $(1+x)^n = \sum_{k=0}^{n} \binom{n}{k} x^k$ folgt sofort auch:

$$\sum_{k=0}^{n} (-1)^k \binom{n}{k} = 0 \quad , \quad 2^{-n} \sum_{k=0}^{n} \binom{n}{k} = 1 \quad , \quad 2^n \sum_{k=0}^{n} \binom{n}{k} \left(-\tfrac{1}{2}\right)^k = 1 \,,$$

da diese drei Formeln die Spezialfälle $x = -1$, $x = 1$ bzw. $x = -\frac{1}{2}$ darstellen.

Lösung 1.10 Fibonacci-Zahlen

(a) Aus der allgemeinen Form $F_n = \frac{(x_+)^n - (x_-)^n}{x_+ - x_-}$ mit $x_\pm = \frac{1}{2} \pm \frac{1}{2}\sqrt{5}$ der Fibonacci-Zahlen folgt, wie in Gleichung (1.18):

$$\frac{F_{n+1}}{F_n} = \frac{(x_+)^{n+1} - (x_-)^{n+1}}{(x_+)^n - (x_-)^n} = x_+ \frac{1 - (x_-/x_+)^{n+1}}{1 - (x_-/x_+)^n} \to x_+ \quad (n \to \infty) \,,$$

da $|x_-/x_+| < 1$ gilt. Aus dieser Berechnung folgt noch als weitere Konsequenz, dass $(-1)^n(F_{n+1}/F_n - x_+) > 0$ gilt:

$$\frac{(-1)^n}{x_+}\left(\frac{F_{n+1}}{F_n} - x_+\right) = (-1)^n\left[\frac{1 - (x_-/x_+)^{n+1}}{1 - (x_-/x_+)^n} - 1\right]$$

$$= (-1)^n\frac{(x_-/x_+)^n - (x_-/x_+)^{n+1}}{1 - (x_-/x_+)^n}$$

$$= \left(-\frac{x_-}{x_+}\right)^n\frac{1 - (x_-/x_+)}{1 - (x_-/x_+)^n} > 0\,.$$

Im letzten Schritt wurde $x_- \simeq -0{,}618$ und $x_+ \simeq 1{,}618$ verwendet. Hieraus folgt nämlich erstens $-x_-/x_+ > 0$, sodass die rechte Seite *positiv* ist, und zweitens $|x_-/x_+| < 1$, sodass die rechte Seite *exponentiell* als Funktion von n abfällt. Das Letztere erklärt die rapide Konvergenz der Zahlen $r_n = F_{n+1}/F_n$ gegen eins in Abb. 1.10.

(b) Mit der Definition $S_n \equiv F_{2n} - \sum_{k=0}^{n-1} F_{2k+1}$ gilt:

$$S_n = F_{2n} - F_{2n-1} - \sum_{k=0}^{n-2} F_{2k+1} = F_{2(n-1)} - \sum_{k=0}^{n-2} F_{2k+1} = S_{n-1}$$

und daher: $S_n = S_{n-1} = \cdots = S_1 = F_2 - F_1 = 0\,.$

(c) Die Behauptung $P(n)$: $\sum_{k=1}^n F_k = F_{n+2} - 1$ trifft zu für $n = 1$: $1 = F_1 = F_3 - 1 = 2 - 1$. Falls $P(m)$ gilt, folgt:

$$\sum_{k=1}^{m+1} F_k = \sum_{k=1}^m F_k + F_{m+1} = F_{m+2} - 1 + F_{m+1} = F_{m+3} - 1\,,$$

sodass auch $P(m + 1)$ und somit $P(n)$ $\forall n \in \mathbb{N}$ wahr sind.
Die Behauptung $P(n)$: $\sum_{k=1}^n F_k^2 = F_n F_{n+1}$ trifft zu für $n = 1$, denn $1 = F_1^2 = F_1 F_2$. Falls $P(m)$ gilt, folgt:

$$\sum_{k=1}^{m+1} F_k^2 = \sum_{k=1}^m F_k^2 + F_{m+1}^2 = F_m F_{m+1} + F_{m+1}^2$$

$$= (F_m + F_{m+1})F_{m+1} = F_{m+1}F_{m+2}\,,$$

sodass auch $P(m + 1)$ und daher $P(n)$ $\forall n \in \mathbb{N}$ wahr sind. Die geometrische Interpretation dieser Identität ist aus Abb. 1.8 ersichtlich.
Die Behauptung $P(n)$: $F_{n+1}^2 = F_n F_{n+2} + (-1)^n$ ist korrekt für $n = 1$, denn $1 = F_2^2 = F_1 F_3 + (-1) = 2 - 1$. Falls $P(m)$ gilt, folgt:

$$F_{m+2}^2 = F_{m+2}(F_{m+1} + F_m) = F_{m+1}F_{m+2} + F_m F_{m+2}$$

$$= F_{m+1}F_{m+2} + F_{m+1}^2 - (-1)^m$$

$$= F_{m+1}(F_{m+1} + F_{m+2}) + (-1)^{m+1} = F_{m+1}F_{m+3} + (-1)^{m+1}\,,$$

sodass auch $P(m + 1)$ und somit $P(n)$ $\forall n \in \mathbb{N}$ wahr sind.

Lösung 1.11 Die Produktregel der Differentiation

Aus der Produktregel $(fg)^{(n)} = \sum_{k=0}^{n} \binom{n}{k} f^{(n-k)} g^{(k)}$ der Differentiation folgt:

(a) $(x^2 e^{-x})^{(n)} = (x^2)^{(0)} (e^{-x})^{(n)} + \binom{n}{1} (x^2)^{(1)} (e^{-x})^{(n-1)} + \binom{n}{2} (x^2)^{(2)} (e^{-x})^{(n-2)}$

$$= (-1)^n e^{-x} \left[x^2 - 2n\,x + 2 \cdot \tfrac{1}{2} n(n-1) \right] = (-1)^n e^{-x} \left[x^2 - 2n\,x + n(n-1) \right] \ .$$

(b) Wegen $[\ln(x)]^{(n+1)} = (x^{-1})^{(n)} = (-1)^n n! \, x^{-(n+1)}$ gilt:

$$[x \ln(x)]^{(n)} = (x)^{(0)} [\ln(x)]^{(n)} + \binom{n}{1} (x)^{(1)} [\ln(x)]^{(n-1)}$$

$$= (-1)^{n-1} (n-1)! \, x^{-(n-1)} + n(-1)^{n-2} (n-2)! \, x^{-(n-1)}$$

$$= (-1)^{n-1} \left[(n-1) - n \right] (n-2)! \, x^{-(n-1)} = (-1)^n (n-2)! \, x^{-(n-1)} \ .$$

(c) $[x \sin(x)]^{(4n)} = \sum_{k=0}^{4n} \binom{4n}{k} (x)^{(k)} [\sin(x)]^{(4n-k)}$

$$= (x)^{(0)} [\sin(x)]^{(4n)} + \binom{4n}{1} (x)^{(1)} [\sin(x)]^{(4n-1)} = x \sin(x) - 4n \cos(x) \ .$$

Lösung 1.12 Anwendung der Produktregel

(a) Es gilt $f'(x) = n(x^2-1)^{n-1} \cdot 2x = 2nx \frac{f(x)}{x^2-1}$ und somit $(x^2-1) f'(x) = 2nx\, f(x)$.

(b) Mit der Definition $g(x) \equiv f^{(n)}(x)$ folgt die angegebene Beziehung:

$$0 = \left[(x^2 - 1) f' - 2nxf \right]^{(n+1)}$$

$$= (x^2 - 1)^{(0)} f^{(n+2)} + \binom{n+1}{1} (x^2 - 1)^{(1)} f^{(n+1)} + \binom{n+1}{2} (x^2 - 1)^{(2)} f^{(n)}$$

$$- 2n (x)^{(0)} f^{(n+1)} - 2n \binom{n+1}{1} (x)^{(1)} f^{(n)}$$

$$= (x^2 - 1) g'' + (n+1) 2x g' + \tfrac{1}{2} (n+1) n \cdot 2g - 2nx g' - 2n(n+1) g$$

$$= (x^2 - 1) g'' + 2x g' - n(n+1) g \ .$$

Lösung 1.13 Komplexe Exponentialfunktion

Für die angegebenen φ-Werte erhalten wir aus der Euler-Formel $e^{i\varphi} = \cos\varphi + i \sin\varphi$ und den bekannten Werten des Sinus und des Kosinus: $e^{i\pi/6} = \tfrac{1}{2}\sqrt{3} + \tfrac{1}{2}i$, $e^{i\pi/4} = \tfrac{1}{2}\sqrt{2} + \tfrac{1}{2}\sqrt{2}i$, $e^{i\pi/3} = \tfrac{1}{2} + \tfrac{1}{2}\sqrt{3}i$, $e^{i\pi/2} = i$, $e^{i3\pi/4} = -\tfrac{1}{2}\sqrt{2} + \tfrac{1}{2}\sqrt{2}i$, $e^{i3\pi/2} = -i$, $e^{-i\pi/4} = \tfrac{1}{2}\sqrt{2} - \tfrac{1}{2}\sqrt{2}i$, $e^{-i3\pi/4} = -\tfrac{1}{2}\sqrt{2} - \tfrac{1}{2}\sqrt{2}i$, $e^{-i\pi} = -1$ und $e^{-i3\pi/2} = i$. Allgemein gilt $e^{i\varphi_n} = i$ für alle $\varphi_n \equiv \tfrac{\pi}{2} + 2n\pi$ mit $n \in \mathbb{Z}$.

Lösung 1.14 Komplexe Zahlen

(a) $\frac{1}{i} = \frac{i}{i^2} = \frac{i}{(-1)} = -i$ mit $\mathrm{Re}(i^{-1}) = 0$ und $\mathrm{Im}(i^{-1}) = -1$

(b) $(2 + 5i)(4 - 3i) = 8 + (20 - 6)i - 15i^2 = (8 + 15) + 14i = 23 + 14i$

(c) $\frac{1+i}{1-i} = \frac{(1+i)^2}{(1-i)(1+i)} = \frac{1+2i+i^2}{1-i^2} = \frac{1}{2} \cdot 2i = i$

(d) $|3-4i||4+3i| = \sqrt{3^2+4^2}\sqrt{4^2+3^2} = 3^2+4^2 = 25$

(e) $\left|\frac{1}{1+3i} - \frac{1}{1-3i}\right| = \left|\frac{(1-3i)-(1+3i)}{(1+3i)(1-3i)}\right| = \frac{|-6i|}{1^2+3^2} = \frac{6}{10} = \frac{3}{5}$

(f) $\frac{i+i^2+i^3+i^4+i^5}{1+i} = \frac{i-1-i+1+i}{1+i} = \frac{i}{1+i} = \frac{i(1-i)}{(1+i)(1-i)} = \frac{1+i}{1^2+1^2} = \frac{1}{2}(1+i)$

(g) i^i ist nicht eindeutig definiert. Zwar gilt $i = e^{i\varphi_n}$ mit $\varphi_n = \frac{\pi}{2} + 2n\pi$ (s. Aufgabe 1.13), aber die Rechenregel $i^i = (e^{i\varphi_n})^i = e^{i^2\varphi_n} = e^{-\varphi_n}$ gilt *nicht*: Das „Ergebnis" $e^{-\varphi_n}$ hängt auch explizit von der Wahl von $n \in \mathbb{Z}$ ab.

(h) Für alle $\varphi \neq 2n\pi$ mit $n \in \mathbb{Z}$ gilt

$$\frac{2}{1-e^{i\varphi}} = \frac{-2e^{-i\varphi/2}}{e^{i\varphi/2} - e^{-i\varphi/2}} = \frac{2i}{e^{i\varphi/2} - e^{-i\varphi/2}}\left(-\frac{1}{i}e^{-i\varphi/2}\right)$$

$$= \frac{i\left[\cos\left(\frac{1}{2}\varphi\right) - i\sin\left(\frac{1}{2}\varphi\right)\right]}{\sin\left(\frac{1}{2}\varphi\right)} = \frac{\sin\left(\frac{1}{2}\varphi\right) + i\cos\left(\frac{1}{2}\varphi\right)}{\sin\left(\frac{1}{2}\varphi\right)} = 1 + i\cot\left(\frac{1}{2}\varphi\right) \ .$$

Lösung 1.15 Komplexe Konjugation

Wir verwenden die Notationen $z = u + vi$, $z^* = u - vi$ und $|z| = |z^*| = \sqrt{u^2 + v^2}$:

(a) $zz^* = (u + vi)(u - vi) = u^2 - v^2i^2 = u^2 + v^2 = |z|^2 = |z^*|^2$.

(b) Für die Konjugation eines Produkts gilt:

$$(z_1 z_2)^* = [(u_1 + v_1 i)(u_2 + v_2 i)]^* = [(u_1 u_2 - v_1 v_2) + (u_1 v_2 + u_2 v_1)i]^*$$

$$= (u_1 u_2 - v_1 v_2) - (u_1 v_2 + u_2 v_1)i = (u_1 - v_1 i)(u_2 - v_2 i) = z_1^* z_2^* \ .$$

(c) $(z_1 + z_2)^* = [(u_1 + u_2) + (v_1 + v_2)i]^* = (u_1 + u_2) - (v_1 + v_2)i = z_1^* + z_2^*$.

(d) Verwende (b): $\left(\frac{z_1}{z_2}\right)^* = \left(\frac{z_1 z_2^*}{|z_2|^2}\right)^* = \frac{1}{|z_2|^2} z_1^* z_2^{**} = \frac{z_1^* z_2}{z_2 z_2^*} = \frac{z_1^*}{z_2^*}$.

(e) $\mathrm{Re}(z) = u = \frac{1}{2}\left[(u + vi) + (u - vi)\right] = \frac{1}{2}(z + z^*)$.

(f) $\mathrm{Im}(z) = v = \frac{1}{2i}\left[(u + vi) - (u - vi)\right] = \frac{1}{2i}(z - z^*)$.

Lösung 1.16 Polardarstellung

(a) $i = e^{i\pi/2}$ **(b)** $-1 = e^{i\pi}$

(c) $1 + i = \sqrt{2}\, e^{i\pi/4}$ **(d)** $-3 + 4i = 5e^{i[\pi - \arctan(4/3)]}$

(e) $\dfrac{(\sqrt{3}-1) + (\sqrt{3}+1)i}{2(1+i)} = \frac{1}{4}\left[(\sqrt{3}-1) + (\sqrt{3}+1)i\right](1-i)$

$$= \frac{1}{4}\left[(\sqrt{3}-1) + (\sqrt{3}+1) + (\sqrt{3}+1)i - (\sqrt{3}-1)i\right]$$

$$= \frac{1}{4}\left(2\sqrt{3} + 2i\right) = \frac{1}{2}\sqrt{3} + \frac{1}{2}i = e^{i\pi/6}$$

Lösung 1.17 Quadratische Gleichungen

(a) $z_\pm = \frac{1}{2\cdot 4}\left(-5 \pm \sqrt{5^2 - 4\cdot 4}\right) = \frac{1}{8}\left(-5 \pm \sqrt{9}\right) = \frac{1}{8}(-5\pm 3)$, $z_+ = -\frac{1}{4}$, $z_- = -1$.

(b) $z_\pm = \frac{1}{2\cdot 4}\left(-13 \pm \sqrt{13^2 - 4\cdot 4\cdot 9}\right) = \frac{1}{8}\left(-13 \pm \sqrt{25}\right) = \frac{1}{8}(-13 \pm 5)$ mit dem Ergebnis: $z_+ = -1$ und $z_- = -2\frac{1}{4}$.

Lösung 1.18 Euler-Formel

Wir verwenden $(e^{i\varphi})^* = (\cos\varphi + i\sin\varphi)^* = \cos\varphi - i\sin\varphi = e^{-i\varphi}$:

(a) $\sin(\varphi) = \mathrm{Im}(e^{i\varphi}) = \frac{1}{2i}\left[e^{i\varphi} - (e^{i\varphi})^*\right] = \frac{1}{2i}\left(e^{i\varphi} - e^{-i\varphi}\right)$.

(b) Das Additionstheorem für den Sinus lautet:

$$\begin{aligned}
\sin(\varphi_1 + \varphi_2) &= \mathrm{Im}\left[e^{i(\varphi_1+\varphi_2)}\right] = \mathrm{Im}\left(e^{i\varphi_1} e^{i\varphi_2}\right) \\
&= \mathrm{Im}\left[(\cos\varphi_1 + i\sin\varphi_1)(\cos\varphi_2 + i\sin\varphi_2)\right] \\
&= \sin(\varphi_1)\cos(\varphi_2) + \cos(\varphi_1)\sin(\varphi_2) .
\end{aligned}$$

(c) Das Additionstheorem für den Kosinus lautet:

$$\begin{aligned}
\cos(\varphi_1 + \varphi_2) &= \mathrm{Re}\left[e^{i(\varphi_1+\varphi_2)}\right] = \mathrm{Re}\left(e^{i\varphi_1} e^{i\varphi_2}\right) \\
&= \mathrm{Re}\left[(\cos\varphi_1 + i\sin\varphi_1)(\cos\varphi_2 + i\sin\varphi_2)\right] \\
&= \cos(\varphi_1)\cos(\varphi_2) - \sin(\varphi_1)\sin(\varphi_2) .
\end{aligned}$$

(d) Die Verdreifachungsformel für den Sinus lautet:

$$\begin{aligned}
\sin(3\varphi) &= \mathrm{Im}(e^{i3\varphi}) = \mathrm{Im}\left[(e^{i\varphi})^3\right] = \mathrm{Im}\left[(\cos\varphi + i\sin\varphi)^3\right] \\
&= \mathrm{Im}\left[\cos^3(\varphi) + 3i\cos^2(\varphi)\sin(\varphi) - 3\cos(\varphi)\sin^2(\varphi) - i\sin^3(\varphi)\right] \\
&= 3\left[1 - \sin^2(\varphi)\right]\sin(\varphi) - \sin^3(\varphi) = 3\sin(\varphi) - 4\sin^3(\varphi) ,
\end{aligned}$$

und hieraus folgt: $\sin^3(\varphi) = \frac{1}{4}\left[3\sin(\varphi) - \sin(3\varphi)\right]$.

(e) Die rechte Seite $2\sin\left(\frac{\varphi_1+\varphi_2}{2}\right)\cos\left(\frac{\varphi_1-\varphi_2}{2}\right)$ kann wie folgt geschrieben werden:

$$\begin{aligned}
2\cdot\frac{1}{2i}&\left[e^{\frac{1}{2}i(\varphi_1+\varphi_2)} - e^{-\frac{1}{2}i(\varphi_1+\varphi_2)}\right] \cdot \frac{1}{2}\left[e^{\frac{1}{2}i(\varphi_1-\varphi_2)} + e^{-\frac{1}{2}i(\varphi_1-\varphi_2)}\right] \\
&= \frac{1}{2i}\left(e^{i\varphi_1} + e^{i\varphi_2} - e^{-i\varphi_2} - e^{-i\varphi_1}\right) = \sin(\varphi_1) + \sin(\varphi_2) .
\end{aligned}$$

(f) Die rechte Seite $2\cos\left(\frac{\varphi_1+\varphi_2}{2}\right)\cos\left(\frac{\varphi_1-\varphi_2}{2}\right)$ kann wie folgt geschrieben werden:

$$\begin{aligned}
2\cdot\frac{1}{2}&\left[e^{\frac{1}{2}i(\varphi_1+\varphi_2)} + e^{-\frac{1}{2}i(\varphi_1+\varphi_2)}\right] \cdot \frac{1}{2}\left[e^{\frac{1}{2}i(\varphi_1-\varphi_2)} + e^{-\frac{1}{2}i(\varphi_1-\varphi_2)}\right] \\
&= \frac{1}{2}\left(e^{i\varphi_1} + e^{i\varphi_2} + e^{-i\varphi_2} + e^{-i\varphi_1}\right) = \cos(\varphi_1) + \cos(\varphi_2) .
\end{aligned}$$

(g) $(1 + \sqrt{3}i)^{315} = \left[2\left(\frac{1}{2} + \frac{1}{2}\sqrt{3}i\right)\right]^{315} = (2e^{i\pi/3})^{315} = 2^{315}(e^{i\pi/3})^{6\cdot 52+3} = -2^{315}$.

(h) $\left(\dfrac{1+\sqrt{3}i}{1-\sqrt{3}i}\right)^{315} = \dfrac{-2^{315}}{\left(-2^{315}\right)^{*}} = 1$.

Lösung 1.19 Kurven in der komplexen Ebene

Wir verwenden die Notation $z = u + vi$:

(a) $|z| = \sqrt{u^2 + v^2} = \frac{1}{2}$, $u^2 + v^2 = \frac{1}{4}$ (Kreis mit Mittelpunkt 0 und Radius $\frac{1}{2}$).

(b) $\left|\dfrac{z-1}{z+1}\right| = 1 = \left[\dfrac{(u-1)^2 + v^2}{(u+1)^2 + v^2}\right]^{1/2} = 1$, $(u-1)^2 = (u+1)^2$, $u - 1 = -(u+1)$,
sodass $u = 0$ gelten muss (imaginäre Achse).

(c) $\mathrm{Im}(z) = v = \frac{2}{3}$ (Gerade parallel zur reellen Achse).

(d) $0 = zz^* - \dfrac{w}{p}z^* - \dfrac{w^*}{p}z + \dfrac{q}{p} = \left(z - \dfrac{w}{p}\right)\left(z^* - \dfrac{w^*}{p}\right) - \left(\dfrac{|w|^2}{p^2} - \dfrac{q}{p}\right)$ und daher:
$\left|z - \dfrac{w}{p}\right|^2 = \dfrac{|w|^2 - pq}{p^2}$ (Kreis mit Mittelpunkt $\frac{w}{p}$ und Radius $\sqrt{|w|^2 - pq}/|p|$).

Lösung 1.20 Komplexe Lösungen einfacher Gleichungen

Wir verwenden die Notation $z = u + vi = \rho e^{i\varphi}$:

(a) $z^5 = (\rho e^{i\varphi})^5 = \rho^5 e^{i5\varphi} = 1$ und daher $\rho = 1$, $\varphi = \frac{2n\pi}{5}$ $(n = 0, 1, 2, 3, 4)$.

(b) $zz^* = \rho e^{i\varphi} \cdot \rho e^{-i\varphi} = \rho^2 = 1$ und daher $\rho = 1$ (Kreis mit Mittelpunkt 0 und
Radius 1).

(c) $2 = z^2 + (z^*)^2 = (u + vi)^2 + (u - vi)^2 = 2(u^2 - v^2)$ und daher $u^2 - v^2 = 1$, d.h.
die Lösungsmenge ist eine Hyperbel: $\{z \mid z = u + vi , u^2 - v^2 = 1\}$.

(d) $0 = z^3 - 2z - 4 = (z-2)(z^2 + 2z + 2)$ und daher $z = 2 \vee z = -1 + i \vee z = -1 - i$.

Lösung 1.21 Rationale Wurzeln

(a) Die Annahme $z = \frac{m}{n} \in \mathbb{Q}$ [mit $m, n \in \mathbb{Z}, n \neq 0, (m,n)$ teilerfremd] impliziert
$a_0 + a_1 \frac{m}{n} + \ldots + a_s \left(\frac{m}{n}\right)^s = 0$ und daher:

$$(1) \quad a_0 n^s = -\left(a_1 m n^{s-1} + \ldots + a_s m^s\right)$$
$$(2) \quad a_s m^s = -\left(a_0 n^s + \ldots + a_{s-1} n m^{s-1}\right) .$$

Aus (1) folgt, dass $a_0 n^s \in \mathbb{Z}$ den Faktor m enthält, aus (2), dass $a_s m^s \in \mathbb{Z}$
den Faktor n enthält. Da (m, n) teilerfremd sind, muss $\frac{a_0}{m} \in \mathbb{Z}$ und $\frac{a_s}{n} \in \mathbb{Z}$
gelten.

(b) **(i)** Aus $\frac{a_0}{m} = -\frac{4}{m} \in \mathbb{Z}$ folgt $m = \pm 1, \pm 2, \pm 4$ und aus $\frac{a_3}{n} = \frac{1}{n} \in \mathbb{Z}$ folgt
$n = \pm 1$, sodass $\frac{m}{n} \in \{\pm 1, \pm 2, \pm 4\}$ eine Wurzel sein kann. Tatsächlich
ist $z = 1$ eine Wurzel: $0 = z^3 - 2z^2 + 5z - 4 = (z-1)(z^2 - z + 4)$. Die
beiden anderen Wurzeln folgen als $z_{\pm} = \frac{1}{2}(1 \pm i\sqrt{15})$.

(ii) Aus $\frac{a_0}{m} = \frac{1}{m} \in \mathbb{Z}$ und $\frac{a_3}{n} = \frac{2}{n} \in \mathbb{Z}$ folgt $m = \pm 1$ bzw. $n = \pm 1, \pm 2$, sodass
die rationale Zahl $\frac{m}{n} \in \{\pm 1, \pm \frac{1}{2}\}$ eine Wurzel sein kann. Tatsächlich ist
$z = -\frac{1}{2}$ eine Wurzel: $0 = 2z^3 - z^2 + z + 1 = (2z+1)(z^2 - z + 1)$. Die
beiden anderen Wurzeln folgen als $z_{\pm} = \frac{1}{2}(1 \pm i\sqrt{3})$.

A.2 Folgen, Reihen und Rekursionen

Lösung 2.1 Streng monotone Folgen

Ein Beispiel einer streng monoton steigenden Folge (a_n), für die die Folge $(|a_n|)$ der *Beträge* der Folgenglieder

(i) ebenfalls streng monoton steigend ist, ist $(a_n) = (1 - n^{-1}) = (|a_n|)$.

(ii) streng monoton fallend ist, ist $(a_n) = (-n^{-1})$ mit $(|a_n|) = (n^{-1})$.

(iii) nicht monoton ist, ist $(a_n) = (\frac{1}{2} - n^{-1})$ mit $(|a_n|) = (\frac{1}{2}, 0, \frac{1}{6}, \frac{1}{4}, \cdots)$.

(iv) monoton jedoch nicht streng monoton ist, ist $(a_n) = (\frac{3}{4} - n^{-1})$ mit $(|a_n|) = (\frac{1}{4}, \frac{1}{4}, \frac{5}{12}, \frac{1}{2}, \cdots)$.

Lösung 2.2 Grenzwerte von Folgen

(a) $\lim\limits_{n \to \infty} \frac{(5+n)^2}{25-n^2} = \lim\limits_{n \to \infty} \frac{n^2(1+5/n)^2}{-n^2(1-25/n^2)} = -1$

(b) $\lim\limits_{n \to \infty} \frac{n^2+n-1}{3n-1} = \lim\limits_{n \to \infty} \frac{n^2(1+n^{-1}-n^{-2})}{3n(1-1/3n)} = \lim\limits_{n \to \infty} \frac{1}{3}n = \infty$

(c) $\lim\limits_{n \to \infty} \frac{3n^2-5n}{5n^2+2n-6} = \lim\limits_{n \to \infty} \frac{3n^2(1-5/3n)}{5n^2(1+\frac{2}{5}n^{-1}-\frac{6}{5}n^{-2})} = \frac{3}{5}$

(d) $\lim\limits_{n \to \infty} \left[\frac{n(n+2)}{n+1} - \frac{n^3}{n^2+1}\right] = \lim\limits_{n \to \infty} \frac{n\left[(n+2)(n^2+1)-n^2(n+1)\right]}{(n+1)(n^2+1)} = \lim\limits_{n \to \infty} \frac{n^3}{n^3} = 1$

(e) $\lim\limits_{n \to \infty} \left(\sqrt{n+1} - \sqrt{n}\right) = \lim\limits_{n \to \infty} \sqrt{n} \cdot \frac{1}{n} \frac{\sqrt{1+n^{-1}}-1}{n^{-1}} = \lim\limits_{n \to \infty} \frac{1}{\sqrt{n}} \, g'(0) = 0$ mit der
   Definition $g(y) \equiv \sqrt{1+y}$ und daher $g'(y) = \frac{1}{2}(1+y)^{-1/2}$, $g'(0) = \frac{1}{2}$.

(f) $\lim\limits_{n \to \infty} \frac{n}{n^3+n^2+1} = \lim\limits_{n \to \infty} \frac{n}{n^3(1+n^{-1}+n^{-3})} = \lim\limits_{n \to \infty} \frac{1}{n^2} = 0$

(g) $\lim\limits_{n \to \infty} \sqrt{n}(\sqrt{n+1} - \sqrt{n}) = \lim\limits_{n \to \infty} n \cdot \frac{1}{n} \frac{\sqrt{1+n^{-1}}-1}{n^{-1}} = g'(0) = \frac{1}{2}$ [analog zu (e)]

(h) $\left|\frac{\sin^3(n)+\cos(n)}{\sqrt{n}}\right| \leq \frac{2}{\sqrt{n}}$, daher: $\lim\limits_{n \to \infty} \frac{\sin^3(n)+\cos(n)}{\sqrt{n}} = 0$

Lösung 2.3 Eigenschaften von Folgen   (mit $n \in \mathbb{N}$)

$\left(\frac{n-1}{n}\right) = \left(1 - \frac{1}{n}\right)$: beschränkt, streng monoton steigend

$\left(\frac{n^2+12}{n}\right) = \left(n + \frac{12}{n}\right)$: nach unten beschränkt

$(\ln(n))$: nach unten beschränkt, streng monoton steigend

$\left((-1)^n \frac{n+1}{n^2}\right)$: beschränkt, alternierend, Nullfolge

$((-3)^{-n})$: beschränkt, alternierend, Nullfolge

$\left(10^{1/n}\right) = \left(e^{n^{-1}\ln(10)}\right)$: beschränkt, streng monoton fallend

$\left(\frac{2^n}{n^2}\right)$: nach unten beschränkt

$\left((-1)^n \frac{2n+1}{n!}\right)$: beschränkt, alternierend, Nullfolge

Lösung 2.4 Ergänzung von Folgen

(a) 1 (konstante Folge) (b) $13\ (a_n = a_{n-1} + 3)$

(c) $28\ (a_n = a_{n-1} + n)$ (d) $-36\ [a_n = (-1)^{n-1}n^2]$

(e) $\frac{1}{13}$ (inverse Primzahlen) (f) $23\ (a_n = a_{n-1} + a_{n-2})$

(g) $6\ (a_{2n} = 1,\ a_{2n-1} = n + 2)$ (h) $2\ (\pi = 3{,}14159265...)$

(i) $-1\ [a_n = \cos\left(\frac{1}{6}(n-1)\pi\right)]$ (j) $\frac{21}{34}\ (a_n = \frac{F_{n+1}}{F_{n+2}}$, Fibonacci-Zahlen$)$

Wir sehen also, dass die Folgen (a), (e) und (j) konvergieren, (a) gegen den Wert 1, (e) gegen null und (j) gegen den inversen Goldenen Schnitt $1/x_+$.

Lösung 2.5 Kettenbrüche

Man berechnet den Grenzwert a aus der quadratischen Gleichung: $a = 1 + \frac{1}{a}$ bzw. $a^2 - a - 1 = 0$ und erhält die Lösung $a_\pm = \frac{1}{2}(1 \pm \sqrt{5})$. Wegen $a_1 > 0$ muss $a_n > 0$ und somit $a = \frac{1}{2}(1 + \sqrt{5})$ gelten. Der Grenzwert a entspricht also dem Goldenen Schnitt. Für die geometrische Interpretation definieren wir $f(x) \equiv 1 + \frac{1}{x}$ [sodass $a_{n+1} = f(a_n)$ gilt] und $g(x) = x$ und skizzieren diese Funktionen zusammen in einer Abbildung. Die Kurve $(a_1, a_1) \to (a_1, a_2) \to (a_2, a_2) \to (a_2, a_3) \to (a_3, a_3) \to$ (usw.) stellt eine Spirale dar, die gegen (a, a) konvergiert. Dies kann man auch beweisen mit $a_{n+1} - a = \left(1 + \frac{1}{a_n}\right) - \left(1 + \frac{1}{a}\right) = -\left(\frac{1}{a} - \frac{1}{a_n}\right) = -\frac{a_n - a}{a a_n}$ und daher:

$a_{n+2} - a = -\frac{a_{n+1} - a}{a a_{n+1}} = \frac{a_n - a}{a^2 a_n a_{n+1}} = \frac{a_n - a}{a^2(1 + a_n)}$. Hieraus folgt nämlich $|a_{n+2} - a| \leq a^{-2}|a_n - a|$, sodass (a_n) exponentiell schnell konvergiert: $|a_{2n+1} - a| \leq a^{-2n}|a_1 - a|$ und $|a_{2n+2} - a| \leq a^{-2n}|f(a_1) - a|$ mit $a \simeq 1{,}6$.

Lösung 2.6 Rekursionsformeln

(a) **(i)** $(2, 3, 3\frac{1}{2}, 3\frac{3}{4}, 3\frac{7}{8})$ bzw. $(6, 5, 4\frac{1}{2}, 4\frac{1}{4}, 4\frac{1}{8})$

(ii) $(1, 2, 3, 5, 8)$

(iii) (e, e^2, e^3, e^5, e^8)

(b) **(i)** Mit $\bar{a}_n \equiv a_n - 4$ gilt: $\bar{a}_{n+1} = a_{n+1} - 4 = \left(\frac{1}{2}a_n + 2\right) - 4 = \frac{1}{2}(a_n - 4) = \frac{1}{2}\bar{a}_n$ und daher: $a_n - 4 = \bar{a}_n = 2^{-(n-1)}\bar{a}_1 = 2^{-(n-1)}(a_1 - 4)$, $a_n = 4 + 2^{-(n-1)}(a_1 - 4)$. Folglich konvergiert a_n gegen 4 für $n \to \infty$.

(ii) $a_n = F_{n+1}$ mit $F_n = \frac{(x_+)^n - (x_-)^n}{x_+ - x_-}$ und $x_\pm = \frac{1}{2} \pm \frac{1}{2}\sqrt{5}$.

(iii) Für $b_n \equiv \ln(a_n)$ gilt (ii). Daher: $b_n = F_{n+1}$, $a_n = e^{F_n}$.

(c) Man berechnet den Grenzwert $a = a_\infty$ aus der Gleichung $a = \frac{1}{2}\left(a + \frac{c}{a}\right)$. Es folgt dann $a = \frac{c}{a}$ und $a = +\sqrt{c}$ (da $a_0 > 0$ und somit $a_n > 0$ und $a \geq 0$ gelten muss). Man zeigt die Konvergenz geometrisch in einer Skizze der Funktionen $f(x) = \frac{1}{2}(x + \frac{c}{x})$ und $g(x) = x$, indem man die Kurve $(a_1, a_1) \to (a_1, a_2) \to (a_2, a_2) \to (a_2, a_3) \to (a_3, a_3) \to$ (usw.) betrachtet. Beweisen lässt sich die Konvergenz mit Hilfe von $a_{n+1} - a = \frac{1}{2}\left[(a_n - a) + c(\frac{1}{a_n} - \frac{1}{a})\right] = \frac{1}{2}\left(1 - \frac{c}{a a_n}\right)(a_n - a) = \frac{1}{2}\left(1 - \frac{a}{a_n}\right)(a_n - a) = \frac{1}{2a_n}(a_n - a)^2$. Hieraus folgt nämlich einerseits für alle $n \in \mathbb{N}$: $a_{n+1} \geq a$ und andererseits: $0 \leq a_{n+2} - a = \frac{a_{n+1}-a}{2a_{n+1}}(a_{n+1} - a) \leq \frac{1}{2}(a_{n+1} - a)$. Folglich gilt $0 \leq a_{n+2} - a \leq 2^{-n}(a_2 - a)$, sodass a_n exponentiell schnell konvergiert für $n \to \infty$.

Lösung 2.7 Die Zahl e

(a) $b_n = (1 + \frac{1}{n})a_n > a_n$ für alle $n \in \mathbb{N}$.

(b) Die Ungleichung $a_n \geq a_{n-1}$ folgt aus

$$\frac{a_n}{a_{n-1}} = \frac{(1 + \frac{1}{n})^n}{(1 + \frac{1}{n-1})^n}\left(1 + \frac{1}{n-1}\right) = \left[\frac{(n+1)(n-1)}{n^2}\right]^n \frac{n}{n-1}$$

$$= \left(1 - \frac{1}{n^2}\right)^n \frac{n}{n-1} \geq \frac{n-1}{n}\frac{n}{n-1} = 1 \,.$$

(c) Die Ungleichung $b_{n-1} \geq b_n$ folgt aus

$$\frac{b_{n-1}}{b_n} = \frac{\left(1 + \frac{1}{n-1}\right)^{n+1}}{(1 + \frac{1}{n})^{n+1}}\left(1 + \frac{1}{n-1}\right)^{-1} = \left[\frac{n^2}{(n+1)(n-1)}\right]^{n+1} \frac{n-1}{n}$$

$$= \left(\frac{n^2}{n^2-1}\right)^{n+1} \frac{n-1}{n} \geq \frac{n}{n-1}\frac{n-1}{n} = 1 \,.$$

(d) Wegen (a) und (c) ist $b_n - a_n = \frac{1}{n}\left(1 + \frac{1}{n}\right)^n = \frac{a_n}{n} \leq \frac{b_n}{n} \leq \frac{b_1}{n} = \frac{4}{n} \; \forall n \in \mathbb{N}$.

(e) Wegen (b) und (d) gilt: $2 = a_1 \leq a_\infty = b_\infty \leq b_1 = 4$.

Lösung 2.8 Komplexe geometrische Reihen

(a) Dies kann (wie für $z \in \mathbb{R}\backslash\{1\}$) mit vollständiger Induktion gezeigt werden. Der Induktionsschritt ist: Falls $P(m)$ gilt ($m \in \mathbb{N}_0$), folgt aus $\sum_{k=0}^{m+1} z^k = \sum_{k=0}^{m} z^k + z^{m+1} = \frac{z^{m+1}-1}{z-1} + z^{m+1} = \frac{z^{m+2}-1}{z-1}$, dass auch $P(m+1)$ und somit $P(n)$ ($\forall n \in \mathbb{N}_0$) zutrifft.

(b) Die verlangte Identität folgt aus

$$\sum_{k=0}^{n} \cos(k\varphi) = \sum_{k=0}^{n} \mathrm{Re}(e^{ik\varphi}) = \mathrm{Re}\left[\sum_{k=0}^{n}(e^{i\varphi})^k\right] = \mathrm{Re}\left[\frac{e^{i(n+1)\varphi} - 1}{e^{i\varphi} - 1}\right]$$

$$= \mathrm{Re}\left[\frac{e^{\frac{1}{2}i(n+1)\varphi} - e^{-\frac{1}{2}i(n+1)\varphi}}{e^{\frac{1}{2}i\varphi} - e^{-\frac{1}{2}i\varphi}} e^{\frac{1}{2}in\varphi}\right] = \mathrm{Re}\left\{\frac{\sin\left[\frac{1}{2}(n+1)\varphi\right]}{\sin(\frac{1}{2}\varphi)} e^{\frac{1}{2}in\varphi}\right\}$$

$$= \frac{\sin\left[\frac{1}{2}(n+1)\varphi\right]}{\sin(\frac{1}{2}\varphi)} \cos(\tfrac{1}{2}n\varphi) \quad (n \in \mathbb{N}_0) \,.$$

Wegen der Identität in Aufgabe 1.18 (e) mit $\varphi_1 = (n + \frac{1}{2})\varphi$ und $\varphi_2 = \frac{1}{2}\varphi$ gilt alternativ:

$$\sin\left[\tfrac{1}{2}(n+1)\varphi\right]\cos(\tfrac{1}{2}n\varphi) = \tfrac{1}{2}\left\{\sin[(n + \tfrac{1}{2})\varphi] + \sin(\tfrac{1}{2}\varphi)\right\} \,.$$

Lösung 2.9 Eine faszinierende Reihe
Wir verwenden, dass für Fibonacci-Zahlen F_n gilt: $F_{n+2} = F_{n+1} + F_n$, $F_1 = F_2 = 1$, und beweisen die Identität mit vollständiger Induktion. Als Induktionsanfang gilt für $n = 0$ bzw. $n = 1$: $\binom{0}{0} = 1 = F_1$ und $\binom{1}{0} = 1 = F_2$. Den Induktionsschritt zeigt man wie folgt: Falls $P(n)$ wahr ist für $n = m - 1$ und $n = m$, gilt

$$\sum_{k=0}^{\infty} \binom{m+1-k}{k} = \sum_{k=0}^{\infty} \binom{m-k}{k} + \sum_{k=0}^{\infty} \binom{m-k}{k-1}$$

$$= F_{m+1} + \sum_{k=0}^{\infty} \binom{(m-1)-(k-1)}{k-1}$$

$$= F_{m+1} + \sum_{k'=-1}^{\infty} \binom{(m-1)-k'}{k'} = F_{m+1} + F_m = F_{m+2} ,$$

wobei $\binom{m}{-1} = 0$ verwendet wurde. Folglich ist $P(m+1)$ ebenfalls wahr und daher auch $P(n)$ für alle $n \in \mathbb{N}_0$.

Lösung 2.10 Eine arithmetische Reihe

$$S = \sum_{k=1}^{100} (18k + 8109) = 18 \cdot \tfrac{1}{2} \cdot 100 \cdot 101 + 810900 = 9 \cdot 10100 + 810900$$

$$= 90900 + 810900 = 901800$$

Lösung 2.11 Geometrische Reihe

(a) Siehe Formeln (2.4) und (2.5): $f_n(a) = \frac{a^{n+1}-1}{a-1}$, $f_\infty(a) = \frac{1}{1-a}$.

(b) Es gilt $f'_\infty(a) = \sum_{k=0}^{\infty} k a^{k-1}$ und $f''_\infty(a) = \sum_{k=0}^{\infty} k(k-1) a^{k-2}$ mit $f'_\infty(a) = (1-a)^{-2}$ und $f''_\infty(a) = 2(1-a)^{-3}$. Daher folgt für die Summe $S(a)$:

$$S(a) = \sum_{k=0}^{\infty} [k(k-1) + k] a^k = a^2 f''_\infty(a) + a f'_\infty(a) = \frac{a}{(1-a)^2} \left(1 + \frac{2a}{1-a}\right)$$

$$= a(1+a)/(1-a)^3 .$$

(c) Es gilt (i) $f_\infty\left(\tfrac{1}{3}\right) = \left(1 - \tfrac{1}{3}\right)^{-1} = \tfrac{3}{2}$, (ii) $\tfrac{1}{3} f'_\infty\left(\tfrac{1}{3}\right) = \tfrac{1}{3}\left(1 - \tfrac{1}{3}\right)^{-2} = \tfrac{1}{3} \cdot \tfrac{9}{4} = \tfrac{3}{4}$ und (iii) $S\left(\tfrac{1}{3}\right) = \tfrac{1}{3}\left(1 + \tfrac{1}{3}\right) / \left(1 - \tfrac{1}{3}\right)^3 = \tfrac{4}{9} \cdot \tfrac{27}{8} = \tfrac{3}{2}$.

Lösung 2.12 Das Integralkriterium zur Konvergenz einer Reihe
Die Divergenz der Summe $\sum_{k=1}^{\infty} k^{-1}$ folgt aus der logarithmischen Divergenz des Integrals $\int_1^{\infty} dk' \, (k')^{-1}$. Die Konvergenz der (geometrischen) Reihe $\sum_{k=1}^{\infty} e^{-k}$ folgt aus der Konvergenz des Integrals $\int_1^{\infty} dk' \, e^{-k'}$. Drittens folgt die Konvergenz der Summe $\sum_{k=1}^{\infty} k^{-(1+\alpha)}$ für alle $\alpha > 0$ aus der Konvergenz von $\int_1^{\infty} dk' \, (k')^{-(1+\alpha)}$.

Lösung 2.13 Konvergenz von Reihen

(a) Wir definieren für alle $k \in \mathbb{N}$ und $k-1 < x \leq k$: $f_1(x) \equiv \frac{1}{k^2}$, sodass $(1+x)^{-2} \leq f_1(x) \leq x^{-2}$. Daher gilt:

$$\int_1^{n+1} dx \, \frac{1}{x^2} = \int_0^n dx \, \frac{1}{(1+x)^2} \leq \int_0^n dx \, f_1(x) = S_{1n}$$

$$= 1 + \int_1^n dx \, f_1(x) \leq 1 + \int_1^n dx \, \frac{1}{x^2} \, .$$

Auswertung der Integrale ergibt:

$$1 - \frac{1}{n+1} = \left(-\frac{1}{x}\right)\Big|_1^{n+1} \leq S_{1n} \leq 1 + \left(-\frac{1}{x}\right)\Big|_1^n = 2 - \frac{1}{n}$$

und somit speziell für $n \to \infty$: $1 \leq S_{1\infty} \leq 2$.

(b) Analog definieren wir $f_2(x) \equiv \frac{1}{k}$ mit $(1+x)^{-1} \leq f_2(x) \leq x^{-1}$ und $\int_1^{n+1} dx \, \frac{1}{x} = \int_0^n dx \, \frac{1}{1+x} \leq \int_0^n dx \, f_2(x) = S_{2n} = 1 + \int_1^n dx \, f_2(x) \leq 1 + \int_1^n dx \, \frac{1}{x}$. Auswertung der Integrale ergibt $\ln(n+1) \leq S_{2n} \leq 1 + \ln(n)$ und somit $1 \geq S_{2n} - \ln(n) \geq \ln(n+1) - \ln(n) = \ln\left(1 + \frac{1}{n}\right)$. Im Limes $n \to \infty$ erhält man:

$$1 \geq \gamma \equiv \lim_{n\to\infty} [S_{2n} - \ln(n)] = \lim_{n\to\infty} n^{-1} \frac{\ln(1 + n^{-1}) - \ln(1)}{n^{-1}}$$

$$= \lim_{n\to\infty} n^{-1} \ln'(1) = \lim_{n\to\infty} n^{-1} = 0 \, .$$

(c) Analog definieren wir $f_3(x) \equiv \frac{1}{2k(2k-1)} = \frac{1}{2k-1} - \frac{1}{2k}$ für alle $k \in \mathbb{N}$ und $k-1 < x \leq k$ und erhalten:

$$\int_1^{n+1} dx \, \frac{1}{2x(2x-1)} \leq S_{3,2n} \leq \frac{1}{2} + \int_1^n dx \, \frac{1}{2x(2x-1)} \, .$$

Da die Integrale konvergieren und $(S_{3,2n})$ streng monoton steigt, konvergiert auch (S_{3n}). Wegen $\int_1^n dx \, \frac{1}{2x(2x-1)} = \int_1^n dx \, \left(\frac{1}{2x-1} - \frac{1}{2x}\right) = \frac{1}{2} \ln\left(\frac{x-\frac{1}{2}}{x}\right)\Big|_1^n \to \frac{1}{2}\ln(2)$ für $n \to \infty$ folgen die angegebenen Unter- und Obergrenzen für $S_{3\infty}$.

Lösung 2.14 Der Wurm auf dem Gummiband

Nach der $(n-1)$-ten Dehnung ist das Gummiband n Meter lang, sodass im n-ten Schritt der Bruchteil $\frac{1}{100n}$ zurückgelegt wird, d.h.: $p_n = p_{n-1} + \frac{1}{100n}$ $(n \geq 1, p_0 \equiv 0)$. Die Behauptung $P(n)$: $p_n = \sum_{k=1}^{n} \frac{1}{100k}$ ist korrekt für $n = 1$ wegen $p_1 = \frac{1}{100} + p_0 = \frac{1}{100}$. Falls $P(m)$ gilt, folgt die Gültigkeit von $P(m+1)$ aus

$$p_{m+1} = p_m + \frac{1}{100(m+1)} = \sum_{k=1}^{m} \frac{1}{100k} + \frac{1}{100(m+1)} = \sum_{k=1}^{m+1} \frac{1}{100k} \, ,$$

sodass $P(n) \, \forall n \in \mathbb{N}$ zutrifft. Aus Aufgabe 2.13 wissen wir:

$$\ln(n+1) \leq S_{2n} = \sum_{k=1}^{n} \frac{1}{k} = 100 p_n \leq 1 + \ln(n) \, .$$

Wegen $\ln(n) \to \infty$ für $n \to \infty$ wird $100p_n$ den Wert 100 für irgendein $n = N < \infty$ überschreiten. Beim N-ten Schritt ist also $p_N \geq 1$ und hat der Wurm das Ende des Gummibandes erreicht. Wegen $\ln(N) \simeq 100$ bzw. $N \simeq e^{100} \simeq 10^{43}$ benötigt er allerdings viele Schritte.

Lösung 2.15 Eine Folge mit zwei Indizes

Für $m = 0$ bzw. $n = 0$ ist die Randbedingung erfüllt, und Einsetzen ergibt:
$$a_{m+1,n+1} - a_{m+1,n} - a_{m,n+1} + a_{m,n} = (a_{m+1,0} + a_{0,n+1} - a_{0,0}) - (a_{m+1,0} + a_{0,n} - a_{0,0}) - (a_{m,0} + a_{0,n+1} - a_{0,0}) + (a_{m,0} + a_{0,n} - a_{0,0}) = 0.$$

A.3 Vektoren, Matrizen und Determinanten

Lösung 3.1 Rechnen mit Vektoren

(a) Komponentenweise Addition ergibt:

$$\text{(i)} \quad \begin{pmatrix} 6 \\ 6 \\ 11 \end{pmatrix} \qquad \text{(ii)} \quad \begin{pmatrix} 4 \\ 8 \\ 6 \end{pmatrix} \qquad \text{(iii)} \quad \begin{pmatrix} 1 - \alpha + 2\beta \\ 2 \\ 3 + \beta \end{pmatrix}.$$

(b) In (i) sind beide Vektoren im Vektorprodukt parallel:

$$\text{(i)} \quad \begin{pmatrix} 0 \\ 0 \\ 0 \end{pmatrix} \qquad \text{(ii)} \quad \begin{pmatrix} 2 \\ 0 \\ 3 \end{pmatrix} \cdot \begin{pmatrix} 12 \\ -1 \\ -4 \end{pmatrix} = 24 - 12 = 12.$$

(c) Der Winkel zwischen zwei Vektoren folgt als Arcuscosinus des Skalarprodukts der entsprechenden *Einheits*vektoren:

$$\text{(i)} \quad \text{Winkel} = \arccos\left[\frac{1}{5\sqrt{101}} \begin{pmatrix} 6 \\ 8 \\ 1 \end{pmatrix} \cdot \begin{pmatrix} 4 \\ -3 \\ 0 \end{pmatrix}\right] = \arccos(0) = \frac{\pi}{2}$$

$$\text{(ii)} \quad \text{Winkel} = \arccos\left[\begin{pmatrix} \frac{1}{2}\sqrt{3} \\ \frac{1}{2} \\ 0 \end{pmatrix} \cdot \begin{pmatrix} 0 \\ 1 \\ 0 \end{pmatrix}\right] = \arccos\left(\frac{1}{2}\right) = \frac{\pi}{3}.$$

Lösung 3.2 Der Kubus

(a) $|\mathbf{v}_{\sigma_1\sigma_2\sigma_3}| = \sum_{i=1}^{3}(\sigma_i/\sqrt{3})^2 = \sum_{i=1}^{3}\frac{1}{3} = 1$ für alle $(\sigma_1, \sigma_2, \sigma_3)$.

(b) Der Winkel zwischen zwei Einheitsvektoren folgt als Arcuscosinus des Skalarprodukts dieser Vektoren:

$$\arccos(\mathbf{v}_{+++} \cdot \mathbf{v}_{++-}) = \arccos\left[\frac{1}{3}\begin{pmatrix} 1 \\ 1 \\ 1 \end{pmatrix} \cdot \begin{pmatrix} 1 \\ 1 \\ -1 \end{pmatrix}\right] = \arccos\left(\frac{1}{3}\right)$$

$$\arccos(\mathbf{v}_{+++} \cdot \mathbf{v}_{+--}) = \arccos\left[\frac{1}{3}\begin{pmatrix} 1 \\ 1 \\ 1 \end{pmatrix} \cdot \begin{pmatrix} 1 \\ -1 \\ -1 \end{pmatrix}\right]$$
$$= \arccos\left(-\frac{1}{3}\right) = \pi - \arccos\left(\frac{1}{3}\right)$$
$$\arccos(\mathbf{v}_{+++} \cdot \mathbf{v}_{----}) = \arccos(-\mathbf{v}_{+++}^2) = \arccos(-1) = \pi.$$

(c) $\arccos(\mathbf{v}_{+++} \cdot \hat{\mathbf{e}}_i) = \arccos(\frac{1}{\sqrt{3}}) \quad (i = 1, 2, 3)$.

(d) Die drei Vektorprodukte folgen als:

$$\mathbf{v}_{+++} \times \mathbf{v}_{++-} = \frac{1}{3}\begin{pmatrix} 1 \\ 1 \\ 1 \end{pmatrix} \times \begin{pmatrix} 1 \\ 1 \\ -1 \end{pmatrix} = \frac{1}{3}\begin{pmatrix} -1-1 \\ 1-(-1) \\ 1-1 \end{pmatrix} = \frac{2}{3}\begin{pmatrix} -1 \\ 1 \\ 0 \end{pmatrix}$$

$$\mathbf{v}_{+++} \times \mathbf{v}_{+-+} = \frac{1}{3}\begin{pmatrix} 1 \\ 1 \\ 1 \end{pmatrix} \times \begin{pmatrix} 1 \\ -1 \\ 1 \end{pmatrix} = \frac{1}{3}\begin{pmatrix} 1-(-1) \\ 1-1 \\ -1-1 \end{pmatrix} = \frac{2}{3}\begin{pmatrix} 1 \\ 0 \\ -1 \end{pmatrix}$$

$$\mathbf{v}_{+++} \times \mathbf{v}_{-++} = \frac{1}{3}\begin{pmatrix} 1 \\ 1 \\ 1 \end{pmatrix} \times \begin{pmatrix} -1 \\ 1 \\ 1 \end{pmatrix} = \frac{1}{3}\begin{pmatrix} 1-1 \\ -1-1 \\ 1-(-1) \end{pmatrix} = \frac{2}{3}\begin{pmatrix} 0 \\ -1 \\ 1 \end{pmatrix}.$$

Lösung 3.3 Geometrie mit Symmetrie

Die drei Punkte $\mathbf{x}_a = (1, 0, -1)$, $\mathbf{x}_b = (1, -\frac{1}{2}\sqrt{3}, \frac{1}{2})$, $\mathbf{x}_c = (1, \frac{1}{2}\sqrt{3}, \frac{1}{2})$ liegen auf dem Kreis $\{\mathbf{x} \mid x_1 = 1, x_2^2 + x_3^2 = 1\}$ und bilden die drei Eckpunkte eines gleichseitigen Dreiecks mit der Seitenlänge $\sqrt{3}$. Wegen der Symmetrie unter Rotationen um $\frac{2\pi}{3}$ um die x_1-Achse muss der Schnittpunkt der Tangentialebenen auf der x_1-Achse liegen, denn nur diese Achse ist invariant unter solchen Drehungen. Der Schnittpunkt hat also die Form $\mathbf{x}_s = (\lambda, 0, 0)$. Da $\mathbf{x}_s$ zur Tangentialebene an der Kugel in $\mathbf{x}_a = (1, 0, -1)$ gehört, muss der Relativvektor $\mathbf{x}_s - \mathbf{x}_a$ senkrecht auf $\mathbf{x}_a$ stehen:

$$0 \overset{!}{=} (\mathbf{x}_s - \mathbf{x}_a) \cdot \mathbf{x}_a = \begin{pmatrix} \lambda - 1 \\ 0 \\ 1 \end{pmatrix} \cdot \begin{pmatrix} 1 \\ 0 \\ -1 \end{pmatrix} = \lambda - 2$$

gelten. Es folgt also $\lambda = 2$ und daher $\mathbf{x}_s = (2, 0, 0)$.

Lösung 3.4 Vektorraum und Skalarprodukt

(a) Aus $0 = \partial_\lambda |\mathbf{b} - \lambda\mathbf{a}|^2 = \partial_\lambda(\mathbf{b}^2 - 2\lambda\mathbf{b}\cdot\mathbf{a} + \lambda^2\mathbf{a}^2) = 2(\lambda\mathbf{a}^2 - \mathbf{b}\cdot\mathbf{a})$ folgt $\lambda_0 = \mathbf{b}\cdot\mathbf{a}/\mathbf{a}^2$.

(b) $0 \le |\mathbf{b} - \lambda_0\mathbf{a}|^2 = \mathbf{b}^2 - 2\lambda_0\mathbf{b}\cdot\mathbf{a} + \lambda_0^2\mathbf{a}^2 = \mathbf{b}^2 - 2\frac{(\mathbf{b}\cdot\mathbf{a})^2}{\mathbf{a}^2} + \frac{(\mathbf{b}\cdot\mathbf{a})^2}{\mathbf{a}^2} = \mathbf{b}^2 - \frac{(\mathbf{b}\cdot\mathbf{a})^2}{\mathbf{a}^2}$
und daher: $(\mathbf{a} \cdot \mathbf{b})^2 \le \mathbf{a}^2\mathbf{b}^2$ bzw. $|(\mathbf{a} \cdot \mathbf{b})| \le |\mathbf{a}|\,|\mathbf{b}|$.

(c) $\lambda_0\mathbf{a} = \mathbf{b}_\parallel$ und $\mathbf{b} - \lambda_0\mathbf{a} = \mathbf{b}_\perp$.

Lösung 3.5 Orthogonalitätseigenschaft

Aus $|\mathbf{a} + \mathbf{b}|^2 = |\mathbf{a} - \mathbf{b}|^2$ folgt $\mathbf{a}^2 + 2\langle\mathbf{a}, \mathbf{b}\rangle + \mathbf{b}^2 = \mathbf{a}^2 - 2\langle\mathbf{a}, \mathbf{b}\rangle + \mathbf{b}^2$ und daher $\langle\mathbf{a}, \mathbf{b}\rangle = 0$ und somit $\mathbf{a} \perp \mathbf{b}$.

Lösung 3.6 Drehungen um Koordinatenachsen

(a) Da die Transposition („T") eine Spiegelung an der Hauptdiagonalen darstellt, folgt:

$$D_3(\phi)D_3(\phi)^{\mathrm{T}} = \begin{pmatrix} \cos\phi & -\sin\phi & 0 \\ \sin\phi & \cos\phi & 0 \\ 0 & 0 & 1 \end{pmatrix} \begin{pmatrix} \cos\phi & \sin\phi & 0 \\ -\sin\phi & \cos\phi & 0 \\ 0 & 0 & 1 \end{pmatrix} = \begin{pmatrix} 1 & 0 & 0 \\ 0 & 1 & 0 \\ 0 & 0 & 1 \end{pmatrix} = \mathbb{1}_3 .$$

Mit Hilfe der Additionsformeln für die Sinus- und Kosinusfunktionen aus Kapitel 1 [s. (1.53) und (1.54)] folgt:

$$D_3(\phi)D_3(\vartheta) = \begin{pmatrix} \cos\phi & -\sin\phi & 0 \\ \sin\phi & \cos\phi & 0 \\ 0 & 0 & 1 \end{pmatrix} \begin{pmatrix} \cos\vartheta & -\sin\vartheta & 0 \\ \sin\vartheta & \cos\vartheta & 0 \\ 0 & 0 & 1 \end{pmatrix}$$

$$= \begin{pmatrix} \cos(\phi+\vartheta) & -\sin(\phi+\vartheta) & 0 \\ \sin(\phi+\vartheta) & \cos(\phi+\vartheta) & 0 \\ 0 & 0 & 1 \end{pmatrix} = D_3(\phi+\vartheta)\,.$$

(b) Definieren wir $\mathbf{a} = \mathbf{a}_{\parallel} + \mathbf{a}_{\perp}$ mit $\mathbf{a}_{\parallel} \equiv a_3\hat{\mathbf{e}}_3$ und $\mathbf{a}_{\perp} \equiv a_1\hat{\mathbf{e}}_1 + a_2\hat{\mathbf{e}}_2$, dann bedeutet

$$D_3(\phi)\mathbf{a} = \begin{pmatrix} \cos\phi & -\sin\phi & 0 \\ \sin\phi & \cos\phi & 0 \\ 0 & 0 & 1 \end{pmatrix} \begin{pmatrix} a_1 \\ a_2 \\ a_3 \end{pmatrix} = \begin{pmatrix} a_1\cos(\phi) - a_2\sin(\phi) \\ a_1\sin(\phi) + a_2\cos(\phi) \\ a_3 \end{pmatrix},$$

dass der Anteil $\mathbf{a}_{\parallel} \equiv a_3\hat{\mathbf{e}}_3$ invariant unter $D_3(\phi)$ ist und der Anteil $\mathbf{a}_{\perp}$ um den Winkel ϕ um die $\hat{\mathbf{e}}_3$-Achse gedreht wird. Folglich stellt $D_3(\phi)$ eine Drehung um den Winkel ϕ um die $\hat{\mathbf{e}}_3$-Achse dar.

(c) Da die Inverse einer Drehung eine Rückdrehung ist. Dies folgt auch aus (a) mit $\vartheta = -\phi$ als $D_3(\phi)D_3(-\phi) = \mathbb{1}_3$.

(d) $D_2(\phi)$ stellt eine Drehung von $\mathbf{a}$ um die $\hat{\mathbf{e}}_2$-Achse dar.

(e) Vergleicht man das Produkt $D_3(\phi)D_2(\phi)$:

$$D_3(\phi)D_2(\phi) = \begin{pmatrix} \cos\phi & \sin\phi & 0 \\ \sin\phi & \cos\phi & 0 \\ 0 & 0 & 1 \end{pmatrix} \begin{pmatrix} \cos\phi & 0 & -\sin\phi \\ 0 & 1 & 0 \\ \sin\phi & 0 & \cos\phi \end{pmatrix}$$

$$= \begin{pmatrix} \cos^2\phi & -\sin(\phi) & -\cos(\phi)\sin(\phi) \\ \cos(\phi)\sin(\phi) & \cos(\phi) & -\sin^2(\phi) \\ \sin\phi & 0 & \cos\phi \end{pmatrix}$$

mit dem Produkt $D_2(\phi)D_3(\phi)$ in umgekehrter Reihenfolge:

$$D_2(\phi)D_3(\phi) = \begin{pmatrix} \cos\phi & 0 & -\sin\phi \\ 0 & 1 & 0 \\ \sin\phi & 0 & \cos\phi \end{pmatrix} \begin{pmatrix} \cos\phi & -\sin\phi & 0 \\ \sin\phi & \cos\phi & 0 \\ 0 & 0 & 1 \end{pmatrix}$$

$$= \begin{pmatrix} \cos^2\phi & -\cos(\phi)\sin(\phi) & -\sin\phi \\ \sin(\phi) & \cos(\phi) & 0 \\ \cos(\phi)\sin(\phi) & -\sin^2(\phi) & \cos\phi \end{pmatrix},$$

so stellt man fest, dass $D_3(\phi)D_2(\phi) = D_2(\phi)D_3(\phi)$ nur für $\phi = 0$ oder $\phi = \pi$ gilt. In diesen Fällen sind $D_2(\phi)$ und $D_3(\phi)$ beide Diagonalmatrizen.

Lösung 3.7 Determinanten

(a) $a\det\begin{pmatrix} c & a \\ a & b \end{pmatrix} - b\det\begin{pmatrix} b & c \\ a & b \end{pmatrix} + c\det\begin{pmatrix} b & c \\ c & a \end{pmatrix} = 3abc - (a^3 + b^3 + c^3)$

(b) $\det(\hat{\mathbf{e}}_2\ \hat{\mathbf{e}}_3\ \hat{\mathbf{e}}_1) = -\det(\hat{\mathbf{e}}_2\ \hat{\mathbf{e}}_1\ \hat{\mathbf{e}}_3) = \det(\hat{\mathbf{e}}_1\ \hat{\mathbf{e}}_2\ \hat{\mathbf{e}}_3) = 1$

(c) $a \det \begin{pmatrix} d & e \\ 0 & g \end{pmatrix} = adg$

(d) $\det(\mathbf{0} \ \hat{\mathbf{e}}_2 \ \hat{\mathbf{e}}_1 + \hat{\mathbf{e}}_2 + \hat{\mathbf{e}}_3) = 0$

Lösung 3.8 Determinante und Inverse

Für die Matrix und die Inverse schreiben wir $A = (\mathbf{a}_1 \ \mathbf{a}_2 \ \mathbf{a}_3)$ bzw. A^{-1}.

(a) Die Determinante folgt durch Vertauschung der Spaltenvektoren, die Inverse $A^{-1} = A$ aus der Beobachtung, dass zweimalige Vertauschung der Basisvektoren $\hat{\mathbf{e}}_1$ und $\hat{\mathbf{e}}_2$ gleich der Identität ist:

$$\det(\hat{\mathbf{e}}_2 \ \hat{\mathbf{e}}_1 \ \hat{\mathbf{e}}_3) = -\det(\hat{\mathbf{e}}_1 \ \hat{\mathbf{e}}_2 \ \hat{\mathbf{e}}_3) = -\det(\mathbb{1}_3) = -1, \quad A^{-1} = A .$$

(b) Mit Hilfe des Ergebnisses für die Determinante:

$$\det(A) = \det \begin{pmatrix} 8 & 1 \\ 3 & 2 \end{pmatrix} - 4 \det \begin{pmatrix} 3 & 3 \\ 3 & 2 \end{pmatrix} + 2 \det \begin{pmatrix} 3 & 3 \\ 8 & 1 \end{pmatrix} = 13 + 12 - 42 = -17$$

erhält man für die inverse Matrix A^{-1}:

$$\frac{1}{\det(A)} \begin{pmatrix} (\mathbf{a}_2 \times \mathbf{a}_3)^{\mathrm{T}} \\ (\mathbf{a}_3 \times \mathbf{a}_1)^{\mathrm{T}} \\ (\mathbf{a}_1 \times \mathbf{a}_2)^{\mathrm{T}} \end{pmatrix} = \frac{1}{(-17)} \begin{pmatrix} 13 & 3 & -21 \\ -6 & -4 & 11 \\ -4 & 3 & -4 \end{pmatrix} = \frac{1}{17} \begin{pmatrix} -13 & -3 & 21 \\ 6 & 4 & -11 \\ 4 & -3 & 4 \end{pmatrix} .$$

(c) Das Ergebnis für die Determinante $\det(A)$,

$$2 \det \begin{pmatrix} -4 & 1 \\ -3 & -2 \end{pmatrix} - 4 \det \begin{pmatrix} 1 & -3 \\ -3 & -2 \end{pmatrix} + 6 \det \begin{pmatrix} 1 & -3 \\ -4 & 1 \end{pmatrix} = 22 + 44 - 66 = 0 ,$$

hätte man ahnen können, da die Spaltenvektoren in $A = (\mathbf{a}_1 \ \mathbf{a}_2 \ \mathbf{a}_3)$ koplanar sind wegen $\mathbf{a}_1 = -\frac{14}{11}\mathbf{a}_2 - \frac{12}{11}\mathbf{a}_3$. Die Inverse existiert daher nicht.

Lösung 3.9 Die inverse (3×3)-Matrix

Wir verwenden die Einstein'sche Summenkonvention. Es wird aufgrund des Hinweises in der Aufgabe gezeigt: $(A^{-1})^{\mathrm{T}} A^{\mathrm{T}} = \mathbb{1}_3$, wobei $(A^{\mathrm{T}})_{jm} = a_{mj}$ gilt und $(A^{-1})^{\mathrm{T}}$ mit Hilfe von (3.62) als

$$(A^{-1})^{\mathrm{T}} = \frac{1}{\det(A)} (\mathbf{a}_2 \times \mathbf{a}_3 \quad \mathbf{a}_3 \times \mathbf{a}_1 \quad \mathbf{a}_1 \times \mathbf{a}_2)$$

geschrieben werden kann. Folglich gilt

$$[(A^{-1})^{\mathrm{T}}]_{ij} = \frac{1}{2\det(A)} \varepsilon_{jkl} (\mathbf{a}_k \times \mathbf{a}_l)_i = \frac{1}{2\det(A)} \varepsilon_{jkl} \varepsilon_{ipq} a_{pk} a_{ql}$$

und daher:

$$[(A^{-1})^{\mathrm{T}} A^{\mathrm{T}}]_{im} = [(A^{-1})^{\mathrm{T}}]_{ij} (A^{\mathrm{T}})_{jm} = \frac{1}{2\det(A)} \varepsilon_{jkl} \varepsilon_{ipq} a_{mj} a_{pk} a_{ql} .$$

Wir verwenden nun $\varepsilon_{jkl} a_{mj} a_{pk} a_{ql} = \det(\mathbf{a}_m \ \mathbf{a}_p \ \mathbf{a}_q) = \varepsilon_{mpq} \det(A)$ und $\varepsilon_{ipq} \varepsilon_{mpq} = 2\delta_{im}$ und erhalten als Gesamtergebnis $[(A^{-1})^{\mathrm{T}} A^{\mathrm{T}}]_{im} = \delta_{im}$ bzw. $(A^{-1})^{\mathrm{T}} A^{\mathrm{T}} = \mathbb{1}_3$, womit auch $AA^{-1} = \mathbb{1}_3$ gezeigt ist.

Lösung 3.10 Unterbestimmte Gleichungssysteme

(a) Die Gleichung $\alpha_1 \cdot \mathbf{x} = a_{11}x_1 + a_{12}x_2 = b_1$ beschreibt eine Gerade in $\mathbb{R}^2$ mit dem Normalenvektor $\alpha_1 = (a_{11}, a_{12})$, und die Gleichung $\alpha_1 \cdot \mathbf{x} = a_{11}x_1 + a_{12}x_2 + a_{13}x_3 = b_1$ beschreibt eine Ebene in $\mathbb{R}^3$ mit dem Normalenvektor $\alpha_1 = (a_{11}, a_{12}, a_{13})$. Der (kleinste) Abstand λ dieser Lösungsmengen zum Ursprung folgt durch Einsetzen von $\mathbf{x} = \lambda \alpha_1 / |\alpha_1|$ in die beiden Gleichungen, mit dem Ergebnis $\lambda = b_1 / |\alpha_1|$.

(b) Die beiden Gleichungen $\alpha_1 \cdot \mathbf{x} = b_1$ und $\alpha_2 \cdot \mathbf{x} = b_2$ beschreiben zwei nichtparallele Ebenen in $\mathbb{R}^3$ mit den Normalenvektoren α_1 bzw. α_2. Die Lösungsmenge $\{\mathbf{x}\}$ ist also die Schnittmenge dieser Ebenen und stellt somit eine Gerade in $\mathbb{R}^3$ dar. Der Richtungsvektor dieser Geraden steht senkrecht auf α_1 und α_2 und ist daher proportional zu $\alpha_\perp \equiv \alpha_1 \times \alpha_2 \neq \mathbf{0}$. Die Gerade ist somit durch $\mathbf{x} = \mathbf{x}_0 + \mu \alpha_\perp$ gegeben, wobei der Punkt $\mathbf{x}_0$ der Geraden dem Ursprung am nächsten sein soll. Der (kleinste) Abstand $|\mathbf{x}_0|$ der Geraden zum Ursprung folgt dann durch Kombination der drei Gleichungen:

$$A \equiv \begin{pmatrix} \alpha_1^{\mathrm{T}} \\ \alpha_2^{\mathrm{T}} \\ \alpha_\perp^{\mathrm{T}} \end{pmatrix} \quad , \quad A\mathbf{x}_0 = \begin{pmatrix} b_1 \\ b_2 \\ 0 \end{pmatrix} \quad , \quad |\mathbf{x}_0| = \left| A^{-1} \begin{pmatrix} b_1 \\ b_2 \\ 0 \end{pmatrix} \right| .$$

(c) Dies ist ein Spezialfall von Teil **(b)** mit den Vektoren $\alpha_1 = \left(-\frac{1}{2}\cos\left(\frac{\pi}{6}\right), 1, 0\right)$ und $\alpha_2 = \left(-\frac{1}{2}\sin\left(\frac{\pi}{6}\right), 0, 1\right)$. Daher gilt

$$\alpha_\perp \equiv \alpha_1 \times \alpha_2 = \left(1, \tfrac{1}{2}\cos\left(\tfrac{\pi}{6}\right), \tfrac{1}{2}\sin\left(\tfrac{\pi}{6}\right)\right) = \left(1, \tfrac{1}{4}\sqrt{3}, \tfrac{1}{4}\right) .$$

Die Gerade $\{\mathbf{x} \mid \mathcal{P}\mathbf{x} = \mathbf{0}\}$ ist also durch $\mathbf{x} = \mu \alpha_\perp$ mit $\mu \in \mathbb{R}$ gegeben. Alle Geraden in $\mathbb{R}^3$ mit dem Richtungsvektor $\alpha_\perp$ werden durch die Projektion auf *Punkte* abgebildet. Insofern muss man bei der Projektion darauf achten, dass keine relevante Information verloren geht.

Lösung 3.11 Geometrie des Oktaeders

(a) Man betrachte z.B. die zwei parallelen Seitenflächen $x_1 + x_2 + x_3 = 1$, die die Eckpunkte $\{E_{i+} \mid i = 1, 2, 3\}$ enthält, und $x_1 + x_2 + x_3 = -1$ mit Eckpunkten $\{E_{i-} \mid i = 1, 2, 3\}$. Die Ebenen können als $\mathbf{x} \cdot \hat{\mathbf{n}} = \pm\frac{1}{\sqrt{3}}$ mit dem Normalenvektor $\hat{\mathbf{n}} = \frac{1}{\sqrt{3}}(1, 1, 1)$ geschrieben werden. Die Ebenen sind manifest parallel und haben beide einen Abstand $\frac{1}{\sqrt{3}}$ zum Ursprung und somit einen Abstand $\frac{2}{\sqrt{3}}$ zueinander.

(b) Die Koordinaten der acht Eckpunkte des Würfels sind $+\hat{\mathbf{e}}_1 + \hat{\mathbf{e}}_2 + \hat{\mathbf{e}}_3$.

(c) Die Drehrichtung $\hat{\mathbf{n}} = \frac{1}{\sqrt{2}}(1, 1, 0)$ ist auch der Normalenvektor der Ebene $\sqrt{2}\mathbf{x} \cdot \hat{\mathbf{n}} = x_1 + x_2 = 1$, die sowohl den Eckpunkt $E_{1+} = (1, 0, 0)$ als auch das Bild $E_{1+}' = \frac{1}{2}(1, 1, \sqrt{2})$ und den Punkt $P = \frac{1}{2}(1, 1, 0)$ auf der Drehachse enthält. Da der Verbindungsvektor $\frac{1}{2}(1, -1, 0)$ von E_{1+} und P senkrecht auf dem Verbindungsvektor $\frac{1}{\sqrt{2}}(0, 0, 1)$ von E_{1+}' und P steht, ist der Drehwinkel $\frac{\pi}{2}$. Das Bild E_{2+}' von E_{2+} folgt durch Spiegelung von E_{1+}' an P und hat die Koordinaten $\frac{1}{2}(1, 1, -\sqrt{2})$.

(d) Die Pyramide hat die Höhe a und eine Grundfläche mit der Seitenlänge $\sqrt{2}a$ und somit dem Flächeninhalt $2a^2$. Da die Querschnittsfläche linear mit der Höhe abnimmt, ist das Volumen der Pyramide: $\int_0^a dx_3\; 2a^2(1 - x_3/a) = 2a^3 \int_0^1 d\xi\,(1 - \xi) = a^3$.

(e) Für $a = \frac{1}{3}$ (s. Abbildung A.1) hat der Restkörper 6 Quadrate und 8 regelmäßige Sechsecke, alle mit der Seitenlänge $\sqrt{2}a = \frac{1}{3}\sqrt{2}$. Für $a = \frac{1}{2}$ (s. Abbildung A.2) hat der Restkörper 6 Quadrate und 8 gleichseitige Dreiecke, alle mit der Seitenlänge $\sqrt{2}a = \frac{1}{2}\sqrt{2}$.[1]

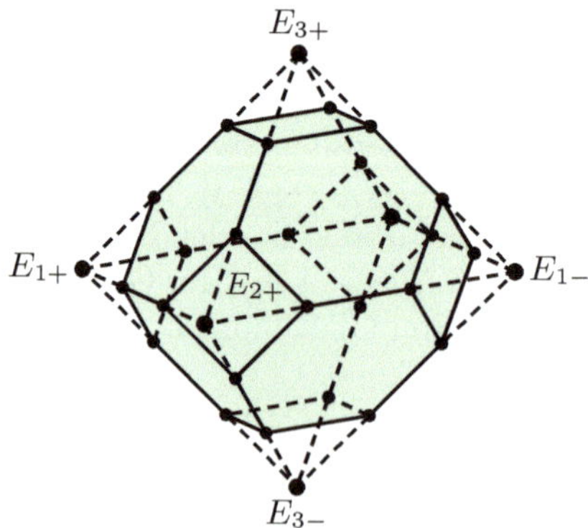

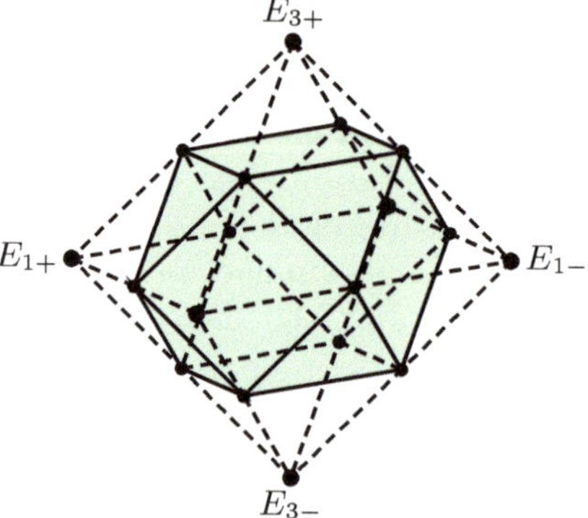

Abb. A.1 Abgeschnittene Pyramiden mit $a = \frac{1}{3}$

Abb. A.2 Abgeschnittene Pyramiden mit $a = \frac{1}{2}$

Lösung 3.12 Quaternionen

Wir verwenden die Rechenregeln $i^2 = j^2 = k^2 = -1 = ijk$.

(a) Aus $-1 = ijk$ folgt $ij = -(ijk)k = k$ und daher $-i = (ij)j = kj$ sowie $-j = i(ij) = ik$ und $1 = (-i)i = kji$. Aus der letzten Gleichung folgt $ji = -k(kji) = -k$ und daher $j = -(ji)i = ki$ sowie $i = -j(ji) = jk$.

(b) Für das Produkt $z_1 z_2$ zweier Quaternionen $z_m = u_m 1 + v_m i + w_m j + x_m k$ mit $m = 1, 2$ folgt:

$$u_1 u_2 1 + v_1 v_2 i^2 + w_1 w_2 j^2 + x_1 x_2 k^2 + (u_1 v_2 + v_1 u_2)i + w_1 x_2 jk + x_1 w_2 kj$$
$$+ (u_1 w_2 + w_1 u_2)j + v_1 x_2 ik + x_1 v_2 ki + (u_1 x_2 + x_1 u_2)k + v_1 w_2 ij + w_1 v_2 ji$$
$$= (u_1 u_2 - v_1 v_2 - w_1 w_2 - x_1 x_2)1 + (u_1 v_2 + v_1 u_2 + w_1 x_2 - x_1 w_2)i$$
$$+ (u_1 w_2 + w_1 u_2 - v_1 x_2 + x_1 v_2)j + (u_1 x_2 + x_1 u_2 + v_1 w_2 - w_1 v_2)k\;.$$

---

[1] Dieses Problem wurde (in der ursprünglichen Formulierung) im Rahmen einer Abiturprüfung 2008 berühmt als das „Oktaeder des Grauens". Der Komponist des ursprünglichen Problems hatte dessen „Reiz" mit Hilfe einer Koordinatentransformation der Form

$$\begin{pmatrix} x_1' \\ x_2' \\ x_3' \end{pmatrix} = \begin{pmatrix} 9 \\ -1 \\ 5 \end{pmatrix} + 6 \begin{pmatrix} \frac{2}{3} & \frac{1}{3} & \frac{2}{3} \\ -\frac{2}{3} & \frac{2}{3} & \frac{2}{3} \\ -\frac{1}{3} & -\frac{2}{3} & \frac{2}{3} \end{pmatrix} \begin{pmatrix} x_1 \\ x_2 \\ x_3 \end{pmatrix}$$

beträchtlich erhöht. Die Matrix stellt eine Drehung der Form $R(\alpha)$ mit Drehrichtung $\hat{\alpha} = \frac{1}{\sqrt{3}}(1, -1, 1)$ und Drehwinkel $\alpha = -\frac{\pi}{3}$ dar. Das Oktaeder wurde also relativ zur Drehrichtung $\hat{\alpha}$ um $-\frac{\pi}{3}$ gedreht, um einen Faktor 6 gedehnt und um $(9, -1, 5)$ verschoben.

Hieraus folgt für das *Betragsquadrat*, d.h. für das Produkt von z_1 mit der „quaternionisch konjugierten" Zahl $z_1^* \equiv u_1 1 - v_1 i - w_1 j - x_1 k$:

$$z_1 z_1^* = (u_1^2 + v_1^2 + w_1^2 + x_1^2) 1 \;.$$

(c) Dass Quaternionen z und reelle (4×4)-Matrizen $\mathcal{Z}$ bezüglich der Addition die gleichen Rechenregeln erfüllen, folgt direkt aus der Linearität $\mathcal{Z}(z_1) + \mathcal{Z}(z_2) = \mathcal{Z}(z_1 + z_2)$ der Matrixaddition. Dass sie auch bezüglich der Multiplikation die gleichen Rechenregeln erfüllen, folgt aus der Eigenschaft $\mathcal{Z}(z_1)\mathcal{Z}(z_2) = \mathcal{Z}(z_1 z_2)$, die man durch Standardmatrixmultiplikation und den Vergleich mit Teil (b) überprüft. Insofern sind Quaternionen und reelle (4×4)-Matrizen $1-1$ aufeinander abbildbar. Außerdem stellt man fest, dass die Determinante

$$\det(\mathcal{Z}(z)) = \det \begin{pmatrix} u & v & w & x \\ -v & u & -x & w \\ -w & x & u & -v \\ -x & -w & v & u \end{pmatrix} = u \det \begin{pmatrix} u & -x & w \\ x & u & -v \\ -w & v & u \end{pmatrix}$$

$$+ v \det \begin{pmatrix} v & w & x \\ x & u & -v \\ -w & v & u \end{pmatrix} + (-w) \det \begin{pmatrix} v & w & x \\ u & -x & w \\ -w & v & u \end{pmatrix} + x \det \begin{pmatrix} v & w & x \\ u & -x & w \\ x & u & -v \end{pmatrix}$$

$$= \cdots = (u^2 + v^2 + w^2 + x^2)^2 = (z_1 z_1^*)^2$$

die gleiche Information wie das Betragsquadrat $z_1 z_1^*$ enthält. Hierbei wurde die 4×4-Determinante $\det(\mathcal{Z}(z))$ – analog zum zwei- und dreidimensionalen Fall – nach dem allgemeinen Schema von Gleichung (3.97) rekursiv berechnet.

(d) Die lineare Gleichung $iz - zi + 1 = 0$ kann wie folgt umgeschrieben werden:

$$0 = iz - zi + 1 = i(u1 + vi + wj + xk) - (u1 + vi + wj + xk)i + 1$$

$$= v(i^2 - i^2) + w(ij - ji) + x(ik - ki) + 1 = 2wk - 2xj + 1 \neq 0$$

und ist somit [für alle möglichen (w, x)-Werte] *nicht* innerhalb des Zahlensystems der Quaternionen lösbar. Die angegebene quadratische Gleichung lautet

$$0 = z^2 + 1 = (u1 + vi + wj + xk)^2 + 1$$

$$= (u^2 + 1)1 + 2u(vi + wj + xk) + (vi + wj + xk)^2$$

$$= (u^2 + 1 - v^2 - w^2 - x^2)1 + 2u(vi + wj + xk) + vw(ij + ji)$$

$$+ wx(jk + kj) + vx(ik + ki)$$

$$= (u^2 + 1 - v^2 - w^2 - x^2)1 + 2u(vi + wj + xk) \;.$$

Für $u \neq 0$ ist diese Gleichung inkonsistent, da dann $0 = v = w = x$, aber auch $0 = u^2 + 1 \neq 0$ gelten müsste. Für $u = 0$ erhält man die Gleichung $0 = 1 - v^2 - w^2 - x^2$ mit unendlich vielen Lösungen, die geometrisch auf einer Kugeloberfläche mit Mittelpunkt $(0, 0, 0)$ und Radius 1 im (v, w, x)-Raum angesiedelt sind.

Lösung 3.13 Lösung homogener linearer Gleichungssysteme ∗

Zu zeigen ist der Induktionsschritt der Aussage (3.102). Nehmen wir an, die Aussage sei wahr für Dimension n der Matrix des Gleichungssystems; zu zeigen ist, dass sie dann auch wahr ist für Dimension $n + 1$. Wir betrachten ein Gleichungssystem $A\mathbf{x} = \mathbf{0}$ mit $A \in \mathbb{R}^{(n+1)\times(n+1)}$, $\mathbf{x} \in \mathbb{R}^{n+1}$, $\mathbf{0} \in \mathbb{R}^{n+1}$. Außerdem wird im Folgenden $\bar{A} \in \mathbb{R}^{n\times n}$ sein. Da es genau eine Lösung $\mathbf{x} = \mathbf{0}$ von $A\mathbf{x} = \mathbf{0}$ gibt, muss für den $n + 1$-ten Spaltenvektor von A gelten: $\mathbf{a}_{n+1} \neq \mathbf{0}$, sonst gäbe es weitere Lösungen der Form $\mathbf{x} = \lambda \hat{\mathbf{e}}_{n+1}$. Folglich kann man es immer so einrichten, dass $a_{n+1,n+1} \neq 0$ gilt (evtl. durch Umnummerieren der Zeilen). Wir können daher die Notation

$$A = \begin{pmatrix} \boldsymbol{\alpha}_1^{\mathrm{T}} & a_{1,n+1} \\ \vdots & \vdots \\ \boldsymbol{\alpha}_{n+1}^{\mathrm{T}} & a_{n+1,n+1} \end{pmatrix} \quad , \quad \mathbf{x} = \begin{pmatrix} \boldsymbol{\xi} \\ x_{n+1} \end{pmatrix} \quad , \quad \bar{A} = \begin{pmatrix} \boldsymbol{\alpha}_1^{\mathrm{T}} - \frac{a_{1,n+1}}{a_{n+1,n+1}}\boldsymbol{\alpha}_{n+1}^{\mathrm{T}} \\ \vdots \\ \boldsymbol{\alpha}_n^{\mathrm{T}} - \frac{a_{n,n+1}}{a_{n+1,n+1}}\boldsymbol{\alpha}_{n+1}^{\mathrm{T}} \end{pmatrix}$$

einführen, wobei in $\bar{A}$ durch $a_{n+1,n+1} \neq 0$ dividiert wird. Das Gleichungssystem $A\mathbf{x} = \mathbf{0}$ kann mit dieser Notation wie folgt dargestellt werden:

$$A\mathbf{x} = \mathbf{0} \quad \Leftrightarrow \quad \begin{cases} \boldsymbol{\alpha}_i^{\mathrm{T}}\boldsymbol{\xi} + a_{i,n+1}x_{n+1} = 0 & (i = 1, 2, \cdots, n) \\ \boldsymbol{\alpha}_{n+1}^{\mathrm{T}}\boldsymbol{\xi} + a_{n+1,n+1}x_{n+1} = 0 \, . \end{cases}$$

Wegen $a_{n+1,n+1} \neq 0$ kann x_{n+1} aus der unteren Gleichung auf der rechten Seite berechnet und in die obere Gleichung eingesetzt werden. Man erhält:

$$A\mathbf{x} = \mathbf{0} \quad \Leftrightarrow \quad \begin{cases} \left(\boldsymbol{\alpha}_i^{\mathrm{T}} - \frac{a_{i,n+1}}{a_{n+1,n+1}}\boldsymbol{\alpha}_{n+1}^{\mathrm{T}}\right)\boldsymbol{\xi} = 0 & (i = 1, 2, \cdots, n) \\ x_{n+1} = -\boldsymbol{\alpha}_{n+1}^{\mathrm{T}}\boldsymbol{\xi}/a_{n+1,n+1} \, . \end{cases}$$

Nun ist aber vorgegeben, dass genau eine Lösung $\mathbf{x} = \mathbf{0}$ von $A\mathbf{x} = \mathbf{0}$ existiert. Dies ist jedoch nur dann möglich, wenn auch nur genau eine Lösung $\boldsymbol{\xi} = \mathbf{0}$ des n-dimensionalen Gleichungssystems $\bar{A}\boldsymbol{\xi} = \mathbf{0}$ existiert. Aufgrund der Induktionsannahme folgt hieraus $\det(\bar{A}) \neq 0$. Dies wiederum impliziert

$$\det(A) = \det\begin{pmatrix} \bar{A} & \mathbf{0} \\ \boldsymbol{\alpha}_{n+1}^{\mathrm{T}} & a_{n+1,n+1} \end{pmatrix} = a_{n+1,n+1}\det(\bar{A}) \neq 0 \, ,$$

wobei im zweiten Schritt Gleichung (3.92) benutzt wurde. Hiermit haben wir mit Hilfe der Induktionsannahme gezeigt, dass die Aussage (3.102) in der Tat auch für $n + 1$ richtig ist. Aus dem Prinzip der vollständigen Induktion folgt nun, dass die Aussage für alle $n \in \mathbb{N}$ gilt. Damit ist auch die Äquivalenz (3.101) bewiesen.

Lösung 3.14 Determinante einer Produktmatrix

Diese Identität kann wie folgt hergeleitet werden:

$$\det(A) = \det\left[\left(\mathbf{a}_1^{\mathrm{T}}/\mathbf{a}_2^{\mathrm{T}}/\mathbf{a}_3^{\mathrm{T}}\right)\left(\mathbf{b}_1 \, \mathbf{b}_2 \, \mathbf{b}_3\right)\right] = \det\left(\mathbf{a}_1^{\mathrm{T}}/\mathbf{a}_2^{\mathrm{T}}/\mathbf{a}_3^{\mathrm{T}}\right)\det\left(\mathbf{b}_1 \, \mathbf{b}_2 \, \mathbf{b}_3\right)$$

$$= \det\left[\left(\mathbf{a}_1 \, \mathbf{a}_2 \, \mathbf{a}_3\right)^{\mathrm{T}}\right]\det\left(\mathbf{b}_1 \, \mathbf{b}_2 \, \mathbf{b}_3\right) = \det\left(\mathbf{a}_1 \, \mathbf{a}_2 \, \mathbf{a}_3\right)\det\left(\mathbf{b}_1 \, \mathbf{b}_2 \, \mathbf{b}_3\right) \, .$$

In der ersten Zeile wurde $A = (\mathbf{a}_i \cdot \mathbf{b}_j) = (\mathbf{a}_i^{\mathrm{T}}\mathbf{b}_j)$ als Produktmatrix geschrieben und die Eigenschaft $\det(AB) = \det(A)\det(B)$ verwendet. In der zweiten Zeile verwenden wir die Identitäten $\left(\mathbf{a}_1^{\mathrm{T}}/\mathbf{a}_2^{\mathrm{T}}/\mathbf{a}_3^{\mathrm{T}}\right) = \left(\mathbf{a}_1 \, \mathbf{a}_2 \, \mathbf{a}_3\right)^{\mathrm{T}}$ und $\det(A^{\mathrm{T}}) = \det(A)$.

A.4　Funktionen einer reellen Variablen

Lösung 4.1 Ableitungen

(a) $\frac{d}{dx}\frac{1}{x-2} = -\frac{1}{(x-2)^2}$　$(x \neq 2)$

(b) $\frac{d}{dx}\frac{2x-3}{3x+4} = \frac{d}{dx}\frac{\frac{2}{3}(3x+4)-3-\frac{8}{3}}{3x+4} = \frac{d}{dx}\frac{-17/3}{3x+4} = \frac{17}{3}\cdot\frac{3}{(3x+4)^2} = \frac{17}{(3x+4)^2}$　$(x \neq -\frac{4}{3})$

(c) $\frac{d}{dx}\sqrt{2x+1} = \frac{1}{2}(2x+1)^{-1/2}\cdot 2 = (2x+1)^{-1/2}$　$(x > -\frac{1}{2})$

(d) $\frac{d}{dx}\left[x+\sqrt{2x+1}\right]^{1/3} = \frac{1}{3}\left[x+\sqrt{2x+1}\right]^{-2/3}\left[1+(2x+1)^{-1/2}\right]$　$(x > 1-\sqrt{2})$

(e) $\frac{d}{dx}|x| = \mathrm{sgn}(x)$　$(x \neq 0)$

(f) $\frac{d}{dx}|x|^{1/3} = \frac{1}{3}|x|^{-2/3}\mathrm{sgn}(x)$　$(x \neq 0)$

(g) $\frac{d}{dx}\left(\frac{x-1}{x+1}\right)^{1/2} = \frac{1}{2}\left(\frac{x-1}{x+1}\right)^{-1/2}\frac{2}{(x+1)^2} = \frac{1}{|x+1|\sqrt{(x-1)(x+1)}} = \frac{1}{|x+1|\sqrt{x^2-1}}$　$(|x| > 1)$

(h) $\frac{d}{dx}\ln\left[\cosh(x)\right] = \frac{\sinh(x)}{\cosh(x)} = \tanh(x)$　$(x \in \mathbb{R})$

(i) $\frac{d}{dx}\exp[\sin(x)] = \cos(x)\exp[\sin(x)]$　$(x \in \mathbb{R})$

Lösung 4.2 Maxima und Minima (mit $n \in \mathbb{Z}$)

Tab. A.1 x-Werte der Maxima, Minima, Wendepunkte und Sattelpunkte

Funktion	Maxima	Minima	Wendepunkte	Sattelpunkte
(a)　$-(x+1)^2$	-1	$--$	$--$	$--$
(b)　$x^3 - x$	$-\frac{1}{\sqrt{3}}$	$\frac{1}{\sqrt{3}}$	0	$--$
(c)　$x^{17}(1-x^2)$	$\sqrt{17/19}$	$-\sqrt{17/19}$	0	0
(d)　$\sin(x)$	$\frac{\pi}{2}+2n\pi$	$-\frac{\pi}{2}+2n\pi$	$n\pi$	$--$
(e)　$(x-2)^{2/3}$	$--$	2 (lokal)	$--$	$--$
(f)　$2+|x|^{1/3}$	$--$	0 (lokal)	$--$	$--$

Lösung 4.3 Wie verläuft diese Funktion?

Wir betrachten die Funktion $f(x) = 6 - 17x + 17x^2 - 7x^3 + x^4 \equiv \sum_{k=0}^{4} a_k x^k$.
Nullstellen: Aus der Übungsaufgabe 1.21 über „Rationale Wurzeln" ist bekannt, dass $f(x)$ nur dann eine rationale Wurzel $\frac{m}{n}$ haben kann, falls $\frac{a_0}{m} = \frac{6}{m} \in \mathbb{Z}$ und $\frac{a_4}{n} = \frac{1}{n} \in \mathbb{Z}$ gilt. Folglich sind nur rationale Wurzeln der Form $\frac{m}{n} = \pm 1, \pm 2, \pm 3, \pm 6$ möglich. Tatsächlich findet man die Wurzeln $\frac{m}{n} = 1, 2, 3$ mit $f(x) = (x-1)^2(x-2)(x-3)$.
Minima/Maxima: Hierfür muss $f'(x) = -17 + 34x - 21x^2 + 4x^3 = 0$ gelten. Die Existenz einer rationalen Wurzel $\frac{m}{n}$ erfordert $\frac{a_0}{m} = -\frac{17}{m} \in \mathbb{Z}$ und $\frac{a_3}{n} = \frac{4}{n} \in \mathbb{Z}$, sodass $m = \pm 1, \pm 17$ und $n = \pm 1, \pm 2, \pm 4$ gelten muss. Tatsächlich findet man nur $\frac{m}{n} = 1$ und $f'(x) = (x-1)(4x^2 - 17x + 17) = (x-1)(x-x_+)(x-x_-)$ mit $x_\pm = \frac{1}{8}(17 \pm \sqrt{17})$. Numerisch gilt $x_+ \simeq 2{,}64$ und $x_- \simeq 1{,}61$. Aus $f''(x) =$

$(x-x_+)(x-x_-)+(x-1)(x-x_-)+(x-1)(x-x_+)$ folgt $f''(1) = (1-x_+)(1-x_-) > 0$, $f''(x_+) = (x_+ - 1)(x_+ - x_-) > 0$ und $f''(x_-) = (x_- - 1)(x_- - x_+) < 0$, sodass in $x = 1$ und $x = x_+$ jeweils ein Minimum und in $x = x_-$ ein Maximum vorliegt. *Wendepunkte*: Hierfür muss $f''(x) = 12x^2 - 42x + 34 = 2(6x^2 - 21x + 17) = 0$ und somit $x = \frac{1}{12}(21 \pm \sqrt{33}) \equiv \bar{x}_\pm$ gelten ($\bar{x}_+ \simeq 2{,}23$; $\bar{x}_- \simeq 1{,}27$). Wegen $f'(\bar{x}_+) \neq 0$ und $f'(\bar{x}_-) \neq 0$ liegt kein Sattelpunkt vor.

Lösung 4.4 Notationen [mit $f(x) = x^2 + 2x$ und $0 < x < \infty$]

(a) $f(x^{-1}) = x^{-2} + 2x^{-1} = \frac{1+2x}{x^2}$

(b) $[f(x)]^{-1} = \frac{1}{x^2+2x}$

(c) Aus $y \equiv f(x) = x^2 + 2x = (x+1)^2 - 1$ folgt für $x, y \geq -1$: $x = \sqrt{y+1} - 1 = f^{-1}(y)$.

Lösung 4.5 Grenzwerte

(a) Mit $y \equiv x - 1$ ist:

$$\lim_{x \to 1} \frac{2x^4 - 6x^3 + x^2 + 3}{x - 1} = \lim_{y \to 0} \frac{2(1+y)^4 - 6(1+y)^3 + (1+y)^2 + 3}{y}$$
$$= \lim_{y \to 0} (2y^3 + 2y^2 - 5y - 8) = -8.$$

(b) Wegen $-|x| \leq x\sin(x^{-1}) \leq |x|$ gilt:

$$0 = \lim_{x \to 0} -|x| \leq \lim_{x \to 0} x\sin(x^{-1}) \leq \lim_{x \to 0} |x| = 0 \quad, \quad \lim_{x \to 0} x\sin(x^{-1}) = 0.$$

(c) Mit $y \equiv x^{-1}$ folgt:

$$\lim_{x \to \infty} x\sin\left(\frac{1}{x}\right) = \lim_{y \downarrow 0} \frac{\sin(y)}{y} = \sin'(0) = 1.$$

Lösung 4.6 Die Umkehrfunktion [mit $f(x) = \ln(x + \sqrt{x^2 + 1})$]

Aus $y \equiv f(x)$ folgt $e^y - x = \sqrt{x^2 + 1}$. Quadrieren ergibt $e^{2y} - 2xe^y + x^2 = x^2 + 1$ bzw. $e^{2y} - 2xe^y - 1 = 0$ mit der Lösung $x(y) = \frac{1}{2}e^{-y}(e^{2y} - 1) = \frac{1}{2}(e^y - e^{-y}) = \sinh(y)$. Folglich gilt $f(x) = \ln(x + \sqrt{x^2 + 1}) = \operatorname{arsinh}(x)$. Grafisch erhält man eine Umkehrfunktion durch Spiegelung an der Diagonalen $g(x) = x$.

Lösung 4.7 Ableitungen des Logarithmus

Die Funktion $f(x) = \ln(1 - \frac{x}{2})$ hat die Ableitung $f'(x) = -\frac{1}{2-x}$. Hiermit ist bereits der Induktionsanfang gemacht: $f^{(1)}(x) = f'(x) = -\frac{0!}{(2-x)^1}$. Für den Induktionsschritt nimmt man an, dass $f^{(m)}(x) = -\frac{(m-1)!}{(2-x)^m}$ gilt für irgendein $m \in \mathbb{N}$. Hieraus folgt dann: $f^{(m+1)}(x) = \frac{m(m-1)!}{(2-x)^{m+1}}(-1) = -\frac{m!}{(2-x)^{m+1}}$, sodass die Behauptung auch für $n = m + 1$ wahr ist. Folglich gilt sie für alle $n \in \mathbb{N}$.

Lösung 4.8 Hyperbolische Funktionen

(i) $\cosh^2(x) - \sinh^2(x) = \frac{1}{4}\left[(e^x + e^{-x})^2 - (e^x - e^{-x})^2\right] = \frac{4}{4} = 1$.

(ii) Das Additionstheorem für den Sinus-Hyperbolicus folgt aus:

$$\sinh(x_1)\cosh(x_2) + \cosh(x_1)\sinh(x_2) =$$
$$= \frac{1}{4}\left[(e^{x_1} - e^{-x_1})(e^{x_2} + e^{-x_2}) + (e^{x_1} + e^{-x_1})(e^{x_2} - e^{-x_2})\right]$$
$$= \frac{1}{4}[2e^{x_1+x_2} - 2e^{-(x_1+x_2)}] = \frac{1}{2}[e^{x_1+x_2} - e^{-(x_1+x_2)}] = \sinh(x_1 + x_2) \,.$$

(iii) Das Additionstheorem für den Kosinus-Hyperbolicus folgt aus:

$$\cosh(x_1)\cosh(x_2) + \sinh(x_1)\sinh(x_2) =$$
$$= \frac{1}{4}\left[(e^{x_1} + e^{-x_1})(e^{x_2} + e^{-x_2}) + (e^{x_1} - e^{-x_1})(e^{x_2} - e^{-x_2})\right]$$
$$= \frac{1}{2}[e^{x_1+x_2} + e^{-(x_1+x_2)}] = \cosh(x_1 + x_2) \,.$$

(iv) Aus den Ergebnissen von [(ii)] und [(iii)] folgt:

$$\tanh(x_1 + x_2) = \frac{\sinh(x_1 + x_2)}{\cosh(x_1 + x_2)} = \frac{\sinh(x_1)\cosh(x_2) + \cosh(x_1)\sinh(x_2)}{\cosh(x_1)\cosh(x_2) + \sinh(x_1)\sinh(x_2)}$$
$$= \frac{\tanh(x_1) + \tanh(x_2)}{1 + \tanh(x_1)\tanh(x_2)} \,,$$

wobei im letzten Schritt im Zähler und im Nenner durch $\cosh(x_1)\cosh(x_2)$ dividiert wurde.

(v) Aus (ii) folgt für $x_1 = x_2 = x$ unter Verwendung von (i):

$$\sinh(2x) = 2\sinh(x)\cosh(x) = 2\tanh(x)\cosh^2(x)$$
$$= 2\tanh(x)/\left[\frac{\cosh^2(x) - \sinh^2(x)}{\cosh^2(x)}\right] = \frac{2\tanh(x)}{1 - \tanh^2(x)} \,.$$

(vi) Aus (iii) folgt für $x_1 = x_2 = x$ unter Verwendung von (i):

$$\cosh(2x) = \cosh^2(x) + \sinh^2(x) = [\cosh^2(x) - 1] + \cosh^2(x) = 2\cosh^2(x) - 1$$
$$= [1 + \sinh^2(x)] + \sinh^2(x) = 1 + 2\sinh^2(x) \,.$$

(vii) Aus (iv) folgt für $x_1 = x_2 = x$: $\tanh(2x) = \frac{2\tanh(x)}{1+\tanh^2(x)}$.

Lösung 4.9 Additionsformeln für trigonometrische Funktionen

Aus der Euler-Formel folgt sofort:

$$\sin(x_1 + x_2) = \text{Im}[e^{(x_1+x_2)i}] = \sin(x_1)\cos(x_2) + \cos(x_1)\sin(x_2)$$
$$\cos(x_1 + x_2) = \text{Re}[e^{(x_1+x_2)i}] = \cos(x_1)\cos(x_2) - \sin(x_1)\sin(x_2)$$
$$\tan(x_1 + x_2) = \frac{\sin(x_1 + x_2)}{\cos(x_1 + x_2)} = \frac{\sin(x_1)\cos(x_2) + \cos(x_1)\sin(x_2)}{\cos(x_1)\cos(x_2) - \sin(x_1)\sin(x_2)}$$
$$= \frac{\tan(x_1) + \tan(x_2)}{1 - \tan(x_1)\tan(x_2)} \,,$$

wobei im letzten Schritt im Zähler und im Nenner durch $\cos(x_1)\cos(x_2)$ dividiert wurde. Es folgt für $x_1 = x_2 = x$:

$$\sin(2x) = 2\sin(x)\cos(x) = 2\tan(x)/[1 + \tan^2(x)]$$

$$\cos(2x) = \cos^2(x) - \sin^2(x) = 2\cos^2(x) - 1 = 1 - 2\sin^2(x)$$

$$\tan(2x) = \frac{2\tan(x)}{1 - \tan^2(x)} \; .$$

Lösung 4.10 Grenzwerte

(1) $\displaystyle \lim_{x\downarrow 0} \frac{\sin(x^2)}{x} = \lim_{y\downarrow 0} \frac{\sin(y)}{\sqrt{y}} = \lim_{y\downarrow 0} \sqrt{y}\,\frac{\sin(y)}{y} = 0 \cdot 1 = 0$

(2) $\displaystyle \lim_{x\to\pi} \frac{\sin(x)}{\pi - x} = \lim_{x\to\pi} \frac{\sin(\pi - x)}{\pi - x} = \lim_{y\to 0} \frac{\sin(y)}{y} = 1$

(3) $\displaystyle \lim_{x\to 0} \frac{\arcsin(5x)}{\tan(3x)} = \lim_{x\to 0} \frac{5x + \mathcal{O}(x^3)}{3x + \mathcal{O}(x^3)} = \frac{5}{3}$

(4) $\displaystyle \lim_{x\to\infty} x(e^{1/x} - 1) = \lim_{y\downarrow 0} \frac{e^y - 1}{y} = \exp'(0) = e^0 = 1$

(5) $\displaystyle \lim_{x\to 0} \frac{a^x - 1}{x} = \lim_{x\to 0} \frac{e^{x\ln(a)} - 1}{x} = \ln(a)\lim_{y\to 0} \frac{e^y - 1}{y} = \ln(a)$

(6) $\displaystyle \lim_{x\to 0} \frac{x^x - 1}{x\ln(x)} = \lim_{x\to 0} \frac{e^{x\ln(x)} - 1}{x\ln(x)} = \lim_{y\to 0} \frac{e^y - 1}{y} = 1$

(7) $\displaystyle \lim_{x\downarrow 0} e^{1/x} = \lim_{y\to\infty} e^y = \infty$

(8) $\displaystyle \lim_{x\downarrow 0} x^{\sin(x)} = \lim_{x\downarrow 0} e^{\sin(x)\ln(x)} = e^0 = 1$

(9) $\displaystyle \lim_{x\to 0} \frac{a^x - b^x}{x} = \lim_{x\to 0} \frac{e^{\ln(a)x} - e^{\ln(b)x}}{x} = \lim_{x\to 0} \frac{[1+\ln(a)x+\ldots] - [1+\ln(b)x+\ldots]}{x}$
$\displaystyle = \ln(a) - \ln(b) = \ln(a/b)$

(10) $\displaystyle \lim_{x\uparrow 0} e^{1/x} = \lim_{y\to-\infty} e^y = 0$

(11) $\displaystyle \lim_{x\downarrow 0} \frac{(x+1)\ln(x)}{\sin(x)} = \lim_{x\downarrow 0} \frac{(x+1)\ln(x)}{x + \mathcal{O}(x^3)} = \lim_{x\downarrow 0} \frac{\ln(x)}{x} = -\infty$

(12) $\displaystyle \lim_{x\to\infty} \frac{\ln[\ln(x)]}{x^{1/3}} = \lim_{y\to\infty} \frac{\ln(y)}{e^{y/3}} = 0$

Lösung 4.11 Taylor-Reihen

(1) Die Taylor-Reihe von $\ln(1 + x)$ folgt als

$$\int_0^x dy\, \frac{1}{1 + y} = \int_0^x dy \sum_{k=0}^{\infty} (-y)^k = \sum_{k=0}^{\infty} \frac{(-1)^k y^{k+1}}{k + 1}\bigg|_0^x = \sum_{l=1}^{\infty} \frac{(-1)^{l-1} x^l}{l} \, ,$$

(2) diejenige des $\arctan(x)$ als

$$\int_0^x dy\, \frac{1}{1 + y^2} = \int_0^x dy \sum_{k=0}^{\infty} (-y^2)^k = \sum_{k=0}^{\infty} \frac{(-1)^k y^{2k+1}}{2k + 1}\bigg|_0^x = \sum_{k=0}^{\infty} \frac{(-1)^k x^{2k+1}}{2k + 1} \, ,$$

(3) diejenige von $\int_0^x dt\, \frac{1}{t}[-\ln(1 - t)]$ als

$$\int_0^x dt \sum_{k=1}^{\infty} \frac{(-1)^k(-t)^k}{kt} = \sum_{k=1}^{\infty} \frac{1}{k} \int_0^x dt\, t^{k-1} = \sum_{k=1}^{\infty} \frac{x^k}{k^2}$$

(4)   und diejenige von $\int_0^x dt\, \frac{1}{t} \arctan(t)$ als

$$\sum_{k=0}^{\infty} \frac{(-1)^k}{2k+1} \int_0^x dt\, t^{2k} = \sum_{k=0}^{\infty} \frac{(-1)^k x^{2k+1}}{(2k+1)^2} \ .$$

Lösung 4.12 Asymptotisches Verhalten

Das verlangte asymptotische Verhalten folgt

(1)   für $\sqrt{1+x^3} + e^{-\frac{1}{2}x^3} - 2$ im Limes $x \to 0$ als:

$$\left[1 + \tfrac{1}{2}x^3 - \tfrac{1}{8}(x^3)^2 + \mathcal{O}(x^9)\right] + \left[1 - \frac{1}{2}x^3 + \frac{1}{2}\left(-\frac{1}{2}x^3\right)^2 + \mathcal{O}(x^9)\right] - 2 = \mathcal{O}(x^9) \ ,$$

(2)   für $\left[1 - \cos^3(x)\right] \ln\left[\cosh\left(\frac{1}{x^2}\right)\right]$ im Limes $x \to 0$ als

$$\left\{1 - [1 - \tfrac{1}{2}x^2 + \mathcal{O}(x^4)]^3\right\} \ln\left[\tfrac{1}{2}e^{x^{-2}}(1 - e^{-2x^{-2}})\right]$$

$$= \left[\tfrac{3}{2}x^2 + \mathcal{O}(x^4)\right]\left[\tfrac{1}{x^2} - \ln(2) + \mathcal{O}(e^{-2x^{-2}})\right] \sim \tfrac{3}{2} \ ,$$

(3)   für $\int_0^\infty dy\, e^{-y/x}/(1+y^2)$ im Limes $x \downarrow 0$ als

$$x \int_0^\infty dz\, e^{-z}/(1 + x^2 z^2) \sim x \int_0^\infty dz\, e^{-z} \sim x$$

und daher als: $\int_0^\infty dy\, e^{-y/x}/(1+y^2) = \mathcal{O}(x)$

(4)   und für $e^{1/x}\left[1 - \tanh\left(\frac{1}{x}\right)\right]$ im Limes $x \downarrow 0$ mit $a > 0$ als:

$$e^{1/x}\frac{e^{-1/x}}{\cosh(1/x)} = \frac{1}{\cosh(1/x)} \sim 2e^{-1/x} = o(x^a) \ .$$

Lösung 4.13 Taylor-Entwicklungen

(a) $(1+x)^{1/2} = \displaystyle\sum_{k=0}^{\infty} \binom{1/2}{k} x^k = 1 + \tfrac{1}{2}x - \tfrac{1}{8}x^2 + \ldots$

(b) $\sin(x) = \displaystyle\sum_{k=0}^{\infty} \frac{(-1)^k x^{2k+1}}{(2k+1)!} = x - \tfrac{1}{6}x^3 + \tfrac{1}{120}x^5 + \ldots$

(c) $\cos(x) = \displaystyle\sum_{k=0}^{\infty} \frac{(-1)^k x^{2k}}{(2k)!} = 1 - \tfrac{1}{2}x^2 + \tfrac{1}{24}x^4 + \ldots$

(d) $\ln(1+x) = \displaystyle\sum_{k=1}^{\infty} \frac{(-1)^{k-1} x^k}{k} = x - \tfrac{1}{2}x^2 + \tfrac{1}{3}x^3 + \ldots$

(e) $\exp(x) = \displaystyle\sum_{k=0}^{\infty} \frac{x^k}{k!} = 1 + x + \tfrac{1}{2}x^2 + \ldots$

(f) $\dfrac{1}{1+x} = \displaystyle\sum_{k=0}^{\infty} (-x)^k = 1 - x + x^2 + \ldots$

(g) $\exp(ix) = \sum\limits_{k=0}^{\infty} \frac{(ix)^k}{k!} = 1 + ix - \frac{1}{2}x^2 + \dots$

(h) $\cos(x) + i\sin(x) = \exp(ix)$ [siehe (g)]

Lösung 4.14 Ableitungen von zusammengesetzten Funktionen

(a) $\dfrac{d}{dx}\, e^{x^2} = 2x\, e^{x^2}$

(b) $\dfrac{d}{dx}\, x^x = \dfrac{d}{dx}\, e^{x\ln(x)} = [\ln(x)+1]e^{x\ln(x)} = [\ln(x)+1]x^x$ $(x > 0)$

(c) $\dfrac{d}{dx}\, \arctan(e^x) = [1 + (e^x)^2]^{-1}\, e^x = e^x/(1 + e^{2x})$

(d) $\dfrac{d}{dx}\, \arcsin[\ln(x)] = \{1 - [\ln(x)]^2\}^{-1/2}\, \frac{1}{x}$ $(e^{-1} < x < e)$

Lösung 4.15 Reihenentwicklung der Exponentialfunktion

(a) $f'(x) = \dfrac{d}{dx} \sum\limits_{n=0}^{\infty} \frac{x^n}{n!} = \sum\limits_{n=1}^{\infty} \frac{x^{n-1}}{(n-1)!} = \sum\limits_{m=0}^{\infty} \frac{x^m}{m!} = f(x)$

$f(0) = \lim\limits_{x \to 0} \sum\limits_{n=0}^{\infty} \frac{x^n}{n!} = \lim\limits_{x \to 0} \frac{x^0}{0!} = 1$

(b) $\frac{d}{d\varphi} \exp(i\varphi) = \frac{d}{d\varphi} \sum_{n=0}^{\infty} \frac{(i\varphi)^n}{n!} = \sum_{n=1}^{\infty} \frac{i^n \varphi^{n-1}}{(n-1)!} = i \sum_{m=0}^{\infty} \frac{(i\varphi)^m}{m!} = i\exp(i\varphi)$,
sodass $g(\varphi) \equiv \exp(i\varphi)$ die Gleichungen $g'(\varphi) = ig(\varphi)$ und $g(0) = 1$ erfüllt.
Da $\overline{g}(\varphi) \equiv \cos(\varphi) + i\sin(\varphi)$ dieselben Gleichungen erfüllt, muss $g(\varphi) = \overline{g}(\varphi)$
gelten.

(c) Wegen $(x + y)^n = \sum\limits_{k=0}^{n} \binom{n}{k} x^k y^{n-k}$ folgt:

$$e^{x+y} = \sum_{n=0}^{\infty} \frac{(x+y)^n}{n!} = \sum_{n=0}^{\infty} \sum_{k=0}^{n} \binom{n}{k} \frac{x^k y^{n-k}}{n!} = \sum_{\{n \geq k\}} \frac{x^k y^{n-k}}{k!(n-k)!}$$

$$= \sum_{\{k \leq n\}} \frac{x^k y^{n-k}}{k!(n-k)!} = \sum_{k=0}^{\infty} \sum_{n=k}^{\infty} \frac{x^k y^{n-k}}{k!(n-k)!} = \sum_{k,l=0}^{\infty} \frac{x^k y^l}{k!\, l!} = e^x\, e^y\ .$$

Durch Substitution $(x, y) \to (i\varphi, i\psi)$ oder $(x, y) \to (z, w)$ folgt $e^{i(\varphi+\psi)} = e^{i\varphi} e^{i\psi}$ bzw. $e^{z+w} = e^z e^w$.

A.5   Funktionen mehrerer Veränderlicher

Lösung 5.1 Skalarprodukt und partielle Ableitungen
Das Skalarprodukt $\mathbf{a}(\mathbf{x}) \cdot \mathbf{b}(\mathbf{x})$ selbst ist durch

$$\mathbf{a}(\mathbf{x}) \cdot \mathbf{b}(\mathbf{x}) = \sum_{i=1}^{3} a_i b_i = x_1^2 x_2 x_3^3 + x_1 x_2^3 x_3 + x_1 x_2^2 x_3$$

gegeben. Hieraus folgt für die verschiedenen Ableitungen:

$$\boldsymbol{\nabla}(\mathbf{a}\cdot\mathbf{b}) = \begin{pmatrix} 2x_1x_2x_3^3 + x_2^3x_3 + x_2^2x_3 \\ x_1^2x_3^3 + 3x_1x_2^2x_3 + 2x_1x_2x_3 \\ 3x_1^2x_2x_3^2 + x_1x_2^3 + x_1x_2^2) \end{pmatrix}$$

sowie, da $\mathbf{a}\cdot\mathbf{b}$ zweimal stetig differenzierbar ist, für alle $\mathbf{x}\in\mathbb{R}$:

$$\partial_2\partial_3(\mathbf{a}\cdot\mathbf{b}) = \partial_2(3x_1^2x_2x_3^2 + x_1x_2^3 + x_1x_2^2) = 3x_1^2x_3^2 + 3x_1x_2^2 + 2x_1x_2$$
$$= \partial_3(x_1^2x_3^3 + 3x_1x_2^2x_3 + 2x_1x_2x_3) = \partial_3\partial_2(\mathbf{a}\cdot\mathbf{b})$$

und $\boldsymbol{\nabla}\times[\boldsymbol{\nabla}(\mathbf{a}\cdot\mathbf{b})] = 0$.

Lösung 5.2 Partielle Ableitungen

(i) $\partial_1 f = 2x_1 - 2x_2$, $\partial_2 f = -2x_1 + 6x_2$

(ii) $\partial_1 f = 2\dfrac{x_1}{x_2} - \dfrac{x_2^2}{x_1^2}$, $\partial_2 f = -\dfrac{x_1^2}{x_2^2} + 2\dfrac{x_2}{x_1}$

(iii) $\partial_1 f = \cos(x_1 + 2x_2)$, $\partial_2 f = 2\cos(x_1 + 2x_2)$

(iv) $\partial_1 f = 2(x_1 + x_2)e^{x_1^2 + 2x_1x_2}$, $\partial_2 f = 2x_1 e^{x_1^2 + 2x_1x_2}$

(v) $\partial_1 f = (x_1 + x_2^2)^{-1}$, $\partial_2 f = 2x_2(x_1 + x_2^2)^{-1}$

(vi) $\partial_1 f = \frac{1}{2}(x_1 + x_2^2)^{-1/2}$, $\partial_2 f = 2x_2\cdot\frac{1}{2}(x_1 + x_2^2)^{-1/2} = x_2(x_1 + x_2^2)^{-1/2}$

Lösung 5.3 Implizite Ableitungen

(a) Die Funktion $f(x_1, x_2)$ ist implizit durch $x_1^2 f + x_2^2\arctan(f) = 1$ gegeben. Daher gilt zunächst einmal für die partiellen Ableitungen:

$$0 = \partial_1(1) = \partial_1[x_1^2 f + x_2^2\arctan(f)] = 2x_1 f + \left[\frac{x_2^2}{1 + f^2} + x_1^2\right](\partial_1 f)$$

$$0 = \partial_2(1) = \partial_2[x_1^2 f + x_2^2\arctan(f)] = 2x_2\arctan(f) + \left[x_1^2 + \frac{x_2^2}{1 + f^2}\right](\partial_2 f) ,$$

woraus die folgenden *expliziten* Ausdrücke folgen:

$$\partial_1 f = -2x_1 f(1 + f^2)/\left[x_2^2 + x_1^2(1 + f^2)\right]$$
$$\partial_2 f = -2x_2\arctan(f)(1 + f^2)/\left[x_1^2(1 + f^2) + x_2^2\right] .$$

(b) $f(\mathbf{x})$ ist implizit durch $f = \sin(x_1x_2x_3 f)$ gegeben. Hieraus folgt zunächst einmal mit Hilfe der Kettenregel:

$$\partial_i f = \cos(x_1x_2x_3 f)x_1x_2x_3(f/x_i + \partial_i f) ,$$

woraus *explizit* folgt $\left\{[x_1x_2x_3\cos(x_1x_2x_3 f)]^{-1} - 1\right\}(\partial_i f) = f/x_i$ bzw.:

$$\partial_i f = \left\{[x_1x_2x_3\cos(x_1x_2x_3 f)]^{-1} - 1\right\}^{-1} f/x_i .$$

Kombination der einzelnen Komponenten ergibt schließlich:

$$\boldsymbol{\nabla} f = \left\{[x_1x_2x_3\cos(x_1x_2x_3 f)]^{-1} - 1\right\}^{-1}\begin{pmatrix} x_1^{-1} \\ x_2^{-1} \\ x_3^{-1} \end{pmatrix} f .$$

Lösung 5.4 Methode der kleinsten Quadrate

Gesucht ist die beste Gerade der Form $y = \beta x + \alpha$. Für die Mittelwerte erhält man $\overline{x} = 2\frac{1}{4} = 2{,}25$ und $\overline{y} = \frac{1}{10} \cdot 8650 = 865$. Hieraus sind die Koeffizienten

$$\alpha = \overline{y} - \beta\overline{x} \qquad \text{und} \qquad \beta = \frac{\overline{(x - \overline{x})y}}{\overline{(x - \overline{x})^2}}$$

zu berechnen. Aus den Ergebnissen

$$\begin{aligned}
\overline{(x - \overline{x})y} &= -\,[2{,}25(1642 - 77) + 1{,}75(1483 - 263) + 1{,}25(1300 - 426)\\
&\qquad +0{,}75(1140 - 590) + 0{,}25(948 - 781)]\\
&= -\,(3521{,}25 + 2135 + 1092{,}5 + 412{,}5 + 41{,}75) = -7203
\end{aligned}$$

und

$$\begin{aligned}
\overline{(x - \overline{x})^2} &= 2\left[(2{,}25)^2 + (1{,}75)^2 + (1{,}25)^2 + (0{,}75)^2 + (0{,}25)^2\right]\\
&= 2[5{,}0625 + 3{,}0625 + 1{,}5625 + 0{,}5625 + 0{,}0625] = 2 \cdot (10{,}3125)
\end{aligned}$$

folgt $\beta = -349{,}24$ und daher $\alpha = 865 + 349 \cdot (2{,}25) = 1650$. Die beste Gerade ist also: $y \simeq -349x + 1650$.

Lösung 5.5 Funktionen mehrerer Veränderlicher

(a) Die verschiedenen verlangten Grenzwerte sind:

(i) $\displaystyle \lim_{x_1 \to 0} f(x_1, 0) = \lim_{x_1 \to 0} 0 = 0$

(ii) $\displaystyle \lim_{x_2 \to 0} f(0, x_2) = \lim_{x_2 \to 0} 0 = 0$

(iii) $\displaystyle \lim_{y \to 0} f(\lambda y^2, y) = \lim_{y \to 0} \frac{\lambda y^4}{(\lambda^2 + 1)y^4} = \frac{\lambda}{\lambda^2 + 1} \quad \Rightarrow \quad \lim_{\mathbf{x} \to \mathbf{0}} f(\mathbf{x})$ existiert nicht.

(b) Allgemein gilt für Funktionen der Form $f(\mathbf{x}) = g(\mathbf{x}^2)$ mit $\mathbf{x} = (x_1, x_2, \ldots, x_d)$:

$$(\partial_i f)(\mathbf{x}) = 2x_i g'(\mathbf{x}^2) \quad , \quad (\partial_i^2 f)(\mathbf{x}) = 2g'(\mathbf{x}^2) + 4x_i^2 g''(\mathbf{x}^2)$$

und für $i \neq j$: $(\partial_{ij}^2 f)(\mathbf{x}) = 4x_i x_j g''(\mathbf{x}^2)$. Daher folgt (i) als Spezialfall mit $g(y) = \sin(y)$, $g'(y) = \cos(y)$ und $g''(y) = -\sin(y)$ und (ii) als Spezialfall mit $g(y) = \sqrt{y}$, $g'(y) = \frac{1}{2}y^{-1/2}$ und $g''(y) = -\frac{1}{4}y^{-3/2}$. Für (iii) erhält man:

$$(\partial_1 f)(\mathbf{x}) = \left[1 + (x_2/x_1)^2\right]^{-1}\left(-\frac{x_2}{x_1^2}\right) = -\frac{x_2}{x_1^2 + x_2^2} \; , \; (\partial_1^2 f)(\mathbf{x}) = \frac{2x_1 x_2}{(x_1^2 + x_2^2)^2}$$

$$(\partial_2 f)(\mathbf{x}) = \left[1 + (x_2/x_1)^2\right]^{-1}\frac{1}{x_1} = \frac{x_1}{x_1^2 + x_2^2} \; , \; (\partial_2^2 f)(\mathbf{x}) = -\frac{2x_1 x_2}{(x_1^2 + x_2^2)^2}$$

$$(\partial_{12}^2 f)(\mathbf{x}) = \frac{1}{x_1^2 + x_2^2} - \frac{2x_1^2}{(x_1^2 + x_2^2)^2} = \frac{x_2^2 - x_1^2}{(x_1^2 + x_2^2)^2} = (\partial_{21}^2 f)(\mathbf{x}) \, .$$

(c) Aus der allgemeinen Bemerkung in (b) folgt (i) als Spezialfall mit $d = 3$ und $g(y) = \sqrt{y}$, $g'(y) = \frac{1}{2}y^{-1/2}$, $g''(y) = -\frac{1}{4}y^{-3/2}$. Auch (ii) ist für $i = 1, 2$ ein Spezialfall mit $g(y) = \arctan(\sqrt{y}/x_3)$, $g'(y) = \frac{1}{1 + y/x_3^2} \, \frac{1}{2x_3\sqrt{y}} = \frac{x_3}{2\sqrt{y}(y + x_3^2)}$

sowie $g''(y) = -\frac{x_3(3y+x_3^2)}{4y^{3/2}(y+x_3^2)^2}$. Die Berechnung für $i = 3$ ergibt analog zu Teil (b)(iii) mit der Substitution $(x_1, x_2) \to (x_3, \sqrt{y})$ und $y \equiv x_1^2 + x_2^2$:

$$(\partial_3 f)(\mathbf{x}) = -\frac{\sqrt{y}}{x_3^2 + y} \quad , \quad (\partial_3^2 f)(\mathbf{x}) = \frac{2x_3\sqrt{y}}{(x_3^2 + y)^2} \ .$$

Auch (iii) ist für $i = 1, 2$ ein Spezialfall der allgemeinen Bemerkung mit $g(y) = \sqrt{y}$, siehe (b)(ii). Für $i = 3$ erhält man schließlich $(\partial_3 f)(\mathbf{x}) = 0$ und $(\partial_3^2 f)(\mathbf{x}) = 0$.

Lösung 5.6 Berechnung partieller Ableitungen

(a) Es gilt wiederum die allgemeine Bemerkung aus Aufgabe 5.5, Teil (b), mit $g(y) = y^{-1/2}$, $g'(y) = -\frac{1}{2}y^{-3/2}$, $g''(y) = \frac{3}{4}y^{-5/2}$. Es folgt für alle $\mathbf{x} \neq \mathbf{0}$:

$$(\partial_i^2 v)(\mathbf{x}) = 2g'(\mathbf{x}^2) + 4x_i^2\, g''(\mathbf{x}^2)$$

und

$$\sum_{i=1}^{3}(\partial_i^2 v)(\mathbf{x}) = 6g'(\mathbf{x}^2) + 4\mathbf{x}^2\, g''(\mathbf{x}^2) = -3|\mathbf{x}|^{-3} + 3\mathbf{x}^2|\mathbf{x}|^{-5} = 0 \ .$$

(b) $\partial_t^2 v - c^2\partial_x^2 v = c^2\left[f_1''(x + ct) + f_2''(x - ct)\right] - c^2\left[f_1''(x + ct) + f_2''(x - ct)\right] = 0$

Lösung 5.7 Gradient, Divergenz, Rotation

Wir verwenden $\boldsymbol{\nabla} r = \mathbf{x}/r = \hat{\mathbf{x}}$ und $\boldsymbol{\nabla} f(r) = f'(r)\hat{\mathbf{x}}$.

(a) Die verschiedenen Ableitungen sind:

(i) $\quad \boldsymbol{\nabla} \cdot (r^2\mathbf{a}) = (\boldsymbol{\nabla} r^2) \cdot \mathbf{a} = 2r\hat{\mathbf{x}} \cdot \mathbf{a} = 2\mathbf{x} \cdot \mathbf{a}$

(ii) $\quad \boldsymbol{\nabla} \times (e^{i\alpha x_1}\mathbf{a}) = (\boldsymbol{\nabla} e^{i\alpha x_1}) \times \mathbf{a} = i\alpha e^{i\alpha x_1}(\hat{\mathbf{e}}_1 \times \mathbf{a})$

(iii) $\quad \boldsymbol{\nabla}\left(\frac{\mathbf{a} \cdot \mathbf{x}}{r^3}\right) = (\mathbf{a} \cdot \mathbf{x})\boldsymbol{\nabla}\left(\frac{1}{r^3}\right) + \frac{1}{r^3}\boldsymbol{\nabla}(\mathbf{a} \cdot \mathbf{x}) = (\mathbf{a} \cdot \mathbf{x})\left(-\frac{3}{r^4}\hat{\mathbf{x}}\right) + \frac{\mathbf{a}}{r^3}$

$\qquad\qquad = \frac{1}{r^3}\left[\mathbf{a} - 3(\mathbf{a} \cdot \hat{\mathbf{x}})\hat{\mathbf{x}}\right]$

(iv) $\quad \boldsymbol{\nabla} \cdot (\mathbf{a}e^{i\mathbf{b}\cdot\mathbf{x}}) = \mathbf{a} \cdot (\boldsymbol{\nabla} e^{i\mathbf{b}\cdot\mathbf{x}}) = i(\mathbf{a} \cdot \mathbf{b})e^{i\mathbf{b}\cdot\mathbf{x}} \ .$

(b) Die verschiedenen Ableitungen sind:

(i) $\quad \boldsymbol{\nabla}\alpha = \begin{pmatrix} x_2^2 x_3^3 \\ 2x_1 x_2 x_3^3 \\ 3x_1 x_2^2 x_3^2 \end{pmatrix}$

(ii) $\quad \boldsymbol{\nabla} \cdot \mathbf{A} = 0 + x_1 - 2x_3 = x_1 - 2x_3$

(iii) $\quad \boldsymbol{\nabla} \times \mathbf{A} = \begin{pmatrix} \partial_2(-x_3^2) - \partial_3(x_1 x_2) \\ \partial_3(2x_2^2 x_3) - \partial_1(-x_3^2) \\ \partial_1(x_1 x_2) - \partial_2(2x_2^2 x_3) \end{pmatrix} = \begin{pmatrix} 0 \\ 2x_2^2 + 0 \\ x_2 - 4x_2 x_3 \end{pmatrix} = \begin{pmatrix} 0 \\ 2x_2^2 \\ x_2(1 - 4x_3) \end{pmatrix}$

(iv) $\quad \boldsymbol{\nabla} \cdot (\alpha\mathbf{A}) = \alpha(\boldsymbol{\nabla} \cdot \mathbf{A}) + (\boldsymbol{\nabla}\alpha) \cdot \mathbf{A}$ [s. (i) und (ii)]

(v) $\quad \boldsymbol{\nabla} \times (\alpha\mathbf{A}) = \alpha\boldsymbol{\nabla} \times \mathbf{A} + (\boldsymbol{\nabla}\alpha) \times \mathbf{A}$ [s. (i) und (iii)]

(c) Die verschiedenen Ableitungen von $\alpha(\mathbf{x})$ sind:

$$\text{(i)} \quad \nabla\alpha = \begin{pmatrix} -3x_1^2 x_2 \\ 4x_2 x_3 - x_1^3 \\ 2x_2^2 \end{pmatrix}$$

$$\text{(ii)} \quad \Delta\alpha = \nabla\cdot(\nabla\alpha) = -6x_1 x_2 + 4x_3$$

Lösung 5.8 Doppelte Rotationen

Wir verwenden die allgemeine Beziehung: $\nabla\times(\nabla\times\mathbf{a}) = \nabla(\nabla\cdot\mathbf{a}) - \Delta\mathbf{a}$. Es folgt:

(a) $-\nabla\times\mathbf{j} = -\nabla\times(\nabla\times\mathbf{B}) = \Delta\mathbf{B} - \nabla(\nabla\cdot\mathbf{B}) = \Delta\mathbf{B}$ und

(b) $\mathbf{0} = -\nabla\times(\nabla\times\mathbf{E}) = \Delta\mathbf{E} - \nabla(\nabla\cdot\mathbf{E}) = \Delta\mathbf{E} - \nabla\rho$.

Die physikalische Relevanz dieses Problems ist die folgende: Die Größen ρ und $\mathbf{j}$ stellen die Ladungsdichte (dividiert durch ε_0) und die Stromdichte (multipliziert mit μ_0) dar, $\mathbf{B}$ ist das Magnetfeld und $\mathbf{E}$ das elektrische Feld. Die hergeleiteten Gleichungen sind die Basisgleichungen der Magneto- bzw. Elektrostatik und entsprechen dem Biot-Savart- bzw. Coulomb-Gesetz.

A.6 Integration und Integrale

Lösung 6.1 Integration 1

$\text{(i)} \quad \int dx\; x^{1/3} = \frac{3}{4}x^{4/3} + a$

$\text{(ii)} \quad \int dx\; x^{-2} = -x^{-1} + a$

$\text{(iii)} \quad \int dx\; (3x^6 - 4x) = \frac{3}{7}x^7 - 2x^2 + a$

$\text{(iv)} \quad \int dx\; (\frac{1}{4}x^3 + 5)^7 x^2 = \frac{4}{3}\int dy\; (y+5)^7 = \frac{1}{6}(y+5)^8 + a = \frac{1}{6}(\frac{1}{4}x^3 + 5)^8 + a$

$\text{(v)} \quad \int dx\; (x^2+1)^{3/7} x = \frac{1}{2}\int dy\; (y+1)^{3/7} = \frac{7}{20}(y+1)^{10/7} + a$
$$= \frac{7}{20}(x^2+1)^{10/7} + a$$

$\text{(vi)} \quad \int dx\; \sin(x/3) = 3\int dy\; \sin(y) = -3\cos(y) + a = -3\cos(x/3) + a$

Lösung 6.2 Integration 2

$\text{(i)} \quad \displaystyle\int dx\; \frac{1}{x+3} = \ln|x+3| + a$

$\text{(ii)} \quad \displaystyle\int dx\; e^{-x^2} x = \frac{1}{2}\int dy\; e^{-y} = -\frac{1}{2}e^{-y} + a = -\frac{1}{2}e^{-x^2} + a$

$\text{(iii)} \quad \displaystyle\int dx\; 3^x = \int dx\; e^{x\ln(3)} = \frac{1}{\ln(3)}e^{x\ln(3)} + a = \frac{3^x}{\ln(3)} + a$

$\text{(iv)} \quad \displaystyle\int dx\; x\sqrt{x^2+9} = \frac{1}{2}\int dy\; \sqrt{y+9} = \frac{1}{3}(y+9)^{3/2} + a = \frac{1}{3}(x^2+9)^{3/2} + a$

$\text{(v)} \quad \displaystyle\int dx\; \cosh(x-3) = \sinh(x-3) + a$

$\text{(vi)} \quad \displaystyle\int dx\; \frac{x}{1+x^2} = \frac{1}{2}\int dy\; \frac{1}{1+y} = \frac{1}{2}\ln|1+y| + a = \frac{1}{2}\ln(1+x^2) + a$

Lösung 6.3 Integration 3

(a) Die angegebenen Integrale können wie folgt gelöst werden:

1. $\int dx\, x^n \ln(x) = \dfrac{x^{n+1}}{n+1}\ln(x) - \int dx\, \dfrac{x^n}{n+1} = \dfrac{x^{n+1}}{n+1}\ln(x) - \dfrac{x^{n+1}}{(n+1)^2} + a$

2. $\int dx\, \dfrac{1}{x\ln(x)} = \int dy\, \dfrac{1}{y} = \ln|y| + a = \ln|\ln(x)| + a$

3. Mit den Substitutionen $y \equiv a/x$ (für $a > 0$ und $x > 0$) und $y = \sinh(z)$ gilt:

$$\int dx\, \frac{1}{x\sqrt{a^2+x^2}} = \frac{1}{a}\int dy\left(-\frac{1}{y^2}\right)\frac{y^2}{\sqrt{y^2+1}} = -\frac{1}{a}\int dy\, \frac{1}{\sqrt{y^2+1}}$$

$$= -\frac{1}{a}\int dz = -\frac{1}{a}z + \overline{a} = -\frac{1}{a}\operatorname{arsinh}(y) + \overline{a} = -\frac{1}{a}\operatorname{arsinh}\left(\frac{a}{x}\right) + \overline{a}\,.$$

4. $\int dx\, \sqrt{\dfrac{x+1}{x-1}} = \int dx\, \sqrt{\dfrac{(x+1)^2}{x^2-1}} = \int dx\, \dfrac{x+1}{\sqrt{x^2-1}}$

$$= \int dx\, \frac{x}{\sqrt{x^2-1}} + \int dx\, \frac{1}{\sqrt{x^2-1}} = \sqrt{x^2-1} + \operatorname{arcosh}(x) + a$$

5. Mit der Substitution $y = 1 + \cos^2(x)$, $\dfrac{dy}{dx} = -2\cos(x)\sin(x)$ folgt:

$$\int dx\, \frac{\sin(2x)}{1+\cos^2(x)} = \int dx\, \frac{2\sin(x)\cos(x)}{1+\cos^2(x)} = -\int dy\, \frac{1}{y} = -\ln|y| + a$$

$$= -\ln[1+\cos^2(x)] + a\,.$$

(b) Mit der Substitution $x_1 = a_1\sin(\varphi)$ erhält man:

$$\text{Fläche} = 2\int_{-a_1}^{a_1} dx_1\, a_2\sqrt{1 - \frac{x_1^2}{a_1^2}} = 2a_1 a_2 \int_{-\pi/2}^{\pi/2} d\varphi\, \cos^2(\varphi)$$

$$= 2a_1 a_2 \int_{-\pi/2}^{\pi/2} d\varphi\, \tfrac{1}{2}\left[\cos(2\varphi)+1\right] = 2a_1 a_2\left(0 + \tfrac{\pi}{2}\right) = \pi\, a_1 a_2\,.$$

Lösung 6.4 Welche Scheibe ist am leckersten?

Wegen der Zylindersymmetrie des in Scheiben geschnittenen Brötchens (mit Radius R und Scheibendicke $\frac{2}{7}R$) wählen wir Zylinderkoordinaten zur Bestimmung des Flächeninhalts der „Kruste" $\{\mathbf{x}\,|\,|\mathbf{x}| = R\}$ des Brötchens:

$$x_1 = \rho\cos(\varphi)\quad,\quad x_2 = \rho\sin(\varphi)\quad,\quad \sqrt{\rho^2+x_3^2} = R\quad(-R \le x_3 \le R)\,.$$

Die in der Scheibe $a \le x_3 \le b$ enthaltene Kruste ist proportional zur Fläche dieser Scheibe. Wir verwenden $\rho(x_3) = \sqrt{R^2-x_3^2}$ und $\frac{d\rho}{dx_3}(x_3) = -x_3/\sqrt{R^2-x_3^2} = -x_3/\rho$. Die Fläche ist:

$$\int_a^b dx_3\, 2\pi\rho(x_3)\sqrt{1+\left(\frac{d\rho}{dx_3}\right)^2} = 2\pi\int_a^b dx_3\, \rho\sqrt{1+\left(\frac{x_3}{\rho}\right)^2} = 2\pi\int_a^b dx_3\, \sqrt{\rho^2+x_3^2}$$

$$= 2\pi\int_a^b dx_3\, R = 2\pi R(b-a) = \frac{4\pi R^2}{7}$$

und somit für alle Scheiben gleich. Es ist also egal, welche Scheibe man nimmt.

Lösung 6.5 Numerische Integration

(a) Die Riemann-Summe $S(\varepsilon)$ ist für die angegebenen ε-Werte gleich:

$$S\left(\tfrac{1}{2}\right) = 0{,}73137025 \quad S\left(\tfrac{1}{20}\right) = 0{,}74667084 \quad S\left(\tfrac{1}{200}\right) = 0{,}74682260$$
$$S\left(\tfrac{1}{5}\right) = 0{,}74436834 \quad S\left(\tfrac{1}{50}\right) = 0{,}74679961 \quad S\left(\tfrac{1}{500}\right) = 0{,}74682389$$
$$S\left(\tfrac{1}{10}\right) = 0{,}74621080 \quad S\left(\tfrac{1}{100}\right) = 0{,}74681800 \quad S\left(\tfrac{1}{1000}\right) = 0{,}74682407 \,.$$

(b) Es gilt $\int_0^1 dx\, e^{-x^2} = S(\varepsilon) + R(\varepsilon)$ mit

$$R(\varepsilon) = -\tfrac{1}{12}\varepsilon^2\left[f'(1) - f'(0)\right] + \mathcal{O}(\varepsilon^4) = \frac{\varepsilon^2}{6e} + \mathcal{O}(\varepsilon^4)$$

und daher:

$$\int_0^1 dx\, e^{-x^2} = S(10^{-3}) + R(10^{-3}) = 0{,}746824071499 + 6{,}1313 \cdot 10^{-8} + \mathcal{O}(\varepsilon^4)$$
$$= 0{,}7468241328124 + \mathcal{O}(\varepsilon^4) \,.$$

Man erwartet, dass die $\mathcal{O}(\varepsilon^4)$-Korrektur für $\varepsilon = 10^{-3}$ numerisch etwa gleich 10^{-12} ist. Tatsächlich ist die Abweichung von $S(\varepsilon) + \frac{\varepsilon^2}{6e}$ vom exakten Ergebnis nur etwa gleich $2 \cdot 10^{-15}$.

Lösung 6.6 Die Mittelpunktsformel

(a) $\int_0^1 dx\, x^2 = \tfrac{1}{3}x^3 \big|_0^1 = \tfrac{1}{3}(1-0) = \tfrac{1}{3}$

(b) Die Mittelpunktsformel ergibt für $S(\varepsilon)$:

$$S(\varepsilon) = \sum_{k=1}^N \varepsilon f\left(x_{k-\frac{1}{2}}\right) = \varepsilon \sum_{k=1}^N \left[\varepsilon\left(k - \tfrac{1}{2}\right)\right]^2 = \varepsilon^3 \sum_{k=1}^N \left(k^2 - k + \tfrac{1}{4}\right)$$
$$= \varepsilon^3\left[\tfrac{1}{6}N(N+1)(2N+1) - \tfrac{1}{2}N(N+1) + \tfrac{1}{4}N\right] = \varepsilon^3\left(\tfrac{1}{3}N^3 - \tfrac{1}{12}N\right) \,.$$

Wegen $\varepsilon = N^{-1}$ folgt also $S(N^{-1}) = \tfrac{1}{3} - \tfrac{1}{12}N^{-2}$.

(c) Der numerische Fehler $\int_0^1 dx\, x^2 - S(N^{-1}) = \tfrac{1}{12}N^{-2}$ ist exakt gleich

$$\tfrac{1}{24}\varepsilon^2[f'(1) - f'(0)] = \tfrac{1}{12}N^{-2}\, x\,\big|_0^1 = \tfrac{1}{12}N^{-2} \,.$$

Lösung 6.7 Zweidimensionale Integrale

(i) Diese Fläche erklärt das „Area" der Areafunktionen. Wie im Haupttext (s. unter Gleichung (4.37)) erläutert, erhält man $\tfrac{1}{2}a^2 t$ für den Flächeninhalt.

(ii) Die Fläche hat die Form eines vierblättrigen Kleeblatts. Der Flächeninhalt ist also achtmal derjenige eines halben Blattes:

$$\text{Fläche} = 8\int_0^1 dx_1\, x_2(x_1) = 8\int_0^1 dx_1\, x_1\sqrt{1 - x_1^2} = 4\int_0^1 dy\, \sqrt{1 - y}$$
$$= 4\left(-\frac{2}{3}\right)(1-y)^{3/2}\Big|_0^1 = \frac{8}{3} \,.$$

(iii) Die Hyperbel $x_2 = \lambda^2/x_1$ schneidet die Gerade $x_1 = a$ im Punkt $\left(a, \frac{\lambda^2}{a}\right)$ und die Gerade $x_2 = x_1$ im Punkt (λ, λ). Folglich ist der verlangte Flächeninhalt gleich:

$$\tfrac{1}{2}\lambda^2 + \int_\lambda^a dx_1\, \frac{\lambda^2}{x_1} = \tfrac{1}{2}\lambda^2 + \lambda^2 \ln(x_1)\Big|_\lambda^a = \tfrac{1}{2}\lambda^2 + \lambda^2 \ln\left(\frac{a}{\lambda}\right) .$$

(iv) Vertauschung der Integrationsreihenfolge ergibt:

$$\int\limits_0^{1/\lambda} dx_1 \int\limits_0^{\lambda x_1} dx_2\, e^{x_1^2} = \lambda \int\limits_0^{1/\lambda} dx_1\, x_1\, e^{x_1^2} = \tfrac{1}{2}\lambda e^{x_1^2}\Big|_0^{1/\lambda} = \tfrac{1}{2}\lambda\left(e^{1/\lambda^2} - 1\right) .$$

Lösung 6.8 Apfel mit Bohrloch
Der Querschnitt der Kugel in Höhe x_3 (mit $-\tfrac{1}{2}h \le x_3 \le \tfrac{1}{2}h$) hat den Flächeninhalt

$$\pi\left[\left(\sqrt{R^2 - x_3^2}\right)^2 - \left(\sqrt{R^2 - (\tfrac{1}{2}h)^2}\right)^2\right] = \pi\left\{(R^2 - x_3^2) - \left[R^2 - (\tfrac{1}{2}h)^2\right]\right\}$$

$$= \pi\left[(\tfrac{1}{2}h)^2 - x_3^2\right] .$$

Daher ist das Volumen der Kugel mit Bohrloch:

$$\int_{-\frac{1}{2}h}^{\frac{1}{2}h} dx_3\, \pi\left[(\tfrac{1}{2}h)^2 - x_3^2\right] = \pi\left(\tfrac{1}{4}h^3 - \tfrac{1}{3}x_3^3\Big|_{-\frac{1}{2}h}^{\frac{1}{2}h}\right) = \pi h^3\left(\tfrac{1}{4} - \tfrac{1}{12}\right) = \tfrac{1}{6}\pi h^3 .$$

Lösung 6.9 Dreidimensionale Integrale
(i) Das Volumen hat den in x_2-Richtung unendlich ausgedehnten Zylinder $x_3 = 4 - x_1^2$ als obere und das Paraboloid $x_3 = x_1^2 + 2x_2^2$ als untere Grenzfläche. Wegen $x_1^2 + 2x_2^2 \le 4 - x_1^2$ muss auch $x_1^2 + x_2^2 \le 2$ gelten. Daher ist das Volumen gleich

$$\int\limits_{-\sqrt{2}}^{\sqrt{2}} dx_1 \int\limits_{-\sqrt{2-x_1^2}}^{\sqrt{2-x_1^2}} dx_2 \int\limits_{x_1^2+2x_2^2}^{4-x_1^2} dx_3 = \int\limits_{-\sqrt{2}}^{\sqrt{2}} dx_1 \int\limits_{-\sqrt{2-x_1^2}}^{\sqrt{2-x_1^2}} dx_2\, (4 - 2x_1^2 - 2x_2^2)$$

$$= 2\int_{-\sqrt{2}}^{\sqrt{2}} dx_1\, \left[(2 - x_1^2)x_2 - \tfrac{1}{3}x_2^3\right]\Big|_{-\sqrt{2-x_1^2}}^{\sqrt{2-x_1^2}}$$

$$= 4\int_{-\sqrt{2}}^{\sqrt{2}} dx_1\, \left[(2 - x_1^2)^{3/2} - \tfrac{1}{3}(2 - x_1^2)^{3/2}\right]$$

$$= \tfrac{8}{3}\int_{-\sqrt{2}}^{\sqrt{2}} dx_1\, (2 - x_1^2)^{3/2} = \tfrac{32}{3}\int_{-\pi/2}^{\pi/2} d\varphi\, \cos^4(\varphi) .$$

Im ersten Schritt wurde die x_3-Integration und im zweiten die x_2-Integration durchgeführt. Im dritten Schritt wurden die Integrationsgrenzen eingesetzt und im vierten das Ergebnis vereinfacht. Im letzten Schritt wurde die Substitution $x_1 = \sqrt{2}\sin(\varphi)$ vorgenommen. Verwendet man nun die Verdopplungsformel $\cos^2(\varphi) = \frac{1}{2}\left[\cos(2\varphi) + 1\right]$ des Kosinus, so folgt noch:

$$= \frac{32}{3} \int_{-\pi/2}^{\pi/2} d\varphi \; \left\{\tfrac{1}{2}\left[\cos(2\varphi) + 1\right]\right\}^2$$

$$= \frac{8}{3} \int_{-\pi/2}^{\pi/2} d\varphi \; \left[\cos^2(2\varphi) + 2\cos(2\varphi) + 1\right] = \frac{8}{3}\left(\frac{\pi}{2} + \pi\right) = 4\pi \; .$$

(ii) Zu berechnen ist das Volumen innerhalb des Halbzylinders $x_1^2 + x_2^2 = \rho^2 \leq 4\rho\cos(\varphi) = 4x_1$ bzw. $(x_1 - 2)^2 + x_2^2 \leq 4$ mit $x_3 \geq 0$ und unterhalb der Kugelfläche $\mathbf{x}^2 = x_3^2 + \rho^2 = 16$ bzw. $|\mathbf{x}| = 4$:

$$\int_{-\pi/2}^{\pi/2} d\varphi \int_0^{4\cos(\varphi)} d\rho \, \rho \int_0^{\sqrt{16-\rho^2}} dx_3 = \int_{-\pi/2}^{\pi/2} d\varphi \int_0^{4\cos(\varphi)} d\rho \, \rho\sqrt{16 - \rho^2}$$

$$= \frac{1}{2} \int_{-\pi/2}^{\pi/2} d\varphi \int_0^{16\cos^2(\varphi)} dy \, \sqrt{16 - y} = \frac{1}{2} \int_{-\pi/2}^{\pi/2} d\varphi \, \left(-\tfrac{2}{3}\right)(16 - y)^{3/2}\Big|_0^{16\cos^2(\varphi)}$$

$$= \frac{1}{3} \int_{-\pi/2}^{\pi/2} d\varphi \, (64 - 64|\sin(\varphi)|^3) = \frac{64}{3}\left\{\pi - 2\int_0^{\pi/2} d\varphi \, \tfrac{1}{4}[3\sin(\varphi) - \sin(3\varphi)]\right\}$$

$$= \frac{64}{3}\left[\pi + \tfrac{3}{2}\cos(\varphi)\Big|_0^{\pi/2} - \tfrac{1}{6}\cos(3\varphi)\Big|_0^{\pi/2}\right] = \frac{64}{3}\left(\pi - \tfrac{3}{2} + \tfrac{1}{6}\right) = \frac{64}{3}\left(\pi - \tfrac{4}{3}\right) \; .$$

(iii) Zu berechnen ist das Volumen der Kugel $r \leq 3^{2/3}$ im ersten Oktanten zwischen den „Breitengraden" $\vartheta = \arctan(1) = \frac{\pi}{4}$ und $\vartheta = \arctan(2) = \arccos\left(\frac{1}{\sqrt{5}}\right)$:

$$\int_0^{3^{2/3}} dr \int_0^{\pi/2} d\varphi \int_{\pi/4}^{\arccos\left(\frac{1}{\sqrt{5}}\right)} d\vartheta \, r^2 \sin(\vartheta) = \frac{\pi}{2} \cdot \frac{1}{3} r^3\Big|_0^{3^{2/3}} \, [-\cos(\vartheta)]\Big|_{\pi/4}^{\arccos\left(\frac{1}{\sqrt{5}}\right)}$$

$$= \frac{3\pi}{2}\left(\frac{1}{\sqrt{2}} - \frac{1}{\sqrt{5}}\right) \; .$$

Lösung 6.10 Eine Funktion zur Berechnung des Umfangs einer Ellipse

(a) Wir entwickeln die Wurzel im Integranden von $E(x)$ für $x \downarrow 0$:

$$E(x) = \int_0^{\pi/2} dt \, \sqrt{1 - x\sin^2(t)} = \int_0^{\pi/2} dt \, \left[1 - \tfrac{1}{2}x\sin^2(t) - \tfrac{1}{8}x^2\sin^4(t) + \ldots\right]$$

$$= \frac{\pi}{2} - \frac{1}{2}x \int_0^{\pi/2} dt \, \tfrac{1}{2}[1 - \cos(2t)] - \tfrac{1}{8}x^2 \int_0^{\pi/2} dt \, \tfrac{1}{4}[1 - \cos(2t)]^2 + \ldots$$

$$= \frac{\pi}{2}\left(1 - \tfrac{1}{4}x\right) - \frac{1}{32}x^2 \int_0^{\pi/2} dt \, \left[1 - 2\cos(2t) + \cos^2(2t)\right] + \ldots \; ,$$

wobei im zweiten Schritt die Verdopplungsformel $\sin^2(t) = \frac{1}{2}\left[1 - \cos(2t)\right]$ des Kosinus verwendet wurde. Die Berechnung der verbleibenden elementaren Integrale ergibt nun das asymptotische Ergebnis, gültig für $x \downarrow 0$:

$$E(x) = \tfrac{\pi}{2}\left(1 - \tfrac{1}{4}x\right) - \tfrac{1}{32}x^2\left(\tfrac{\pi}{2} + \tfrac{\pi}{4}\right) = \tfrac{\pi}{2}\left(1 - \tfrac{1}{4}x - \tfrac{3}{64}x^2 + \ldots\right) \quad (x \downarrow 0)\,.$$

(b) $E(1) = \int_0^{\pi/2} dt\,\sqrt{1 - \sin^2(t)} = \int_0^{\pi/2} dt\,\cos(t) = \sin(t)\big|_0^{\pi/2} = 1\,.$

(c) Wir definieren:

$$\bar{E}(y) \equiv E(1-y) = \int_0^{\pi/2} dt'\,\sqrt{1 - (1-y)\sin^2(t')}$$

$$= \int_0^{\pi/2} dt'\,\sqrt{\cos^2(t') + y\,\sin^2(t')} = \int_0^{\pi/2} dt\,\sqrt{\sin^2(t) + y\,\cos^2(t)}\,,$$

wobei im letzten Schritt $t' = \frac{\pi}{2} - t$ substituiert wurde. Es folgt:

$$\bar{E}'(y) = \frac{1}{2}\int_0^{\pi/2} dt\,\frac{\cos^2(t)}{\sqrt{\sin^2(t) + y\cos^2(t)}}$$

$$\bar{E}''(y) = -\frac{1}{4}\int_0^{\pi/2} dt\,\frac{\cos^4(t)}{[\sin^2(t) + y\cos^2(t)]^{3/2}}\,.$$

Substituieren wir nun $t \equiv \sqrt{y}s$, so erhalten wir wegen $\sin(\sqrt{y}s) \sim \sqrt{y}s$ und $\cos(\sqrt{y}s) \sim 1$ für $y \to 0$:

$$\bar{E}''(y) = -\frac{1}{4}\sqrt{y}\int_0^{\pi/2\sqrt{y}} ds\,\frac{\cos^4(\sqrt{y}s)}{[\sin^2(\sqrt{y}s) + y\cos^2(\sqrt{y}s)]^{3/2}}$$

$$\sim -\frac{1}{4}\sqrt{y}\int_0^{\pi/2\sqrt{y}} ds\,\frac{1}{(ys^2 + y)^{3/2}}\,.$$

Mit der Substitution $s = \tan(\varphi)$ folgt nun:

$$\bar{E}''(y) \sim -\frac{1}{4y}\int_0^\infty ds\,\frac{1}{(s^2 + 1)^{3/2}} \sim -\frac{1}{4y}\int_0^{\pi/2} d\varphi\,\cos(\varphi)$$

$$= -\frac{1}{4y}\sin(\varphi)\Big|_0^{\pi/2} = -\frac{1}{4y}\,.$$

Daher gilt $\bar{E}'(y) \sim -\frac{1}{4}\ln(y)$ und $\bar{E}(y) \sim 1 - \frac{1}{4}y\ln(y)$ für $y \downarrow 0$ und folglich auch $E(x) \sim 1 - \frac{1}{4}(1-x)\ln(1-x)$ für $x \uparrow 1$.

Lösung 6.11 Partielle Integrationen

(a) $\quad \displaystyle\int_0^{2\pi} dx\,\sin^2(x) = -\sin(x)\cos(x)\Big|_0^{2\pi} + \int_0^{2\pi} dx\,\cos^2(x) = \int_0^{2\pi} dx\,\cos^2(x)$

(b) $\quad \displaystyle\int dx\,(\ln x)^n = x(\ln x)^n - n\int dx\,x(\ln x)^{n-1}\frac{1}{x} = x(\ln x)^n - n\int dx\,(\ln x)^{n-1}$

(i) $\quad \int dx \ \ln(x) = x \ln x - \int dx \ x\frac{1}{x} = x\,(\ln x - 1) + a$

(ii) $\quad \int dx \ \ln(x^2 + 4) = x \ln(x^2 + 4) - \int dx \ \frac{2x^2}{x^2 + 4}$

$$= x \ln(x^2 + 4) - \int dx \ \frac{2(x^2 + 4) - 8}{x^2 + 4}$$

$$= x \ln(x^2 + 4) - 2x + 8 \int dx \ \frac{1}{x^2 + 4}$$

$$= x \ln(x^2 + 4) - 2x + 4 \arctan\left(\tfrac{1}{2}x\right) + a$$

(iii) $\quad \int dx \ x^3 \, e^{x^2} = \tfrac{1}{2} \int dy \ y \, e^y = \tfrac{1}{2}\left(y e^y - \int dy \ e^y\right) = \tfrac{1}{2}(y - 1)\, e^y + a$

$$= \tfrac{1}{2}\left(x^2 - 1\right) e^{x^2} + a$$

(iv) $\quad \int dx \ x \sin(x) = -x \cos(x) + \int dx \ \cos(x) = \sin(x) - x \cos(x) + a$

(v) $\quad \int dx \ \arctan(x) = x \arctan(x) - \int dx \ \frac{x}{1 + x^2}$

$$= x \arctan(x) - \tfrac{1}{2} \ln(1 + x^2) + a$$

(vi) $\quad \int dx \ \frac{\ln(x)}{x^2} = -\frac{1}{x} \ln(x) + \int dx \ \frac{1}{x^2} = -\frac{1}{x}\,[\ln(x) + 1] + a$

Lösung 6.12 Substitutionen 1

(i) $\quad \int dx \ \frac{\sqrt{x}}{1 + x} = 2 \int dy \ \frac{y^2}{1 + y^2} = 2 \int dy \ \left(1 + \frac{1}{1 + y^2}\right) = 2\,[y + \arctan(y) + a]$

$$= 2\left[\sqrt{x} + \arctan(\sqrt{x}) + a\right] \qquad [\text{mit } \sqrt{x} \equiv y \text{ in (i) und (ii)}]$$

(ii) $\quad \int dx \ \frac{1}{\sqrt{x}(1 + \sqrt{x})} = 2 \int dy \ \frac{1}{1 + y} = 2 \ln(1 + y) + a = 2 \ln(1 + \sqrt{x}) + a$

(iii) $\quad \int dx \ \frac{\sin(x)\cos(x)}{2 - \cos(x)} = - \int dy \ \frac{y}{2 - y} = \int dy \ \left(1 + \frac{2}{y - 2}\right)$

$$= y + 2 \ln|y - 2| + a = \cos(x) + 2 \ln\,[2 - \cos(x)] + a \qquad [\text{mit } \cos(x) = y]$$

(iv) $\quad \int dx \ \frac{(e^x - 3)e^x}{e^x + 2} = \int dy \ \frac{(y + 2) - 5}{y + 2} = \int dy \ \left(1 - \frac{5}{y + 2}\right)$

$$= y - 5 \ln|y + 2| + a = e^x - 5 \ln(e^x + 2) + a \qquad (\text{mit } e^x = y)$$

(v) $\quad \int dx \ \frac{1}{x^2\sqrt{1 - x^2}} = \int dy \ \left(-\frac{1}{y^2}\right) \frac{y^2}{\sqrt{1 - y^{-2}}} = - \int dy \ \frac{y}{\sqrt{y^2 - 1}}$

$$= -\sqrt{y^2 - 1} + a = -\sqrt{x^{-2} - 1} + a$$

$$= -x^{-1}\sqrt{1 - x^2} + a \qquad (\text{mit } 0 < x = y^{-1} < 1)$$

$$\text{(vi)} \quad \int dx \; \sqrt{1+\sqrt{x}} = 2 \int dy \; y\sqrt{1+y} = 2 \int dy \; \left[(1+y)^{3/2} - (1+y)^{1/2}\right]$$

$$= 2\left[\tfrac{2}{5}(1+y)^{5/2} - \tfrac{2}{3}(1+y)^{3/2}\right] + a \qquad (\text{mit } \sqrt{x} = y)$$

$$= \tfrac{4}{5}(1+\sqrt{x})^{5/2} - \tfrac{4}{3}(1+\sqrt{x})^{3/2} + a$$

Lösung 6.13 Substitutionen 2

$$\text{(a)} \quad \int dx \; (x+2)\sin(x^2+4x-6) = \int dx \; \frac{1}{2}\frac{du}{dx}\sin(u) = \tfrac{1}{2}\int du \; \sin(u)$$

$$= -\tfrac{1}{2}\cos(u) + a = -\tfrac{1}{2}\cos(x^2+4x-6) + a$$

$$\text{(b)} \quad \int dx \; \frac{\cot(\ln x)}{x} = \int dx \; \frac{du}{dx}\cot(u) = \int du \; \frac{\cos(u)}{\sin(u)} = \ln|\sin(u)| + a$$

$$= \ln|\sin(\ln x)| + a$$

$$\text{(c)} \quad \int_{-1}^{1} dx \; \frac{1}{\sqrt{(x+2)(3-x)}} = \int_{-\frac{3}{2}}^{1/2} du \; \frac{1}{\sqrt{\left(u+\frac{5}{2}\right)\left(\frac{5}{2}-u\right)}}$$

$$= \int_{-\frac{3}{2}}^{1/2} du \; \frac{1}{\sqrt{\left(\frac{5}{2}\right)^2 - u^2}} = \int_{-\frac{3}{5}}^{1/5} dy \; \frac{1}{\sqrt{1-y^2}}$$

$$= \arcsin(y)\Big|_{-3/5}^{1/5} = \arcsin\left(\tfrac{1}{5}\right) + \arcsin\left(\tfrac{3}{5}\right)$$

$$\text{(d)} \quad \int dx \; 2^{-x}\tanh(2^{1-x}) = -\frac{1}{2\ln(2)}\int dx \; \frac{du}{dx}\tanh(u) = -\frac{1}{2\ln(2)}\int du \; \tanh(u)$$

$$= -\frac{1}{2\ln(2)}\int du \; \frac{\sinh(u)}{\cosh(u)} = -\frac{1}{2\ln(2)}\ln\left[\cosh(2^{1-x})\right] + a$$

Lösung 6.14 Grenzwerte von Integralen

(a) Wir erhalten im Limes $x \to \infty$:

$$\lim_{x\to\infty} \int_0^x dt \; \alpha \, e^{-\alpha t} = \lim_{x\to\infty} \int_0^{\alpha x} ds \; e^{-s} = \int_0^{\infty} ds \; e^{-s} = 1 \; .$$

(b) Im Limes $x \to 0$ folgt

$$\lim_{x\to 0} x^{-4} \int_0^x dt \; [\sin(t)]^3 = \lim_{x\to 0} x^{-4} \int_0^x dt \; \left(t - \tfrac{1}{6}t^3 + \dots\right)^3$$

$$= \lim_{x\to 0} x^{-4} \int_0^x dt \; \left[t^3 + \mathcal{O}(t^5)\right] = \lim_{x\to 0} x^{-4}\left[\tfrac{1}{4}x^4 + \mathcal{O}(x^6)\right] = \tfrac{1}{4} \; .$$

(c) Mit der Substitution $t = s/\sqrt{x}$ folgt:

$$\lim_{x\to\infty} \sqrt{x} \int_{-\infty}^{\infty} dt \; e^{-x\sinh^2(t)} = \lim_{x\to\infty} \int_{-\infty}^{\infty} ds \; e^{-x\sinh^2(s/\sqrt{x})}$$

$$= \lim_{x\to\infty} \int_{-\infty}^{\infty} ds \; e^{-x\left[s/\sqrt{x} + \frac{1}{6}\left(s/\sqrt{x}\right)^3 + \dots\right]^2} = \lim_{x\to\infty} \int_{-\infty}^{\infty} ds \; e^{-x\left[\frac{s^2}{x} + \frac{s^4}{3x^2} + \dots\right]}$$

$$= \lim_{x\to\infty} \int_{-\infty}^{\infty} ds \; e^{-s^2 - s^4/3x + \dots} = \int_{-\infty}^{\infty} ds \; e^{-s^2} = \sqrt{\pi} \; .$$

Lösung 6.15 Partialbruchzerlegung

(a) Mit $\frac{1}{x^2-1} = \frac{1}{2}\left(\frac{1}{x-1} - \frac{1}{x+1}\right)$ folgt:

$$\int dx\, \frac{1}{x^2-1} = \frac{1}{2}\int dx\, \left(\frac{1}{x-1} - \frac{1}{x+1}\right) = \frac{1}{2}\left(\ln|x-1| - \ln|x+1|\right) + a$$

$$= \frac{1}{2}\ln\left|\frac{x-1}{x+1}\right| + a\,.$$

(b) Mit $\frac{1}{x^3-x} = \frac{1}{2}\left(\frac{1}{x-1} + \frac{1}{x+1}\right) - \frac{1}{x}$ folgt:

$$\int dx\, \frac{1}{x^3-x} = \int dx\, \left[\frac{1}{2}\left(\frac{1}{x-1} + \frac{1}{x+1}\right) - \frac{1}{x}\right]$$

$$= \frac{1}{2}\left(\ln|x-1| + \ln|x+1|\right) - \ln|x| + a = \ln\left(\frac{|x^2-1|^{1/2}}{|x|}\right) + a\,.$$

(c) Mit $\frac{3-x/2}{(x+2)(x-1)} = \frac{-4/3}{x+2} + \frac{5/6}{x-1}$ folgt:

$$\int dx\, \frac{6-x}{2x^2+2x-4} = \int dx\, \frac{3-x/2}{(x+2)(x-1)} = \int dx\, \left(\frac{-4/3}{x+2} + \frac{5/6}{x-1}\right)$$

$$= -\frac{4}{3}\ln|x+2| + \frac{5}{6}\ln|x-1| + a\,.$$

Lösung 6.16 Gammafunktion und Gauß-Integrale

(a) Wegen $\alpha > 0$ und daher $y^\alpha\big|_0 = 0$ folgt:

$$\Gamma(\alpha+1) = \int_0^\infty dy\, y^\alpha\, e^{-y} = y^\alpha\left(-e^{-y}\right)\Big|_0^\infty + \int_0^\infty dy\, \alpha\, y^{\alpha-1}e^{-y} = \alpha\,\Gamma(\alpha)\,.$$

Die Behauptung $P(n)$: „$\Gamma(n+1) = n!$" ist wahr für $n = 0$, denn es gilt $\Gamma(1) = 0! = 1$. Falls $P(m)$ wahr ist, folgt die Gültigkeit von $P(m+1)$ aus: $\Gamma(m+2) = (m+1)\Gamma(m+1) = (m+1)m! = (m+1)!$. Folglich ist auch $P(n)$ wahr für alle $n \in \mathbb{N}_0$.

(b) Wir erhalten speziell die Funktionswerte:

$$\Gamma(3) = 2! = 2 \quad , \quad \Gamma\left(\tfrac{7}{2}\right) = \tfrac{5}{2} \cdot \tfrac{3}{2} \cdot \tfrac{1}{2}\Gamma\left(\tfrac{1}{2}\right) = \tfrac{15}{8}\sqrt{\pi}$$

$$\Gamma(4) = 3! = 6 \quad , \quad \Gamma\left(\tfrac{9}{2}\right) = \tfrac{7}{2}\Gamma\left(\tfrac{7}{2}\right) = \tfrac{105}{16}\sqrt{\pi}\,.$$

(c) Allgemein gilt:

$$I_m \equiv \int_0^\infty dx\, x^m\, e^{-x^2} = \int_0^\infty dy\, \frac{y^{m/2}}{2\sqrt{y}}\, e^{-y} = \frac{1}{2}\int_0^\infty dy\, y^{(m-1)/2}\, e^{-y} = \tfrac{1}{2}\Gamma\left(\tfrac{m+1}{2}\right)\,.$$

Daher gilt speziell:

$$I_3 = \tfrac{1}{2}\Gamma(2) = \tfrac{1}{2} \quad , \quad I_4 = \tfrac{1}{2}\Gamma\left(\tfrac{5}{2}\right) = \tfrac{1}{2} \cdot \tfrac{3}{2} \cdot \tfrac{1}{2}\sqrt{\pi} = \tfrac{3}{8}\sqrt{\pi}$$

$$I_5 = \tfrac{1}{2}\Gamma(3) = 2I_3 = 1 \quad , \quad I_6 = \tfrac{1}{2}\Gamma\left(\tfrac{7}{2}\right) = \tfrac{5}{2}I_4 = \tfrac{15}{16}\sqrt{\pi}\,.$$

Lösung 6.17 Segment einer Kugelschale

Das Volumen $\Delta\mathbf{x}_{klm}$ des Segments $[r_{k-1}, r_k] \times [\varphi_{l-1}, \varphi_l] \times [\vartheta_{m-1}, \vartheta_m]$ einer Kugelschale folgt in Kugelkoordinaten direkt als:

$$\Delta\mathbf{x}_{klm} = \int_{r_{k-1}}^{r_k} dr \int_{\varphi_{l-1}}^{\varphi_l} d\varphi \int_{\vartheta_{m-1}}^{\vartheta_m} d\vartheta \; r^2 \sin(\vartheta)$$

$$= \tfrac{1}{3}(r_k^3 - r_{k-1}^3)(\varphi_l - \varphi_{l-1})\left[\cos(\vartheta_{m-1}) - \cos(\vartheta_m)\right] \; .$$

Man kann dieses Volumen aber auch wie folgt mit Hilfe einer Integration in kartesischen Koordinaten berechnen. Zuerst berechnen wir das Volumen $K(\vartheta_m)$ des Segments $0 \leq \vartheta \leq \vartheta_m$ einer *Einheitskugel*. Das Volumen $K(\vartheta_m)$ besteht aus einem Beitrag mit $x_3 \geq \cos(\vartheta_m)$ und einem kegelförmigen Beitrag mit $x_3 \leq \cos(\vartheta_m)$:

$$K(\vartheta_m) = \int_0^{\cos(\vartheta_m)} dx_3 \, \pi \left[x_3 \tan(\vartheta_m)\right]^2 + \int_{\cos(\vartheta_m)}^1 dx_3 \, \pi \left[\sqrt{1 - (x_3)^2}\right]^2$$

$$= \tfrac{1}{3}\pi \left[\tan(\vartheta_m)\right]^2 \left[\cos(\vartheta_m)\right]^3 + \pi \left\{\tfrac{2}{3} - \cos(\vartheta_m) + \tfrac{1}{3}\left[\cos(\vartheta_m)\right]^3\right\}$$

$$= \tfrac{2}{3}\pi + \tfrac{1}{3}\pi \left[\sin^2(\vartheta_m) + \cos^2(\vartheta_m)\right]\cos(\vartheta_m) - \pi\cos(\vartheta_m)$$

$$= \tfrac{2}{3}\pi \left[1 - \cos(\vartheta_m)\right] \; .$$

Diese Berechnung ist auch korrekt für $\vartheta_m > \tfrac{\pi}{2}$, allerdings ist der Beitrag des kegelförmigen Teilvolumens in diesem Fall negativ. Das Volumen des Segments $\vartheta_{m-1} \leq \vartheta \leq \vartheta_m$ einer *Einheitskugel* ist folglich durch

$$K(\vartheta_m) - K(\vartheta_{m-1}) = \tfrac{2}{3}\pi \left[\cos(\vartheta_{m-1}) - \cos(\vartheta_m)\right]$$

gegeben. Da das Volumen einer Kugel proportional zur dritten Potenz des Radius anwächst, ist das Volumen des Kugelsegments $[r_{k-1}, r_k] \times [0, 2\pi] \times [\vartheta_{m-1}, \vartheta_m]$ gleich

$$\tfrac{2}{3}\pi(r_k^3 - r_{k-1}^3)\left[\cos(\vartheta_{m-1}) - \cos(\vartheta_m)\right] \; .$$

Möchte man nun schließlich den Bruchteil diese Volumens mit einem Azimutwinkel $\varphi \in [\varphi_{l-1}, \varphi_l]$ statt $\varphi \in [0, 2\pi]$ bestimmen, so muss man lediglich noch mit einem Faktor $(\varphi_l - \varphi_{l-1})/2\pi$ multiplizieren. Das Endergebnis hat dann wieder die Form der rechten Seite von Gleichung (6.71).

A.7 Differentialgleichungen

Lösung 7.1 Logistischer Zerfall

Da alle Argumente, die in Abschnitt [7.1.3] zur Lösung für $y_0 < 1$ führten, auch für $y_0 > 1$ gültig sind, hat die Lösung auch in diesem Fall die Form (7.7). Die Lösung für $y_0 > 1$ beschreibt das streng monotone Abklingen der Populationsgröße N von einem anfangs vom Lebensraum nicht „tragbaren" Wert $N > N_{\max}$ bis zur „Tragfähigkeit" $N_{\max}$.

Lösung 7.2 Lineare Differentialgleichungen

(a) 1. Die Differentialgleichung lautet $y' = -a(x)y$ mit $a(x) = -\frac{x}{1+x^2}$ und $A(x) \equiv$

$\int_0^x dx'\, a(x') = -\frac{1}{2}\ln(1 + x^2)$. Die Lösung folgt daher aus $0 = y' + a(x)y = e^{-A(x)}\frac{d}{dx}\left[e^{A(x)}y\right]$ als $e^{A(x)}y(x) = $ konstant $= y(0)$ bzw. $y(x) = y(0)e^{-A(x)} = y(0)e^{\frac{1}{2}\ln(1+x^2)} = y(0)\sqrt{1 + x^2}$.

2. Für $y' = -xy + x = -x(y - 1)$ gilt $a(x) = x$ und daher $A(x) = \frac{1}{2}x^2$. Definiert man noch $\bar{y}(x) \equiv y(x) - 1$, so folgt $\bar{y}' = y' = -x(y - 1) = -x\bar{y}$ und daher $\bar{y}(x) = e^{-A(x)}\bar{y}(0)$. Folglich ist die gesuchte Lösung: $y(x) = \bar{y}(x) = \bar{y}(x) + 1 = e^{-\frac{1}{2}x^2}[y(0) - 1] + 1$.

3. Für die Gleichung $y' = -\sin(x)y + \sin(2x)$ gilt $a(x) = \sin(x)$ und daher $A(x) = 1 - \cos(x)$. Die Lösung folgt daher aus $b(x) = \sin(2x) = y' + a(x)y = e^{-A(x)}\frac{d}{dx}\left[e^{A(x)}y\right]$ als $e^{A(x)}y - y(0) = \int_0^x dx'\, b(x')e^{A(x')}$ bzw.

$$y(x) = e^{-A(x)}\left[y(0) + \int_0^x dx'\, b(x')e^{A(x')}\right] .$$

Hierbei kann das Integral in $[\dots]$ wie folgt berechnet werden:

$$\int_0^x dx'\, b(x')e^{A(x')} = 2\int_0^x dx'\, \sin(x')\cos(x')e^{1-\cos(x')} = 2\int_{\cos(x)}^1 dz\, z\, e^{1-z}$$

$$= 2\left(-z\, e^{1-z}\Big|_{\cos(x)}^1 + \int_{\cos(x)}^1 dz\, e^{1-z}\right) = 2\left[-1 + \cos(x)e^{1-\cos(x)} - e^{1-z}\Big|_{\cos(x)}^1\right]$$

$$= 2\left\{-2 + [\cos(x) + 1]e^{1-\cos(x)}\right\} = -4 + 2\left[\cos(x) + 1\right]e^{1-\cos(x)} .$$

Die Lösung $y(x)$ ist folglich gleich:

$$y(x) = e^{-A(x)}\left[y(0) + \int_0^x dx'\, b(x')\, e^{A(x')}\right] = [y(0) - 4]\, e^{\cos(x)-1} + 2\left[\cos(x) + 1\right] .$$

(b) Durch Differenzieren ergibt sich: $0 = (x - \frac{1}{2}y')y''$. Man findet daher zwei mögliche Lösungstypen: $y'' = 0$ und somit $y = ax + b$ sowie $y' = 2x$ und somit $y = x^2 + c$. Die ursprüngliche Differentialgleichung erster Ordnung kann jedoch nur eine Integrationskonstante besitzen. Einsetzen der gefundenen Lösungen zeigt, dass tatsächlich $b = -\frac{1}{4}a^2$ und $c = 0$ gelten muss.

Lösung 7.3 (Nicht)lineare Differentialgleichungen der Physik

(i) Die Gleichung $\dot{v} = -\mu v^2$ kann als $-\frac{\dot{v}}{v^2} = \frac{d}{dt}\left(\frac{1}{v}\right) = \mu$ geschrieben werden und hat die Lösung $\frac{1}{v(t)} = \frac{1}{v_0} + \mu t$ bzw. $v(t) = \frac{v_0}{1 + \mu t v_0}$.

(ii) Die Gleichung $\dot{v} = -\lambda v - \mu = -\lambda(v + \frac{\mu}{\lambda})$ kann mit der Definition $\bar{v}(t) \equiv v(t) + \frac{\mu}{\lambda}$ als $\dot{\bar{v}} = \dot{v} = -\lambda\bar{v}$ geschrieben werden. Die Lösung ist $\bar{v}(t) = \bar{v}(0)e^{-\lambda t}$ bzw. $v(t) = \bar{v}(t) - \frac{\mu}{\lambda} = -\frac{\mu}{\lambda} + \left[v_0 + \frac{\mu}{\lambda}\right]e^{-\lambda t}$.

(iii) Mit der Definition $v(t) \equiv \frac{1}{x(t)}$ führt $\dot{x} = \lambda x - \mu x^2$ auf die Differentialgleichung $\dot{v} = \frac{d}{dt}\left(\frac{1}{x}\right) = -\frac{\dot{x}}{x^2} = -\lambda\frac{1}{x} + \mu = -\lambda v + \mu$. Die Lösung folgt aus (ii), falls man $\mu \to (-\mu)$ ersetzt: $v(t) = \frac{\mu}{\lambda} + \left(\frac{1}{x_0} - \frac{\mu}{\lambda}\right)e^{-\lambda t} = \frac{1}{x(t)}$ bzw. $x(t) = \left[\frac{\mu}{\lambda} + \left(\frac{1}{x_0} - \frac{\mu}{\lambda}\right)e^{-\lambda t}\right]^{-1}$.

(iv) Ersetze $(\lambda, \mu) \to (-\lambda, -\mu)$ in (iii): Es folgt $x(t) = \left[\frac{\mu}{\lambda} + \left(\frac{1}{x_0} - \frac{\mu}{\lambda}\right)e^{\lambda t}\right]^{-1}$. Für $x_0 < \lambda/\mu$ gilt $x(t) \to 0$ $(t \to \infty)$, und für $x_0 > \lambda/\mu$ gilt $x(t) \to \infty$ für $t \uparrow t_c = \lambda^{-1}\ln\left(\frac{\mu x_0}{\mu x_0 - \lambda}\right)$.

Lösung 7.4 Existenz und Eindeutigkeit von Lösungen

(a) Für $\ddot{x} = \frac{3}{2}x^{1/3}$ mit $x_0 = 0$ und $\dot{x}_0 = 0$ ergibt Multiplikation mit $\dot{x}$ die Gleichung: $\frac{d}{dt}\left(\frac{1}{2}\dot{x}^2\right) = \ddot{x}\dot{x} = \frac{3}{2}x^{1/3}\dot{x} = \frac{d}{dt}\left(\frac{9}{8}x^{4/3}\right)$. Folglich gilt $\dot{x}^2 - \frac{9}{4}x^{4/3} = $ konstant $= \dot{x}_0^2 - \frac{9}{4}x_0^{4/3} = 0$ bzw. $\dot{x} = \pm\frac{3}{2}x^{2/3}$. Eine mögliche Lösung ist $x(t) = 0$. Eine weitere Lösung mit $x \neq 0$ folgt aus $\pm\frac{3}{2} = x^{-2/3}\dot{x} = \frac{d}{dt}(3x^{1/3})$ bzw. $[x(t)]^{1/3} = (x_0)^{1/3} \pm \frac{1}{2}t = \pm\frac{1}{2}t$ als $x(t) = \left(\pm\frac{1}{2}t\right)^3 = \pm\frac{1}{8}t^3$.

(b) Aus $\ddot{x} = \frac{1}{2}x^3$ mit $x(-1) = \dot{x}(-1) = 2$ folgt analog $\frac{d}{dt}\left(\frac{1}{2}\dot{x}^2\right) = \frac{1}{2}x^3\dot{x} = \frac{d}{dt}\left(\frac{1}{8}x^4\right)$. Integration ergibt $\dot{x}^2 - \frac{1}{4}x^4 = $ konstant $= [\dot{x}(-1)]^2 - \frac{1}{4}[x(-1)]^4 = 4 - \frac{1}{4}\cdot 16 = 0$ bzw. $\dot{x} = \pm\frac{1}{2}x^2$. Wegen $x(-1) = \dot{x}(-1) = 2$ folgt $\dot{x} = +\frac{1}{2}x^2$ und (da die Anfangsbedingung $x \neq 0$ impliziert): $-\frac{1}{2} = -\frac{\dot{x}}{x^2} = \frac{d}{dt}\left(\frac{1}{x}\right)$ bzw. $\frac{1}{x(t)} = \frac{1}{x(-1)} - \frac{1}{2}(t+1)$. Die Lösung ist daher durch $x(t) = x(-1)/\left[1 - \frac{1}{2}(t+1)x(-1)\right] = 2/\left[1 - (t+1)\right] = -\frac{2}{t}$ gegeben. Diese Lösung divergiert bereits für $t \uparrow 0$.

(c) Analog führt die Gleichung $\ddot{x} = x$ mit $x(0) = \dot{x}(0) = 1$ auf $\frac{d}{dt}\left(\frac{1}{2}\dot{x}^2 - \frac{1}{2}x^2\right) = 0$, sodass nach einer Integration gilt: $\dot{x}^2 - x^2 = $ konstant $= [\dot{x}(0)]^2 - [x(0)]^2 = 1 - 1 = 0$. Es folgt $\dot{x} = \pm x$. Wegen $\dot{x}(0) = x(0) = 1$ ist nur $\dot{x} = x$ möglich, sodass die eindeutige Lösung durch $x(t) = x(0)e^t = e^t$ gegeben ist.

Lösung 7.5 Harmonischer Oszillator mit antreibender Kraft

(a) Aus der Differentialgleichung für den harmonischen Oszillator folgt die Gleichung $\dot{\xi} - i\omega\xi = (\ddot{z} + i\omega\dot{z}) - i\omega(\dot{z} + i\omega z) = \ddot{z} + \omega^2 z = a(t)$ für die Funktion $\xi(t)$. Diese lineare Gleichung kann wie folgt umgeschrieben werden: $a(t) = e^{i\omega t}\frac{d}{dt}(\xi\, e^{-i\omega t})$. Die Lösung folgt nun aus $\xi(t)\, e^{-i\omega t} - \xi(0) = \int_0^t dt'\, a(t')e^{-i\omega t'}$ als $\xi(t) = e^{i\omega t}\left[\xi(0) + \int_0^t dt'\, a(t')\, e^{-i\omega t'}\right]$.

(b) Aus der allgemeinen Beziehung $z(t) = \frac{1}{\omega}\mathrm{Im}\left[\xi(t)\right]$ folgt:

$$z(t) = \frac{1}{\omega}\mathrm{Im}\left\{[\cos(\omega t) + i\sin(\omega t)][\dot{z}(0) + i\omega\, z(0)] + \int_0^t dt'\, a(t')e^{i\omega(t-t')}\right\}$$

$$= z(0)\cos(\omega t) + \frac{\dot{z}(0)}{\omega}\sin(\omega t) + \frac{1}{\omega}\int_0^t dt'\, a(t')\sin\left[\omega(t-t')\right].$$

Speziell für $a(t) = a_0\cos(\omega_0 t)$ ist das Integral gleich:

$$I(t) \equiv \frac{1}{\omega}\int_0^t dt'\, a(t')\sin\left[\omega(t-t')\right] = \frac{a_0}{\omega}\int_0^t dt'\, \cos(\omega_0 t')\sin\left[\omega(t-t')\right]$$

$$= \frac{a_0}{2\omega}\int_0^t dt'\, \left\{\sin\left[\omega_0 t' + \omega(t-t')\right] - \sin\left[\omega_0 t' - \omega(t-t')\right]\right\}$$

$$= \frac{a_0}{2\omega}\left\{-\frac{1}{\omega_0 - \omega}\cos\left[(\omega_0 - \omega)t' + \omega t\right] + \frac{1}{\omega_0 + \omega}\cos\left[(\omega_0 + \omega)t' - \omega t\right]\right\}\Bigg|_0^t$$

$$= \frac{a_0}{2\omega}\left\{\frac{1}{\omega_0 - \omega}\left[\cos(\omega t) - \cos(\omega_0 t)\right] + \frac{1}{\omega_0 + \omega}\left[\cos(\omega_0 t) - \cos(\omega t)\right]\right\}$$

$$= \frac{a_0}{2\omega}\frac{2\omega}{\omega_0^2 - \omega^2}\left[\cos(\omega t) - \cos(\omega_0 t)\right] = \frac{a_0}{\omega_0^2 - \omega^2}\left[\cos(\omega t) - \cos(\omega_0 t)\right].$$

Hierbei ist der Spezialfall $\omega_0 = \omega$ (Resonanz) besonders interessant:

$$I(t) = \lim_{\omega \to \omega_0} \frac{a_0}{\omega_0^2 - \omega^2} \left[(\omega - \omega_0)t \cos'(\omega t)\right] = \frac{a_0 t}{2\omega} \sin(\omega t) \, .$$

Lösung 7.6 Differentialgleichungen – eine Fundgrube zum Üben

Wir verwenden, dass die allgemeine Lösung der linearen Gleichung $\frac{du}{dt} = -a(t)u + b(t)$ durch $u(t) = e^{-A(t)}\left[u(0) + \int_0^t dt' \, b(t')e^{A(t')}\right]$ gegeben ist.

1. Diese Gleichung ist linear mit $a(t) = 1$, $b(t) = e^{-t}$ und $A(t) = t$, sodass ihre Lösung durch $u(t) = e^{-t}\left[u(0) + \int_0^t dt' \, 1\right] = e^{-t}\left[u(0) + t\right]$ gegeben ist.

2. Wir definieren $\bar{u}(t) \equiv u(t) - 1$ und erhalten die homogene Gleichung $\bar{u}' + t\bar{u} = 0$ mit $a(t) = t$, $b(t) = 0$ und $A(t) = \frac{1}{2}t^2$. Die Lösung ist $\bar{u}(t) = \bar{u}(0)e^{-A(t)}$ bzw. $u(t) = \bar{u}(t) + 1 = 1 + [u(0) - 1]e^{-\frac{1}{2}t^2}$.

3. Wir definieren $\bar{u}(t) \equiv u(t) - 1$ und erhalten die homogene Gleichung $\bar{u}' + \bar{u}\sin(t) = 0$ mit $a(t) = \sin(t)$, $b(t) = 0$ und $A(t) = 1 - \cos(t)$. Die Lösung ist $\bar{u}(t) = \bar{u}(0)\, e^{-A(t)}$ bzw. $u(t) = \bar{u}(t) + 1 = 1 + [u(0) - 1]e^{\cos(t)-1}$.

4. Wegen $1 = \sqrt{1 + t^2}u' + \frac{t}{\sqrt{1+t^2}}\,u = \frac{d}{dt}\left[\sqrt{1 + t^2}u\right]$ folgt $u(t) = \frac{u(0)+t}{\sqrt{1+t^2}}$.

5. Die Gleichung kann auf unterschiedliche Weise gelöst werden. Wir zeigen zuerst die Lösung durch Variablentrennung: Wir definieren $v(t) \equiv u(t) - 1$ und erhalten die Gleichung $v' = u' = u^2 - 2u = v^2 - 1$. Variablentrennung führt zu $dt = -\frac{dv}{1-v^2} = -d\left[\mathrm{artanh}(v)\right]$ bzw. $v(t) = \tanh(t_0 - t)$ mit $t_0 = \mathrm{artanh}[u(0) - 1]$. Die Lösung ist daher $u(t) = 1 + v(t) = 1 + \frac{\tanh(t_0)-\tanh(t)}{1-\tanh(t_0)\tanh(t)} = 1 + \frac{u(0)-1-\tanh(t)}{1-[u(0)-1]\tanh(t)} = \frac{u(0)[1-\tanh(t)]}{1-[u(0)-1]\tanh(t)} = 2u(0)/\left\{[2 - u(0)]\,e^{2t} + u(0)\right\}$. In der zweiten Lösungsmethode verwenden wir, dass die Gleichung nach einer Substitution *linear* ist: Hierzu definieren wir $\bar{u}(t) \equiv \frac{1}{u(t)}$ und erhalten $\bar{u}' - 2\bar{u} = -\frac{u'+2u}{u^2} = -1$ mit $a(t) = -2$, $b(t) = -1$ und $A(t) = -2t$. Die Lösung hat daher die Form $\bar{u}(t) = e^{2t}\left[\bar{u}(0) - \int_0^t dt' \, e^{-2t'}\right] = e^{2t}\left[\bar{u}(0) - \frac{1}{2}(1 - e^{-2t})\right]$ beziehungsweise $u(t) = \frac{1}{\bar{u}(t)} = \left\{\left[\frac{1}{u(0)} - \frac{1}{2}\right]e^{2t} + \frac{1}{2}\right\}^{-1} = \frac{2u(0)}{[2-u(0)]e^{2t}+u(0)}$, im Einklang mit der Lösung durch Variablentrennung.

6. Wir lösen diese Gleichung durch Variablentrennung und definieren hierzu $v(t) \equiv u'(t)$. Es folgt $tv' = v + 2$ bzw. $t^{-1} = \frac{d}{dt}\ln|t| = \frac{v'}{v+2} = \frac{d}{dt}\ln|v + 2|$ mit der Lösung $|v + 2| = \alpha|t|$ für $\alpha \geq 0$. Wegen $v = u' = \pm\alpha t - 2$ folgt noch $u(t) = \pm\frac{\alpha}{2}t^2 - 2t + \beta$.

7. Die Gleichung ist linear: $t^2 = tu' + u = \frac{d}{dt}(tu)$. Integration ergibt $tu = \frac{1}{3}t^3 + \alpha$ bzw. $u(t) = \frac{1}{3}t^2 + \frac{\alpha}{t}$ mit einer Konstanten $\alpha \in \mathbb{R}$.

8. Aus $\frac{d}{dt}\ln|u'| = \frac{u''}{u'} = 2\frac{u'}{u} = 2\frac{d}{dt}\ln|u| = \frac{d}{dt}\ln|u|^2$ folgt durch Integration $u' = \alpha u^2$ für $\alpha \in \mathbb{R}$. Es gibt spezielle Lösungen $u = 0$ ($\forall \alpha \in \mathbb{R}$) und $u = $ konstant ($\alpha = 0$). Wir nehmen nun an: $\alpha \neq 0$ und $u \neq 0$. Variablentrennung ergibt dann: $\frac{d}{dt}u^{-1} = -\frac{u'}{u^2} = -\alpha$ und somit die Lösung: $u^{-1} = \alpha(t_0 - t)$, $u(t) = \frac{1}{\alpha(t_0-t)}$.

9. Man erhält mit Hilfe der Substitution $v \equiv u^2 + 1 + t$ die lineare Gleichung $v + v' - 1 = 0$. Durch Umschreiben gemäß $1 = e^{-t}\frac{d}{dt}(e^t v)$ und eine Integration erhält man zunächst $e^t v = v(0) + e^t - 1$ bzw. $v(t) = [v(0) - 1]\,e^{-t} + 1 = u(0)^2 e^{-t} + 1 = u^2 + 1 + t$ und dann für die gesuchte Funktion $u(t)^2 = u(0)^2\,e^{-t} - t$ bzw. $u(t) = \mathrm{sgn}[u(0)]\left[u(0)^2\,e^{-t} - t\right]^{1/2}$.

10. Die Gleichung $u'' = uu' = \frac{d}{dt}\left(\frac{1}{2}u^2\right)$ kann integriert werden: $u' = \frac{1}{2}u^2 + \alpha$ für $\alpha \in \mathbb{R}$. Diese Gleichung ist durch Variablentrennung lösbar: Falls $\alpha > 0$ gilt, folgt mit der Definition $u \equiv \sqrt{2\alpha}v$ die Gleichung $v' = \sqrt{\alpha/2}\,(v^2 + 1)$ mit der Lösung $\arctan(v) = \sqrt{\alpha/2}\,(t - t_0)$ bzw. $u(t) = \sqrt{2\alpha}\,v(t) = \sqrt{2\alpha}\tan\left[\sqrt{\alpha/2}\,(t - t_0)\right]$. Falls $\alpha < 0$ gilt, folgt mit der Definition $u = \sqrt{2|\alpha|}v$ die Gleichung $v' = \sqrt{|\alpha|/2}\,(v^2 - 1)$ mit der Lösung $\operatorname{artanh}(v) = \sqrt{|\alpha|/2}\,(t_0 - t)$ bzw. $u(t) = \sqrt{2|\alpha|}v(t)$ und daher $u(t) = \sqrt{2|\alpha|}\tanh\left[\sqrt{|\alpha|/2}\,(t_0 - t)\right]$. Falls schließlich $\alpha = 0$ gilt, folgt aus $\frac{d}{dt}\left(\frac{1}{u}\right) = -\frac{u'}{u^2} = -\frac{1}{2}$ die Lösung $\frac{1}{u(t)} = \frac{1}{u(0)} - \frac{1}{2}t$ bzw. $u(t) = \frac{u(0)}{1 - \frac{1}{2}u(0)t}$.

11. Mit der Definition $v(t) = [u(t)]^2$ erhält man eine lineare Gleichung: $t^2 + v = t^2 + u^2 = tuu' = \frac{1}{2}tv'$, die als $2t = v' - \frac{2}{t}v = e^{2\ln(t)}\frac{d}{dt}\left[v\,e^{-2\ln(t)}\right] = t^2\frac{d}{dt}\left(\frac{v}{t^2}\right)$ bzw. $\left(\frac{v}{t^2}\right)' = \frac{2}{t}$ umgeschrieben und integriert werden kann: Die Lösung ist $v(t) = t^2\left[\alpha + 2\ln|t|\right]$ bzw. $u(t) = \pm t\left[\alpha + 2\ln|t|\right]^{1/2}$.

12. Mit der Definition $v(t) \equiv u(t) - t$ erhält man die Gleichung $v^2(v' + 1) = 1$ bzw. $v' = \frac{1}{v^2} - 1$, die durch Variablentrennung gelöst werden kann: Aus $\left(\frac{1}{1-v^2} - 1\right)v' = 1$ bzw. $\frac{d}{dt}\left[\operatorname{artanh}(v) - v\right] = 1$ folgt die Lösung $\operatorname{artanh}(u-t) - (u-t) = t + \alpha$ $(\alpha \in \mathbb{R})$. Die gesuchte Lösung wird implizit durch $u - t = \tanh(u + \alpha)$ und die entsprechende Umkehrfunktion explizit durch $t(u) = u - \tanh(u + \alpha)$ festgelegt.

13. Mit der Definition $v \equiv u^2$ erhält man eine lineare Gleichung: $1 = uu' - \frac{2}{t}u^2 = \frac{1}{2}v' - \frac{2}{t}v = \frac{1}{2}t^4\left(\frac{v}{t^4}\right)'$. Integration ergibt: $\frac{v}{t^4} = -\frac{2}{3t^3} + \alpha$ bzw. $u^2 = v = -\frac{2}{3}t + \alpha t^4$ bzw. $u(t) = \pm\left(\alpha t^4 - \frac{2}{3}t\right)^{1/2}$.

14. Mit der Definition $v \equiv u^2$ erhält man eine lineare Gleichung: $2t^2 = 2uu' - 2u^2 = v' - 2v = e^{2t}(v\,e^{-2t})'$. Integration ergibt: $v\,e^{-2t} = v(0) + 2\int_0^t dt'\,(t')^2\,e^{-2t'} = v(0) + \frac{1}{2} - \left(t^2 + t + \frac{1}{2}\right)e^{-2t}$. Die Lösung lautet daher $v(t) = \left[u(0)^2 + \frac{1}{2}\right]e^{2t} - \left(t^2 + t + \frac{1}{2}\right)$ bzw. $u(t) = \operatorname{sgn}[u(0)]\sqrt{v(t)}$.

15. Mit der Definition $v \equiv u^{-1}$ erhält man eine lineare Gleichung: $-t^2 = -\frac{tu'}{u^2} - \frac{2}{u} = tv' - 2v = t^3\left(\frac{v}{t^2}\right)'$ bzw. $\left(\frac{v}{t^2}\right)' = -\frac{1}{t}$ mit der Lösung $v = u^{-1} = t^2(\alpha - \ln|t|)$ bzw. $u(t) = t^{-2}(\alpha - \ln|t|)^{-1}$.

16. Die Gleichung $u' = 1 + u^2$ kann durch Variablentrennung gelöst werden: $1 = \frac{u'}{1+u^2} = \frac{d}{dt}\arctan(u)$. Eine Integration ergibt $u(t) = \tan(t + t_0)$ mit $t_0 = \arctan[u(0)]$. Hieraus folgt $u(t) = \frac{\tan(t)+\tan(t_0)}{1-\tan(t)\tan(t_0)} = \frac{u(0)+\tan(t)}{1-u(0)\tan(t)}$.

17. Mit der Definition $v \equiv e^u$ erhält man eine lineare Gleichung: $e^t = (e^u)' + e^u = v' + v = e^{-t}(v\,e^t)'$. Integration ergibt: $v\,e^t = \frac{1}{2}(e^{2t} - 1) + v(0)$ bzw. $v = e^u = \sinh(t) + v(0)e^{-t}$ und daher für die gesuchte Funktion: $u(t) = \ln\left[\sinh(t) + e^{u(0)-t}\right]$.

18. Mit der Definition $v \equiv u^{-2}$ erhält man eine lineare Gleichung: $-6e^t = -\frac{2u'}{u^3} - \frac{2}{u^2} = v' - 2v = e^{2t}(v\,e^{-2t})'$. Eine Integration ergibt $ve^{-2t} - v(0) = -6\int_0^t dt'\,e^{-t'} = -6(1 - e^{-t})$ bzw. $v = e^{2t}\left[v(0) - 6(1 - e^{-t})\right]$ und daher für die gesuchte Funktion: $u(t) = \operatorname{sgn}[u(0)]\,[v(t)]^{-1/2} = \operatorname{sgn}[u(0)]/\left\{e^{2t}/[u(0)]^2 - 6(e^{2t} - e^t)\right\}^{1/2}$.

19. Die Gleichung $u'' = 2u^{-3}$ kann durch Multiplikation mit u' gelöst werden: $\frac{d}{dt}\left[\frac{1}{2}(u')^2\right] = u''u' = 2u^{-3}u' = -\frac{d}{dt}(u^{-2})$. Eine Integration ergibt $\frac{1}{2}(u')^2 + u^{-2} = \alpha$ mit $\alpha > 0$. Durch Umschreiben gemäß $\frac{1}{8}(2uu')^2 + 1 = \alpha u^2$ erhält man mit der Definition $v \equiv u^2$ die Gleichung $\frac{1}{8}(v')^2 + 1 = \alpha v$ bzw. $v' = \pm\sqrt{8\alpha(v - \alpha^{-1})}$, die durch Variablentrennung gelöst werden kann: $\pm\sqrt{2\alpha} = \frac{v'}{2\sqrt{v-\alpha^{-1}}} = \frac{d}{dt}\sqrt{v - \alpha^{-1}}$. Eine Integration ergibt $\sqrt{v - \alpha^{-1}} = \sqrt{v(0) - \alpha^{-1}} \pm \sqrt{2\alpha}t$. Durch Quadrieren entsteht die

Gleichung $v - \alpha^{-1} = v(0) - \alpha^{-1} + 2\alpha t^2 \pm 2t\sqrt{2[\alpha v(0) - 1]}$, die für die Funktion u bedeutet: $u(t) = \mathrm{sgn}[u(0)]\sqrt{v(t)} = \mathrm{sgn}[u(0)]\{[u(0)]^2 + 2\alpha t^2 \pm 2t\sqrt{2[\alpha u(0)^2 - 1]}\}^{1/2}$.

20. Aus der Gleichung $\frac{d}{dt}\ln|u'| = \frac{u''}{u'} = \frac{3u'}{u+1} = 3\frac{d}{dt}\ln|u+1|$ folgt durch Integration: $u' = \alpha(u+1)^3$ mit $\alpha \in \mathbb{R}$. Diese Gleichung ist durch Variablentrennung lösbar: $-2\alpha = -2u'/(u+1)^3 = \frac{d}{dt}(u+1)^{-2}$. Integration ergibt schließlich: $[u(t) + 1]^{-2} = [u(0) + 1]^{-2} - 2\alpha t$.

21. Die Gleichung $u' + tu = 5t$ ist linear mit $a(t) = t$ und $A(t) = \frac{1}{2}t^2$. Mit der Definition $\bar{u} \equiv u - 5$ folgt die homogene Gleichung $0 = \bar{u}' + t\bar{u} = e^{-\frac{1}{2}t^2}(\bar{u}e^{\frac{1}{2}t^2})'$ mit der Lösung $\bar{u}(t) = \bar{u}(0)e^{-\frac{1}{2}t^2}$ bzw. $u(t) = [u(0) - 5]e^{-\frac{1}{2}t^2} + 5$.

22. Die Gleichung $u' - \frac{\sin(t)}{1-\cos(t)}u = 0$ ist homogen linear mit $a(t) = -\frac{\sin(t)}{1-\cos(t)}$ und $b(t) = 0$. Wir definieren ausnahmsweise: $A(t) \equiv \int_{\pi/2}^{t} dt'\, a(t') = -\ln[1 - \cos(t)]$, da $\int_{\varepsilon}^{t} dt'\, a(t') \to \infty$ für $\varepsilon \downarrow 0$. Es folgt: $u(t) = u\left(\frac{\pi}{2}\right)e^{-A(t)} = u\left(\frac{\pi}{2}\right)[1 - \cos(t)]$.

23. Die lineare Gleichung $2t\sin(t) = tu' + u = (tu)'$ kann sofort integriert werden: $tu = \int dt\, 2t\sin(t) = -2t\cos(t) + 2\int dt\, \cos(t) = 2[\sin(t) - t\cos(t)] + \alpha$ mit dem Ergebnis $u(t) = \frac{\alpha}{t} + 2[t^{-1}\sin(t) - \cos(t)]$.

24. Die Gleichung $t(t-1)u' = u(u-1)$ kann durch Variablentrennung gelöst werden: $\int \frac{du}{u(u-1)} = \int \frac{dt}{t(t-1)}$ mit $\int \frac{du}{u(u-1)} = \int du\left(\frac{1}{u-1} - \frac{1}{u}\right) = \ln\left|\frac{u-1}{u}\right| + \alpha = \ln\left|\frac{t-1}{t}\right|$. Umschreiben ergibt zunächst $1 - \frac{1}{u} = \frac{u-1}{u} = \bar{\alpha}\frac{t-1}{t}$. Durch Auflösen nach u erhält man dann die gesuchte Funktion: $u(t) = [1 - \bar{\alpha}(1 - t^{-1})]^{-1} = \frac{t}{\bar{\alpha}+(1-\bar{\alpha})t}$.

25. Die Gleichung $u' - 2\cos(t)u = \cos(t)$ ist linear mit $a(t) = -2\cos(t)$ und $A(t) = -2\sin(t)$. Mit der Definition $\bar{u} \equiv u + \frac{1}{2}$ entsteht die homogene lineare Gleichung $\bar{u}' = 2\cos(t)\bar{u}$ mit der Lösung $\bar{u}(t) = \bar{u}(0)e^{-A(t)} = \bar{u}(0)e^{2\sin(t)}$ bzw. $u(t) = [u(0) + \frac{1}{2}]e^{2\sin(t)} - \frac{1}{2}$.

26. Die Gleichung $-\frac{d}{dt}\cos(u) = u'\sin(u) = -t = \frac{d}{dt}\left(-\frac{1}{2}t^2 - \alpha\right)$ kann sofort integriert werden: $\cos(u) = \frac{1}{2}t^2 + \alpha$ mit $\alpha = \cos[u(0)]$. Die gesuchte Funktion ist daher $u(t) = \arccos\left\{\frac{1}{2}t^2 + \cos[u(0)]\right\}$.

27. Die Gleichung $u' - \frac{1}{t}u = t + \frac{4}{t}$ ist linear mit $a(t) = -\frac{1}{t}$ und $b(t) = t + \frac{4}{t}$. Wir definieren ausnahmsweise: $A(t) \equiv \int_{1}^{t} dt'\, a(t') = -\ln|t|$, da $\int_{\varepsilon}^{t} dt'\, a(t') \to -\infty$ gilt für $\varepsilon \downarrow 0$. Es folgt $u(t) = e^{\ln|t|}\left[u(1) + \int_{1}^{t} dt'\left(t' + \frac{4}{t'}\right)e^{-\ln|t'|}\right]$ bzw. nach Durchführung der Integration: $u(t) = t\left[u(1) + 3 + t - \frac{4}{t}\right] = t[u(1) + 3] + t^2 - 4$.

28. Diese Gleichung ist durch Variablentrennung lösbar: $1 = \frac{u'}{(1-u)^2} = \frac{d}{dt}\left(\frac{1}{1-u}\right)$. Integration ergibt $\frac{1}{1-u} = \frac{1}{1-u(0)} + t$ bzw. $u(t) = 1 - \left[\frac{1}{1-u(0)} + t\right]^{-1} = \frac{u(0)+[1-u(0)]t}{1+[1-u(0)]t}$.

29. Die Gleichung $u' - 3u = te^t$ ist linear mit $a(t) = -3$, $b(t) = te^t$ und $A(t) = -3t$. Die Lösung ist daher: $u(t) = e^{3t}\left[u(0) + \int_{0}^{t} dt'\, t'e^{-2t'}\right]$ bzw. nach der Integration: $u(t) = e^{3t}\left[u(0) - \frac{1}{2}te^{-2t} + \frac{1}{4}\left(1 - e^{-2t}\right)\right] = [u(0) + \frac{1}{4}]e^{3t} - \frac{1}{2}(t + \frac{1}{2})e^t$.

30. Die Gleichung $u' + \tan(t)u = 7\sin(2t)$ ist linear mit $a(t) = \tan(t)$, $b(t) = 7\sin(2t)$ und $A(t) = -\ln|\cos(t)|$. Die gesuchte Funktion ist daher gegeben durch: $u(t) = e^{\ln|\cos(t)|}\left[u(0) + \int_{0}^{t} dt'\, 7\sin(2t')e^{-\ln|\cos(t')|}\right]$ bzw. nach einer Integration: $u(t) = \cos(t)\left[u(0) + \int_{0}^{t} dt'\, 14\sin(t')\frac{\cos(t')}{\cos(t')}\right] = [u(0) + 14]\cos(t) - 14\cos^2(t)$. Wegen der Singularität in $a(t)$ bei $t = \pm\frac{\pi}{2}$ wurde hierbei $|t| < \frac{\pi}{2}$ angenommen.

31. Die Gleichung $t^2 = tu'' + u' = (tu')'$ kann ein erstes Mal integriert werden: $tu' = \frac{1}{3}t^3 + \alpha$ bzw. $u' = \frac{1}{3}t^2 + \frac{\alpha}{t}$ und dann ein zweites Mal: $u(t) = \frac{1}{9}t^3 + \alpha\ln|t| + \beta$.

32. Mit $v(t) \equiv \sin[u(t)]$ erhält man die lineare Gleichung: $u' \cos(u) + t \sin(u) = v' + tv = t$. Aus der Lösung von Gleichung 2. folgt nun: $v(t) = 1 + [v(0) - 1]e^{-\frac{1}{2}t^2}$ bzw. $u(t) = \arcsin(1 + \{\sin[u(0)] - 1\} e^{-\frac{1}{2}t^2})$.

33. Wiederum mit der Definition $v(t) \equiv \sin[u(t)]$ erhält man die lineare Gleichung: $v' + t\,v = e^{-\frac{1}{2}t^2} \frac{d}{dt}(v\,e^{\frac{1}{2}t^2}) = t^3$. Die Standardlösungsmethode ergibt die Lösung $v(t) = e^{-\frac{1}{2}t^2}\left[v(0) + \int_0^t dt'\, (t')^3\, e^{\frac{1}{2}(t')^2}\right] = e^{-\frac{1}{2}t^2}\left[v(0) + \int_0^{\frac{1}{2}t^2} dx\, 2x\, e^x\right] = e^{-\frac{1}{2}t^2}\left[v(0) + t^2\, e^{\frac{1}{2}t^2} - 2\int_0^{\frac{1}{2}t^2} dx\, e^x\right] = e^{-\frac{1}{2}t^2}\left[v(0) + t^2\, e^{\frac{1}{2}t^2} - 2(e^{\frac{1}{2}t^2} - 1)\right]$. Folglich ist die gesuchte Funktion: $u(t) = \arcsin(e^{-\frac{1}{2}t^2}\{\sin[u(0)] + 2\} + t^2 - 2)$.

34. Die Gleichung $u = -t(2u^2 + 1)u'$ kann durch Variablentrennung gelöst werden: $\int du\, (2u + \frac{1}{u}) = -\int dt\, \frac{1}{t}$ mit der Lösung $u^2 + \ln|u| = -\ln|t| + \alpha$ bzw. $|t| = \exp[\alpha - \ln|u| - u^2] = |u|^{-1}e^{\alpha-u^2}$. Daher gilt $u(1)t^{-1} = ue^{u^2-[u(1)]^2}$, womit $t(u)$ explizit bekannt ist.

35. Mit $v(t) \equiv [u(t)]^2$ erhält man die lineare Gleichung: $-t = tv' - v = t^2\left(\frac{v}{t}\right)'$ bzw. $(v/t)' = -\frac{1}{t} = -(\ln|t|)'$. Integration ergibt zunächst $v(t) = t\left[\alpha - \ln|t|\right] = t\left[\pm v(\pm 1) - \ln|t|\right]$ und dann $u(t) = \mathrm{sgn}[u(1)]\sqrt{v(t)} = \mathrm{sgn}[u(1)]\{t[u(1)]^2 - t\ln(t)\}^{\frac{1}{2}}$ für $t > 0$ und $u(t) = \mathrm{sgn}[u(-1)]\{-t\,[u(-1)]^2 - t\ln|t|\}^{1/2}$ für $t < 0$.

36. Aus $-2 = -\frac{2u'}{u^3} + (t+1)^{-1}\frac{2}{u^2}$ erhält man mit der Definition $v(t) = [u(t)]^{-2}$ eine lineare Gleichung: $-2 = v' + \frac{2}{t+1}v = (t+1)^{-2}\frac{d}{dt}\left[v(t+1)^2\right]$ bzw. $\left[v(t+1)^2\right]' = -2(t+1)^2$. Eine Integration ergibt $v(t+1)^2 = v(0) + \frac{2}{3} - \frac{2}{3}(t+1)^3$ bzw. $v(t) = \left[v(0) + \frac{2}{3}\right](t+1)^{-2} - \frac{2}{3}(t+1)$, sodass die gesuchte Funktion $u(t) = \mathrm{sgn}\,[u(0)]/\sqrt{v(t)}$ durch $u(t) = \mathrm{sgn}\,[u(0)](t+1)/\{[u(0)]^{-2} + \frac{2}{3} - \frac{2}{3}(t+1)^3\}^{1/2}$ gegeben ist.

37. Mit der Definition $v(t) \equiv u(t) + t$ erhält man die Gleichung $v^2(v' - 1) = a^2$ bzw. $v' = 1 + \frac{a^2}{v^2}$, die mit Hilfe einer Variablentrennung lösbar ist: $1 = \frac{v^2}{v^2+a^2}\,v' = \left(1 - \frac{a^2}{v^2+a^2}\right)v' = \frac{d}{dt}\left[v - a \cdot \arctan\left(\frac{v}{a}\right)\right]$. Eine Integration ergibt: $t - t_0 = (u + t) - a \cdot \arctan\left(\frac{u+t}{a}\right)$ bzw. $\frac{u+t_0}{a} = \arctan\left(\frac{u+t}{a}\right)$. Daher gilt $t(u) = a \cdot \tan\left(\frac{u+t_0}{a}\right) - u$ mit der Integrationskonstanten $t_0 = a \cdot \arctan\left[\frac{u(0)}{a}\right] - u(0)$.

38. Aus $u' = \pm\sqrt{t^2 + 2t + 4}$ folgt sofort $u(t) = u(0) \pm \int_0^t dt'\, \sqrt{(t'+1)^2 + 3}$ durch Integration, wobei das Integral wie folgt berechnet wird: $\int_0^t dt'\, \sqrt{(t'+1)^2 + 3} = \int_1^{t+1} dx\, \sqrt{x^2 + 3} = 3\int_{1/\sqrt{3}}^{(t+1)/\sqrt{3}} dy\, \sqrt{y^2 + 1} = \frac{3}{2}\left[\mathrm{arsinh}(y) + y\sqrt{y^2 + 1}\right]\Big|_{1/\sqrt{3}}^{(t+1)/\sqrt{3}}$.

39. Die Gleichung $u = tu' - (u')^2 = -(u' - \frac{1}{2}t)^2 + \frac{1}{4}t^2$ kann mit Hilfe der Definition $v(t) \equiv u(t) - \frac{1}{4}t^2$ auf die einfachere Form $v = -(v')^2$ bzw. $v' = \pm\sqrt{-v}$ gebracht werden. Variablentrennung ergibt $-\frac{v'}{2\sqrt{-v}} = \frac{d}{dt}\sqrt{-v} = \mp\frac{1}{2}$ bzw. $\sqrt{-v} = \sqrt{-v(0)} \mp \frac{1}{2}t$. Durch Quadrieren erhält man die Gleichung $-v = \frac{1}{4}t^2 - u = \left(\sqrt{-u(0)} \mp \frac{1}{2}t\right)^2 = -u(0) + \frac{1}{4}t^2 \mp t\sqrt{-u(0)}$. Für die gesuchte Funktion u bedeutet dies $u(t) = u(0) \pm t\sqrt{-u(0)}$ mit $u(0) \le 0$.

40. Aus der Gleichung $u^2 = (u')^2 - 2tu' + t^2 = (u' - t)^2$ folgt die *lineare* Gleichung $u' - t = \pm u$. Für das $(+)$-Zeichen entsteht die Gleichung $t = u' - u = e^t(ue^{-t})'$ mit der Lösung $ue^{-t} = u(0) + \int_0^t dt'\, t'\, e^{-t'} = u(0) - t\, e^{-t} + \int_0^t dt'\, e^{-t'} = u(0) - t\, e^{-t} + 1 - e^{-t}$ bzw. $u(t) = [u(0) + 1]e^t - (t + 1)$. Für das $(-)$-Zeichen erhält man analog: $t = u' + u = e^{-t}(u\, e^t)'$ mit der Lösung $u(t) = [u(0) + 1]e^{-t} + t - 1$.

41. Die Gleichung $u' + 3u = e^{-t}$ ist linear mit $a(t) = 3$, $b(t) = e^{-t}$ und $A(t) = $

$3t$. Die Lösung lautet $u(t) = e^{-3t}\left[u(0) + \int_0^t dt'\, e^{2t'}\right] = e^{-3t}\left[u(0) + \frac{1}{2}e^{2t} - \frac{1}{2}\right] = \left[u(0) - \frac{1}{2}\right]e^{-3t} + \frac{1}{2}e^{-t}$.

42. Ausgehend von der Definition $\bar{u}(t) \equiv u(t) - 1$ erhält man die lineare Gleichung $0 = \bar{u}' + t^2\bar{u} = e^{-\frac{1}{3}t^3}\left(\bar{u}e^{\frac{1}{3}t^3}\right)'$ mit der Lösung $\bar{u}(t) = \bar{u}(0)e^{-\frac{1}{3}t^3}$ bzw. $u(t) = 1 + [u(0) - 1]e^{-\frac{1}{3}t^3}$.

43. Analog zu 30 erhält man $u(t) = |\cos(t)|\left[u(0) + \int_0^t dt'\, \frac{\sin(t')}{|\cos(t')|}\right]$ und daher für $|t| < \frac{\pi}{2}$: $u(t) = u(0)\cos(t) + \cos(t)\int_0^t dt'\, \tan(t') = u(0)\cos(t) - \cos(t)\ln[\cos(t)]$.

44. Mit der Definition $v(t) \equiv [u(t)]^{-3}$ erhält man die lineare Gleichung: $-2e^t = v' - 3v = e^{3t}(v\,e^{-3t})'$. Eine Integration ergibt: $v\,e^{-3t} = v(0) - 2\int_0^t dt'\, e^{-2t'} = v(0) + e^{-2t} - 1$ bzw. $v(t) = [v(0) - 1]e^{3t} + e^t$ und daher für die gesuchte Funktion: $u(t) = [v(t)]^{-1/3} = \left\{\left[u(0)^{-3} - 1\right]e^{3t} + e^t\right\}^{-1/3}$.

45. Mit der Definition $v(t) \equiv e^{-3u(t)}$ erhält man die lineare Gleichung $-3t = -3e^{-3u}u' + 3e^{-3u} = v' + 3v = e^{-3t}(v\,e^{3t})'$. Eine Integration ergibt als Lösung $v\,e^{3t} = v(0) - 3\int_0^t dt'\, t'\,e^{3t'} = v(0) - t\,e^{3t} + \int_0^t dt'\, e^{3t'} = v(0) - t\,e^{3t} + \frac{1}{3}\left(e^{3t} - 1\right)$ bzw. $v(t) = \left[v(0) - \frac{1}{3}\right]e^{-3t} + \frac{1}{3} - t$. Daher folgt die gesuchte Funktion als: $u(t) = -\frac{1}{3}\ln[v(t)] = -\frac{1}{3}\ln\left\{\left[e^{-3u(0)} - \frac{1}{3}\right]e^{-3t} + \frac{1}{3} - t\right\}$.

46. Mit der Definition $v(t) \equiv [u(t)]^2$ erhält man die lineare Gleichung: $2t = 2uu' - u^2 = v' - v = e^t(v\,e^{-t})'$ mit der Lösung $ve^{-t} = v(0) + 2\int_0^t dt'\, t'\,e^{-t'} = v(0) - 2t\,e^{-t} + 2\int_0^t dt'\, e^{-t'} = v(0) - 2t\,e^{-t} + 2(1 - e^{-t})$ bzw. $v(t) = [v(0) + 2]e^t - 2(t + 1)$. Daher erhält man für die gesuchte Funktion: $u(t) = \text{sgn}\,[u(0)]\,\sqrt{v(t)} = \text{sgn}\,[u(0)]\left\{\left[u(0)^2 + 2\right]e^t - 2(t + 1)\right\}^{1/2}$.

47. Aus der linearen Gleichung $\frac{1}{t^2} = u' - \frac{1}{t^2}u = e^{-1/t}\left(u\,e^{1/t}\right)'$ folgt sofort durch Integration: $u\,e^{1/t} = \int dt\, \frac{1}{t^2}e^{1/t} = \alpha - e^{1/t}$ bzw. $u(t) = \alpha\,e^{-1/t} - 1$ mit der Integrationskonstanten $\alpha = e[u(1) + 1]$.

48. Die lineare Gleichung $2t^2 = u'' - \frac{1}{t}u' = t\left(\frac{u'}{t}\right)'$ bzw. $\left(\frac{u'}{t}\right)' = 2t = (t^2)'$ kann ein erstes Mal integriert werden: $\frac{u'}{t} = t^2 + \alpha$ bzw. $u' = t^3 + \alpha t$ und dann ein zweites Mal mit dem Ergebnis: $u(t) = \frac{1}{4}t^4 + \frac{1}{2}\alpha t^2 + \beta$.

Lösung 7.7 Vergangenheit, Gegenwart oder Zukunft?

Wir lösen die allgemeinere Gleichung $\frac{du}{dt}(t) - u\,(\lambda t) = 0$ mit der Anfangsbedingung $u(0) = u_0 \in \mathbb{R}$, da der Spezialfall $\lambda = \frac{1}{2}$ darin enthalten ist. Einsetzen des Potenzreihenansatzes $u(t) = \sum_{n=0}^{\infty} u_n t^n$ zeigt, dass die Summe

$$\frac{du}{dt}(t) - u\,(\lambda t) = \sum_{n=1}^{\infty} n u_n t^{n-1} - \sum_{n=0}^{\infty} u_n(\lambda t)^n = \sum_{n=0}^{\infty} \left[(n+1)u_{n+1} - \lambda^n u_n\right] t^n$$

für alle $t \in \mathbb{R}$ null sein muss. Dies kann aber nur dann der Fall sein, wenn die Rekursionsbedingung $(n+1)u_{n+1} = \lambda^n u_n$ bzw. $n u_n = \lambda^{n-1} u_{n-1}$ für alle $n \in \mathbb{N}$ erfüllt ist. Mit Hilfe der Identität (1.6) schließen wir daraus:

$$u_n = \frac{\lambda^{n-1}}{n} u_{n-1} = \cdots = \frac{\lambda^{(n-1)+(n-2)+\cdots+1}}{n \cdot (n-1) \cdots 2 \cdot 1} u_0 = \frac{\lambda^{\frac{1}{2}n(n-1)}}{n!} u_0\,.$$

Die Funktion $u(t)$ ist also – falls die Reihe konvergiert – durch

$$u(t) = u_0 \sum_{n=0}^{\infty} \frac{\lambda^{\frac{1}{2}n(n-1)} t^n}{n!}$$

gegeben. Für den Spezialfall $u_0 = 0$ folgt $u(t) = 0$ für alle $\lambda \geq 0$. Für $u_0 \neq 0$ und $\lambda = 0$ folgt $u(t) = u_0(1+t)$. Für $\lambda = 1$ gilt $u(t) = u_0 e^t$. Für $u_0 \neq 0$ und $\lambda > 0$ kann man die Konvergenz der Reihe z.B. mit dem *Quotientenkriterium* überprüfen; die Bedingung $u_{n+1}t^{n+1}/(u_n t^n) < 1$ für $n \to \infty$ bedeutet konkret:

$$\lim_{n\to\infty} \frac{u_{n+1}t^{n+1}}{u_n t^n} = \lim_{n\to\infty} \frac{\lambda^{\frac{1}{2}[n(n+1)-n(n-1)]} n! t}{(n+1)!} = \lim_{n\to\infty} \frac{\lambda^n t}{n+1} < 1 \, ,$$

und dieses Kriterium ist für alle $t \in \mathbb{R}$ erfüllt für $0 < \lambda \leq 1$ (speziell also für $\lambda = \frac{1}{2}$), aber *nicht* für $\lambda > 1$. Folglich existieren Lösungen für Gleichungen, die Information (Funktionswerte) aus der „Gegenwart" oder aus der „Vergangenheit" enthalten, aber nicht für Information aus der „Zukunft".

Lösung 7.8 Ein Stier sieht rot

Diese Aufgabe ist anspruchsvoll, aber außerordentlich instruktiv, da man verschiedene Lösungsmethoden (homogene Gleichungen, mehrmals Variablentrennung, Lösung durch Parametrisierung) anwenden und Begriffe wie „dimensionslose Koordinaten" und „Relativkoordinaten" üben kann.

Wir wählen kartesische Koordinaten mit dem Ursprung in A und den x- und y-Achsen in AB- bzw. AD-Richtung. Die Koordinaten des Wanderers sind $\mathbf{x}_\mathrm{w} = (x_\mathrm{w}, y_\mathrm{w})$, diejenige des Stiers $\mathbf{x}_\mathrm{s} = (x_\mathrm{s}, y_\mathrm{s})$, und die *Relativ*koordinaten von Wanderer und Stier sind durch $\mathbf{x}_\mathrm{r} = (x_\mathrm{r}, y_\mathrm{r})$ mit $x_\mathrm{r} = x_\mathrm{w} - x_\mathrm{s}$ und $y_\mathrm{r} = y_\mathrm{w} - y_\mathrm{s}$ gegeben. Ihre Geschwindigkeiten sind:

$$|\dot{\mathbf{x}}_\mathrm{w}| = \dot{y}_\mathrm{w} = v(t) > 0 \quad , \quad |\dot{\mathbf{x}}_\mathrm{s}| = \sqrt{\dot{x}_\mathrm{s}^2 + \dot{y}_\mathrm{s}^2} = \lambda v(t) \, , \tag{A.1}$$

sodass die Ortskoordinate y_w des Wanderers durch $y_\mathrm{w} = \int_0^t dt' \, v(t')$ gegeben ist. Die Geschwindigkeit des Stiers ist stets auf den Wanderer gerichtet:

$$\frac{\dot{y}_\mathrm{s}}{\dot{x}_\mathrm{s}} = \frac{y_\mathrm{w} - y_\mathrm{s}}{x_\mathrm{w} - x_\mathrm{s}} \, . \tag{A.2}$$

Das Problem kann vereinfacht werden, indem wir dimensionslose Relativkoordinaten einführen: $\mathbf{x}(\tau) = (x(\tau), y(\tau)) \equiv \mathbf{x}_\mathrm{r}/b$ sowie eine dimensionslose Zeit: $\tau \equiv x_\mathrm{w}/b = b^{-1} \int_0^t dt' \, v(t')$ mit $d\tau = b^{-1}v(t)dt$. Setzen wir nun

$$\dot{y}_\mathrm{s} = \dot{y}_\mathrm{w} - \dot{y}_\mathrm{r} = v(t) - b\dot{y} = v(t) - b\frac{d\tau}{dt}\frac{dy}{d\tau} = v(t)\left(1 - \frac{dy}{d\tau}\right)$$

$$\dot{x}_\mathrm{s} = \dot{x}_\mathrm{w} - \dot{x}_\mathrm{r} = -b\dot{x} = -b\frac{d\tau}{dt}\frac{dx}{d\tau} = -v(t)\frac{dx}{d\tau} \, .$$

in die Gleichungen (A.1) und (A.2) ein, so folgt:

$$\sqrt{\left(1 - \frac{dy}{d\tau}\right)^2 + \left(\frac{dx}{d\tau}\right)^2} = \lambda \quad , \quad \frac{-\frac{dx}{d\tau}}{1 - \frac{dy}{d\tau}} = \frac{x}{y}$$

mit der Anfangsbedingung $x(0) = 1$ und $y(0) = 0$. Man kann diese beiden Gleichungen nun nach $\frac{dx}{d\tau}$ und $\frac{dy}{d\tau}$ auflösen:

$$\frac{dx}{d\tau} = -\frac{\lambda x}{\sqrt{x^2 + y^2}} \quad , \quad \frac{dy}{d\tau} = 1 - \frac{\lambda y}{\sqrt{x^2 + y^2}} \ .$$

Dividiert man die zweite durch die erste Gleichung, erhält man eine *homogene* Differentialgleichung für $y(x)$:

$$\frac{dy}{dx} = -\frac{\sqrt{x^2 + y^2} - \lambda y}{\lambda x} \quad ; \quad x(0) = 1 \quad , \quad y(0) = 0 \ ,$$

die mit den Methoden von Abschnitt [7.3.4] gelöst werden kann. Wir definieren $z \equiv y/x$ und erhalten die Gleichung $xz' = -\lambda^{-1}\sqrt{1 + z^2}$, die mit Hilfe von *Variablentrennung* gelöst werden kann:

$$\lambda \ln\left(z + \sqrt{1 + z^2}\right) = \ln\left(x^{-1}\right) \quad \text{und somit} \quad x = \eta^{-\lambda} \ , \quad \eta \equiv z + \sqrt{1 + z^2} \ .$$

Es folgt $z = (\eta^2 - 1)/2\eta$ und daher $y = xz = (\eta^2 - 1)/2\eta^{1+\lambda}$. An dieser Stelle sieht man, dass die Lösung durch *Parametrisierung* mit η bestimmt werden kann. Es liegt also ein weiteres Beispiel der Methode von Abschnitt [7.3.9] vor. Außerdem folgt $\sqrt{1 + z^2} = \eta - z = (\eta^2 + 1)/2\eta$ und daher

$$-\lambda\eta^{-(1+\lambda)}\frac{d\eta}{d\tau} = \frac{d\eta^{-\lambda}}{d\tau} = \frac{dx}{d\tau} = -\frac{\lambda}{\sqrt{1 + z^2}} = -\frac{2\lambda\eta}{\eta^2 + 1} \quad , \quad \frac{d\eta}{d\tau} = \frac{2\eta^{2+\lambda}}{\eta^2 + 1} \ .$$

Auch die rechte dieser beider Gleichungen kann mit Hilfe von *Variablentrennung* gelöst werden. Das Ergebnis ist:

$$\tau = \frac{1}{2(1 + \lambda)}\left[1 - \eta^{-(1+\lambda)}\right] + \frac{1}{2(\lambda - 1)}\left[1 - \eta^{-(\lambda-1)}\right] \ ,$$

und wir stellen fest, dass auch die dimensionslose Zeit τ durch η parametrisiert werden kann. Bei der Integration wurde die Anfangsbedingung $x(0) = 1$ und $y(0) = 0$ (und daher: $z = 0$ bzw. $\eta = 1$) verwendet. Falls die Wiese nicht begrenzt wäre, würde der Stier den Wanderer „treffen" für $x \downarrow 0$ bzw. $z \to \infty$ bzw. $\eta \to \infty$ bzw. $\tau = \lambda/(\lambda^2 - 1)$. Hieraus folgt der entsprechende Aufenthaltsort des Wanderers als $y_{\mathrm{w}} = b\tau = b\lambda/(\lambda^2 - 1)$. Das Kriterium dafür, dass der Wanderer heil über die Wiese kommt, ist somit $y_{\mathrm{w}} \geq a$ für $\eta = \infty$. Die gesuchte Antwort ist daher $a/b \leq \lambda/(\lambda^2 - 1)$.

Lösung 7.9 Spezialfälle der Kummer-Funktion

Die Kummer-Funktion $M(a, b, x)$ in (7.66) ist allgemein und auch speziell für $b = 1$ gegeben durch

$$M(a, b, x) = \sum_{n=0}^{\infty} \frac{(a)_n x^n}{n!(b)_n} \quad , \quad M(a, 1, x) = \sum_{n=0}^{\infty} \frac{(a)_n x^n}{(n!)^2} = \sum_{n=0}^{\infty} \frac{\Gamma(a + n)x^n}{(n!)^2\Gamma(a)} \ .$$

Wegen $e^x = \sum_{n=0}^{\infty} x^n/n!$ erhält man für $b=1$ mit $a=2$:

$$M(2,1,x) = \sum_{n=0}^{\infty} \frac{\Gamma(2+n)x^n}{(n!)^2\Gamma(2)} = \sum_{n=0}^{\infty} \frac{(1+n)x^n}{n!} = e^x + \sum_{n=1}^{\infty} \frac{x^n}{(n-1)!}$$

$$= e^x + \sum_{n=0}^{\infty} \frac{x^{n+1}}{n!} = (1+x)\,e^x$$

bzw. mit $a=3$:

$$M(3,1,x) = \sum_{n=0}^{\infty} \frac{\Gamma(3+n)x^n}{(n!)^2\Gamma(3)} = \frac{1}{2}\sum_{n=0}^{\infty} \frac{(1+n)(2+n)x^n}{n!}$$

$$= \frac{1}{2}\sum_{n=0}^{\infty} \frac{[2+4n+n(n-1)]x^n}{n!}$$

$$= e^x + 2\sum_{n=1}^{\infty} \frac{x^n}{(n-1)!} + \frac{1}{2}\sum_{n=2}^{\infty} \frac{x^n}{(n-2)!}$$

$$= e^x + 2\sum_{n=0}^{\infty} \frac{x^{n+1}}{n!} + \frac{1}{2}\sum_{n=0}^{\infty} \frac{x^{n+2}}{n!} = \left(1+2x+\tfrac{1}{2}x^2\right)e^x\ .$$

Wir betrachten die beiden anderen Identitäten. Für $M(1,2,2x)$ erhält man

$$M(1,2,2x) = \sum_{n=0}^{\infty} \frac{(1)_n(2x)^n}{n!(2)_n} = \sum_{n=0}^{\infty} \frac{\Gamma(1+n)\Gamma(2)(2x)^n}{n!\Gamma(1)\Gamma(2+n)} = \sum_{n=0}^{\infty} \frac{(2x)^n}{(n+1)!}$$

$$= \frac{1}{2x}\left[\sum_{n=0}^{\infty} \frac{(2x)^n}{n!} - 1\right] = \frac{1}{2x}\left(e^{2x}-1\right) = \frac{e^x}{x}\sinh(x)\ ,$$

und für $M\left(\tfrac{1}{2},\tfrac{3}{2},-x^2\right)$ erhält man zunächst:

$$M\left(\tfrac{1}{2},\tfrac{3}{2},-x^2\right) = \sum_{n=0}^{\infty} \frac{\Gamma\left(\tfrac{1}{2}+n\right)\Gamma\left(\tfrac{3}{2}\right)\left(-x^2\right)^n}{n!\Gamma\left(\tfrac{1}{2}\right)\Gamma\left(\tfrac{3}{2}+n\right)} = \sum_{n=0}^{\infty} \frac{\tfrac{1}{2}\left(-x^2\right)^n}{n!\left(\tfrac{1}{2}+n\right)}$$

und daher:

$$\frac{\sqrt{\pi}}{2x}\mathrm{erf}(x) = \frac{1}{x}\int_0^x dt\, e^{-t^2} = \frac{1}{x}\int_0^x dt\, \sum_{n=0}^{\infty} \frac{(-t^2)^n}{n!} = \frac{1}{x}\sum_{n=0}^{\infty} \frac{(-1)^n x^{2n+1}}{n!(2n+1)}$$

$$= \sum_{n=0}^{\infty} \frac{(-1)^n x^{2n}}{n!(2n+1)} \overset{!}{=} M\left(\tfrac{1}{2},\tfrac{3}{2},-x^2\right)\ .$$

Lösung 7.10 Hypergeometrische Funktion am Konvergenzradius

Wir betrachten das Verhalten der hypergeometrischen Funktion $v(x) = F(a,b\,;c\,;x)$ in (7.70):

$$F(a,b\,;c\,;x) = \sum_{n=0}^{\infty} v_n x^n \quad,\quad v_n = \frac{(a)_n(b)_n}{n!(c)_n}$$

nahe dem Konvergenzradius $x = 1$, wobei das „Pochhammer-Symbol" $(a)_n$ [s. z.B. Gleichung (7.65)] definiert ist durch:

$$(a)_n \equiv (a + n - 1)(a + n - 2) \cdots (a + 1)a = \frac{\Gamma(a + n)}{\Gamma(a)} \quad , \quad (a)_0 \equiv 1 \, .$$

Konkret möchte man also bestimmen, ob die Reihe $\sum_{n=0}^{\infty} v_n$ mit

$$v_n = \frac{(a)_n(b)_n}{n!(c)_n} = \frac{\Gamma(c)}{\Gamma(a)\Gamma(b)} \bar{v}_n \quad , \quad \bar{v}_n \equiv \frac{\Gamma(a + n)\Gamma(b + n)}{n!\Gamma(c + n)}$$

konvergiert oder divergiert. Da $\bar{v}_n$ die komplette n-Abhängigkeit von v_n enthält, ist dies gleichbedeutend damit, zu bestimmen, ob die Reihe $\sum_{n=0}^{\infty} \bar{v}_n$ konvergiert oder divergiert. Zu diesem Zweck verwenden wir Stirlings Formel in der Form $n! \sim n^{n+\frac{1}{2}} e^{-n} \sqrt{2\pi}$ für $n \to \infty$ bzw. $\Gamma(z) \sim z^{z-\frac{1}{2}} e^{-z} \sqrt{2\pi}$ für $z \to \infty$. Es folgt:

$$\bar{v}_n \sim \frac{\left[(a + n)^{a+n-\frac{1}{2}} e^{-(a+n)}\right] \left[(b + n)^{b+n-\frac{1}{2}} e^{-(b+n)}\right]}{n^{n+\frac{1}{2}} e^{-n} \left[(c + n)^{c+n-\frac{1}{2}} e^{-(c+n)}\right]}$$

$$\sim e^{c-a-b} n^{(a+n-\frac{1}{2})+(b+n-\frac{1}{2})-(n+\frac{1}{2})-(c+n-\frac{1}{2})} \frac{\left(1 + \frac{a}{n}\right)^{a+n-\frac{1}{2}} \left(1 + \frac{b}{n}\right)^{b+n-\frac{1}{2}}}{\left(1 + \frac{c}{n}\right)^{c+n-\frac{1}{2}}}$$

$$\sim e^{c-a-b} n^{a+b-c-1} e^{a+b-c} \sim n^{a+b-c-1} \quad (n \to \infty) \, .$$

Da $\sum_{n=1}^{\infty} n^{\alpha}$ dann und nur dann konvergiert, wenn $\alpha < -1$ gilt, folgt, dass $\sum_{n=0}^{\infty} \bar{v}_n$ und somit auch die hypergeometrische Funktion $F(a, b \,; c \,; x)$ am Konvergenzradius dann und nur dann konvergieren, wenn $a + b - c < 0$ gilt.

Lösung 7.11 Spezialfälle der hypergeometrischen Funktion

Die allgemeine Definition der hypergeometrischen Funktion lautet:

$$F(a, b \,; c \,; x) = \sum_{n=0}^{\infty} \frac{(a)_n(b)_n}{n!(c)_n} x^n \quad , \quad (a)_n = \frac{\Gamma(a + n)}{\Gamma(a)} \quad , \quad (a)_0 = 1 \, ,$$

wobei das Pochhammer-Symbol z.B. die Eigenschaften $(1)_n = n!$ und $(2)_n = (n+1)!$ hat. Deshalb folgt Gleichung (7.73) direkt aus:

$$F(1, 1; 2; x) = \sum_{n=0}^{\infty} \frac{(1)_n(1)_n x^n}{n!(2)_n} = \sum_{n=0}^{\infty} \frac{x^n}{n + 1} = \frac{1}{x} \sum_{n=1}^{\infty} \frac{x^n}{n}$$

$$= -\frac{1}{x} \sum_{n=1}^{\infty} \frac{(-1)^{n-1}(-x)^n}{n} = -\frac{1}{x} \ln(1 - x) \, ,$$

wobei im letzten Schritt die Taylor-Reihe $\ln(1 + y) = \sum_{n=1}^{\infty} (-1)^{n-1} y^n / n$ des Logarithmus verwendet wurde. Zum Nachweis der Richtigkeit von Gleichung (7.74) verwenden wir die Taylor-Reihe $\arctan(x) = \sum_{n=0}^{\infty}(-1)^n x^{2n+1}/(2n+1)$ des Arcustangens:

$$
F\left(\tfrac{1}{2}, 1; \tfrac{3}{2}; -x^2\right) = \sum_{n=0}^{\infty} \frac{\left(\tfrac{1}{2}\right)_n (1)_n \left(-x^2\right)^n}{n!\left(\tfrac{3}{2}\right)_n} = \sum_{n=0}^{\infty} \frac{\Gamma\left(\tfrac{1}{2}+n\right)\Gamma\left(\tfrac{3}{2}\right)\left(-x^2\right)^n}{\Gamma\left(\tfrac{1}{2}\right)\Gamma\left(\tfrac{3}{2}+n\right)}
$$

$$
= \sum_{n=0}^{\infty} \frac{\tfrac{1}{2}\left(-x^2\right)^n}{\tfrac{1}{2}+n} = \frac{1}{x}\sum_{n=0}^{\infty} \frac{(-1)^n x^{2n+1}}{2n+1} = \frac{1}{x}\arctan(x)\,.
$$

Um die Richtigkeit der Gleichung (7.75) zu überprüfen, berechnen wir zuerst die *linke* Seite mit Hilfe von $\left(\tfrac{3}{2}\right)_n / \left(\tfrac{1}{2}\right)_n = 2n+1$:

$$
F\left(\tfrac{1}{2}, \tfrac{1}{2}; \tfrac{3}{2}; -x^2\right) = \sum_{n=0}^{\infty} \frac{\left(\tfrac{1}{2}\right)_n \left(\tfrac{1}{2}\right)_n \left(-x^2\right)^n}{n!\left(\tfrac{3}{2}\right)_n} = \sum_{n=0}^{\infty} \frac{\left(\tfrac{1}{2}\right)_n \left(-x^2\right)^n}{n!\,(2n+1)}\,.
$$

Für die Berechnung der *rechten* Seite von (7.75) verwenden wir zuerst die Taylor-Reihe $(1+y)^\alpha = \sum_{n=0}^{\infty}\binom{\alpha}{n} y^n$ des verallgemeinerten binomischen Satzes:

$$
\frac{d}{dx}\ln\left[x+\sqrt{1+x^2}\right] = \frac{1}{\sqrt{1+x^2}} = \left(1+x^2\right)^{-1/2} = \sum_{n=0}^{\infty}\binom{-\tfrac{1}{2}}{n} x^{2n}\,,
$$

Durch Integration dieser Gleichung ergibt sich dann:

$$
\frac{1}{x}\ln\left[x+\sqrt{1+x^2}\right] = \frac{1}{x}\int_0^x dt \sum_{n=0}^{\infty}\binom{-\tfrac{1}{2}}{n} t^{2n} = \frac{1}{x}\sum_{n=0}^{\infty}\binom{-\tfrac{1}{2}}{n}\frac{x^{2n+1}}{2n+1}
$$

$$
= \sum_{n=0}^{\infty} \frac{\Gamma\left(\tfrac{1}{2}\right) x^{2n}}{n!\,\Gamma\left(\tfrac{1}{2}-n\right)(2n+1)} \overset{!}{=} \sum_{n=0}^{\infty} \frac{\left(\tfrac{1}{2}\right)_n \left(-x^2\right)^n}{n!\,(2n+1)}\,,
$$

wobei im letzten Schritt:

$$
\frac{\Gamma\left(\tfrac{1}{2}\right)}{\Gamma\left(\tfrac{1}{2}-n\right)} = \left(-\tfrac{1}{2}\right)\left(-\tfrac{3}{2}\right)\cdots\left(\tfrac{1}{2}-n\right) = (-1)^n \frac{\Gamma\left(n+\tfrac{1}{2}\right)}{\Gamma\left(\tfrac{1}{2}\right)} = (-1)^n \left(\tfrac{1}{2}\right)_n
$$

verwendet wurde. Der Vergleich der Ergebnisse für die linke und die rechte Seite von Gleichung (7.75) zeigt nun, dass diese beiden Seiten identisch sind.

Zur Überprüfung von Gleichung (7.72) für das grafische Beispiel in Abb. 7.23 betrachten wir zuerst die *linke* Seite:

$$
F\left(a, \tfrac{1}{2}+a; \tfrac{3}{2}; x^2\right) = \sum_{n=0}^{\infty} \frac{(a)_n \left(\tfrac{1}{2}+a\right)_n x^{2n}}{n!\left(\tfrac{3}{2}\right)_n} = \sum_{n=0}^{\infty} \frac{2^{2n}(a)_n \left(\tfrac{1}{2}+a\right)_n x^{2n}}{2^{2n} n!\left(\tfrac{3}{2}\right)_n}\,.
$$

Wir ersetzen nun im Zähler den Faktor $2^{2n}(a)_n \left(\tfrac{1}{2}+a\right)_n$ durch:

$$
\left[2a \cdot 2(a+1)\cdots 2(a+n-1)\right]\left[2\left(a+\tfrac{1}{2}\right)\cdot 2\left(a+\tfrac{3}{2}\right)\cdots 2\left(a+n-\tfrac{1}{2}\right)\right]
$$

$$
= (-2a)(-2a-1)\cdots(1-2a-2n) = \frac{\Gamma(1-2a)}{\Gamma(1-2a-2n)}
$$

und im Nenner den Faktor $2^{2n} n! \left(\frac{3}{2}\right)_n$ durch:

$$2^{2n} (1 \cdot 2 \cdots n) \left[\tfrac{3}{2} \cdot \left(\tfrac{3}{2}+1\right) \cdots \left(\tfrac{3}{2}+n-1\right)\right] = 2 \cdot 3 \cdots (2n+1) = (2n+1)!$$

und erhalten somit insgesamt für die *linke* Seite:

$$F\left(a, \tfrac{1}{2}+a\,;\tfrac{3}{2}\,;x^2\right) = \sum_{n=0}^{\infty} \frac{\Gamma\left(1-2a\right) x^{2n}}{(2n+1)!\,\Gamma\left(1-2a-2n\right)} \,.$$

Zur Berechnung der *rechten* Seite von Gleichung (7.72) verwenden wir wieder die Taylor-Reihe $(1+y)^\alpha = \sum_{n=0}^{\infty} \binom{\alpha}{n} y^n$ des verallgemeinerten binomischen Satzes:

$$\frac{(1+x)^{1-2a} - (1-x)^{1-2a}}{2x(1-2a)} = \frac{1}{2x(1-2a)} \sum_{n=0}^{\infty} \binom{1-2a}{n} \left[x^n - (-x)^n\right]$$

$$= \frac{1}{1-2a} \sum_{n=0}^{\infty} \binom{1-2a}{2n+1} x^{2n} = \sum_{n=0}^{\infty} \frac{\Gamma\left(2-2a\right) x^{2n}/(1-2a)}{(2n+1)!\,\Gamma\left(1-2a-2n\right)} \,.$$

Wenn man noch $\Gamma\left(2-2a\right)/(1-2a) = \Gamma\left(1-2a\right)$ verwendet, zeigt der Vergleich der Ergebnisse, dass die linke und die rechte Seite von Gleichung (7.72) identisch sind. Hiermit ist die Identität (7.72) nachgewiesen.

A.8   Wahrscheinlichkeitsrechnung

Lösung 8.1 Das Ziegenproblem
Wir bezeichnen das vom Kandidaten ausgewählte Tor als „Tor A" und die anderen 99 Tore als „Tor B_1", „Tor B_2" und so weiter bis „Tor B_{99}". Es gibt nun 100 a priori gleich wahrscheinliche Ereignisse, nämlich:

1. Das Auto befindet sich hinter Tor A. Der Präsentator öffnet dann 98 der 99 Tore B_1 bis B_{99}.

2. bis 100. Das Auto befindet sich hinter Tor B_i mit $i \in \{1,2,\cdots,99\}$. Der Präsentator öffnet dann alle 98 Tore B_j mit $j \neq i$.

Bei der Strategie „Wechseln" sind 99 der 100 Ereignisse günstig, denn bei sämtlichen Ereignissen „Auto hinter Tor B_i" (mit $i \in \{1,2,\cdots,99\}$) würde der Kandidat das Auto erhalten. Nach Gleichung (8.5) ist die Erfolgschance somit $\frac{99}{100}$. Bei der Strategie „Nichtwechseln" ist nur *eines* der 100 Ereignisse günstig, denn nur im Falle des Ereignisses „Auto hinter Tor A" erhält der Kandidat das Auto. Nach Gleichung (8.5) ist die Erfolgschance beim Nichtwechseln also lediglich $\frac{1}{100}$. Der Kandidat sollte also unbedingt wechseln, wenn er seine Chance auf einen Autogewinn maximieren möchte.

Lösung 8.2 Das Werfen mehrerer Würfel
Analog zur Herleitung von Gleichung (8.6) kann auch die Wahrscheinlichkeit p_{17} mit Hilfe eines einfachen kombinatorischen Argumentes berechnet werden:

$$p_{17} = \binom{100}{17} \left(\frac{1}{6}\right)^{17} \left(\frac{5}{6}\right)^{83} \simeq 0{,}10578 \,,$$

denn es gibt $\binom{100}{17}$ verschiedene Weisen, vor dem Wurf eine Gruppe von 17 Würfeln auszuwählen, und die Wahrscheinlichkeit dafür, dass man mit jedem der 17 ausgewählten Würfel tatsächlich eine Fünf wirft und mit allen anderen Würfeln nicht, ist gleich $\left(\frac{1}{6}\right)^{17}\left(\frac{5}{6}\right)^{83}$. Es ist im Voraus klar, dass p_{17} größer als p_{23} ist, da beim Werfen vieler Würfeln etwa jeder sechste Würfel eine Fünf zeigen wird, und 17 ist deutlich näher an $\frac{100}{6} = 16\frac{2}{3}$ als 23.

Lösung 8.3 Die charakteristische Funktion der Gasverteilung

Die Wahrscheinlichkeitsverteilung eines einzelnen Teilchens ($N = 1$) ist $q_m = (1 - p)\delta_{m0} + p\delta_{m1}$, hier mit $p = \frac{3}{4}$, und die entsprechende charakteristische Funktion ist $q(x) = 1 + \frac{3}{4}(e^x - 1)$. Aus der allgemeinen Formulierung des Zentralen Grenzwertsatzes wissen wir, dass $\langle e^{(m-\mu)\frac{x}{\sigma}} \rangle = e^{-\mu\frac{x}{\sigma}} \left[q\left(\frac{x}{\sigma}\right)\right]^N$ gilt, woraus $\ln\langle e^{(m-\mu)\frac{x}{\sigma}} \rangle = -\mu\frac{x}{\sigma} + N\ln\left[q\left(\frac{x}{\sigma}\right)\right]$ folgt, hier mit $\mu = Np = \frac{3}{4}N$ und $\sigma = \sqrt{Np(1-p)} = \frac{1}{4}\sqrt{3N}$. Es folgt mit einer Taylor-Entwicklung bis $\mathcal{O}(x^3)$ und mit Hilfe von $e^y = 1 + y + \frac{1}{2}y^2 + \frac{1}{6}y^3 + \cdots$ sowie $\ln(1 + z) = z - \frac{1}{2}z^2 + \frac{1}{3}z^3 + \cdots$:

$$\ln\langle e^{(m-\mu)\frac{x}{\sigma}} \rangle = -x\sqrt{3N} + N\ln\left[1 + \frac{3}{4}(e^{4x/\sqrt{3N}} - 1)\right]$$

$$= -x\sqrt{3N} + N\ln\left\{1 + \frac{3}{4}\left[\frac{4x}{\sqrt{3N}} + \frac{1}{2}\left(\frac{4x}{\sqrt{3N}}\right)^2 + \frac{1}{6}\left(\frac{4x}{\sqrt{3N}}\right)^3 + \cdots\right]\right\}$$

$$= -x\sqrt{3N} + \frac{3}{4}N\left[\frac{4x}{\sqrt{3N}} + \frac{1}{2}\left(\frac{4x}{\sqrt{3N}}\right)^2 + \frac{1}{6}\left(\frac{4x}{\sqrt{3N}}\right)^3\right]$$

$$- \frac{1}{2}\cdot\frac{9}{16}N\left[\frac{4x}{\sqrt{3N}} + \frac{1}{2}\left(\frac{4x}{\sqrt{3N}}\right)^2\right]^2 + \frac{1}{3}\cdot\frac{27}{64}N\left(\frac{4x}{\sqrt{3N}}\right)^3 + \mathcal{O}\left(\frac{x^4}{N}\right)$$

$$= (2 - \tfrac{3}{2})x^2 + \left(\frac{4x}{\sqrt{3}}\right)^3 N^{-\frac{1}{2}}\left(\frac{1}{8} - \frac{9}{32} + \frac{9}{64}\right) + \mathcal{O}\left(\frac{x^4}{N}\right)$$

$$= \tfrac{1}{2}x^2 - \frac{x^3}{3\sqrt{3N}} + \mathcal{O}\left(\frac{x^4}{N}\right) \qquad (N \to \infty)\,.$$

Vergleicht man dieses Ergebnis für die charakteristische Funktion mit Abb. 8.4, so wird die *Unsymmetrie* dieser Funktion sofort verständlich, da der Korrekturterm ($\propto x^3$) antisymmetrisch als Funktion von x ist. Die träge Konvergenz der charakteristischen Funktion entsteht dadurch, dass der Korrekturterm lediglich proportional zu $N^{-1/2}$ (und somit recht langsam) abfällt. Das nicht-monotone Verhalten als Funktion von N rührt daher, dass $\ln\langle e^{(m-\mu)\frac{x}{\sigma}} \rangle$ für moderat negative x-Werte ($0 > x \gtrsim -\sqrt{N}$) wegen des Korrekturterms $\propto x^3$ *größer* und für große negative x-Werte ($x \lesssim -\sqrt{N}$) *kleiner* als $\frac{1}{2}x^2$ ist. Die letzte Behauptung folgt direkt aus der ersten Zeile der obigen Berechnung, die zeigt, dass sich $\ln\langle e^{(m-\mu)\frac{x}{\sigma}} \rangle$ für $x \to -\infty$ wie $-x\sqrt{3N} - 2N\ln(2)$ (und somit *linear* als Funktion von x) verhält.

Lösung 8.4 Die Deltafunktion

(a) Die Funktion $g_\varepsilon(x) \equiv \varepsilon^{-1}I_{[a+\frac{1}{2}\varepsilon,\,a+\frac{3}{2}\varepsilon]}(x)$ stellt für alle $\varepsilon > 0$ eine normierte uniforme Wahrscheinlichkeitsdichte dar, die den Mittelwert $\mu = a+\varepsilon$ und die

Varianz $\sigma^2 = \frac{1}{12}\varepsilon^2$ hat, sodass im Limes $\varepsilon \downarrow 0$ gilt: $\mu \to a$ und $\sigma \downarrow 0$. Folglich stellt $g_\varepsilon(x)$ im Limes $\varepsilon \downarrow 0$ in Integralen die Deltafunktion dar. Die Funktion $g_\varepsilon(x)$ hat für alle $\varepsilon > 0$ die Eigenschaft $g_\varepsilon(x) = 0$ für $x \le a$ und $x > a + \frac{3}{2}\varepsilon$. Im Limes $\varepsilon \downarrow 0$ impliziert dies aber $g_\varepsilon(x) \to 0$ für alle $x \in \mathbb{R}$.

(b) (i) Eine Substitution $\lambda x = y$ ergibt:

$$\int_{-\infty}^{\infty} dx\, f(x)\delta(\lambda x) = \frac{1}{\lambda} \int_{-\mathrm{sgn}(\lambda)\infty}^{\mathrm{sgn}(\lambda)\infty} dy\, f\left(\frac{y}{\lambda}\right) \delta(y)$$

$$= \frac{1}{\lambda}\, \mathrm{sgn}(\lambda) \int_{-\infty}^{\infty} dy\, f\left(\frac{y}{\lambda}\right) \delta(y) = \frac{1}{|\lambda|} f(0) = \frac{1}{|\lambda|} \int_{-\infty}^{\infty} dx\, f(x)\delta(x) \ .$$

Hieraus können wir $\delta(\lambda x) = |\lambda|^{-1}\delta(x)$ folgern.

(ii) Wir nehmen an: $|f'(x_i)| \ne 0$, sodass f nahe x_i invertierbar ist, und wählen $0 < \varepsilon \ll 1$ so, dass f in allen Intervallen $[x_i - \varepsilon,\, x_i + \varepsilon]$ invertierbar ist und dass sich diese Intervalle nicht überlappen.

$$\int_{-\infty}^{\infty} dx\, g(x)\delta(f(x)) = \sum_{i=1}^{N} \int_{x_i-\varepsilon}^{x_i+\varepsilon} dx\, g(x)\, \delta\left(f(x)\right)$$

$$= \sum_{i=1}^{N} \int_{f(x_i-\varepsilon)}^{f(x_i+\varepsilon)} \delta(y)\, g(f_i^{-1}(y)) \frac{dy}{f'\left(f_i^{-1}(y)\right)}$$

$$= \sum_{i=1}^{N} g(f_i^{-1}(0)) \frac{1}{|f'(f_i^{-1}(0))|} = \sum_{i=1}^{N} g(x_i) \frac{1}{|f'(x_i)|} \ .$$

Hierbei wurde die Umkehrfunktion von f nahe x_i als f_i^{-1} bezeichnet. Wegen $f(x_i) = 0$ gilt $f_i^{-1}(0) = x_i$.

(c) (i) Wir definieren die Funktion $f_n(\mathbf{x})$ mit $n \in \mathbb{N}$ als:

$$f_n(\mathbf{x}) = \begin{cases} 1 & (|\mathbf{x} - \mathbf{a}| \le \varepsilon) \\ e^{-n(|\mathbf{x}-\mathbf{a}|-\varepsilon)^2} & (|\mathbf{x} - \mathbf{a}| \ge \varepsilon) \ . \end{cases}$$

Für alle $n \in \mathbb{N}$ gilt $\int d^d x\, f_n(\mathbf{x})\delta^{(d)}(\mathbf{x} - \mathbf{a}) = 1$, sodass $\forall \varepsilon > 0$ gilt:

$$1 = \lim_{n\to\infty} \int_{\mathbb{R}^d} d^d x\, f_n(\mathbf{x})\delta^{(d)}(\mathbf{x} - \mathbf{a}) = \int_{|\mathbf{x}-\mathbf{a}|\le\varepsilon} d^d x\, \delta^{(d)}(\mathbf{x} - \mathbf{a}) \ .$$

(ii) Man löst dieses Problem, indem man die d-dimensionale Deltafunktion auf die eindimensionale zurückführt, deren Eigenschaften man bereits kennt:

$$\delta^{(d)}(\lambda\mathbf{x}) = \prod_{\ell=1}^{d} \delta(\lambda x_\ell) = \prod_{\ell=1}^{d} \frac{\delta(x_\ell)}{|\lambda|} = \frac{1}{|\lambda|^d} \prod_{\ell=1}^{d} \delta(x_\ell) = \frac{1}{|\lambda|^d}\delta^{(d)}(\mathbf{x}) \ .$$

Lösung 8.5 Die dreidimensionale Gauß-Verteilung

(a) Die Normierung von $P(\mathbf{v})$ folgt aus der Normierung von $p_{01}(v_i)$:

$$\langle 1 \rangle = \int d^3 v\, P(\mathbf{v}) = \prod_{i=1}^{3} \left[\int dv_i\, p_{01}(v_i) \right] = 1^3 = 1 \ .$$

Der Mittelwert ist $\langle \mathbf{v} \rangle = \int d^3v\, P(\mathbf{v})\mathbf{v} = \mathbf{0}$ wegen der Antisymmetrie des Integranden. Die Breite der Verteilung $P(\mathbf{v})$ folgt wegen der Standardnormalverteilung der v_i (mit $\langle v_i^2 \rangle = 1$) als:

$$\sqrt{\langle (\mathbf{v} - \langle \mathbf{v} \rangle)^2 \rangle} = \sqrt{\langle \mathbf{v}^2 \rangle} = \sqrt{\langle v_1^2 + v_2^2 + v_3^2 \rangle} = \sqrt{3\langle v_1^2 \rangle} = \sqrt{3}\;.$$

(b) Die Wahrscheinlichkeitsdichte für $g_1(\mathbf{v}) = |\mathbf{v}|$ folgt mit der Notation $|\mathbf{v}| \equiv r$ und dem Flächeninhalt $S_3(1) = 4\pi$ einer dreidimensionalen Einheitskugelschale als:

$$\bar{p}_1(v) = \int d^3v\, P(\mathbf{v})\, \delta(v - |\mathbf{v}|) = (2\pi)^{-3/2} \int_0^\infty dr\, r^2 S_3(1) e^{-\frac{1}{2}r^2} \delta(v - r)$$

$$= \sqrt{\tfrac{2}{\pi}} \int_0^\infty dr\, r^2 e^{-\frac{1}{2}r^2} \delta(v - r) = \sqrt{\tfrac{2}{\pi}} v^2 e^{-\frac{1}{2}v^2}\;.$$

(c) Die Wahrscheinlichkeitsdichte für $g_2(\mathbf{v}) = \frac{1}{2}\mathbf{v}^2$ folgt analog als:

$$\bar{p}_2(E) = \int d^3v\, P(\mathbf{v})\, \delta\left(E - \tfrac{1}{2}\mathbf{v}^2\right) = \sqrt{\tfrac{2}{\pi}} \int_0^\infty dr\, r^2 e^{-\frac{1}{2}r^2} \delta(E - \tfrac{1}{2}r^2)$$

$$= \sqrt{\tfrac{2}{\pi}} \int_0^\infty dy\, \sqrt{2y}\, e^{-y} \delta(E - y) = \tfrac{2}{\sqrt{\pi}} \sqrt{E}\, e^{-E}\;.$$

(d) Mit $\Gamma(2) = 1$ und $\Gamma(\frac{5}{2}) = \frac{3}{4}\sqrt{\pi}$ folgen $\langle |\mathbf{v}| \rangle$ und $\langle \frac{1}{2}\mathbf{v}^2 \rangle$ als:

$$\int d^3v\, P(\mathbf{v})|\mathbf{v}| = \sqrt{\tfrac{2}{\pi}} \int_0^\infty dr\, r^3 e^{-\frac{1}{2}r^2} = \sqrt{\tfrac{2}{\pi}} \int_0^\infty dy\, 2y\, e^{-y} = 2\sqrt{\tfrac{2}{\pi}}$$

$$\int d^3v\, P(\mathbf{v})\tfrac{1}{2}\mathbf{v}^2 = \sqrt{\tfrac{2}{\pi}} \int_0^\infty dr\, \frac{r^4}{2} e^{-\frac{1}{2}r^2} = \tfrac{2}{\sqrt{\pi}} \int_0^\infty dy\, y^{3/2}\, e^{-y} = \tfrac{3}{2}\;.$$

Man kann diese Mittelwerte alternativ aus $\int_0^\infty dv\, v\, \bar{p}_1(v)$ bzw. $\int_0^\infty dE\, E\, \bar{p}_2(E)$ berechnen. Dies sieht man sofort durch Integration über die Deltafunktionen $\delta(v - |\mathbf{v}|)$ in $\bar{p}_1(v)$ und $\delta\left(E - \frac{1}{2}\mathbf{v}^2\right)$ in $\bar{p}_2(E)$. Numerisch gilt $\langle \frac{1}{2}\mathbf{v}^2 \rangle = \frac{3}{2} > \frac{1}{2}\langle |\mathbf{v}| \rangle^2 = \frac{4}{\pi}$. Dies muss aufgrund allgemeiner Überlegungen auch so sein:

$$\langle \tfrac{1}{2}\mathbf{v}^2 \rangle - \tfrac{1}{2}\langle |\mathbf{v}| \rangle^2 = \tfrac{1}{2}(\langle |\mathbf{v}|^2 \rangle - \langle |\mathbf{v}| \rangle^2) = \tfrac{1}{2}\langle (|\mathbf{v}| - \langle |\mathbf{v}| \rangle)^2 \rangle \geq 0\;.$$

(e) Es gilt $v_{\max} = \sqrt{2}$ und $E_{\max} = \frac{1}{2}$ wegen:

$$0 = \sqrt{\tfrac{\pi}{2}}\, \bar{p}_1'(v) = \left(v^2 e^{-\frac{1}{2}v^2}\right)' = v(2 - v^2)e^{-\frac{1}{2}v^2}$$

$$0 = \tfrac{\sqrt{\pi}}{2}\, \bar{p}_2'(E) = \left(\sqrt{E}\, e^{-E}\right)' = \left(\frac{1}{2E} - 1\right)\sqrt{E}\, e^{-E}\;.$$

Folglich gilt auch $E_{\max} = \frac{1}{2} < \frac{1}{2}(v_{\max})^2 = 1$.

(f) Die Wahrscheinlichkeit dafür, dass $v_1^2 + v_2^2 > \langle v_1^2 + v_2^2 \rangle = 2$ gilt (wir verwendeten $\langle v_i^2 \rangle = 1$), folgt mit $\rho \equiv (v_1^2 + v_2^2)^{1/2}$ als $e^{-1} \simeq 0{,}368$:

$$\int\limits_{\{\rho \geq \sqrt{2}\}} dv_1 dv_2\, p_{01}(v_1) p_{01}(v_2) = 2\pi \int_{\sqrt{2}}^\infty d\rho\, \rho\, \frac{e^{-\frac{1}{2}\rho^2}}{2\pi} = \int_1^\infty dy\, e^{-y} = e^{-1}\;.$$

(g) Die Wahrscheinlichkeit dafür, dass $E > \langle E \rangle = \langle \frac{1}{2}\mathbf{v}^2 \rangle = \frac{3}{2}$ gilt, kann zuerst mit Hilfe der Integraldarstellung $\Gamma\left(\frac{3}{2}\right) = \int_0^\infty dE\,\sqrt{E}\,e^{-E}$ der Gammafunktion als

$$\int_{3/2}^\infty dE\,\bar{p}_2(E) = \frac{2}{\sqrt{\pi}}\int_{3/2}^\infty dE\,\sqrt{E}\,e^{-E} = \frac{2}{\sqrt{\pi}}\left[\Gamma\left(\frac{3}{2}\right) - \int_0^{3/2} dE\,\sqrt{E}\,e^{-E}\right]$$

geschrieben werden. Mit Hilfe einer Substitution $E \to t^2$ und einer partiellen Integration folgt dann:

$$\int_{3/2}^\infty dE\,\bar{p}_2(E) = 1 - \frac{4}{\sqrt{\pi}}\int_0^{\sqrt{3/2}} dt\,t^2\,e^{-t^2} = 1 + \frac{2}{\sqrt{\pi}}\int_0^{\sqrt{3/2}} dt\,t\,\frac{d}{dt}e^{-t^2}$$

$$= 1 + \frac{2}{\sqrt{\pi}}\left[\left(te^{-t^2}\right)\Big|_0^{\sqrt{3/2}} - \int_0^{\sqrt{3/2}} dt\,e^{-t^2}\right]$$

$$= 1 + 2\sqrt{\frac{3}{2\pi}} - \mathrm{erf}\left(\sqrt{3/2}\right) \simeq 0{,}391\ .$$

In der letzten Zeile wird die Definition $\mathrm{erf}(z) \equiv \frac{2}{\sqrt{\pi}}\int_0^z dt\,e^{-t^2}$ der Fehlerfunktion mit $\mathrm{erf}(\sqrt{3/2}) \simeq 0{,}917$ verwendet. Interessant ist also, dass E mit einer Wahrscheinlichkeit von mehr als 60% *kleiner* als $\langle E \rangle$ ist.

Lösung 8.6 Summen exponentiell verteilter Variabler

Laut Gleichung (8.25) ist die Wahrscheinlichkeitsdichte $p_N(y)$ der Summenvariablen $y = \sum_{i=1}^N t_i$ durch $p_N(y) = y^{N-1}e^{-y/\tau}/[(N-1)!\tau^N]$ gegeben. Folglich erhält man für den Mittelwert $\langle y \rangle = \int_0^\infty dy\,yp_N(y)$:

$$\langle y \rangle = \int_0^\infty dy\,\frac{y^N e^{-y/\tau}}{(N-1)!\tau^N} = \tau\int_0^\infty dz\,\frac{z^N e^{-z}}{(N-1)!} = \tau\frac{\Gamma(N+1)}{(N-1)!} = N\tau\ ,$$

wobei im zweiten Schritt $z \equiv y/\tau$ substituiert, im dritten die Integraldarstellung der Gammafunktion und im vierten die Beziehung $\Gamma(N+1) = N!$ verwendet wurde. Analog erhält man für das zweite Moment $\langle y^2 \rangle = \int_0^\infty dy\,y^2 p_N(y)$:

$$\langle y^2 \rangle = \int_0^\infty dy\,\frac{y^{N+1} e^{-y/\tau}}{(N-1)!\tau^N} = \int_0^\infty dz\,\frac{\tau^2 z^{N+1} e^{-z}}{(N-1)!} = \frac{\tau^2\Gamma(N+2)}{(N-1)!} = (N^2 + N)\tau^2\ ,$$

sodass die Varianz durch $\langle y^2 \rangle - \langle y \rangle^2 = (N^2 + N)\tau^2 - (N\tau)^2 = N\tau^2$ gegeben ist. Um zu zeigen, dass die Verteilung $p_N(y)$ für $N \to \infty$ im Einklang mit dem Zentralen Grenzwertsatz gegen eine Gauß-Verteilung konvergiert, schreiben wir $p_N(y) = e^{f(y)}/[(N-1)!\tau^N]$ mit $f(y) = (N-1)\ln(y) - y/\tau$. Für $N \to \infty$ kann man $f(y)$ in eine Taylor-Reihe um $y = N\tau$ enwickeln, wobei $u \equiv (y - N\tau)/\sqrt{N\tau}$ definiert ist:

$$f(y) = f(N\tau) + f'(N\tau)(y - N\tau) + \tfrac{1}{2}f''(N\tau)(y - N\tau)^2 + \cdots$$

$$= f(N\tau) - \frac{1}{N\tau}(y - N\tau) - \frac{(y - N\tau)^2}{2N\tau^2} + \cdots$$

$$= f(N\tau) - \frac{u}{\sqrt{N}} - \tfrac{1}{2}u^2 + \mathcal{O}\left(u^3/\sqrt{N}\right) \to f(N\tau) - \tfrac{1}{2}u^2 \quad (N \to \infty)\ .$$

Mit Hilfe der Stirling-Formel folgt für $N \to \infty$ noch $e^{f(N\tau)}/[(N-1)!\tau^N] \to (2\pi N\tau^2)^{-1/2}$, sodass insgesamt gilt

$$p_N(y) \to \frac{e^{-\frac{1}{2}u^2}}{\sqrt{2\pi N\tau^2}} = \frac{1}{\sqrt{2\pi N\tau^2}} e^{-\frac{(y-N\tau)^2}{2N\tau^2}} = p_{N\tau,\sqrt{N}\tau}(y)$$

und $p_N(y)$ in der Tat für $N \to \infty$ gegen eine Gauß-Verteilung mit dem Mittelwert $N\tau$ und der Varianz $N\tau^2$ konvergiert. Die reskalierte Variable u ist standardnormalverteilt.

Lösung 8.7 Charakteristische Funktion der uniformen und der Deltaverteilung
Die charakteristische Funktion $\langle e^{\xi x} \rangle$ der uniformen Verteilung, die die Form $p(x) = \frac{1}{b-a} I_{[a,b]}(x)$ hat, ist gegeben durch:

$$\langle e^{\xi x} \rangle = \int_{-\infty}^{\infty} dx \, \frac{e^{\xi x}}{b-a} I_{[a,b]}(x) = \frac{1}{b-a} \int_a^b dx \, e^{\xi x} = \frac{e^{\xi b} - e^{\xi a}}{(b-a)\xi} \, ,$$

und diejenige der Deltaverteilung $\delta_a(x)$ in Gleichung (8.12) ist:

$$\langle e^{\xi x} \rangle = \int_{-\infty}^{\infty} dx \, e^{\xi x} \delta_a(x) = e^{\xi a} \, .$$

Lösung 8.8 Variablentransformation in der Lorentz-Verteilung
Falls die Variable x Lorentz-verteilt ist gemäß der Verteilung $p(x)$ in (8.26), dann folgt die Verteilung der Variablen $y \equiv x^{-1}$ aus Gleichung (8.17) als:

$$\bar{p}(y) = \int dx \, p(x) \, \delta(y - x^{-1})) = \frac{1}{\pi} \int dx \, \frac{\gamma}{(x-a)^2 + \gamma^2} \, \delta(y - x^{-1}) \, .$$

Wir verwenden nun die Eigenschaft (b) (ii) aus Aufgabe 8.4, d.h. $\delta(y - x^{-1}) = \delta(x - y^{-1})/|x^{-2}|$, und erhalten:

$$\bar{p}(y) = \frac{1}{\pi} \int dx \, \frac{\gamma}{x^{-2}[(x-a)^2 + \gamma^2]} \, \delta(x - y^{-1})) = \frac{1}{\pi} \frac{\gamma}{y^2[(y^{-1} - a)^2 + \gamma^2]}$$

$$= \frac{1}{\pi} \frac{\gamma}{(1-ay)^2 + \gamma^2 y^2} = \frac{1}{\pi} \frac{\gamma}{(a^2 + \gamma^2)y^2 - 2ay + 1} = \frac{1}{\pi} \frac{\bar{\gamma}}{(y - \bar{a})^2 + \bar{\gamma}^2} \, ,$$

wobei wir definierten: $\bar{a} \equiv a/(a^2 + \gamma^2)$ und $\bar{\gamma} \equiv \gamma/(a^2 + \gamma^2)$. Physikalisch bedeutet diese Ergebnis z.B. in der Optik (wegen $f = c/\lambda \propto \lambda^{-1}$), dass ein Lorentz-Profil als Funktion der *Frequenz* f auch einem Lorentz-Profil als Funktion der *Wellenlänge* λ entspricht (und umgekehrt).

A.9 Kurven-, Flächen- und Volumenintegrale

Lösung 9.1 Anwendungen der Kettenregel

(a) Aus $\bar{g}(t) = g(f_1(t), f_2(t))$ folgt $\frac{d\bar{g}}{dt}(t) = \frac{\partial g_1}{\partial f_1}(f_1, f_2)\frac{\partial f_1}{\partial t} + \frac{\partial g}{\partial f_2}(f_1, f_2)\frac{\partial f_2}{\partial t}$.

(b) Mit den Definitionen $\mathbf{x} = (x_1, x_2)$ und $\bar{g}(\mathbf{x}) = g(f_1(\mathbf{x}), f_2(\mathbf{x}))$ folgt analog:
$$\partial_{x_1}\bar{g} = (\partial_{f_1}g)(\partial_{x_1}f_1) + (\partial_{f_2}g)(\partial_{x_1}f_2) \, , \quad \partial_{x_2}\bar{g} = (\partial_{f_1}g)(\partial_{x_2}f_1) + (\partial_{f_2}g)(\partial_{x_2}f_2).$$

(c) Ableiten von $F(\lambda\mathbf{x}) = \lambda^\alpha F(\mathbf{x})$ nach λ ergibt:

$$\alpha\lambda^{\alpha-1}F(\mathbf{x}) = \frac{d}{d\lambda}\left[\lambda^\alpha F(\mathbf{x})\right] = \frac{d}{d\lambda}\left[F(\lambda\mathbf{x})\right] = \sum_{i=1}^{n} x_i(\partial_{x_i}F)(\lambda\mathbf{x}) \ .$$

Für $\lambda = 1$ folgt nun: $\alpha F(\mathbf{x}) = \sum_{i=1}^{n} x_i(\partial_{x_i}F)(\mathbf{x})$. Im Beispiel $F(\mathbf{x}) = x_1^4 + 2x_1(x_2)^3 - 5(x_2)^4$ gilt $\alpha = 4$ und:

$$x_1(\partial_{x_1}F) + x_2(\partial_{x_2}F) = x_1\left[4x_1^3 + 2(x_2)^3\right] + x_2\left[6x_1(x_2)^2 - 20(x_2)^3\right]$$

$$= 4\left[x_1^4 + 2x_1(x_2)^3 - 5(x_2)^4\right] = 4F \ .$$

(d) Explizite Berechnung von $(\partial_\rho \bar{v})^2 + \rho^{-2}(\partial_\varphi \bar{v})^2$ ergibt:

$$\left[(\partial_1 v)\cos(\varphi) + (\partial_2 v)\sin(\varphi)\right]^2 + \left[-(\partial_1 v)\sin(\varphi) + (\partial_2 v)\cos(\varphi)\right]^2$$

$$= \left[(\partial_1 v)^2 + (\partial_2 v)^2\right]\left[\cos^2(\varphi) + \sin^2(\varphi)\right] = (\partial_1 v)^2 + (\partial_2 v)^2 \ .$$

Lösung 9.2 Funktionalmatrix und Funktionaldeterminante

(a) Für $\mathbf{f}(\mathbf{a}) = \left(a_1^2\cos(a_2),\ a_1\sin(a_2)\right)$ gilt:

$$\frac{\partial\mathbf{f}}{\partial\mathbf{a}} = \begin{pmatrix} \partial f_1/\partial a_1 & \partial f_1/\partial a_2 \\ \partial f_2/\partial a_1 & \partial f_2/\partial a_2 \end{pmatrix} = \begin{pmatrix} 2a_1\cos(a_2) & -a_1^2\sin(a_2) \\ \sin(a_2) & a_1\cos(a_2) \end{pmatrix}$$

$$\det\left(\frac{\partial\mathbf{f}}{\partial\mathbf{a}}\right) = 2a_1^2\cos^2(a_2) + a_1^2\sin^2(a_2) = a_1^2[1 + \cos^2(a_2)] \ .$$

Für $\mathbf{f}(a_{10}, a_2) = \left(a_{10}^2\cos(a_2),\ a_{10}\sin(a_2)\right)$ gilt $\left(\frac{f_1}{a_{10}}\right)^2 + (f_2)^2 = a_{10}^2$; dies beschreibt eine Ellipse. Für $\mathbf{f}(a_1, a_{20}) = \left(a_1^2\cos(a_{20}),\ a_1\sin(a_{20})\right)$ gilt $f_1 = \frac{\cos(a_{20})}{[\sin(a_{20})]^2}(f_2)^2$; diese Gleichung beschreibt eine Parabel.

(b) Für $\mathbf{f}(\mathbf{a}) = \left(a_1 a_2\cos(a_3),\ a_1 a_2\sin(a_3),\ \frac{1}{2}(a_2^2 - a_1^2)\right)$ gilt:

$$\frac{\partial\mathbf{f}}{\partial\mathbf{a}} = \begin{pmatrix} \partial f_1/\partial a_1 & \partial f_1/\partial a_2 & \partial f_1/\partial a_3 \\ \partial f_2/\partial a_1 & \partial f_2/\partial a_2 & \partial f_2/\partial a_3 \\ \partial f_3/\partial a_1 & \partial f_3/\partial a_2 & \partial f_3/\partial a_3 \end{pmatrix}$$

$$= \begin{pmatrix} a_2\cos(a_3) & a_1\cos(a_3) & -a_1 a_2\sin(a_3) \\ a_2\sin(a_3) & a_1\sin(a_3) & a_1 a_2\cos(a_3) \\ -a_1 & a_2 & 0 \end{pmatrix} \ ,$$

und für die entsprechende Funktionaldeterminante folgt:

$$\det\left(\frac{\partial\mathbf{f}}{\partial\mathbf{a}}\right) = -a_1\det\begin{pmatrix} a_1\cos(a_3) & -a_1 a_2\sin(a_3) \\ a_1\sin(a_3) & a_1 a_2\cos(a_3) \end{pmatrix}$$

$$- a_2\det\begin{pmatrix} a_2\cos(a_3) & -a_1 a_2\sin(a_3) \\ a_2\sin(a_3) & a_1 a_2\cos(a_3) \end{pmatrix}$$

$$= -a_1^3\left[a_2\cos^2(a_3) + a_2\sin^2(a_3)\right] - a_2^3\left[a_1\cos^2(a_3) + a_1\sin^2(a_3)\right]$$

$$= -a_1^3 a_2 - a_2^3 a_1 = -a_1 a_2(a_1^2 + a_2^2) \ .$$

Die Fläche $\mathbf{f}(a_{10}, a_2, a_3)$ ist ein elliptisches Paraboloid:

$$f_3 = \frac{1}{2(a_{10})^2}(f_1^2 + f_2^2) - \tfrac{1}{2}(a_{10})^2 \ .$$

Analog ist auch $\mathbf{f}(a_1, a_{20}, a_3)$ ein elliptisches Paraboloid:

$$f_3 = \tfrac{1}{2}(a_{20})^2 - \frac{1}{2(a_{20})^2}(f_1^2 + f_2^2) \ ,$$

und $\mathbf{f}(a_1, a_2, a_{30})$ stellt eine Ebene dar: $f_2/f_1 = \tan(a_{30})$.

(c) Für $\mathbf{f}(\mathbf{a}) = (\cos(a_1)\cos(a_2), \sin(a_1)\sin(a_2), \cos(a_1))$ gilt:

$$\frac{\partial \mathbf{f}}{\partial \mathbf{a}} = \begin{pmatrix} \partial f_1/\partial a_1 & \partial f_1/\partial a_2 \\ \partial f_2/\partial a_1 & \partial f_2/\partial a_2 \\ \partial f_3/\partial a_1 & \partial f_3/\partial a_2 \end{pmatrix} = \begin{pmatrix} -\sin(a_1)\cos(a_2) & -\cos(a_1)\sin(a_2) \\ \cos(a_1)\sin(a_2) & \sin(a_1)\cos(a_2) \\ -\sin(a_1) & 0 \end{pmatrix} \ .$$

Die Kurve $\mathbf{f}(a_{10}, a_2)$ ist die Schnittmenge der Ebene $f_3 = \cos(a_{10})$ und des elliptischen Zylinders $\left(\frac{f_1}{\cos(a_{10})}\right)^2 + \left(\frac{f_2}{\sin(a_{10})}\right)^2 = 1$ und somit eine Ellipse, und analog ist die Kurve $\mathbf{f}(a_1, a_{20})$ die Schnittmenge der Ebene $f_3 = \frac{f_1}{\cos(a_{20})}$ und des elliptischen Zylinders $\left(\frac{f_1}{\cos(a_{20})}\right)^2 + \left(\frac{f_2}{\sin(a_{20})}\right)^2 = 1$ und daher ebenfalls eine Ellipse.

(d) Für $\mathbf{f}(\mathbf{a}) = (a_1, a_2, a_1^2 + a_2^2)$ gilt

$$\frac{\partial \mathbf{f}}{\partial \mathbf{a}} = \begin{pmatrix} 1 & 0 \\ 0 & 1 \\ 2a_1 & 2a_2 \end{pmatrix} \ .$$

Die Kurve $\mathbf{f}(a_{10}, a_2)$ ist die Schnittmenge der Ebene $f_1 = a_{10}$ und des parabolischen Zylinders $f_3 = f_2^2 + a_{10}^2$ und daher eine Parabel. Analog ist $\mathbf{f}(a_1, a_{20})$ die Schnittmenge der Ebene $f_2 = a_{20}$ und des parabolischen Zylinders $f_3 = f_1^2 + a_{20}^2$ und somit ebenfalls eine Parabel.

(e) Die Jacobi-Determinante ist für alle $\mathbf{a}$ mit $a_1 a_2 \neq 1$ gleich null:

$$J_{\mathbf{f}}(\mathbf{a}) = \det\left(\frac{\partial \mathbf{f}}{\partial \mathbf{a}}\right) = \det\begin{pmatrix} \frac{1+a_2^2}{(1-a_1 a_2)^2} & \frac{1+a_1^2}{(1-a_1 a_2)^2} \\ (1+a_1^2)^{-1} & (1+a_2^2)^{-1} \end{pmatrix} = 0 \ .$$

Dies wird verständlich, wenn man $a_1 - \tan(\varphi_1)$ und $a_2 - \tan(\varphi_2)$ substituiert, denn dann erhält man:

$$\mathbf{f} = \left(\frac{\tan(\varphi_1) + \tan(\varphi_2)}{1 - \tan(\varphi_1)\tan(\varphi_2)} \ , \ \varphi_1 + \varphi_2\right) = (\tan(\varphi_1 + \varphi_2), \varphi_1 + \varphi_2) \ ,$$

sodass $\mathbf{f}$ effektiv nicht von zwei unabhängigen Variablen abhängig ist, sondern nur von einer.

Lösung 9.3 Eigenschaften der Jacobi-Determinante

Die Jacobi-Determinante mit $f_2 = x_2$ ist gleich $\left(\frac{\partial f_1}{\partial x_1}\right)_{x_2}$:

$$\frac{\partial(f_1, x_2)}{\partial(x_1, x_2)} = \det\begin{pmatrix} \left(\frac{\partial f_1}{\partial x_1}\right)_{x_2} & \left(\frac{\partial f_1}{\partial x_2}\right)_{x_1} \\ \left(\frac{\partial x_2}{\partial x_1}\right)_{x_2} & \left(\frac{\partial x_2}{\partial x_2}\right)_{x_1} \end{pmatrix} = \det\begin{pmatrix} \left(\frac{\partial f_1}{\partial x_1}\right)_{x_2} & \left(\frac{\partial f_1}{\partial x_2}\right)_{x_1} \\ 0 & 1 \end{pmatrix} = \left(\frac{\partial f_1}{\partial x_1}\right)_{x_2}.$$

Die Jacobi-Determinante ist antisymmetrisch unter Vertauschung von f_1 und f_2:

$$\frac{\partial(f_1, f_2)}{\partial(x_1, x_2)} = \det\begin{pmatrix} \left(\frac{\partial f_1}{\partial x_1}\right)_{x_2} & \left(\frac{\partial f_1}{\partial x_2}\right)_{x_1} \\ \left(\frac{\partial f_2}{\partial x_1}\right)_{x_2} & \left(\frac{\partial f_2}{\partial x_2}\right)_{x_1} \end{pmatrix} = -\det\begin{pmatrix} \left(\frac{\partial f_2}{\partial x_1}\right)_{x_2} & \left(\frac{\partial f_2}{\partial x_2}\right)_{x_1} \\ \left(\frac{\partial f_1}{\partial x_1}\right)_{x_2} & \left(\frac{\partial f_1}{\partial x_2}\right)_{x_1} \end{pmatrix}$$

$$= -\frac{\partial(f_2, f_1)}{\partial(x_1, x_2)}.$$

Wegen $\frac{\partial \mathbf{f}}{\partial \mathbf{x}} = \frac{\partial \mathbf{f}}{\partial \mathbf{u}} \frac{\partial \mathbf{u}}{\partial \mathbf{x}}$ und $\det(AB) = \det(A)\det(B)$ gilt die Kettenregel:

$$\frac{\partial(f_1, f_2)}{\partial(x_1, x_2)} = \det\left(\frac{\partial \mathbf{f}}{\partial \mathbf{x}}\right) = \det\left(\frac{\partial \mathbf{f}}{\partial \mathbf{u}} \frac{\partial \mathbf{u}}{\partial \mathbf{x}}\right) = \det\left(\frac{\partial \mathbf{f}}{\partial \mathbf{u}}\right) \det\left(\frac{\partial \mathbf{u}}{\partial \mathbf{x}}\right)$$

$$= \frac{\partial(f_1, f_2)}{\partial(u_1, u_2)} \frac{\partial(u_1, u_2)}{\partial(x_1, x_2)}.$$

Lösung 9.4 Bogenlänge und skalare Kurvenintegrale

(a) Für $\mathbf{x} = \mathbf{x}(s(t))$ gilt $\frac{d\mathbf{x}}{dt} = \frac{d\mathbf{x}}{ds}\frac{ds}{dt}$ (Kettenregel) und daher

$$\left|\frac{d\mathbf{x}}{dt}\right| = \frac{|d\mathbf{x}|}{ds}\left|\frac{ds}{dt}\right| = \frac{ds}{ds}\left|\frac{ds}{dt}\right| = \left|\frac{ds}{dt}\right|.$$

Die Beschleunigung ist:

$$\ddot{\mathbf{x}} = \frac{d}{dt}\dot{\mathbf{x}} = \frac{d}{dt}\left(\frac{d\mathbf{x}}{ds}\frac{ds}{dt}\right) = \frac{d^2\mathbf{x}}{ds^2}\left(\frac{ds}{dt}\right)^2 + \frac{d\mathbf{x}}{ds}\frac{d^2 s}{dt^2} = \mathbf{a}_\perp + \mathbf{a}_\parallel.$$

Für $\mathbf{x} = l(\sin(\varphi), 0, -\cos(\varphi))$ gilt speziell:

$$ds = \sqrt{(dx_1)^2 + (dx_2)^2 + (dx_3)^2} = l\sqrt{\cos^2(\varphi) + 0 + \sin^2(\varphi)}\, |d\varphi| = l\,|d\varphi|.$$

Daher gilt für alle Winkelgeschwindigkeiten $\dot{\varphi} \neq 0$:

$$\frac{ds}{dt} = |\dot{\mathbf{x}}| = l\,|\dot{\varphi}| = l\dot{\varphi}\,\mathrm{sgn}(\dot{\varphi}) \quad,\quad \frac{d^2 s}{dt^2} = l\ddot{\varphi}\,\mathrm{sgn}(\dot{\varphi}) \qquad (\dot{\varphi} \neq 0).$$

Aus $\dot{\mathbf{x}} = l\dot{\varphi}(\cos(\varphi), 0, \sin(\varphi))$ folgt durch nochmalige Differentiation:

$$-g\hat{\mathbf{e}}_3 = \ddot{\mathbf{x}} = l\left[\ddot{\varphi}(\cos(\varphi), 0, \sin(\varphi)) + \dot{\varphi}^2(-\sin(\varphi), 0, \cos(\varphi))\right].$$

Komponentenweise bedeutet dies:

$$0 = \ddot{\varphi}\cos(\varphi) - \dot{\varphi}^2\sin(\varphi) \quad\Rightarrow\quad \dot{\varphi}^2 = \ddot{\varphi}\cot(\varphi)$$

$$-g = l[\ddot{\varphi}\sin(\varphi) + \dot{\varphi}^2\cos(\varphi)] \quad\Rightarrow\quad \ddot{\varphi} = -\frac{g}{l}\sin(\varphi),$$

und hieraus folgt insgesamt: $\frac{d^2 s}{dt^2} = l\left[-\frac{g}{l}\sin(\varphi)\right]\mathrm{sgn}(\dot{\varphi}) = -g\sin(\varphi)\mathrm{sgn}(\dot{\varphi})$.

(b) Wir können die Kurve gemäß $x_2 = x_3 \equiv t$ und $x_1 = \frac{1}{2}t^2$ mit t im Intervall $\sqrt{6} \leq t \leq \sqrt{48} = 4\sqrt{3}$ parametrisieren. Es folgt:

$$s = \int_{\sqrt{6}}^{4\sqrt{3}} dt \, \sqrt{\left(\frac{dx_1}{dt}\right)^2 + \left(\frac{dx_2}{dt}\right)^2 + \left(\frac{dx_3}{dt}\right)^2} = \int_{\sqrt{6}}^{4\sqrt{3}} dt \, \sqrt{2 + t^2}\,.$$

Die Bogenlänge s wurde somit auf ein Integral zurückgeführt, das mit Hilfe einer partiellen Integration ausgerechnet werden kann:

$$s = 2\int_{\sqrt{3}}^{2\sqrt{6}} d\tau \, \sqrt{1 + \tau^2} = \left[\tau\sqrt{\tau^2 + 1} + \operatorname{arsinh}(\tau)\right]\Big|_{\sqrt{3}}^{2\sqrt{6}}$$

$$= \left(2\sqrt{6}\sqrt{25} - \sqrt{3}\sqrt{4}\right) + \operatorname{arsinh}(\tau)\Big|_{\sqrt{3}}^{2\sqrt{6}}$$

$$= (10\sqrt{6} - 2\sqrt{3}) + \operatorname{arsinh}(2\sqrt{6}) - \operatorname{arsinh}(\sqrt{3})$$

$$= 10\sqrt{6} - 2\sqrt{3} + \ln(2\sqrt{6} + 5) - \ln(2 + \sqrt{3})\,.$$

(c) Die Parametrisierung der Kurve mit Hilfe von φ ist bereits vorgegeben. Den Wert der Bogenlänge erhält man, indem man diese Parametrisierung in die Definition der Bogenlänge einsetzt:

$$s = \int_{\varphi_1}^{\varphi_2} d\varphi \, \sqrt{\left(\frac{dx_1}{d\varphi}\right)^2 + \left(\frac{dx_2}{d\varphi}\right)^2}$$

$$= \int_{\varphi_1}^{\varphi_2} d\varphi \, \sqrt{[\rho'\cos(\varphi) - \rho\sin(\varphi)]^2 + [\rho'\sin(\varphi) + \rho\cos(\varphi)]^2}$$

$$= \int_{\varphi_1}^{\varphi_2} d\varphi \, \sqrt{[\rho'(\varphi)]^2 + [\rho(\varphi)]^2}\,.$$

Lösung 9.5 Vektorielle Kurvenintegrale
(i) Integration der mit der Kraft verknüpften Leistung:

$$\dot{\mathbf{x}} \cdot \mathbf{F} = \begin{pmatrix} -x_2 \\ x_1 \\ 1 \end{pmatrix} \cdot \begin{pmatrix} x_1\,x_2 \\ 1 \\ x_2\,x_3 \end{pmatrix} = x_1\left(1 - x_2^2\right) + x_2 x_3 = \cos(t) - \sin^2(t)\cos(t) + t\sin(t)$$

über die Zeit t ergibt für die mit der Kraft verknüpften Arbeit:

$$\int_0^{2\pi} dt \, \dot{\mathbf{x}} \cdot \mathbf{F} = \left[\sin(t) - \tfrac{1}{3}\sin^3(t)\right]\Big|_0^{2\pi} + t\left[-\cos(t)\right]\Big|_0^{2\pi} + \int_0^{2\pi} dt \, \cos(t) = -2\pi\,.$$

(ii) Da Kraft und Geschwindigkeit orthogonal sind, erhält man null:

$$\int_0^{2\pi} dt \, \dot{\mathbf{x}} \cdot \mathbf{F} = \int_0^{2\pi} dt \begin{pmatrix} -x_2 \\ x_1 \\ 0 \end{pmatrix} \cdot \begin{pmatrix} x_1^2\,x_2 \\ x_1\,x_2^2 \\ x_2\,x_3^2 \end{pmatrix} = \int_0^{2\pi} dt \, \left(-x_1^2 x_2^2 + x_1^2 x_2^2\right) = 0\,.$$

(iii) Die Bestimmung der Arbeit kann in diesem Fall auf die Berechnung einiger Integrale trigonometrischer Funktionen zurückgeführt werden. Man erhält zunächst:

$$
\int_0^{2\pi} dt \; \dot{\mathbf{x}} \cdot \mathbf{F} = \int_0^{2\pi} dt \begin{pmatrix} -4\sin(t) \\ 0 \\ 3\cos(t) \end{pmatrix} \cdot \mathbf{F} = \int_0^{2\pi} dt \begin{pmatrix} -\frac{4}{3}x_3 \\ 0 \\ \frac{3}{4}x_1 \end{pmatrix} \cdot \mathbf{F}
$$

$$
= \int_0^{2\pi} dt \; \left[-\tfrac{4}{3}x_3 \left(3x_1 + 2x_3 \right) + \tfrac{3}{4}x_1 (2x_1 x_3 + x_3^2) \right]
$$

und dann mit Hilfe einer Transformation von kartesischen auf Kugelkoordinaten:

$$
\int_0^{2\pi} dt \; \dot{\mathbf{x}} \cdot \mathbf{F} = \int_0^{2\pi} dt \; \left(-4x_1 x_3 - \tfrac{8}{3}x_3^2 + \tfrac{3}{2}x_1^2 x_3 + \tfrac{3}{4}x_1 x_3^2 \right)
$$

$$
= \int_0^{2\pi} dt \; \left[-48\sin(t)\cos(t) - 24\sin^2(t) + 72\cos^2(t)\sin(t) + 27\cos(t)\sin^2(t) \right]
$$

$$
= \left[-24\sin^2(t) - 24\cos^3(t) + 9\sin^3(t) \right] \Big|_0^{2\pi} - 24 \int_0^{2\pi} dt \; \sin^2(t) = -24\pi \; .
$$

(iv) Da $\mathbf{x}(t)$ den Rand des Einheitskreises beschreibt, erhält man:

$$
\int_0^{2\pi} dt \begin{pmatrix} -x_2 \\ x_1 \\ 0 \end{pmatrix} \cdot \mathbf{F}(\mathbf{x}) = \int_0^{2\pi} dt \begin{pmatrix} -x_2 \\ x_1 \\ 0 \end{pmatrix} \cdot \begin{pmatrix} -x_2 \\ x_1 \\ 0 \end{pmatrix}
$$

$$
= \int_0^{2\pi} dt \; (x_1^2 + x_2^2) = \int_0^{2\pi} dt \; 1 = 2\pi \; .
$$

Lösung 9.6 Der Flächeninhalt eines Kegels

(a) Die Kegelfläche wird durch

$$
\mathbf{x}(u) = \begin{pmatrix} u_1 \\ u_2 \\ z(u_1, u_2) \end{pmatrix} \quad \text{mit} \quad z = \frac{h}{R}\rho \quad \text{und} \quad \rho \equiv \sqrt{(u_1)^2 + (u_2)^2}
$$

parametrisiert. Folglich gilt:

$$
\mathbf{t}_1 = \frac{\partial \mathbf{x}}{\partial u_1} = \begin{pmatrix} 1 \\ 0 \\ \frac{hu_1}{R\rho} \end{pmatrix} , \; \mathbf{t}_2 = \frac{\partial \mathbf{x}}{\partial u_2} = \begin{pmatrix} 0 \\ 1 \\ \frac{hu_2}{R\rho} \end{pmatrix} , \; \mathbf{t}_1 \times \mathbf{t}_2 = \begin{pmatrix} -hu_1/R\rho \\ -hu_2/R\rho \\ 1 \end{pmatrix}
$$

und somit $|\mathbf{t}_1 \times \mathbf{t}_2| = \sqrt{1 + \left(\frac{h}{R\rho} \right)^2 (u_1^2 + u_2^2)} = \sqrt{1 + \left(\frac{h}{R} \right)^2}$. Der Flächeninhalt $|\mathcal{F}|$ folgt durch Integration von $|\mathbf{t}_1 \times \mathbf{t}_2|$ über u:

$$
|\mathcal{F}| = \int_{\mathcal{R}} d^2 u \; |\mathbf{t}_1 \times \mathbf{t}_2| = \sqrt{1 + \left(\frac{h}{R} \right)^2} \int_{\mathcal{R}} d^2 u
$$

$$
= \pi R^2 \sqrt{1 + \left(\frac{h}{R} \right)^2} = \pi R \sqrt{R^2 + h^2} \; .
$$

(b) Nach der ersten Guldin'schen Regel gilt:

$$|\mathcal{F}| = 2\pi \int_0^h dz \, \sqrt{1 + \left(\frac{d\rho}{dz}\right)^2} \, \rho(z) = 2\pi \int_0^h dz \, \left(\frac{R}{h}z\right) \sqrt{1 + \left(\frac{R}{h}\right)^2}$$

$$= 2\pi \frac{R}{h} \sqrt{1 + \left(\frac{R}{h}\right)^2} \, \left(\tfrac{1}{2}z^2\right)\Big|_0^h = \pi R \sqrt{R^2 + h^2} \, .$$

Lösung 9.7 Flächeninhalt eines Torus

(a) Die Tangentenvektoren $\mathbf{t}_1$ und $\mathbf{t}_2$ folgen durch partielle Ableitung nach u_1 bzw. u_2 aus $\mathbf{x}(u)$:

$$\mathbf{t}_1 = \frac{\partial \mathbf{x}}{\partial u_1} = \begin{pmatrix} -\rho \sin(u_1) \\ \rho \cos(u_1) \\ 0 \end{pmatrix} \quad , \quad \mathbf{t}_2 = \frac{\partial \mathbf{x}}{\partial u_2} = \begin{pmatrix} -R\sin(u_2)\cos(u_1) \\ -R\sin(u_2)\sin(u_1) \\ R\cos(u_2) \end{pmatrix} .$$

Das Kreuzprodukt der Tangentenvektoren folgt daher als:

$$\mathbf{t}_1 \times \mathbf{t}_2 = \begin{pmatrix} R\rho\cos(u_1)\cos(u_2) \\ R\rho\sin(u_1)\cos(u_2) \\ R\rho\sin(u_2) \end{pmatrix} \quad , \quad |\mathbf{t}_1 \times \mathbf{t}_2| = R\rho(u_2) \, .$$

(b) Der Flächeninhalt $|\mathcal{F}|$ folgt durch Integration von $|\mathbf{t}_1 \times \mathbf{t}_2|$ über u:

$$|\mathcal{F}| = \int_{\mathcal{R}} d^2u \, |\mathbf{t}_1 \times \mathbf{t}_2| = R \int_0^{2\pi} du_1 \int_0^{2\pi} du_2 \, [a + R\cos(u_2)] = 4\pi^2 Ra \, .$$

(c) Damit $\rho(u_2) \geq 0$ gilt, ist nun $u \in [0, 2\pi] \times [-u_2^{\max}, u_2^{\max}]$ mit der Definition $u_2^{\max} \equiv \arccos\left(-\frac{a}{R}\right) = \pi - \arccos\left(\frac{a}{R}\right)$. Es folgt für den Flächeninhalt:

$$|\mathcal{F}| = 2R \int_0^{2\pi} du_1 \int_0^{u_2^{\max}} du_2 \, [a + R\cos(u_2)]$$

$$= 4\pi R \left[a u_2^{\max} + R\sin(u_2^{\max})\right] = 4\pi R \left[a \arccos\left(-\frac{a}{R}\right) + \sqrt{R^2 - a^2}\right] .$$

Lösung 9.8 Satz von Stokes 1

(a) Für alle $u \in [0, 2] \times [0, 2\pi]$ erfüllt $\mathbf{x}(u)$ die Gleichung $x_3 = \frac{1}{2}(x_1^2 + x_2^2)$ und $x_3 \leq 2$, denn:

$$x_3(u) - \tfrac{1}{2}\left[x_1(u)^2 + x_2(u)^2\right] = \tfrac{1}{2}u_1^2 - \tfrac{1}{2}u_1^2[\cos^2(u_2) + \sin^2(u_2)] = 0 \, ,$$

und $\frac{1}{2}u_1^2 \leq 2$ für alle $u_1 \in [0, 2]$. Umgekehrt können sämtliche $\mathbf{x}$-Werte in $\mathcal{F}$ in der Form $\mathbf{x}(u)$ dargestellt werden.

(b) Die Tangentenvektoren $\mathbf{t}_1$ und $\mathbf{t}_2$ folgen als:

$$\mathbf{t}_1 = \frac{\partial \mathbf{x}}{\partial u_1} = \begin{pmatrix} \cos(u_2) \\ \sin(u_2) \\ u_1 \end{pmatrix} \quad , \quad \mathbf{t}_2 = \frac{\partial \mathbf{x}}{\partial u_2} = \begin{pmatrix} -u_1\sin(u_2) \\ u_1\cos(u_2) \\ 0 \end{pmatrix} .$$

Ihr Kreuzprodukt ist daher gleich:

$$\mathbf{t}_1 \times \mathbf{t}_2 = \begin{pmatrix} -u_1^2 \cos(u_2) \\ -u_1^2 \sin(u_2) \\ u_1 \end{pmatrix} \quad , \quad |\mathbf{t}_1 \times \mathbf{t}_2| = u_1 \sqrt{1 + (u_1)^2} \ .$$

Der Normalenvektor mit der Eigenschaft $\hat{\mathbf{n}} \cdot \hat{\mathbf{e}}_3 > 0$ ist:

$$\hat{\mathbf{n}} = \frac{\mathbf{t}_1 \times \mathbf{t}_2}{|\mathbf{t}_1 \times \mathbf{t}_2|} = \frac{1}{\sqrt{1 + u_1^2}} \begin{pmatrix} -u_1 \cos(u_2) \\ -u_1 \sin(u_2) \\ 1 \end{pmatrix} \ .$$

(c) Die *rechte* Seite des Stokes'schen Satzes ist nun gleich:

$$\oint_{\partial \mathcal{F}} d\mathbf{x} \cdot \mathbf{g}(\mathbf{x}) = \int_0^{2\pi} du_2 \, \frac{\partial \mathbf{x}}{\partial u_2} \cdot \mathbf{g} = \int_0^{2\pi} du_2 \, \mathbf{t}_2 \cdot \mathbf{g} = \int_0^{2\pi} du_2 \begin{pmatrix} -x_2 \\ x_1 \\ 0 \end{pmatrix} \cdot \begin{pmatrix} x_1 \\ 2x_3 \\ x_2^2 \end{pmatrix}$$

$$= \int_0^{2\pi} du_2 \, x_1(2x_3 - x_2) = \int_0^{2\pi} du_2 \left[4u_1 \cos(u_2) - u_1^2 \cos(u_2) \sin(u_2) \right]$$

$$= \int_0^{2\pi} du_2 \left[8 \cos(u_2) - 2 \sin(2u_2) \right] = \left[8 \sin(u_2) + \cos(2u_2) \right] \Big|_0^{2\pi} = 0 \ .$$

(d) Für die *linke* Seite des Stokes'schen Satzes erhält man:

$$\int_{\mathcal{F}} d\mathbf{S} \cdot (\boldsymbol{\nabla} \times \mathbf{g})(\mathbf{x}) = \int_{\mathcal{F}} d\mathbf{S} \cdot \begin{pmatrix} 2x_2 - 2 \\ 0 \\ 0 \end{pmatrix} = \int_{\mathcal{R}} d^2u \, (\mathbf{t}_1 \times \mathbf{t}_2) \cdot \begin{pmatrix} 2x_2 - 2 \\ 0 \\ 0 \end{pmatrix}$$

$$= \int_0^2 du_1 \int_0^{2\pi} du_2 \left[-u_1^2 \cos(u_2) \right] \left[2u_1 \sin(u_2) - 2 \right]$$

$$= \int_0^2 du_1 \int_0^{2\pi} du_2 \left[2u_1^2 \cos(u_2) - u_1^3 \sin(2u_2) \right]$$

$$= \int_0^2 du_1 \left[2u_1^2 \sin(u_2) \Big|_0^{2\pi} + \tfrac{1}{2} u_1^3 \cos(2u_2) \Big|_0^{2\pi} \right] = 0 \ ,$$

im Einklang mit dem Ergebnis aus (c).

Lösung 9.9 Satz von Stokes 2

(a) Mit Kugelkoordinaten $\mathbf{x}(u) = (\sin(u_1)\sin(u_2), \cos(u_1)\sin(u_2), \cos(u_2))$ wird das vorgegebene Kugelflächensegment reproduziert, falls man die Parameter gemäß $u \in \left[0, \frac{\pi}{2}\right] \times \left[\frac{\pi}{6}, \frac{\pi}{2}\right]$ einschränkt. Die Tangentenvektoren sind dann durch die partiellen Ableitungen von $\mathbf{x}(u)$ gegeben:

$$\mathbf{t}_1 = \frac{\partial \mathbf{x}}{\partial u_1} = \begin{pmatrix} \cos(u_1)\sin(u_2) \\ -\sin(u_1)\sin(u_2) \\ 0 \end{pmatrix} , \ \mathbf{t}_2 = \frac{\partial \mathbf{x}}{\partial u_2} = \begin{pmatrix} \sin(u_1)\cos(u_2) \\ \cos(u_1)\cos(u_2) \\ -\sin(u_2) \end{pmatrix} ,$$

und ihr Kreuzprodukt folgt als:

$$\mathbf{t}_1 \times \mathbf{t}_2 = \sin(u_2) \begin{pmatrix} \sin(u_1)\sin(u_2) \\ \cos(u_1)\sin(u_2) \\ \cos(u_2) \end{pmatrix} = \sin(u_2)\hat{\mathbf{x}} \ .$$

Dementsprechend hat der Normalenvektor die Form:

$$\hat{\mathbf{n}} = \frac{\mathbf{t}_1 \times \mathbf{t}_2}{|\mathbf{t}_1 \times \mathbf{t}_2|} = \hat{\mathbf{x}} \,,$$

im Einklang mit den Vorgaben aus der Problemstellung.

(b) Wir definieren zunächst die Randsegmente $\partial\mathcal{F}_i$ (mit $i = 1, 2, 3, 4$) durch:

$$\partial\mathcal{F}_1 \equiv \left\{ \mathbf{x}(u) \mid u_2 = \tfrac{\pi}{2} \,,\ u_1 \in \left[0, \tfrac{\pi}{2}\right] \right\}$$
$$\partial\mathcal{F}_2 \equiv \left\{ \mathbf{x}(u) \mid u_1 = 0 \,,\ u_2 \in \left[\tfrac{\pi}{6}, \tfrac{\pi}{2}\right] \right\}$$

bzw.

$$\partial\mathcal{F}_3 \equiv \left\{ \mathbf{x}(u) \mid u_2 = \tfrac{\pi}{6} \,,\ u_1 \in \left[0, \tfrac{\pi}{2}\right] \right\}$$
$$\partial\mathcal{F}_4 \equiv \left\{ \mathbf{x}(u) \mid u_1 = \tfrac{\pi}{2} \,,\ u_2 \in \left[\tfrac{\pi}{6}, \tfrac{\pi}{2}\right] \right\} \,.$$

Es folgt für den Beitrag zu $\int_{\partial\mathcal{F}} d\mathbf{x} \cdot \mathbf{g}(\mathbf{x})$ von $\partial\mathcal{F}_1$:

$$\int_{\partial\mathcal{F}_1} d\mathbf{x} \cdot \mathbf{g}(\mathbf{x}) = \int_{\pi/2}^{0} du_1\, \frac{\partial\mathbf{x}}{\partial u_1} \cdot \mathbf{g}(\mathbf{x})$$
$$= \int_{\pi/2}^{0} du_1 \begin{pmatrix} \cos(u_1) \\ -\sin(u_1) \\ 0 \end{pmatrix} \cdot \begin{pmatrix} -\tfrac{1}{2}\cos(u_1) \\ \tfrac{1}{2}\sin(u_1) \\ 0 \end{pmatrix} = \frac{1}{2} \cdot \frac{\pi}{2} = \frac{\pi}{4} \,,$$

für den Beitrag zu $\int_{\partial\mathcal{F}} d\mathbf{x} \cdot \mathbf{g}(\mathbf{x})$ von $\partial\mathcal{F}_3$:

$$\int_{\partial\mathcal{F}_3} d\mathbf{x} \cdot \mathbf{g}(\mathbf{x}) = \int_{0}^{\pi/2} du_1\, \frac{\partial\mathbf{x}}{\partial u_1} \cdot \mathbf{g}(\mathbf{x})$$
$$= \int_{0}^{\pi/2} du_1 \begin{pmatrix} \tfrac{1}{2}\cos(u_1) \\ -\tfrac{1}{2}\sin(u_1) \\ 0 \end{pmatrix} \cdot \begin{pmatrix} -\tfrac{1}{4}\cos(u_1) \\ \tfrac{1}{4}\sin(u_1) \\ 0 \end{pmatrix} = -\frac{1}{8} \cdot \frac{\pi}{2} = -\frac{\pi}{16} \,,$$

für den Beitrag zu $\int_{\partial\mathcal{F}} d\mathbf{x} \cdot \mathbf{g}(\mathbf{x})$ von $\partial\mathcal{F}_2$:

$$\int_{\partial\mathcal{F}_2} d\mathbf{x} \cdot \mathbf{g}(\mathbf{x}) = \int_{\pi/2}^{\pi/6} du_2\, \frac{\partial\mathbf{x}}{\partial u_2} \cdot \mathbf{g}(\mathbf{x})$$
$$= \int_{\pi/2}^{\pi/6} du_2 \begin{pmatrix} 0 \\ \cos(u_2) \\ -\sin(u_2) \end{pmatrix} \cdot \begin{pmatrix} -\tfrac{1}{2}\sin(u_2) \\ 0 \\ 0 \end{pmatrix} = 0 \,,$$

für den Beitrag zu $\int_{\partial\mathcal{F}} d\mathbf{x} \cdot \mathbf{g}(\mathbf{x})$ von $\partial\mathcal{F}_4$:

$$\int_{\partial\mathcal{F}_4} d\mathbf{x} \cdot \mathbf{g}(\mathbf{x}) = \int_{\pi/6}^{\pi/2} du_2\, \frac{\partial\mathbf{x}}{\partial u_2} \cdot \mathbf{g}(\mathbf{x})$$
$$= \int_{\pi/6}^{\pi/2} du_2 \begin{pmatrix} \cos(u_2) \\ 0 \\ -\sin(u_2) \end{pmatrix} \cdot \begin{pmatrix} 0 \\ \tfrac{1}{2}\sin(u_2) \\ 0 \end{pmatrix} = 0$$

und daher insgesamt: $\int_{\partial\mathcal{F}} d\mathbf{x} \cdot \mathbf{g}(\mathbf{x}) = \frac{\pi}{4} - \frac{\pi}{16} = \frac{3\pi}{16}$.

(c) Für $\mathbf{g}(\mathbf{x}) = \frac{1}{2}(-x_2, x_1, 0)$ gilt $(\boldsymbol{\nabla} \times \mathbf{g})(\mathbf{x}) = \hat{\mathbf{e}}_3$, sodass die *linke* Seite des Stokes'schen Satzes durch

$$\int_{\mathcal{F}} d\mathbf{S} \cdot (\boldsymbol{\nabla} \times \mathbf{g})(\mathbf{x}) = \int_0^{\pi/2} du_1 \int_{\pi/6}^{\pi/2} du_2 \, (\mathbf{t}_1 \times \mathbf{t}_2) \cdot \hat{\mathbf{e}}_3$$

$$= \int_0^{\pi/2} du_1 \int_{\pi/6}^{\pi/2} du_2 \, \sin(u_2) x_3 = \int_0^{\pi/2} du_1 \int_{\pi/6}^{\pi/2} du_2 \, \sin(u_2) \cos(u_2)$$

$$= \frac{\pi}{2} \left[\tfrac{1}{2} \sin^2(u_2) \right]\Big|_{\pi/6}^{\pi/2} = \frac{\pi}{4} \left(1 - \frac{1}{4} \right) = \frac{3\pi}{16}$$

gegeben ist, im Einklang mit dem Ergebnis von (c).

Lösung 9.10 Satz von Stokes in der Ebene

(a) Aus der Problemstellung folgt $|\mathbf{x}'(s)| = \left|\frac{d\mathbf{x}}{ds}\right| = \frac{|d\mathbf{x}|}{ds} = \frac{ds}{ds} = 1$ sowie $|\mathbf{n}(s)| = |\mathbf{x}'(s)| = 1$ und außerdem $\mathbf{x}' \cdot \mathbf{n} = x_1' x_2' - x_2' x_1' = 0$. Für die Determinante der Matrix $(\mathbf{n} \, \mathbf{x}' \, \hat{\mathbf{e}}_3)$ erhält man:

$$\det(\mathbf{n} \, \mathbf{x}' \, \hat{\mathbf{e}}_3) = \det \begin{pmatrix} x_2' & x_1' \\ -x_1' & x_2' \end{pmatrix} = (x_2')^2 + (x_1')^2 = |\mathbf{x}'(s)|^2 = 1 \, .$$

(b) Man wende den Satz von Stokes an für $\mathbf{g}(\mathbf{x}) = (-B_2, B_1, 0)$ und $(\boldsymbol{\nabla} \times \mathbf{g})(\mathbf{x}) = (\partial_1 B_1 + \partial_2 B_2)\hat{\mathbf{e}}_3$. Es folgt für das Integral von $\mathbf{g}(\mathbf{x})$ über den Rand $\partial \mathcal{F}$:

$$\oint_{\partial \mathcal{F}} d\mathbf{x} \cdot \mathbf{g}(\mathbf{x}) = \int_{\partial \mathcal{F}} ds \, \frac{d\mathbf{x}}{ds} \cdot \begin{pmatrix} -B_2 \\ B_1 \\ 0 \end{pmatrix}$$

$$= \int_{\partial \mathcal{F}} ds \, (-B_2 x_1' + B_1 x_2') = \int_{\partial \mathcal{F}} ds \, (\mathbf{n} \cdot \mathbf{B})$$

und für das Integral von $\boldsymbol{\nabla} \times \mathbf{g}$ über die Fläche $\mathcal{F}$:

$$\int_{\mathcal{F}} d\mathbf{S} \cdot (\boldsymbol{\nabla} \times \mathbf{g})(\mathbf{x}) = \int_{\mathcal{F}} dx_1 \, dx_2 \, \hat{\mathbf{e}}_3 \cdot [(\partial_1 B_1 + \partial_2 B_2)\hat{\mathbf{e}}_3]$$

$$= \int_{\mathcal{F}} dx_1 dx_2 \, (\partial_1 B_1 + \partial_2 B_2) \, .$$

Diese Form des Stokes'schen Satzes besagt also, dass das Integral der zweidimensionalen Divergenz über $\mathcal{F}$ gleich dem Fluss durch den (eindimensionalen) Rand ist. Hierbei ist $\mathbf{B}(\mathbf{x})$ beliebig, jedoch mit $B_i(\mathbf{x}) = B_i(x_1, x_2, 0)$.

Lösung 9.11 Eine Identität für den Levi-Civita-Tensor

Es wird im Folgenden nützlich sein, dass sowohl die linke als auch die rechte Seite der Identität $\varepsilon_{ikl}\delta_{jm} + \varepsilon_{ilj}\delta_{km} + \varepsilon_{ijk}\delta_{lm} = \varepsilon_{jkl}\delta_{im}$ invariant unter zyklischen Vertauschungen von (jkl) ist. Wir unterscheiden die Fälle $i = m$ und $i \neq m$. Für $i = m$ ist die Identität erfüllt, da die rechte Seite gleich ε_{jkl} und die linke ebenfalls gleich

$$\varepsilon_{jkl}\delta_{ji} + \varepsilon_{klj}\delta_{ki} + \varepsilon_{ljk}\delta_{li} = \varepsilon_{jkl}(\delta_{ji} + \delta_{ki} + \delta_{li}) = \varepsilon_{jkl} 1 = \varepsilon_{jkl}$$

ist: Falls $\varepsilon_{jkl} \neq 0$ ist, muss nämlich $\delta_{ji} + \delta_{ki} + \delta_{li} = 1$ gelten.

Für $i \neq m$ ist zu zeigen: $0 = T_1 + T_2 + T_3$ mit $T_1 \equiv \varepsilon_{ikl}\delta_{jm}, T_2 \equiv \varepsilon_{ilj}\delta_{km}$ und $T_3 \equiv \varepsilon_{ijk}\delta_{lm}$. Für $T_1 = T_2 = T_3 = 0$ wäre die Identität trivial erfüllt. Nehmen wir an, $T_1 \neq 0 \vee T_2 \neq 0 \vee T_3 \neq 0$. Wegen der Invarianz unter zyklischen Vertauschungen können wir annehmen: $T_1 \neq 0$. Dann gilt:

$$\left[\begin{pmatrix} i \neq k \,,\, i \neq l \\ k = m \,,\, l \neq m \end{pmatrix} \wedge j = m \right] \vee \left[\begin{pmatrix} i \neq k \,,\, i \neq l \\ k \neq m \,,\, l = m \end{pmatrix} \wedge j = m \right] .$$

Im ersten Fall folgt $T_3 = 0$ und $T_2 = \varepsilon_{ilj} = \varepsilon_{ilk} = -T_1$. Im zweiten Fall folgt $T_2 = 0$ und $T_3 = \varepsilon_{ijk} = \varepsilon_{ilk} = -T_1$. In beiden Fällen folgt daher $T_1 + T_2 + T_3 = 0$, was zu zeigen war. Wir schließen hieraus, dass die Identität für alle $i, j, k, l, m \in \{1, 2, 3\}$ richtig ist.

Lösung 9.12 Der Gauß'sche Satz 1

Für $\mathbf{f}(\mathbf{x}) = \mathbf{x}$ gilt $\boldsymbol{\nabla} \cdot \mathbf{f} = 3$. Das Volumen $\mathcal{V}$ stellt einen Kreiszylinder mit der Höhe 3 und dem Radius 3 dar.

(a) Die *linke* Seite des Gauß'schen Satzes hat in diesem Fall den Wert:

$$\int_{\mathcal{V}} d^3x\, (\boldsymbol{\nabla} \cdot \mathbf{f}) = 3\,\mathrm{Vol}(\mathcal{V}) = 3 \cdot 3 \cdot 3^2\pi = 81\pi.$$

(b) Die *rechte* Seite des Gauß'schen Satzes wird wie folgt berechnet:

$$\int_{\partial\mathcal{V}} d\mathbf{S} \cdot \mathbf{f} = \int_{\mathrm{Boden}} d\mathbf{S} \cdot \mathbf{f} + \int_{\mathrm{Deckel}} d\mathbf{S} \cdot \mathbf{f} + \int_{\mathrm{Mantel}} d\mathbf{S} \cdot \mathbf{f}$$

$$= \int_0^{2\pi} d\varphi \int_0^3 d\rho\, \rho \begin{pmatrix} \rho\cos(\varphi) \\ \rho\sin(\varphi) \\ 0 \end{pmatrix} \cdot (-\hat{\mathbf{e}}_3) + \int_0^{2\pi} d\varphi \int_0^3 d\rho\, \rho \begin{pmatrix} \rho\cos(\varphi) \\ \rho\sin(\varphi) \\ 3 \end{pmatrix} \cdot \hat{\mathbf{e}}_3$$

$$+ \int_0^{2\pi} d\varphi \int_0^3 dx_3\, 3 \begin{pmatrix} 3\cos(\varphi) \\ 3\sin(\varphi) \\ x_3 \end{pmatrix} \cdot \begin{pmatrix} \cos(\varphi) \\ \sin(\varphi) \\ 0 \end{pmatrix}$$

$$= 0 + 2\pi \cdot \tfrac{1}{2}3^2 \cdot 3 + 2\pi \cdot 3 \cdot 3 \cdot 3 = (27 + 54)\pi = 81\pi .$$

Lösung 9.13 Der Gauß'sche Satz 2

Für $\mathbf{f}(\mathbf{x}) = (2x_1 x_2 + x_3, x_2^2, -x_1 - 3x_2)$ gilt $\boldsymbol{\nabla} \cdot \mathbf{f} = 2x_2 + 2x_2 + 0 = 4x_2$. Zu integrieren ist über die Ecke unterhalb der Ebene $2(x_1 + x_2) + x_3 = 6$ im ersten Oktanten.

(a) Die *linke* Seite des Gauß'schen Satzes ist daher gleich:

$$\int_{\mathcal{V}} d^3x\, (\boldsymbol{\nabla} \cdot \mathbf{f}) = \int_0^3 dx_2 \int_0^{3-x_2} dx_1 \int_0^{2(3-x_2-x_1)} dx_3\, 4x_2$$

$$= 8 \int_0^3 dx_2 \int_0^{3-x_2} dx_1\, x_2(3 - x_2 - x_1) = 4 \int_0^3 dx_2\, x_2(3 - x_2)^2$$

$$= 4 \int_0^3 dx_2\, (9x_2 - 6x_2^2 + x_2^3) = 4\left(\tfrac{9}{2} \cdot 9 - 2 \cdot 27 + \tfrac{1}{4} \cdot 81\right) = 27 .$$

(b) Eine mögliche Parametrisierung des orientierten Dreiecks ist:

$$\mathbf{x}(u_1, u_2) = \begin{pmatrix} 3 \\ 0 \\ 0 \end{pmatrix} + u_1 \begin{pmatrix} 0 \\ 3 \\ -6 \end{pmatrix} + u_2 \begin{pmatrix} -3 \\ 0 \\ 6 \end{pmatrix} \quad (0 \leq u_1 \leq u_2 \leq 1) \,.$$

Die entsprechenden Tangentenvektoren und der Normalenvektor sind:

$$\mathbf{t}_1 = \frac{\partial \mathbf{x}}{\partial u_1} = \begin{pmatrix} 0 \\ 3 \\ -6 \end{pmatrix} , \ \mathbf{t}_2 = \frac{\partial \mathbf{x}}{\partial u_2} = \begin{pmatrix} -3 \\ 0 \\ 6 \end{pmatrix} , \ \hat{\mathbf{n}} = \frac{\mathbf{t}_1 \times \mathbf{t}_2}{|\mathbf{t}_1 \times \mathbf{t}_2|} = \tfrac{1}{3} \begin{pmatrix} 2 \\ 2 \\ 1 \end{pmatrix} \,.$$

(c) Der Beitrag des orientierten Dreiecks aus (b) zur *rechten* Seite des Gauß'schen Satzes ist:

$$\int d\mathbf{S} \cdot \mathbf{f} = \int d^2u \, (\mathbf{t}_1 \times \mathbf{t}_2) \cdot \mathbf{f}$$

$$= \int_0^1 du_2 \int_0^{u_2} du_1 \, 9 \begin{pmatrix} 2 \\ 2 \\ 1 \end{pmatrix} \cdot \begin{pmatrix} 2(3 - 3u_2) \cdot 3u_1 + 6u_2 - 6u_1 \\ 9u_1^2 \\ -3(1 - u_2) - 9u_1 \end{pmatrix}$$

$$= 27 \int_0^1 du_2 \int_0^{u_2} du_1 \ (5u_1 - 12u_1u_2 + 5u_2 + 6u_1^2 - 1)$$

$$= 27 \int_0^1 du_2 \ (\tfrac{5}{2}u_2^2 - 6u_2^3 + 5u_2^2 + 2u_2^3 - u_2)$$

$$= 27 \int_0^1 du_2 \ (\tfrac{15}{2}u_2^2 - 4u_2^3 - u_2) = 27(\tfrac{15}{2} \cdot \tfrac{1}{3} - 4 \cdot \tfrac{1}{4} - 1 \cdot \tfrac{1}{2}) = 27 \,.$$

Das Dreieck in der $(x_1 = 0)$-Ebene ergibt den folgenden Beitrag zur *rechten* Seite des Gauß'schen Satzes:

$$\int d\mathbf{S} \cdot \mathbf{f} = \int_0^3 dx_2 \int_0^{6-2x_2} dx_3 \, \hat{\mathbf{n}} \cdot \mathbf{f}$$

$$= \int_0^3 dx_2 \int_0^{6-2x_2} dx_3 \ (-\hat{\mathbf{e}}_1) \cdot \begin{pmatrix} x_3 \\ x_2^2 \\ -3x_2 \end{pmatrix} = \int_0^3 dx_2 \int_0^{6-2x_2} dx_3 \ (-x_3)$$

$$= - \int_0^3 dx_2 \, \tfrac{1}{2}(6 - 2x_2)^2 = -2 \cdot \tfrac{1}{3} \cdot 3^3 = -18 \,.$$

Das Dreieck in der $(x_2 = 0)$-Ebene ergibt den folgenden Beitrag zur *rechten* Seite des Gauß'schen Satzes:

$$\int d\mathbf{S} \cdot \mathbf{f} = \int_0^3 dx_1 \int_0^{6-2x_1} dx_3 \, \hat{\mathbf{n}} \cdot \mathbf{f} = \int_0^3 dx_1 \int_0^{6-2x_1} dx_3 \ (-\hat{\mathbf{e}}_2) \cdot \begin{pmatrix} x_3 \\ 0 \\ -x_1 \end{pmatrix} = 0 \,.$$

Das Dreieck in der $(x_3 = 0)$-Ebene ergibt den folgenden Beitrag zur *rechten*

Seite des Gauß'schen Satzes:

$$\int d\mathbf{S}\cdot\mathbf{f} = \int_0^3 dx_1 \int_0^{3-x_1} dx_2\,\hat{\mathbf{n}}\cdot\mathbf{f} = \int_0^3 dx_1 \int_0^{3-x_1} dx_2\,(-\hat{\mathbf{e}}_3)\cdot\begin{pmatrix} 2x_1x_2 \\ x_2^2 \\ -x_1 - 3x_2 \end{pmatrix}$$

$$= \int_0^3 dx_1 \int_0^{3-x_1} dx_2\,(x_1 + 3x_2) = \int_0^3 dx_1 \left[x_1(3-x_1) + \tfrac{3}{2}(3-x_1)^2\right]$$

$$= \int_0^3 dx_1 \left(\tfrac{27}{2} - 6x_1 + \tfrac{1}{2}x_1^2\right) = \tfrac{81}{2} - 27 + \tfrac{9}{2} = 18\,.$$

Insgesamt erhält man nun also für die *rechte* Seite des Gauß'schen Satzes: $\int_{\partial V} d\mathbf{S}\cdot\mathbf{f} = 27 - 18 + 0 + 18 = 27$, im Einklang mit dem Ergebnis der *linken* Seite des Gauß'schen Satzes.

Lösung 9.14 Der Gauß'sche Satz 3
Für $\mathbf{f}(\mathbf{x}) = (x_3^2 - x_1, -x_1x_2, 3x_3)$ ist $\boldsymbol{\nabla}\cdot\mathbf{f} = -1 - x_1 + 3 = 2 - x_1$. Wir berechnen hier die *linke* Seite des Gauß'schen Satzes:

$$\int_{\mathcal{V}_-} d^3x\,(\boldsymbol{\nabla}\cdot\mathbf{f}) = -\int_{\mathcal{V}_+} d^3x\,(\boldsymbol{\nabla}\cdot\mathbf{f}) = -\int_0^3 dx_1 \int_0^2 dx_2 \int_{-(4-x_2^2)}^{4-x_2^2} dx_3\,(2-x_1)$$

$$= -2\int_0^3 dx_1\,(2-x_1)\int_0^2 dx_2\,(4-x_2^2) = -2(6 - \tfrac{1}{2}\cdot 3^2)(8 - \tfrac{1}{3}\cdot 2^3) = -16\,.$$

Lösung 9.15 Der Gauß'sche Satz 4
Für $\mathbf{f}(\mathbf{x}) = (2x_1 + 3x_3, -x_1x_3 - x_2, x_2^2 + 2x_3)$ ist $\boldsymbol{\nabla}\cdot\mathbf{f} = 2 - 1 + 2 = 3$.

(a) Die *linke* Seite des Gauß'schen Satzes ist daher gleich:

$$\int_{\mathcal{V}} d^3x\,(\boldsymbol{\nabla}\cdot\mathbf{f}) = 3\int_{\mathcal{V}} d^3x = 3\cdot\tfrac{4}{3}\pi 3^3 = 108\pi\,.$$

(b) Wir substituieren $\mathbf{y} \equiv \mathbf{x} - \mathbf{x}_0$ und

$$\bar{\mathbf{f}}(\mathbf{y}) \equiv \mathbf{f}(\mathbf{x}_0 + \mathbf{y}) = \begin{pmatrix} 12 + 2y_1 + 3y_3 \\ -5 - y_2 - y_1y_3 - 3y_3 - 2y_1 \\ y_2^2 - 2y_2 + 2y_3 + 5 \end{pmatrix}\,.$$

Deshalb ist das Oberflächenintegral (d.h. die *rechte* Seite des Gauß'schen Satzes) gleich:

$$\int_{\partial V} d\mathbf{S}\cdot\bar{\mathbf{f}} = 3^2\int d\Omega\,\hat{\mathbf{n}}\cdot\bar{\mathbf{f}} = 9\int d\Omega\,(\tfrac{1}{3}\mathbf{y})\cdot\bar{\mathbf{f}}(\mathbf{y})\,.$$

Ungerade Terme im Integranden bei Vorzeichenwechseln einzelner Koordinaten y_i fallen nun weg (Inversionssymmetrien):

$$\int_{\partial V} d\mathbf{S} \cdot \mathbf{f} = 3 \int d\Omega \, (2y_1^2 - y_2^2 + 2y_3^2) = 3 \int d\Omega \, [2(y_1^2 + y_2^2 + y_3^2) - 3y_2^2]$$

$$= 9 \int d\Omega \, (6 - y_2^2) = 9 \int d\Omega \, (6 - y_3^2) = 9 \int d\Omega \, [6 - 9\cos^2(\vartheta)]$$

$$= 9 \left[6 \cdot 4\pi - 9 \cdot 2\pi \int_0^\pi d\vartheta \, \sin(\vartheta) \cos^2(\vartheta) \right]$$

$$= 54\pi \left[4 - 3 \int_{-1}^1 dz \, z^2 \right] = 108\pi \, .$$

Wir stellen fest, dass die *linke* und die *rechte* Seite des Gauß'schen Satzes gleich sind.

Lösung 9.16 Der erste Green'sche Satz

(a) Falls sowohl $\Delta\Phi_1 = -\frac{1}{\varepsilon_0}\rho$ als auch $\Delta\Phi_2 = -\frac{1}{\varepsilon_0}\rho$ gilt, folgt

$$(\Delta w)(\mathbf{x}) = \Delta(\Phi_1 - \Phi_2) = -\frac{1}{\varepsilon_0}\rho - \left(-\frac{1}{\varepsilon_0}\rho\right) = 0 \quad \text{für} \quad \mathbf{x} \in \mathcal{V}$$

$$w(\mathbf{x}) = \Phi_1(\mathbf{x}) - \Phi_2(\mathbf{x}) = V(\mathbf{x}) - V(\mathbf{x}) = 0 \quad \text{für} \quad \mathbf{x} \in \partial\mathcal{V} \, .$$

(b) Aus dem ersten Green'schen Satz folgt für $\mu = \nu = w$:

$$0 = \int_{\partial V} dS \, w\frac{\partial w}{\partial n} = \int_V d^3x \, [(\boldsymbol{\nabla} w) \cdot (\boldsymbol{\nabla} w) + w(\Delta w)] = \int_V d^3x \, [\boldsymbol{\nabla} w(\mathbf{x})]^2 \, .$$

Hieraus folgt $(\boldsymbol{\nabla} w)(\mathbf{x}) = \mathbf{0}$ für alle $\mathbf{x} \in \mathcal{V}$, sodass $w(\mathbf{x})$ konstant sein muss. Wegen $w(\mathbf{x}) = 0$ für $\mathbf{x} \in \partial\mathcal{V}$ muss diese Konstante null sein: $w(\mathbf{x}) = 0$ für $\mathbf{x} \in \mathcal{V}$, sodass (im Widerspruch zur Annahme) $\Phi_1 = \Phi_2$ gilt. Daher kann es keine zwei unterschiedlichen Lösungen geben, woraus folgt, dass die Lösung $\Phi(\mathbf{x})$ eindeutig festgelegt ist.

Lösung 9.17 Die d-dimensionale Deltafunktion

Man löst dieses Problem, indem man zunächst $\mathbf{x} + A^{-1}\mathbf{b} \equiv \mathbf{y}$ substituiert:

$$\int d^dx \, f(\mathbf{x})\delta^{(d)}(A\mathbf{x} + \mathbf{b}) = \int d^dx \, f(\mathbf{x})\delta^{(d)}\left(A(\mathbf{x} + A^{-1}\mathbf{b})\right)$$

$$= \int d^dy \, f(\mathbf{y} - A^{-1}\mathbf{b})\delta^{(d)}(A\mathbf{y}) \, .$$

Wir substituieren danach $A\mathbf{y} = \mathbf{z}$ und verwenden die Transformationsformel $d^dy = |\det(A)|^{-1}d^dz$, wobei $|\det(A)|^{-1}$ die Jacobi-Determinante der Transformation $\mathbf{y} = A^{-1}\mathbf{z}$ darstellt:

$$\int d^dx \, f(\mathbf{x})\delta^{(d)}(A\mathbf{x} + \mathbf{b}) = |\det(A)|^{-1} \int d^dz \, f(A^{-1}(\mathbf{z} - \mathbf{b}))\delta^{(d)}(\mathbf{z})$$

$$= |\det(A)|^{-1}f(-A^{-1}\mathbf{b}) = \int d^dx \, f(\mathbf{x}) \left[\frac{1}{|\det(A)|} \delta^{(d)}(\mathbf{x} + A^{-1}\mathbf{b}) \right] \, .$$

Hiermit ist $\delta^{(d)}(A\mathbf{x} + \mathbf{b}) = |\det(A)|^{-1}\delta^{(d)}(\mathbf{x} + A^{-1}\mathbf{b})$ gezeigt.

Liste der Symbole

Griechisches Alphabet

α, A	alpha	η, H	eta	ν, N	ny	τ, T		tau
β, B	beta	θ, ϑ, Θ	theta	ξ, Ξ	xi	υ, Υ		ypsilon
γ, Γ	gamma	ι, I	iota	o, O	omikron	ϕ, φ, Φ	phi
δ, Δ	delta	κ, K	kappa	π, ϖ, Π	pi	χ, X		chi
ϵ, ε, E	epsilon	λ, Λ	lambda	ρ, ϱ, P	rho	ψ, Ψ		psi
ζ, Z	zeta	μ, M	my	σ, ς, Σ	sigma	ω, Ω		omega

Mathematische Notation

$\mathbb{N}$	natürliche Zahlen $\{1, 2, 3, \cdots\}$	$\ll$	ist viel kleiner als
$\mathbb{N}_0$	natürliche Zahlen $\{0, 1, 2, 3, \cdots\}$	$<$	ist kleiner als
$\mathbb{Z}$	ganze Zahlen $\{\cdots, -1, 0, 1, \cdots\}$	$\leq$	ist kleiner als oder gleich
$\mathbb{Z}\backslash\{0\}$	ganze Zahlen $n \neq 0$	$\geq$	ist größer als oder gleich
$\mathbb{Q}$	rationale Zahlen $\frac{m}{n}$	$>$	ist größer als
$\mathbb{R}$	reelle Zahlen	$\gg$	ist viel größer als
$\mathbb{R}\backslash\{0\}$	reelle Zahlen $x \neq 0$	$\exists$	es gibt
$\mathbb{R}^+$	positive reelle Zahlen $x > 0$	$\exists!$	es gibt genau 1
$\mathbb{R}^-$	negative reelle Zahlen $x < 0$	$\nexists$	es gibt kein
$\mathbb{C}$	komplexe Zahlen $u + iv$	$\forall$	für alle
i	imaginäre Einheit ($i^2 = -1$)	$A \wedge B$	A und B
$=$	ist gleich	$A \vee B$	A oder B
$\simeq$	ist ungefähr gleich	$\emptyset$	die leere Menge
$\neq$	ist ungleich	$\subseteq$	ist Teilmenge von
$\equiv$	ist per definitionem gleich	$\subset$	ist echte Teilmenge von
$\sim$	asymptotisch äquivalent zu	$A \cup B$	Vereinigung von A und B
$\mathcal{O}$	asymptotisch von Ordnung	$A \cap B$	Querschnitt von A und B
o	asymptotisch vernachlässigbar	$\in$	ist Element von
$\propto$	ist proportional zu	$\notin$	ist kein Element von
$\approx$	als asymptotische Reihe gleich	$A \Rightarrow B$	falls A, dann B
N_m	der Nachfolger von $m \in \mathbb{N}_0$	$A \Leftrightarrow B$	A und B sind äquivalent
$\pm$	plus bzw. minus	$\binom{n}{k}$	Binomialkoeffizient
$\mp$	minus bzw. plus	$n!$	n-Fakultät
$\pm\infty$	plus bzw. minus unendlich	$n!!$	n-Doppelfakultät

Mathematische Notation

$\sum_{k=0}^{n}$	Summe	$\prod_{k=0}^{n}$	Produkt
F_n	n-te Fibonacci-Zahl	$x_+ = \frac{1}{2} + \frac{1}{2}\sqrt{5}$	Goldener Schnitt
$\pi = 3{,}1415\cdots$	Kreiszahl	$e = 2{,}71828\cdots$	Euler-Zahl
$\gamma = 0{,}5772\cdots$	Euler-Konstante	$\sqrt[n]{a}$	n-te Wurzel
$\exp(x) = e^x$	Exponentialfunktion	$\ln(x)$	Logarithmus
$^a\exp(x) = a^x$	Exponentialfunktion	$^a\log(x)$	Logarithmus
$f' = \frac{df}{dx}$	Ableitung von f	$f^{(n)} = \frac{d^n f}{dx^n}$	n-te Ableitung
f''	2. Ableitung von f	f'_+	rechtsseitige Ableitung
f''', f''''	3., 4. Ableitung	f'_-	linksseitige Ableitung
$\lim_{x\to a}$	Limes $x \to a$	$\lim_{x\to\pm\infty}$	Limes $x \to \pm\infty$
$\lim_{x\uparrow a}$	Limes von unten	$\lim_{x\downarrow a}$	Limes von oben
$\mathrm{Re}(z)$	Realteil ($z \in \mathbb{C}$)	$\mathrm{Im}(z)$	Imaginärteil ($z \in \mathbb{C}$)
$\lvert z \rvert$	Betrag ($z \in \mathbb{C}$)	$\arg(z)$	Argument ($z \in \mathbb{C}$)
$\mathrm{sgn}(u)$	Signum ($u \neq 0$)	$\mathrm{mod}\ 2\pi$	modulo (hier 2π)
P_n	n-te Primzahl	z^*	komplexe Konjugation
(a_n)	Folge	(S_n)	Reihe
$\mathbf{x}, \mathbf{a}, \mathbf{b}$	Vektoren	$\lvert \mathbf{a} \rvert$	Norm/Länge von $\mathbf{a}$
$\hat{\mathbf{x}}, \hat{\mathbf{a}}$	Einheitsvektor	$\angle(\mathbf{a}, \mathbf{b})$	Winkel zwischen $\mathbf{a}, \mathbf{b}$
$\mathbb{R}^3$	$\mathbb{R} \times \mathbb{R} \times \mathbb{R}$	$\mathbb{R}^d\ (d \geq 2)$	$\mathbb{R} \times \mathbb{R}^{d-1}$
$\langle \mathbf{a}, \mathbf{b} \rangle$	Skalarprodukt	$\mathbf{x} \cdot \mathbf{x}'$	Skalarprodukt
$\perp$	senkrecht	$\parallel$	parallel
$\mathbf{a} \times \mathbf{b}$	Vektorprodukt	$(\mathbf{a} \times \mathbf{b}) \cdot \mathbf{c}$	Spatprodukt
δ_{ij}	Kronecker-Delta	ε_{ijk}	ε-Tensor
$\det(A)$	Determinante von A	A^{T}	Transponierte Matrix
$\mathbb{1}_d$	Einheitsmatrix	$\mathbf{a}^{\mathrm{T}}$	Transponierter Vektor
A^{-1}	inverse Matrix	$\mathcal{A}$	Adjunkte von A
(ρ, φ)	Polarkoordinaten	(r, φ, ϑ)	Kugelkoordinaten
$\boldsymbol{\alpha} = \alpha\hat{\boldsymbol{\alpha}}$	Drehvektor	$R(\boldsymbol{\alpha})$	Drehung
P	Permutation	$P_{\mathbf{1}}$	Einheitspermutation
$\mathrm{sgn}(P)$	Signum von P	S_n	symmetrische Gruppe
$\varepsilon_{i_1 i_2 \cdots i_n}$	ε-Tensor	$f(x), f(\mathbf{x})$	Funktion f von $x, \mathbf{x}$
D	Definitionsbereich	W	Wertebereich
$f^{-1}(y)$	Umkehrfunktion	$f \circ g$	Verkettung
$\mathcal{I} = (a, b)$	offenes Intervall $\mathcal{I}$	$\mathcal{I} = [a, b]$	$\mathcal{I}$ abgeschlossen
$\mathcal{I} = (a, b]$	$\mathcal{I}$ linksoffen	$\mathcal{I} = [a, b)$	$\mathcal{I}$ rechtsoffen
$\Theta(x)$	Stufenfunktion	$\Theta_c(x)$	Stufenfunktion
$\frac{\Delta f}{\Delta x}$	Differenzenquotient	$\frac{\partial f}{\partial x_1}(x_1, \cdots, x_n)$	partielle Ableitung
∇	Nabla-Operator	∇f	Gradient von f
$\nabla \cdot \mathbf{f}$	Divergenz von $\mathbf{f}$	$\nabla \times \mathbf{f}$	Rotation von $\mathbf{f}$
$\nabla \times (\nabla \times \mathbf{f})$	doppelte Rotation	$\Delta = \nabla \cdot \nabla$	Laplace-Operator
$\int dx\, f(x)$	Stammfunktion	$\int_a^b dx\, f(x)$	bestimmtes Integral
$\mathrm{P}\int dx\, f(x)$	Hauptwertintegral	$\int_G dx_1 dx_2\, f$	Integral ($G \subset \mathbb{R}^2$)
$\int_G d^2x\, f(\mathbf{x})$	Integral ($G \subset \mathbb{R}^2$)	$\int_G d^3x\, f(\mathbf{x})$	Integral ($G \subset \mathbb{R}^3$)
$\Gamma(x)$	Gammafunktion	$T_f(x)$	Taylor-Reihe von f
$\dot{\psi}, \dot{\mathbf{x}}$	Zeitableitung	$\ddot{\psi}, \ddot{\mathbf{x}}$	2. Zeitableitung

Mathematische Notation

$\hat{\mathbf{e}}_i$	i-ter Basisvektor	dy, dx	Differentiale
p_i	Wahrscheinlichkeit	$\mathcal{S}$	sicheres Ereignis
$\langle f(i) \rangle$	Erwartungswert	$\langle i \rangle$	Mittelwert
$\langle i^n \rangle$	n-tes Moment	$\langle (i - \langle i \rangle)^2 \rangle$	Varianz
μ	Mittelwert	σ	Standardabweichung
$p_{01}(x)$	Standardnormalverteilung	$p_{\mu\sigma}(x)$	Gauß-Verteilung
$I_{[a,b]}(x)$	Indikatorfunktion	$I_G(\mathbf{x})$	Indikatorfunktion
$\delta_a(x)$	Deltaverteilung	$\delta(x), \delta(\mathbf{x})$	Deltafunktion
$J_{\mathbf{f}}(\mathbf{a})$	Funktionaldeterminante	$\mathrm{Vol}(\cdots)$	aufgespanntes Volumen
$\int_k d\mathbf{x} \cdot \mathbf{F}$	Kurvenintegral	$\int_{\mathcal{F}} dS \, f(\mathbf{x})$	Flächenintegral
$\int_{\mathcal{F}} d\mathbf{S} \cdot \mathbf{f}(\mathbf{x})$	Flächenintegral	$\oint_{\partial \mathcal{F}} d\mathbf{x} \cdot \mathbf{g}$	Flächenrandintegral
$\hat{\mathbf{n}}$	Normalenvektor	$\hat{\mathbf{t}}_i$	Tangentenvektor
$\mathcal{F}$	Fläche	$\partial \mathcal{F}$	Flächenrand
$|\mathcal{F}|$	Flächeninhalt	$\mathcal{V}$	Volumen
$\partial \mathcal{V}$	Volumenrand	$|\mathcal{V}|$	Volumeninhalt
$\int_{\mathcal{V}} d^3x \, g(\mathbf{x})$	Volumenintegral	$\oint_{\partial \mathcal{V}} d\mathbf{S} \cdot \mathbf{f}$	Volumenrandintegral
$\mathcal{R}$	Rechteck	$\mathcal{Q}$	Quader
$\frac{\partial}{\partial n} = \hat{\mathbf{n}} \cdot \boldsymbol{\nabla}$	Normalableitung	ψ	p-Form
μ, ν	0-Form	ω	1-Form
τ	2-Form	ζ	3-Form
$d\mu \wedge d\nu$	äußeres Produkt	η	4-Form

Physikalische Größen

c	Lichtgeschwindigkeit	$\mathbf{x}$	Ortsvektor
$\mathbf{F}$	Kraft	$\mathbf{p}, p$	Impuls
$\mathbf{L}$	Drehimpuls	$\mathbf{N}$	Drehmoment
$\mathbf{v}, v, \dot{\mathbf{x}}$	Geschwindigkeit	$\mathbf{a}, \ddot{\mathbf{x}}$	Beschleunigung
$\mathbf{E}$	elektrisches Feld	$\mathbf{B}$	Magnetfeld
$\mathbf{g}, g$	Schwerebeschleunigung	m	Masse
R	Reibungskonstante	E	Energie
t	Zeitvariable	ω	Frequenz
L	Lagrange-Funktion	H	Hamilton-Funktion
V	Volumen	N	Teilchenzahl
Φ	skalares Potential	$\mathbf{A}$	Vektorpotential

Literaturverzeichnis

[1] Otto, M.: Rechenmethoden für Studierende der Physik im ersten Jahr. Spektrum, Heidelberg (2011)

[2] Korsch, H.J.: Mathematik-Vorkurs. Binomi-Verlag, Springe (2010)

[3] Korsch, H.J.: Mathematische Ergänzungen. 3. Auflage, Binomi-Verlag, Springe (2007)

[4] Kallenrode, M.: Rechenmethoden der Physik. 2. Auflage, Springer Berlin Heidelberg (2005)

[5] Ayres, F., Mendelson, E.: Calculus. 4th edition, McGraw-Hill, New York (1991)

[6] Wrede, R.C., Spiegel, M.R.: Advanced Calculus. 2nd edition, McGraw-Hill, New York (2002)

[7] Lang, C.B., Pucker, N.: Mathematische Methoden in der Physik. 2. Auflage, Spektrum, Heidelberg (2005)

[8] Goldhorn, K.-H., Heinz, H.-P.: Mathematik fur Physiker 1. Springer Berlin Heidelberg (2007)

[9] Goldhorn, K.-H., Heinz, H.-P.: Mathematik fur Physiker 2. Springer Berlin Heidelberg (2007)

[10] Arens, T., Busam, R., Hettlich, F., Karpfinger, Chr., Stachel, H.: Grundwissen Mathematikstudium. Springer Spektrum (2013)

[11] Kemnitz, A.: Mathematik zum Studienbeginn. 11. Auflage, Springer Spektrum, Wiesbaden (2014)

[12] Ebbinghaus, H.-D., et al.: Zahlen. 3. Auflage, Springer Berlin Heidelberg (1992)

[13] Jacobson, N.: Basic Algebra I. W.H. Freeman and Company, San Francisco (1974)

[14] Scharlau, W., Opolka, H.: Von Fermat bis Minkowski. Springer Berlin Heidelberg (1980)

[15] Müller-Stach, S., Piontkowski, J.: Elementare und algebraische Zahlentheorie. 2. Auflage, Vieweg + Teubner, Wiesbaden (2011)

[16] Rouse Ball, W.W.: A Short Account of the History of Mathematics. 4th edition, Dover Publications, New York (1960)

[17] Vogel, H.: A better way to construct the sunflower head. Math. Biosci. **44**, 179-189 (1979)

[18] Ryan, G.W., Rouse, J.L., Bursill, L.A.: Quantitative analysis of sunflower seed packing. J. theor. Biol. **147**, 303-328 (1991)

[19] Ridley, J.N.: Packing efficiency in sunflower heads. Math. Biosci. **58**, 129-139 (1982)

[20] Spiegel, M.R.: Finite Differences and Difference Equations. McGraw-Hill, New York (1971)

[21] Bell, E.T.: Men of Mathematics. Simon and Schuster, New York (1937)

[22] Gelbaum, B.R., Olmsted, J.M.H.: Counterexamples in Analysis. Dover Publications, Mineola, New York (2003)

[23] Squires, G.L., Practical Physics. McGraw-Hill, London (1968)

[24] Abramowitz, M., Stegun, I.A.: Handbook of Mathematical Functions. Dover Publications, New York (1965)

[25] Hardy, G.H.: Divergent Series. Chelsea, New York (1991)

[26] Coddington, E.A., Levinson, N.: Theory of Ordinary Differential Equations. McGraw-Hill, New York (1955)

[27] Cohen, I.B., Whitman, A.: Isaac Newton, the Principia. Univ. of California Press, Berkeley (1999)

[28] Metzler, W.: Dynamische Systeme in der Ökologie. Teubner, Stuttgart (1987)

[29] Brauer, F., Castillo-Chávez, C.: Mathematical Models in Population Biology and Epidemiology. 2nd edition, Springer New York (2012)

[30] Lotka, A.J.: Elements of Physical Biology. Williams and Wilkins, Baltimore (1925)

[31] Volterra, V.: Variazioni e fluttuazioni del numero d'individui in specie animali conviventi. Mem. Acad. Sci. Lincei Roma **2**, 31-113 (1926)

[32] Whittaker, E.T.: A Treatise on the Analytical Dynamics of Particles and Rigid Bodies. Cambridge Univ. Press, Cambridge (1988)

[33] Parker, G.W.: Projectile motion with air resistance quadratic in the speed. Am. J. Phys. 45(7), 606-610 (1977)

[34] Klein, F., Sommerfeld, A.: Über die Theorie des Kreisels (4 Hefte). B.G. Teubner, Leipzig (1897 - 1910)

[35] Abramowitz, M., Stegun, I.A.: Pocketbook of Mathematical Functions. Harri Deutsch, Frankfurt/Main (1986)

[36] Gradshteyn, I.S., Ryzhik, I.M.: Table of Integrals, Series and Products. Academic Press, San Diego (1965)

[37] Milne, W.E.: Numerical Solution of Differential Equations. Dover Publications, New York (1970)

[38] Press, W.H., Flannery, B.P., Teukolsky, S.A., Vetterling, W.T.: Numerical Recipes in FORTRAN 77. 2nd edition, Cambridge Univ. Press, Cambridge (1992)

[39] Cannell, D.M.: George Green: Mathematician and Physicist. 2nd edition, Society for Industrial and Applied Mathematics, Philadelphia (1987)

[40] Arnold, V.I.: Mathematical Methods of Classical Mechanics. Springer, New York (1978)

[41] Jänich, K.: Vektoranalysis. 5. Auflage, Springer Berlin Heidelberg (2005)

Stichwortverzeichnis